中国科学院 白春礼院士题

论低维异结器件
致广大而尽精微

白春礼
戊戌春月

中国科学院科学出版基金资助出版

低维材料与器件丛书

成会明　总主编

低维分子材料与器件

李立强　李荣金　胡文平　著

科学出版社

北京

内 容 简 介

本书为“低维材料与器件丛书”之一，涉及化学、材料学、物理学、电子学、光学等学科。本书共分 13 章，比较全面地介绍了低维分子材料与器件这一前沿领域的基础知识与重要研究成果。在内容方面，第 1 章为绪论，概述了低维分子材料的结构特点及应用；第 2 章介绍了低维分子材料的设计合成方法；第 3～7 章分别阐述了一维和二维有机半导体单晶、低维有机共晶、低维共轭高分子晶态材料及低维共轭配位聚合物材料；第 8～12 章分别介绍了低维分子材料的几个最活跃的器件应用领域（发光和光探测器件、光伏器件、场效应器件、传感器件、有机激光器件及单分子层电学器件）。

本书可供高等院校化学、材料、物理和信息等专业高年级本科生、研究生，以及研究院所科研人员等参考阅读，也可作为本领域与相关领域的研究者、工程技术人员及相关项目管理者的参考书。

图书在版编目（CIP）数据

低维分子材料与器件 / 李立强，李荣金，胡文平著. —北京：科学出版社，2022.5

（低维材料与器件丛书/成会明总主编）

ISBN 978-7-03-071659-0

Ⅰ. ①低… Ⅱ. ①李… ②李… ③胡… Ⅲ. ①低维物理－分子物理学－纳米材料 Ⅳ. ①TB383

中国版本图书馆 CIP 数据核字（2022）第 032700 号

责任编辑：翁靖一 孙 曼 / 责任校对：杜子昂
责任印制：师艳茹 / 封面设计：耕者设计工作

科学出版社 出版
北京东黄城根北街 16 号
邮政编码：100717
http://www.sciencep.com
北京九天鸿程印刷有限责任公司 印刷
科学出版社发行 各地新华书店经销
*
2022 年 5 月第 一 版 开本：720×1000 1/16
2022 年 5 月第一次印刷 印张：32 1/2
字数：631 000

定价：268.00 元

低维材料与器件丛书

总　　序

人类社会的发展水平，多以材料作为主要标志。在我国近年来颁发的《国家创新驱动发展战略纲要》、《国家中长期科学和技术发展规划纲要（2006—2020年）》、《"十三五"国家科技创新规划》和《中国制造2025》中，材料均是重点发展的领域之一。

随着科学技术的不断进步和发展，人们对信息、显示和传感等各类器件的要求越来越高，包括高性能化、小型化、多功能、智能化、节能环保，甚至自驱动、柔性可穿戴、健康全时监/检测等。这些要求对材料和器件提出了巨大的挑战，各种新材料、新器件应运而生。特别是自20世纪80年代以来，科学家们发现和制备出一系列低维材料（如零维的量子点、一维的纳米管和纳米线、二维的石墨烯和石墨炔等新材料），它们具有独特的结构和优异的性质，有望满足未来社会对材料和器件多功能化的要求，因而相关基础研究和应用技术的发展受到了全世界各国政府、学术界、工业界的高度重视。其中富勒烯和石墨烯这两种低维碳材料的发现者还分别获得了1996年诺贝尔化学奖和2010年诺贝尔物理学奖。由此可见，在新材料中，低维材料占据了非常重要的地位，是当前材料科学的研究前沿，也是材料科学、软物质科学、物理、化学、工程等领域的重要交叉领域，其覆盖面广，包含了很多基础科学问题和关键技术问题，尤其在结构上的多样性、加工上的多尺度性、应用上的广泛性等使该领域具有很强的生命力，其研究和应用前景极为广阔。

我国是富勒烯、量子点、碳纳米管、石墨烯、纳米线、二维原子晶体等低维材料研究、生产和应用开发的大国，科研工作者众多，每年在这些领域发表的学术论文和授权专利的数量已经位居世界第一，相关器件应用的研究与开发也方兴未艾。在这种大背景和环境下，及时总结并编撰出版一套高水平、全面、系统地反映低维材料与器件这一国际学科前沿领域的基础科学原理、最新研究进展及未来发展和应用趋势的系列学术著作，对于形成新的完整知识体系，推动我国低维材料与器件的发展，实现优秀科技成果的传承与传播，推动其在新能源、信息、光电、生命健康、环保、航空航天等战略新兴领域的应用开发具有划时代的意义。

为此，我接受科学出版社的邀请，组织活跃在科研第一线的三十多位优秀科学家积极撰写"低维材料与器件丛书"，内容涵盖了量子点、纳米管、纳米线、石墨烯、石墨炔、二维原子晶体、拓扑绝缘体等低维材料的结构、物性及制备方法，并全面探讨了低维材料在信息、光电、传感、生物医用、健康、新能源、环境保护等领域的应用，具有学术水平高、系统性强、涵盖面广、时效性高和引领性强等特点。本套丛书的特色鲜明，不仅全面、系统地总结和归纳了国内外在低维材料与器件领域的优秀科研成果，展示了该领域研究的主流和发展趋势，而且反映了编著者在各自研究领域多年形成的大量原始创新研究成果，将有利于提升我国在这一前沿领域的学术水平和国际地位、创造战略新兴产业，并为我国产业升级、国家核心竞争力提升奠定学科基础。同时，这套丛书的成功出版将使更多的年轻研究人员获取更为系统、更前沿的知识，有利于低维材料与器件领域青年人才的培养。

历经一年半的时间，这套"低维材料与器件丛书"即将问世。在此，我衷心感谢李玉良院士、谢毅院士、俞书宏院士、谢素原院士、张跃院士、康飞宇教授、张锦教授等诸位专家学者积极热心的参与，正是在大家认真负责、无私奉献、齐心协力下才顺利完成了丛书各分册的撰写工作。最后，也要感谢科学出版社各级领导和编辑，特别是翁靖一编辑，为这套丛书的策划和出版所做出的一切努力。

材料科学创造了众多奇迹，并仍然在创造奇迹。相比于常见的基础材料，低维材料是高新技术产业和先进制造业的基础。我衷心地希望更多的科学家、工程师、企业家、研究生投身于低维材料与器件的研究、开发及应用行列，共同推动人类科技文明的进步！

成会明

中国科学院院士，发展中国家科学院院士

清华大学，清华-伯克利深圳学院，低维材料与器件实验室主任

中国科学院金属研究所，沈阳材料科学国家研究中心先进炭材料研究部主任

Energy Storage Materials 主编

SCIENCE CHINA Materials 副主编

前　言

自20世纪90年代以来，低维分子材料受到了人们的广泛关注。低维分子材料具备很多独特的优点，如质量轻、柔韧性好、原料来源广、可溶液加工、制备条件温和以及生物相容性好等。与传统薄膜材料相比，高结晶性的低维分子材料具有结构有序、缺陷密度小等优势，是研究材料本征性质的理想载体，在有机电子器件中具有重要应用价值。

作为一类新型材料，国内外鲜有对低维分子材料进行系统、全面阐述的专著。本书作者长期活跃于低维分子材料与器件领域，在包括材料合成与组装、器件制备与表征、器件物理等方面取得了系列原创性成果，在国内外有一定的影响。本书共分13章，比较全面地介绍了低维分子材料与器件这一前沿领域的重要研究成果。在内容方面，首先介绍了低维分子材料的分类以及基于低维分子材料的器件；然后介绍了低维分子材料的设计合成，详细阐述了如何合理、有效地设计与合成低维有机半导体材料；接着介绍了一维和二维有机半导体晶体、低维有机共晶、低维共轭高分子晶态材料、低维共轭配位聚合物及单分子层材料等；在每个章节中，总结阐述了各个材料的特征、制备方法及应用前景。在后续的章节中，介绍并讨论了低维分子材料在有机发光、光探测、光伏、场效应、传感及激光等领域的应用；在各个章节中，不仅介绍了器件结构、工作原理和表征方法，同时还对研究进展及应用前景进行了分析和评述。

全书由胡文平、李立强、李荣金负责书稿的撰写、统筹和修改工作，胡文平提出了本书的主体学术思想，并统筹安排了本书整体撰写思路和内容架构。诚挚感谢以下专家学者对本书相关章节的杰出贡献：甄永刚、高建华、卢修强、余盼盼（第2章）；姜辉（第3章）；李荣金、江浪（第4章）；张小涛、朱伟钢、甄永刚（第5章）；董焕丽、王永帅（第6章）；王成亮、陈远（第7章）；杨方旭、任晓辰（第8章）；张亚杰、房进（第9章）；汤庆鑫、童艳红（第10章）；李立强、李洁、王中武、王曙光（第11章）；张春焕、赵永生（第12章）；李涛、魏钟鸣、刘雨晴、黄先会（第13章）。

诚挚感谢成会明院士和“低维材料与器件丛书”编委会对本书撰写的指导和建议。特别感谢科学出版社领导和翁靖一编辑在本书出版过程中给予的大力帮助。

低维分子材料与器件的研究与应用处于快速发展阶段，现有知识框架和支撑理论仍在不断发展和完善，新材料、新结构、新理论、新器件也不断涌现。限于作者水平，书中不妥之处在所难免，诚恳欢迎广大专家和读者批评指正，提出宝贵意见，以便及时补充和修改。

胡文平

2021 年 11 月

目　　录

第1章 绪论

纳米材料是指在三维空间中至少有一个维度处于1～100nm的材料。纳米材料独特的表面效应及尺寸效应使其在电学、光学、磁学、热学以及力学等领域呈现许多新颖的性能[1, 2]。低维分子材料是纳米科学领域中的一个重要分支。自20世纪90年代以来，低维分子材料受到了人们的广泛关注。低维分子材料具备很多独特的优点，如质量轻、柔韧性好、原料来源广、可溶液加工、制备条件温和以及生物相容性好等。与传统薄膜材料相比，高结晶性的低维分子材料具有结构有序、缺陷密度小等优势，是研究材料本征性质的理想载体，在有机电子器件中具有重要的应用价值。

1.1 低维分子材料

1.1.1 一维有机单晶

在晶体生长过程中，若分子趋向于沿相互作用力（如π-π相互作用或氢键作用）强的方向生长，则最终可以形成一维晶体。一维材料的主要特点是：材料在成核后，沿一个方向的生长是有利的，在其余方向的生长被抑制。一维材料的微观结构主要表现为微米/纳米线（micro-/nanowire）、微米/纳米棒（micro-/nanorod）、微米/纳米带（micro-/nanoribbon）、微米/纳米管（micro-/nanotube）、微米/纳米纤维（micro-/nanofiber）等。

在一维有机材料中，一维有机单晶由于具有低缺陷、无晶界、能反映材料本征性能等优势，受到了科研人员的关注。目前，制备一维有机单晶的方法主要有溶液法和气相法。其中，溶液法主要包括溶剂挥发法、缓慢冷却法、气相扩散法、溶液剪切法、溶液自组装法、溶液外延法、溶液模板法和溶液印刷法等。溶液法具有简单、成本低廉、可实现多种有机半导体的大面积制备等优点，但其不适合难溶有机半导体的处理。此外，有机溶剂的使用会污染环境，也可能会进入晶格形成共晶，影响半导体分子的本征性能。气相法包括物理/化学气相沉积法、掩模板外延沉积法和熔融升华法等。其优点是可以获得更高纯度的有机半导体晶体，不需要有机溶剂，不存在溶剂污染，并且适用于不溶解和溶解性差的有机半导体。其缺点是能量消耗大、成本较高。在本书第3章中，详细介绍了一维有机单晶材料的特性、制备方法及其应用前景。

1.1.2 二维有机晶体

二维有机晶体为单分子层或数个分子层的有机分子通过弱相互作用（范德瓦耳斯力、π-π相互作用、氢键、偶极-偶极相互作用等）周期性排列形成的二维薄膜。作为一种新兴的材料，二维有机晶体兼具薄膜和单晶的优点，既具有大面积、易集成的优势，又具备结构上长程有序、缺陷少、无晶界的优势，因此受到了人们越来越多的关注。但是，如何低成本、大面积地制备二维有机晶体仍然是巨大的挑战。目前已经发展起来的制备方法主要包括自组装法、受控组装法、外延法及机械剥离法等。

自组装法是通过相邻的有机分子之间的非共价键相互作用来自发形成稳定的二维有机晶体的方法。该方法主要包括溶液自组装法、空间限域自组装法及层控自组装法。其中，溶液自组装法具有低成本、简单快捷的优势，但是对于所选择的分子结构有着苛刻的要求，只有少数分子可以通过该方法生长。而空间限域自组装法利用水作为液体基底，消除了固态基底咖啡环效应的不利影响，且获得的晶体可以被转移至任意基底。层控自组装法利用丙三醇作为黏性基底，具有大的表面张力与黏性，有机半导体液滴不但铺展好，且不容易流动。并且该方法可以通过改变丙三醇与水的比例等条件来制备层数可控的二维有机晶体。

受控组装法主要包括溶液剪切法、棒涂法等。该方法除了利用有机分子在溶剂挥发的过程中自身的π-π相互作用、氢键、范德瓦耳斯力等非共价键相互作用外，还通过成膜工具施加外力促使有机半导体分子在二维方向上结晶生长。在受控组装过程中，基底和成膜工具之间进行可控的相对运动，可获得沿运动方向生长的大面积二维有机晶态膜。

在本书第4章中，详细介绍了二维有机半导体晶体的特点、生长理论、制备策略及应用前景。

1.1.3 低维共轭高分子

共轭高分子薄膜具有良好的溶液加工性，是目前共轭高分子器件制备及应用的主要载体。相比于有机小分子材料，共轭高分子材料可以看作是由多个小分子结构基元通过共价键连接起来的大分子材料体系，具有分子量大、分子量分布分散、分子间相互作用复杂等特征。

相比于低维无机及有机小分子材料，低维共轭高分子材料的研究相对落后，高度有序的低维共轭高分子晶态材料的制备更是高分子科学领域中的一个难题。目前制备一维共轭高分子晶态材料的方法主要包括溶液自组装法、拓扑化学聚合法及模板限域生长法。溶液自组装法简单、常用，可以获得一定程度结晶的一维共轭高分子晶态材料。但多种因素，如溶剂种类和纯度、溶液的浓度等，均会影响结晶质量。拓扑化学聚合法无需反应溶剂，环境友好，反应活化能低，产物纯度高，无诱导期，具有明显的立体和区域选择性，产率较高，可以制备大尺寸高分子晶体，但只适用于部分材料体系。模板限域生长法通过设计限域模板获得阵列化的共轭高分子晶体。

二维共轭高分子晶态材料的制备方法主要包括溶剂热法、电化学聚合法及界面催化偶联法。溶剂热法的制备过程简单，成本低廉，适用于多种材料体系，可用于大量材料的制备。溶剂热法合成的多为非共轭结构的二维高分子材料，面内电荷传输特性普遍较差。电化学聚合法反应时间短，可在室温下进行，不借助催化剂，膜厚可控，但材料体系适应面较窄。界面催化偶联法可以有效控制材料厚度，真正获得单层或少数几层的二维聚合物，但需要借助超高真空系统，制备成本昂贵，条件苛刻，所制备的二维共轭高分子尺寸较小。

经过几十年的不断研究，从分子结构本身特性出发，结合对共轭高分子组装过程中动力学及热力学等因素的调控，一些新型低维共轭高分子晶态材料被不断地制备出来，并且在有机场效应晶体管（organic field-effect transistor，OFET）器件及传感等领域显示了应用前景。有关低维共轭高分子晶态材料的详细内容见第 6 章。

1.1.4 低维共轭配位配合物

金属有机材料或者金属有机框架（metal organic frameworks，MOFs）材料是由金属离子与有机配体通过配位键形成的三维空间网状结构。在 MOFs 的有机配体中，一些共轭的有机配体能够通过杂原子（N、S 或者 O 等）与过渡金属离子（Ni、Co、Cu、Pd 等）发生平面配位，配体的 π 电子进入金属离子的 d 轨道，形成 π-d 共轭的共轭配位聚合物（conjugated coordination polymers，CCPs），其也可以称为共轭金属有机材料（conjugated metal organic materials，CMOMs）。绝大多数的 MOFs 具有三维的空间网状结构，而 CCPs 则为一维链或者二维平面聚合物，并且具有较强的分子间 π-π 和 π-d 相互作用。CCPs 外观形貌上通常表现为低维的结构，如一维纳米线或者二维纳米片。通过选择不同的有机配体和金属离子，可以方便地调节 CCPs 的电子结构和维度。CCPs 作为 MOFs 的一个分支，不仅具有传统 MOFs 的诸多优势，如比表面积大、结构多样、孔结构可调，还具有较高的电导率和刚性的骨架结构等特点。

目前 CCPs 的合成方法可以分为以下两种：溶剂热法和界面生长法。溶剂热法的制备过程简单，产物易得，是合成传统金属有机材料最常用的方法。但溶剂热法的材料生长方向难以控制，因此往往得到微晶粉末。界面生长法包括气/液界面法和液/液界面法，界面提供了二维生长空间，促使材料在二维平面内生长，易于获得二维结构。此外，界面生长法制备的薄膜材料易于转移到目标基底和电极上，方便制备器件。

CCPs 具有结构多样性，在半导体器件、超导体、自旋电子、催化、热电、电化学储能、气体传感等领域具有应用前景。有关低维共轭配位聚合物的内容在第 7 章中有详细介绍。

1.1.5 单分子层材料

单分子层材料是指有机分子通过物理或化学吸附作用自发地在基底表面形成的排列有序的分子集合体。一般来说，基于分子层的分子结通过自组装单分子层（self-assembled monolayer，SAM）或 Langmuir-Blodgett（LB）方法得到。SAM 是由溶液或气相中的分子形成的有机聚集体，通过锚定基团附着在固体表面。它对基底表面的修饰作用尤为重要，目前采用的基底主要包括金属基底（如 Au、Ag、Pt、Cu 等）、半导体基底（如 GaAs、InP、CdSe、ZnSe 等）及氧化物基底（如 Al_2O_3、TiO_2、SiO_2 等）。其中，金属薄膜基底易于制备，且与许多表面分析和光谱/物理表征技术兼容，是共价连接 SAM 的常用材料。在 LB 技术中，当两亲分子（如表面活性剂或纳米颗粒）与水接触时，亲水部分浸入水中而疏水部分暴露于空气中，在空气/水界面有序排列形成 LB 膜。经过逐渐压缩膜在水面上的占有面积，得到具有所需表面压力和粒子密度的分子膜。通常基底都经过化学处理，表面呈现疏水性或亲水性，并通过浸渍法将分子膜转移到基底上。该方法的优势为：①可以精确控制分子膜厚度和组装密度；②大面积均匀沉积；③适用于多种基底；④能够构建多层 LB 膜，不限于单分子层；⑤有潜力在常规材料和生物材料之间建立兼容界面以促进生物应用。

电子设备小型化的最终目标是实现原子或分子尺度器件。分子电子学是克服传统微电子技术瓶颈的重要手段。分子层的质量在器件性能中起着主导作用，高质量分子器件的成功制备，使得系统地分析真实的电荷输运特性成为可能，有希望成为下一代电子学的支柱。单分子层电学器件的构筑与应用在第 13 章中有具体介绍。

1.2 基于低维分子材料的器件

1.2.1 光探测器件

光电探测器是将光信号转换为电信号的器件，在污水净化、红外遥感、环境监测、图像传感、疾病监控及天文探索等领域有着重要的应用价值。区别于太阳能电池，光电探测器的最终目标是光电流信号的输出，而不是电能输出。目前市场上主导的光电探测器以无机材料为主（如 Si、ZnS、PbS、GaN 等），但是无机光电探测器存在制备工艺较复杂、成本高、柔性差等问题，限制了其在特定领域的应用。而有机材料具有可溶液加工、轻薄柔韧的特点，有望和无机光电探测器形成互补，在大面积、柔性电路等领域获得应用。

光电探测器可以分为三大类：光电二极管、光电半导体和光电晶体管。其中光电二极管和光电半导体均为两端器件。在光电二极管中，激子在 p-n 结界面处分离产生光电流。势垒的存在仅允许少量热载流子通过 p-n 结，因而暗电流较低，有助于实现高光敏度。但是，p-n 结势垒的存在阻断了载流子的再循环，即光电二极管中每吸收一个光子最多产生一个电子-空穴对，因此外量子效率不超过 100%，增益不超过 1，所以大多数基于光电二极管的设备都显示出较低的响应度。而在光电半导体器件中，电极可以注入额外的载流子，因此其外量子效率可以超过 100%，增益可以大于 1，可以获得较高的响应度。但是，欧姆接触会导致较大的暗电流，从而降低器件的光敏度和比探测率。光电晶体管中采用和 OFET 一样的器件结构，用栅电极来控制沟道的电导率，器件中产生的光电流来源于激子分离直接产生的光电流和通过栅极电压调控的场效应电流，电流放大作用极大地增加了光电晶体管中的光电流。同时，利用栅电压的调控，可以获得低暗电流和高的响应度，即获得高比探测率。因此，光电晶体管在光探测领域是一种非常有前途的器件结构。以有机晶体作为活性层制备的光电探测器在激子扩散和载流子传输上具有无可比拟的优势，是制备光探测晶体管器件的优异载体。如文献报道，基于高质量的一维全氟酞菁铜（hexadecaflfluorophthalocyaninatocopper，$F_{16}CuPc$）单晶带制备的光电晶体管最大开关比为 4.5×10^4（$V_g = -6.0V$），相比其光开关器件高出近两个数量级[3]。基于二维超薄晶体的光电晶体管的沟道载流子可以通过栅电压完全耗尽，从而可获得超高的灵敏度。例如，基于 n 型有机半导体呋喃-噻吩喹啉化合物（TFT-CN）的二维单晶的光电晶体管展现出了极低的暗电流（0.3pA）和超高的比探测率（1.7×10^{14}Jones）[4]。二维有机晶体也提供了研究不同层数的二维晶体光响应特性的可能性。超薄的二维沟道具有低的漏电流，可以探测到更弱的光；而厚的沟道漏电流变大，导致光敏性变弱。但厚沟道吸光更充分，因而有较高的光响应度。这些结果表明沟道的厚度强烈影响器件性能[5]。

随着基础研究的不断推进，基于有机低维分子材料的光探测器件有望快速发展并实现产业化。在本书第 8 章中详细介绍了低维分子材料光探测器件领域的基本概念、器件结构、功能材料、性能优化及应用进展。

1.2.2 太阳能电池

在化石燃料日趋减少的情况下，太阳能已成为人类使用能源的重要组成部分，并不断得到发展。太阳能是取之不尽的清洁能源。太阳能电池是通过材料的光伏效应产生电能的器件，是利用太阳能提供能源的重要方式。在现有的太阳能电池中根据活性层材料的不同可主要分为：以硅为主体的无机太阳能电池、钙钛矿太阳能电池、染料敏化太阳能电池、有机太阳能电池等。其中有机太阳能电池因具有质量轻、可大面积低成本加工及柔韧性好等优势受到人们的重视。

有机单晶具有密度较小的结构缺陷，是研究有机半导体材料的本征光电特性的理想工具。采用单组分低维有机单晶的太阳能电池器件是一种较早被报道的器件构型。此种结构的器件需要引入具有不同功函数的金属电极，从而形成肖特基势垒来分离激子。这种结构虽然较简单，但激子分离效率低，能量转化效率也低。

异质结有机太阳能电池弥补了单组分器件的缺点。在双层异质结器件中，能量转化效率会受到薄的有源层［短激子扩散长度（10～20nm)，吸收太阳光弱］和较小给受体界面面积限制（导致激子分离效率低)。体异质结器件可以很好地解决上述问题，但如何在体异质结结构中实现双连续的互穿网络结构，保持空穴和电子在各自相中的连续传输仍然是一个挑战。有机单晶异质结具有高迁移率和长激子扩散长度，不但是研究器件物理的重要体系，而且有利于获得高性能器件。

关于有机太阳能电池的器件结构、工作原理、主要参数及研究进展在本书第 9 章中有详细介绍。

1.2.3 场效应晶体管

场效应晶体管是电子电路中的基本元件，是靠改变电场来影响半导体材料导电性能的有源器件。随着科学家对有机半导体材料的深入认识及器件制备技术的提高，越来越多的基于低维有机半导体的高性能 OFET 器件被报道，展现出极具潜力的应用前景。相比于薄膜器件，高结晶性的低维分子材料具有取向生长、无晶界、高纯度等优势，是探究材料本征性质，获得高性能器件的重要载体。

一维有机单晶长轴方向和分子间强相互作用力方向一致，具有优秀的载流子传输能力，一些一维有机半导体晶体的迁移率已经超过 $10cm^2/(V·s)$[6, 7]。另外，二维分子晶体由于具有超薄特性，注入电阻低，导电沟道载流子可以通过栅电压完全耗尽，因此在 OFET 器件中可获得极低的漏电流，在高性能 OFET 领域具有应用潜力。在本书第10章中，对低维分子材料器件结构、制备技术、OFET性能、器件集成以及在电路中的应用展开了详细的介绍。

1.2.4 传感器

传感器是一种信号转化装置，可以将化学、物理、生物等信息，通过一定的规律转换为电学信号或其他可处理的信号，以实现对信息的检测。近年来，纳米科学的兴起为传感器领域带来了新的发展机会。相比于三维块体材料，低维材料的高比表面积以及独特的尺寸效应，可极大地增强传感器的性能。与无机材料相比，有机低维分子材料具备质量轻、柔韧性好、原料来源广、可溶液加工、制备条件温和以及生物相容性好等优势。此外，由于有机材料具有丰富的分子结构和活性位点，可以根据特定的传感需求进行分子结构设计，因而有机低维分子材料在传感领域表现出巨大的应用前景。

根据分析物的种类，低维分子材料传感器可分为化学传感器、物理传感器和生物传感器三大类，在此基础上还有集成化的多功能传感器。化学传感器包括气体传感器、湿度传感器、离子传感器；物理传感器包括力传感器及温度传感器。这些传感器的成功应用使我们的生活更加便捷、和谐和更具效率。在本书的第11章中，对低维分子材料传感器的构型、基本原理、主要参数、制备技术、优化策略及应用领域进行了详细介绍。

1.3 总结与展望

低维分子材料由于其优异的电学性能及潜在的应用价值，近年来受到科研人员的广泛关注。本书总结了低维分子材料的种类、特征、制备方法及研究进展，概述了其在场效应晶体管、光伏、发光、光探测及传感等电子器件中的应用进展及发展前景。相信在不久的将来，在各个领域研究工作者的共同努力下，低维分子材料将战胜制备、集成等挑战，充分展示其独特的性能，在各个领域大放异彩。

参考文献

[1] 陈翌庆，石瑛. 纳米材料学基础. 长沙：中南大学出版社，2008.

[2] 施利毅等. 纳米材料. 上海：华东理工大学出版社，2007.

[3] Tang Q，Li L，Song Y，et al. Photoswitches and phototransistors from organic single-crystalline sub-micro/nanometer ribbons. Advanced Materials，2007，19（18）：2624-2628.

[4] Wang C，Ren X，Xu C，et al. n-Type 2D organic single crystals for high-performance organic field-effect transistors and near-infrared phototransistors. Advanced Materials，2018，30（16）：1706260.

[5] Yao J，Zhang Y，Tian X，et al. Layer-defining strategy to grow two-dimensional molecular crystals on a liquid surface down to the monolayer limit. Angewandte Chemie International Edition，2019，58（45）：16082-16086.

[6] Li H，Tee B C K，Cha J J，et al. High-mobility field-effect transistors from large-area solution-grown aligned C_{60} single crystals. Journal of the American Chemical Society，2012，134（5）：2760-2765.

[7] Peng B，Wang Z，Chan P K L，et al. A simulation-assisted solution-processing method for a large-area，high-performance C_{10}-DNTT organic semiconductor crystal. Journal of Materials Chemistry C，2016，4（37）：8628-8633.

第2章 分子材料的设计合成

2.1 概述

高性能有机低维光电功能材料的设计与合成一直是材料化学家的研究重点，有机光电器件的性能在很大程度上依赖于有机材料的性质。众所周知，有机半导体材料的堆积结构、组装形貌和性质都与分子结构紧密相关[1]。有机光电功能材料种类繁多，合成方法丰富多样。作为一种具有应用前景的材料，首先应具备较好的稳定性，当其暴露在空气、水或者紫外线等环境条件下时，其光电性能不会发生明显的变化。其次，该材料应该能够大量制备，合成路线短、产率高、分离纯化相对容易。考虑到有机光电功能材料的基本构成特点是芳香环结构较多，可通过金属有机配合物催化的 Suzuki 偶联反应、Stille 偶联反应、Heck 反应、Ullmann 反应、Sonogashira 偶联反应等进行构建，还可通过非金属催化的羟醛（aldol）缩合反应、Knoevenagel 缩合反应、Diels-Alder 反应、Wittig 反应、McMurry 反应、Friedel-Crafts 反应、Grignard 反应、Gilch 反应等进行共轭体系的拓展；另外，通过氧化反应可进行关环或芳构化，通过各种亲核、亲电取代反应可引入官能团。在本章，我们先介绍常见的堆积结构，进而探讨分子结构与堆积结构和组装形貌的关系规律，然后重点介绍低维场效应材料、低维发光材料和低维光伏材料的设计合成。

2.2 堆积结构、分子结构与组装形貌

2.2.1 堆积结构

堆积结构是由分子结构和分子内相互作用共同决定的，并能进一步调控电子耦合作用、能带结构和激子行为，从而改变材料的光电性质。C—H⋯π 和 π-π 相互作用单元这两种典型的芳香环⋯芳香环超分子合成子与其他几何和化学识别因素共同主导了有机共轭分子的堆积结构。

图 2-1 总结了四种典型的堆积结构：①没有 π-π 相互作用的鱼骨状堆积，相邻两分子间主要存在 C—H···π 相互作用［如并五苯（pentacene，PEN）］；②面对面的鱼骨状堆积，相邻分子间存在 C—H···π 和 π-π 两种分子间相互作用［如红荧烯（rubrene）］；③一维滑移堆积，分子间作用力主要是 π-π 相互作用（如 C_8-PTCDI）；④二维砖块堆积，其是 π-π 相互作用和取代基效应引起的（如 TIPS-PEN）[2]。堆积结构取决于各种相互作用力（如色散力、静电力、诱导力和交换力）与分子结构引起的空间阻力的综合平衡[3]。

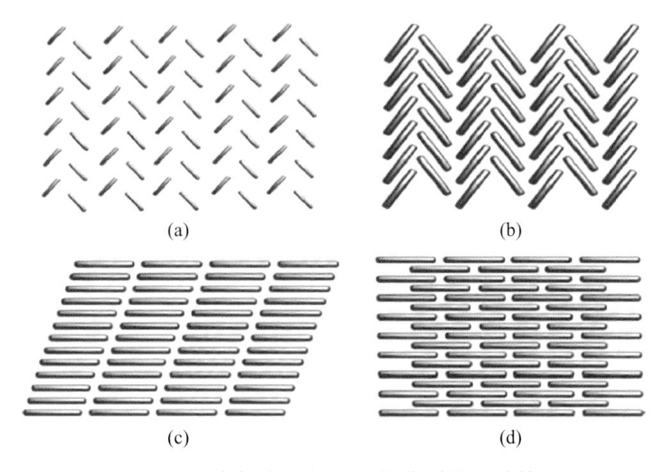

图 2-1　有机半导体分子的典型堆积结构

（a）没有 π-π 相互作用的鱼骨状堆积；（b）面对面的鱼骨状堆积；（c）一维滑移堆积；（d）二维砖块堆积

通常，没有 π-π 相互作用的鱼骨状堆积会形成二维形貌，而面对面的鱼骨状堆积形成的形貌主要取决于 C—H···π 和 π-π 相互作用的平衡。显然，一维滑移堆积倾向于形成一维形貌，而二维砖块堆积倾向于形成二维形貌。

2.2.2　线型分子

由于减小分子间的 π-π 相互作用可以降低分子的交换互斥作用，因此没有取代基的线型分子如寡聚并苯（oligoacene）、寡聚苯（oligophenyl）和寡聚噻吩（oligothiophene）等都倾向于形成没有 π-π 相互作用的鱼骨状堆积，其主要驱动力为 C—H···π 相互作用。由于存在这种各个方向比较均衡的分子间作用力，线型分子倾向于形成二维或者准二维形貌。

在 BTBT、DNTT 和 DNSS 这类稠合度较低的杂环并苯分子中，C—H···π 相互作用足以平衡交换互斥力。随着稠合度的增加，C/H 比例也不断增加，从而阻碍了分子间的 C—H···π 相互作用，促使堆积结构转变为含有部分 π-π 相互作用的面对面鱼骨状堆积[3, 4]（图 2-2）。

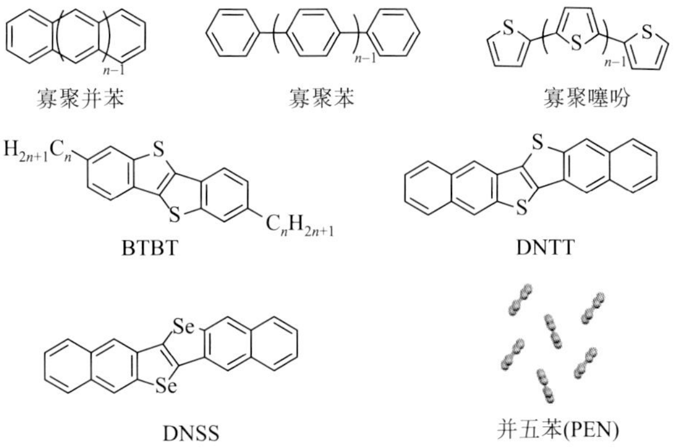

n−1
寡聚并苯
n−1
寡聚苯
S
S
S
n−1
寡聚噻吩
$H_{2n+1}C_n$
S
S
C_nH_{2n+1}
BTBT
S
S
DNTT
Se
Se
DNSS
并五苯(PEN)
(a)
红荧烯 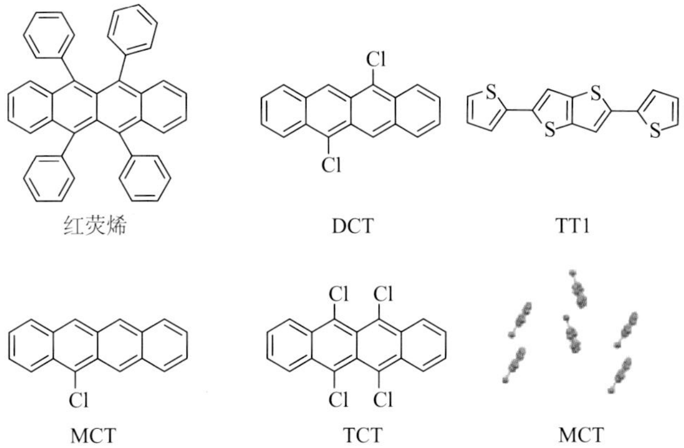
Cl
Cl
DCT
S
S
S
S
TT1
Cl
MCT
Cl Cl
Cl Cl
TCT
MCT
(b) 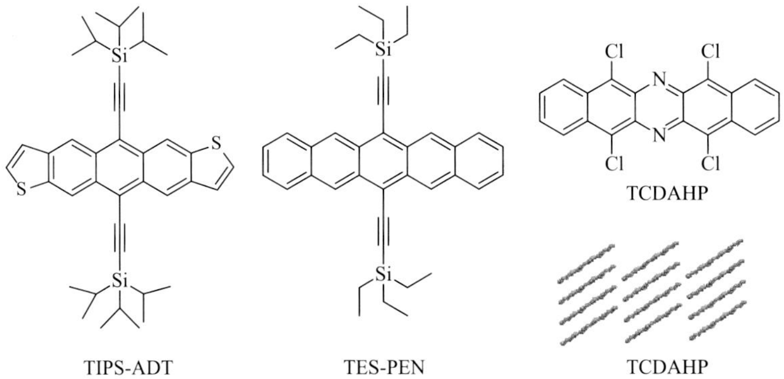
Si
Si
S
S
TIPS-ADT
Si
Si
TES-PEN
Cl Cl
N
N
Cl Cl
TCDAHP
TCDAHP
(c)

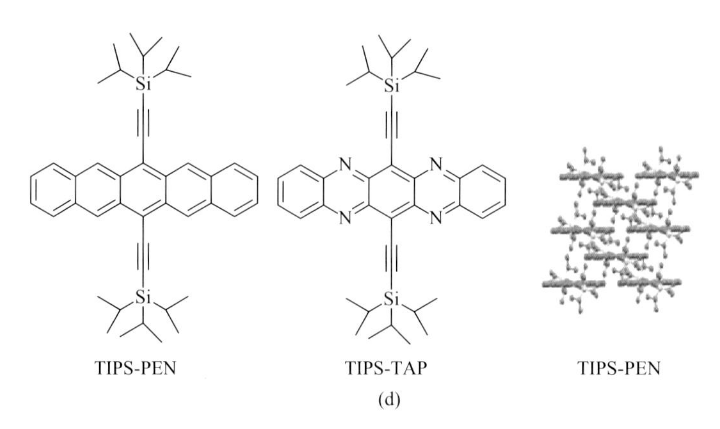

图 2-2 典型的线型分子及其堆积结构

（a）没有 π-π 相互作用的鱼骨状堆积的线型分子；（b）面对面的鱼骨状堆积的线型分子；（c）一维滑移堆积的线型分子；（d）二维砖块堆积的线型分子

引入侧基会带来位阻效应，从而削弱 C—H···π 相互作用。此外，由于取代基还会给相邻两分子引入相互作用力（如色散力和/或静电力），稳定堆积结构的能量增加，从而更易形成分子错位面对面的堆积结构。在多环芳香化合物上引入大基团（如烷基链、硅基链和乙炔基等）是构建面对面堆积结构的一个策略。当侧基链长度刚好是共轭骨架的一半时，最容易形成二维砖块堆积结构。当侧基的长度不符合上述要求时，可能会形成一维滑移堆积结构[2]（图 2-2）。TIPS-PEN 和 TIPS-TAP 就是带有大侧基基团且为二维砖块堆积结构的典型例子[5]。与此同时，烷基链还会增加层内相互作用能量并减少层间相互作用能量，从而导致二维形貌。例如，2017 年，Minemawari 等发现在单烷基链取代的 BTBT 分子中，分子间相互作用能量会随着烷基链长度的增加而增加。如图 2-3 所示，当碳数目大于或等于 4 时，单取代的 BTBT 分子会形成薄片晶体，而当碳数目等于 2 或者 3 时，则会形成一维带状形貌[6]。

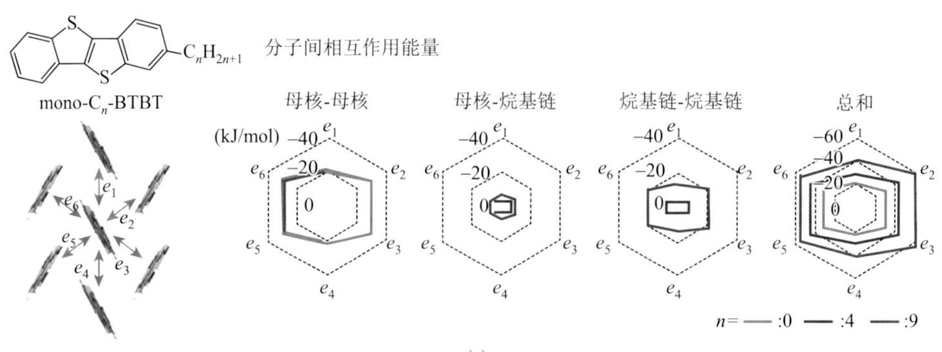

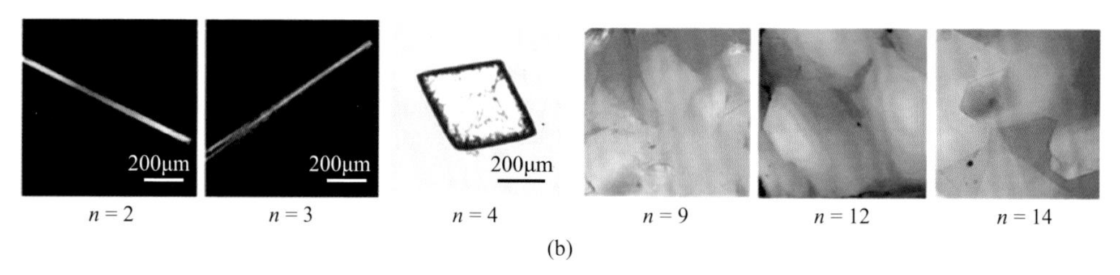

图 2-3　（a）单取代 BTBT 的分子堆积结构及计算的分子间相互作用能量；（b）单取代 BTBT 单晶的光学显微镜照片

引入芳香侧基也会起到类似的作用。例如，与呈现鱼骨状堆积的并四苯（tetracene）相比，红荧烯是沿着 *a* 轴有 π-π 相互作用的面对面鱼骨状堆积，从而具有较强的电子耦合作用[4]。

与增加 C/H 比例一样，在共轭骨架上引入极性基团（如卤素原子、氰基或者酰亚胺基团）会削弱 C—H⋯π 相互作用并增强 π-π 相互作用。例如，与并四苯相比，DCT（面对面鱼骨状堆积）、TCT（面对面鱼骨状堆积）和 MCT（面对面鱼骨状堆积）都表现出面对面的堆积结构且具有较小的 π-π 相互作用距离[2]。此外，引入极性基团有利于形成超分子合成子，导致更大的 π-π 重叠面积。例如，TIPS-ADT 是一维滑移堆积，而引入两个氟原子的 diF-TIPS-ADT 是二维砖块堆积[7]。

四硫富瓦烯（TTF）及其衍生物表现出和并苯类化合物完全不同的分子堆积。随着并苯数目的增加，S⋯π 和 C—H⋯π 相互作用逐渐强于 S⋯S 或 C—H⋯S 相互作用，导致堆积结构由面对面鱼骨状堆积或扭曲堆积（TTF）向错位鱼骨状堆积（DBTTF）和无 π-π 相互作用的鱼骨状堆积（DNTTF）转变[8-10]（图 2-4）。通过对 BDOPV［benzodifurandione-based oligo（*p*-phenylene vinylene）］分子不同位置和不同数量的氟原子进行修改，调控了分子间距离和位移，得到了一维滑移堆积、面对面鱼骨状堆积和反向平行的面对面堆积等几种不同的堆积结构。电子耦合能可以从 71meV（一维滑移堆积）变化至 201meV（反向平行的面对面堆积），导致迁移率由 2.6cm^2/(V·s)增加至 12.6cm^2/(V·s)[11]。

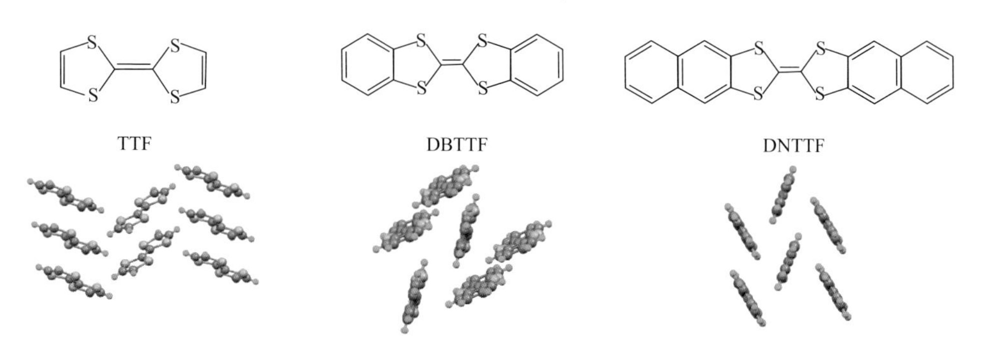

图 2-4　四硫富瓦烯衍生物及其相应的分子堆积结构

2.2.3 柱状分子

与线型分子相比，柱状或者盘状分子可以调控 C 和 H 原子的位置和数目，得到三明治鱼骨状堆积、面对面鱼骨状堆积和一维滑移堆积。卟啉和 TTA 为三明治鱼骨状堆积，而芘和苝则可以根据 π-π 和 C—H⋯π 相互作用的不同，表现出三明治或者面对面鱼骨状堆积。随着分子尺寸和 C/H 比例的增加，由于柱内比柱间的相互作用更大，二维分子如 TPBIQ 和 DITT 在电子和形貌特征上都倾向于形成一维特征[2, 4]（图 2-5）。

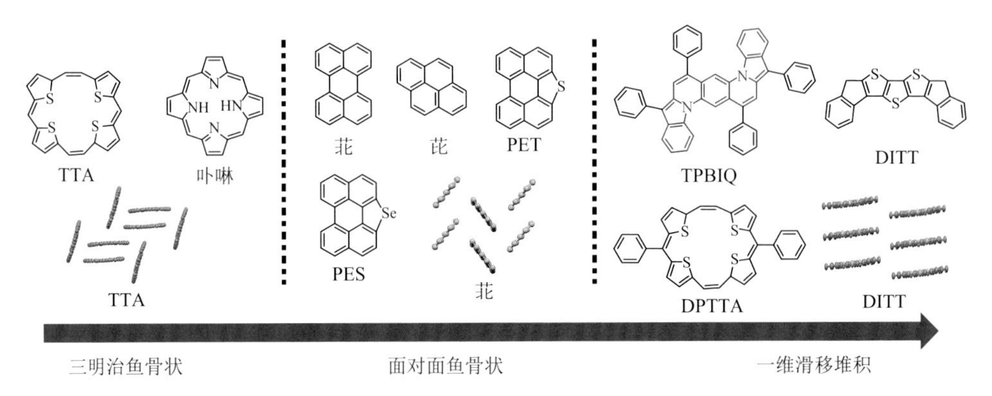

图 2-5 随着碳和氢原子数目的变化，堆积结构由三明治鱼骨状堆积向一维滑移堆积结构转变

在二维多环芳香骨架上引入酰亚胺、芳香侧基、烷基链或烷氧基链可以削弱 C—H⋯π 相互作用并增强 π-π 相互作用，实现堆积结构由三明治或面对面的鱼骨状堆积向一维滑移堆积甚至是面对面柱状堆积的转变。与 TTA（三明治鱼骨状堆积）相比，引入两个苯基的 DPTTA 表现出一维滑移堆积结构，有利于电荷输运性能大幅度提升[12]。在三亚苯、苝、HBC、卟啉、酞菁或其他多环化合物上引入烷基、酯基链会导致面对面堆积的液晶相形成，从而表现出高迁移率和良好的光电性质[13]。萘酰亚胺和苝酰亚胺衍生物通常表现为一维滑移堆积，在共轭骨架上引入极性基团（如氰基），可以增加偶极诱导产生的柱间相互作用，如 PDI8-CN2 形貌由一维向二维转变［图 2-6（a)］。随着卤化度的增加，分子骨架越来越扭曲[3, 14]，例如，含有八个氯原子的 Cl_8-PTCDI 具有扭曲的骨架，在 π-π 和 N—H⋯O 协调作用下得到了二维砖块堆积结构［图 2-6（b)］[15]。

2.2.4 碗状分子

将五元环引入 sp^2 碳六边形 π 系统可以形成芳香性碗状分子，如碗烯（corannulene）和素馨烯（sumanene），它们是富勒烯结构基序的最小 C_{3v} 对称或 C_{5v} 对称

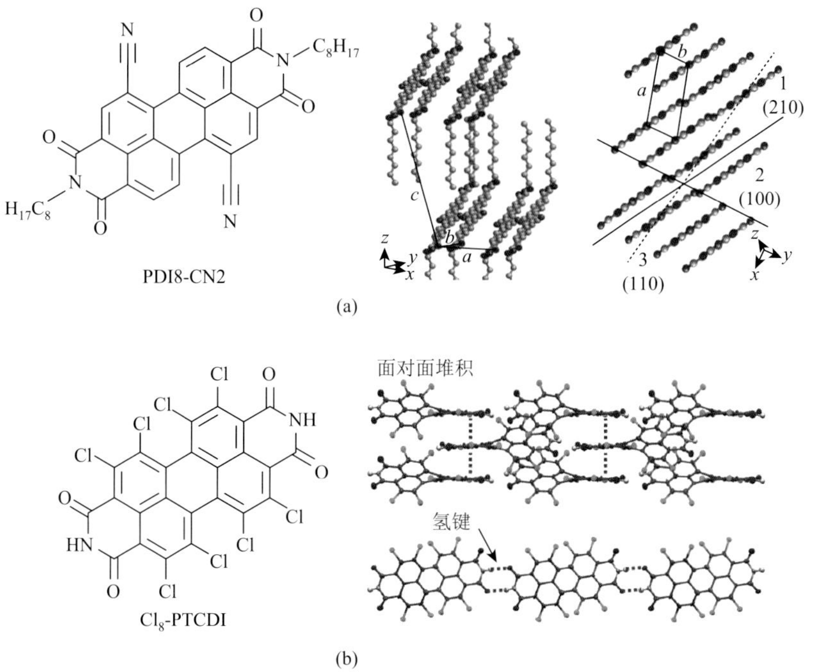

PDI8-CN2

(a)

Cl₈-PTCDI

(b)

图 2-6　苝二酰亚胺衍生物的分子结构式及其分子堆积

（a）PDI8-CN2；（b）Cl_8-PTCDI

片段分子［图 2-7（a)］。碗状分子的弯曲特征导致它们的固态堆积非常有趣且复杂。图 2-7（b）～（e）是分子堆积的类型。在前两类堆积结构中，所有柱都朝着相同的方向取向，导致极性晶体的形成。当表面积和弯曲程度增加时，更强的分子间相互作用导致一维柱状堆积的形成，因此偶极矩是形成一维柱状堆积的另一重要因素。值得注意的是，取代基也会对晶体的堆积结构产生很大的影响。碗烯表现出高度无序的堆积，分子间作用力主要为 C—H⋯π 相互作用，但是当引入酰亚胺、三氟甲基、氰基或者其他基团后，分子倾向于形成规则排列的碗扣碗 π-π 柱状堆积结构[16-18]。

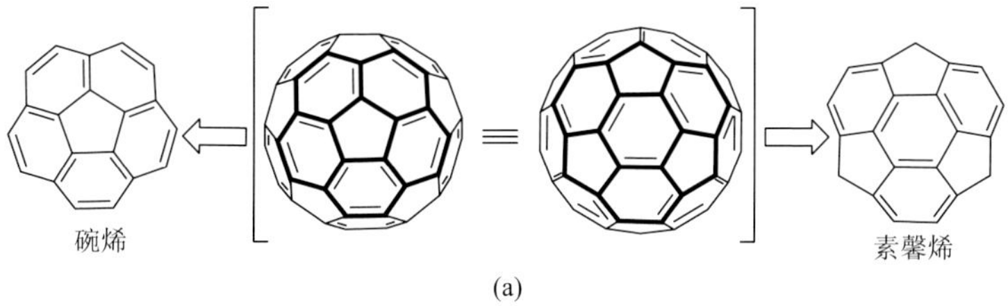

碗烯　素馨烯

(a)

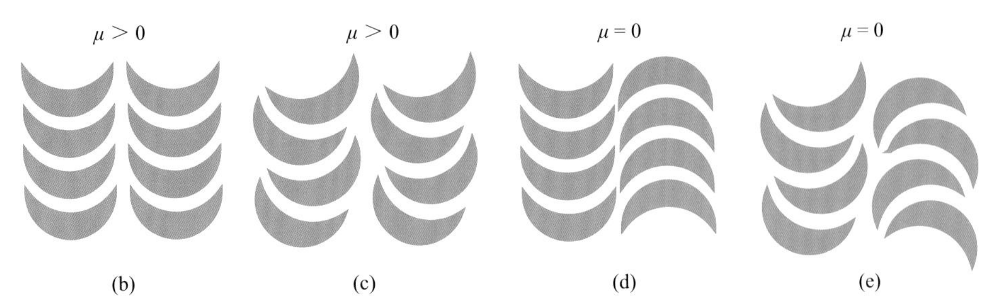

图 2-7 （a）碗烯和素馨烯均为富勒烯结构基序的片段分子；（b）～（e）碗状分子的典型堆积方式

对中心杂原子进行配位是获得碗状结构的另一方法，如亚酞菁（subphthalocyanine，subPc）、硼亚卟啉（boron subporphyrin）、酞菁氧钛（titanylphthalocyanine，TiOPc）、酞菁氧钒（vanadylphthalocyanine，VOPc）。大部分金属酞菁（如酞菁铜）是平面结构，为鱼骨状堆积，然而 TiOPc 和 VOPc 的氧原子在共轭平面之外，呈现出金字塔结构，为二维砖块堆积。由于非常短的 π-π 相互作用距离，TiOPc 单晶迁移率可达 $26.8cm^2/(V·s)$[19]。

2.3 场效应材料的设计合成

2.3.1 设计策略

尽管有关场效应晶体管内电荷传输的机理有几种模型被报道，但其具体传输机理仍不明确。根据场效应晶体管的工作原理和现有已报道的有机半导体材料，影响载流子迁移率的主要因素包括载流子在半导体材料内的迁移和载流子在半导体材料与电极界面之间的转移，同时载流子陷阱对迁移率也有很大的影响。因此，设计有机半导体材料应该主要关注以下几个方面。

（1）能级调控：载流子要在半导体材料和源漏电极之间转移，要求有机半导体材料的能级应与金属电极功函数相匹配。当金属电极的功函数和 p 型有机半导体的最高占据分子轨道（HOMO）能级接近时，有利于空穴载流子的注入；当金属电极的功函数和 n 型有机半导体的最低未占分子轨道（LUMO）能级接近时，有利于电子载流子的注入。只有接触能垒较小或者可以忽略时，载流子才能有效地注入到半导体材料中。如果这一条件不能满足，则半导体与金属电极之间的界面将出现能级差。通常使用的电极为金电极，其功函数为 5.1eV，当包覆有机层时可变化 1eV。大部分 p 型半导体材料的 HOMO 能级在–4.8～–5.4eV，可以与高功函数的电极材料如金属 Au（–5.1eV）和 Pt（–5.6eV）相匹配，因而有利于空穴载流子的注入与传输。对于 n 型材料，其 LUMO 能级应尽可能低，以便电子能够从金电极注入，一般 n 型材料的电子亲和能应大于 3eV，大部分 n 型半导体的

LUMO 能级在–3.0～–4.0eV，也可以与一些低功函数的金属，如 Ag（–4.26eV）、Mg（–3.66eV）和 Ca（–2.87eV）等进行很好的匹配。p 型材料中引入吸电子基团，可以有效降低 LUMO 能级，甚至转化为 n 型材料。

有机半导体的能级可以通过分子结构设计进行有效调控，通过扩大共轭结构单元，增加 π 电子云离域范围，可以有效提高 HOMO 能级、降低 LUMO 能级。通常使用芳香化合物作为结构单元，有利于扩展 π 共轭体系，获得较大的 π 电子云离域范围。

（2）分子间紧密堆积：载流子在半导体本体内的跳转与分子间堆积距离有关。堆积越紧密，越有利于载流子在分子间转移，从而获得高迁移率。同时，理论计算也表明，重组能越小，电荷转移积分越大，载流子的转移速率就越大。大平面、对称性高的刚性分子易于形成有序对称排列和紧密堆积。在设计分子时，尽量采用对称性高，易于有序堆积，形成晶体状结构的分子构型。此外，引入 π-π 相互作用、S…S 相互作用以及氢键等非共价键作用力，也有助于增强分子间紧密堆积。

（3）载流子陷阱：在有机半导体中，杂质的存在会使得分子聚集结构出现缺陷，束缚和散射载流子，降低材料器件的性能。此外，杂质的存在相当于半导体材料被掺杂，提高了其关态电流，从而降低了开关比。杂质的来源主要为原料和副产物，以及外界因素。因此，在设计材料时要优选合成方法，获得高纯度的材料。

（4）稳定性：材料的稳定性也是一个关键因素，如并五苯虽然场效应性能很高，但材料稳定性较差，导致器件性能很快衰减，限制了其实际应用。通过将其中心活泼的苯环用噻吩环替代，即可得到稳定性很高的材料。对于 n 型材料，当施加正向电场时，半导体与绝缘层界面上诱导产生的负离子，尤其是碳负离子很容易与空气中的氧气和水反应，使得器件性能降低甚至消失，因此 n 型材料的发展远远滞后于 p 型材料，限制了有机场效应晶体管的发展。通过引入高电负性原子或吸电子基团等降低材料的 LUMO 能级，可以提高 n 型材料的稳定性。

（5）溶解性：材料的溶解性对于化合物的提纯以及器件制备也有很大的影响，特别是基于溶液法制备薄膜器件将成为低维场效应晶体管实用化和产业化的主流方向，因此有机半导体材料的溶解性也是分子设计、合成时需要考虑的重要因素。通常可以通过引入柔性烷基链等提高材料的溶解性。

2.3.2 分类及合成

场效应材料种类众多，合成方法也不断发展，根据目前已报道的场效应有机半导体材料的结构特征和合成方法，主要可以分为以下几类。

1. 芳香并苯稠环类化合物的合成方法

并苯类化合物的平面结构有利于分子间形成 π-π 堆积，苯环数量的增多有利于提高分子的 HOMO 能级，使其可以很好地与电极功函数相匹配，有利于载流子在半导体与电极之间的传输，从而获得较高的电学性能。因此，并苯类化合物作为一类重要的低维场效应材料，得到了科学家们的广泛关注和研究。目前，并苯类化合物的衍生物众多，但其合成方法主要包括以下几种。

并五苯（**1**）是半导体材料中最常见的一维线型芳香烃，其多晶薄膜迁移率高达 $5.0cm^2/(V \cdot s)$[20]。目前对并五苯的合成方法见图 2-8，方法一[21]以 2, 4-二甲基苯和苯丙酮为反应物，通过三步反应得到并五苯。方法二[22]以并五苯醌为反应物，一步法得到并五苯，该方法目前已成为合成并五苯的最简单的方法。

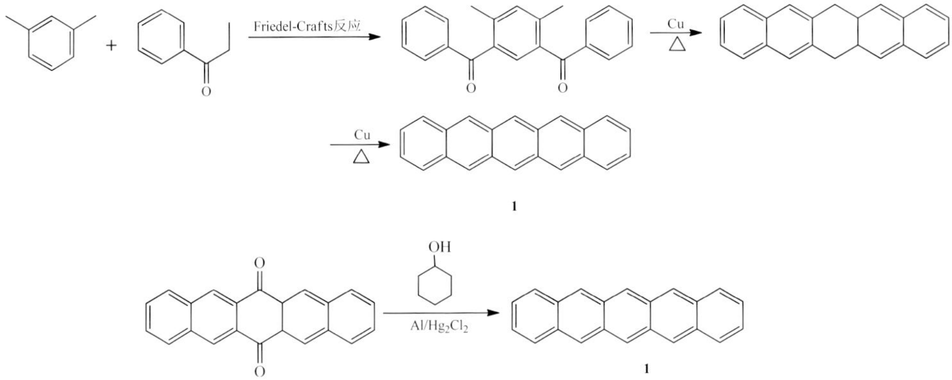

图 2-8 化合物 **1**（并五苯）的合成（一）

Chen 等[23]合成了一种可溶性的并五苯前体，其在 150℃时通过脱去 CO 可以得到并五苯，产生的并五苯薄膜在 360℃时仍保持一定的稳定性，合成路径见图 2-9。

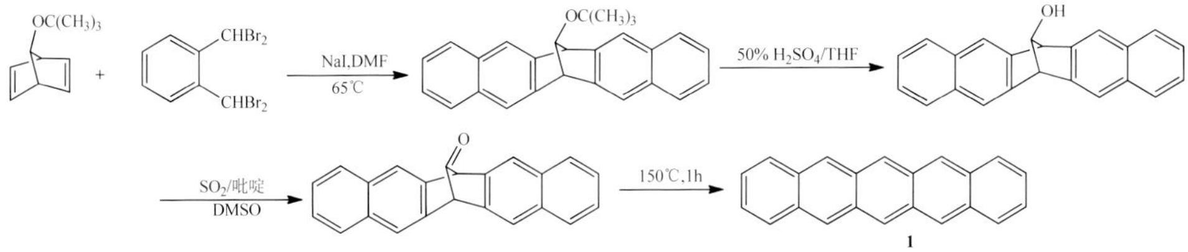

图 2-9 化合物 **1**（并五苯）的合成（二）

此外，通过用过渡金属对 5, 14-二氢并五苯催化脱氢也可以得到并五苯[24]，其用苯并环丁烯和蒽的 1, 4-内氧化物反应，再通过脱水、脱氢的反应生成并五苯，合成路径见图 2-10。

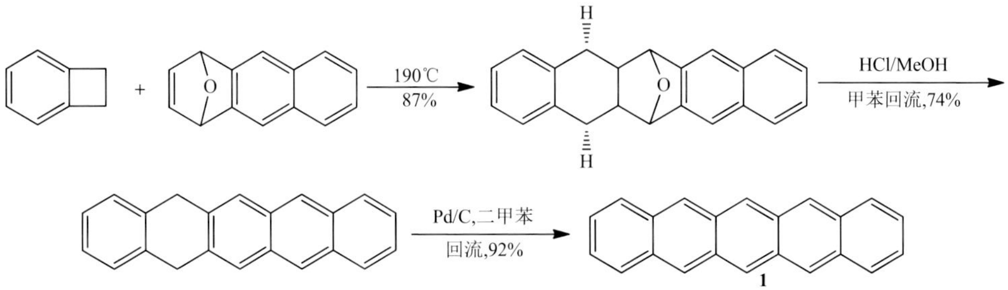

图 **2-10**　化合物 **1**（并五苯）的合成（三）

除了线型并五苯外，Protti 等[25]也介绍了非线型并苯类䓛（**2**）的合成方法，见图 2-11。

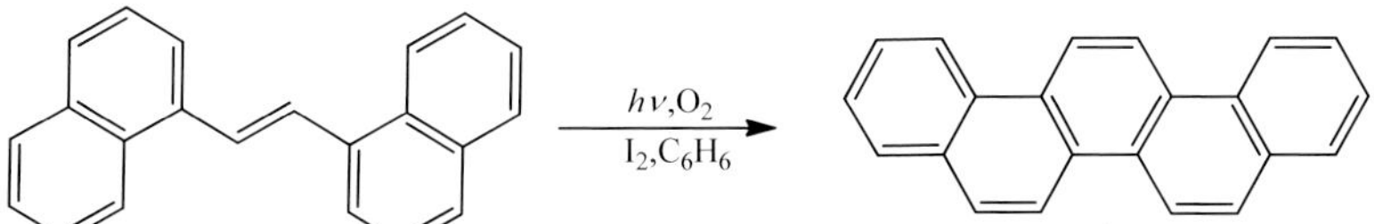

图 **2-11**　化合物 **2**（䓛）的合成

并五苯的优良性质激发了科学家们对更大共轭度的并苯类化合物的研究兴趣，Lang 等[26]和 Marschalk[27]通过对二氢并六苯进行还原得到并六苯化合物（**3**），合成路线见图 2-12。Bailey 和 Liao[28]则先通过 Diels-Alder 反应合成醌类化合物，再进行还原和脱氢反应得到并六苯化合物，合成路径见图 2-13。随着并苯类化合物中苯环的增加，化合物的稳定性变差、溶解度降低以及合成路径变得困难，因此，对一维线型并苯类化合物的研究很少涉及六环以上。

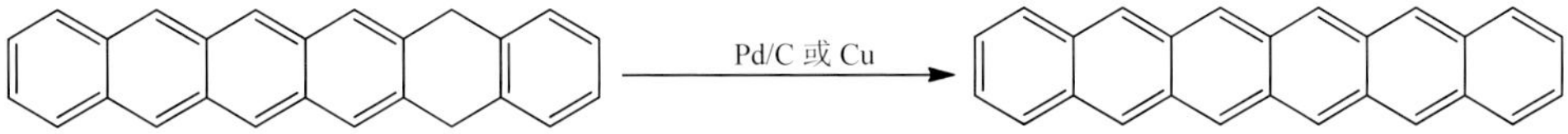

图 **2-12**　化合物 **3**（并六苯）的合成（一）

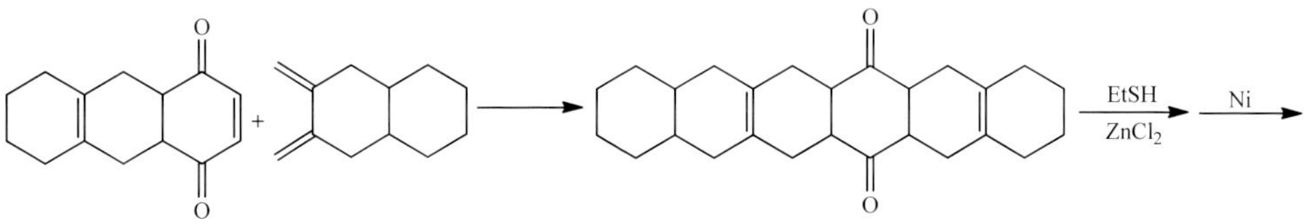

图 2-13 化合物 **3**（并六苯）的合成（二）

相比于在一维方向增加苯环数量的线型并苯类化合物，二维平面芳香并苯类化合物可以在二维方向增加并延伸苯环的数量，增加 π 共轭度和 π 电子离域范围，从而得到了很多场效应性能优良的化合物。以六苯并䓛苯为代表的二维并苯类芳香烃分子间存在强烈的 π-π 相互作用，对其进行烷基链修饰后，可广泛地应用于有机场效应晶体管等分子器件中。

对于六苯并䓛苯（**4**）的合成路径，Clar、Halleux 和 Schmidt 等[29-31]均报道了不同的合成方法，见图 2-14，但最终的产率都较低。

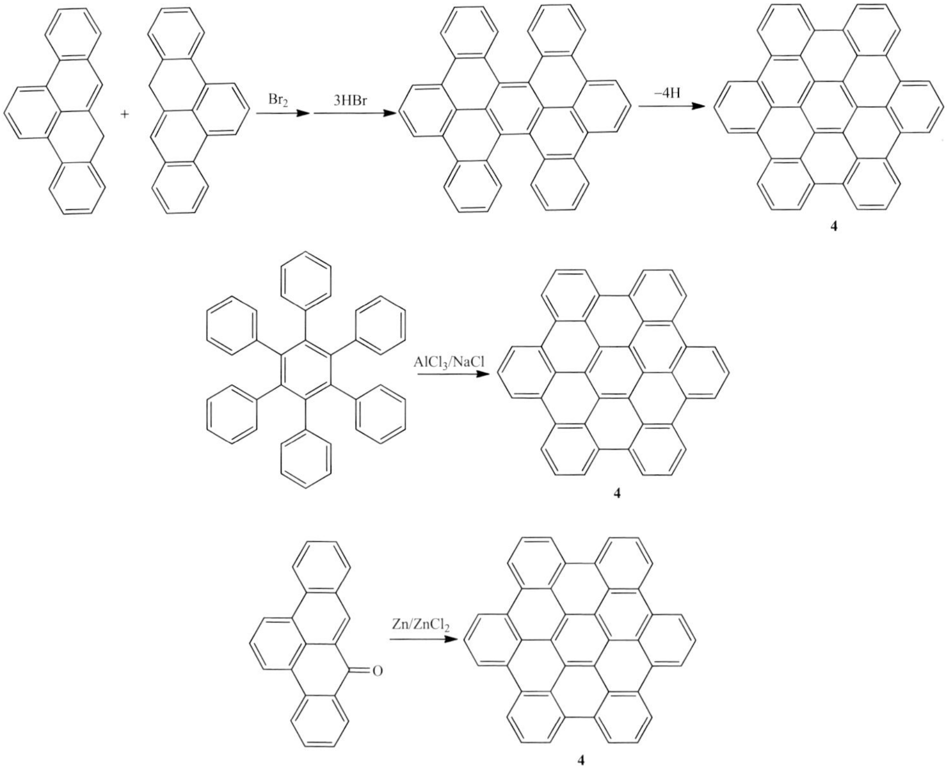

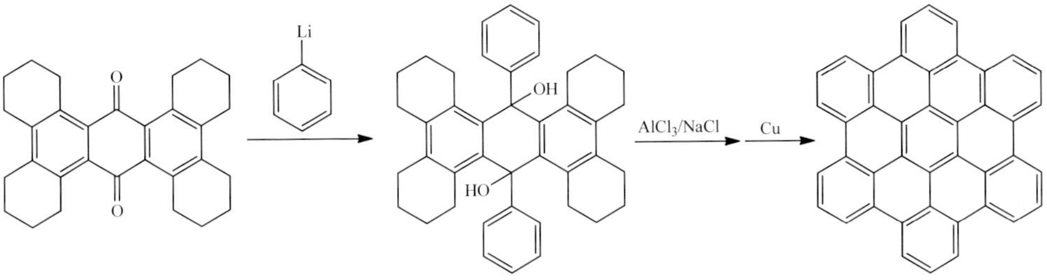

图 2-14　化合物 **4**（六苯并晕苯）的合成

Müllen 研究组[32]将二苯炔分子被取代后的分子进行三聚成环反应，然后进行 Scholl 脱氢成环反应，该过程可以得到高产率的六苯并晕苯衍生物 **5**，合成路径见图 2-15。在此方法之后，Müllen 研究组[33]通过 Diels-Alder 环加成反应合成了不对称六苯并晕苯衍生物 **6**。该方法可以引进不同的取代基团，对分子进行功能化修饰，提高其溶解度，并优化分子性能，合成路径见图 2-16。

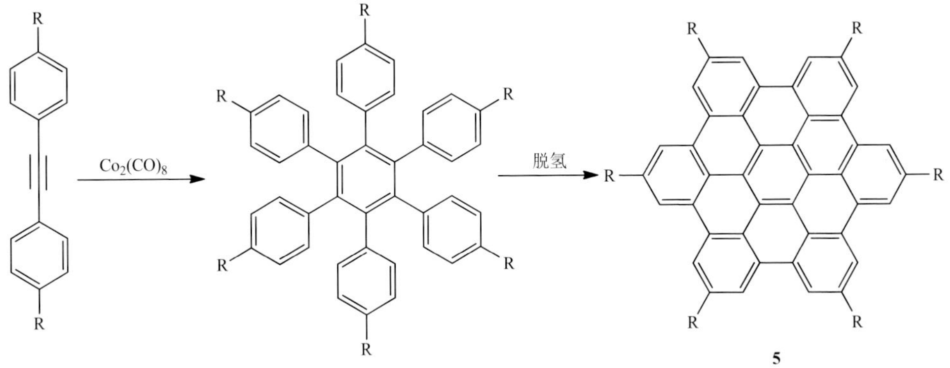

图 2-15　六苯并晕苯衍生物 **5** 的合成

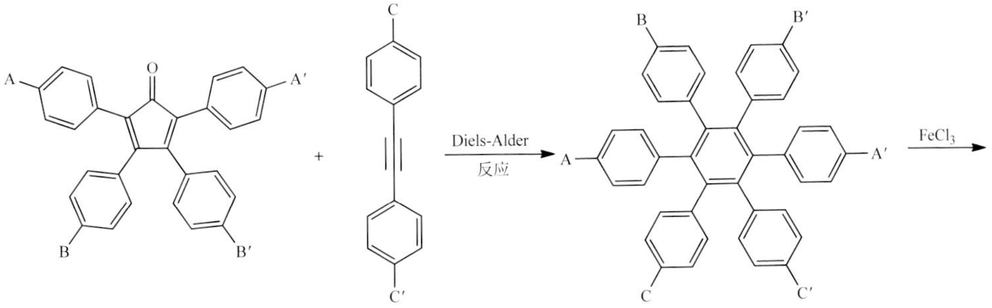

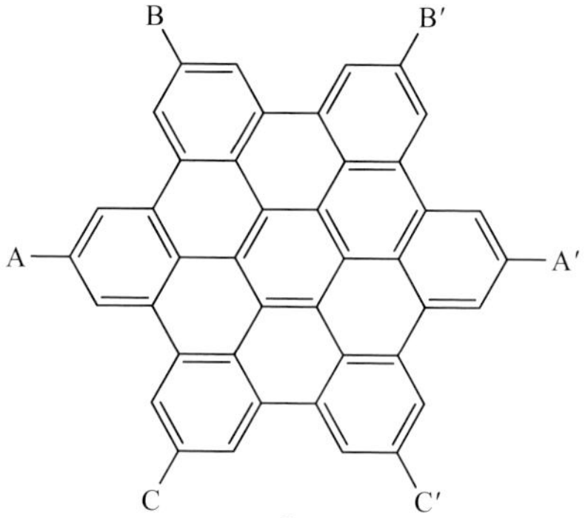

图 2-16　六苯并蒄苯衍生物 **6** 的合成

2. 芳香杂稠环类化合物的合成方法

与苯环相比，噻吩环具有较大的电子云密度，利于空穴的注入。此外，噻吩环的 α 位和 β 位易引入其他官能团进行修饰，噻吩环的活泼性质使得其受到研究者们的青睐。特别是作为芳香并苯类稠环化合物的扩展，以噻吩代替苯环合成的硫杂并苯类化合物及结构单元在有机半导体材料中占据着重要的位置。因此，如何在芳香稠环体系中引入和扩展噻吩环对于有机半导体材料的设计、合成具有非常重要的意义。

Liu 课题组[34]研究了一系列以并四噻吩（**7**）为结构单元的 p 型有机光电材料。并四噻吩可以由 3-溴噻吩合成，合成路径见图 2-17[35]。

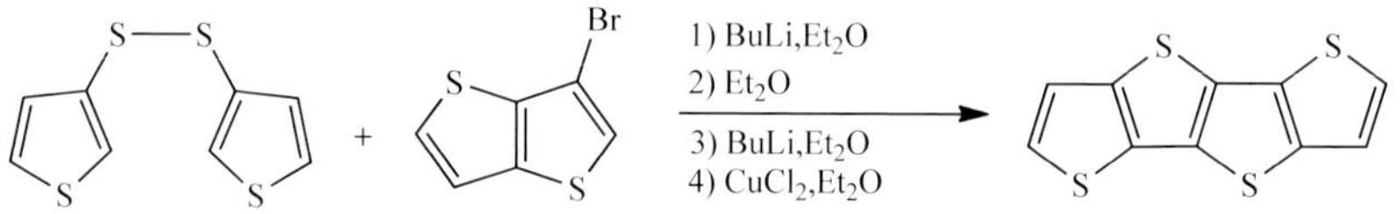

图 2-17　化合物 **7**（并四噻吩）的合成

并三噻吩（**8**）由于具有独一无二的电荷特性和良好的光电性质，成为很重要的结构单元。早期，De Jong 等[36]报道了有关并三噻吩的合成方法，如图 2-18 所示。先对 3-溴噻吩进行锂化反应，插入硫原子将两个噻吩连接，然后用丁基锂和氯化铜进行偶联处理得到产率为 35%的并三噻吩。

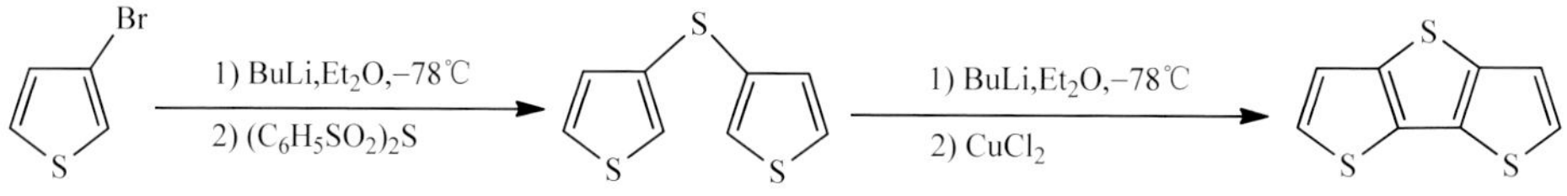

图 2-18　化合物 **8**（并三噻吩）的合成（一）

Allared 等[37]优化了 De Jong 等的方法，他们先用丁基锂和氯化铜将 2, 3-二溴噻吩进行锂化和氧化偶联，得到 3, 3′-二溴-2, 2′-双噻吩的中间体，进一步锂化、插入硫原子得到并三噻吩 **8**，产率可提高至 70%。合成路径见图 2-19。

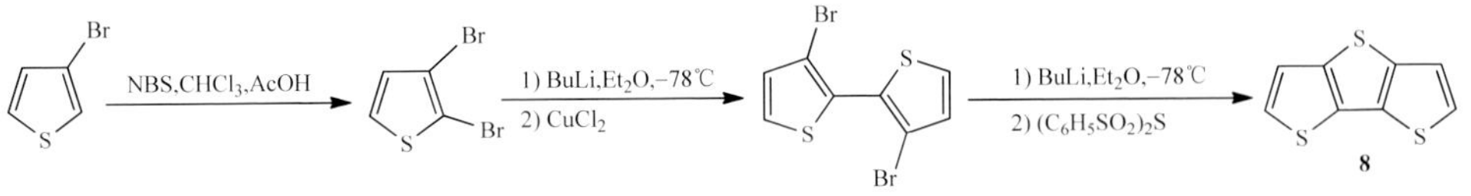

图 2-19 化合物 **8**（并三噻吩）的合成（二）

Holmes 等[38]通过增环反应优化了该合成路线，见图 2-20。首先，该过程虽然步骤比较烦琐，但是每一步的中间体都可以结晶纯化，仅仅在处理最后一步反应时需要色谱纯化。其次，该反应的产物产量可达 30g。最后，羧基和酯基官能团的引入有利于引入其他的官能团，最后的产率达到 47%。

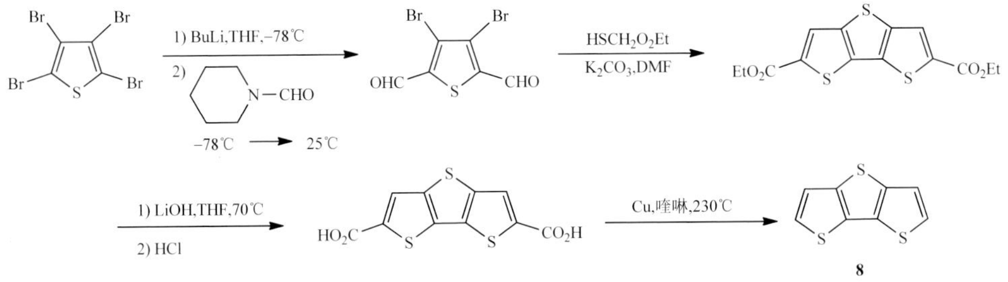

图 2-20 化合物 **8**（并三噻吩）的合成（三）

Chen 等[39]用一锅法合成了并三噻吩，先用丁基锂进行锂化反应，再用硫和 TsCl 处理，最后用 3-锂噻吩、丁基锂和氯化铜进行闭环反应，得到的并三噻吩产率为 30%，合成路径见图 2-21。

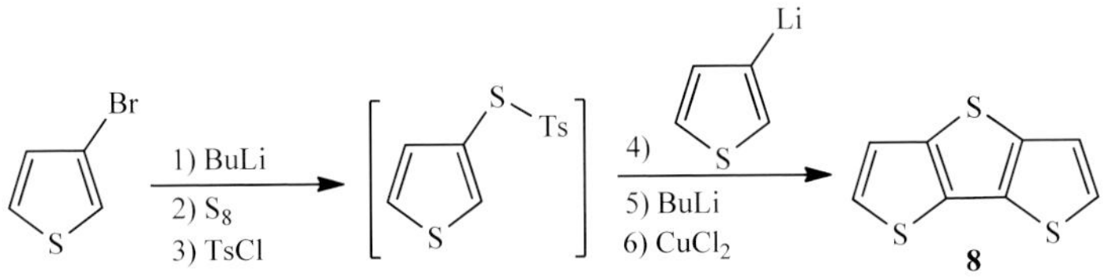

图 2-21 化合物 **8**（并三噻吩）的合成（四）

除了在噻吩环上扩展合成并噻吩的方法外，科学家们继续研究了如何在苯环上扩展噻吩环。Nishino 等[40]研究了 2-联苯二硫化物合成二苯并噻吩（**9**）的条件，在金属催化剂 CuCl 和 I_2 存在的条件下，转化率可达到 99%以上，合成路径见图 2-22。

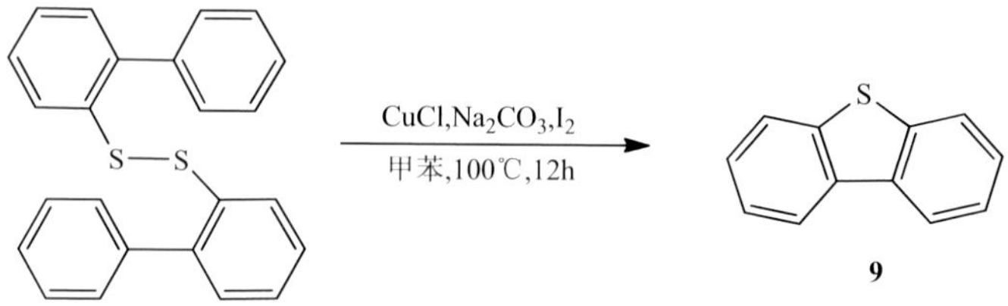

$CuCl, Na_2CO_3, I_2$
甲苯,100℃,12h

9

图 2-22 化合物 **9**（二苯并噻吩）的合成（一）

Liu 等[41]研究了铁催化剂对环二芳基碘铵合成二苯并噻吩的影响，该路径以 $FeCl_3$ 为催化剂，以 Na_2S 作为硫源，DMSO 作为溶剂，转化率可达到 99%，合成路径见图 2-23。

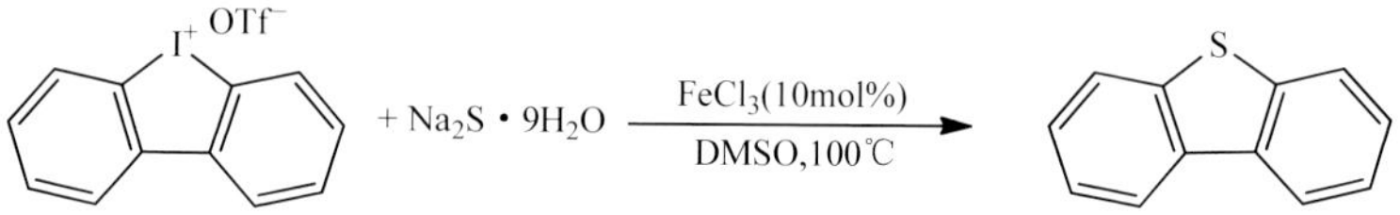

I^+ OTf^-
$+ Na_2S \cdot 9H_2O$
$FeCl_3$(10mol%)
DMSO,100℃

9

图 2-23 化合物 **9**（二苯并噻吩）的合成（二）

Huang 等[42]在铑催化剂的作用下，进行二芳基亚砜还原反应合成了二苯并噻吩，转化率可达到 96%，合成路径见图 2-24。

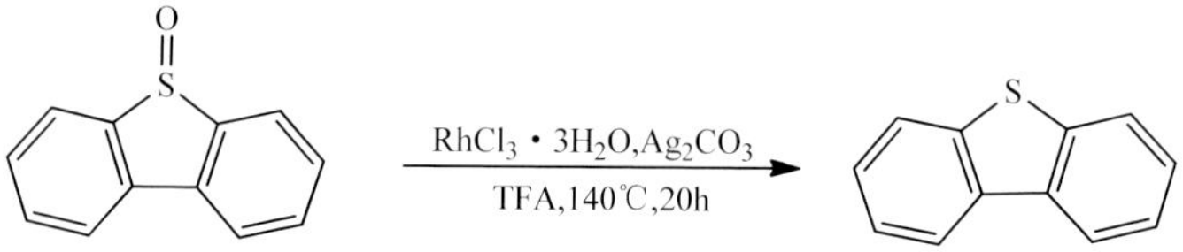

$RhCl_3 \cdot 3H_2O, Ag_2CO_3$
TFA,140℃,20h

9

图 2-24 化合物 **9**（二苯并噻吩）的合成（三）

Gao 等[43]以苯并噻吩为起始反应物，三步法合成了二苯并三噻吩化合物（**10**），合成路径见图 2-25。

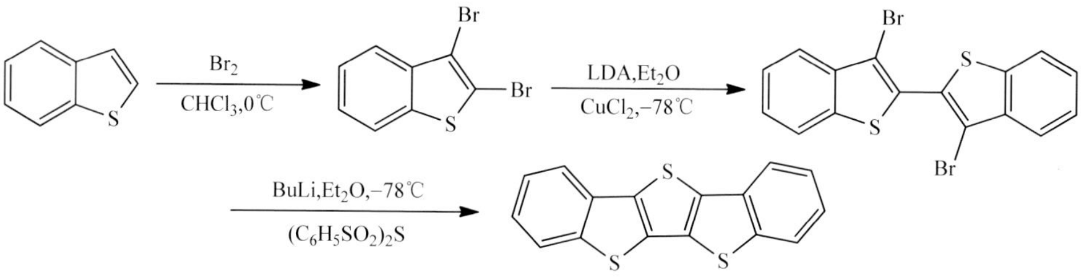

Br_2
$CHCl_3$,0℃
LDA,Et_2O
$CuCl_2$,−78℃
BuLi,Et_2O,−78℃
$(C_6H_5SO_2)_2S$

10

图 2-25 化合物 **10** 的合成

Zou 等[44]以 1, 3, 5-三羟基苯为起始反应物，合成了一种星型杂稠环化合物（**11**），合成路径见图 2-26。该化合物的空穴迁移率可达到 0.56cm^2/(V·s)，呈现出较好的场效应特性。

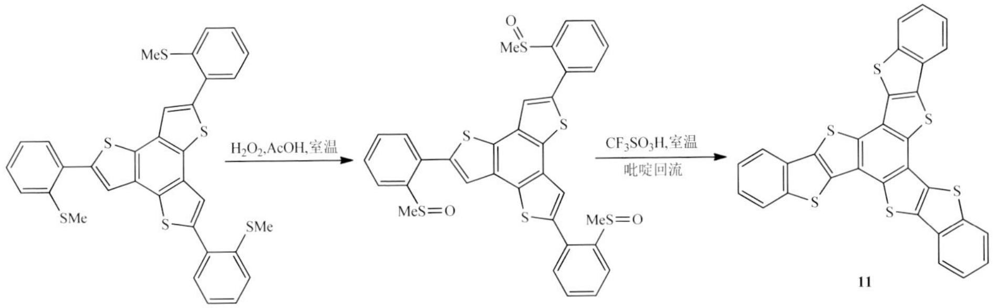

图 2-26　化合物 **11** 的合成

Liu 等[45]以苯并噻吩为起始反应物，合成了一种对称的蝴蝶型杂稠环化合物（**12**），合成路径见图 2-27。该化合物的迁移率达到 2.62cm^2/(V·s)，性质比较稳定。

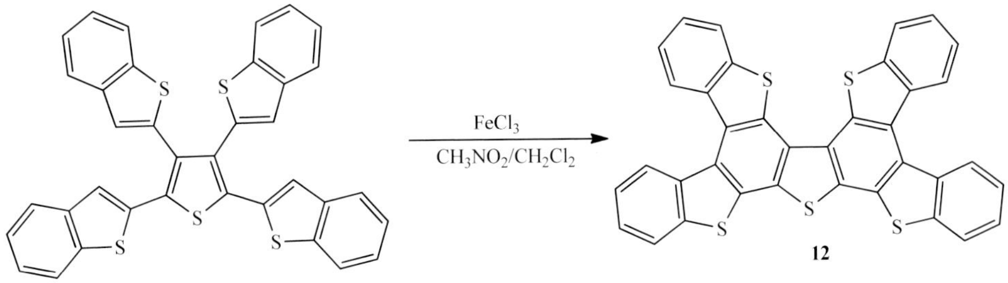

图 2-27　化合物 **12** 的合成

Gao 等[46]以并二噻吩为核心单元，通过三步反应合成了一种中心对称的“H”型杂稠环化合物（**13**），合成路径见图 2-28，该化合物的迁移率可达到 17.9cm^2/(V·s)，开关比也超过 10^7。

Ebata 等[47]合成了一种六元环和五元环交替连接的化合物 **14**，其中五元环上的 S 原子可以替换为同主族的 Se 原子，合成路径见图 2-29。

Nakano 和 Takimiya[48]发现了一种用硫化钠促进噻吩环化的反应，合成路径见图 2-30。该过程可通过一步法合成苯并噻吩类化合物 **15** 和 **16**。

除含 S 原子的杂环外，含 N 原子的杂环也是常见的一类结构，关于含 N 杂环的化合物主要可分为含单原子 N 的杂环和含双原子 N 的杂环。Qi 等[49]以苯并噻吩为起始反应物，合成了含 N 杂环的化合物 **17**，合成路径见图 2-31。

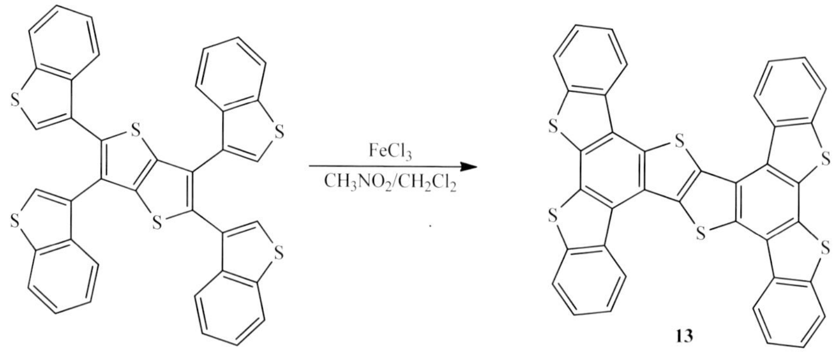

图 2-28 化合物 **13** 的合成

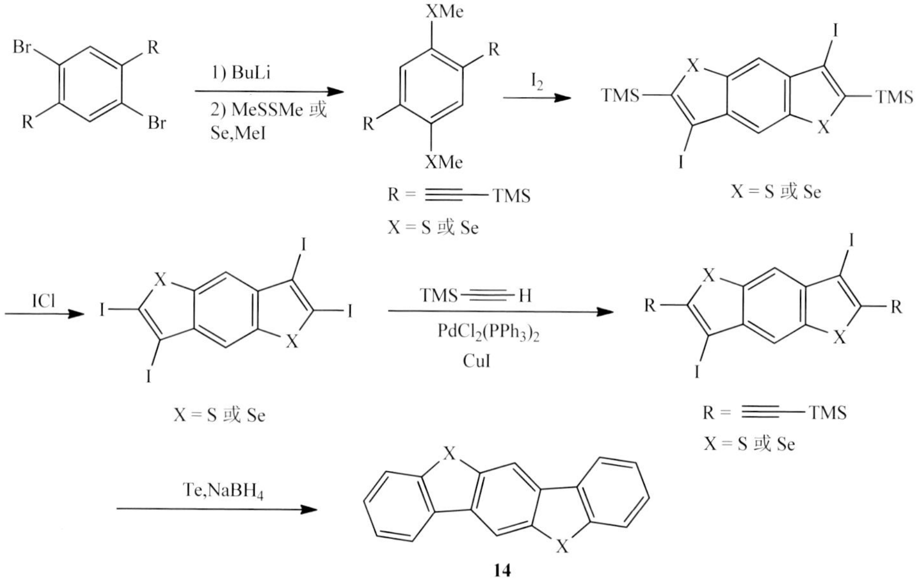

图 2-29 化合物 **14** 的合成

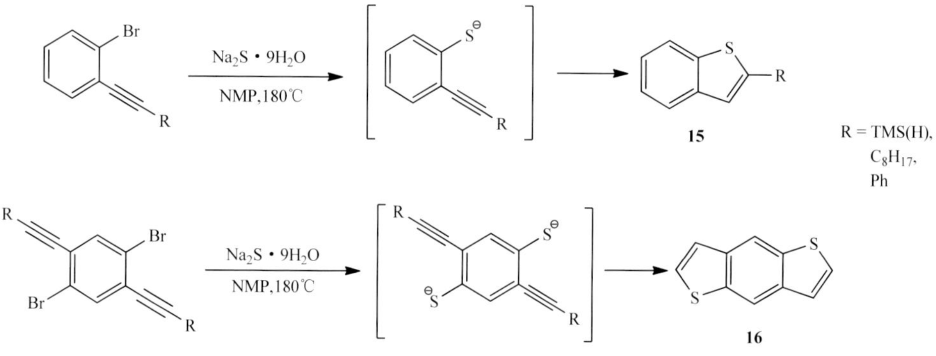

图 2-30 化合物 **15** 和 **16** 的合成

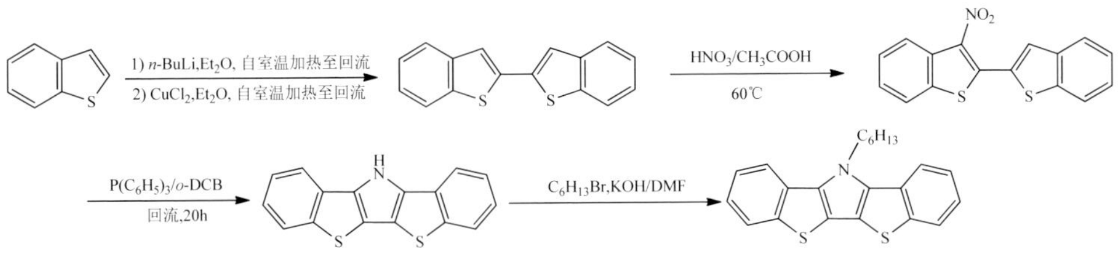

1) n-BuLi,Et_2O, 自室温加热至回流
2) $CuCl_2$,Et_2O, 自室温加热至回流
HNO_3/CH_3COOH
60℃
NO_2
S
$P(C_6H_5)_3$/o-DCB
回流,20h
H
$C_6H_{13}Br$,KOH/DMF
C_6H_{13}
N
17

图 2-31　化合物 **17** 的合成

Engelhart 等[50]通过卤代反应合成了一种四氮杂五烯化合物 **18**，合成路径见图 2-32。

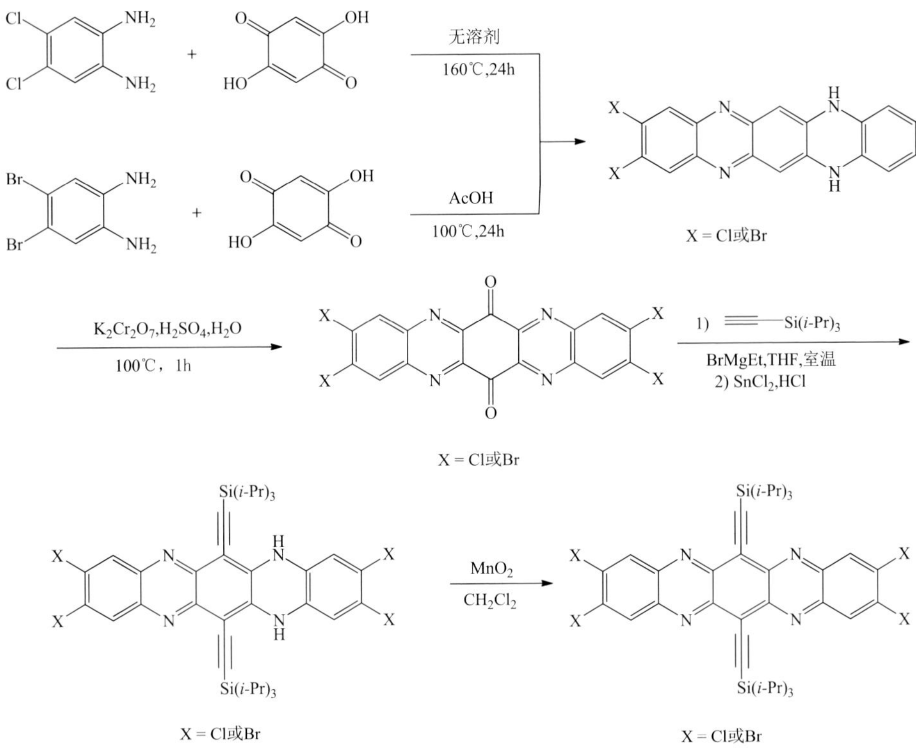

Cl
NH_2
O
OH
HO
无溶剂
160℃,24h
Br
AcOH
100℃,24h
X
N
H
X = Cl或Br
$K_2Cr_2O_7$,H_2SO_4,H_2O
100℃，1h
1) ≡—Si(i-Pr)$_3$
BrMgEt,THF,室温
2) $SnCl_2$,HCl
X = Cl或Br
Si(i-Pr)$_3$
MnO_2
CH_2Cl_2
X = Cl或Br
X = Cl或Br
18

图 2-32　化合物 **18** 的合成

3. 结构单元构筑法

在发展低维场效应材料的过程中，通过将一些简单的结构单元进行组合或修

饰，可以便捷地衍生出更多的有机半导体材料。下面简单介绍一些常见的结构单元，以及其在有机半导体材料中的应用及衍生化方法。

1）蒽及其衍生物

作为线型芳香环的代表，单晶蒽在室温下的空穴迁移率可达到 $3cm^2/(V·s)$[51]，然而载流子迁移率仅为 $0.02cm^2/(V·s)$。这主要由较短的 π 共轭体系以及分子间较弱的 π-π 相互作用造成[52]。对蒽进行取代修饰，扩大 π 共轭体系成为目前最有效的方法。

蒽的取代反应主要发生在 9, 10 位和 2, 6 位上。蒽的 9, 10 位上的卤代反应非常容易进行，得到的 9-溴蒽产率较高[53]。通过 Sonogashira 偶联反应可以进一步得到“H”型的化合物 **19**，反应路径如图 2-33 所示。化合物 **19** 中三键的产生避免了相邻蒽环中 H 原子的排斥作用，使得化合物结构呈现刚性，其迁移率可达到 $0.82cm^2/(V·s)$[54]。

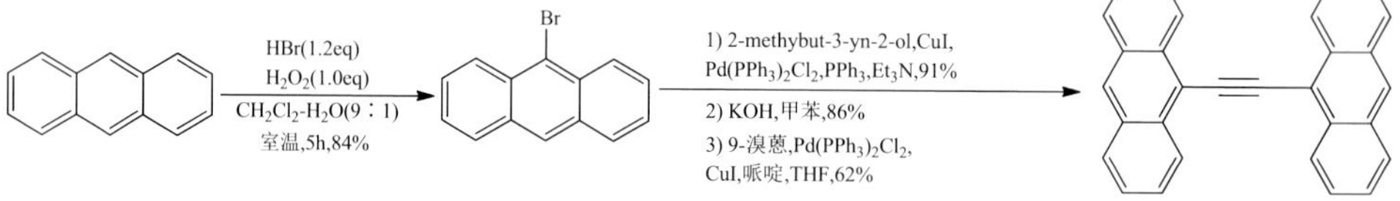

图 2-33　化合物 **19** 的合成

蒽在二氯甲烷和 Br_2 的作用下可以直接生成 9, 10-二溴蒽[55]，9, 10-二溴蒽通过 Suzuki 偶联反应引入苯基，生成的化合物 **20** 的迁移率为 $0.16cm^2/(V·s)$，比蒽高了一个数量级[56]。此外，通过 Sonogashira 偶联反应在 9, 10 位同时引入碳碳三键，可以有效地减小蒽衍生物分子的空间位阻，增强分子内的 π-π 共轭作用[57]。苯基取代的化合物 **21** 的迁移率为 $0.73cm^2/(V·s)$，而引入萘基的化合物 **22** 的迁移率为 $0.52cm^2/(V·s)$。化合物 **23** 由于在尾端引入了亲水性基团，具有较好的溶解性[58]，不过迁移率仅为 $0.07cm^2/(V·s)$。该系列化合物的合成路径可总结为图 2-34。

不同于 9, 10 位，蒽的 2, 6 位的取代不能由蒽进行卤代反应直接得到。氨基蒽醌在叔丁基亚硝酸盐、溴化铜和乙腈的混合物的作用下，经 Sandmeyer-like 反应转化为溴代蒽醌，溴代蒽醌再进一步被还原为溴化蒽[59]。合成路径如图 2-35 所示。

2, 6-二溴蒽可以衍生出很多具有良好性能的有机半导体材料。Meng 等[60]和 Ando 等[61]几乎同时合成了化合物 **24**，迁移率为 $0.02{\sim}0.06cm^2/(V·s)$，当引入正己基时，化合物 **25** 的迁移率可提高到 $0.1{\sim}0.5cm^2/(V·s)$，合成路线见图 2-36。Ito 等[51]在蒽的 2, 6 位引入蒽环，以此来增大 π 轨道间的重叠部分，当在蒽端基引入正己基时，化合物 **26** 的迁移率可达到 $0.18cm^2/(V·s)$，合成路径见图 2-36。同时，他们也发现引入正己基比扩大蒽环对电荷迁移率的影响更大。2, 6-二溴蒽通过

Suzuki 偶联反应先引入碳碳双键，再接着引入不同的芳香基团，化合物 **27** 和化合物 **28** 具有良好的稳定性，迁移率分别达到 $1.3cm^2/(V \cdot s)$和 $1.28cm^2/(V \cdot s)$[62]，合成路线如图 2-36 所示。

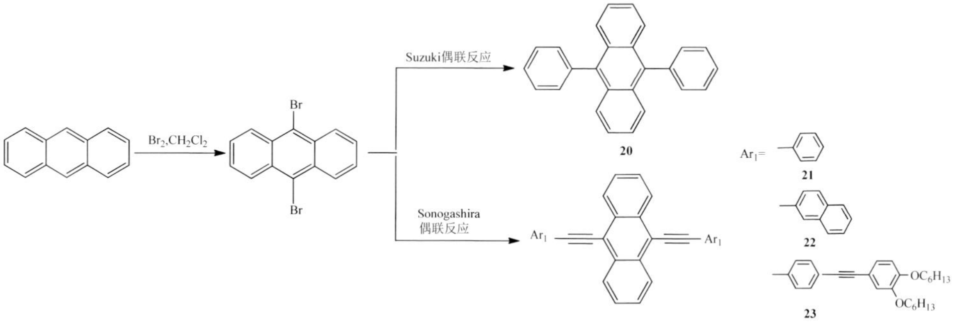

图 2-34　化合物 **20**～**23** 的合成

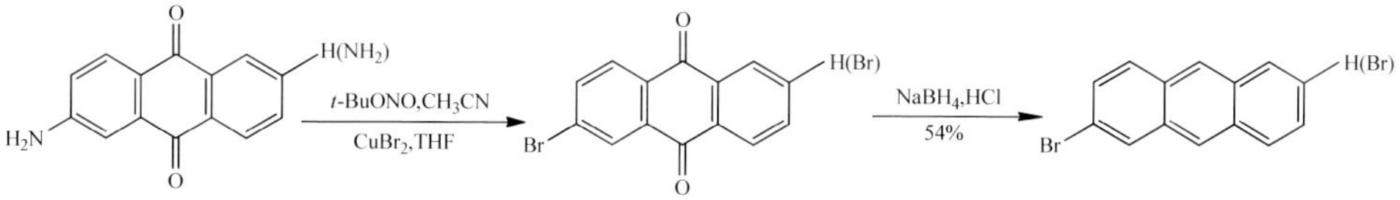

图 2-35　蒽的 2, 6 位取代反应

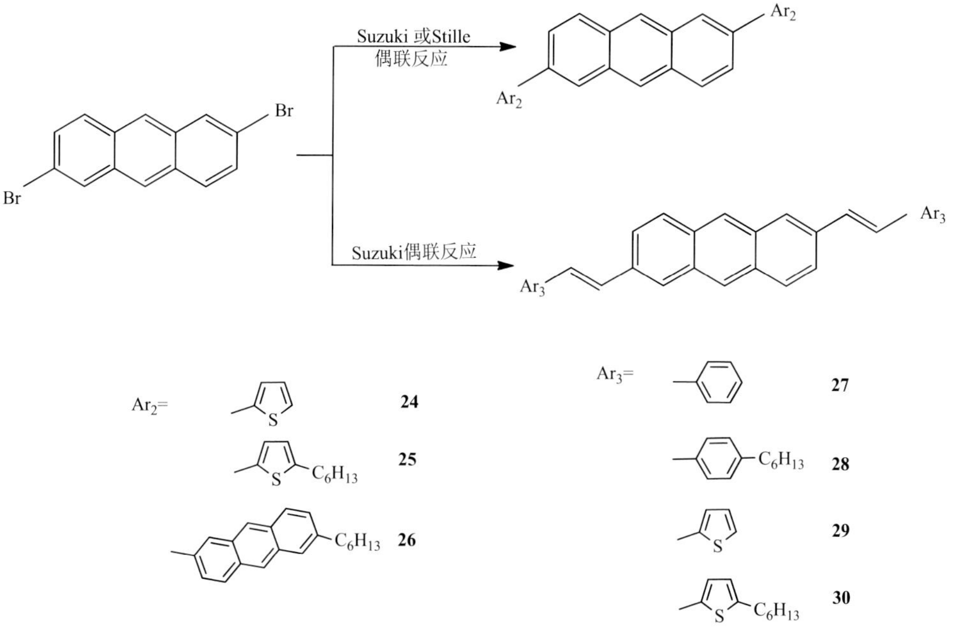

图 2-36　蒽的衍生物的合成

对于化合物**29**和**30**，文献还报道了另一种合成路径[63]，见图2-37。相比于化合物**24**和**25**而言，化合物**29**具有较好的光电特性，其迁移率可达0.44cm^2/(V·s)。化合物**30**的有序度较低，使得其迁移率略低于**29**。

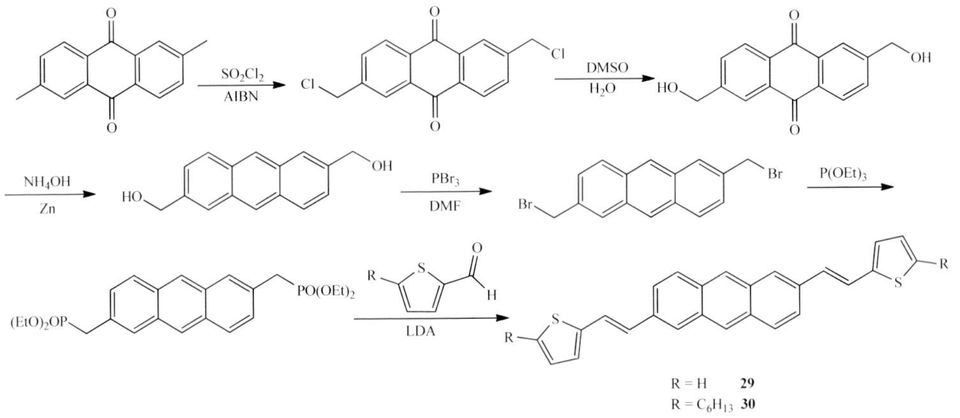

图2-37 化合物**29**和**30**的合成

Merlo等[64]报道了一种以蒽作为末端连接物的化合物**31**，其在室温下的稳定性强于并五苯，空穴迁移率为0.1cm^2/(V·s)。合成路径见图2-38。

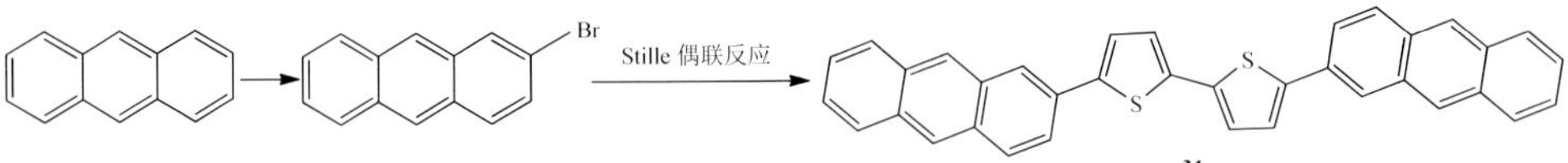

图2-38 化合物**31**的合成

Park等[65]同时在蒽的2, 6位和9, 10位引入芳香烷基和芳香噻吩基团（化合物**32**和**33**），合成的化合物有着较好的溶解性和成膜性。化合物**33**的空穴迁移率达到0.24cm^2/(V·s)，合成路径见图2-39。

该团队也合成了一系列可溶性的TIPS-蒽类衍生物[66]，再引入芳香环或者芳杂环，化合物**34**的载流子迁移率高达3.7cm^2/(V·s)，合成路径见图2-40。同时也说明，π轨道重叠面积的大小对载流子迁移率的影响要强于π轨道的长度。

2）萘及其衍生物

萘的2, 6位非常容易进行卤化反应，因此萘作为结构单元被广泛地应用于有机光电材料的合成中。溴化萘和2, 6-二溴萘化合物在市场上是比较常见的。Kim等[67]用并二噻吩取代萘得到化合物**35**，空穴迁移率为0.084cm^2/(V·s)。Tian等[68]用萘取代了α-六噻吩（α-6T）的末端，合成了化合物**36**，其迁移率可达到0.40cm^2/(V·s)，该化合物可在室温下稳定存在三个月，合成路径见图2-41。

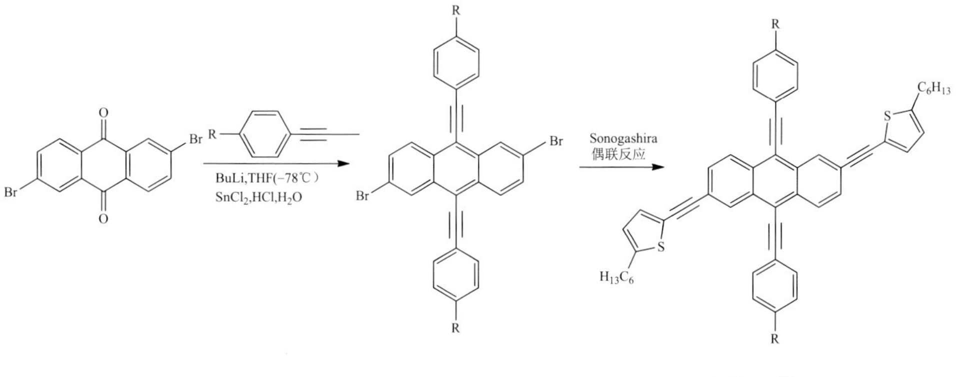

O
Br
Br
O
R
BuLi,THF(–78℃)
$SnCl_2$,HCl,H_2O
R
Br
Br
R
Sonogashira
偶联反应
R
C_6H_{13}
S
S
$H_{13}C_6$
R
R=H　**32**
R=C_6H_{13}　**33**

图 2-39　化合物 **32** 和 **33** 的合成

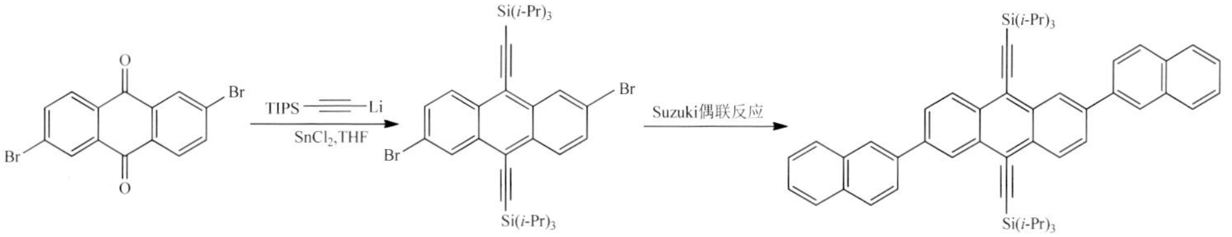

O
Br
Br
O
TIPS —— Li
$SnCl_2$,THF
Si(i-Pr)$_3$
Br
Br
Si(i-Pr)$_3$
Suzuki偶联反应
Si(i-Pr)$_3$
Si(i-Pr)$_3$
34

图 2-40　化合物 **34** 的合成

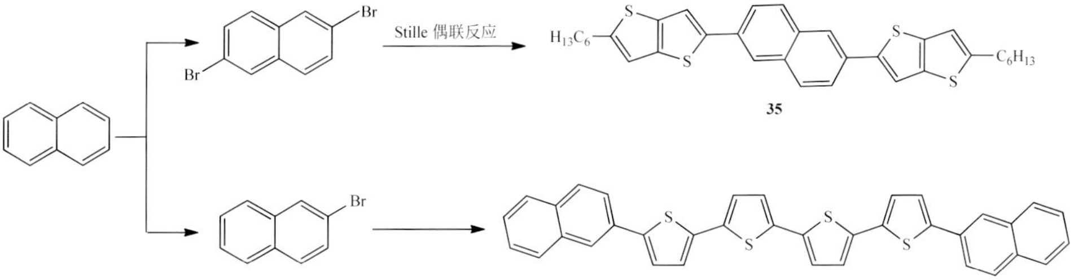

Br
Br
Stille 偶联反应
$H_{13}C_6$
S
S
S
S
C_6H_{13}
35
Br
S
S
S
S
36

图 2-41　化合物 **35** 和 **36** 的合成

3）菲及其衍生物

作为蒽的同分异构体，非线型稠环芳香化合物菲具有较好的稳定性，Geng 等[69]以菲作为结构单元，合成了化合物 **37** 和 **38**，化合物 **37** 中，菲作为末端结构，其迁移率为 0.011cm^2/(V·s)，同时具有和蒽衍生物相似的阈值电压，为–46V，合成路径见图 2-42。化合物 **38** 由三个菲结构单元组成，迁移率为 0.12cm^2/(V·s)，其 HOMO 能级为–5.4eV，可以和金属 Au 的功函数（–5.1eV）进行很好的匹配。合成路径见图 2-43。

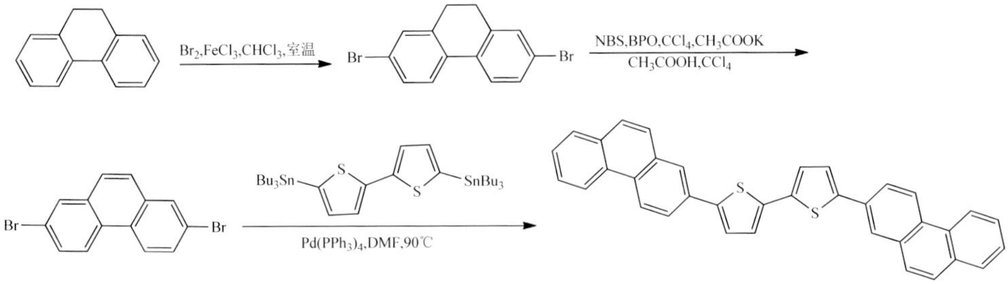

图 2-42 化合物 **37** 的合成

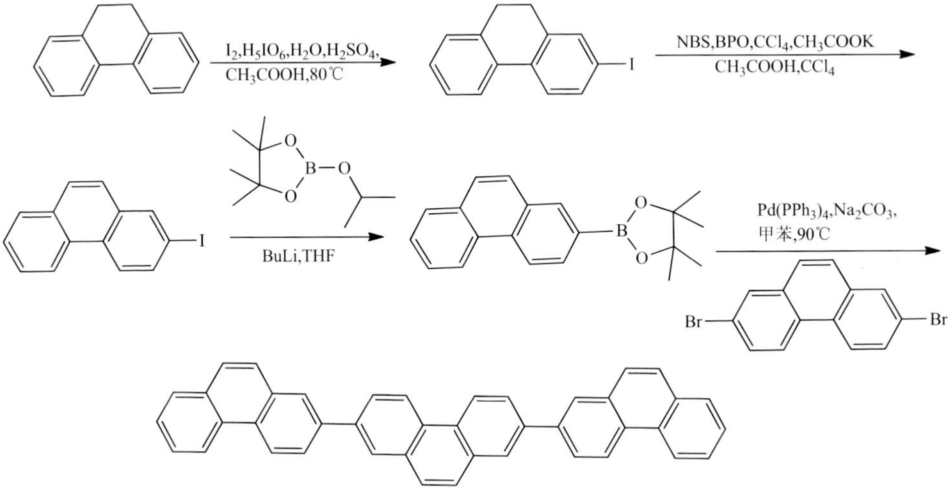

图 2-43 化合物 **38** 的合成

4）芴及其衍生物

芴由于具有较高的热稳定性，被广泛地应用于有机光电材料中，其与噻吩的聚合物可以在空气中、可见光以及紫外线照射下稳定存在。同时，芴的卤代化合物和硼酸酯取代的化合物在市场中容易买到。因此，在低维场效应材料的研究中，芴是一种很常见的结构单元。

Bao 课题组[70]研究了一系列芴和噻吩结合的化合物，所有化合物的 HOMO 能级在 5.0～5.4eV 之间，可以很好地与金属电极进行匹配。化合物 **39** 是以芴作为末端结构的化合物，合成路线如图 2-44 所示，当引入烷基链以后，其迁移率可达到 $0.14cm^2/(V·s)$。当引入环己基以后，迁移率可达到 $0.17cm^2/(V·s)$。该课题组[71]同时合成了一系列以芴为中心结构单元的化合物（如化合物 **40**），合成路径见图 2-45，该类化合物具有较高的电离能，化学性质稳定，平均迁移率达到 $0.32cm^2/(V·s)$。

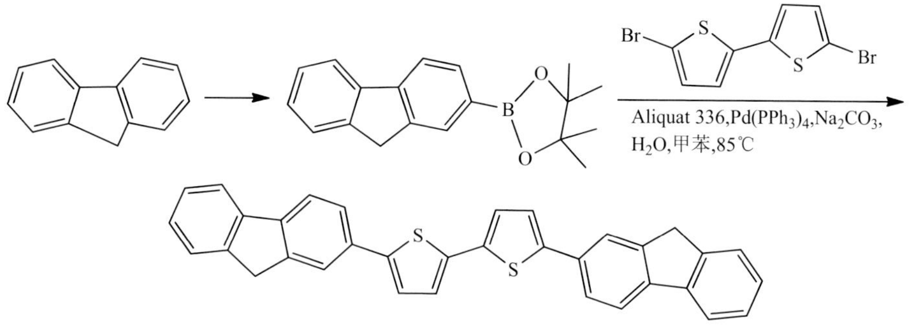

图 2-44　化合物 **39** 的合成

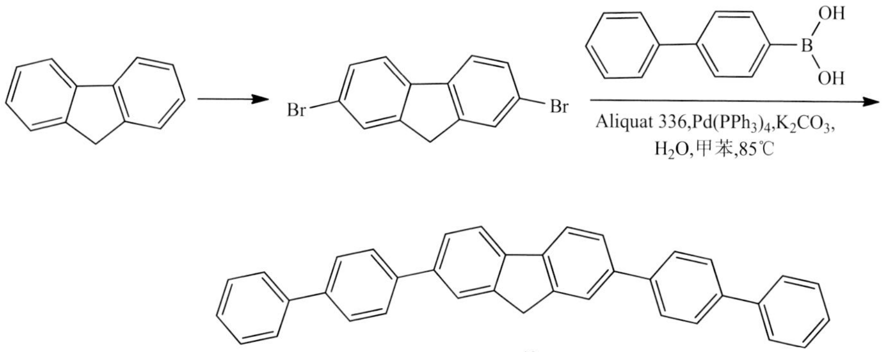

图 2-45　化合物 **40** 的合成

5）并四噻吩及其衍生物

在“2. 芳香杂稠环类化合物的合成方法”中我们介绍了并四噻吩的合成方法，作为结构单元，并四噻吩可以在其端基引入一系列取代基，如苯基、二苯基和萘基等。由苯基取代得到的化合物 **41** 的迁移率可达到 0.14cm^2/(V·s)。进一步，Liu 课题组[72]在以并四噻吩为结构单元的基础上引入了碳碳双键，得到的化合物 **42** 的迁移率为 0.06cm^2/(V·s)，是化合物 **43** 的 3 倍多，如图 2-46 所示。

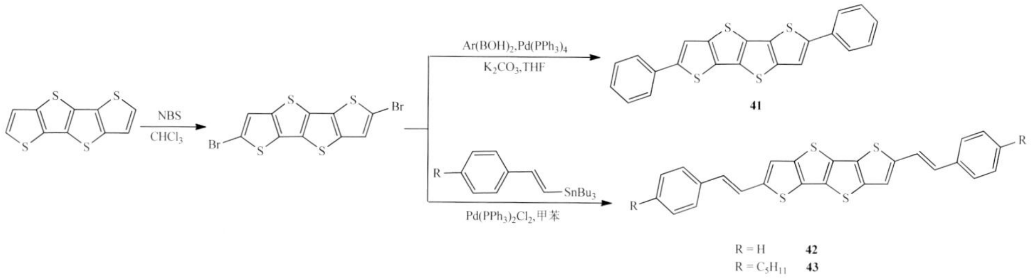

图 2-46　化合物 **41**～**43** 的合成

6）并三噻吩及其衍生物

并三噻吩可用 NBS 进行溴化，该过程极易进行，产率较高。溴化后的并三噻吩作为结构单元，可进行一系列的修饰得到并三噻吩的衍生物，如图 2-47 所示。Liu 课题组[73]引入苯基基团，化合物 **44** 的迁移率可达到 0.42cm^2/(V·s)。Iosip 等[74]引入 2-环己基双噻吩得到化合物 **45**，空穴迁移率为 0.02cm^2/(V·s)。Liu 课题组[72]引入碳碳双键，再引入芳香基团得到化合物 **46**，其迁移率为 0.17cm^2/(V·s)，高于以并四噻吩为中心结构单元的衍生物。

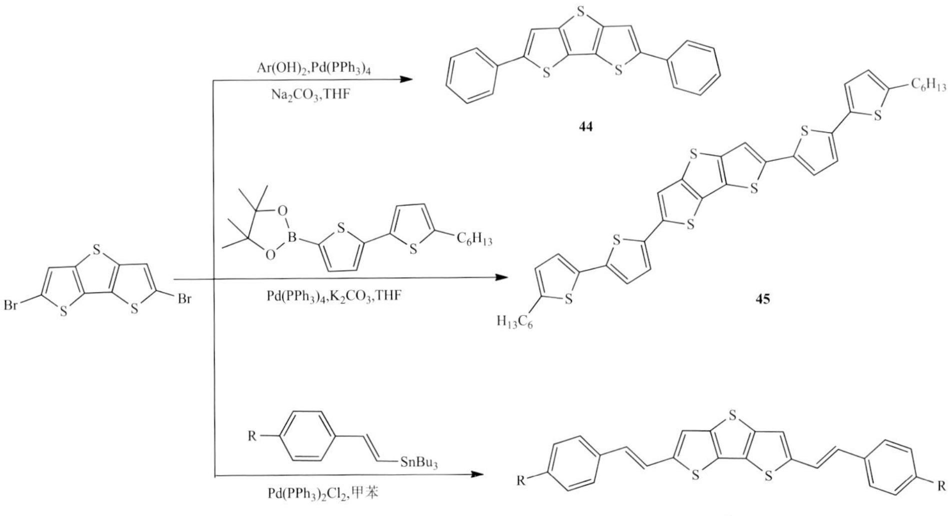

图 2-47 化合物 **44**～**46** 的合成

Wang 等[75]合成了以乙烯连接并三噻吩的化合物 **47**，迁移率为 0.08cm^2/(V·s)，合成路径为图 2-48。

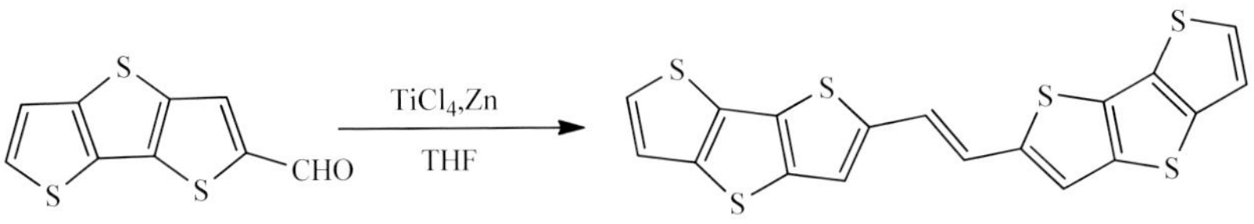

图 2-48 化合物 **47** 的合成

Li 等[76]合成了 α 位相连接的并三噻吩二聚物 **48**，其是一个完整的平面结构，在固态中有着强烈的 S…S 相互作用，电荷迁移率为 0.02～0.05cm^2/(V·s)，合成路径见图 2-49。Chen 等[39]通过一步法引入吸电子基团，合成路径见图 2-49，其中化合物 **49** 的迁移率为 2×10^{-4}cm^2/(V·s)，化合物 **50** 的迁移率为 0.01cm^2/(V·s)。

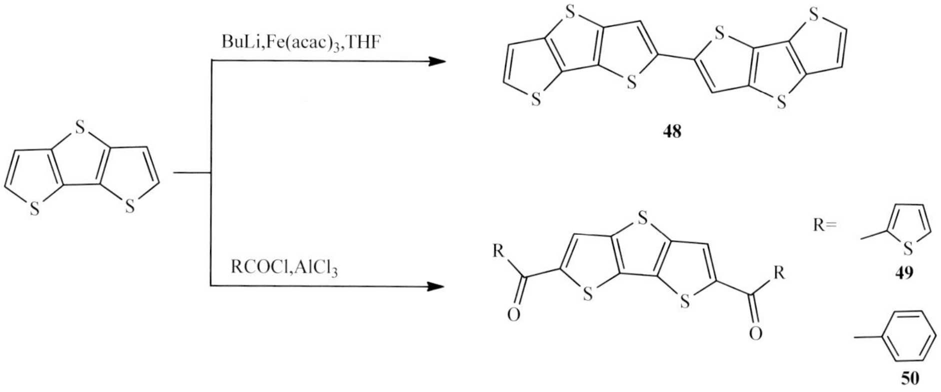

图 2-49　化合物 **48**～**50** 的合成

7）并二噻吩及其衍生物

并二噻吩的共轭长度较短，可以降低 HOMO 能级，提高稳定性。并二噻吩的 α 和 α'位在 NBS 和 NIS 的作用下易进行卤代反应。因此，科学家们通过对并二噻吩的 α 和 α'位进行修饰，得到了不同性能的化合物。Noh 等[77]通过 Suzuki 偶联反应合成了化合物 **51** 和 **52**，化合物 **52** 在并二噻吩的 α 和 α'位引入了芴基，其迁移率仅为 0.06cm^2/(V·s)。化合物 **51** 是在并二噻吩的 α 和 α'位引入了联苯基，其迁移率比化合物 **52** 高出 1.5～2 倍，这可能是因为化合物 **51** 的非极性线型结构具有较好的排列顺序，合成路径见图 2-50。

Tang 等进一步合成了并二噻吩衍生物 **53**～**56**[78]，化合物 **53** 在化合物 **52** 的基础上引入了烷基链，其迁移率为 0.017cm^2/(V·s)，化合物 **54** 引入了两个带烷基链的联二噻吩作为端基，迁移率为 0.025cm^2/(V·s)，化合物 **56** 则由三个并二噻吩连接得到，迁移率仅为 1.6×10^{-3}cm^2/(V·s)，合成路径见图 2-50。

8）苯并噻吩及其衍生物

苯并噻吩结合了芳香环和噻吩环的优点，基于噻吩环和苯环反应活性的差异，可以选择性地修饰后作为端基引入共轭化合物的合成中，且比噻吩作为端基的化合物具有更高的稳定性，如化合物 **10**、**12**、**13** 以及 **57**（图 2-51）的合成[79]。

9）二苯并噻吩及其衍生物

二苯并噻吩是市场上容易买到的一种含硫化合物，与蒽、芴以及咔唑相比，其具有较高的解离能。二苯并噻吩具有平面结构，是低维场效应材料中常见的一种结构单元。二苯并噻吩的 2, 8 位可以直接进行卤代反应（图 2-52），然而，3, 7 位的卤代反应需要经过氧化、溴化和还原步骤（图 2-53）。Gao 等[80]合成了以二苯并噻吩作为中心结构单元的化合物 **58** 和 **59**，合成路径分别见图 2-52 和图 2-54。化合物 **59** 的迁移率为 0.076cm^2/(V·s)，化合物 **58** 的性能不如化合物 **59**，可能是因为 3, 7 位的取代物可以提供更长的耦合长度。

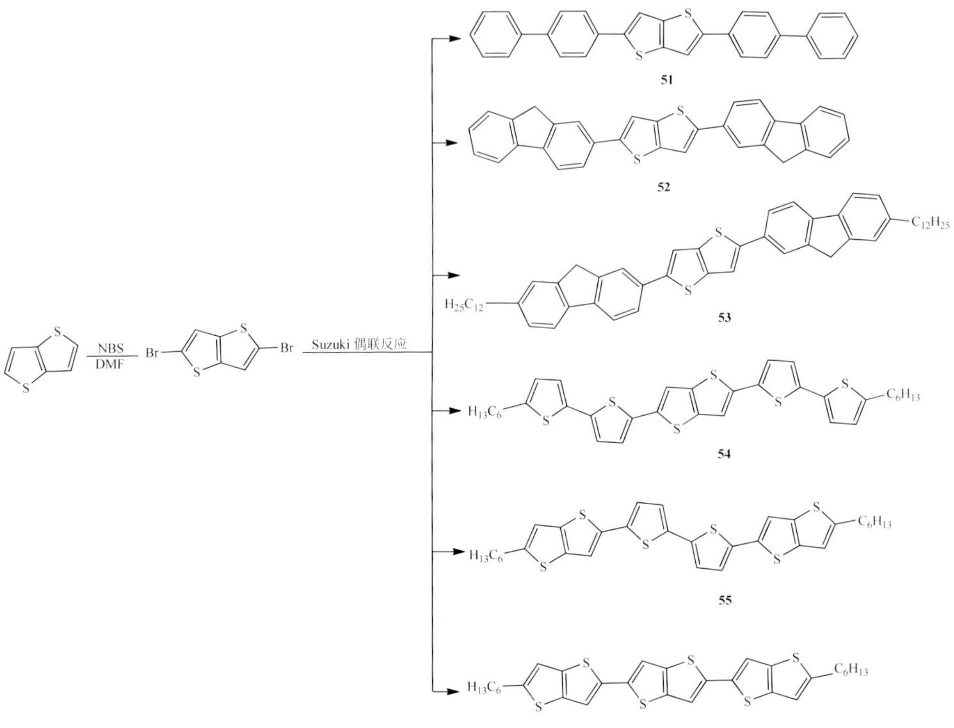

NBS / DMF　Br　Br　Suzuki 偶联反应

51

52

$C_{12}H_{25}$　$H_{25}C_{12}$　53

$H_{13}C_6$　C_6H_{13}　54

$H_{13}C_6$　C_6H_{13}　55

$H_{13}C_6$　C_6H_{13}　56

图 2-50 化合物 **51**～**56** 的合成

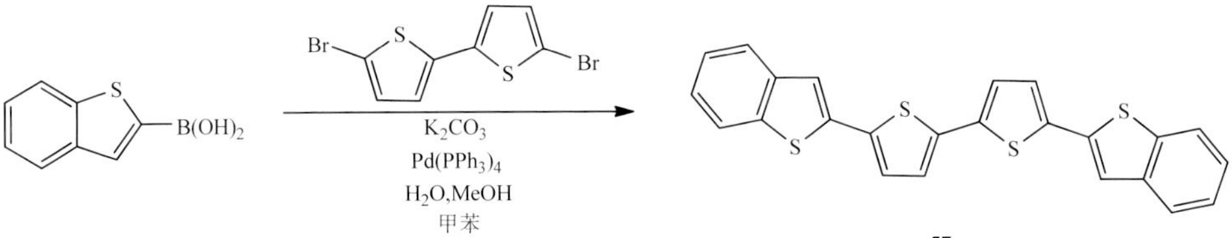

$B(OH)_2$　Br　Br
K_2CO_3
$Pd(PPh_3)_4$
H_2O,MeOH
甲苯

57

图 2-51 化合物 **57** 的合成

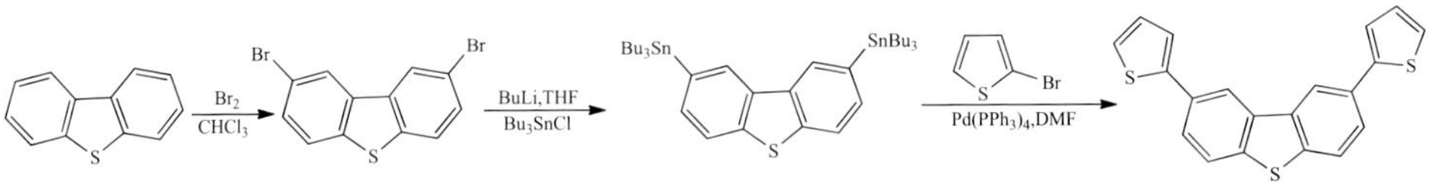

Br_2 / $CHCl_3$　Br　Br
BuLi,THF / Bu_3SnCl　Bu_3Sn　$SnBu_3$
Br　$Pd(PPh_3)_4$,DMF

58

图 2-52 化合物 **58** 的合成

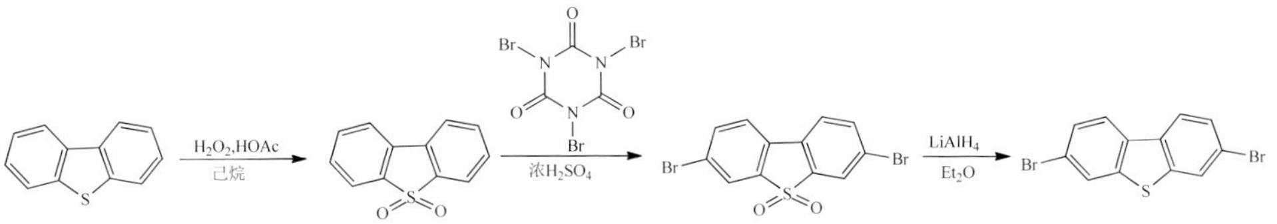

图 2-53　二苯并噻吩的 3, 7 位的卤代反应

化合物 **60** 和 **61** 分别引入了碳碳双键和碳碳三键[81]，合成路径见图 2-54，化合物 **60** 引入的不饱和键可以消除相邻芳香环之间的位阻排斥力，迁移率为 0.15cm^2/(V·s)。相比于化合物 **60**，化合物 **61** 的迁移率更低，这可能是因为其共轭程度比化合物 **60** 更低。

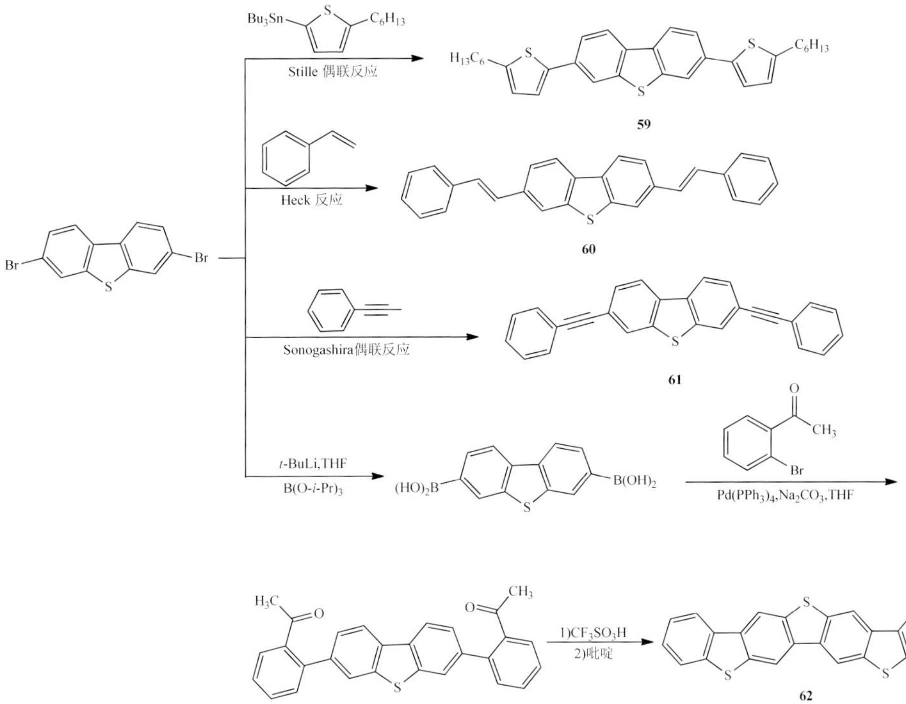

图 2-54　化合物 **59**～**62** 的合成

Müllen 等[82]合成了一种苯环和噻吩环交替连接的化合物 **62**，迁移率为 0.15cm^2/(V·s)，合成路径见图 2-54。

Liu 课题组通过 Friedel-Crafts 反应合成了化合物 **63**[83]和 **64**[84]，分别在二苯并噻吩中引入了萘基和蒽基，合成路径见图 2-55。化合物 **63** 的迁移率为 0.41cm^2/(V·s)，在室温下可以稳定存在三个月。尽管增加了一个苯环，化合物 **64** 的迁移率仅为

$0.13cm^2/(V·s)$。结果表明，苯环的增加并没有提高载流子迁移率，场效应性能更多地受薄膜形貌的影响。

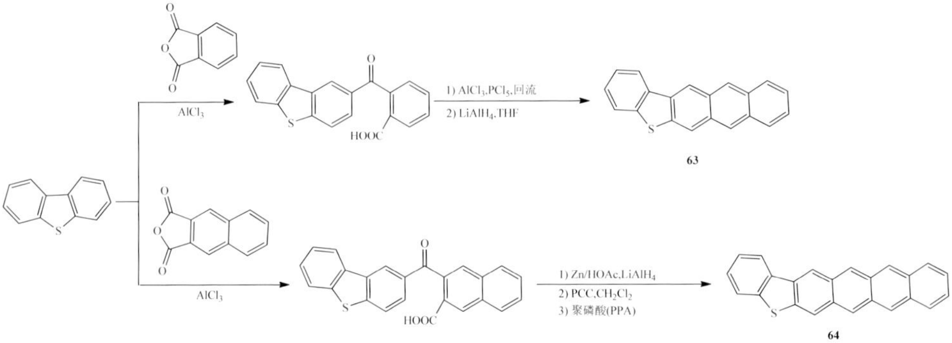

图 2-55 化合物 **63** 和 **64** 的合成

10）萘二酸酐及其衍生物

萘二酸酐由于吸电子能力较强的羧酸取代基，其作为 n 型材料，有着良好的光电性能，其电子迁移率可达到 $3×10^{-3}cm^2/(V·s)$[85]。萘二酸酐的二酰亚胺衍生物引入其他官能团，迁移率可明显提高。比较经典的萘二酸酐衍生物如化合物 **65**～**70** 的合成路线见图 2-56。

11）苝二酸酐及其衍生物

苝二酸酐也是 n 型场效应材料中一种经典的结构单元，电子迁移率在 10^{-5}～$10^{-4}cm^2/(V·s)$之间[86]。同萘二酸酐一样，其二酰亚胺衍生物引入其他官能团，迁移率可明显提高，常见的取代基有—C_8H_{17}、—$C_{13}H_{27}$、—C_6H_5 以及环己基等，得到的化合物如图 2-57 所示。

当在芳香苯环上引入其他一些官能团时，其迁移率可明显提升，部分化合物见图 2-58。

4. 修饰性官能团

在低维场效应材料中，有些化合物因 LUMO 能级较高、稳定性差和溶解度低等缺点限制了材料的使用。因此，在分子结构中引入一些官能团或原子，对材料性能进行调节，以获得更低的 LUMO 能级，将 p 型材料转化为 n 型材料，或增加材料稳定性或溶解性等。

1）氟官能团

F 原子是一个强吸电子基团，在分子结构中引入 F 原子，不仅可以降低 LUMO 能级，还能增加材料的电子亲和能。目前 F 原子主要以氟代苯或者氟代烷基链的形式被引入到分子中。最常见的是全氟代并五苯（**78**），其合成路线见图 2-59[87]。

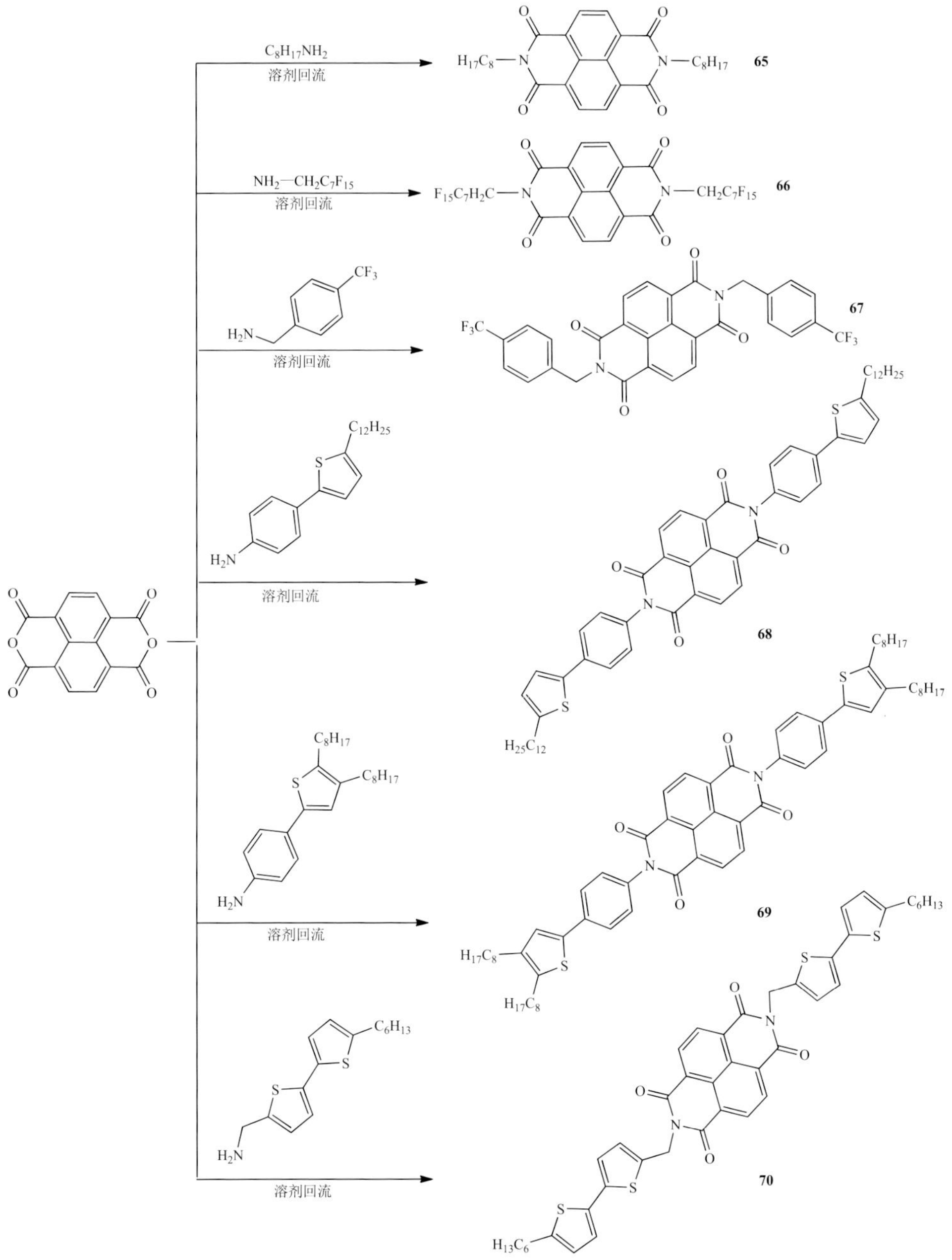

图 2-56　化合物 **65**～**70** 的合成

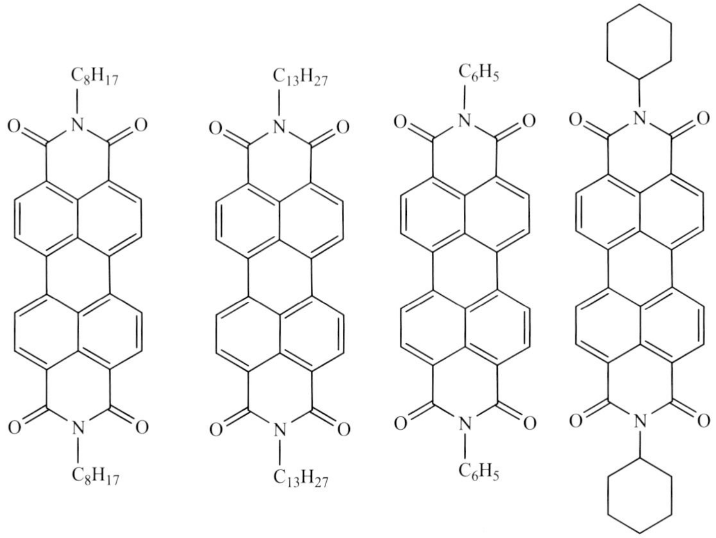

图 2-57 化合物 **71**～**74**

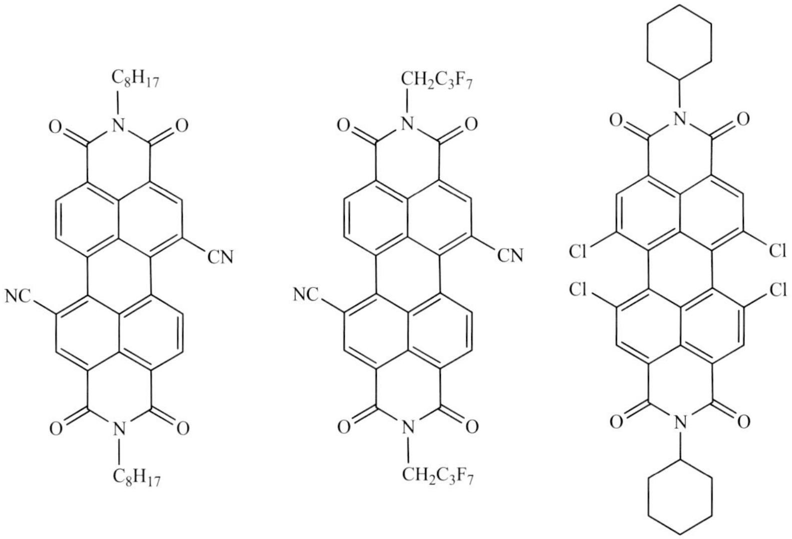

图 2-58 化合物 **75**～**77**

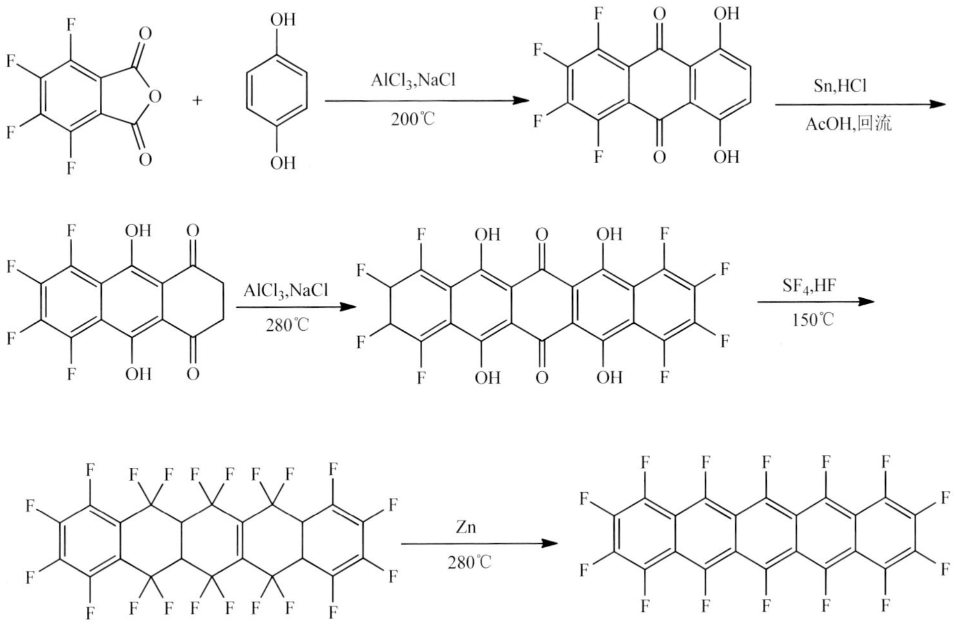

图 2-59　化合物 **78** 的合成

Chen 等[39]则是通过添加反应物 C_6F_5COCl 对化合物的苯环进行氟取代，合成化合物 **79** 和 **80** 的路径见图 2-60。

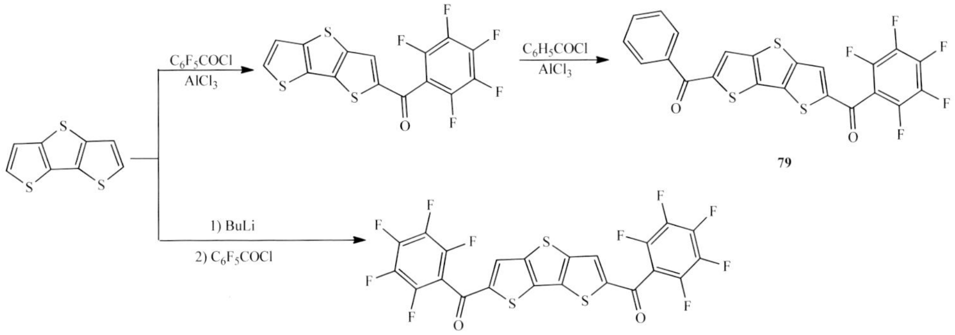

图 2-60　化合物 **79** 和 **80** 的合成

此外，在萘二酸酐上引入—$CH_2C_7F_{15}$ 或者—$CH_2C_3F_7$ 基团，也有助于提高分子的迁移率，合成路径可参考 2.3.2 节“3. 结构单元构筑法”中的“10）萘二酸酐及其衍生物”。

2）氰基官能团

氰基也是一种具有显著吸电子作用的基团，以萘二酸酐为核心的化合物通过引入氰基可以有效地提高电子迁移率。通过对萘二酸酐上的芳香环进行溴化后，再引入氰基合成化合物 **81**，合成路径见图 2-61。

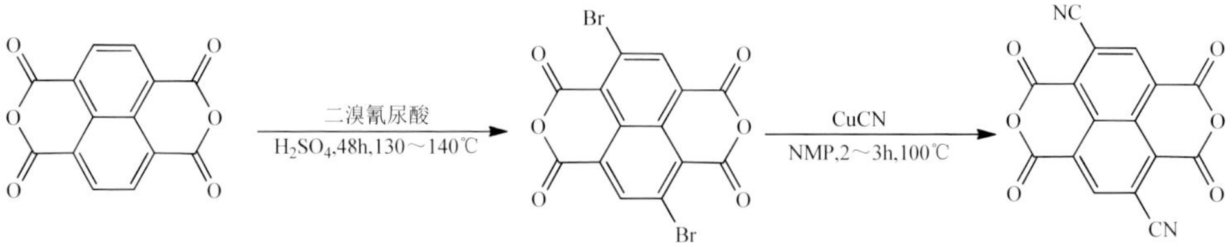

图 2-61　化合物 **81** 的合成

Jiang 等[88]用联二噻吩与丙二腈反应，生成了带有氰基的化合物 **82**，合成路径见图 2-62。

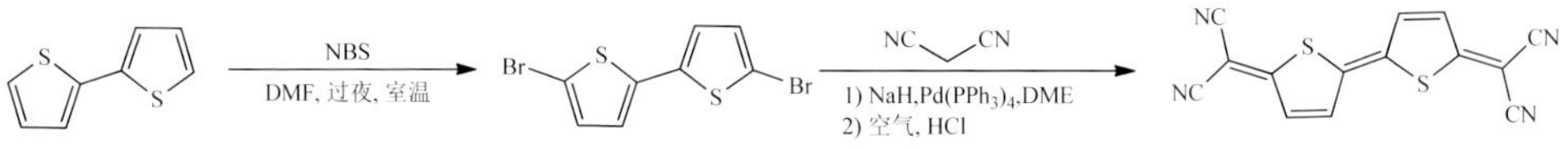

图 2-62　化合物 **82** 的合成

3）其他基团

一些柔性基团，如烷基链—C_5H_{11}、—C_6H_{13}、—$C_{12}H_{25}$ 等通常会被引入到化合物末端来进行修饰，可以提高材料的溶解度。Meng 等[60]研究时发现，在噻吩环上引入—C_6H_{13} 作为末端基团，化合物的迁移率可提高 5 倍以上。Klauk 等[62]则发现在苯环上引入—C_6H_{13} 作为末端基团时，迁移率没有发生显著变化。然而，Um 等[63]的研究发现，未在噻吩环引入—C_6H_{13} 时分子的迁移率可达到 $0.44cm^2/(V·s)$，引入—C_6H_{13} 后，化合物的迁移率明显下降，这可能是由分子的无序性导致的。

因此，对于引入柔性基团的功能，需要根据整个化合物的分子结构综合考虑。

2.3.3 总结与展望

有机半导体材料是组成低维场效应晶体管器件的重要组成部分。尽管目前已报道了很多有机半导体材料，但电学性能高、稳定性及溶解性好等综合性能优良的材料还很少，特别是高性能的 n 型材料更是缺乏。如何设计、合成更多具有优良性能的、适合于低成本溶液法加工制备的低维有机场效应材料仍然是本领域存在的重大挑战。在本节中，我们简单总结和归纳了一些常见的有机半导体材料的合成方法，主要包括芳香并苯稠环类、芳香杂稠环类、常见结构单元以及常见的修饰基团等四个部分。对于常见的结构单元，通过对其进行合适的修饰和设计，可以得到许多光电性能较好、迁移率较高、结构稳定以及溶解性好的化合物。常用的反应涉及 Stille 偶联反应、Suzuki 偶联反应、Sonogashira 偶联反应以及 Heck 反应等。基于这些合成路径及方法，化学和材料工作者将有望设计和合成出更多新型低维有机场效应材料，从而推动低维场效应晶体管在电子器件领域的蓬勃发展。

2.4 发光材料的设计合成

2.4.1 设计策略

发光材料必须满足以下要求才能制备高效电致发光器件：能级与电极的功函数匹配；高薄膜发光效率；较高的和平衡的空穴与电子迁移率；良好的成膜性；较强的抗氧化、光热能力和化学稳定性；良好的机械加工性能等[89]。大多数发光材料为无定形态，具有可溶性、成膜性，形成固态膜时不容易结晶，呈玻璃态，兼具小分子和聚合物两者的优点。发光材料应有以下特点：一是分子的刚性强，如具有稠环芳基骨架的化合物具有较强的刚性，热稳定性高，无辐射跃迁的概率低。芴、螺芴、亚苯基乙烯、萘、蒽、芘等是常用的骨架结构单元。二是分子结构中有适当的立体位阻，有利于削弱分子间相互作用，以抑制聚集诱导发光效率的降低；立体位阻不易过大，否则材料的迁移率降低，发光亮度和效率都会受到影响。刚性的芳基化合物如多芳基苯[90]、三芳胺[91]是常用的包封单元，可降低材料分子在聚集态的相互作用。三是分子中最好具有双极性特征，可同时有效传输空穴和电子，增加空穴和电子复合效率。常用的空穴传输单元有三芳胺、咔唑等，常用的电子传输单元有噁二唑、吡嗪、氰基、苝酰亚胺等。

根据材料的分类和发光特性的不同，具体的设计路线千差万别，下面具体展开阐述。

2.4.2 分类及合成

根据分子量大小，有机电致发光材料分为有机小分子发光材料和聚合物发光材料。根据发展历程和电子跃迁的不同可分为第一代荧光发光材料、第二代磷光发光材料和第三代热致延迟荧光（TADF）材料。

第一代荧光发光材料只能利用单线态激子发光，最大内量子效率只有 25%，最大外量子效率只有 5%。其中小分子发光材料以八羟基喹啉铝（Alq_3）为代表，聚合物发光材料以聚对亚苯基乙烯（PPV）和聚芴（PF）为代表。关于荧光材料的分类及合成，之前文献介绍比较多[89, 92]，这里不作赘述，下面重点介绍磷光发光材料和热致延迟荧光材料。

1. 磷光发光材料

1998 年，马於光和 Forrest 等分别制备了基于锇配合物和铂卟啉的有机电致磷光器件，使得发光效率在理论上可达到 100%，开辟了有机电致磷光发光材料的先河[93, 94]。目前，大部分磷光发光材料由过渡金属和有机骨架组成，如铱 Ir（III）、铂 Pt（II）、金 Au（III）、锇 Os（II）、铜 Cu（I）的配合物。金属通过强的自旋轨道耦合作用能有效促进系间穿越过程产生三线态，改变配体的电子能级和共轭长度，有效调控三线态能级，从而获得不同颜色的发光材料。另外，纯有机室温磷光材料和聚集诱导磷光材料的例子虽然比较少，但表现出有趣的发光性质。

1）磷光金属配合物

由于具有相对较短的磷光寿命、高的量子产率和颜色可变性，铱配合物是研究最多的一类磷光金属配合物，这里我们重点介绍铱配合物的合成、结构与性能的关系。

a. 芳基吡啶类

作为经典的绿色磷光材料，苯基吡啶铱配合物[*fac*-Ir(ppy)$_3$]通常由[Ir(ppy)$_2$Cl]$_2$通过剧烈条件得到，最近 Gray 等由 *cis*-[Ir(ppy)$_2$(H$_2$O)$_2$]通过温和条件得到 *fac*-Ir(ppy)$_3$（**83**），如图 2-63 所示，并首次合成了含醛基和羟基的 Ir(ppy)$_3$ 衍生物，发现 KOH 可极大地加快反应速率，K$_3$PO$_4$ 对官能团的兼容性更高[95]。

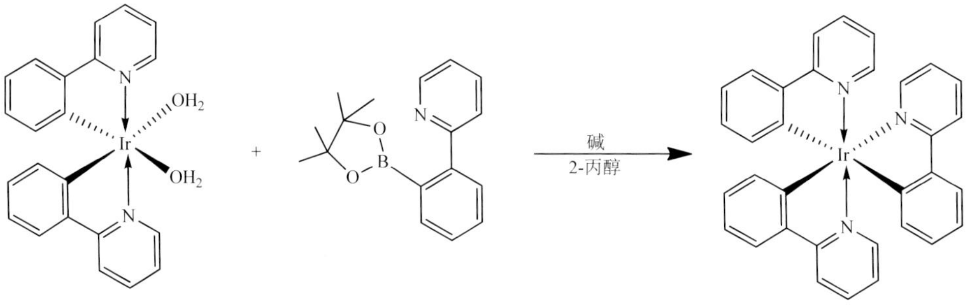

图 2-63 *fac*-Ir(ppy)$_3$（**83**）的合成路线

引入三氟甲基苯、二苯基胺于吡啶基上能进一步提高绿光纯度和发光效率。将其中一个苯基吡啶配体替换为含羟基和醛基的吡唑与咪唑、乙酰丙酮等辅助配体可进一步提高外量子效率，如图 2-64 所示[96-100]。

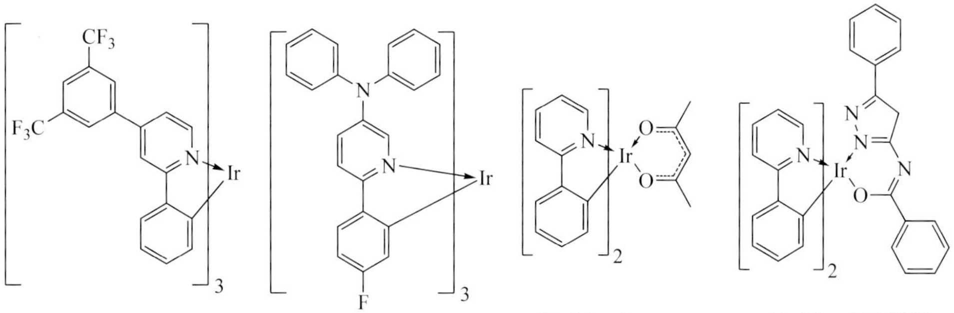

图 2-64　代表性芳基吡啶类绿光磷光金属配合物

含羟基和醛基咪唑辅助配体 Ir(dmppy-CF_3)$_2$tmd 的合成路线如图 2-65 所示，首先苯基吡啶与三氯化铱发生反应形成二氯桥联的铱配合物，进一步与含羟基和醛基咪唑辅助配体在碱的作用下发生 Nonoyama 反应得到 Ir(dmppy-CF_3)$_2$tmd[98]。

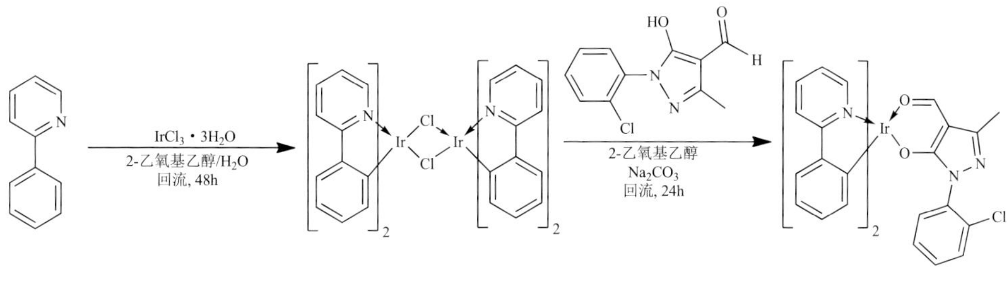

图 2-65　Ir(dmppy-CF_3)$_2$tmd（**88**）的合成路线

引入氟原子于苯基吡啶配体的苯环上，并将其中一个配体替换为吡啶甲酸，则得到蓝光磷光材料双（4, 6-二氟苯基吡啶-*N*, C2）吡啶甲酰合铱（Firpc）[101]。为了进一步提高蓝光发光纯度，一是引入吸电子基团（如氟原子、氰基、三氟甲基、砜基、羰基）于芳基单元上，二是引入给电子基团（如三甲基、三甲基硅基）于吡啶单元上，如图 2-66 所示[102]。

将苯基吡啶配体进一步拓展为苯基喹啉或二苯基喹喔啉可获得红光材料，大多数情况下，引入乙酰丙酮、吡啶羧酸、吡啶咪唑、三唑吡啶等辅助配体进一步调节发光颜色，如图 2-67 所示[103-106]。

位阻大的辅助配体能降低分子间的聚集效应，从而抑制三线态-三线态猝灭行为与三线态-极化子湮灭行为。另外，引入聚集诱导发光（AIE）单元能增强固态磷光发光效率，这引起了研究学者的关注。

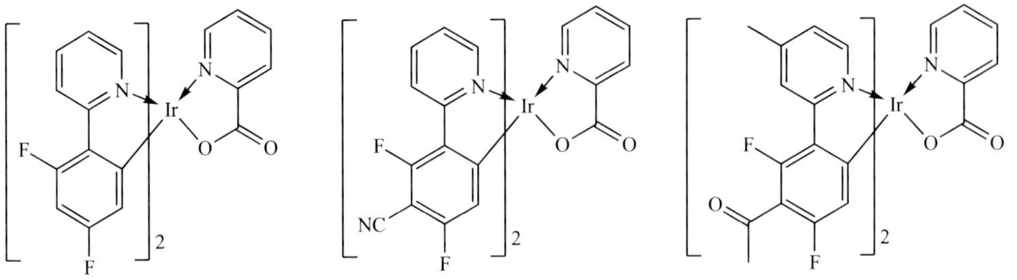

89: FIrPic　**90**: FCNIrPic　**91**: $(TF)_2Ir(pic)$

图 2-66　代表性芳基吡啶类蓝光磷光金属配合物

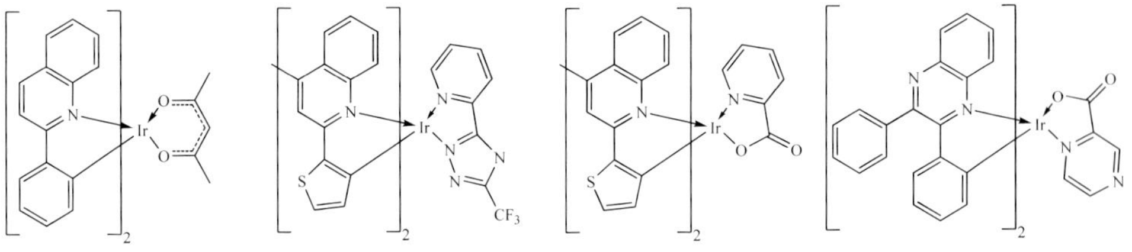

92: $Ir(phq)_2acac$　**93**: $(MTQ)_2Ir(TFTP)$　**94**: $(MTQ)_2Ir(PIC)$　**95**: $(dpq)_2Ir(prz)$

图 2-67　代表性芳基吡啶类红光磷光金属配合物

b. 芳基咪唑类

将咪唑代替吡啶，苯基上可以避免引入容易分解的氟原子，并引入给电子烷基以提高 LUMO 能级，获得蓝光材料，如图 2-68 所示[107-109]。

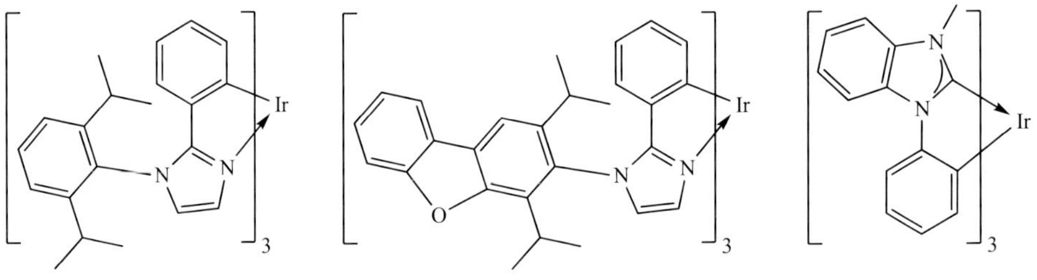

96: Irn-1　**97**: $Ir(dbi)_3$　**98**: $Ir(dmp)_3$

图 2-68　代表性芳基咪唑类蓝光磷光金属配合物

以 $Ir(dbi)_3$ 为例，合成路线如图 2-69 所示，芳基取代咪唑与 $Ir(acac)_3$ 在高温下发生反应可得到目标产物[107]。

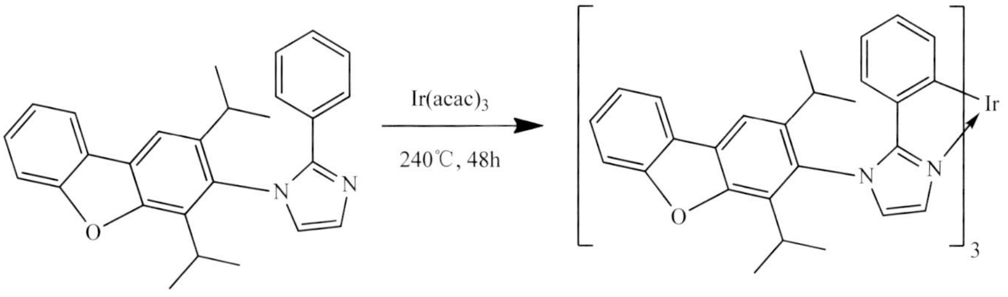

Ir(acac)$_3$

240℃, 48h

97: Ir(dbi)$_3$

图 2-69　Ir(dbi)$_3$（**97**）的合成路线

Forrest 及其合作者以芳基咪唑为配体，在氧化银作用下合成了基于卡宾配位的铱配合物蓝光材料[110]，合成路线如图 2-70 所示。

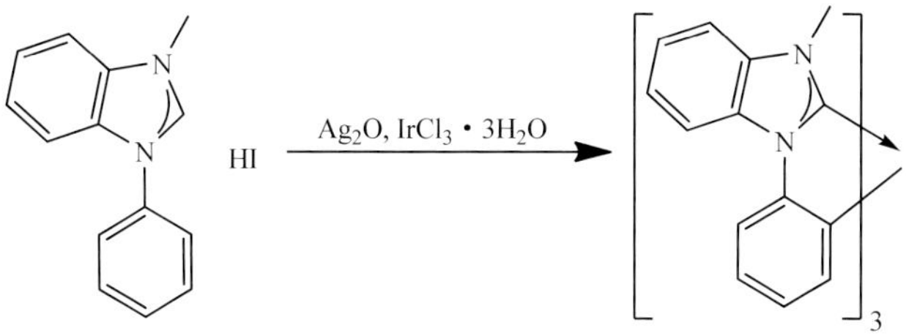

Ag_2O, $IrCl_3 \cdot 3H_2O$

98: Ir(pmb)$_3$

图 2-70　Ir(pmb)$_3$（**98**）的合成路线

2）纯有机室温磷光材料

一方面，利用芳香化羰基、重原子、杂环或杂原子促进系间穿越过程；另一方面，通过不同的聚集方式如结晶、卤键作用、自组装、引入刚性主体，可以抑制非辐射跃迁过程。虽然在不同的研究领域已经报道了纯有机室温磷光材料的设计合成，但在发光二极管中的应用刚刚开始，种类还十分有限，如四噻吩-吩嗪衍生物、二苯胺-芴衍生物等，如图 2-71 所示[111, 112]。

正己基取代的四噻吩-吩嗪（TP）的合成路线如图 2-72 所示，首先二溴取代的二噻吩并环己二烯二酮与邻苯二胺发生缩合反应得到二溴取代的二噻吩并吩嗪，然后进一步与己基取代的噻吩硼酯发生 Suzuki 偶联反应得到目标产物[111]。

2. 热致延迟荧光材料

2009 年 Adachi 及其合作者首先将锡配合物作为 TADF 材料应用于发光二极管，证实了通过上转换其内量子效率可达到 100%的可行性[113]。根据结构特征，TADF 材料可分为分子内电子给受体、空间穿越型 TADF 材料、TADF 金属有机配合物和 TADF 激基复合物四种类型。

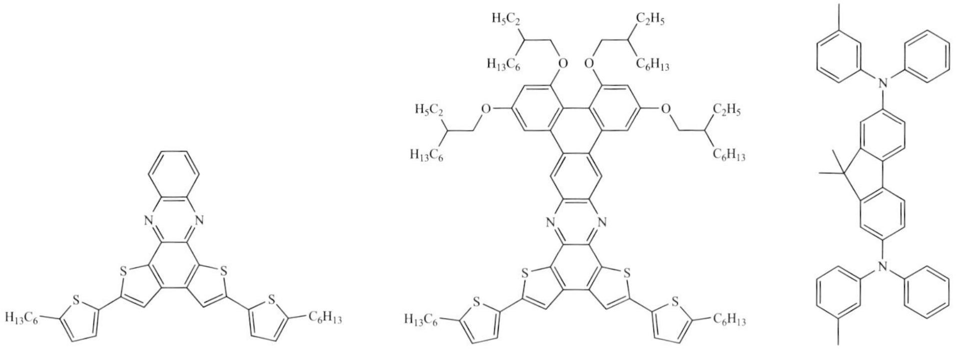

99: TP　100: TPT　101: DMFLTPD

图 2-71　代表性的纯有机室温磷光材料

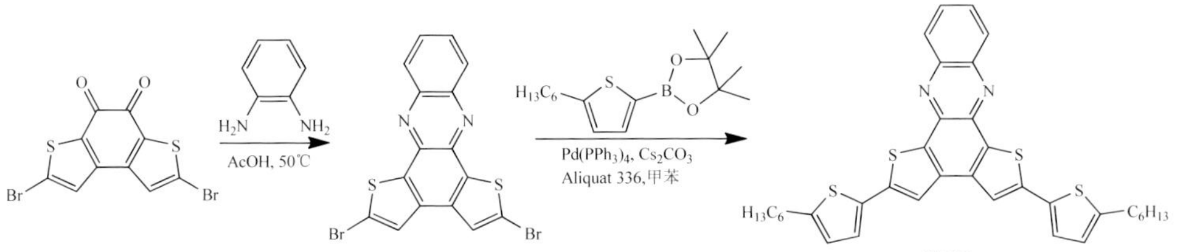

99: TP

图 2-72　TP（99）的合成路线

1）分子内电子给受体

研究者多集中在分子内电子给受体 TADF 发光材料的开发。给受体之间通过大尺寸的扭曲结构桥联，以获得较小的单线态-三线态能级差ΔE_{ST}，并需要综合考量给受体的强弱和数目、共轭长度等因素，增加给受体单元数目、提高电子给受能力、增大共轭长度是获得长波段发光的三种有效途径。

a. 二苯基砜型

二苯基砜是较弱的电子受体，与强电子给体相连可构筑蓝光 TADF 材料。最先被报道的是二苯基胺桥联的二苯基砜 TADF 材料。引入叔丁基能增强给电子能力，有利于减小 S_1 态的能级；而咔唑取代二苯基胺能提高 $^3\pi\pi^*$态的能量，有利于增大 T_1 态的能级，从而有效减小ΔE_{ST}，如图 2-73 所示[114, 115]。

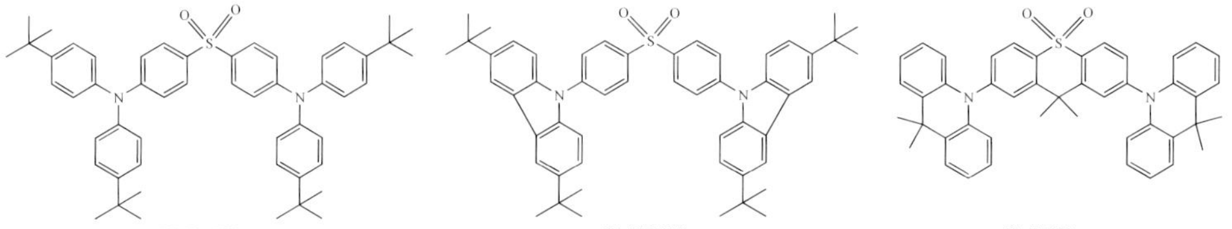

102: DPA-DPS　103: DTC-DPS　104: DMTDAc

图 2-73　二苯基砜型蓝光 TADF 材料

电子接受能力更强的砜基衍生物与三苯胺、咔唑等电子给体相连可构筑绿光 TADF 材料，如图 2-74 所示[116-118]。

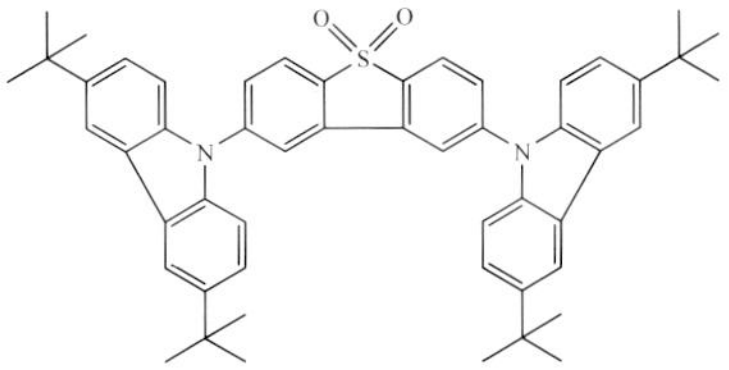

105: DTC-DBT

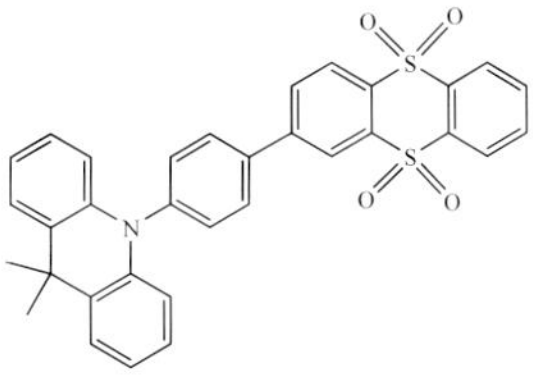

106: $ACRDSO_2$

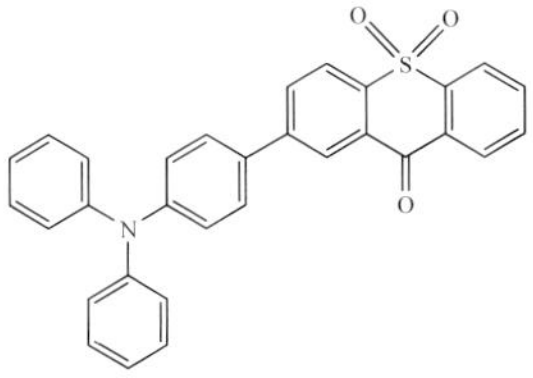

107: TXO-TPA

图 2-74　二苯基砜型绿光 TADF 材料

以 $ACRDSO_2$ 为例，合成路线如图 2-75 所示，一方面，溴代噻蒽经过双氧水氧化得到溴代噻蒽砜衍生物；另一方面，溴代苯取代吖啶衍生物在乙酸钾、二价钯作用下与联硼酸频哪醇酯发生反应得到硼酯苯取代吖啶衍生物；然后，硼酯苯取代吖啶衍生物进一步与溴代噻蒽砜衍生物发生反应得到目标产物[119]。

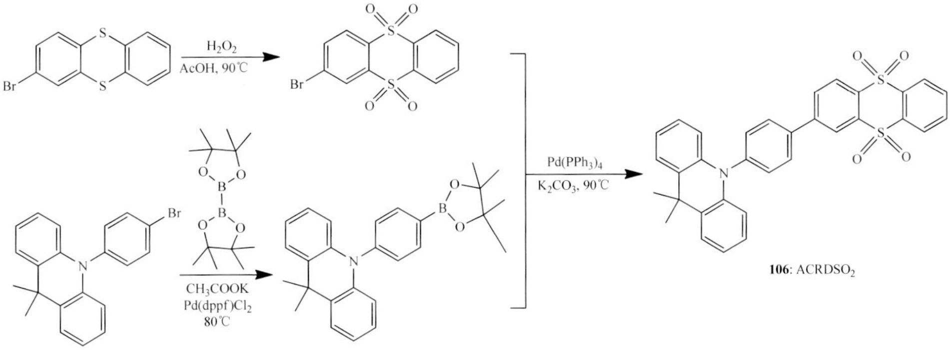

H_2O_2, AcOH, 90℃

CH_3COOK, Pd(dppf)Cl_2, 80℃

$Pd(PPh_3)_4$, K_2CO_3, 90℃

106: $ACRDSO_2$

图 2-75　$ACRDSO_2$（**106**）的合成路线

b. 氰基型

氰基是较强的电子受体，与弱的电子给体如咔唑及其衍生物桥联，可构筑蓝光 TADF 材料。引入更大位阻单元或更强的电子给体，能有效缩短激发态的寿命[120]。除了邻苯二甲腈和间苯二甲腈外，苯甲腈与更多数目的电子给体桥联也能获得蓝光 TADF 材料，如图 2-76 所示[121]。

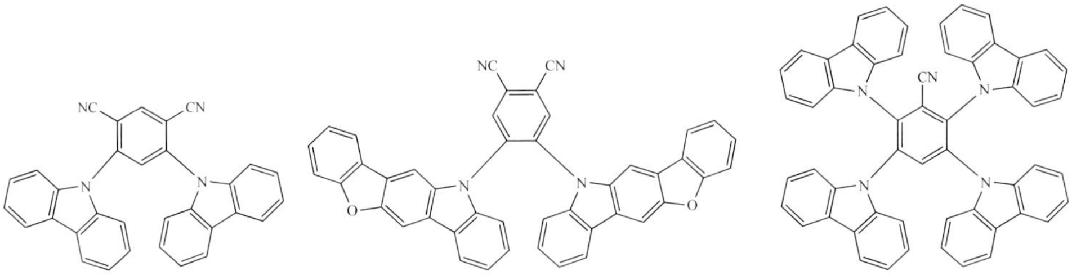

108: DCzIPN　109: BFCz-2CN　110: 4CzBN

图 2-76　氰基型蓝光 TADF 材料

进一步增加电子给体咔唑或三苯胺单元数目、电子受体氰基数目，延长电子给体共轭长度（如咔唑二聚体），可构筑绿光 TADF 材料，如图 2-77 所示[122-124]。

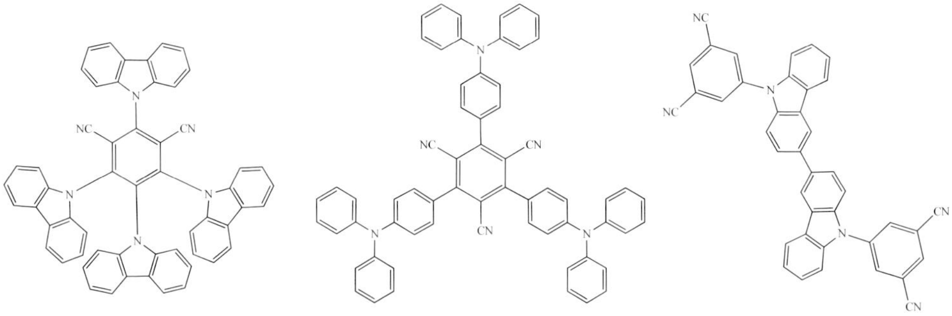

111: 4CzIPN　112: 3DPA3CN　113: 35IPNDCz

图 2-77　氰基型绿光 TADF 材料

以 3DPA3CN 为例，其合成路线如图 2-78 所示，首先，三氟三溴苯与三苯胺硼酯发生 Suzuki 偶联反应生成三苯胺三取代的三氟苯，在氰化钾作用下进一步发生取代反应生成目标化合物[123]。

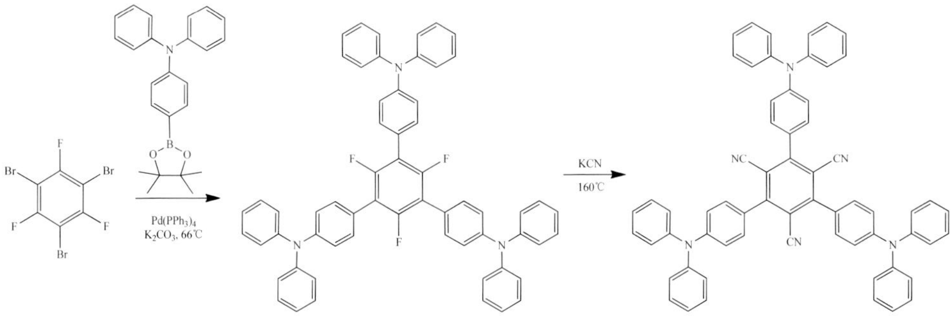

Pd(PPh$_3$)$_4$, K$_2$CO$_3$, 66℃　KCN, 160℃　112: 3DPA3CN

图 2-78　3DPA3CN（**112**）的合成路线

强的电子受体如二氰基吡嗪菲、二氰基吡嗪苊、二氰基喹喔啉，与三苯胺、二苯胺、吖啶、苯基吖啶连接可获得红光材料，苯基桥联电子给受体的外量子效率更高，如图 2-79 所示[125-127]。

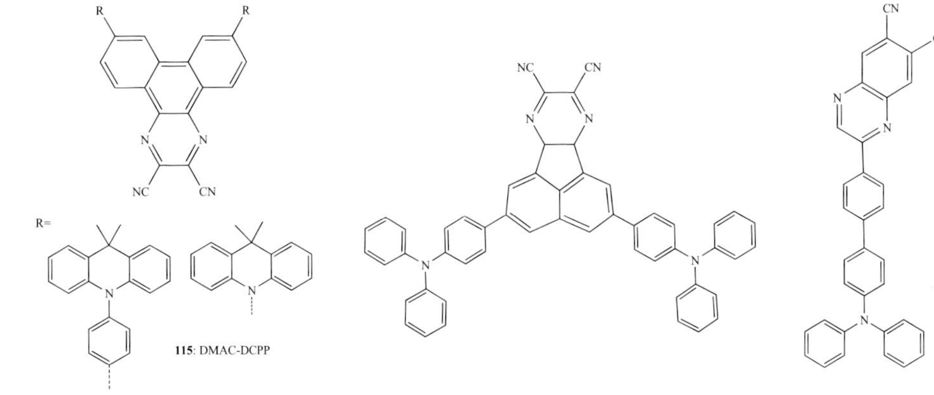

R　R　NC　CN　N　N　R=　N　115: DMAC-DCPP　114: DMAC-Ph-DCPP　116: APDC-DCPA　117: TPA-QCN

图 2-79　氰基型红光 TADF 材料

c. 三嗪型

三嗪型芳基衍生物的接受电子能力介于苯甲腈和二氰基苯之间，可与多个咔唑相连构筑优异的蓝光 TADF 材料，在外量子效率和寿命方面比氰基型材料更具有优势，如图 2-80 所示[128-131]。

以 PRZ-2a 为例，合成路线如图 2-81 所示。一方面，二溴咔唑在碱作用下与对甲苯磺酰氯发生反应生成对甲苯磺酰基保护的二溴咔唑；另一方面，二溴咔唑与苯硼酸发生 Suzuki 偶联反应得到二苯基咔唑；然后，二者的中间体在氧化亚铜作用下发生高温偶联反应得到对甲苯磺酰基保护的咔唑三聚体，进一步在碱的作用下去保护基，最后与溴代三苯基三嗪发生偶联反应得到目标产物[131]。

增加咔唑、吖啶等电子给体单元的数目，或延长电子给体的共轭长度，可进一步获得绿光 TADF 材料，如图 2-82 所示[132-134]。

d. 芳基酮型

芳基酮是中等强度的电子受体，与咔唑、三苯胺、吖啶衍生物相连，可构筑蓝光 TADF 材料。苯甲酮衍生物的研究最为广泛，引入杂原子能增大刚性，改善发光行为，如图 2-83 所示[135-138]。

二苯甲酮与更强的电子给体如吩噁嗪、二苯胺二取代的咔唑相连，或引入芳基双酮，可获得绿光 TADF 材料，如图 2-84 所示[135, 139, 140]。

蒽醌衍生物连接咔唑和或二苯胺可获得红光 TADF 材料，通过苯基连接给受体在保持较低的ΔE_{ST}的同时，能进一步提高辐射速率，如图 2-85 所示[141, 142]。

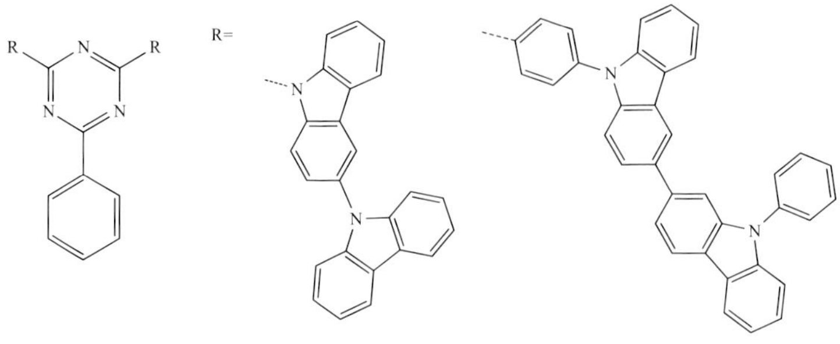

118: CC2TA **119**: TrzBCz

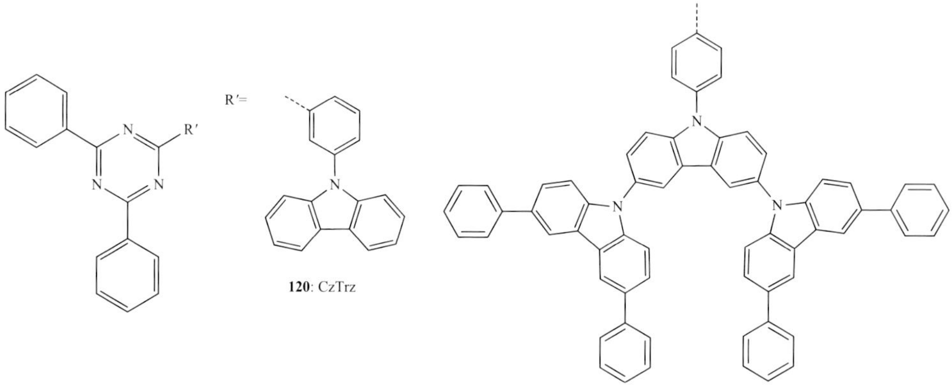

120: CzTrz **121**: PRZ-2a

图 2-80 三嗪型蓝光 TADF 材料

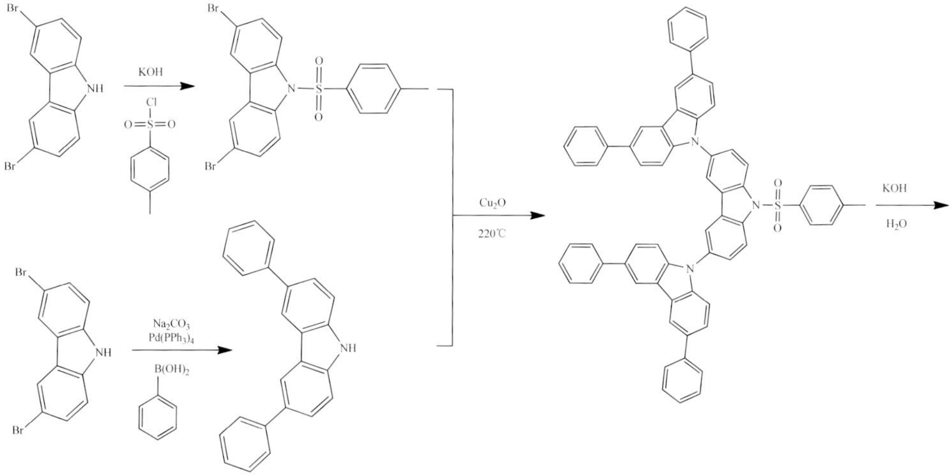

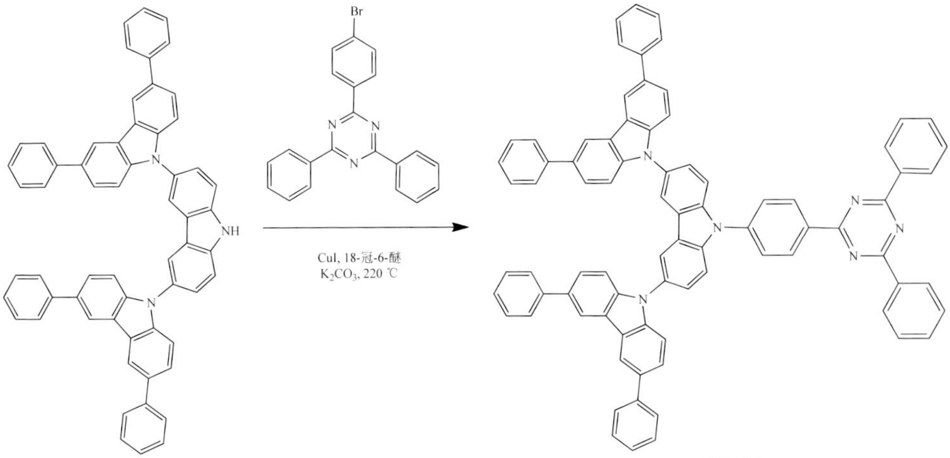

CuI, 18-冠-6-醚
K_2CO_3, 220 ℃

121: PRZ-2a

图 2-81　PRZ-2a（**121**）的合成路线

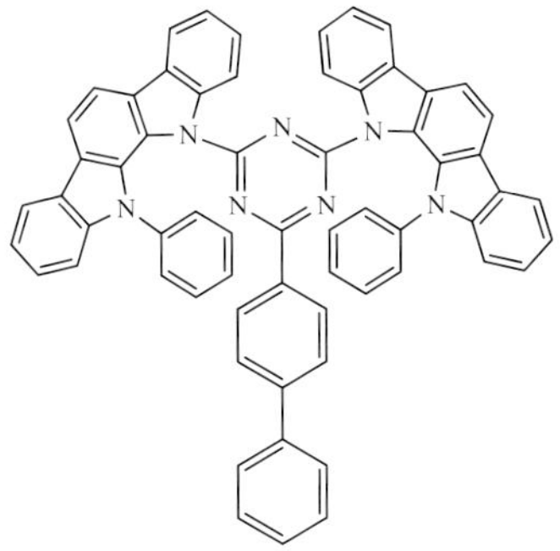

122: PIC-TRZ

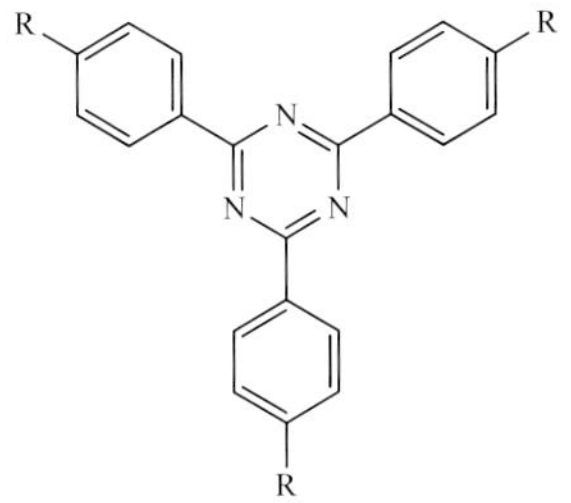

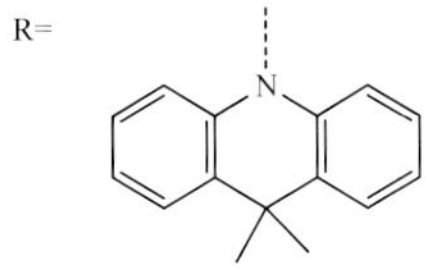

R=

123: 3AR-TRZ

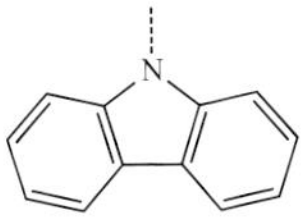

124: G1TAZ

图 2-82　三嗪型绿光 TADF 材料

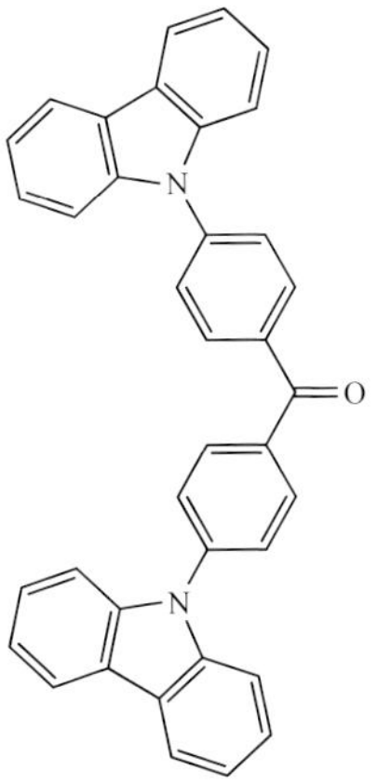

125: Cz2BP

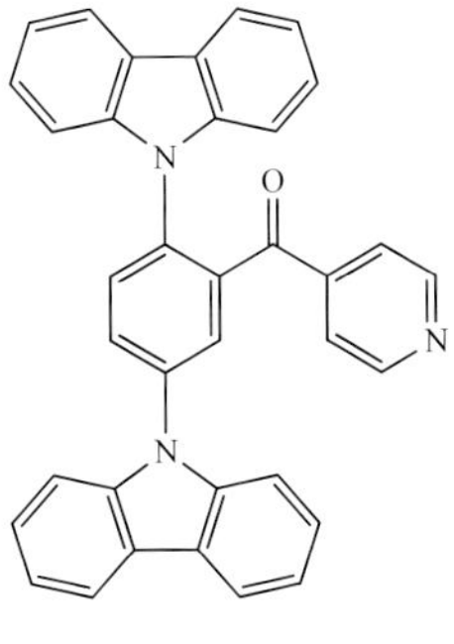

126: DCBPy

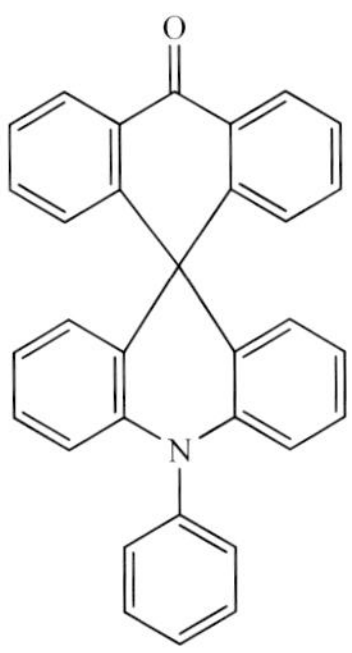

127: ACRSA

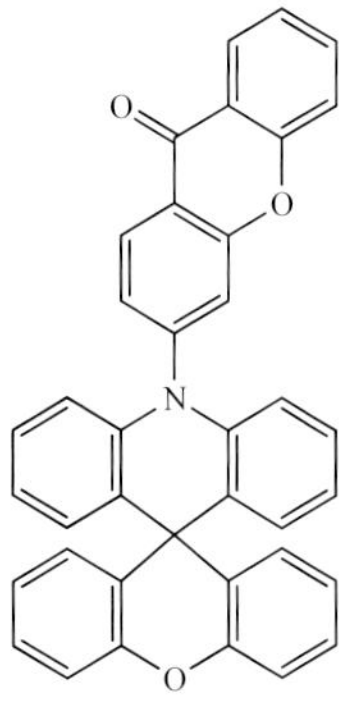

128: xAc-XT

图 2-83　芳基酮型蓝光 TADF 材料

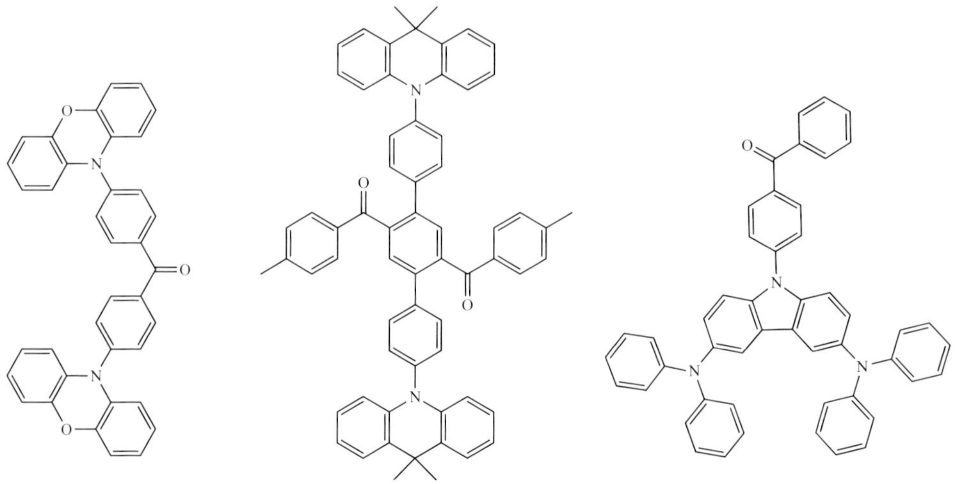

129: Px2BP　　**130**: AcPmBPX　　**131**: CCDD

图 2-84　芳基酮型绿光 TADF 材料

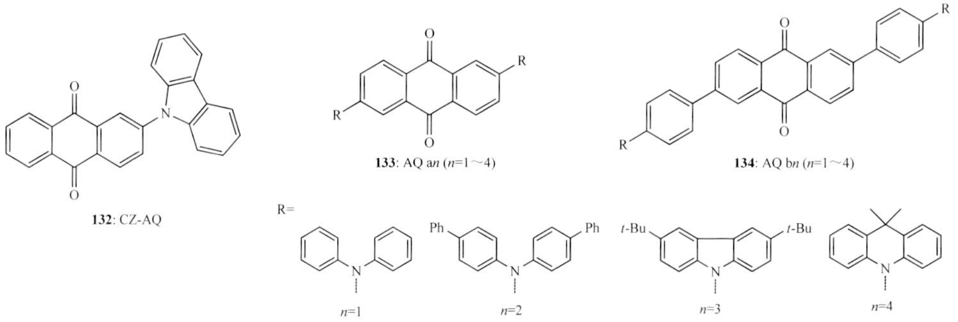
132: CZ-AQ
133: AQ a*n* (*n*=1～4)
134: AQ b*n* (*n*=1～4)
R=
Ph
t-Bu
n=1
n=2
n=3
n=4

图 2-85　芳基酮型红光 TADF 材料

以 AQ a4 为例，合成路线如图 2-86 所示，以苯胺取代苯甲酸为原料，经过酯化、亲核取代和环化反应得到吖啶，进一步在碱作用下发生偶联反应，得到目标产物[142]。

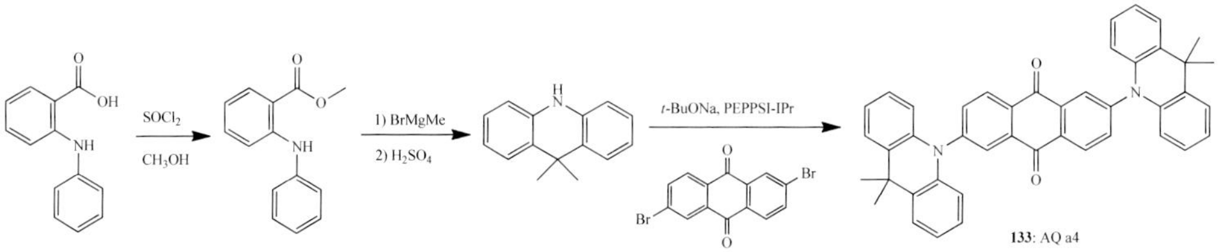
OH
NH
$SOCl_2$
CH_3OH
1) BrMgMe
2) H_2SO_4
t-BuONa, PEPPSI-IPr
Br
133: AQ a4

图 2-86　AQ a4（**133**）的合成路线

e. 苯并噻二唑型

苯并噻二唑型化合物是强的电子受体，可以通过偶联反应连接给体单元如芳基取代的噻吩、甲基化吖啶，获得红光 TADF 材料，如图 2-87 所示[143, 144]。

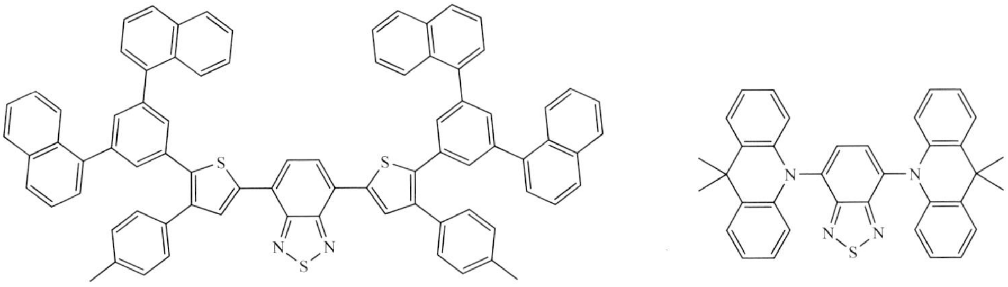

135: Red-1b

136: BTZ-DMAC

图 2-87　苯并噻二唑型红光 TADF 材料

2）空间穿越型 TADF 材料

电子给受体可通过连接三蝶烯、邻苯、甲基化氧杂蒽产生空间相互作用（3.3～3.5Å），产生较小的ΔE_{ST}，固态下能进一步限制官能团的振动和转动，从而产生聚集诱导发光，如图 2-88 所示[145-147]。

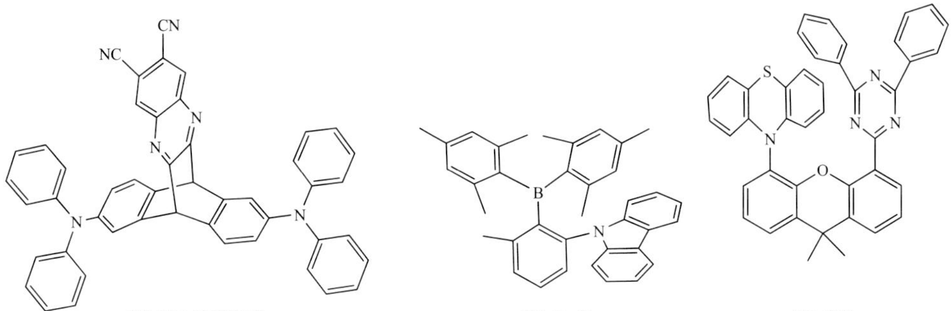

137: TPA-QNX(CN)$_2$

138: B-oCz

139: XPT

图 2-88　空间穿越型 TADF 材料

以 TPA-QNX(CN)$_2$ 为例，其合成路径如图 2-89 所示，首先二苯胺二取代蒽与碳酸亚乙烯酯在高温下发生加成反应，然后经水解、Swern 氧化得到二酮前体，进一步与 4, 5-二氨基邻苯二甲腈发生缩合反应，得到目标产物[145]。

3）TADF 金属有机配合物

磷光金属配合物中的金属为 d^6 或 d^8 金属，以便促进自旋轨道耦合作用，而 TADF 金属有机配合物通常包含 d^{10} 金属元素（铜、银和金），具有较弱的自旋轨道耦合作用、较小的ΔE_{ST}和稳定的 T$_1$ 态。目前被报道的大多数高效 TADF 金属有机

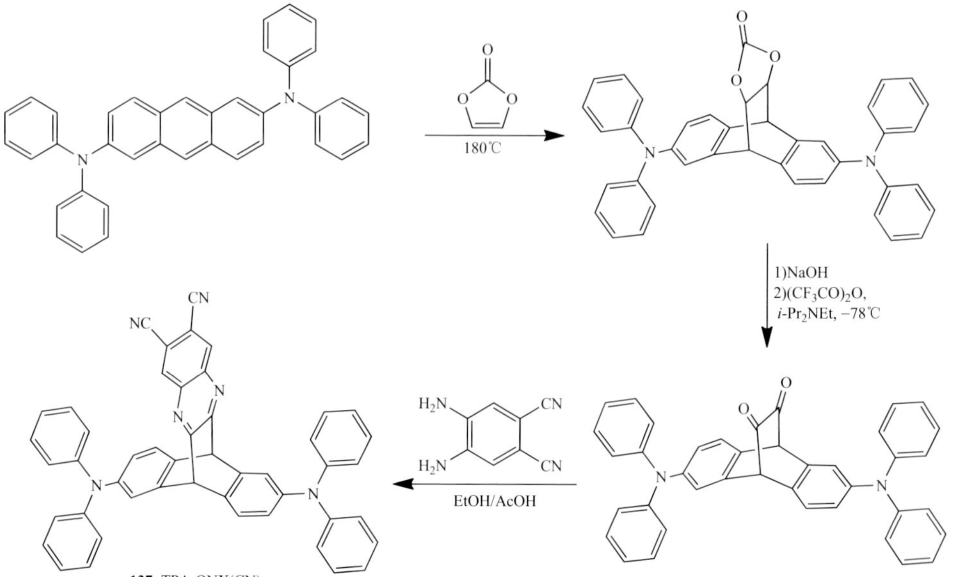

图 2-89 TPA-QNX(CN)$_2$（**137**）的合成

配合物是基于一价铜，如图 2-90 所示。通常情况下，由于 TADF 金属有机配合物的稳定性和量子效率较纯有机 TADF 材料差，因此较少受到关注[148-150]。

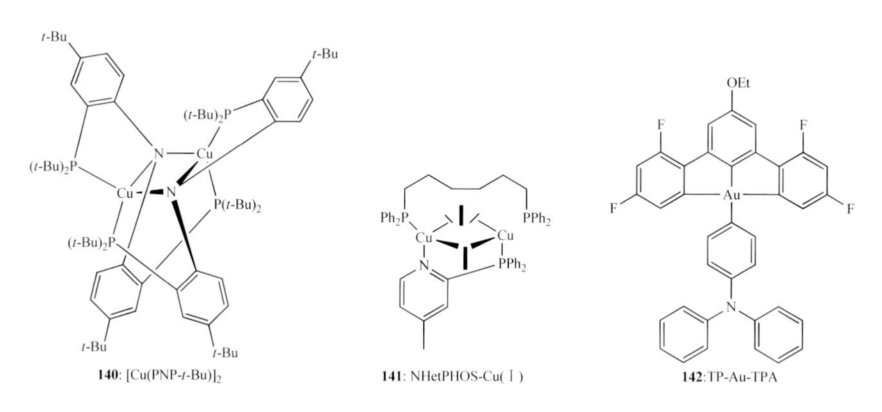

图 2-90 TADF 金属有机配合物

4）TADF 激基复合物

电子给体与电子受体通过分子间电荷转移作用能实现热致延迟荧光，如三芳胺、咔唑衍生物作为电子给体，三芳硼、芳基磷酰、噁二唑、嘧啶、三嗪衍生物作为电子受体。另外，电子给受体（D-A）双极性分子与另外的电子受体混合能获得更小的ΔE_{ST}，如图 2-91 所示。

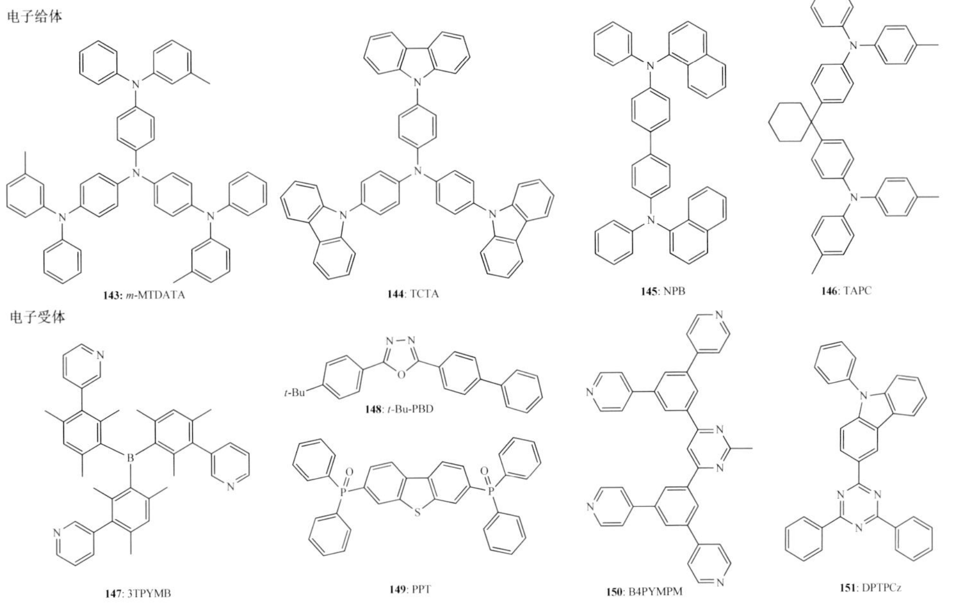

电子给体

143: *m*-MTDATA　144: TCTA　145: NPB　146: TAPC

电子受体

147: 3TPYMB　148: *t*-Bu-PBD　149: PPT　150: B4PYMPM　151: DPTPCz

图 2-91　TADF 激基复合物

此外，TADF 材料通常分散到主体材料中以避免聚集猝灭发光和激子湮灭，但在高亮度区会产生效率滚降。通过碳硼烷、苯甲酮和苯酰亚胺桥联咔唑、三嗪、二苯并[*b*, *d*]噻吩、吩噁嗪、吩噻嗪等功能单元，可同时产生聚集诱导发光和热致延迟荧光，如图 2-92 所示[151-153]。

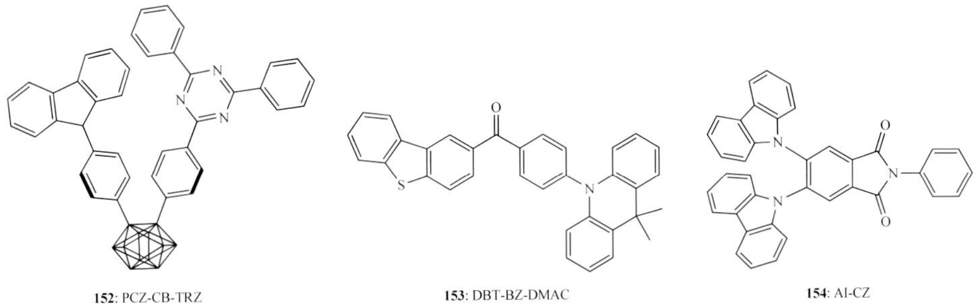

152: PCZ-CB-TRZ　153: DBT-BZ-DMAC　154: AI-CZ

图 2-92　聚集诱导发光的 TADF 材料

3. 三线态-三线态湮灭

基于三线态-三线态湮灭的发光材料大多数为稠环芳烃及其衍生物，如蒽、芘，理论上最大外量子效率为 62.5%，但效率超过 10%的材料还较为匮乏。这类材料的激发态寿命较为稳定，但发光波段主要位于蓝光区域，高电流下效率滚降较为严重，如图 2-93 所示[154-158]。

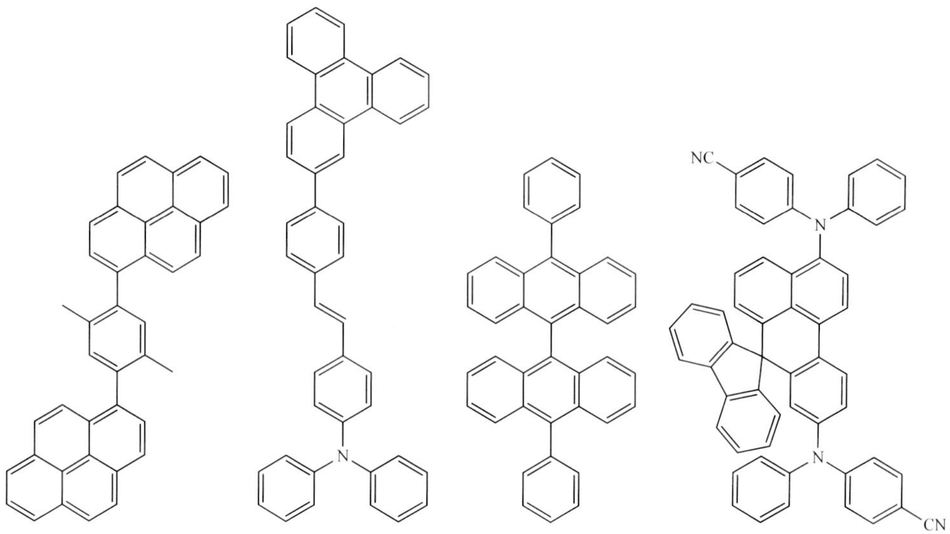

155: DMPPP　156: TSTA　157: BD　158: CN-SBAF

图 2-93　基于三线态-三线态湮灭的发光材料

以 CN-SBAF 为例，其合成路径如图 2-94 所示，首先 1, 8-二溴萘与对氯代苯硼酸发生 Suzuki 偶联反应，进一步与芴酮发生偶联反应和环化反应得到芴与蒽螺环衍生物，再经过溴化反应和偶联反应得到目标产物[157]。

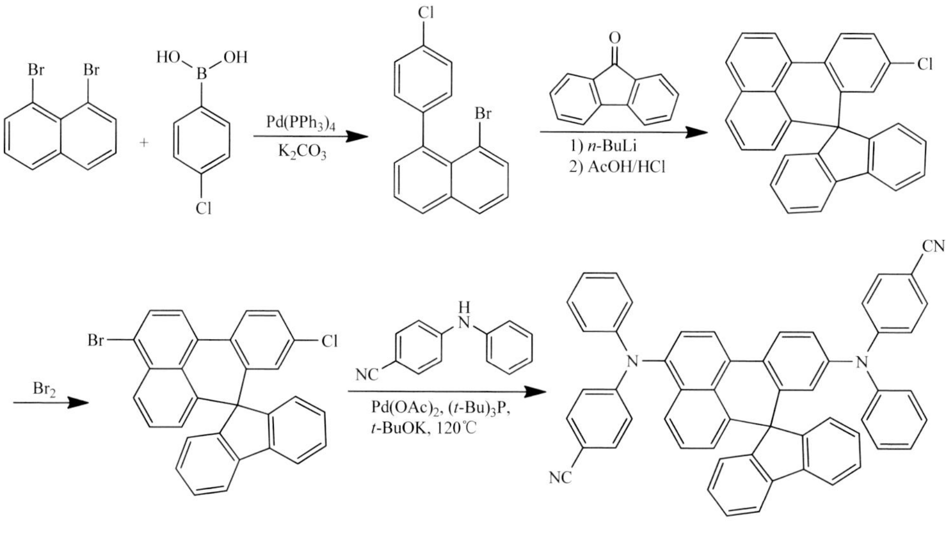

$Pd(PPh_3)_4$, K_2CO_3；1) n-BuLi 2) AcOH/HCl；Br_2；$Pd(OAc)_2$, $(t\text{-}Bu)_3P$, t-BuOK, 120℃

158: CN-SBAF

图 2-94　CN-SBAF（158）的合成

4. 局域电荷转移杂化态

电子给体主要为三苯胺，电子受体主要为具有扭曲结构的咪唑、噻唑、菲、蒽、吖啶、喹唑啉等衍生物[158, 159]。通过引入聚集诱导发光单元如四苯乙烯、氰基取代二苯乙烯可获得非掺杂的发光材料，如图 2-95 所示[160, 161]。

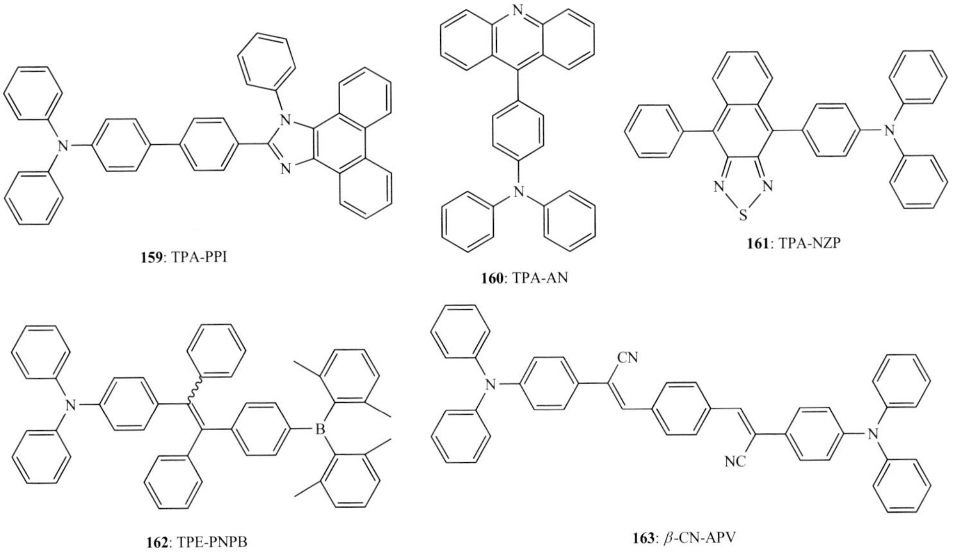

159: TPA-PPI　**160**: TPA-AN　**161**: TPA-NZP

162: TPE-PNPB　**163**: β-CN-APV

图 2-95　基于局域电荷转移杂化态的发光材料

2.4.3　总结与展望

从传统的荧光发光材料到磷光发光材料和热致延迟荧光材料，主要是围绕小分子发光材料展开研究。目前，过渡金属磷光材料表现出高外量子效率，并实现商业化应用，但成本较高，稳定性较差；纯有机室温磷光材料具有长的寿命，但外量子效率较低（≤1%）。作为第三代发光材料，具有较小单线态和三线态能级差的热致延迟荧光材料可通过分子内电子给受体、金属有机配合物、空间穿越效应和激基复合物等策略来实现。其中分子内电子给受体热致延迟荧光材料的研究最为广泛，但在高亮度下存在效率滚降的问题。

发光性能不但取决于材料的分子结构，而且与聚集态结构紧密联系，具有聚集诱导发光特性的发光材料是近年来的研究热点。

此外，通过设计合成中性自由基、单线态裂分、三线态-极化子作用诱导上转换、旋转获得自旋态反转等方法也可获得高效发光[102]，这些方面的研究正在进一步探索中。

2.5 光伏材料的设计合成

2.5.1 设计策略

总的来说，吸收、电子能级、电荷载流子迁移率、溶解度和聚集性能是低维有机光伏材料设计中应考虑的关键因素。对于给体材料，较窄的带隙（E_g）、宽吸收、相对较低的 HOMO 能级和较高的空穴迁移率是很重要的。已经证明有三种策略对于满足要求是有效的，包括：①较窄 E_g 和较低位 HOMO 能级的 D-A 共聚的二维材料；②较低位 HOMO 能级的吸电子基团取代的二维材料；③宽吸收和较高空穴迁移率的二维材料。对于受体材料，加强材料在可见光中的吸收，升高 LUMO 能级，增加电子迁移率，这几个因素也是非常重要的。

因此，在光伏材料的设计上，一般需要满足如下五个基本策略。

（1）在可见光和近红外区域有广泛而强大的吸收带，以匹配太阳光谱。也就是说，我们需要带隙（E_g）更小的光伏材料。

（2）合适的 LUMO 和 HOMO 能级不但促进给受体界面处的激子解离，而且可以获得更高的开路电压。

（3）高电荷运载性（给体的高空穴迁移率和受体的高电子迁移率），以提高电荷传输效率。

（4）材料具有较高的溶解度，方便后续溶液法加工。

（5）给受体混合活性层的互穿网络的最佳形态和纳米级相分离。

这五个策略并不相互独立。例如，调节 LUMO 和 HOMO 能级将改变带隙，从而影响光的吸收；通过连接烷基侧链改善分子的溶解度将影响电荷载流子迁移率和材料形貌。因此，我们需要在五个策略之间取得平衡，优化得到高光伏性能的分子结构。

2.5.2 分类及合成

有机光伏给体材料可分为有机小分子材料和有机聚合物材料。

概括地讲，有机小分子材料主要分为酞菁类材料、稠环芳香化合物、噻吩寡聚物和三苯胺及其衍生物等，这些比较经典，不再一一赘述。

有机聚合物给体材料是现今发展的主流，所以种类也较多。这些材料一般以富电子的基团作为给电子成分，以缺电子的基团作为接受电子成分，给受体（D-A）之间通过共价键连接构建具有分子内电荷转移特性的基元，并以此为重复交替单元构建共聚物，这种给受体交替聚合物可以用来减小带隙，容易产生电荷转移。故在材料设计上也符合上述提及的主要策略：合适的轨道能级（包括

HOMO 能级和 LUMO 能级）；相对较低的 HOMO 能级；空气中稳定性较好，一般情况下给体分子的 HOMO 能级低于空气氧化的阈值（约–5.27eV）。

有机太阳能电池受体材料作为与给体匹配的对应材料，其功能为接受电子和传输电子，所以该类材料需要有较低的 LUMO 能级以及良好的电子迁移率。该类材料分子必须具备较强的接收电子能力（自身多为缺电子单元）、高的电子亲和能和离子活化能、良好的光稳定性。作为经典的受体材料，PCBM 与给体材料混合制成的电池器件的光电转换效率已经取得非常大的突破，然而 PCBM 受体材料存在若干不足之处，例如：①在可见光区及近红外区对太阳光的吸收较弱；②这类材料在空气中的稳定性较弱；③在相分离动力学和薄膜形貌的控制上还存在难度；④其 LUMO 能级能调节的范围很窄，限制了器件光电压的提高；⑤合成和提纯的成本高。这五点不足限制了有机太阳能电池的光电转换效率的进一步提高。近些年，非富勒烯受体材料（包括聚合物和小分子受体材料）相比于 PCBM 而言，具有易调节的能级结构（HOMO/LUMO 能级易调节、合适的电子迁移率）和简单的合成路线，这使得材料的生产成本降低。更突出的优势是，非富勒烯受体材料在太阳光的可见光范围内有较宽和较强的吸收，可以有效地与给体材料互补。

近些年有机光伏材料发展十分迅速，但限于篇幅，不能一一罗列，在此只选取一些具有代表性的材料，特别说明一下。

下面分类介绍各类给体材料和受体材料及其主要合成方法和策略。

1. 光伏给体材料

1）基于聚噻吩并含缺电子受体单元的共轭聚合物

2012 年，日本广岛大学 Itaru Osaka 课题组[162]通过相应的二溴代芳烃砌块和含噻吩的锡试剂发生 Stille 偶联反应，合成了化合物 **164**（含萘并[1, 2-*c*:5, 6-*c*′]二[1, 2, 5]噻二唑）结构）和 **165**（含苯并[*c*][1, 2, 5]噻二唑结构）两类聚合物（图 2-96 和图 2-97），其光电转换效率（PCE）分别为 6.3%和 2.6%。化合物 **164** 的数均分子量 M_n = 52600，HOMO 能级为–5.16eV，LUMO 能级为–3.77eV；化合物 **165** 的数均分子量 M_n = 36100，HOMO 能级为–5.07eV，LUMO 能级为–3.53eV。采用的合成策略如下：将电子给体（D）单元与电子受体（A）单元沿着共轭主链交替排列，利用给受体共聚来减小带隙。

R　SnMe$_3$　S　+　Br　Br　N S N　Pd(PPh$_3$)$_4$

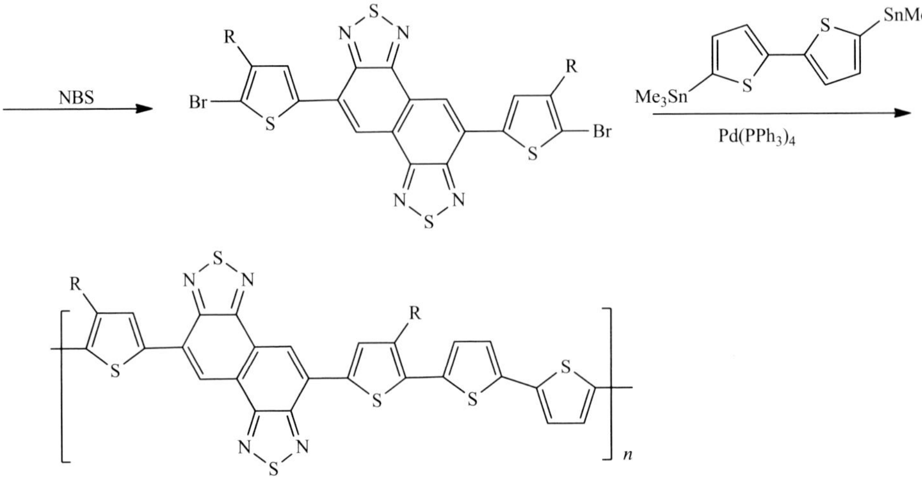

164

图 2-96 化合物 **164** 的合成

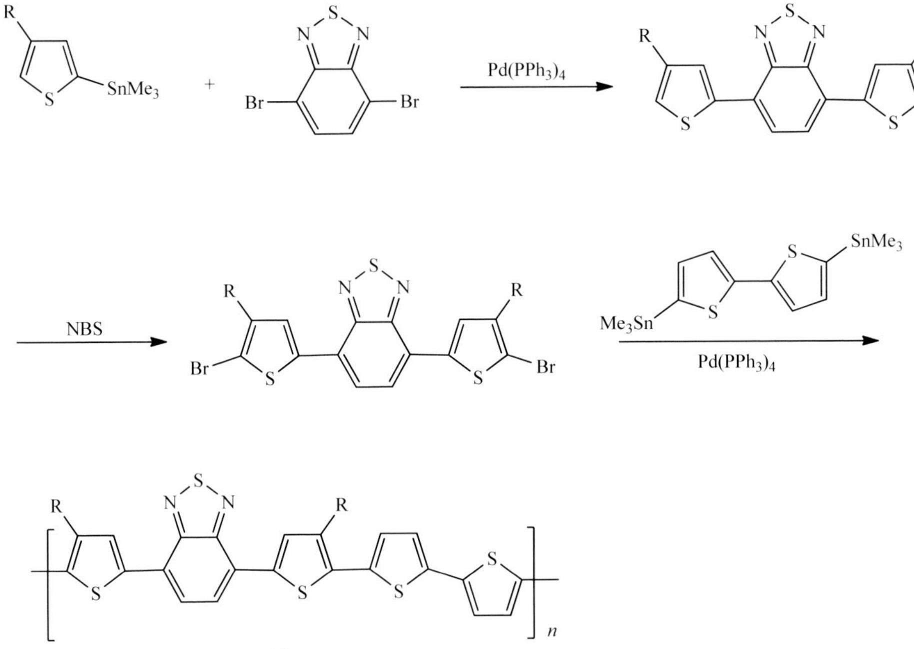

165

图 2-97 化合物 **165** 的合成

2013 年，中国科学院化学研究所侯剑辉课题组[163]通过相应的二溴代芳烃砌块和二噻吩的双锡试剂发生 Stille 偶联反应，合成了化合物 **166**（含苯并[1, 2-*c*:

4, 5-*c*′]二噻吩-4, 8-二酮结构）这类聚合物（图 2-98），其光电转换效率（PCE）为 6.88%。化合物 **166** 的数均分子量 M_n = 38000，HOMO 能级为–5.13eV，LUMO 能级为–3.23eV。采用的合成策略如下：通过酮羰基的吸电子性质有效地向下调节 HOMO 能级。

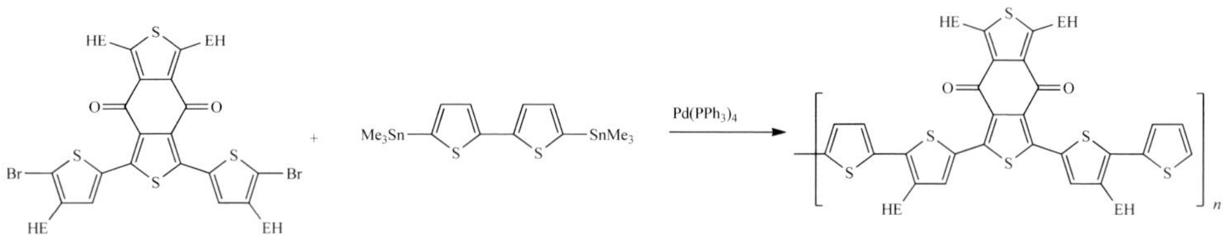

图 2-98　化合物 **166** 的合成

2）含有 1, 4-二酮-3, 6-二芳基吡咯并[3, 4-*c*]吡咯（DPP-Ar2）部分的聚噻吩基聚合物

2012 年，美国劳伦斯伯克利国家实验室 Fréchet 课题组[164]通过相应的二溴代 1, 4-二酮-3, 6-二呋喃吡咯并[3, 4-*c*]吡咯和 2, 5-噻吩双锡试剂发生 Stille 偶联反应，合成了化合物 **167** 这类结构的聚合物（图 2-99），其光电转换效率（PCE）为 6.5%。化合物 **167** 的数均分子量 M_n = 55000，HOMO 能级为–5.2eV。采用的合成策略如下：在共轭骨架上引入补充性特殊基团，以此产生特殊的相互作用，如氢键作用、给受体相互作用等。

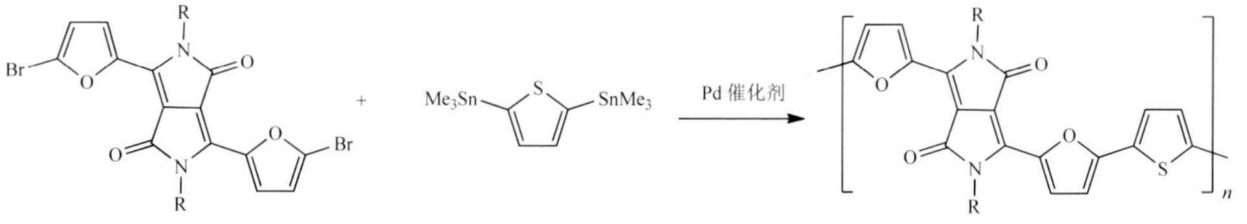

图 2-99　化合物 **167** 的合成

3）含有异靛蓝部分的聚噻吩基聚合物

2011 年，瑞典查尔姆斯理工大学王二刚课题组[165]通过相应的二溴代含异靛蓝的芳烃砌块和 2, 5-噻吩双锡试剂发生 Stille 偶联反应，合成了化合物 **168** 这类结构的聚合物（图 2-100），其光电转换效率（PCE）为 6.3%。化合物 **168** 的数均分子量 M_n = 73kDa，HOMO 能级为–5.82eV，LUMO 能级为–3.83eV。采用的合成策略如下：给电子取代基引入共轭体系可以提升其 HOMO 能级，同时伴随带隙的降低，溶解性的增加。

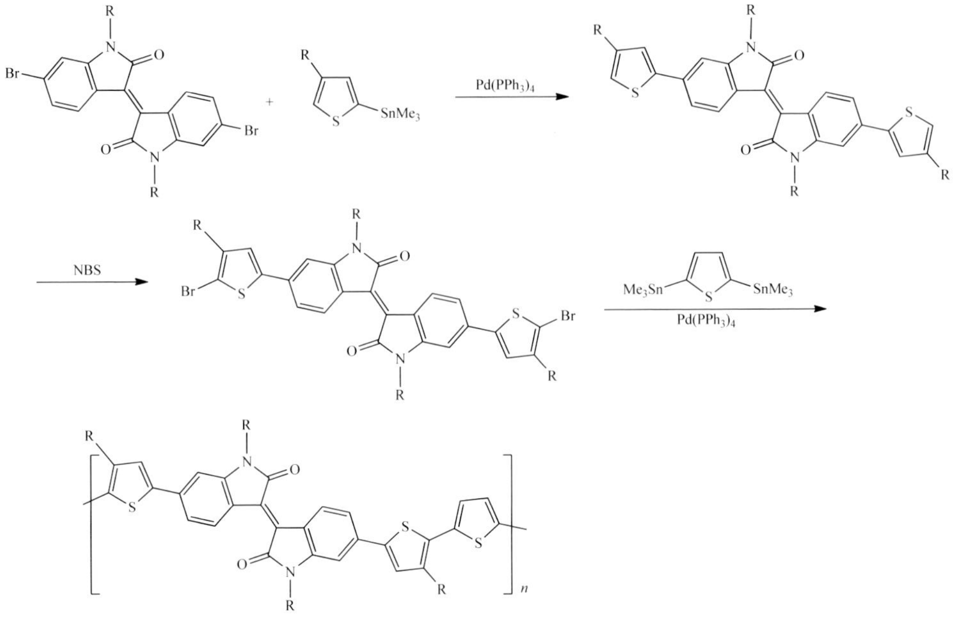

168

图 2-100 化合物 **168** 的合成

4）含有 2, 3-二芳基喹喔啉部分的聚噻吩基聚合物

2018 年，国家纳米科学中心魏志祥课题组[166]通过二溴代的 2-烷氧基二氟喹喔啉和 2, 5-噻吩双锡试剂发生 Stille 偶联反应，合成了化合物 **169** 这类结构的聚合物（图 2-101），通过喹喔啉的氟原子和噻吩的氢原子发生氢键作用，提供聚合物的共轭作用，其光电转换效率（PCE）为 12.13%。化合物 **169** 的数均分子量 M_n = 39100，HOMO 能级为−5.54eV，LUMO 能级为−2.98eV。采用的合成策略如下：给电子取代基引入共轭体系可以提升其 HOMO 能级，同时增加溶解性。

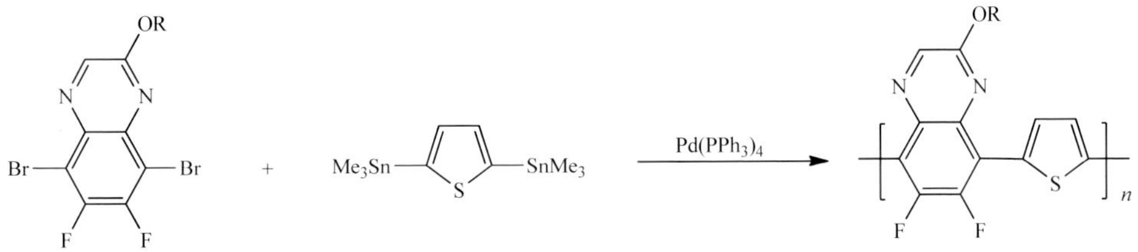

169

图 2-101 化合物 **169** 的合成

5）含有噻吩并[3, 4-*c*]吡咯-4, 6-二酮（TPD）部分的聚噻吩基聚合物

2010 年，台湾交通大学 Kung-Hwa Wei 课题组[167]通过二溴代的噻吩并[3, 4-*c*]

吡咯-4, 6-二酮和二噻吩双锡试剂发生 Stille 偶联反应，合成了化合物 **170** 这类结构的聚合物（图 2-102），其光电转换效率（PCE）为 7.3%。化合物 **170** 的数均分子量 $M_n = 9100$，HOMO 能级为−5.56eV，LUMO 能级为−3.1eV。采用的合成策略如下：通过羰基的吸电子性质有效地向下调节 HOMO 能级，引入烷基链增加溶解性。

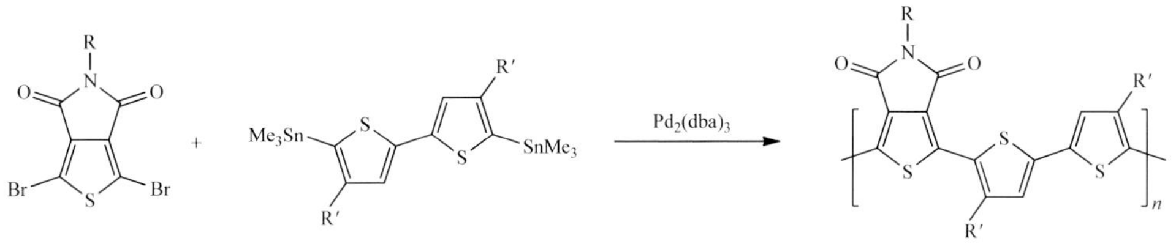

图 2-102　化合物 **170** 的合成

6）苯并[1, 2-*b*: 4, 5-*b*′]二噻吩（BDT）基给受体共轭聚合物

2009 年，北卡罗来纳大学教堂山分校 Wei You 课题组[168]通过二溴代的苯并[*d*][1, 2, 3]三唑和苯并[1, 2-*b*: 4, 5-*b*′]二噻吩的双锡试剂发生 Stille 偶联反应，合成了化合物 **171** 这类结构的聚合物（图 2-103），其光电转换效率（PCE）为 7.1%。化合物 **171** 的数均分子量 $M_n = 42200$，HOMO 能级为−5.36eV，LUMO 能级为−3.05eV。采用的合成策略如下：在共轭骨架上引入氢键作用基团，以此产生相互作用，增强聚合物的平面性。

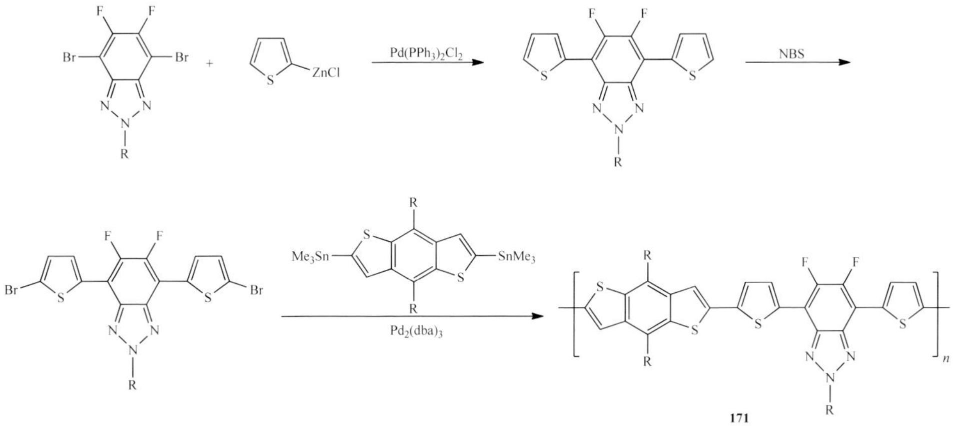

图 2-103　化合物 **171** 的合成

2016 年，中国科学院化学研究所侯剑辉课题组[169]通过二溴代的苯并[1, 2-*c*:

4, 5-*c*′]二噻吩-4, 8-二酮和苯并[1, 2-*b*: 4, 5-*b*′]二噻吩的双锡试剂发生 Stille 偶联反应，合成了化合物 **172** 这类结构的聚合物（图 2-104），其光电转换效率（PCE）为 12.2%。化合物 **172** 的数均分子量 M_n = 29000，HOMO 能级为–5.21eV，LUMO 能级为–3.41eV。采用的合成策略如下：稠环化合物使 π 电子可以更易沿着聚合物主链流动，通过羰基的吸电子性质有效地向下调节 HOMO 能级，引入烷基链增加溶解性。

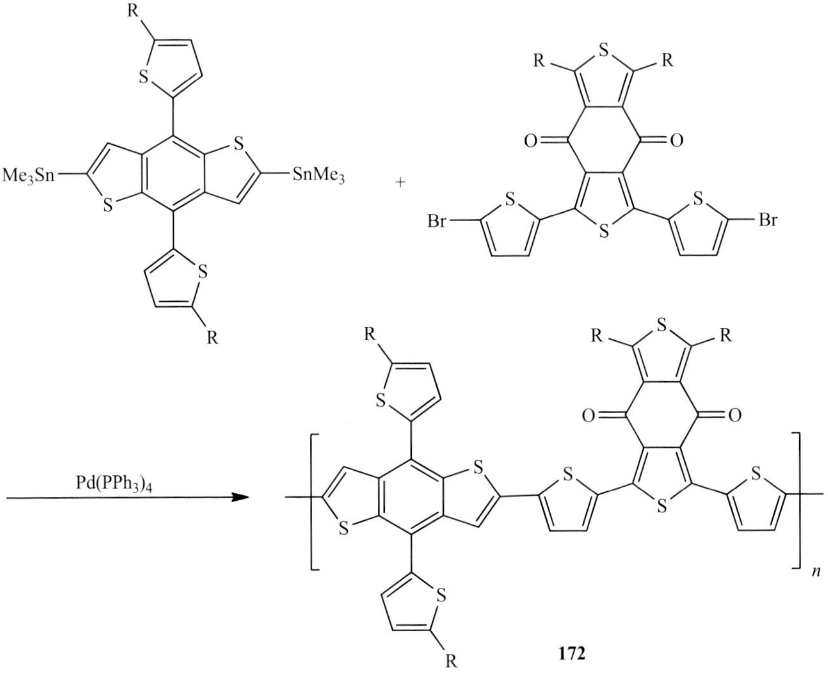

图 **2-104** 化合物 **172** 的合成

7）基于茚并二噻吩（IDT）的给受体共轭聚合物

2010 年，台湾工业技术研究院 Chih-Ping Chen[170]通过二溴代的苯并[*c*][1, 2, 5]噻二唑砌块和茚并二噻吩的双锡试剂发生 Stille 偶联反应，合成了化合物 **173** 这类结构的聚合物（图 2-105），其光电转换效率（PCE）为 5.4%。化合物 **173** 的数均分子量 M_n = 60900，HOMO 能级为–5.36eV，LUMO 能级为–3.52eV。采用的合成策略如下：利用桥联基团保持聚合物的平面性，提高两个相连接的芳香环的平面性在窄带隙半导体聚合物的设计中起到关键作用，这是因为平面性的提高使得 p 轨道相互作用来拓展共轭，从而促进 π 电子的离域。

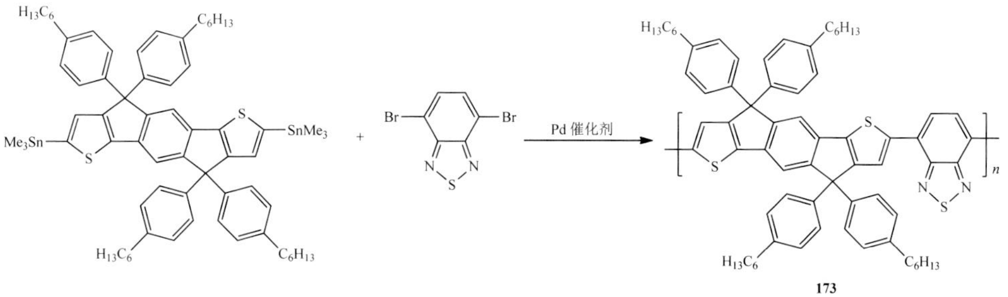

图 2-105　化合物 **173** 的合成

8）含有 1, 4-二酮-3, 6-二芳基吡咯并[3, 4-*c*]吡咯（DPP-Ar2）部分的聚蒽基聚合物

2014 年，华南理工大学曹镛院士课题组[171]通过二溴代的 1, 4-二酮-3, 6-二噻吩吡咯并[3, 4-*c*]吡咯砌块和含二频哪醇硼基的蒽类砌块发生 Suzuki 偶联反应，最后由多步法合成了化合物 **174** 这类结构的聚合物（图 2-106），其光电转换效率（PCE）为 2.15%。化合物 **174** 的数均分子量 $M_n = 20000$，HOMO 能级为−5.29eV。采用的合成策略如下：稠环化合物使 π 电子可以更易沿着聚合物主链流动，在相邻的骨架间通过 π 电子的重叠来进行电子的跳跃传输。

9）含有多重熔融交替苯/噻吩芳烃的共轭聚合物

2012 年，台湾交通大学 Chain-Shu Hsu 课题组[172]通过二溴代的咔唑并二噻吩砌块和含二频哪醇硼基的芴并二噻吩砌块发生 Suzuki 偶联反应，合成了化合物 **175** 这类结构的聚合物（图 2-107），其光电转换效率（PCE）为 5.2%。采用的合成策略如下：稠环化合物使 π 电子可以更易沿着聚合物主链流动，引入烷基链增加溶解性。

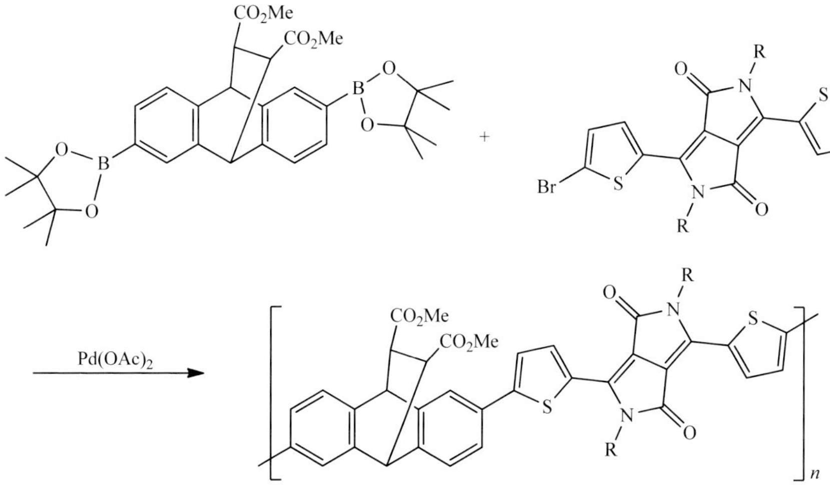

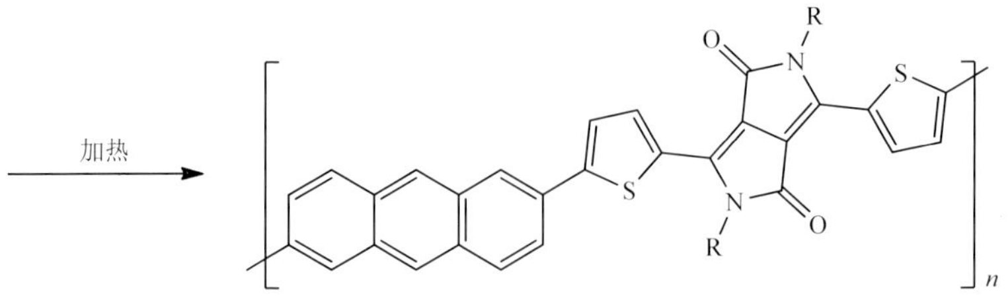

图 2-106 化合物 **174** 的合成

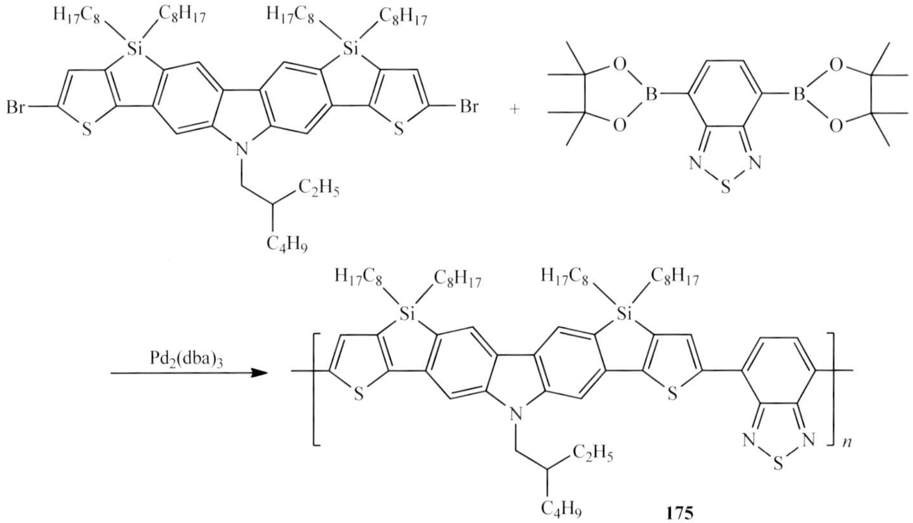

图 2-107 化合物 **175** 的合成

10）基于萘并二噻吩的给受体共轭聚合物

2014 年，国家纳米科学中心魏志祥课题组[173]通过二溴代的三联噻吩砌块和萘并二噻吩的双锡试剂砌块发生 Stille 偶联反应，合成了化合物 **176** 这类结构的聚合物（图 2-108），其光电转换效率（PCE）为 7.5%。化合物 **176** 的数均分子量 $M_n = 24900$，HOMO 能级为–5.55eV，LUMO 能级为–3.52eV。采用的合成策略如下：通过羰基的吸电子性质有效地向下调节 HOMO 能级，引入烷基链增加溶解性。

11）基于聚噻吩与五环芳香内酰胺的共聚物

2013 年，国家纳米科学中心肖作课题组[174]通过二溴代的五环芳香内酰胺砌块和噻吩的双锡试剂砌块发生 Stille 偶联反应，合成了化合物 **177** 这类结构的聚合物（图 2-109），其光电转换效率（PCE）为 7.8%。采用的合成策略如下：通过羰基的吸电子性质有效地向下调节 HOMO 能级，引入烷基链增加溶解性。

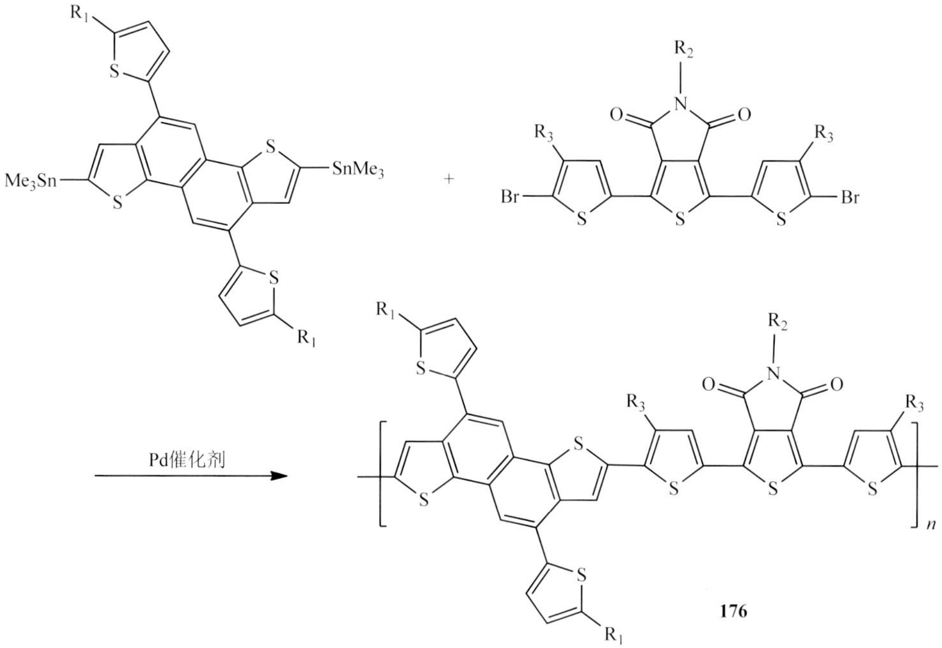

图 2-108　化合物 **176** 的合成

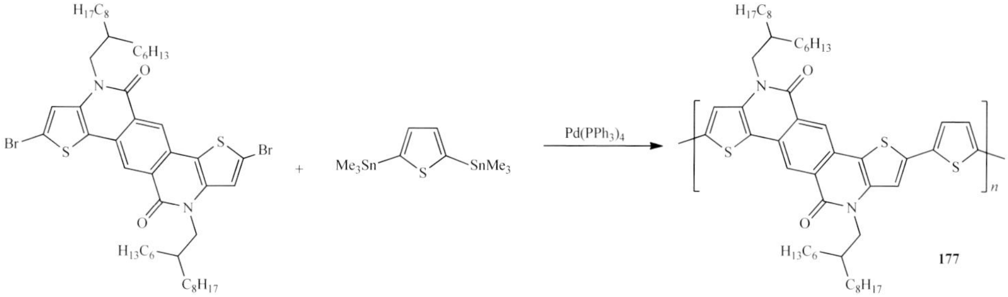

图 2-109　化合物 **177** 的合成

12）基于 Germa-茚并二噻吩（Ge-IDT）的给受体共轭聚合物

2012 年，英国帝国理工学院 McCulloch 课题组[175]通过二溴代的 Germa-茚并二噻吩砌块和含二频哪醇硼基的苯并[c][1, 2, 5]噻二唑发生 Suzuki 偶联反应，合成了化合物 **178** 这类结构的聚合物（图 2-110），其光电转换效率（PCE）为 5.02%。化合物 **178** 的数均分子量 $M_n = 32000$。采用的合成策略如下：利用杂原子桥联基团保持聚合物的平面性，提高两个相连接的芳香环的平面性在窄带隙半导体聚合物的设计中起到关键作用，这是因为平面性的提高使得 p 轨道相互作用来拓展共轭，从而促进 π 电子的离域。

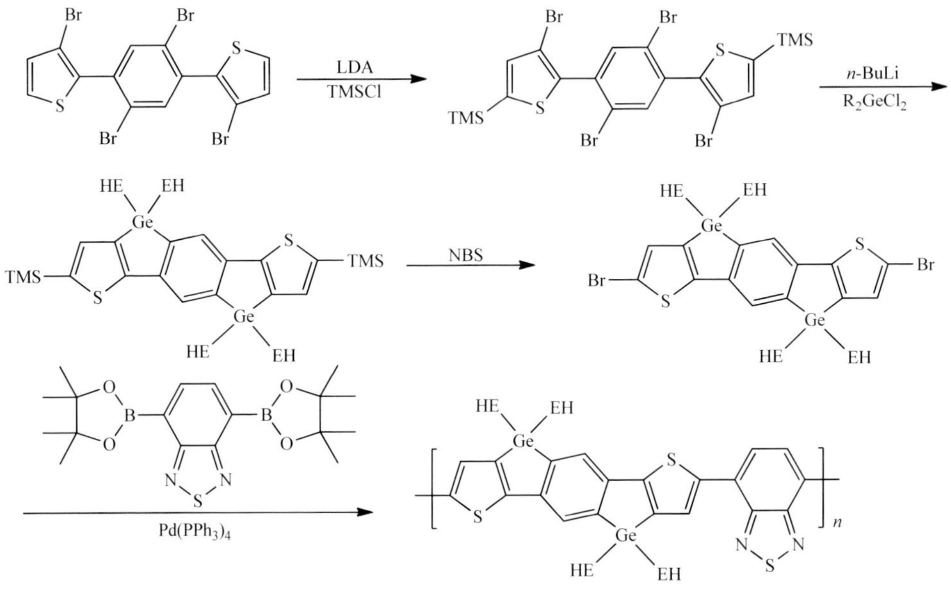

图 2-110 化合物 **178** 的合成

2. 光伏受体材料

1）基于茚并二噻吩二丙二腈类大分子化合物

2015 年，中国科学院化学研究所占肖卫课题组[176]通过溴代的噻吩-2-甲醛砌块和茚并二噻吩的双锡试剂砌块发生 Stille 偶联反应，形成二醛基茚并二噻吩中间体，再和 2-(3-羰基-2, 3-二氢-1*H*-茚-1-亚基)丙二腈发生 Claisen-Schmidt 缩合反应，最后合成了化合物 **179** 这类结构的大分子化合物（图 2-111），其光电转换效率（PCE）为 6.31%。化合物 **179** 的 HOMO 能级为−5.42eV，LUMO 能级为−3.82eV。采用的合成策略如下：主核芳环数量较多，π 电子的离域范围更广，使得分子表现出更高的 LUMO 能级，更窄的带隙，红移的光学吸收，以及较高的电子迁移率。

2）基于萘二酰亚胺与噻吩的共轭聚合物

2013 年，美国西北大学 Wasielewski 课题组[177]通过二溴代的萘二酰亚胺砌块和二噻吩的双锡试剂砌块发生 Stille 偶联反应，合成了化合物 **180** 这类结构的聚合物（图 2-112），其光电转换效率（PCE）为 2.7%。化合物 **180** 的 LUMO 能级为−4.0eV。采用的合成策略如下：通过羰基的吸电子性质有效地调节 LUMO 能级，引入烷基链增加溶解性。

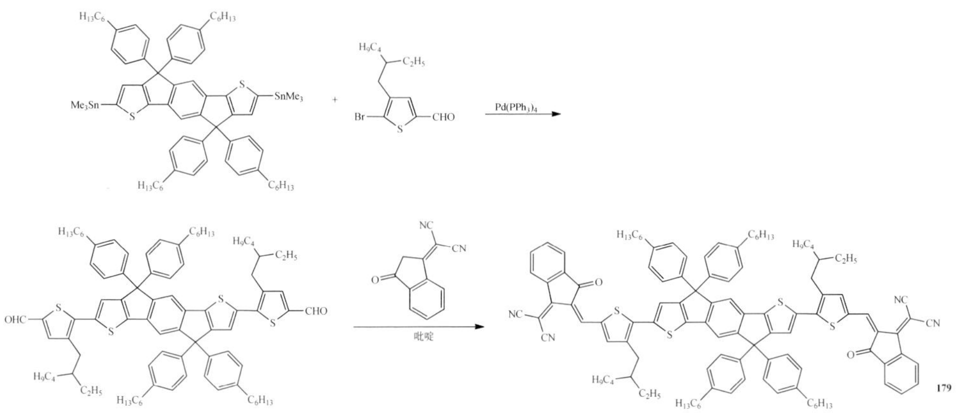

$H_{13}C_6$　C_6H_{13}　Me_3Sn　S　S　$SnMe_3$　$H_{13}C_6$　C_6H_{13}　+　H_9C_4　C_2H_5　Br　S　CHO　$Pd(PPh_3)_4$

$H_{13}C_6$　C_6H_{13}　H_9C_4　C_2H_5　OHC　S　S　S　S　CHO　H_9C_4　C_2H_5　$H_{13}C_6$　C_6H_{13}　NC　CN　O　吡啶　O　NC　CN　S　S　S　S　NC　CN　O　H_9C_4　C_2H_5　$H_{13}C_6$　C_6H_{13}　**179**

图 2-111　化合物 **179** 的合成

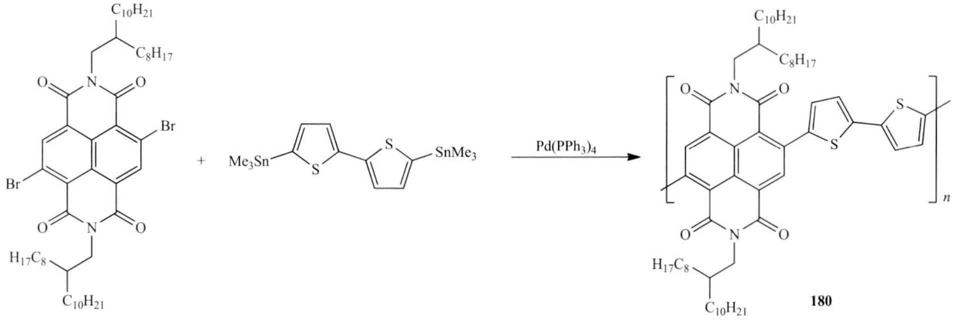

$C_{10}H_{21}$　C_8H_{17}　O　N　O　Br　Br　O　N　O　$H_{17}C_8$　$C_{10}H_{21}$　+　Me_3Sn　S　S　$SnMe_3$　$Pd(PPh_3)_4$　$C_{10}H_{21}$　C_8H_{17}　O　N　O　S　S　O　N　O　$H_{17}C_8$　$C_{10}H_{21}$　*n*　**180**

图 2-112　化合物 **180** 的合成

3）基于苝二酰亚胺与乙烯的共轭聚合物

2016 年，北京大学赵达慧课题组[178]通过二溴代的苝二酰亚胺砌块和乙烯的反式双锡试剂砌块发生 Stille 偶联反应，合成了化合物 **181** 这类结构的聚合物（图 2-113），其光电转换效率（PCE）为 7.57%。化合物 **181** 的数均分子量 M_n = 14600，LUMO 能级为–4.03eV。采用的合成策略如下：增加结构单元共轭长度，从而拓宽吸光范围，增强相邻分子间的 **π-π** 相互作用，并提升电荷迁移率。

4）含二环戊二烯并噻吩二丙二腈的共聚物

2014 年，芝加哥大学俞陆平课题组[179]通过二溴代的二环戊二烯并噻吩二丙二腈砌块和含苯并[1, 2-*b*: 4, 5-*b*′]二噻吩的双锡试剂砌块发生 Stille 偶联反应，合成了化合物 **182** 这类结构的聚合物（图 2-114），其光电转换效率（PCE）为 1.03%。采用的合成策略如下：利用桥联基团保持聚合物的平面性，主核芳环数量较多，**π** 电子的离域范围更广。

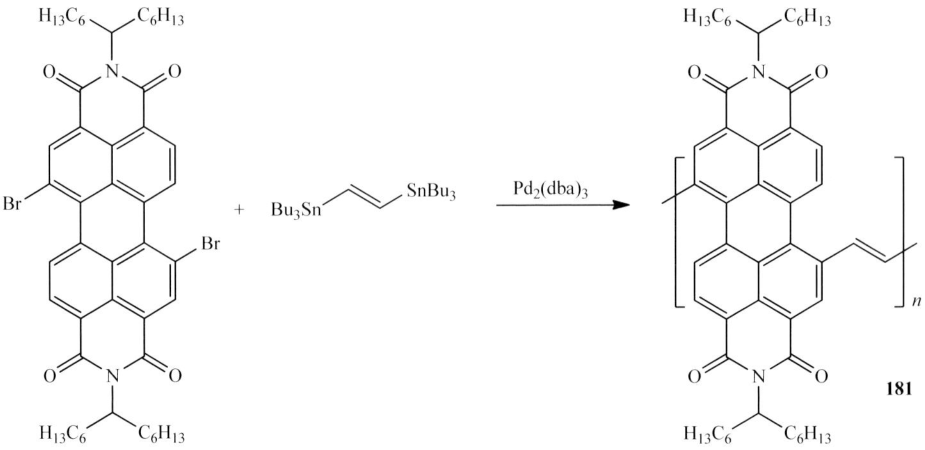

图 2-113 化合物 **181** 的合成

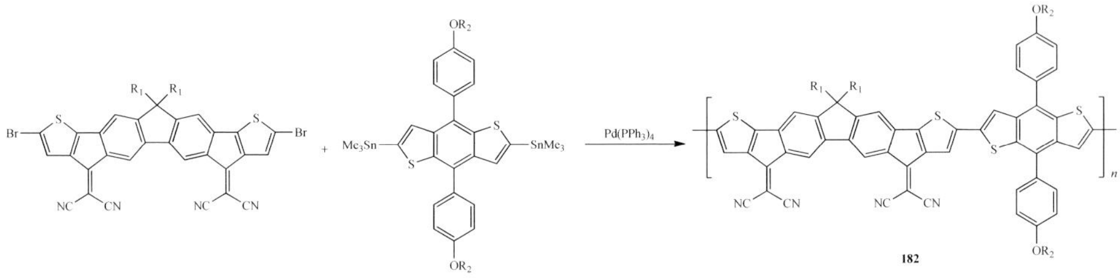

图 2-114 化合物 **182** 的合成

5）基于 B-N 桥联联吡啶与噻吩的共聚物

2015 年，中国科学院长春应用化学研究所刘俊课题组[180]通过二溴代的 B-N 桥联联吡啶砌块和噻吩的双锡试剂发生 Stille 偶联反应，合成了化合物 **183** 这类结构的聚合物（图 2-115），其光电转换效率（PCE）为 3.38%。采用的合成策略如下：掺杂氮、硼杂原子，并提升电荷迁移率。

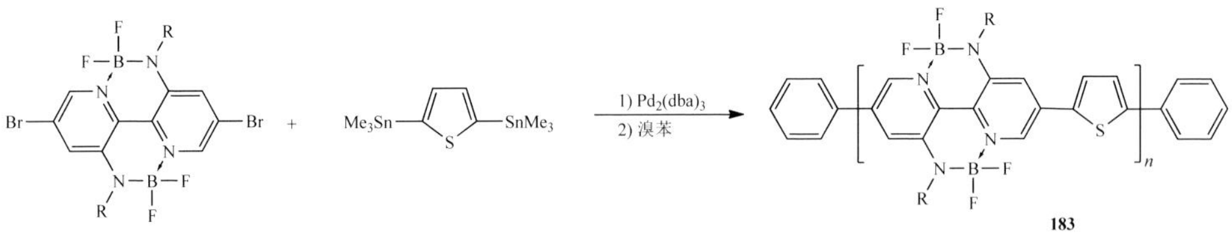

图 2-115 化合物 **183** 的合成

6）基于卟啉和苝二酰亚胺化合物

2017 年，中国科学院化学研究所王朝晖课题组[181]通过溴代苝二酰亚胺砌块和四炔基卟啉发生 Sonagashira 偶联反应，合成了化合物 **184** 这类结构的大分子化合物（图 2-116），其光电转换效率（PCE）为 7.4%。化合物 **184** 的 HOMO 能级为–5.33eV，LUMO 能级为–3.53eV。采用的合成策略如下：增加结构单元共轭长度，从而拓宽吸光范围，增强相邻分子间的 π-π 相互作用，并提升电荷迁移率。

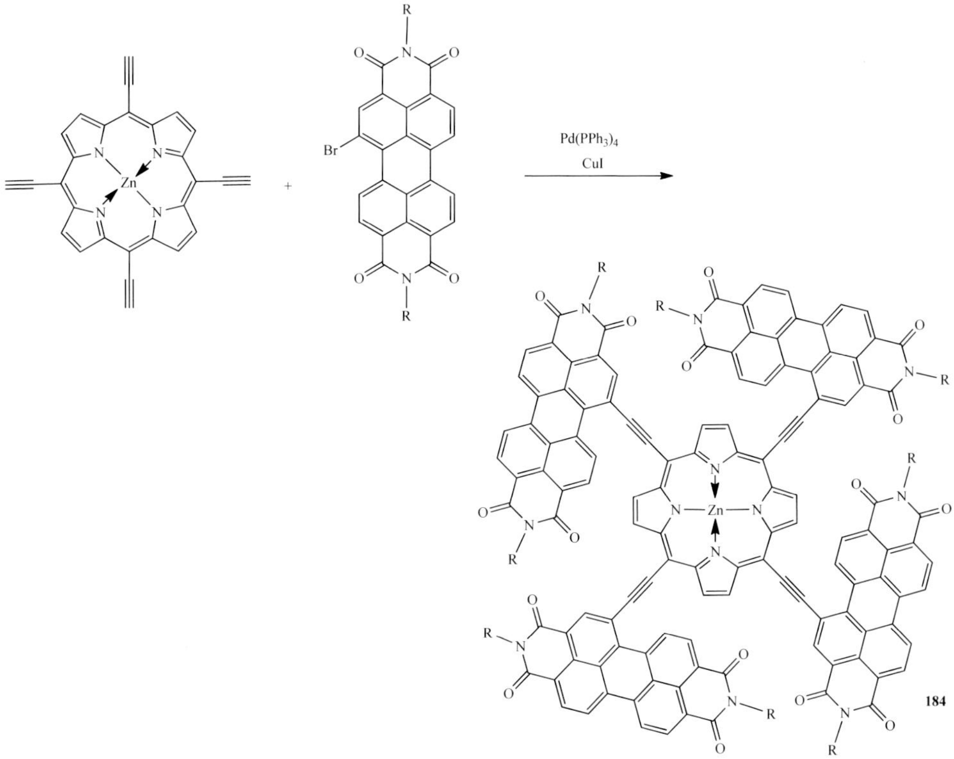

图 2-116　化合物 **184** 的合成

7）基于二噻吩并芘并咔唑的化合物

2018 年，美国华盛顿大学 Alex K-Y. Jen（任广禹）课题组[182]通过含二醛基的二噻吩并芘并咔唑硼块和 2-(3-羰基-2, 3-二氢-1*H*-茚-1-亚基)丙二腈发生 Claisen-Schmidt 缩合反应，合成了化合物 **185** 这类结构的大分子化合物（图 2-117），其光电转换效率（PCE）为 10.21%。化合物 **185** 的 HOMO 能级为–5.31eV，LUMO 能级为–4.10eV。采用的合成策略如下：主核稠环数量多，π 电子的离域范围更广，使得分子表现出更高的 LUMO 能级，更窄的带隙，红移的光学吸收，以及较高的电子迁移率。

8）基于茚并四噻吩的大分子化合物

2018 年，上海交通大学刘峰课题组[183]通过含二醛基的茚并四噻吩硼块和 2-(6-羰基-5, 6-二氢-4*H*-环戊二烯并[*c*]噻吩-4-亚基)丙二腈发生 Claisen-Schmidt 缩

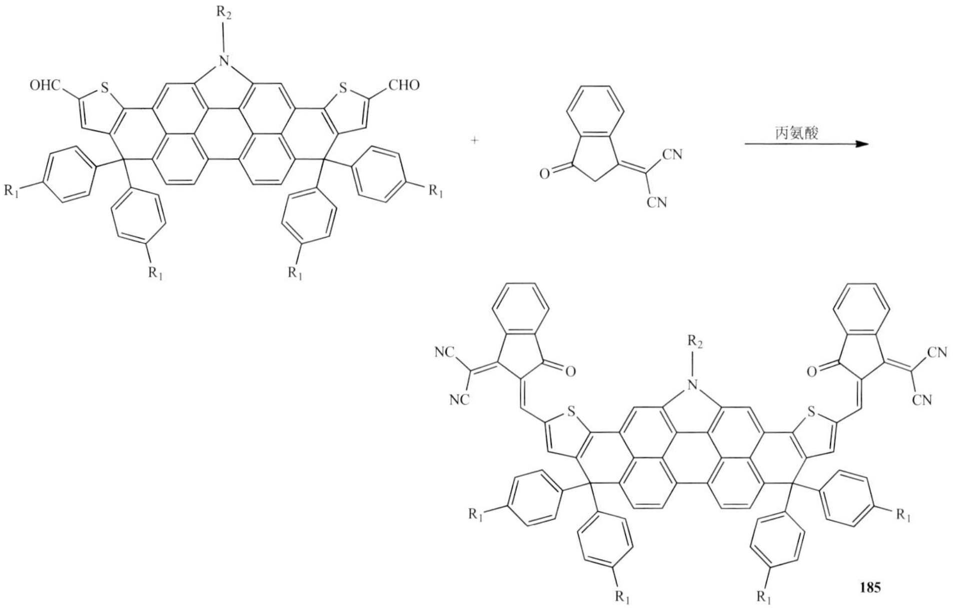

图 2-117 化合物 **185** 的合成

合反应，合成了化合物 **186** 这类结构的聚合物（图 2-118），其光电转换效率（PCE）为 12.54%。化合物 **186** 的 HOMO 能级为−5.62eV，LUMO 能级为−3.96eV。采用的合成策略如下：主核芳环数量较多，π 电子的离域范围更广，使得分子表现出更高的 LUMO 能级，更窄的带隙，红移的光学吸收，以及较高的电子迁移率。

9）基于含硫二聚苝二酰亚胺的大分子化合物

2017 年，中国科学院化学研究所王朝晖课题组[184]通过溴代苝二酰亚胺砌块和硫化二锡试剂发生类似 Stille 碳硫键偶联反应，合成了化合物 **187** 这类结构的大分子化合物（图 2-119），其光电转换效率（PCE）为 7.16%。化合物 **187** 的 LUMO 能级为−3.85eV。采用的合成策略如下：主核稠环芳烃数量多，使得分子表现出更高的 LUMO 能级，更窄的带隙，以及较高的电子迁移率。

2.5.3 总结与展望

有机太阳能电池有着自身的优势：有机分子易于修饰；可通过甩膜、推膜、丝网印刷、喷涂、自组装和热蒸镀等方法制备器件，方法简便易行；将主体材料制备到柔性基底上，易于得到柔韧且大面积的光伏器件。对于有机太阳能电池的商业化，关键是电池的各种性能参数特别是总光电转换效率如何提高。解决此问题的主要途径为以下三个关键方面，即电池的运作机理、电池的制作材料和制作工艺。

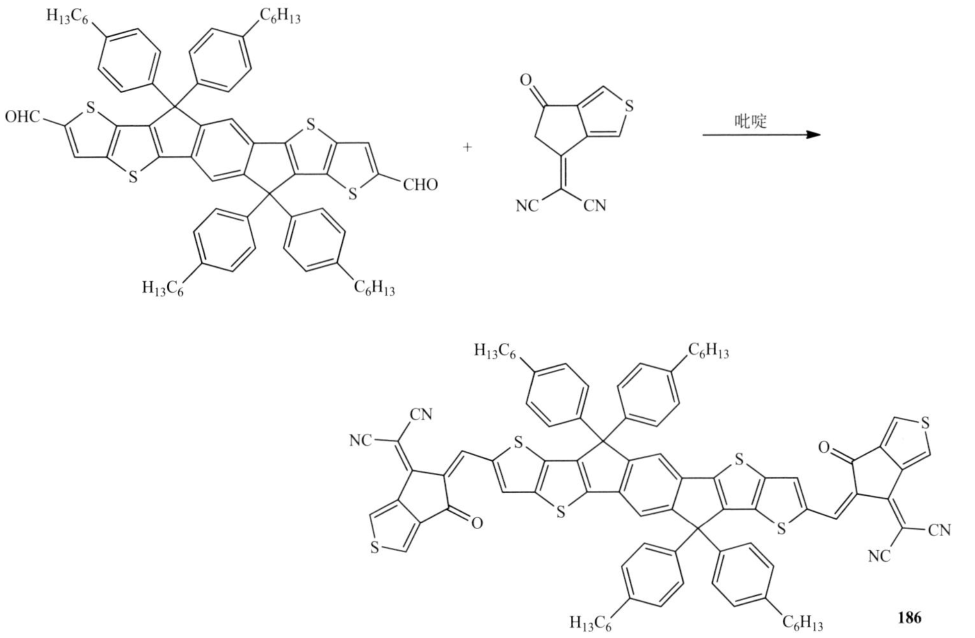

$H_{13}C_6$　C_6H_{13}

OHC　S　S　S　S　CHO

$H_{13}C_6$　C_6H_{13}

\+

O　S　NC　CN

吡啶

$H_{13}C_6$　C_6H_{13}

NC　CN　S　S　O　S　S　O　S　S

$H_{13}C_6$　C_6H_{13}　CN　NC

186

图 2-118　化合物 **186** 的合成

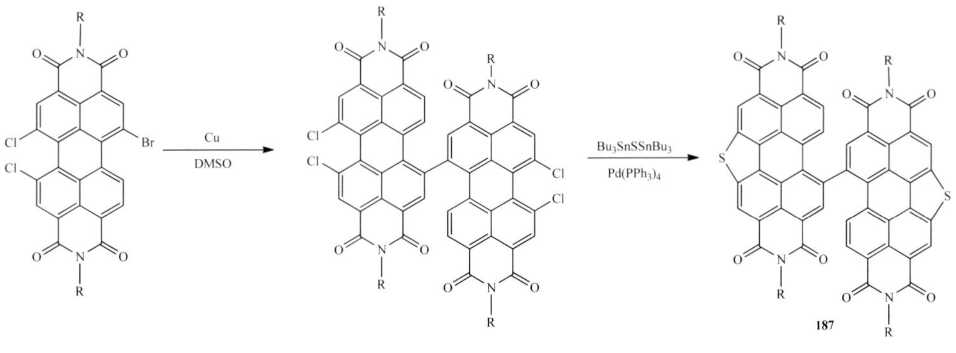

R　O　N　O　Cl　Br　Cl　O　N　O　R

Cu

DMSO

R　O　N　O　Cl　Cl　O　N　O　R　R　O　N　O　Cl　Cl　O　N　O　R

$Bu_3SnSSnBu_3$

$Pd(PPh_3)_4$

R　O　N　O　S　O　N　O　R　R　O　N　O　S　O　N　O　R

187

图 2-119　化合物 **187** 的合成

目前，制约有机太阳能电池发展的根本原因为缺少合适的给体材料。由于该类电池的运作机理的研究还没有出现重大的新突破，要寻找新的依据来指导该材料的设计，还需要一段时间。但可以预测，效率高、成本低、工艺简单的有机太阳能电池在将来必然会商业化和普及。

参考文献

[1] Yu P P，Zhen Y G，Dong H L，et al. Crystal engineering of organic optoelectronic materials. Chemistry，2019，5（11）：2814-2853.

[2] Wang C, Dong H, Hu W, et al. Semiconducting π-conjugated systems in field-effect transistors: a material odyssey of organic electronics. Chemical Reviews, 2012, 112 (4): 2208-2267.

[3] Park S K, Kim J H, Park S Y. Organic 2D optoelectronic crystals: charge transport, emerging functions, and their design perspective. Advanced Materials, 2018, 30 (42): 1704759.

[4] Dong H, Fu X, Liu J, et al. 25th anniversary article: key points for high-mobility organic field-effect transistors. Advanced Materials, 2013, 25 (43): 6158-6182.

[5] Yassar A. Recent trends in crystal engineering of high-mobility materials for organic electronics. Polymer Science Series C, 2014, 56 (1): 4-19.

[6] Minemawari H, Tanaka M, Tsuzuki S, et al. Enhanced layered-herringbone packing due to long alkyl chain substitution in solution-processable organic semiconductors. Chemistry of Materials, 2017, 29 (3): 1245-1254.

[7] Subramanian S, Park S K, Parkin S R, et al. Chromophore fluorination enhances crystallization and stability of soluble anthradithiophene semiconductors. Journal of the American Chemical Society, 2008, 130 (9): 2706-2707.

[8] Jiang H, Yang X, Cui Z, et al. Phase dependence of single crystalline transistors of tetrathiafulvalene. Applied Physical Letters, 2007, 91 (12): 123505.

[9] Mas-Torrent M, Hadley P, Bromley S T, et al. Single-crystal organic field-effect transistors based on dibenzo-tetrathiafulvalene. Applied Physical Letters, 2005, 86 (1): 012110.

[10] Naraso, Nishida J I, Ando S, et al. High-performance organic field-effect transistors based on π-extended tetrathiafulvalene derivatives. Journal of the American Chemical Society, 2005, 127 (29): 10142-10143.

[11] Dou J H, Zheng Y Q, Yao Z F, et al. Fine-tuning of crystal packing and charge transport properties of BDOPV derivatives through fluorine substitution. Journal of the American Chemical Society, 2015, 137(50): 15947-15956.

[12] Singh K, Sharma A, Zhang J, et al. New sulfur bridged neutral annulenes. Structure, physical properties and applications in organic field-effect transistors. Chemical Communications, 2011, 47 (3): 905-907.

[13] Wohrle T, Wurzbach I, Kirres J, et al. Discotic liquid crystals. Chemical Reviews, 2016, 116 (3): 1139-1241.

[14] Rivnay J, Jimison L H, Northrup J E, et al. Large modulation of carrier transport by grain-boundary molecular packing and microstructure in organic thin films. Nature Materials, 2009, 8 (12): 952-958.

[15] Liu H, Cao X, Wu Y, et al. Self-assembly of octachloroperylene diimide into 1D rods and 2D plates by manipulating the growth kinetics for waveguide applications. Chemical Communications, 2014, 50 (35): 4620-4623.

[16] Wu Y T, Siegel J S. Synthesis, structures, and physical properties of aromatic molecular-bowl hydrocarbons. Polyarenes I, 2014, 349: 63-120.

[17] Chen R, Lu R Q, Shi P C, et al. Corannulene derivatives for organic electronics: from molecular engineering to applications. Chinese Chemical Letters, 2016, 27 (8): 1175-1183.

[18] Hou X Q, Sun Y T, Liu L, et al. Bowl-shaped conjugated polycycles. Chinese Chemical Letters, 2016, 27 (8): 1166-1174.

[19] Zhang Z P, Jiang L, Cheng C L, et al. The impact of interlayer electronic coupling on charge transport in organic semiconductors: a case study on titanylphthalocyanine single crystals. Angewandte Chemie International Edition, 2016, 55 (17): 5206-5209.

[20] Kelley T W, Muyres D V, Baude P F, et al. High performance organic thin film transistors. MRS Online Proceedings Library Archive, 2003.

[21] Clar E, John F. Über eine neue klasse tiefgefärbter radikalischer kohlenwasserstoffe und über das vermeintliche pentacen von E. Philippi; gleichzeitig erwiderung auf bemerkungen von Roland Scholl und Oskar Boettger.

Chemische Berichte，1930，63：2967.

[22] Goodings E P，Mitchard D A，Owen G. Synthesis，structure，and electrical properties of naphthacene，pentacene，and hexacene sulphides. Journal of the Chemical Society，Perkin Transactions，1972，1：1310-1314.

[23] Chen K Y，Hsieh H H，Wu C C，et al. A new type of soluble pentacene precursor for organic thin-film transistors. Chemical Communications，2007，(10)：1065-1067.

[24] Pramanik C，Miller G P. An improved synthesis of pentacene：rapid access to a benchmark organic semiconductor. Molecules，2012，17 (4)：4625-4633.

[25] Protti S，Artioli G A，Capitani F，et al. Preparation of (substituted) picenes via solar light-induced mallory photocyclization. RSC Advances，2015，5 (35)：27470-27475.

[26] Lang K F，Zander M. Eine neue synthese des hexacens. Chemische Berichte，1963，96 (3)：707-711.

[27] Marschalk C H. Linear hexacens. Bulletin of the Chemical Society of Japan，1939，6：1112.

[28] Bailey W J，Liao C W. Cyclic dienes. XI. New syntheses of hexacene and heptacene. Journal of the American Chemical Society，1955，77 (4)：992.

[29] Clar E，Ironside C T，Zander M. The electronic interaction between benzenoid rings in condensed aromatic hydrocarbons. 1:12-2:3-4:5-6:7-8:9-10:11-hexabenzocoronene，1:2-3:4-5:6-10:11-tetrabenzoanthanthrene，and 4:5-6:7-11:12-13:14-tetrabenzoperopyrene. Journal of the Chemical Society，1959，(0)：142-147.

[30] Halleux A，Martin R H，King G S D. Synthèses dans la série des dérivés polycycliques aromatiques hautement condensés. L'hexabenzo-1, 12; 2, 3; 4, 5; 6, 7; 8, 9; 10, 11-coronène，le tétrabenzo-4, 5; 6, 7; 11, 12; 13, 14-péropyrène et le tétrabenzo-1, 2; 3, 4; 8, 9; 10, 11-bisanthène. Helvetica Chimica Acta，1958，41 (5)：1177-1183.

[31] Hendel W，Khan Z H，Schmidt W. Hexa-peri-benzocoronene，a candidate for the origin of the diffuse interstellar visible absorption bands. Tetrahedron，1986，42 (4)：1127-1134.

[32] Müller M，Kübel C，Müllen K. Giant polycyclic aromatic hydrocarbons. Chemistry-A European Journal，1998，4 (11)：2099-2109.

[33] Ito S，Wehmeier M，Brand J D，et al. Synthesis and self-assembly of functionalized hexa-peri-hexabenzocoronenes. Chemistry-A European Journal，2000，6 (23)：4327-4342.

[34] Liu Y，Wang Y，Wu W，et al. Synthesis，Characterization，and field-effect transistor performance of thieno[3, 2-*b*] thieno[2′, 3′:4, 5]thieno[2, 3-*d*]thiophene derivatives. Advanced Functional Materials，2009，19 (5)：772-778.

[35] Mazaki Y，Kobayashi K. Synthesis of tetrathieno-acene and pentathieno-acene：UV-spectral trend in a homologous series of thieno-acenes. Tetrahedron Letters，1989，30 (25)：3315-3318.

[36] De Jong F，Janssen M J. Synthesis of dithienothiophenes. Journal of Organic Chemistry，1971，36 (14)：1998-2000.

[37] Allared F，Hellberg J，Remonen T. A convenient and improved synthesis of dithieno[3, 2-*b*: 2′, 3′-*d*]thiophene. Tetrahedron Letters，2002，43 (8)：1553-1554.

[38] Frey J，Bond A D，Holmes A B. Improved synthesis of dithieno [3, 2-*b*:2′, 3′-*d*] thiophene (DTT) and derivatives for cross coupling. Chemical Communications，2002，(20)：2424-2425.

[39] Chen M C，Chiang Y J，Kim C，et al. One-pot [1 + 1 + 1] synthesis of dithieno[2, 3-*b*:3′, 2′-*d*]thiophene (DTT) and their functionalized derivatives for organic thin-film transistors. Chemical Communications，2009，(14)：1846-1848.

[40] Nishino K，Ogiwara Y，Sakai N. Green preparation of dibenzothiophene derivatives using 2-biphenylyl disulfides in the presence of molecular iodine and its application to dibenzoselenophene synthesis. European Journal of Organic Chemistry，2017，(39)：5892-5895.

[41] Liu L，Qiang J，Bai S，et al. Iron-catalyzed carbon-sulfur bond formation：atom-economic construction of thioethers with diaryliodonium salts. Applied Organometallic Chemistry，2017，31（11）：e3810.

[42] Huang Q，Fu S，Ke S，et al. Rhodium-catalyzed sequential dehydrogenation/deoxygenation in one-pot：efficient synthesis of dibenzothiophene derivatives from diaryl sulfoxides. European Journal of Organic Chemistry，2015，（30）：6602-6605.

[43] Gao J H，Li R J，Li L Q，et al. High-performance field-effect transistor based on dibenzo[*d*, *d′*]thieno [3, 2-*b*, 4, 5-*b′*]dithiophene，an easily synthesized semiconductor with high ionization potential. Advanced Materials，2007，19（19）：3008-3011.

[44] Zou S F，Wang Y F，Gao J H，et al. Synthesis，characterization，and field-effect transistor performance of a two-dimensional starphene containing sulfur. Journal of Materials Chemistry C，2014，2（46）：10011-10016.

[45] Liu X X，Wang Y F，Gao J H，et al. Easily solution-processed，high-performance microribbon transistors based on a 2D condensed benzothiophene derivative. Chemical Communications，2014，50（4）：442-444.

[46] Wang Y F，Zou S F，Gao J H，et al. High-performance organic field-effect transistors based on single-crystalline microribbons of a two-dimensional fused heteroarene semiconductor. Chemical Communications，2015，51（60）：11961-11963.

[47] Ebata H，Miyazaki E，Yamamoto T，et al. Synthesis，properties，and structures of benzo[1, 2-*b*: 4, 5-*b′*]bis [*b*]benzothiophene and benzo[1, 2-*b*: 4, 5-*b′*]bis[*b*]benzoselenophene. Organic Letters，2007，9（22）：4499-4502.

[48] Nakano M，Takimiya K. Sodium sulfide-promoted thiophene-annulations：powerful tools for elaborating organic semiconducting materials. Chemistry of Materials，2016，29（1）：256-264.

[49] Qi T，Guo Y，Liu Y，et al. Synthesis and properties of the anti and syn isomers of dibenzothieno[*b*, *d*]pyrrole. Chemical Communications，2008，（46）：6227-6229.

[50] Engelhart J U，Paulus F，Schaffroth M，et al. Halogenated symmetrical tetraazapentacenes：synthesis，structures，and properties. Journal of Organic Chemistry，2016，81（3）：1198-1205.

[51] Ito K，Suzuki T，Sakamoto Y，et al. Oligo（2, 6-anthrylene）s：acene-oligomer approach for organic field-effect transistors. Angewandte Chemie International Edition，2003，42（10）：1159-1162.

[52] Aleshin A N，Lee J Y，Chu S W，et al. Mobility studies of field-effect transistor structures basedon anthracene single crystals. Applied Physics Letters，2004，84（26）：5383-5385.

[53] Vyas P V，Bhatt A K，Ramachandraiah G，et al. Environmentally benign chlorination and bromination of aromatic amines，hydrocarbons and naphthols. Tetrahedron Letters，2003，44（21）：4085-4088.

[54] Jiang L，Gao J H，Wang E J，et al. Organic single-crystalline ribbons of a rigid “H” -type anthracene derivative and high-performance，short-channel field-effect transistors of individual micro/nanometer-sized ribbons fabricated by an “organic ribbon mask” technique. Advanced Materials，2008，20（14）：2735-2740.

[55] Cakmak O，Erenler R，Tutar A，et al. Synthesis of new anthracene derivatives. The Journal of Organic Chemistry，2006，71（5）：1795-1801.

[56] Zhang X，Yuan G，Li Q，et al. Single-crystal 9, 10-diphenylanthracene nanoribbons and nanorods. Chemistry of Materials，2008，20（22）：6945-6950.

[57] Wang C，Liu Y，Ji Z，et al. Cruciforms：assembling single crystal micro-and nanostructures from one to three dimensions and their applications in organic field-effect transistors. Chemistry of Materials，2009，21（13）：2840-2845.

[58] Marrocchi A，Seri M，Kim C，et al. Low-dimensional arylacetylenes for solution-processable organic field-effect transistors. Chemistry of Materials，2009，21（13）：2592-2594.

[59] Coleman R S，Mortensen M A. Stereocontrolled synthesis of anthracene β-C-ribosides：fluorescent probes for photophysical studies of DNA. Tetrahedron Letters，2003，44（6）：1215-1219.

[60] Meng H，Sun F，Goldfinger M B，et al. High-performance，stable organic thin-film field-effect transistors based on bis-5′-alkylthiophen-2′-yl-2, 6-anthracene semiconductors. Journal of the American Chemical Society，2005，127（8）：2406-2407.

[61] Ando S，Nishida J I，Fujiwara E，et al. Novel p-and n-type organic semiconductors with an anthracene unit. Chemistry of Materials，2005，17（6）：1261-1264.

[62] Klauk H，Zschieschang U，Weitz R T，et al. Organic transistors based on di（phenylvinyl）anthracene：performance and stability. Advanced Materials，2007，19（22）：3882-3887.

[63] Um M C，Jang J，Kang J，et al. High-performance organic semiconductors for thin-film transistors based on 2, 6-bis(2-thienylvinyl)anthracene. Journal of Materials Chemistry，2008，18（19）：2234-2239.

[64] Merlo J A，Newman C R，Gerlach C P，et al. p-Channel organic semiconductors based on hybrid acene-thiophene molecules for thin-film transistor applications. Journal of the American Chemical Society，2005，127（11）：3997-4009.

[65] Jung K H，Bae S Y，Kim K H，et al. High-mobility anthracene-based X-shaped conjugated molecules for thin film transistors. Chemical Communications，2009，（35）：5290-5292.

[66] Chung D S，Park J W，Park J H，et al. High mobility organic single crystal transistors based on soluble triisopropylsilylethynyl anthracene derivatives. Journal of Materials Chemistry，2010，20（3）：524-530.

[67] Kim H S，Kim Y H，Kim T H，et al. Synthesis and studies on 2-hexylthieno[3, 2-*b*]thiophene end-capped oligomers for OTFTs. Chemistry of Materials，2007，19（14）：3561-3567.

[68] Tian H K，Shi J W，Yan D H，et al. Naphthyl end-capped quarterthiophene：a simple organic semiconductor with high mobility and air stability. Advanced Materials，2006，18（16）：2149-2152.

[69] Tian H，Shi J，Dong S，et al. Novel highly stable semiconductors based on phenanthrene for organic field-effect transistors. Chemical Communications，2006，（33）：3498-3500.

[70] Meng H，Zheng J，Lovinger A J，et al. Oligofluorene-thiophene derivatives as high-performance semiconductors for organic thin film transistors. Chemistry of Materials，2003，15（9）：1778-1787.

[71] Locklin J，Ling M M，Sung A，et al. High-performance organic semiconductors based on fluorene-phenylene oligomers with high ionization potentials. Advanced Materials，2006，18（22）：2989-2992.

[72] Liu Y，Di C A，Du C，et al. Synthesis，structures，and properties of fused thiophenes for organic field-effect transistors. Chemistry-A European Journal，2010，16（7）：2231-2239.

[73] Sun Y M，Ma Y Q，Liu Y Q，et al. High-performance and stable organic thin-film transistors based on fused thiophenes. Advanced Functional Materials，2006，16（3）：426-432.

[74] Iosip M D，Destri S，Pasini M，et al. New dithieno[3, 2-*b*:2′, 3′-*d*]thiophene oligomers as promising materials for organic field-effect transistor applications. Synthetic Metals，2004，146（3）：251-257.

[75] Zhang L，Tan L，Hu W，et al. Synthesis，packing arrangement and transistor performance of dimers of dithienothiophenes. Journal of Materials Chemistry，2009，19（43）：8216-8222.

[76] Li X C，Sirringhaus H，Garnier F，et al. A highly π-stacked organic semiconductor for thin film transistors based on fused thiophenes. Journal of the American Chemical Society，1998，120（9）：2206-2207.

[77] Noh Y Y，Azumi R，Goto M，et al. Organic field effect transistors based on biphenyl，fluorene end-capped fused bithiophene oligomers. Chemistry of Materials，2005，17（15）：3861-3870.

[78] Tang W，Singh S P，Ong K H，et al. Synthesis of thieno[3, 2-*b*]thiophene derived conjugated oligomers for

field-effect transistors applications. Journal of Materials Chemistry，2010，20（8）：1497-1505.

[79] Osadnik A，Lützen A. Synthesis of Symmetrically functionalized oligo(het)arylenes containing phenylene，thiophene，benzthiophene，furan，benzofuran，pyridine，and/or pyrimidine groups. Synthesis，2014，46（21）：2976-2982.

[80] Gao J，Li L，Meng Q，et al. Dibenzothiophene derivatives as new prototype semiconductors for organic field-effect transistors. Journal of Materials Chemistry，2007，17（14）：1421-1426.

[81] Wang C，Wei Z，Meng Q，et al. Dibenzo[*b*, *d*]thiophene based oligomers with carbon-carbon unsaturated bonds for high performance field-effect transistors. Organic Electronics，2010，11（4）：544-551.

[82] Sirringhaus H，Friend R H，Wang C，et al. Dibenzothienobisbenzothiophene：a novel fused-ring oligomer with high field-effect mobility. Journal of Materials Chemistry，1999，9（9）：2095-2101.

[83] Du C，Guo Y，Liu Y，et al. Anthra[2, 3-*b*]benzo[*d*]thiophene：an air-stable asymmetric organic semiconductor with high mobility at room temperature. Chemistry of Materials，2008，20（13）：4188-4190.

[84] Guo Y，Du C，Di C A，et al. Field dependent and high light sensitive organic phototransistors based on linear asymmetric organic semiconductor. Applied Physics Letters，2009，94（14）：100.

[85] Laquindanum J G，Katz H E，Dodabalapur A，et al. n-Channel organic transistor materials based on naphthalene frameworks. Journal of the American Chemical Society，1996，118（45）：11331-11332.

[86] Ostrick J R，Dodabalapur A，Torsi L，et al. Conductivity-type anisotropy in molecular solids. Journal of Applied Physics，1997，81（10）：6804-6808.

[87] Sakamoto Y，Suzuki T，Kobayashi M，et al. Perfluoropentacene：high-performance p-n junctions and complementary circuits with pentacene. Journal of the American Chemical Society，2004，126（26）：8138-8140.

[88] Jiang H，Zhang L，Cai J，et al. Quinoidal bithiophene as disperse dye：substituent effect on dyeing performance. Dyes and Pigments，2018，151：363-371.

[89] 贺庆国，胡文平，白凤莲，等. 分子材料与薄膜器件. 北京：化学工业出版社，2011：192-238.

[90] Robinson M R，Wang S，Bazan G C，et al. Electroluminescence from well-defined tetrahedral oligophenylenevinylene tetramers. Advanced Materials，2000，12（22）：1701-1704.

[91] Nakayama T，Itoh Y，Kakuta A. Organic photo-and electroluminescent devices with double mirrors. Applied Physical Letters，1993，63（5）：594-595.

[92] 刘云圻等. 有机纳米与分子器件. 北京：科学出版社，2010：282-337.

[93] Ma Y G，Zhang H Y，Shen J C，et al. Electroluminescence from triplet metal-ligand charge-transfer excited state of transition metal complexes. Synthetic Metals，1998，94（3）：245-248.

[94] Baldo M A，O'Brien D F，You Y，et al. Highly efficient phosphorescent emission from organic electroluminescent devices. Nature，1998，395（6698）：151-154.

[95] Maity A，Anderson B L，Deligonul N，et al. Room-temperature synthesis of cyclometalated iridium（Ⅲ）complexes：kinetic isomers and reactive functionalities. Chemical Science，2013，4（3）：1175-1181.

[96] Kim M J，Yoo S J，Hwang J，et al. Synthesis and characterization of perfluorinated phenyl-substituted Ir（Ⅲ）complex for pure green emission. Journal of Materials Chemistry C，2017，5（12）：3107-3111.

[97] Liu D，Deng L，Li W，et al. Novel Ir(ppy)$_3$ derivatives：simple structure modification toward nearly 30% external quantum efficiency in phosphorescent organic light-emitting diodes. Advanced Optical Materials，2016，4（6）：864-870.

[98] Kumar S，Surati K R，Lawrence R，et al. Design and synthesis of heteroleptic iridium（Ⅲ）phosphors for efficient organic light-emitting devices. Inorganic Chemistry，2017，56（24）：15304-15313.

[99] Kim K H，Moon C K，Lee J H，et al. Highly efficient organic light-emitting diodes with phosphorescent emitters having high quantum yield and horizontal orientation of transition dipole moments. Advanced Materials，2014，26（23）：3844-3847.

[100] Zhang F，Li W，Yu Y，et al. Highly efficient green phosphorescent organic light-emitting diodes with low efficiency roll-off based on iridium（Ⅲ）complexes bearing oxadiazol-substituted amide ligands. Journal of Materials Chemistry C，2016，4（23）：5469-5475.

[101] Lee J H，Cheng S H，Yoo S J，et al. An exciplex forming host for highly efficient blue organic light emitting diodes with low driving voltage. Advanced Functional Materials，2015，25（3）：361-366.

[102] Wei Q，Fei N，Islam A，et al. Small-molecule emitters with high quantum efficiency：mechanisms，structures，and applications in OLED devices. Advanced Optical Materials，2018，6（20）：1800512.

[103] Jeon W S，Park T J，Kim S Y，et al. Ideal host and guest system in phosphorescent OLEDs. Organic Electronics，2009，10（2）：240-246.

[104] Tao P，Miao Y，Zhang Y，et al. Highly efficient thienylquinoline-based phosphorescent iridium（Ⅲ）complexes for red and white organic light-emitting diodes. Organic Electronics，2017，45：293-301.

[105] Miao Y，Tao P，Wang K，et al. Highly efficient red and white organic light-emitting diodes with external quantum efficiency beyond 20% by employing pyridylimidazole-based metallophosphors. ACS Applied Materials & Interfaces，2017，9（43）：37873-37882.

[106] Song M，Yun S J，Nam K S，et al. Highly efficient solution-processed pure red phosphorescent organic light-emitting diodes using iridium complexes based on 2, 3-diphenylquinoxaline ligand. Journal of Organometallic Chemistry，2015，794：197-205.

[107] Zhuang J，Li W，Su W，et al. Highly efficient phosphorescent organic light-emitting diodes using a homoleptic iridium（Ⅲ）complex as a sky-blue dopant. Organic Electronics，2013，14（10）：2596-2601.

[108] Zhuang J，Li W，Wu W，et al. Homoleptic tris-cyclometalated iridium（Ⅲ）complexes with phenylimidazole ligands for highly efficient sky-blue OLEDs. New Journal of Chemistry，2015，39（1）：246-253.

[109] Lee J，Chen H F，Batagoda T，et al. Deep blue phosphorescent organic light-emitting diodes with very high brightness and efficiency. Nature Materials，2016，15（1）：92.

[110] Sajoto T，Djurovich P I，Tamayo A，et al. Blue and near-UV phosphorescence from iridium complexes with cyclometalated pyrazolyl or *N*-heterocyclic carbene ligands. Inorganic Chemistry，2005，44（22）：7992-8003.

[111] Chaudhuri D，Sigmund E，Meyer A，et al. Metal-free OLED triplet emitters by side-stepping Kasha's rule. Angewandte Chemie International Edition，2013，52（50）：13449-13452.

[112] Kabe R，Notsuka N，Yoshida K，et al. Afterglow organic light-emitting diode. Advanced Materials，2016，28（4）：655-660.

[113] Endo A，Ogasawara M，Takahashi A，et al. Thermally activated delayed fluorescence from Sn^{4+}-porphyrin complexes and their application to organic light-emitting diodes：a novel mechanism for electroluminescence. Advanced Materials，2009，21（47）：4802-4806.

[114] Zhang Q，Li J，Shizu K，et al. Design of efficient thermally activated delayed fluorescence materials for pure blue organic light emitting diodes. Journal of the American Chemical Society，2012，134（36）：14706-14709.

[115] Lee I，Lee J Y. Molecular design of deep blue fluorescent emitters with 20% external quantum efficiency and narrow emission spectrum. Organic Electronics，2016，（29）：160-164.

[116] Jankus V，Data P，Graves D，et al. Highly efficient TADF OLEDs：how the emitter-host interaction controls both the excited state species and electrical properties of the devices to achieve near 100% triplet harvesting and high

efficiency. Advanced Functional Materials，2014，24（39）：6178-6186.

[117] Xie G，Li X，Chen D，et al. Evaporation-and solution-process-feasible highly efficient thianthrene-9, 9′, 10, 10′-tetraoxide-based thermally activated delayed fluorescence emitters with reduced efficiency roll-off. Advanced Materials，2016，28（1）：181.

[118] Wang H，Xie L，Peng Q，et al. Novel thermally activated delayed fluorescence materials-thioxanthone derivatives and their applications for highly efficient OLEDs. Advanced Materials，2014，26（30）：5198-5204.

[119] Cho Y J，Jeon S K，Chin B D，et al. The design of dual emitting cores for green thermally activated delayed fluorescent materials. Angewandte Chemie International Edition，2015，54（17）：5201-5204.

[120] Lee D R，Hwang S H，Jeon S K，et al. Benzofurocarbazole and benzothienocarbazole as donors for improved quantum efficiency in blue thermally activated delayed fluorescent devices. Chemical Communications，2015，51（38）：8105-8107.

[121] Zhang D，Cai M，Zhang Y，et al. Sterically shielded blue thermally activated delayed fluorescence emitters with improved efficiency and stability. Materials Horizons，2016，3（2）：145-151.

[122] Uoyama H，Goushi K，Shizu K，et al. Highly efficient organic light-emitting diodes from delayed fluorescence. Nature，2012，492（7428）：234-238.

[123] Taneda M，Shizu K，Tanaka H，et al. High efficiency thermally activated delayed fluorescence based on 1, 3, 5-tris(4-(diphenylamino)phenyl)-2, 4, 6-tricyanobenzene. Chemical Communications，2015，51（24）：5028-5031.

[124] Li B，Nomura H，Miyazaki H，et al. Dicarbazolyldicyanobenzenes as thermally activated delayed fluorescence emitters：effect of substitution position on photoluminescent and electroluminescent properties. Chemistry Letters，2014，43（3）：319-321.

[125] Wang S，Cheng Z，Song X，et al. Highly efficient long-wavelength thermally activated delayed fluorescence OLEDs based on dicyanopyrazino phenanthrene derivatives. ACS Applied Materials & Interfaces，2017，9（11）：9892-9901.

[126] Yuan Y，Hu Y，Zhang Y X，et al. Over 10% EQE near-infrared electroluminescence based on a thermally activated delayed fluorescence emitter. Advanced Functional Materials，2017，27（26）：1700986.

[127] Li C，Duan R，Liang B，et al. Deep-red to near-infrared thermally activated delayed fluorescence in organic solid films and electroluminescent devices. Angewandte Chemie International Edition，2017，56（38）：11525-11529.

[128] Lee S W，Lee S Y，Lim S C，et al. Positive gate bias stress instability of carbon nanotube thin film transistors. Applied Physical Letters，2012，101（5）：093306.

[129] Kim H M，Choi J M，Lee J Y. Blue thermally activated delayed fluorescent emitters having a bicarbazole donor moiety. RSC Advances，2016，6（68）：64133-64139.

[130] Cha J R，Lee C W，Lee J Y，et al. Design of ortho-linkage carbazole-triazine structure for high-efficiency blue thermally activated delayed fluorescent emitters. Dyes and Pigments，2016，134：562-568.

[131] Hirata S，Sakai Y，Masui K，et al. Highly efficient blue electroluminescence based on thermally activated delayed fluorescence. Nature Materials，2015，14（3）：330-336.

[132] Endo A，Sato K，Yoshimura K，et al. Efficient up-conversion of triplet excitons into a singlet state and its application for organic light emitting diodes. Applied Physical Letters，2011，98（8）：083302.

[133] Wada Y，Shizu K，Kubo S，et al. Highly efficient electroluminescence from a solution-processable thermally activated delayed fluorescence emitter. Applied Physical Letters，2015，107（18）：183303.

[134] Albrecht K，Matsuoka K，Fujita K，et al. Carbazole dendrimers as solution-processable thermally activated

delayed-fluorescence materials. Angewandte Chemie International Edition，2015，54（19）：5677-5682.

[135] Lee S Y，Yasuda T，Yang Y S，et al. Luminous butterflies：efficient exciton harvesting by benzophenone derivatives for full-color delayed fluorescence OLEDs. Angewandte Chemie International Edition，2014，53（25）：6402-6406.

[136] Rajamalli P，Senthilkumar N，Gandeepan P，et al. A new molecular design based on thermally activated delayed fluorescence for highly efficient organic light emitting diodes. Journal of the American Chemical Society，2016，138（2）：628-634.

[137] Nasu K，Nakagawa T，Nomura H，et al. A highly luminescent spiro-anthracenone-based organic light-emitting diode exhibiting thermally activated delayed fluorescence. Chemical Communications，2013，49（88）：10385-10387.

[138] Lee J，Aizawa N，Numata M，et al. Versatile molecular functionalization for inhibiting concentration quenching of thermally activated delayed fluorescence. Advanced Materials，2017，29（4）：1604856.

[139] Lee S Y，Yasuda T，Park I S，et al. X-shaped benzoylbenzophenone derivatives with crossed donors and acceptors for highly efficient thermally activated delayed fluorescence. Dalton Transactions，2015，44（18）：8356-8359.

[140] Zhao H，Wang Z，Cai X，et al. Highly efficient thermally activated delayed fluorescence materials with reduced efficiency roll-off and low on-set voltages. Materials Chemistry Frontiers，2017，1（10）：2039-2046.

[141] Bin H，Ji Y，Li Z，et al. Simple aggregation-induced delayed fluorescence materials based on anthraquinone derivatives for highly efficient solution-processed red OLEDs. Journal of Luminescence，2017，187：414-420.

[142] Zhang Q，Kuwabara H，Potscavage W J Jr，et al. Anthraquinone-based intramolecular charge-transfer compounds：computational molecular design，thermally activated delayed fluorescence，and highly efficient red electroluminescence. Journal of the American Chemical Society，2014，136（52）：18070-18081.

[143] Chen P，Wang L P，Tan W Y，et al. Delayed fluorescence in a solution-processable pure red molecular organic emitter based on dithienylbenzothiadiazole：a joint optical，electroluminescence，and magnetoelectroluminescence study. ACS Applied Materials & Interfaces，2015，7（4）：2972-2978.

[144] Ni F，Wu Z，Zhu Z，et al. Teaching an old acceptor new tricks：rationally employing 2, 1, 3-benzothiadiazole as input to design a highly efficient red thermally activated delayed fluorescence emitter. Journal of Materials Chemistry C，2017，5（6）：1363-1368.

[145] Kawasumi K，Wu T，Zhu T，et al. Thermally activated delayed fluorescence materials based on homoconjugation effect of donor-acceptor triptycenes. Journal of the American Chemical Society，2015，137（37）：11908-11911.

[146] Chen X L，Jia J H，Yu R，et al. Combining charge-transfer pathways to achieve unique thermally activated delayed fluorescence emitters for high-performance solution-processed，non-doped blue OLEDs. Angewandte Chemie International Edition，2017，129（47）：15202-15205.

[147] Tsujimoto H，Ha D G，Markopoulos G，et al. Thermally activated delayed fluorescence and aggregation induced emission with through-space charge transfer. Journal of the American Chemical Society，2017，139（13）：4894-4900.

[148] Deaton J C，Switalski S C，Kondakov D Y，et al. E-type delayed fluorescence of a phosphine-supported Cu_2 $(\mu\text{-}NAr_2)_2$ diamond core：harvesting singlet and triplet excitons in OLEDs. Journal of the American Chemical Society，2010，132（27）：9499-9508.

[149] Volz D，Chen Y，Wallesch M，et al. Bridging the efficiency gap：fully bridged dinuclear Cu（Ⅰ）-complexes for singlet harvesting in high-efficiency OLEDs. Advanced Materials，2015，27（15）：2538-2543.

[150] To W P，Zhou D，Tong G S M，et al. Highly luminescent pincer gold（Ⅲ）aryl emitters：thermally activated delayed fluorescence and solution-processed OLEDs. Angewandte Chemie International Edition，2017，56（45）：

14036-14041.

[151] Furue R，Nishimoto T，Park I S，et al. Aggregation-induced delayed fluorescence based on donor/acceptor-tethered janus carborane triads：unique photophysical properties of nondoped OLEDs. Angewandte Chemie International Edition，2016，55（25）：7171-7175.

[152] Guo J，Li X L，Nie H，et al. Achieving high-performance nondoped OLEDs with extremely small efficiency roll-off by combining aggregation-induced emission and thermally activated delayed fluorescence. Advanced Functional Materials，2017，27（13）：1606458.

[153] Li M，Liu Y，Duan R，et al. Aromatic-imide-based thermally activated delayed fluorescence materials for highly efficient organic light-emitting diodes. Angewandte Chemie International Edition，2017，56（30）：8818-8822.

[154] Wu K C，Ku P J，Lin C S，et al. The photophysical properties of dipyrenylbenzenes and their application as exceedingly efficient blue emitters for electroluminescent devices. Advanced Functional Materials，2008，18（1）：67-75.

[155] Chou P Y，Chou H H，Chen Y H，et al. Efficient delayed fluorescence via triplet-triplet annihilation for deep-blue electroluminescence. Chemical Communications，2014，50（52）：6869-6871.

[156] Hu J Y，Pu Y J，Satoh F，et al. Bisanthracene-based donor-acceptor-type light-emitting dopants：highly efficient deep-blue emission in organic light-emitting devices. Advanced Functional Materials，2014，24（14）：2064-2071.

[157] Cha S J，Han N S，Song J K，et al. Efficient deep blue fluorescent emitter showing high external quantum efficiency. Dyes and Pigments，2015，120：200-207.

[158] Li W，Liu D，Shen F，et al. A twisting donor-acceptor molecule with an intercrossed excited state for highly efficient，deep-blue electroluminescence. Advanced Functional Materials，2012，22（13）：2797-2803.

[159] Li W，Pan Y，Yao L，et al. A hybridized local and charge-transfer excited state for highly efficient fluorescent OLEDs：molecular design，spectral character，and full exciton utilization. Advanced Optical Materials，2014，2（9）：892-901.

[160] Chen L，Jiang Y，Nie H，et al. Rational design of aggregation-induced emission luminogen with weak electron donor-acceptor interaction to achieve highly efficient undoped bilayer OLEDs. ACS Applied Materials & Interfaces，2014，6（19）：17215-17225.

[161] Li C，Hanif M，Li X，et al. Effect of cyano-substitution in distyrylbenzene derivatives on their fluorescence and electroluminescence properties. Journal of Materials Chemistry C，2016，4（31）：7478-7484.

[162] Osaka I，Shimawaki M，Mori H，et al. Synthesis，characterization，and transistor and solar cell applications of a naphthobisthiadiazole-based semiconducting polymer. Journal of the American Chemical Society，2012，134（7）：3498-3507.

[163] Qian D，Ma W，Li Z，et al. Molecular design toward efficient polymer solar cells with high polymer content. Journal of the American Chemical Society，2013，135（23）：8464-8467.

[164] Yiu A T，Beaujuge P M，Lee O P，et al. Side-chain tunability of furan-containing low-band-gap polymers provides control of structural order in efficient solar cells. Journal of the American Chemical Society，2012，134（4）：2180-2185.

[165] Wang E G，Ma Z F，Zhang Z，et al. An easily accessible isoindigo-based polymer for high-performance polymer solar cells. Journal of the American Chemical Society，2011，133（36）：14244-14247.

[166] Sun C，Pan F，Bin H，et al. A low cost and high performance polymer donor material for polymer solar cells. Nature Communications，2018，9（1）：743.

[167] Yuan M C，Chiu M Y，Liu S P，et al. A thieno[3, 4-*c*]pyrrole-4，6-dione-based donor-acceptor polymer exhibiting

high crystallinity for photovoltaic applications. Macromolecules，2010，43（17）：6936-6938.

[168] Price S C，Stuart A C，Yang L，et al. Fluorine substituted conjugated polymer of medium band gap yields 7% efficiency in polymer-fullerene solar cells. Journal of the American Chemical Society，2011，133（12）：4625-4631.

[169] Zhao W，Li S，Zhang S，et al. Ternary polymer solar cells based on two acceptors and one donor for achieving 12.2% efficiency. Advanced Materials，2016，29（2）：1604059.

[170] Chen Y C，Yu C Y，Fan Y L，et al. Low-bandgap conjugated polymer for high efficient photovoltaic applications. Chemical Communications，2010，46（35）：6503-6505.

[171] Liu C，Xu W，Guan X，et al. Synthesis of anthracene-based donor-acceptor copolymers with a thermally removable group for polymer solar cells. Macromolecules，2014，47（24）：8585-8593.

[172] Wu J S，Cheng Y J，Lin T Y，et al. Dithienocarbazole-based ladder-type heptacyclic arenes with silicon，carbon，and nitrogen bridges：synthesis，molecular properties，field-effect transistors，and photovoltaic applications. Advanced Functional Materials，2012，22（8）：1711-1722.

[173] Zhu X，Fang J，Lu K，et al. Naphtho[1, 2-*b*: 5, 6-*b'*]dithiophene based two-dimensional conjugated polymers for highly efficient thick-film inverted polymer solar cells. Chemistry of Materials，2014，26（24）：6947-6954.

[174] Cao J，Liao Q，Du X，et al. A pentacyclic aromatic lactam building block for efficient polymer solar cells. Energy & Environmental Science，2013，6（11）：3224-3228.

[175] Fei Z，Ashraf R S，Huang Z，et al. Germaindacenodithiophene based low band gap polymers for organic solar cells. Chemical Communications，2012，48（24）：2955-2957.

[176] Lin Y，Zhang Z G，Bai H，et al. High-performance fullerene-free polymer solar cells with 6.31% efficiency. Energy & Environmental Science，2015，8（2）：610-616.

[177] Zhou N，Lin H，Lou S J，et al. Morphology-performance relationships in high-efficiency all-polymer solar cells. Advanced Energy Materials，2013，4（3）：1300785.

[178] Guo Y，Li Y，Awartani O，et al. A vinylene-bridged perylenediimide-based polymeric acceptor enabling efficient all-polymer solar cells processed under ambient conditions. Advanced Materials，2016，28（38）：8483-8489.

[179] Jung I H，Lo W Y，Jang J，et al. Synthesis and search for design principles of new electron accepting polymers for all-polymer solar cells. Chemistry of Materials，2014，26（11）：3450-3459.

[180] Dou C，Long X，Ding Z，et al. An electron-deficient building block based on the B←N unit：an electron acceptor for all-polymer solar cells. Angewandte Chemie International Edition，2015，55（4）：1436-1440.

[181] Zhang A，Li C，Yang F，et al. An electron acceptor with porphyrin and perylene bisimides for efficient non-fullerene solar cells. Angewandte Chemie International Edition，2017，56（10）：2694-2698.

[182] Yao Z，Liao X，Gao K，et al. Dithienopicenocarbazole-based acceptors for efficient organic solar cells with optoelectronic response over 1000nm and an extremely low energy loss. Journal of the American Chemical Society，2018，140（6）：2054-2057.

[183] Luo Z，Bin H，Liu T，et al. Fine-tuning of molecular packing and energy level through methyl substitution enabling excellent small molecule acceptors for nonfullerene polymer solar cells with efficiency up to 12.54%. Advanced Materials，2018，30（9）：1706124.

[184] Sun D，Dong M，Cai Y，et al. Non-fullerene-acceptor-based bulk-heterojunction organic solar cells with efficiency over 7%. Journal of the American Chemical Society，2015，137（34）：11156-11162.

第3章 一维有机半导体晶体

3.1 概述

一维材料是介于零维材料（如量子点）和二维材料（如石墨烯、过渡金属硫族化合物）之间的一种低维材料。一维材料主要特点是：材料在形核后，沿一个方向利于生长，同时在另外两个方向的生长被抑制。一维材料的微观结构主要表现为微米/纳米线、微米/纳米棒、微米/纳米带、微米/纳米管、微米/纳米纤维等。现阶段对一维材料的研究主要包括：一维晶体结构的可控生长、形貌控制、相态控制、化学成分控制及相关应用等。一维材料具有良好的电学性能、机械性能、热学性能、磁学性能等，可广泛应用于各个领域，包括电极材料、电子器件、光电子学、电化学、电机械学的结构单元等。

一维有机材料，尤其是一维有机半导体晶体最近受到科研人员的广泛关注。和传统无机材料相比，有机半导体晶体具有许多独特的优势。例如，有机半导体材料的优势包括：有机分子结构的设计与可控合成、分子结构及电子结构的可调解性、大面积合成、低成本、低温加工性、可弯曲性、可绿化降解性等。晶体结构的优势包括：无晶界的影响，最大限度地降低缺陷和位错，能反映其材料的本征性能等。结合二者优势的一维有机半导体晶体极具应用前景。现阶段对一维有机半导体晶体的研究主要包括：①对一维有机半导体晶体材料的设计。有研究结果显示，由于弱的分子间相互作用的存在，有些半导体材料的分子堆积沿某一方向具有强的 π-π 相互作用，分子容易沿这个方向堆积并形成一维晶体结构。例如，金属酞菁中沿最短轴 b 轴存在强烈的金属-π/π-π 相互作用，使得金属酞菁容易形成一维线型晶体结构[1]。通过对此类半导体材料的分子设计及可控合成，可以获得一维有机半导体晶体。②采用不同的合成方法来控制一维有机半导体晶体材料的形貌。除了分子结构本身外，采用不同的晶体生长方法可以可控地获得一维有机半导体晶体材料。晶体生长方法主要包括溶液法和气相法两种方法，根据有机半导体材料的不同特性，这两种方法又可以细分为多种晶体生长方法。在此章节的前半部分，我们以具体的例子来详细介绍各种用于生长一维有机半导体晶体材料的方法。③对材料结构、性能的研究将有助于我们深入了解一维有机半导体晶体材料的物理、化学等性能，对材料的最终应用提供技术支持。针对一维有机半导体晶体材料的特性，此章节将对各种潜在的应用进行详细的阐述。

3.2 一维有机半导体晶体的生长方法

一维有机半导体晶体材料的可控合成主要包括两种方法：溶液法和气相法。溶液法主要适用于一些容易溶解于有机溶剂的有机半导体材料，是采用溶液结晶的方法获得一维有机半导体晶体的过程。气相法主要适用于一些不溶或难溶于有机溶剂的有机半导体材料，是可以通过升华、熔融等方法结晶的过程。接下来将以具体的例子来说明各种方法的原理以及适用范围。

3.2.1 溶液法

溶液法主要适用于一些可溶解于有机溶剂的有机半导体分子，且一些实验参数包括溶液浓度、溶剂分子、温度等因素会影响半导体分子在溶液中的溶解度，以实现形核和晶体长大的过程。根据不同实验参数和有机半导体分子的特性，溶液法可细分为溶剂挥发法、缓慢冷却法、气相扩散法、液/液扩散法、固体溶剂法、超临界溶剂法、电化学法、溶液外延法等。

1. 溶剂挥发法

溶剂挥发法主要适用于在有机溶剂中的溶解度较大的有机半导体分子，通过缓慢蒸发溶剂的方法，实现有机半导体分子结晶的过程，其示意图如图 3-1（a）所示。在此过程中，一维有机半导体晶体的形成主要取决于有机半导体分子本身结构的范德瓦耳斯力以及半导体分子与溶剂的相互作用。西班牙 Rovira 研究组通过溶液滴定的方法，将饱和的二噻吩并四硫富瓦烯（dithiophene-tetrathiafulvalene，DT-TTF）氯苯溶液直接滴注在已经制备好的金电极的硅片基底上。经过溶剂的缓慢蒸发，线型的绿色晶体就直接长在金电极上。这种直接通过滴定的方式所形成的晶体管具有底电极、底栅极的结构，DT-TTF 一维有机晶体显示为 p 型电荷传输，空穴迁移率为 $1.4cm^2/(V·s)$[2]。这种采用直接滴定的方法广泛地应用于各种一维有机半导体晶体的生长。所报道的材料包括四硫富瓦烯（TTF）及其衍生物[3, 4]、并三苯衍生物等[5]。

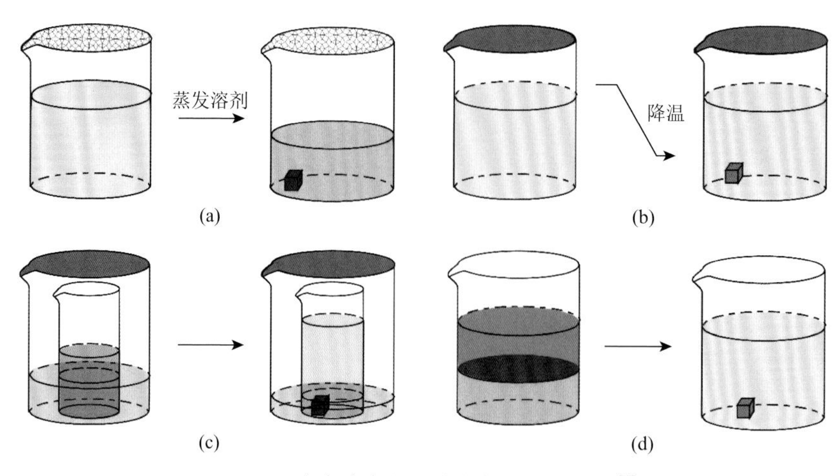

图 3-1　溶液法生长一维有机半导体晶体[6]

（a）溶剂挥发法；（b）缓慢冷却法；（c）气相扩散法；（d）液/液扩散法

使用溶剂挥发法的过程中，有机半导体分子通常在特定溶剂中具有很高的溶解度，在溶剂缓慢挥发的过程中，有机半导体分子会沿着固/液界面处缓慢形核并长大。通常情况下，一维有机半导体晶体的生长方向为分子结构中的最短轴，或者沿着堆积方向最为紧密的结构方向生长。通过控制选择不同特性的溶剂以及控制溶剂的挥发速率，可以获得不同尺度的一维有机半导体晶体。例如，采用烷烃类溶剂所获得的一维晶体比采用苯类溶剂获得的晶体尺寸小，这主要是因为烷烃类溶剂的沸点低于苯类溶剂的沸点，使得前者结晶的速度明显快于后者。另外，在生长一维有机半导体晶体的过程中，最好采用过饱和溶液，少量的有机半导体沉淀可以作为形核点进行晶体生长，如果溶液没有达到饱和，会伴随有树枝状、纤维状结构的生成，但实验上不能确定这种结构就是晶体形态，需要借助一定的测试手段进行进一步的表征。此外，有些半导体分子在特定溶剂中溶解度较低，由于存在一定的相互作用，在溶剂缓慢挥发过程中，分子间的相互作用也会使得分子容易形成自组装一维微米/纳米结构。

2. 缓慢冷却法

缓慢冷却法主要利用在不同温度下，有机半导体分子在饱和溶液中的溶解度变化较大的情况，通过改变溶液温度来实现有机半导体形核和晶体长大，其示意图如图 3-1（b）所示。例如，有机给体-受体共晶材料苝-7, 7, 8, 8-四氰基对苯二醌二甲烷（perylene-7, 7, 8, 8-tetracyanoquinodimethane，perylene-TCNQ，摩尔比为 1∶1）主要通过缓慢冷却法获得。实验中将苝和 7, 7, 8, 8-四氰基对苯二醌二甲烷混合，在加入甲苯溶剂中的同时加热溶液至 80℃，在 80℃时配比为饱和溶液，稳定后缓慢降温至室温，最终可以获得绿色微米线苝-7, 7, 8, 8-四氰基对苯二醌二甲烷晶体。实验证实这种微米线晶体为n型半导体，电子迁移率可达0.01$cm^2/(V\cdot s)$[7]。

大多数情况下，我们可以结合溶剂挥发法和缓慢冷却法来加快一维有机半导体晶体的生长速率。

3. 气相扩散法

气相扩散法是主要利用一些有机半导体材料在不同溶剂中的溶解度的巨大差异这一特点而生长晶体的一种方法，其示意图如图3-1（c）所示。有机半导体材料在溶剂中溶解度较大时，我们称这种溶剂为“好”溶剂，而在一些溶剂中溶解度较小时，我们称这种溶剂为“差”溶剂。“好”溶剂与“差”溶剂互相不溶。将有机半导体材料分别置于“好”溶剂和“差”溶剂里，配比为饱和溶液，并一起放置于一个密闭的容器中，相对容易挥发的一种溶剂会逐渐挥发、扩散并溶解于另一种溶剂，形成一种分层界面，有机半导体材料就会沿着这层界面处形核并结晶长大。例如，一维带状半导体晶体spiro-OMeTAD［2, 2′, 7, 7′-tetrakis(*N*, *N*-di-*p*-methoxyphenyl-amine)-9, 9′-spirobifluorene］就是采用这种方法获得的，其表现为p型半导体性能，空穴迁移率约为$1.3\times10^{-3}cm^2/(V\cdot s)$[8]。

利用此方法生长晶体时，我们通常通过控制其中易挥发溶剂的温度来控制其挥发速率，从而控制界面生长晶体的速度。

4. 液/液扩散法

液/液扩散法主要利用有机半导体材料在两种溶剂中的溶解度不同的原理，直接混合两种饱和溶液，高溶解度的溶剂会扩散到低溶解度的溶剂里，在这两层溶剂的界面形成饱和溶液，有机半导体材料会在两种溶剂界面形核并结晶长大，其示意图如图3-1（d）所示。例如，有机半导体材料6, 13-双（三异丙基甲硅烷基乙炔基）并五苯（triisopropylsilylethynyl pentacene，TIPS-PEN）易溶于甲苯溶剂而不易溶于乙腈溶剂，将TIPS-PEN的两种饱和溶液直接混合，一维微米带状晶体在两种溶剂之间的界面形成。这种通过界面扩散所形成的带状晶体具有优异的p型半导体性能，其报道的空穴迁移率为1.42$cm^2/(V\cdot s)$[9]。

5. 固体溶剂法

固体溶剂法主要适用于一些特殊的有机半导体材料，它们通常不溶于常规有机溶剂，这种情况下采用低熔点的有机固体作为溶剂来溶解半导体材料从而使其结晶长大。例如，金属酞菁基本上不溶于所有的有机溶剂，利用熔融的萘或者并三苯作为有机溶剂可以溶解酞菁铜[10, 11]。如图3-2（a）所示，将一定比例的并三苯和酞菁铜混合密封于一个石英管里，加热后并三苯变成液态溶解酞菁铜，逐渐降低温度以后，酞菁铜缓慢结晶，同时溶解的并三苯慢慢升华到石英管远端温度较低处并与酞菁铜分离。利用此方法可以获得一维有机晶体酞菁铜和 DM-PBDCI［*N*, *N*-dimethylperylene-3, 4: 9, 10-bis(dicarboximide)］，如图 3-2（b）和（c）所示[10, 11]。

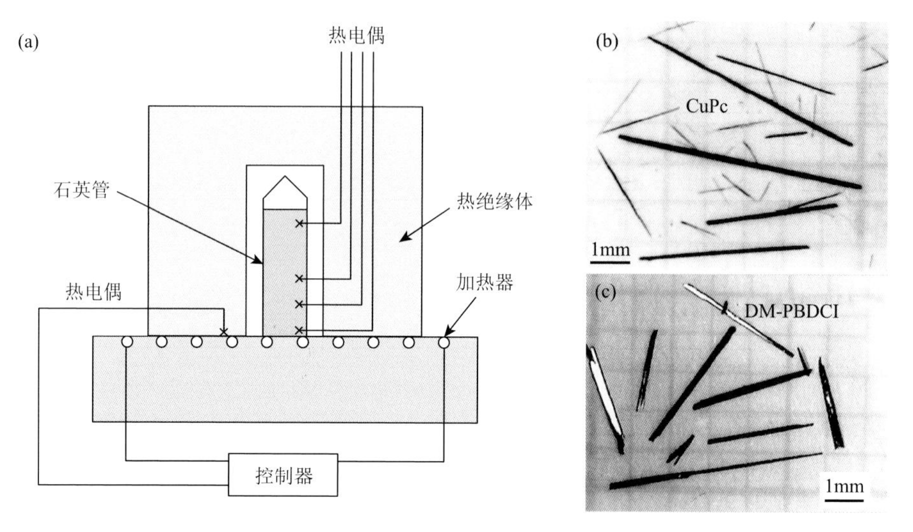

图 3-2 固体溶剂法生长一维有机半导体晶体[10, 11]

（a）固体溶剂法示意图；（b）采用固体溶剂法生长一维有机酞菁铜（CuPc）晶体的光学显微镜（OM）照片；（c）采用固体溶剂法生长一维有机 DM-PBDCI 晶体的光学显微镜照片；（b）、（c）实验中采用的固体溶剂均为并三苯

采用固体溶剂法可能会在晶体生长的过程中将溶剂分子掺杂入目标分子中，形成共晶结构。

6. 超临界溶剂法

超临界溶剂法类似于液/液扩散法，通常利用超临界液态二氧化碳（supercritical liquid CO_2）作为“差”溶剂，并加入有机半导体材料的饱和溶液中，有机半导体材料会在界面处形核并长大[12]。例如，一维胆固醇纳米棒可以利用超临界溶剂法获得[13]。此方法可能会促使二氧化碳分子直接嵌入一些分子间隙较大的半导体分子，与之形成一种共晶结构。例如，利用此方法，二氧化碳分子会直接嵌入 C_{60} 分子中形成 $C_{60}(CO_2)_{0.95}$ 结构[14]。

7. 电化学法

电化学法主要是在电场作用下，饱和溶液中的有机半导体材料或者前体材料向电场两极移动，在电极旁边形核并结晶长大。如图 3-3 所示，西班牙 Mas-Torrent 研究组利用电化学法生长一维有机转移复合盐(TTF)Br_x（tetrathiafulvalene bromide）。

他们首先在含有 200nm 氧化层的硅片上制备了一层聚甲基丙烯酸甲酯[poly(methyl methacrylate)，PMMA]，然后在上面利用掩模板制备一层 30nm 的金微电极，接着滴注一滴含有 TTF 和四丁基溴化铵（tetrabutylammonium bromide，TBABr）的饱和溶液至上述制备的金电极上，将两根微探针插入溶液，分别作为对电极和参比电极，第三根探针连接金电极作为工作电极，在溶液与金电极之间施加 20V 电压，大量的(TTF)Br_x 微米棒会在金电极附近生成[15]。此方法利用氧化还原反应还可以原位形成$(DMe\text{-}DCNQI)_2Ag$（DMe-DCNQI = 2, 5-dimethyl-*N*, *N'*-dicyanoquinonediimine）和$(DMe\text{-}DCNQI\text{-}d_7)_2Cu$ 一维纳米线结构[16]。

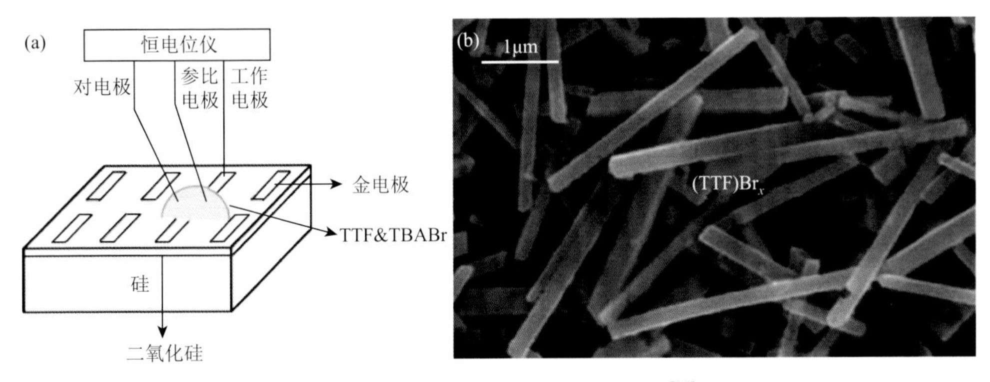

图 3-3　电化学法生长一维有机晶体[15]

（a）电化学法示意图；（b）利用电化学法生长的一维有机(TTF)Br_x 晶体的扫描电镜照片

8. 溶液剪切法

溶液剪切法主要通过特定的剪切工具来控制饱和溶液的移动速率和方向，从而获得超薄、高度有序取向的晶态薄膜。

溶液剪切法一般采用硅片基底，首先会在硅片基底上修饰一层自组装单分子层，如十八烷基三甲氧基硅烷（octadecyltrimethoxysilane，OTS）、苯基三乙氧基硅烷（phenyltriethoxysilane，PTS）等，这样当饱和溶液滴注到已修饰的硅片基底后，溶液会与基底保持较大的接触角，结合剪切工具沿某一方向移动会使得有机半导体材料缓慢结晶，实现高度结晶化的取向薄膜[17, 18]。溶液剪切法可以获得超薄一维半导体晶体材料。如图 3-4 所示，斯坦福大学鲍哲南研究组采用溶液剪切法获得 TIPS-PEN 的一维纳米线结构。实验发现，通过调控 TIPS-PEN 溶液的剪切速率，会改变 TIPS-PEN 晶体点阵应力，使得 TIPS-PEN 分子间 π-π 堆积方向的距离在 3.08～3.33Å 之间变化。而改变分子间 π-π 堆积方向的距离最终也会影响材料的迁移率。通过调控溶液的剪切速率，无应力的 TIPS-PEN 膜的迁移率为 $0.8cm^2/(V·s)$，当形成分子内部有应力的有序一维晶态膜时，TIPS-PEN 膜的迁移率增加到 $4.6cm^2/(V·s)$[17]。

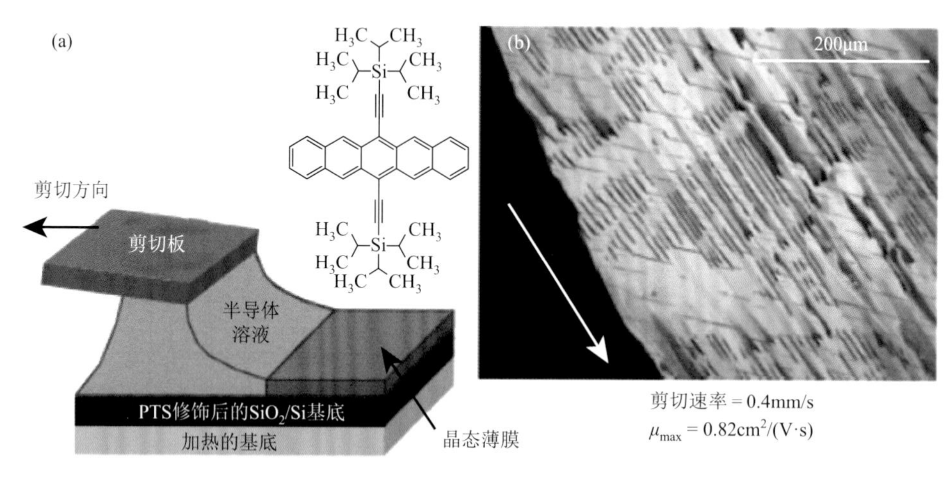

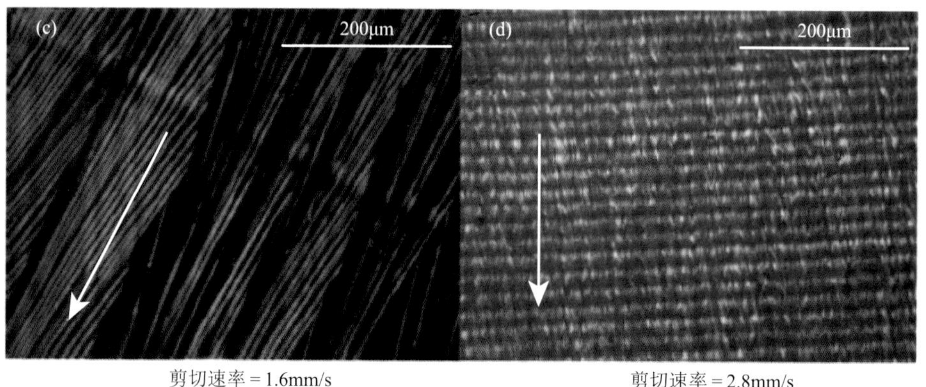

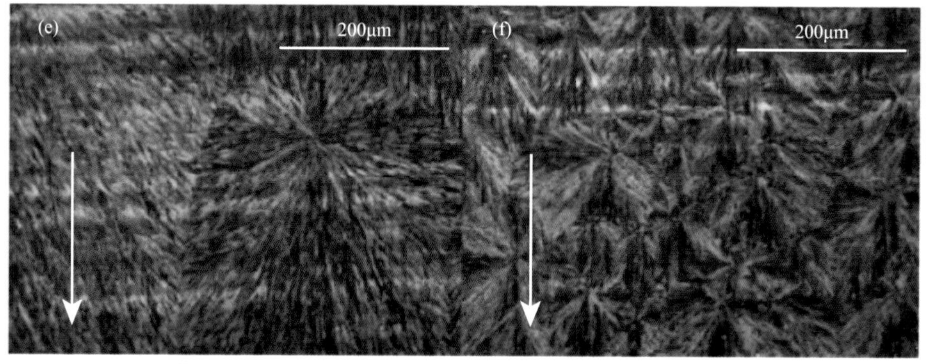

图 3-4 溶液剪切法生长一维有机晶体薄膜[17]

（a）溶液剪切法示意图，有机半导体分子为 TIPS-PEN；（b）～（f）溶液剪切法中不同剪切速率（0.4mm/s、1.6mm/s、2.8mm/s、4mm/s、8mm/s）对晶体薄膜的形态及迁移率的影响

天津大学胡文平研究组通过溶液剪切法结合退火获得了一维规则的有机半导体9, 10-二苯乙炔基蒽［9, 10-bis(phenylethynyl)anthracene，BPEA］的晶体阵列，这种晶体阵列的迁移率可以达到0.47cm^2/(V·s)[19]。

相对于其他溶液法来说，溶液剪切法可以获得超薄一维有机半导体晶体结构，其电学性能优异，在印刷电子学领域具有一定的应用前景。

9. 溶液自组装法

溶液自组装法主要是利用有机半导体分子与溶剂分子的相互作用而形成晶体。通过这种方法可以获得一维、二维和三维晶体结构。实验显示，强的π-π相互作用会促使半导体分子沿一维方向生长。例如，天津大学胡文平研究组发现一种蒽衍生物极易形成长的纳米线结构，并沿纳米线生长方向具有很强的π-π相互作用，这种纳米线所形成的薄膜与水的接触角超过150°，在超疏水领域具有一定的应用前景[5]。

利用溶液自组装法，可以获得一些共轭聚合物的一维纳米结构。例如，韩国Cho研究组报道了聚（3-己基噻吩）[poly(3-hexylthiophene)，P3HT]的一维纳米线结构。如图3-5所示，他们首先在硅基底上自组装一层十八烷基三氯硅烷（octadecyltrichlorosilane，ODTS）单分子层，然后滴定P3HT饱和溶液至ODTS修饰的硅片基底上，通过在密闭容器中缓慢蒸发溶剂的方法，P3HT分子最终自组装形成单晶纳米线结构，这种P3HT纳米线的生长方向为[010]，这也是P3HT分子π-π堆积最为紧密的方向[20]。

10. 溶液甩涂/浸涂法

溶液浸涂法类似于LB（Langmuir-Blodgett）方法，首先将基底垂直浸入有机半导体材料的饱和溶液，然后基底被缓慢垂直向上提拉，同时朝基底表面吹一定速率的空气，使基底表面溶剂缓慢蒸发，并通过调节空气吹入的速率来调节溶液与基底界面的张力，从而获得一维的晶态结构。例如，北京大学裴坚研究组利用溶液浸涂法成功在基底上原位制备了有机纳米线阵列[21]。

溶液甩涂法类似于溶液浸涂法，首先在基底上自组装一层单分子层，利用光刻形成一定的沟道，然后利用甩涂的方法在特定的沟道中形成一定的一维纳米结构。苏州大学揭建胜研究组利用溶液甩涂法成功获得了有机单晶纳米线阵列。如图3-6所示，他们首先通过光刻产生半导体沟道，接着通过控制半导体溶液甩涂的速率，达到控制纳米线的直径的目的[22]。

11. 溶液外延法

溶液外延法主要是在特定的基底下进行溶液自组装而形成有序晶体结构的一种方法。通常所选择的基底具有一定的取向性，可以作为外延生长的形核点及晶体生长的基底。例如，石墨烯可以作为一种良好的基底外延生长 BPEA 纳米线。如图 3-7 所示，BPEA-石墨烯界面处的相互作用促使纳米线沿着垂直石墨烯方向生长，各种表征证明这种垂直生长的 BPEA 纳米线是高度有序的晶体结构[23]。天津大学胡文平研究组在金属铜基底下，通过溶液外延法原位生长一维铜-7, 7, 8, 8-四氰基对苯二醌二甲烷（CuTCNQ）纳米结构，随后这种方法被广泛应用于制备大规模一维有机纳米线及阵列[24]。

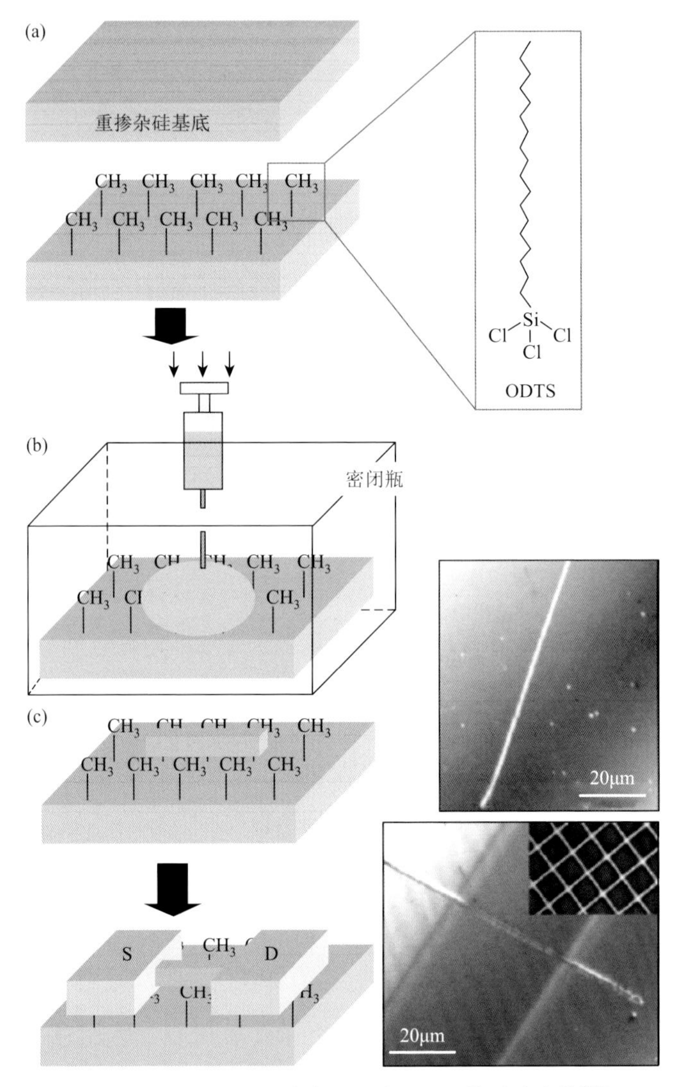

图 3-5 溶液自组装法生长一维 P3HT 单晶纳米线[20]

（a）在硅基底上自组装一层 ODTS 单分子层，右侧为 ODTS 分子结构图；（b）注射 P3HT 溶液至 ODTS 修饰的硅基底后将瓶子密闭；（c）在自组装 P3HT 纳米线上原位蒸镀源漏电极形成场效应晶体管；右侧为 P3HT 单根晶体纳米线及器件光学显微镜照片

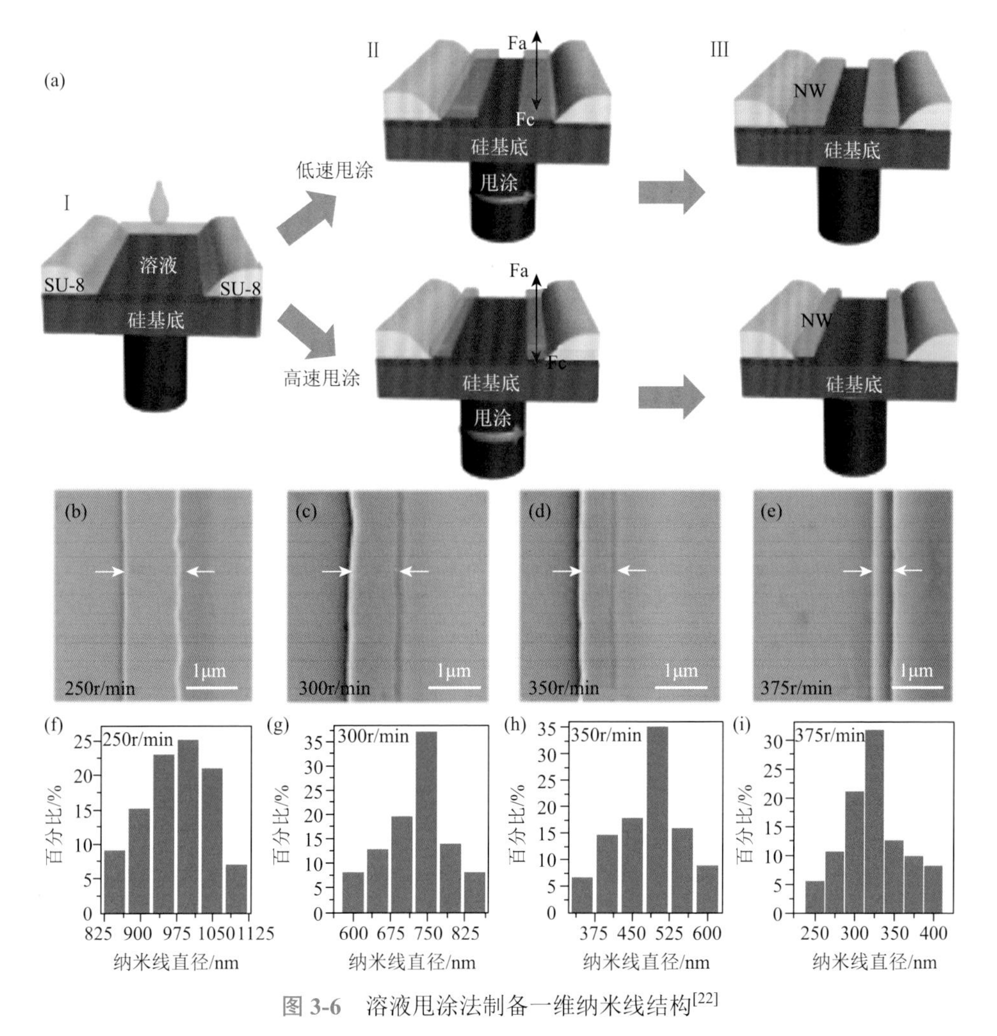

图3-6　溶液甩涂法制备一维纳米线结构[22]

(a) 溶液甩涂法示意图；低速甩涂容易形成相对较大直径的纳米线，高速甩涂容易形成相对较小直径的纳米线；(b)～(e) 不同甩涂速率下形成的不同直径的纳米线；(f)～(i) 不同甩涂速率下形成纳米线的直径统计百分比；有机半导体材料为BPEA

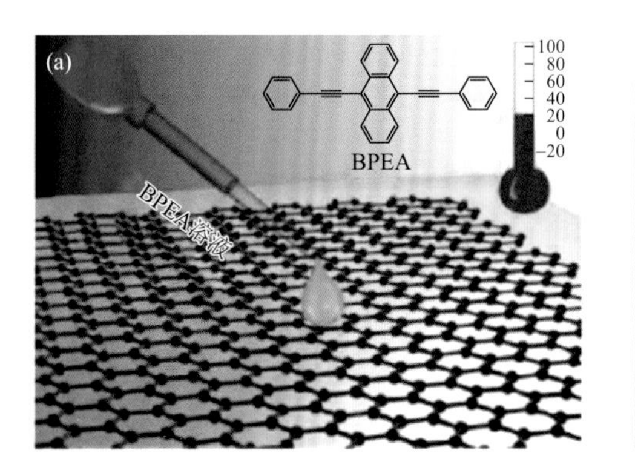

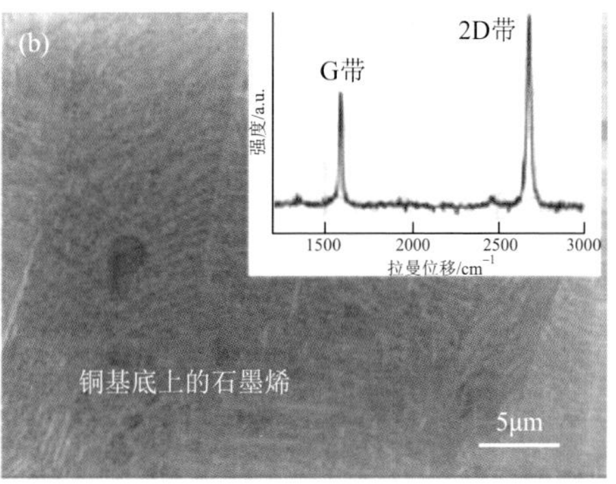

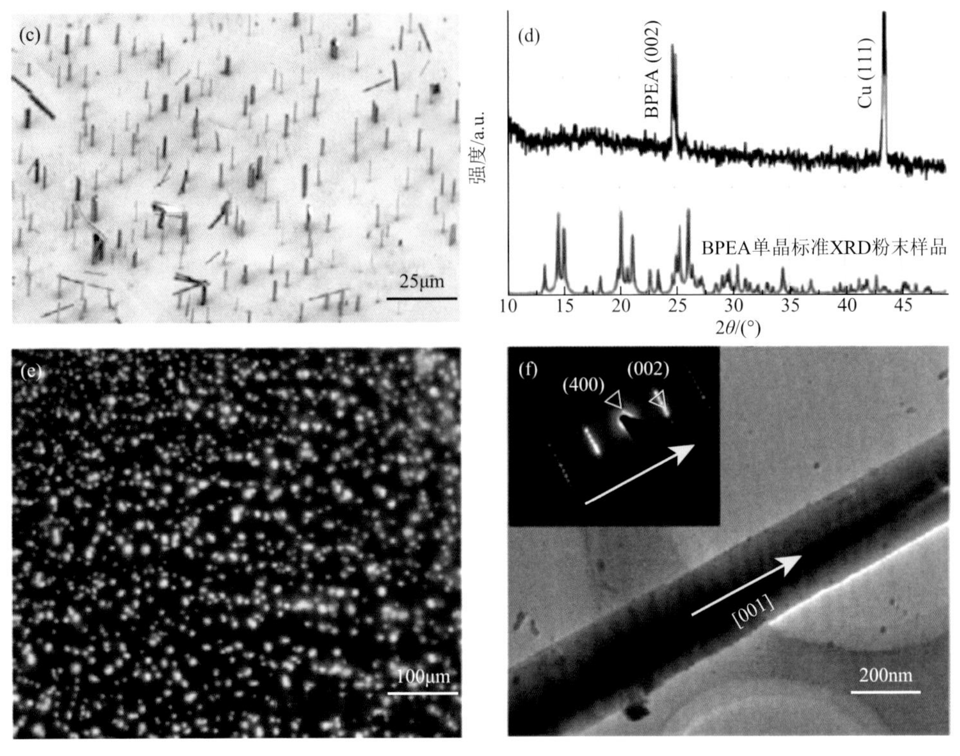

图 3-7 溶液外延法制备一维纳米线结构[23]

（a）溶液外延法示意图，将 BPEA 溶液滴定至石墨烯基底上；（b）在铜基底上生长石墨烯，插图为石墨烯的拉曼表征；（c）BPEA 晶体沿石墨烯基底垂直生长；（d）沿石墨烯基底生长 BPEA 晶体的 X 射线衍射（XRD）表征；（e）BPEA 晶体荧光显微镜照片（顶视图）；（f）BPEA 晶体的透射电镜和选区电子衍射表征

12. 电纺法

电纺法主要是在强电场作用下，液滴被抽成极细的一维纤维的过程。电纺法适合一维有机聚合物材料的生长。一般过程是：利用注射器将聚合物溶液通过泰勒锥喷出，由于强电场作用，液滴带有电荷，同时电荷之间的排斥力抵消了液体的表面张力，使得液滴拉长变成一维纳米纤维结构，如图 3-8（a）所示[25]。电纺法的一个特点是通过调控实验参数，可以调控一维纤维结构的直径大小，甚至一些具有大比表面积的超细纤维也是可以通过电纺法获得的。例如，通过调整溶液的浓度，实验人员能够获得不同密度的聚乙烯吡咯烷酮（polyvinylpyrrolidone，PVP）纤维结构，即提高 PVP 溶液浓度，PVP 的密度会显著降低，如图 3-8（b）～（e）所示[25]。另外，由于聚合物很难结晶化，通过电纺法可以实现一些聚合物有序的一维纤维结构，从而提高聚合物的性能。例如，华盛顿大学 Jenekhe 研究组利用电纺法制备 MEH-PPV/P3HT{poly[2-methoxy-5-(2-ethylhexoxy)-1, 4-phenylenevinylene]/poly(3-hexylthiophene)}混合一维纤维结构，通过改变 MEH-PPV 在混合物中的比

例，其一维纤维晶体管的性能也随之改变，显示结构比例对性能具有一定的影响，其报道的空穴迁移率能达到 $10^{-3}cm^2/(V \cdot s)$[26]。台湾大学的陈文章研究组利用电纺法实现了一维 P3HT-F_{16}CuPc 纳米纤维异质结结构，基于此一维异质结结构的晶体管可以实现从空穴传输到双极性传输[27]。

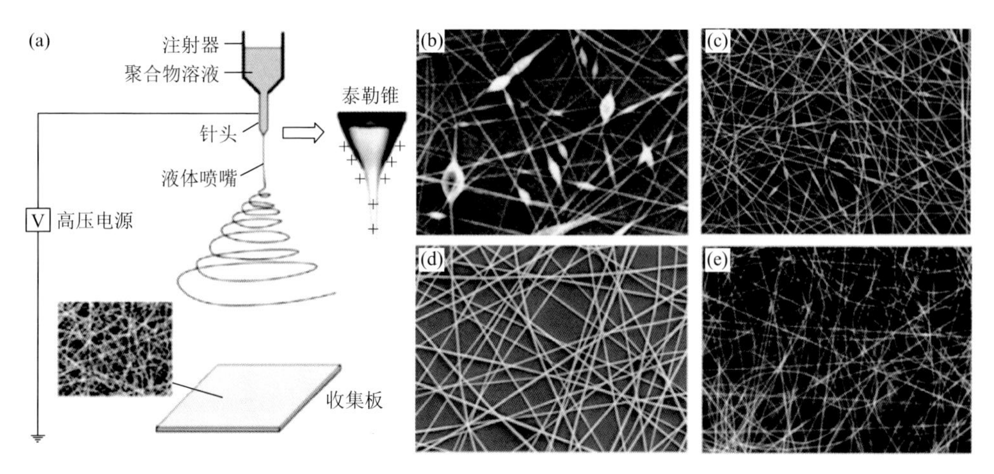

图 3-8　电纺法制备一维纳米纤维结构[25]

（a）电纺法基本装置示意图；（b）～（e）电纺法制备 PVP 一维纳米纤维结构的扫描电镜照片，其中 PVP 在溶液中的质量分数分别为 3%（b）、5%（c）、7%（d）、15%（e）；溶剂采用乙醇和水混合溶剂（乙醇∶水 = 16∶3）

13. 溶液模板法

溶液模板法通常使用一定尺寸规格的模板来制备相应尺寸的微米/纳米结构。实验通常会采用多孔 Al_2O_3 模板，将含有有机半导体材料的饱和溶液采用滴定或者注射的方式置入 Al_2O_3 模板，半导体材料会进入模板进行结晶，并沿着一定的孔径方向长大，形成微米/纳米结构。溶液模板法的优点包括一维半导体晶体的最终尺寸可以通过选择合适的模板来获得。例如，中国科学院化学研究所朱道本研究组利用溶液模板法，采用 Al_2O_3 模板获得奎尼丁（quinidine）纳米线/纳米管结构[28]。

溶液模板法中最后的模板需要通过一定的溶剂溶解，才能获得我们所需的一维有机半导体结构。在加入溶剂溶解模板过程中可能会造成一维有机半导体材料的溶解，或者应力的存在可能会导致最终有机半导体结构的坍塌。

14. 溶液印刷法

通过打印有机半导体材料形成一维微米/纳米结构，可以获得多种功能的应用。例如，晶体管中的电极和半导体材料都可以利用打印电子学来实现。溶液印刷法主要利用溶液自组装性能，在预制好的电极的表面打印一滴半导体饱和溶液，通过缓慢蒸发溶剂来获得一维有机半导体结构。例如，韩国 Cho 研究组将具有一定比例的 P3HT 和聚苯乙烯（polystyrene，PS）混合物打印至预制好的电极上，通过溶液自组装，PS 最终包覆 P3HT 而获得一维纳米线结构，这种通过打印获得的纳米线阵列的报道迁移率为 $6\times10^{-3}cm^2/(V\cdot s)$[29]。

另外，纳米压印光刻（nanoimprint lithography）是一种新型的光刻技术，具有低成本、高精度等优点。其工作原理主要是利用加热硬的模具，然后机械热压共轭聚合物薄膜，冷却释放模具后通过刻蚀的方式获得一维有机半导体聚合物结构。例如，比利时 Jonas 研究组利用此方法获得包括 P3HT 在内的 3 种共轭聚合物一维纳米结构。如图 3-9 所示，首先他们利用硅模具在共轭聚合物表面凸凹印刷，然后通过固化的过程使模具与共轭聚合物紧密接触，最后移除模具，在共轭聚合物层形成一维纳米线结构[30]。一般情况下，采用高温压印会获得较高结晶度的聚合物，如对 P3HT 压印时温度控制为 170℃，可以获得更为有序的一维晶态结构[31]。

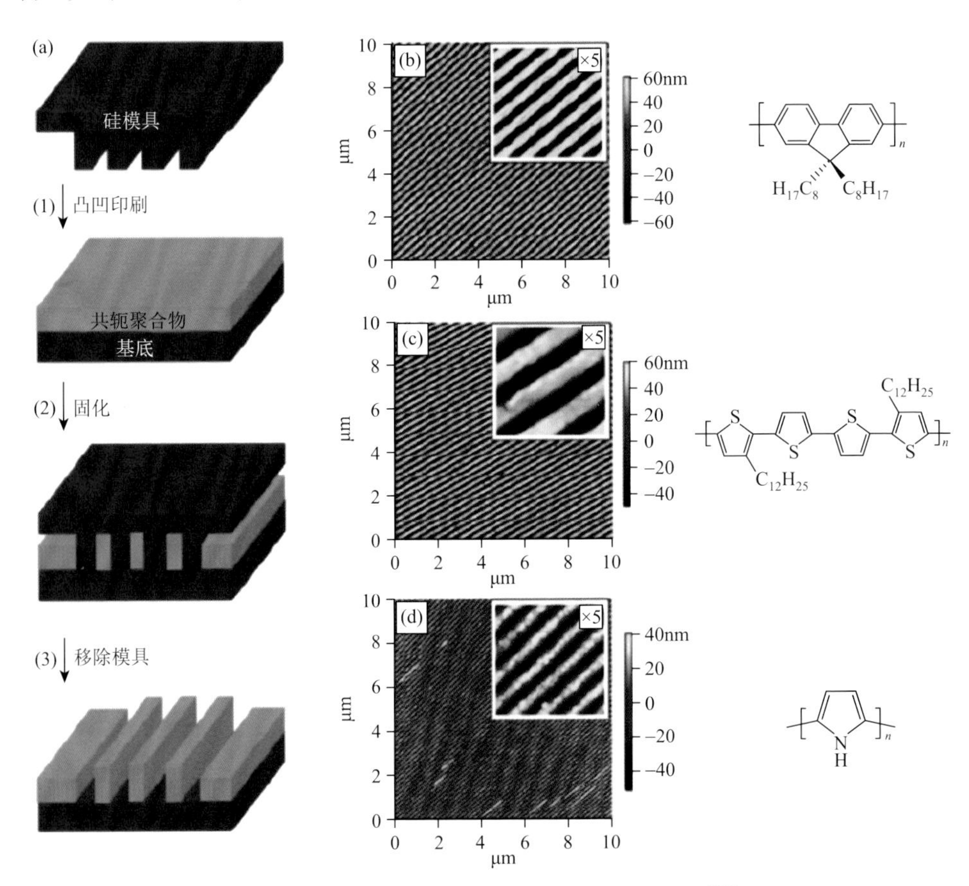

图 3-9 纳米压印光刻法制备一维纳米线结构[30]

（a）纳米压印光刻法示意图；利用纳米压印光刻法制备的一维 PFO[poly(9, 9-dioctylfluorene)]（b）、PQT[poly(3, 3‴-didodecylquaterthiophene)]（c）、PPy（polypyrrole）（d）纳米线

3.2.2 气相法

溶液法生长一维有机半导体晶体材料具有很多优势：①方法简单，成本低廉，使用有机溶剂可以成功制备一维微米/纳米结构；②通过溶液自组装可以实现多种有机半导体分子的大面积制备。然而，溶液法生长一维有机半导体晶体也有其缺点：①不适于一些不溶解于任何有机溶剂的有机半导体分子。例如，金属酞菁等有机半导体就基本上不溶解于所有的有机溶剂。②一些有机半导体分子仅少量溶解于有毒的含卤素的有机溶剂。大量使用有毒溶剂会加速对环境的污染，增加材料的应用成本。③一些有机溶剂的使用可能会使得溶剂分子进入有机半导体的分子结构而形成共晶，从而影响或改变有机半导体分子的本征性能。④溶液法很难获得高纯的有机晶体，难以满足商用的要求。针对溶液法的缺点，气相法可以获得更高纯度的有机半导体晶体，正逐渐受到科研人员的广泛关注。气相法主要包括物理气相沉积法、化学气相沉积法、掩模板外延沉积法、熔融升华法等。

1. 物理气相沉积法

物理气相沉积法主要是采用升华的方法实现晶体形核长大的过程。物理气相沉积法适合于一些有机半导体分子，其特点包括：①不易溶于有机溶剂；②相对较低的升华温度；③在升华过程中不易分解等。物理气相沉积可以结合有机半导体材料的提纯和晶体生长两个过程，可获得相对更高纯度的有机半导体晶体。

物理气相沉积主要包括三个过程：高温区原材料的升华、气态原材料的迁移、低温区原材料形核及晶体长大。首先原材料在高温区通过加热升华，形成气态，然后通过惰性气体的传输，气态的原材料从高温区逐渐迁移至低温区，由于存在一定的温度梯度，气态原材料会在低温区形核并结晶生长。物理气相沉积主要控制的因素包括气流速度、温度梯度、炉内气压等。根据具体的需求，物理气相沉积主要有三种系统[6]。图 3-10（a）为开放系统。炉子左边通入惰性气体，右边导出惰性气体或者连接真空泵以调节炉子的气压。开放系统主要用于有机半导体材料的纯化以及晶体生长。图 3-10（b）为封闭系统。通过封管技术将材料封入石英管内。封闭管内可以为惰性气体氛围或者真空状态。图 3-10（c）为半开放系统。与封闭系统类似，在封闭管的一端开一个小口以释放出杂质分子[32]。

通过对实验参数的精确控制，贝尔实验室 Kloc 首次利用物理气相沉积法成功获得厘米尺寸的连六噻吩（α-hexathiophene）[33]、连四噻吩（α-quaterthiophene）[34]晶体和其他一些有机半导体晶体[35]。随后，此方法被广泛应用于有机半导体的提纯和晶体生长。天津大学胡文平研究组采用物理气相沉积法，制备了一维微米/

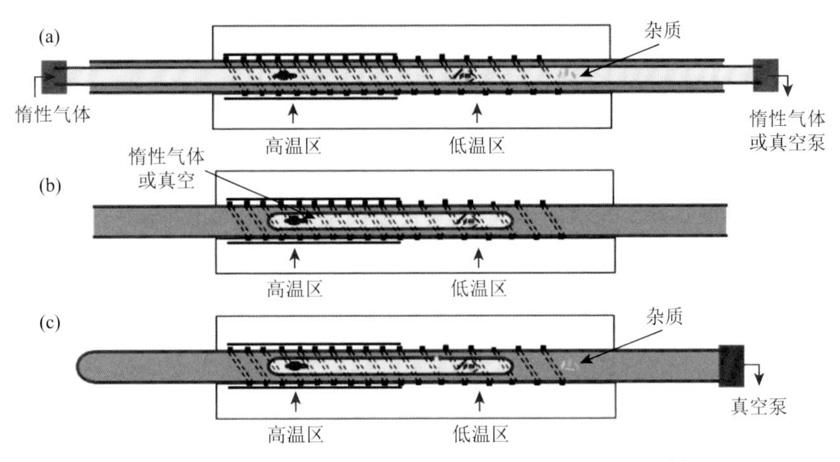

图 3-10 物理气相沉积法制备一维有机半导体晶体[6]

（a）开放系统；（b）封闭系统；（c）半开放系统

纳米带酞菁铜，这种一维微米/纳米带具有优异的半导体性能，其中单根酞菁铜微米带的空穴迁移率高达 0.1cm^2/(V·s)，同时这种微米/纳米带具有较低的工作电压以及阈值电压[36]。随后，胡文平研究组采用物理气相沉积法制备了大量一维有机半导体晶体，包括各种金属酞菁[1, 37]、酞菁氧钛[38]、部分氟代及全氟代酞菁铜[37, 39]、三芳胺衍生物[40]、并五苯衍生物[41-43]、并三噻吩衍生物[44]等，其中很多一维有机半导体晶体的迁移率均超过 10cm^2/(V·s)，具有广泛的应用前景。

2. 化学气相沉积法

相对于物理气相沉积，化学气相沉积更适合于一些基于化学反应的两相甚至多相有机半导体晶体的合成。如图 3-11 所示，化学气相沉积也主要包括三种系统，其中（a）和（b）为开放系统。与物理气相沉积法的主要区别在于用于化学反应的两种物质 A 和 B 放置位置的不同。例如，有机电荷转移共晶材料苝-7, 7, 8, 8-四氰基对苯二醌二甲烷（perylene-TCNQ）可以通过化学气相沉积获得，一般低升华点的材料 7, 7, 8, 8-四氰基对苯二醌二甲烷放置于炉子的左侧低温区，高升华点的材料苝放置于炉子的右侧高温区，通过同时控制两侧的温度来控制二者的升华速度，接着通过载气的传输，气态的 7, 7, 8, 8-四氰基对苯二醌二甲烷被传送至高温区与苝发生化学反应并形成有机共晶，最终在更低温度的右侧形核并长大成一维线型晶体[45]。通过控制两段温区的温度，也可以获得不同比例的转移复合物，其晶体形态也可以从一维线型晶体到二维平面晶体甚至三维块状晶体[45]。封闭系统［图 3-11（c）］和半开放系统［图 3-11（d）］类似于物理气相沉积系统。区别为原材料由一种变成两种甚至多种材料的混合[46]。

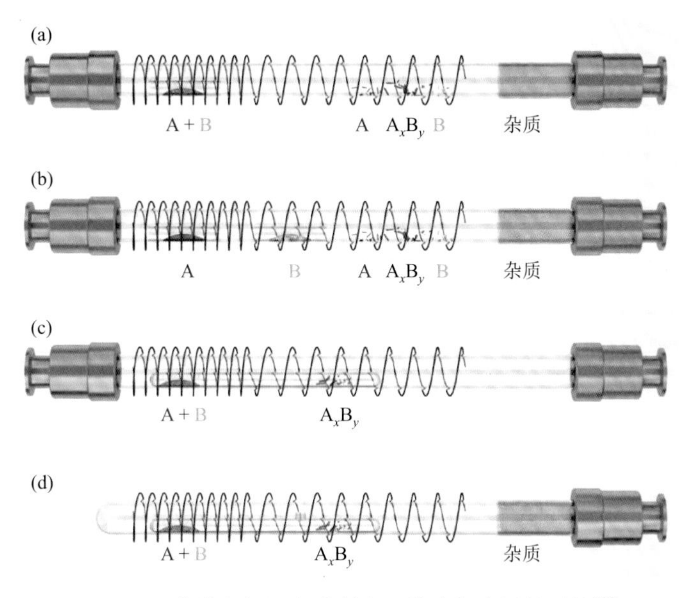

图 3-11 化学气相沉积法制备一维有机半导体晶体[46]

（a）、（b）开放系统；（c）封闭系统；（d）半开放系统

另外报道的一种化学气相沉积方法主要是在原位形成一维微米/纳米线结构。例如，炉子的左侧放置 7, 7, 8, 8-四氰基对苯二醌二甲烷，右侧放置金属铜基底，当升华后的 7, 7, 8, 8-四氰基对苯二醌二甲烷通过载气传输到右侧金属铜基底并与之发生化学反应，铜-7, 7, 8, 8-四氰基对苯二醌二甲烷（CuTCNQ）一维微米/纳米线结构会在铜基底上原位生长[47]。

还有一种化学气相沉积主要是在封闭系统中完成，利用封管技术将原材料封入一密闭玻璃管中，此密闭玻璃管中可以是高真空状态，也可以充入一定的气体作为载气。加热后密闭玻璃管中的原材料发生化学反应，反应产物在低温区最终形核并长大。

3. 掩模板外延沉积法

掩模板外延沉积法主要是利用一些掩模板的特殊结构，通过气相沉积的方法，有机半导体分子在蒸镀过程中穿过掩模板而在特殊基底上形成有序的晶态结构。例如，日本 Yanagi 研究组利用掩模板，蒸镀有机半导体分子连六苯（*p*-sexiphenyl），通过掩模板在氯化钾（KCl）的（001）平面有序形成连六苯纳米线晶体，如图 3-12 所示。实验证实，连六苯分子轴平行于 KCl 的（001）平面，而垂直于纳米线方向，同时连六苯纳米线晶体可以发蓝光，如图 3-12（b）所示。这种掩模板外延沉积法可以获得一些取向有序的一维纳米线结构[48]。相关应用包括有机一维纳米线激光器等[49]。

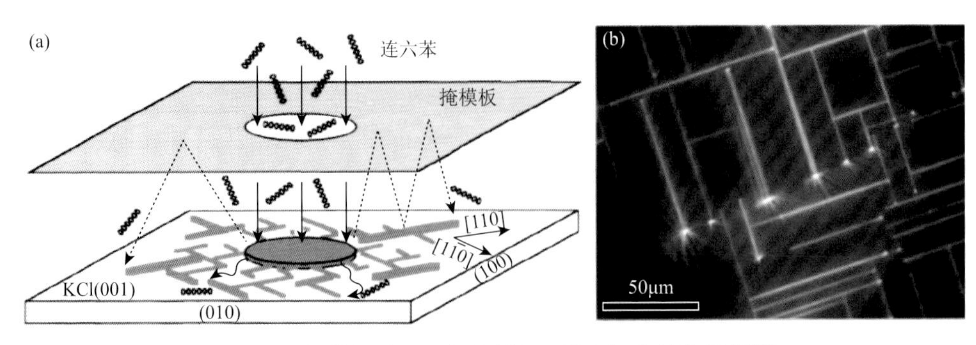

图 3-12　掩模板外延沉积法制备一维有机半导体晶体[48]

（a）掩模板外延沉积法示意图；（b）通过掩模板外延沉积法制备一维针状连六苯晶体的荧光显微镜照片；基底为氯化钾（KCl）的（001）平面，荧光激发波长为 365nm

4. 熔融升华法

熔融升华法主要原理是利用有机小分子在加热熔融状态时，在比较小的可控区域内升华、形核、结晶生长，最终获得一维有机纳米线晶体结构。例如，山东大学陶绪堂研究组利用微间距熔融升华的方法获得包括红荧烯（rubrene）、8-羟基喹啉铝［tris（8-hydroxyquinoline）aluminium，Alq_3］等一维有机半导体晶体结构。如图 3-13 所示，这种方法采用小的玻璃晶圆片隔开放置于加热台上的两个硅片基底，红荧烯粉末在狭小的空间内直接在空气中升华并结晶，形成一维片状晶体。基于这种空气中直接熔融升华所获得的红荧烯单晶带的空穴迁移率可以达到 $4cm^2/(V·s)$[50]。

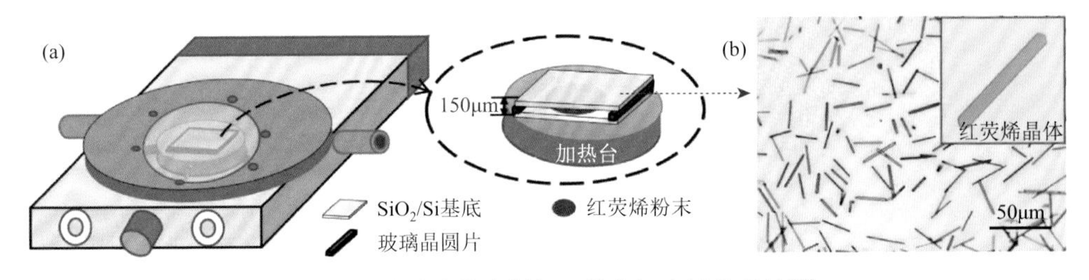

图 3-13　熔融升华法制备一维有机半导体晶体[50]

（a）熔融升华法示意图；（b）通过熔融升华法制备一维红荧烯晶体的光学显微镜照片

3.3 一维有机半导体晶体的应用概述

一维有机半导体晶体具有优异的电学、光学、磁学等性能，在光电子学等方面具有广泛的应用。下面简要介绍一维有机半导体晶体在有机电子学领域的几个方面的应用研究。

3.3.1　有机单晶场效应晶体管

实验证实，一维有机半导体晶体具有良好的电学性能。从接触界面角度讲，一维有机半导体晶体中微米/纳米带能够与绝缘层形成最好的贴合程度，微米/纳米线、微米/纳米纤维和微米/纳米棒等其次，因此前者往往能获得较好的电学性能。美国 Frisble 研究组利用滴定稀的 P3HT 对二甲苯溶液至六甲基二硅胺（HMDS）修饰的硅片基底，溶剂干燥后形成一维纳米纤维，其迁移率达到 $0.06cm^2/(V·s)$[51]。同样通过溶液法滴定，DT-TTF 单晶微米带能够达到的迁移率为 $1.4cm^2/(V·s)$[2]。

随着科学家对有机半导体材料的深入认识，以及器件制备技术的提高，越来越多高性能的一维有机半导体晶体材料被报道，一些材料的迁移率甚至可以超过 $10cm^2/(V·s)$。如图 3-14 所示，美国斯坦福大学鲍哲南研究组通过溶液控制 C_{60} 晶体的结晶，获得微米带状晶体结构，其电子迁移率达到 $11cm^2/(V·s)$[52]。日本 Takeya 研究组合成了一种 V 字型并五苯衍生物 C_6-DNT-VW，主要是中间的一个苯环用噻吩取代，侧链增加不同长度的烷基，实验发现这种 V 型半导体一侧带有正己基侧链的半导体具有最好的性能，其空穴迁移率能够达到 $9.5cm^2/(V·s)$[53]。天津大学胡文平研究组合成了一种类似于并五苯的材料 C_6-DBTDT，中间三个苯环由三个噻吩取代，分子两侧通过碳-碳单键引入正己基侧链来增加材料在溶液中的溶解度。通过溶液滴注的方法，他们成功获得了微米/纳米片状的 α 相和微米/纳米带状的 β 相。同时基于这两种晶相的单晶场效应晶体管结果显示，α 相纳米片晶体的空穴迁移率为 $8.5cm^2/(V·s)$，β 相纳米带晶体的空穴迁移率则高达 $18.9cm^2/(V·s)$，该结果说明了相态与性能的紧密依存关系[42]。同样的现象也在酞菁氧钛单晶材料上被观察到，天津大学胡文平研究组通过控制物理气相沉积的条件，可控地合成了三维块状 α 相和一维带状 β 相酞菁氧钛晶体，其中三维块状 α 相酞菁氧钛带晶体的空穴迁移率高达 $26.8cm^2/(V·s)$，而 β 相一维微米/纳米带酞菁氧钛晶体只有 $0.1cm^2/(V·s)$[38]。香港大学 Chan 研究组最近利用低速溶液剪切法获得了超薄 C_{10}-DNTT 一维单晶带，这种材料的空穴迁移率高达 $12.5cm^2/(V·s)$[54]。

通过溶液方法控制，有机聚合物能形成规则排列的纳米线结构。德国 Müllen 研究组的最近实验结果显示，CDT-BTZ 纳米纤维的空穴迁移率达到 $5.5cm^2/(V·s)$[55]。韩国 Choi 研究组合成了 DPPBTSPE 纳米线，其单根纳米线的空穴迁移率能达到 $24cm^2/(V·s)$[56]。天津大学胡文平研究组通过对聚合物的单体小分子进行提纯和晶体生长，然后原位聚合形成了一维微米线 poly-PCDA，这种聚合物的空穴迁移率达到最高，为 $42.7cm^2/(V·s)$[57]。最近，香港大学缪谦研究组合成了一种高性能的 n 型半导体 4Cl-TAP，其纳米带晶体的最大电子迁移率高达 $27.8cm^2/(V·s)$[58]。

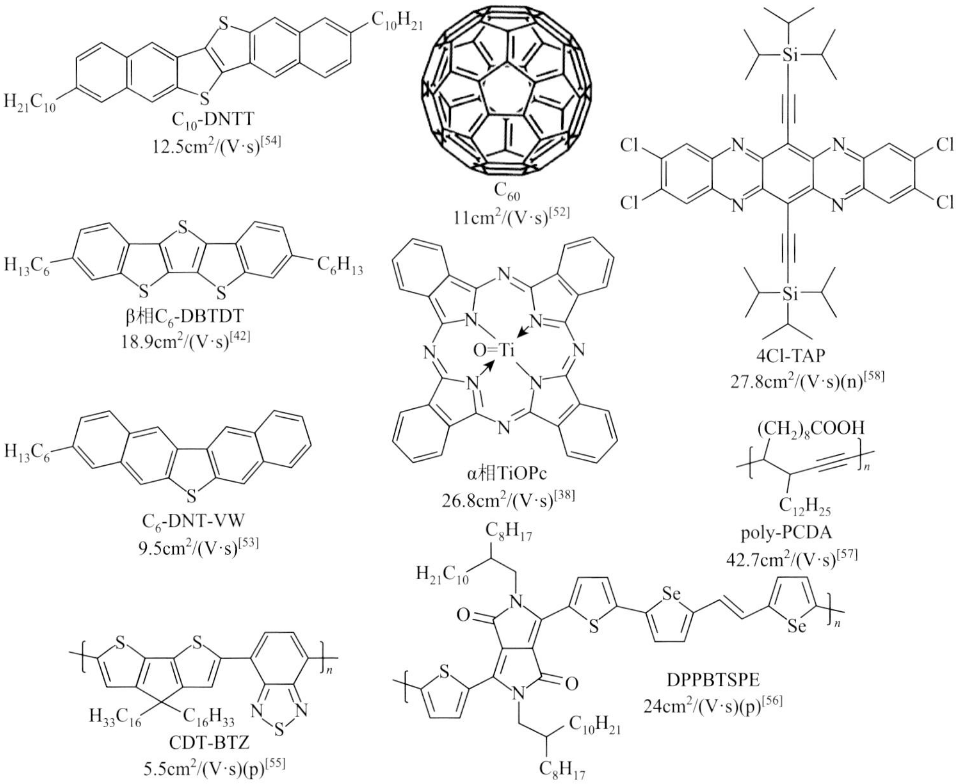

C_{10}-DNTT
12.5cm^2/(V·s)[54]

C_{60}
11cm^2/(V·s)[52]

4Cl-TAP
27.8cm^2/(V·s)(n)[58]

β相C_6-DBTDT
18.9cm^2/(V·s)[42]

α相TiOPc
26.8cm^2/(V·s)[38]

poly-PCDA
42.7cm^2/(V·s)[57]

C_6-DNT-VW
9.5cm^2/(V·s)[53]

CDT-BTZ
5.5cm^2/(V·s)(p)[55]

DPPBTSPE
24cm^2/(V·s)(p)[56]

图 3-14　高性能一维有机半导体晶体分子结构与相应的迁移率结果

3.3.2　有机单晶光敏开关和光控晶体管

有机半导体的带隙一般小于 4eV，使得一些有机半导体分子在可见光范围内具有光敏性[59]。有机单晶光敏开关和光控晶体管的主要机制为光生载流子被吸引到晶体与基底的界面处，并形成导电沟道，从而提高晶体的电流。光敏开关和光控晶体管的主要参数包括响应度、光响应前后电流比及半导体材料的迁移率。天津大学胡文平研究组利用物理气相沉积法生长一维 $F_{16}CuPc$ 单晶带，$F_{16}CuPc$ 带隙为 1.4～1.5eV。基于单根 $F_{16}CuPc$ 单晶微米带的场效应晶体管的结果发现，这种一维单晶微米带对可见光具有很高的响应性，同时不同波长的可见光具有不同程度的响应度，在 785nm 波长的光照射下可以获得最大的响应度，这种一维的单晶半导体微米/纳米带可以作为有机单晶光敏开关和光控晶体管进行应用[60]。紧接着，胡文平研究组又报道了一种并三苯衍生物微米/纳米线的光响应，这种并三苯衍生物采用简单的滴注方式获得，不依赖于基底和溶剂的选择，能够大面积制备，该微米/纳米线同样对可见光具有很快的响应性，光响应前后的电流比高达 100，是一种良好的光敏开关材料[61]。其他报道的有机微米/纳米结构光响应材料主要包括

MeSq（methyl-squarylium）纳米线[62]、富勒烯纳米线[63, 64]、晕苯纳米线[65]、CuPc-H_2TPyP[5, 10, 15, 20-tetra(4-pyridyl)-porphyrin]异质结纳米线[66]、酞菁铜纳米线[67]、BPE-PTCDI[*N*, *N*′-bis(2-phenylethyl)-perylene-3, 4: 9, 10-tetracarboxylic diimide]纳米线[68]、PQT∶PEO[(poly(3, 3‴-didodecylquarterthiophene)-poly(ethylene oxide)]纳米纤维[69]、PBIBDF-TT 纳米线等[70-72]。

3.3.3　有机单晶光子器件

由于有机半导体材料的带隙不同，有机半导体晶体在光学上具有一定的应用，如晶体可以实现各种颜色的发光。实现更为复杂的光子器件是当今研究的一个难点。天津大学胡文平研究组合成了一维有机共晶材料 Npe-TCNB[4-(1-naphthylvinyl) pyridine-1, 2, 4, 5-tetracyanobenzene]和 Bpe-IFB[1, 2-bis(4-pyridyl)ethylene-1, 3, 5-trifluoro-2, 4, 6-triiodobenzene][73, 74]。他们将两个共晶叠加，实现了包括或非逻辑门、与非逻辑门等光子逻辑门[74]。尽管现在研究还处于基础阶段，有机光子器件作为一种新的研究方向在光学领域具有一定的应用前景，其主要的方向包括共晶光波导、光波导耦合器、光子学逻辑门和运算等。

3.3.4　有机单晶存储器

实验结果显示，单晶 CuTCNQ 纳米线具有两个相，低导电相和高导电相，通过可控合成两个相并实现相变，即可实现纳米线电流的变化，从而可以获得存储器性能。美国橡树岭国家实验室的肖凯在铜基底下原位生长 CuTCNQ 纳米线，这种纳米线沿垂直方向向上，沿着具有强 π-π 相互作用的[100]方向生长。开始时从负电压向正电压扫描，CuTCNQ 纳米线最初处于关闭状态，电流较小（$<10^{-8}$A），持续施加正电压，纳米线电流逐渐增加，直至最后约 10^{-6}A 时显示其处于开启状态。在循环扫描的过程中实现纳米线的相变，同时电流变化超过 2 个数量级，从而实现存储器的功能[75]。台湾大学陈文章研究组主要通过调控单晶场效应晶体管的阈值电压来控制其不同位置的电流，从而实现存储器功能。他们利用自组装溶液合成 BPE-PTCDI 一维纳米线，并用此一维纳米线作为半导体材料制备单晶场效应晶体管。实验结果显示，通过调控一维纳米线的直径，存储器窗口随纳米线直径的减小而相应增大。同时，通过在半导体和绝缘体界面处自组装单分子层也能有效地增大存储器窗口[76]。随后他们也报道了基于一些聚合物一维纳米线的存储器应用[77, 78]。

3.3.5　有机单晶电路

一维有机单晶微米/纳米结构表现出优异的电输运性质，基于一维有机半导体晶体的高性能 p 型和 n 型场效应晶体管不断被报道。天津大学胡文平研究组报道了基于单晶酞菁铜（CuPc，p 型）和全氟代酞菁铜（$F_{16}CuPc$，n 型）微米/纳米带的有机电路，他们以 Sb 掺杂的二氧化锡（SnO_2）纳米线作为电极，以 CuPc 和 $F_{16}CuPc$ 微米/纳米带作为半导体构建包括逆变器、静态随机存取储存器、传输逻辑门、或非逻辑门、与非逻辑门等器件，实现了各种电路器件的基本单元结构[79]。

3.3.6 有机单晶太阳能器件

天津大学胡文平研究组制备了第一个基于有机一维单晶微米/纳米带异质结的太阳能器件。他们主要采用物理气相沉积，利用原位沉积的 CuPc 微米/纳米带作为基底原位沉积 $F_{16}CuPc$ 微米/纳米带，这种原位生长所形成的异质结中 p 型和 n 型材料匹配度高，具有很好的电荷传输性能［p 型迁移率为 $0.07cm^2/(V·s)$，n 型迁移率为 $0.05cm^2/(V·s)$］。这种一维微米/纳米带单晶异质结的太阳能器件效率为 0.007%[80]。

韩国 Cho 研究组混合 P3HT 和 $PC_{61}BM$（phenyl-C_{61}-butyric acid methyl ester），通过溶液自组装获得了纳米线结构并制备太阳能电池。通过改变不同的浸润时间，以这种晶态的一维纳米线结构所制备的太阳能电池的效率最高能达到 3.94%。同时他们发现，太阳能电池的性质取决于 P3HT 前体的浸润时间，60h 的浸润能提高材料的迁移率[81]。最近他们利用两相溶剂，通过调控目标分子与溶剂分子的相互作用，获得聚合物 PBDT2FBT-2EHO 的一维纳米线结构。基于这种有序的纳米线的太阳能电池的效率（8.18%）比没有纳米线结构的高出 60%，说明这种有序的一维纳米线会有效地提升器件的效率[82]。另外，他们还制备了基于 P3HT 的一维纳米线太阳能电池[83]。日本 Seki 研究组通过氙（Xe）灯或锇（Os）灯照射热蒸镀的富勒烯及其衍生物薄膜，然后放入氯苯溶剂中诱导生长形成纳米线结构，其主要原理是：辐射会部分打开富勒烯的化学键使其倾向于沿一个方向生长。这种富勒烯纳米线与 P3HT 混合所制备的太阳能器件的效率达到了 3.68%，同时他们也发现富勒烯纳米线的长度会影响器件的效率[84]。

实验显示，通过控制纳米线的生长方向，可以提高太阳能电池的效率。美国斯坦福大学鲍哲南研究组合成了 BPE-PTCDI 一维纳米线，并调控纳米线的生长方向沿着排列紧密的长轴，将这种 n 型纳米线与 P3HT 结合所制备的太阳能器件的效率比热蒸镀形成的薄膜的效率高出 16 倍[85]。

3.3.7 有机单晶自旋器件

由于有机分子间的 π-π 相互作用，有机半导体材料在自旋电子学上具有一定的应用前景。美国 Bandyopadhyay 等利用模板法构建 Co-Alq_3-Ni 纳米线结构，其中，中间 Alq_3 纳米线直径在 20～30nm 之间，在此一维纳米线上施加不同的磁场，电阻在不同磁场下变化，同时纳米线的自旋弛豫时间较长，介于毫秒与秒之间。这种基于一维有机半导体纳米线的现象在光电有机自旋中具有一定的应用。例如，对于自旋强化的有机发光二极管，其自旋弛豫时间必须超过激子重新结合的时间[86]。

相对于传统无机自旋电子学，有机自旋电子学是一门新兴的学科，在一维有机半导体晶体上观察到的新奇现象需要科学家进一步研究，尤其是其机理研究不同于无机材料。

3.3.8　有机单晶电池

基于有机分子设计，有机半导体材料可以作为传统无机电池电极材料的一种可替代材料，在柔性电池、绿色可降解电池等领域有着不错的应用前景。美国马里兰大学帕克分校王春生研究组利用溶液法合成了有机盐 CADS（croconic acid disodium salt）一维纳米线。当 CADS 一维微米线尺寸较大时，容易形成较多的缺陷或者微缺陷。而当纳米线的直径低于 150nm，纳米线表面积的增加可以有效地避免分子结构的破坏，同时形成 CADS 与碳电极之间的稳定接触，从而提高电池性能，他们在 0.2C 电流密度下能获得的电池容量为 177mA·h/g[87]。需要指出的是，有些有机半导体分子极易溶于有机溶剂，使得我们可以利用卷对卷印刷技术来打印有机电极材料，从而降低制造成本。王春生研究组利用卷对卷印刷技术合成了 DHBQDS（2, 5-dihydroxy-1, 4-benzoquinone disodium salt）一维纳米棒，该纳米棒具有可逆的电池容量（190mA·h/g）[88]。

一维有机半导体晶体材料具有高的比表面积、较低的结构缺陷等优点，在有机电池电极领域具有一定的应用前景，进一步的研究主要集中在分子设计上实现高电池容量、高稳定、绿色可降解的有机电池材料。

3.3.9　有机单晶激光材料

相对于无机激光材料，有机半导体具有一些独特的优点，如高度的光谱可调性，较大的激发横截面，以及具备大量制造的潜力等[89]。爱尔兰 Redmond 等利用模板法制备了一种共轭聚合物 PFO 的一维纳米线，PFO 是一种链间液晶聚合物材料，可以激发蓝光，并且具有多相结构，通过调控纳米线的大小和相态，可以实现一些特殊的光学应用。他们利用 PFO 纳米线制造出亚波长光学纳米线激光器。当外界光源照射到 PFO 纳米线表面时，PFO 纳米线发出荧光。当进一步增加光源强度时，谱线会变窄，并实现激光功能。他们观察到的激光波长会受 PFO 纳米线的直径影响[90]。中国科学院化学研究所赵永生研究组也报道了两种有机单晶纳米线激光材料：OPV-A[cyano-substituted oligo(*p*-phenylenevinylene)]和 OPV-B[cyano-substituted oligo(*α*-phenylenevinylene)-1, 4-bis(*R*-cyano-4-diphenylaminostyryl)-2, 5-diphenylbenzene]。基于一维单晶纳米线 OPV-A 和 OPV-B，他们实现了不同颜色、双波长激光功能[91]。

3.3.10 有机单晶传感器

根据不同用途，传感器包括有毒气体（如 NO、NO_2、NH_3 等有毒气体）传感器、有机溶剂（如乙醇、盐酸等）传感器、生物传感器、光学传感器等。由于具有较大的比表面积，一些一维有机半导体晶体具有很好的气体传感性能。美国 Mulchandani 研究组等利用 Al_2O_3 模板制备了聚吡咯纳米线，并且发现聚吡咯纳米线对氨气具有一定的敏感性[92]。他们主要通过测定纳米线电阻的变化来实现对不同氨气浓度的监测。当施加一定浓度的氨气时，纳米线电阻会不断变化，实验发现聚吡咯纳米线能探测 40ppm（1ppm = 10^{-6}）的氨气[92]。

国家纳米科学中心魏志祥研究组通过自组装方法获得 PTCDI-I[*N*, *N'*-bis(2-(trimethylammonium iodide)ethylene)perylene-3, 4, 9, 10-tetracarboxyldiimide]纳米管和纳米棒。这种晶态的一维有机结构的直径通常为 100～300nm，具有一定的氧化还原活性。通过吸附一些还原性物质，如联氨（hydrazine）和苯肼（phenylhydrazine）等有毒物质，PTCDI-I 的电阻会下降 2～3 个数量级，其主要原因是 PTCDI-I 分子内 π 电子离域化的影响，这种影响主要是由表面吸附掺杂联氨等物质所造成的[93]。

有机一维金属酞菁分子对一些有毒气体具有特殊的气敏性。中国科学院长春应用化学研究所闫东航研究组发现气相沉积的超细酞菁锌纳米纤维对 NO_2 气体具有敏感性，同时实验发现，单晶纤维相对纤维阵列来说具有更好的气敏性和更快的恢复性[94]。东北师范大学汤庆鑫研究组以一维单晶酞菁铜微米带作为半导体制备单晶场效应晶体管，通过表征晶体管迁移率等参数的变化可知，酞菁铜微米带结构对 SO_2 气体具有很强的气敏性，其探测 SO_2 气体的灵敏度能达到 0.5ppm[95]。另外，苏州大学揭建胜研究组利用物理气相沉积制备酞菁铜纳米阵列，并发现这种阵列可以用作图像传感器[96]。

美国西北大学黄嘉兴研究组利用物理气相沉积的方法获得了一种并三苯的衍生物 DAAQ（1, 5-diaminoanthraquinone）一维纳米线阵列，这种纳米线阵列沿着基底垂直方向生长。当 DAAQ 暴露在 5ppm 的盐酸蒸气中时，DAAQ 纳米线的颜色和荧光均发生变化[97]。美国的 Weiss 研究组利用杂化 PEDOT[poly(3, 4-ethylenedioxythiophene)]纳米线和病毒分子来监测一些生物分子抗体，即获得生物电化学传感器的功能。这种病毒分子结合 PEDOT 一维纳米线阵列具有实时监测、无生物反应试剂等优点[98]。

3.4 总结与展望

一维有机半导体晶体由于优异的电学性能及潜在的应用前景，近年来受到科研人员的广泛关注。各种用于生长半导体晶体的方法应运而生，本章主要介绍利用溶液法和气相法生长一维有机半导体晶体。一维有机半导体晶体的一些应用研究也在本章中分别介绍。对于一维有机半导体晶体材料的设计、合成以及应用，需要考虑多方面的因素。

（1）高迁移率材料。对于一维有机半导体晶体材料，迁移率是性能中最为重要的一个参数，设计合成高迁移率的一维有机半导体晶体材料是将来发展的一个重要方向，尤其是迁移率大于 $10cm^2/(V·s)$的有机半导体晶体材料具有很好的应用前景。随着材料体系的不断发展以及器件制备技术的进步，一些迁移率大于 $10cm^2/(V·s)$的有机半导体晶体材料被报道。在结合结构-性能研究的同时，利用人工智能来分析高迁移率有机半导体晶体材料，并指导高性能有机半导体材料的合成是今后一个重要的发展方向。

（2）大面积一维有机半导体晶体材料的合成。对于一些特殊有机半导体分子可以采用溶液法实现一维有机半导体晶体。在实际应用中，对这些材料采用一定的技术手段来控制一维有机半导体晶体的生长方向，实现大面积一维有机半导体晶体的取向生长，因此实现高性能、高度有序排列的一维阵列也是今后的一个重点研究方向。

（3）实现多功能一维有机半导体晶体材料。本章中介绍了一维有机半导体晶体在包括有机单晶场效应晶体管在内的很多领域有着潜在的应用前景。由于现代电子器件的制备要求为低成本、高性能、多功能等，因此对一维有机半导体晶体材料进行多功能研究，实现一种半导体晶体材料的多功能化，也是今后研究的一个重要发展方向。

（4）提高一维有机半导体晶体的稳定性。许多有机半导体材料存在稳定性的问题，尤其是有机空穴材料容易在大气环境下氧化或者掺杂，使得材料的工作寿命大为降低，严重影响材料的应用前景。今后在材料的设计角度上必须考虑分子结构的稳定性以及材料性能的稳定性，从而实现长时间稳定工作的一维有机半导体晶体材料。

总之，一维有机半导体晶体材料的设计合成必须考虑高性能、低成本、高稳定性、多功能[99]，这样才能使一维有机半导体晶体在将来成为下一代电子学的候选材料之一。

参考文献

[1] Jiang H，Hu P，Ye J，et al. Hole mobility modulation in single-crystal metal phthalocyanines by changing the metal-π/π-π interactions. Angewandte Chemie International Edition，2018，57（32）：10112-10117.

[2] Mas-Torrent M，Durkut M，Hadley P，et al. High mobility of dithiophene-tetrathiafulvalene single-crystal organic field effect transistors. Journal of the American Chemical Society，2004，126（4）：984-985.

[3] Jiang H，Yang X，Cui Z，et al. Phase dependence of single crystalline transistors of tetrathiafulvalene. Applied Physics Letters，2007，91（12）：123505.

[4] Jiang H，Yang X，Wang E，et al. Organic single crystalline micro-and nanowires field-effect transistors of a tetrathiafulvalene（TTF）derivative with strong π-π orbits and S···S interactions. Synthetic Metals，2011，161（1-2）：136-142.

[5] Jiang L，Yao X，Li H，et al. Water strider legs with a self-assembled coating of single-crystalline nanowires of an organic semiconductor. Advanced Materials，2010，22（3）：376-379.

[6] Jiang H，Kloc C. Single-crystal growth of organic semiconductors. MRS Bulletin，2013，38（1）：28-33.

[7] Hu P，Ma L，Tan K J，et al. Solvent-dependent stoichiometry in perylene-7, 7, 8, 8-tetracyanoquinodimethane charge transfer compound single crystals. Crystal Growth & Design，2014，14（12）：6376-6382.

[8] Shi D，Qin X，Li Y，et al. Spiro-OMeTAD single crystals：remarkably enhanced charge-carrier transport via mesoscale ordering. Science Advances，2016，2（4）：e1501491.

[9] Kim D H，Lee D Y，Lee H S，et al. High-mobility organic transistors based on single-crystalline microribbons of triisopropylisilylethynl pentacene via solution-phase self-assembly. Advanced Materials，2007，19（5）：678-682.

[10] Miyahara T，Shimizu M. Single crystal growth of organic semiconductors by the repeated solid solvent growth method using melted anthracene as a solvent. Journal of Crystal Growth，2001，229（1）：553-557.

[11] Miyahara T，Shimizu M. Single crystal growth of organic semiconductors using melted anthracene as a solvent：*N*, *N'*-dimethylperylene-3, 4:9, 10-bis（dicarboximide）and phthalocyanines. Journal of Crystal Growth，2001，226（1）：130-137.

[12] Jung J，Perrut M. Particle design using supercritical fluids：literature and patent survey. Journal of Supercritical Fluids，2001，20（3）：179-219.

[13] Subra P，Berroy P，Vega A，et al. Process performances and characteristics of powders produced using supercritical CO_2 as solvent and antisolvent. Powder Technology，2004，142（1）：13-22.

[14] Field C N，Hamley P A，Webster J M，et al. Precipitation of solvent-free $C_{60}(CO_2)_{0.95}$ from conventional solvents：a new antisolvent approach to controlled crystal growth using supercritical carbon dioxide. Journal of the American Chemical Society，2000，122（11）：2480-2488.

[15] Mas-Torrent M，Hadley P. Electrochemical growth of organic conducting microcrystals of tetrathiafulvalene bromide. Small，2005，1（8-9）：806-808.

[16] Yamamoto H M，Ito H，Shigeto K，et al. Direct formation of micro-/nanocrystalline 2, 5-dimethyl-*N*, *N'*-dicyanoquinonediimine complexes on SiO_2/Si substrates and multiprobe measurement of conduction properties. Journal of the American Chemical Society，2006，128（3）：700-701.

[17] Giri G，Verploegen E，Mannsfeld S C B，et al. Tuning charge transport in solution-sheared organic semiconductors using lattice strain. Nature，2011，480（7378）：504-508.

[18] Becerril A H，Roberts M E，Liu Z，et al. High-performance organic thin-film transistors through solution-sheared deposition of small-molecule organic semiconductors. Advanced Materials，2008，20（13）：2588-2594.

[19] Li Y，Ji D，Liu J，et al. Quick fabrication of large-area organic semiconductor single crystal arrays with a rapid annealing self-solution-shearing method. Scientific Reports，2015，5：13195.

[20] Kim D H，Han J T，Park Y D，et al. Single-crystal polythiophene microwires grown by self-assembly. Advanced Materials，2006，18（6）：719-723.

[21] Liu N L，Zhou Y，Wang L，et al. *In situ* growing and patterning of aligned organic nanowire arrays via dip coating. Langmuir，2009，25（2）：665-671.

[22] Deng W，Zhang X，Wang L，et al. Wafer-scale precise patterning of organic single-crystal nanowire arrays via a photolithography-assisted spin-coating method. Advanced Materials，2015，27（45）：7305-7312.

[23] Zheng J Y, Xu H, Wang J J, et al. Vertical single-crystalline organic nanowires on graphene: solution-phase epitaxy and optical microcavities. Nano Letters, 2016, 16 (8): 4754-4762.

[24] Liu Y, Ji Z, Tang Q, et al. Particle-size control and patterning of a charge-transfer complex for nanoelectronics. Advanced Materials, 2005, 17 (24): 2953-2957.

[25] Li D, Xia Y N. Electrospinning of nanofibers: reinventing the wheel? . Advanced Materials, 2004, 16 (14): 1151-1170.

[26] Babel A, Li D, Xia Y N, et al. Electrospun nanofibers of blends of conjugated polymers: morphology, optical properties, and field-effect transistors. Macromolecules, 2005, 38 (11): 4705-4711.

[27] Chang H C, Shih C C, Liu C L, et al. A 1D electrospun nanofiber channel for organic field-effect transistors using a donor/acceptor planar heterojunction architecture. Advanced Materials Interfaces, 2015, 2 (6): 1500054.

[28] Gan H Y, Liu H B, Li Y L, et al. Template synthesis and characterization of chiral organic nanotubes and nanowires. Chemical Physics Letters, 2004, 399 (1-3): 130-134.

[29] Lim J A, Kim J H, Qiu L, et al. Inkjet-printed single-droplet organic transistors based on semiconductor nanowires embedded in insulating polymers. Advanced Functional Materials, 2010, 20 (19): 3292-3297.

[30] Hu Z J, Muls B, Gence L, et al. High-throughput fabrication of organic nanowire devices with preferential internal alignment and improved performance. Nano Letters, 2007, 7 (12): 3639-3644.

[31] Aryal M, Trivedi K, Hu W. Nano-confinement induced chain alignment in ordered P3HT nanostructures defined by nanoimprint lithography. ACS Nano, 2009, 3 (10): 3085-3090.

[32] Feigelson R S, Route R K, Kao T M. Growth of urea crystals by physical vapor transport. Journal of Crystal Growth, 1985, 72 (3): 585-594.

[33] Kloc C, Simpkins P G, Siegrist T, et al. Physical vapor growth of centimeter-sized crystals of α-hexathiophene. Journal of Crystal Growth, 1997, 182 (3): 416-427.

[34] Kloc C, Laudise R A. Vapor pressures of organic semiconductors: α-hexathiophene and α-quaterthiophene. Journal of Crystal Growth, 1998, 193 (4): 563-571.

[35] Laudise R A, Kloc C, Simpkins P G, et al. Physical vapor growth of organic semiconductors. Journal of Crystal Growth, 1998, 187 (3-4): 449-454.

[36] Tang Q X, Li H X, He M, et al. Low threshold voltage transistors based on individual single-crystalline submicrometer-sized ribbons of copper phthalocyanine. Advanced Materials, 2006, 18 (1): 65-68.

[37] Jiang H, Hu P, Ye J, et al. Molecular crystal engineering: tuning organic semiconductor from p-type to n-type by adjusting their substitutional symmetry. Advanced Materials, 2017, 29 (10): 1605053.

[38] Zhang Z, Jiang L, Cheng C, et al. The impact of interlayer electronic coupling on charge transport in organic semiconductors: a case study on titanylphthalocyanine single crystals. Angewandte Chemie International Edition, 2016, 55 (17): 5206-5209.

[39] Tang Q, Li H, Liu Y, et al. High-performance air-stable n-type transistors with an asymmetrical device configuration based on organic single-crystalline submicrometer/nanometer ribbons. Journal of the American Chemical Society, 2006, 128 (45): 14634-14639.

[40] Li R, Li H, Song Y, et al. Micrometer-and nanometer-sized, single-crystalline ribbons of a cyclic triphenylamine dimer and their application in organic transistors. Advanced Materials, 2009, 21 (16): 1605-1608.

[41] Wei Z M, Hong W, Geng H, et al. Organic single crystal field-effect transistors based on 6*H*-pyrrolo[3, 2-*b*:4, 5-*b*′] bis[1, 4]benzothiazine and its derivatives. Advanced Materials, 2010, 22 (22): 2458-2462.

[42] He P, Tu Z, Zhao G, et al. Tuning the crystal polymorphs of alkyl thienoacene via solution self-assembly toward

air-stable and high-performance organic field-effect transistors. Advanced Materials，2015，27（5）：825-830.

[43] Jiang H，Hu P，Ye J，et al. From linear to angular isomers：achieving tunable charge transport in single-crystal indolocarbazoles through delicate synergetic CH/NH···π interactions. Angewandte Chemie International Edition，2018，57（29）：8875-8880.

[44] Zhang H，Dong H，Li Y，et al. Novel air stable organic radical semiconductor of dimers of dithienothiophene，single crystals，and field-effect transistors. Advanced Materials，2016，28（34）：7466-7471.

[45] Vermeulen D，Zhu L Y，Goetz K P，et al. Charge transport properties of perylene-TCNQ crystals：the effect of stoichiometry. The Journal of Physical Chemistry C，2014，118（42）：24688-24696.

[46] Jiang H，Hu P，Ye J，et al. Tuning of the degree of charge transfer and the electronic properties in organic binary compounds by crystal engineering：a perspective. Journal of Materials Chemistry C，2018，6（8）：1884-1902.

[47] Liu Y L，Li H X，Tu D Y，et al. Controlling the growth of single crystalline nanoribbons of copper tetracyanoquinodimethane for the fabrication of devices and device arrays. Journal of the American Chemical Society，2006，128（39）：12917-12922.

[48] Yanagi H，Morikawa T. Self-waveguided blue light emission in *p*-sexiphenyl crystals epitaxially grown by mask-shadowing vapor deposition. Applied Physics Letters，1999，75（2）：187-189.

[49] Torii K，Higuchi T，Mizuno K，et al. Organic nanowire lasers with epitaxially grown crystals of semiconducting oligomers. ChemNanoMat，2017，3（9）：625-631.

[50] Ye X，Liu Y，Han Q，et al. Microspacing in-air sublimation growth of organic crystals. Chemistry of Materials，2018，30（2）：412-420.

[51] Merlo J A，Frisbie C D. Field effect conductance of conducting polymer nanofibers. Journal of Polymer Science Part B-Polymer Physics，2003，41（21）：2674-2680.

[52] Li H，Tee B C K，Cha J J，et al. High-mobility field-effect transistors from large-area solution-grown aligned C_{60} single crystals. Journal of the American Chemical Society，2012，134（5）：2760-2765.

[53] Okamoto T，Mitsui C，Yamagishi M，et al. V-shaped organic semiconductors with solution processability，high mobility，and high thermal durability. Advanced Materials，2013，25（44）：6392-6397.

[54] Peng B，Wang Z，Chan P K L. A simulation-assisted solution-processing method for a large-area，high-performance C_{10}-DNTT organic semiconductor crystal. Journal of Materials Chemistry C，2016，4（37）：8628-8633.

[55] Wang S，Kappl M，Liebewirth I，et al. Organic field-effect transistors based on highly ordered single polymer fibers. Advanced Materials，2012，24（3）：417-420.

[56] Um H A，Lee D H，Heo D U，et al. High aspect ratio conjugated polymer nanowires for high performance field-effect transistors and phototransistors. ACS Nano，2015，9（5）：5264-5274.

[57] Yao Y，Dong H，Liu F，et al. Approaching intra-and interchain charge transport of conjugated polymers facilely by topochemical polymerized single crystals. Advanced Materials，2017，29（29）：1701251.

[58] Chu M，Fan J X，Yang S，et al. Halogenated tetraazapentacenes with electron mobility as high as $27.8cm^2/(V·s)$ in solution-processed n-channel organic thin-film transistors. Advanced Materials，2018，30（38）：1803467.

[59] Dong H，Zhu H，Meng Q，et al. Organic photoresponse materials and devices. Chemical Society Reviews，2012，41（5）：1754-1808.

[60] Tang Q，Li L，Song Y，et al. Photoswitches and phototransistors from organic single-crystalline sub-micro/nanometer ribbons. Advanced Materials，2007，19（18）：2624-2628.

[61] Jiang L，Fu Y，Li H，et al. Single-crystalline，size，and orientation controllable nanowires and ultralong microwires of organic semiconductor with strong photoswitching property. Journal of the American Chemical Society，2008，

130（12）：3937-3941.

[62] Zhang X，Jie J，Zhang W，et al. Photoconductivity of a single small-molecule organic nanowire. Advanced Materials，2008，20（12）：2427-2432.

[63] Doi T，Koyama K，Chiba Y，et al. Electron transport properties in photo and supersonic wave irradiated C_{60} fullerene nano-whisker field-effect transistors. Japanese Journal of Applied Physics，2010，49（4）：04DN12.

[64] Zhao X，Liu T，Cui Y，et al. Antisolvent-assisted controllable growth of fullerene single crystal microwires for organic field effect transistors and photodetectors. Nanoscale，2018，10（17）：8170-8179.

[65] Xiao J，Yang H，Yin Z，et al. Preparation，characterization，and photoswitching/light-emitting behaviors of coronene nanowires. Journal of Materials Chemistry，2011，21（5）：1423-1427.

[66] Cui Q H，Jiang L，Zhang C，et al. Coaxial organic p-n heterojunction nanowire arrays：one-step synthesis and photoelectric properties. Advanced Materials，2012，24（17）：2332-2336.

[67] Wu Y，Zhang X，Pan H，et al. Large-area aligned growth of single-crystalline organic nanowire arrays for high-performance photodetectors. Nanotechnology，2013，24（35）：355201.

[68] Yu H，Bao Z，Oh J H. High-performance phototransistors based on single-crystalline n-channel organic nanowires and photogenerated charge-carrier behaviors. Advanced Functional Materials，2013，23（5）：629-639.

[69] Lee M Y，Hong J，Lee E K，et al. Highly flexible organic nanofiber phototransistors fabricated on a textile composite for wearable photosensors. Advanced Functional Materials，2016，26（9）：1445-1453.

[70] Bao R R，Zhang C Y，Zhang X J，et al. Self-assembly and hierarchical patterning of aligned organic nanowire arrays by solvent evaporation on substrates with patterned wettability. ACS Applied Materials & Interfaces，2013，5（12）：5757-5762.

[71] Zhu M，Lv S，Wang Q，et al. Enhanced near-infrared photoresponse of organic phototransistors based on single-component donor-acceptor conjugated polymer nanowires. Nanoscale，2016，8（14）：7738-7748.

[72] Lei Y，Li N，Chan W K E，et al. Highly sensitive near infrared organic phototransistors based on conjugated polymer nanowire networks. Organic Electronics，2017，48：12-18.

[73] Zhu W，Zheng R，Zhen Y，et al. Rational design of charge-transfer interactions in halogen-bonded co-crystals toward versatile solid-state optoelectronics. Journal of the American Chemical Society，2015，137（34）：11038-11046.

[74] Zhu W，Zhu L，Zou Y，et al. Deepening insights of charge transfer and photophysics in a novel donor-acceptor cocrystal for waveguide couplers and photonic logic computation. Advanced Materials，2016，28（28）：5954-5962.

[75] Xiao K，Tao J，Pan Z W，et al. Single-crystal organic nanowires of copper-tetracyanoquinodimethane：synthesis，patterning，characterization，and device applications. Angewandte Chemie International Edition，2007，46（15）：2650-2654.

[76] Chou Y H，Lee W Y，Chen W C. Self-assembled nanowires of organic n-type semiconductor for nonvolatile transistor memory devices. Advanced Functional Materials，2012，22（20）：4352-4359.

[77] Lin Y W，Lin C J，Chou Y H，et al. Nonvolatile organic field effect transistor memory devices using one-dimensional aligned electrospun nanofiber channels of semiconducting polymers. Journal of Materials Chemistry C，2013，1（34）：5336-5343.

[78] Jian P Z，Chiu Y C，Sun H S，et al. Using a single electrospun polymer nanofiber to enhance carrier mobility in organic field-effect transistors toward nonvolatile memory. ACS Applied Materials & Interfaces，2014，6（8）：5506-5515.

[79] Tang Q，Tong Y，Hu W，et al. Assembly of nanoscale organic single-crystal cross-wire circuits. Advanced Materials，2009，21（42）：4234-4237.

[80] Zhang Y J，Dong H L，Tang Q X，et al. Organic single-crystalline p-n junction nanoribbons. Journal of the American Chemical Society，2010，132（33）：11580-11584.

[81] Kim J S，Lee J H，Park J H，et al. High-efficiency organic solar cells based on preformed poly(3-hexylthiophene) nanowires. Advanced Functional Materials，2011，21（3）：480-486.

[82] Lee J，Jo S B，Kim M，et al. Donor-acceptor alternating copolymer nanowires for highly efficient organic solar cells. Advanced Materials，2014，26（39）：6706-6714.

[83] Kim M，Park J H，Kim J H，et al. Lateral organic solar cells with self-assembled semiconductor nanowires. Advanced Energy Materials，2015，5（5）：1401317.

[84] Maeyoshi Y，Saeki A，Suwa S，et al. Fullerene nanowires as a versatile platform for organic electronics. Scientific Reports，2012，2：600.

[85] Oh J H，Wong L H，Yu H，et al. Observation of orientation-dependent photovoltaic behaviors in aligned organic nanowires. Applied Physics Letters，2013，103（5）：053304.

[86] Pramanik S，Stefanita C G，Patibandla S，et al. Observation of extremely long spin relaxation times in an organic nanowire spin valve. Nature Nanotechnology，2007，2（4）：216-219.

[87] Luo C，Huang R，Kevorkyants R，et al. Self-assembled organic nanowires for high power density lithium ion batteries. Nano Letters，2014，14（3）：1596-1602.

[88] Luo C，Wang J J，Fan X L，et al. Roll-to-roll fabrication of organic nanorod electrodes for sodium ion batteries. Nano Energy，2015，13：537-545.

[89] Holmes R J. Optical materials-nanowire lasers go organic. Nature Nanotechnology，2007，2（3）：141-142.

[90] O'Carroll D，Lieberwirth I，Redmond G. Microcavity effects and optically pumped lasing in single conjugated polymer nanowires. Nature Nanotechnology，2007，2（3）：180-184.

[91] Zhang C H，Zou C L，Dong H Y，et al. Dual-color single-mode lasing in axially coupled organic nanowire resonators. Science Advances，2017，3（7）：e1700225.

[92] Hernandez S C，Chaudhuri D，Chen W，et al. Single polypyrrole nanowire ammonia gas sensor. Electroanalysis，2007，19（19-20）：2125-2130.

[93] Huang Y W，Quan B G，Wei Z X，et al. Self-assembled organic functional nanotubes and nanorods and their sensory properties. The Journal of Physical Chemistry C，2009，113（10）：3929-3933.

[94] Ji S，Wang X，Liu C，et al. Controllable organic nanofiber network crystal room temperature NO_2 sensor. Organic Electronics，2013，14（3）：821-826.

[95] Shaymurat T，Tang Q，Tong Y，et al. Gas dielectric transistor of CuPc single crystalline nanowire for SO_2 detection down to sub-ppm levels at room temperature. Advanced Materials，2013，25（16）：2269-2273.

[96] Wu Y M，Zhang X J，Pan H H，et al. In-situ device integration of large-area patterned organic nanowire arrays for high-performance optical sensors. Scientific Reports，2013，3：1-8.

[97] Zhao Y S，Wu J S，Huang J X. Vertical organic nanowire arrays：controlled synthesis and chemical sensors. Journal of the American Chemical Society，2009，131（9）：3158-3159.

[98] Arter J A，Taggart D K，McIntire T M，et al. Virus-pedot nanowires for biosensing. Nano Letters，2010，10（12）：4858-4862.

[99] Jiang H，Hu W. The emergence of organic single-crystal electronics. Angewandte Chemie International Edition，2020，59（4）：1408-1428.

第4章 二维有机半导体晶体

4.1 概述

二维有机晶体为单分子层或数个分子层的有机分子通过弱相互作用（范德瓦耳斯力、π-π 相互作用、氢键、偶极-偶极相互作用等）周期性排列形成的二维单晶薄膜[1]。

与无机材料相比，有机半导体可以通过溶液法大面积低成本加工。此外，有机半导体种类多，可以通过分子设计获得理想的带隙、光吸收等特性。与常见的多晶薄膜相比，二维有机单晶具有缺陷态密度小、无晶界的特点，使其具有更好的电荷传输特性，在有机场效应晶体管、有机光伏器件、传感器等领域具有极大的科研和应用价值。

作为一类新兴的电子材料，如何低成本、大面积制备是关键问题。目前已经发展起来的方法有溶液自组装、空间受限自组装、外延、机械剥离等。溶液自组装利用了溶剂挥发过程中有机半导体分子之间弱的相互作用，自组装形成二维有机半导体晶体。空间受限自组装是通过对生长条件的控制，促使有机分子二维成核结晶形成二维有机半导体晶体。外延法则利用真空条件下有机半导体分子在特定基底上的外延生长特性制备形成二维有机半导体晶体。机械剥离法是利用外力将块体单晶剥离减薄至纳米级厚度。

单分子层或数个分子层厚的有机半导体晶体具有许多块体晶体不具备的性能。例如，在有机场效应晶体管中，超薄的沟道可以通过栅压完全耗尽，且栅控效率极高，有利于获得具有极低漏电流和高迁移率的高性能器件。在传感器件中，超薄的沟道层直接暴露于环境中，使其对外界刺激（光、化学、生物分子）极为敏感，可以制备超灵敏传感器。

本章将介绍二维有机晶体的生长理论、生长方法及其在光电和传感器件中的应用。

4.2 生长动力学

有机半导体分子结构影响二维有机晶体的组装动力学。Wang 等以非极性的并五苯在石墨烯表面自组装为研究对象，通过分子动力学（MD）模拟进行了研究（图 4-1）[2]。吸附于石墨烯表面的、无序分布的并五苯分子能够以 100ns 的时间尺度自组装成晶核［图 4-1（a）］，晶核通过捕获周围的并五苯分子而不断扩张。无论添加的分子和晶核的相对方向如何，添加的分子进入晶核晶格的时间尺度都比形成晶核的时间尺度短得多［图 4-1（b）］。快速捕获过程表明晶核对周围分子有很强的吸引力，晶核的形成是二维有机晶体生长的关键步骤。分子动力学模拟理论与并五苯二维有机晶体生长动力学实验吻合良好[3]。

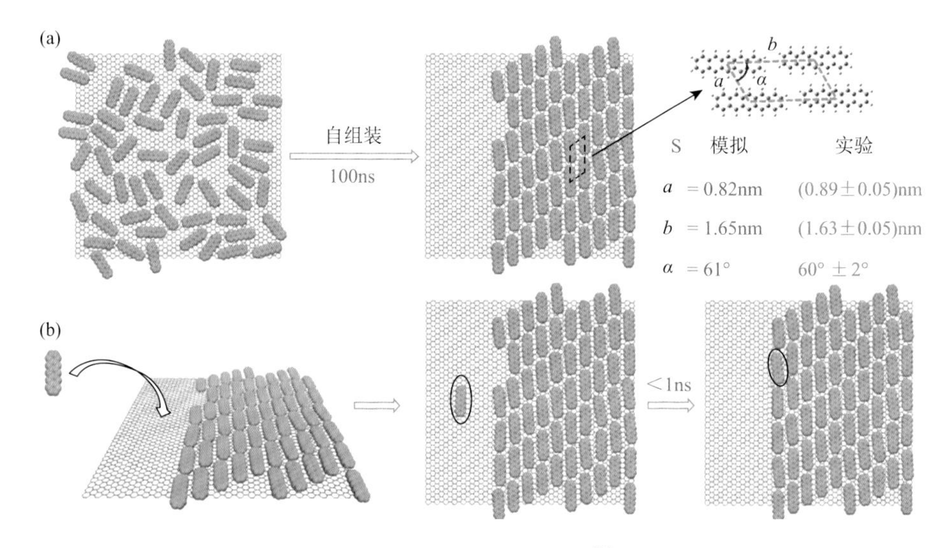

图 4-1 分子动力学模拟[2]

（a）在 108K 时，59 个并五苯分子在石墨烯表面自组装成二维晶核岛；（b）通过捕获周围的分子，进一步生长晶核岛

进一步研究表明，在并五苯和石墨烯之间的相互作用力减半或加倍的条件下，并五苯分子仍然可以自组装为有序二维晶体。这表明有机半导体分子和基底之间的相互作用可能不是控制自组装进行的关键因素，分子间相互作用应该是形成二维有机晶体的驱动力。在非极性分子（如并五苯）中，分子间库仑相互作用可以被排除，因而范德瓦耳斯力为非极性分子组成的二维有机晶体形成的驱动力。对于极性分子，如苝-3, 4, 9, 10-四羧酸二酐（PTCDA），二维有机晶体的形成也由分子间相互作用驱动，但应包括库仑相互作用和范德瓦耳斯力。MD 模拟显

示，分子间相互作用（即非极性系统中的范德瓦耳斯力、极性系统中的范德瓦耳斯力及库仑相互作用）是有机分子自组装成二维有机晶体的驱动力，决定了二维有机晶体组装动力学。

4.3 制备策略

4.3.1 自组装

自组装制备策略是基于有机分子自身的自组装能力而生长二维有机半导体晶体的方法。相邻的有机分子之间通过非共价键相互作用自发吸附在固/液或固/气界面自组装形成热力学稳定的二维有机半导体单晶。自组装有四种类型：①溶液自组装，即通过滴注法将配制的有机半导体溶液直接滴在固态基底上，随着溶剂挥发，溶液中的有机半导体分子通过相互作用自组装形成二维有机半导体晶体膜；②重力辅助的二维空间限制法，即在自组装过程中加入重力的辅助作用，将晶体生长限制在二维空间内实现大面积单分子层晶体的制备；③空间限域自组装，即在自组装过程中将晶体的生长限制于二维液态基底表面，从而得到超薄的二维有机半导体晶体膜；④层控自组装，利用黏度较大的丙三醇（或丙三醇的水溶液）为液态基底，通过控制溶液的铺展面积，实现从单层到多层二维有机半导体晶体的制备。

1. 溶液自组装

溶液自组装是在溶剂挥发的过程中有机半导体分子之间通过范德瓦耳斯力自组装，简单快速地形成晶体膜的一种方法。有机半导体分子可以通过分子设计来改善溶解性、调控分子的结构及分子间相互作用。选择合适的有机溶剂并将有机半导体分子充分溶解在有机试剂中，直接将有机半导体溶液滴注在固态基底上，在溶剂挥发过程中有机半导体分子在基底上的溶液中不断富集，进而通过弱的相互作用排列为长程有序的二维有机单晶膜。

2011 年，江浪等通过分子设计合成了 1, 4-双[(5′-己基-2, 2′-联噻吩-5-基)乙炔基]苯（HTEB）。研究发现，将 HTEB 的氯苯溶液直接滴在基底上可生长得到毫米级的二维有机半导体晶体膜。溶液自组装过程不受基底的影响，在硅片、石英等基底上均可自组装形成二维有机半导体晶体，通过改变溶液浓度，可以获得不同层数的二维有机半导体晶体膜，最薄的可达到单分子层，这种二维自组装行为来源于其分子特殊的结构。HTEB 两端的烷基链可以诱导结晶，三键可限制噻吩环的转动，增加 π-π 相互作用，从而有效地自组装形成大面积的二维有机单晶。HTEB 单分子层二维有机单晶膜的场效应晶体管迁移率高达 1.0cm^2/(V·s)，并且具有良好的空气稳定性，证明了 HTEB 分子完美的单层可以作为场效应晶体管理想的导电沟道（图 4-2）[4]。

图 4-2 HTEB 的分子结构及其在硅基底上的自组装膜的示意图[4]

2016 年，王欣然、李昀等通过“悬浮咖啡环效应”驱动组装实现了层数精确可控的二维有机半导体晶体膜的生长。选用有高迁移率的 p 型小分子 2, 7-二辛基[1]苯并噻吩并[3, 2-*b*]苯并噻吩（C_8-BTBT）为研究对象，将 C_8-BTBT 溶解在苯甲醚（良溶剂）和互不相溶的茴香醛（不良溶剂）混合溶剂中，然后将有机半导体溶液滴在 SiO_2/Si 基底上，利用机械泵在液滴上方产生气流，吹动液滴以一定的速度移动。当气流拖动的液滴在底物上快速移动时，靠近溶液表面的空气并不是饱和的溶剂蒸气，由于苯甲醚的沸点和密度均小于茴香醛，在基底边缘先蒸发的大部分是苯甲醚。受对流流动的影响，苯甲醚从内部向溶液边缘流动，从而补充蒸发损失的苯甲醚，不良溶剂的内部流动可以忽略不计。在溶液边缘附近，良溶剂的蒸发驱动对流会导致以不良溶剂为基底的“悬浮咖啡环效应”，从而得到层数可控生长的 C_8-BTBT 二维有机半导体晶体膜。获得的二维有机半导体晶体膜具有原子级的表面平整度，尺寸达到百微米量级。基于单层到数个分子层的二维有机单晶构筑了场效应晶体管，研究发现当 C_8-BTBT 二维单晶为单分子层时，其迁移率较低，两层或三层时迁移率即可达到较高值。这可能是由于在基底上的第一层膜的分子的排列方式不同于第二层以及随后的分子层，导致第一层迁移率较低，随后达到饱和（图 4-3）[5]。

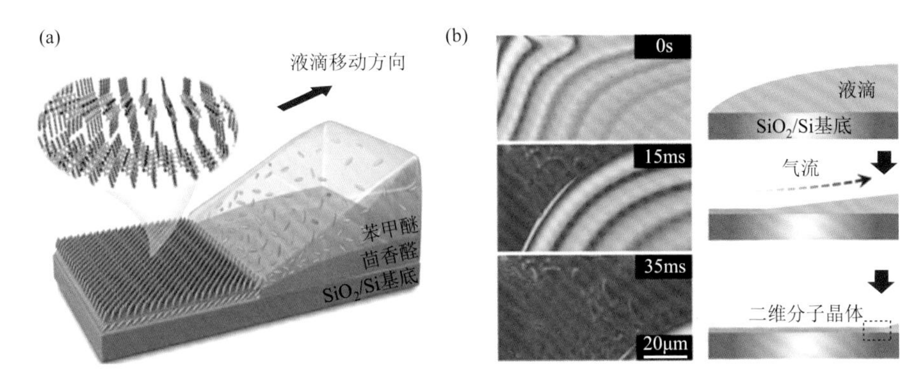

图 4-3　“悬浮咖啡环效应”驱动组装实现了层数精确可控的二维有机半导体晶体膜的生长[5]

（a）咖啡环驱动组装法生长二维有机晶体半导体的原理图；（b）C_8-BTBT 单晶生长过程中在不同的时间获得的光学图像和原理图

溶液自组装方法具有低成本、简单快捷的优势，但是溶液自组装法对于所选择的分子结构有着苛刻的要求，只有少数分子可以通过溶液自组装法生长二维有机半导体晶体膜。

2. 重力辅助的二维空间限制法

为了控制液体的厚度和液线定向移动，石燕君等[6]发展了一种重力辅助的二维空间限制方法，实现了厘米级单分子层分子晶体的制备。具体来说，该方法将适量有机半导体溶液置于疏水性基底十八烷基三氯硅烷（octadecyltrichlorosilane，ODTS）上，并将尺寸稍大的亲水性基底 SiO_2（或 BCB、PSS）覆盖其上，随着溶剂的蒸发，在上方基底的重力和液滴表面张力的相互作用下，在上下基底间形成厚度较均匀的薄层溶液。当溶液达到过饱和浓度时，分子晶体沿基底某一侧开始成核生长，即可在上层 SiO_2（或 BCB、PSS）基底上生长出单分子层分子晶体，待溶剂蒸发完全后分离 ODTS 和 SiO_2（或 BCB、PSS）两层基底即可。制备流程如图 4-4 所示。此处的亲疏水性是上下两层基底的相对差别，也可以适用于其他亲疏水性有差异的两个基底。相对于 BCB 而言，氯苯对 SiO_2 有更好的浸润性，易于在其表面生长单分子层分子晶体。

采用重力辅助的二维空间限制法可以制备二氰基亚甲基取代的稠合四噻吩醌式衍生物（CMUT）的单分子层分子晶体，所得单分子层分子晶体的最大尺寸可以与上层基底面积相当。当上层基底为 1cm×1cm SiO_2 时，所得单分子层分子晶体可达厘米级别。如图 4-5 所示，从光学显微镜照片可以看出 CMUT 单分子层分子晶体膜十分均匀和光滑。原子力显微镜照片表明了所得晶体膜的厚度约为 2nm，与 CMUT 的分子长度趋于一致。同样地，当上层基底为 BCB/SiO_2 时，同样得到了 CMUT 的单分子层分子晶体。光学显微镜照片表明所得的 CMUT 单分子层分子晶体膜是非常干净和均一的。原子力显微镜照片表明了所得晶体膜的厚度约为 2.4nm，这同样与 CMUT 的分子长度趋于一致。这是首次在聚合物基底上成功制备出单分子层分子晶体。

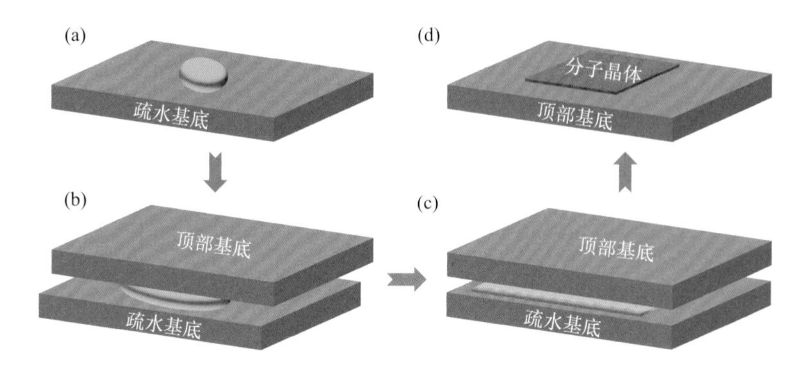

图 4-4　重力辅助的二维空间限制法的示意图[6]

（a）将半导体溶液滴到经过 ODTS 处理的 SiO_2/Si 基底上；（b）将顶部基底放置在上面；（c）、（d）经过 24h 后，在顶部基底上得到了晶体单层膜

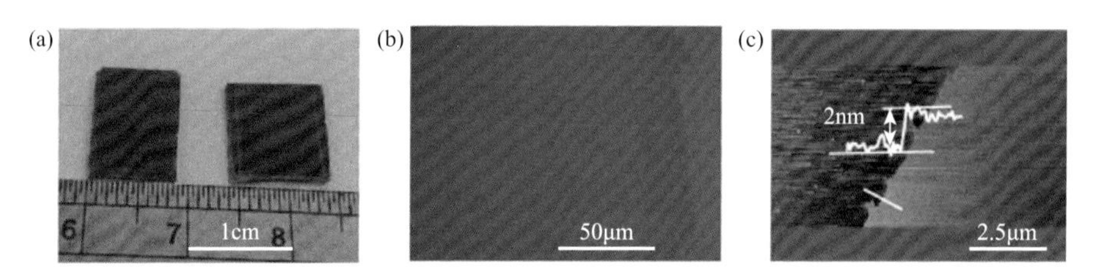

图 4-5　当采用 SiO_2 基底时，CMUT 单分子层分子晶体的厘米级别的相机照片（a）、光学显微镜照片（b）和原子力显微镜照片（c）

3. 空间限域自组装

空间限域自组装是最新发展的一种制备二维有机单晶的方法。该方法利用水面为基底进行单晶生长，并使用相转移表面活性剂控制水/溶液体系的表面张力，最终可以在水面上得到亚厘米级的二维有机单晶。王晴晴等最先报道了这一方法，该方法主要优化了二维有机单晶生长的两个关键步骤：①采用去离子水作为液体基底，将晶体的成核密度最小化；②利用相转移表面活性剂控制了水/溶液体系的表面张力，使溶液在水面上的扩散面积增加。极薄的铺展液面限制了结晶维度，使其只能在二维空间生长，最终获得了二维有机半导体晶体（图 4-6）[1]。

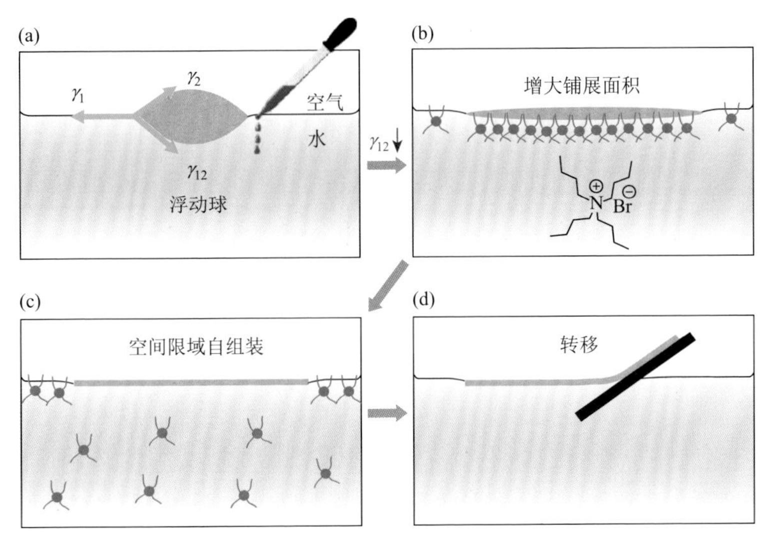

图 4-6　空间限域自组装法生长、转移二维有机晶体膜的示意图[1]

该方法具有以下优点：①可以广泛适用于不溶于水的有机溶剂，包括密度高于水的有机溶剂。②具有普适性。能够成功制备苝、C_8-BTBT 和 2, 6-双（4-己基苯基）蒽（C_6-DPA）等有机半导体材料。通过偏光显微镜和透射电子显微镜（TEM）可以确定，该方法制备得到的薄膜是单晶结构（图 4-7）。而且利用该方法生长的 C_6-DPA 单晶制备的有机场效应晶体管（OFET）器件，其迁移率最高可达到 1.41cm^2/(V·s)，说明晶体质量较高。③漂浮在水面上的二维有机单晶可以转移到任意基底上，对于多种器件的应用具有重要意义。

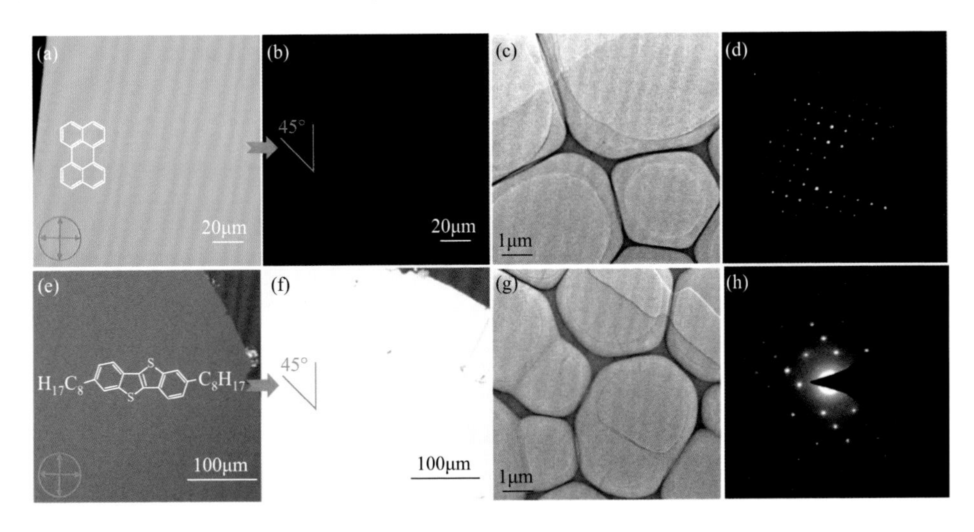

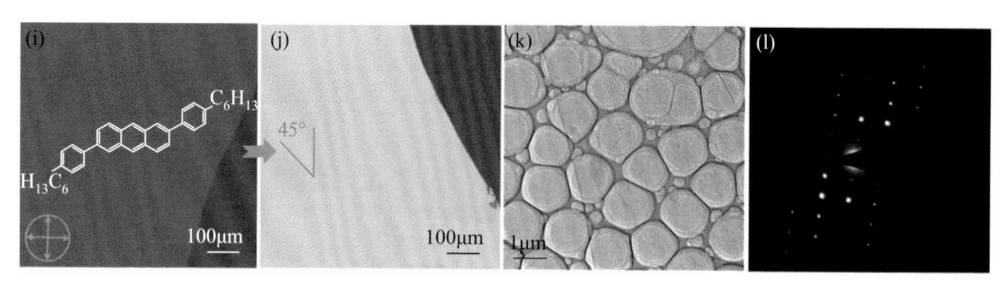

图 4-7 形貌表征[1]

光学显微镜照片：(a)、(b) 苝；(e)、(f) C_8-BTBT；(i)、(j) C_6-DPA；(c)、(g)、(k) 分别对应三者的 TEM 照片；(d)、(h)、(l) 分别对应三者的选区电子衍射 (SAED) 图像

4. *层控自组装*

层控自组装是一种利用黏性液态基底制备从单层到多层的二维有机单晶的策略[7]。黏性基底为丙三醇，可以完全消除咖啡环效应，并且具有大的表面张力与黏性。一方面，其大的表面张力有利于有机半导体溶液在液面上的铺展；另一方面，其大的黏度可以固定有机半导体溶液在液面上的位置。通过制备不同比例的丙三醇与水的混合液态基底，可控制有机半导体溶液在液态基底上的铺展面积。随丙三醇含量（体积分数）从 10%增大到 100%，有机半导体溶液的铺展面积逐渐增加，生长的二维有机单晶的厚度逐渐减小，成功制备了层数可控的二维分子晶体，实现了晶体厚度从块体、数个分子层到单分子层的调节（图 4-8）。

基于不同层数的二维分子晶体制备的光电晶体管可用于研究有机半导体光电性能和分子层数的关系。研究结果表明，超薄沟道具有低的漏电流，可以探测到更弱的光；而厚的沟道具有良好的吸光性，因而有较高的光响应度。光响应性能参数的显著变化表明了沟道厚度在决定材料性能和器件性能方面的关键作用（图 4-9）。从块体到单分子层极限的二维有机单晶层控生长为探索二维平面上有机半导体的光电子特性奠定了物质基础。

4.3.2 受控组装

受控组装主要有溶液剪切法和棒涂法等。受控组装除了利用有机分子在溶剂挥发的过程中自身的 π-π 相互作用、氢键、范德瓦耳斯力等非共价键相互作用外，还需要通过成膜工具施加外力促使有机半导体分子在二维方向上结晶生长。在受控组装过程中，基底和成膜工具有可控的相对运动。本质上，这些方法控制的是溶液和空气界面处溶液形成的半月板区域的挥发速率。随着溶剂的挥发，半月板处达到过饱和后即可成核，随后在成膜工具的诱导下晶体不断生长，最终可获得沿运动方向的二维有机晶态膜。

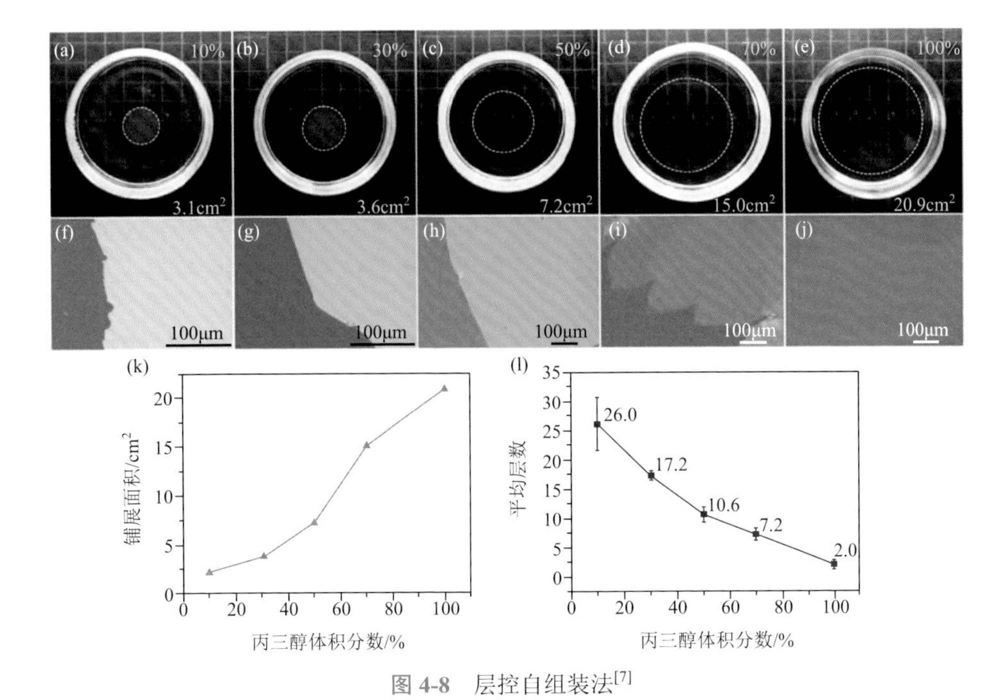

图 4-8　层控自组装法[7]

（a）～（e）当丙三醇体积分数从 10%增加到 100%时，含有表面活性剂的甲苯溶液在水-丙三醇混合液态基底上扩散面积增加的照片；（f）～（j）在水-丙三醇混合液态基底上生长的二维分子晶体的光学图像；（k）生长不同层数二维有机晶体时丙三醇体积分数与溶液铺展面积的关系；（l）丙三醇体积分数与二维有机晶体层数的关系

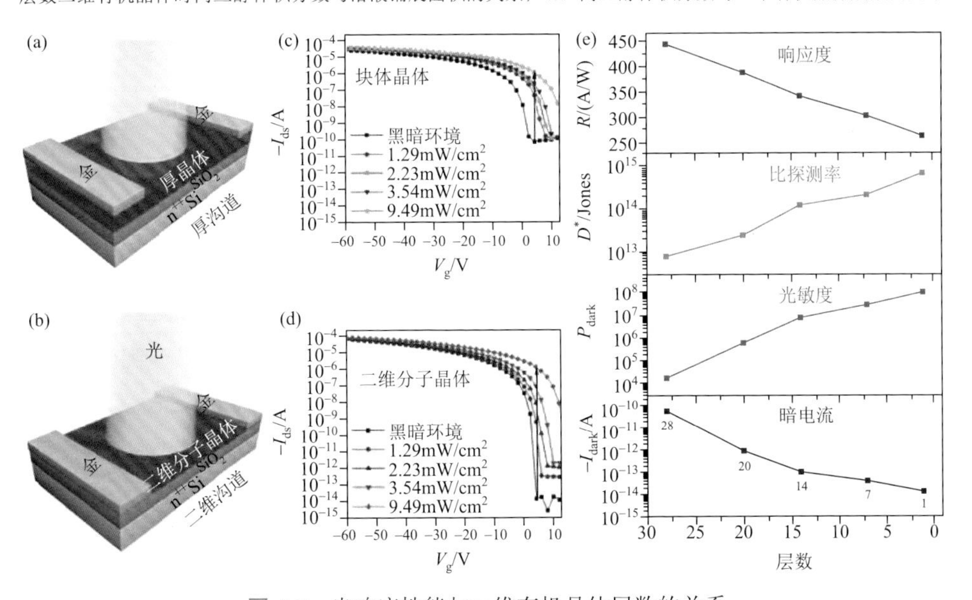

图 4-9　光响应性能与二维有机晶体层数的关系

（a）、（b）块体晶体和单层二维分子晶体的光电晶体管示意图；（c）、（d）块体晶体和单层二维分子晶体在黑暗和光照下的转移曲线；（e）性能参数与晶体层数的关系

1. 溶液剪切法

溶液剪切法利用速率可控的剪切刀片推动溶液在温度可控的基底上运动。刀片和基底具有可调的间隙，随着剪切刀片的移动，在刀片和基底交界处形成半月板。半月板处溶剂挥发速率快，达到过饱和度之后会形成晶核，进而得到二维有机晶态膜。可以充分控制温度、浓度和剪切速率，以在各种表面上沉积各种半导体材料。溶液剪切法和刮刀法有类似之处。但刮刀法通常需要高黏度的溶液，并且制备的薄膜的厚度为微米级。而溶液剪切法可用于极稀[＜1%(*W*/*V*)]的非黏稠溶液，制备的薄膜厚度可达纳米级。溶液剪切法制备的薄膜具有沿剪切方向拉长的二维晶畴。此外，此方法比较节省材料，每平方厘米基底仅需约20μL 溶液。

2008 年，鲍哲南等[8]首次报道了能够制备高度取向、毫米级尺寸的有机半导体晶体薄膜的方法，即“溶液剪切法”。将少量有机半导体溶液夹在两个预热的硅基底之间，两个硅基底以可控的速度相对移动。底部硅片是带有栅极绝缘层的器件基底，可以对其表面进行修饰以改善浸润性；顶部的硅片称为剪切工具，也可对其表面进行修饰以减小润湿性。随着剪切硅片的运动，在刀片和基底交界处形成半月板，此区域溶剂挥发速率快，可产生晶核，随着剪切工具的推进，溶液中的其余材料会沿推进方向结晶生长，形成大面积二维有机晶体［图 4-10（a）］。

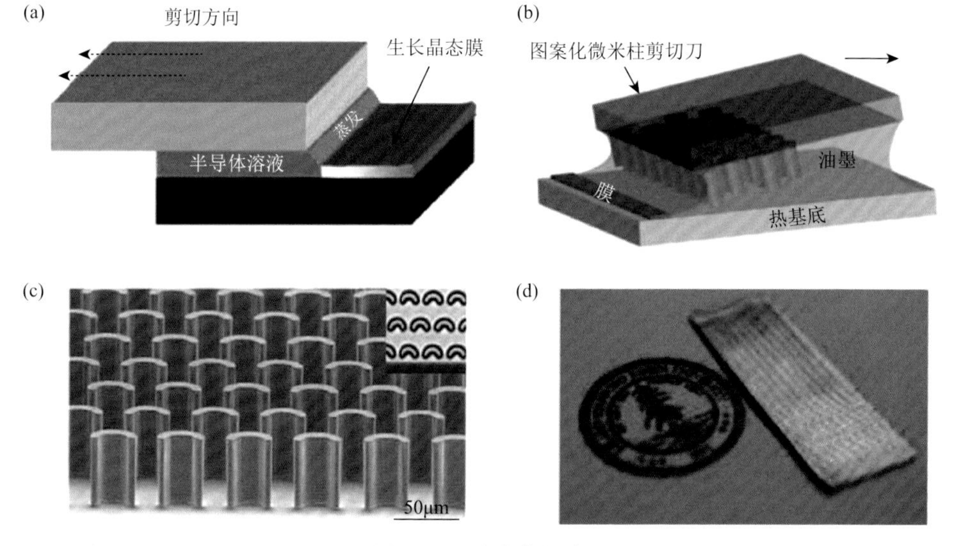

图 4-10 溶液剪切法

（a）溶液剪切法的示意图；（b）微米柱辅助溶液剪切法示意图；（c）剪切刮刀微柱图案；（d）高度有序的 TIPS-PEN 二维有机晶态膜

普通的溶液剪切法依赖于半月板区的成核和生长。该区域只有微米级厚，容易造成传质限制，从而导致制备的薄膜有空位或呈枝晶生长。为了攻克这一难题，鲍哲南等报道了改进的溶液剪切法，可称其为流动增强溶液剪切法（fluid-flow-enhanced solution shearing）。该方法的特点是剪切刮刀具有微柱图案［图 4-10（b）和（c）］，利用溶液在流过微柱间的狭窄缝隙后产生的急剧的流动来增加传质，促进晶体横向（垂直于剪切方向）生长[9]。利用该方法最终成功制备了毫米级宽、厘米级长，高度有序的 6, 13-双（三异丙基甲硅烷基乙炔基）并五苯（TIPS-PEN）二维有机晶态膜［图 4-10（d）］。TIPS-PEN 晶态膜的平均迁移率高达（8.1±1.2）$cm^2/(V·s)$，最高迁移率超过了 $10cm^2/(V·s)$。该方法具有较好的普适性，如利用该方法也可以制备基于三甲基甲硅烷基取代的四噻吩（4T-TMS）的二维有机晶态膜。4T-TMS 和 TIPS-PEN 的分子结构及堆积方式均明显不同，但均可利用流动增强溶液剪切法制备高度有序的二维有机晶态膜。

溶液剪切法具有普适、快速、可制备大面积二维有机晶态膜的优点，为制备可印刷的有机电子器件提供了一种可行的方法。

2. 棒涂法

棒涂法具有高沉积速率、卷对卷兼容性和大面积均匀性的优点[10]。在这种方法中，首先将有机溶液沉积在涂布棒的前面，然后随着涂布棒滑动形成均匀的湿润层。由于分子间相互作用，受限制的液体内的有机分子开始自组装形成晶态薄膜。棒涂法已广泛应用于聚合物和聚合物/小分子共混物［图 4-11（a）和（b）］，可制备大面积厚度均匀的薄膜；然而，由于快的剪切速率和聚合物链缠结，沉积的膜通常是多晶，无优先取向，晶粒尺寸限于几百微米[11-14]。除了结晶度问题外，还有可用于抑制咖啡环效应的马兰戈尼（Marangoni）效应在滚涂过程中尚未得到深入研究[15-17]。

为了提高蒸发和沉积的速率，在溶液剪切过程中通常采用较高的基底温度。然而，Chan 等[18]通过有限元建模和实验研究证明了弯液面线附近由温度相关的表面张力梯度引起的 Marangoni 流对沉积的晶体及其电性能显示出负面影响。Chan 等[18]发现可以使用不同的溶剂组合控制弯月面线处的表面张力梯度。该策略有助于有机半导体分子向接触线的质量传输，大大提高了沉积速率，减小了有机晶体的厚度，增大了晶粒尺寸并改善覆盖度，成功制备了高度结晶、紧密堆积且连续的有机薄膜。经过改良的棒涂法的剪切速率提高了 5 倍，达到 1mm/s，沉积的 C_8-BTBT 薄膜在 2cm×2cm 的面积上具有非常好的均匀性［图 4-11（d）］，最高载流子迁移率达到了 $16.0cm^2/(V·s)$。研究结果表明，精心设计的 Marangoni 效应可以成为调节有机结晶薄膜生长机制的有效工具，这种方法可以为开发高性能有机电子器件提供一个极好的平台。

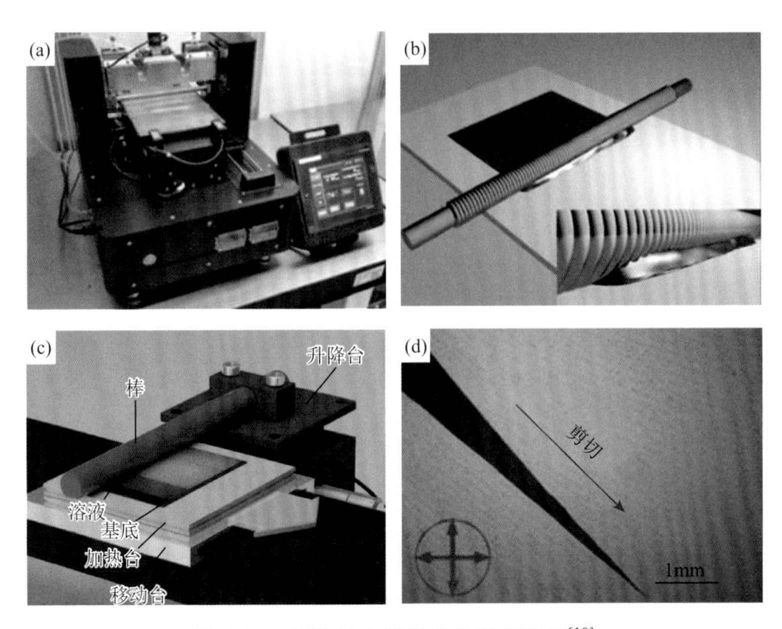

图 4-11 棒涂法仪器设备及其原理图[10]

总之，采用低成本的 Marangoni 效应辅助的棒涂法，可以沉积薄的厚度、大的晶畴尺寸、良好的结晶度和全覆盖的有机半导体二维晶体。制备过程中的溶质输运对温度或浓度梯度引起的表面张力梯度非常敏感。浓度诱导的 Marangoni 效应不仅抵消了温度诱导的 Marangoni 效应，而且进一步增强了向沉积接触线区域的分子运输。基于 Marangoni 效应辅助棒涂法制备的有机晶体具有均匀性好、缺陷少、厚度薄的特点，在 OFET 中注入势垒降低，迁移率显示出明显的改善，其获得的高达 16.0cm^2/(V·s)的迁移率是目前通过棒涂法制备的大面积有机晶体薄膜的最高值之一。

4.3.3 外延法

无机材料外延是为了避免高密度的缺陷存在，需要吸附层与基底有紧密的晶格匹配。对于有机材料，尽管与基底存在晶格不匹配问题，仍然可以利用外延技术实现二维有机半导体晶体膜的制备。这是由于有机材料与基底之间存在弱的相互作用力。外延分为分子束外延（MBE）、范德瓦耳斯外延、溶液外延三种。分子束外延与范德瓦耳斯外延需要在真空或者超高真空的腔体内生长二维有机半导体晶体膜，生长条件严苛，而溶液外延法使用低成核密度的液态基底，在水面上分两次滴加有机半导体溶液，通过小晶核诱导缓慢生长成大面积的二维有机半导体晶体，生长条件简单，成本较低。

1. 分子束外延

分子束外延是在单晶基片上生长形成单晶性质薄膜的特殊真空镀膜生长晶体技术。薄膜的结构与取向与基底的结构和取向有密切关系，基底与薄膜材料相同为同质外延，基底与薄膜材料不同则为异质外延。分子束外延设备包括超高真空系统、外延生长系统、原位检测系统和快速交换样品系统四个主要部分。分子束外延是将基底放置在超高真空腔体中，将需要生长的单晶物质按元素的不同分别放在喷射炉的腔体内，加热到相应温度，各元素喷射出的分子流能在基底上生长出极薄的单晶和几种物质交替的超晶格结构。外延生长过程中炉温和基底的温度尤为重要，炉温一般需要高于材料的升华温度，基底的温度决定了外延生长是否顺利以及薄膜结构是否良好。L. Kilian 等报道了在超高真空 1×10^{10}mbar（1bar = 10^5Pa）下通过有机分子束外延在 Ag（111）基底上生长苝-3, 4, 9, 10-四羧酸二酐（PTCDA）薄膜。在高温下，Ag（111）基底生长的 PTCDA 为 α 相，而在低温下生长的 PTCDA 为 β 相[19]。分子束外延设备复杂，生长条件苛刻，因此获得大面积二维有机半导体单晶仍面临挑战。

2. 范德瓦耳斯外延

范德瓦耳斯外延是利用有机分子与基底之间弱的范德瓦耳斯力而形成二维有机半导体单晶的外延方法。在范德瓦耳斯外延过程中，平滑的基底与弱的范德瓦耳斯力是影响二维晶体生长的两个重要的因素。范德瓦耳斯外延只包含受范德瓦耳斯力支配的物理吸附，由于石墨烯和氮化硼具有原子级平整的平面，没有悬挂键，因此是生长二维有机半导体晶体膜的理想基底。

在原子级平坦的基底［石墨烯或六方氮化硼（h-BN）］上，有机小分子可以逐层生长形成超薄晶体膜。何道伟等在石墨烯基底上，通过范德瓦耳斯外延，成功制备了界面层（IL）、一层（1L）和两层（2L）的 C_8-BTBT 晶体［图 4-12（a）］，界面层、一层和两层的晶体膜厚度分别为 0.6nm、1.7nm 和 3nm。C_8-BTBT 与石墨烯之间存在 π-π 相互作用，导致界面层具有更大的倾斜角，因此界面层的堆积模式与一层、两层的晶体堆积模式明显不同。由于分子间有限的 π-π 重叠，界面层通常对水平方向的电荷传输没有任何贡献。在每一层中，晶体生长都始于某些成核位点，最常见的成核部位是在基底前几层的缺陷处或边缘处。图 4-12（b）～（d）中的样品在每层中都有多个成核位置，这可能是由底层石墨烯的裂纹和皱纹等缺陷所致。因此，通过仔细控制生长参数制备无缺陷的石墨烯，并以此作为基底可以成功制备大面积且均匀的 1L 或 2L C_8-BTBT 单晶，最大尺寸为 80μm，在 1cm^2 CVD 石墨烯上 C_8-BTBT 二维有机半导体晶体膜的覆盖率达到 90%［图 4-12（a）～（d）］[20]。此外，并五苯的二维晶体也可以通过范德瓦耳斯外延在 BN 基底上进行生长。与 C_8-BTBT 的生长模式相似，平躺的界面层也存在于 2D 并五苯晶体中，基于以上这些研究，王欣然等利用范德瓦耳斯外延法制备了 C_8-BTBT/并五苯/BN 或石墨烯异质结。在部分覆盖有并五苯的 BN 基底上，C_8-BTBT 从样品边缘开始生长，产生了并五苯/BN 横向异质结。在并五苯完全覆盖的基底上，C_8-BTBT 在其上面生长，因此可以得到垂直异质结。该横向异质结显示出明显的整流特性，而垂直异质结则显示出明显的负微分电导现象。

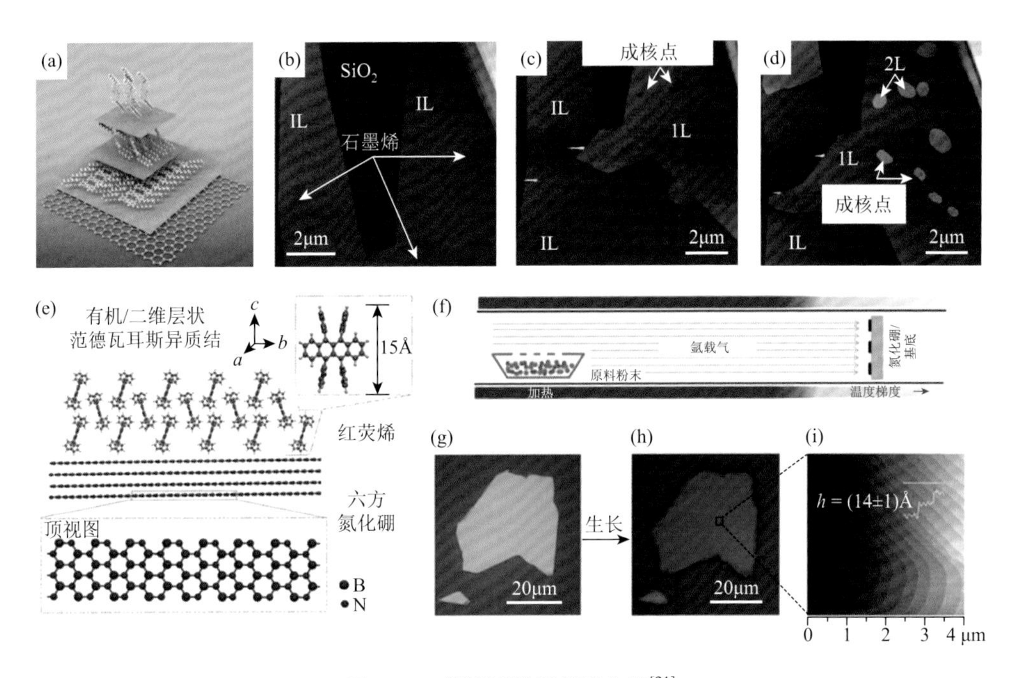

图 4-12 范德瓦耳斯外延生长[21]

（a）C_8-BTBT 分子结构及其在石墨烯上的堆积图；（b）～（d）95min 生长过程中不同阶段样品的连续 AFM 快照[20]；（e）～（i）有机/二维层状范德瓦耳斯异质结的生长示意图说明

Chul-Ho Lee 等展示了高质量的红荧烯晶体在剥落的 h-BN 晶体上生长，非平面分子结构的红荧烯倾向于以“edge-on”（侧向）方式组装，而不是以“face-on”（正向）方式排列组装［图 4-12（e）］。这种排列在场效应器件中，有利于平行于半导体/介电层界面的横向电荷传输。通常情况下，单晶 h-BN 晶体的厚度为 10～60nm，横向尺寸大于 10μm，表面平坦（粗糙度小于 1nm），为随后的有机晶体生长提供了原子级平整的基底。利用气相传输方法生长红荧烯晶体，红荧烯粉末放置在 230℃的升华区；在 SiO_2/Si 基板上 h-BN 晶体被机械剥离，放置在 180℃结晶区，腔室处于真空状态（1Torr，1Torr = 1mmHg = 1.33322×10^2Pa），高纯氩气（99.999%）作为运输气体，流动速度为 200sccm（每分钟标准毫升），生长过程持续了 5min，然后冷却到室温，可获得厚度为 500～1000nm 均匀的红荧烯薄膜［图 4-12（f）～（i）］[21]。

通过范德瓦耳斯外延的方法生长的二维有机半导体晶体膜质量较高，可获得高的电子迁移率。该方法得到的晶体的尺寸仍较小，有较大的研究空间。

3. 溶液外延

溶液外延是以低成核密度的水作为基底，晶体自身的微晶作为晶种的外延生长方法（图 4-13）。第一步，将几十微升的有机半导体溶液滴落在水面上，有机半导体分子通过分子间相互作用聚集成微小的晶种；第二步，滴加有机半导体溶液，该溶液通过 π-π 相互作用在晶种上缓慢外延生长，可得到厘米尺寸的二维有机半导体单晶膜。在外延生长法中，为了更好地控制晶体的生长，关键是要选择合适的溶剂和溶液浓度，避免多晶生长。能够参与多种分子间相互作用（如 π-π 相互作用、氢键、C—H···π 相互作用或 C—S 键）对于生长高质量的二维有机半导体晶体膜非常重要。胡文平等[22]运用溶液外延法生长了不同结构的有机半导体，如苝、C_6-DPA、

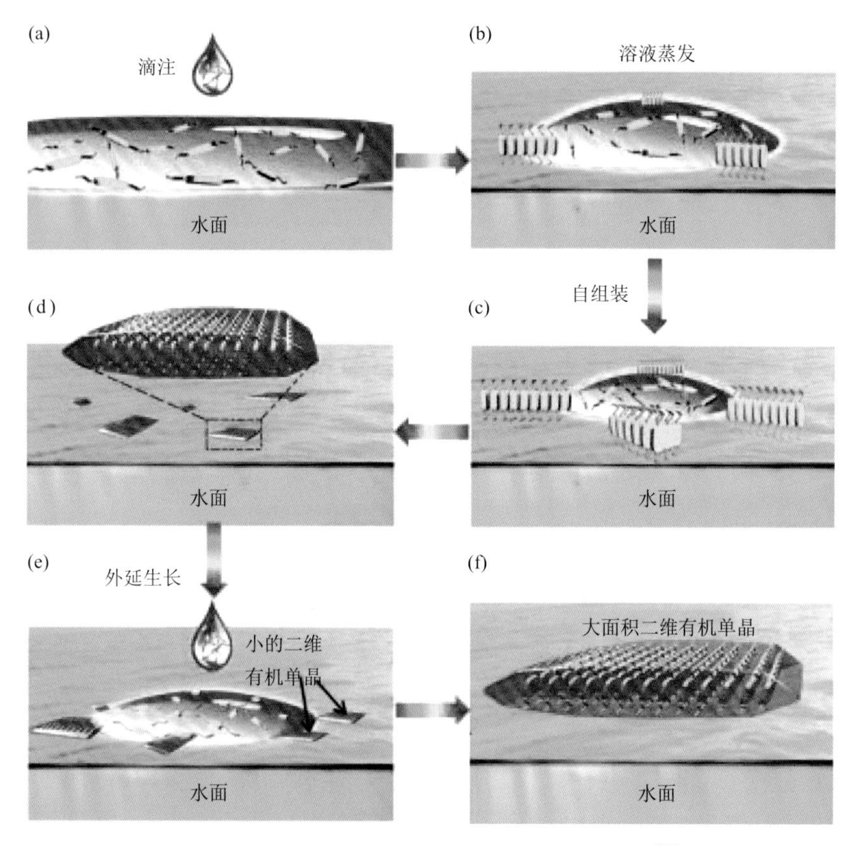

图 4-13　溶液外延法生长二维有机晶体示意图[22]

C_6-PTA、C_6-DBTDT 等分子的二维有机半导体晶体膜，证明了溶液外延法是可以用于制备大面积二维有机单晶的普适性方法。该方法不但可以制备高质量的二维有机半导体单晶膜，而且可以将制备的二维有机半导体单晶膜转移到任意基底上以制备器件。

4.3.4 机械剥离法

2004 年英国曼彻斯特大学两位科学家将高取向热解石墨（HOPG）通过微机械剥离的方法分离出石墨烯[23]。目前该方法仍然是制备高质量石墨烯样品的方法[24-26]，并且在制备其他无机二维材料如 MoS_2 等过渡金属二硫化物（TMD）中也有广泛的应用。该技术也可以转化应用于有机材料中，用来制备二维分子晶体（图 4-14）。全氟酞菁铜（$F_{16}CuPc$）和并五苯是两种典型的可用于有机场效应晶体管的半导体材料，姜辉等通过将物理气相传输（PVT）生长的块状晶体进行剥离，成功制备了这两种材料的超薄二维单晶。而且晶体的厚度可以在几个分子层到几微米范围内控制，并研究了器件迁移率对厚度的依赖性。

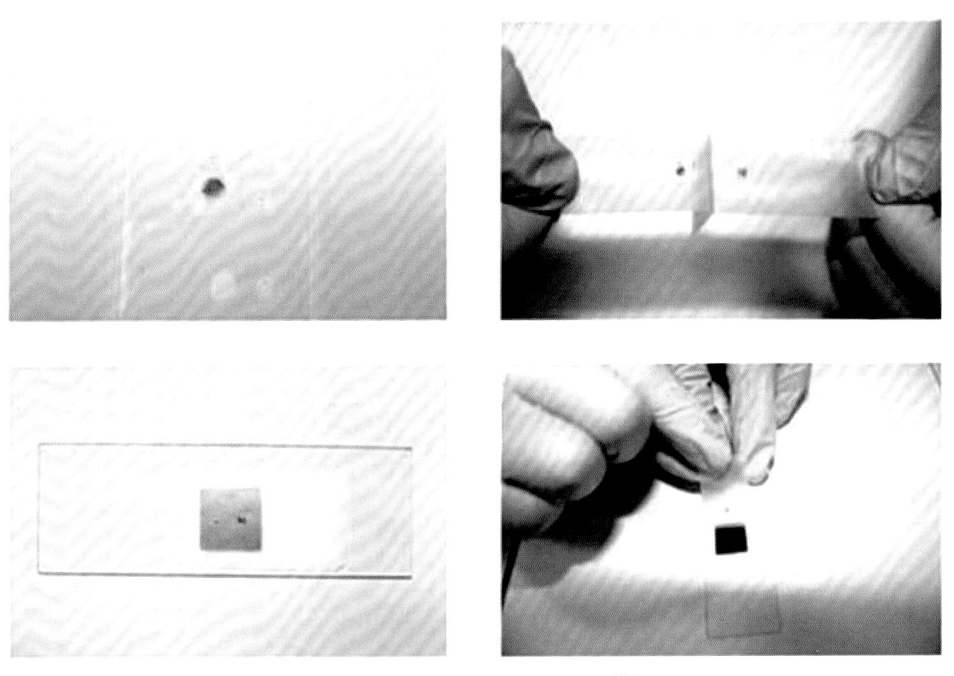

图 4-14　机械剥离过程示意图[27]

通过分析单晶结构，Park 等研究了能够成功剥离出有机二维单晶的结构[28]。研究发现，(2*Z*, 2′*Z*)-3, 3′-(1, 4-亚苯基)双(2-(3, 5-双(三氟甲基)苯基)丙烯腈)（CN-TFPA）可以机械剥离并转移到 SiO_2/Si 基底上，厚度为 2～10 个单分子层，面积为 100～200μm^2。CN-TFPA 分子采用 π-π 堆积排列，沿 b 方向具有 3.09Å 的短层间距，并且沿 c 方向，氰基的 N 与横向相邻的苯基的两个—CH 之间形成氢键。沿着 a 方向（垂直于 b-c 平面），在—CF_3 基团的 F 和相邻苯基的—CH 之间形成弱氢键。沿 a 方向的分子间氢键比沿 c 方向的—CN···HC—相互作用和沿 b 方向的 π-π 相互作用要弱得多，导致沿着 a 方向更易于剥离出二维有机单晶。显然，各向异性的分子间相互作用有利于晶体剥离，并且剥离发生在最弱的分子间相互作用的方向上。

4.4　结构特点及应用

4.4.1　有机场效应晶体管

基于摩尔定律的预测，作为主要电子元器件的晶体管正逼近其物理极限，这给我们带来了很多不必要的困难。二维晶体独特的层状结构把微观下的电、磁和光学性能与宏观下的超薄性、透明性和柔韧性有机地结合在一起。自石墨烯[23, 29, 30]发现之后，对二维晶体的研究主要集中在黑磷以及过渡金属氧族、硫族化合物，对于有机二维晶体的研究则起步较晚。有机二维晶体具有其独特的优势，有效地结合了有机单晶中分子排列长程有序、无晶界、杂质与缺陷少以及二维材料柔韧性好、透明性高、易于制作高集成度器件的优点，是研究材料结构与性能之间的关系、揭示有机半导体材料的本征性能、探索载流子传输模式、构筑高性能晶体管器件和大规模集成电路的最佳选择，因此受到了广泛的关注。

早在 2011 年，Jiang 等[4]就利用简易的滴注法制备出了毫米级有机二维晶体，通过改变实验条件，实现晶体厚度从单层到十几层可调。同时该二维晶体可以在 Si、SiO_2、石英片等任意非晶态基底上，甚至在液态的水面上有序生长。其场效应晶体管最高迁移率可达 1cm^2/(V·s)（图 4-15），并且表现了良好的工作稳定性。随后，Minemawari 等利用喷墨打印与良溶剂（邻二氯苯）/不良溶剂（N, N-二甲基甲酰胺）诱导结晶相结合的方法，在设计好的十八烷基三氯硅烷（ODTS）和六甲基二硅胺（HMDS）亲疏水图案化的基底上打印并获得了 8mm×8mm 的单晶膜阵列，在手套箱中测试得到的器件最高迁移率可达 31.2cm^2/(V·s)，开关比为 10^5～10^7，阈值电压为−10V，亚阈值斜率为 2V/dec（图 4-16）。2011 年，Li 等[31]利用简单的滴注法，在密闭容器里静置，制备出了高质量的反式稠环噻吩二维纳米片和顺式稠环噻吩一维纳米带。由于顺式异构体是层状堆积，属于一维传输机制，而反式异构体是鱼骨状堆积，属于二维传输机制，因此基于顺式异构体[0.4cm^2/(V·s)]和反式异构体[1.4cm^2/(V·s)]的晶体管迁移率也相差很大（图 4-17）。

2016 年，Xu 等[22]利用在水面溶液外延法培养出毫米级别的 C_8-BTBT 等 9 种半导体分子的单晶，且具有比用以往方法得到的单晶或薄膜更高的迁移率。9 种半导体单晶的晶体管性能见表 4-1。2018 年，Wang 等[32]又利用在水面滴注首次得到了在约 830nm 有强吸收的空气中稳定的 n 型单晶（图 4-18）。所得晶体为微米级别，厚度为 4.8nm，为 2～3 个分子层。其晶体管在空气中表现出的迁移率最高为 $1.36cm^2/(V·s)$，开关比高达 10^8。

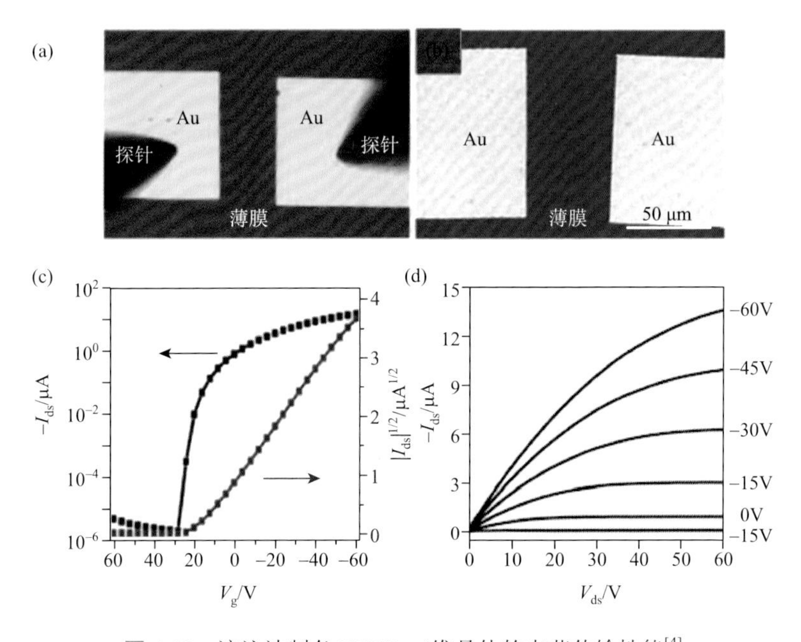

图 4-15 滴注法制备 HTEB 二维晶体的电荷传输性能[4]

（a）、（b）基于单分子层 HTEB 的器件结构图和扫描电子显微镜照片；（c）转移曲线；（d）输出曲线

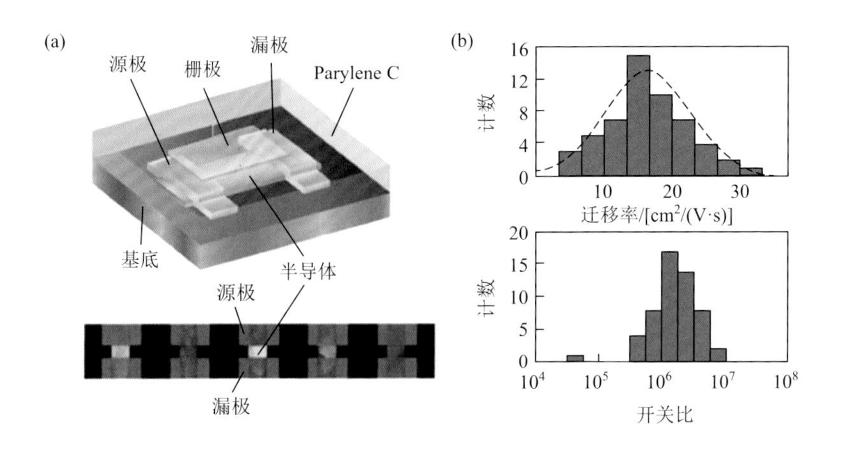

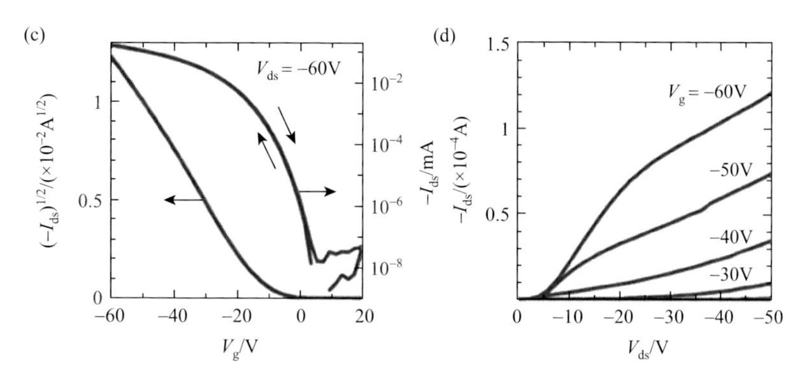

图 4-16　喷墨打印的 C_8-BTBT 单晶薄膜的晶体管性质[33]

（a）器件结构图和薄膜晶体管照片；（b）54 个晶体管的迁移率和开关比分布，平均迁移率为（16.4±6.1）$cm^2/(V·s)$；（c）转移曲线；（d）输出曲线

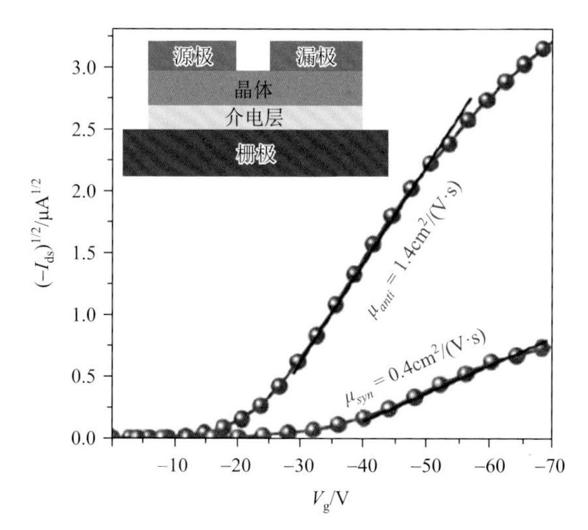

图 4-17　两个单晶异构体在相同测试条件下和相同构型的晶体管中的转移曲线[31]

插图是器件结构图示（对于反式异构体，沟道长度和宽度分别为 11μm 和 10.1μm；对于顺式异构体，沟道长度和宽度分别为 8.8μm 和 3.5μm）

表 4-1　9 种二维晶体的晶体管性能

材料	平均迁移率（μ_{ave}）/[$cm^2/(V·s)$]	最大迁移率（μ_{max}）/[$cm^2/(V·s)$]	开关比	阈值电压（VT）/V
C_8-BTBT	6.9	11.2	$9\times10^6\sim5\times10^7$	−1.7～−8.9
C_6-DPA	2.4	4.0	$4\times10^6\sim8\times10^7$	−0.2～−1.5
C_6-DBTDT	1.6	2.8	$3\times10^6\sim1\times10^7$	−3.3～−14.7
C_6-PTA	0.63	1.3	$2\times10^5\sim1\times10^6$	16～23
苝（perylene）	0.12	0.18	$3\times10^5\sim1\times10^6$	−3.3～−17.4

续表

材料	平均迁移率（μ_{ave}）/[$cm^2/(V\cdot s)$]	最大迁移率（μ_{max}）/[$cm^2/(V\cdot s)$]	开关比	阈值电压（VT）/V
DH6T	0.011	0.012	1×10^4～2×10^5	−0.4～−9.8
Ph-Ant	0.45	0.62	9×10^5～7×10^6	−5.4～−14.9
PDIF-CN_2	0.03	0.04	1×10^5～9×10^5	3.9～15
DFH4T	8.5×10^{-5}	1.2×10^{-4}	1×10^3～5×10^3	2.3～7.6

注：迁移率由饱和区计算；由5～8个器件来计算平均迁移率。

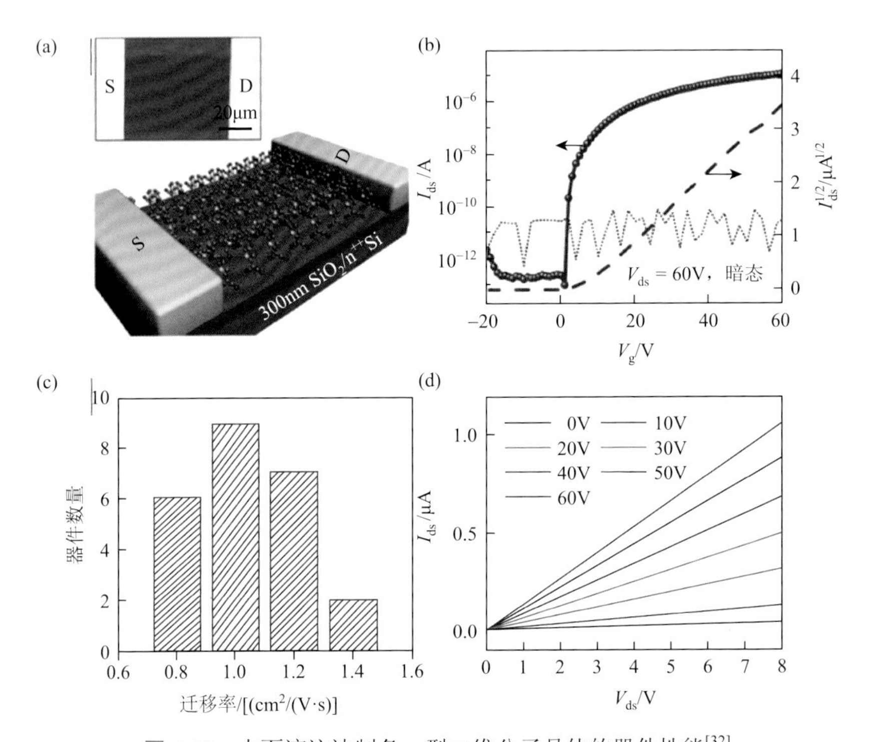

图4-18　水面滴注法制备n型二维分子晶体的器件性能[32]

（a）暗态下基于超薄TFT-CN的三维器件图，Ag（80nm）和Au（80nm）分别作为源极和漏极（插图为偏光显微镜下器件的沟道区域）；（b）转移曲线和源栅电流（图中黑色点线）；（c）24个器件的迁移率分布；（d）线性区不同栅压下的输出特性

晶格应变也是无机半导体材料中常用到的一种增加迁移率的方法。2011年，Giri等[34]利用溶液剪切法制备了TIPS-PEN薄膜（图4-19），当剪切速率在0～8mm/s之间变化时，分子间π-π堆积的距离由3.33Å下降到3.08Å（他们认为这一数值为有机半导体分子π-π堆积的最短距离），同时器件迁移率由0.8$cm^2/(V\cdot s)$剧增至4.6$cm^2/(V\cdot s)$。2013年，Diao等[9]对溶液剪切法做了改进，用剪切叶片上的硅柱控制液体的流动，并使用十八烷基三氯硅烷（ODTS）与苯基三氯硅烷（PTS）

亲疏水图案化控制晶体的成核，最终得到了长度达 2cm 的大面积单晶区域阵列。改进后的溶液剪切法不仅保留了薄膜的晶格应变，还有效地减少了薄膜中的缺陷，器件最高迁移率进一步得到提高，为 11cm^2/(V·s)（图 4-20）。为了制备更大面积的晶体阵列，Park 等[35]于 2015 年再次对溶液剪切法做了改进，在 Si/SiO$_2$ 上蒸镀金电极后，用 ODTS 修饰 Si/SiO$_2$ 以及苯基噻吩修饰金电极，然后使用溶液剪切法在电极区域选择性制备了 2in×2in（1in = 2.54cm）大小的 TIPS-PEN 晶体区域器件阵列（图 4-21）。器件最高迁移率虽然只有 0.4cm^2/(V·s)，但是阵列中 99%的器件可以工作，并且这种晶体器件阵列还用于制备逻辑门电路与 2 字节的半加器。

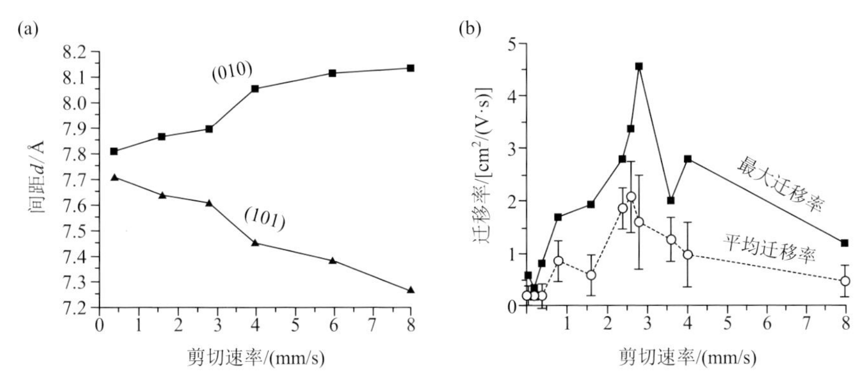

图 4-19　晶格应变和电荷传输性质随剪切速率的变化[34]

（a）不同剪切速率下 TIPS-PEN 薄膜（101）面和（010）面的间距 d；（b）不同剪切速率下的 TIPS-PEN 薄膜晶体管的平均迁移率和最大迁移率（指沿剪切方向的迁移率；误差线表示标准偏差）

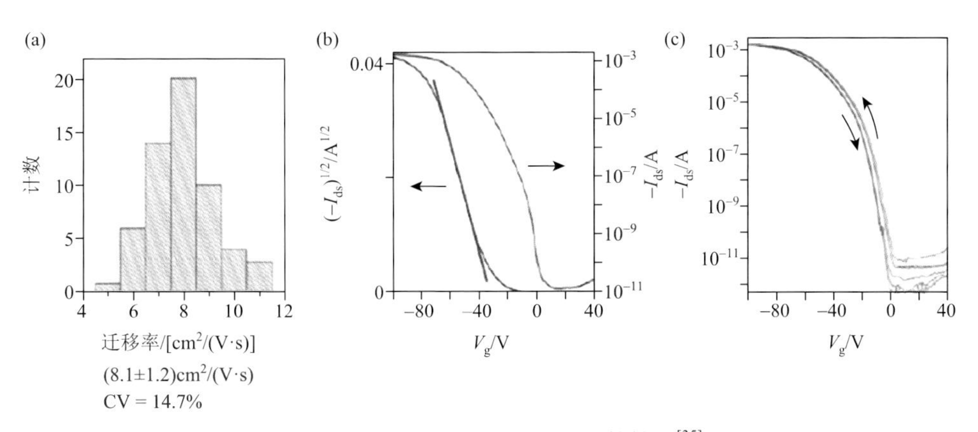

图 4-20　单晶 TIPS-PEN 的晶体管性质[35]

（a）沿着剪切方向，50～60 个晶体管的迁移率统计，并且给出了平均迁移率、标准偏差和变异系数（CV）；（b）转移曲线；（c）典型的回滞特征曲线；测量样品的制备条件均是在剪切速率为 0.6mm/s 下

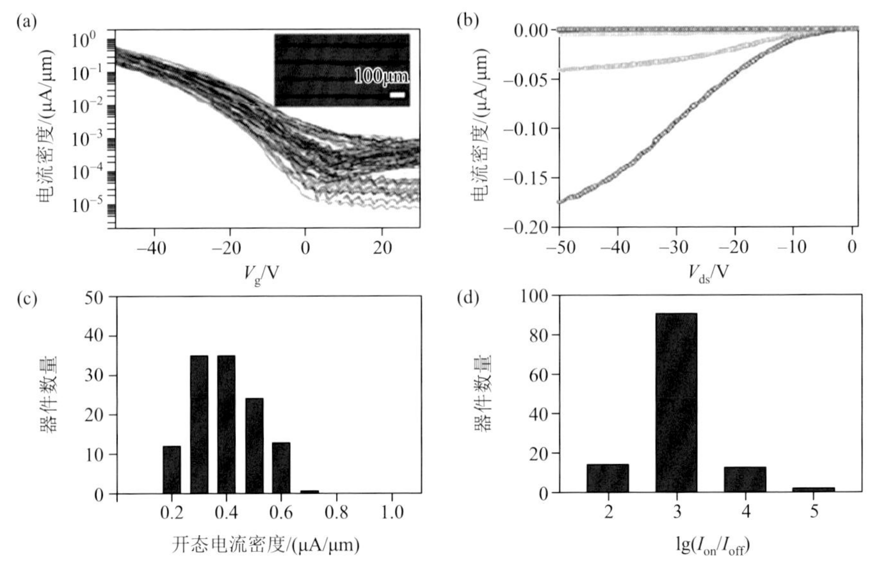

图 4-21 桥联 TIPS-PEN 的电学性质

(a) $V_{ds}=-50V$ 下 120 个器件的转移曲线，插图为几个桥联薄膜晶体管的光学显微镜照片；(b) 输出曲线，V_g 从 30～-50V 扫描，步长为 16V；(c) 120 个器件的开态电流密度统计；(d) 120 个器件的电流开关比的统计

然而很多研究表明，晶体管中导电沟道的有效活性层仅存在于与绝缘层界面相邻的单个或几个分子层内，这证明了单分子层厚度的晶体足以作为导电沟道应用在光电器件来研究电荷物理传输机制等基本问题。Jiang 等[4]利用厚度从单层到十几层的二维晶体，制备了系列场效应晶体管，结果表明迁移率与晶体厚度无明显依赖关系，证明单分子层足以作为理想沟道，明确揭示出导电沟道主要存在于邻近绝缘层的第一个分子层半导体内（表 4-2）。2018 年，Shi 等[6]又设计了重力辅助的二维空间限制方法，首次在无羟基的聚合物 BCB 基底上制备出了高质量的厘米级别的 n 型单分子层分子晶体 CMUT（图 4-22），在大气中其迁移率高达 1.24cm^2/(V·s)，无明显的栅压依赖现象，且表现为能带型传输性质。随着导电沟道长度变小，迁移率没有明显的降低，这证明了单分子层分子晶体有望克服短沟道效应。此方法可适用于多种材料的单分子层分子晶体的制备，具有普适性。单分子层分子晶体可以降低接触电阻，基于单分子层分子晶体的晶体管的接触电阻比厚晶体的小 30 倍左右。

表 4-2 不同分子层厚度的二维晶体的晶体管迁移率

层数	厚度/nm	μ_{max}/[cm^2/(V·s)]	μ_{ave}/[cm^2/(V·s)]
1	3.5	1.0	0.45
2	6.8	1.0	0.43

续表

层数	厚度/nm	μ_{max}/[cm^2/(V·s)]	μ_{ave}/[cm^2/(V·s)]
3	10.8	0.93	0.41
4	14.5	0.92	0.4
6	21.4	0.85	0.38
21	76.7	0.85	0.37

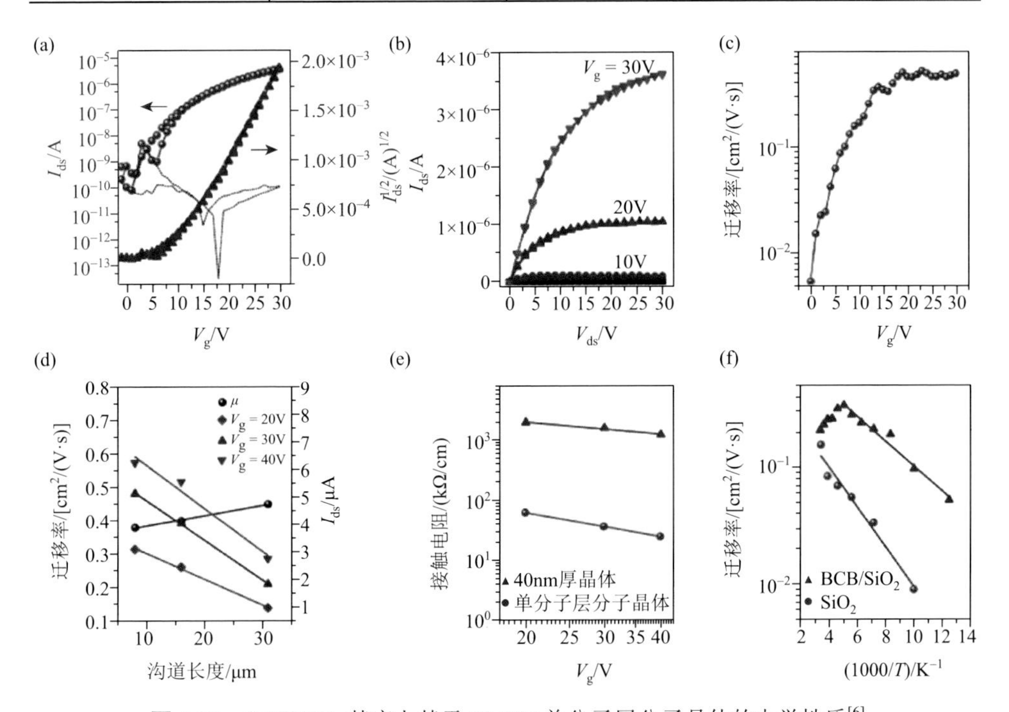

图 4-22　BCB/SiO_2 基底上基于 CMUT 单分子层分子晶体的电学性质[6]

（a）、（b）转移和输出特性曲线，沟道长度和宽度分别为 19μm 和 131μm，饱和迁移率为 0.51cm^2/(V·s)；（c）迁移率与栅压的依赖关系；（d）迁移率和漏电流与沟道长度的依赖关系；（e）不同栅压下基于单分子层分子晶体与 40nm 厚晶体的晶体管的接触电阻；（f）SiO_2 和 BCB/SiO_2 基底上的单分子层分子晶体器件的迁移率与温度的依赖关系

在原子级别平滑的基底上进行物理气相传输也是制备单分子层分子晶体的常见方法。2014 年，He 等[20]在石墨烯或氮化硼基底上通过物理气相传输经范德瓦耳斯外延制备了可精确控制厚度的 C_8-BTBT 少层分子晶体，乃至单分子层分子晶体（图 4-23）。受范德瓦耳斯力互相影响，这些原子级别平滑的晶体可以有效地与基底解耦，为制作高性能的有机晶体管提供了最原始的界面。在氮化硼基底上单分子层的 C_8-BTBT 的分子晶体场效应晶体管表现出了高达 10cm^2/(V·s)的迁移率，并且饱和电压缩小到了约 1V。2016 年，Zhang 等[36]在六方氮化硼基底上经物理气相外延得到了高度有序的从单分子层到三层的单晶并五苯，其场效应晶体管的电

荷传输主要是在第一分子层进行跳跃传输，在后续层转变为能带型传输（图 4-24）。如此快的相转变是由于分子堆积受界面范德瓦耳斯力的强烈调控，定量结构表征和密度泛函理论计算也证明了这个现象。超过第二导电层的结构调控可以忽略，所以饱和迁移率对应的分子层厚度仅为 3nm 左右，这证明了单分子层足以作为晶体管的活性层来工作。2017 年，He 等[37]在氮化硼基底上得到的单层 C_8-BTBT 晶体迁移率高达 30cm^2/(V·s)，接触电阻低至 100Ω/cm，而且在降温至 150K 时表现为能带传输（图 4-25）。

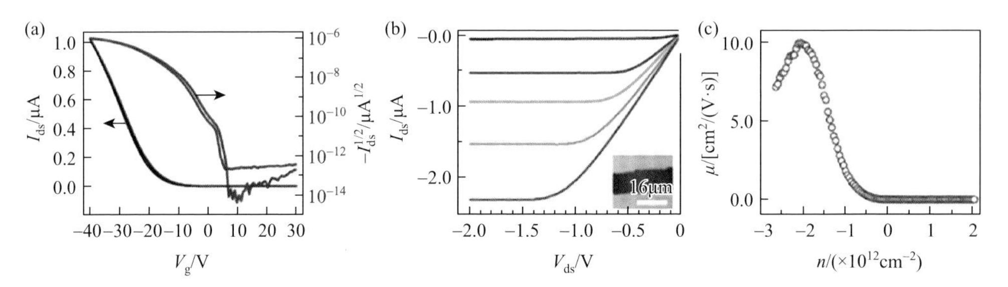

图 4-23 氮化硼基底上基于单层 C_8-BTBT 分子晶体的晶体管电学性质[20]

（a）V_{ds} = –0.5V 时，室温下双向扫描 I_{ds}-V_g 曲线（基本无回滞）；（b）输出曲线，从上到下，V_g 为–10V、–25V、–30V 和–40V，插图为器件的光学显微镜照片；（c）室温下迁移率与电荷密度的关系，最高迁移率达到 10cm^2/(V·s)

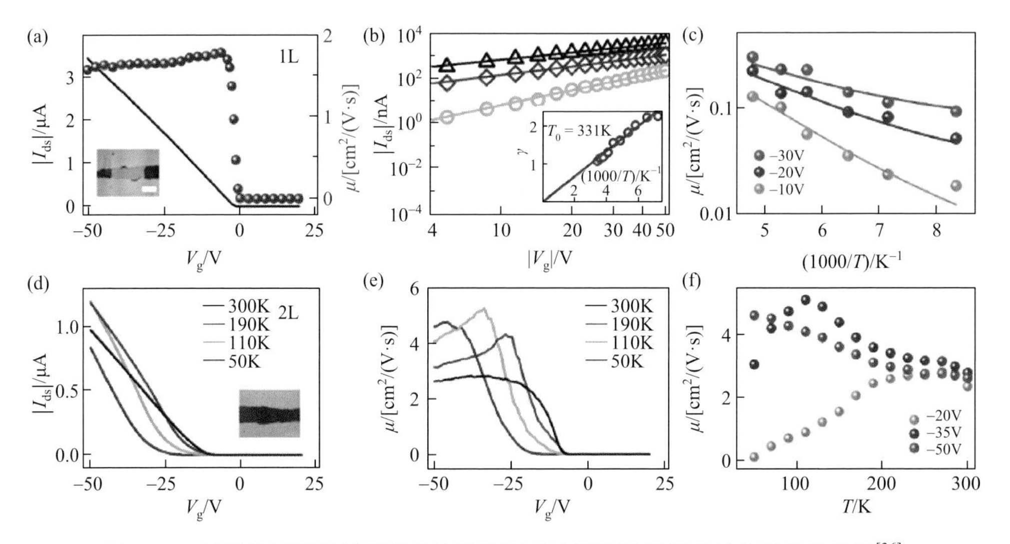

图 4-24 基于单层和双层并五苯的场效应晶体管的温度依赖的电荷传输性质[36]

（a）室温下单层晶体管的 I_{ds}-V_g 曲线（左）和迁移率与 V_g 的关系（右），V_{ds} = –2V；插图为器件的光学显微镜照片（比例尺：20μm）；（b）不同温度下 I_{ds}-V_g 曲线，从上到下依次为 300K、250K 和 140K；插图为幂指数 γ 与温度的关系，线性拟合直线通过原点，符合二维跳跃传输机制；T_0 = 331K 通过线性拟合衍生而得；（c）不同温度下在 V_g = –30V、V_g = –20V 和 V_g = –10V 下实验（符号）和计算（直线）所得的迁移率；计算采用以下参数：T_0 = 331K，σ_0 = 1.3×10^{6}S/m，α^{-1} = 8.2Å；（d）双层晶体的晶体管在不同温度下的 I_{ds}-V_g 曲线，其中 V_{ds} = –2V；（e）从（d）图中提取出来的迁移率与栅压的关系；（f）在 V_g = –20V、–35V 和–50V 下迁移率与温度的关系

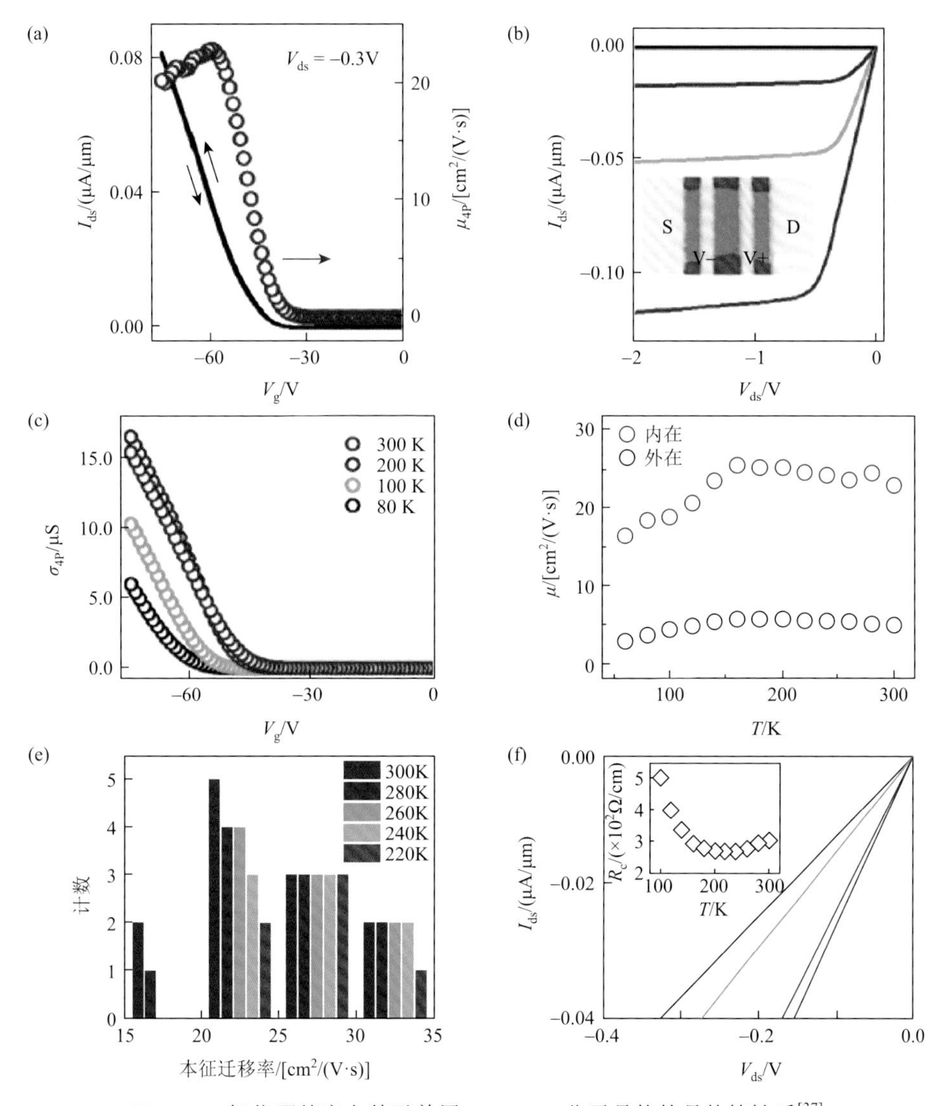

图 4-25　氮化硼基底上基于单层 C_8-BTBT 分子晶体的晶体管性质[37]

（a）室温下，双扫描 I_{ds}-V_g 特性曲线（左）和使用四端法测得的迁移率与 V_g 的关系曲线（右，图中用圆圈表示）；（b）I_{ds}-V_{ds} 曲线，从上到下，V_g 分别为–20V、–50V、–60V 和–70V（插图为器件的光学显微镜照片，比例尺为 6μm）；（c）不同温度下沟道电导 σ_{4P} 与 V_g 的关系曲线；（d）外在与内在迁移率与温度的关系；（e）不同温度下，单层器件的固有迁移率分布图（在冷却过程中一些器件被破坏，因此在低温下器件数量减少）；（f）不同温度下的 I_{ds}-V_{ds} 曲线［T = 300K（红色），T = 200K（蓝色），T = 100K（绿色），T = 80K（黑色）］，插图为 V_g = 70V 时接触电阻与温度的关系

综上所述，目前对于有机二维晶体在有机场效应晶体管中的应用已经相当成熟，单分子层分子晶体在场效应晶体管中的应用也逐渐兴起并迈向成熟。如何更好地把单分子层分子晶体应用到大面积电路中，可能是下一步要解决的问题。

4.4.2 有机光电探测器

光电探测器将光信号转换为电信号，具有十分广泛的用途，如在污水净化、红外遥感、环境监测、图像传感、疾病监控及天文探索等领域有着重要的应用价值[38-41]。目前，市场上主导的光电探测器主要以无机材料为主，包括 ZnS、Si、PbS、GaN 等无机材料，其波长范围包括紫外、可见、红外波段。但是，无机光电探测器的工艺复杂、制备成本高昂、机械柔性差等特点限制了其在工业上进一步的发展和应用[42-45]。因此，制备方法简单、成本低廉、易大面积加工并可通过分子裁剪调控其光电性能的有机光电探测器具有重要的研究意义。近年来，有机二维晶体在高性能光电探测器上得到了广泛的应用[46-54]。众所周知，有机单晶具有缺陷少、无晶界、分子排列长程有序的特点，因此以有机二维晶体作为活性层制备的光电探测器在电荷分离和传输上具有无可比拟的优势，也为发展高性能高响应度的光电探测器的应用提供了重要的研究基础和指导[55, 56]。而且，随着二维晶体的厚度降低到数层甚至单层，沟道由于处于完全耗尽的状态，暗电流得到了有效的抑制，因此可以制备高灵敏度的光探测器[32]。

有机光电器件中光能转换为电能的过程是由电荷的分离引起的，并在器件内形成光电压。Noh 团队[56]总结了光电器件的光生作用的机理和工作过程，如图 4-26 所示。活性层吸收光子后产生束缚的电子-空穴对，即所谓的激子。在有效的扩散长度内（激子一般的扩散长度约为 10nm），光生激子扩散到给受体界面。由于激子结合能相对较大，因此将激子态转换成解离空穴和自由电子的状态需要克服很大的势垒。而外加电场的应用可以大幅度降低该势垒，并增强光电流。分离形成的空穴和电子在外加电场的作用下发生定向传输，并形成通路。总而言之，在有机半导体（有机单晶除外）中光生作用一般很弱以致很难产生光电流，因此需要额外的能量来克服激子结合能，如通过热分解或电场的去离化而分离。

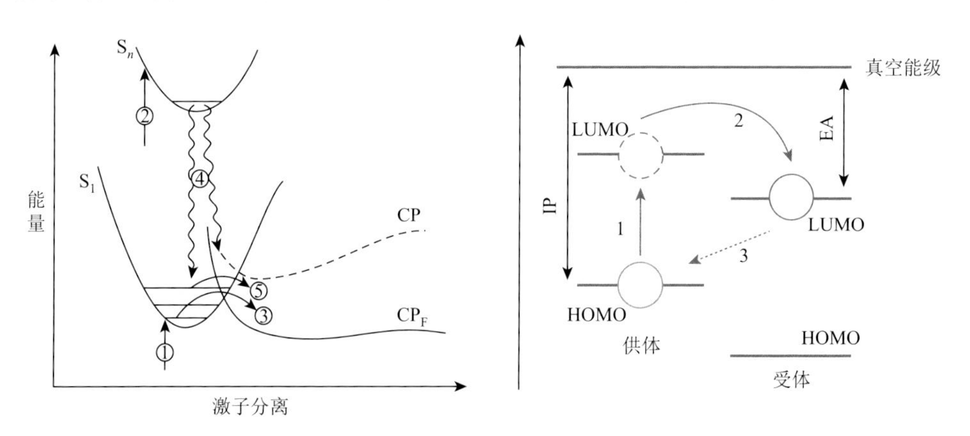

图 4-26 电子-空穴对的形成过程和供受体界面能级图[56]

区别于太阳能电池，光电探测器的最终目标是光电流信号的输出，而不是电力输出。因此，在光电探测器工作时，通常会使用外加电压来增强电磁场进而促进光电流的产生和收集。评价有机光电探测器的性能参数有很多，包括外量子效率（EQE）、开关比（I_{on}/I_{off}）、工作带宽（BW）、信噪比（SNR）、响应时间等。其中外量子效率是计算响应度 R（产生光电流和入射光强度的比值）的重要参数，$R = J_{ph}/I_{light} = \mathrm{EQE} \times \lambda q/hc$，式中，$J_{ph}$ 为光电流；I_{light} 为入射光强度；λ 为波长；h 为普朗克常量；c 为光的传播速度；q 为电子电荷。

光电探测器可以分为三大类：光电二极管、光电半导体和光电晶体管。其中光电二极管和光电半导体为两端器件，如图 4-27 所示[56]。和太阳能电池类似，常见的构型也是类似三明治结构的垂直器件。通过器件的优化，在外加电场的作用下也可以实现低暗电流密度和信号的快速收集，但是由于光信号需要穿过一个透明介质，从而无法实现对光信号的直接探测。Duo 课题组构筑了一种水平器件，从而实现了对光信号的直接检测[57]。然而，这种构型也存在着一些缺陷。相比于垂直器件，其沟道长度相对较长，从而导致其操作带宽降低。在光电二极管中，由于电极不会注入额外的载流子，因此活性层吸收一个光子最多能够产生一个电子-空穴对，外量子效率不会超过 100%。而光电半导体中，电极可以注入额外的载流子，因此其外量子效率可以超过 100%。光电晶体管和常见的有机场效应晶体管的构型基本相同，属于三端器件，包括源极、漏极和栅极。有机场效应器件的工作是通过在一定栅压和漏电压下沟道内载流子的定向传输来实现的。相对于场效应晶体管，光电晶体管中载流子的传输还可以通过吸收光子来实现。

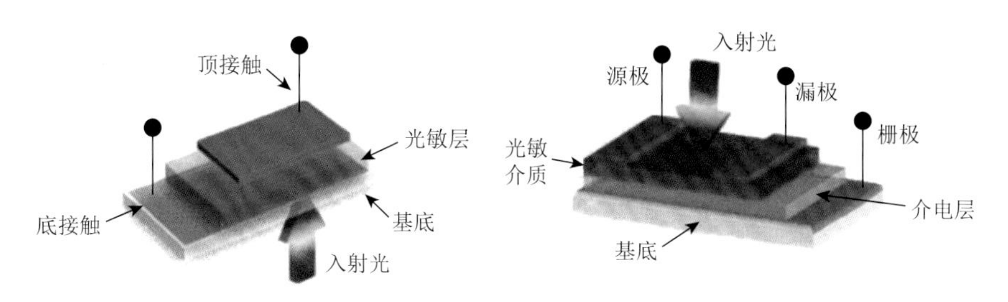

图 4-27　常见的有机光电探测器构型：两端构型和三端构型[56]

光电晶体管具有较高的灵敏度和低信噪比，而且可以通过优化分子结构来实现对光电晶体管的光学和电学的调控。因此，光电晶体管具有十分广泛的应用前景，如光电传感器、光开关和光电存储器等，并为光电集成开辟了新的途径。然而，目前对光电晶体管的研究主要集中在聚合物上，而忽略了有机二维晶体的重要性。但是聚合物薄膜光电探测器中存在着高密度的缺陷，这些缺陷成为限制光生载流子的缺陷和复合中心，从而降低了光电探测器的性能。相比于聚合物光电探测器，由于晶体分子排列长程有序、缺陷少等特点，其灵敏度相对较高。1972 年

Mas-Torrent 研究组以 DT-TTF 单晶成功制备了有机单晶光电探测器，这也是最早的对单晶光电探测器的报道，并掀起了研究光电探测器的浪潮。DT-TTF 单晶光电探测器在 10V 电压下其 I_{on}/I_{off} 能够达到 10^{-4}，光生载流子密度达到 $2.3\times10^{16}cm^{-3}$。为了进一步研究有机单晶的光电过程，胡文平研究组研究了全氟酞菁铜晶体的光响应，并成功制备了光开关晶体管[58]。基于全氟酞菁铜晶体的晶体管表现出非常明显的光开关特性。在不同光照强度下，其电流大小明显表现出对光强的依赖关系。在栅压为–6V 的条件下，其光电开关比能够达到 4.5×10^4。而且由于电子-空穴对得到了很好的分离，其光电开关比远远高于其暗态下的器件开关比。

相比于一维晶体，有机二维晶体在光电探测器方面更具有优势。由于二维晶体的受光面积增大，因此可以大幅度提高光电探测器开关比等性能。而且随着晶体厚度的降低，器件沟道处于完全耗尽的状态，可以进一步提高光电探测器的灵敏度。王欣然组通过化学气相沉积（CVD）法在石墨烯表面成功制备了超薄 C_8-BTBT 单晶，并构筑了高性能的光电晶体管，并对比了不同厚度晶体对光电晶体管灵敏度的影响，如图 4-28 所示[50]。随着晶体厚度的增加，其外量子效率显著增加，但是伴随而来的是响应时间的降低。单分子层尺度的光电晶体管同样具有很高的灵敏度，其响应度达到 1.57×10^4A/W，响应时间降低到 25ms，光导电增益超过 10^8。相比于厚晶体而言，薄层晶体在光电探测器反应速度方面更具有优势。

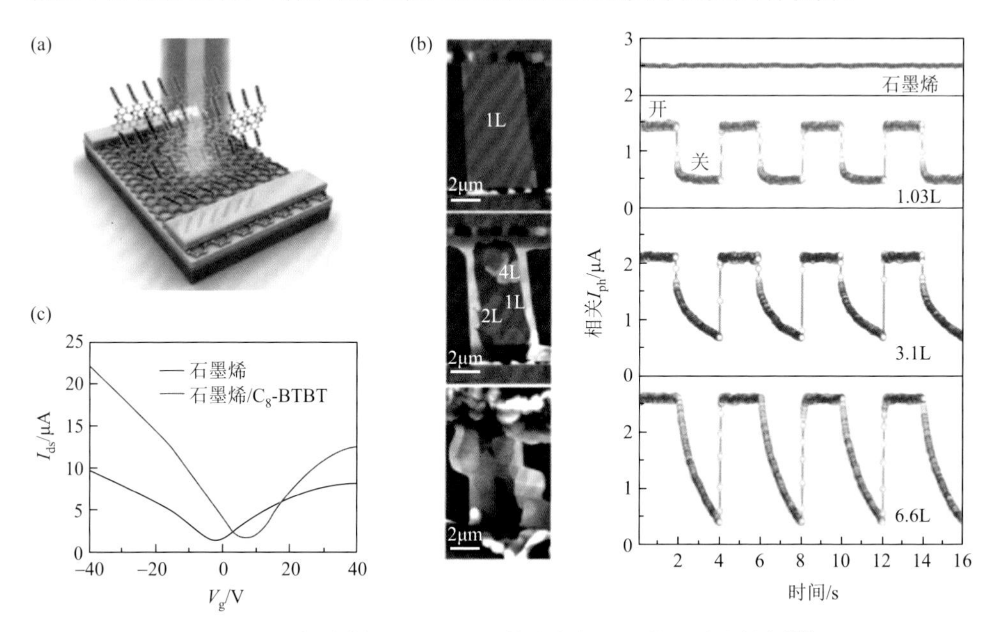

图 4-28　不同厚度 C_8-BTBT 晶体光电探测器的光响应性能[50]

（a）典型光电晶体管的示意图；（b）C_8-BTBT 生长的 AFM 图像（从上到下，C_8-BTBT 分子的平均层数分别为 1.03、3.1 和 6.6），以及不同层数的 *I-t* 曲线；（c）在沉积 C_8-BTBT 之前（黑色）和之后（红色）的石墨烯器件的转移特性曲线

根据波长范围的不同，电磁波谱被划分为紫外区、可见光区、红外光区、微波和无线电波等波段。常见的光电探测器可以分为紫外光电探测器、可见光光电探测器和红外光电探测器三大类。其中紫外光电探测器的探测波段一般为 10～380nm 之间，其主要在空间探测、环境污染检测及导弹制导等方面有广泛的应用；可见光光电探测器的探测波段一般为 380～780nm 之间，其主要在光学计量、图像传感、工业自动化控制等领域有广泛的应用；红外光电探测器的探测波段一般为 780～1000nm 之间，其主要在红外热成像、红外遥感等领域有广泛的应用[59]。因此，有机光电探测器的应用也逐渐往功能化方向发展。胡文平组通过溶液表面外延生长的方法成功得到了在大气中稳定的大面积超薄 TFT-CN 晶体，并成功制备了高灵敏度的红外光电探测器，如图 4-29 所示[32]。其响应度和外量子效率分别高达 9×10^4A/W 和 4×10^6%。通过和厚晶体的对比发现，由于超薄晶体中电子-空穴对处于完全耗尽层中，可以得到超高灵敏度的光电探测器，其比探测率达到 6×10^{14}Jones。因此，基于二维超薄晶体的光电探测器可以结合高响应率和低噪声的优点，为低成本、高性能和柔性有机光电功能电路提供研究基础。

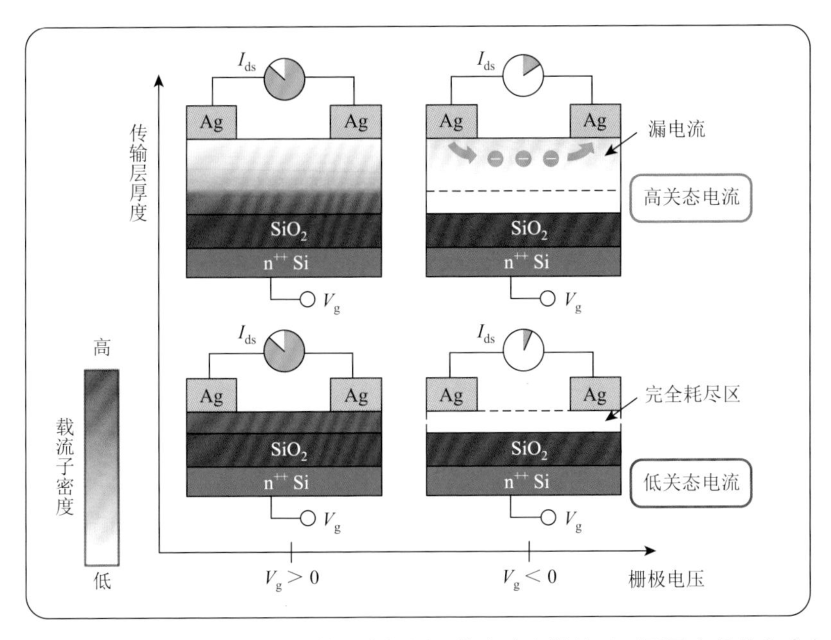

图 4-29　超薄 TFT-CN 二维晶体的光电探测器的光响应性能及不同厚度晶体在暗态下工作的原理图[32]

相比于无机光电探测器，有机二维晶体光电探测器已经取得了巨大的进步。但是有机二维晶体光电探测器研究领域还有很多问题有待探索。例如，虽然有机二维晶体的响应速度已经达到了毫秒级，但是相比于无机材料的皮秒级还有很长一段路要走。而且很多工作中并未探索器件的稳定性，而稳定性的问题是限制器件走向商业化的关键问题。有机二维晶体也有着自己的优势，如可以通过分子裁剪来调控器件性能，相信在不久的将来通过科研工作者的不断探索，其可以超过无机光电探测器。

4.4.3 化学传感器

有机场效应晶体管传感器（OFET-sensor）与其他类型传感器相比具有两方面优势：①有机半导体与待测物之间的物理、化学作用对于载流子的传输有着很大影响，非常利于传感性能的实现；②场效应晶体管作为传感信号转换器的同时又是信号放大器，即场效应晶体管既可简化传感器的结构，又能提高传感器的性能，因此有机场效应晶体管传感器引起了广泛关注与研究[60-65]。有机场效应晶体管传感器按其检测对象可分为光传感、压力传感以及化学物质传感等类型，目前人们对于化学物质传感进行了大量的研究工作。场效应晶体管实现传感性能主要取决于半导体活性层，其工作原理如图 4-30 所示，当正常工作的场效应晶体管传感器暴露于待测物氛围中时，待测物首先通过扩散作用进入半导体活性层内，与半导体活性层内的载流子发生掺杂或猝灭、诱导偶极捕获以及迟滞等效应，进而对导电沟道内的电流产生相应的影响，最终实现对化学物质的传感。因此，半导体活性层内载流子受待测物的影响难易程度直接决定了其传感性能。又由于半导体活性层的形貌影响着其与化学物质之间的相互作用，因此人们针对半导体结构及形貌对传感性能的影响进行了大量的研究工作。

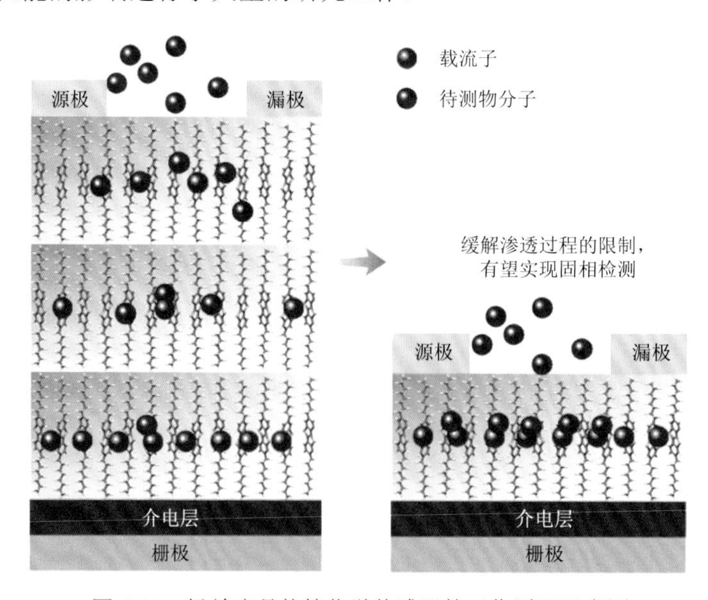

图 4-30 场效应晶体管化学传感器的工作原理示意图

正如我们所知，在场效应晶体管中，载流子一般集中于靠近绝缘层的几个分子层厚度的半导体内[66, 67]，而待测物只有通过扩散作用进入载流子集中的半导体活性层内并与其发生作用，才能实现传感，而待测的化学物质在半导体内的扩散长度十分有限，因此半导体活性层的厚度严重限制了其传感性能的提高。为了克服这种限制，研究人员通过增大半导体活性层比表面积的方式，提高了待测物与半导体的作用位点数量，并降低了实现传感所需的扩散长度，从而提高了传感性能。到目前为止，提高半导体活性层比表面积的方法为制备超薄二维或多孔结构的半导体层。

超薄二维晶体因其具有大比表面积的特性，可极大地提高待测物所需的作用位点数量；另外，其几个分子层的厚度可急剧地缩短待测物所必须经历的扩散长度，甚至可以将载流子直接暴露在待测物氛围中，待测物可直接与载流子产生作用，因此可极大地提高其传感性能。例如，2008 年黄佳等利用真空蒸镀法制备了基于单分子层 6PTTP6 的场效应晶体管传感器，其实现了 5ppm 的甲基膦酸二甲酯（DMMP）的检测，而同种材料块状晶体场效应晶体管仅能实现 150ppm DMMP 的检测，其传感性能提高了几个数量级，如图 4-31 所示[68]。随后，有文献报道实现了溶液法（提拉成膜和棒式涂布法）制备超薄大比表面积的化学传感器。例如，2013 年 Wang 等利用提拉成膜的方法制备得到了 DTBDT-C_6 的超薄树枝状微米带，仅有 4～6 个分子层的厚度，并利用该微米带构筑了基于场效应晶体管的化学传感器。这种大比表面积的树枝状微米带与传统的二维材料相比，在待测物与导电沟道的相互作用（吸附、扩散、解吸附等）方面具有明显的优势。因此，该传感器表现出了高灵敏度、很快的响应和恢复速度、高稳定性和一定的选择性，并实现了 50ppm NH_3 的检测，如图 4-32 所示[69]。2016 年 Khim 等[11]报道了利用棒式涂布法制备以 DPPT-TT 为活性层的场效应晶体管化学传感器，该方法可精准控制薄膜的厚度。其制备的薄膜厚度最小仅为 2nm。如图 4-33 所示，不同薄膜厚度的

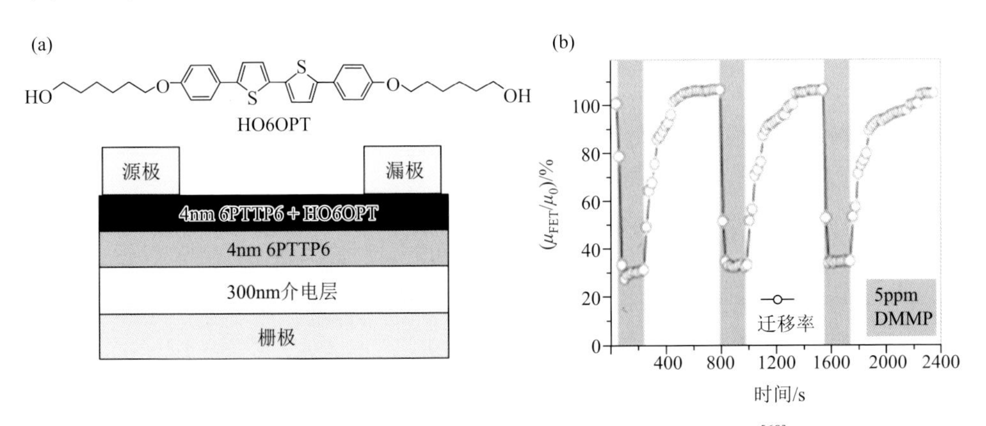

图 4-31　基于单分子层 6PTTP6 的场效应晶体管传感器[68]

（a）HO6OPT 分子结构式；（b）迁移率变化率对 DMMP 的响应曲线

器件均实现了 NH_3 的检测，其灵敏度随着薄膜厚度的减小而明显增加，分别为 10%（12.76nm）、27%（5.02nm）、82%（2.16nm）。与传统的场效应晶体管传感器相比，其表现出了更高的灵敏度及响应速度。

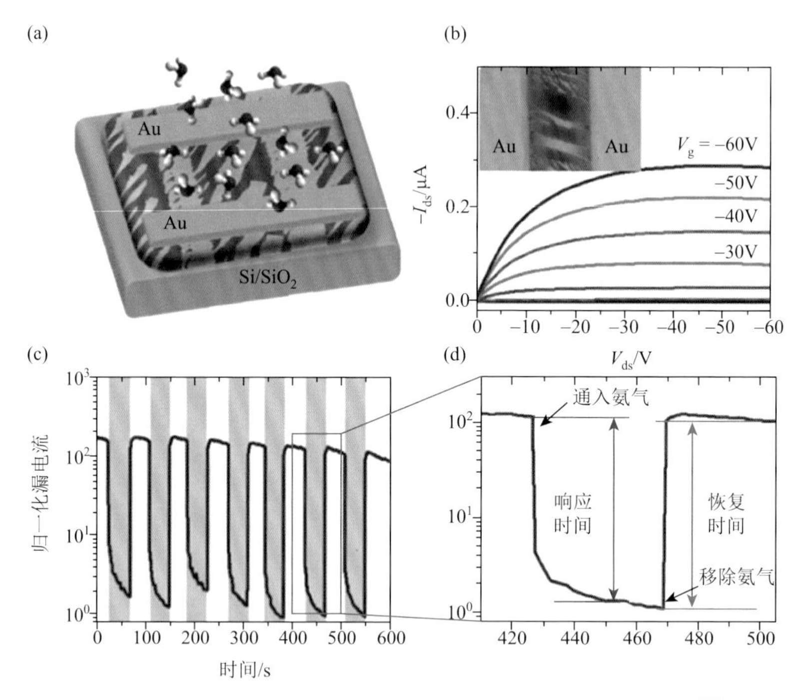

图 4-32 以 DTBDT-C_6 为活性层的场效应晶体管化学传感器[69]

（a）超薄纳米带场效应晶体管传感器示意图；（b）该器件的输出曲线；（c）传感性能曲线，灰色条纹代表 50ppm 的氨气；（d）传感性能曲线的细节图

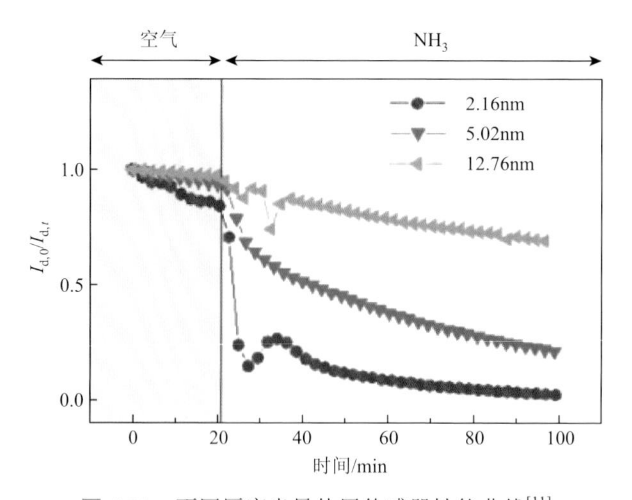

图 4-33 不同厚度半导体层传感器性能曲线[11]

多孔结构二维材料巨大的比表面积为待测物与活性层之间的相互作用提供了充足的作用位点，同时，其孔洞结构也为二者之间的相互作用提供了直接而高效的通道[70]。因此，多孔结构二维材料在基于场效应晶体管化学传感器中具有极高的应用前景。2014 年 Kang 等利用 TSB_3 异质界面作用，在 TSB_3 表面成功制备了多孔并五苯薄膜，并利用该材料构筑了场效应晶体管化学传感器，如图 4-34 所示。由于该材料的孔洞结构和大比表面积的特性，其响应和恢复速度远高于传统场效应晶体管传感器[70]。2017 年 Lu 等报道了以聚苯乙烯（PS）微球为模板构筑多孔场效应晶体管化学传感器，活性层为 DNTT，如图 4-35 所示。与传统传感器相比，该多孔结构传感器的性能更加优异，表现出了更高的灵敏度以及更好的恢复性[71]。

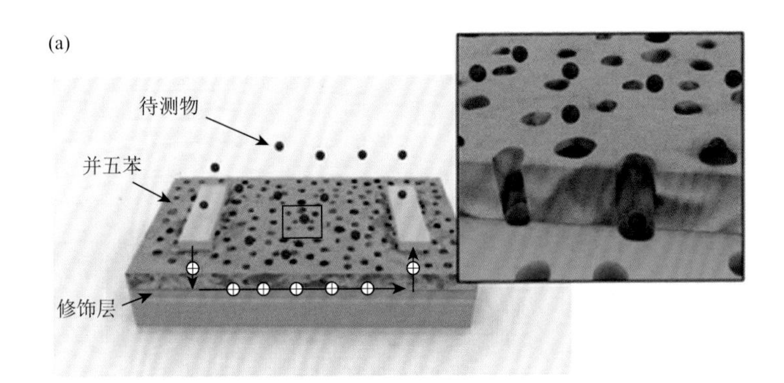

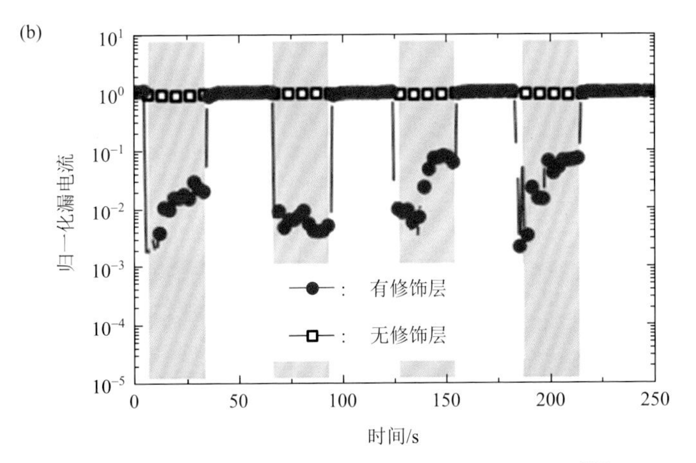

图 4-34 多孔并五苯场效应晶体管化学传感器[70]

（a）多孔并五苯构筑的场效应晶体管化学传感器示意图；（b）该传感器的检测性能曲线

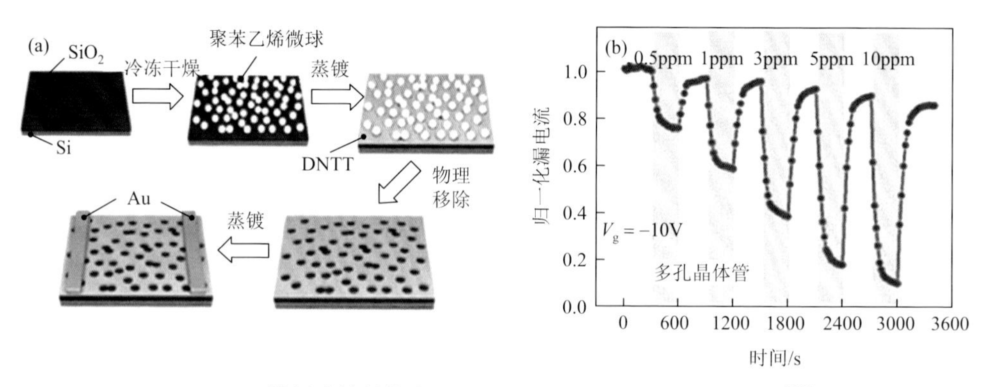

图 4-35 模板法构筑的多孔 DNTT 场效应晶体管化学传感器[71]

（a）模板法构筑多孔场效应晶体管化学传感器示意图；（b）该传感器检测性能曲线

目前，基于氨气的场效应晶体管传感器的灵敏度仍然难以突破 1ppb（1ppb = 10^{-9}）。江浪团队及其合作者通过对基底表面能的调控制备了 NDI 的分子晶体，并有效精确调节晶体的厚度（单层或多层）、形貌（有孔或无孔）以及孔径，如图 4-36 所示。单分子层分子晶体作为活性层构筑的场效应晶体管传感器，突破了该类传感器检测灵敏度的记录，并首次实现了基于有机场效应晶体管结构的固体传感器。研究结果表明，基于单分子层多孔晶体的场效应晶体管传感器具有独特

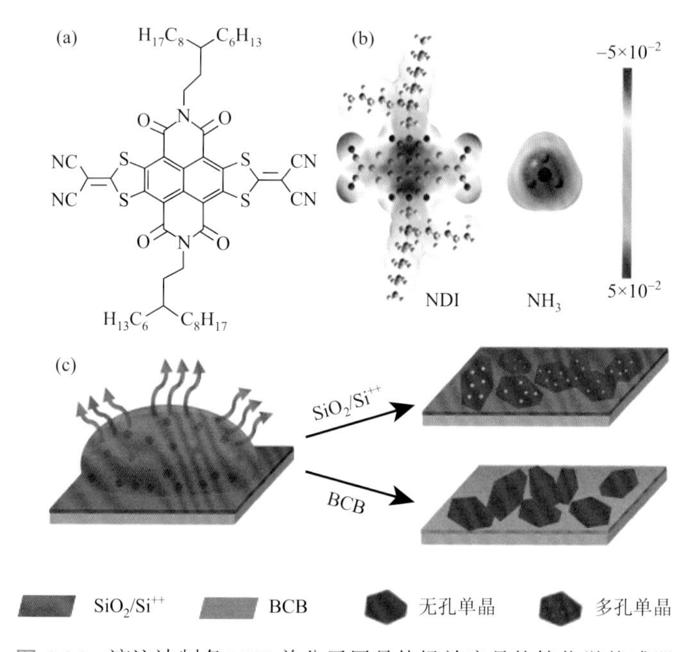

图 4-36 滴注法制备 NDI 单分子层晶体场效应晶体管化学传感器

（a）NDI 分子结构；（b）NDI 分子和氨气分子的静电势分布；（c）单分子层多孔分子晶体的制备过程

的优势：一方面，由于单分子层晶体直接暴露导电沟道，避免了待检测物在活性层中的扩散，进而显著地提高了传感器的检测限和检测灵敏度；另一方面，多孔结构可将NDI分子的核心结构暴露出来，可进一步提高氨气与载流子的作用效率。理论计算表明，吸附在 NDI 相邻分子间隙中的氨气可作为中间桥增加电子传输的通道。该器件的性能测试表明，基于单分子层多孔晶体的传感器可以识别 0.1ppb 的氨气，且其灵敏度高达 72%。受益于导电沟道的直接暴露，固体样品可以与导电沟道直接接触，从而实现对 500ppb 的多巴胺固体粉末的直接检测，其检测灵敏度高达 758%。这种基于单分子层晶体的场效应晶体管在气相和固相化学物质的实时检测中展现了更广阔的应用前景。

以上研究工作表明，场效应晶体管传感器中半导体活性层的比表面积直接影响其传感性能的高低。而场效应晶体管传感器活性层最理想的则是多孔的单分子层晶体，因其同时具备超薄二维晶体和多孔结构的双重优势，其传感性能必然会有质的提高，甚至能够实现超低浓度的极限检测。但到目前为止，实现多孔单分子层晶体的制备还存在一定的挑战。

4.5 总结与展望

二维有机半导体晶体是无晶界、缺陷态密度低的一类高质量二维材料。高度有序的二维有机半导体晶体为固有电荷传输性能等物理研究提供了有力平台，单分子层或数个分子层厚度的二维有机半导体晶体具有良好的电荷传输性能和低的接触电阻效应。超薄的二维有机半导体晶体对外界的刺激极其灵敏，可以作为光电晶体管的活性层，在栅电场的作用下完全耗尽，具有极低的暗电流，显示出极高的灵敏度和响应速度。对外界刺激灵敏的特性也使其成为实现高灵敏生物传感器的活性材料。

尽管二维有机半导体晶体的制备及光电应用具有突出的进展，但仍然存在许多挑战。大面积工业集成需要极高的重复性和稳定性，这些是亟待解决的问题。未来在集成应用方面还需对二维有机半导体晶体进行深入的探索。

参考文献

[1] Wang Q，Yang F，Zhang Y，et al. Space-confined strategy toward large-area two-dimensional single crystals of molecular materials. Journal of the American Chemical Society，2018，140（16）：5339-5342.

[2] Zhao Y，Wu Q，Chen Q，et al. Molecular self-assembly on two-dimensional atomic crystals：insights from molecular dynamics simulations. The Journal of Physical Chemistry Letters，2015，6（22）：4518-4524.

[3] Heringdorf Z，Meyer F J，Reuter M，et al. Growth dynamics of pentacene thin films. Nature，2001，412（6846）：517-520.

[4] Jiang L，Dong H，Meng Q，et al. Millimeter-sized molecular monolayer two-dimensional crystals. Advanced

Materials，2011，23（18）：2059-2063.

[5] Wang Q，Qian J，Li Y，et al. 2D single-crystalline molecular semiconductors with precise layer definition achieved by floating-coffee-ring-driven assembly. Advanced Functional Materials，2016，26（19）：3191-3198.

[6] Shi Y，Jiang L，Liu J，et al. Bottom-up growth of n-type monolayer molecular crystals on polymeric substrate for optoelectronic device applications. Nature Communications，2018，9（1）：2933.

[7] Yao J，Zhang Y，Tian X，et al. Layer-defining strategy to grow two-dimensional molecular crystals on a liquid surface down to the monolayer limit. Angewandte Chemie International Edition，2019，58（45）：16082-16086.

[8] Becerril H A，Roberts M E，Liu Z，et al. High-performance organic thin-film transistors through solution-sheared deposition of small-molecule organic semiconductors. Advanced Materials，2008，20（13）：2588-2594.

[9] Diao Y，Tee B C，Giri G，et al. Solution coating of large-area organic semiconductor thin films with aligned single-crystalline domains. Nature Materials，2013，12（7）：665-671.

[10] del Pozo F G，Fabiano S，Pfattner R，et al. Single crystal-like performance in solution-coated thin-film organic field-effect transistors. Advanced Functional Materials，2016，26（14）：2379-2386.

[11] Khim D，Ryu G S，Park W T，et al. Precisely controlled ultrathin conjugated polymer films for large area transparent transistors and highly sensitive chemical sensors. Advanced Materials，2016，28（14）：2752-2759.

[12] Nketia-Yawson B，Lee H S，Son H J，et al. Bar-coated high-performance organic thin-film transistors based on ultrathin PDFDT polymer with molecular weight independence. Organic Electronics，2016，29：88-93.

[13] Temiño I，Del Pozo F G，Ajayakumar M R，et al. A rapid，low-cost，and scalable technique for printing state-of-the-art organic field-effect transistors. Advanced Materials Technologies，2016，1（5）：1600090.

[14] Bucella S G，Luzio A，Gann E，et al. Macroscopic and high-throughput printing of aligned nanostructured polymer semiconductors for MHz large-area electronics. Nature Communications，2015，6：8394.

[15] Lim J A，Lee W H，Lee H S，et al. Self-organization of ink-jet-printed triisopropylsilylethynyl pentacene via evaporation-induced flows in a drying droplet. Advanced Functional Materials，2008，18（2）：229-234.

[16] Majumder M，Rendall C S，Eukel J A，et al. Overcoming the “coffee-stain” effect by compositional Marangoni-flow-assisted drop-drying. The Journal of Physical Chemistry B，2012，116（22）：6536-6542.

[17] Zhao H，Wang Z，Dong G，et al. Fabrication of highly oriented large-scale TIPS pentacene crystals and transistors by the Marangoni effect-controlled growth method. Physical Chemistry Chemical Physic，2015，17（9）：6274-6279.

[18] Zhang Z，Peng B，Ji X，et al. Marangoni-effect-assisted bar-coating method for high-quality organic crystals with compressive and tensile strains. Advanced Functional Materials，2017，27（37）：1703443.

[19] Kilian L，Umbach E，Sokolowski M. Molecular beam epitaxy of organic films investigated by high resolution low energy electron diffraction（SPA-LEED）：3, 4, 9, 10-perylenetetracarboxylicacid-dianhydride（PTCDA）on Ag（111）. Surface Science，2004，573（3）：359-378.

[20] He D，Zhang Y，Wu Q，et al. Two-dimensional quasi-freestanding molecular crystals for high-performance organic field-effect transistors. Nature Communications，2014，5：5162.

[21] Lee C H，Schiros T，Santos E J，et al. Epitaxial growth of molecular crystals on van der Waals substrates for high-performance organic electronics. Advanced Materials，2014，26（18）：2812-2817.

[22] Xu C，He P，Liu J，et al. A general method for growing two-dimensional crystals of organic semiconductors by “solution epitaxy”. Angewandte Chemie International Edition，2016，55（33）：9519-9523.

[23] Novoselov K S，Geim A K，Morozov S V，et al. Electric field effect in atomically thin carbon films. Science，2004，306（5696）：666.

[24] Novoselov K S，Geim A K，Morozov S V，et al. Two-dimensional gas of massless dirac fermions in graphene. Nature，2005，438：197-200.

[25] Novoselov K S，Jiang D，Schedin F，et al. Two-dimensional atomic crystals. Proceedings of the National Academy of Sciences of the United States of America，2005，102（30）：10451-10453.

[26] Zhang Y，Tan Y W，Stormer H L，et al. Experimental observation of the quantum Hall effect and Berry's phase in grapheme. Nature，2005，438：201-204.

[27] Jiang H，Tan K J，Zhang K K，et al. Ultrathin organic single crystals：fabrication，field-effect transistors and thickness dependence of charge carrier mobility. Journal of Materials Chemistry，2011，21（13）：4771-4773.

[28] Park S K，Kim J H，Yoon S J，et al. High-performance n-type organic transistor with a solution-processed and exfoliation-transferred two-dimensional crystalline layered film. Chemistry of Materials，2012，24（16）：3263-3268.

[29] Zhang Y，Tang T T，Girit C，et al. Direct observation of a widely tunable bandgap in bilayer graphene. Nature，2009，459（7248）：820-823.

[30] Li X，Wang X，Zhang L，et al. Chemically derived，ultrasmooth graphene nanoribbon semiconductors. Science，2008，319（5867）：1229-1232.

[31] Li R，Dong H，Zhan X，et al. Physicochemical，self-assembly and field-effect transistor properties of *anti*-and *syn*-thienoacene isomers. Journal of Materials Chemistry，2011，21（30）：11335-11339.

[32] Wang C，Ren X，Xu C，et al. n-Type 2D organic single crystals for high-performance organic field-effect transistors and near-infrared phototransistors. Advanced Materials，2018，30（16）：1706260.

[33] Minemawari H，Yamada T，Matsui H，et al. Inkjet printing of single-crystal films. Nature，2011，475（7356）：364-367.

[34] Giri G，Verploegen E，Mannsfeld S C，et al. Tuning charge transport in solution-sheared organic semiconductors using lattice strain. Nature，2011，480（7378）：504-508.

[35] Park S，Giri G，Shaw L，et al. Large-area formation of self-aligned crystalline domains of organic semiconductors on transistor channels using connect. Proceedings of the National Academy of Sciences of the United States of America，2015，112（18）：5561-5566.

[36] Zhang Y，Qiao J，Gao S，et al. Probing carrier transport and structure-property relationship of highly ordered organic semiconductors at the two-dimensional limit. Physical Review Letters，2016，116（1）：016602.

[37] He D W，Qiao J S，Zhang L L，et al. Ultrahigh mobility and efficient charge injection in monolayer organic thin-film transistors on boron nitride. Science Advances，2017，3（9）：e1701186.

[38] Lin C H，Liu C W. Metal-insulator-semiconductor photodetectors. Sensors，2010，10（10）：8797-8826.

[39] Rogalski A，Antoszewski J，Faraone L. Third-generation infrared photodetector arrays. Journal of Applied Physics，2009，105（9）：091101.

[40] Kim S，Lim Y T，Soltesz E G，et al. Near-infrared fluorescent type Ⅱ quantum dots for sentinel lymph node mapping. Nature Biotechnology，2004，22（1）：93-97.

[41] Carli B，Melchiorri F. Considerations about far infrared detectors for astronomical purposes. Infrared Physics，1973，13（1）：49-60.

[42] Zhang L L，Ren Z W，Mao P，et al. Solution-processed 1-thioglycerol capped PbS colloidal quantum dots for single-layer photodetectors. Journal of Nanoscience and Nanotechnology，2018，18（11）：7460-7467.

[43] Ren Z，Sun J，Li H，et al. Bilayer PbS quantum dots for high-performance photodetectors. Advanced Materials，2017，29（33）：1702055.

[44] Mikulics M, Marso M, Javorka P, et al. Ultrafast metal-semiconductor-metal photodetectors on low-temperature-grown GaN. Applied Physics Letters, 2005, 86 (21): 211110.

[45] Murtaza S S, Nie H, Campbell J C, et al. Short-wavelength, high-speed, Si-based resonant-cavity photodetector. IEEE Photonics Technology Letters, 1996, 8 (7): 927-929.

[46] Ding J, Du S, Zuo Z, et al. High detectivity and rapid response in perovskite $CsPbBr_3$ single-crystal photodetector. The Journal of Physical Chemistry C, 2017, 121 (9): 4917-4923.

[47] Shao Y, Liu Y, Chen X, et al. Stable graphene-two-dimensional multiphase perovskite heterostructure phototransistors with high gain. Nano Letters, 2017, 17 (12): 7330-7338.

[48] Gou H, Wang G, Tong Y, et al. Electronic and optoelectronic properties of zinc phthalocyanine single-crystal nanobelt transistors. Organic Electronics, 2016, 30: 158-164.

[49] Tan Z, Wu Y, Hong H, et al. Two-dimensional $(C_4H_9NH_3)_2PbBr_4$ perovskite crystals for high-performance photodetector. Journal of the American Chemical Society, 2016, 138 (51): 16612-16615.

[50] Liu X, Luo X, Nan H, et al. Epitaxial ultrathin organic crystals on graphene for high-efficiency phototransistors. Advanced Materials, 2016, 28 (26): 5200-5205.

[51] Ahmad S, Kanaujia P K, Beeson H J, et al. Strong photocurrent from two-dimensional excitons in solution-processed stacked perovskite semiconductor sheets. ACS Applied Materials & Interfaces, 2015, 7 (45): 25227-25236.

[52] Dong H, Zhu H, Meng Q, et al. Organic photoresponse materials and devices. Chemical Society Reviews, 2012, 41 (5): 1754-1808.

[53] Guo Y, Du C, Yu G, et al. High-performance phototransistors based on organic microribbons prepared by a solution self-assembly process. Advanced Functional Materials, 2010, 20 (6): 1019-1024.

[54] Guo Y, Yu G, Liu Y. Functional organic field-effect transistors. Advanced Materials, 2010, 22 (40): 4427-4447.

[55] Zhang X, Dong H, Hu W. Organic semiconductor single crystals for electronics and photonics. Advanced Materials, 2018, 30 (44): e1801048.

[56] Baeg K J, Binda M, Natali D, et al. Organic light detectors: photodiodes and phototransistors. Advanced Materials, 2013, 25 (31): 4267-4295.

[57] Agostinelli T, Caironi M, Natali D, et al. Space charge effects on the active region of a planar organic photodetector. Journal of Applied Physics, 2007, 101 (11): 114504.

[58] Tang Q, Li L, Song Y, et al. Photoswitches and phototransistors from organic single-crystalline sub-micro/nanometer ribbons. Advanced Materials, 2007, 19 (18): 2624-2628.

[59] Xia F, Wang H, Xiao D, et al. Two-dimensional material nanophotonics. Nature Photonics, 2014, 8(12): 899-907.

[60] Zang Y, Zhang F, Huang D, et al. Sensitive flexible magnetic sensors using organic transistors with magnetic-functionalized suspended gate electrodes. Advanced Materials, 2016, 27 (48): 7979-7985.

[61] Trung T Q, Lee N E. Flexible and stretchable physical sensor integrated platforms for wearable human-activity monitoringand personal healthcare. Advanced Materials, 2016, 28 (22): 4338-4372.

[62] Zhang C, Chen P, Hu W. Organic field-effect transistor-based gas sensors. Chemical Society Reviews, 2015, 44 (8): 2087-2107.

[63] Hammock M L, Chortos A, Tee B C, et al. The evolution of electronic skin (e-skin): a brief history, design considerations, and recent progress. Advanced Materials, 2013, 25 (42): 5997-6038.

[64] Peng L, Feng Y. Organic thin-film transistors for chemical and biological sensing. Advanced Materials, 2012, 24 (1): 34-51.

[65] Takao S，Ananth D，Jia H，et al. Chemical and physical sensing by organic field-effect transistors and related devices. Advanced Materials，2010，22（34）：3799-3811.

[66] Horowitz G，Hajlaoui R，Bouchriha H，et al. The concept of "threshold voltage" in organic field-effect transistors. Advanced Materials，2010，10（12）：923-927.

[67] Torsi L，Dodabalapur A，Rothberg L J，et al. Intrinsic transport properties and performance limits of organic field-effect transistors. Science，1996，272（5267）：1462.

[68] Huang J，Sun J，Katz H E. Monolayer-dimensional 5, 5′-bis(4-hexylphenyl)-2, 2′-bithiophene transistors and chemically responsive heterostructures. Advanced Materials，2008，20（13）：2567-2572.

[69] Wang B，Ding J，Zhu T，et al. Fast patterning of oriented organic microstripes for field-effect ammonia gas sensors. Nanoscale，2016，8（7）：3954-3961.

[70] Kang B，Jang M，Chung Y，et al. Enhancing 2D growth of organic semiconductor thin films with macroporous structures via a small-molecule heterointerface. Nature Communications，2014，5：4752.

[71] Lu J，Liu D，Zhou J，et al. Porous organic field effect transistors for enhanced chemical sensing performances. Advanced Functional Materials，2017，27（20）：1700018.

第5章 低维有机共晶材料

5.1 概述

当前研究的绝大多数有机晶体都是单一组分的，单一有机分子结晶形成的晶体由于材料本征的限制，性能相对单一。例如，并五苯（pentacene）单晶的场效应晶体管迁移率高达 40cm^2/(V·s)，在固态下却不发光（因为存在显著的单线态裂分现象）[1]；而低聚苯乙烯撑（oligomeric phenylene vinylene，OPV）类化合物固态荧光量子产率（Φ_f）高达 88%，其单晶载流子迁移率[2, 3]只有 0.1cm^2/(V·s)。因此，环境友好、同时适应多种光电性能的有机材料是有机光电子学研究者追求的共同目标。自从 1973 年科学家发现 TTF-TCNQ 共晶具有如同金属一样的导电性以来，有机共晶作为一种新型的有机功能材料已在各个领域显示出其潜在的适用性，有机共晶的研究引起了人们越来越多的关注，共晶材料及相关光电器件的研究也得到了长足发展，涉及有机光电领域的多个方面，如图 5-1 所示[4]。

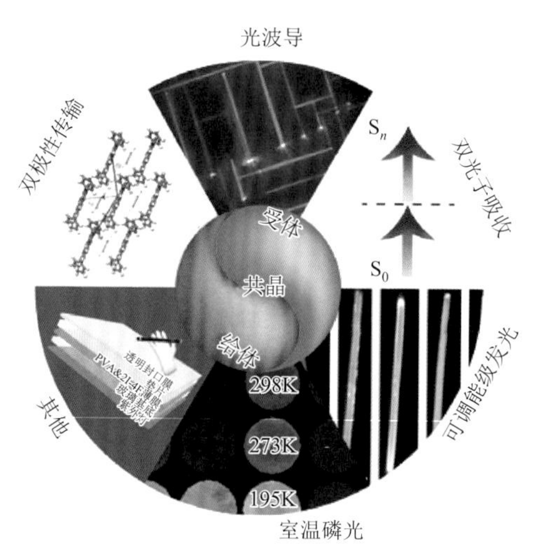

图 5-1　共晶在光电领域的多个方面的应用[4]

有机共晶的定义有很多，例如，从药剂学的角度，共晶指的是活性组分（主体）与共晶形成物（客体）通过 C—H···π 相互作用、π-π 相互作用或者氢键等多种非共价键相互作用相结合而构成的一类晶体，而这其中，构成共晶的两种或者两种以上的组分化合物的纯态在常温常压下皆为固体，而且在共晶的构成中，每一种组分化合物之间有着固定的计量。事实上，早在 1844 年，德国科学家 Friedrich Wöhler 发现了第一个有机共晶——醌氢醌[5]，而“共晶”（cocrystal 或 co-crystal）这个概念由 Schmidt 和 Snipes 在 1967 年首次提出[6]，用来描述嘧啶和嘌呤的复合物。共晶的提出在晶体学领域引起了争论，使其研究及应用受到了限制，在此后很长的一段时间里，共晶都没能引起人们的注意。之后很多科学家提出了自己对共晶的见解，直到 2012 年，全世界从事该领域和晶体方面的专家学者聚集在一起，通过会议形式商讨确定了共晶的定义和范围[7]，即共晶是由两种或两种以上不同的分子或离子性组分，以固定的化学计量比构成的，非溶剂化物和非盐类的结晶性单质固体。

借助于低维有机单晶的定义，低维有机共晶材料是指有别于块体、维数较低的二维、一维的有机共晶。由于处于较低维数的共晶材料报道较少，在本章中我们将其尺寸范围拓展到微纳米，即在微纳米尺度的有机共晶材料。低维有机共晶材料展现出非常有趣的物理、化学现象及诸多应用前景。本章主要介绍低维共晶的相关知识，包括以下三大方面，共晶构建的影响因素与组装模式（5.2 节）、低维共晶的制备策略（5.3 节）、低维共晶的物化性质及应用（5.4 节）。

5.2 共晶构建的影响因素与组装模式

有机共晶大多是有机给受体间通过分子间电荷转移、π-π 相互作用、氢键、卤键中的一种或几种作用以及范德瓦耳斯力作用形成的晶体。从晶体学工程上来说，共晶一般分为三类：①两种有机固体分子组装成的双组分共晶；②溶剂和两种及以上的固体分子共结晶构成的多元共晶；③有机化合物构成的盐类共晶。因此，了解有机给体、受体的分子结构特点对设计共晶分子以及了解共晶结构有所帮助。

合理选择共晶组成单元是发展新材料的重要部分。前提条件是要清楚两个方面的重要内容：①不同组装的有机分子是如何相互识别、聚集成核和结晶生长的：即共晶构建的影响因素；②分子的堆积方式（即共晶的组装模式）是怎样从本质上来影响固体的性质。之后再设计出合适的主客体单元，进行下一步的自组装，研究它们带来的与单组分不同的性能。

5.2.1 共晶构建的影响因素

著名的超分子化学家、诺贝尔化学奖得主 J. M. Lehn 在其专著 *Supramolecular Chemistry*[8]中写道:“分子化学已经在共价键操纵方面取得了显著的成绩,现在是时候显示非共价键的威力了!”共晶事实上是不同分子以一定化学计量比、通过非共价键相互作用形成的高度有序超分子晶态材料。下面依次介绍共晶构建的四个影响因素:热力学和动力学、超分子合成子、共晶形成机理、非共价键相互作用。

1. 热力学和动力学因素

晶体工程的设计依赖于分子间相互作用和空间填充效应的精妙平衡,即分子识别的化学和几何因素[9]。化学策略从分子空间特性来选择堆积方向,而几何策略依赖于不同可能堆积结构的能量高低[10]。在物理化学中,焓是热力学中表征物质系统能量的一个重要状态参量,一定质量的物质按定压可逆过程由一种状态变为另一种状态,焓的增量便等于在此过程中吸入的热量。熵是热力学中表征物质状态的参量之一,其物理意义是体系混乱程度的度量。在两种不同分子进行相互识别共结晶时,焓与熵贡献的大小部分归因于组分分子的结构。当形成有效的分子识别并且组分分子的尺寸大小有利于晶体堆积时,焓的贡献大于熵的贡献,有序度增加,有利于形成共晶(结晶单质)。当组分分子的尺寸大小不匹配时,虽然能形成有效的分子识别,熵的贡献大于焓的贡献,结合力主导形成非晶共熔合金(混合物)[11]。当两种不同分子之间的相互作用比同种分子之间相互作用更强时,则有利于实现焓驱动的共结晶[12]。有趣的是,结晶同时是一个动力学现象,用动力学的观点来分析,大部分取向性的分子间相互作用首先在溶液中形成并能锁定,而随后产生各向同性的结合力。溶剂的选择、热力学稳定共晶操作区间和去饱和动力学是共晶生长的三个重要因素。

2. 超分子合成子的概念

超分子合成子是一种在溶液中形成锁定并经历了结晶的几个过程而保留的固定模型[12]。合成子是超分子中最基本的结构单元,不同合成子通过特定的分子识别基团之间的非共价键相互作用而连接形成共晶[13]。共晶的形成和共晶结构的设计在很大程度上取决于特定合成子的识别。超分子合成子概念提供了一种介于几何策略和化学策略的中间平台,这是因为合成子包含几何和化学识别两种元素[10]。常见的超分子合成子如图 5-2 所示。

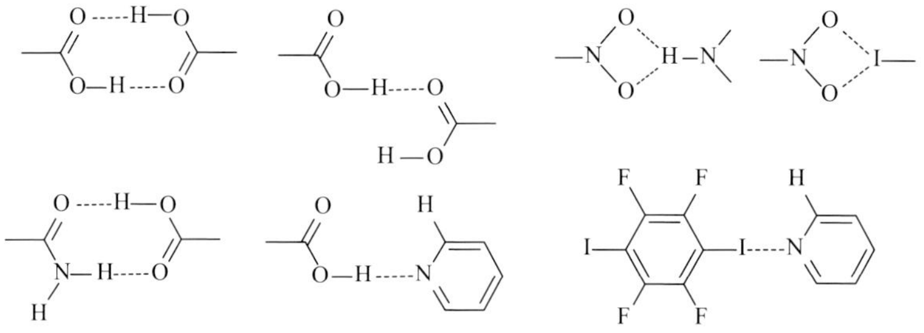

图 5-2　代表性超分子合成子

3. 共晶形成机理

共结晶方法对共晶形成的机理具有重要的影响，共结晶方法不同，其形成机理也不同。研磨共结晶不是单一机理主导的过程，而是包括分子扩散、共熔合金形成、无定形态共结晶等一系列机理。上面三个机理的共同点是具有比起始晶态物种更高流动性和更高能量的中间体相的生成。图 5-3 是研磨法共结晶的机理示

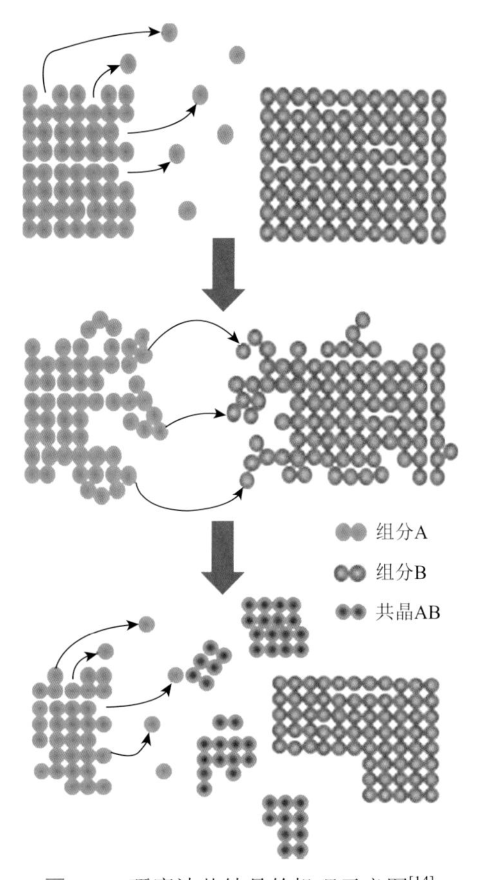

图 5-3　研磨法共结晶的机理示意图[14]

意图，表面分子扩散是大分子量的稠环芳烃更有效的扩散方式。液相辅助研磨共结晶中，固体共晶由中间态液相协助形成，共晶形成机理目前还没有完全搞清。有学者认为液体是提供分子扩散的一种媒介，扮演润滑剂的角色。研磨法形成的共晶通常是热力学稳定的，因此少量液体对最终的堆积结构影响比较小[15]。共晶形成分步机理可以通过结晶的热力学和动力学过程来解释。由较强的特定分子间相互作用驱动的有限组装体的形成是动力学控制的过程，进一步通过较弱的分子间相互作用形成热力学稳定的共晶。分步机理很可能是共结晶过程中强弱分子间力层级作用的结果。利用无定形态调控机械化学法共结晶过程通常是通过分步机理进行的，这与无定形态到多晶相结晶过程的 Ostwald 规则具有相通之处。分步机理可能是具有不同氢键、卤键作用位点的分子研磨法共结晶过程中一个普遍的机理[14]。

溶液法共结晶也是一种非常重要的共晶生长方法。三相图有助于理解溶液共晶形成过程，组分的溶解度是非常重要的参数，溶解度不同能改变三相图中热力学稳定共晶相区域的位置和形状。对于具有类似溶解性、等摩尔比组分的溶液，随着溶剂的挥发形成 1∶1 共晶，得到比较对称的三相图，如图 5-4（a）所示；对于溶解性差异比较大的组分，三相图更加复杂，如图 5-4（b）所示。缓慢挥发等摩尔比组分溶液，导致单组分结晶或形成单组分晶体与双组分共晶的混合物，结晶路径经过图 5-4（a）的 E 区域或 D 区域。结晶相图为共晶理性设计提供了一种新的思路[16]。

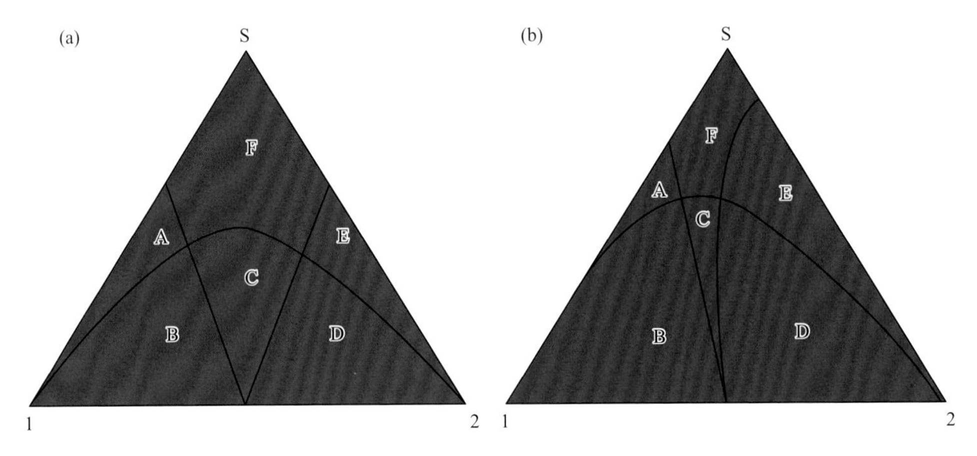

图 5-4 等热三相图示意图[16]

（a）两个组分溶解度比较相近；（b）两个组分溶解度差异比较大；A 区是组分 1 与溶剂，B 区是组分 1 与共晶，C 区是共晶，D 区是组分 2 与共晶，E 区是组分 2 与溶剂，F 区是溶剂

4. 非共价键相互作用

分子间非共价键相互作用是分子能以特定方式相互作用进一步形成高度有序晶态材料的重要原因。分子间非共价键相互作用影响并决定共晶的自组装过程以及动力学过程，也对共晶的性质、结构及其稳定性起到了至关重要的作用。一旦形成晶格，分子之间的通信就由分子间各种相互作用控制，最终决定了晶体的物理性质和反应活性。当前晶体工程领域中很多基本研究工作聚焦于发展可靠的超分子反应，根据期望的分子间力和连接方式产生的频率来判断反应的可能性和效率。很多情况下，通过晶格中固定模型的可能性来衡量超分子反应的产率。为了进一步发展基于合成子的可靠的超分子反应，确定各种竞争性分子间相互作用的影响和平衡是非常重要的[17]。

常见的非共价键相互作用包括电荷转移作用[18-20]（CT interaction）、π-π 相互作用[21, 22]（π-π interaction）、氢键[23-26]或卤键[27-30]（hydrogen bond/halogen bond）等。

1）电荷转移作用

电荷转移作用作为共晶中最常见的一种分子间相互作用，广泛存在于有机分子给受体（D-A，图 5-5）中。在电荷转移共晶体系内，电荷从分子给体的最高占据分子轨道（HOMO）转移到受体的最低未占分子轨道（LUMO）上。该相互作用的强度可以用 ρ 表示，即电荷转移的程度。电荷转移的程度取决于给体的电离能、受体的电子亲和能，以及复合物中静电库仑力的相互作用[31-33]。

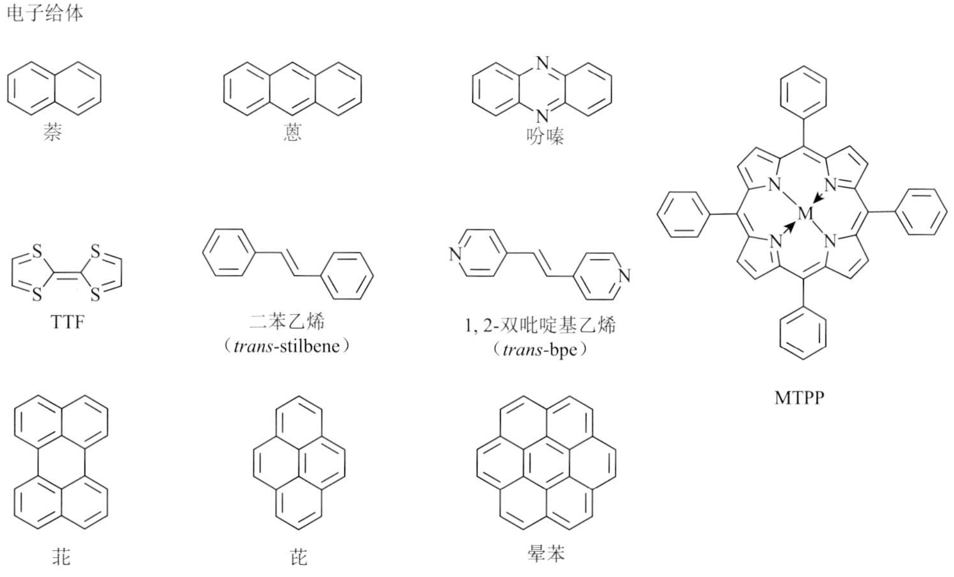

电子给体

萘　蒽　吩嗪

MTPP

TTF　二苯乙烯（*trans*-stilbene）　1, 2-双吡啶基乙烯（*trans*-bpe）

苝　芘　晕苯

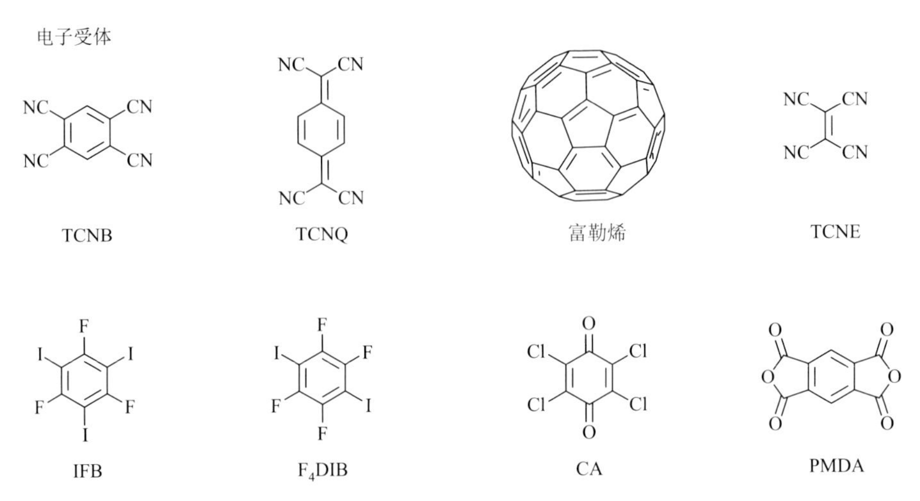

图 5-5 电荷转移共晶中常见的给体与受体分子

例如，有机小分子 7, 7, 8, 8-四氰基对苯二醌二甲烷[34]（TCNQ），它是一种性能优良的典型 n 型半导体材料和强电子受体，LUMO 能级约为–4.6eV，其单晶器件具有较高的开关比，灵敏的开关时间。该分子易于和有机给体分子产生分子间电荷转移作用，而分子间电荷转移作用进一步驱使给受体形成电荷转移复合物共晶。可以和 TCNQ 形成电荷转移共晶的给体分子有很多，其中最常见的有四硫富瓦烯[35-37]、稠环芳烃[38-41]以及卟啉及其衍生物[42-44]这三类化合物。其中四硫富瓦烯类经典分子 TTF 和 TCNQ 所形成的电荷转移共晶是较早被科学界发现及报道的，早在 1973 年，A. J. Heeger 等就在 TTF-TCNQ 电荷转移共晶体系中发现其存在类金属导电性[35]，这一发现引领了有机共晶在有机光电子领域的研究热潮。

另一个典型的电子受体是 1, 2, 4, 5-苯四甲腈（1, 2, 4, 5-tetracyanobenzene，TCNB）。该分子 LUMO 能级约为–3.8eV，HOMO 能级约为–8.5eV，所具有的中等强度吸电子能力使其可以和绝大多数稠环芳烃及某些杂环分子形成具有荧光发射性能的电荷转移发光共晶[45-49]。另外一些四硫富瓦烯类分子也可以和 TCNB 形成有机电荷转移共晶[50, 51]。

总而言之，迄今报道的绝大多数有机共晶中，都存在着或强或弱的电荷转移作用，而绝大多数材料不仅仅存在上文所述的导电性以及荧光发射性能，而是存在更多的新奇的性质与性能，如双极性传输性质、光电导性、铁电性以及磁性。这些蕴含在电荷转移共晶中的新颖性质有待进一步发掘和拓展。

2）分子间 π-π 相互作用

基于大环共轭体系，如卟啉和并苯衍生物，以及大 π 受体衍生物，如 C_{60} 衍生物，可以通过分子间 π-π 相互作用而非电荷转移作用作为自组装驱动力形成一系列共晶。例如，中国科学院化学研究所朱道本院士课题组发现，一种卟啉衍生物 DPTTA，可以和多种有机分子结合，如 TCNQ、C_{60} 和 C_{70} 等形成有机共晶（图 5-6）[20, 52-54]。他们发现这类共晶中基态不存在电荷转移，而是通过给受体间 π-π 相互作用作为共晶自组装的驱动力。由于这类共晶中存在很强的 π-π 相互作用，有利于电子和空穴的传输，因此具有较高的双极性载流子迁移率。

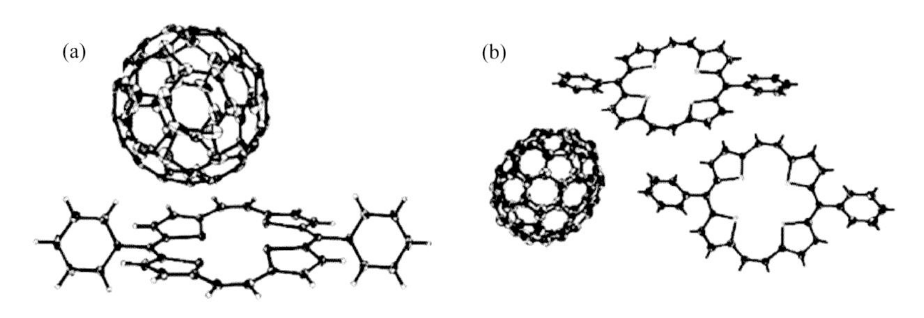

图 5-6　DPTTA-C_{60}（a）及 DPTTA-C_{70}（b）共晶复合物的结构单元示意图

3）氢键相互作用

这一类有机共晶是以分子间氢键强相互作用作为共晶自组装结合驱动力的，具有选择识别性，因此研究此类共晶对预测和控制晶体内部分子自组装模式大有裨益。由于分子间氢键很早就被发现，因此基于氢键所形成的共晶也比较多[23, 24]。

2014 年，加拿大麦吉尔大学的 Dmitrii F. Perepichka 等利用氢键和电荷转移相互作用，通过气相法合成了基于给受体单元的三种共晶，分别为 DP-P2P:NDI-H_2、DP-P2P:NDI-8_1 以及 DP-P2P:NDI-CyHex（图 5-7）。在该系列共晶中，DP-P2P 分子与 NDI 衍生物分子以氢键相连。DP-P2P 和 NDI-8_1 分子均为浅色，而它们所形成的共晶呈现出黑色，上述现象说明分子间氢键作用对共晶性质有影响[55]。

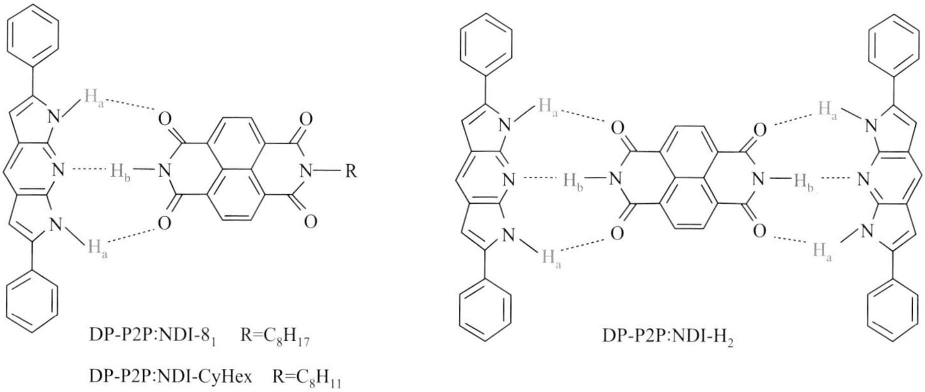

DP-P2P:NDI-8_1　R=C_8H_{17}

DP-P2P:NDI-CyHex　R=C_8H_{11}

DP-P2P:NDI-H_2

图 5-7　基于氢键自组装所形成的 DP-P2P 和 NDI 衍生物系列分子的分子结构与自组装示意图[55]

DP-P2P. 二苯基-二吡咯吡啶；NDI. 1, 4, 5, 8-萘四甲酰基二酰亚胺

4）卤键相互作用

卤键（XB）相互作用是由一个分子中的卤素原子（XB 给体）和另一个分子中的亲质子部分（XB 受体）通过非共价键相互作用结合而产生的。相比于氢键相互作用，卤键相互作用的强度通常更强，因而对于共晶的性能可以起到更为有效的调控作用[56]。例如，Jones 等于 2011 年利用卤键、氢键以及卤键与氢键混合作用，制备了一系列氰基取代的低聚苯乙烯撑与卤代苯以及苯酚衍生物的共晶（图 5-8）[57]。他们发现此类共晶的一系列光学性质（如紫外-可见吸收光谱、发光颜色、荧光寿命、量子产率等）都可以通过共晶中分子间相互作用模式以及晶体组成结构进行调控。通过对这一系列共晶的晶体结构进行分析，并结合对比其各异的荧光发射性能，他们认为不同共晶组分的引入可以改变共晶发色团的几何结构，从而导致共晶荧光发射性质的变化。由于含卤键以及氢键分子选择的多样性和通用性，通过这类作用力可以调整共晶中有机发色团的发光颜色，具有灵活性和可控性，因此对有机发光材料的合理设计提供了有益指导。

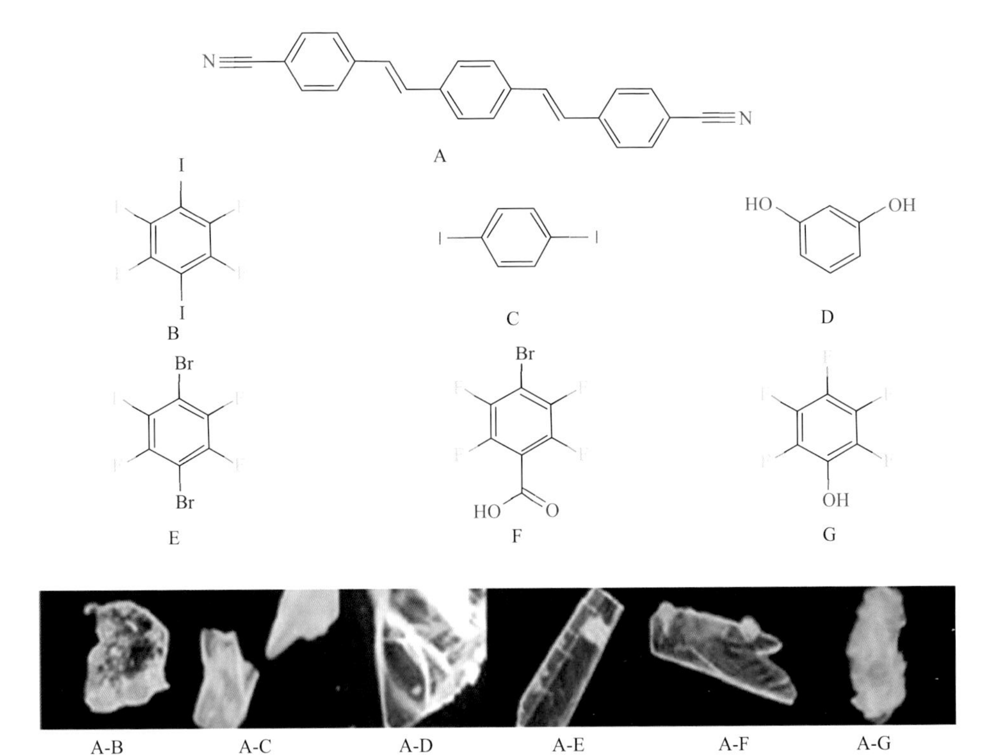

图 5-8 氰基取代的低聚苯乙烯撑与卤代苯、苯甲酸以及苯酚衍生物的分子结构式及组成的共晶[57]

图中 A 为 1, 4-双（对氰基苯乙烯基）苯；B 为 1, 4-二碘四氟苯；C 为 1, 4-二碘苯；D 为间苯二酚；E 为 1, 4-二溴四氟苯；F 为 4-溴四氟苯甲酸；G 为 2, 3, 4, 5, 6-五氟苯酚

5）其他类型

此外，多氟芳烃与芳烃以及其衍生物可以通过自组装形成 1∶1 分子复合物共晶，其中首个被发现的共晶是以 1∶1 摩尔比组合形成的苯-六氟苯（HFB）分子复合物[58]。该类共晶在固态形式下通常具有层层平行的分子排列结构。

尽管不同种类的分子间相互作用在共晶自组装过程中各有其特点和优势，然而在共晶的形成过程中，其自组装结合驱动力通常不只是单一类型，而是多种作用力协同作用的结果，例如，电荷转移共晶中也有可能存在氢键相互作用等[59]。因此探索共晶性能与共晶自组装作用力之间的紧密关系有助于我们进一步加深对共晶的理解。

5.2.2　共晶组装模式

有机晶体制备过程是通过自组装完成的，自组装的驱动力就是由三个方向不同的相互作用决定的。近几年形成的有机电荷转移型材料受到了高度关注，这是因为共晶就是将不同类型的具有双极性电荷传输性质的有机物结合形成的，形成的晶体会具有独特的电学性质、磁学性质和光学性质。

理论上，有机共晶分子内各组成单元可以以任意摩尔比来组装共晶，共晶的堆积模式如图 5-9 所示。但实际上现有的共晶体系中，最常见的是两种组成单元，并且分子摩尔比为 1∶1，即 1∶1 复合物。一般认为，有机分子共晶分成两类：混合-堆积型共晶（mixed-stack cocrystal）和分离-堆积型共晶（segregated-stack cocrystal)，也有人称为交替柱堆砌和分列柱堆砌。在分列柱堆砌中，给体和受体分子各自分开排列，而且各自分子之间存在较强的 π-π 相互作用；在交替柱堆砌中，邻近的给体和受体分子采取面对面的方式排布，两者之间存在显著的 π-π 相互作用，这是区分共晶中分子到底是分列柱堆砌还是交替柱堆砌最重要的依据。有机共晶领域中一个重要的研究方向就是要建立起分子排布（即凝聚态结构）与宏观性质之间的关系。一般认为，交替柱结构比较稳定，而分列柱堆砌结构可能为亚稳相。同时有学者认为，分列柱堆砌共晶体系通常显示出高电导率，而交替柱堆砌共晶体系通常表现出半导体或绝缘体特性。事实上，并非所有的分列柱堆砌共晶都具有很高的电导，这还取决于给受体间的电荷转移情况，

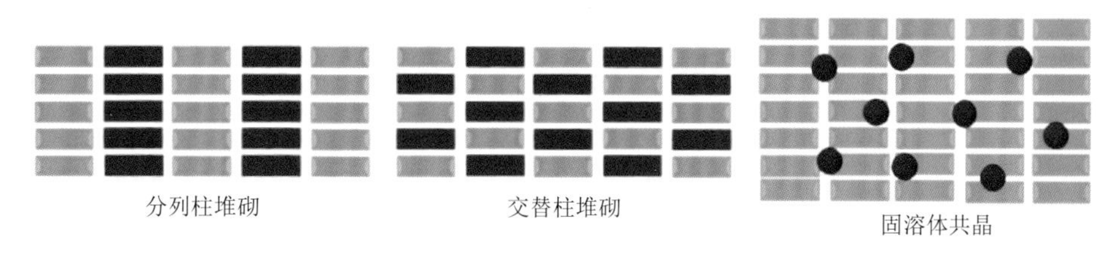

图 5-9　共晶的堆积模式

而电荷转移程度与给体分子的电离能和尺寸相关。如果给体的尺寸小，电离能又低，就可以形成离子型固体（为绝缘体）；若给体的尺寸大，电离能又高，则形成中性的分子固体（为绝缘体）。所以只有给体的尺寸和电离能都适中时，才能形成部分电荷转移的固体，这样的共晶才具有高的电导[60]。

此外，还有一类固溶体共晶，这种分子堆砌相对少见，但有时也会带来不同的光电性能。研究和建立共晶的其他化学物理性质与其结构的关系，为设计和制备功能共晶材料提供借鉴，是共晶制备方式及排列方式研究的重点和难点。

5.3 低维共晶的制备策略

5.3.1 溶液自组装

溶液自组装是制备分子共晶最为常见的方法之一，通常是指在溶液状态下，不同有机分子在分子间相互作用力的驱动下，进行分子聚集、晶体成核和晶体生长的过程。具体的溶液自组装方法有很多种，大致可以分为溶剂挥发法、溶剂蒸气退火法、热饱和溶液冷却法、再沉淀法和扩散法等。

溶剂挥发法，顾名思义就是将不同有机分子以一定的摩尔比溶解在一种溶剂中，然后取一定量的溶液滴在基底上（如玻璃片、硅片等），随着溶剂分子缓慢挥发至尽，有机分子便在基底上析出形成微纳米晶体，具体的实验过程如图 5-10 所示。因此，在这种方法中，溶剂的选择、溶液的浓度和基底的亲疏水性等因素对实现低维共晶最为关键。当然，并不是所有的有机分子都适用于这种方法，根据实际经验，该方法要求：一是不同有机分子在同一种溶剂中的溶解性较大且基

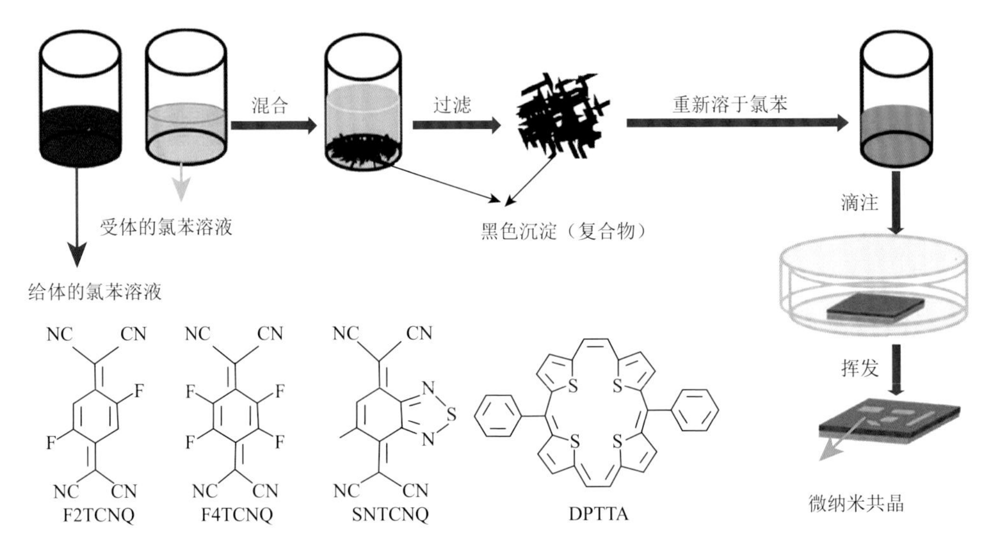

图 5-10 溶剂挥发法制备共晶的实验过程示意图[61]

本相当，二是分子平面性较好以利于形成较强的分子间相互作用。图 5-11 展示了使用溶剂挥发法制备的 DPTTA-TCNQ 共晶纳米带的光学显微镜照片和相应的 X 射线衍射结果[54]。

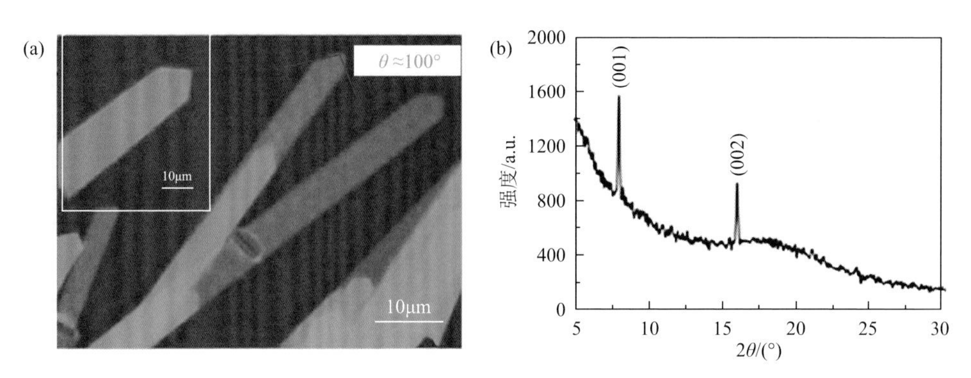

图 5-11　DPTTA-TCNQ 共晶纳米带的光学显微镜照片（a）和相应的 X 射线衍射结果（b）[54]

溶剂蒸气退火（solvent vapor annealing，SVA）法与溶剂挥发法有一些类似，就是将已经在基底上形成的自组装结构暴露在特定溶剂氛围之中，进行长时间的加热退火处理。在饱和的溶剂气氛下，有机分子部分溶解后重新析出结晶，因此微纳结构的分子规整有序性得到大大提高，最终变为高质量的晶体。图 5-12 为使用溶剂蒸气退火法制备得到的有机半导体 C_8-BTBT 微纳米晶体[62]。该方法适用于结晶性比较差的有机分子，很多使用溶剂挥发法难以制备成功的共晶，可以用该方法来实现。例如，2013 年韩国首尔国立大学 Park 课题组和西班牙马德里自治大学 Gierschner 课题组合作，使用溶剂蒸气退火法成功制备了两种低聚苯乙烯撑衍生物 4M-DSB 和 CN-TFPA 的低维共晶[63]，并将其应用于微纳米尺度的场效应晶体管（图 5-13）。

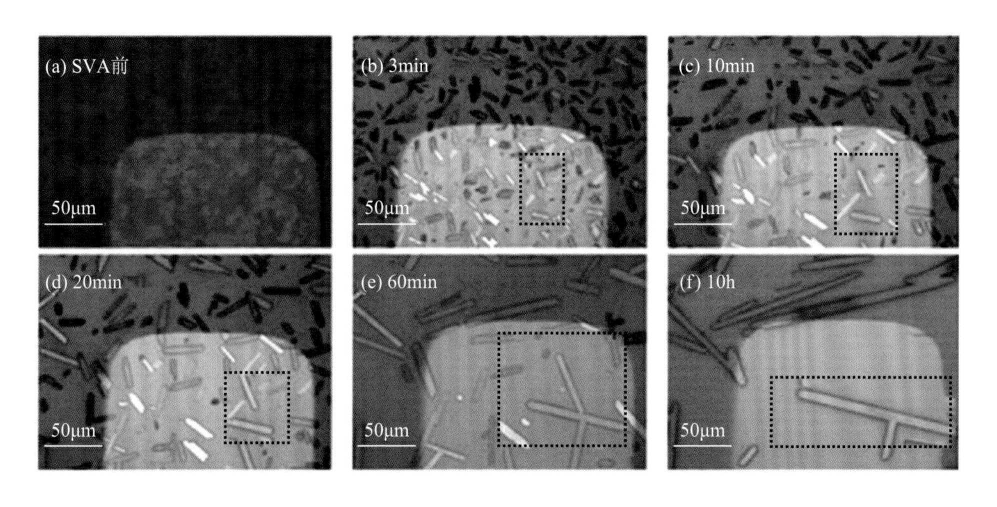

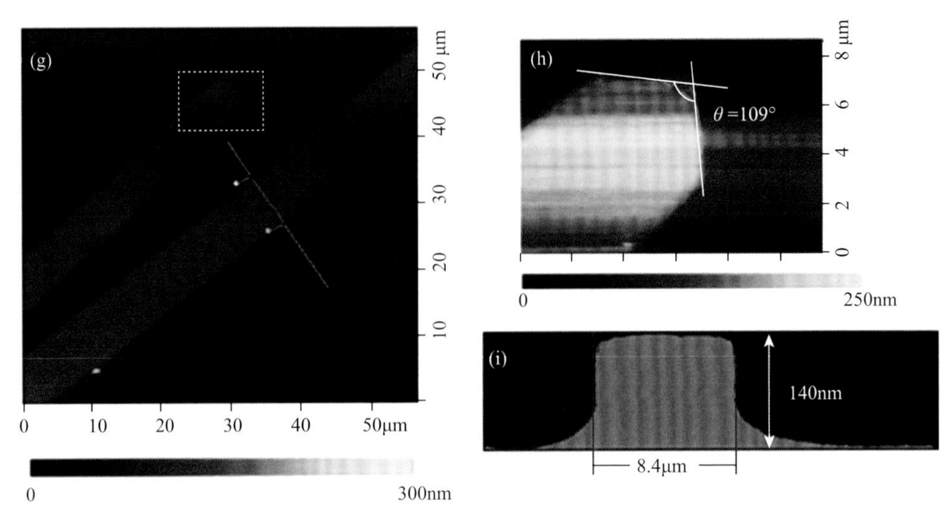

图 5-12 不同溶剂蒸气退火时间下的晶体生长过程［(a)～(f)］和原子力显微镜表征结果［(g)～(i)］[62]

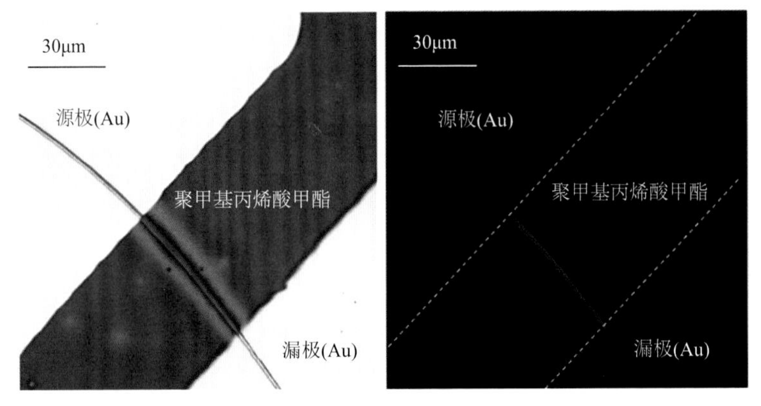

图 5-13 使用溶剂蒸气退火法制备的 4M-DSB 和 CN-TFPA 微纳米共晶用于场效应晶体管[63]

热饱和溶液冷却法，顾名思义就是在加热情况下，将溶液配制到饱和的状态，然后将其慢慢冷却，在冷却的过程中，溶质在溶剂中的溶解度逐渐下降，从而析出得到晶体。使用该方法制备共晶时，可将两种有机物各自溶于热的良溶剂之中，配制饱和以后，将两种热溶液混合，待混合溶液蒸发掉三分之一的溶剂后，使其缓慢地降至室温，然后将溶剂倒出，洗涤得到两种有机分子的共晶[64]。

再沉淀（reprecipitation）法，是指将两种有机分子以一定的摩尔比（通常是 1∶1）溶于良溶剂中，配成具有一定浓度的母液，然后取少量母液注入到大量的不良溶剂中(不良溶剂可以是混合溶剂)，使良溶剂和不良溶剂有非常充分的混合，有机分子在大量不良溶剂氛围的影响下，溶解度迅速降低，进行分子聚集、形核、结晶生长等过程，最终析出共晶。特别地，该方法也适用于制备多组分共晶。例如，2012 年苏州大学功能纳米与软物质研究院的李述汤教授和廖良生教授课题组[49]使用再沉淀法制备了萘-四氰基苯（TCNB）共晶、芘-四氰基苯共晶和萘-芘-四氰基苯三元共晶。他们将两种有机分子（摩尔比 1∶1）的乙腈溶液注入到水/乙醇混合溶剂中，得到了规整的微纳米管结构［图 5-14（c）］。同时发现，若将乙腈溶液直接注入水中，所得到的微纳米管结构为不规整的棒状［图 5-14（a）］。由于萘-四氰基苯微溶于乙醇，作者认为乙醇的腐蚀作用导致了微纳米管的形成［图 5-14（d）］。他们进一步使用掺杂的方法，将芘代替萘分子，又巧妙地利用再沉淀法得到了萘-芘-四氰基苯的三元共晶。

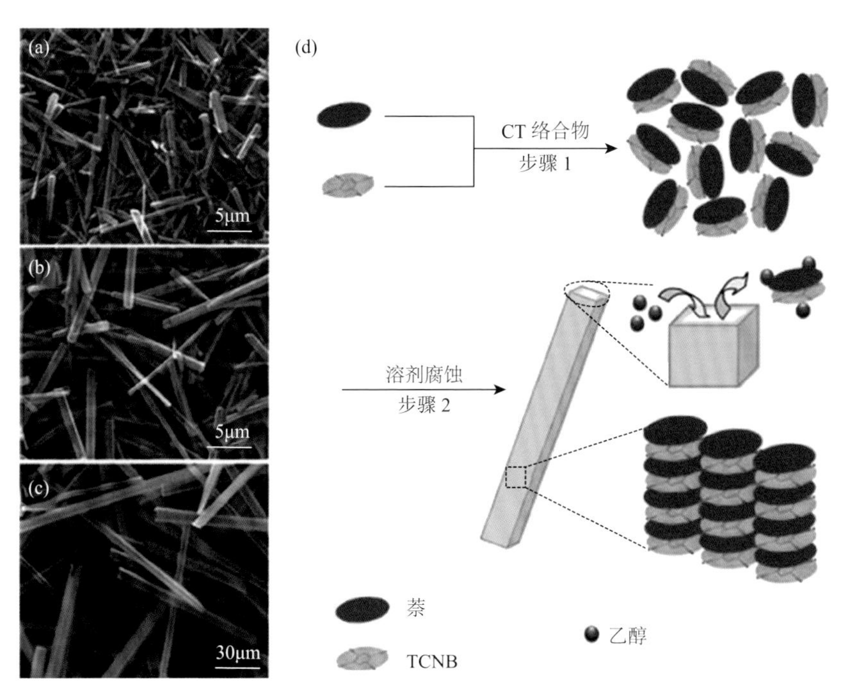

图 5-14　使用再沉淀法制备的萘-四氰基苯共晶的扫描电子显微镜照片[49]

不良溶剂中乙醇/水的体积比分别为 0∶10（a）、1∶9（b）、4∶6（c）；（d）可能的微纳米管形成机制

除以上所述的方法之外，还有液/液界面沉淀（liquid-liquid interfacial precipitation，LLIP）法（图 5-15）[65]、扩散法[64]等其他常见的溶液自组装方法。

5.3.2　物理气相传输法

物理气相传输（physical vapor transport，PVT）法，是指利用加热升华有机分子，使其形成蒸气后，在外部载气的带动下，从高温区域传输到低温区域进行

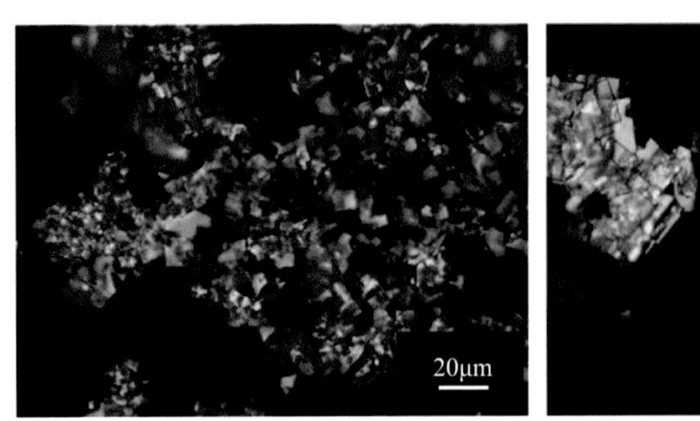

图 5-15 使用液/液界面沉淀法制得的 C_{60}-CoTMPP 纳米片[65]

成核并生长为晶体的实验方法，具体过程如图 5-16 所示[66]。利用气相法制备有机共晶的文献报道较溶液方法相对少，一般适用于较难用常见溶剂溶解的、分子间存在较强相互作用的有机分子。同时，关于使用该方法制备有机共晶的实验经验少，产率也比较低[67]，相比液相法而言，人们还没有建立起像“相图”一样的实验规律和指导原则，因此需要开展更多的探索研究。可以认为，使用物理气相传输法制备有机共晶的先决条件，一是分子之间存在强相互作用（可以有效地相互识别），二是两种材料的升华点比较接近。

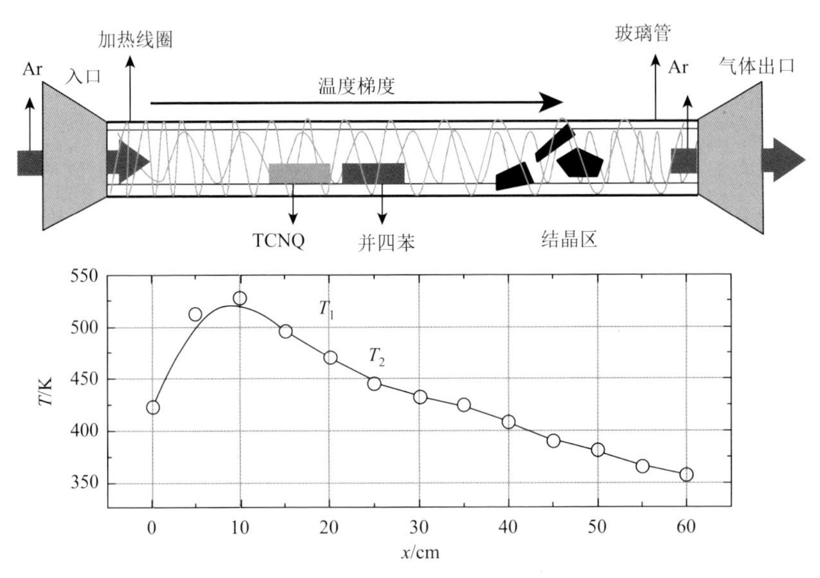

图 5-16 物理气相传输法制备有机共晶示意图和相应的温度分布情况[66]

5.3.3 固相法

使用固相法制备共晶材料的历史很悠久[68]，最早可以追溯到制药领域[69]，主要分为机械研磨和溶剂辅助研磨两种。机械研磨法，是指直接将两种有机物放入研钵内，通过研磨最终得到两种有机分子的共晶，一般只能得到微纳晶体，其过程如图 5-17 所示[68]。如果在研磨过程中加入一些溶剂，这样就会促进共晶的形成，该方法称为溶剂辅助研磨法。例如，2011 年剑桥大学化学系的 William Jones 研究组使用该方法制备了氰基取代的低聚苯乙烯撑与卤代苯、苯甲酸或苯酚衍生物的共晶[57]。这种在机械力作用下促使固体与固体之间发生化学变化的方式，为新共晶材料的开发提供了重要借鉴，人们也对其反应机理进行了深入研究。另外，关于更多固相法的基础知识，请参考已有的综述文献[14]、[68]。

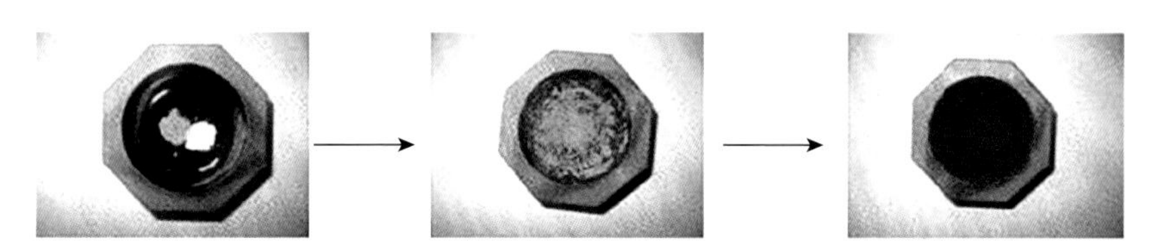

图 5-17　机械研磨法制备有机共晶的颜色变化过程[68]

5.4　低维共晶的物化性质及应用

与单组分晶体相比，有机共晶材料作为单组分的“合金”，组分可选择性广泛，分子排布更为有趣和复杂。通过组成组分之间的相互作用，一般会展现出单组分所不具备的光、电、磁、热等性能。下面依次介绍低维共晶的电学性能、光学性能、光电转换、光热转换、刺激形变以及其他性质与应用。

5.4.1　电学性能

1. 有机场效应晶体管

近几十年来，数以万计的有机半导体材料被开发用于有机场效应晶体管的研究，同时伴随着器件工艺的进步。单极性电荷传输材料，尤其是空穴传输材料的性能已经达到多晶硅的水平，电子传输材料近年来也取得了长足的进步。但是具有良好双极性特性的有机材料还屈指可数，高性能双极性电荷传输材料的开发和应用一直是有机电子学领域的巨大挑战。有机双极性场效应晶体管是构筑有机互补逻辑电路的基本单元之一，被应用于最基础的有机电路即反相器的构筑。双极性场效应晶体管表现出 p 型和 n 型两种性能，构筑反相器无需复杂的工艺。同时该反相器能够有效降低功耗，增加信噪比，增强抗干扰能力和工作稳定性，大大降低商业化成本，这在由单极性场效应晶体管所构筑的反相器中是很难共同实现的。

近年来，科学家发现，给受体（或p型、n型）组分组成的有机共晶材料一般具有双极性电荷传输性质，这就为双极性有机半导体材料的开发打开了另外一扇门。1995年贝尔实验室的Dodabalapur等[70]提出并验证了把p型和n型双层半导体构筑在同一器件中以实现双极性传输的方法。2004年报道的首个具有双极性场效应特性的共晶引起了科学界极大的关注[71]，并引领了对共晶双极性电荷传输性质探索研究的热潮。日本千叶大学的Masatoshi Sakai（2007年）[72]，日本国立材料科学研究所 Wakahara 和英国帝国理工学院 Bradley、Anthopoulos 等（2012年）[65]，印度 Jawaharlal Nehru 先进科学研究中心的 Rao 和 George 等（2010年）[73]都对有机共晶材料的制备及其器件的双极性电荷传输进行了研究。

国内相关研究开展比较多的是中国科学院化学研究所朱道本院士和天津大学胡文平教授团队。他们以二苯基四硫杂[22]轮烯（DPTTA）为给体，开展了系列工作[20, 52, 54, 61, 74, 75]。2012年，团队以DPTTA为给体，TCNQ为电子受体（给受体单元的分子结构如图5-18所示），利用溶液法得到DPTTA-TCNQ带状纳米共晶[54]。基于该共晶的器件空穴迁移率达 0.04cm^2/(V·s)，电子迁移率达 0.03cm^2/(V·s)（表5-1），表现出空气中稳定、平衡的性质，器件存储2个月后性能没有明显衰减。理论计算结果显示电子和空穴迁移率沿 a 轴方向基本一致，与实验结果相符，这是第一个给受体之间不存在电荷转移而展现双极性场效应性质的晶体。之后，他们又分别制备了DPTTA-C_{60}[空穴迁移率0.3cm^2/(V·s)、电子迁移率0.01cm^2/(V·s)]、DPTTA-C_{70}[空穴迁移率0.07cm^2/(V·s)、电子迁移率0.05cm^2/(V·s)]共晶[74]。2016年，该团队利用分子结构相似的特点，制备了C_{60}-碗烯的共晶[76]，基于该晶体的电子迁移率达0.11cm^2/(V·s)。该团队于2014年开发的DPTTA-DTTCNQ[20]的电子和空穴迁移率分别达到0.24cm^2/(V·s)和0.77cm^2/(V·s)，是有机给受体复合物体系中的最高值之一，并且在大气中存储六个月后，器件迁移率没有明显衰减。晶体结构分析和量子模拟表明，电子耦合和超交换作用在该复合物晶体中同时存在，并且形成了一个准二维的电子和空穴传输网络，揭示了载流子有效传输的内部机理。而2016年，团队开发的DPTTA-F2TCNQ[61]的电子和空穴迁移率分别达到1.57cm^2/(V·s)和0.47cm^2/(V·s)，是有机给受体复合物体系中的最高值。

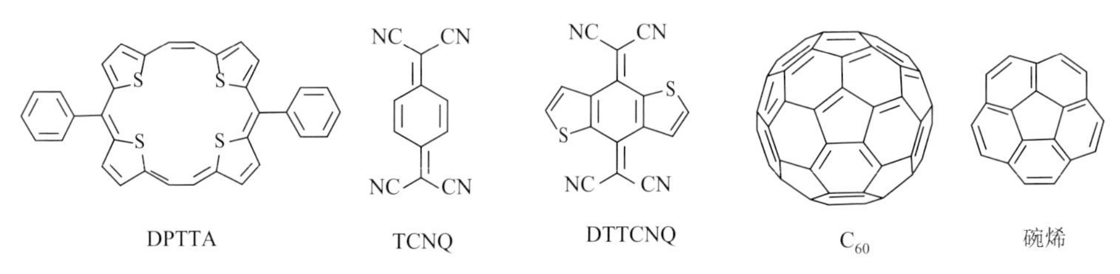

图5-18 给受体单元的分子结构

表 5-1　几种共晶的双极性场效应晶体管迁移率

共晶材料	空穴迁移率 μ_h/[cm^2/(V·s)]	电子迁移率 μ_e/[cm^2/(V·s)]
DPTTA-TCNQ	0.04	0.03
DPTTA-DTTCNQ	0.77	0.24
DPTTA-C_{60}	0.3	0.01
DPTTA-C_{70}	0.07	0.05
DPTTA-F2TCNQ	1.57	0.47

2. 介电响应

电介质材料是一类电场施加条件下发生电极化的绝缘体。由于晶体中的有机分子经常受到动态过程的严格限制，无法被用作介电材料。但是，具有分子间较弱电荷转移作用的共晶在动态过程具有一定自由度，利于介电响应特性的形成。

2015 年日本科学家 Inabe 等对一系列稠环芳烃给体与 TBPA 受体分子结合所形成的电荷转移共晶进行了不同温度下分子转动、相变过程以及介电响应方面的研究[77]。他们发现在该 TBPA 受体分子单晶中，随着温度的变化，TBPA 分子并未发生分子重新取向和运动，由于单晶取向偏振，并未展现出介电响应性能。而在其组成的电荷转移共晶中，受体分子 TBPA 却呈现出明显的分子重新取向，分子运动导致此类共晶展现出明显的介电响应现象。不仅如此，他们在其中的一种电荷转移晶体中观察到晶体内部分子从有序状态到无序状态的相变过程，该相变过程导致共晶在相变温度下介电常数的突变。该研究表明，电荷转移共晶有望成为一类潜在的分子介电体去拓宽介电响应材料范畴（图 5-19）。

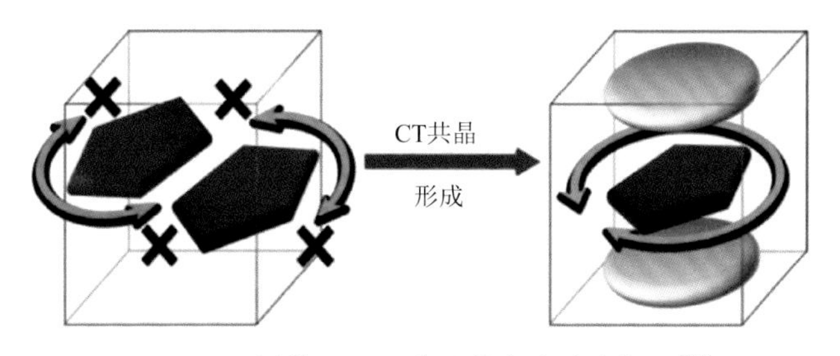

图 5-19　晕苯-TBPA 共晶的介电响应机理[77]

3. 铁电性质

在某些电介质晶体中，晶体的极化程度与电场强度呈现出非线性关系，对应关系曲线与铁磁体的磁滞回线形状类似，表现为铁电性质，在计算机存储器、传感器和光学器件中都具有广泛的应用前景。从 20 世纪 80 年代起，科学家就发现共晶体系中也存在与铁电相关的现象。例如，1981 年 IBM 研究实验室的 Batail 等[78]发现电荷转移共晶 TTF-CA 在低温下存在明显的从中性分子到离子状态的相变过程，随着温度的降低，共晶中受体分子四氯苯醌（chloranil，CA）中 C ═ O 双键的伸缩振动频率从 300K 时的 $1685cm^{-1}$ 变化到 15K 时的 $1525cm^{-1}$，这表明了共晶组分分子从中性状态到离子状态的变化过程，如图 5-20 所示。

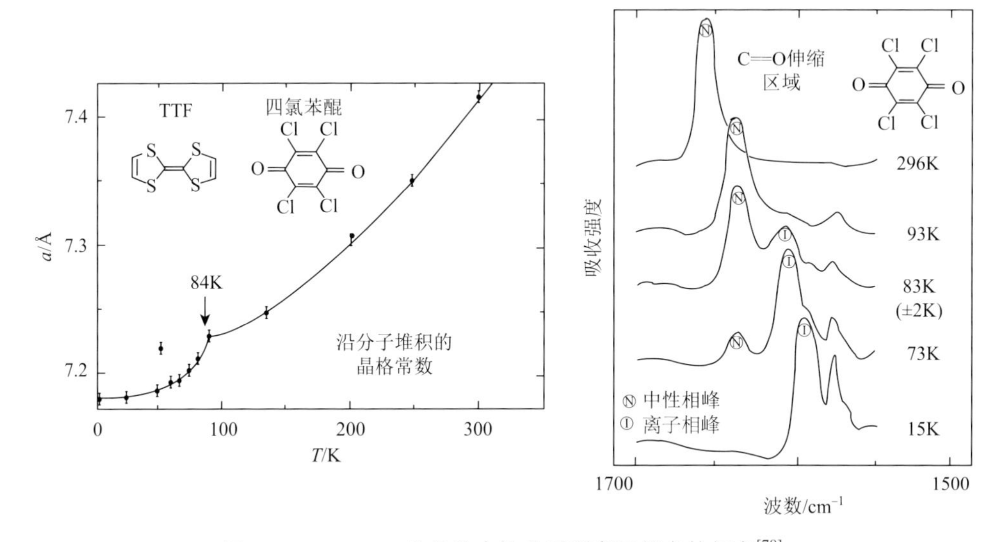

图 5-20　TTF-CA 共晶从中性分子到离子状态的相变[78]

2005 年，日本科学家 Horiuchi 等制备了吩嗪（Phz）和 3, 6-二羟基-2, 5-二卤苯醌（H_2xa）组成的分子共晶[79]。由于其中分子间具有强烈的氢键作用，该共晶的介电常数在室温状态也超过 100，并且在 254K 温度下出现电滞回线，这表明该共晶具有室温铁电性质，这也是科学界发现的第一个具有室温铁电性质的共晶（图 5-21）。Phz-H_2xa 共晶产生铁电性有可能是由其中氢原子通过分子间氢键产生位移所致。这一发现大大激励了科学界在有机共晶方向的研究，尽管科学界对共晶产生铁电性质的机理尚无明确定论，但在此之后，国际上又有一系列课题组在该方面进行了探索。例如，日本科学家 Fujioka 等[80]、Kagawa 等[81]、美国西北大学 Stupp 和 Stoddart 等[82]以及比利时列日大学 D'Avino 等[83]都在铁电共晶方向进行了一系列深入的研究。

此外，共晶的电学性能除了以上所介绍的部分外，共晶还用作高电导甚至超导材料[84, 85]，1973 年起持续有学者进行研究，但是机理尚不明确，导致之后进展较慢。

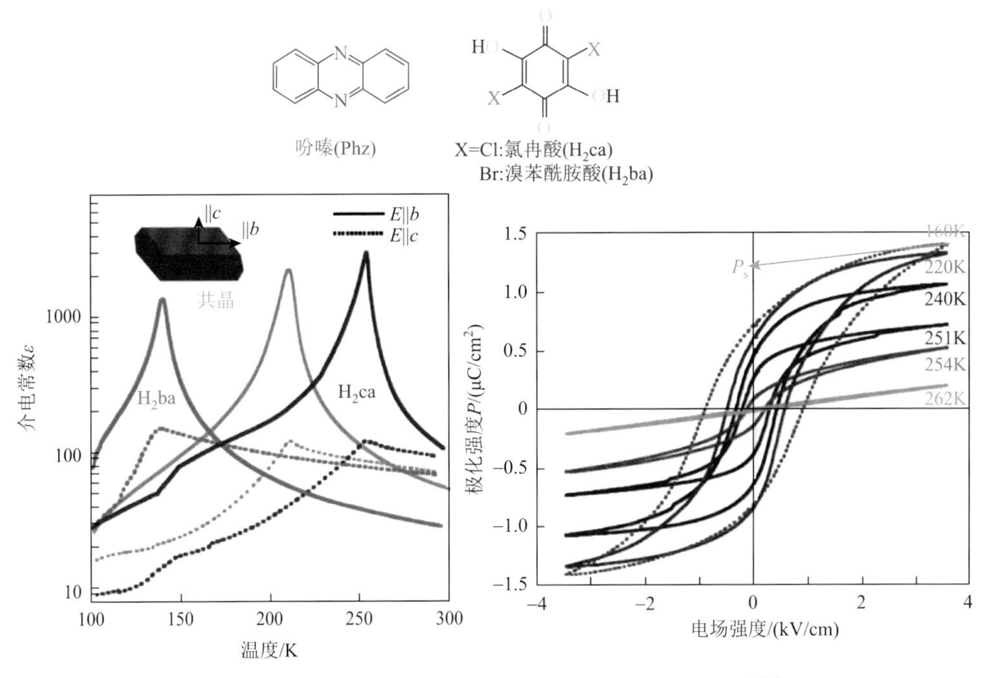

图 5-21 Phz-H_2xa 共晶的变温介电常数以及电滞回线[79]

5.4.2 光学性能

有机共晶与单组分晶体相比，组分材料多样，分子排布更为有趣和复杂[86]。因此，通过两种材料之间的相互作用，共晶不仅可以保留两种单组分材料各自的物理化学性质，并可能展现出单组分材料所不具有的新颖特性。其中，共晶的光学性质就可以通过多种实验手段来实现广泛的调节。由于篇幅有限，本小节主要介绍低维有机共晶材料在白光发射、光波导及光子学逻辑门、非线性光学等方面的性质和应用。

1. 白光发射

多元共晶是指含有三种及三种以上组分材料的有机共晶[87]。我们认为，合理选择组分材料，匹配多种荧光发射波段，就有可能在多元共晶中实现光致白光发射。在多种制备方法中，再沉淀法就可以实现多元共晶的成功制备。正如前面提到的，苏州大学功能纳米与软物质研究院的李述汤教授和廖良生教授课题组[49]利用该方法制备了萘-四氰基苯和芘-四氰基苯共晶，光谱研究发现，萘-四氰基苯共晶的荧光光谱和芘-四氰基苯共晶的激发光谱有很好的重叠，表明两者之间可能存在高效的 Förster 共振能量转移（Förster resonance energy transfer，FRET）。他们进一步使用掺杂的方法，以苝代替萘分子，得到了萘-苝-四氰基苯三元有机共晶。当掺杂浓度为0.015%时，他们得到了具有近完美白光发射（色坐标为0.325，0.358）的微纳结构，如图5-22（b）所示。值得一提的是，该三元共晶的白光发射很强，测得其绝对荧光量子产率为15.7%。

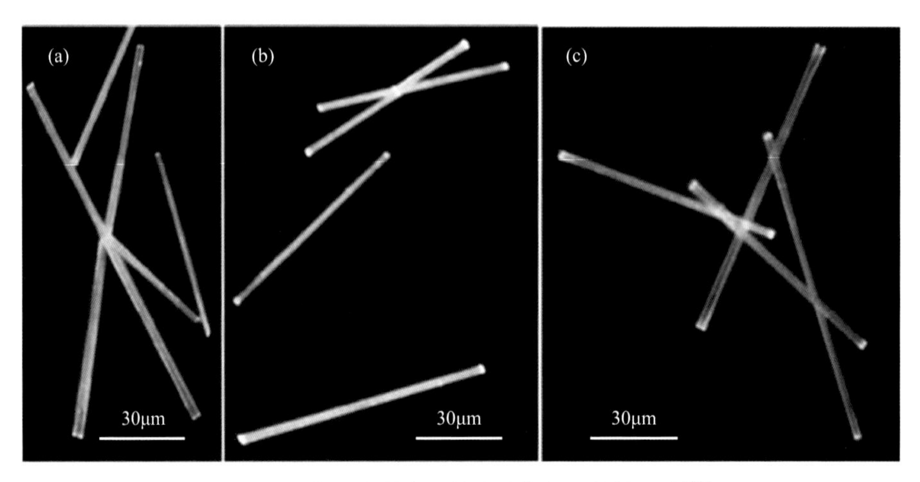

图5-22 紫外光激发下的共晶荧光显微镜照片[49]

其中苝的掺杂浓度分别为（a）0、（b）0.015%、（c）0.1%

2. 光波导及光子学逻辑门

光波导是引导光波传播的介质，以这些介质为基础发展起来的微型光子学器件有望构建功能化的集成光子学回路，实现全新的、快速的光子学逻辑运算[88, 89]。近几年来，有机微纳米晶体作为光波导和集成光子学器件的基础研究已经取得了很大的进展[90]。共晶是一类特殊的单晶，可产生单组分晶体所不具有的双分子激发态物种，如电荷转移激子、激基复合物等，这些激子类型在集成光子学的科学研究和应用中有着广阔前景[91, 92]。2016年，中国科学院化学研究所有机固体实验室的研究人员与合作者[92]使用溶剂挥发法制备了4-(1-萘乙烯基)吡啶（Npe）和四氰基苯（TCNB）的共晶（NTC），他们研究了该共晶作为光波导的性质，发现该共晶的光致荧光可以在单个带状晶体中很好地被限域和传播，测得其光损失系数（optical loss coefficient，R）为0.04～0.11dB/μm，如图5-23（b）和（c）所示。进一步使用自主研发的机械探针辅助移动晶体的方法[93]，他们构建了4-(1-萘乙烯基)吡啶-四氰基苯共晶和反式1, 2-双(4-吡啶基)乙烯-1, 3, 5-三氟-2, 4, 6-三碘苯共晶（BIC）的光波导耦合器，证实了两共晶之间有效的Förster共振能量转移，同时实现了界面白光发射，如图5-23（e）～（g）所示。基于以上研究发现，他们利用机械探针辅助移动晶体的方法进一步构建了各式光波导耦合器，如图 5-24 所示。在不同输入（input）端点进行激光激发和不同输出（output）端点探测信息，研究者们又基本实现了光子学的“与”、“或”以及其他更复杂的逻辑运算功能，从而展现其在集成光子学、光通信、数据加密和高效信息存储处理等方面诱人的应用前景。这些结果同时说明有机晶体作为光波导器件时，其他能量的光子也可以在其中被限域和传播，与其本征的激子荧光没有必然关系。

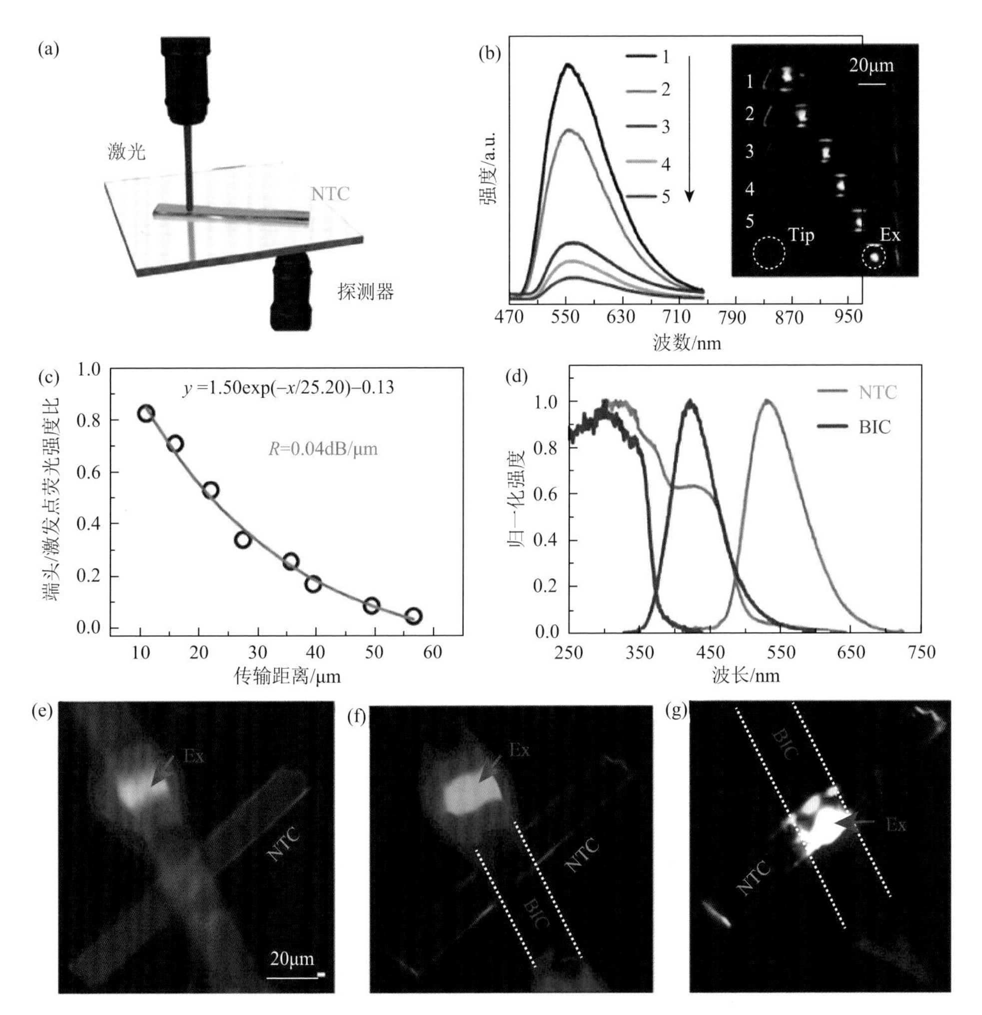

图 5-23　（a）微米空间分辨率的荧光采集设备示意图；（b）随着激发点（Ex）的移动，光的传输距离增加，从共晶端头（Tip）采集得到的荧光光谱强度逐渐减弱；（c）端头/激发点荧光强度比与传输距离的单指数衰减关系；（d）两种共晶的吸收和发射光谱；（e）共晶光波导耦合器的光学显微镜照片；（f）、（g）相应的荧光显微镜照片[92]

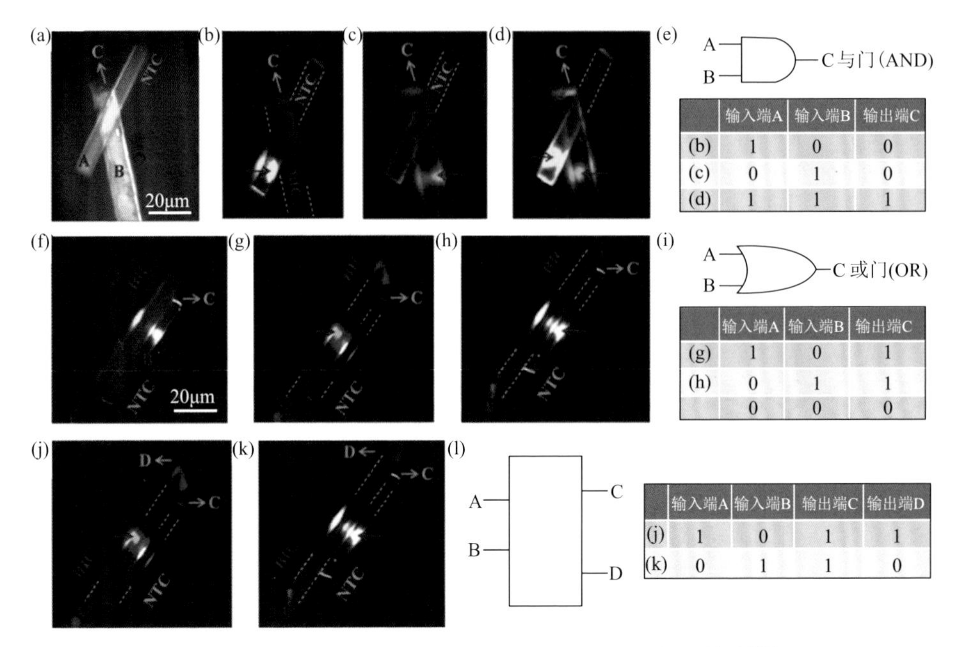

图 5-24　各式光波导耦合器和相应的光子学逻辑运算表[92]

3. 非线性光学

关于有机共晶非线性光学性质的实验研究最早于 1989 年被日本电报电话公司（NTT）光电子实验室的 Ken-Ichi Kubodera 等报道发表[94]，他们首次阐述了晶体中的电荷转移作用（超分子电偶极）有助于产生强的三阶非线性光学性质，但其中的原因并不是十分清楚。随后，这个领域又有一些重要的研究发现，例如，1991 年北京大学龚旗煌等[95]指出 Ken-Ichi Kubodera 报道的三阶光学非线性在电荷转移吸收范围之内，其三阶非线性光学系数被共振效应提高了，他们重新精确地测试了非共振范围内的电荷转移复合物的三阶非线性超极化率。2011 年，剑桥大学化学系 William Jones 和 Dongpeng Yan 等[57]利用卤键和氢键作用，以一个含氰基的低聚苯乙烯撑衍生物为荧光母体分子，与六个小分子制备成多种有机共晶，研究表明，所得共晶材料的吸收波长、荧光发射波长、荧光寿命、发光效率等相比母体分子都发生了改变，但一样都出现了双光子吸收性质。由此证实共晶可作为一种有效手段调控材料的光学性质，为设计此类发光材料提供了有力借鉴。

双光子吸收（two-photon absorption）是指介质通过中间虚拟态同时吸收两个光子从基态跃迁至激发态的过程。其跃迁量子特征为具有高度空间分辨率和良好的介质穿透性，因而在三维荧光显微成像[97]、光信息存储[98]、光限幅[99]和微纳加工制作[100]等高科技领域具有重要应用价值，成为当前有机光电子热点领域之一。近期，天津大学胡文平教授课题组[96]利用溶液挥发法制备了 4-苯乙烯基吡啶

（4-styrylpyridine）和四氰基苯（tetracyanobenzene）的共晶（STC）。该共晶呈现淡黄色，其晶体结构显示其中给体（donor，D）分子和受体（acceptor，A）分子由于 D-A 作用和 π-π 相互作用沿 *a* 轴交替排列，形成了三维 D-π-A 空间网络。他们进一步使用双光子诱导荧光法，用 780nm 波长的激光激发该 STC 共晶，发出了 500nm 上转换荧光，谱图与单光子荧光类似。随着入射激光能量的不断增加，双光子激发的荧光强度和入射光能量的平方呈线性依赖关系，说明为典型的双光子吸收过程，如图 5-25 所示。有趣的是，在两种组成单体材料中并未发现双光子吸收特性，而自组装的 STC 共晶展示了很好的双光子吸收性质。因此，有机共晶工程通过调控不同分子间作用为双光子吸收的实现提供了新颖的思路和广阔的空间。

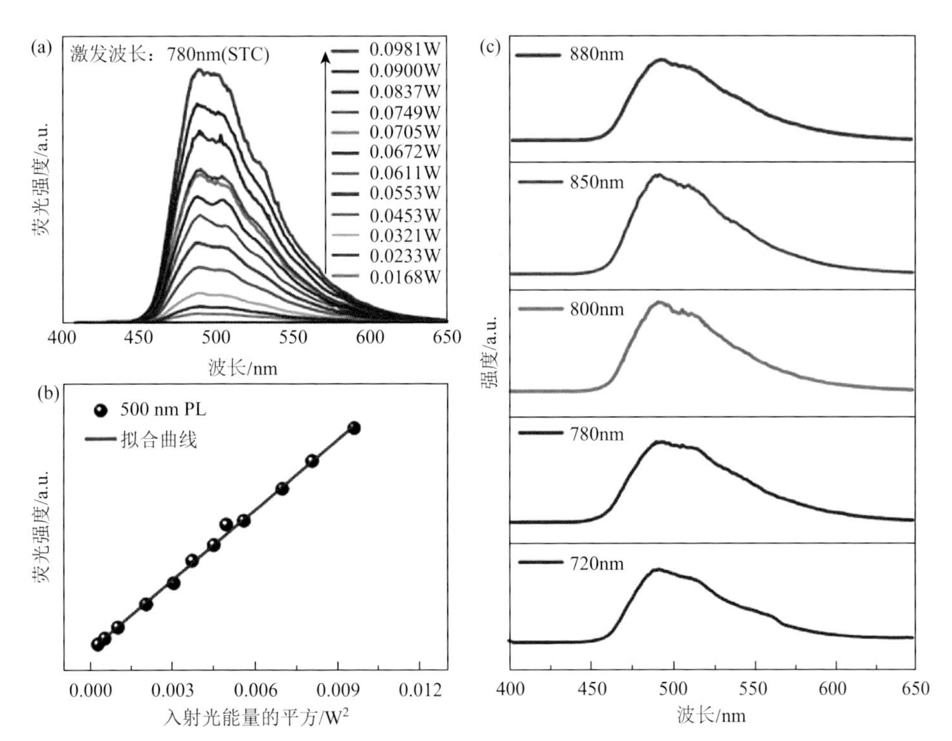

图 5-25　4-苯乙烯基吡啶-四氰基苯共晶的双光子吸收性质表征结果[96]

5.4.3　光电转换——太阳能电池、光响应器件

在微纳米尺度的共晶上构筑光伏器件仍是一个很大的挑战，但给受体共晶中分子排布结构已知，可以作为原型来探究光伏现象中激子的生成、电荷分离复合等基本问题，为有机光伏器件的设计和性能提高提供理性指导，这使得共晶光伏器件的制备和研究显得非常重要。2010 年，美国哥伦比亚大学的 Colin Nuckolls

等利用气相共蒸法制备了六苯并蔻（HBC）和 C_{60} 的叠层异质结共晶[67]。同时，他们构筑了两种材料的双层 p-n 结器件［图 5-26（a）和（b）]，光电转换效率最高可达 5.7%，但在器件的光物理过程方面的研究仍有待继续。胡文平教授团队也做过 p-n 结构筑电池[101]，但 PCE 只有 0.007%。2016 年，该团队分别利用分列柱堆砌和叠层的 C_{60}-DPTTA 共晶，制备了太阳能电池器件[75]，发现基于分列柱堆砌的共晶器件的 PCE 为 0.27%，而基于叠层共晶的器件 PCE 只有 0.0019%，相差 141 倍。与常规的有机聚合物和小分子相比，基于共晶材料的太阳能电池器件结构相对简单，但相较于 OPV 材料的迅猛发展，基于共晶的有机太阳能电池材料的开发尚需努力。

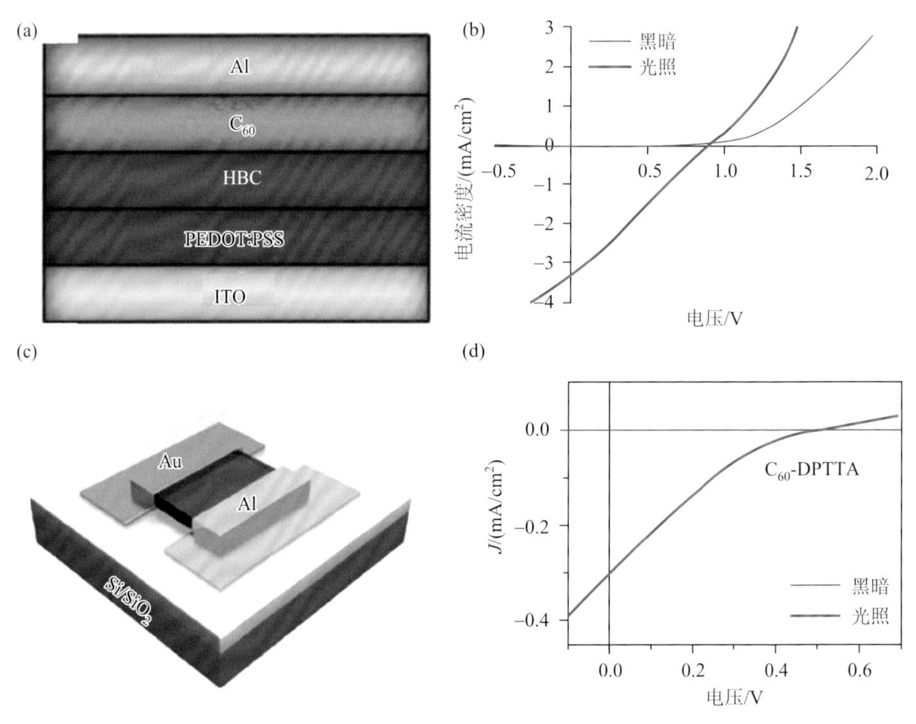

图 5-26 叠层异质结 HBC-C_{60} 的器件结构（a）及光伏性能（b）[67]；分列柱堆砌的 C_{60}-DPTTA 的器件结构（c）及光伏性能（d）[75]

部分共晶在光照下产生自由载流子，可用作光响应器件。很多课题组也对共晶的光响应行为及机理进行了深入研究，如英国肯特大学的 John D. Wright 及其合作者（1974 年）[102]、加拿大国家研究委员会化学部的 Marek Samoc（1983 年）[103]、美国达特茅斯学院化学系的 Charles L. Braun（1984 年）[104]、日本国立先进工业科学与技术研究所 Tatsuo Hasegawa（2010 年）[105]、北京大学裴坚教授（2013 年）[106]、中国科学院苏州纳米技术与纳米仿生研究所潘革波

（2014 年）[42]等。2016 年，胡文平教授团队研究了碗烯-富勒烯共晶的光响应特性（图 5-27）[76]，在 6.99mW/cm^2 的光强下，光响应 R（$R = I_{ph}/S \times I_{irr}$，其中 S 为器件通道的面积；I_{irr} 为入射光强度）是 0.09A/W，这表明了它作为光电探测器的潜在应用。

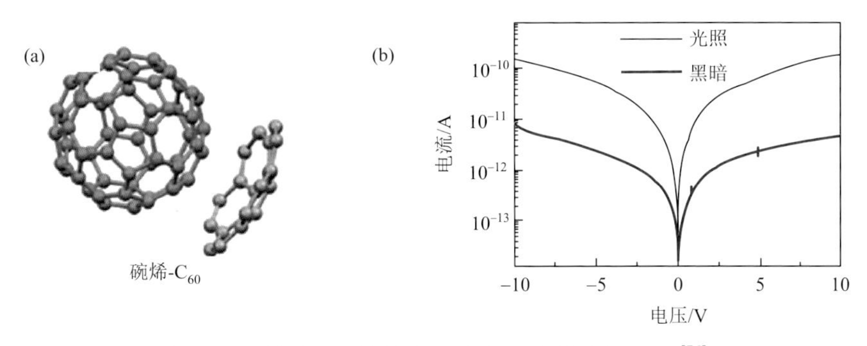

图 5-27 碗烯-C_{60} 共晶（a）及其光响应特性（b）[76]

5.4.4 光热转换——光热探测与成像

有机光热转换功能材料在光热治疗、光声成像、光热器件和形状记忆设备等各个领域都具有巨大的应用潜力。到目前为止，有机光热材料主要研究对象集中在聚合物领域。一般通过延长分子共轭长度或者增强猝灭作用，抑制辐射跃迁过程来设计合成更多的高性能光热材料，复杂的合成步骤限制了该领域的发展。为了满足日益增长的需求，开发新型光热材料对该领域的发展大有裨益。

2018 年，天津大学胡文平教授团队首次将电荷转移共晶推广到光热成像领域[107]。他们开发了一种电荷转移 DBTTF-TCNB 共晶［图 5-28（a）］，该共晶在电荷转移和分子间 π-π 相互作用的协同作用下，不仅对从紫外波长到红外波长的光都具有良好的吸收性能，还可以将吸收的光子通过快速非辐射衰减转化成热能。因此在 808nm 的激光照射下，共晶的温度可以在短时间内迅速升高至 71.3℃，具有 $\eta = 18.8\%$的光热转换效率［图 5-28（b）］。通过飞秒瞬态吸收光谱研究发现，该共晶具有高光热转换效率是由其中活跃的非辐射途径和抑制辐射跃迁过程造成的。并且该光热转换过程具有可重复性，为光热成像器件的应用提供了新途径。

(a)

DBTTF　　TCNB　　DTC

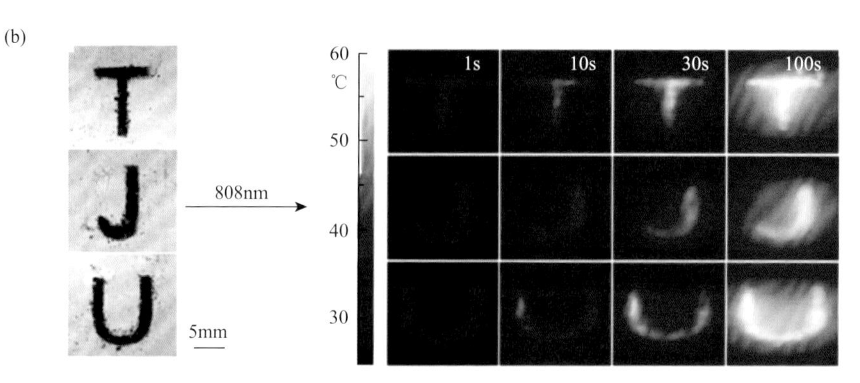

图 5-28　DBTTF-TCNB 的共晶结构（a）及光热特性（b）[107]

5.4.5　刺激形变

刺激形变分子晶体在近些年受到科学界越来越广泛的关注，这类晶体在受到外界刺激（如加热、光照或外力作用）时，通常会发生宏观形变甚至机械运动。然而，对刺激形变机理方面的研究还十分有限。目前有机共晶已被成功应用于刺激形变分子晶体领域，可通过机械压力、光、热等作用产生晶体形变。山东大学陶绪堂等制备了 8-羟基喹啉铜（Cuq_2）和 7, 7, 8, 8-四氰基对苯二醌二甲烷（TCNQ）组成的 Cuq_2-TCNQ 共晶[108]，在机械压力刺激下显示出明显的晶体维度改变。这种共晶形貌的显著改变是由受压后晶体内分子组成结构的变化而造成的（图 5-29）。

图 5-29　Cuq_2-TCNQ 共晶在压力作用下发生晶相转变[108]

日本科学家Irie于2010年设计了一种光致变形有机共晶，该共晶给体分子为萘取代二噻吩全氟环戊烯衍生物（1o），受体分子为全氟取代萘（FN）。如图5-30所示，在4.7～295K的温度范围内，该共晶在紫外/可见光的照射下表现出快速和耐久的光致弯曲行为[109]。通过X射线晶体学分析表明，这种光致变形行为是由共晶组分1o分子发生光致环化过程中的分子形状变化引起的晶格的各向异性膨胀所致。该研究说明有机共晶可以将分子世界中分子的几何结构变化与材料的宏观运动联系起来，并在宏观体系中执行机械工作。

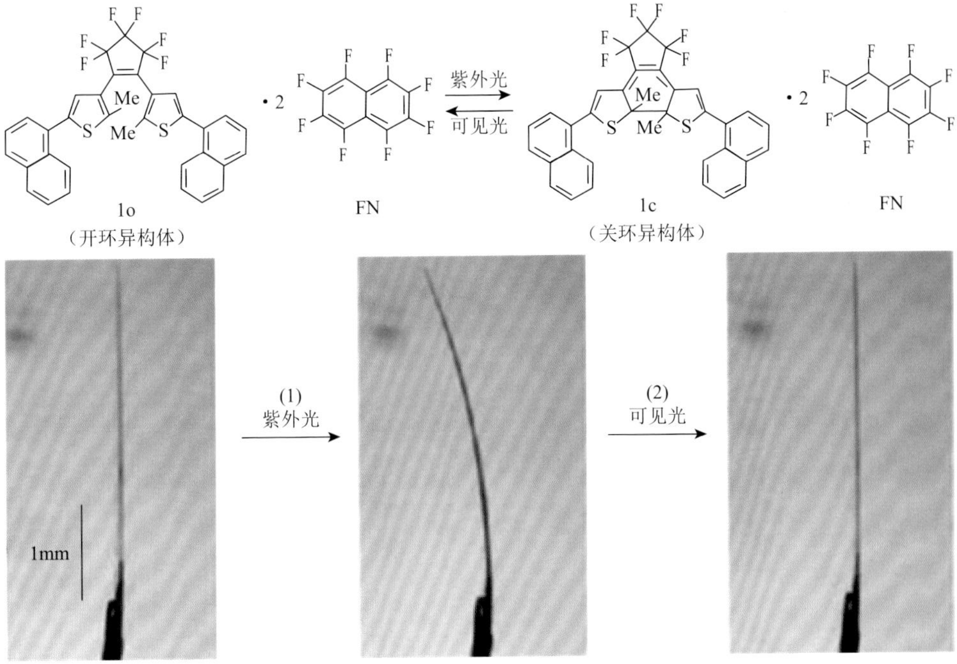

图5-30 1o·FN共晶的组分材料分子式以及光致弯曲行为[109]

胡文平等利用溶剂缓慢挥发法制备了发射红光的（perylene-TCNB）·2THF溶剂化共晶[110]。该溶剂化共晶通过得失溶剂分子，能够可逆转化成灰绿色不发光的perylene-TCNB二组分共晶（通过吸附或去除四氢呋喃溶剂）。尤其值得关注的是，perylene-TCNB二组分共晶在吸附四氢呋喃溶剂分子的过程中，会逐渐产生显著的力学弯曲，如图5-31所示。这种特殊的刺激响应形变现象不但存在于四氢呋喃的刺激过程中，同时也存在于一些具有相似分子构型的有机溶剂刺激过程中。这种由共晶内部分子微观状态的改变所诱发的共晶宏观状态的改变，为我们提供了一种研究共晶形变机理的有效模型，有望进一步拓展共晶在智能响应领域的应用范围。

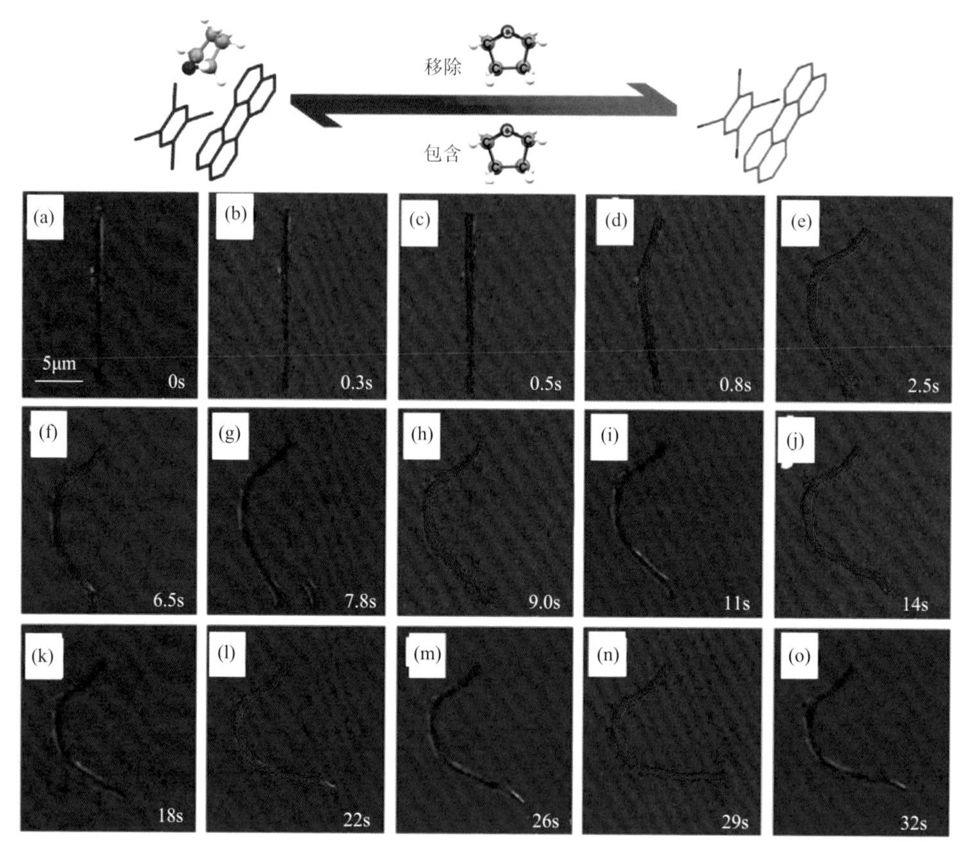

图 5-31 共晶两种形态之间的可逆结构变化示意图及其在四氢呋喃蒸气[(b)～(e),(h),(j),(l),(n)和空气[(a),(f),(g),(i),(k),(m),(o)]中发生的颜色和形状变化[110]

陶绪堂、张其春等对六苯并蔻与四氰基苯形成的共晶进行了热形变的研究，通过加热，在共晶的可逆相变过程中发现了可循环的晶体破裂-自修复现象[111]，如图 5-32 所示。研究表明，相变前后晶体结构的整体相似性以及局部关键差异(堆积模式、转子取向和分子间作用力)是该单晶材料自修复性质的起源。这项研究使我们对分子晶体的相变机制有了新的认识，为进一步设计和研究晶态自修复材料提供了新的见解。

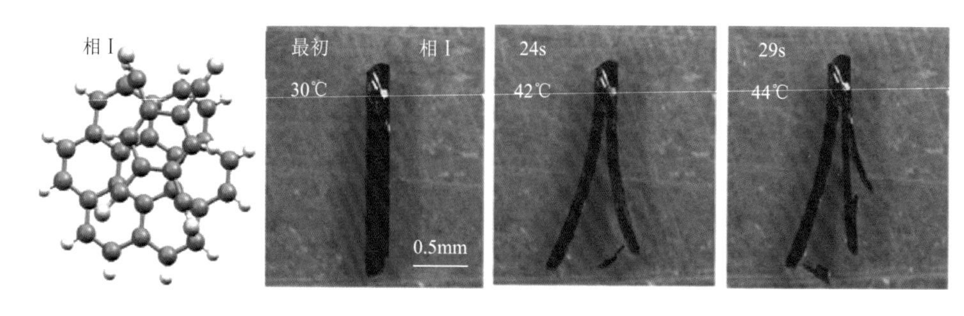

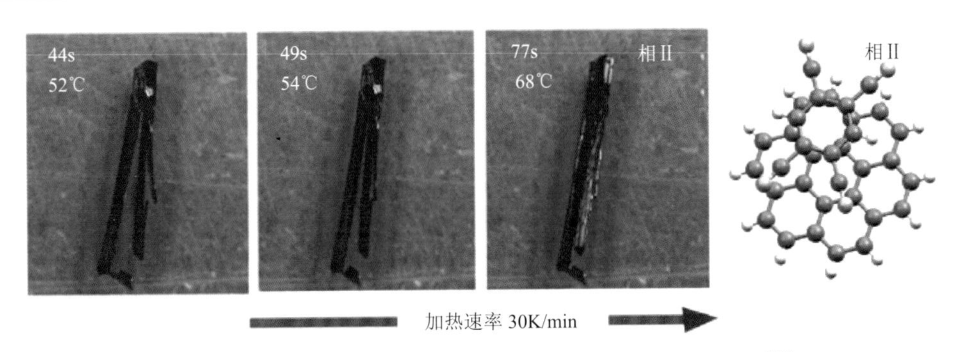

图 5-32　共晶在加热过程发生相变，并引起破裂和自修复[111]

5.4.6　其他

1. 液晶材料

某些物质在熔融状态失去了固态物质的刚性，然而在获得了液体的易流动性的同时还保留了部分晶态物质分子各向异性的有序排列，形成一种兼有晶体和液体性质的中间状态，这种存在取向有序流体的物质被称为液晶。2004 年，英国科学家 Bruce 等发现某些存在 N⋯I 键作用的有机共晶在一定温度下存在液晶相[112]，他们认为分子间卤键作用是该共晶存在液晶相至关重要的前提（图 5-33）。

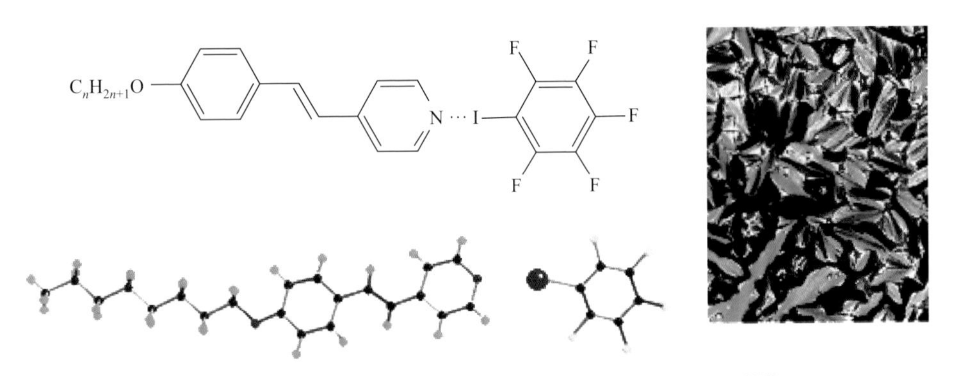

图 5-33　共晶材料组分分子结构式及其液晶显微镜形貌[112]

2. 磁性行为

至今，国内外在有机共晶方面研究其磁行为的文献比较少。2000 年，T. Hasegawa 等[113]制备了三种交替柱堆砌的电荷转移复合物晶体：(BEDT-TTF)(Me_2TCNQ)、(BEDT-TTF)(ClMeTCNQ)、(BEDO-TTF)(Cl_2TCNQ)，其中(BEDO-TTF)(Cl_2TCNQ)晶体被认定为离子性（基态电荷转移程度较大）晶体。作者进一步在这个离子性晶体上观察到反常的磁性质，其磁化率在 120K 附近有急剧的下降，这与经典的 Curie-Weiss 行为截然不同，由此可以界定该电荷转移复合物晶体为磁绝缘体（magnetic insulator）。2010 年，Fumitaka Kagawa 等[81]研究了电荷转移 TTF-BA 共晶，直接测量了其作为一维有机量子磁体的磁场依赖极化变动，表明 spin-Peierls 不稳定性在其响应中起到关键作用，一维量子磁体特别是有机电荷转移复合物，非常有可能作为一类磁场控制的铁电材料（图 5-34）。

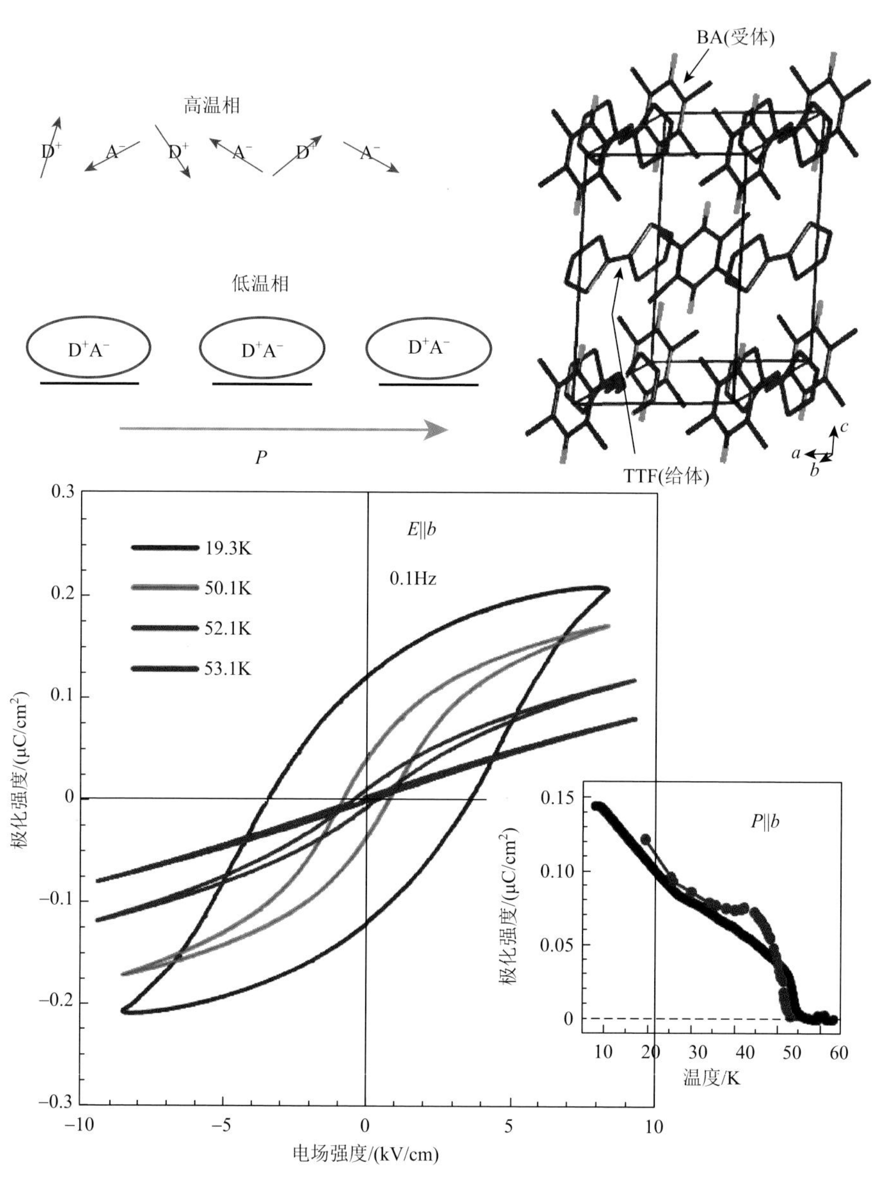

图 5-34 TTF-BA 共晶电极化的形成、堆积结构及其铁电性质[81]

5.5 总结与展望

本章主要介绍共晶构建的影响因素与组装模式、低维共晶的制备策略及其光电性质和应用。首先，介绍了低维共晶材料构建的影响因素与组装模式，影响因素包括热力学和动力学因素，形成机理包括共价键以及非共价键相互作用，组装模式包括交替柱堆砌和分列柱堆砌等。其次，在制备策略中，又主要分为溶液自组装、物理气相传输法和固相法三类。最后，介绍了低维共晶材料的物化性质及应用，包括电学性能、光学性能、光电转换、光热转换、刺激形变、液晶性能以及磁性行为。其中电学性能包括有机场效应晶体管、介电响应和铁电性质，光学性能中主要分为白光发射、光波导和光子学逻辑门，以及非线性光学等方面。本章对低维有机共晶材料的制备、性质和应用进行了详尽的分析和总结，希望能为本领域国内外同行提供有益的参考和借鉴。

参考文献

[1] Jurchescu O D，Popinciuc M，van Wees B J，et al. Interface-controlled，high-mobility organic transistors. Advanced Materials，2007，19（5）：688-692.

[2] Kabe R，Nakanotani H，Sakanoue T，et al. Effect of molecular morphology on amplified spontaneous emission of bis-styrylbenzene derivatives. Advanced Materials，2009，21（40）：4034-4038.

[3] Nakanotani H，Saito M，Nakamura H，et al. Highly balanced ambipolar mobilities with intense electroluminescence in field-effect transistors based on organic single crystal oligo（*p*-phenylenevinylene）derivatives. Applied Physics Letters，2009，95（3）：033308-033303.

[4] Sun L，Zhu W，Yang F，et al. Molecular cocrystals：design，charge-transfer and optoelectronic functionality. Physical Chemistry Chemical Physics，2018，20（9）：6009-6023.

[5] Wöhler F. Untersuchungen über das Chinon. Annalen der Chemie und Pharmacie，1844，51：145-163.

[6] Davey R，Garside J. From Molecules to Crystallizers：An Introduction to Crystallization. New York：Oxford University Press，2000.

[7] Aitipamula S，Banerjee R，Bansal A K，et al. Polymorphs，salts，and cocrystals：what's in a name？ Crystal Growth & Design，2012，12（5）：2147-2152.

[8] Lehn J M. Supramolecular Chemistry：Concepts and Perspectives. Weinheim：Wiley-VCH，1995.

[9] Tothadi S，Mukherjee A，Desiraju G R. Shape and size mimicry in the design of ternary molecular solids：towards a robust strategy for crystal engineering. Chemical Communications，2011，47（44）：12080-12082.

[10] Desiraju G R. Crystal engineering：a holistic view. Angewandte Chemie International Edition，2007，46（44）：8342-8356.

[11] Stoler E，Warner J C. Non-covalent derivatives：cocrystals and eutectics. Molecules，2015，20（8）：14833-14848.

[12] Desiraju G R. Crystal engineering：from molecule to crystal. Journal of the American Chemical Society，2013，135（27）：9952-9967.

[13] Ross S A，Lamprou D A，Douroumis D. Engineering and manufacturing of pharmaceutical co-crystals：a review

of solvent-free manufacturing technologies. Chemical Communications，2016，52（57）：8772-8786.

[14] Friscic T，Jones W. Recent advances in understanding the mechanism of cocrystal formation via grinding. Crystal Growth & Design，2009，9（3）：1621-1637.

[15] Karimi-Jafari M，Padrela L，Walker G M，et al. Creating cocrystals：a review of pharmaceutical cocrystal preparation routes and applications. Crystal Growth & Design，2018，18（10）：6370-6387.

[16] Blagden N，Berry D J，Parkin A，et al. Current directions in co-crystal growth. New Journal of Chemistry，2008，32（10）：1659-1672.

[17] Aakeroy C B，Beatty A M，Helfrich B A. A high-yielding supramolecular reaction. Journal of the American Chemical Society，2002，124（48）：14425-14432.

[18] Bredas J L，Beljonne D，Coropceanu V，et al. Charge-transfer and energy-transfer processes in π-conjugated oligomers and polymers：a molecular picture. Chemical Reviews，2004，104（11）：4971-5004.

[19] Goetz K P，Vermeulen D，Payne M E，et al. Charge-transfer complexes：new perspectives on an old class of compounds. Journal of Materials Chemistry C，2014，2（17）：3065-3076.

[20] Qin Y，Zhang J，Zheng X，et al. Charge-transfer complex crystal based on extended-π-conjugated acceptor and sulfur-bridged annulene：charge-transfer interaction and remarkable high ambipolar transport characteristics. Advanced Materials，2014，26（24）：4093-4099.

[21] Hunter C A，Sanders J K M. The nature of π-π interactions. Journal of the American Chemical Society，1990，112（14）：5525-5534.

[22] Sarma B，Reddy L S，Nangia A. The role of π-stacking in the composition of phloroglucinol and phenazine cocrystals. Crystal Growth & Design，2008，8（12）：4546-4552.

[23] Tothadi S，Desiraju G R. Designing ternary cocrystals with hydrogen bonds and halogen bonds. Chemical Communications，2013，49（71）：7791-7793.

[24] Sokolov A N，Friscic T，Macgillivray L R. Enforced face-to-face stacking of organic semiconductor building blocks within hydrogen-bonded molecular cocrystals. Journal of the American Chemical Society，2006，128（9）：2806-2807.

[25] Black H T，Perepichka D F. Crystal engineering of dual channel p/n organic semiconductors by complementary hydrogen bonding. Angewandte Chemie International Edition，2014，53（8）：2138-2142.

[26] Corradi E，Meille S V，Messina M T，et al. Halogen bonding versus hydrogen bonding in driving self-assembly processes perfluorocarbon-hydrocarbon self-assembly. Angewandte Chemie International Edition，2000，39（10）：1782-1786.

[27] Baldrighi M，Cavallo G，Chierotti M R，et al. Halogen bonding and pharmaceutical cocrystals：the case of a widely used preservative. Molecular Pharmaceutics，2013，10（5）：1760-1772.

[28] Hanson G R，Jensen P，McMurtrie J，et al. Halogen bonding between an isoindoline nitroxide and 1, 4-diiodotetrafluorobenzene：new tools and tectons for self-assembling organic spin systems. Chemistry-A European Journal，2009，15（16）：4156-4164.

[29] Metrangolo P，Resnati G. Halogen bonding：a paradigm in supramolecular chemistry. Chemistry-A European Journal，2001，7（12）：2511-2519.

[30] Wuest J D. Molecular solids：co-crystals give light a tune-up. Nature Chemistry，2012，4（2）：74-75.

[31] Zhu L，Kim E G，Yi Y，et al. Charge transfer in molecular complexes with 2, 3, 5, 6-tetrafluoro-7, 7, 8, 8-tetracyanoquinodimethane（F4-TCNQ）：a density functional theory study. Chemistry of Materials，2011，23（23）：5149-5159.

[32] Zhu L Y，Yi Y P，Fonari A，et al. Electronic properties of mixed-stack organic charge-transfer crystals. The Journal of Physical Chemistry C，2014，118（26）：14150-14156.

[33] Zhu L，Yi Y，Li Y，et al. Prediction of remarkable ambipolar charge-transport characteristics in organic mixed-stack charge-transfer crystals. Journal of the American Chemical Society，2012，134（4）：2340-2347.

[34] Tseng H，Serri M，Harrison N M，et al. Thin film properties of tetracyanoquinodimethane（TCNQ）with novel templating effects. Journal of Materials Chemistry C，2015，3（33）：8694-8699.

[35] Coleman L B，Cohen M J，Sandman D J，et al. Superconducting fluctuations and the peierls instability in an organic solid. Solid State Communications，1973，12（11）：1125-1132.

[36] Wu H D，Wang F X，Xiao Y，et al. Preparation and ambipolar transistor characteristics of co-crystal microrods of dibenzotetrathiafulvalene and tetracyanoquinodimethane. Journal of Materials Chemistry C，2013，1（12）：2286-2289.

[37] Takahashi Y，Hasegawa T，Abe Y，et al. Tuning of electron injections for n-type organic transistor based on charge-transfer compounds. Applied Physics Letters，2005，86（6）：063504.

[38] Hu P，Ma L，Tan K J，et al. Solvent-dependent stoichiometry in perylene-7, 7, 8, 8-tetracyanoquinodimethane charge transfer compound single crystals. Crystal Growth & Design，2014，14（12）：6376-6382.

[39] Bandrauk A D，Truong K D，Salares V R，et al. Raman spectra of solid perylene-TCNQ complexes. Journal of Raman Spectroscopy，1979，8（1）：5-10.

[40] Chi X，Besnard C，Thorsmølle V K，et al. Structure and transport properties of the charge-transfer salt coronene-TCNQ. Chemistry of Materials，2004，16（26）：5751-5755.

[41] Yokokura S，Takahashi Y，Nonaka H，et al. Switching of transfer characteristics of an organic field-effect transistor by phase transitions：sensitive response to molecular dynamics and charge fluctuation. Chemistry of Materials，2015，27（12）：4441-4449.

[42] Wu H D，Wang F X，Xiao Y，et al. Preparation of nano/microstructures of CuOEP-TCNQ cocrystals with controlled stacking and their photoresponse properties. Journal of Materials Chemistry C，2014，2（13）：2328-2332.

[43] Fesser P，Iacovita C，Wäckerlin C，et al. Visualizing the product of a formal cycloaddition of 7, 7, 8, 8-tetracyano-*p*-quinodimethane（TCNQ）to an acetylene-appended porphyrin by scanning tunneling microscopy on Au（III）. Chemistry-A European Journal，2011，17（19）：5246-5250.

[44] Olmstead M M，Bettencourt-Dias Ad，Lee H M，et al. Interactions of metalloporphyrins as donors with the electron acceptors C_{60}，tetracyanoquinomethane（TCNQ）and trinitrofluorenylidenemalonitrile. Dalton Transactions，2003，（16）：3227-3232.

[45] Sun Y Q，Lei Y L，Sun X H，et al. Charge-transfer emission of mixed organic cocrystal microtubes over the whole composition range. Chemistry of Materials，2015，27（4）：1157-1163.

[46] Al-Kaysi R O，Muller A M，Frisbee R J，et al. Formation of cocrystal nanorods by solid-state reaction of tetracyanobenzene in 9-methylanthracene molecular crystal nanorods. Crystal Growth & Design，2009，9（4）：1780-1785.

[47] Miniewicz A，Samoc M，Williams D F. Photoconduction in single-crystals of the thianthrene-tetracyanobenzene 1:1 adduct. Molecular Crystals and Liquid Crystals，1984，111（3）：199-214.

[48] Lei Y L，Liao L S，Lee S T. Selective growth of dual-color-emitting heterogeneous microdumbbells composed of organic charge-transfer complexes. Journal of the American Chemical Society，2013，135（10）：3744-3747.

[49] Lei Y L，Jin Y，Zhou D Y，et al. White-light emitting microtubes of mixed organic charge-transfer complexes. Advanced Materials，2012，24（39）：5345-5351.

[50] Bandoli G，Lunardi G，Clemente D A. Structural and spectroscopic properties of the 1:1 complex of 2, 2-bis-1，3-dithiole（TTF）and 1, 2, 4, 5-tetracyanobenzene（TCNB）. Journal of Crystallographic and Spectroscopic Research，1993，23：1-5.

[51] Reinheimer E W，Zhao H，Dunbar K R. Structural studies of the 1:1 complex of *o*-3, 4-dimethyltetrathiafulvalene（*o*-Me2TTF）and 1, 2, 4, 5-tetracyanobenzene（TCNB）. Journal of Chemical Crystallography，2010，40（6）：514-519.

[52] Zhang J，Zhao G Y，Qin Y K，et al. Enhancement of the p-channel performance of sulfur-bridged annulene through a donor-acceptor co-crystal approach. Journal of Materials Chemistry C，2014，2（42）：8886-8891.

[53] Zhang J，Tan J H，Ma Z Y，et al. Fullerene/sulfur-bridged annulene cocrystals：two-dimensional segregated heterojunctions with ambipolar transport properties and photoresponsivity. Journal of the American Chemical Society，2012，135（2）：558-561.

[54] Zhang J，Geng H，Virk T S，et al. Sulfur-bridged annulene-TCNQ co-crystal：a self-assembled "molecular level heterojunction" with air stable ambipolar charge transport behavior. Advanced Materials，2012，24（19）：2603-2607.

[55] Black H T，Perepichka D F. Crystal engineering of dual channel p/n organic semiconductors by complementary hydrogen bonding. Angewandte Chemie International Edition，2014，53（8）：2138-2142.

[56] Walsh R B，Padgett C W，Metrangolo P，et al. Crystal engineering through halogen bonding：complexes of nitrogen heterocycles with organic iodides. Crystal Growth & Design，2001，1：165-175.

[57] Yan D P，Delori A，Lloyd G O，et al. A cocrystal strategy to tune the luminescent properties of stilbene-type organic solid-state materials. Angewandte Chemie International Edition，2011，50（52）：12483-12486.

[58] Patrick C R，Prosser G S. A molecular complex of benzene and hexafluorobenzene. Nature，1960，187（4742）：1021-1021.

[59] Lee S C，Ueda A，Kamo H，et al. Charge-order driven proton arrangement in a hydrogen-bonded charge-transfer complex based on a pyridyl-substituted TTF derivative. Chemical Communications，2012，48（69）：8673-8675.

[60] Zhu W，Zhen Y，Dong H，et al. Organic cocrystal optoelectronic materials and devices. Progress in Chemistry，2014，26（8）：1292-1306.

[61] Qin Y，Cheng C，Geng H，et al. Efficient ambipolar transport properties in alternate stacking donor-acceptor complexes：from experiment to theory. Physical Chemistry Chemical Physics，2016，18（20）：14094-14103.

[62] Liu C，Minari T，Lu X，et al. Solution-processable organic single crystals with bandlike transport in field-effect transistors. Advanced Materials，2011，23（4）：523-526.

[63] Park S K，Varghese S，Kim J H，et al. Tailor-made highly luminescent and ambipolar transporting organic mixed stacked charge-transfer crystals：an isometric donor-acceptor approach. Journal of the American Chemical Society，2013，135（12）：4757-4764.

[64] Konarev D V，Lyubovskaya R N，Drichko N V，et al. Donor-acceptor complexes of fullerene C_{60} with organic and organometallic donors. Journal of Materials Chemistry，2000，10（10）：803-818.

[65] Wakahara T，D'Angelo P，Miyazawa K，et al. Fullerene/cobalt porphyrin hybrid nanosheets with ambipolar charge transporting characteristics. Journal of the American Chemical Society，2012，134（17）：7204-7206.

[66] Buurma A J C，Jurchescu O D，Shokaryev I，et al. Crystal growth，structure，and electronic band structure of tetracene-TCNQ. The Journal of Physical Chemistry C，2007，111（8）：3486-3489.

[67] Tremblay N J，Gorodetsky A A，Cox M P，et al. Photovoltaic universal joints：ball-and-socket interfaces in molecular photovoltaic cells. ChemPhysChem，2010，11（4）：799-803.

[68] Braga D，Maini L，Grepioni F. Mechanochemical preparation of co-crystals. Chemical Society Reviews，2013，42（18）：7638-7648.

[69] Duggirala N K，Perry M L，Almarsson O，et al. Pharmaceutical cocrystals：along the path to improved medicines. Chemical Communications，2016，52：640-655.

[70] Dodabalapur A，Katz H E，Torsi L，et al. Organic heterostructure field-effect transistors. Science，1995，269（5230）：1560-1562.

[71] Hasegawa T，Mattenberger K，Takeya J，et al. Ambipolar field-effect carrier injections in organic Mott insulators. Physical Review B，2004，69（24）：245115.

[72] Sakai M，Sakuma H，Ito Y，et al. Ambipolar field-effect transistor characteristics of（BEDT-TTF）（TCNQ）crystals and metal-like conduction induced by a gate electric field. Physical Review B，2007，76（4）：045111.

[73] Rao K V，Jayaramulu K，Maji T K，et al. Supramolecular hydrogels and high-aspect-ratio nanofibers through charge-transfer-induced alternate coassembly. Angewandte Chemie International Edition，2010，49（25）：4218-4222.

[74] Zhang J，Tan J，Ma Z，et al. Fullerene/sulfur-bridged annulene cocrystals：two-dimensional segregated heterojunctions with ambipolar transport properties and photoresponsivity. Journal of the American Chemical Society，2013，135（2）：558-561.

[75] Zhang H，Jiang L，Zhen Y，et al. Organic cocrystal photovoltaic behavior：a model system to study charge recombination of C_{60} and C_{70} at the molecular level. Advanced Electronic Materials，2016，2：1500423.

[76] Wang Y，Li Y，Zhu W，et al. Co-crystal engineering：a novel method to obtain one-dimensional（1D）carbon nanocrystals of corannulene-fullerene by a solution process. Nanoscale，2016，8（32）：14920-14924.

[77] Harada J，Ohtani M，Takahashi Y，et al. Molecular motion，dielectric response，and phase transition of charge-transfer crystals：acquired dynamic and dielectric properties of polar molecules in crystals. Journal of the American Chemical Society，2015，137（13）：4477-4486.

[78] Torrance J B，Girlando A，Mayerle J J，et al. Anomalous nature of neutral-to-ionic phase transition in tetrathiafulvalene-chloranil. Physical Review Letters，1981，47（24）：1747-1750.

[79] Horiuchi S，Ishii F，Kumai R，et al. Ferroelectricity near room temperature in co-crystals of nonpolar organic molecules. Nature Materials，2005，4（2）：163-166.

[80] Fujioka J，Horiuchi S，Kida N，et al. Anisotropic polarization molecular skeleton coupled dynamics in proton-displacive organic ferroelectrics. Physical Review B，2009，80（12）：125134.

[81] Kagawa F，Horiuchi S，Tokunaga M，et al. Ferroelectricity in a one-dimensional organic quantum magnet. Nature Physics，2010，6（3）：169-172.

[82] Tayi A S，Shveyd A K，Sue A C，et al. Room-temperature ferroelectricity in supramolecular networks of charge-transfer complexes. Nature，2012，488（7412）：485-489.

[83] D'Avino G，Verstraete M J. Are hydrogen-bonded charge transfer crystals room temperature ferroelectrics? Physical Review Letters，2014，113（23）：237602.

[84] Ferraris J，Walatka V，Perlstei J H，et al. Electron-transfer in a new highly conducting donor-acceptor complex. Journal of the American Chemical Society，1973，95（3）：948-949.

[85] Jérome D，Mazaud A，Ribault M，et al. Superconductivity in a synthetic organic conductor$(TMTSF)_2PF_6$. Journal de Physique Letters，1980，41（4）：95-98.

[86] Bond A D. What is a co-crystal？ CrystEngComm，2007，9（9）：833-834.

[87] Chakraborty S，Rajput L，Desiraju G R. Designing ternary co-crystals with stacking interactions and weak

hydrogen bonds. 4, 4′-bis-hydroxyazobenzene. Crystal Growth & Design，2014，14（5）：2571-2577.

[88] Barrelet C J，Greytak A B，Lieber C M. Nanowire photonic circuit elements. Nano Letters，2004，4（10）：1981-1985.

[89] Law M，Sirbuly D J，Johnson J C，et al. Nanoribbon waveguides for subwavelength photonics integration. Science，2004，305（5688）：1269-1273.

[90] Zhang C，Yan Y，Zhao Y S，et al. From molecular design and materials construction to organic nanophotonic devices. Accounts of Chemical Research，2014，47（12）：3448-3458.

[91] Zhu W，Zheng R，Fu X，et al. Revealing the charge-transfer interactions in self-assembled organic cocrystals：two-dimensional photonic applications. Angewandte Chemie International Edition，2015，54（23）：6785-6789.

[92] Zhu W，Zhu L，Zou Y，et al. Deepening insights of charge transfer and photophysics in a novel donor-acceptor cocrystal for waveguide couplers and photonic logic computation. Advanced Materials，2016，28（28）：5954-5962.

[93] Tang Q，Li H，He M，et al. Low threshold voltage transistors based on individual single-crystalline submicrometer-sized ribbons of copper phthalocyanine. Advanced Materials，2006，18（1）：65-68.

[94] Gotoh T，Kubodera K I，Kondoh T，et al. Exceptionally large third-order optical nonlinearity of the organic charge-transfer complex. Journal of the Optical Society of America B，1989，6（4）：703-706.

[95] Gong Q H，Xia Z J，Zou Y H，et al. Large nonresonant third-order hyperpolarizabilities of organic charge-transfer complexes. Applied Physics Letters，1991，59（4）：381-383.

[96] Sun L，Zhu W，Wang W，et al. Intermolecular charge-transfer interactions facilitate two-photon absorption in styrylpyridine-tetracyanobenzene cocrystals. Angewandte Chemie International Edition，2017，56（27）：7831-7835.

[97] Durr N J，Larson T，Smith D K，et al. Two-photon luminescence imaging of cancer cells using molecularly targeted gold nanorods. Nano Letters，2007，7（4）：941-945.

[98] Parthenopoulos D A，Rentzepis P M. Three-dimensional optical storage memory. Science，1989，245（4920）：843-845.

[99] Ehrlich J E，Wu X L，Lee I Y，et al. Two-photon absorption and broadband optical limiting with bis-donor stilbenes. Optics Letters，1997，22（24）：1843-1845.

[100] Kawata S，Sun H B，Tanaka T，et al. Finer features for functional microdevices. Nature，2001，412（6848）：697-698.

[101] Zhang Y J，Dong H L，Tang Q X，et al. Organic single-crystalline p-n junction nanoribbons. Journal of the American Chemical Society，2010，132（33）：11580-11584.

[102] Vincent V M，Wright J D. Photoconductivity and crystal structure of organic molecular complexes. Journal of the Chemical Society，Faraday Transactions 1：Physical Chemistry in Condensed Phases，1974，70：58-71.

[103] Samoc M，Williams D F. Photoconductivity in crystals of charge-transfer complex anthracene-tetracyanobenzene. The Journal of Chemical Physics，1983，78（4）：1924-1930.

[104] Braun C L. Electric field assisted dissociation of charge transfer states as a mechanism of photocarrier production. The Journal of Chemical Physics，1984，80（9）：4157-4161.

[105] Tsutsumi J，Yamada T，Matsui H，et al. Competition between charge-transfer exciton dissociation and direct photocarrier generation in molecular donor-acceptor compounds. Physical Review Letters，2010，105（22）：226601.

[106] Yu W，Wang X Y，Li J，et al. A photoconductive charge-transfer crystal with mixed-stacking donor-acceptor heterojunctions within the lattice. Chemical Communications，2013，49：54-56.

[107] Wang Y，Zhu W，Du W，et al. Cocrystals strategy towards materials for near-infrared photothermal conversion and

imaging. Angewandte Chemie International Edition，2018，57（15）：3963-3967.

[108] Liu G，Liu J，Liu Y，et al. Oriented single-crystal-to-single-crystal phase transition with dramatic changes in the dimensions of crystals. Journal of the American Chemical Society，2014，136（2）：590-593.

[109] Morimoto M，Irie M. A diarylethene cocrystal that converts light into mechanical work. Journal of the American Chemical Society，2010，132（40）：14172-14178.

[110] Sun Y，Lei Y，Dong H，et al. Solvatomechanical bending of organic charge transfer cocrystal. Journal of the American Chemical Society，2018，140（20）：6186-6189.

[111] Liu G，Liu J，Ye X，et al. Self-healing behavior in a thermo-mechanically responsive cocrystal during a reversible phase transition. Angewandte Chemie International Edition，2017，56（1）：198-202.

[112] Nguyen H L，Horton P N，Hursthouse M B，et al. Halogen bonding：a new interaction for liquid crystal formation. Journal of the American Chemical Society，2004，126（1）：16-17.

[113] Hasegawa T，Mochida T，Kondo R，et al. Mixed-stack organic charge-transfer complexes with intercolumnar networks. Physical Review B，2000，62（15）：10059-10066.

第6章 低维共轭高分子晶态材料

6.1 概述

20 世纪 70 年代导电高分子的发现[1]改变了人们长期以来对高分子材料仅能作为绝缘材料的传统认识，为我们开启了塑料电子学（plastic electronics）/分子电子学（molecular electronics）这一全新的研究领域。相比于无机材料，导电共轭高分子材料除了具有特异的金属或半导体的电学特性之外，还兼有质轻、价廉、易于加工的优点，使其在很多领域都显示了重要的应用前景。因此，导电高分子一经发现，立即受到学术界和工业界的广泛关注和研究[2-4]。经过科学家们几十年的不懈努力，该研究领域得到了迅速的发展，具体表现为材料体系不断丰富、材料及器件性能不断提高、材料及器件功能呈现多样性及集成性、器件应用日益广泛等[5-8]。

共轭高分子薄膜材料具有良好的可溶液加工优势及可大面积制备的特性，是目前宏观共轭高分子器件制备及应用的主要载体，因而被广泛研究。相比于薄膜材料，低维共轭高分子材料由于其独特的尺寸效应以及“自下而上”的组装特性，自 20 世纪 90 年代以来就被广泛研究，是纳米科学领域中的一个重要研究方向[9, 10]。然而，相比于无机及有机小分子低维材料，低维共轭高分子材料的研究严重落后，并没有受到广泛重视。低维共轭高分子材料的研究隶属于纳米科学研究领域，是低维分子材料研究的一个重要分支，是实现塑料电子学和纳米电子学之间连接的有效桥梁，特别是具有良好分子堆积、材料内部分子结构高度有序、材料尺寸性能可调的低维共轭高分子晶态材料在高性能器件构筑、材料基本物性研究及多功能器件应用方面将具有非常重要的意义（图 6-1）。在本章中，我们将重点介绍目前用来制备低维共轭高分子晶态材料的途径和方法，包括一维共轭高分子晶态材料和二维共轭高分子晶态材料，以及它们的结构与性能之间的关系的研究和高性能光电器件的应用，特别是有机场效应晶体管方面的应用研究。

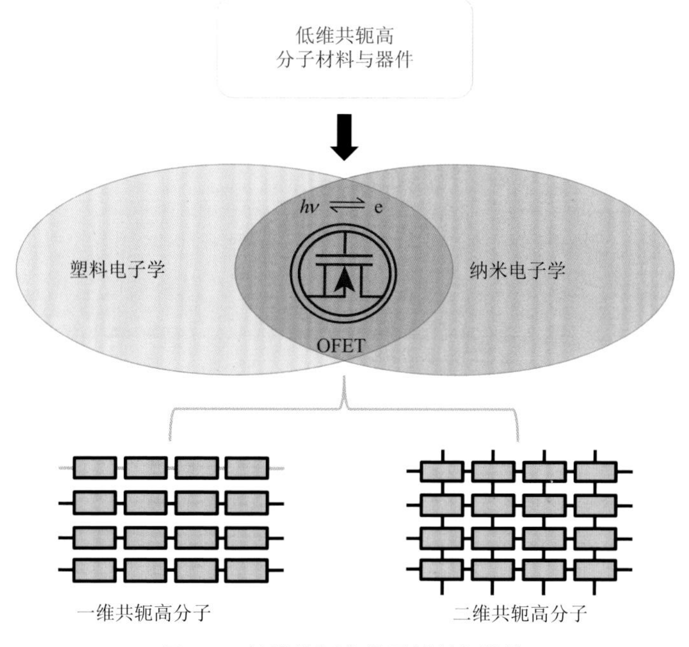

图 6-1　低维共轭高分子材料与器件

6.2　制备方法

发展简易、条件温和、普适性好的低维分子材料制备方法是实现该类材料优异性能及器件应用的关键与前提。但是目前发展的大部分低维无机材料的制备方法并不适用于有机高分子低维材料的制备，这是因为相比于无机材料，有机高分子材料具有熔点低、分子间作用力弱、获得具有理想分子排列的低维组装结构相对比较困难的特点。此外，相比于有机小分子材料，共轭高分子材料可以看作是由多个小分子结构基元通过共价键连接起来的大分子材料体系，其具有分子量大、分子量分布分散、分子间相互作用更加复杂等特征。因此，如何实现具有高度有序结构的低维共轭高分子晶态材料的可控制备一直是高分子科学领域中的一个挑战性课题。经过过去几十年的不断研究，研究工作者从分子结构本身特性出发，结合共轭高分子组装过程中动力学影响因素及热力学影响因素进行调控以及新的有效制备方法的不断探索，使得新型低维共轭高分子晶态材料被不断地制备出来，并在很多领域显示了重要的应用前景[11-14]。根据制备途径的不同以及所获得的低维共轭高分子材料形态上的不同，可以将其制备方法分为溶液自组装法、从单体分子前体出发的两步间接制备法、体相水热法以及两相界面限域法等。在每种方法中，根据其具体策略不同，又可以分为多种方式。在该部分中，我们将对目前用于低维共轭高分子晶态材料（一维共轭高分子晶态材料和二维共轭高分子晶态材料）的制备方法进行简要介绍，同时结合每种方法的优缺点做相应的讨论和说明。

6.2.1 一维共轭高分子晶态材料制备方法

自导电高分子材料被发现以来，具有准一维结构特征的共轭高分子材料就备受关注和研究，目前已有上百种新型一维共轭高分子材料被成功设计和合成出来，其光电性能也获得了显著提高，在有机发光二极管（organic light-emitting diode，OLED）、有机太阳能电池（organic photovoltage，OPV）、有机场效应晶体管（organic field-effect transistor，OFET）等领域显示了重要应用前景[15-19]。

尽管如此，目前共轭高分子材料的本征电荷传输特性仍不清楚，这是因为目前大部分高分子光电器件是基于常规旋涂薄膜制备，薄膜中分子高度无序排列的特性不利于对材料本征性能的认识，同时在一定程度上也会限制更高性能器件的构筑。在此研究的基础上，具有高结晶性的低维共轭高分子材料的制备为高分子材料中电荷传输性能的研究和低维高分子器件的构筑提供了很好的研究载体。这里主要介绍一维共轭高分子晶态材料，特别是具有单晶结构特征的微纳米线、微纳米片的制备方法。

1. 溶液自组装法

与无机和有机小分子材料体系不同，共轭高分子材料由于分子量大，难以真空升华，因此不能通过具有良好可控特性的真空蒸镀或者物理气相传输方式对其进行低维共轭高分子材料的制备。可以说，溶液自组装法是一种最简单、最常用的制备低维共轭高分子材料的方法。溶液自组装法包括溶液直接自组装法、混合溶剂滴注法、溶剂交换法、溶剂辅助自组装法、模板法等。然而不管是哪一种方法，通过调节分子的结构、溶剂类型、溶液浓度及组装环境等在一定程度上可以实现微纳米线、微纳米管、微纳米片等低维共轭高分子材料的制备[20-22]，但是真正具有高结晶性，特别是单晶特性的低维共轭高分子材料的例子仍然非常少[11-12, 23-25]。这里的难点主要在于：溶液自组装法作为一种体相分子组装方式，会受到多种因素的影响。例如，溶剂的选择和纯度、溶液的浓度、溶剂与分子间的相互作用、溶剂与溶剂的相互作用等都会直接影响高分子材料结晶过程及所形成微纳结构的质量。此外，类似于传统柔性高分子材料，共轭高分子的晶核形成及生长过程由于高分子链的蠕动、构象变化等因素引起自由能势垒升高，导致结晶困难；同时还存在晶体生长过程中不同晶核为了争夺同一单体基元（来自同一高分子链或同一晶核）参与进一步结晶和生长而造成的多重自由能势垒，导致其结晶过程及最终结晶质量高低存在很大的不可预测性，同时，这些问题也造成其可控制备困难（图 6-2）[26]。另外，与传统柔性高分子不同，共轭高分子材料独特的刚性共轭骨架结构、柔性侧链、分子链间多重复杂的相互作用（π-π 相互作用、分子骨架富电特性引起的链间吸引或排斥作用等），导致其结晶行为与传统高分子可能存在不同。目前关于共轭高分子结晶过程的研究仍处在初级阶段，如何控制共轭高分子的结晶过程进而得到具有理想堆积结构的高质量共轭高分子晶体还不清楚。尽管如此，高质量低维共轭高分子晶态材料的制备对于开展基础物性研究和高性能高分子微纳光电器件的构筑仍然具有重要的科学意义。

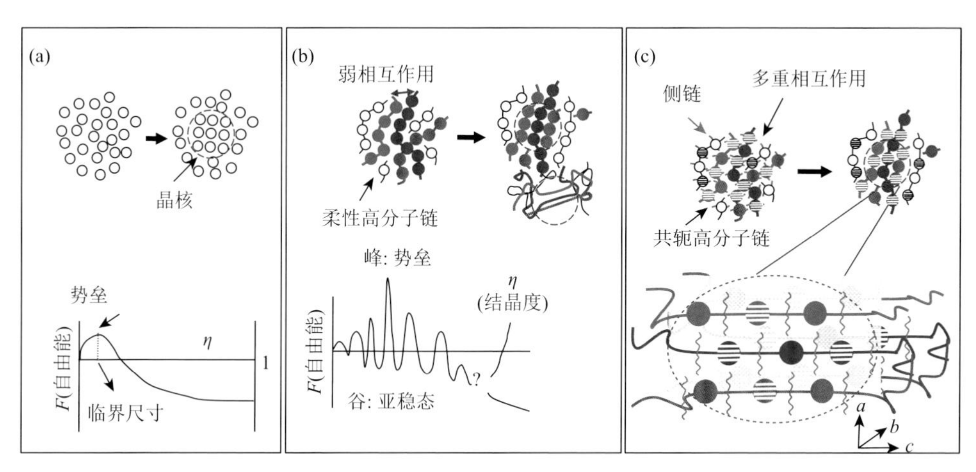

图 6-2　（a）小分子结晶及能级势垒图；（b）传统柔性高分子结晶及能级势垒图；（c）共轭高分子结晶及组装结构示意图（a 为侧链堆积方向，b 为 π-π 堆积方向，c 为共轭高分子链方向）[26]

目前已报道用来实现高结晶性共轭高分子微纳材料制备的溶液自组装法主要有：籽晶诱导法（self-seeding technique）[27-29]［图 6-3（a）］和溶剂辅助自组装法（solvent-assisted self-assembly method）[12, 30-34]［图 6-3（b）］。混合溶剂滴注法［图 6-3（c）］和溶液直接组装法［图 6-3（d）］也被用于某些共轭高分子体系晶体的生长，但相对比较少[35, 36]。无论是哪一种方法，控制高质量初期晶核的形成及后续晶体的有序生长是获得高质量高分子晶体的关键，通常需要采用极稀浓度的初始溶液和后续足够长的组装时间（通常几天的时间），一般常用的控制组装的方式有创造一定的溶剂气氛环境或者引入高沸点溶剂等。

2. 拓扑化学聚合法

拓扑化学聚合是指在一定限域空间和晶体有序结构驱动下发生的固相聚合反应，是合成有机高分子材料的一种重要手段。拓扑化学聚合因其无需反应溶剂、

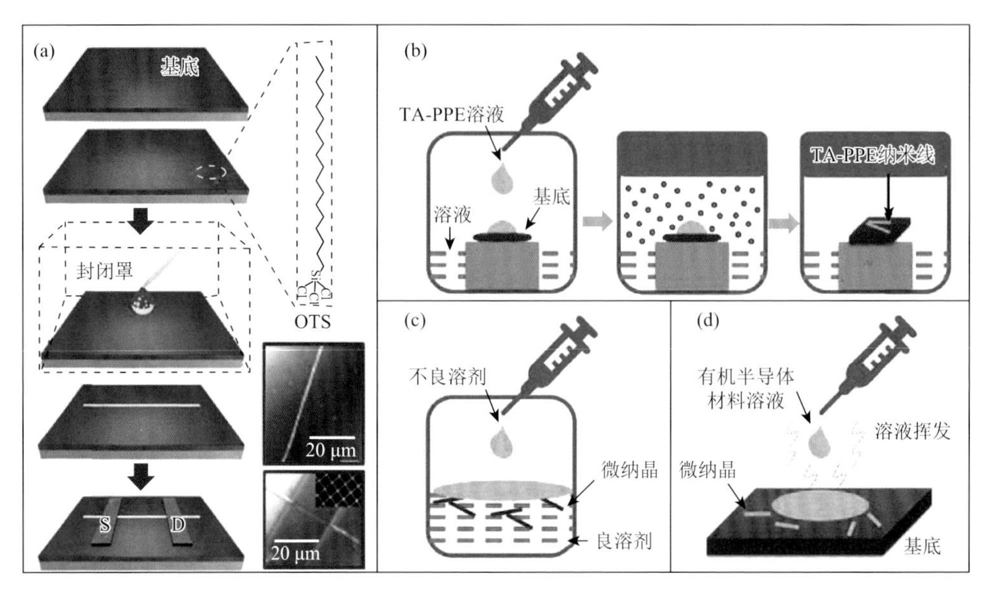

图 6-3 目前用来制备共轭高分子晶体常用的几种溶液自组装法

（a）籽晶诱导法；（b）溶剂辅助自组装法[34]；（c）混合溶剂滴注法；（d）溶液直接自组装法[15]

环境友好、反应活化能低、产物纯度高、无诱导期、具有明显的立体和区域选择性、产率高等特点，成为固态化学的重要分支[37]。这一聚合理念打破了过去人们认为的单体分子在固态下相对冻结，缺乏碰撞机会，难以进行聚合反应的认知。该方法可以实现晶体与晶体的转换，即通过有效控制反应条件及反应物分子中分子的堆积方式与堆积距离使反应物单体晶体原位转换为高分子晶体，从而在一定程度上解决了高分子材料直接组装成晶体困难的问题，是一种实现大尺寸高分子晶体制备的有效途径[38, 39]。

拓扑化学聚合的概念最早是由 Schmidt 及其合作者于 1964 年基于对肉桂酸光聚反应研究而提出的拓扑聚合反应的假设，并将其成功应用于烯烃类的拓扑光聚合反应上[40]。需要说明的是，拓扑化学聚合反应不同于普通的溶液聚合反应，其要求反应物必须是规整排列的且满足一定的反应距离条件，因此并不是所有材料都能发生这种反应，目前主要集中在烯烃类分子、丁二炔类分子、叠氮-炔烃类分子及富勒烯类大环分子等材料体系[37, 41, 42]。值得一提的是，通过合理进行分子结构设计，拓扑化学聚合不仅可以用于具有一维共价结构特征的高分子晶体的制备[38, 43, 44]，还可用于具有二维共价结构特征的高分子晶体的制备[45-48]（图 6-4）。但是，需要说明的是，在这些材料体系中，聚丁二炔（PDAs）是目前报道的唯一一类可以通过拓扑化学聚合实现共轭高分子晶体制备的材料体系，该类材料也是共轭高分子光电材料发展初期被广泛研究的材料体系之一。

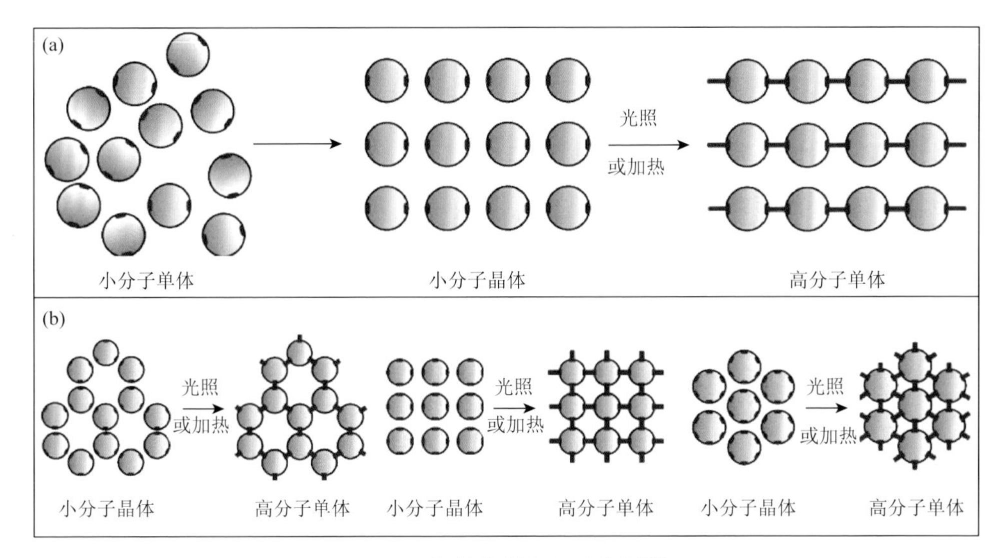

图 6-4　拓扑化学聚合示意图[25]

（a）基于两个反应活性位点的一维共价高分子晶体的制备；（b）基于三个或四个反应活性位点的二维共价高分子晶体的制备

早在 1969 年，Wegner[49]首先以该方法通过 1, 4-加成制得了聚丁二炔类宏观单晶，并为研究聚合物结构与性能关系提供了理想的一维共轭晶体模型，其 π 电子可以沿着共轭碳碳三键、碳碳双键骨架高度离域，表现出优异的电学、非线性光学等特性。

随后，聚丁二炔类材料以其独特的大尺寸单晶性能及预期的超高电荷传输特性引起了国际上共轭高分子领域专家的广泛关注和研究。拓扑聚合反应过程是一类特殊的相转变过程[50]，对于一个确定的丁二炔类化合物晶体来说，它是否可以在加热、光照、γ 射线辐射或者高压条件下发生拓扑化学聚合，主要取决于其晶体中的分子堆积方式[51]。

大量研究结果表明，能够发生拓扑化学聚合反应的丁二炔类单体的晶格参数通常需要满足以下几个经验特征，即 $d\approx5Å$，$\varphi\approx45°$，$R_{1,4}<4Å$［图 6-5（a)］，其中阵列中单体的堆积距离为 d，棒状丁二炔类单体与堆积轴线之间的夹角为 φ，反应原子 C 和 C′之间的距离为 $R_{1,4}$。而对于三炔及多炔体系来讲，则需要单体分子堆积结构满足以下结构特征，即 $d\approx7.4Å$，$\varphi\approx28°$，$R_{1,6}<3.5Å$［图 6-5（b)］。

为了实现满足拓扑聚合特定的分子堆积排列，通常有两种策略：一种是进行分子结构的合理设计，特别是对侧基基团的调控，使分子间存在着一定的相互作用，如氢键、协同自组装、π-π 相互作用等，可以实现对分子排列方式的有效控制；一种是 Lauher 课题组发展的主客体共结晶控制组装结构的策略，通过具有特

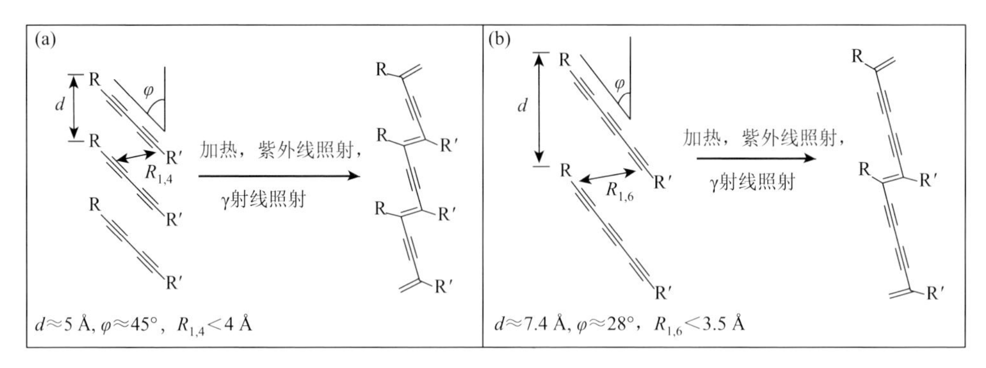

图 6-5 主客体共晶模板策略实现聚丁二炔制备概念图：(a) 聚丁二炔；(b) 聚多炔

定结构主体分子组装模板的作用，成功实现了许多客体丁二炔类分子的可控组装及拓扑化学聚合反应[52-54]。除了拓扑聚合实现聚丁二炔共轭高分子晶体外，多炔体系的拓扑聚合反应也被广泛研究，这些研究不但丰富了聚丁二炔共轭高分子晶体的种类，同时拓展了其应用领域的范围[55]。

3. 模板限域生长法

模板限域生长是指在稳定的低温环境下，利用较温和的氧化剂，控制极低生长速率和小于百纳米生长尺度的无溶剂聚合。以氯化铁/聚吡咯体系为例，其中极低浓度的氯化铁既作为氧化剂又作为掺杂剂。氯化铁在无溶剂聚合过程中以固体的形式存在，吸附到基底表面上的气体吡咯单体分子首先在其表面均匀生长出一个聚合物单分子层，之后每新增一层聚合物分子都将进一步抑制氧化剂的向外扩散，这会使得薄膜的生长速率变得非常缓慢，同时掺杂浓度也会随之降低到非常低的水平，结合低温下稳定的生长环境，就可以实现聚合物链的有序性构筑，进而获得高度有序的共轭高分子微纳晶。通过设计限域模板，还可以得到具有不同阵列的共轭高分子晶体。

基于该方法实现高质量共轭高分子晶体制备的几个基本条件是：单体分子需要易升华，形成单体分子的蒸气环境，满足后续单体分子与模板基底的充分接触；温和的氧化还原过程；低的环境温度以便降低聚合速率获得更高质量的晶体；限域的纳米级模板基底控制聚合和结晶位点［图 6-6（a）］。模板的设计和尺寸对于后续聚合物的制备具有至关重要的作用，图 6-6（b）展示的是通过非传统微纳技术构筑的具有纳米梳精细阵列结构的模板，进一步通过控制吡咯单体的饱和蒸气压及周围环境温度，实现了高质量聚吡咯单晶阵列的制备，更多具体研究工作将在后面部分做进一步的介绍[56]。

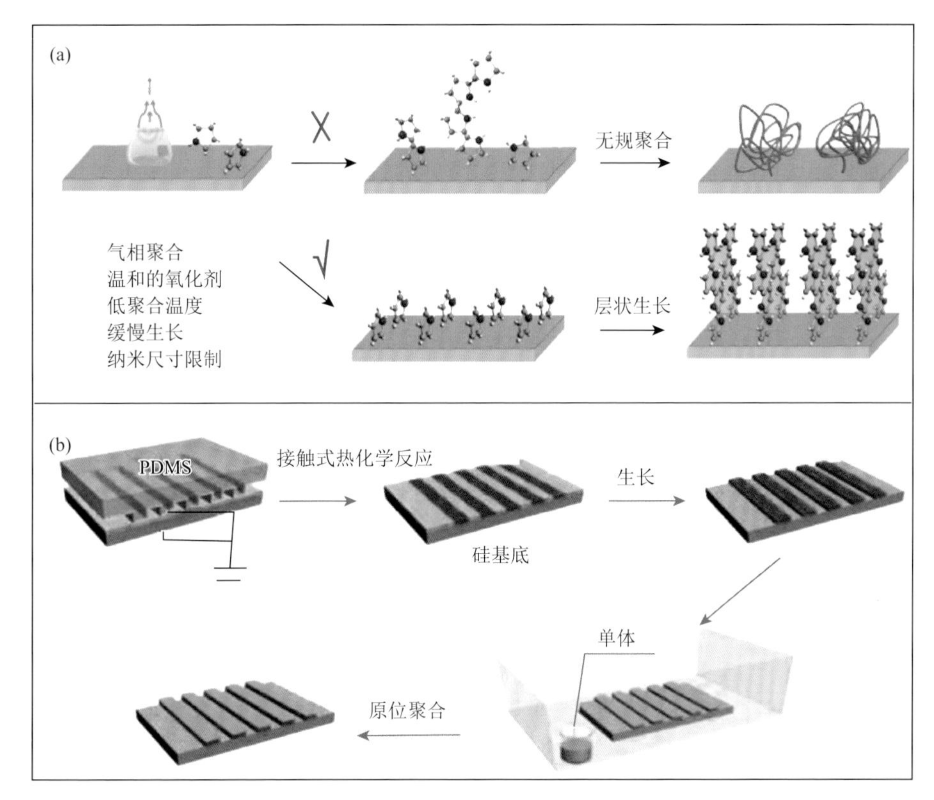

图 6-6　（a）模板限域生长法制备共轭高分子晶体的设计思想图；（b）阵列示意图[56]

6.2.2　二维共轭高分子晶态材料制备方法

相比于一维共轭高分子晶态材料，二维共轭高分子晶态材料具有电荷传输各向同性，拓展的二维功能结构特征使得该类材料作为石墨烯的类似物具有更加优异的光电特性。但是相比于石墨烯及金属和无机二维材料，二维共轭高分子晶态材料的研究相对比较滞后，具有优异和理想的光电特性的二维共轭高分子晶态材料还非常少。高结晶性和具有理想拓展共轭结构二维高分子晶态材料的制备对于推动该领域的发展具有重要意义。目前二维共轭高分子晶态材料的合成主要有两种途径，一种是采用溶剂热法或者表面界面辅助交联法，通过一步反应直接制备；另一种是先通过超分子相互作用预组装形成规整结构，然后原位反应形成共价键，通过两步或多步法制备[57]。这里涉及的合成方法主要有溶剂热法、电化学聚合法、界面催化偶联法等，下面将对这几种方法做简要介绍。

1. 溶剂热法

溶剂热法是在水热法的基础上发展起来的，指在密闭体系如高压釜内，以有机物或非水溶媒为溶剂，在一定的温度和溶液的自生压力下，原始混合物进行反应的一种合成方法。它与水热反应的不同之处在于所使用的溶剂为有机物而不是水。自从 2005 年，Yaghi 团队[58]利用溶剂热法首次合成晶态二维共价有机框架（covalent organic framework，COF）聚合物以来，该类方法逐渐发展成为用于合成二维高分子材料的最常用的手段之一，同时还包括模板法、离子热法等。其优点是合成方法简单低廉、适用于多种材料体系、反应性强、适用于大量材料的制备。但是，目前基于该方法合成的大部分 COF 材料体系实际为非共轭结构的二维高分子材料，并不具有二维共轭结构的拓展特性，面内电荷传输特性普遍比较差。此外，真正具有高结晶性的 COF 材料体系比较少，高质量的晶态 COF 结构需要具备两个条件：一是刚性的结构单元，聚合过程共价键形成的方向必须是离散的；二是在热力学控制下单体、聚合物之间能够相互转换。经过过去十几年的不断研究，目前有一些激动人心的研究成果被不断报道出来[59]，关于这方面的研究已经有很多优秀的系统的综述文章，这里不再赘述[60-62]。

2. 电化学聚合法

电化学聚合法也是合成高分子材料常用的方法之一。早在 1980 年，Lin 等[63]用电化学聚合的方法成功制备了聚噻吩，这是科学历史上最早的用电化学方法合成的高分子。1986 年，Ando 等[64]将这种电化学聚合的聚噻吩应用到了薄膜晶体管中，不仅开启了有机场效应晶体管的研究领域，也向人们展示了电化学聚合高分子的广泛应用前景。一般来说，电化学聚合的装置包括一个反应室和三个电极，反应室内盛有溶液，三个电极分别为工作电极、对电极（又称为辅助电极）和参比电极。在电化学聚合的过程中，分子先是在工作电极附近通过一系列氧化还原反应（有的是可逆的，有的是不可逆的）形成二聚体或者寡聚体，然后再进一步连接成高分子，这些微观的现象可以通过电化学循环伏安曲线得到验证，曲线中的氧化峰和还原峰分别对应着分子失去电子和得到电子的过程，随着循环次数的增加，有的氧化还原峰还会出现明显的偏移，这是由于电极附近生成了新的物质（高聚物或者寡聚物），导电性发生了变化。通过计算膜厚与循环圈数的关系，可以实现对聚合物膜厚的调控。电化学聚合作为一种传统的聚合手段，因其具有反应时间短、膜厚可控、可在室温下进行、不借助催化剂等优势被广泛地应用在高分子的制备上。合理设计分子结构，不但可以实现一维共轭高分子的制备，而且可以实现二维共轭高分子的制备［图 6-7（a）］[65]。类似于拓扑化学聚合，并不是所有的材料体系都能通过电化学聚合来制备，目前可用于电化学聚合的结构基元有噻吩、吡咯、3, 4-乙撑二氧噻吩、呋喃、吲哚、苯、9-芴羧基酸、咔唑、苯并噻吩和甘菊环等［图 6-7（b）］。

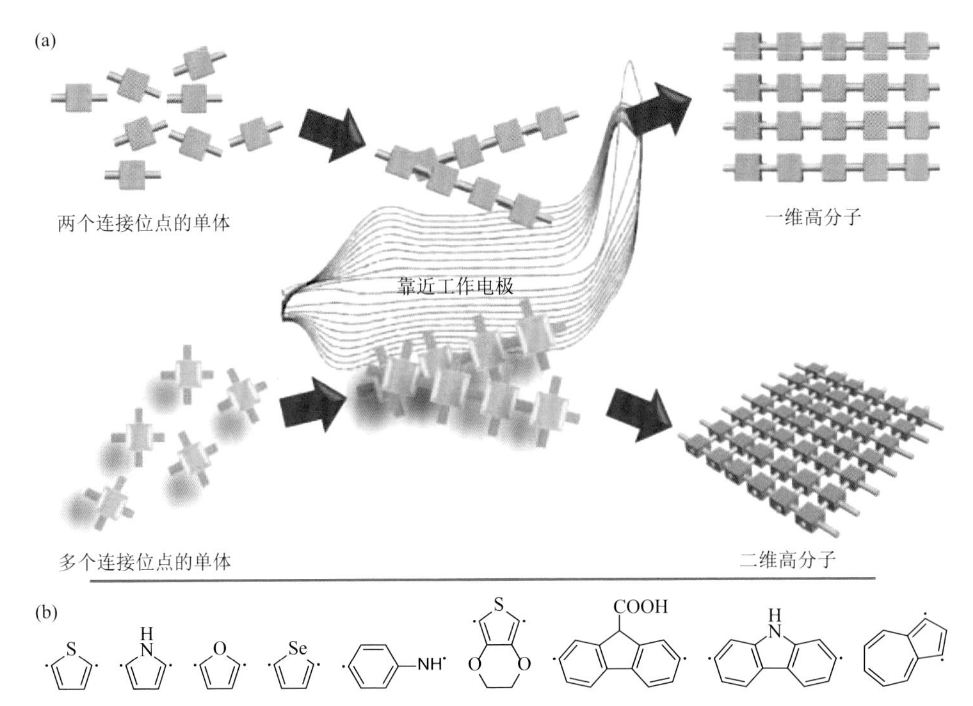

图 6-7　（a）电化学聚合制备一维和二维高分子晶态材料示意图；（b）可用于电化学聚合的结构基元[65]

前面提到基于模板限域生长法，通过控制单体的电化学聚合过程，可以实现具有高结晶特性一维共轭高分子，如聚吡咯、聚噻吩等低维结构及其阵列的制备[56, 66, 67]，但是尽管电化学聚合在制备二维共轭高分子晶态材料方向已经展现了一定的应用价值[68]，通过该方法实现具有良好结晶特性和规整结构的二维共轭高分子晶态材料的制备仍面临诸多问题，有待进一步的研究[65]。

3. 界面催化偶联法

相比于溶剂热法和电化学聚合方法，界面催化偶联法是一种在二维限域界面上的化学合成方法，属于一种“自下而上”的制备方法，可以用来制备各种各样无法由“自上而下”的方法来制备的非层状堆积的二维高分子晶态材料。这种方法可以人为地提供一个界面，将聚合反应限制在界面进行，这样可以有效控制材料在厚度方向的生长情况，真正获得单层或少数几层的二维高分子。按照聚合反应发生的界面/表面的不同，包括气/固界面法、气/液界面法、液/液界面法等（图 6-8）[69]。

气/固界面的基底多为金属单晶，在反应过程中，先在金属基底上生长单层或少层的有机单体材料，然后通过单电子还原或热退火等方法实现单体向大面积聚合物纳米片的转变，同时使用一些高分辨分析方法来对反应历程进行探索。

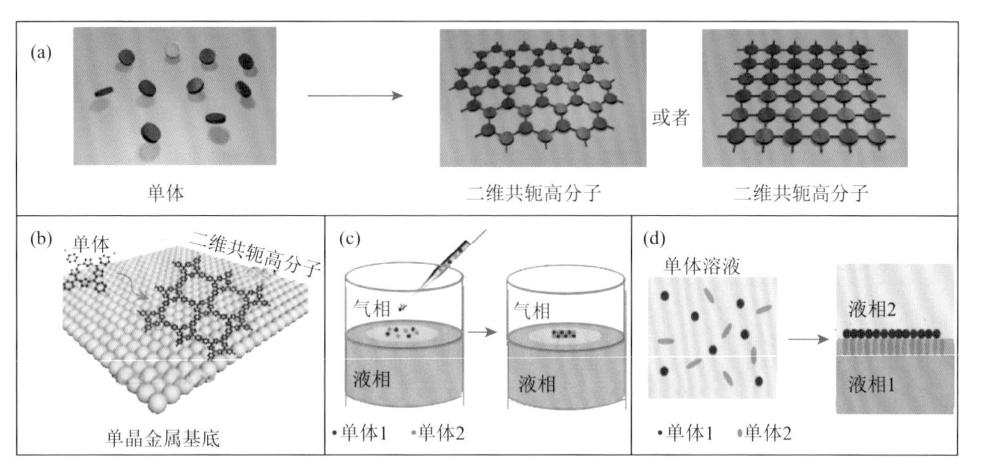

图 6-8 （a）二维共轭高分子晶态材料制备示意图；（b）气/固界面催化示意图；（c）气/液界面法；（d）液/液界面法[69]

为了满足上述要求，这类气/固界面的反应通常在超高真空中进行，使用扫描隧道显微镜（scanning tunneling microscope，STM）和原子力显微镜（atomic force microscope，AFM）进行原位表征。通过这一过程可以精准地对反应过程中的每一步产物进行跟踪表征，更利于清晰地解释反应机理，对产物结构进行精确测定，因此，没有溶剂参与的气/固界面反应就是研究反应历程的最佳手段。

目前基于这种超高真空下的气/固反应在实现二维共轭高分子晶态材料制备方面已经有许多相关的报道，为新型二维共轭高分子晶态材料的设计制备提供了很好的指导[70-72]。但是由于这种过程通常需要借助超高真空系统，其制备成本昂贵、条件苛刻、所制备的二维材料尺寸有限，一般为几纳米到几百纳米，只能做机理研究，并不能进一步用于器件构筑及性能研究。

相比于金属基底上的气/固催化反应，气/液和液/液界面法制备工艺过程简单、不需要特殊的实验条件，同时在实现大面积二维材料制备方面具有独特的优势。目前已经有一些通过这两个方法实现二维共轭高分子材料制备方面的成功例子，有些材料在结晶性和电荷传输方面还显示了很好的特性[73-75]。

当然，对于这两个方法而言，在如何跟踪其反应过程、解释反应机理和实现大面积结晶性方面仍存在巨大挑战。应该说，每种方法都有其独特的优势和缺点，如何通过分子结构的合理设计（分子的大小、分子的平面性、对称性、刚性以及所带官能团），界面条件的调控（分子与基底的作用力、分子在基底上的流动性等），反应条件的优化等策略，克服缺点、发挥优点，是实现高质量二维共轭高分子晶态材料制备领域研究中的重要内容。

6.3 低维共轭高分子晶态材料的重要进展

这部分主要介绍在发展不同制备技术基础上，目前文献中在低维共轭高分子晶态材料方面的一些重要进展。

6.3.1 一维共轭高分子晶态材料

对于常规研究的一维共轭高分子晶态材料，溶液自组装下通常形成的都是一维的微纳结构，如微米线或者纳米线等，其微纳结构的尺寸及堆积方式与分子的结构、组装条件等紧密相关。图 6-9 为目前已经实现共轭高分子晶体制备的分子结构式，主要集中在少数的材料体系。聚噻吩作为一类经典的共轭高分子材料体系，是研究最早和最为广泛的一类材料。例如，2006 年，Kim 等通过籽晶诱导的方式成功制备了尺寸相对均一的 P3HT 微米线，长度在几十到上百微米。所获得的 P3HT 微米线在偏光显微镜下显示了特征的消光现象，表明微米线中分子高度有序的结构特征，更为重要的是，在选区电子衍射下，该微米线显示了典型的单晶衍射特征，进一步证实其高质量的结晶特性[29]。深入的结构解析表明，在该 P3HT 微米线中，分子的优先生长方式是以 π-π 堆积的方向沿着微米线长轴进行生长，说明 π-π 相互作用是 P3HT 微米线生长的主要驱动力，这与大部分的有机小分子半导体材料类似。

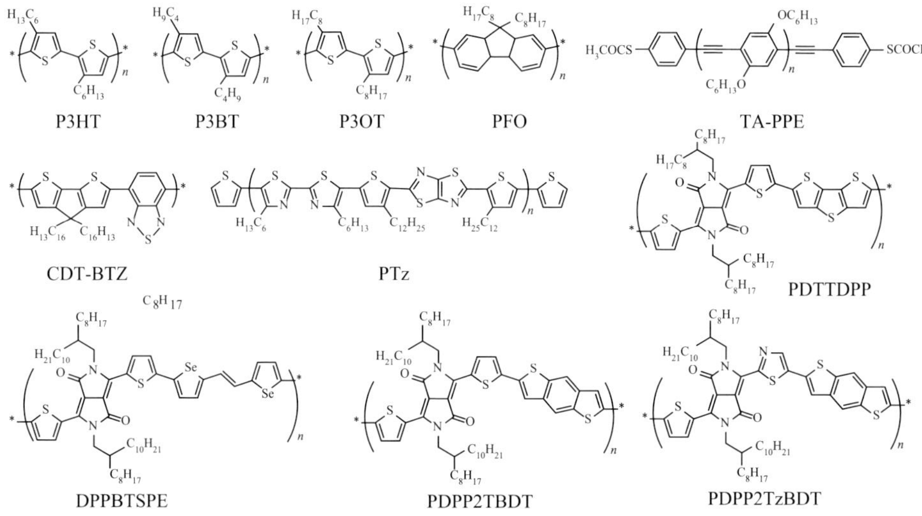

P3HT　P3BT　P3OT　PFO　TA-PPE

CDT-BTZ　PTz　PDTTDPP

DPPBTSPE　PDPP2TBDT　PDPP2TzBDT

图 6-9　本部分涉及到的共轭高分子的分子结构式

2009 年，中国科学院化学研究所董焕丽等基于 TA-PPE 刚性荧光共轭高分子通过溶剂辅助自组装法成功获得了大面积的 TA-PPE 微纳米线，其直径通常分布在 5～15nm，长度可以从几微米到几十微米不等。调整溶液浓度，可以改变基底上沉积 TA-PPE 微纳米线的密度，但是其尺寸分布并没有明显变化，这可能与分子独特的堆积结构相关，并且其生长行为不会受到所用基底的影响，制备过程具有良好的重现性，这为后续器件构筑及性能研究奠定了良好的基础。大量结构表征数据证实，该 TA-PPE 纳米线同样具有非常高的结晶性，选区电子衍射显示其典型的单晶衍射特性。有意思的是，进一步的结构分析表明，在该 TA-PPE 纳米线中，TA-PPE 共轭链的方向平行于纳米线长轴方向，这与 P3HT 微纳米线晶体中的分子链生长模式不同[34]。相比较而言，这种共轭链方向平行于纳米线长轴的生长模拟更有利于后续器件制备中电荷沿链方向的高效传输，相关器件研究结果在后面部分将继续讨论。随后，该课题组进一步将这种研究思想拓展到了目前广泛研究的给受体共轭高分子材料体系，如噻唑-噻唑并噻唑（PTz）分子。通过类似的溶剂辅助缓慢组装的方式，成功实现了高结晶性 PTz 微纳米线的制备，相比于 TA-PPE 纳米线，PTz 同样呈现了分子链平行微纳米线长轴的堆积模式，通过优化条件，PTz 微纳米线尺寸得到进一步的增加，为后续单根微纳米线器件的构筑奠定了基础[31]。

与此同时，国内外其他课题组在共轭高分子微纳晶制备方面也开展了相关的研究工作，涌现了许多新的成果。例如，2010 年中国科学院长春应用化学研究所何天白课题组研究了含有不同侧链的聚噻吩衍生物 P3HT 和 P3OT 的自组装结晶行为，通过优化实验条件，制备了它们的微纳米线晶体，发现在这两种微纳米线中，呈现的均是以分子 π-π 堆积方向沿着微纳米线长轴的堆积模式[32]。Yang 等系统地研究了聚噻吩类高分子材料的结晶动力学和热力学行为，得出其主链垂直基底排列，是一种热力学稳定结构[76]。随后，来自同一单位的耿延候和闫东航课题组对具有不同分子链长度的聚芴 PFO 分子自组装行为进行了细致研究，结果表明，低分子量的 PFO 分子呈现的是一种以分子共轭骨架垂直基底的堆积模式[77-79]。

2012 年，德国马普学会高分子研究所 Müllen 等制备了二噻吩并环戊二烯和苯并噻二唑的共聚物（CDT-BTZ）的高规整微米线晶体[30]；同年，德国科学家 Reiter 等对 P3HT 的结晶行为进行了细致研究，研究表明，大尺寸的晶体不但可以从短分子链获得，也可以经长分子链组装获得，通过控制组装过程，可以控制所获得晶体尺寸及密度等特性[28]。其他代表性的研究工作还有中国科学院化学研究所的 Xiao 等通过采用氯仿和高沸点邻二氯苯（5%）混合溶剂原位滴注组装法，制备了基于苯并吡咯二吡咯(DPP)的共轭高分子 PDPP2TBDT 和 PDPP2TzBDT 的单晶微纳米线，尽管这两个高分子均呈现了分子链沿长轴排列的堆积模式，但是由于结构上的微调控（不含 N 和引入 N），实现了堆积模式由“edge-on”到“face-on”的转变，说明分子结构对于堆积模式具有重要影响[35]；Choi 等分别合成了 PDTTDPP 和 DPPBTSPE 的微米线单晶，并对其结构进行了深入研究[36, 80]。

这些研究工作表明，通过合理设计共轭高分子结构和调控组装条件，可以实现具有高结晶特性甚至是单晶结构特征的低维结构，目前基于该过程得到的通常均为一维微纳米线［图6-10（a）］。用于表征这些微纳米线结晶性高低的一个直接技术就是选区电子衍射，通过对于单根不同部位或者多根微纳米线的研究来证实其结晶性，但是由于高分子材料在电子束下稳定性差，实验中不能获得清晰的选区电子衍射图像，也不一定说明其一定不具有结晶性，需要结合其他结构表征数据进一步做相应分析。目前获得的共轭高分子晶体中分子的堆积模式主要有三种：第一种是π-π堆积方向沿着微纳米线长轴，分子链垂直于长轴方向；第二种是分子链平行于微纳米线长轴，π-π堆积方向垂直于长轴方向；第三种是分子链共轭骨架垂直于基底，π-π堆积方向垂直于长轴方向［图6-10（b）］，其中第二种是最主要的一种堆积模式。

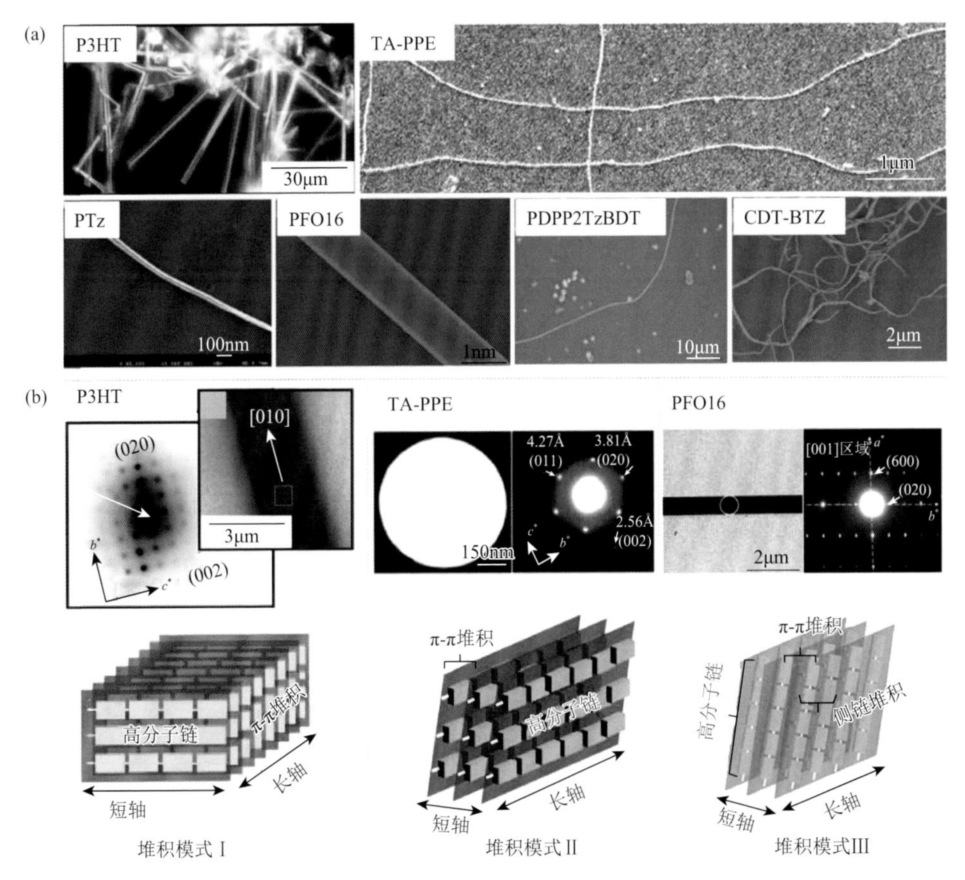

图6-10　（a）已报道代表性共轭高分子一维微纳晶形貌图；（b）三种典型分子的选区电子衍射图和分子堆积模式图

关于不同分子结构与其堆积模式之间的关联，目前还没有一个清晰的认知，类似于其他有机分子，共轭高分子的溶液自组装过程受到多种因素的影响。例如，分子的骨架结构、侧链类型、分子量大小/分散度、端基类型、组装条件等都会对其结晶行为造成不同程度的影响，共轭高分子结晶机理的解释及规律性的总结还有待进一步地深入细致研究。

相比于溶液直接自组装法，拓扑化学聚合是从具有反应活性的小分子体系开始组装和结晶的，因此具有更好的可控性；此外，通过该方法更容易获得大尺寸晶体，因此，拓扑化学聚合一直被认为是用来实现大尺寸高分子晶体的有效方法之一。对于聚丁二炔和聚多炔体系共轭高分子晶体的研究，如何调控分子的结构以满足后续拓扑聚合要求是该领域早期研究中的重要内容之一[55]。下面将从分子结构设计策略和共晶模板策略两个方面来介绍实现聚丁二炔及其衍生物晶体方面的代表性研究工作，最后重点介绍最近在实现具有优异光电特性聚丁二炔晶体方面的重要研究成果。

对于线型丁二炔衍生物来讲，通常只有取代基之间能够形成氢键或者取代基具有高的偶极矩的丁二炔衍生物分子能够发生拓扑聚合反应[49]。由于氨酯之间能够相互形成氢键，因此取代基中含有氨酯基的丁二炔类衍生物是一大类被广泛研究的材料。虽然取代基中含有氨酯基的丁二炔衍生物在加热时几乎没有聚合活性，然而在紫外光、X 射线或 γ 射线的照射下却能表现出较高的聚合活性[81]，这可能是由于热聚合时需要的活化能高，而光照、γ 射线的活化能相对较低。

例如化合物 **1**（图 6-11）在加热聚合时转化率不足 5%，要想获得高的聚合率就必须用 γ 射线照射[82]。化合物 **2** 在加热时单体到聚合物的转化率大约为 0.5%，但是在紫外光或 γ 射线照射下就表现出很高的转化率[83]。化合物 **3** 是含有一系列氨酯基的丁二炔衍生物，它们的区别在于与炔基直接相连的烷基链长度不同，奇偶效应的存在使烷基链长度对聚合反应活性有影响，当 $n = 4$ 或 6 时，在 γ 射线照射下可以聚合，而 $n = 2$ 时在相同条件下却不能聚合。当烷基链不与炔基直接相连时，氨酯基烷基链长度对聚合反应活性没有影响，如化合物 **4** 在 γ 射线的照射下都能发生固相聚合反应。

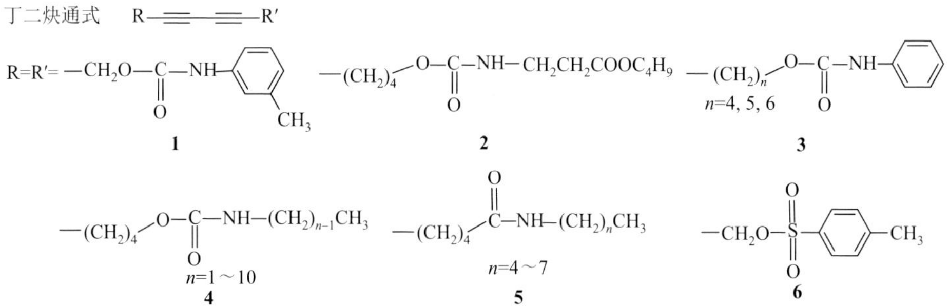

丁二炔通式 R—≡—≡—R′

R=R′= $—CH_2O—C(=O)—NH—C_6H_4—CH_3$ **1**

$—(CH_2)_4—O—C(=O)—NH—CH_2CH_2COOC_4H_9$ **2**

$—(CH_2)_n—O—C(=O)—NH—C_6H_5$，$n$=4, 5, 6 **3**

$—(CH_2)_4—O—C(=O)—NH—(CH_2)_{n-1}CH_3$，$n$=1～10 **4**

$—(CH_2)_4—C(=O)—NH—(CH_2)_nCH_3$，$n$=4～7 **5**

$—CH_2O—S(=O)_2—C_6H_4—CH_3$ **6**

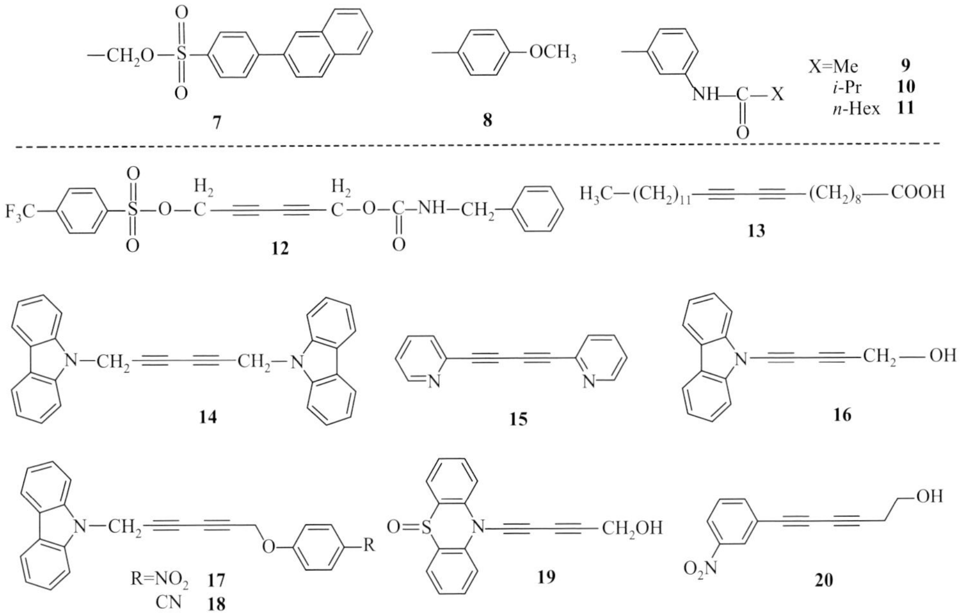

图 6-11　几类代表性的可发生拓扑化学聚合的线型和杂环取代的丁二炔分子结构式

对于酰胺基类丁二炔衍生物，Fujita 等[84]发现烷基链与炔基直接相连时，奇偶效应能影响聚合物的颜色。当烷基链不与炔基直接连接时仍然存在奇偶效应，如在化合物 **5** 中，当 $n = 4$ 或 6 时能发生拓扑聚合，而 $n = 5$ 或者 7 时在相同条件下不能聚合[85]。取代基中含有磺酸酯基团的丁二炔类衍生物也是一类被研究较多的分子。化合物 **6** 和 **7** 是 Ando 等[86]设计合成的取代基中含有磺酸酯基团对称取代的丁二炔衍生物代表性化合物，对其在加热和紫外光下的反应活性进行了研究，试图找出影响分子发生拓扑聚合反应活性的原因。他们认为拓扑聚合的反应活性不仅与单体单元在晶体中的堆积方式有关，还与聚合后晶格应变以及聚合过程中发生重排时分子内和分子间的能量变化有关。Bertault 等设计合成了 11 个含有不对称取代基的丁二炔衍生物，发现有 10 个化合物无论是加热，还是暴露在紫外光或 γ 射线下均能实现由单体晶体到聚合物晶体的转变，其中化合物 12 能够相对较容易地发生拓扑聚合反应。

化合物 **13**（PCDA）是一种古老的明星材料，是一种经常被用来研究的可以热致或光致变色的材料[87, 88]，同时，为了拓展石墨烯在场效应晶体管中的应用，科学家们对制备石墨烯纳米带（带宽≤10nm）也进行了研究[89]，丁二炔前体经拓扑化学聚合和后续芳构化合成石墨烯纳米带，并且可以通过改变纳米带边缘结构和带宽来调整带隙，从而展现可行的分子电子学研究前景。Rubin 组[90, 91]合成了化合物 **8**～**11** 等 4 种丁二炔单体，经初步拓扑聚合和芳构化，获得了大面积的石墨烯纳米带。

为了提升丁二炔类材料的光电性能，许多新的丁二炔分子被设计和合成出来，如氮原子、硫原子、芳烃或杂芳烃直接与炔基相连时可以与丁二炔骨架发生共轭，延长共轭骨架的长度（图 6-11）。但是对于这些含有官能团的分子，对称取代很难使分子在晶体中的堆积满足发生拓扑聚合的条件，一般需要在炔基的一端接上能够调节分子堆积方式的官能团。例如对称取代咔唑基直接与丁二炔相连[92]，分子在晶体中的堆积不满足聚合的条件，在咔唑基与炔基之间插入一个亚甲基的化合物 **14**（DCH）就可以在加热或 γ 射线照射的条件下发生聚合[93]。吡啶对称取代的刚性结构化合物 **15** 在加热、紫外光和 γ 射线照射下均可发生聚合反应，相对于苯环对称取代具有很大优势。不对称取代的化合物 **16**，咔唑基直接与炔基相连，在加热、紫外光或 γ 射线照射下都可发生固相拓扑聚合反应，聚合物的可见光吸收边缘可以扩展到近 800nm，π 共轭长度高于当时的丁二炔体系[94]。Tabata 等[95]设计合成的两个新的不对称取代的化合物 **17** 和 **18**，其聚合物的可见光吸收边缘可以扩展到近 900nm。化合物 **19** 被认为是理想的光电材料，150℃下加热在 24h 内就可完全聚合，但是在紫外光或 γ 射线下却不能完全聚合，这可能是由于聚合物晶格点阵与单体点阵的错位阻止了进一步的聚合[96]。而化合物 **20** 利用分子间稳定的 C—H⋯π 相互作用可以有效地控制分子在晶体中的堆积方式，从而能够顺利发生拓扑聚合反应（图 6-12）[97]。

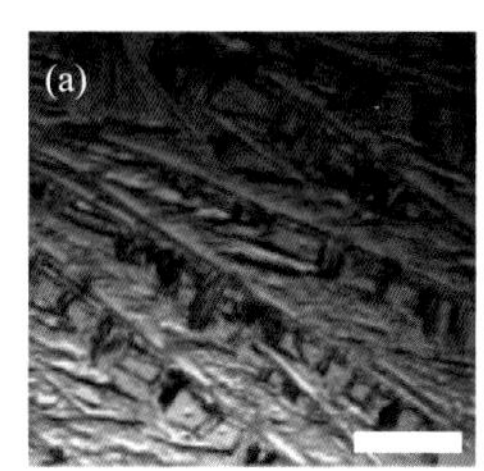

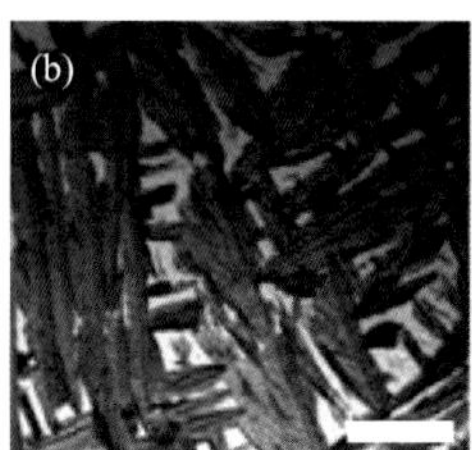

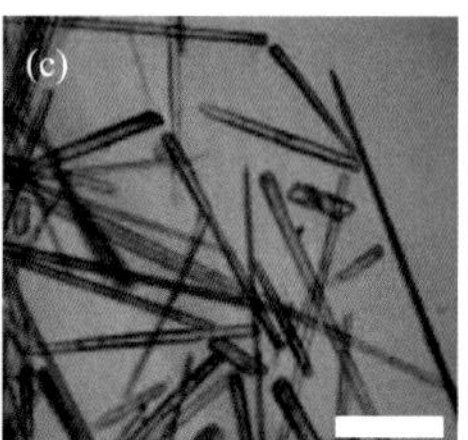

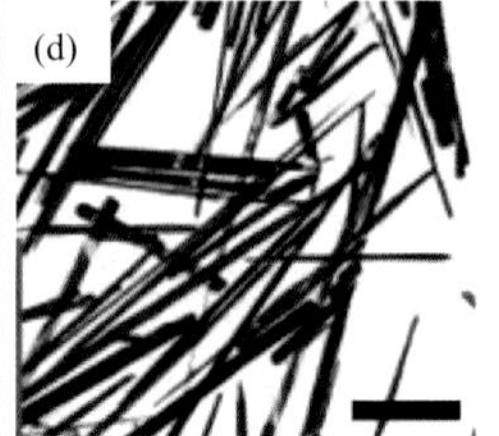

图 6-12　基于单体分子 **20** 旋涂薄膜［(a)、(b)］和晶体［(c)、(d)］的微纳结构显微照片[97]

(a)、(c) 光照前；(b)、(d) 深紫外光 256nm 或者 365nm 光照 15min 后；标尺：500μm

近十几年来受到碳纳米管的鼓舞，科学家们对有机管状纳米结构的研究也越来越多，现已发展了许多可用来控制管状纳米管性质的方法。其中一种比较常用的制备稳定的有机纳米管的方法是通过非共价键相互作用组合得到大环分子，包括通过氢键、π-π 相互作用和范德瓦耳斯相互作用组装得到一维层状结构，然后在温和条件下进行交联聚合，得到的有机共价纳米管具有较高的表面积和优异的热稳定性。形状稳定的环状大分子用作结构单元的主要优势是：①环内腔可以为最终的纳米管提供固定孔腔结构；②通过对其外部边缘的化学修饰可以调控它们的自组装模式。Shimizu 等[98]在 2010 年通过含有两个丁二炔单元的大环前体化合物自组装成圆柱状并进行拓扑化学聚合制备了共价纳米管，其是最早的有机纳米管之一，组装的前体和共价聚合物都是具有固定孔隙率的结晶材料［图 6-13（a)］。

线型丁二炔拓扑化学聚合模型得到的几何参数可能不严格适用于大环丁二炔体系的聚合，Kim 等[99]报道了以含有苯甲酸酯基团的大环丁二炔化合物 MCDA 为前体，经 π-π 堆积和氢键相互作用进行自组装，MCDA-1 的倾斜角为 62.1°（理想值为 45°），通过紫外光照射将透明 MCDA 晶体转化为不同颜色的纳米管材料［图 6-13（b)、(d)］。其中 MCDA-1 和 MCDA-3 具有不同的热致变色和溶剂化变色性质，这使得它们能够通过颜色变化区分芳香族溶剂，如异构二甲苯。除了含有两个丁二炔单元的大环化合物外，四元和六元丁二炔单元的大环衍生物也得到了研究。Rubin 等[100]合成了具有四元丁二炔单元的[2, 4]脱氢轮烯大环化合物，并用各种类型的芳香族衍生物和氢键部分修饰了其大环化合物，经拓扑化学聚合可以得到明确结构的共价纳米管，并且还评估了这些超分子组装体内相邻脱氢轮烯分子之间的电子耦合［图 6-13（c)］。为了制备孔隙更大、刚性更强、质量更好的聚丁二炔壁有机纳米管，Morin 等[101]首次制得了可溶解、易于处理并表征为单分子实体的化合物，由于凝胶分子的有序性易于测定，其制备比晶体省时，且利于构象的变化，因此采取将化合物制备成凝胶，再对干凝胶进行拓扑聚合，其中六个丁二炔单元都进行聚合，从而形成六个相对于彼此平行的聚丁二炔链的刚性纳米管。

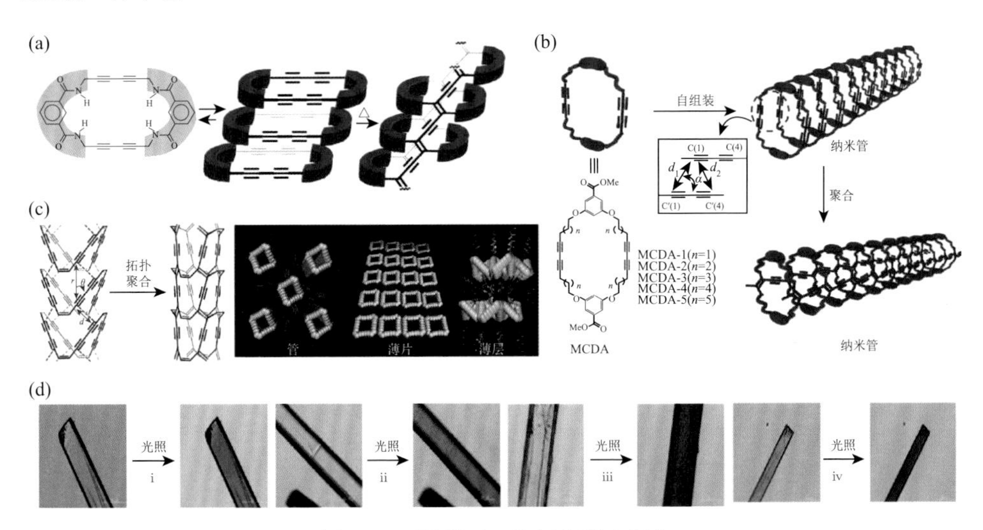

图 6-13　环状丁二炔拓扑聚合行为

（a）含有两个丁二炔单元的大环前体化合物自组装成圆柱状并进行拓扑化学聚合制备共价纳米管[98]；（b）含有苯甲酸酯基团的大环丁二炔化合物的拓扑聚合行为[99]；（c）[2, 4]脱氢轮烯大环化合物的拓扑聚合行为[100]；（d）拓扑聚合 MCDA-1 单体晶体和聚合物晶体（i）、MCDA-2 单体晶体和聚合物晶体（ii）、MCDA-3 单体晶体和聚合物晶体（iii）和 MCDA-4 单体晶体和聚合物晶体（iv）[99]

在采用分子结构设计合成策略实现丁二炔类分子拓扑化学聚合研究的同时，科研工作者也在试图通过超分子化学或晶体工程手段来有效地控制分子的堆积方式，从而实现对固相拓扑聚合反应的控制（图 6-14）。

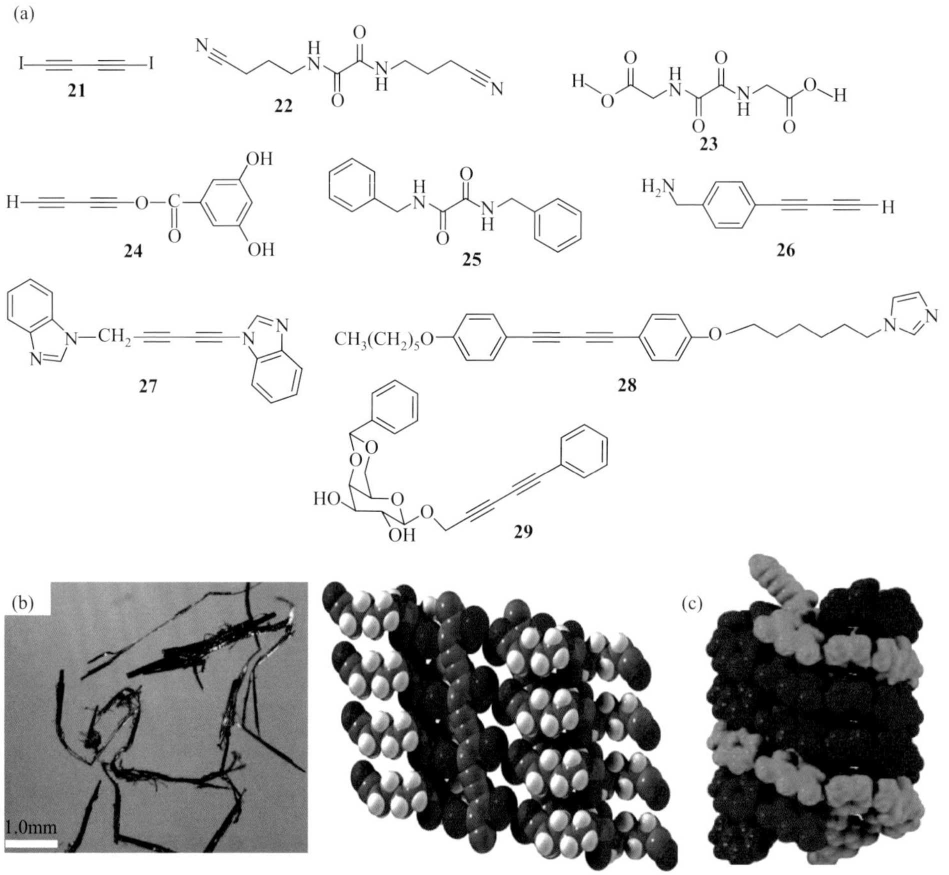

图 6-14　(a) 利用超分子共晶协同自组装策略实现拓扑聚合反应的分子结构式；(b) **21** 和 **22** 形成的共晶 **21•22** 的形貌图和分子三维堆积结构图[53]；(c) 单体分子 **25** 在主体分子 **22** 模板作用下形成的拓扑聚合分子，堆积结构中展现了双螺旋的结构特征[52]

2006 年，Goroff 等[53]通过共晶结构制备了聚二碘丁二炔（PIDA），两个碘原子取代的丁二炔形成针状晶体并沿着分子轴方向无序排列，由于草酰胺基团之间的氢键以及氰基和碘代炔烃之间的弱路易斯酸碱相互作用的存在，客体二碘丁二炔 **21** 与主体双氰草酰胺 **22** 形成共晶 **21•22**，C1 与 C4 之间的重复距离是 5.25Å，经拓扑聚合之后得到深蓝色聚二碘丁二炔，光照下会有铜金属色泽的聚合产物保持着单晶结构，但晶体参数与单体单晶有很大的不同，堆积距离由 5.11Å 变为 4.93Å，晶胞的角度也有变化。接着，Goroff 又用单体分子 **25** 在主体分子 **22** 模板作用下形成了拓扑聚合分子，堆积结构中展现了双螺旋的结构特征[52]。

Lauher 组[102]还把主客体共晶的方法应用于端基炔的拓扑聚合反应，化合物 **24** 能与化合物 **25** 形成共晶，化合物 **26** 与化合物 **23** 可以形成有机盐，利用有机盐的弱相互作用实现超分子自组装，制备了芳基直接与端基炔相连的聚合物单晶。Fahsi 等[103]研究发现水也可以作为一种有效的分子控制手段，使没有聚合活性的分子变成有聚合活性的分子，他们设计合成了咪唑基和苯并咪唑基取代的丁二炔类衍生物。其中，在化合物 **27** 的晶格中插入水分子变成水合晶体，在 C—H···N、C—H···π 和 π-π 的作用下，丁二炔组分的堆积完全满足拓扑聚合的条件，在加热的条件下就会发生拓扑聚合反应。Campos 等[104]以嵌段共聚物 PS-*b*-PAA 为模板，二苯基丁二炔的衍生物 **28** 中的咪唑基可以和模板中的丙烯酸之间形成氢键，进而实现分子的有效排列，同时由嵌段共聚物引起的微相分离结构能够进一步提高二苯基丁二炔衍生物单体分子的有序排列，从而有效地驱动了二苯基丁二炔的衍生物在溶液和薄膜中发生固相拓扑聚合反应。

小分子的非共价自组装形成的超分子凝胶因其易于制备，具有可逆性和可调性，也引起了很多关注，Sureshan 等[105]合成了富含羟基的化合物 **29**，并在棉织物上形成有机凝胶，凝胶分子不仅可以在纤维上自组装，还可以通过多个氢键有序锚定到棉织物上（棉纤富含纤维素），凝胶涂覆的棉织物经紫外光照射在其纤维上形成聚丁二炔，电导率的测量揭示了这些棉织物的半导体性质。聚丁二炔类材料因其沿着聚合物链骨架方向的高度离域的 π 电子作用，具有优异的电学和光学性能，因此在光电领域备受关注。此外，聚丁二炔单晶可以由区域规整排列的丁二炔单体通过固相拓扑聚合制备，在整个聚合物链中可以形成高度延伸的 π 共轭体系，被认为是研究一维电荷传输的模型体系，理论计算和飞行时间测量表明，沿聚丁二炔共轭高分子链方向应该具有非常高的载流子传输性能[106, 107]。但实际器件应用测试表明，大部分聚丁二炔单晶表现出非常低，甚至没有载流子的传输性能，这限制了其在电荷传输基础物性研究和高性能有机光电器件构筑中的应用[108, 109]。

大量文献调研结果表明，这主要是因为通过溶液自组装获得的聚丁二炔晶体存在质量不够高、尺寸比较大、表面粗糙度大、聚合不完整等问题，严重限制了其在晶体管器件应用中形成良好的界面接触和有效的电荷传输通道，从而导致其器件表观性能比较低[110]。针对这一问题，中国科学院化学研究所董焕丽和胡文平研究员及其合作者在实验中以经典丁二炔分子 PCDA 作为模型研究对象，采用无溶剂的物理气相传输技术生长丁二炔单体晶体[44]。利用物理气相传输技术的良好的实验条件可控性，可控获得具有高质量结晶特性，尺寸在微纳米级别，特别是厚度在纳米层次的 PCDA 单体晶体。可以看到，基于该生长方式，实验中可以获得微纳米棒和二维纳米片两种形貌的 PCDA 单体晶体，晶体形貌规整，表面光滑，粗糙度非常小（约 0.47nm）[图 6-15（a）]。

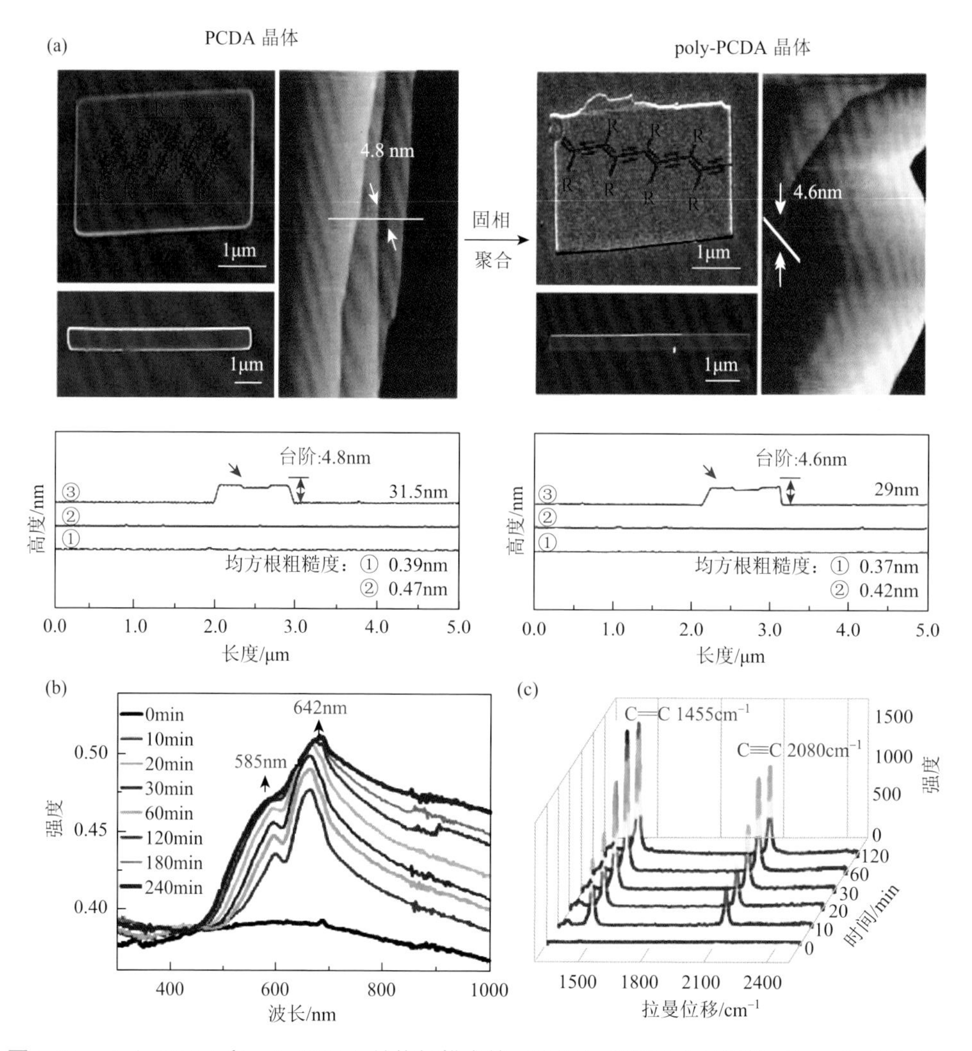

图 6-15 （a）PCDA 和 poly-PCDA 晶体扫描电镜（SEM）和原子力显微镜（AFM）照片以及原子力显微镜高度图；（b）、（c）不同光照时间下 PCDA 晶体的原位紫外光谱和拉曼光谱（说明在大约 2h 后，晶体中的聚合过程基本完成）[44]

在可见光照射下，该 PCDA 单体晶体可以很容易地转化为其相应的聚丁二炔高分子晶体（poly-PCDA），其晶体形貌保持完整，表面粗糙度没有发生明显变化。原位紫外光谱和拉曼光谱进一步证实该聚合反应的发生，且反应过程非常高效，一般2h后预示其反应基本完成（不同于常规块体晶体通常需要几天的时间）[图6-15（b）和（c）]。这种高质量的聚丁二炔晶体的高效获得为后面电荷传输各向异性研究和高迁移率晶体管器件构筑提供了良好的研究载体。

多种结构表征数据进一步证实基于该方法所获得的poly-PCDA高分子晶体具有非常好的结晶特性，表现为多级锐利的衍射信号（图6-16）。

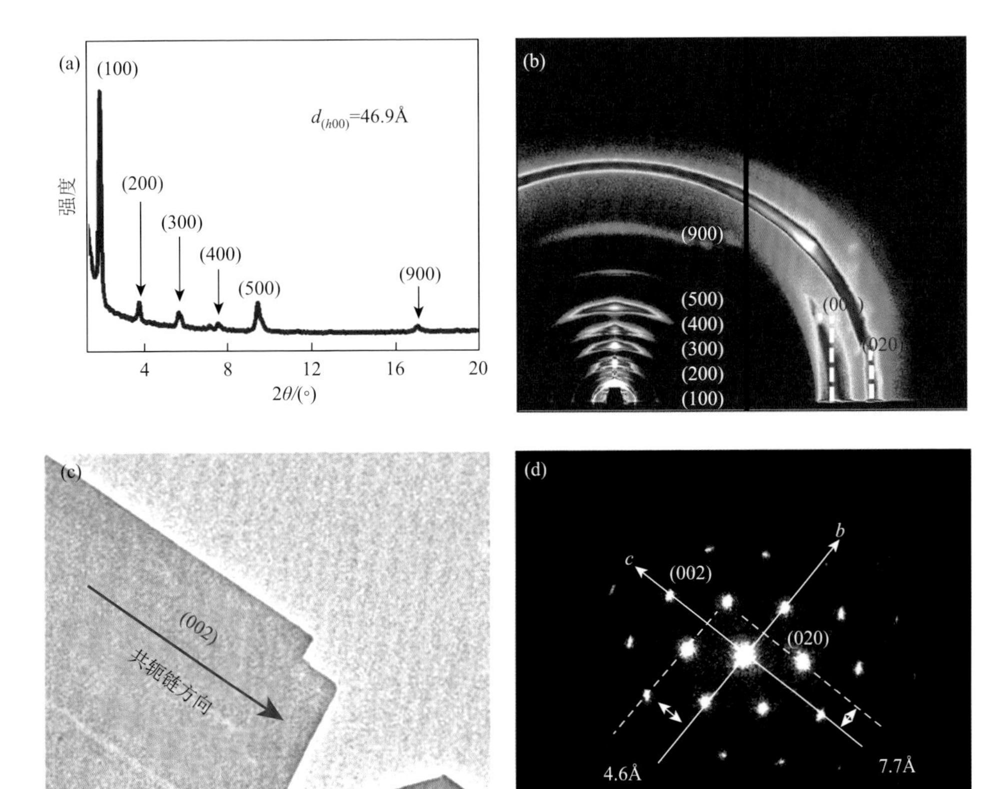

图6-16　poly-PCDA晶体的结构表征数据[44]

（a）X射线衍射谱；（b）掠角X射线衍射谱；（c）、（d）单个poly-PCDA晶体TEM照片及选区电子衍射数据

模板限域生长法在低维共轭高分子晶体制备中也有一定的应用。目前模板限域生长法主要用于容易升华的一些分子结构基元，如吡咯、噻吩、吡啶等，升华后的单体分子在模板中催化剂作用下进行原位聚合，可生成相应的高分子材料，通过控制升华及反应的速率，可实现具有高质量结晶特性的低维共轭高分子材料的制备。例如，2014年，Cho等从3, 4-乙烯二氧噻吩（EDOT）单体分子出发，在纳米压印模板液桥辅助作用下，实现了阵列化聚(3, 4-乙撑二氧噻吩)(PEDOT)微纳米阵列的制备。结构表征数据证实，基于该方法所获得的PEDOT微纳米线

具有很好的结晶特性，沿单根线的选区电子衍射展现了单晶结构特性，并且沿整根线的不同位置，其分子堆积结构一致［图 6-17（a）］[67]。中国科学院物理研究所薛面起等将低浓度的氧化剂原位添加到由非传统微纳技术构筑的精细结构中，然后放入充有吡咯单体饱和蒸气的密闭腔体内，设计施加较低的环境温度，通过缓慢地原位聚合，首次成功实现了聚吡咯单晶材料的制备。X 射线衍射（XRD）和选区电子衍射（SAED）结果分析表明制备的聚吡咯单晶择优取向明显、结晶性能良好［图 6-17（b）］[56]。他们进一步利用多孔阳极氧化铝模板实现了聚吡咯单晶纳米管的批量制备。如图 6-17（c）所示，首先在预处理的模板纳米孔洞内壁均匀地沉积一层浓度极低的氯化铁，然后在充满单体蒸气的低温稳定环境中原位聚合生长，选择性刻蚀掉模板之后即可得到自支撑的聚吡咯单晶纳米管阵列[66]。

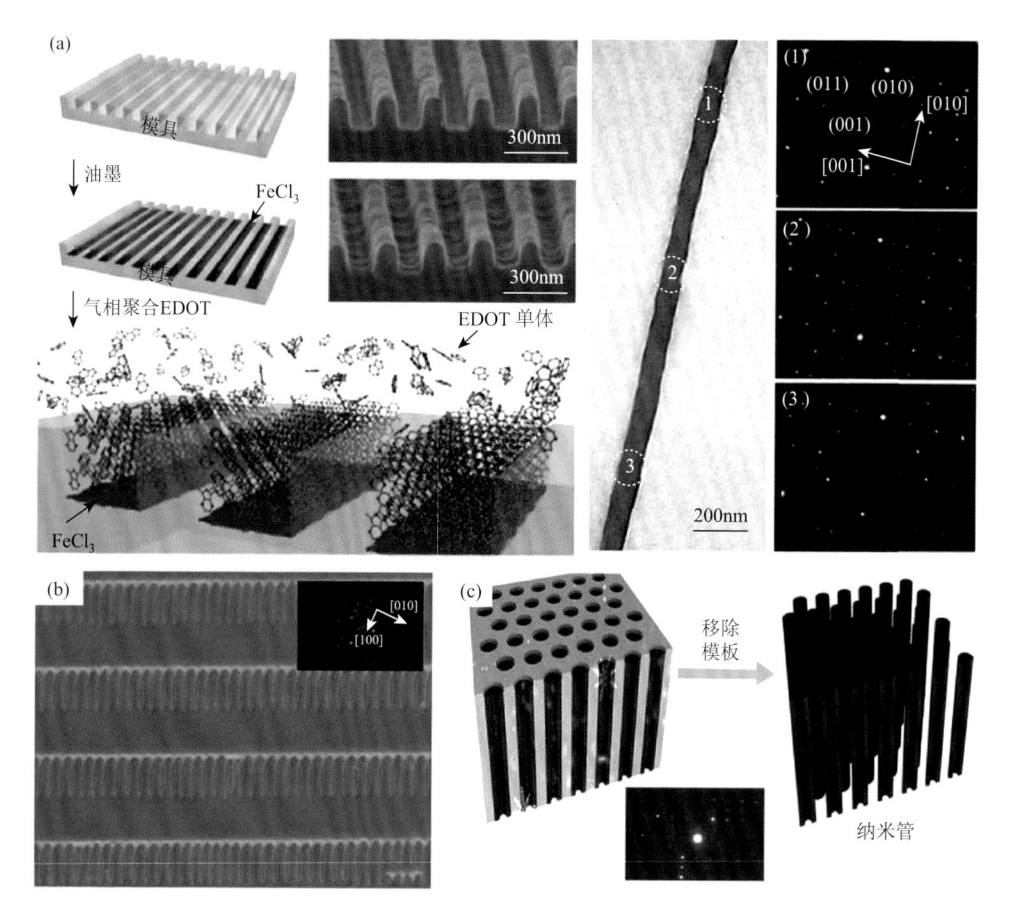

图 6-17 （a）模板限域生长法制备 PEDOT 微纳米线阵列及相关选区电子衍射表征[111]；（b）基于模板限域生长法制备的高结晶性聚吡咯微米线阵列及其选区电子衍射表征[56]；（c）基于氧化膜微孔模板限域生长法制备的聚吡咯纳米管阵列及单根纳米管的选区电子衍射表征[66]

由于具有挥发性的共轭高分子单体种类众多，这种技术可以简单推广到其他共轭高分子体系的晶体生长之中，为深入研究共轭高分子凝聚态物理和化学提供更多的实验模型，从而更好地推动共轭高分子在光、电、磁等领域的应用。

6.3.2 二维共轭高分子晶态材料

二维共轭高分子晶态材料得到科研工作者广泛关注的一个主要原因是其高度的可设计性，无论是从单体的分子结构、聚合物的框架结构，还是整体的功能结构，都可以依据意愿来进行相应的设计以实现需要的特定结构和功能。

图 6-18（a）展示了一些代表性的分子结构基元，利用这些分子，经过科研工作者们的不断研究，目前已经有很多二维高分子材料体系被成功制备出来。例如，Yaghi 及其合作者[112]制备了具有高载流子迁移率的 COF，他们选择具有平面共轭结构的卟啉分子作为单元，利用溶剂热法使单体 **30** 和单体 **34** 反应制备了 COF-66，使单体 **35** 和单体 **38** 反应制备了 COF-366，这两种具有大共轭结构的 COF 晶体材料内部均为层状结构，卟啉单元横向堆积提供了有效的导电界面。

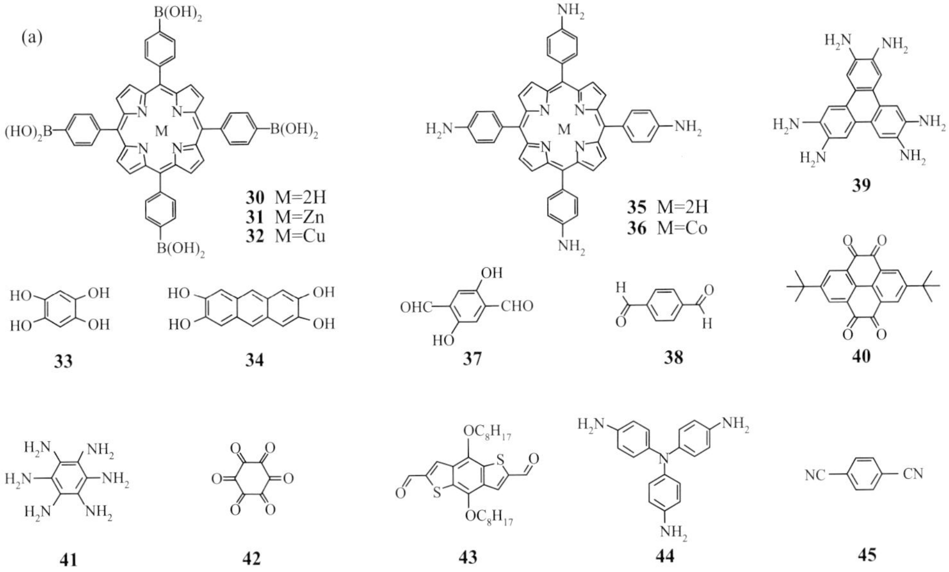

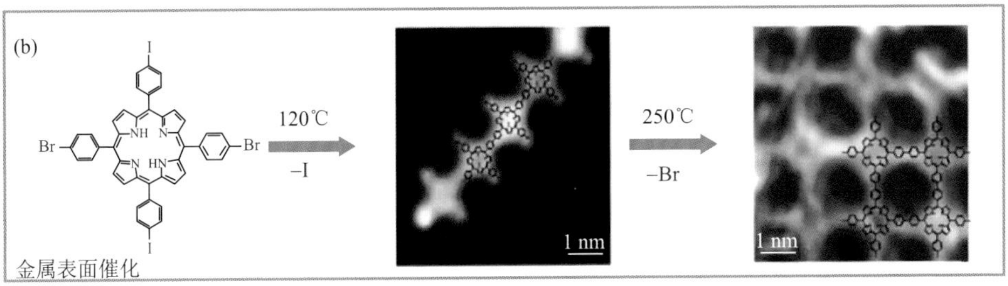

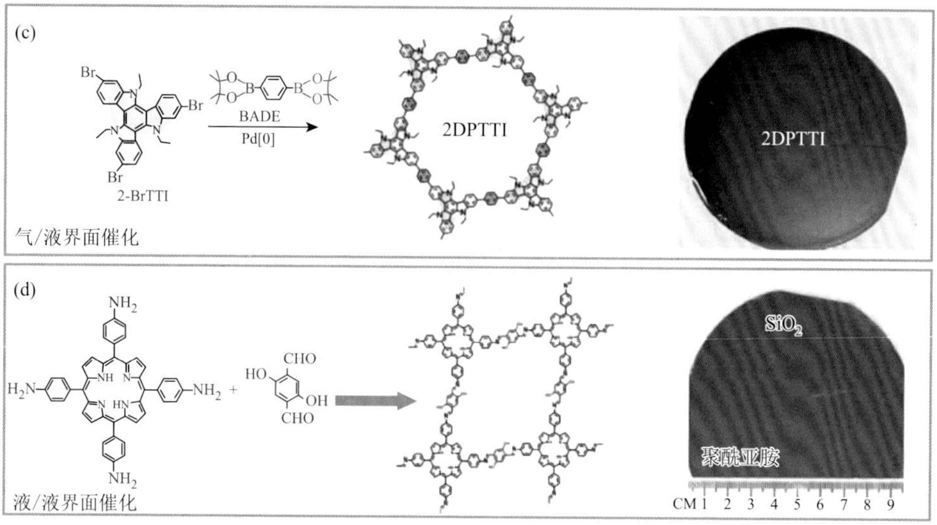

(c)

2-BrTTI BADE Pd[0] 2DPTTI 2DPTTI

气/液界面催化

(d)

液/液界面催化

SiO_2 聚酰亚胺 CM 1 2 3 4 5 6 7 8 9

图 6-18 一些代表性的分子结构基元（a）和基于界面催化法制备的三种代表性共轭高分子的制备过程及相应的低维结构图像［（b）气/固界面法，（c）气/液界面法，（d）液/液界面法］

江东林课题组[113]将具有大共轭体系的卟啉单元用于制备二维共轭卟啉共价有机框架。他们利用单体 **33** 分别与单体 **30**、单体 **31** 和单体 **32** 在溶液中进行硼酸酯反应制备了 MP-COF（M = 2H、Zn 和 Cu），其具有高速载流子传输特性、较高的结晶度以及比表面积。在研究过程中，他们发现 2D MP-COF 中的载流子类型可以由卟啉环中心的金属进行调控，因此基于相同的 2D COF 架构可以将材料的导电性质调控为空穴导电、电子导电或双极性材料。冯新亮课题组[75]制备了具有较高机械强度的大面积多功能聚亚胺基 2DCP，他们将单体 **37** 分别与单体 **35** 和单体 **36** 在气/液界面和液/液界面通过席夫碱缩聚反应成功制备了含卟啉的单层和多层 2DP。单层 2DP 的厚度为 0.7nm，横向可以达到 4in，杨氏模量为（267±30）GPa，选区电子衍射的结果显示单层和多层的 2DP 都具有晶体结构。随后，他们利用单体 **37** 合成了 Co-2DP，并将其沉积在钛电极上，在 1.0mol/L KOH 溶液中其展现出了优异的析氢反应电催化活性，其性能优于接枝到碳纳米管上或固定在氧化石墨烯片中的钴-氮（$Co\text{-}N_4$）配位基分子催化剂。这为二维有机柔性材料的合理合成以及其在能源领域的相关应用提供了宝贵的经验。在此基础上，江东林课题组[114]报道了一种化学稳定的、面内 π 电子共轭的 2D COF 材料。他们选择 C_3 对称的三亚苯基六胺（TPHA）（单体 **39**）和 C_2 对称的叔丁基芘四酮（PT）（单体 **40**）在溶剂热条件下得到了吩嗪连接的晶态 CS-COF。由于 CS-COF 具有层状的框架结构和有序的孔结构，材料在气体储存、太阳能电池上都展现了一定的应用前景，并在有机电子、储能和燃料电池等领域可能存在潜在的应用。

Baek 及其合作者[115]将六氨基苯（HAB）（单体 **41**）三盐酸盐和六酮环己烷（HKH）（单体 **42**）八水合物在 *N*-甲基-2-吡咯烷酮（NMP）中进行十分简单的反应合成了独特的含氮的多孔二维晶体 C_2N-h2D。鲍哲南课题组[116]利用单体 **43** 和单体 **44** 之间发生亚胺缩合反应在乙醇和 DMF 的混合溶液中制备了完全共轭的 2DCP 薄膜“polyTB”，该聚合物薄膜可以从溶液表面转移至玻璃或晶圆硅片基底上。进一步通过改进实验方法，利用大量 polyTB 合成后分离的稀释母液作为薄膜生长培养基，他们在溶液/空气界面处获得了光滑的薄膜。薄膜的厚度可以通过控制反应进行的时间进行调控，他们获得的薄膜最薄的为 1.8nm，平均粗糙度为 0.2nm。

2017 年，徐宇曦课题组[117]报道了第一个单罐溶液合成晶态单层、少层三嗪基二维共轭高分子的工作。他们利用单体 **45** 之间的环三聚反应，在二氯甲烷和三氟甲磺酸的界面处合成了大尺寸（横向尺寸为几微米至几百微米）、高比表面积（$10^2m^2/g$）的单层、少层三嗪基二维共轭高分子，并且有些材料体系还展现了良好的结晶特性。这些研究工作丰富了二维共轭高分子材料体系，推动了它们在很多领域的应用研究。

为了获得大面积、高结晶性的光电二维共轭高分子，依据单体分子的理化性质来选择合适的方法以制备不同类型的二维共轭高分子材料具有重要意义。从大的制备方法上来说，二维共轭高分子的制备方法可以分为“自下而上”和“自上而下”的方法[118]。目前报道的二维共轭高分子的制备方法大多数采用的是“自下而上”的策略，这是因为当制备二维共轭高分子时，通常从最基本的单体设计开始，然后引入合适的反应官能团以及制备方法和条件来进一步合成高分子。因此，利用“自下而上”的策略的优势之一是我们可以按预期定制高分子材料。

这一策略最初被广泛地应用在气/固界面进行二维共轭高分子材料探索性的制备工作中。具有代表性的例子是，在超高真空条件下，科研工作者们利用扫描隧道显微镜可以在金属基底上直观地观察到二维共轭高分子材料的形成以及结构［图 6-18（b）］[119]。目前大多数制备高晶态大面积二维共轭高分子的策略通常是把聚合反应设计在两相界面处，这种策略将单体预分散在相同或不同的相中，然后将反应体系置于适当的反应条件下来制备二维共轭高分子。

为了使这一策略更具有实际应用的价值，董焕丽课题组采用了脱溴的 Suzuki 偶联反应［图 6-18（c）］，在气/液界面处制备了大面积的晶态二维共轭高分子[120]。这一策略由于采用了活泼性相对较弱的催化剂，因此不需要将反应物置于低温的条件下，在常温即可进行有效的反应。而且通过这一策略制备的二维共轭高分子拥有更薄的厚度（约 2.5nm）以及一定的结晶性，因而其更适用于有机电子学器件。通过改进实验方法，所获得的二维共轭高分子的尺寸也得到了不断的调控，目前已经可以获得几百微米甚至是整个晶圆硅片大小的大尺寸二维高分子材料［图 6-18（c）和（d）］[75]。

除了上述讨论的方法之外，溶剂热法以及晶体剥离法也广泛地应用于制备二维共轭高分子晶态材料，但是通过这两种方法制得的二维共轭高分子材料通常为粉末状或者面积非常小，因而不适宜作为有机电子学器件材料，在这里我们就不详细地展开介绍了。

6.4 低维共轭高分子晶态材料应用研究

相比于薄膜来讲，高结晶性的低维共轭高分子材料具有分子结构有序、分子堆积结构确定、晶界缺陷密度小等方面的优势，在开展基础物性研究，如本征电荷传输特性、各向异性电荷传输等方面展现了独特的优势；同时，这些低维共轭高分子材料在实现高性能有机光电器件方面也展现了重要的应用前景。在该部分我们将以几个代表性的例子给予进一步的介绍。

有机场效应晶体管是大面积柔性有机电路的基本构筑基元，自 1986 年第一个基于电化学聚合的聚噻吩薄膜被报道以来，其器件性能得到了显著提高。这一方面得益于综合性能优异的有机高分子半导体材料的不断设计合成，另一方面得益于材料聚集态结构调控和器件制备工艺的不断优化。基于有机半导体晶体场效应晶体管的研究，特别是小分子半导体晶体的研究，使我们很好地认识了材料结构与性能的关系，同时也实现了高迁移率器件的构筑。

基于低维共轭高分子晶态材料的晶体器件的研究最早开始于 2006 年，Cho 等基于他们制备的 P3HT 微米线晶体构筑了相应的晶体管器件，其电荷传输方向与微米线中的 π-π 堆积方向一致，但文章中他们并没有给出其相应的载流子性能[29]。2009 年，中国科学院化学研究所董焕丽和胡文平研究员及其合作者进一步构筑了基于 TA-PPE 纳米线晶体的晶体管器件，得益于其分子共轭骨架沿纳米线长轴方向的理想堆积模式，在沿着共轭高分子链方向最终获得了 0.1cm^2/(V·s)的载流子迁移率，相比于同等条件下的薄膜器件，其性能提高了 2～3 个数量级，这也是文献中首次报道实现低维共轭高分子晶体场效应晶体管器件的构筑（图 6-19）[34]。随后，很多研究小组将他们发展的共轭高分子低维晶体应用于有机场效应晶体管中，结合分子结构的理性设计和工艺过程的不断优化，所获得器件的载流子传输性能也获得了不断的提高。例如，基于 PTz 微米线晶体的载流子迁移率为 0.46cm^2/(V·s)[相应薄膜为 1.57cm^2/(V·s)][31]，基于 PDPP2TBDT 和 PDPP2TzBDT 单晶微纳米线的晶体管器件展现了良好的双极性传输特性，获得的载流子迁移率分别为：空穴迁移率为 7.42cm^2/(V·s)和电子迁移率为 0.04cm^2/(V·s)（PDPP2TBDT），空穴迁移率为 5.47cm²/(V·s)和电子迁移率为 5.33cm²/(V·s)（PDPP2TzBDT）[35]。基于 CDT-BTZ 高规整微米线晶体的载流子迁移率为 5.5cm²/(V·s)，而基于 DPPBTSPE 微米线晶体的载流子迁移率高达 24cm²/(V·s)[30, 80]。

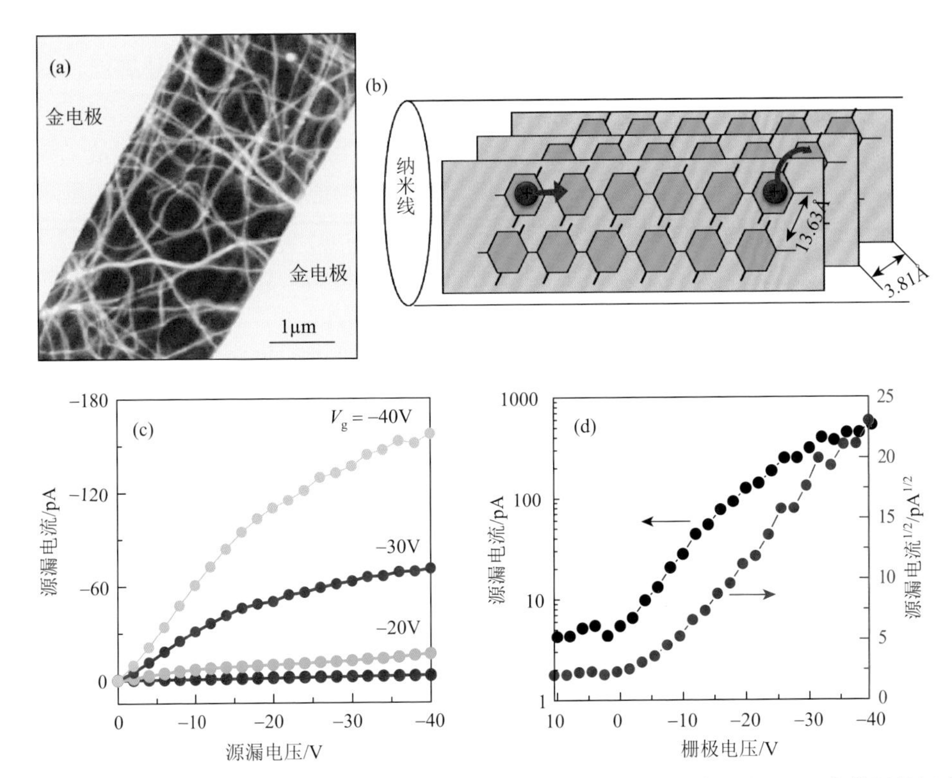

图 6-19 （a）基于 TA-PPE 纳米线晶体的场效应晶体管原子力显微镜照片；（b）电荷沿共轭高分子链方向的高效传输示意图；（c）、（d）代表性器件的输出和转移曲线[34]

在对高迁移率低维高分子晶体管器件研究的基础上，进一步结合共轭高分子材料良好的光吸收特性，Liu 等[31]和 Um 等[80]基于他们所制备的低维共轭高分子微米线晶体，制备了高性能的光控晶体管器件，器件表现出了 2531A/W 的响应度和 1.7×10^4 的光敏度，这一研究进一步拓展了低维共轭高分子晶态材料的应用领域。

此外，Cho 等基于模板限域生长法获得的 PEDOT 微米线晶体展现了非常优异的导电特性[67]，其平均电导率为 7619S/cm，最高电导率可以达到 8797S/cm，载流子迁移率为 88.08cm²/(V·s)，相比于之前文献中报道的常规 PEDOT 微纳结构和薄膜来讲，由于晶体中高度有序的分子排列结构，该 PEDOT 微米线晶体的导电性能获得了显著提高。另外，研究者进一步将该高导电性 PEDOT 微米线晶体作为电极，TIPS-PEN 有机半导体材料作为活性层，构筑了有机场效应晶体管器件，器件展现了良好的场效应特性，其性能与 Ag 电极的相当，预示其在大面积低成本柔性器件方面的应用前景。

由于溶液自组装法获得的共轭高分子晶体多为一维微纳米线，器件构筑过程中仅能沿着微纳米线长轴方向进行器件构筑，其电荷传输方向很难进行调控。基于拓扑聚合高质量一维和二维共轭高分子微纳晶体的获得为进一步开展同一晶体上电荷传输各向异性以及结构与性能关系研究提供了很好的研究载体。2017 年，董焕丽等基于实验中所获得的高质量 poly-PCDA 共轭高分子晶体，特别是二维片状晶体制备了基于单个晶体的双沟道器件，其器件沟道的方向分别平行和垂直于共轭高分子链方向［图 6-20（a）、（b）］[44]。电学性能测试结果表明 poly-PCDA 沿着链方向的载流子迁移率最高可以达到 42.7cm^2/(V·s)，这也是目前报道的共轭高分子材料载流子迁移率的最高值之一，比垂直链方向（即 π-π 堆积方向）的迁移率高出 2 个数量级［图 6-20（c）、（d）］。这一结果进一步证实在共轭高分子材料体系中电荷沿共轭高分子链方向的高效电荷传输特性。因此，如果通过优化材料聚集态结构及器件构筑，实现沿着共轭高分子链方向高效电荷传输特性的利用

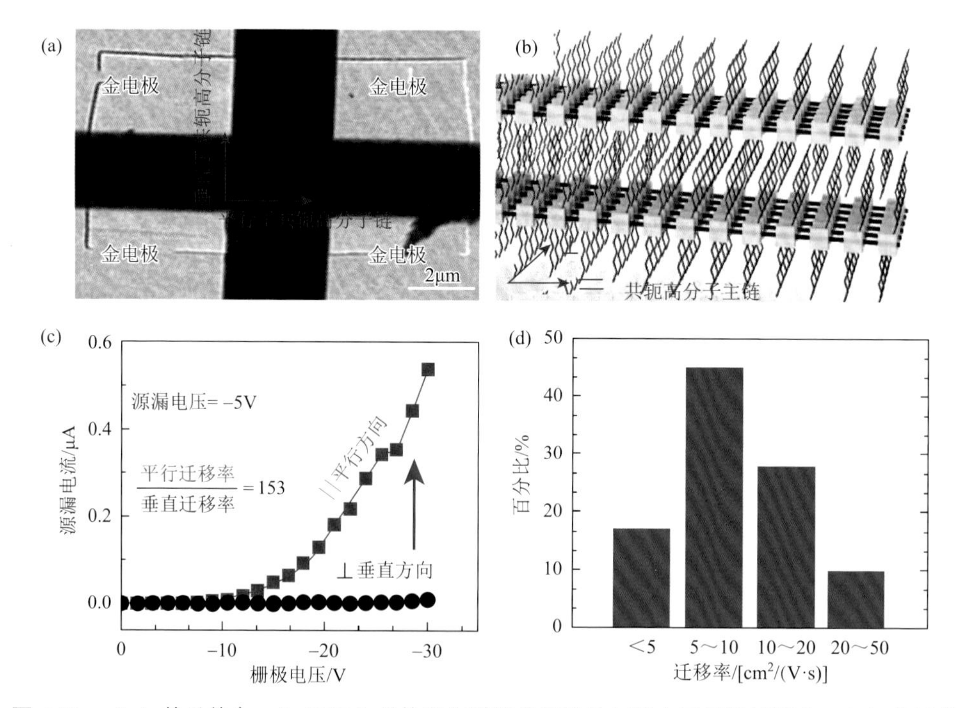

图 6-20 （a）基于单个 poly-PCDA 晶体双沟道晶体管器件扫描电子显微镜照片；（b）分子堆积模式示意图，其中电荷传输分别沿着共轭高分子链和垂直于高分子链方向；（c）平行和垂直于共轭高分子链方向器件的转移曲线；（d）基于 50 个 poly-PCDA 晶体场效应晶体管器件的载流子迁移率统计数据[44]

对于构筑更高性能的高分子晶体管器件来讲具有重要意义。这一研究思路可以进一步拓展到其他更多材料体系中，为研究不同分子结构与性能之间的关系提供了一种新思路。这一突破性的研究结果也将再次引起来自化学、材料、聚合物电子学等不同领域科学家对于拓扑化学聚合实现新型共轭高分子单晶及基础物性研究的兴趣，希望在化学家的不断努力之下，能够实现该领域中更多的新的进展。

高导电性共轭高分子晶体的获得在有机传感器方面显示了重要应用前景。例如，在制备系列高质量共轭高分子单晶的基础上，Xue 等以不同结晶形态的聚吡咯为研究对象，氨分子为电子载体，通过监测响应分子数、响应时间和电阻变化等参量，系统研究了离域 π 键与电子间的相互作用[56, 66]。初步研究表明，相较于非晶或者多晶态的共轭高分子而言，共轭高分子单晶由于存在高度有序的分子链，氨分子的引入可以更加有效地改变其载流子迁移率以及声子散射，从而表现出非常强的电子捕获能力［增强因子＞10^5，图 6-21（a）～（c）］。

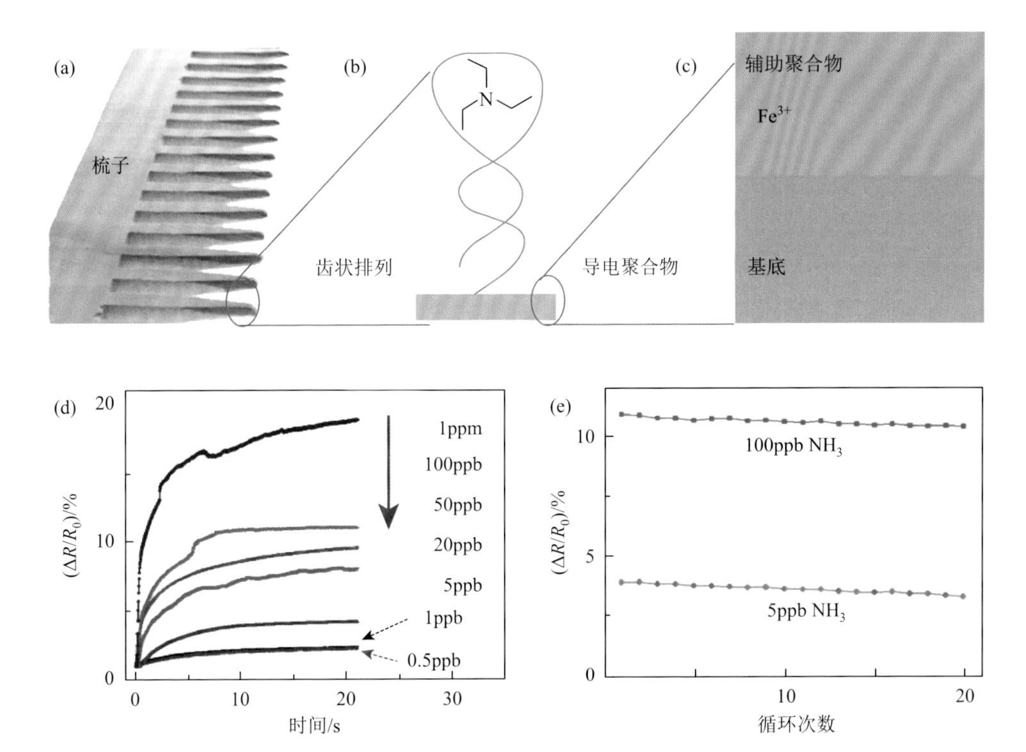

图 6-21　（a）～（c）模板辅助限域低温原位聚合得到的单晶聚吡咯纳米梳阵列示意图；（d）、（e）基于聚吡咯纳米晶阵列的传感器件性能曲线[56]

他们进一步基于该高导电性聚吡咯纳米梳阵列构筑了有机传输器件，器件测试结果表明，在基底浓度的氨气气氛下，器件展现出了非常优异的电阻响应特性，其响应检测限可以达到 0.5ppb，比常规溶液法制备的响应器件的响应特性提高了6 个数量级。同时，器件还展现出了非常好的循环测试稳定性和优异的选择性，在 20 次的循环测试下，其性能仅有非常小的衰减［图 6-21（d）、（e）］。同样的研究思路在其他体系的聚合物单晶中也得到了很好的应用，这一研究为高性能有机传感器件构筑提供了新思路。

相比于一维共轭高分子材料，二维共轭高分子材料由于具有离域的二维 π 共轭体系，从而具有优异的电荷传输特性，在光电领域有非常广阔的应用前景。而且有机二维共轭高分子制备方式简单、成本低廉，可以通过对单体和聚合方式的调节获得多样的结构，从而调节其半导体的性能。同时，有机二维共轭高分子带隙具有可调性，既能作半导体，也能表现出金属导电性，甚至具有超导性以及其他独特的性能。

例如，江东林组利用溶剂热法合成了一种二维 sp^2-c-COF，通过设计 TFPPy 和 PDAN 两个单体分子，使它们能通过形成 C ═ C 双键发生聚合，这样的反应可以在热动力学的控制下实现结构的自愈，进而实现高质量的晶态二维高分子材料的制备。他们通过 XRD 表征和计算证实了所得的二维高分子是晶态的。最后经过电子顺磁共振（ESR）和超导量子干涉（SQUID）的测试也证明了上述结构特征，在真正意义上实现了分子的 π 共轭结构沿着 x、y 方向进行传播的二维拓展，但遗憾的是，文章中并没有关于该二维共轭高分子材料的电学性能的研究数据[59]。

冯新亮等利用席夫碱缩合反应在液/气和液/液界面成功得到了 4in 的二维共轭高分子晶态薄膜，通过控制反应条件可以获得厚度为 0.8～20nm 的薄膜，构筑的场效应器件显示该薄膜的迁移率为 $1.3\times10^{-6}cm^2/(V\cdot s)$，开关比为 100[75]。复旦大学 Xu 等用类似的手段在二氯甲烷和三氟甲磺酸界面成功合成了基于三嗪的二维共轭高分子半导体材料。该聚合物薄膜是自支撑的，并且具有 $10^2m^2/g$ 的高比表面积和 $0.15cm^2/(V\cdot s)$的载流子迁移率（图 6-22）[117]。最近，Li 等进一步发展了一种简单的条件温和的界面 Suzuki 偶联反应，实现了包含多孔石墨烯和卟啉框架的二维共轭高分子材料的制备，其具有大面积的结构特征和 $3.2\times10^{-3}cm^2/(V\cdot s)$的载流子迁移率[121]。

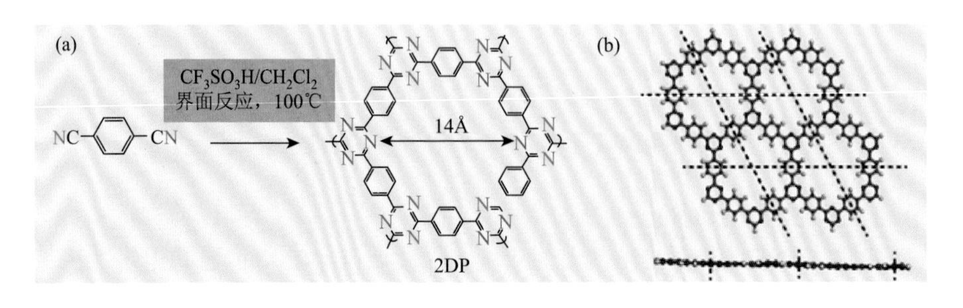

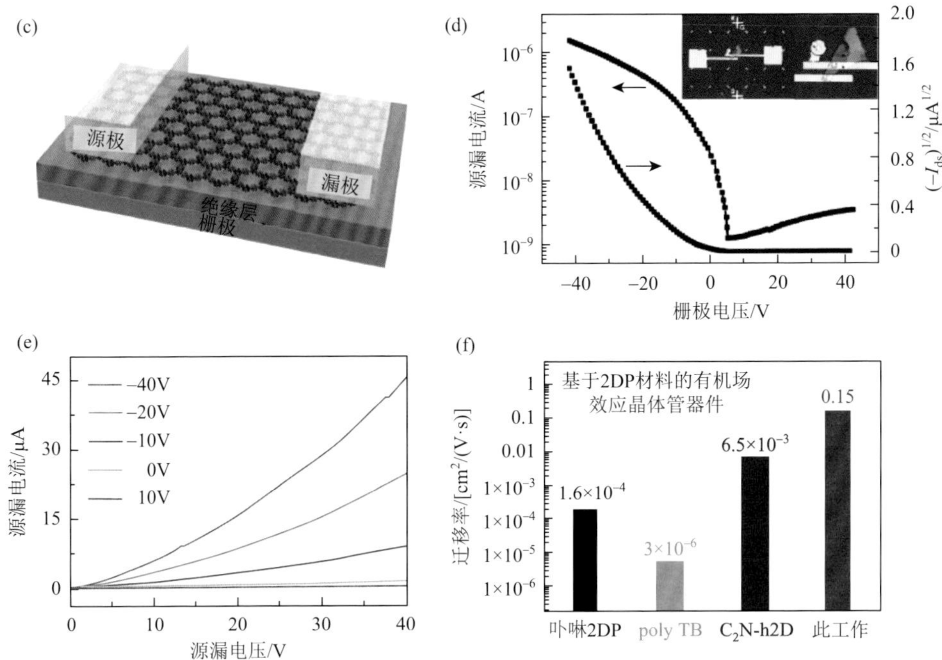

图 6-22　基于三嗪的二维共轭高分子材料结构及其有机场效应晶体管器件结构示意图、性能曲线和目前报道的载流子性能汇总图[117]

董焕丽课题组在二维共轭高分子材料有机光电器件应用方面进行了一些前瞻性的研究工作，通过改良的界面Suzuki偶联反应，制备了二维共轭高分子2DPTTI。所制备的材料 2DPTTI 薄膜作为有机场效应晶体管的活性层［图 6-23（a）］表现出典型的 p 型半导体特性以及 1.37×10^{-3}cm²/(V·s)的空穴迁移率和 5.0×10^{3} 的开关比［图 6-23（b）、（c）］[120]。除此之外，材料还展现出了良好的光电探测潜力，在 $V_g = 10$V、光强为 0.4μW/cm² 的条件下，基于 2DPTTI 的光响应晶体管获得了 1.4×10^{3}A/W 的响应度（R）以及优异的紫外光电性能［图 6-23（d）、（e）。尽管目前已经有一些关于二维共轭高分子材料在有机光电器件应用的例子，但大多

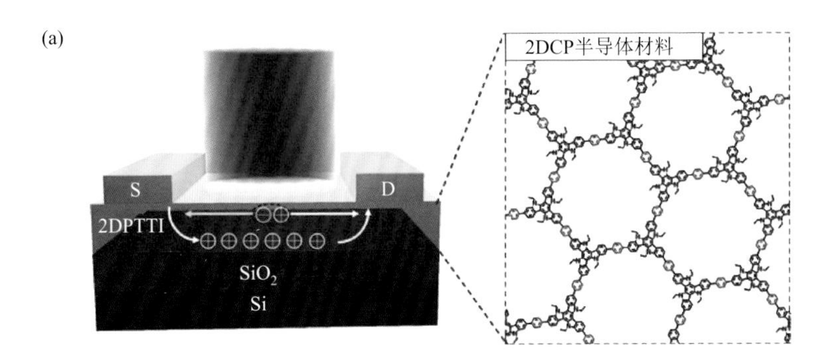

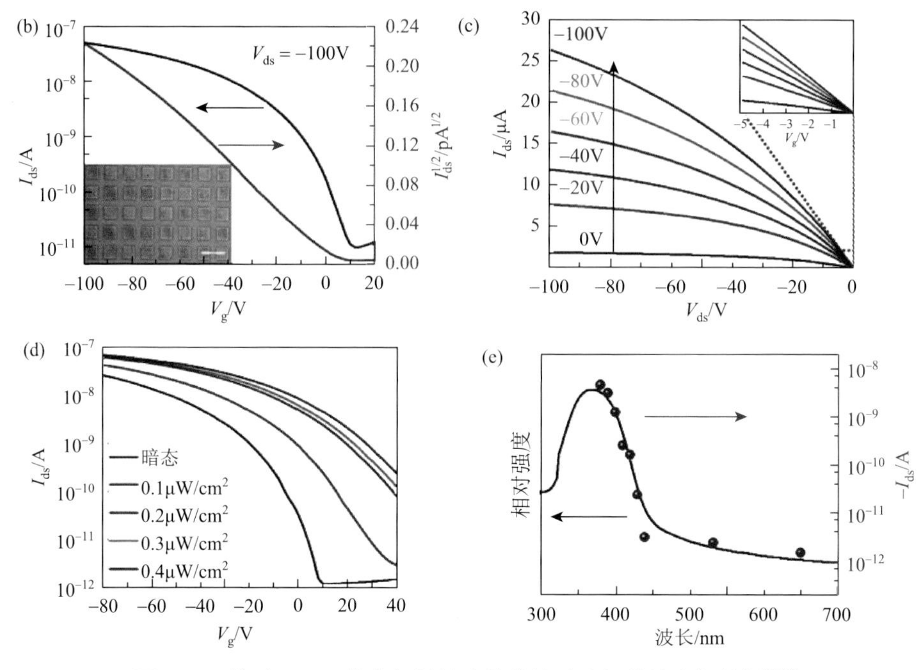

图 6-23 基于 2DCP 的有机场效应晶体管以及相关的表征数据[120]

数的二维高分子由于尺寸小、结晶差等，导致其并不具备理想的光电性能，如果要想实现该领域中新的突破，还需要来自不同领域研究工作者的共同努力和进一步的深入研究。

6.5 总结与展望

高质量低维共轭高分子晶态材料的制备在有机光电子学领域具有科学和技术上的重要意义。本章中我们对目前文献中报道的低维共轭高分子晶态材料方面的相关研究进展做了简单的总结，从分子材料的设计、高质量低维晶体制备方法、低维晶体材料的应用几个方面分别进行了介绍，同时提出了一些自己的浅薄的见解。最近一些重要研究成果的获得为该领域的研究带来了新的希望，当然，研究过程中仍有许多的挑战与难题。可以相信，在来自不同领域研究工作者的共同努力下，低维共轭高分子晶态材料与器件方面将来会取得新的更优异的成果。

参考文献

[1] Shirakawa H，Louis E J，MacDiarmid A G，et al. Synthesis of electrically conducting organic polymers：halogen derivatives of polyacetylene，$(CH)_x$. Journal of the Chemical Society，Chemical Communications，1977，(16)：578-580.

[2] Heeger A J，Sariciftci N S，Namdas E B，et al. Semiconducting and Metallic Polymers. New York：Oxford

University Press，2010.

[3] Hu W P，Bai F L，Gong X，et al. Organic Optoelectronics. Hoboken：John Wiley & Sons，2012.

[4] 黄飞，薄志山，耿延候，等. 光电高分子材料的研究进展. 高分子学报，2019，50（10）：988-1046.

[5] Heeger A J. Semiconducting and metallic polymers：the fourth generation of polymeric materials（Nobel lecture）. Angewandte Chemie International Edition，2001，40（14）：2591-2611.

[6] Wang C L，Dong H L，Hu W P，et al. Semiconducting π-conjugated systems in field-effect transistors：a material odyssey of organic electronics. Chemical Reviews，2012，112（4）：2208-2267.

[7] Dong H L，Wang C L，Hu W P，et al. High performance organic semiconductors for field-effect transistors. Chemical Communications，2010，46（29）：5211-5222.

[8] Dong H L，Fu X L，Liu J，et al. 25th Anniversary article：key points for high-mobility organic field-effect transistors. Advanced Materials，2013，25（43）：6158-6182.

[9] Vajtai R. Springer Handbook of Nanomaterials. Springer Science & Business Media，2013.

[10] Zhai T Y，Yao J N. One-Dimensional Nanostructures：Principles and Applications. Hoboken：John Wiley & Sons，2012.

[11] Lim J A，Liu F，Ferdous S，et al. Polymer semiconductor crystals. Materials Today，2010，13（5）：14-24.

[12] Dong H L，Yan Q Q，Hu W P. Multilevel investigation of charge transport in conjugated polymers：new opportunities in polymer electronics. Acta Polymerica Sinica，2017，（8）：1246-1260.

[13] Dong H L，Hu W P. Multilevel investigation of charge transport in conjugated polymers. Accounts of Chemical Research，2016，49（11）：2435-2443.

[14] Gu P C，Yao Y F，Feng L L，et al. Recent advances in polymer phototransistors. Polymer Chemistry，2015，6（46）：7933-7944.

[15] Ni Z J，Wang H L，Dong H L，et al. Mesopolymer synthesis by ligand-modulated direct arylation polycondensation towards n-type and ambipolar conjugated systems. Nature Chemistry，2019，11（3）：271-277.

[16] 胡文平. 有机场效应晶体管. 北京：科学出版社，2011.

[17] Dong H L，Zhu H F，Meng Q，et al. Organic photoresponse materials and devices. Chemical Society Reviews，2012，41（5）：1754-1808.

[18] Yao Y F，Dong H L，Hu W P. Charge transport in organic and polymeric semiconductors for flexible and stretchable devices. Advanced Materials，2016，28（22）：4513-4523.

[19] Yang J，Zhao Z Y，Wang S，et al. Insight into high-performance conjugated polymers for organic field-effect transistors. Chem，2018，4（12）：2748-2785.

[20] Lagerwall J，Scalia G，Haluska M，et al. Hanotube alignment using lyotropic liquid crystals. Advanced Materials，2007，19（3）：359-364.

[21] Yan Y，Wang R，Qiu X H，et al. Hexagonal superlattice of chiral conducting polymers self-assembled by mimicking *β*-sheet proteins with anisotropic electrical transport. Journal of the American Chemical Society，2010，132（34）：12006-12012.

[22] Yan Y，Yu Z，Huang Y W，et al. Helical polyaniline nanofibers induced by chiral dopants by a polymerization process. Advanced Materials，2007，19（20）：3353-3357.

[23] Yao Y F，Dong H L，Hu W P. Ordering of conjugated polymer molecules：recent advances and perspectives. Polymer Chemistry，2013，4（20）：5197-5205.

[24] Gu P C，Yao Y F，Dong H L，et al. Preparation，characterization and field effect transistor applications of conjugated polymer micro/nano-crystal. Acta Polymerica Sinica，2014，8：1029-1040.

[25] Zhang Z C，Liu Q Q，Dong H L，et al. Conjugated polymer crystals via topochemical polymerization. Science China Chemistry，2019，10（62）：1271-1274.

[26] Reiter G，Strobl G R. Progress in Understanding of Polymer Crystallization. Berlin：Springer，2007.

[27] Oh J Y，Shin M，Lee T I，et al. Self-seeded growth of poly(3-hexylthiophene) (P3HT) nanofibrils by a cycle of cooling and heating in solutions. Macromolecules，2012，45（18）：7504-7513.

[28] Rahimi K，Botiz I，Stingelin N，et al. Controllable processes for generating large single crystals of poly（3-hexylthiophene）. Angewandte Chemie International Edition，2012，51（44）：11131-11135.

[29] Kim D H，Han J T，Park Y D，et al. Single-crystal polythiophene microwires grown by self-assembly. Advanced Materials，2006，18（6）：719-723.

[30] Wang S H，Kappl M，Liebewirth I，et al. Organic field-effect transistors based on highly ordered single polymer fibers. Advanced Materials，2012，24（3）：417-420.

[31] Liu Y，Dong H L，Jiang S D，et al. High performance nanocrystals of a donor-acceptor conjugated polymer. Chemistry of Materials，2013，25（13）：2649-2655.

[32] Xiao X L，Wang Z B，Hu Z J，et al. Single crystals of polythiophene with different molecular conformations obtained by tetrahydrofuran vapor annealing and controlling solvent evaporation. The Journal of Physical Chemistry B，2010，114（22）：7452-7460.

[33] Xiao X L，Hu Z J，Wang Z B，et al. Study on the single crystals of poly(3-octylthiophene) induced by solvent-vapor annealing. The Journal of Physical Chemistry B，2009，113（44）：14604-14610.

[34] Dong H L，Jiang S D，Jiang L，et al. Nanowire crystals of a rigid rod conjugated polymer. Journal of the American Chemical Society，2009，131（47）：17315-17320.

[35] Xiao C Y，Zhao G Y，Zhang A D，et al. High performance polymer nanowire field-effect transistors with distinct molecular orientations. Advanced Materials，2015，27（34）：4963-4968.

[36] Kim J H，Lee D H，Yang D S，et al. Novel polymer nanowire crystals of diketopyrrolopyrrole-based copolymer with excellent charge transport properties. Advanced Materials，2013，25（30）：4102-4106.

[37] Ramamurthy V，Venkatesan K. Photochemical reactions of organic crystals. Chemical Reviews，1987，87（2）：433-481.

[38] Dou L T，Zheng Y H，Shen X Q，et al. Single-crystal linear polymers through visible light-triggered topochemical quantitative polymerization. Science，2014，343（6168）：272-277.

[39] Tseng C W，Huang D C，Yang H L，et al. Self-assembly behavior of diacetylenic acid molecules upon vapor deposition：odd-even effect on the film morphology. Chemistry-A European Journal，2020，26：13948 -13956.

[40] Cohen M D，Schmidt G M J. Topochemistry. Part Ⅰ. A survey. Journal of the Chemical Society（Resumed），1964，（0）：1996-2000.

[41] Garcia-Garibay M A. Engineering carbene rearrangements in crystals：from molecular information to solid-state reactivity. Accounts of Chemical Research，2003，36（7）：491-498.

[42] Hasegawa M. Photopolymerization of diolefin crystals. Chemical Reviews，1983，83（5）：507-518.

[43] Garai M，Santra R，Biradha K. Tunable plastic films of a crystalline polymer by single-crystal-to-single-crystal photopolymerization of a diene：self-templating and shock-absorbing two-dimensional hydrogen-bonding layers. Angewandte Chemie International Edition，2013，52（21）：5548-5551.

[44] Yao Y F，Dong H L，Liu F，et al. Approaching intra-and interchain charge transport of conjugated polymers facilely by topochemical polymerized single crystals. Advanced Materials，2017，29（29）：1701251-1701257.

[45] Seo J，Kantha C，Joung J F，et al. Covalently linked perylene diimide-polydiacetylene nanofibers display enhanced

stability and photocurrent with reversible fret phenomenon. Small，2019，15（19）：1901342-1901350.

[46] Kory M J，Wörle M，Weber T，et al. Gram-scale synthesis of two-dimensional polymer crystals and their structure analysis by X-ray diffraction. Nature Chemistry，2014，6，779-784.

[47] Kissel P，Murray D J，Wulftange W J，et al. A nanoporous two-dimensional polymer by single-crystal-to-single-crystal photopolymerization. Nature Chemistry，2014，6，774-778.

[48] Kissel P，Erni R，Schweizer W B，et al. A two-dimensional polymer prepared by organic synthesis. Nature Chemistry，2012，4（4）：287-291.

[49] Wegner G. Topochemical reactions of monomers with conjugated triple bonds. Ⅰ. Polymerization of 2, 4-hexadiyn-1, 6-diols deivatives in crystalline state. Zeitschrift fur Naturforschung Part B-Chemie Biochemie Biophysik Biologie und Verwandten Gebiete，1969，24（7）：824-829.

[50] Enkelmann V. Structural aspects of the topochemical polymerization of diacetylenes. Advances in Polymer Science，1984，63：91-136.

[51] Baughman R H. Solid-state polymerization of diacetylenes. Journal of Applied Physics，1972，43（11）：4362-4370.

[52] Lauher J W L，Fowler F W，Goroff N S. Single-crystal-to-single-crystal topochemical polymerizations by design. Accounts of Chemical Research，2008，41（9）：1215-1229.

[53] Sun A，Lauher J W L，Goroff N S. Preparation of poly（diiododiacetylene），an ordered conjugated polymer of carbon and iodine. Science，2006，312（5776）：1030-1034.

[54] Kane J J，Liao R F，Lauher J W，et al. Preparation of layered diacetylenes as a demonstration of strategies for supramolecular synthesis. Journal of the American Chemical Society，1995，117（48）：12003-12004.

[55] Li Q Y，Yao Y F，Qiu G，et al. Topochemical polymerization of diacetylenes. Chinese Science Bulletin，2016，61：2688-2693.

[56] Xue M Q，Wang Y，Wang X W，et al. Single-crystal-conjugated polymers with extremely high electron sensitivity through template-assisted *in situ* polymerization. Advanced Materials，2015，27（39）：5923-5929.

[57] Cai S L，Zhang W G，Zuckermann R N，et al. The organic flatland：recent advances in synthetic 2D organic layers. Advanced Materials，2015，27（38）：5762-5770.

[58] Côté A P，Benin A I，Ockwig N W，et al. Porous，crystalline，covalent organic frameworks. Science，2005，310（5751）：1166-1170.

[59] Jin E Q，Asada M，Xu Q，et al. Two-dimensional sp^2 carbon-conjugated covalent organic frameworks. Science，2017，357（6352）：673-676.

[60] Moriizumi T，Kudo K. Merocyanine-dye photovoltaic cell on a plastic film. Applied Physics Letters，1981，38（2）：85-86.

[61] Benincori T，Brenna E，Sannicolo F，et al. The first “charm bracelet” conjugated polymer：an electroconducting polythiophene with covalently bound fullerene moieties. Angewandte Chemie International Edition in English，1996，35（6）：648-651.

[62] Huang N，Wang P，Jiang D L. Covalent organic frameworks：a materials platform for structural and functional designs. Nature Reviews Materials，2016，1（10）：16068-16087.

[63] Lin J W P，Dudek L P. Synthesis and properties of poly（2, 5-thienylene）. Journal of Polymer Science：Polymer Chemistry Edition，1980，18（9）：2869-2873.

[64] Tsumura A，Koezuka H，Ando T. Macromolecular electronic device：field-effect transistor with a polythiophene thin film. Applied Physics Letters，1986，49（18）：1210-1212.

[65] Zhang Y，Dong H L，Tang Q X，et al. Organic single-crystalline p-n junction nanoribbons. Journal of the American

Chemistry Society，2010，132（33）：11580-11584.

[66] Xue M Q，Li F W，Chen D，et al. High-oriented polypyrrole nanotubes for next-generation gas sensor. Advanced Materials，2016，28（37）：8265-8270.

[67] Cho B，Park K S，Baek J，et al. Single-crystal poly（3, 4-ethylenedioxythiophene）nanowires with ultrahigh conductivity. Nano Letters，2014，14（6）：3321-3327.

[68] Deheryan S，Cott D J，Muller R，et al. Self-limiting electropolymerization of ultrathin，pinhole-free poly（phenylene oxide）films on carbon nanosheets. Carbon，2015，88：42-50.

[69] Li C G，Wang Y S，Dong H L，et al. Two-dimensional conjugated polymers synthesized via on-surface chemistry. Science China Materials，2019，2（63）：172-176.

[70] Held P A，Fuchs H，Studer A. Covalent-bond formation via on-surface chemistry. Chemistry-A European Journal，2017，23（25）：5874-5892.

[71] Grill L，Dyer M，Lafferentz L，et al. Nano-architectures by covalent assembly of molecular building blocks. Nature Nanotechnology，2007，2：687-691.

[72] Steiner C，Gebhardt J，Ammon M，et al. Hierarchical on-surface synthesis and electronic structure of carbonyl-functionalized one-and two-dimensional covalent nanoarchitectures. Nature Communications，2017，8，14765-14776.

[73] Bauer T，Zheng Z，Renn A，et al. Synthesis of free-standing，monolayered organometallic sheets at the air/water interface. Angewandte Chemie International Edition，2011，50（34）：7879-7884.

[74] Liu W，Luo X，Bao Y，et al. A two-dimensional conjugated aromatic polymer via C—C coupling reaction. Nature Chemistry，2017，9（6）：563-570.

[75] Sahabudeen H，Qi H，Glatz B A，et al. Wafer-sized multifunctional polyimine-based two-dimensional conjugated polymers with high mechanical stiffness. Nature Communications，2016，7：13461-13469.

[76] Lu G H，Li L G，Yang X N. Achieving perpendicular alignment of rigid polythiophene backbones to the substrate by using solvent-vapor treatment. Advanced Materials，2007，19（21）：3594-3598.

[77] Liu C F，Wang Q L，Tian H K，et al. Insight into lamellar crystals of monodisperse polyfluorenes：fractionated crystallization and the crystal's stability. Polymer，2013，54（3）：1251-1258.

[78] Liu C F，Wang Q L，Tian H K，et al. Extended-chain lamellar crystals of monodisperse polyfluorenes. Polymer，2013，54（9）：2459-2465.

[79] Liu C F，Sui A G，Wang Q L，et al. Fractionated crystallization of polydisperse polyfluorenes. Polymer，2013，54（13）：3150-3155.

[80] Um H A，Lee D H，Heo D U，et al. High aspect ratio conjugated polymer nanowires for high performance field-effect transistors and phototransistors. ACS Nano，2015，9（5）：5264-5274.

[81] Chance R R，Eckhardt H，Swerdloff M，et al. Urethane-substituted polydiacetylenes. American Chemical Society，1987，337：140-151.

[82] Patel G N，Duesler E N，Curtin D Y，et al. Solid state phase transformation of a diacetylene by solvation. Crystal structure of a moderately reactive monomer form. Journal of the American Chemical Society，1980，102（2）：461-466.

[83] Eckhardt H，Prusik T，Chance R R. Energetics of diacetylene photopolymerization：a calorimetric study. Macromolecules，1983，16（5）：732-736.

[84] Fujita N，Sakamoto Y，Shirakawa M，et al. Polydiacetylene nanofibers created in low-molecular-weight gels by post modification：control of blue and red phases by the odd-even effect in alkyl chains. Journal of the American Chemical Society，2007，129（14）：4134-4135.

[85] Kim M J, Angupillai S, Min K, et al. Tuning of the topochemical polymerization of diacetylenes based on an odd/even effect of the peripheral alkyl chain: thermochromic reversibility in a thin film and a single-component ink for a fountain pen. ACS Applied Materials & Interfaces, 2018, 10 (29): 24767-24775.

[86] Ando D J, Bloor D, Hubble C L, et al. The solid-state polymerization of some bis(arylsulfonate)esters of 2, 4-hexadiyne-1, 6-diol. Die Makromolekulare Chemie: Macromolecular Chemistry and Physics, 1980, 181(2): 453-467.

[87] Tokura Y, Ishikawa K, Kanetake T, et al. Photochromism and photoinduced bond-structure change in the conjugated polymer polydiacetylene. Physical Review B, 1987, 36 (5): 2913-2915.

[88] Pang J B, Yang L, McCaughey B F, et al. Thermochromatism and structural evolution of metastable polydiacetylenic crystals. The Journal of Physical Chemistry B, 2006, 110 (14): 7221-7225.

[89] Gao J, Uribe-Romo F J, Saathoff J D, et al. Ambipolar transport in solution-synthesized graphene nanoribbons. ACS Nano, 2016, 10 (4): 4847-4856.

[90] Jordan R S, Li Y L, Lin C W, et al. Synthesis of $n = 8$ armchair graphene nanoribbons from four distinct polydiacetylenes. Journal of the American Chemical Society, 2017, 139 (44): 15878-15890.

[91] Jordan R S, Wang Y, McCurdy R D, et al. Synthesis of graphene nanoribbons via the topochemical polymerization and subsequent aromatization of a diacetylene precursor. Chemistry, 2016, 1 (1): 78-90.

[92] Mayerle J J, Flandera M A. Bis(1-carbazolyl)butadiyne. Acta Crystallographica Section B-Structural Science, 1978, 34: 1374-1376.

[93] Enkelmann V, Schleier G. Eichele H. Carbazolyl and anthryl substituted diacetylenes: studies of crystal structures and energy transfer in the polymerization of mixed crystals. Journal of Materials Science, 1982, 17(2): 533-546.

[94] Matsuda H, Nakanishi H, Hosomi T, et al. Synthesis and solid-state polymerization of a new diacetylene: 1-(*N*-carbazolyl)penta-1, 3-diyn-5-ol. Macromolecules, 1988, 21 (5): 1238-1240.

[95] Tabata H, Kuwamoto K, Okuno T. Conformational polymorphs and solid-state polymerization of 9-(1, 3-butadiynyl) carbazole derivatives. Journal of Molecular Structure, 2016, 1106, 452-459.

[96] Okuno T, Ikeda S, Kubo N. Solid state polymerization of diacetylenes incorporating ynamine moiety. Molecular Crystals and Liquid Crystals, 2006, 456: 35-44.

[97] Wang S C, Li Y L, Liu H, et al. Topochemical polymerization of unsymmetrical aryldiacetylene supramolecules with nitrophenyl substituents utilizing C—H···π interactions. Organic & Biomolecular Chemistry, 2015, 13(19): 5467-5474.

[98] Xu Y W, Smith M D, Geer M F, et al. Thermal reaction of a columnar assembled diacetylene macrocycle. Journal of the American Chemical Society, 2010, 132 (15): 5334-5335.

[99] Heo J M, Kim Y, Han S, et al. Chromogenic tubular polydiacetylenes from topochemical polymerization of self-assembled macrocyclic diacetylenes. Macromolecules, 2017, 50 (3): 900-913.

[100] Suzuki M, Kotyk J F, Khan S, et al. Directing the crystallization of dehydro[24]annulenes into supramolecular nanotubular scaffolds. Journal of the American Chemical Society, 2016, 138 (18): 5939-5956.

[101] Rondeau-Gagné S, Néabo J R, Desroches M, et al. Rigid organic nanotubes obtained from phenylene-butadiynylene macrocycles. Chemical Communications, 2013, 49 (83): 9546-9548.

[102] Xi O Y, Fowler F W, Lauher J W. Single-crystal-to-single-crystal topochemical polymerizations of a terminal diacetylene: two remarkable transformations give the same conjugated polymer. Journal of the American Chemical Society, 2003, 125 (41): 12400-12401.

[103] Fahsi K, Deschamps J, Chougrani K, et al. Stability and solid-state polymerization reactivity of imidazolyl-and

benzimidazolyl-substituted diacetylenes：pivotal role of lattice water. CrystEngComm，2013，15（21）：4261-4279.

[104] Zhu L L，Tran H，Beyer F L，et al. Engineering topochemical polymerizations using block copolymer templates. Journal of the American Chemical Society，2014，136（38）：13381-13387.

[105] Krishnan B P，Mukherjee S M，Aneesh P，et al. Semiconducting fabrics by *in-situ* topochemical synthesis of polydiacetylene：a new dimension to the use of organogels. Angewandte Chemie International Edition，2016，55（7）：2345-2349.

[106] Warman J M，Haas M P，Dicker G，et al. Charge mobilities in organic semiconducting materials determined by pulse-radiolysis time-resolved microwave conductivity：π-bond-conjugated polymers versus π-π-stacked discotics. Chemistry of Materials，2004，16（23）：4600-4609.

[107] Yang Y，Lee J Y，Miller P，et al. Drift velocity measurements in thin film polydiacetylene single crystals. Solid State Communications，1991，77（10）：763-765.

[108] Hoofman R J，Siebbeles L D，Haas M P，et al. Anisotropy of the charge-carrier mobility in polydiacetylene crystals. The Journal of Chemical Physics，1998，109（5）：1885-1893.

[109] Lee J Y，Aleshin A N，Kim D W，et al. Field-effect mobility anisotropy in PDA-PTS single crystals. Synthetic Metals，2005，152（1）：169-172.

[110] Thakur M，Meyler S. Growth of large-area thin-film single crystals of poly（diacetylenes）. Macromolecules，1985，18（11）：2341-2344.

[111] Park J，Yun S J，Kim H，et al. Large-area monolayer hexagonal boron nitride on Pt foil. ACS Nano，2014，8（8）：8520-8528.

[112] Wan S，Gándara F，Asano A，et al. Covalent organic frameworks with high charge carrier mobility. Chemistry of Materials，2011，23（18）：4094-4097.

[113] Feng X，Li L L，Honsho Y，et al. High-rate charge-carrier transport in porphyrin covalent organic frameworks：switching from hole to electron to ambipolar conduction. Angewandte Chemie International Edition，2012，51：2618-2622.

[114] Guo J，Xu Y H，Jin S B，et al. Conjugated organic framework with three-dimensionally ordered stable structure and delocalized π clouds. Nature Communications，2013，4：2736-2744.

[115] Mahmood J，Lee E K，Jung M，et al. Nitrogenated holey two-dimensional structures. Nature Communications，2015，6：6486-6493.

[116] Feldblyum J I，McCreery C H，Andrews S C，et al. Few-layer，large-area，2D covalent organic framework semiconductor thin films. Chemical Communications，2015，51（73）：13894-13897.

[117] Liu J J，Zan W，Li K，et al. Solution synthesis of semiconducting two-dimensional polymer via trimerization of carbonitrile. Journal of the American Chemical Society，2017，139（34）：11666-11669.

[118] Rodriguez-San-Miguel D，Amo-Ochoa P，Zamora F. MasterChem：cooking 2D-polymers. Chemical Communications，2016，52（22）：4113-4127.

[119] Lafferentz L，Eberhardt V，Dri C，et al. Controlling on-surface polymerization by hierarchical and substrate-directed growth. Nature Chemistry，2012，4（3）：215-220.

[120] Dong H L，Li C G，Wang Y S，et al. Two-dimensional conjugated polymer synthesized by interfacial Suzuki reaction toward electronic device applications. Angewandte Chemie International Edition，2020，59（24）：9403-9407.

[121] Zhou D，Tan X Y，Wu H M，et al. Synthesis of C—C bonded two-dimensional conjugated covalent organic framework films by Suzuki polymerization on a liquid-liquid interface. Angewandte Chemie International Edition，2019，58（5）：1376-1381.

第7章

低维共轭配位聚合物材料

7.1 概述

金属有机材料或者金属有机框架（MOFs）通常由金属离子与有机配体通过形成三维（3D）空间网状结构而组成。其有机配体主要包括羧酸[1]、磺酸[2]、咪唑[3]或者多氮唑类[4]等。获得的 MOFs 通常具有比表面积大和孔隙率高等优点，但也常存在稳定性差和导电率低等缺点，极大地制约了其进一步的发展与应用[5]。

在 MOFs 的有机配体大家族中，一些共轭的有机配体能够通过杂原子（N、S 或者 O 等）与过渡金属离子（Ni、Co、Cu、Pd 等）配位，配体的 π 电子进入金属离子的 d 轨道，形成 π-d 共轭的共轭配位聚合物（CCPs），也可以称为共轭金属有机材料（CMOMs）。由于金属离子的 d 轨道与有机配体的 π 轨道杂化耦合形成 π-d 轨道，在聚合物链中存在大量离域的电荷，电子可以在高度离域的配体轨道和未填满的金属 d 轨道间移动，所以大部分共轭配位聚合物材料通常具有良好的导电性和电子迁移率，也因此被人们称为是一种导电的金属有机材料[6]。CCPs 作为 MOFs 的一个分支，不仅具有传统 MOFs 的诸多优势，如比表面积大、结构多样、孔隙结构可调等，还具有较高的电导率和刚性的骨架结构，以及更好的稳定性等特点。因此，CCPs 除了被广泛地应用于气体吸附[7]、能源转换与存储[8-12]、传感[13-17]等领域外，在物理和电子领域都有着广泛的应用前景[18-24]。

通常，绝大多数的 MOFs 都具有三维的空间网状结构。然而，CCPs 则通常为一维（1D）链状聚合物或者二维（2D）平面聚合物。这样的化学结构具有较强的分子间 π-π 和 π-d 相互作用，外观形貌上也通常表现为低维的结构，如一维纳米棒（纳米线）或者二维纳米片。这样的化学结构和外观形貌使得其具有独特的物理和化学性质。通过选择不同的有机配体和金属离子，就可以方便地调节共轭配位聚合物材料的电子结构和维度。近几年来，以金属-邻苯二胺类[10, 18, 20, 25-29]、金属-二硫纶类[12, 30-35]、金属-邻苯二酚类[13, 36-40]或金属-酞菁类[41]等为配位单元（图 7-1）的低维共轭配位聚合物材料，迅速成为各个领域的研究热点。

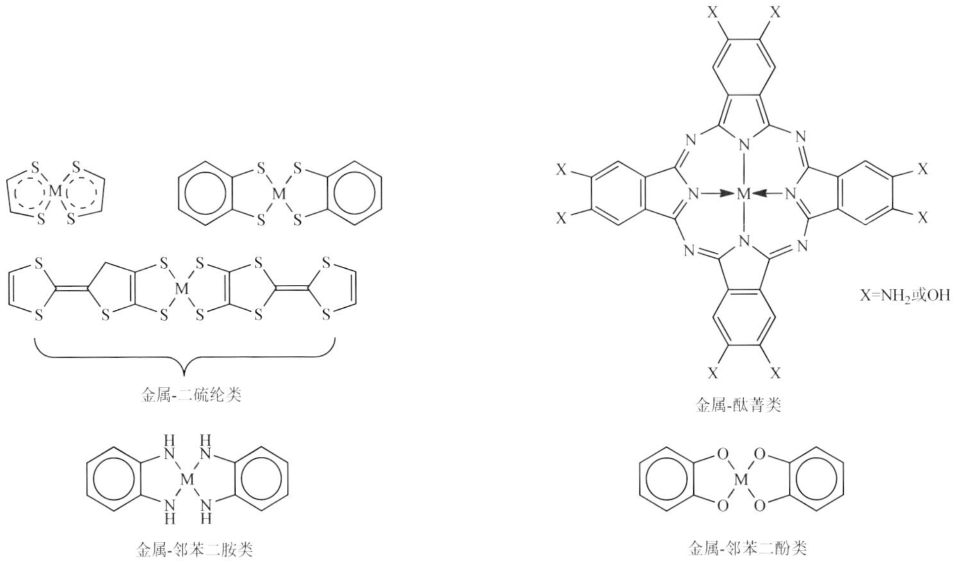

图 7-1 金属-二硫纶类、金属-邻苯二胺类、金属-邻苯二酚类和金属-酞菁类配位单元

本章将简要介绍低维共轭配位聚合物材料的结构特性以及其应用前景，主要包括材料结构设计、合成方法以及其在半导体材料、超导体材料、自旋电子学、能源转换与存储、吸附、分离与传感等方面的应用，同时我们也对低维共轭配位聚合物材料未来的发展方向进行了总结与展望。

7.2 低维共轭配位聚合物材料的结构特性

7.2.1 低维共轭配位聚合物材料的化学结构

1. 金属-氮配位的共轭配位聚合物材料

在金属-氮配位的低维共轭配位聚合物材料中，关于金属-邻苯二胺类为配位单元的低维共轭配位聚合物材料的研究最为广泛。苯基伯胺类配体（图 7-2，L_1～L_5）作为有机构筑单元可以有效地增加聚合物链间的电子云密度。其中，1, 2, 4, 5-四氨基苯（benzenetetramine，BTA，L_1）与过渡金属（transition-metal，TM）配位可以形成 1D 共轭聚合物 TM-BTA。BTA 作为一个 D_{2h} 对称的多齿有机配体，能够与 TM 配位形成平面四边形（P 型）或正四面体（T 型）1D 线型聚合物［图 7-3

(a)][42]。能量计算结果表明 P 型的 TM-BTA 比 T 型更加稳定，因此 BTA 与 TM 离子的配位结构应该是一种共轭的平面结构。通过对 TM-BTA 进行声谱计算和 Born-Oppenheimer 分子动力学模拟，可以发现 1D 的 TM-BTA 在超过 800K 的温度下仍然能够保持原有的 1D 晶格结构。同时，热重分析结果表明 Ni-BTA 在 500℃以下，其质量并没有明显的衰减，这说明 TM-BTA 具有很好的结构稳定性[18]。

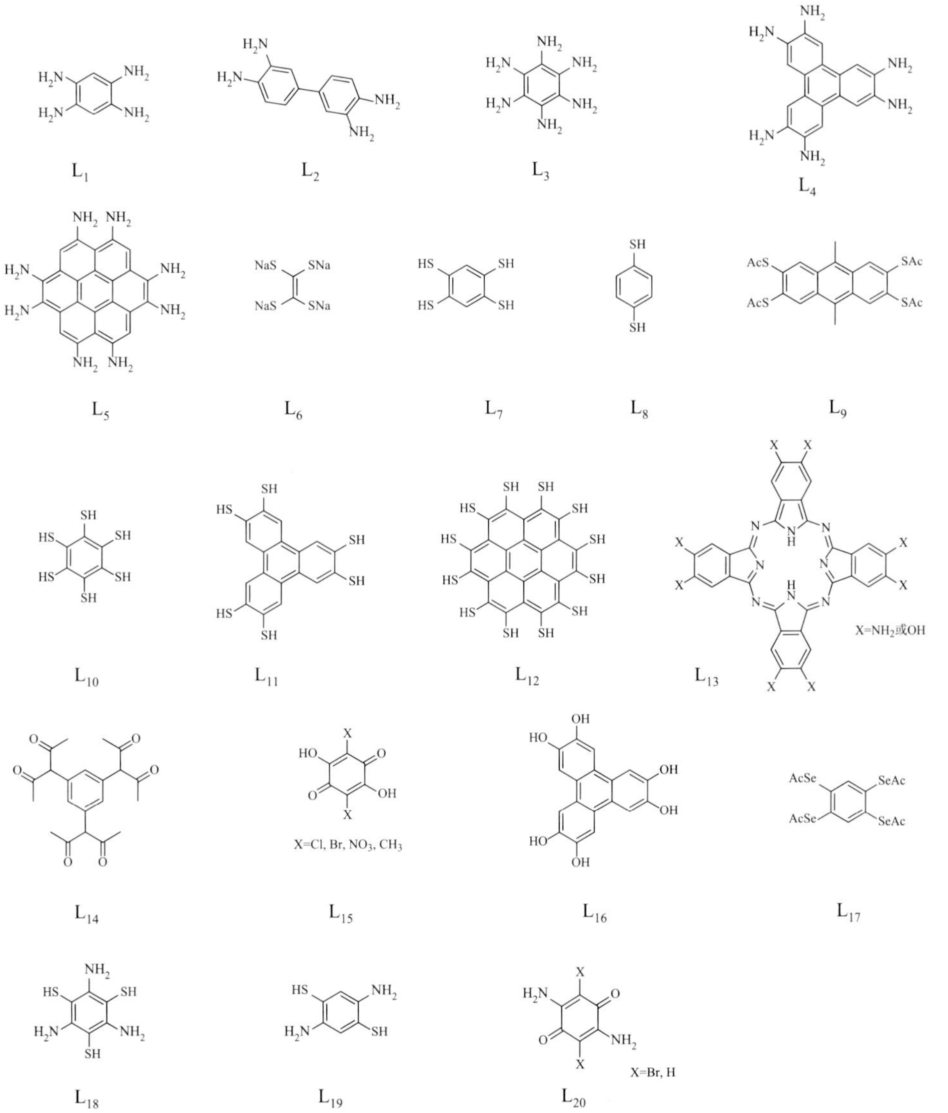

图 7-2　氨基型配体 L_1～L_5、巯基型配体 L_6～L_{12}、酞菁类配体 L_{13}、羟基/羰基型配体 L_{14}～L_{16}、有机硒化物配体 L_{17}，以及其他有机配体 L_{18}～L_{20}

共轭配位聚合物材料的结构多样，改变构筑单元即可以得到不同结构和性质的材料。理论计算表明，1D 的 Ni-BTA、Cr-BTA、Mn-BTA、Cu-BTA、Fe-BTA 和 Co-BTA 具有不同的磁序结构[42]。Ni-BTA 是一种无磁性材料，Cr-BTA 和 Cu-BTA 具有反铁磁性，而 Mn-BTA、Fe-BTA 和 Co-BTA 则具有铁磁性。此外，电子能带结构计算表明 Ni-BTA 和 Cr-BTA 是一种间接带隙半导体材料，其他的 TM-BTA 则是直接带隙半导体材料。其中，Fe-BTA 和 Mn-BTA 是双极磁性半导体材料。由于它们的价带顶和导带底具有相反的自旋极化取向，因此通过掺杂可能会在一定程度上转变为半金属材料，这使得其在自旋电子学领域有一定的应用前景。除了配位金属中心不同会导致其结构和性能发生变化外，有机配体的不同也会影响材料的结构和性能。例如，Ni-BTA 具有刚性平面结构［图 7-3（b）］；而 3, 3′, 4, 4′-联苯四胺（biphenyltetramine，BPTA，L_2）与 Ni^{2+}配位形成的 Ni-BPTA［图 7-3（c）］虽然也是线型的共轭材料，但是其共轭性较弱[18]。有机配体的两个苯环之间的空间位阻效应导致分子会发生扭转，相邻苯环之间的扭转角为 17.9°。另外，Ni-BPTA 的热稳定性也比较差，当温度大于 360℃后，其质量会快速衰减，这是由于高温破坏了其内部结构。因此，选择共轭性更强的有机配体或者进一步延伸其共轭骨架会产生共轭性更好、性能更优的金属有机材料。

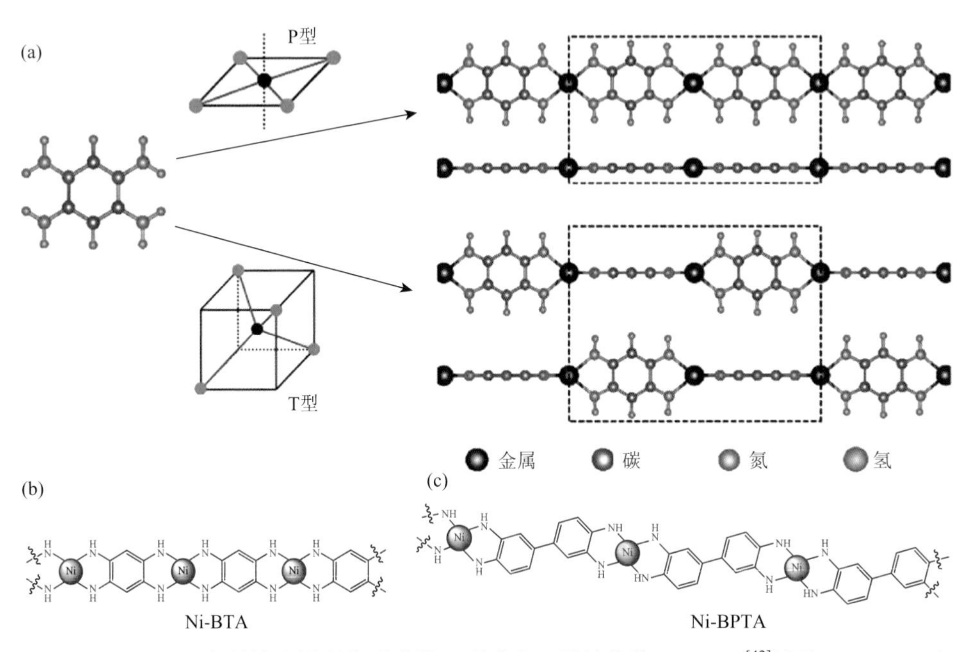

图 7-3 （a）BTA 与过渡金属配位形成的 P 型或者 T 型结构的 TM-BTA[42]以及 Ni-BTA（b）和 Ni-BPTA（c）的分子结构[18]

近几年来，六氨基苯（hexaaminobenzene，HAB，L_3）或 2, 3, 6, 7, 10, 11-六氨基三亚苯（2, 3, 6, 7, 10, 11-hexaaminotriphenylene，HATP，L_4）与金属的配位聚合物材料也受到了人们的关注[9, 10, 20, 24, 26]。此类配体与金属配位形成类石墨烯的 2D 共轭材料，通常电荷可以在 2D 平面完全离域，具有优异的导电性。与石墨烯不同，2D 共轭配位聚合物材料具有一定的带隙，因此在电子领域具有巨大的应用前景[21]。图 7-4（a）是 M-HAB 的分子结构式，普遍认为该材料结构具有平面和六边形等特点[10]。图 7-4（b）是 Co-HAB 的高分辨透射电镜图，从图中可以看出 Co-HAB 具有类蜂窝状的六边形结构，孔大小大约为 11.7Å，与计算结果（11.6Å）一致。Ni-HAB 和 Cu-HAB 也同样具有相似的结果。这三种材料都具有很好的导电性，室温电导率在 1～10S/cm 之间[24]。

金属与 HATP 配位形成的 $M_3(HITP)_2$（HITP = 2, 3, 6, 7, 10, 11-hexaimino-triphenylene）比 M-HAB 具有更大的共轭体系。由于 HATP 本身是一种很好的 π 共轭配体，因此得到的配位聚合物 $M_3(HITP)_2$ 会形成良好的 π-π 堆积和扩展的 π 共轭网络，从而使得它们表现出较高的导电性。$Ni_3(HITP)_2$ 是一种高导电性的共轭配位聚合物材料［图 7-4（c）］，其薄膜的电导率为 2S/cm，而块体的电导率可达 40S/cm，说明块体材料的层间 π-π 堆积作用促进了电荷的传输[21]。理论计算也表明块体的多层 $Ni_3(HITP)_2$ 材料具有金属导电性。另外，$Ni_3(HITP)_2$ 分子之间以 AA 堆积方式重叠排列为主，结构模拟和表面势能等值线计算的结果也进一步证实了分子以重叠堆积方式排列[43, 44]。如果将配位中心用 Cu 来代替，形成的 $Cu_3(HITP)_2$［图 7-4（d）］材料也可以维持良好的金属导电性[44]。由于这类分子本身具有氧化还原活性，其在电化学领域也有着广泛的应用前景[8, 9, 26]。

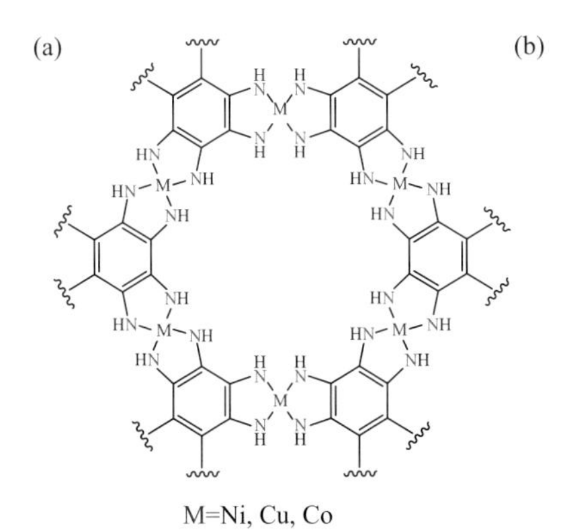

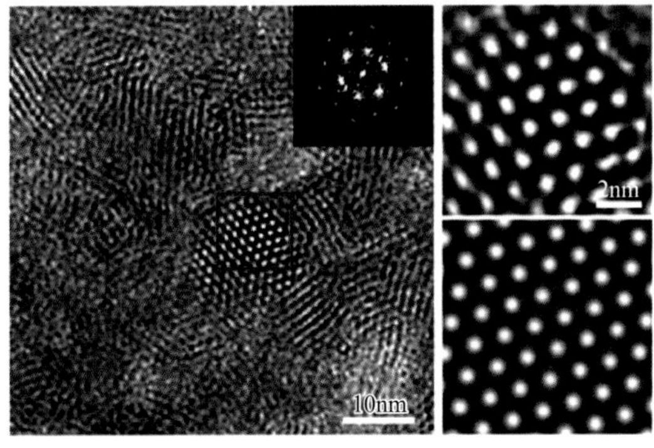

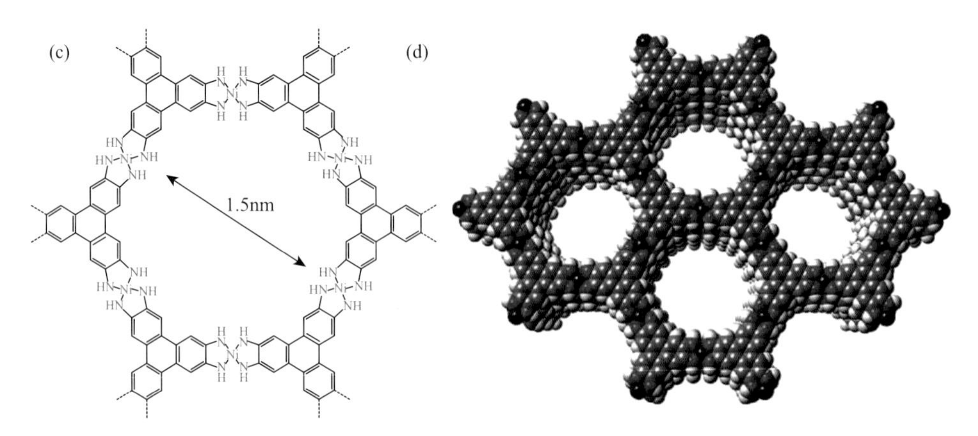

图 7-4 (a) M-HAB 分子结构式；(b) Co-HAB 的高分辨透射电镜图和傅里叶转换图：Co-HAB 具有六边形结构[10]；(c) $Ni_3(HITP)_2$ 分子结构式[8]；(d) $Cu_3(HITP)_2$ 的空间堆积模型[27]

氨基取代的晕苯（L_5）与金属配位形成的 2D 共轭配位聚合物材料也是一种高度共轭的多功能材料。理论计算表明，材料的磁耦合模式和电子结构可以通过配位金属来调节[45]。改变配位金属可以使其表现出半金属、自旋-半导体和半金属-半导体特性。目前对该材料的研究仍处于理论计算阶段，缺乏相关的实验性数据去证实其具体的物理化学特性[45]。当然，巯基取代的晕苯（L_{12}）与金属配位形成的共轭材料已经有相关的实验性进展[29, 46]，我们将在下面的章节中进行介绍。另外，氨基取代的金属酞菁（L_{13}）也是一种很好的共轭有机配体，它与金属配位形成的 2D 共轭金属酞菁不仅具有氧化还原活性，还具有较好的载流子传输性能[41, 47]。

2. 金属-硫配位的低维共轭配位聚合物材料

如图 7-5 所示，在过去的 30 多年间，金属-二硫纶共轭配位聚合物作为一种导电材料，曾被人们广泛研究，如金属-乙烯四硫醇盐[11, 33, 34, 48-56]（结构 **1**，metal-ethylene tetrathiolate，M-ETT）、金属-四硫富瓦烯（结构 **2**，metal-tetrathiafulvalene，M-TTF）、金属-苯四硫醇盐[12, 57-59]（结构 **3**，metal-benzene tetrathiolate，M-BTT）、金属-巯基取代的蒽衍生物[60]（结构 **4**）、金属-对苯二硫醇[61]（结构 **5**，metal-1，4-benzenedithiol，M-BDT）、金属-苯六硫醇[19, 30-32, 62]（结构 **6**，metal-benzenehexathiol，M-BHT）和金属-六巯基三亚苯[7, 16, 35, 63-68][结构 **7**，metal-triphenylene-2, 3, 6, 7, 10, 11- hexathiolate，$M_3(THT)_2$]等。其中，对 M-ETT 的研究可以追溯到 20 世纪 80 年代，研究主要集中在其结构和导电性方面[69]。由于 ETT 配体的 π 轨道和金属的 d 轨道重叠，配体与金属中心的配位环境容易使电子离域，因此，M-ETT 通常被认为是一种导电的聚合物材料。实验研究[48]也表明 Ni-ETT、Cu（Ⅱ）-ETT 和 Cu（Ⅰ）-ETT 具有较高的导电性，它们的室温电导率为 1～100S/cm。2012 年该材料被报道可以用作热

电材料[34]，研究表明，ETT 同时具有 n 型和 p 型行为，配位中心决定其泽贝克系数（Seebeck coefficient），例如，Ni-ETT 的泽贝克系数为负，而 Cu-ETT 则为正[34, 48]。目前大多数研究者认为 M-ETT 的配位中心是不饱和的，根据电荷平衡原理，M-ETT 中包含某些抗衡阳离子（钾离子或者钠离子），因此其结构式应该为 K_x(M-ETT)或 Na_x(M-ETT)[34, 53, 54]。也有一些研究学者认为 M-ETT 的配位中心可以实现饱和配位，例如，Wang 等[70]认为金属 Ni 盐与 ETT 配体所形成的配位聚合物是不含抗衡阳离子的 Ni-TTO［图 7-6（a）］，各种实验表征结果也表明 Ni-ETT 是 Ni-TTO 的还原态，它们之间可以通过得失电子并伴随抗衡离子的得失实现相互转换，通常合成条件下获得的材料中含有抗衡阳离子是由于材料部分被还原。类似地，有文献表明 Cu-ETT 中也不存在抗衡离子，Cu-ETT 中的每个 S 会与两个 Cu 进行配位，每个 Cu 与四个 S 配位，使其具有 2D 刚性平面结构[71, 72]。Zhu 等[51]通过 X 射线吸收近边结构谱等各种分析手段证明了 Cu-ETT 是一种刚性的平面结构。总之，M-ETT 的具体结构与它们的合成方法有关，一些相关的文献也详细地介绍了合成条件对 M-ETT 的配位环境以及其性能的影响[50, 54]，这些内容我们将在下面的章节中进行介绍。

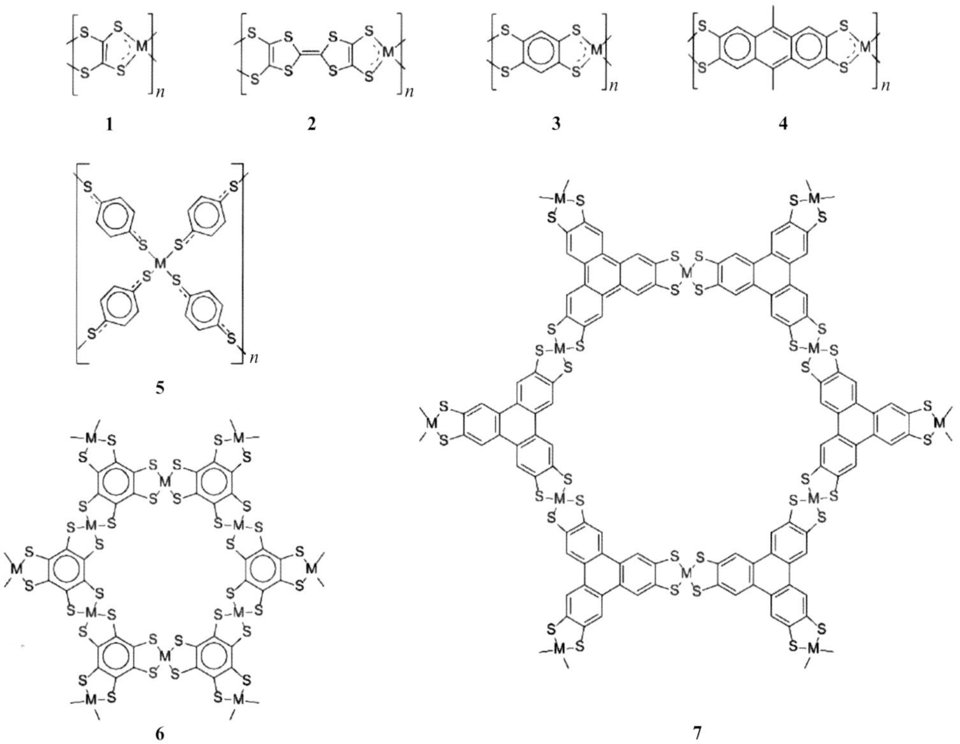

图 7-5　金属-二硫纶类共轭配位聚合物材料的分子结构示意图

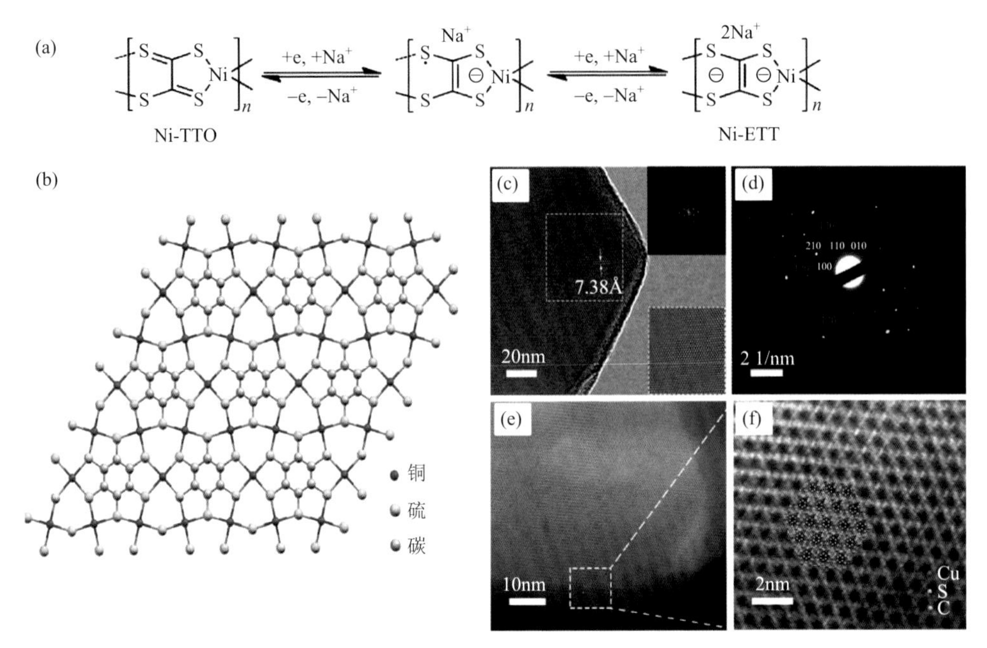

图 7-6 （a）钠离子电池中 Ni-ETT 和 Ni-TTO 之间的相互转换反应[70]；（b）Cu-BHT 的分子结构式：每个 S 与两个 Cu 配位，每个 Cu 与四个 S 配位，形成刚性平面结构；（c）Cu-BHT 的高分辨透射电镜图：右上方为虚线框的傅里叶图，右下方为傅里叶转换图；（d）选区电子衍射图；（e）Cu-BHT 纳米片的高分辨透射电镜图；（f）图（e）中的选区放大高分辨透射电镜图[19]

由于金属-二硫纶配位中心本身具有氧化还原能力［图 7-6（a）］，人们发现其可以作为电催化析氢催化剂[12, 31, 32, 35, 59, 73]。以前有不少关于小分子金属-二硫纶配位聚合物的报道，由于它们是一种均相催化剂，易溶于有机溶剂、稳定性较差，从而限制了其进一步发展[74, 75]。通过延伸其框架结构，如获得 1D 或者 2D 聚合物，可以提高其催化性能和结构稳定性。与前面我们提到的四氨基苯（BTA）有机配体一样[74, 75]，巯基配体 1, 2, 4, 5-四巯基苯（BTT，L_7）也可以作为有机配体构筑 1D 共轭配位聚合物，如 Co-BTT、Ni-BTT、Fe-BTT 和 Zn-BTT 等[59, 73]。这些 1D 共轭配位聚合物材料表现出非常好的析氢性能，其中又以 Ni-BTT 为最佳[59]。相比 1D 的金属-二硫纶材料，2D 的金属-二硫纶共轭配位聚合物上的电子可以更好地离域，使得其具有更高的导电性。当然，其具体性能与配位金属有关。例如，苯六硫醇（BHT，L_{10}）与 Co 配位形成的 Co-BHT 导电性不如 Cu-BHT，其催化性能却优于 Cu-BHT[31]。特别是 Cu-BHT 不仅可以作为半导体材料，甚至还可以用作超导材料[19, 76]。这可能与它们的配位方式不同有关，Co 与 BHT 的配位形式与结构 **6** 类似，而 Cu-BHT 则会形成图 7-6（b）所展示的结构。这种配位方式与前面所提到的 Cu-ETT 类似，每个 S 与两个 Cu 配位，每个 Cu 与四个 S 配位形成刚性平面网状结构。Cu-BHT 的高分辨透射电镜图清晰地揭示了其具有完美的六边形原子排列［图 7-6（c）、（e）、（f）］，图 7-6（d）的选区电子衍射图表明 Cu-BHT 具有完美的 kagome 结构。

金属与六巯基三亚苯（THT，L_{11}）配位形成的 $M_3(THT)_2$ 是一种 2D 共轭配位聚合物材料（结构 **7**）。它不仅具有电催化活性、半导体特性以及金属特性等[67]，还具有独特的电化学传感特性，能够对有毒和易挥发性气体进行检测和传感[7, 16, 64]。另外，这类 2D 材料可以通过界面合成法控制其层数，得到少层或多层的薄膜 2D 材料。从性能上看，薄膜材料比块体具有更优异的物理和化学活性。

3. 金属-氧配位的低维共轭配位聚合物材料

金属-氧配位的低维共轭配位聚合物主要采用含有羟基或羰基的苯基衍生物（L_{13}～L_{16}）作为配体。其中以苯醌衍生物（L_{15}）为配体的研究最为广泛。例如，以 2, 5-二羟基-1, 4-苯醌（DHBQ）或者其衍生物为配体的框架材料得到了广泛研究[77, 78]。分子轨道分析证明配体与金属离子配位所形成的金属-半醌型（metal-semiquinoid）化合物可以表现出三种不同的氧化还原态：苯酚态、半醌态、醌态［图 7-7（a）］。DHBQ 配体中的 π 轨道能级接近于过渡金属的 d 轨道能级，促进了金属与配体之间的电子转移和远程轨道与金属中心之间的相互作用。对该类聚合物材料（M-DHBQ，M = Mn、Cu、Co、Ni、Zn、Fe、Cr、V 和 Ti）的广泛研究[78, 79]表明，Mn、Cu、Co、Ni 和 Zn 的配位聚合物材料表现出较低的导电性和弱磁性，而 Fe、Cr、V 和 Ti 等金属配位的聚合物材料具有较高的电导率和较强的磁耦合现象[78, 80]。在二维的 Cr、V 和 Ti 等金属-半醌型框架材料中，钒基配位聚合物材料表现出最高的电子导电性（电导率为 0.45S/cm）[78]。

与含氮或含硫有机配体相比，由于含氧的有机配体与金属配位能力较弱，因此它们表现出较低的电导率。例如，六羟基三亚苯（2, 3, 6, 7, 10, 11-hexahydroxytriphenylene，HHTP）与金属配位形成的 $M_3(HOTP)_2$（HOTP = 2, 3, 6, 7, 10, 11-hexaoxytriphenylene）的室温电导率为（2～10）$\times 10^{-3}$S/cm，而远远小于前面我们提到的 $Ni_3(HITP)_2$ 的电导率。

另外，很少有关于六羟基苯（hexahydroxybenzene，HHB）与金属配位聚合物的报道，一方面是因为配位杂原子的变化会显著地改变配位键的性质，因此需要对氮和硫类似物的合成条件进行改变。另一方面，骨架中金属与配体轨道的相互作用常常导致不可逆的键形成，从而导致 M-HHB 的批量合成过程中出现结晶性较差的非晶产物，甚至得不到目标产物。为了解决这个问题，鲍哲南课题组[83]首次合成了结晶性较高的片状 Cu-HHB。他们最初以 NH_4OH 作为添加剂，最终得到的产物杂质较多且结晶性低。考虑到 NH_4OH 中 OH^-的存在往往会产生氧化副产物，通过选择乙二胺作为配位剂成功合成了一种结晶性更好的片状 Cu-HHB。

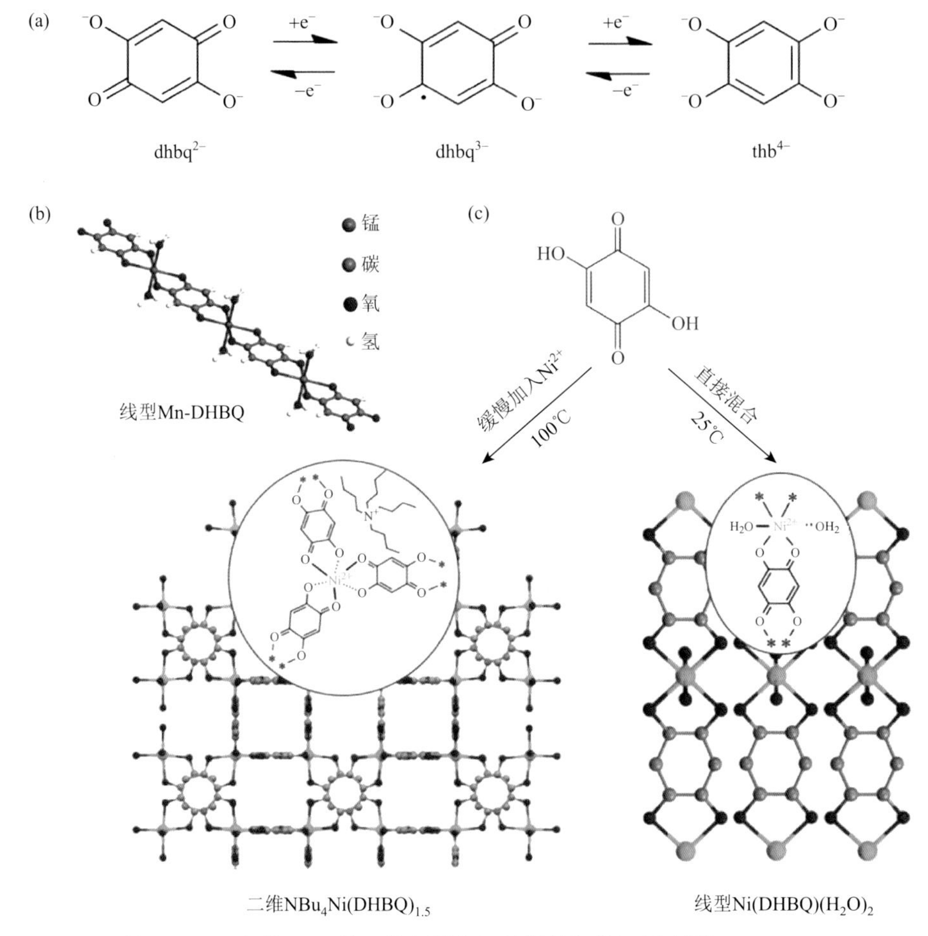

图 7-7 （a）基于 2, 5-二羟基-1, 4-苯醌的金属有机材料的氧化还原态[78]；（b）Mn-DHBQ·$2H_2O$ 的晶体结构[81]；(c)缓慢反应法合成准二维的 Ni-MOFs 以及直接混合法合成一维 Ni(DHBQ)$(H_2O)_2$ 配位聚合物[82]

这是因为乙二胺首先可以强烈螯合 Cu(Ⅱ)形成可溶性 Cu-乙二胺配合物，它可以阻碍 Cu(Ⅱ)与氢氧根之间的不良反应；其次，乙二胺与 Cu 的配位可以与 HHB 形成竞争配位关系，有助于减缓 HHB 与 Cu 的配位，进而降低成核的速度，从而产生结晶性更好的 Cu-HHB 产物[83]。

4. 其他共轭配位聚合物材料

近几年来，随着人们对共轭配位聚合物材料的研究不断深入，各种新型的共轭配位聚合物材料也逐渐被报道。研究者发现苯基硒化物（L_{17}）也可以用来构筑共轭配位聚合物材料，且表现出很好的电催化性能[84]。另外，包含多种杂原子的有机配体（L_{18}～L_{20}）也可以用来构筑共轭配位聚合物材料[79, 85, 86]。

7.2.2　低维共轭配位聚合物材料的堆积结构

与其他聚合物（如有机聚合物、非共轭的金属配位聚合物）相比，共轭配位聚合物具有较高的电导率。此外，配体有机分子的细微变化以及金属节点的选择可以极大地影响材料的结构和堆积模式。例如，前面我们提到的 1D Ni-BTA 和 Ni-BPTA 是 Ni(Ⅱ)与氮进行四配位形成的聚合物。不同的是 Ni-BTA 具有刚性平面结构［图 7-3（b）］，且其分子呈鱼骨状堆积排列[74, 75]，虽然 Ni-BPTA 与 Ni-BTA 类似，但是有机配体 BPTA 的两个苯环之间的空间位阻效应导致分子发生扭转，因此 Ni-BPTA 的共轭性较弱，单个分子链并不处于同一平面［图 7-3（c）］[18]。当氨基配体变成含氧的有机配体时，如图 7-7（b）所示，Mn(Ⅱ)与配体 2, 5-二羟基-1, 4-苯醌配位形成的是一种 1D 线型的、含两分子结晶水的晶体结构，即配位中心是金属与四个氧以及两个水分子同时配位的六配位状态[81]。当金属变成 Ni(Ⅱ)时，可以改变合成条件得到两种不同配位方式的单晶化合物，解析其单晶结构发现这两类化合物分别是 Ni(Ⅱ)与六个氧同时配位的准二维聚合物以及 Ni(Ⅱ)与四个氧、两个水分子同时配位的 1D 聚合物［图 7-7（c）］[82]。

一些文献表明这类苯醌衍生物配体与其他一些金属配位也会形成金属与六个氧同时配位的、二维的化合物，但是金属与有机配体并不共面［图 7-8（a）］[78]。然而，对于大多数 2D 共轭配位聚合物，它们都是平面分子结构，如金属与酞菁、HAB、HATP 和 THT 配体所形成的是平面的、具有多孔结构的共轭配位聚合物［图 7-8（b）］[41]。通常共轭配位聚合物材料的堆积方式可以分为三种：重叠、部分重叠和交错。例如，HAB 与 Ni(Ⅱ)、Co(Ⅱ)和 Cu(Ⅱ)配位所形成的 M-HAB 是以 AA 方式重叠排列[9, 10]。与 M-HAB 不同的是，Cu(Ⅱ)与 HHB 的配位化合物 Cu-HHB 的层间距离为 2.96Å，明显小于重叠堆积模式下 M-HAB（M = Cu，Ni）的层间距离。通过计算模拟证明了 Cu-HHB 是以 AB 方式部分重叠排列，使得分子间 π-π 堆积可以保持层状结构和更稳定、更短的层间距离[83]。当有机配体变为六巯基苯（BHT）时，Ni-BHT 分子则呈现交错方式堆积[87]。

当有机配体变为三亚苯衍生物时，其堆积模式会变得复杂多样。Cu(Ⅱ)与六羟基三亚苯形成的 $Cu_3(HOTP)_2$ 部分重叠排列［图 7-8（c）］[40]。将金属换成 Ni(Ⅱ)或者 Co(Ⅱ)，则材料的结构发生很大的变化。Yaghi 等[40]对 $Co_3(HOTP)_2$ 共轭配位聚合物单晶的结构分析表明，$Co_3(HOTP)_2$ 层间存在由六羟基三亚苯单体组成的扩展层，并与其交替叠加存在，从而形成 AB 叠加模式。

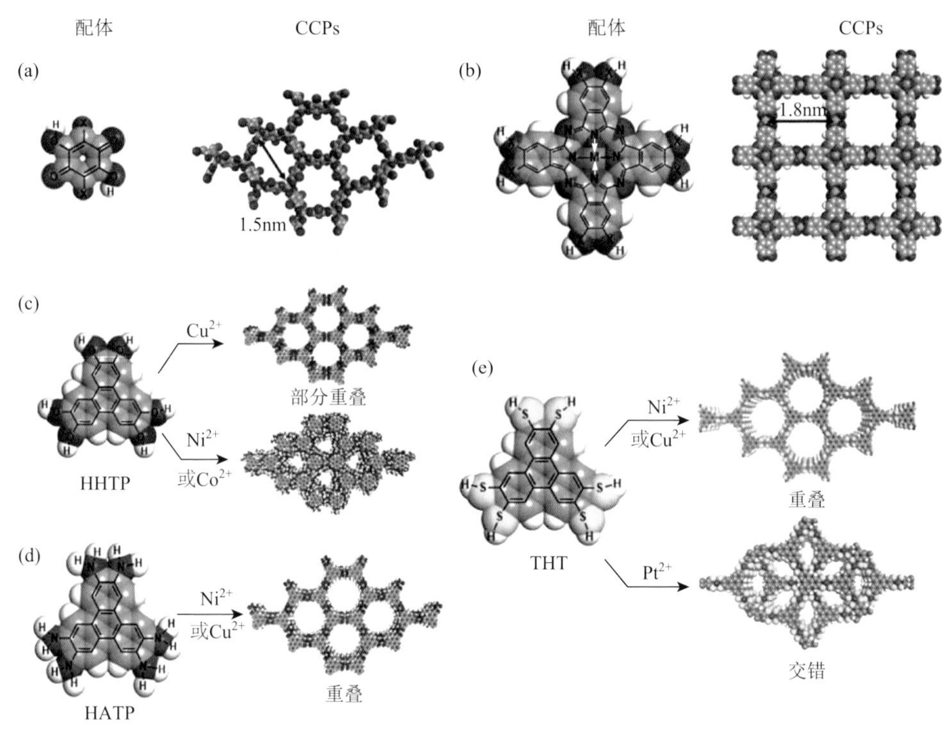

图 7-8 CCPs 的拓扑结构和堆积模型[88]

（a）苯醌衍生物配体形成非平面的 CCPs[78]；（b）酞菁配体形成方形孔结构的 CCPs[41]；（c）HHTP 与不同金属配位形成 CCPs 的分子堆积模型[40]；（d）$Ni_3(HITP)_2$ 和 $Cu_3(HITP)_2$ 的分子堆积模型均为重叠堆积[21, 27]；（e）HTTP 与不同金属形成的 CCPs 的分子堆积模型：重叠堆积或者交错堆积[63]

$Ni_3(HITP)_2$ 共轭聚合物分子的堆积方式与 $Cu_3(HITP)_2$ 相同，结构模拟和粉末 X 射线衍射的结果证明了 $Ni_3(HITP)_2$ 材料以 AA 的堆积方式重叠排列[图 7-8(d)]，同时，通过计算所得到的 $Ni_3(HITP)_2$ 的表面势能等值线图进一步证实了分子以重叠堆积方式排列[21]。类似地，对于六巯基三亚苯，金属 Cu 和 Ni 配位的聚合物均以重叠式堆积方式排列；但是当金属变成 Pt(Ⅱ)时，其堆积方式将变成交错式堆积［图 7-8（e）］[63]。

7.3 低维共轭配位聚合物材料的合成方法

在 7.2.2 节中，我们提到了一些关于共轭配位聚合物的结构排列的信息，材料的结构与其合成方法密切相关。已有很多关于传统 MOFs 材料的晶体结构的报道，但是关于共轭配位聚合物材料的单晶结构以及单晶性能研究的文献仍然较少[40]。大多数的文献都集中在块体粉末和薄膜的研究以及对材料的形貌（纳米棒和纳米片等）控制方面。如何进一步改善合成方法来控制其结构和形貌，获得单晶，并研究其性能，对于进一步了解其分子结构、拓宽其应用领域非常重要。

目前，共轭配位聚合物材料合成方法大致可以分为两种：溶剂热法和界面生长法。溶剂热法的制备过程简单，产物易得，是合成传统金属有机材料最常用的方法。通常，只需要将各个构筑单元溶解在合适的溶剂中，在常温或者加热的条件下反应物发生化学反应并自组装成有序结构。由于溶剂热法是在一个整体的溶液体系中［图 7-9（a）］，材料的生长方向难以控制，因此这种方法往往得到的是材料的微晶粉末。相反，界面生长法是指构筑单元在液/液或者气/液界面间发生化学反应。两相界面提供了一个稳定的 2D 平面空间，使得分子只能在横向生长，容易获得大面积、连续的 2D 结构。另外，分子在界面处的定向排列也会触发整个分子体系动态定向自组装［图 7-9（b）］。因此，溶剂热法和界面生长法所得到的材料在表面粗糙度、分子取向和分子相互作用上有明显差异，从而会进一步影响它们的物理化学性质。

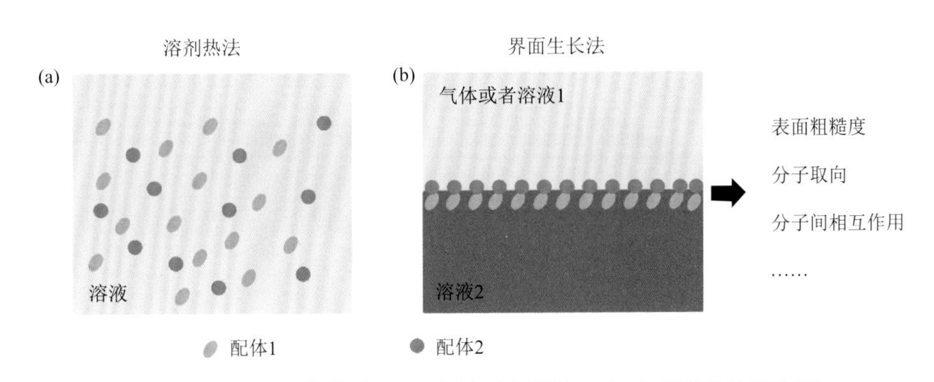

图 7-9　分子在溶剂热法（a）和界面生长法（b）中的预组装示意图

7.3.1　界面生长法

在过去的几十年里，界面生长法已被广泛地应用在化学合成领域[89]。与溶剂热法相比，由于材料分子、溶剂分子以及空气等分子间的作用力不同，材料容易在界面上形成强烈不对称排列，这些差异可以显著影响或改变分子的迁移、平衡以及化学反应速率。实验证明，空气与液体之间具有非常光滑的界面，例如，空气/水界面的表面粗糙度大约为 3Å，有序度高于其体相溶液[90]。同时，分子在界面上的排列、取向和扩散受表面粗糙度的影响，特定的分子取向有助于形成 2D 的网络结构[91]。总之，界面生长法在金属有机材料的合成上有诸多优势：首先，界面提供了一个很好的 2D 生长空间，促使材料向 2D 方向生长，呈现出 2D 的结构；其次，分子在界面上的有序排列可以通过其动态自组装进一步触发，例如，两亲分子可以在比分子尺度大得多的尺度上形成二维的周期排列；最后，界面所生成的薄膜材料能够很好地转移到相应的基底或电极上，避免了进一步后处理而造成材料结构破坏，从而影响其性能。

1. 气/液界面法

在表面化学领域，气/液界面法可以追溯到 Langmuir-Blodgett 空气/水合成法[92]。Langmuir-Blodgett 技术可以通过控制压力来调控单体分子的填充密度，从而制备出单分子层的有机薄膜材料（图 7-10）。通过改进这种方法可以用来合成 2D 材料，包括 2D 金属有机材料[28, 38, 93]、2D 聚合物[94]和 2D 超分子聚合物[95]。

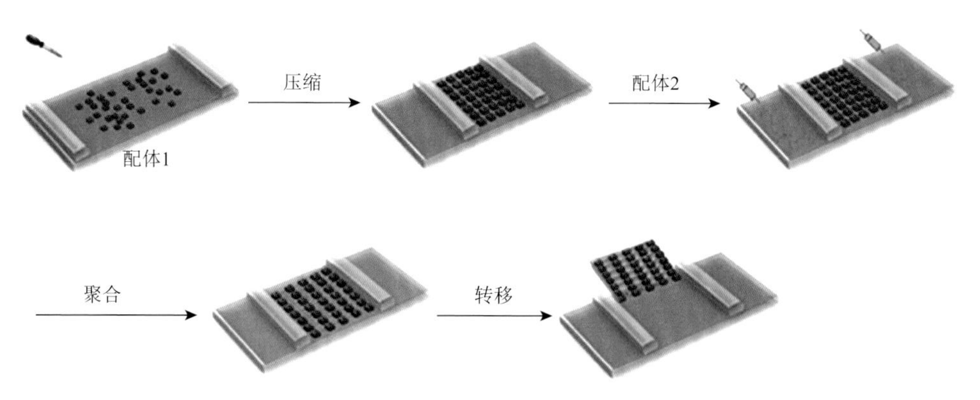

图 7-10 利用 Langmuir-Blodgett 装置在气/液界面进行化学合成示意图[89]

利用空气/水界面可以获得单层纳米片材料。如图 7-11（a）所示，将溶有 BHT 的乙酸乙酯溶液缓慢地注射到溶有 $Ni(OAc)_2$ 和 NaBr 的水溶液表面。等乙酸乙酯挥发完后，水面上即可得到单层的 Ni-BHT 纳米片[87]。用高取向的热解石墨（highly oriented pyrolytic graphite，HOPG）打捞，即可将 Ni-BHT 纳米片沉积在石墨基底上。原子力显微镜（AFM）测试结果表明，Ni-BHT 纳米片的层厚度约为 0.6nm。通过使用 Langmuir-Blodgett 装置，在装置两端施加压力，改变界面面积来调控界面配体的浓度，从而可以可控地制备出多层 Ni-BHT 薄膜[93]。

由于 Langmuir-Blodgett 装置可以很好地控制界面面积大小，因此可以利用它合成大面积、单层、2D 共轭的配位聚合物纳米片。图 7-11（b）描述的是大面积 $Ni_3(THT)_2$ 纳米片的制备过程[35]。首先将溶有 THT 单体的溶液（$DMF/CHCl_3$）滴加在水表面，然后在装置两侧施加一个 10mN/m 压力将单体分子压缩成一定密度的膜，然后将 Ni 盐注射到水相。随着金属离子从体相扩散到界面，聚合反应将会在界面发生，最终可获得大面积、层状的 $Ni_3(THT)_2$。如图 7-11（c）和（d）所示，$Ni_3(THT)_2$ 呈明显的片状结构，且片层厚度约为 0.7nm［图 7-11（e）］。同时，

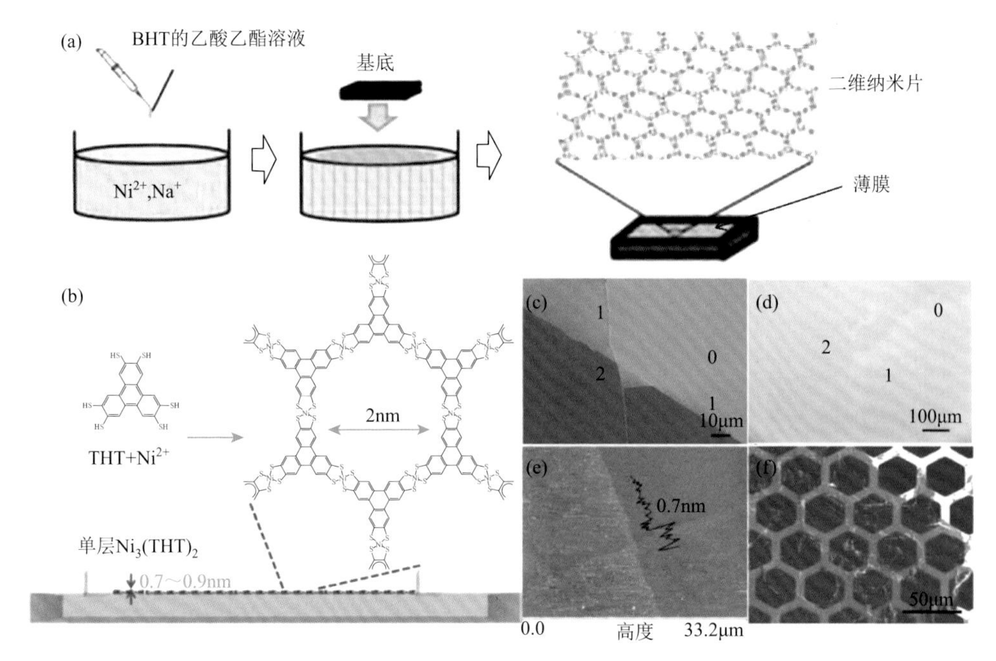

图 7-11 （a）空气/水界面法合成 Ni-BHT 示意图；（b）利用 Langmuir-Blodgett 技术合成单层的 $Ni_3(THT)_2$ 纳米片；（c）、（d）$Ni_3(THT)_2$ 纳米片的光学显微镜图，结果表明 $Ni_3(THT)_2$ 呈现出大面积、单层结构；（e）$Ni_3(THT)_2$ 的原子力显微镜照片；（f）$Ni_3(THT)_2$ 的透射电镜图[35]

该材料具有自支撑结构性质和较高的机械强度，能够横跨在边长为 18μm 的铜网上［图 7-11（f）］。另外，$Ni_3(THT)_2$ 纳米片能被非常方便地转移到玻碳电极（glass carbon electrode，GCE）上用于电催化产氢[35]。

2. *液/液界面法*

液/液界面由两种互不相溶的溶剂组成，为材料在两相界面处生长提供了一个 2D 限域空间。相对于 Langmuir-Blodgett 的气/液界面法，液/液界面法在共轭配位聚合物材料的合成上应用更加广泛[20, 28, 38, 58, 62, 76]。Zhu 等[76]利用水/二氯甲烷界面成功合成了高结晶性的 2D 共轭配位聚合物材料。图 7-12（a）和（b）描述的是 Cu-BHT 的合成示意图，从图 7-12（a）中可以明显看出在两相界面处产生了黑色层状沉淀。起初，两相界面生成的是一层透明的薄膜，随着时间的延长，薄膜开始变厚，变为不透明。通过这种方法可以获得面积大于 $1cm^2$、厚度约为 200nm 的 Cu-BHT 膜。该膜是由多层纳米级的薄片组成。一系列实验结果表明 Cu-BHT 薄膜最初是在有机相开始生长的：BHT 分子捕获上层溶液中的 Cu^{2+}，在有机相中结晶生长。该材料在室温下的电导率可达 1580S/cm，这是配位聚合物目前所达到的最高值。

除了巯基取代的配体外，氨基或羟基与金属配位的共轭配位聚合物材料也同样可以用界面法制备。在 2017 年，Louie 等[20]分别利用气/液和液/液界面法合成了一系列新颖的共轭配位聚合物薄膜材料。如图 7-12（c）和（d）所示，配体 HAB（L_3）在水相，金属离子（Cu^{2+}、Ni^{2+}和 Co^{2+}）在有机相，配位反应发生在两相界面。他们发现液/液界面合成的 M-HAB 的厚度为 1～2μm，而气/液界面法合成的材料厚度小于 10nm。

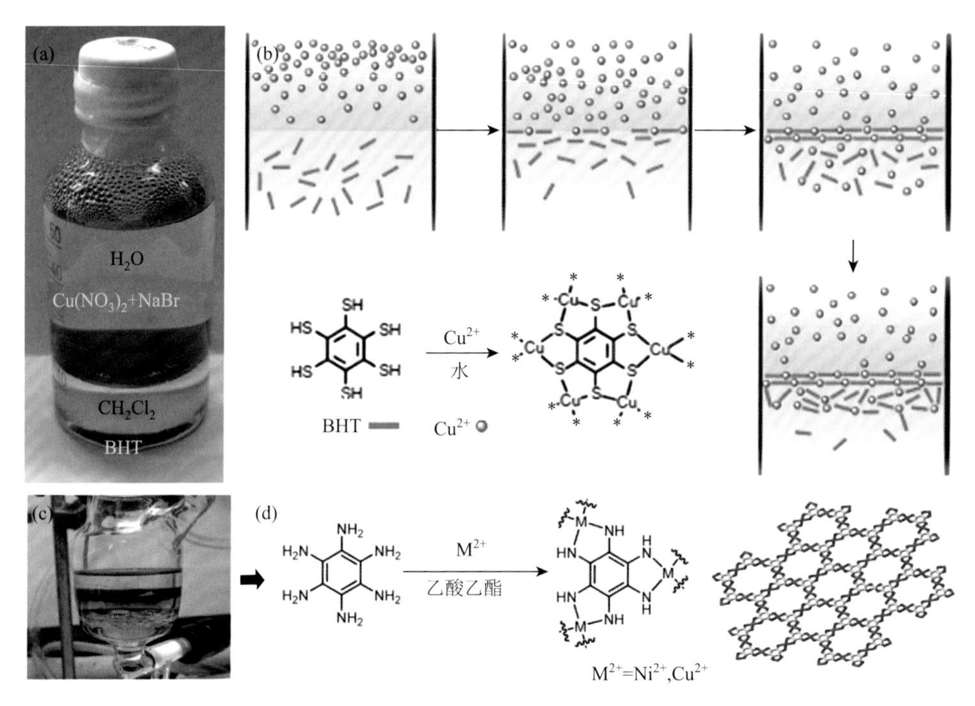

图 7-12　（a）Cu-BHT 在水/CH_2Cl_2 界面反应的合成实物图；（b）Cu-BHT 合成反应示意图[76]；（c）液/液界面法制备 Ni-HAB 薄膜；（d）Ni-HAB 的合成示意图以及其结构式[20]

六羟基三亚苯与金属的配位聚合物也可以通过液/液界面法合成[38]。如图 7-13（a）所示，配体 HHTP 在上层有机相（乙酸乙酯），金属离子（Cu^{2+}）在水相。几分钟后两相界面开始形成一层蓝色的薄膜，然后薄膜逐渐变厚、颜色逐渐变深，最后在两相界面处形成了 $Cu_3(HOTP)_2$［图 7-13（b）］。由 TEM 图可以看出材料由许多纳米片组成，纳米片边长在 20～200nm 之间［图 7-13（c）］。另外，材料可以很方便地被转移到基底上，如图 7-13（d）所示，微米级的片状结构肉眼可见，且 AFM 测试结果表明片层厚度小于 50nm［图 7-13（e）］。通过这种方法，作者获得了均一的、超薄的导电 $Cu_3(HOTP)_2$ 纳米片，该材料在半导体领域具有很好的应用前景[38]。

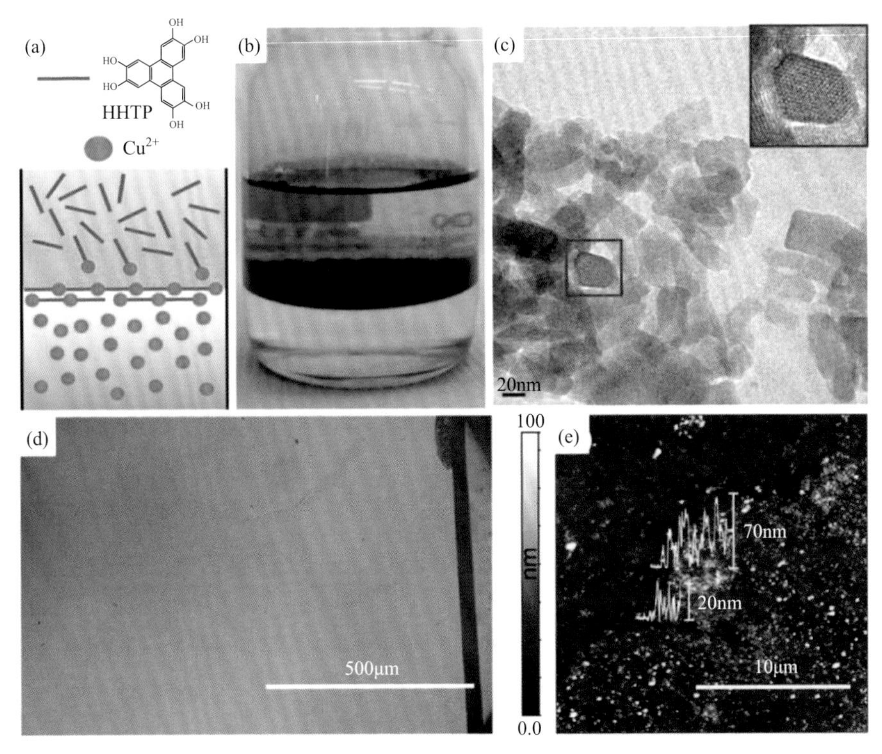

图 7-13 （a）液/液界面法合成 $Cu_3(HOTP)_2$ 示意图；（b）$Cu_3(HOTP)_2$ 在两相界面形成；（c）$Cu_3(HOTP)_2$ 高分辨透射电镜图：右上方为红色选区局部放大图，可以看出 $Cu_3(HOTP)_2$ 是一种六边形纳米片；（d）$Cu_3(HOTP)_2$ 纳米片光学显微镜图；（e）$Cu_3(HOTP)_2$ 纳米片的 AFM 图[38]

界面合成法不仅有助于合成 2D 的共轭金属有机纳米片，还有利于获得类薄膜材料的 1D 的共轭金属有机配合物[57, 58, 73]。例如，将 Ni 盐水溶液加到 BTT 的有机相中，最终在两相界面处可以获得尺寸大约为 100μm、类薄膜的 Ni-BTT 聚合物[58]。将 Co^{2+} 代替 Ni^{2+} 也可以制备 1D Co-BTT，该材料具有很好的电催化活性和光电催化活性[73]。同样，Fe-BTT 和 Zn-BTT 也可以利用相似的方法合成[59]。

7.3.2 溶剂热法

溶剂热法是以水或有机物作为溶剂，在一定的温度和溶液的自生压力下，反应物进行化学反应的一种合成方法。由于其合成方法简单，易操作，是目前合成 MOFs 最常用的方法。在 2012 年，Yaghi 等[40]用 HHTP（L_{16}）作为有机构筑单元，通过溶剂热法首次合成了全共轭的、层状结构的 $M_3(HOTP)_2$。这些 2D MOFs 在水溶液或非水溶剂中具有很好的化学稳定性和热稳定性，它们在室温下电导率都接近于 0.2S/cm。在合成过程中，通过加入少量的 1-甲基-2-吡咯烷酮可以得到较大的 $Co_3(HOTP)_2$ 单晶颗粒，单晶 X 射线衍射分析显示其具有如图 7-14（a）的结构。尽管 $Ni_3(HOTP)_2$ 有很好的棒状形貌以及晶格条纹衍射［图 7-14（b）～（d）］，但是其晶体尺寸较小，并没有得到相应的单晶结构数据。相反，2, 5-二羟基-1, 4-苯醌及其衍生物与金属反应可以得到相应的单晶化合物[40]。此外，还可以通过控制反应条件得到 1D 或者准 2D 的单晶化合物[40]。例如，在高温下，向反应溶液中缓慢滴加金属盐溶液可以得到六配位的准二维 Ni-DHBQ［图 7-7（c）］，但是在常温条件下，直接混合搅拌法得到的是一种一维线型的、含两分子结晶水的化合物。

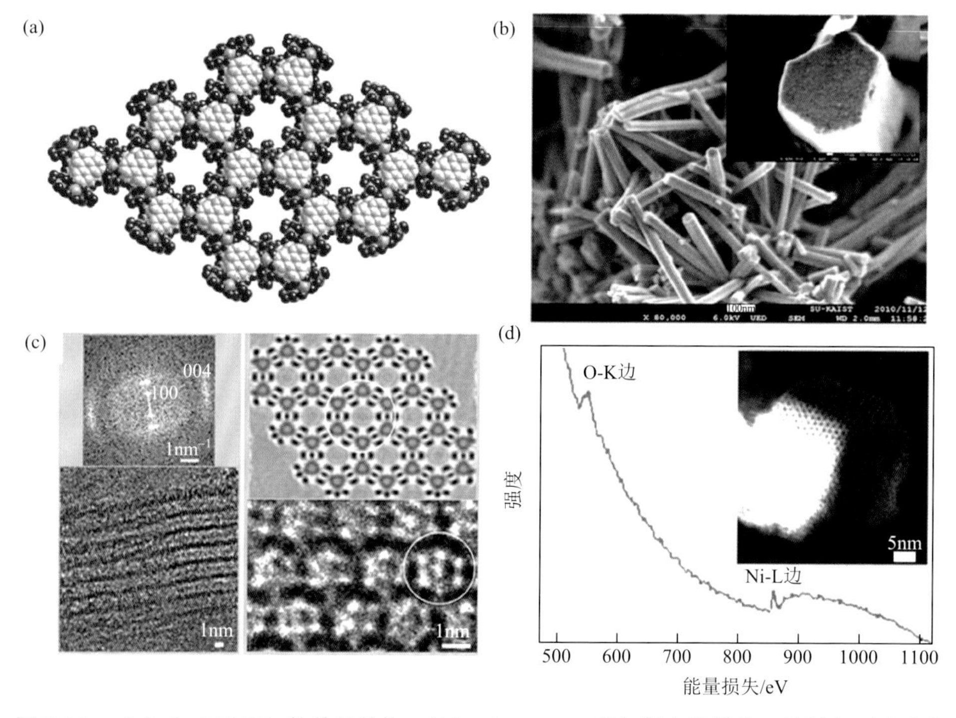

图 7-14 （a）$Co_3(HOTP)_2$ 的单晶结构；（b）$Ni_3(HOTP)_2$ 的扫描电镜照片，从图中可以看出 $Ni_3(HOTP)_2$ 呈现均匀的棒状结构且截面为六角形状；（c）$Ni_3(HOTP)_2$ 的高分辨透射电镜图以及晶格条纹衍射图；（d）$Ni_3(HOTP)_2$ 在环形暗场透射电镜下的电子能量损失谱[40]

利用溶剂热法合成的 M-HAB 是一种具有六边形结构、高结晶性的共轭金属有机材料。例如，Ni-HAB 和 Cu-HAB 在高分辨透射电镜下是一种具有六边形孔结构的材料，它们在室温下的电导率分别为 8S/cm 和 13S/cm。在 200～400K 的温度范围内，其电导率随着温度的升高而增加，表明这两种材料具有半金属性质[9]。如图 7-15（b）所示，液/液界面法合成的 Cu-BHT 具有层状结构，但是用乙醇作为溶剂采用溶剂热法会得到纳米晶粒的材料［图 7-15（c）］，当加入一定的甲醇钠后，则会得到纳米颗粒的材料［图 7-15（d）］。当然，这三种材料在催化活性上有明显差异，其中纳米颗粒的 Cu-BHT 具有最优的电催化产氢活性[32]。

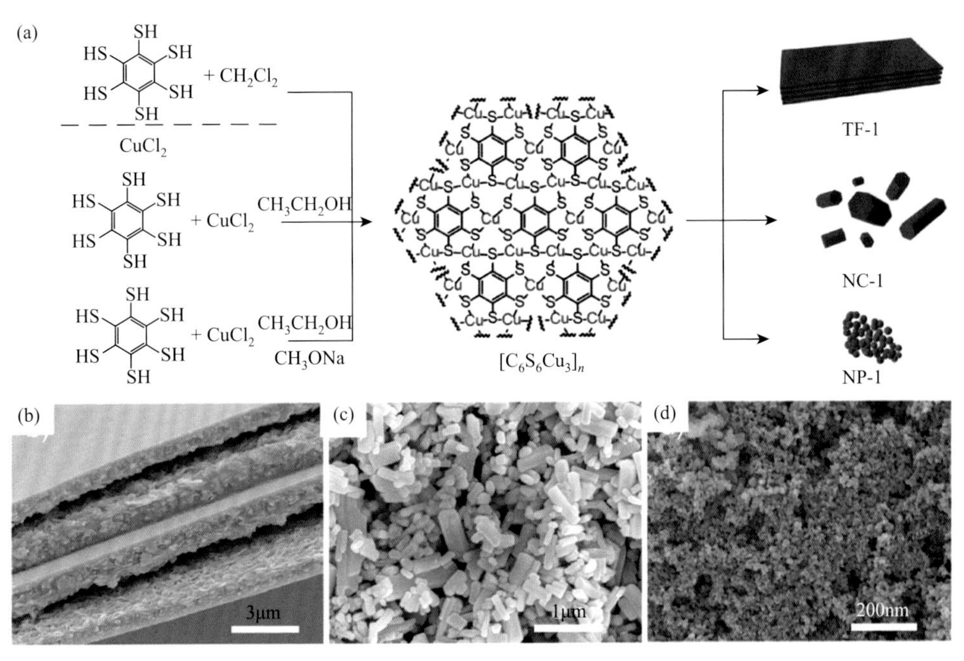

图 7-15　(a) 三种不同的合成条件制备 Cu-BHT：液/液界面法合成薄膜 TF-1，溶剂热法合成 NC-1 和 NP-1；薄膜 TF-1 (b)、纳米晶粒 NC-1 (c) 和纳米颗粒 NP-1 (d) 的扫描电镜照片[32]

最近，鲍哲南课题组[10]利用溶剂热法合成了高质量、高结晶性的 Co-HAB。他们发现氨水的加入量对产物生长影响较大。加入 3 当量的氨水（1 当量的 HAB）时，产物 Co-HAB-3 的产率较低且呈无定形态；随着氨水加入量的增加，所获得的 Co-HAB 产率和结晶性逐渐增加。当氨水为 10 当量时，产物 Co-HAB-10 的结晶性最高，且其电导率（0.48S/cm）是 Co-HAB-4 的 6 倍。为了进一步获得结晶性更好、电导率更高的 Co-HAB，作者又通过改变溶剂促使 MOFs 缓慢生长。通过使用 *N, N*-二甲基甲酰胺（DMF）/水（体积比为 1∶1）作为溶剂，一步溶剂热法得到了高质量、高结晶性的 Co-HAB，其电导率为 1.57S/cm。该材料具有较好的电化学性能。

7.4　低维共轭配位聚合物材料的潜在应用

由于共轭配位聚合物材料通常具有多孔、铁磁性、半导体性以及氧化还原活性等诸多特点，其有潜力成为新一代多功能材料。目前，其在半导体、超导体、热电、电化学储能、气体传感等领域的应用研究非常广泛（表 7-1）。它们作为新型多功能材料具有以下几个优势。

表 7-1 共轭配位聚合物材料的合成方法及其应用

	配体	合成方法	应用	参考文献
Cu-BHT	L_{10}	b	场效应晶体管	[76]
$Ni_3(HITP)_2$	L_4	a	场效应晶体管	[22]
Ni-HAB	L_3	b	场效应晶体管	[20]
Cu-BHT	L_{10}	b	超导体材料	[19]
Ni-ETT Cu-ETT	L_6	c	热电材料	[11, 33, 34, 49-52, 54, 56, 69, 96-98]
n-PETT/CNT/PVC	L_8	c	热电材料	[53]
$Ni_3(HITP)_2$	L_4	c	热电材料	[99]
Fe-PTC	L_{12}	c	磁材料	[29]
M-Pc	L_{13}	—	磁材料	[100]
Ni-BHT	L_{12}	a，b	拓扑绝缘体	[101]
$M_3(HOTP)_2$ M = Ni，Cu，Co	L_{16}	c	电位传感	[102]
$Cu_3(HOTP)_2$	L_{16}	b，c	电子器件	[38]
Ni-BTA，Ni-BPTA	L_1，L_2	c	随机存储器件	[18]
$Ni_3(THT)_2$	L_{11}	a	电催化析氢	[35]
M-BHT M =（Co，Ni，Fe）	L_{10}	b	电催化析氢	[31]
Co-BHT $Co_3(THT)_2$	L_{10} L_{15}	b	电催化析氢	[65]
Cu-BHT	L_{10}	b，c	电催化析氢	[32]
Ni-AT Ni-IT	L_{18}	a，b	电催化析氢	[86]
Co-BTSe Ni-BTSe	L_{17}	b	电催化析氢	[84]
Co-BTT	L_7	b	电催化、光电催化产氢	[73]
M-THTA M = Co，Ni	L_4 L_{11}	b	电催化析氢	[102]
Ni-BDT	L_8	c	电催化析氢	[61]
$Ni_3(HITP)_2$	L_4	c	电催化氧还原	[103]
NiPc-MOFs	L_{13}	c	电催化析氧	[41]
CuPc-MOFs	L_{13}	c	锂离子电池	[47]

续表

	配体	合成方法	应用	参考文献
Ni-HAB	L_3	c	锂离子电池	[26]
Co-HAB	L_3	c	钠离子电池	[10]
Ni-TTO	L_6	—	钠离子电池	[70]
Ni-BTA	L_1	a，b	钠离子电池	[104]
$Ni_3(HITP)_2$	L_4	c	超级电容器	[8]
Ni-HAB Cu-HAB	L_3	c	超级电容器	[9]
Ni-CAT/NiCo-LDH/NF	L_{16}	c	超级电容器	[105]
$Cu_3(HOTP)_2$	L_{16}	c	全固态超级电容器	[39]
$Ni_3(HITP)_2$	L_4	c	光催化 CO_2 还原	[106]
Pb-THT	L_{11}	a，b	水蒸气传感	[14]
$Cu_3(HITP)_2$	L_4	c	NH_3 传感	[27]
$Cu_3(HOTP)_2$ $Cu_3(HITP)_2$ $Ni_3(HITP)_2$	L_4 L_{16}	c	挥发性有机化合物（VOCs）传感	[64]
$Cu_3(HOTP)_2$	L_{16}	c	NH_3 传感	[13]
$Ni_3(HOTP)_2$ $Ni_3(HITP)_2$	L_4 L_{16}	c	H_2S、NO 传感	[107]
$Cu_3(HOTP)_2$ $Ni_3(HOTP)_2$	L_{16}	c	H_2S、NO、NH_3 传感	[108]
$M_3(HOTP)_2$/石墨 M = Fe，Co，Cu，Ni	L_{16}	c	H_2S、NO、NH_3 传感	[17]
$M_3(THT)_2$ M = Co，Ni，Cu	L_{11}	c	可逆电化学乙烯捕获与释放	[7]
Co-MOFs	L_{14}	b，c	纳米颗粒选择性分离	[36]

注：a 代表气/液界面法；b 代表液/液界面法；c 代表溶剂热法。

（1）通过界面法合成薄膜材料能够方便地在各种器件基底上制备电子器件。

（2）金属与有机配体之间的 π-d 共轭体系有利于电荷离域，同时共轭体系为其提供了一个刚性骨架结构，这使得共轭配位聚合物材料比传统的 MOFs 具有更高的结构稳定性。

（3）大部分的共轭配位聚合物材料都表现出铁磁性以及半导体性质，这使得其在自旋电子学以及半导体领域有着很大的应用前景。

（4）大部分的共轭配位聚合物材料表现出很好的导电性与氧化还原活性，这使得其在电化学能源转换以及传感领域有着潜在的应用价值。

7.4.1 半导体材料与器件

由于共轭配位聚合物材料具有导电性、可调的能带结构以及独特的磁交互行为等特性，其可能在半导体器件［如场效应晶体管（FET）］中得以应用。

早在 2005 年时，就有文献报道了基于金属-邻苯二胺类小分子共轭配位聚合物的薄膜晶体管研究[76]。该材料具有很好的半导体行为，所制备的器件展示出很好的 p 型晶体管特征。如果改变金属和有机配体或扩展其共轭体系可以进一步调节材料的最高占据分子轨道（HOMO）和最低未占分子轨道（LUMO），从而可以获得高性能、双极性的金属有机薄膜晶体管。前面我们曾提到 2D Cu-BHT 在室温下具有超高的导电性（1580S/cm）。有文献表明[76]，当其用于场效应晶体管时，Cu-BHT 具有很高的电子迁移率[116cm^2/(V·s)]和空穴迁移率[99cm^2/(V·s)]。金属与氮配位的共轭聚合物也是一种很好的 FET 材料。利用电子束光刻（electron beam lithography，EBL）技术可以将液/液界面法合成的薄膜 M-HAB 整合在 FET 器件上，该器件具有较高的电子迁移率。另外，通过气/液界面法合成的 $Ni_3(HITP)_2$ 薄膜材料可以直接转移到 SiO_2/Si 基底上，用于制备 FET 器件［图 7-16（a）］[22]。如图 7-16（b）所示，器件的源漏电流和源漏电压表现出很好的线性关系，这表明 Au 电极与活性材料 $Ni_3(HITP)_2$ 有很好的欧姆接触。同时，曲线的斜率随着电压的增加而减小（–20～20V），这表明可以通过调节电压来改变通道中的载流子浓度。负栅压对沟道电流有明显的调控作用，说明该材料属于典型的 P 型半导体［图 7-16（c）］，以空穴载流子为主，室温下的空穴迁移率为 48.6cm^2/(V·s)。同 $Ni_3(HITP)_2$ 薄膜材料一样，$Cu_3(HOTP)_2$ 纳米片也被认为是一种很好的半导体材料［图 7-16（d）］。Gastaldo 等[38]使用气/液界面法合成了高质量的 $Cu_3(HOTP)_2$ 纳米片。他们用十二硫醇来修饰预制 Au 电极增加其疏水性，同时使用底接触电极的方式转移薄膜，从而避免污染和破坏薄膜材料。从图 7-16（e）可以看出薄膜完全覆盖在基底表面，器件的电响应测试表明沟道电流随着栅压的减小而增大，表明材料是一种 P 型半导体。

Lu 等[18]报道了一种基于 1D 共轭配位聚合物材料的随机存储器件。他们通过溶剂热法合成了两种不同的 1D 金属有机材料：Ni-BTA 和 Ni-BPTA［分子式如图 7-3（b）和（c）所示］。这两种材料都可以作为随机存储器的活性涂层。通过简单的旋转涂覆法将活性材料涂在 ITO 导电玻璃上，然后 Al 电极被蒸镀在活性层上。通过控制旋涂或蒸镀条件使得材料涂层和 Al 电极涂层保持相同的厚度（100nm），器件表现出很好的数据存储性质、高温稳定性和循环稳定性，室温下能维持数据在存储状态长达 3 个月。

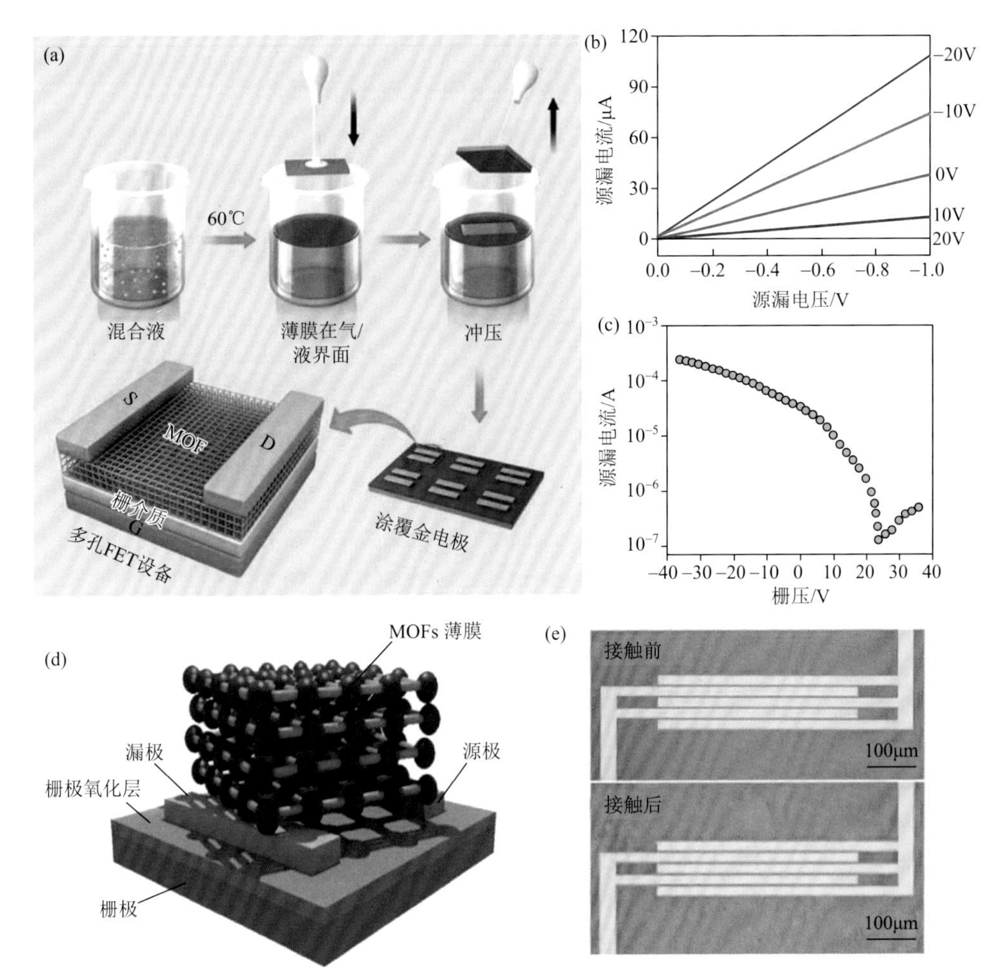

图 7-16　（a）$Ni_3(HITP)_2$ 的制备和 FET 器件组装示意图，以及其输出（b）和转移（c）特性曲线[22]；（d）基于 $Cu_3(HOTP)_2$ 的底接触晶体管示意图；（e）在预制的 Au 电极上转移 $Cu_3(HOTP)_2$ 薄膜前后的光学显微镜照片[38]

7.4.2　超导体与金属特性

有些共轭配位聚合物材料具有零带隙性质，表现出很好的导电性，具有金属特性。甚至还有些共轭配位聚合物材料在某一温度下，电阻突然降为零，表现出超导特性。例如，Cu-BHT 是一种电导率很高的共轭配位聚合物，可以作为超导体材料[19]。Cu-BHT 电阻随温度变化的曲线如图 7-17 所示，当温度大于 10K 时，电阻随温度呈线性正相关，这表明 Cu-BHT 具有金属特性。当温度在 255mK 左右时，电阻急剧下降，呈现出超导特性。另外，Cu-BHT 也具有超导特性，因为其热能峰值会低于超导相变温度。对于一些氨基类配位聚合物，则表现出金属特性。例如，Ni-HAB 和 Cu-HAB 也具有较高的电导率，它们的室温电导率分别为 8S/cm 和 13S/cm。紫外光电子能谱（UPS）和理论计算证明了这两种材料具有金属特性[24]。

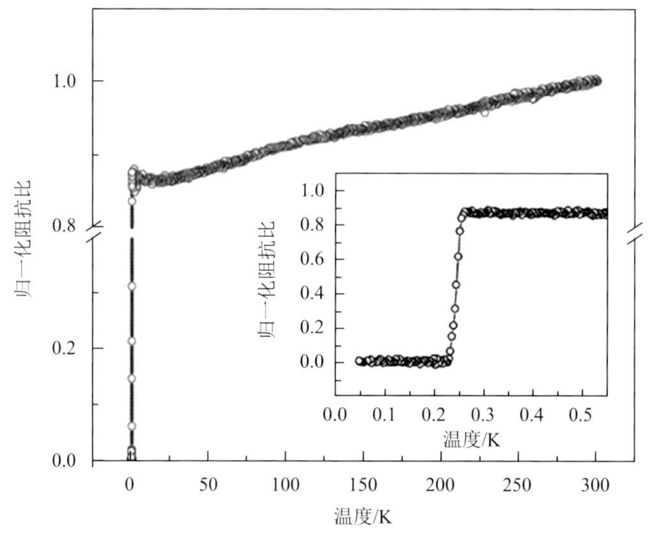

图 7-17 归一化阻抗比随温度变化曲线（50mK～300K）[19]

7.4.3 自旋电子学

自旋电子学也称为磁电子学，应用于自旋电子学的材料需要具有较高的电子极化率以及较长的电子自旋弛豫时间。近年来一些磁性半导体或半金属材料得到了广泛的研究，在自旋电子元件中展现了潜在的应用。在低维的共轭配位聚合物材料中，独立、有序排列的金属原子是理想的纳米级自旋电子学模型。金属原子中丰富的 d 电子以及它与有机配体离域 π 轨道的杂化作用，导致其具有一定的磁性[109]，同时该材料也是很好的有机拓扑绝缘体[110]。

Fe-PTC 是一种具有铁磁性的 2D 共轭配位聚合物材料［图 7-18（a）］。同时它也是一种很好的半导体材料，其室温电导率为 10S/cm。图 7-18（b）是 Fe-PTC 的变温磁化强度测试曲线，结果表明 Fe-PTC 在低温下能够保持铁磁状态，作者认为这种铁磁行为来源于 Fe 的 d/p 轨道、有机配体 PTC 和 Fe—S 节点之间的杂化作用[29]。

Zhang 等[111]通过理论计算证明了 Mn-BHT 是一种二维铁磁 kagome 晶格半金属。由于 kagome 框架的共轭 π 轨道，单层 Mn-BHT 晶胞中的 d 电子自旋倾向于以铁磁交互方式形成长程铁磁排列。同时铁磁性的单层 Mn-BHT 是一种半金属[112]，在一个自旋轨道上有高的载流子迁移率，在另一个自旋轨道上的带隙为 1.54eV。另外，他们也认为 Mn-BHT 是一种拓扑绝缘体，这与以前的报道一致[23]。通过第

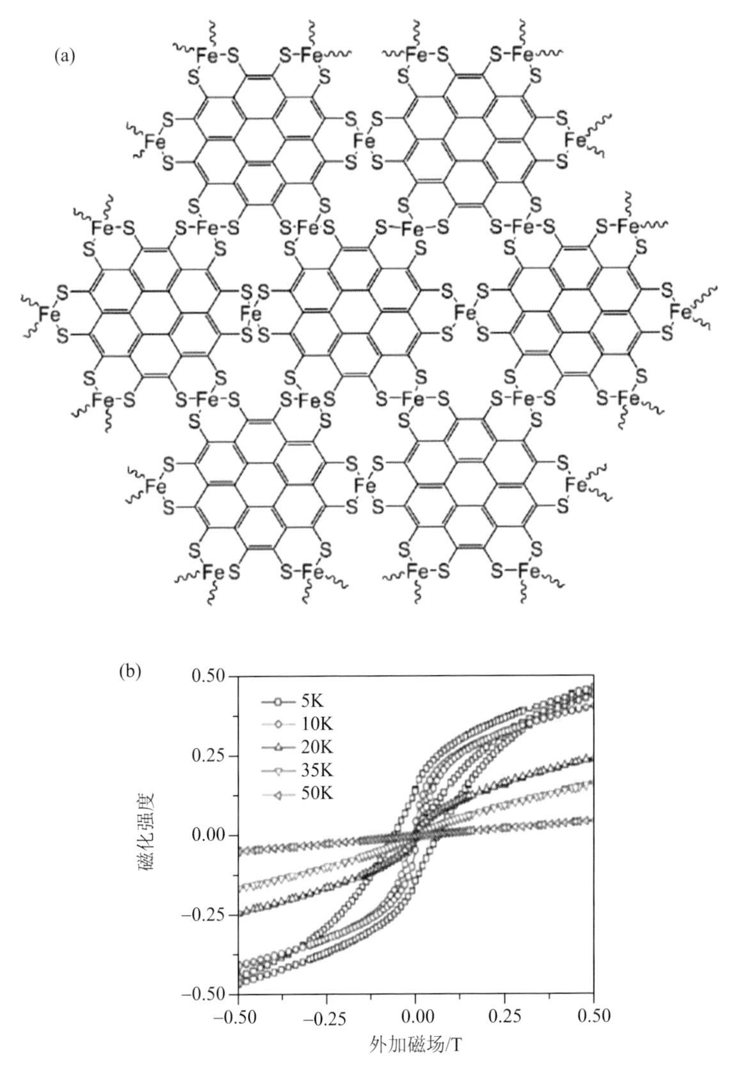

图 7-18　（a）Fe-PTC 结构示意图；（b）不同温度下的磁化强度随外磁场变化曲线[29]

一性原理模拟计算单层 Co-HAB、Cr-HAB、Ag-HAB、Cu-HAB、Mn-HAB、Fe-HAB、Pd-HAB、Ni-HAB 和 Rh-HAB CCPs 的力学性能、热稳定性和电子性能[113]，结果表明 Co-HAB、Cr-HAB、Fe-HAB、Mn-HAB、Ni-HAB、Pd-HAB 和 Rh-HAB 纳米片具有良好的线性弹性和拉伸强度。分子动力学结果证实了所研究纳米膜的高热稳定性。Co-HAB 和 Fe-HAB 单层膜在费米能级具有低自旋极化的金属行为。然而，单层 Ag-HAB、Cu-HAB、Cr-HAB 和 Mn-HAB 具有良好的半金属性能，因此有望成为自旋电子学的候选材料。相反，Ni-HAB、Pd-HAB 和 Rh-HAB 单层膜表现出非磁性金属行为。

7.4.4 能源存储与转换

共轭配位聚合物材料在能源转换领域也有着巨大的应用前景[114]，其优势主要包括以下几个方面。

（1）与一些金属纳米颗粒、金属氧化物和小分子金属有机材料相比，金属与有机配体之间的π-d共轭作用使其拥有很高的稳定性。

（2）大部分的共轭配位聚合物材料的高导电性使其在发生电化学反应时能够快速地进行电荷传输，从而加快了能源转换效率。

（3）可调的化学结构以及确定的活性中心（金属-配体两个潜在的活性中心）。

（4）高比表面积和多孔性提高了底物或者电解液在材料中的扩散速率，从而增加了氧化还原反应的速率。

1. 电催化

以金属-二硫纶为中心的配合物曾被人们证明是一种有效的析氢反应（HER）催化剂。但是以前的报道都是基于小分子配合物的研究，限制了它们的实际应用[74, 75]。为了进一步扩展和延伸以金属-二硫纶为中心的骨架材料，Marinescu等[73]使用BTT和乙酸钴作为构筑单元，用液/液界面法制备了1D Co-BTT，该材料在酸性条件下表现出很好的析氢性能，其相应的法拉第电流产率高达(97±3)%，同时该催化剂表现出较好的稳定性。另外，作者也将材料整合在p型Si表面，形成光电阴极材料（MOFs|Si），并测试了其光电催化析氢性能。研究结果表明Co-BTT同样具有很好的光电催化析氢性能。由于金属有机材料的结构可调性，通过改变有机配体或金属节点可以得到其他1D的共轭配位聚合物材料。例如，使用蒽基硫醇衍生物［L_9，图7-19（a）］[60]、有机硒化物［L_{17}，图7-19（b）］[84]或者其他金属离子（Fe^{2+}、Ni^{2+}、Zn^{2+}）等[59]，所合成的共轭配位聚合物材料都展示出较好的电催化HER性能（在pH = 1.3，电流密度为$10mA/cm^2$下的过电势为350～560mV）。在催化活性上，许多研究者一致地认为活性都来源于金属-配体中心，尽管相关的理论计算也得以证实[12]，但是其具体的转换机理仍有待深入研究。

与1D共轭配位聚合物材料相比，2D共轭配位聚合物材料具有更好的π共轭性质以及独特的平面分子结构，因此其会表现出更优异的电化学性质[31, 32, 35, 65]。液/液界面法合成的Co-BHT薄膜材料，在pH = 1.3，电流密度为$10mA/cm^2$条件下，其过电势为340mV，较低的过电势有利于其电催化析氢反应。他们认为其高的电催化活性来源于金属的氧化还原（$Co^{3+} \rightleftharpoons Co^{2+}$）以及S的质子化作用[65]。

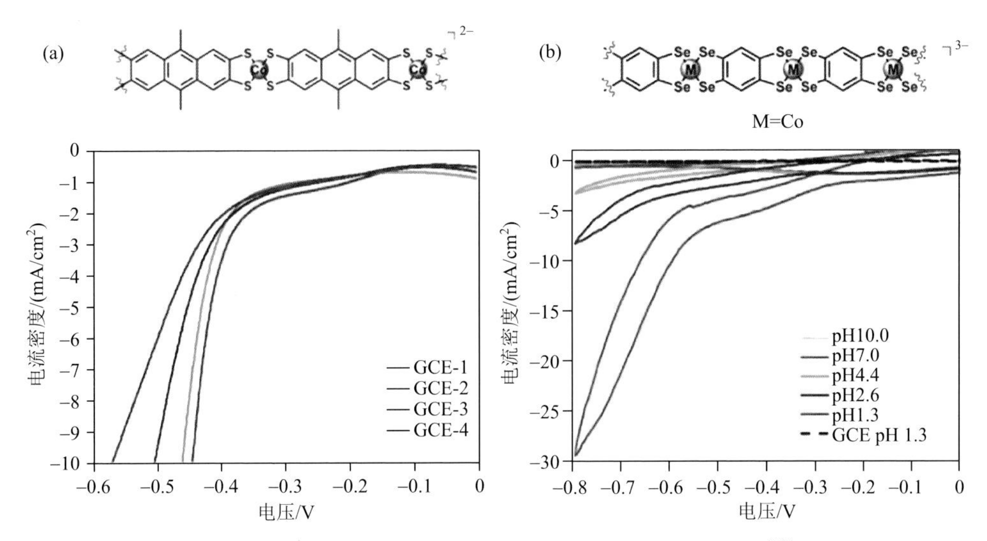

图 7-19　（a）Co-L_9修饰的玻碳电极（GCE）在 100mV/s 下的极化曲线[60]；（b）Co-L_{17}在不同 pH 的 0.1mol/L $NaClO_4$溶液中的极化曲线[84]：pH = 10.0（橘黄色），7.0（紫色），4.4（绿色），2.6（蓝色），1.3（红色）

金属与多种杂原子配位可以进一步调控其电子结构，影响材料的性质。例如，两种杂原子的配体（L_4和L_{11}）与金属进行混合配位可以有效地提高材料的 HER 性能。为了获得性能更优的材料，可以进一步将所合成的共轭配位聚合物材料与石墨烯复合，实验结果表明该复合催化剂具有较高的电催化性能，电流密度为 10mA/cm^2下的过电势为 230mV[102]。通过一系列的对照实验，作者认为催化活性中心的贡献顺序为 M-S_2N_2＞M-N_4＞M-S_4，这与 Nishihara 等所报道的结论一致[86]。

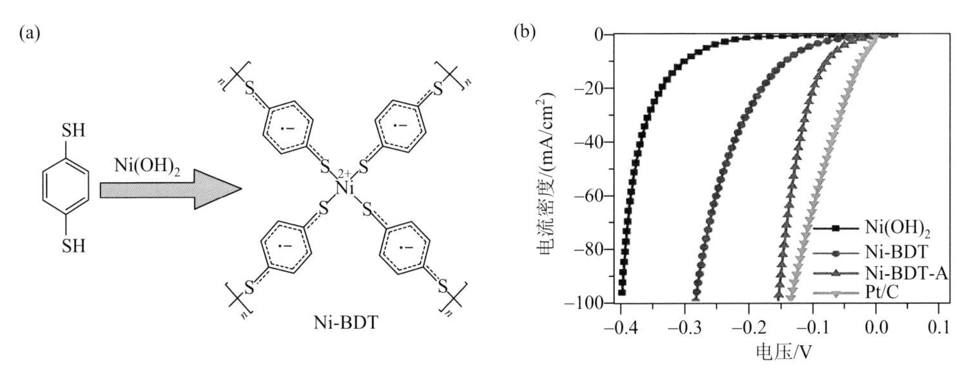

图 7-20　（a）Ni-BDT 合成示意图；（b）四种电极材料的极化曲线：电解质为 1mol/L KOH 溶液[61]

通过使用对苯二硫醇（L_8）作为有机配体，以生长在碳布上的 $Ni(OH)_2$ 作为模板，可以得到2D Ni-BDT纳米片［图7-20（a）］。这种原位合成的Ni-BDT材料具有优异的HER性能[61]。在1mol/L KOH溶液中，电流密度为10mA/cm^{2}下的过电势为80mV。如图7-20（b）所示，当电流密度为100mA/cm^{2}时，Ni-BDT的过电势为150mV，非常接近于商业的Pt/C电极的过电势，这充分说明Ni-BDT具有超高的HER活性。各种实验表征以及理论计算结果表明，Ni-BDT的高活性是由于金属Ni的氧化还原以及吸附在Ni(0)表面上的S促进了水的分解。

随着人们对共轭配位聚合物材料的认识不断深入，发现其在氧还原反应（ORR）[25, 103]和氧析出反应（OER）[41, 68]中也有着巨大的应用前景。如图7-21（b）所示，2D的$Ni_3(HITP)_2$催化剂在0.1mol/L KOH溶液中的氧还原开路电位为0.82V，与商业的Pt电极（开路电位$E_{onset}=1.0V$）只相差0.18V，这表明$Ni_3(HITP)_2$具有很好的ORR催化活性且优于目前所报道的一些非贵金属复合催化剂。这是由于材料的高比表面积［(629.9±0.7) m^2/g］和孔隙率增加了活性中心$M\text{-}N_4$的密度以及加快了分子在材料中的扩散速率，从而使其展现出超高的催化活性。

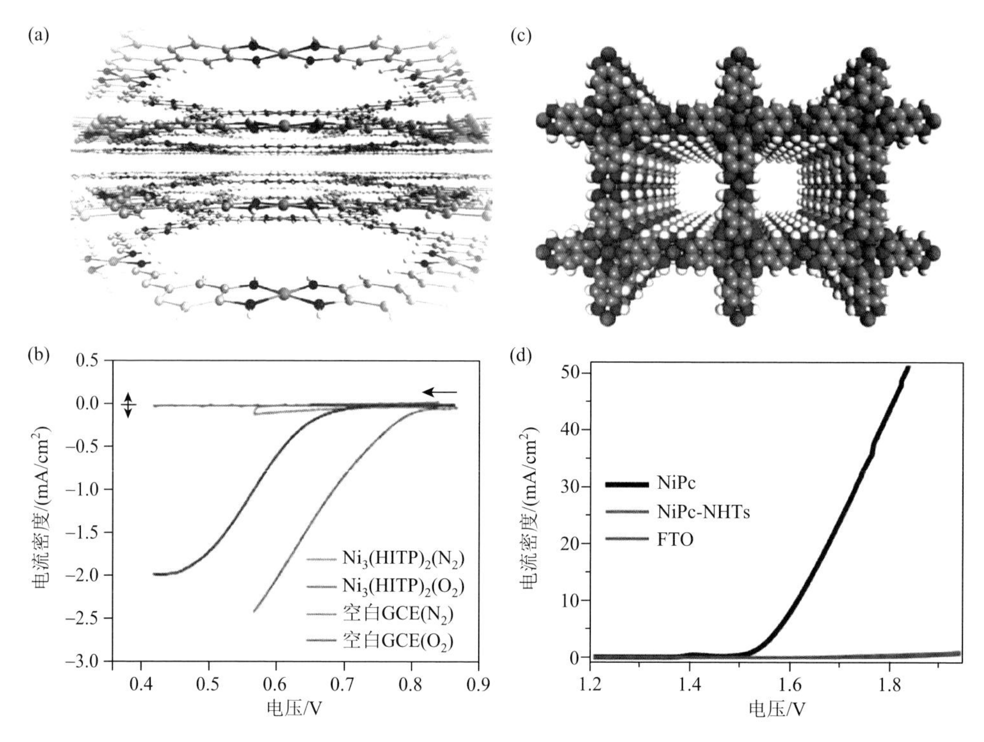

图7-21 （a）二维$Ni_3(HITP)_2$结构透视图；（b）$Ni_3(HITP)_2$和空白的玻碳电极（GCE）在N_2和O_2饱和溶液中的极化曲线[103]；（c）酞菁基NiPc的结构透视图；（d）NiPc、单体NiPc-NHTs和导电玻璃FTO的线性扫描伏安曲线[41]

材料在连续 8h 的催化实验后还能够保持 88%的活性，这说明所制备的催化剂具有较高的催化稳定性。

2017 年，Du 等[41]报道了一种基于酞菁（phthalocyanine，Pc）分子的共轭 2D NiPc［图 7-21（c）］，发现其有很好的 OER 性能。他们首先合成了基于氨基的酞菁配体（L_{13}），通过溶剂热法合成了 NiPc 催化剂。材料的薄膜厚度为 100～200nm，室温电导率为 0.1S/cm。如图 7-21（d）所示，与一些对照样品相比，NiPc 催化剂在 1.0mol/L KOH 溶液中具有更低的开路电位（$<$1.48V）和过电势（$<$0.25V）。经过 6000s 测试后，其仍能维持 94%的法拉第效率[41]。

2. 光催化 CO_2 还原

光催化 CO_2 还原是一个很有前景的研究领域，可以解决传统化石能源不可持续和产生温室气体排放等问题。尽管传统的 MOFs 有 CO_2 捕获能力和催化转换性能[115, 116]，但是存在结构稳定性和导电性较差，以及电子陷阱在光催化循环过程中会阻碍其电荷传输与转移等问题。目前有文献表明 2D 的导电 $Ni_3(HITP)_2$ 纳米片可以作为助催化剂来帮助解决此问题。在$[Ru(bpy)_3]^{2+}$（bpy = 2, 2′-联吡啶）作为光敏感剂、三乙醇胺作为电子给体下，CO 的产率可以达到 3.45×10^4μmol/(g·h)，其选择性高达 97%，且循环六次并未见明显衰减。作者认为，$Ni_3(HITP)_2$ 结构中的 $Ni\text{-}N_4$ 是主要的活性位点，且其超高的导电性促进了电荷传输，提高了 CO_2 转换效率[106]。

3. 电池与超级电容器

共轭配位聚合物材料在储能中的应用近几年得到了迅速发展。它在电池[10, 26, 47]和超级电容器[8, 9, 39, 105]等储能领域中应用具有以下几点优势：首先，化学结构可调，有助于将它们设计成具有氧化还原活性的高容量电极材料；其次，高的电导率和大比表面积能够促进电子转移并提高离子扩散速率，从而获得高的倍率性能；最后，刚性的共轭系统能够增加其结构稳定性。

酞菁基 2D CuPc-MOFs 可以作为锂离子电池的正极材料[47]，但是材料的电化学活性较差，在 0.4C（130mA/g）充放电速率下，经过 70 圈循环后的比容量只有 55mA·h/g。相反，高导电的 Ni-HAB 则具有较好的电荷存储性能，其机理可能是负离子的嵌入和脱出。充放电速率为 10mA/g 时，其比容量达到 155mA·h/g。更重要的是，该材料在充放电速率为 250mA/g、循环 300 圈后其比容量衰减较小，能稳定在 50mA·h/g[26]。

氨基配位的共轭金属有机材料不仅具有很好的锂电性能，也表现出很好的钠电性能。例如，导电的 Co-HAB MOFs 可以作为钠离子电池负极材料［图 7-22（a）］[10]。通过使用溶剂热法制备的 Co-HAB 电导率为 1.57S/cm，该材料在作为钠离子电池负极时表现出非常高的倍率性能，7min 的充放电速度比容量达到 214mA·h/g，45s 的快充性能可达 152mA·h/g。电池的循环稳定性如图 7-22（d）所示，在充放电速率为 200mA/g 时，经过 50 圈循环后其比容量基本保持不变。他们认为 Co-HAB 的储能活性来源于配体 HAB，HAB 在氧化还原过程中会传递 3 个电子［图 7-22（b）］。

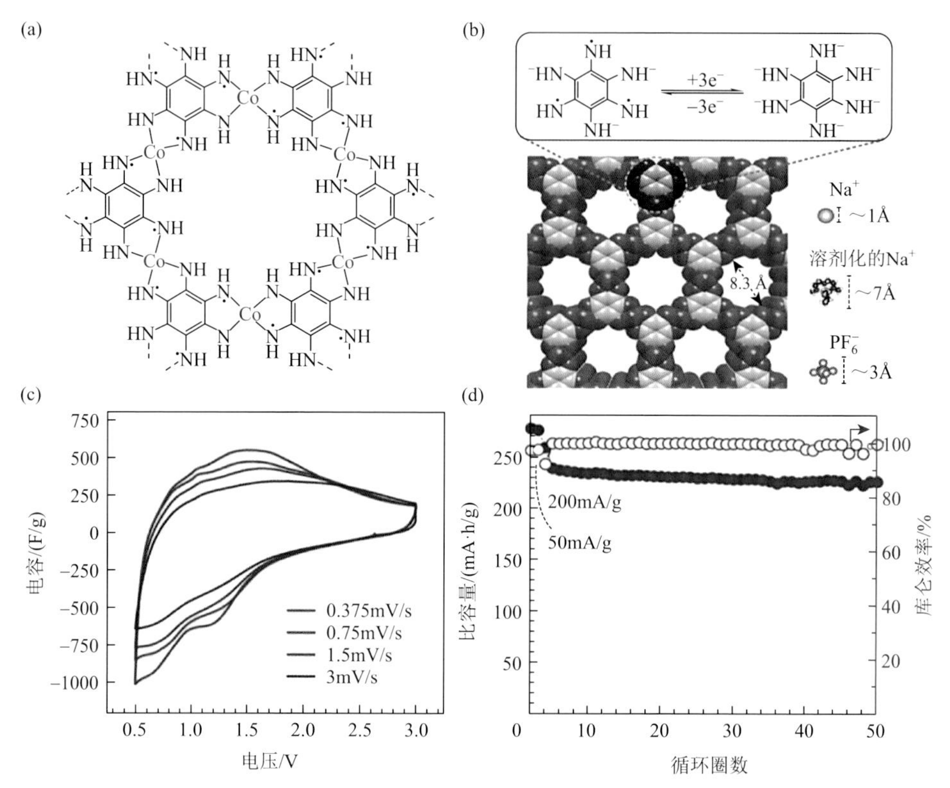

图 7-22　（a）Co-HAB 的化学结构式；（b）Co-HAB 的三维计算结构式以及其假设的 $3e^-$ 反应机理；（c）Co-HAB 在不同扫描速率下的循环伏安图；（d）Co-HAB 在充放电速率为 50mA/g 和 200mA/g 下的电池循环测试[10]

一些 1D 配位聚合物也表现出很好的储能性能。例如，金属 Ni 可以与巯基配体乙烯四硫醇盐配位形成高导电性的 Ni-TTO 聚合物（30S/cm）[70]。Ni-TTO 可以作为钠离子电池的正极材料，在电流密度为 0.1A/g 下，其比容量为 140mA·h/g，且该材料表现出超高的倍率性能，在电流密度为 5A/g 下，其比容量仍然高达 118mA·h/g，这可能源于 Ni-TTO 的高的电导率。目前，所报道的共轭配位聚合物仍然存在一些问题，如结构模糊不清、分子中是否存在自由基、金属是否参与氧化还原反应等。针对此问题，Wang 等基于制备的一维 Ni-BTA 聚合物，揭示了材料结构，充分阐明了上述共轭配位聚合物所存在的一些问题[104]。如图 7-23 所示，他们通过控制反应条件可以制备三种不同形貌、不同结晶性的 Ni-BTA 材料。通过各种表征技术阐明了 Ni-BTA 的具体结构，且电子顺磁共振实验证明了 Ni-BTA 中存在自由基。进一步研究材料的电化学储钠性能发现，高结晶性 H-Ni-BTA 电极材料表现出最好的储钠性能，在电流密度为 0.1A/g 下的比容量可以达到 500mA·h/g（包括导电添加剂的贡献）。同时，H-Ni-BTA 具有较好的循环稳定性，在电流密度为 1A/g 下，经过 400 次循环后比容量仍然达到了 378mA·h/g［图 7-23（b）］。慢速扫描下，H-Ni-BTA 的可逆容量可达 420mA·h/g（不包括导电添加剂的贡献），接近于每个单元三电子转移的理论比容量 419mA·h/g。通过红外光谱、X 射线光电子能谱（XPS）和同步辐射原子吸收光谱等表征手段，也进一步证明了 Ni-BTA 在充放电过程中存在三电子转移过程，包括 2 个电子的 C═N 与 C—N 之间转换以及 1 个电子的 Ni(Ⅱ)与 Ni(Ⅰ)之间转换［图 7-23（c）］。另外，理论计算表明钠离子可能嵌入在 Ni-BTA 结构中的三个可能位置［图 7-23（d）］，其中两个钠离子位于分子的面间，一个钠离子位于分子的侧面。

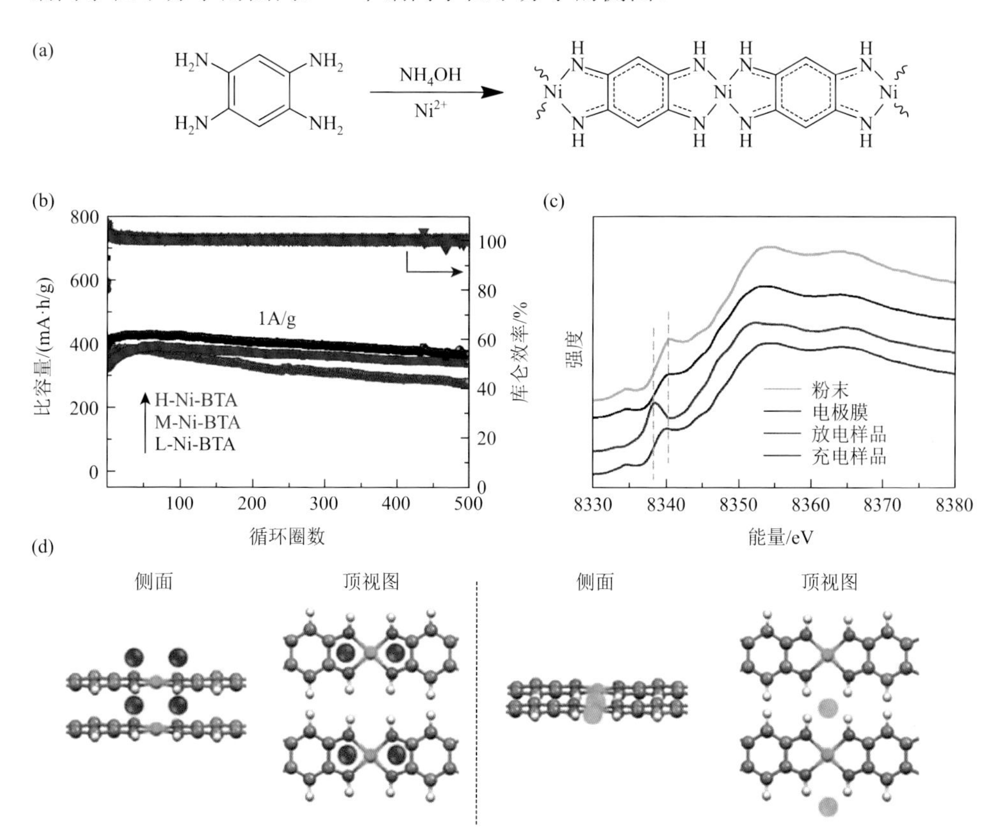

图 7-23　（a）Ni-BTA 的合成示意图；（b）Ni-BTA 的循环性能图；（c）充放电前后 Ni-BTA 中金属 Ni 的 K 边吸收光谱；（d）钠离子可能嵌入在 Ni-BTA 中的具体位置[104]

传统 MOFs 材料在超级电容器中的应用得到了广泛研究，但是低维共轭配位聚合物材料在超级电容器中的应用在近几年来才受到人们关注。2017 年，Dincă 等[8]最先将高导电性的 $Ni_3(HITP)_2$ 用于超级电容器，他们直接将 $Ni_3(HITP)_2$ 压制成片来作为电容器的活性物质。测试结果表明，材料具有较高的体积电容（$118F/cm^3$），且材料也表现出很高的稳定性，在 2A/g 的充放电速率下，经过 10000 次循环后电容只有 10%的衰减。作者认为双电层储存机理占据主导地位，而氧化还原所产生的赝电容却微不足道。随后，Bao 等[9]通过改变有机配体，合成的 Ni-HAB 同样具有很好的储能性质。他们用 Ni-HAB［或者 Cu-HAB，图 7-24（a）］、5%黏合剂（聚四氟乙烯）和 5%导电添加剂（炭黑）的混合物制备超级电容器的电极材料。材料在酸性和碱性介质中都具有优异的化学稳定性。在电化学测试过程中，他们发现 Ni-HAB（420F/g）比 Cu-HAB（215F/g）具有更高的质量电容。同时他们也测试了 Ni-HAB 片（直接将 Ni-HAB 压制成型，厚度为 50μm）的电容性质，发现 Ni-HAB 片也具有较高的体积电容（$760F/cm^3$）和面积电容（$20F/cm^2$），并且 12000 次循环后仍能维持 90%的电容［图 7-24（b）］。Bao 等提出材料的储能机理与 Dincă 等相反，他们认为材料的氧化还原赝电容占据主要贡献，而双电层电容贡献较小（双电层电容贡献在 Ni-HAB 中只有 10%，在 Cu-HAB 中只有 20%）。

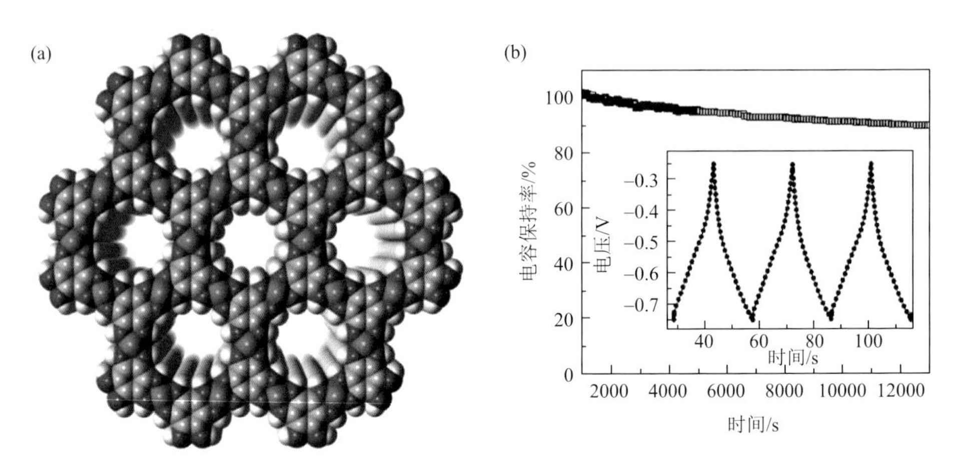

图 7-24 （a）Cu-HAB 的分子模型；（b）Ni-HAB 在 10A/g 下 10000 次循环的电容保留率（插图为恒电流充放电曲线）[9]

金属与羟基配体配位所形成的低维共轭配位聚合物材料也可用于超级电容器。例如，$Cu_3(HOTP)_2$ 本身就是一种很好的电极材料，通过将其生长在碳纸上就可以简单地制备出一种无黏合剂的电极材料。电化学测试结果表明，该电极材料在 0.5A/g 的充放电速率下的质量电容为 120F/g，材料的稳定性较好，在扫描速率为 50mV/s 下，5000 次循环后的电容能维持初始的 85%。通过与不规则、低结晶性的 $Cu_3(HOTP)_2$ 比较，作者认为通过提高材料的结晶度和促进生长取向能够提高材料的电化学活性[39]。

4. 热电材料

早在 30 多年前人们就对 M-ETT 聚合物材料做了大量的研究，但是很少关注其热电性质。直到 2012 年，M-ETT 的热电性质被首次报道[34]，且目前关于共轭金属材料的热电性质大多数集中在 M-ETT 的研究，而对其他共轭配位聚合物材料的热电性能的报道较少[99, 117]。目前有大量的理论研究与实验结果也证明了 M-ETT 具有热电性质[11]。以前的研究表明 ETT 能够展示出 p 型和 n 型行为，而聚合物 M-ETT 的半导体行为则由配位金属决定，如 Ni-ETT 的泽贝克系数为负，Cu-ETT 的泽贝克系数为正。因此可以通过选择不同配位金属来调节 M-ETT 的半导体行为。

Zhu 等[34]合成了两类 M-ETT，其中 n 型的 Ni-ETT 聚合物在 400K 时具有高的热电品质因子（ZT 在 0.1～0.2 之间），同时 p 型的 Cu-ETT 聚合物的 ZT 在 0.01 左右。如图 7-25（a）所示，他们通过组合 Ni-ETT 和 Cu-ETT 制备了由 35 对 p-n 结组成的热电模块。该模块的输出电压、电流和功率密度分别为 0.26V、10.1A 和 2.8μW/cm^2，这是目前在有机热电材料中所报道的最高值。另外，该模块具有很好的稳定性，在 373K 的高温下经过 300h 的运行其输出功率并没有明显的衰减［图 7-25（b）］。

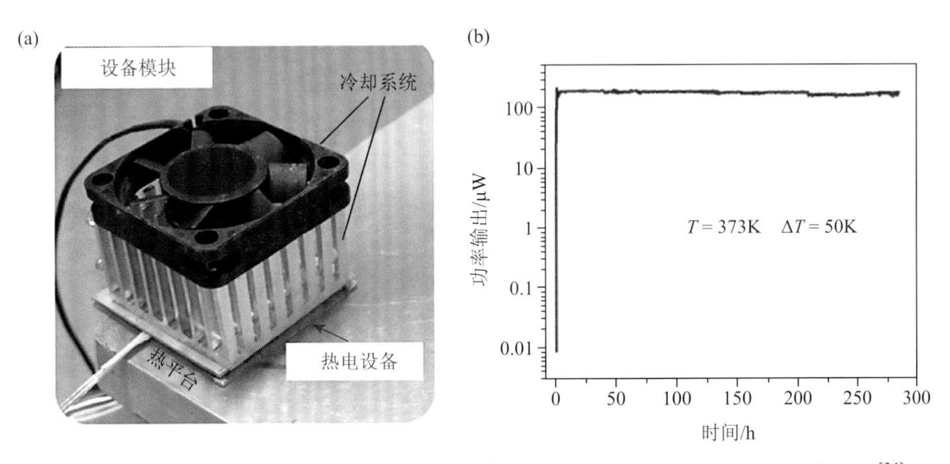

图 7-25　（a）热电设备以及热平台与冷却测试系统；（b）模块输出功率的稳定性[34]

目前对于 M-ETT 的研究集中在如何改进模块的制备过程[56]以及优化 M-ETT 的制备方法[49, 98]。高质量、高度均一、柔性的 Ni-ETT 聚合物薄膜［图 7-26（a）］可以通过电化学沉积法制备[33]。由于高质量的 Ni-ETT 分子排列井然有序以及分

子之间存在很强的 π-π 相互作用，材料的热电性质有了很大的提高。室温下的 *ZT* 值在 0.3 左右，电导率增强了 4～6 倍。理论分析表明高质量的 Ni-ETT 具有很窄的带隙，因此表现出很高的热电性质。为进一步提高 M-ETT 的热电性能，Shiraishi 等[53]合成了 M-ETT 的复合材料，他们首先通过表面修饰法合成了 50～100nm 颗粒大小的 Ni-ETT 纳米颗粒（n-PETT），然后将其与碳纳米管（CNT）和聚氯乙烯（PVC）复合得到 n-PETT/CNT/PVC 薄膜材料［图 7-26（b）］。该复合材料的热电性质得到了进一步提升，其电导率为（629.9±28.6）S/cm，340K 下的热电功率因子（PF）为（58.6±1.5）μW/(m·K)，在 340K 下 *ZT* 值为 0.31。这个工作为获得高性能的 M-ETT 热电材料提供了新的思路。

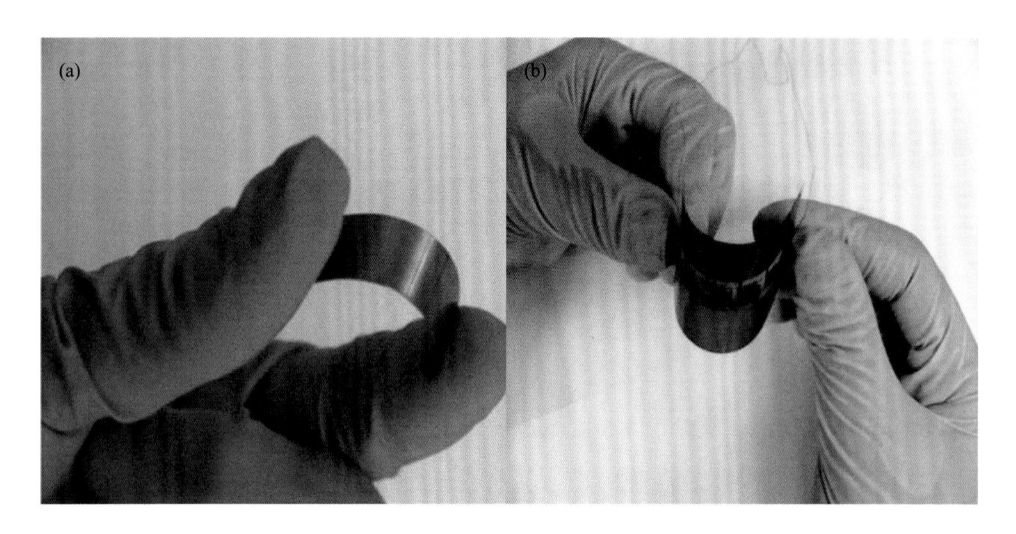

图 7-26　（a）PET（聚对苯二甲酸乙二醇酯）基底上沉积的 Ni-ETT 薄膜[33]；（b）由五组复合材料（n-PETT/CNT/PVC）组成的柔性热电器件[53]；（c）M-ETT 的合成示意图[54]

研究人员发现 M-ETT 的热电性能与其合成方法密切相关，通过系统地研究其合成条件与性能之间的关系，有助于进一步了解材料的结构和性质。一些研究团队为获得可重复、高性能的 Ni-ETT 热电材料做了大量的实验研究［图 7-26（c）］，他们发现当投料量在 0.5～15g 范围内时，获得的 Ni-ETT 材料可重复与批量生产[54]。同时他们也发现溶液中的抗衡离子和材料的氧化度对材料的电导率和泽贝克系数影响较大，通过优化实验条件，可以获得高性能的 Ni-ETT（Na^+作为抗衡离子）。该材料的电导率为 50S/cm，热电功率因子 PF 为 23μW/(m·K)，且材料在空气中可稳定保存。

最近，人们发现 $Ni_3(HITP)_2$ 也同样是潜在的热电材料[99]。溶剂热法合成的 $Ni_3(HITP)_2$ 是一种微孔材料，其比表面积为 766m^2/g。材料的电导率与温度呈正相关，室温下的电导率为 58.8S/cm，45℃时的电导率增加到 62.1S/cm。同时，$Ni_3(HITP)_2$ 的泽贝克系数为负（−11.9μV/K），是一种 n 型热电材料。更重要的是，材料表现出超低的热导率[0.21W/(m·K)，其热导率低于目前所报道的其他热电材料[118]。虽然该材料的室温热电品质因子 ZT 较小（1.19×10^{-3}），远远达不到实际的应用水平（$ZT>1$），但是该材料所表现出来的独特热电性质进一步拓展了低维共轭配位聚合物材料的应用领域，同时也激励了一些研究者寻求更好的路径进一步提高其热电性质，以便达到其实际应用价值。

7.4.5　吸附、分离与传感

1. 气体吸附与传感

低维共轭配位聚合物材料至少具有三个特性，使其能够在气体吸附与电子传导化学传感上有着巨大的应用潜力。首先，大部分的低维共轭配位聚合物材料的电导率能够媲美一些导电聚合物和二维纳米材料，使其有希望在电子传导化学传感上得到应用。其次，低维度以及薄膜材料高的容积比有利于提高化学传感的灵敏度。最后，低维共轭配位聚合物材料作为 MOFs 的一个分支，它们也继承了 MOFs 的多孔性，具有特定的孔结构，增强了分子与材料表面之间的相互作用，提高了吸附性，这是无孔 2D 材料所不具有的特性。

Dincă 等[27]最先将低维共轭配位聚合物材料运用在电子传导化学传感领域。他们将 $Cu_3(HITP)_2$ 滴涂在预先处理好的金电极上，所制备的器件［图 7-27（a)］在室温下的 NH_3 检测下限为 0.5ppm。相反，$Ni_3(HITP)_2$ 作为活性层却没有任何 NH_3 响应信号。这也说明了该类材料的选择性化学传感性能可以通过改变金属节点来得以调控。随后该团队使用两种不同的配体（L_4 和 L_{16}）合成了三种结构类似的 2D MOFs，包括 $Cu_3(HOTP)_2$、$Cu_3(HITP)_2$ 和 $Ni_3(HITP)_2$，并将所制备的化学传感器件暴露在挥发性有机化合物（VOCs）（蒸气浓度为 200ppm）中进行测试［图 7-27（b)］。统计学分析结果表明，该 MOFs 基传感器件识别多种 VOCs 的精确度高达 90%。作者认为器件的传感机理与材料的电子传输性质和氢键密切相关[64]。

对于 $Cu_3(HOTP)_2$ 材料，我们还可以进一步改进其合成方法，从而改善其化学传感性质［图 7-27（c）和（d)］。通过使用逐层外延生长法可以制备高质量、高密度、表面光滑的 $Cu_3(HOTP)_2$ 薄膜材料[13]。所制备的化学传感器件在 10 种干扰

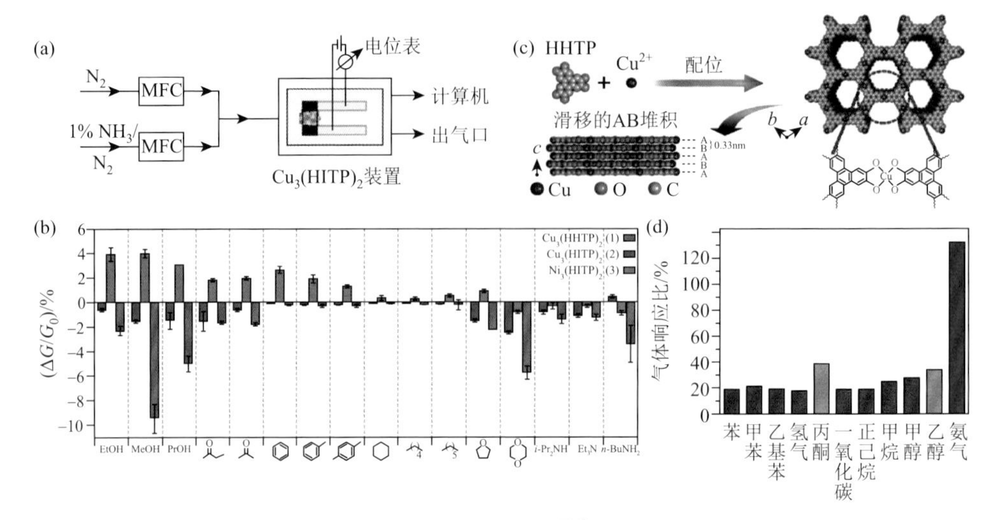

图 7-27 （a）实验装置示意图：MFC 为质量流量计[27]；（b）MOFs 传感器对不同 VOCs 的传感响应：$\Delta G/G_0$ 为 MOFs 传感器暴露在 200ppm VOCs 下的相对响应灵敏度，响应值为通过 12 次测试所取得的平均值，误差条表示标准差[64]；（c）$Cu_3(HOTP)_2$ 晶体结构示意图；（d）$Cu_3(HOTP)_2$ 对不同还原性气体的响应柱状图[13]

气体存在的条件下，能快速对 NH_3 做出响应，同时对 NH_3 检测下限为 100ppm，且具有超高的稳定性和响应性。该材料的响应恢复时间比其块体粉末高 54%，这可能是由于薄膜拥有更小的扩散障碍，从而加快了气体分析物与材料活性物的接触。更重要的是，实验结果证明了室温 MOFs 基传感器有希望能够实时监测易爆和易燃的危险气体（如 NH_3）并做出及时警报。

基于低维共轭配位聚合物材料的传感器除了对一些挥发性有机气体和最常见的易燃气体 NH_3 做出检测响应外，还可以对有毒的气体，如 NO 和 H_2S 做出响应[17, 107, 108]。Mirica 等[17]发展了一种快速制备 MOFs 基化学传感器件的方法。他们首先用球磨机得到 MOFs 和石墨的混合物，然后利用机械刻蚀技术将材料涂覆在电极上制备化学传感器件［图 7-28（a）］。这种制备传感器的方法简单有效，所制备的器件能有效地检测与分析 NH_3、NO 和 H_2S 气体。

随后该团队[107]利用溶剂热法将 $Ni_3(HOTP)_2$ 或者 $Ni_3(HITP)_2$ 集成在纺织物基底上制备了柔性 MOFs 基传感器。这种柔性 MOFs 基传感器表现出非常好的机械性能，能够自由地拉直、扭曲、弯曲和缠绕物体［图 7-28（b）］。利用 MOFs 的活性和织物多孔性，所制备的传感器能够同时检测和捕获 NO、H_2S 气体［图 7-28（c）］，且对它们的检测下限分别为 0.16ppm 和 0.23ppm。该器件经过水冲洗后还能完全保持原有的活性，这种柔性的化学传感器为未来的可穿戴器件开发提供了新的思路。

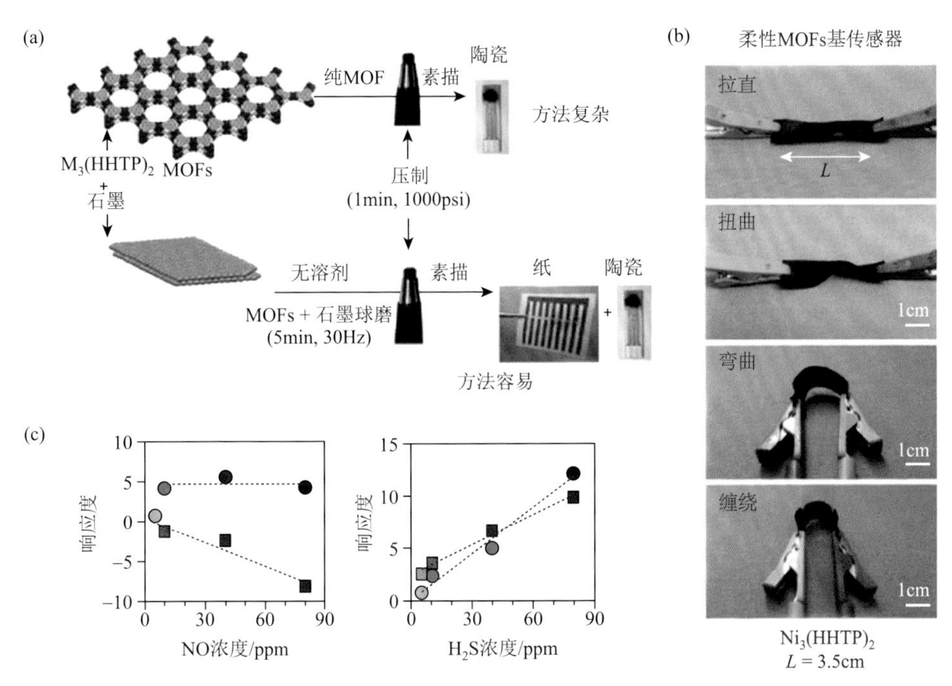

图 7-28 （a）将 MOFs/石墨复合材料集成在化学传感器上的实验示意图（图中 1psi = 6.89476× 10^3Pa）[17]；（b）柔性 MOFs 基传感器的光学照片：柔性 MOFs 基传感器可以自由地拉直、扭曲、弯曲以及缠绕物体；（c）前 5min 内传感器响应度与分析物浓度的关系图[107]：NO（左）和 H_2S（右）；圆点对应 $Ni_3(HOTP)_2$，方块对应 $Ni_3(HITP)_2$

除了基于邻苯二胺和邻苯二酚的金属配位化合物对气体具有优异的化学传感性能外，金属-二硫纶化合物对气体的电化学捕获与释放也展示出优异的性能[7, 119]。早在 2001 年，有相关文献利用金属-二硫纶化合物来提纯多组分气体中的烯烃气体[119]。但是纯化过程模糊不清，且局限在理论计算和分子化合物的溶液体系中[115, 116]。直到 2017 年，$M_3(THT)_2$ 被发现是一种很好的气体捕获材料［图 7-29（a）］[7]，它在固态环境下能成功地对乙烯进行电化学捕获和释放。如图 7-29（b）和（c）所示，材料被机械压制在电极上，通过施加一个 +2.0V 电压进行乙烯的捕获，然后再施加一个–2.0V 电压进行乙烯的释放。在乙烯的捕获量上，滴涂法制备的薄膜材料是机械压片法制备材料的 3～14 倍，这是由于薄膜提供了更大的接触面积，有更多的活性位点与气体接触，从而提高了对乙烯的捕获效率［图 7-29（d）］。这些材料在干扰气体（CO 和 H_2S）存在下不会被其毒化，仍然能够精准地对乙烯进行电化学捕获和释放。

2. 纳米颗粒分离

前面我们提到界面法可以很容易地得到 MOFs 薄膜，而薄膜的多孔性使其在分离领域也有巨大的潜在应用价值。例如，气/液界面法合成的 Co-MOFs 薄膜材

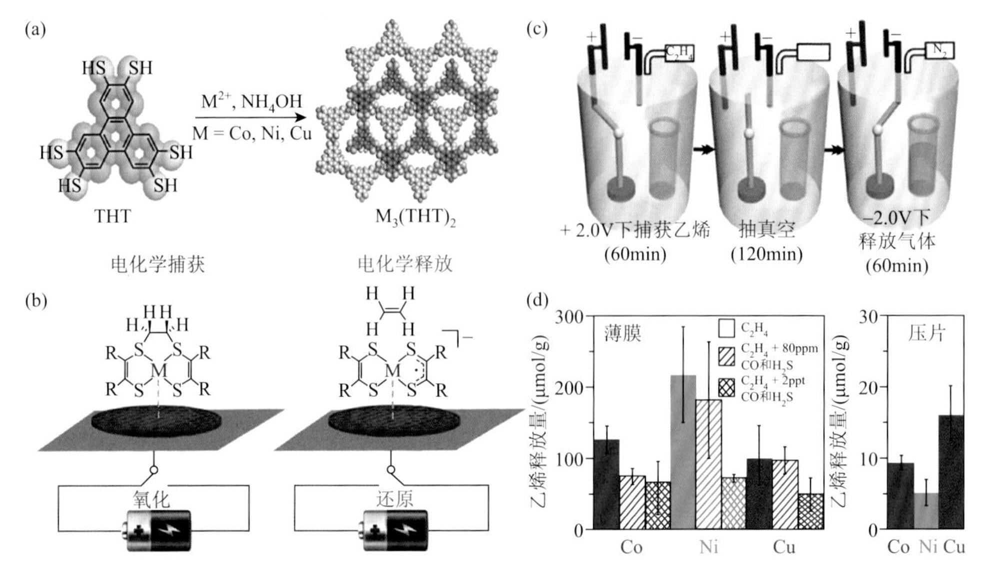

图 7-29 (a)$M_3(THT)_2$的合成示意图；(b)$M_3(THT)_2$的电化学捕获和释放模拟图；(c)$M_3(THT)_2$在乙烯环境下实验设计与演示图；(d)在干扰气体（CO 和 H_2S）存在下，薄膜（滴涂法）和球片状（机械压片法）的 $M_3(THT)_2$ 对乙烯的定量电化学捕获和释放（图中 $1ppt = 10^{-12}$）[7]

料就能够有效地选择性分离金纳米颗粒[36]。AFM 结果表明该材料的厚度为 0.7nm，在金纳米颗粒分离上能有效过滤尺寸在 2.4nm 以下的金纳米颗粒。这对筛选与研究低纳米尺寸的颗粒提供了一个非常好的策略。

7.5 总结与展望

近几年来，人们对低维共轭配位聚合物材料的研究取得了很多重要性的进展和突破性成果，对其结构的理解也日益加深[114]。虽然现在对低维共轭配位聚合物材料的研究远不如对传统 MOFs 深入与透彻，但是从目前所报道的一些低维共轭配位聚合物材料来看，其结构和化学状态与传统的 MOFs 截然不同[114]，其表现出来的高导电性以及刚性的结构也是传统 MOFs 所不能比拟的。因此，很多研究者将这些低维共轭配位聚合物材料应用于场效应晶体管、能源存储、热电器件和气体传感等领域。尤其在传感领域，以 $M_3(HOTP)_2$、$M_3(HITP)_2$ 和 $M_3(THT)_2$ 为典型代表的低维共轭配位聚合物材料在对氨气、NO、H_2S 和 VOCs 传感检测上表现出巨大的应用前景。虽然低维共轭配位聚合物材料器件的制作和应用是近几年才发展起来的，但是其发展迅速，正逐渐成为一个具有潜力的交叉学科应用领域。本章中我们对低维共轭配位聚合物材料的分子结构设计、结构特性、合成方法（界面生长法和溶剂热法）以及其在半导体（FETs）、超导体、热电材料、自旋电子学（磁性材料、半金属材料和有机拓扑绝缘体等）、电子器件、电催化（HER、OER 和 ORR）、电化学储能（电池和超级电容器）、气体捕获和传感、光催化 CO_2 还原和纳米颗粒选择性分离等方面的研究结合所报道的一些文献案例做了简要介绍，目的是让广大的研究者更好地理解该类材料的特性和发展趋势，以便挖掘其潜在的应用价值。毋庸置疑，材料的结构特性决定了其电子、物理和化学性质，从而决定了其实际的应用前景。低维共轭配位聚合物材料由于其独特的物理和化学性质，有望成为下一代新型多功能材料。但是低维共轭配位聚合物材料的发展仍然面临着许多挑战。

（1）在合成方法上，如何可控地合成人们所预设的结构仍然是一个待解决的问题，这是获得高质量、高性能材料的先决条件。

（2）传统的 MOFs 大部分都已有单晶结构被报道，但是目前所报道的文献很少有获得低维共轭配位聚合物材料的单晶信息，这阻碍了对其结构和构效关系的深入理解。

（3）低维共轭配位聚合物材料在电化学中的氧化还原机理仍然模糊不清，需要研究者们对其机理进行更深入的研究，这对理解其科学内涵和进一步设计高性能材料尤为重要。

（4）目前所报道的基于低维共轭配位聚合物材料的电子器件组装过程各不相同，如何在不破坏其结构的前提下，更有效地将材料转移到器件电极上，这是目前制备高性能电子器件所遇到的另一个挑战。尽管目前有一些研究团队采用压制成型法将材料压制成具有一定形状大小的块体。但是在压制过程中需要对其施加一定的压力，因此材料的结构或孔道可能遭到破坏。因此，在压制过程中需要选择合适的压力以确保材料成型的同时不受破坏，否则会影响其独特的物理化学性能。

简言之，关于低维共轭配位聚合物材料这一新兴交叉领域仍有很多的研究工作要做，机遇与挑战并存！

参 考 文 献

[1] Furukawa H，Cordova K E，O'Keeffe M，et al. The chemistry and applications of metal-organic frameworks. Science，2013，341（6149）：1230444-1230456.

[2] Côté P，Shimizu H. The supramolecular chemistry of the sulfonate group in extended solids. Coordination Chemistry Reviews，2003，245（1-2）：49-64.

[3] Banerjee R，Phan A，Wang B，et al. High-throughput synthesis of zeolitic imidazolate frameworks and application to CO_2 capture. Science，2008，319（5865）：939-943.

[4] Zhang J P，Zhang Y B，Lin J B，et al. Metal azolate frameworks：from crystal engineering to functional materials. Chemical Reviews，2012，112（2）：1001-1033.

[5] Yi F Y，Zhang R，Wang H，et al. Metal-organic frameworks and their composites：synthesis and electrochemical applications. Small Methods，2017，1（11）：1700187.

[6] Sun L，Campbell M G，Dincă M. Electrically conductive porous metal-organic frameworks. Angewandte Chemie International Edition，2016，55（11）：3566-3579.

[7] Mendecki L，Ko M，Zhang X，et al. Porous scaffolds for electrochemically controlled reversible capture and release of ethylene. Journal of the American Chemical Society，2017，139（48）：17229-17232.

[8] Sheberla D，Bachman J C，Elias J S，et al. Conductive MOF electrodes for stable supercapacitors with high areal capacitance. Nature Materials，2017，16（2）：220-224.

[9] Feng D，Lei T，Lukatskaya M R，et al. Robust and conductive two-dimensional metal-organic frameworks with exceptionally high volumetric and areal capacitance. Nature Energy，2018，3（1）：30-36.

[10] Park J，Lee M，Feng D，et al. Stabilization of hexaaminobenzene in a 2D conductive metal-organic framework for high power sodium storage. Journal of the American Chemical Society，2018，140（32）：10315-10323.

[11] Sun Y，Xu W，Di C A，et al. Metal-organic complexes-towards promising organic thermoelectric materials. Synthetic Metals，2017，225：22-30.

[12] Wang Y，Liu X，Liu J，et al. Electrolyte effect on electrocatalytic hydrogen evolution performance of one-dimensional cobalt-dithiolene metal-organic frameworks：a theoretical perspective. ACS Applied Energy Materials，2018，1（4）：1688-1694.

[13] Yao M S，Lv X J，Fu Z H，et al. Layer-by-Layer assembled conductive metal-organic framework nanofilms for room-temperature chemiresistive sensing. Angewandte Chemie International Edition，2017，56（52）：16510-16514.

[14] Huang J，He Y，Yao M S，et al. A semiconducting gyroidal metal-sulfur framework for chemiresistive sensing. Journal of Materials Chemistry A，2017，5（31）：16139-16143.

[15] Liu H，Li X，Shi C，et al. First-principles prediction of two-dimensional metal bis（dithiolene）complexes as promising gas sensors. Physical Chemistry Chemical Physics，2018，20（25）：16939-16948.

[16] Campbell M G，Dincă M. Metal-organic frameworks as active materials in electronic sensor devices. Sensors，2017，17（5）：1108-1118.

[17] Ko M，Aykanat A，Smith M K，et al. Drawing sensors with ball-milled blends of metal-organic frameworks and graphite. Sensors，2017，17（10）：2192-2209.

[18] Cheng X F，Shi E B，Hou X，et al. 1D π-d conjugated coordination polymers for multilevel memory of long-term and high-temperature stability. Advanced Electronic Materials，2017，3（8）：1700107.

[19] Huang X，Zhang S，Liu L，et al. Superconductivity in a copper(Ⅱ)-based coordination polymer with perfect kagome structure. Angewandte Chemie International Edition，2018，57（1）：146-150.

[20] Lahiri N，Lotfizadeh N，Tsuchikawa R，et al. Hexaaminobenzene as a building block for a family of 2D coordination polymers. Journal of the American Chemical Society，2017，139（1）：19-22.

[21] Sheberla D，Sun L，Forsythe B M A，et al. High electrical conductivity in Ni_3(2, 3, 6, 7, 10, 11-hexaiminotriphenylene$)_2$，a semiconducting metal-organic graphene analogue. Journal of the American Chemical Society，2014，136（25）：8859-8862.

[22] Wu G，Huang J，Zang Y，et al. Porous field-effect transistors based on a semiconductive metal-organic framework. Journal of the American Chemical Society，2017，139（4）：1360-1363.

[23] Chakravarty C，Mandal B，Sarkar P. Bis（dithioline）-based metal-organic frameworks with superior electronic and magnetic properties：spin frustration to spintronics and gas sensing. The Journal of Physical Chemistry C，2016，120（49）：28307-28319.

[24] Dou J H，Sun L，Ge Y，et al. Signature of metallic behavior in the metal-organic frameworks M_3(hexaiminobenzene$)_2$（M = Ni，Cu）. Journal of the American Chemical Society，2017，139（39）：13608-13611.

[25] Miner E M，Gul S，Ricke N D，et al. Mechanistic evidence for ligand-centered electrocatalytic oxygen reduction with the conductive MOF Ni_3(hexaiminotriphenylene)$_2$. ACS Catalysis，2017，7（11）：7726-7731.

[26] Wada K，Sakaushi K，Sasaki S，et al. Multielectron-transfer-based rechargeable energy storage of two-dimensional coordination frameworks with non-innocent ligands. Angewandte Chemie International Edition，2018，57（29）：8886-8890.

[27] Campbell M G，Sheberla D，Liu S F，et al. Cu_3(hexaiminotriphenylene)$_2$：an electrically conductive 2D metal-organic framework for chemiresistive sensing. Angewandte Chemie International Edition，2015，54（14）：4349-4352.

[28] Phua E J H，Wu K H，Wada K，et al. Oxidation-promoted interfacial synthesis of redox-active bis（diimino）nickel nanosheet. Chemistry Letters，2018，47（2）：126-129.

[29] Dong R，Zhang Z，Tranca D C，et al. A coronene-based semiconducting two-dimensional metal-organic framework with ferromagnetic behavior. Nature Communications，2018，9（1）：2637-2645.

[30] Li S，Lv T Y，Zheng J C，et al. Origin of metallicity in 2D multilayer nickel bis（dithiolene）sheets. 2D Materials，2018，5（3）：035027.

[31] Downes C A，Clough A J，Chen K，et al. Evaluation of the H_2 evolving activity of benzenehexathiolate coordination frameworks and the effect of film thickness on H_2 production. ACS Applied Materials & Interfaces，2018，10（2）：1719-1727.

[32] Huang X，Yao H，Cui Y，et al. Conductive copper benzenehexathiol coordination polymer as a hydrogen evolution catalyst. ACS Applied Materials & Interfaces，2017，9（46）：40752-40759.

[33] Sun Y，Qiu L，Tang L，et al. Flexible n-type high-performance thermoelectric thin films of poly（nickel-ethylenetetrathiolate）prepared by an electrochemical method. Advanced Materials，2016，28（17）：3351-3358.

[34] Sun Y，Sheng P，Di C，et al. Organic thermoelectric materials and devices based on p-and n-type poly(metal 1, 1, 2, 2-ethenetetrathiolate)s. Advanced Materials，2012，24（7）：932-937.

[35] Dong R，Pfeffermann M，Liang H，et al. Large-area，free-standing，two-dimensional supramolecular polymer single-layer sheets for highly efficient electrocatalytic hydrogen evolution. Angewandte Chemie International Edition，2015，54（41）：12058-12063.

[36] Jiang Y，Ryu G H，Joo S H，et al. Porous two-dimensional monolayer metal-organic framework material and its use for the size-selective separation of nanoparticles. ACS Applied Materials & Interfaces，2017，9（33）：28107-28116.

[37] Mendecki L，Mirica K A. Conductive metal-organic frameworks as ion-to-electron transducers in potentiometric sensors. ACS Applied Materials & Interfaces，2018，10（22）：19248-19257.

[38] Rubio Gimenez V，Galbiati M，Castells Gil J，et al. Bottom-up fabrication of semiconductive metal-organic framework ultrathin films. Advanced Materials，2018，30（10）：1704291.

[39] Li W H，Ding K，Tian H R，et al. Conductive metal-organic framework nanowire array electrodes for high-performance solid-state supercapacitors. Advanced Functional Materials，2017，27（27）：1702067.

[40] Hmadeh M，Lu Z，Liu Z，et al. New porous crystals of extended metal-catecholates. Chemistry of Materials，2012，24（18）：3511-3513.

[41] Jia H，Yao Y，Zhao J，et al. A novel two-dimensional nickel phthalocyanine-based metal-organic framework for highly efficient water oxidation catalysis. Journal of Materials Chemistry A，2018，6（3）：1188-1195.

[42] Wan Y，Sun Y，Wu X，et al. Ambipolar half-metallicity in one-dimensional metal-(1, 2, 4, 5-benzenetetramine）

coordination polymers via carrier doping. The Journal of Physical Chemistry C，2018，122（1）：989-994.

[43] Foster M E，Sohlberg K，Allendorf M D，et al. Unraveling the semiconducting/metallic discrepancy in $Ni_3(HITP)_2$. Journal of Physical Chemistry Letters，2018，9（3）：481-486.

[44] Chen S，Dai J，Zeng X C. Metal-organic kagome lattices M_3(2, 3, 6, 7, 10, 11-hexaiminotriphenylene)$_2$（M = Ni and Cu）：from semiconducting to metallic by metal substitution. Physical Chemistry Chemical Physics，2015，17（8）：5954-5958.

[45] Chakravarty C，Mandal B，Sarkar P. Coronene-based metal-organic framework：a theoretical exploration. Physical Chemistry Chemical Physics，2016，18（36）：25277-25283.

[46] Dong R，Han P，Arora H，et al. High-mobility band-like charge transport in a semiconducting two-dimensional metal-organic framework. Nature Materials，2018，17（11）：1027-1032.

[47] Nagatomi H，Yanai N，Yamada T，et al. Synthesis and electric properties of a two-dimensional metal-organic framework based on phthalocyanine. Chemistry-A European Journal，2018，24（8）：1806-1810.

[48] Reynolds R，Jolly A，Krichene S. Poly（metal tetrathiooxalates）：a structural and charge-transport study. Synthetic Metals，1989，31（1）：109-126.

[49] Sheng P，Sun Y，Jiao F，et al. A novel cuprous ethylenetetrathiolate coordination polymer：structure characterization，thermoelectric property optimization and a bulk thermogenerator demonstration. Synthetic Metals，2014，193：1-7.

[50] Tkachov R，Stepien L，Roch A，et al. Facile synthesis of potassium tetrathiooxalate-the "true" monomer for the preparation of electron-conductive poly（nickel-ethylenetetrathiolate）. Tetrahedron，2017，73（16）：2250-2254.

[51] Sheng P，Sun Y，Jiao F，et al. Optimization of the thermoelectric properties of poly[Cu_x（Cu-ethylenetetrathiolate）]. Synthetic Metals，2014，188：111-115.

[52] Vicente R，Ribas J. Synthesis，characterization and properties of highly conducting organometallic polymers derived from the ethylene tetrathionlate anion. Synthetic Metals，1986，13（4）：265-280.

[53] Toshima N，Oshima K，Anno H，et al. Novel hybrid organic thermoelectric materials：three-component hybrid films consisting of a nanoparticle polymer complex，carbon nanotubes，and vinyl polymer. Advanced Materials，2015，27（13）：2246-2251.

[54] Menon A K，Wolfe R M W，Marder S R，et al. Systematic power factor enhancement in n-type NiETT/PVDF composite films. Advanced Functional Materials，2018，28（29）：1801620.

[55] Guo L，Dai J，Bian G Q，et al. Coordination assembling of nickel tetrathiooxalate on surface of CdS nanocrystals. Inorganic Chemistry Communications，2003，6（10）：1323-1325.

[56] Jiao F，Di C A，Sun Y，et al. Inkjet-printed flexible organic thin-film thermoelectric devices based on p-and n-type poly（metal 1, 1, 2, 2-ethenetetrathiolate）s/polymer composites through ball-milling. Philosophical Transactions of The Royal Society A-Mathematical Physical and Engineering Sciences，2014，372（2013）：20130008.

[57] Dirk C W，Bousseau M，Barrett P H，et al. Metal poly（benzodithiolenes）. Macromolecules，1986，19: 266-269.

[58] Matsuoka R，Sakamoto R，Kambe T，et al. Ordered alignment of a one-dimensional π-conjugated nickel bis（dithiolene）complex polymer produced via interfacial reactions. Chemical Communications，2014，50（60）：8137-8139.

[59] Downes C A，Marinescu S C. One dimensional metal dithiolene（M = Ni，Fe，Zn）coordination polymers for the hydrogen evolution reaction. Dalton Transactions，2016，45（48）：19311-19321.

[60] Downes C A，Marinescu S C. Understanding variability in the hydrogen evolution activity of a cobalt anthracenetetrathiolate coordination polymer. ACS Catalysis，2017，7（12）：8605-8612.

[61] Hu C，Ma Q，Hung S F，et al. *In situ* electrochemical production of ultrathin nickel nanosheets for hydrogen evolution electrocatalysis. Chem，2017，3（1）：122-133.

[62] Pal T，Kambe T，Kusamoto T，et al. Interfacial synthesis of electrically conducting palladium bis（dithiolene）complex nanosheet. ChemPlusChem，2015，80（8）：1255-1258.

[63] Cui J，Xu Z. An electroactive porous network from covalent metal-dithiolene links. Chemical Communications，2014，50（30）：3986-3988.

[64] Campbell M G，Liu S F，Swager T M，et al. Chemiresistive sensor arrays from conductive 2D metal-organic frameworks. Journal of the American Chemical Society，2015，137（43）：13780-13783.

[65] Clough A J，Yoo J W，Mecklenburg M H，et al. Two-dimensional metal-organic surfaces for efficient hydrogen evolution from water. Journal of the American Chemical Society，2015，137（1）：118-121.

[66] Silveira O J，Chacham H. Electronic and spin-orbit properties of the kagome MOF family M_3(1, 2, 5, 6, 9, 10-triphenylenehexathiol)$_2$（M = Ni，Pt，Cu and Au）. Journal of Physics-Condensed Matter，2017，29（9）：09LT01.

[67] Clough A J，Skelton J M，Downes C A，et al. Metallic conductivity in a two-dimensional cobalt dithiolene metal-organic framework. Journal of the American Chemical Society，2017，139（31）：10863-10867.

[68] Xiao B B，Liu H Y，Jiang X B，et al. A bifunctional two dimensional $TM_3(HHTP)_2$ monolayer and its variations for oxygen electrode reactions. RSC Advances，2017，7（86）：54332-54340.

[69] Vogt T，Faulmann C，Soules R，et al. A LAXS（large angle X-ray scattering）and EXAFS（extended X-ray absorption fine structure）investigation of conductive amorphous nickel tetrathiolato polymers. Journal of the American Chemical Society，1988，（110）：1833-1840.

[70] Wu Y，Chen Y，Tang M，et al. A highly conductive conjugated coordination polymer for fast-charge sodium-ion batteries：reconsidering its structures. Chemical Communications，2019，55（73）：10856-10859.

[71] Clark R A，Varma K S，Underhill A E. Preparation and properties of a series of conducting metal complexes based on 2, 3-dithiolatoquinoxaline，2, 3, 5, 6-tetrathiolatopyrazine and 2, 3, 7, 8-tetrathiolatobis[1, 4]dithiino-[2, 3-*b*：2′, 3′-*e*]pyrazine. Synthetic Metals，1988，25（3）：227-234.

[72] Alvarez S，Vicente R，Hoffmann R. Dimerization and stacking in transition-metal bisdithiolenes and tetrathiolates. Journal of the American Chemical Society，1985，107：6253-6277.

[73] Downes C A，Marinescu S C. Efficient electrochemical and photoelectrochemical H_2 production from water by a cobalt dithiolene one-dimensional metal-organic surface. Journal of the American Chemical Society，2015，137（43）：13740-13743.

[74] McNamara W R，Han Z，Alperin P J，et al. A cobalt-dithiolene complex for the photocatalytic and electrocatalytic reduction of protons. Journal of the American Chemical Society，2011，133（39）：15368-15371.

[75] McNamara W R，Han Z，Yin C J，et al. Cobalt-dithiolene complexes for the photocatalytic and electrocatalytic reduction of protons in aqueous solutions. Proceedings of The National Academy of Sciences of The United States of America，2012，109（39）：15594-15599.

[76] Huang X，Sheng P，Tu Z，et al. A two-dimensional π-d conjugated coordination polymer with extremely high electrical conductivity and ambipolar transport behaviour. Nature Communications，2015，6：7408.

[77] Rang J I，Negru B，Van Duyne R P，et al. A 2D semiquinone radical-containing microporous magnet with solvent-induced switching from T_c = 26 to 80 K. Journal of the American Chemical Society，2015，137（50）：15699-15702.

[78] Ziebel M E，Darago L E，Long J R. Control of electronic structure and conductivity in two-dimensional

metal-semiquinoid frameworks of titanium, vanadium, and chromium. Journal of the American Chemical Society, 2018, 140（8）: 3040-3051.

[79] Liu L, Harris T D. A structurally-characterized zinc 2, 5-diiminobenzoquinoid chain compound. Inorganica Chimica Acta, 2017, 460: 108-113.

[80] Degayner J A, Wang K, Harris T D. A ferric semiquinoid single-chain magnet via thermally-switchable metal-ligand electron transfer. Journal of the American Chemical Society, 2018, 140（21）: 6550-6553.

[81] Morikawa S, Yamada T, Kitagawa H. Crystal structure and proton conductivity of a one-dimensional coordination polymer, {Mn(DHBQ)(H_2O)$_2$}. Chemistry Letters, 2009, 38（7）: 654-655.

[82] Nielson K V, Zhang L, Zhang Q, et al. A strategic high yield synthesis of 2, 5-dihydroxy-1, 4-benzoquinone based MOFs. Inorganic Chemistry, 2019, 58（16）: 10756-10760.

[83] Park J, Hinckley A C, Huang Z, et al. Synthetic routes for a 2D semiconductive copper hexahydroxybenzene metal-organic framework. Journal of the American Chemical Society, 2018, 140（44）: 14533-14537.

[84] Downes C A, Marinescu S C. Bioinspired metal selenolate polymers with tunable mechanistic pathways for efficient H_2 evolution. ACS Catalysis, 2016, 7（1）: 848-854.

[85] Kim O K, Tsai T E, Yoon T H, et al. Electrical conductivity of ladder-type polymeric transition-metal complexes derived from 2, 5-diamino-1, 4-benzenedithiol. Synthetic Metals, 1993, 59（1）: 59-70.

[86] Sun X, Wu K H, Sakamoto R, et al. Bis（aminothiolato）nickel nanosheet as a redox switch for conductivity and an electrocatalyst for the hydrogen evolution reaction. Chemical Science, 2017, 8（12）: 8078-8085.

[87] Kambe T, Sakamoto R, Hoshiko K, et al. π-Conjugated nickel bis（dithiolene）complex nanosheet. Journal of the American Chemical Society, 2013, 135（7）: 2462-2465.

[88] Ko M, Mendecki L, Mirica K A. Conductive two-dimensional metal-organic frameworks as multifunctional materials. Chemical Communications, 2018, 54（57）: 7873-7891.

[89] Dong R, Zhang T, Feng X. Interface-assisted synthesis of 2D materials: trend and challenges. Chemical Reviews, 2018, 118（13）: 6189-6235.

[90] Braslau A, Deutsch M, Pershan P S, et al. Surface roughness of water measured by X-ray reflectivity. Physical Review Letters, 1985, 54（2）: 114-117.

[91] Sakamoto J, Van H J, Lukin O, et al. Two-dimensional polymers: just a dream of synthetic chemists? Angewandte Chemie International Edition, 2009, 48（6）: 1030-1069.

[92] Takamoto D Y, Aydil E, Zasadzinski J A, et al. Stable ordering in langmuir-blodgett films. Science, 2001, 293（5533）: 1292-1295.

[93] Hoshiko K, Kambe T, Sakamoto R, et al. Fabrication of dense and multilayered films of a nickel bis（dithiolene）nanosheet by means of the Langmuir-Schäfer method. Chemistry Letters, 2014, 43（2）: 252-253.

[94] Dai W, Shao F, Szczerbinski J, et al. Synthesis of a two-dimensional covalent organic monolayer through dynamic imine chemistry at the air/water interface. Angewandte Chemie International Edition, 2016, 55（1）: 213-217.

[95] Pfeffermann M, Dong R, Graf R, et al. Free-standing monolayer two-dimensional supramolecular organic framework with good internal order. Journal of the American Chemical Society, 2015, 137（45）: 14525-14532.

[96] Asano H, Sakura N, Oshima K, et al. Development of ethenetetrathiolate hybrid thermoelectric materials consisting of cellulose acetate and semiconductor nanomaterials. Japanese Journal of Applied Physics, 2016, 55: 02BB02.

[97] Oshima K, Asano H, Shiraishi Y, et al. Dispersion of carbon nanotubes by poly（Ni-ethenetetrathiolate）for organic thermoelectric hybrid materials. Japanese Journal of Applied Physics, 2016, 55: 02BB07.

[98] Orrill M，LeBlanc S. Metallo-organic n-type thermoelectrics：emphasizing advances in nickel-ethenetetrathiolates. Journal of Applied Polymer Science，2017，134（3）：44402-44410.

[99] Sun L，Liao B，Sheberla D，et al. A microporous and naturally nanostructured thermoelectric metal-organic framework with ultralow thermal conductivity. Joule，2017，1（1）：168-177.

[100] Li W，Sun L，Qi J，et al. High temperature ferromagnetism in π-conjugated two-dimensional metal-organic frameworks. Chemical Science，2017，8（4）：2859-2867.

[101] Kambe T，Sakamoto R，Kusamoto T，et al. Redox control and high conductivity of nickel bis（dithiolene）complex π-nanosheet：a potential organic two-dimensional topological insulator. Journal of the American Chemical Society，2014，136（41）：14357-14360.

[102] Dong R，Zheng Z，Tranca D C，et al. Immobilizing molecular metal dithiolene-diamine complexes on 2D metal-organic frameworks for electrocatalytic H_2 production. Chemistry-A European Journal，2017，23（10）：2255-2260.

[103] Miner E M，Fukushima T，Sheberla D，et al. Electrochemical oxygen reduction catalysed by Ni_3(hexaiminotriphenylene)$_2$. Nature Communications，2016，7：10942.

[104] Chen Y，Tang M，Wu Y，et al. A one-dimensional π-d conjugated coordination polymer for sodium storage with catalytic activity in negishi coupling. Angewandte Chemie International Edition，2019，58（41）：14731-14739.

[105] Li Y L，Zhou J J，Wu M K，et al. Hierarchical two-dimensional conductive metal-organic framework/layered double hydroxide nanoarray for a high-performance supercapacitor. Inorganic Chemistry，2018，57（11）：6202-6205.

[106] Zhu W，Zhang C，Li Q，et al. Selective reduction of CO_2 by conductive MOF nanosheets as an efficient co-catalyst under visible light illumination. Applied Catalysis B：Environmental，2018，238：339-345.

[107] Smith M K，Mirica K A. Self-organized frameworks on textiles（SOFT）：conductive fabrics for simultaneous sensing，capture，and filtration of gases. Journal of the American Chemical Society，2017，139（46）：16759-16767.

[108] Smith M K，Jensen K E，Pivak P A，et al. Direct self-assembly of conductive nanorods of metal-organic frameworks into chemiresistive devices on shrinkable polymer films. Chemistry of Materials，2016，28（15）：5264-5268.

[109] Silveira O J，Alexandre S S，Chacham H. Electron states of 2D metal-organic and covalent-organic honeycomb frameworks：*ab initio* results and a general fitting hamiltonian. The Journal of Physical Chemistry C，2016，120（35）：19796-19803.

[110] Wang F，Su N，Liu F. Prediction of a two-dimensional organic topological insulator. Nano Letters，2013，13（6）：2842-2845.

[111] Zhao M，Wang A，Zhang X. Half-metallicity of a kagome spin lattice：the case of a manganese bis-dithiolene monolayer. Nanoscale，2013，5（21）：10404-10408.

[112] Liu J，Sun Q. Enhanced ferromagnetism in a $Mn_3C_{12}N_{12}H_{12}$ sheet. ChemPhysChem，2015，16（3）：614-620.

[113] Mortazavi B，Shahrokhi M，Makaremi M，et al. First-principles investigation of Ag-，Co-，Cr-，Cu-，Fe-，Mn-，Ni-，Pd-and Rh-hexaaminobenzene 2D metal-organic frameworks. Materials Today Energy，2018，10：336-342.

[114] Fan K，Zhang C，Chen Y，et al. The chemical states of conjugated coordination polymers. Chemistry，2020，7（5）：1224-1243.

[115] Li R，Hu J，Deng M，et al. Integration of an inorganic semiconductor with a metal-organic framework：a platform for enhanced gaseous photocatalytic reactions. Advanced Materials，2014，26（28）：4783-4788.

[116] Qin J，Wang S，Wang X. Visible-light reduction CO_2 with dodecahedral zeolitic imidazolate framework ZIF-67 as an efficient co-catalyst. Applied Catalysis B：Environmental，2017，209：476-482.

[117] He Y，Spataru C D，Leonard F，et al. Two-dimensional metal-organic frameworks with high thermoelectric efficiency through metal ion selection. Physical Chemistry Chemical Physics，2017，19（29）：19461-19467.

[118] Poudel B，Hao Q，Ma Y，et al. High-thermoelectric performance of nanostructured bismuth antimony telluride bulk alloys. Science，2008，320（5876）：634-638.

[119] Eisenberg R，Gray H B. Noninnocence in metal complexes：a dithiolene dawn. Inorganic Chemistry，2011，50（20）：9741-9751.

第8章

低维分子材料发光和光探测器件

8.1 概述

本章主要介绍低维分子材料电致发光和光探测器件领域的基本概念知识、器件结构、主要活性层材料和性能优化策略。

有机电致发光器件是在电场作用下将注入载流子转换为光发射的光电子学器件，它按照器件构型可分为有机发光二极管（organic light-emitting diode，OLED）和有机发光晶体管（organic light-emitting transistor，OLET），其中有机发光二极管已经实现了成熟的产业化应用，基于其制备的有源矩阵有机发光二极管（AMOLED）显示器被广泛用于手机、电脑、电视和可穿戴设备等日用消费电子产品，并且其所占的市场份额正在不断提高。有机发光二极管发展到今天已经经过数十年，其基本概念、器件结构、主要功能材料以及器件表征方法都有了较为明确的认知。有机发光晶体管是近年来新兴的光电转化器件，其结合了有机晶体管和发光二极管器件结构，有利于简化未来显示电路的像素单元，而且利用栅极对载流子的调控作用可以进一步调控发光性能，实现新颖的光电物理现象，这些应用前景激发了科研人员对此领域的不断关注，但总体来说，该领域还处于初始阶段，需要进一步的研究和探索。

相对于将电信号转化为光信号的发光器件，光探测器件的工作机理是将光信号转化为电信号，依据光电效应，有机半导体可以吸收能量大于分子带隙的光子进而产生激子，即电子-空穴对，通过外界电场作用将电子-空穴对进行分离，并在传输后在电极处收集，即可产生光电流，实现光探测性能。有机光探测器件在电子工业中相当于人的眼睛，广泛应用于射线测量和探测、工业自动控制、光度计量、通信、成像和遥感等诸多方面。有机光探测器件按器件结构同样可分为有机光电二极管（organic photodiode，OPD）和有机光电晶体管（organic phototransistor，OPT），两种结构的器件到目前都得到了充分的发展。在未来，进一步提高器件性能和发展柔性电子产品是该领域的发展方向。

总之，低维分子材料发光器件和光探测器件是基于光电信号之间的相互转化和利用，下面分别做详细介绍。

8.2 低维分子材料发光器件

8.2.1 工作机理

有机发光二极管（OLED）是电荷注入型发光器件，载流子在外界电场驱动下通过电极注入到有机层中，空穴从阳极注入，电子从阴极注入，经过传输过程，其部分空穴和电子在发光层中相遇，由于库仑力作用复合形成激子，因为激子处于不稳定的高能级状态，其中部分激子通过辐射跃迁返回基态，便产生了电致发光现象，其中需要关注的过程包括：载流子注入、载流子传输、载流子复合形成激子、激子的扩散和迁移、激子的衰减（图 8-1）[1]。

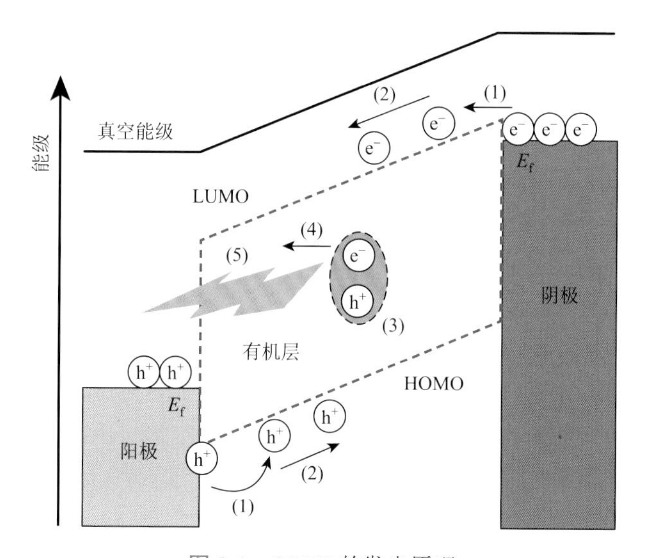

图 8-1　OLED 的发光原理

1. 载流子注入

在 OLED 器件中，空穴由阳极注入到分子材料中的 HOMO 能级，电子由阴极注入到分子材料中的 LUMO 能级。电极和有机层界面之间接触存在两种情况：肖特基接触和欧姆接触，OLED 为了减小界面之间肖特基势垒，提高载流子注入效率，首要方法是选择与相邻有机层的功函数匹配的电极材料，即选择高功函数的阳极材料和低功函数的阴极材料。描述载流子从电极注入有机层的方式，主要有肖特基热电子发射和量子力学隧穿注入两种模型[2, 3]。

2. 载流子传输

当载流子从电极注入之后，在有机层中发生传输过程。应用于 OLED 器件的分子材料通常迁移率较低（10^{-8}～10^{-2} 数量级），尤其是电子传输层，对于有机材料，电子迁移率通常比空穴迁移率低几个数量级，而且应用于 OLED 器件中的有机层通常采用无定形薄膜。因此，在 OLED 器件中电子和空穴在有机层中主要以跳跃（hopping）机制传输，该机制通常遵循空间电荷限制电流（space-charge-limited current，SCLC）模型[4]。

3. 载流子复合形成激子

在 OLED 器件中，空穴和电子经过在有机材料中的传输，在发光区域相遇，由于库仑力作用形成激子，OLED 器件中的激子有多种存在方式，包括受激分子、不同分子之间形成的电荷转移激子，以及相同分子之间形成的激基缔合物。根据自旋统计理论规则，载流子复合后产生的单线态和三线态激子比例为 1∶3。因此，基于荧光和磷光材料的 OLED 最大内量子效率分别为 25%和 100%，高效利用三线态激子是 OLED 器件一直以来的发展方向。OLED 器件中载流子复合形成激子受多种因素限制，包括空穴和电子在有机材料中的传输速度、器件中有机材料的能级分布，以及所使用的器件结构等。

4. 激子的扩散和迁移

当载流子复合产生激子后，并不是立即发生衰减过程，而是会发生一定程度的扩散和迁移，但是猝灭中心或者阴极猝灭，会对激子的扩散和迁移造成不利影响。单线态激子寿命较短，一般为 1～10ns 量级，扩散距离一般小于 20nm[5]，而三线态激子具有较长的寿命，一般为毫秒量级，扩散距离可以达到 100nm 左右[6]。

5. 激子的衰减

激子处于不稳定的高能级状态，激子能量主要以如下途径发生衰减：①振动弛豫、热效应等方式；②内转换、系间穿越等途径；③辐射跃迁，当激子以辐射跃迁方式返回基态时，便产生电致发光现象。

有机发光晶体管（OLET）的发光过程同样经历上述五种典型过程，不同于有机发光二极管的垂直型器件结构，有机发光晶体管与典型的有机场效应晶体管器件结构相同，如图 8-2 所示，电子和空穴载流子分别在平面内从源极和漏极注入到有机活性层中，经过传输过程在沟道内部相遇复合形成激子，之后激子辐射跃迁产生电致发光现象，额外的栅极调控使器件可以改变发光强度和发光位置。

有机发光晶体管因其独特的结构具有一些潜在的优势，例如，它的发光位置可以控制在沟道区域，从而避免了电极对发光的猝灭，有利于提高外量子效率。此外，有机发光晶体管因同时集成 OLED 的发光能力和 OFET 的开关功能，有望用于下一代显示器像素单元，简化现有显示屏的电路设计，或者用于电泵浦激光器件，利用栅极调控实现光信号放大功能。并且，有机发光晶体管也是一种理想的器件构型，可用于研究有机半导体中载流子注入、电荷传输、载流子复合和电致发光等基础物理问题[7, 8]。

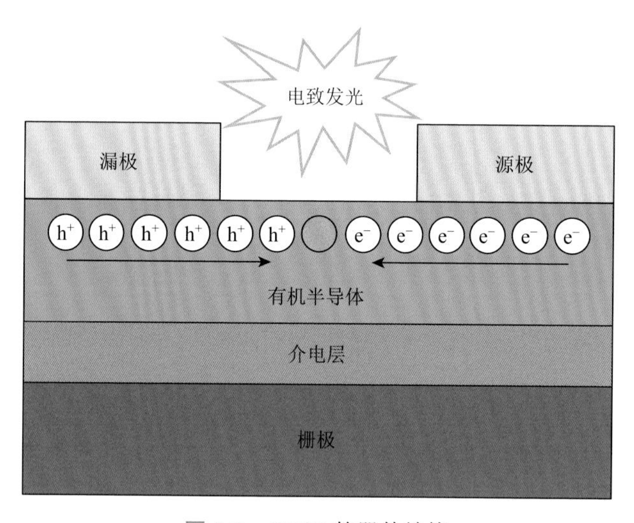

图 8-2　OLET 的器件结构

8.2.2　主要参数

用于有机发光器件性能表征的参数主要有如下几个。

1. 发光效率

发光效率是用于衡量发光器件的发光能力的参数，它主要有三种表现形式：量子效率、电流效率和光功率效率。

量子效率分为内量子效率（IQE）和外量子效率（EQE），内量子效率是指器件内产生的总光子数与注入的电子-空穴对数目的比值，外量子效率是指器件发射出来的总光子数与注入的电子-空穴对数目的比值。内量子效率和外量子效率可以由下列公式表达：

$$\mathrm{EQE} = \eta_e \mathrm{IQE} \tag{8-1}$$

其中，η_e 为光耦合输出效率，意味着器件内部产生的光辐射有 η_e 部分可以从器件中发射出来。

电流效率（η_c）是指器件发光强度与流经器件的电流强度的比值，单位为 cd/A，公式表示为

$$\eta_c = E/I = AL/I \tag{8-2}$$

其中，E 为器件的发光强度；A 为器件的发光面积；L 为器件的发光亮度；I 为流经器件的电流值。器件电流由载流子的注入和传输共同组成，器件电流对 OLED 器件起到至关重要的作用，提高器件电流意味着有效降低 OLED 的驱动电压，有利于减小实际操作中的器件功耗，延长发光器件使用寿命。因此，器件工作电流是优化 OLED 重点关注的性能指标之一。

光功率效率（η_p）是指器件输出光功率与输入电功率的比值，单位为 lm/W，η_p 用如下公式表示：

$$\eta_p = \pi LA/IV \tag{8-3}$$

其中，L 为器件发光亮度；A 为器件发光面积；I 为流经器件的电流值；V 为施加于器件两端的驱动电压。η_p 是用来评价器件电能损耗的一个重要参数。

2. 开启电压

开启电压是指器件发光亮度为 1cd/m^2 时对应的电压。开启电压与载流子从电极注入的能力有关，空穴注入由阳极和分子材料 HOMO 能级之间的势垒决定，电子注入由阴极与分子材料 LUMO 能级之间的势垒决定，良好的能级匹配利于提高注入效率，获得较小的开启电压。

3. 电致发光谱

电致发光谱（EL 谱）是指发光器件的发光光谱，电致发光谱的发射峰位可以体现发光器件的发光颜色，半峰宽可以体现发光颜色的纯度。

4. 色度坐标

色度坐标用来标定器件的发光颜色，目前普遍使用的是 1931 年国际照明委员会制定的 CIE 色度坐标，如图 8-3 所示。对于某一颜色，通过 CIE 坐标转换将会对应色度图中的某一点，这样，人们对颜色的描述得以量化。其中，NTSC（National Television System Committee）规定：标准红色色坐标为（0.67，0.33），标准绿色色坐标为（0.21，0.71），标准蓝色色坐标为（0.14，0.08），标准白色色坐标为（0.33，0.33）。

对于照明光源，还存在相关色温和显色指数的概念。相关色温与黑体温度有关，加热标准黑体，其颜色经历从红、橙红、黄、黄白、白到蓝白的过程，当光源的辐射能量分布与标准黑体在某一温度下的辐射能量分布相同或接近时，这一

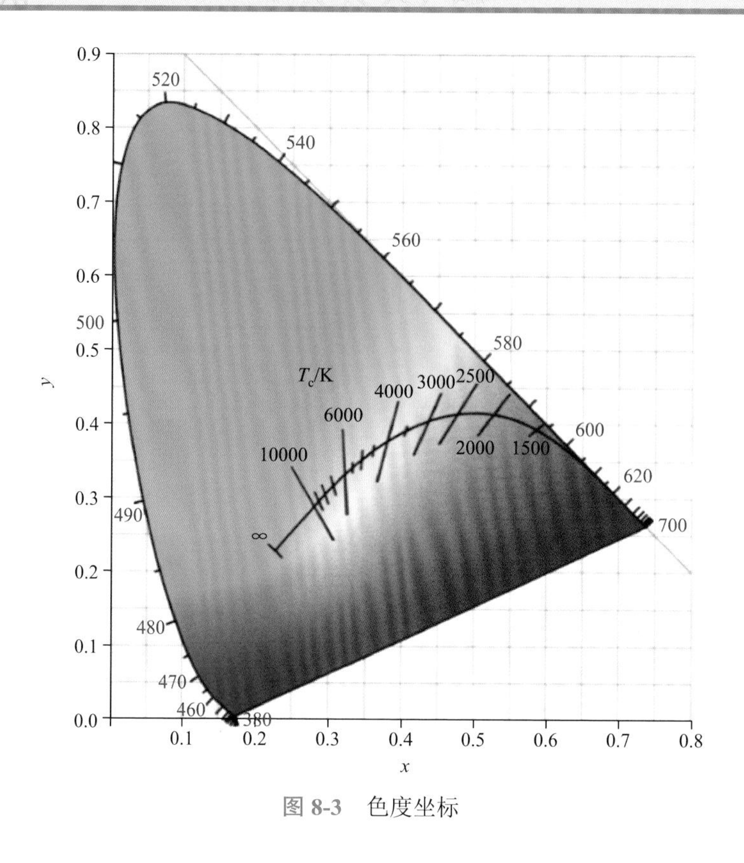

图 8-3 色度坐标

温度称为该光源的相关色温。显色指数用于反映光源对物体的显色能力，显色指数越高代表还原物体本身颜色的能力越强，5500K 白光的显色指数是 100。

5. 器件寿命

器件寿命是指在恒定电流驱动下，器件发光亮度降低到初始亮度一半时所需要的时间。器件寿命会受到器件封装质量、发光亮度、器件电流以及驱动电压等因素的影响，它是实现产业化应用的关键性能指标之一。

以上是常见于表征发光器件的关键参数，对于有机发光晶体管，因其兼具 OFET 的基本功能，所以还需要考虑晶体管领域的常见参数，如载流子迁移率、电流开关比、阈值电压和亚阈值斜率等。

8.2.3 低维分子材料发光二极管

有机分子材料的电致发光现象最早发现于 20 世纪 60 年代，1963 年 M. Pope 等在 10～20μm 厚度的蒽单晶两端构筑电极，通过施加 400V 电压，发现了电致发光现象[9]。但是当时制备的器件的发光效率和发光寿命都很低，并没有引起人们的关注。真正将有机发光二极管器件推向大众的视野是始于1987年，美国柯达公司的邓青云等发展了基于双层有机薄膜结构的电致发光器件，他们使用 Alq_3 作为电子传输层，三芳胺作为空穴传输层，结合透明导电薄膜ITO作为阳极，Mg/Ag合金作为阴极，制备了首个具有高发光效率的有机电致发光二极管[10]。之后，1990年R. H. Friend等使用聚合物PPV作为发光材料，构筑了基于单层聚合物的电致发光器件，该器件展现了高效率的黄绿色发光，为高分子材料在电致发光领域的应用打开了大门[11]。至此，引发了全世界对有机电致发光器件的研究热潮。下面简要介绍关于这一领域的一些重大进展。

1992年，美国加利福尼亚大学圣塔芭芭拉分校的A. L. Heeger等首次在塑料基底PET上制备了有机发光二极管器件，拉开了柔性显示技术的研究序幕[12]。1994年，日本山形大学的J. Kido等使用掺杂型的主客体体系，通过将荧光掺杂分子加入到聚合物发光主体材料中，构筑了首个白色发光器件，成功展示了有机发光二极管器件在固态照明领域的发展潜力[13]。在早期的研究工作中，使用的都是荧光材料，基于这类材料制备的发光器件的内量子效率有着天生的内在局限，不可能突破25%，因为载流子在有机层中复合产生的激子中单线态和三线态比例为1∶3，根据自旋统计理论规则，在荧光材料中75%的三线态激子不能被利用，只有25%的单线态激子能够参与发光。为了提高激子利用效率，1998年，美国普林斯顿大学的S. R. Forrest等将有机磷光材料引入电致发光器件，磷光材料能够突破自旋统计理论规则利用三线态激子发光，这样器件的内量子效率原则上可达100%，这为实现高效率的有机电致发光器件打下了夯实的理论基础[14]。但是，磷光材料通常含有铱、铂等贵金属，通过引入重原子效应实现三线态激子的利用，而这些贵金属具有资源有限、造价高昂等缺点，限制了磷光材料的发展。2012年，日本九州大学的Adachi课题组报道了利用三线态激子实现高效发光的又一策略热活性延迟荧光（thermal activity delayed fluorescence，TADF）[15]，通过分子设计使单线态和三线态能级十分接近，在热作用下三线态激子发生反系间穿越返回单线态产生延迟荧光，这一策略同样可以使发光器件的理论内量子效率达到100%，为发展高效率、低成本的有机电致发光器件提供了新的思路。

有机发光二极管器件的应用前景目前主要有全彩显示和固态照明两个方向[16-20]，目前有源矩阵有机发光二极管（AMOLED）显示器已经实现了成熟的商业化应用，相比传统的液晶显示器展现了诸多的优点，例如，性能上具有自发光、快速响应、低功耗、宽色域、高对比度等优势；结构上不需要液晶层和背光源，有利于降低成本，以及可制备成超薄结构；有机材料可以使用真空蒸镀以及溶液加工法大面积制备，有望极大地降低成本；并且AMOLED可以制备在柔性基底上，实现柔性显示应用[21]，这在消费电子、人机交互、航天、军事、智能可穿戴等领域都有着广阔和光明的前景。固态照明是OLED又一极具前景的应用领域，相比传统的无机 LED 光源，OLED 光源具有轻薄、光源分布均匀、光线柔和、柔性、多彩等优势，并且有望拓展到其他照明技术尚未导入的应用领域[22]。

1. 器件结构

有机发光二极管的结构设计需要考虑的部分有：载流子的注入、载流子的传输、载流子在发光层中复合形成激子、激子辐射发光以及光从器件中的发射等。以上各部分对发光器件都起到至关重要的作用，这也促进了有机发光二极管的器件结构的不断优化（图 8-4）。

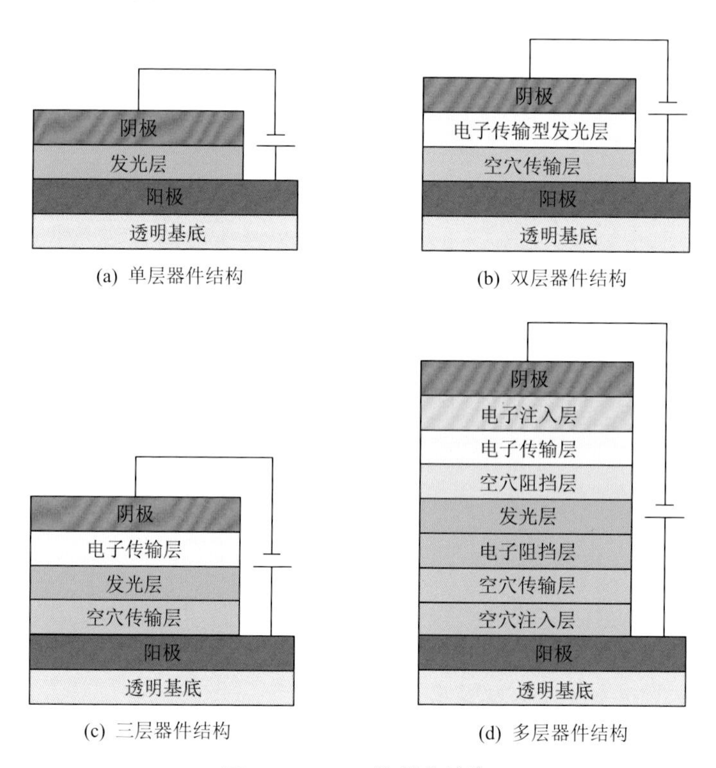

图 8-4 OLED 的器件结构

在早期，研究人员使用单层结构构筑发光器件，即在阳极和阴极之间夹一层发光层［图 8-4（a）］[23, 24]，这种器件结构的优点在于结构简单、易于制备，但是这类器件的性能通常较差，主要原因在于载流子注入、传输和发光对材料有着不同的要求。例如，载流子注入要求阳极和分子的 HUMO 能级接近、阴极和分子的 LUMO 能级接近；发光器件要求高效的、平衡的双极性传输，对于单层材料，很难同时满足空穴和电子的匹配传输，这是因为在分子材料中空穴传输能力通常远大于电子传输能力；而且，在满足上述要求的同时，还需要分子材料具有良好的发光能力。由于以上限制，基于单层器件结构很难获得较好的器件性能。

1987 年，美国柯达公司邓青云等报道了双层器件结构［图 8-4（b）］，通过引入一层额外的有机层来改善器件的载流子双极性平衡传输问题，首次获得了高发光效率的有机电致发光器件[10]。由于分子材料中一般空穴传输能力强，因此一般在双层器件中载流子复合发光区域靠近电子传输层[25, 26]。但是这类结构存在着一些局限，例如，因为发光区域通常靠近电子传输层侧，这就要求电子传输层一侧的材料要具有良好的发光能力，限制了发光材料的选择，而且发光区域离阴极较近，容易导致阴极发光猝灭。

为了进一步提高器件的发光性能，研究人员又开发了三层器件结构［图 8-4（c）］[27-29]，将空穴传输层、发光层和电子传输层分开，这类结构中三个功能层各司其职，空穴传输层和电子传输层负责实现器件载流子的平衡性注入和传输，发光层专注于载流子的复合发光。这类结构不但极大地提高了器件的发光性能，而且实现了发光材料的自由选择，是目前有机发光二极管器件最经常采用的器件结构。

有机发光二极管器件还可以通过结构优化进一步提高器件性能。例如，构筑多层器件，通过引入额外的载流子阻挡层将载流子限制在发光层内发光，以提高有机发光器件的发光效率[30-32]。具体器件构型如图 8-4（d）所示，在空穴传输层一侧加入电子阻挡层，以防止注入电子向空穴传输层扩散；类似地，在电子传输层一侧加入空穴阻挡层，用于防止空穴向电子传输层的扩散。对于空穴阻挡层，一般是通过加入 HUMO 能级比发光层 HUMO 能级更低的材料实现，通过引入空穴传输势垒以阻止空穴的传输；反之，对于电子阻挡层，通过引入 LUMO 能级比发光层 LUMO 能级更高的材料实现。这种器件结构对于基于磷光材料的发光器件具有更为重要的意义，这是因为三线态激子寿命长，具有较长的扩散距离，通过加入激子/载流子阻挡层可以有效改善发光效率。但是，这类器件也存在着一些挑战，一方面，多层器件结构过于复杂，提高了制备成本；另一方面，对于有机发光二极管，获得足够高的电流密度对高效发光至关重要，因为有机材料通常迁移率比较低，所以要求两个电极之间的有机层厚度要相对较薄，多层器件构型为控制电极之间的有机层的厚度也带来了一定的挑战。

除了上述的主要结构应用于有机发光二极管器件中外，还有一些其他的结构在推进着有机发光二极管器件的发展。例如，为了获得更高的发光亮度，可以设计叠层器件，即将两个或多个发光单元通过连接单元串联，实现“低电流、高亮度”的目标[33]；为了实现发光器件在大面积集成之后具有更大的开口率，可以设计顶发射结构发光器件，即通过顶电极实现光的发射，这样可以有效增加器件集成之后的发光面积，实现更好的显示效果[34, 35]。

2. 功能材料

对于有机发光材料的关键要求有以下几点：①分子具有良好的固态荧光量子产率，减少发生固态聚集荧光猝灭，影响发光效率；②具有良好的成膜性，可以通过真空热蒸镀或溶液加工形成高质量的无针孔结构薄膜；③良好的热稳定性和电稳定性，保证有机发光器件的寿命；④分子材料具有良好的载流子传输特性，有利于在低的驱动电压下实现较高的器件电流密度；⑤材料发光光谱具有较窄的半峰宽，保证发光纯度。

分子发光材料的发展是有机发光器件的核心，自从美国柯达公司首次制备了高效的有机发光二极管器件以来，研究人员已经发展出大量的具有高发光效率的有机发光材料。按分子结构划分，有机发光材料可以分为有机小分子化合物和有机聚合物。目前，有机小分子发光材料得到了最为充分的发展，已经实现了成熟的产业化应用，原因主要为有机小分子具有材料选择范围广、结构易于设计、易提纯、可以发出不同颜色的光以及通过真空蒸镀易于制备高质量薄膜和多层结构等优点。有机小分子面临的主要挑战在于小分子玻璃化转变温度低，器件在长时间工作下薄膜容易发生重结晶现象，影响器件的发光性能和使用寿命[36, 37]。有机聚合物发光材料同样得到了研究人员的广泛关注，它的主要优势在于有机聚合物具有良好的溶解性和成膜性，可以采用旋涂、印刷等溶液加工方式实现低成本、大面积的制备，而且有机聚合物具有良好的机械性能，是实现柔性产品制备的首要选择。但是，有机聚合物还有着比较明显的缺点。首先，有机聚合物没有明确的分子结构，不易得到较纯的样品，不同批次之间的性能也会存在差别；其次，有机聚合物因为使用溶液法成膜，不易制备成多层结构，妨碍器件实现平衡的双极性载流子注入和传输。因此，有机聚合物发光器件的整体性能与小分子发光器件性能还有差距。目前，发光性能较好的聚合物体系主要有聚对苯乙烯（PPV）、聚芴及其衍生物、聚咔唑及其衍生物等（图 8-5）[38, 39]。

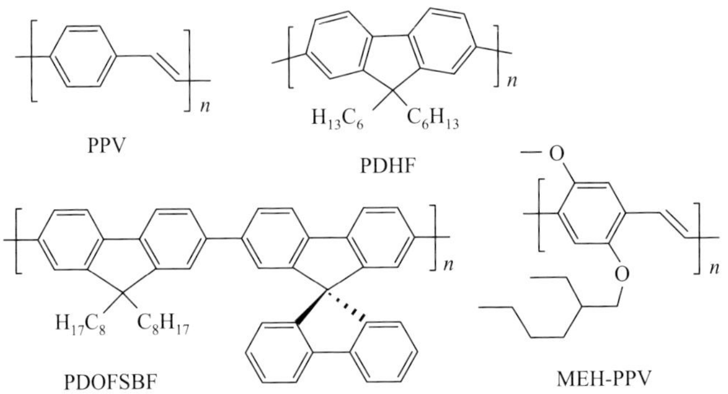

PPV

$H_{13}C_6$ C_6H_{13}

PDHF

$H_{17}C_8$ C_8H_{17}

PDOFSBF

MEH-PPV

图 8-5 典型的有机聚合物发光材料

有机发光材料按发光颜色可分为蓝光材料、绿光材料和红光材料。有机材料在实现蓝光发射上相较于无机材料具有明显优势，有机材料通过结构设计易于实现较宽的带隙，从而实现蓝光发射。最早发现电致发光现象的蒽单晶就属于典型的蓝光材料，但是，蒽材料的缺点为容易结晶，器件在长时间工作下无定形薄膜将会出现重结晶现象，导致器件发光性能下降。之后，研究人员为了改善蒽材料的热稳定性，通过引入螺芴、芳胺等基团制备了一系列蒽的衍生物，并已经展现出了很好的蓝光性能。此外，其他比较经典的蓝色荧光材料体系还有二苯乙烯芳香化合物和一些苝衍生物[40]。蓝色磷光材料在之前的研究中也得到了广泛关注，其中发展最为广泛的是 FIrpic 及其衍生物（图 8-6）[41]。

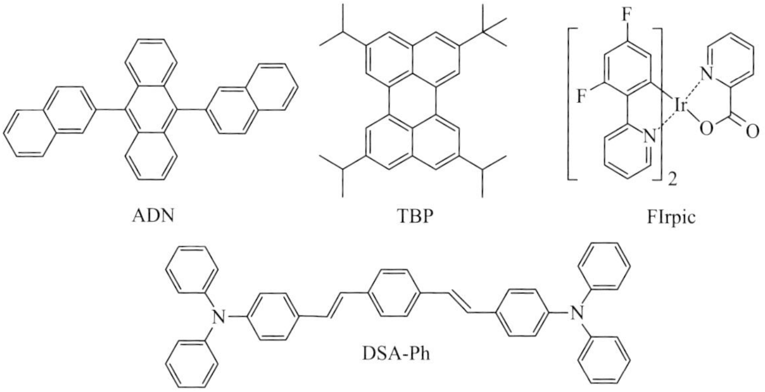

ADN TBP FIrpic

DSA-Ph

图 8-6 典型的蓝光分子材料

有机绿光材料是最早取得成功的有机发光材料，其发光效率和寿命都是目前三基色材料中最好的。Alq_3 是早期发现的明星绿光分子，基于其实现了最早的高效发光器件的构筑。之后，研究人员又相继发展了香豆素和喹吖啶酮等系列具有高发光效率的绿色荧光分子材料[42]。而且，有机绿色磷光材料取得了更为巨大的成功，其中 $Ir(ppy)_3$ 是最具代表性的材料[43]，例如，日本的 J. Kido 研究组通过结构优化，构筑的发光器件效率可以达到 27%（95cd/A）[44]。随后，人们基于 ppy 简单的结构又发展了一系列衍生物，继续提高绿光器件的发光效率和薄膜热稳定性，目前报道比较广泛的有 $Ir(ppy)_2(acac)$和 $Ir(BPPya)_3$ 等（图 8-7）[45, 46]。

有机红光材料是有机发光材料领域的又一难题，这是因为红光材料对应的带隙较窄，容易发生非辐射跃迁而影响发光效率。而且，红光材料一般具有较大的共轭长度，在固态薄膜状态下分子之间具有较强的相互作用，容易发生激子猝灭，所以有机红光器件主要采用主客体发光体系，即把少量的红光客体材料掺杂到主体材料中。目前，有机红色磷光材料得到了更好的发展，最早发展的有机磷光器件使用的分子 PtOEP 就是典型的红光分子[14]，但是人们发现该体系

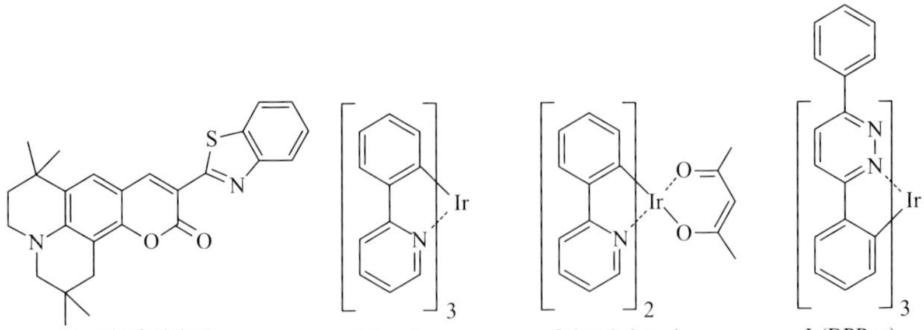

香豆素系列分子　Ir(ppy)$_3$　Ir(ppy)$_2$(acac)　Ir(BPPya)$_3$

图 8-7　典型的绿光分子材料

有严重的三线态-三线态猝灭效应，即当器件电流密度升高到一定程度时发光效率发生明显的衰减，通过研究发现磷光寿命与该现象有着密切的关系，寿命越长，猝灭现象就越明显，因此，人们之后将重点放在开发短寿命的磷光材料上。金属铱配位的磷光材料通常具有较短的磷光寿命，所以基于其制备的红色磷光材料得到了很好的发展。2001 年，S. R. Forrest 等发展了 Btp$_2$Ir(acac)，其发光效率得到了很大的提高，色坐标位置在（0.68，0.32），属于典型的红光，但是其器件寿命和发光纯度还有待提高[47]。之后，研究人员相继发展了 Ir(piq)$_3$ 和 Ir(piq)$_2$(acac)[48, 49]，都实现了综合性能优异的红光发射器件，配体 piq 也成为红色发光领域的经典配体，后续的许多工作都是对该配体进行优化和继续发展它的相关衍生物（图 8-8）[50]。

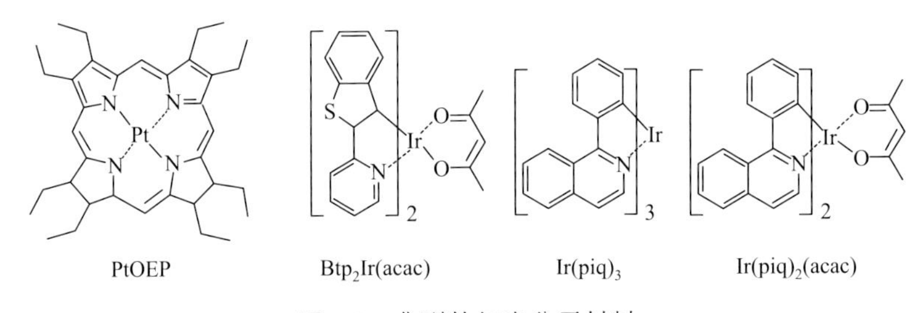

图 8-8　典型的红光分子材料

3. 性能优化策略

发展设计合成性能优良的分子材料：分子材料在要求具有良好电致发光效率的同时，还要求在器件长时间操作下具有良好的热、电稳定性，采用具有较高玻璃化转变温度和分解温度的分子材料，可以避免器件工作中的热作用导致的薄膜重结晶现象。并且根据自旋统计理论规则，传统荧光材料的最大内量子效率只有 25%，设计合成可以利用三线态激子发光的分子材料变得十分关键，其中磷光材料已经得到了很好的发展，但是磷光材料的发光在高浓度下猝灭效应比较严重，所以一般采用主客体掺杂体系作为发光层，而且磷光材料包含贵金属，导致了造价高昂、资源有限等缺点。最近，一些新型的发光机理被提出，如热致延迟荧光（TADF）和杂化局域-电荷转移激发态（HLCT）机理[15, 51-53]，基于这些机理的分子材料避免了磷光材料体系中存在的问题，而且同样大幅度地提高了内量子效率，是设计合成高发光性能分子材料的发展方向。

主客体掺杂体系的发光器件：在发光层主体材料中掺杂高效发光的客体小分子是发光二极管器件的关键进展，极大地推动了发光二极管的性能发展和商业化进程，该策略很好地解决了高浓度固态发光时的激子猝灭问题，使用具有较宽带隙的主体材料，能够使器件中产生的激子得到有效利用。并且，通过调节掺杂多种客体材料的比例可以实现发光颜色的调节，为实现不同颜色的发光器件和白光发射提供了便利。主客体掺杂发光体系的制备要注意主体和客体材料之间的能级匹配以及相分离等问题。

发展基于低维分子晶体的发光二极管：在之前的报道中均是将分子材料制备成无定形薄膜用于发光二极管，但是，相对于无定形薄膜，有机低维分子晶体具有结构长程有序、高化学纯度、高载流子迁移率、高热稳定性和优异的发光特性等特点，因此，将有机低维分子晶体作为功能层引入发光二极管是提高其性能的一种有前景的优化方案。例如，Ding 等基于不同有机晶体作为发光层，成功实现了三基色发光器件的制备[54]。但是鉴于有机单晶器件的制备难度，低维分子晶体在发光二极管中的应用报道还很少，在未来，有必要通过晶体制备工艺的优化和突破来继续开展这一领域的研究。

8.2.4　低维分子材料发光晶体管

1. 低维分子晶体发光晶体管

有机发光晶体管（OLET）因同时结合了场效应晶体管的电荷传输调节能力和发光器件的电致发光能力得到了研究人员的广泛关注。2003 年，Hepp 等基于并四苯多晶薄膜发展了第一个 OLET 器件[55]，该器件采用典型的底栅底接触晶体管结构，在栅压作用下在电极边缘处观察到了发光现象，虽然在当时该器件表现的迁移率和发光性能都很差，但是这种新颖的器件构型和电致发光现象引起了人们极大的研究兴趣。经过研究探索，目前 OLET 的综合性能已经得到了极大的进步和提升[8]，但总体来说，该领域的发展相对于 OFET 和 OLED 领域的发展来说还比较缓慢，主要原因在于 OLET 不仅要求器件具有良好的双极性载流子传输性能，而且要求晶体管电荷传输层具有良好的固态发光性能，这对分子材料选择和器件结构设计都是极大的挑战。众所周知，大多数场效应性能优异的有机分子通常表现为单极性传输特性，主要以 p 型为主。因此，为了获得双极性传输性能，一般需要使用不对称电极制备 OLET 器件，即利用高功函数电极注入空穴载流子，低功函数电极注入电子载流子[7]。基于不对称电极策略，研究人员制备了基于不同的分子材料的 OLET 器件，但是，当前报道的大多数 OLET 器件的载流子迁移率仍然非常低，通常低于 0.1cm^2/(V·s)，尤其是电子迁移率，往往会比空穴迁移率低几个数量级，这就导致常见的 OLET 器件不仅发光强度低，发光区域也得不到调节，通常束缚在电子注入电极附近。此外，还有一些报道使用电学性能特别优异的单极性材料，如红荧烯，通过电极结构设计得到了高效平衡的双极性传输性能，但是该类材料的固态发光效率低，所制备的 OLET 器件表现的 EQE 仍然非常低[56]。因此，使用高迁移率发光分子材料对于实现高性能 OLET 至关重要。图 8-9 中总结了兼具良好的迁移率和发光性能的分子材料[57-62]，目前，基于不对称电极策略，它们中的很多已经被成功用于制备 OLET 器件。接下来，我们重点介绍使用这些材料的低维单晶形态制备的 OLET 的研究进展。

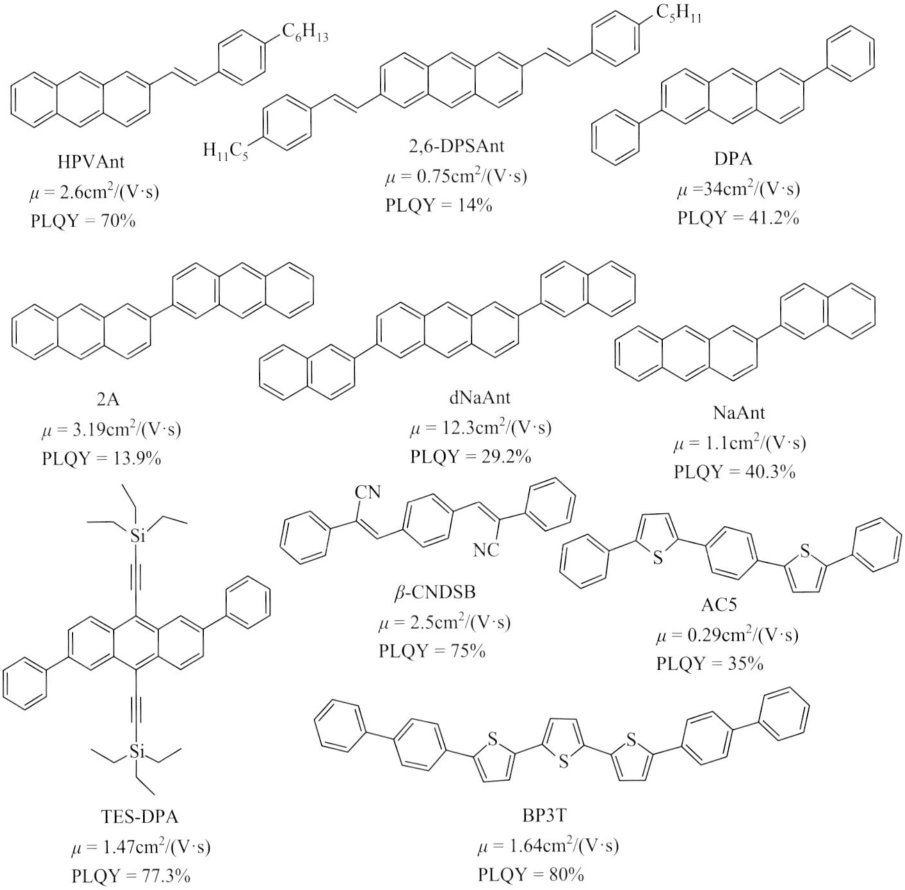

HPVAnt
μ = 2.6cm^2/(V·s)
PLQY = 70%

2,6-DPSAnt
μ = 0.75cm^2/(V·s)
PLQY = 14%

DPA
μ =34cm^2/(V·s)
PLQY = 41.2%

2A
μ = 3.19cm^2/(V·s)
PLQY = 13.9%

dNaAnt
μ = 12.3cm^2/(V·s)
PLQY = 29.2%

NaAnt
μ = 1.1cm^2/(V·s)
PLQY = 40.3%

β-CNDSB
μ = 2.5cm^2/(V·s)
PLQY = 75%

AC5
μ = 0.29cm^2/(V·s)
PLQY = 35%

TES-DPA
μ = 1.47cm^2/(V·s)
PLQY = 77.3%

BP3T
μ = 1.64cm^2/(V·s)
PLQY = 80%

图 8-9 典型的兼具高迁移率和高发光性能的分子材料

低维分子晶体是构筑 OLET 器件的理想功能层，一方面源于晶体相比无定形薄膜具有明显的优势，体现在优异的载流子传输能力、晶界少、缺陷少、良好的热稳定性、高的材料纯度和优异的发光性能等方面；另一方面是已经发展了成熟的基于低维分子晶体的晶体管制备工艺，方便了低维分子晶体在发光晶体管领域的研究[63, 64]。2007 年，Takahashi 等首次报道了基于有机分子单晶的 OLET 器件，他们使用并四苯单晶作为活性功能层，分别使用 Au 和 Mg 作为空穴和电子注入电极以实现双极性传输特性，得到的空穴和电子迁移率分别为 $0.16cm^2/(V·s)$和 $3.6\times10^{-2}cm^2/(V·s)$，沟道区域发出绿光，并且通过改变栅压实现了发光位置在源、漏极之间的调控[65]。同一年，Sakanoue 等制备了基于 BSBP 分子的单晶 OLET 器件，该器件使用不对称 Au 和 Al 电极用于获得双极性传输能力，得到的空穴和电子迁移率分别为 $1.5\times10^{-3}cm^2/(V·s)$和 $2.5\times10^{-5}cm^2/(V·s)$，整体表现出的双极性迁移率性能还非常低[66]。2010 年，Yomogida 等制备了二维片状 AC5 单晶，其固态荧光量子产率（PLQY）达到 35%，通过使用 Au 和 Ca 作为不对称电极制备的 OLET 迁移率性能表现为：空穴迁移率为 $0.29cm^2/(V·s)$和电子迁移率为 $6.7\times10^{-3}cm^2/(V·s)$，并且，该器件表现出了独特的晶体边缘发光现象[67]。之后，Deng 等使用聚集诱导发光分子 β-CNDSB 构建了高性能的 OLET 器件，其双极性载流子迁移率都超过 $2cm^2/(V·s)$，远高于之前文献的报道值[68]。由上述可以看出，使用不对称电极是实现低维分子晶体 OLET 双极性传输的关键，但是一般使用的低功函数电子注入电极 Ag、Ca、Mg 和 Al 等属于活泼金属，在空气中容易发生氧化，进而影响了 OLET 器件在空气中的稳定性。针对这一问题，Kanagasekaran 等设计了一种新颖的电极结构，获得了空气中稳定的双极性载流子传输性能，他们使用四十四烷和多晶有机半导体双层结构作为电极修饰层，制备了基于红荧烯单晶的 OLET 器件，基于该电极修饰策略，器件不仅表现出比使用传统不对称电极 Au 和 Ca 更为优异的双极性传输性能，空穴和电子迁移率分别高达 $22cm^2/(V·s)$和 $5.0cm^2/(V·s)$，而且器件表现出了良好的空气稳定性，此外，器件在高栅压 150V 下光发射电流密度达到 $25A/cm^2$[56]。最近，Li 等基于高迁移率发光 dNaAnt 分子晶体制备了高性能的 OLET 器件，dNaAnt 分子的固态荧光量子产率为 29.2%，基于其制备的单极性单晶场效应晶体管器件的迁移率达到 $12.3cm^2/(V·s)$，作者进一步使用不对称电极结构 Au/MoO_3 作为空穴注入电极和 Ga/CsF 作为电子注入电极（图 8-10），制备的 OLET 器件展现了非常平衡的空穴和电子迁移率，分别为 $1.10cm^2/(V·s)$和 $0.87cm^2/(V·s)$，由于器件良好的双极性传输性能，在栅压扫描下器件的发光位置在源、漏极沟道之间实现了可控的移动和调节[69]。

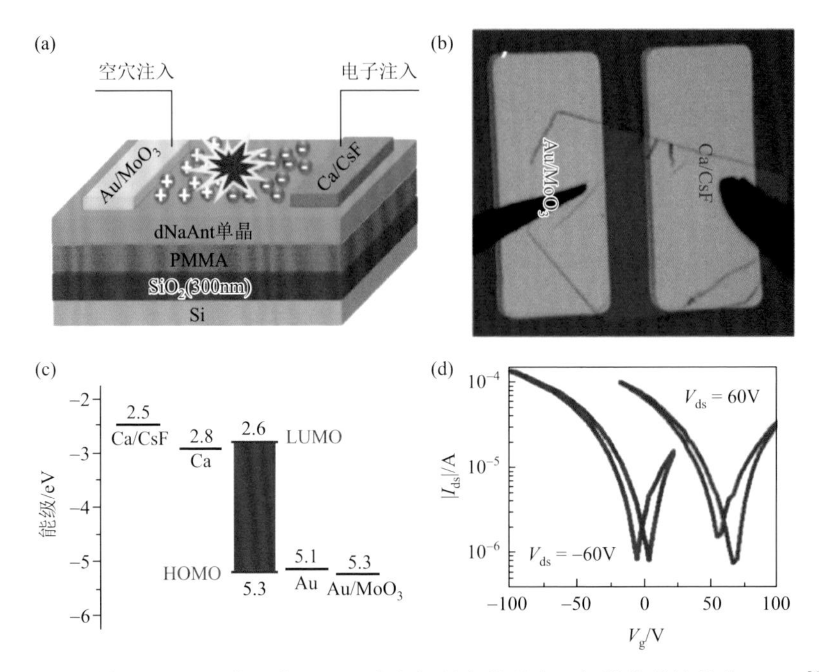

图 8-10 基于 dNaAnt 单晶使用不对称电极制备的具有双极性传输性能的 OLET[69]

2. 发光晶体管的结构优化策略

在发光二极管部分介绍中，我们知道使用单一活性层难以得到优异的发光性能，通过引入辅助功能层改善载流子的平衡性注入和传输对器件具有特别重要的意义，同理可以通过制备多层异质结结构的发光晶体管器件来改善性能[70, 71]。Capelli 等制备了类似于 OLED 结构的三层结构 OLET 器件[72]，如图 8-11 所示，器件同时使用空穴传输材料 DH-4T 和电子传输材料 DFH-4T 分别作为空穴和电子传输层，并将发光材料 Alq_3∶DCM 置于两层之间，该结构实现了空穴传输层、电子传输层和载流子复合发光层的分离。这种结构具有以下优势：①电子和

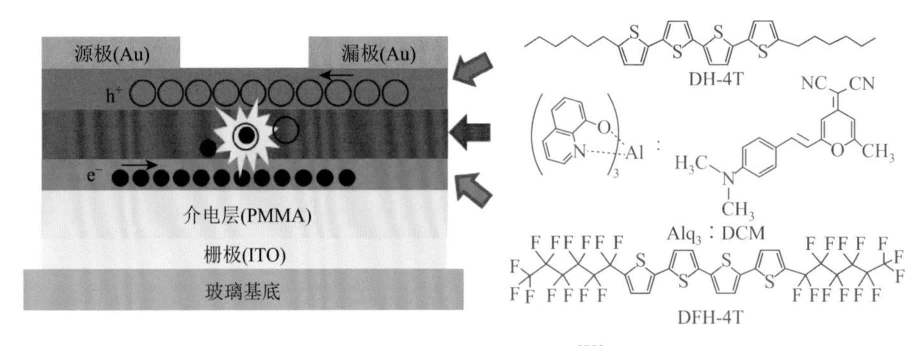

图 8-11 多层结构 OLET[72]

空穴载流子聚集层没有重叠；②OLET 水平器件结构减小了激子和电荷的空间密度，降低了电荷对激子的猝灭；③激子在发光层中形成，远离介电层/半导体界面的缺陷态，减少了其对激子的猝灭；④发光位置在沟道区域，减少了电极对发光的猝灭。基于以上优点，器件展现了高达 5%的 EQE，远高于基于同体系材料制备的 OLED 器件（2.2%）。

除了传统的水平型发光晶体管外，研究人员还发展了垂直型的发光晶体管器件，其结构是将垂直晶体管和发光二极管串联在一起，优点是不仅保留了发光二极管的完整结构和性能优点，而且垂直结构能够在很低的操作电压下就实现足够高的电流密度，因此，垂直发光晶体管具有操作电压低、电流密度大、器件集成密度高和发光面积广等优点。作为一个代表性工作，McCarthy 等报道了一种基于碳纳米管的垂直 OLET 器件（图 8-12），由于该器件保留了发光二极管的结构，因此，他们分别制备得到了红绿蓝三种不同颜色的器件，并且三种器件均实现了在 3V 低栅压下的操作，最高可获得超过 500cd/m^2 的发光亮度。此外，由于碳纳米管具有很好的透光性，器件具有超过 98%的透光性[73]。

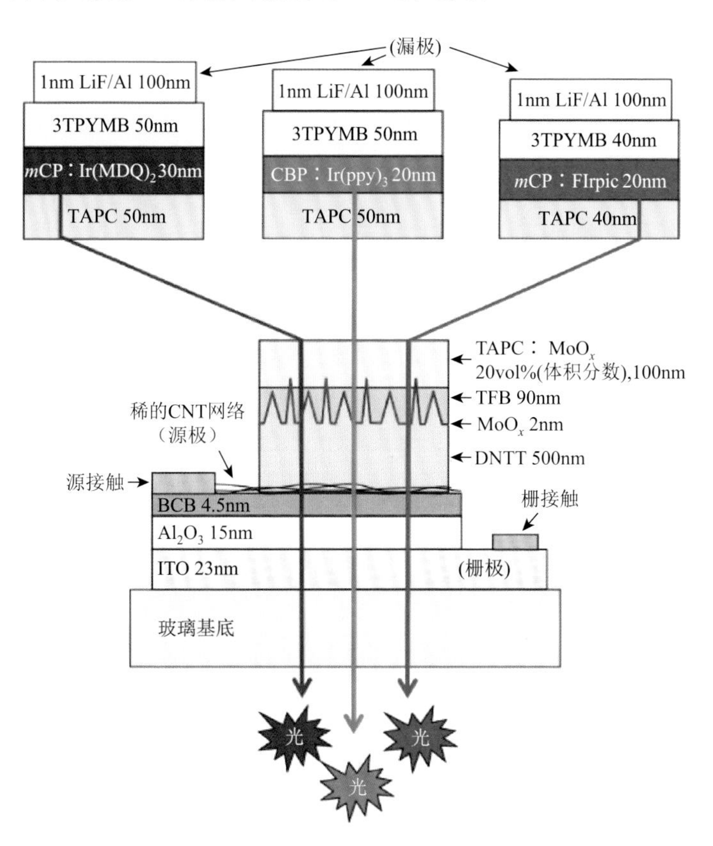

图 8-12　基于碳纳米管制备的垂直 OLET[73]

8.3 低维分子材料光探测器件

8.3.1 工作机理

光探测器件按工作原理主要分为光电二极管［图 8-13（a）］和光电晶体管［图 8-13（b）］。

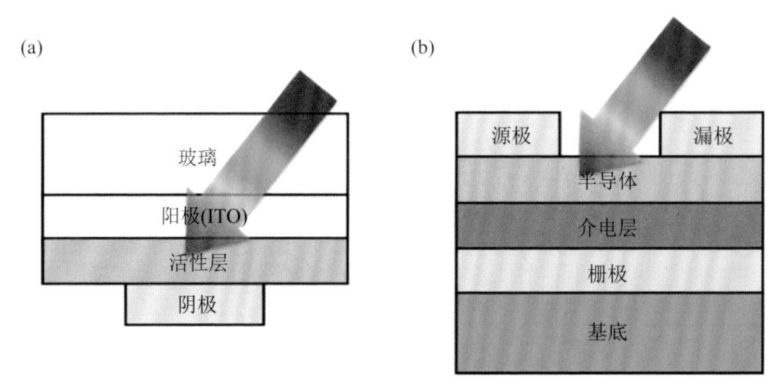

图 8-13 光探测器件的典型结构

（a）光电二极管；（b）光电晶体管

光电二极管一般采用垂直三明治结构，其中产生光电流的物理过程包括：光生激子、激子的扩散和有效分离，以及自由载流子在电极处的收集。激子扩散除了取决于材料本身外，还可以通过改善活性层有序性来减少缺陷、捕获陷阱和晶界等对激子的猝灭，从而提高激子扩散长度；激子分离成自由载流子是光电二极管中需要考虑的主要问题，可以通过构建双层或多层 D-A 异质结、体异质结、肖特基结等引入内建电场以促进激子分离；光生自由载流子的收集可以采用不对称电极，使用高功函数金属阳极和低功函数金属阴极分别实现对空穴和电子的有效收集。

这里重点介绍一下 D-A 界面激子分离的物理过程（图 8-14）[74]。当给体或受体分子在光照下形成激子且激子传输到 D-A 界面时自发弛豫为电荷转移（charge transfer，CT）态，驱动力一方面来自激子能量自发向低能级跃迁，另一方面来自 D-A 界面处形成的内建电场；CT 态为空穴处于给体 HOMO 上，电子处于给体 LUMO 上，这个过程是一个超快的过程，在 sub-100fs 量级，CT 态激子因为电子空穴束缚力较弱很容易分离成自由载流子。高效的激子分离要求在激子扩散长度范围内要存在激子分离界面，这就要求受体和给体分子要有高度的相融合；另外，还要考虑到激子分离生成空穴（电子）之后，要存在空穴（电子）传输路径，即给体和受体发生相分离，形成具有连续性的 D-A 互穿网络，能够将空穴（电子）传导到电极处，实现载流子的有效收集。

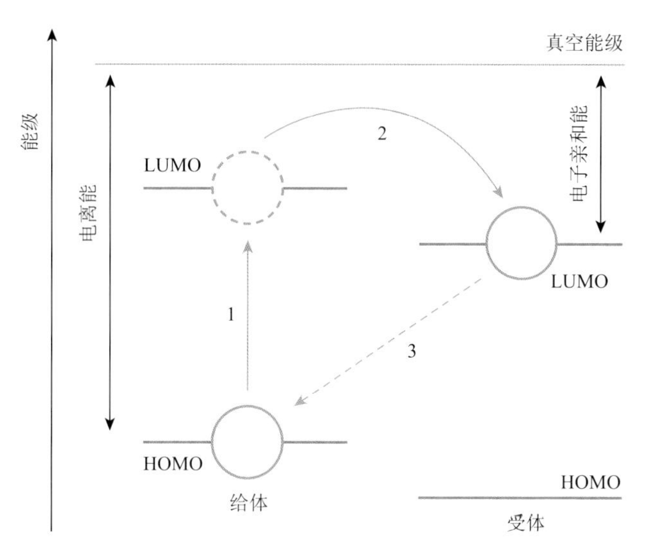

图 8-14　D-A 界面激子分离成自由载流子的过程

光电晶体管采用和 OFET 一样的器件结构，光电晶体管中产生的光电流来自两部分：由激子分离直接产生的光电流，以及通过栅极电压调控的场效应电流，这样晶体管的电流放大作用极大地增加了光电晶体管中的光电流。光电晶体管对光信号的探测通过阈值电压（V_{th}）的偏移实现，下面以 p 型光电晶体管为例简述阈值电压的偏移机理。当光照射在活性层区域产生光生激子时，其在栅极电场下有效分离成电子和空穴，对于 p 型半导体，光生空穴增加了活性层沟道中的自由载流子密度；光生电子一方面富集在源电极，有效地改善了载流子注入势垒和接触电阻；另一方面，光生电子还可以被半导体内部或半导体/介电层界面处的电子捕获位点捕获，从而诱导出额外的空穴载流子。以上物理过程均导致了 p 型光电晶体管中 V_{th} 的正向偏移。此外，光电晶体管通过调控栅压可以实现活性层中自由载流子的耗尽，使其工作于耗尽区，这样相比光电二极管有效降低了暗电流。但是，耗尽层区域一般厚度小于 5nm，其上的薄膜还会存在电荷传输现象，采用厚度仅有几纳米的超薄二维有机分子晶体在保障电荷传输性能的同时，在合适栅压下还可以实现自由载流子的完全耗尽，进一步改善暗电流。

总之，光电晶体管结构具有降低暗电流、放大光电流的优势，同时光照导致的 V_{th} 偏移可以实现暗电流和光电流的区分窗口。这样，与其他类型的器件相比，光电晶体管在灵敏度和光响应性等方面表现出了极大的优势，是一类有前途的光探测器件结构[75]。

8.3.2 主要参数

下面介绍用于光探测器件表征的主要参数。

1. 响应度

响应度（responsivity，R）是指光探测器件输出电流信号与入射光功率之比，用于描述光探测器件光信号转化为电信号的能力。

$$R=\frac{I_{\mathrm{ph}}}{P_{\mathrm{in}}} \tag{8-4}$$

其中，I_{ph} 为光电流；P_{in} 为入射光功率；响应度单位为 A/W。

2. 外量子效率

外量子效率（external quantum efficiency，EQE）是指每入射一个光子，光探测器件所产生的平均电子数，它与入射光能量有关。

$$\mathrm{EQE}=\frac{I_{\mathrm{ph}}}{P_{\mathrm{in}}}\frac{h\nu}{e}=R\frac{hc}{e\lambda} \tag{8-5}$$

其中，h 为普朗克常量；c 为光速；λ 为入射光波长。

3. 信噪比

信噪比（signal to noise ratio，SNR）指信号功率与噪声功率之比，其值需大于 1，以便可以将信号与噪声区分开来。

4. 噪声等效功率

噪声等效功率（noise equivalent power，NEP）指当信噪比为 1，带宽限制为 1Hz 时，探测器可检测的最小光功率，即

$$\mathrm{NEP}=\frac{I_{\mathrm{noise}}}{R} \tag{8-6}$$

其中，I_{noise} 为噪声电流。NEP 越小，噪声越小，代表探测器探测能力越强。

5. 探测率

探测率（D）为噪声等效功率的倒数，用以实现探测度越大，探测能力越强的正比例关系，即

$$D=\frac{1}{\mathrm{NEP}} \tag{8-7}$$

为了消除器件结构、带宽和探测面积对探测度的影响，通常使用归一化探测率（detectivity，D^*）评价器件性能，定义为

$$D^* = \frac{\sqrt{AB}}{\text{NEP}} \tag{8-8}$$

其中，A 为器件面积；B 为带宽；D^*的单位为 cm·Hz$^{1/2}$/W（Jones）。D^*越大，代表探测能力越强。

6. 响应时间

响应时间是指光探测器件接收入射光辐射时的响应速度，它包括上升时间 τ_{rise} 和下降时间 τ_{fall}，其中 τ_{rise} 指施加光照时电信号幅值从 10%上升到 90%处所需的时间，τ_{fall} 指移除光照后输出电信号幅值从 90%下降到 10%处所需的时间。

8.3.3 低维分子材料光电二极管

1. 器件结构

低维分子材料光电二极管按分子材料聚集有序性可分为薄膜型器件和晶体型器件。

基于低维分子材料的薄膜型器件构型通常采用典型的三明治垂直结构，即在阴极和阳极之间插入有机活性层。对于光伏型光电二极管器件，其中最为关键的过程就是光生激子的分离，为了促进这一过程，通常将薄膜型器件制备成以下三种结构：①肖特基单层结构器件［图 8-15（a）］，利用电极和有机活性层之间形成的肖特基势垒分离光生激子，但是在一侧电极的激子分离成自由载流子后，需要扩散至整个有机活性层，才能在另一侧电极处聚集，该扩散过程会降低自由载流子的聚集效率，导致这类器件的响应度较低；②双层 D-A 异质结器件［图 8-15（b）］，这种结构是基于给体和受体分子形成的双层异质结，D-A 异质结界面形成的内建电场有利于激子的有效分离，其中给体 LUMO 和受体 HUMO 的选择非常关键，太小的能级差会影响分离效率，过大的能极差则会降低分离速度，此外，D-A 结在反偏时的整流效应有利于获得较低的暗电流，提高了光探测器件的响应度；③体 D-A 异质结器件［图 8-15（c）］，因为只有 D-A 界面才能实现激子的分离，在体异质结器件中，D-A 界面分布于整个活性区域，因此，相比其他结构器件，体异质结能够实现最为有效的激子分离，解决了有机材料激子扩散距离过短的难题，是一类非常有前途的薄膜型光电二极管器件结构。

低维分子晶体具有一维纳米线和二维纳米片两种形貌，由上面介绍可知，制备 D-A 异质结是实现高性能光探测器件的关键。对于一维纳米线晶体，D-A 异质结具有较大的制备难度，因为通常使用原位外延方法将两种分子生长在一起，这对分子的选择（晶格参数匹配）和制备条件都提出了较高的要求，因此，目前报

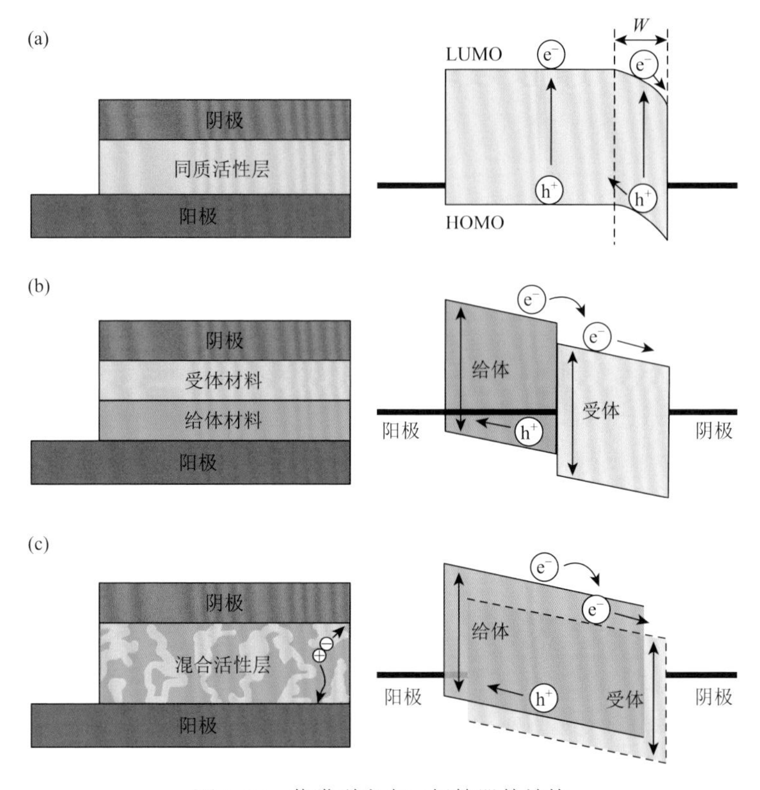

图 8-15 薄膜型光电二极管器件结构

道的有机纳米线 D-A 异质结体系并不多，如 CuPc-H_2TPyP、CuPc-CuPcF_{16} 等[76-78]。图 8-16 中总结了文献中报道过的几种一维 D-A 异质结的典型结构，从中可以看出，这种结构的挑战在于提供的 D-A 界面区域有限，而且通过内建电场分离开来的自由载流子到电极处的扩散距离过长，不利于得到较高的光电流。因此，一维纳米线 D-A 异质结在光电二极管领域发展缓慢，性能有限[76, 79]。

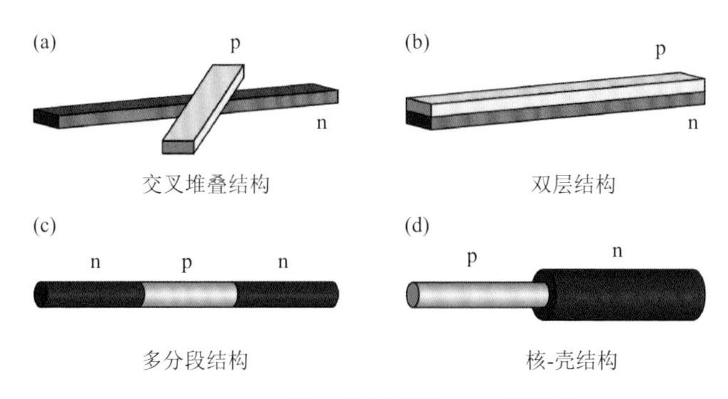

图 8-16 有机一维纳米线 D-A 异质结

二维分子晶体 D-A 异质结的制备相对于一维纳米线 D-A 异质结较为容易，这是由于二维晶体水平尺寸大，可以通过原位生长或机械转移方法实现给体和受体分子晶体的堆叠。如图 8-17 所示，二维分子晶体 D-A 异质结通常采用水平型器件结构。由于分子晶体结构有序，有利于激子扩散和载流子传输，进而得到较高的光电流。而且二维分子晶体具有良好的场效应电荷传输性能，基于其可以构建具有栅极调控特性的二维分子晶体 D-A 异质结[80]。但总体来说，二维分子晶体 D-A 异质结的制备工艺还是相对复杂，现有文献报道并不多。

(a)

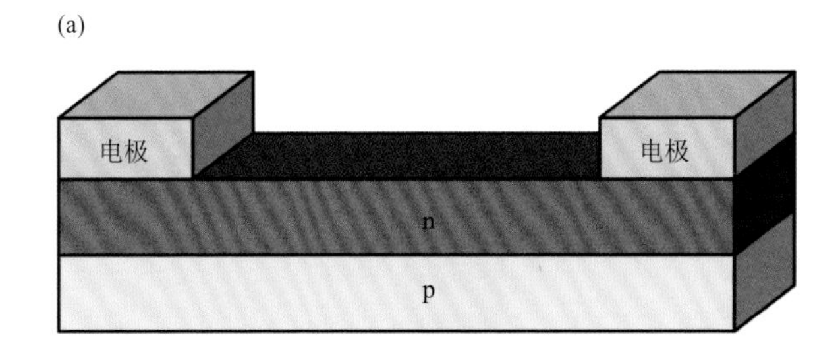

(b)

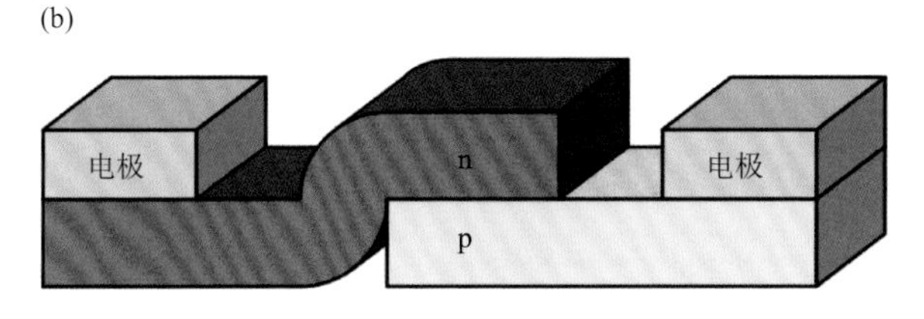

图 8-17　有机二维分子晶体 D-A 异质结

2. 功能材料

对不同波长的光的探测有着不同的应用前景，在此方面，分子材料的优势在于通过结构设计可以实现带隙的调节，进而实现不同波长光的响应检测。图 8-18 中给出了对应不同波长光的典型光响应材料[74, 81]。下面分别就应用于紫外光、可见光和红外光探测的分子材料做简要介绍。

可见光探测是指对 0.38～0.76μm 波长光的探测，目前报道的光电二极管探测器多集中于可见光探测。由于分子材料激子束缚能较大，一般使用双层或多层 D-A 异质结，以及体 D-A 异质结来提高激子分离效率，这时探测波长范围是给体和受体分子的叠加。对于小分子，一般使用真空蒸镀法制备 D-A 双层或多层异质结，为了提高薄膜有序性和激子分离效率，Forrest 等通过分子束外延制备了基于 CuPc 和 PTCBI 的 D-A 多层异质结，基于其制备的光电二极管展现了极其高效的

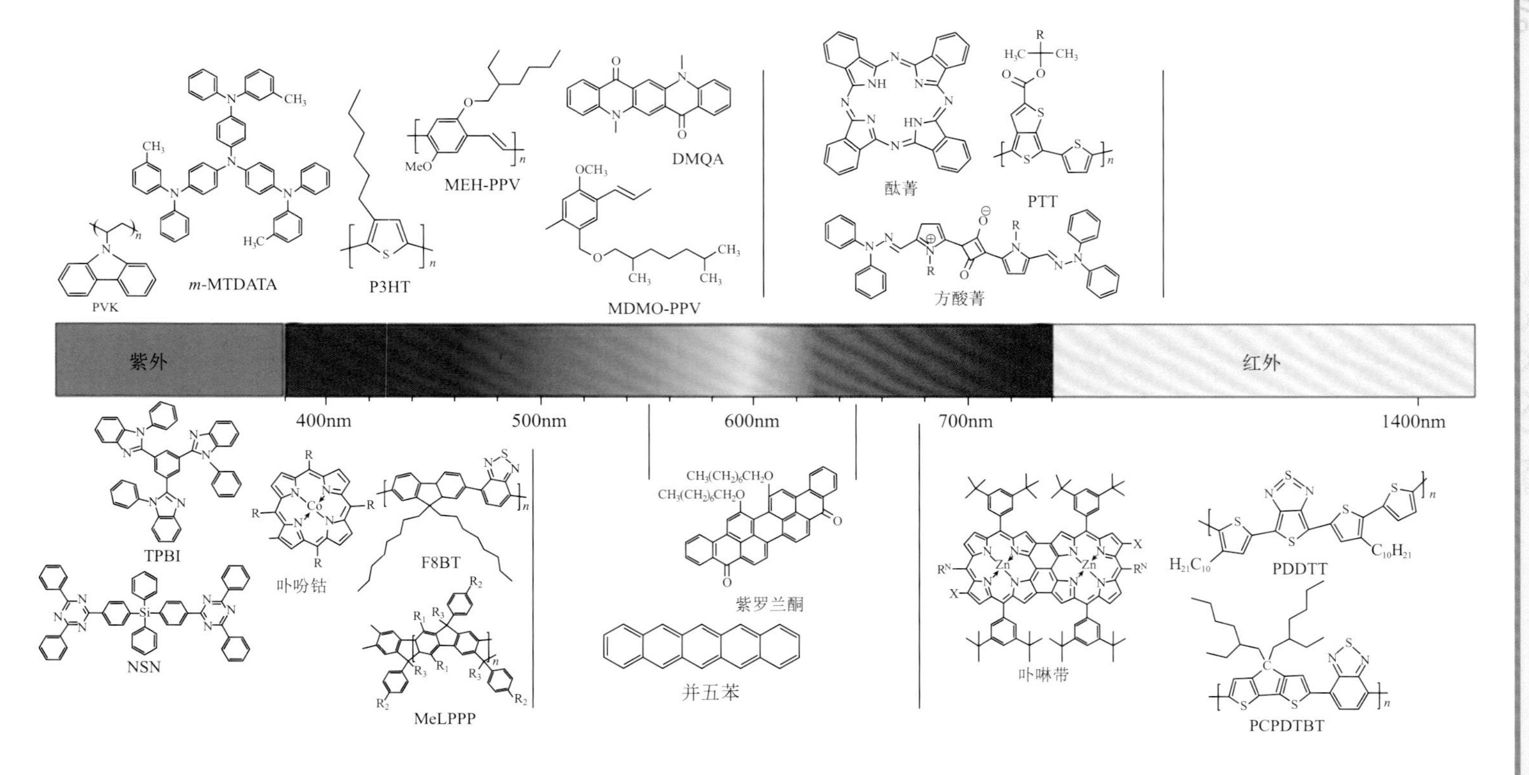

图 8-18 典型的用于不同波长光探测的分子材料[74]

可见光探测性能，EQE 高达 75%，带宽高达 430MHz[82]。对于聚合物，一般基于溶液法制备体异质结结构，溶液法由于具有低成本、大面积制备等优势，是分子材料有前途的加工方式[83]。聚合物/PCBM 是被最为广泛研究的光探测体异质结体系，例如，$P_3HT/PC_{61}BM$ 体异质结展现了很好的对 400～600nm 波长光的探测，最高 EQE 超过 70%[84-86]。使用其他受体，MEH-PPV 或 MDMO-PPV 与 $PC_{61}BM$ 共混实现了从蓝光到 550nm 左右波长光的探测，EQE 大约为 60%[87-89]。将 $PC_{61}BM$ 更换成 $PC_{71}BM$ 可以增加在可见光波段的光吸收。进一步将 PCBM 更换成其他给体也得到了关注，Friend 等使用 F_8TBT 作为给体，与 P_3HT 共混制备成光电二极管器件，通过加入一层额外的电子阻挡层，暗电流降低至 $40pA/mm^2$，EQE 大约为 20%[90, 91]。

紫外光探测是指对 0.01～0.38μm 波长光的探测，对于紫外探测器在实际中的应用，实现可见盲或日盲探测尤其重要，即对太阳光或可见光没有或只有微弱的响应。其中分子材料主要可以实现对近紫外光（300～380nm）的探测，实现紫外光探测要选用宽带隙分子材料，带隙一般要求大于 3.0eV，小分子通过结构调控易于得到较大的带隙。例如，*m*-MTDATA 是被广泛研究应用于光探测的宽带隙小分子，它的 LUMO 能级和 HOMO 能级分别对应 5.1eV 和 1.9eV，Su 等研究了 *m*-MTDATA 与不同给体 Alq_3 和 Gaq_3 复合的紫外光探测性能，发现基于 *m*-MTDATA 和 Gaq_3 制备的光探测器件在 360nm 紫外光照射下响应度可达 338mA/W，但给体材料的加入导致在 400～450nm 还具有光吸收，该器件不能实现可见盲探测。为了减小对可见光的吸收，他们进一步将配位金属原子从 Ga 变为不同的稀土金属，特别是使用金属 Gd，可以实现吸收光谱的有效蓝移，基于 *m*-MTDATA 和 Gdq 制备的光探测器件在 365nm 光照下响应度达到 230mA/W，EQE 高达 78%，并且有效抑制了对超过 400nm 波长光的响应。

红外光探测是指对 0.76～50μm 波长光的探测，红外光分为近红外光、中红外光和远红外光。近红外光探测的波长范围在 700～1400nm 之间，对应分子材料的带隙要小于 1.7eV。分子材料可以通过增加共轭长度减小带隙，但是制备带隙宽度小于 1eV 的分子材料还具有很大的难度，所以现有报道的有机红外光探测器件多集中于对近红外光的探测。酞菁、卟啉类小分子可以通过增加 π 共轭来实现在长波段的光吸收，例如，$F_{16}CuPc$ 带隙为 1.4～1.5eV，最大吸收峰位在 800nm 左右，Tang 等基于 $F_{16}CuPc$ 制备的光电二极管在 785nm 波长光照下响应度可达 13.6A/W[92]。Zimmerman 等基于卟啉带状分子将探测波长延长至 1400nm，通过与 C_{60} 给体形成双层异质结实现了 10%的外量子效率[93]。

具有宽光谱吸收的窄带隙聚合物是有机光伏领域的重点发展方向之一[94]，而这对于光电二极管同样具有重要的意义，其不仅有利于拓展到红外光探测，也有利于实现宽光谱探测。2007 年，Yang 等使用窄带隙聚合物 PTT 作为受体和 PCBM 作为给体，制备的光电二极管器件将探测波长延长至 900nm，其中在 800nm 波长处 EQE 达到 40%[95]。之后，Gong 等使用类似的策略，基于聚合物 PDDTT 和 PCBM 构筑的光电二极管实现了从 300nm 到 1450nm 的超宽光谱探测，其中在 900nm 波长处的 EQE 最高达到 30%[96]。近年来，随着有机光伏领域的火热发展，众多具有良好光吸收能力的窄带隙聚合物已经被合成出来，这同样推动了近红外光和宽光谱光探测器件的发展。除此之外，通过在分子材料中加入无机量子点拓展光谱吸收，也可实现对红外光的探测。例如，Osedach 等利用 PbS 量子点与给体分子 PCBM 形成双层异质结，制备的光电二极管探测波长延长至 1060nm，最高比探测率达到 3.3×10^{11}Jones[97]。

3. 性能优化策略

降低暗电流是光电二极管亟待解决的问题之一，尤其是对于垂直型结构，尽管光电二极管工作于异质结反向区域，可以利于整流效应降低暗电流，但是，这种结构的光活性层沟道距离过短，一般只有几十或数百纳米，还是会出现较高的漏电流。目前，研究人员为了降低器件的操作功耗，已发展了多种策略来应对这一挑战，下面做简要介绍：①增加光活性层厚度，如增加至微米级厚度，厚度增加可以有效减少漏电流的形成，从而降低关态电流[98, 99]；②使用有机分子晶体解决由蒸镀金属渗透导致的漏电问题，但有机晶体由于结构有序，一般具有良好的电荷传输能力，因此，这就要求在选择有机晶体时，一方面晶体内部的分子堆积在垂直方向没有或只有较弱的 π-π 相互作用，防止形成电荷传输路径，另一方面同样要求选用较厚的有机晶体；③除了利用 D-A 异质结反向整流效应抑制关态电流外，还可以在电极和光活性层界面引入较大的肖特基势垒，进而改善关态电流。

提升光电流是提升光电二极管性能的又一关键参数，对于垂直型器件结构，光电二极管可以实现高效的激子分离和载流子收集，易于得到较高的光电流。但是，对于水平型器件结构，由于光活性层沟道距离过长，一般为数十到数百微米，提升光电流就变得尤为重要。目前主要的优化策略有：①光活性层使用半导体 D-A 异质结或体 D-A 异质结，提高激子形成和分离效率。②使用有机单晶半导体，利用单晶结构良好的电荷传输能力，以防止电荷陷阱、晶界等缺陷对光电流的猝灭。进一步，可以制备成一维纳米线单晶阵列或是二维单晶薄膜，增加光吸收面积以提高光电流。③利用下节将要讲到的策略，一是制备成光电晶体管，利用栅压调控作用提升光电流，或者与晶体管器件集成，利用晶体管的放大作用对光电流进行放大。

8.3.4　低维分子材料光电晶体管

1. 低维分子晶体光电晶体管

如 8.3.1 节所述，光电晶体管与场效应晶体管器件结构一致，器件载流子浓度可以通过栅极和光照射共同调节，具有高响应度、低噪声和易于集成等优点。有机分子材料由于具有分子结构可设计、低成本、大面积制备、质量轻、与柔性电子相兼容等优势，在光电晶体管领域已经得到了充分的关注和发展，尤其是其单晶形态由于结构长程有序以及具有优异的光电性能，是制备光电晶体管的最佳载体[100]。因此，下面主要介绍关于低维分子晶体光电晶体管的研究进展。作为早期的代表性工作，2007 年，Tang 等使用物理气相传输方法制备了高质量的 $F_{16}CuPc$ 纳米带（图 8-19），基于它制备的光电晶体管的最大光/暗电流开关比为 4.5×10^4（$V_g = -6.0V$），相比其光开关器件高出近两个数量级[92]。随后，研究人员发展的兼具高发光效率和高迁移率的分子材料同样适用于制备高性能光电晶体管器件。2010 年，Guo 等使用溶剂交换方法制备了高质量的 Me-ABT 晶体，其荧光量子产率为 34%，迁移率达到 $1.66cm^2/(V{\cdot}s)$，基于其制备的光电晶体管性能表现为 12000A/W 的光响应度和 6000 的光/暗电流开关比[101]。除了低维小分子

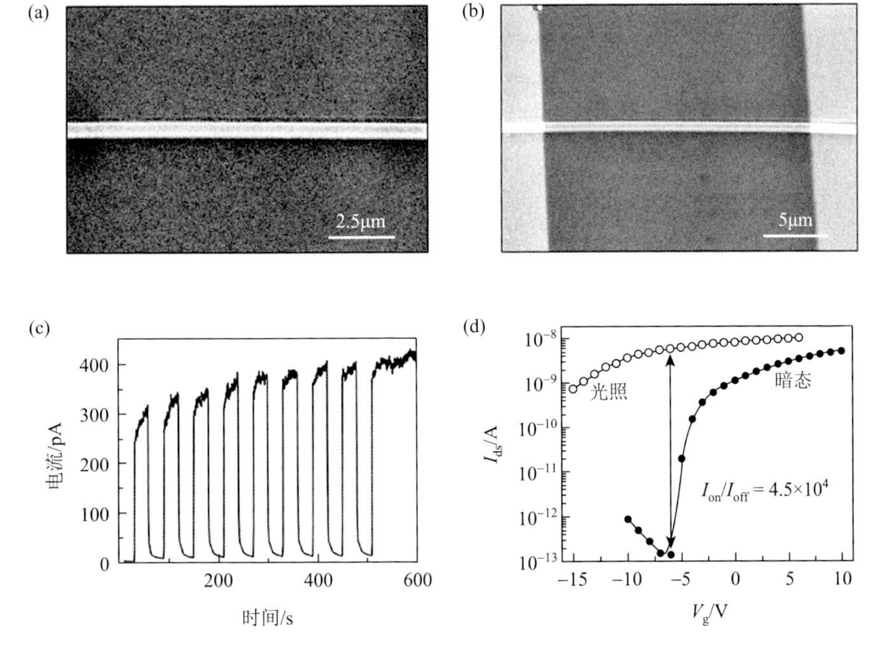

图 8-19　有机微纳单晶光电晶体管[92]

（a）$F_{16}CuPc$ 纳米带；（b）光电晶体管器件图；（c）光电晶体管光开关性能；（d）光电晶体管光响应性能

晶体外，2013 年，Liu 等制备了基于 D-A 共轭聚合物 PTz（bithiazole-thiazolothiazole）纳米线的光电晶体管器件，PTz 纳米线通过简单的溶液滴注自组装法制备，它的聚合物链沿着纳米线的长轴方向排列，其光电晶体管器件表现出 $0.46cm^2/(V·s)$的迁移率，2531A/W 的光响应度和 $1.7×10^4$ 的光/暗电流开关比[102]。

因为光探测器件实现不同光波段的探测可以满足不同的应用要求，所以除了开展可见光探测晶体管研究以外，基于低维分子晶体的紫外光探测和红外光探测晶体管也得到了广泛的关注。Zhao 等基于 BBTDE 分子晶体制备了对于紫外光响应的晶体管器件，BBTDE 带隙为 2.61eV，对波长 365～420nm 之间的紫外光实现了很好的探测，而对可见光波长范围几乎没有响应，器件性能具体表现为：迁移率为 $1.62cm^2/(V·s)$，最大响应度为 9821A/W 和光/暗电流开关比高达 10^5[103]。最近，Wang 等基于 n 型半导体 TFT-CN 二维超薄晶体制备了具有良好近红外光响应的光电晶体管，TFT-CN 分子在近红外区域具有良好的吸收，此外，他们通过水面外延法制备的 TFT-CN 分子晶体只有几个分子层厚度，在栅极调控下可以实现载流子的完全耗尽，相比薄膜器件极大地降低了器件的暗电流，因此，该器件表现出了十分优异的性能：迁移率 $1.36cm^2/(V·s)$，光/暗电流开关比 10^3，暗电流 0.3pA 和超高的比探测率（$1.7×10^{14}$Jones）[104]。

以上工作使用的多为低维分子微纳单晶，不利于实现大面积器件的制备与集成，最近已经报道了一些将大面积晶体阵列和晶体薄膜应用于光电晶体管的工作。Park 等使用直接打印方法制备了基于有机分子 P_3HT 的大面积一维纳米线阵列，并结合打印的 PEDOT∶PSS 纳米线顶电极制备了光电晶体管器件，器件性能表现为迁移率 $0.007cm^2/(V·s)$、光/暗电流开关比 10^3、最高响应度 $3.5×10^5$A/W[105]。Huang 等制备了基于 C_8BTBT∶PS 共混体系的光探测器件，聚合物 PS 的存在增加了 C_8BTBT 的成膜性和结晶性，通过简单的旋涂法就可以制备出大面积具有高度取向性的 C_8BTBT 晶态薄膜，基于其制备的光电晶体管器件在弱光 $42pW/cm^2$ 照射下实现了高达 $1.1×10^7$ 的光增益[106]。

2. 光电晶体管的结构优化策略

上述介绍的工作中，晶体管沟道层既要作为感光层，又要作为电荷传输层，这对分子材料提出了较高的要求，要同时具有良好的光电特性，这限制了材料的选择范围和器件的性能优化。因此，通过结构优化将感光功能和电荷传输功能相分离是光电晶体管领域的又一发展方向，下面对杂化光电晶体管和集成光电晶体管两种结构的优化策略做简要介绍。

杂化光电晶体管结构：指将一层光吸收层加入晶体管结构中，通常结构为将光吸收层置于电荷传输层的上方，如图 8-20 所示，加入的光吸收层可以是有机晶体、有机 D-A 异质结、无机量子点、有机体异质结或者有机-无机杂化钙钛矿等具有良好光响应能力的感光材料[107-112]，电荷传输层选择具有良好场效应电荷传输能力且对光不敏感的分子材料，或者是超薄二维分子晶体，用于抑制暗电流[113]。这种结构极大地拓展了应用于光电晶体管器件的光活性材料的选择范围，有利于满足不同波长光的探测需求，以及提高光电晶体管的综合性能。对于杂化光电晶体管，光吸收层还可以插入晶体管栅极介电层中，通过光照改变介电层电容，进而改变晶体管的开启阈值电压，实现光探测性能的提升[114]。

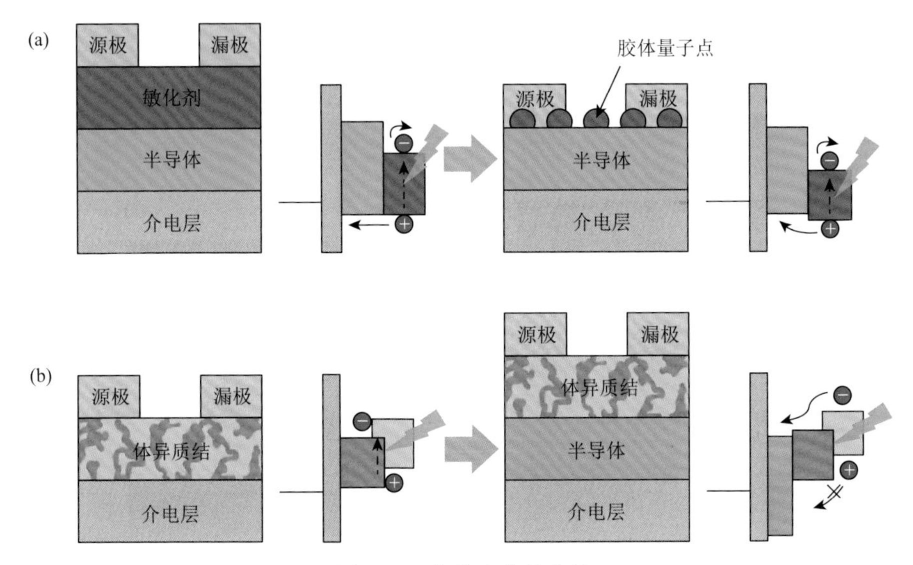

图 8-20　杂化光电晶体管

（a）量子点杂化的光电晶体管；（b）体异质结杂化的光电晶体管

集成光电晶体管结构：指将晶体管与其他感光元件相集成，利用晶体管元件的电流放大和开关功能，对感光元件的探测信号进行放大[115]。例如，将光敏分压器与晶体管栅极连接，如图 8-21（a）所示，当没有光照射时，光敏分压器输出电压为零，晶体管处于关闭状态，当存在入射光照时，光敏分压器输出电压为 V_{dd}，通过设计使光敏分压器和晶体管工作电压匹配，即 V_{dd} 大于晶体管的开启电压，使晶体管处于开启状态，这样集成光电晶体管器件相比其他光探测器件极大地提升了光/暗电流开关比，它完全取决于制备的晶体管器件的电流开关比。Wang 等基于分子材料构筑了这一器件的原型，如图 8-21（b）所示，PDI-C_8/Pc 异质结用于构筑光电二极管，其和基于 Pc 构筑的负载电阻组成光敏分压器件，并五苯用于制备晶体管，光敏分压器的输出信号为

$$V_{out} = V_{dd}R_{resistor} / (R_{resistor} + R_{detector}) \tag{8-9}$$

其中，V_{out} 为输出电压；$R_{resistor}$ 和 $R_{detector}$ 分别为负载电阻和光电二极管的电阻。如图 8-21（c）所示，随着光照强度的增加，V_{out} 也增加，不断接近 V_{dd}。当与晶体

管栅极连接时，集成光电晶体管器件在 8.8mW/cm^2 的光照强度时输出电流达到 100μA，实现了高达 10^8 的光/暗电流开关比［图 8-21（d）］，是现有文献中报道的最高值之一[116-118]。

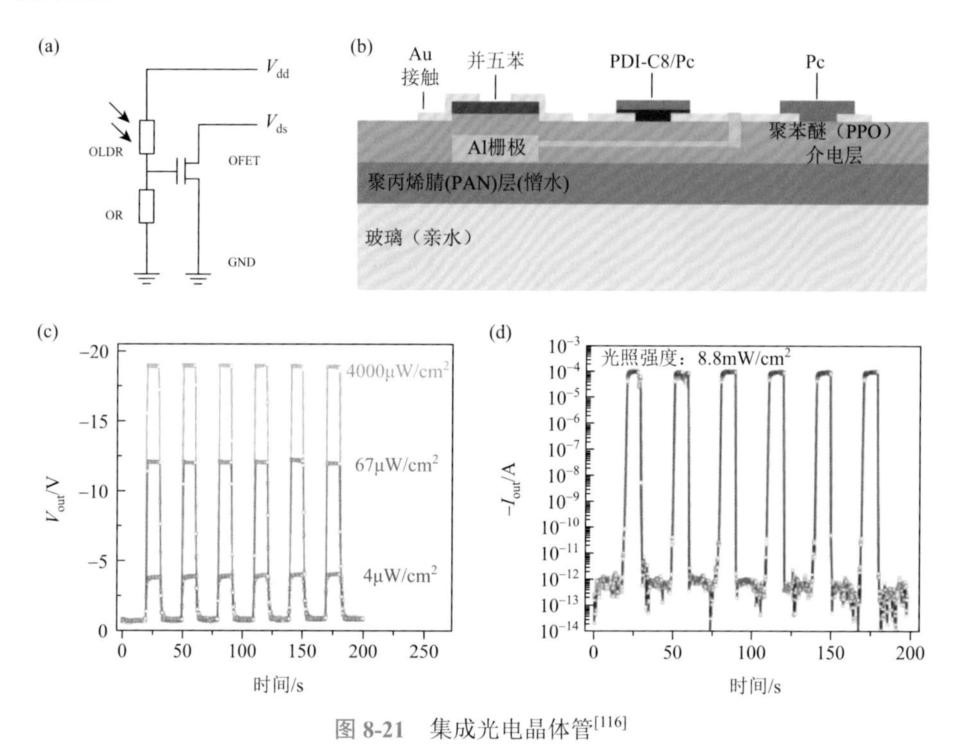

图 8-21　集成光电晶体管[116]

（a）电路示意图；（b）器件结构示意图；（c）集成光电晶体管分压性能；（d）集成光电晶体管光响应性能

8.4 总结与展望

总之，以上介绍了基于低维分子材料构筑的发光和光探测器件，它们共组成四种器件构型：发光二极管、发光晶体管、光电二极管和光电晶体管，这些领域都得到了广大研究人员的充分关注，并在近数十年间得到了飞速的发展。截至目前，发光二极管取得了最大的成功，基于其制备的 AMOLED 显示屏已经广泛应用于手机、电脑和电视等日用消费电子产品，并取得了大量的市场份额。其他的几种光电子器件相信随着基础研究和产业化的不断推动也会实现跨越式的发展，实现产业化应用。

在未来，有必要关注以下几个方面，继续推动以上四种光电子器件领域的发展和进步：①发展溶液、打印等低成本的材料加工方式，降低器件制备成本；②发展柔性、可拉伸器件的制备技术，推动可穿戴电子工业的发展；③发展基于低维分子晶体的器件制备工艺，利用晶体优异的光电性能实现器件性能的改善；④发展新的高性能的功能分子材料，改善现有器件工艺，不断推动器件性能的优化，并满足不同的实际应用需求。

参 考 文 献

[1] Ostroverkhova O. Organic optoelectronic materials：mechanisms and applications. Chemical Reviews，2016，116（22）：13279-13412.

[2] Parker I D. Carrier tunneling and device characteristics in polymer light-emitting diodes. Journal of Applied Physics，1994，75（3）：1656-1666.

[3] Davids P S，Kogan S M，Parker I D，et al. Charge injection in organic light-emitting diodes：tunneling into low mobility materials. Applied Physics Letters，1996，69（15）：2270-2272.

[4] Mark P，Helfrich W. Space-charge-limited currents in organic crystals. Journal of Applied Physics，1962，33（1）：205-215.

[5] Markov D E，Amsterdam E，Blom P W M，et al. Accurate measurement of the exciton diffusion length in a conjugated polymer using a heterostructure with a side-chain cross-linked fullerene layer. The Journal of Physical Chemistry A，2005，109（24）：5266-5274.

[6] Baldo M A，O'Brien D F，Thompson M E，et al. Excitonic singlet-triplet ratio in a semiconducting organic thin film. Physical Review B，1999，60（20）：14422-14428.

[7] Zhang C，Chen P，Hu W. Organic light-emitting transistors：materials，device configurations，and operations. Small，2016，12（10）：1252-1294.

[8] Liu C F，Liu X，Lai W Y，et al. Organic light-emitting field-effect transistors：device geometries and fabrication techniques. Advanced Materials，2018，30（52）：1802466.

[9] Pope M，Kallmann H P，Magnante P. Electroluminescence in organic crystals. The Journal of Chemical Physics，1963，38（8）：2042-2043.

[10] Tang C W，VanSlyke S A. Organic electroluminescent diodes. Applied Physics Letters，1987，51（12）：913-915.

[11] Burroughes J H，Bradley D D C，Brown A R，et al. Light-emitting diodes based on conjugated polymers. Nature，1990，347（6293）：539-541.

[12] Gustafsson G，Cao Y，Treacy G M，et al. Flexible light-emitting diodes made from soluble conducting polymers. Nature，1992，357（6378）：477-479.

[13] Kido J，Hongawa K，Okuyama K，et al. White light-emitting organic electroluminescent devices using the poly（*N*-vinylcarbazole）emitter layer doped with three fluorescent dyes. Applied Physics Letters，1994，64（7）：815-817.

[14] Baldo M A，O'Brien D F，You Y，et al. Highly efficient phosphorescent emission from organic electroluminescent devices. Nature，1998，395（6698）：151-154.

[15] Uoyama H，Goushi K，Shizu K，et al. Highly efficient organic light-emitting diodes from delayed fluorescence. Nature，2012，492（7428）：234-238.

[16] Muller C D，Falcou A，Reckefuss N，et al. Multi-colour organic light-emitting displays by solution processing. Nature，2003，421（6925）：829-833.

[17] Park J S，Kim T W，Stryakhilev D，et al. Flexible full color organic light-emitting diode display on polyimide plastic substrate driven by amorphous indium gallium zinc oxide thin-film transistors. Applied Physics Letters，

2009，95（1）：013503.

[18] Kamtekar K T，Monkman A P，Bryce M R. Recent advances in white organic light-emitting materials and devices（WOLEDs）. Advanced Materials，2010，22（5）：572-582.

[19] Park I S，Lee S Y，Adachi C，et al. Full-color delayed fluorescence materials based on wedge-shaped phthalonitriles and dicyanopyrazines：systematic design，tunable photophysical properties，and OLED performance. Advanced Functional Materials，2016，26（11）：1813-1821.

[20] Li G，Fleetham T，Li J. Efficient and stable white organic light-emitting diodes employing a single emitter. Advanced Materials，2014，26（18）：2931-2936.

[21] Sekitani T，Nakajima H，Maeda H，et al. Stretchable active-matrix organic light-emitting diode display using printable elastic conductors. Nature Materials，2009，8（6）：494-499.

[22] D'Andrade B W，Forrest S R. White organic light-emitting devices for solid-state lighting. Advanced Materials，2004，16（18）：1585-1595.

[23] Markham J P J，Lo S C，Magennis S W，et al. High-efficiency green phosphorescence from spin-coated single-layer dendrimer light-emitting diodes. Applied Physics Letters，1998，80（15）：2645-2647.

[24] Mazzeo M，Pisignano D，Della Sala F，et al. Organic single-layer white light-emitting diodes by exciplex emission from spin-coated blends of blue-emitting molecules. Applied Physics Letters，2003，82（3）：334-336.

[25] Nikitenko V R，Salata O V，Bässler H. Comparison of models of electroluminescence in organic double-layer light-emitting diodes. Journal of Applied Physics，2002，92（5）：2359-2367.

[26] Li J，Ma C，Tang J，et al. Novel starburst molecule as a hole injecting and transporting material for organic light-emitting devices. Chemistry of Materials，2005，17（3）：615-619.

[27] Chen L，Jiang Y，Nie H，et al. Creation of bifunctional materials：improve electron-transporting ability of light emitters based on AIE-active 2，3，4，5-tetraphenylsiloles. Advanced Functional Materials，2014，24（23）：3621-3630.

[28] Trattnig R，Pevzner L，Jäger M，et al. Bright blue solution processed triple-layer polymer light-emitting diodes realized by thermal layer stabilization and orthogonal solvents. Advanced Functional Materials，2013，23（39）：4897-4905.

[29] Jia W L，Moran M J，Yuan Y Y，et al.（1-Naphthyl）phenylamino functionalized three-coordinate organoboron compounds：syntheses，structures，and applications in OLEDs. Journal of Materials Chemistry，2005，15（32）：3326-3333.

[30] Ikai M，Tokito S，Sakamoto Y，et al. Highly efficient phosphorescence from organic light-emitting devices with an exciton-block layer. Applied Physics Letters，2001，79（2）：156-158.

[31] Hagen J A，Li W，Steckl A J，et al. Enhanced emission efficiency in organic light-emitting diodes using deoxyribonucleic acid complex as an electron blocking layer. Applied Physics Letters，2006，88（17）：171109.

[32] Perumal A，Faber H，Yaacobi-Gross N，et al. High-efficiency，solution-processed，multilayer phosphorescent organic light-emitting diodes with a copper thiocyanate hole-injection/hole-transport layer. Advanced Materials，2014，27（1）：93-100.

[33] Fung M K，Li Y Q，Liao L S. Tandem organic light-emitting diodes. Advanced Materials，2016，28（47）：10381-10408.

[34] Hung L S，Tang C W，Mason M G，et al. Application of an ultrathin LiF/Al bilayer in organic surface-emitting diodes. Applied Physics Letters，2001，78（4）：544-546.

[35] Thomschke M，Nitsche R，Furno M，et al. Optimized efficiency and angular emission characteristics of white

top-emitting organic electroluminescent diodes. Applied Physics Letters，2009，94（8）：083303.

[36] Han E M，Do L M，Yamamoto N，et al. Crystallization of organic thin films for electroluminescent devices. Thin Solid Films，1996，273（1）：202-208.

[37] Aziz H，Popovic Z D，Hu N X，et al. Degradation mechanism of small molecule-based organic light-emitting devices. Science，1999，283（5409）：1900-1902.

[38] Yu W L，Pei J，Huang W，et al. Spiro-functionalized polyfluorene derivatives as blue light-emitting materials. Advanced Materials，2000，12（11）：828-831.

[39] Friend R H，Gymer R W，Holmes A B，et al. Electroluminescence in conjugated polymers. Nature，1999，397（6715）：121-128.

[40] Kim Y H，Shin D C，Kim S H，et al. Novel blue emitting material with high color purity. Advanced Materials，2001，13（22）：1690-1693.

[41] Adachi C，Kwong R C，Djurovich P，et al. Endothermic energy transfer：a mechanism for generating very efficient high-energy phosphorescent emission in organic materials. Applied Physics Letters，2001，79（13）：2082-2084.

[42] Tao Y T，Balasubramaniam E，Danel A，et al. Sharp green electroluminescence from 1*H*-pyrazolo[3, 4-*b*]quinoline-based light-emitting diodes. Applied Physics Letters，2000，77（11）：1575-1577.

[43] Baldo M A，Lamansky S，Burrows P E，et al. Very high-efficiency green organic light-emitting devices based on electrophosphorescence. Applied Physics Letters，1999，75（1）：4-6.

[44] Sasabe H，Chiba T，Su S J，et al. 2-Phenylpyrimidine skeleton-based electron-transport materials for extremely efficient green organic light-emitting devices. Chemical Communications，2008，（44）：5821-5823.

[45] Lamansky S，Djurovich P，Murphy D，et al. Synthesis and characterization of phosphorescent cyclometalated iridium complexes. Inorganic Chemistry，2001，40（7）：1704-1711.

[46] Adachi C，Baldo M A，Thompson M E，et al. Nearly 100% internal phosphorescence efficiency in an organic light-emitting device. Journal of Applied Physics，2001，90（10）：5048-5051.

[47] Adachi C，Baldo M A，Forrest S R，et al. High-efficiency red electrophosphorescence devices. Applied Physics Letters，2001，78（11）：1622-1624.

[48] Tsuboyama A，Iwawaki H，Furugori M，et al. Homoleptic cyclometalated iridium complexes with highly efficient red phosphorescence and application to organic light-emitting diode. Journal of the American Chemical Society，2003，125（42）：12971-12979.

[49] Su Y J，Huang H L，Li C L，et al. Highly efficient red electrophosphorescent devices based on iridium isoquinoline complexes：remarkable external quantum efficiency over a wide range of current. Advanced Materials，2003，15（11）：884-888.

[50] Li C L，Su Y J，Tao Y T，et al. Yellow and red electrophosphors based on linkage isomers of phenylisoquinolinyliridium complexes：distinct differences in photophysical and electroluminescence properties. Advanced Functional Materials，2005，15（3）：387-395.

[51] Li W，Liu D，Shen F，et al. A twisting donor-acceptor molecule with an intercrossed excited state for highly efficient，deep-blue electroluminescence. Advanced Functional Materials，2012，22（13）：2797-2803.

[52] Zhang S，Yao L，Peng Q，et al. Achieving a significantly increased efficiency in nondoped pure blue fluorescent OLED：a quasi-equivalent hybridized excited state. Advanced Functional Materials，2015，25（11）：1755-1762.

[53] Tao Y，Yuan K，Chen T，et al. Thermally activated delayed fluorescence materials towards the breakthrough of organoelectronics. Advanced Materials，2014，26（47）：7931-7958.

[54] Ding R，Feng J，Dong F X，et al. Highly efficient three primary color organic single-crystal light-emitting devices

with balanced carrier injection and transport. Advanced Functional Materials，2017，27（13）：1604659.

[55] Hepp A，Heil H，Weise W，et al. Light-emitting field-effect transistor based on a tetracene thin film. Physical Review Letters，2003，91（15）：157406.

[56] Kanagasekaran T，Shimotani H，Shimizu R，et al. A new electrode design for ambipolar injection in organic semiconductors. Nature Communications，2017，8（1）：999.

[57] Ma S，Zhou K，Hu M，et al. Integrating efficient optical gain in high-mobility organic semiconductors for multifunctional optoelectronic applications. Advanced Functional Materials，2018，28（36）：1802454.

[58] Liu J，Zhang H，Dong H，et al. High mobility emissive organic semiconductor. Nature Communications，2015，6（1）：10032.

[59] Zhang X，Dong H，Hu W. Organic semiconductor single crystals for electronics and photonics. Advanced Materials，2018，30（44）：1801048.

[60] Nakanotani H，Kabe R，Yahiro M，et al. Blue-light-emitting ambipolar field-effect transistors using an organic single crystal of 1, 4-bis(4-methylstyryl)benzene. Applied Physics Express，2008，1（9）：091801.

[61] Bisri S Z，Piliego C，Gao J，et al. Outlook and emerging semiconducting materials for ambipolar transistors. Advanced Materials，2014，26（8）：1176-1199.

[62] Gwinner M C，Kabra D，Roberts M，et al. Highly efficient single-layer polymer ambipolar light-emitting field-effect transistors. Advanced Materials，2012，24（20）：2728-2734.

[63] Tang Q，Jiang L，Tong Y，et al. Micrometer-and nanometer-sized organic single-crystalline transistors. Advanced Materials，2008，20（15）：2947-2951.

[64] Li R，Hu W，Liu Y，et al. Micro-and nanocrystals of organic semiconductors. Accounts of Chemical Research，2010，43（4）：529-540.

[65] Takahashi T，Takenobu T，Takeya J，et al. Ambipolar light-emitting transistors of a tetracene single crystal. Advanced Functional Materials，2007，17（10）：1623-1628.

[66] Sakanoue T，Yahiro M，Adachi C，et al. Ambipolar light-emitting organic field-effect transistors using a wide-band-gap blue-emitting small molecule. Applied Physics Letters，2007，90（17）：171118.

[67] Yomogida Y，Takenobu T，Shimotani H，et al. Green light emission from the edges of organic single-crystal transistors. Applied Physics Letters，2010，97（17）：173301.

[68] Deng J，Xu Y，Liu L，et al. An ambipolar organic field-effect transistor based on an AIE-active single crystal with a high mobility level of 2.0cm^2/(V·s). Chemical Communications，2016，52（11）：2370-2373.

[69] Li J，Zhou K，Liu J，et al. Aromatic extension at 2，6-positions of anthracene toward an elegant strategy for organic semiconductors with efficient charge transport and strong solid state emission. Journal of the American Chemical Society，2017，139（48）：17261-17264.

[70] Muhieddine K，Ullah M，Maasoumi F，et al. Hybrid area-emitting transistors：solution processable and with high aperture ratios. Advanced Materials，2015，27（42）：6677-6682.

[71] Ullah M，Tandy K，Yambem S D，et al. Simultaneous enhancement of brightness，efficiency，and switching in RGB organic light emitting transistors. Advanced Materials，2013，25（43）：6213-6218.

[72] Capelli R，Toffanin S，Generali G，et al. Organic light-emitting transistors with an efficiency that outperforms the equivalent light-emitting diodes. Nature Materials，2010，9（6）：496-503.

[73] McCarthy M A，Liu B，Donoghue E P，et al. Low-voltage，low-power，organic light-emitting transistors for active matrix displays. Science，2011，332（6029）：570-573.

[74] Baeg K J，Binda M，Natali D，et al. Organic light detectors：photodiodes and phototransistors. Advanced

Materials, 2013, 25 (31): 4267-4295.

[75] García de Arquer F P, Armin A, Meredith P, et al. Solution-processed semiconductors for next-generation photodetectors. Nature Reviews Materials, 2017, 2 (3): 16100.

[76] Li Q, Ding S, Zhu W, et al. Recent advances in one-dimensional organic p-n heterojunctions for optoelectronic device applications. Journal of Materials Chemistry C, 2016, 4 (40): 9388-9398.

[77] Zhang Y J, Dong H L, Tang Q X, et al. Organic single-crystalline p-n junction nanoribbons. Journal of the American Chemical Society, 2010, 132 (33): 11580-11584.

[78] Cui Q H, Jiang L, Zhang C, et al. Coaxial organic p-n heterojunction nanowire arrays: one-step synthesis and photoelectric properties. Advanced Materials, 2012, 24 (17): 2332-2336.

[79] Zhang L, Pasthukova N, Yao Y, et al. Self-suspended nanomesh scaffold for ultrafast flexible photodetectors based on organic semiconducting crystals. Advanced Materials, 2018, 30 (28): 1801181.

[80] Shi Y, Jiang L, Liu J, et al. Bottom-up growth of n-type monolayer molecular crystals on polymeric substrate for optoelectronic device applications. Nature Communications, 2018, 9 (1): 2933.

[81] Dong H, Zhu H, Meng Q, et al. Organic photoresponse materials and devices. Chemical Society Reviews, 2012, 41 (5): 1754-1808.

[82] Peumans P, Bulović V, Forrest S R. Efficient, high-bandwidth organic multilayer photodetectors. Applied Physics Letters, 2000, 76 (26): 3855-3857.

[83] Zhang L, Yang T, Shen L, et al. Toward highly sensitive polymer photodetectors by molecular engineering. Advanced Materials, 2015, 27 (41): 6496-6503.

[84] Nau S, Wolf C, Sax S, et al. Organic non-volatile resistive photo-switches for flexible image detector arrays. Advanced Materials, 2015, 27 (6): 1048-1052.

[85] Tedde S F, Kern J, Sterzl T, et al. Fully spray coated organic photodiodes. Nano Letters, 2009, 9 (3): 980-983.

[86] Nalwa K S, Cai Y, Thoeming A L, et al. Polythiophene-fullerene based photodetectors: tuning of spectral response and application in photoluminescence based (bio) chemical sensors. Advanced Materials, 2010, 22 (37): 4157-4161.

[87] Niemeyer A C, Campbell I H, So F, et al. High quantum efficiency polymer photoconductors using interdigitated electrodes. Applied Physics Letters, 2007, 91 (10): 103504.

[88] van Duren J K J, Yang X, Loos J, et al. Relating the morphology of poly(p-phenylene vinylene)/methanofullerene blends to solar-cell performance. Advanced Functional Materials, 2004, 14 (5): 425-434.

[89] Ng T N, Wong W S, Chabinyc M L, et al. Flexible image sensor array with bulk heterojunction organic photodiode. Applied Physics Letters, 2008, 92 (21): 213303.

[90] Keivanidis P E, Ho P K H, Friend R H, et al. The dependence of device dark current on the active-layer morphology of solution-processed organic photodetectors. Advanced Functional Materials, 2010, 20 (22): 3895-3903.

[91] Keivanidis P E, Khong S H, Ho P K H, et al. All-solution based device engineering of multilayer polymeric photodiodes: minimizing dark current. Applied Physics Letters, 2009, 94 (17): 173303.

[92] Tang Q, Li L, Song Y, et al. Photoswitches and phototransistors from organic single-crystalline sub-micro/nanometer ribbons. Advanced Materials, 2007, 19 (18): 2624-2628.

[93] Zimmerman J D, Diev V V, Hanson K, et al. Porphyrin-tape/C_{60} organic photodetectors with 6.5% external quantum efficiency in the near infrared. Advanced Materials, 2010, 22 (25): 2780-2783.

[94] Liu C, Wang K, Gong X, et al. Low bandgap semiconducting polymers for polymeric photovoltaics. Chemical

Society Reviews，2016，45（17）：4825-4846.

[95] Yao Y，Liang Y，Shrotriya V，et al. Plastic near-infrared photodetectors utilizing low band gap polymer. Advanced Materials，2007，19（22）：3979-3983.

[96] Gong X，Tong M，Xia Y，et al. High-detectivity polymer photodetectors with spectral response from 300nm to 1450nm. Science，2009，325（5948）：1665-1667.

[97] Osedach T P，Zhao N，Geyer S M，et al. Interfacial recombination for fast operation of a planar organic/QD infrared photodetector. Advanced Materials，2010，22（46）：5250-5254.

[98] Ramuz M，Bürgi L，Winnewisser C，et al. High sensitivity organic photodiodes with low dark currents and increased lifetimes. Organic Electronics，2008，9（3）：369-376.

[99] Friedel B，Keivanidis P E，Brenner T J K，et al. Effects of layer thickness and annealing of PEDOT:PSS layers in organic photodetectors. Macromolecules，2009，42（17）：6741-6747.

[100] Wang C，Dong H，Jiang L，et al. Organic semiconductor crystals. Chemical Society Reviews，2018，47（2）：422-500.

[101] Guo Y，Du C，Yu G，et al. High-performance phototransistors based on organic microribbons prepared by a solution self-assembly process. Advanced Functional Materials，2010，20（6）：1019-1024.

[102] Liu Y，Dong H，Jiang S，et al. High performance nanocrystals of a donor-acceptor conjugated polymer. Chemistry of Materials，2013，25（13）：2649-2655.

[103] Zhao G，Liu J，Meng Q，et al. High-performance UV-sensitive organic phototransistors based on benzo[1, 2-*b*: 4, 5-*b'*]dithiophene dimers linked with unsaturated bonds. Advanced Electronic Materials，2015，1（8）：1500071.

[104] Wang C，Ren X，Xu C，et al. n-Type 2D organic single crystals for high-performance organic field-effect transistors and near-infrared phototransistors. Advanced Materials，2018，30（16）：1706260.

[105] Park K S，Cho B，Baek J，et al. Single-crystal organic nanowire electronics by direct printing from molecular solutions. Advanced Functional Materials，2013，23（38）：4776-4784.

[106] Yuan Y，Huang J. Ultrahigh gain，low noise，ultraviolet photodetectors with highly aligned organic crystals. Advanced Optical Materials，2016，4（2）：264-270.

[107] Han J，Wang J，Yang M，et al. Graphene/organic semiconductor heterojunction phototransistors with broadband and bi-directional photoresponse. Advanced Materials，2018，30（49）：1804020.

[108] Xu H，Li J，Leung B H K，et al. A high-sensitivity near-infrared phototransistor based on an organic bulk heterojunction. Nanoscale，2013，5（23）：11850-11855.

[109] Pierre A，Gaikwad A，Arias A C. Charge-integrating organic heterojunction phototransistors for wide-dynamic-range image sensors. Nature Photonics，2017，11（3）：193-199.

[110] Sun Z，Li J，Yan F. Highly sensitive organic near-infrared phototransistors based on poly（3-hexylthiophene）and PbS quantum dots. Journal of Materials Chemistry，2012，22（40）：21673-21678.

[111] Jones G F，Pinto R M，De Sanctis A，et al. Highly efficient rubrene-graphene charge-transfer interfaces as phototransistors in the visible regime. Advanced Materials，2017，29（41）：1702993.

[112] Chen Y，Chu Y，Wu X，et al. High-performance inorganic perovskite quantum dot-organic semiconductor hybrid phototransistors. Advanced Materials，2017，29（44）：1704062.

[113] Yang F，Cheng S，Zhang X，et al. 2D organic materials for optoelectronic applications. Advanced Materials，2018，30（2）：1702415.

[114] Han H，Lee C，Kim H，et al. Flexible near-infrared plastic phototransistors with conjugated polymer gate-sensing layers. Advanced Functional Materials，2018，28（20）：1800704.

[115] Ren X，Yang F，Gao X，et al. Organic field-effect transistor for energy-related applications：low-power-consumption devices，near-infrared phototransistors，and organic thermoelectric devices. Advanced Energy Materials，2018，8（24）：1801003.

[116] Wang H，Liu H，Zhao Q，et al. Three-component integrated ultrathin organic photosensors for plastic optoelectronics. Advanced Materials，2015，28（4）：624-630.

[117] Wang H，Zhao Q，Ni Z，et al. A ferroelectric/electrochemical modulated organic synapse for ultraflexible，artificial visual-perception system. Advanced Materials，2018，30（46）：1803961.

[118] Wang H，Liu H，Zhao Q，et al. A retina-like dual band organic photosensor array for filter-free near-infrared-to-memory operations. Advanced Materials，2017，29（32）：1701772.

第9章 低维分子材料光伏器件

9.1 概述

本章主要介绍有机太阳能电池的工作原理、器件构型以及性能表征等。主要围绕基于低维分子材料的光伏器件的制备以及发展现状，研究基于双层异质结的低维光伏器件、基于共晶结构的低维光伏器件以及基于单组分单晶结构的低维光伏器件的构建方法及相关性能。

太阳能电池是通过材料的光伏效应产生电能的器件，是人类希望有可能取代化石能源的太阳能清洁利用的重要方式。在现有的太阳能电池中根据活性层材料的不同可主要分为：以硅为主体的无机太阳能电池、钙钛矿太阳能电池、染料敏化太阳能电池、有机太阳能电池等。其中有机太阳能电池因具有材料结构与功能丰富，质量轻，可溶液加工，可进行大面积及柔性器件制备等优势而备受关注。本章主要围绕有机太阳能电池进行总结。

有机太阳能电池的工作过程主要包括四个步骤：第一步，光吸收产生激子。在太阳光照射下，活性层中的有机半导体材料吸收能量大于其光学带隙的光子后，有机半导体材料中的电子从基态跃迁到激发态，由于有机半导体材料的介电常数较低，处于基态的空穴和激发态的电子之间的库仑束缚能较大，常温下的热能（$kT = 26\text{meV}$，k 为玻尔兹曼常量，T 为温度）不能使其分离，从而形成束缚的电子-空穴对，即激子。第二步，激子扩散。激子通过跳跃的形式在分子间扩散，其扩散距离受到激子寿命及有机半导体的特征影响，一般认为有机半导体激子的有效扩散距离通常在 10nm 左右[1, 2]，且会由于杂质和分子排列缺陷而导致激子的复合，通过振动弛豫回到基态，发射荧光。因此在本体异质结有机太阳能电池中需要良好的相结构，以利于激子的扩散。第三步，激子分离。当激子扩散至给受体界面时，在给受体最低未占分子轨道（LUMO）能级差的驱动下解离成自由空穴和电子[3]。第四步，电荷传输。自由电子和空穴在具有不同功函数的电极形成的空间电场作用下，分别由受体和给体相传输到各自电极。自由电荷的传输受到其迁移率的影响。整个过程如图 9-1（a）所示。上述过程结束后，电荷被电极收集形成电流。电荷在电极处的有效收集，需要活性层与电极之间形成欧姆接触，电极修饰层的引入能够降低接触势垒，提高电荷收集效率。图 9-1（b）反映了在微观状态下激子在给受体界面的扩散、分离、传输过程。

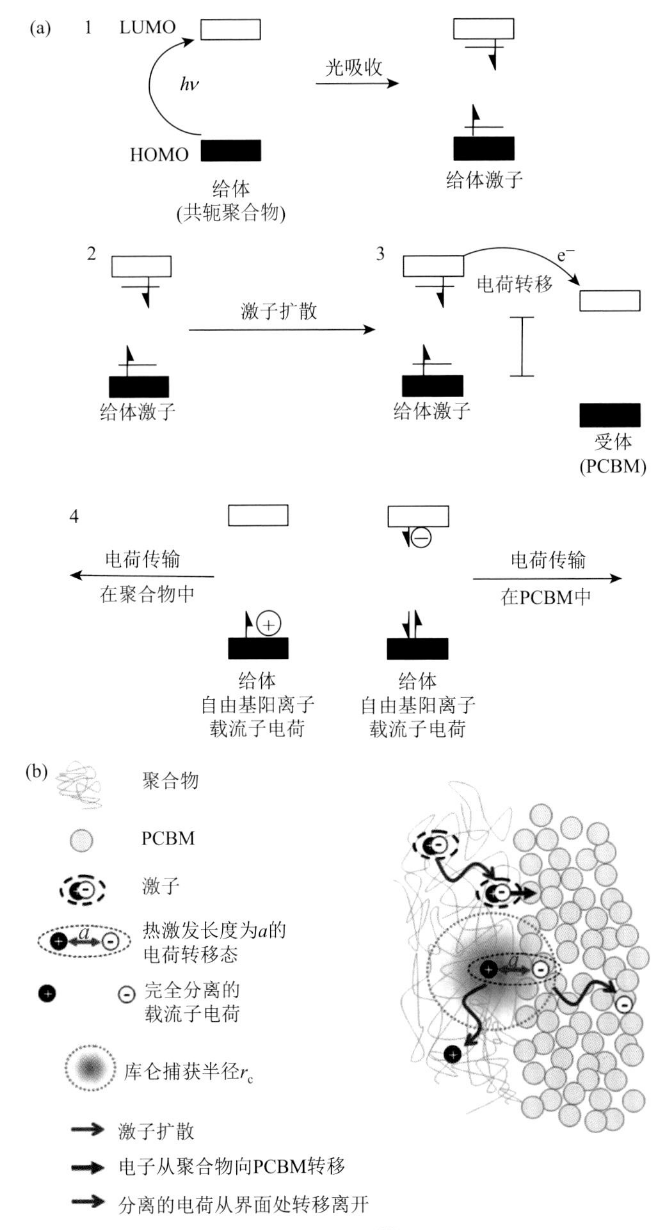

图 9-1　（a）有机太阳能电池中的光电流产生过程[4]；（b）激子在给受体界面分离产生自由电荷的过程示意图[5]

最早的有机太阳能电池始于 20 世纪五六十年代，但其光电转换效率非常低，基本都在 0.1%之内。有机太阳能电池真正引起科学界的兴趣始于 1986 年美国柯达公司的 Tang[6]通过层层蒸镀的方式制备了以酞菁铜为给体材料、苝酰亚胺衍生物为受体材料的双层异质结结构的有机太阳能电池器件，其结构如图 9-2（a）所示，在 275mV/cm^2 的光照条件下，其光电转换效率接近 1%。随着共轭聚合物提纯技术的发展，1992 年，Heeger 课题组报道了共轭聚合物与富勒烯之间的光诱导超快电荷转移现象[7]，这一现象成为有机太阳能电池的理论基础。在此基础上，Yu 等通过共混溶液旋涂制备出了以聚对亚苯基乙烯衍生物（MEH-PPV）为给体材料、可溶性富勒烯衍生物（$PC_{61}BM$）为受体材料的“本体异质结”型有机太阳能电池[8]，其结构如图 9-2（b）所示。同年，Halls 等报道了 MEH-PPV 和 CN-PPV 聚合物共混溶液旋涂制备的具有互穿网络结构的光电二极管[9]。利用共混溶液旋涂的方法得到的活性层薄膜中给体和受体形成的纳米尺度的互穿网络结构，极大地提升了给受体界面面积，光生激子能够扩散到异质结界面及时拆分，并通过给受体相传输，电荷的分离效率得到提高。本体异质结有机太阳能电池器件的结构优势使其成为之后几十年的研究热点。

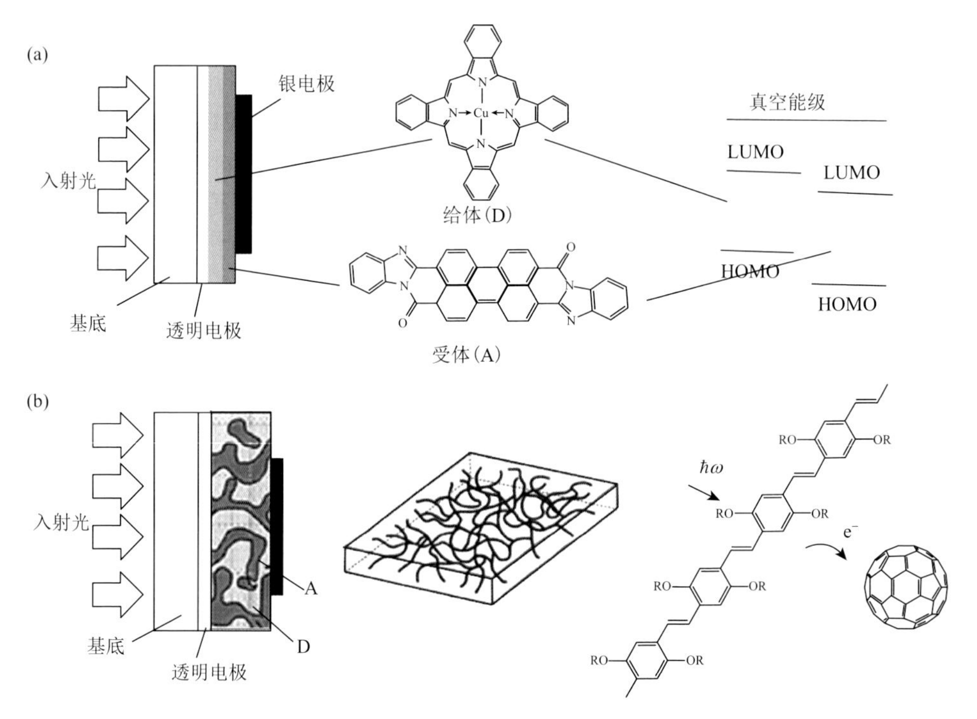

图 9-2 （a）基于酞菁铜为给体材料、苝酰亚胺衍生物为受体材料的双层异质结有机太阳能电池[6]；（b）本体异质结太阳能电池示意图、互穿网络结构以及光诱导的超快电荷转移（图中 $\hbar\omega$ 为光子能量）[7]

在过去的几十年间，科研人员在新型材料的设计[10-14]、器件结构的优化[15-17]、添加剂的引入[18]和电极缓冲层的优化[19, 20]等有利于器件性能提升的主要因素方面都取得了很大的研究进展，有效提升了有机太阳能电池的光电转换效率（PCE）。近年来单层有机太阳能电池的 PCE 已接近 18%[21-23]，叠层有机太阳能电池的 PCE 已超过 17%[24]，展示了光明的应用前景。

有机半导体单晶具有长程有序的分子排列以及较少的缺陷，这使其在反映分子材料的本征性能上具有突出的优势。基于单晶结构的有机半导体材料在场效应晶体管、发光二极管、传感器、有机电路等方面都有大量的研究，并显示出优越的性能[25, 26]。基于有机单晶半导体材料的有机光伏器件的报道则相对不多。主要原因包括：①有机太阳能电池材料主要设计方向是设计出可溶液法制备的活性层，而为了提升材料的溶解性，一般需要引入不同长度的烷基侧链等，这增加了有机半导体材料形成长程有序的单晶结构的难度；②即使能够实现有机半导体材料单晶的生长，构建具有适当器件结构的有机光伏器件也很困难。这些因素都大大地制约了有机单晶光伏器件的研究，进而不利于理解有机光伏器件中分子结构、器件构型，以及器件性能之间的构效关系。但是有机单晶器件在场效应晶体管、发光二极管、传感器等方面的突出优势还是激发了我们对有机单晶光伏器件的研究热情。虽然相关的报道与其他类型的器件相比并不多，但还是为理解有机光伏器件的内在工作机制提供了重要的指导。本章将对基于低维单晶结构有机光伏材料的光伏器件的制备以及发展现状进行详细的介绍。

9.2　有机光伏器件中光电转换效率的影响因素

有机太阳能电池器件的基本物理性质通过测试 AM 1.5G 光强下的电流密度-电压（J-V）曲线表征，如图 9-3 所示。在暗态下测试曲线为其暗电流曲线。基本性能参数包括：开路电压（V_{oc}）：太阳能电池光照下正负极断路下的电压，即太阳能电池的最大输出电压，通常单位为 V。短路电流密度（J_{sc}）：太阳能电池光照下正负极短路时的电流，即太阳能电池的最大输出电流，通常单位为 mA/cm^2。填充因子（FF）：最大输出功率（P_{max}）与 V_{oc}、J_{sc} 乘积的比值，见式（9-1）。光电转换效率（PCE）：表明入射光的能量有多少转化为有效的电能，即最大输出功率与入射光强度 P_{light} 之比，计算公式如式（9-2）所示。

$$\mathrm{FF} = (V_{max} \times J_{max}) / (V_{oc} \times J_{sc}) \tag{9-1}$$

$$\mathrm{PCE} = V_{oc} \times J_{sc} \times \mathrm{FF} / P_{light} \tag{9-2}$$

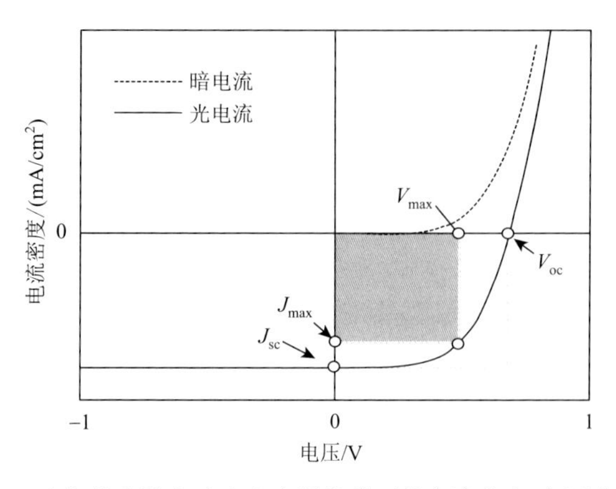

图 9-3 太阳能电池在暗态和光照条件下的电流密度-电压曲线[27]

此外，通过测量外量子效率（EQE）表征有机太阳能电池器件在给定波长下入射光子数产生电子数的比例，所以外量子效率又称入射光子-电子转化效率（IPCE）。通过对 EQE 和 AM 1.5G 的标准光谱（ASTM G173 全球参考光谱）卷积积分，计算得到短路条件下的积分电流密度。内量子效率（IQE）表示活性层吸收的光子数转换成电子数的比例，$IQE = EQE/A = EQE/(1-T-R-S)$，其中，$A$ 为活性层光谱吸收率，具体值可通过测试器件对光的透过率（T）、反射率（R）和漫散射率（S）计算。

9.2.1 开路电压的影响因素

有机太阳能电池可以借鉴无机太阳能电池中使用的“Shockley 模型”来研究器件的基本物理性质[27, 28]。无机太阳能电池器件的等效电路图如图 9-4（a）所示。在暗态下，太阳能电池可以看作二极管，二极管的反向饱和电流 J_0、理想因子 n 反映器件中电子和空穴在 p-n 结上的复合过程。光电流源 J_{ph}，表示在光照下的光电流。串联电阻 R_s，表示电池器件的内电阻。并联电阻 R_p，反映器件中由缺陷所引起的寄生电流的大小。等效电路的数学表达式为[29]

$$J = J_0\left[\exp\left(\frac{q(V-JR_s)}{nkT}\right)-1\right]+\frac{V-JR_s}{R_p}-J_{ph} \tag{9-3}$$

其中，q 为基元电荷；k 为玻尔兹曼常量；T 为温度。等号右边第一项代表器件中的复合电流，由器件在暗场下的二极管的整流性质决定，对应于图 9-4（b）中的中等电流区（Ⅱ区）。第二项表示漏电流，对应于图 9-4（b）中的低电压电流区域（Ⅰ区）。串联电阻 R_s 决定高电压区域（Ⅲ区）。当串联电阻较小、并联电阻足够大时，可以忽略串联和并联电阻的影响，从而近似计算出 V_{oc} 和 J_{sc}。

$$V_{oc} = nkT\ln\left(1+\frac{J_{ph}}{J_0}\right) \approx nkT\ln\left(\frac{J_{ph}}{J_0}\right) \tag{9-4}$$

$$J_{sc} \approx -J_{ph} \tag{9-5}$$

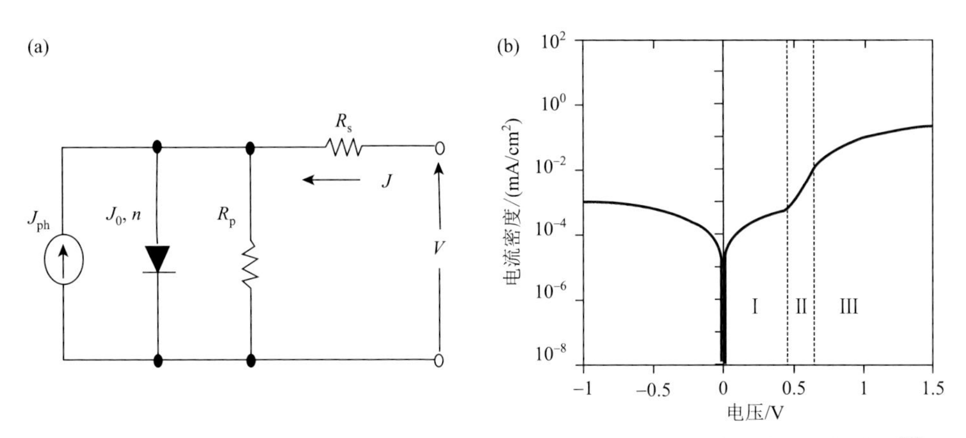

图 9-4 （a）太阳能电池器件 Shockley 模型的等效电路图；（b）暗电流的对数曲线[29]

有机太阳能电池中开路电压与众多因素相关[30, 31]，在活性层和电极之间为欧姆接触时，有机太阳能电池的开路电压与给体材料 HOMO 能级和受体材料的 LUMO 能级差呈线性关系。Brabec 等[32]2001 年研究了一系列具有不同 LUMO 能级的富勒烯衍生物与聚合物给体 MDMO-PPV 组成的有机太阳能电池，发现 V_{oc} 与富勒烯衍生物的 LUMO 能级呈线性关系，而金属电极功函数对其影响不大，作者认为富勒烯衍生物与金属电极之间形成的偶极是电极功函数影响不大的原因。在 2006 年，Heeger 课题组[33]分析了 26 种具有不同 HOMO 能级的聚合物与 PCBM 受体组成有机太阳能电池的 V_{oc}，并给出了 V_{oc} 与给体 HOMO 能级和受体 LUMO 能级关系的经验公式：

$$V_{oc} = \left(\frac{1}{q}\right)(E_{LUMO,A} - E_{HOMO,D}) - 0.3V \tag{9-6}$$

其中，q 为基元电荷；$E_{HOMO,D}$ 为给体材料的 HOMO 能级；$E_{LUMO,A}$ 为受体材料的 LUMO 能级。0.3V 为经验值。

原则上，V_{oc} 源于光照条件下电子准费米能级和空穴准费米能级的分离[30, 34]，如图 9-5 所示。公式表示为

$$V_{oc} = \left(\frac{1}{q}\right)(E_{F,e} - E_{F,h}) \tag{9-7}$$

其中，$E_{F,e}$ 为电子准费米能级；$E_{F,h}$ 为空穴准费米能级。有机太阳能电池中，由于材料的无序性，给体材料的准费米能级向上迁移、受体材料的准费米能级向下迁移，从而导致 V_{oc} 的损失[34]。

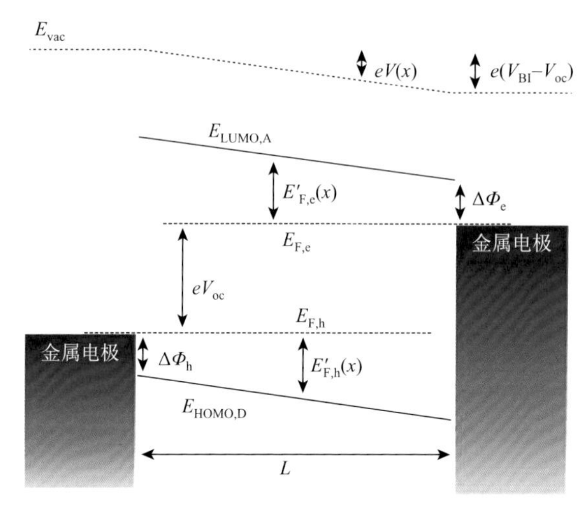

图 9-5　开路电压下有机太阳能电池的能级示意图[34]

E_{vac} 代表真空能级；V_{BI} 代表内建电场形成的电势差；$E_{F,e}$ 代表电子的准费米能级；$E_{F,h}$ 代表空穴准费米能级；$E_{LUMO,A}$ 代表受体材料的 LUMO 能级；$E_{HOMO,D}$ 代表受体材料的 HOMO 能级；$\Delta\Phi_e$ 代表金属能级与受体材料的 LUMO 能级之间的差值；$\Delta\Phi_h$ 代表金属能级与给体材料的 HOMO 能级之间的差值；$E'_{F,e}(x)$ 代表迁移后的电子准费米能级；$E'_{F,h}(x)$ 代表迁移后的空穴准费米能级

在有机太阳能电池中，复合速率与器件中载流子的浓度相关，载流子浓度越高，复合速率越高。在器件 V_{oc} 处，器件中的净电流为 0，即复合速率等于载流子的产生速率，此时器件中双分子复合占主导[35]，载流子的产生速率为 $\gamma n_h n_e$。在图 9-5 中，空穴和电子在准费米能级上是玻尔兹曼分布，在不考虑活性层无序（disorder）性时，可以推导出 V_{oc} 与给体 HOMO 和受体 LUMO 能级差及复合速率的关系[34]：

$$V_{oc} = \frac{1}{q}(E_{LUMO,A} - E_{HOMO,D}) - \frac{kT}{q}\ln\left(\frac{\gamma N_h N_e}{G}\right) \tag{9-8}$$

其中，G 为载流子的产生速率；γ 为复合速率；N_h 和 N_e 分别为空穴和电子总的态密度（density of state，DOS）。式（9-8）中，等式右边第一项和经验公式式（9-6）一致，第二项代表载流子复合导致的 V_{oc} 损失，反映器件中载流子的产生和复合的平衡关系。不同的材料体系，由于复合速率 γ 的不同，从而具有不同 V_{oc} 损失，范围在 0.2～0.5V。第二项的另外一种形式是 $kT/q\ln(N_h N_e/n_h n_e)$。

在考虑活性层无序性时，材料的 HOMO 和 LUMO 将不会像单晶硅一样没有明确的起始点，表现为低能量密度的带尾态（band tail state），如图 9-6 所示。实验表明 DOS 的分布有两种形式，一种是高斯分布，另一种是指数分布。一般情况下，分布宽度在 0.1～0.2eV。可以推导出在考虑无序性之后，V_{oc} 与给体 HOMO 和受体 LUMO 能级差、无序性和复合速率之间的关系，其中无序性用 DOS 的宽度表示[34]。在高斯分布和指数分布情况下的公式分别为

$$V_{oc}=\frac{1}{q}(E_{LUMO,A}-E_{HOMO,D})-\frac{\sigma^2}{kT}-\frac{kT}{q}\ln\left(\frac{G}{\gamma N_h N_e}\right) \tag{9-9}$$

$$V_{oc}=\frac{1}{q}(E_{LUMO,A}-E_{HOMO,D})-\left(\frac{E_t}{kT}\right)\frac{kT}{q}\ln\left(\frac{G}{\gamma N_h N_e}\right) \tag{9-10}$$

其中，σ 和 E_t 分别为高斯分布和指数分布时的 DOS 的分布宽度。需要指出的是，此处认为空穴和电子的 DOS 分布一致，合并考虑。在实际器件中需要分开，如对高斯分布，第二项应该是 $(\sigma_h^2+\sigma_e^2)/2kT$。

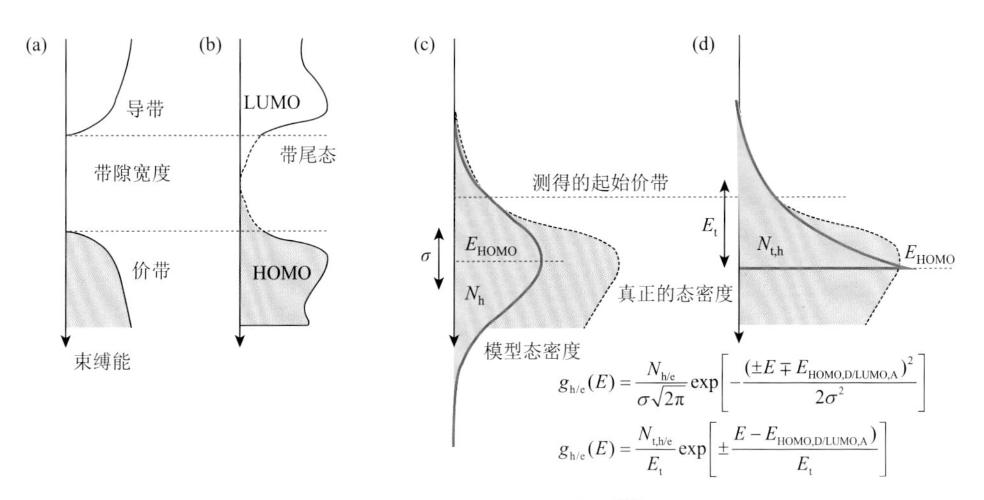

图 9-6　态密度分布示意图[34]

（a）单晶硅；（b）有机半导体；（c）和（d）分别表示 DOS 的高斯分布和指数分布；下方公式分别为高斯分布和指数分布公式

Garcia-Belmonte 等[36]报道了由两种不同的富勒烯衍生物 PCBM 和 DPM_6 与 P3HT 组成的有机太阳能电池，如图 9-7 所示，PCBM 和 DPM_6 具有几乎相同的 LUMO 能级，然而基于这两个富勒烯衍生物受体的电池 V_{oc} 相差 0.125V，作者通过研究不同光强下的 V_{oc} 处阻抗谱，得到 PCBM 和 DPM_6 具有不同的态密度（DOS）分布。DPM_6 具有更窄的 DOS 分布，从而提高了电子的准费米能级，因此获得了较高的 V_{oc}。Gao 等[37]研究了二碘甲烷（DIO）添加剂对 PBDTTT-C-T∶PCBM 体

系的无序性的影响，通过测试不同温度下的迁移率来研究 DOS 的分布宽度。实验表明加入 DIO 能够提高 PCBM 的有序性，从而降低σ的值，但 DIO 的加入对聚合物的σ没有影响。

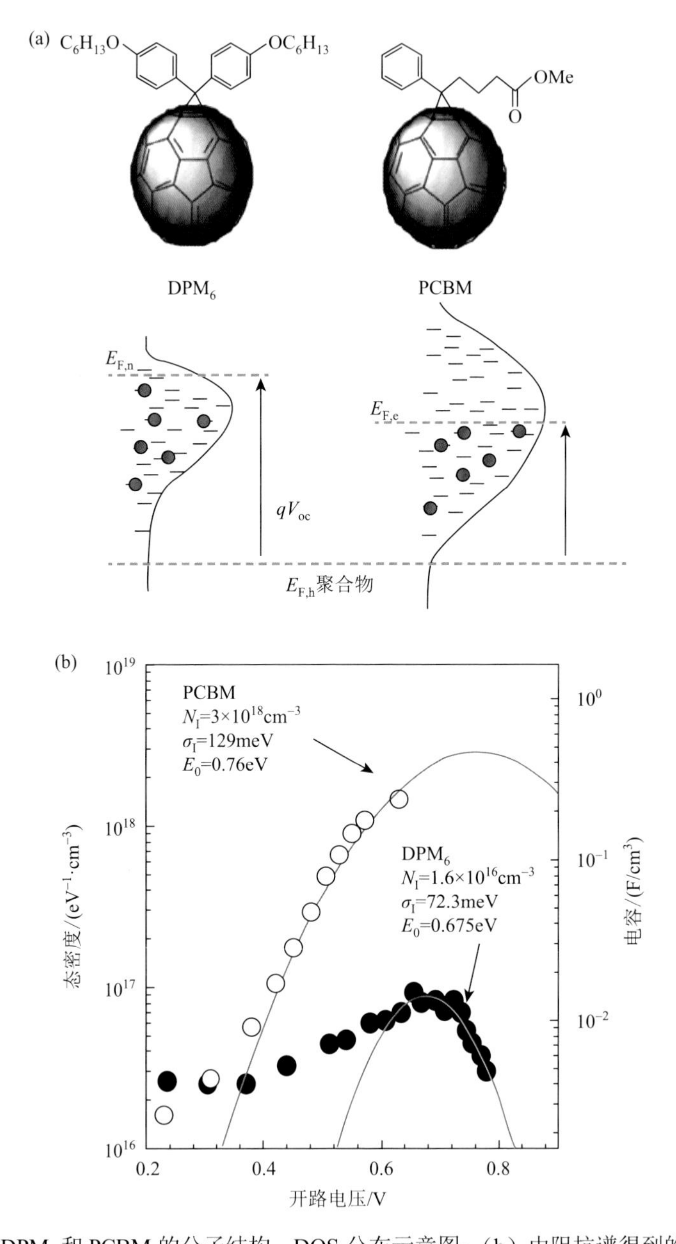

图 9-7　（a）DPM_6和 PCBM 的分子结构、DOS 分布示意图；（b）由阻抗谱得到的 DOS 结果[36]

有机太阳能电池中光生激子在界面处发生电荷分离形成自由电荷前，往往会存在一个过渡态，即电荷转移态（CT 态），即电子在转移到相邻受体分子时仍然与其原有的配对空穴存在库仑相互作用，这种发生完全电荷分离前的中间态即是电荷转移态，示意图如图 9-1（b）所示。在有机太阳能电池中，可以推导出开路电压和电荷转移态之间的关系[38]：

$$V_{oc}=\frac{E_{CT}}{q}+\frac{kT}{q}\ln\left(\frac{J_{sc}h^3c^2}{fq2\pi(E_{CT}-\lambda)}\right)+\frac{kT}{q}\ln\left(\mathrm{EQE_{EL}}\right) \tag{9-11}$$

其中，E_{CT} 为电荷转移态和基态之间的能量差；λ 为重组能；f 为与电荷转移态态密度相关的参数。等式右边第二项表示非辐射复合导致的 V_{oc} 损失，第三项表示辐射复合导致的 V_{oc} 损失[38]。有机太阳能电池开路电压与 DOS、CT 的关系公式，都能够解释经验公式式（9-6）。CT 模型基于给受体界面，DOS 模型基于给受体材料的性质。在 CT 模型和 DOS 模型中占主导地位的复合方式都是双分子复合。CT 模型中双分子复合通过给受体界面的 CT 态进行辐射复合和非辐射复合，表现为反向饱和电流的增加，从而导致 V_{oc} 损失；DOS 模型中双分子复合通过给受体材料的带尾态进行。

9.2.2　短路电流的影响因素

有机太阳能电池中短路电流反映器件对入射光的利用，可以通过对 EQE 积分得到器件在 AM 1.5G 下的短路电流[39]。计算公式为

$$J_{sc}=\int q\eta_{EQE}(\lambda)N_{ph}(\lambda)\mathrm{d}\lambda \tag{9-12}$$

其中，$N_{ph}(\lambda)$ 为 AM 1.5G 光谱的光子通量密度（图 9-8）；$\eta_{EQE}(\lambda)$ 为外量子效率，在有机太阳能电池中，$\eta_{EQE}(\lambda)$ 为光吸收产生激子 η_A、激子扩散 η_{ED}、激子分离 η_{CS}、电荷传输 η_{CT} 和电荷收集 η_{CC} 效率综合表现[39]，即

$$\eta_{EQE}=\eta_A\times\eta_{ED}\times\eta_{CS}\times\eta_{CT}\times\eta_{CC} \tag{9-13}$$

对于本体异质结太阳能电池，积分范围是从低波长方向向活性层的吸收边（λ_{edge}）积分。因此，有机半导体吸光范围越宽，理论上短路电流越高。需要指出的是，短路电流是反映光子数转化为电子数比例的积分，在积分过程中不考虑光子所包含的能量。

有机太阳能电池中的有机半导体材料相比传统无机材料具有很高的吸光系数，因此只需要几百纳米厚的活性层就可以很好地吸收入射的太阳光。但是有机共轭材料的吸收光谱一般较窄，只能利用太阳光谱中的一部分。另外，有机太阳能电池中的给受体的载流子迁移率偏低，限制了活性层的厚度。对于 100nm 左右活性层，没有金属电极的反射和光学干涉的情况下，其光吸收值一般不超过 60%。

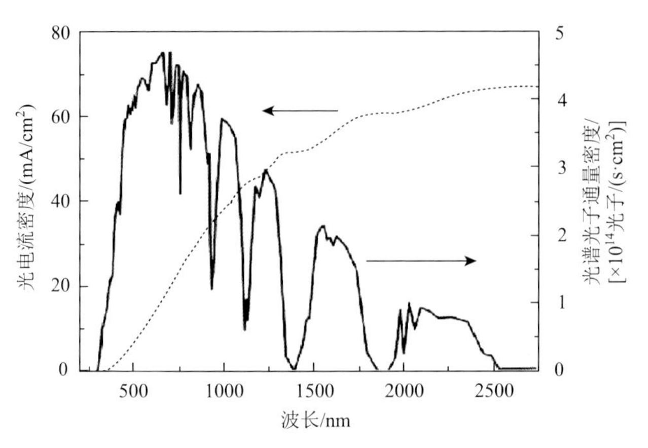

图 9-8 标准 AM 1.5G 的太阳光谱及积分电流示意图[27]

金属蒸镀能够形成光滑致密的金属电极，能够反射未吸收的光，增加活性层二次吸收，提高短路电流。本质上，需要通过提高活性层材料的光谱吸收范围、吸光系数与材料的迁移率等来提高短路电流。

Blom 等[40]从经典半导体模型出发，探讨了有机太阳能电池中光电流和载流子迁移率的关系。前面介绍了在串联电阻较小、并联电阻较大的情况下，$J_{sc} \approx -J_{ph}$，因此可以近似来说明短路电流和迁移率的关系。一般在有机太阳能电池中空穴迁移率低于电子迁移率，从而使空穴在器件中积累形成空间电荷，空间电荷积累的界限是光电流等于空间电荷限制电流。基于此，Blom 等推导出

$$J_{ph} = q\left(\frac{9\varepsilon_0\varepsilon_r\mu_h}{8q}\right)^{1/4} G^{3/4}V^{1/2} \tag{9-14}$$

其中，q 为基元电荷；ε_0 为真空介电常数；ε_r 为相对介电常数；μ_h 为空穴迁移率；G 为激子产生数；V 为外加电压。在空穴和电子迁移率不平衡的情况下，迁移率较小的载流子对光电流的产生起主导作用。光电流和外加电压的平方根成正比。所以从器件物理的角度出发，需要尽量提高并平衡空穴和电子迁移率，以减小空间电荷，从而提高器件的光电流。

9.2.3 填充因子的影响因素

从式（9-3）可以得到在理想状态下的 FF 的经验公式式（9-15），其中 v_{oc} 为归一化的开路电压，$v_{oc} = V_{oc} / nkT$。

$$\text{FF} = \frac{v_{oc} - \ln(v_{oc} + 0.72)}{v_{oc} + 1} \tag{9-15}$$

从式（9-15）可以看到 FF 的最大值由器件的开路电压 V_{oc} 和理想因子 n 决定[41]。从式（9-15）可知，FF 的值小于 1。在 V_{oc} 的值大于 1V 时，式（9-15）能够很好地吻合器件测得 FF。对于有机太阳能电池，当 V_{oc} 在 0.5～1V，n 在 1.5～2 时，可以使用式（9-15）预测有机太阳能电池的 FF[27]。图 9-9 是根据式（9-15）计算得到的在不同理想因子 n 下的填充因子 FF 随 V_{oc} 的变化图。从图中可以看到，$V_{oc}=0.8\text{V}$、$n=1.5$ 的条件下，FF 为 81.3%，目前报道的有机太阳能电池已有 FF 接近 80%[42, 43]。理想因子 n 是对器件二极管性能的体现，与活性层的结晶性相关。由于有机半导体材料固有的无序性和杂质带来的载流子的复合，有机太阳能电池的理想因子一般在 1.5～2 之间[27, 42]。因此，可以通过提高有机共轭材料的结晶性、材料的纯度等方式来增加提高 FF 的可能性。此外，在实际器件中串联电阻和并联电阻的影响并不能忽略，串联电阻和并联电阻是 FF 小于理论值的重要原因。在有机太阳能电池中通过选择合适的界面修饰层来降低串联电阻、提高并联电阻。

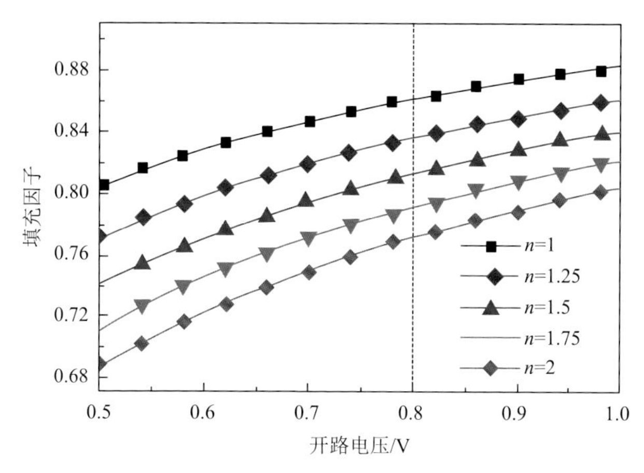

图 9-9　不同理想因子 n 下理想电池的填充因子与开路电压的关系

瞬态光电导的实验证实，在体相异质结有机太阳能电池中，FF 体现的是载流子在内建电场作用下的传输与载流子复合的竞争关系[44, 45]。当载流子的传输大于复合时，器件具有较高的 FF。载流子的传输与内建电场以及载流子的迁移率有关。因此可以通过引入电极修饰层的方式提高器件的内建电场来提高 FF，在合成材料时需要设计高迁移率的给受体材料，在器件优化中通过调控形貌结构来改善载流子的传输。在有机太阳能电池中存在两种载流子复合过程：单分子复合（monomolecular recombination）和双分子复合（bimolecular recombination）。单分子复合一般包含两层含义：孪生复合（geminate recombination）和 SRH 复合（Shockley-Read-Hall recombination）[46, 47]。由于有机材料介电常数较低，光生空穴-电子对具有较强的库仑相互作用，在完全分离前通常存在一个过渡态——电荷转移态[48]，此时的电子和空穴由于库仑相互作用而未完全分离。空穴-电子对没有分离为自由电荷，而是复合弛豫到基态能级，则这种复合过程就称为孪生复合。而如果空穴-电子对分离成的自由电荷在被电极收集前又在给受体界面处相遇，则会发生双分子复合。SRH 复合是单电子和单空穴通过陷阱态或复合中心复合[46]。有机太阳能电池单分子复合是通过给体和受体材料中的杂质以及给受体的界面缺陷进行（图 9-10）。因此从复合的过程分析，可以通过提高给受体材料的纯度来减少缺陷，优化给受体界面、提高相纯度等手段来减少相界面缺陷，从而抑制有机太阳能电池的复合，以提高器件 FF。

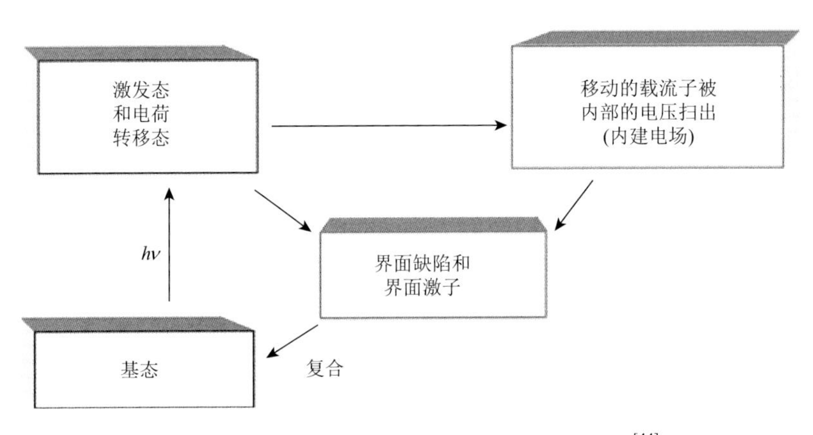

图 9-10 载流子传输与复合对填充因子的影响[44]

9.3 有机光伏器件的构型

目前的薄膜有机太阳能电池器件的基本结构为三明治结构，活性层夹在具有不同功函数的电极之间。活性层由有机半导体光伏材料构成。在传统的结构中，一般采用氧化铟锡（ITO）透明导电玻璃作基底，其功函数与本体异质结中的给体材料的最高占据轨道（HOMO）能级接近，被用作阳极收集空穴，另一电极则作为阴极收集电子，一般采用钙、镁、铝等低功函数金属，使其功函数与受体材料的最低未占轨道（LUMO）能级接近。随着人们对器件的认识，发现使用的 ITO 电极和金属电极与本体异质结中给受体的能级不匹配，造成电极与活性层之间接触势垒的增加，影响电荷的收集效率。因此开发出一系列改进方法，最常用的是在电极和活性层之间增加电极修饰层，以降低接触势垒，实现电极和活性层之间的欧姆接触。

由于 ITO 的功函数介于给体和受体之间，所以经过修饰的 ITO 既可以作为阳极，又可以作为阴极。我们一般将 ITO 作为阳极的电池结构称为正向器件，将 ITO 作为阴极的电池结构称为反向器件[49]。正向器件的基本结构：玻璃基底/ITO/阳极缓冲层/活性层/阴极缓冲层/阴极。反向器件的基本结构：玻璃基底/ITO/阴极缓冲层/活性层/阳极缓冲层/阳极。结构示意图如图 9-11 所示。

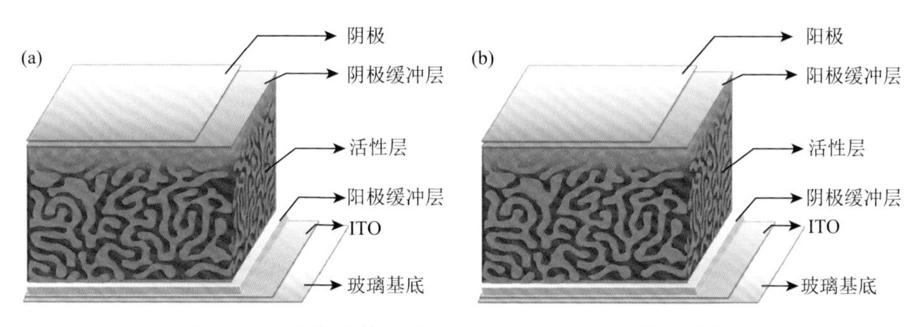

图 9-11　正向器件（a）和反向器件（b）结构示意图

根据活性层内有机半导体光伏材料分布方式的不同，有机光伏器件还可以分为给受体双层异质结器件、本体异质结器件和单组分结构器件等，下面将分别进行介绍。

9.3.1　给受体双层异质结器件

给受体双层异质结作为太阳能电池的活性层，通常以蒸镀的方法将有机半导体给体材料与受体材料分层制备。这种器件结构最早令有机太阳能电池真正被引起关注，1986 年，Tang 等采用酞菁铜给体材料和苝酰亚胺受体材料构建了双层异质结器件，使有机太阳能电池的光电转换效率相比仅有一种活性层材料的有机太阳能电池器件提升了一个数量级[6]。自此之后的 30 多年间，双层异质结有机太阳能电池器件的光电转换效率也提升到 10%以上[50-52]。器件的工作时间也从最初的几小时延长至几年[53, 54]，器件的面积从最初的实验室级别的 1mm^2 增加至现在的可实际使用的尺寸[55, 56]。

9.3.2　本体异质结器件

当给体有机半导体材料与受体有机半导体材料以共混的形式来充当有机太阳能电池的活性层时，则形成了本体异质结有机太阳能电池器件。理想的分子聚集方式是给体材料分子在阳极附近聚集，受体材料分子在阴极附近聚集。给体分子与受体分子的分相尺寸要足够小，以提供充足的给受体界面，使得激子能在给受体界面上进行有效的分离；同时给受体分子的分相尺度还要足够大，以形成双连续的互穿网络结构，以利于激子分离后形成的自由电荷能够有效地传输并由对应的电极收集。

1995 年，Heeger 组将 MEH-PPV 与 $PC_{61}BM$ 共混构建了第一个具有本体异质结结构的器件[8]，同年该组的 Yu 等将 MEH-PPV 与 CN-PPV 利用溶液共混再旋涂的方式构建了有机太阳能电池器件，其光电转换效率为 0.9%，与单独由 MEH-PPV 作为活性层的有机太阳能电池器件相比，其光电转换效率提升了约 20 倍，与单独由 CN-PPV 作为活性层的器件相比，光电转换效率提升了约 100 倍[57]。此后，开启了本体异质结有机太阳能电池器件作为主体研究结构的新纪元。迄今为止，具有最高光电转换效率的有机太阳能电池器件都是具有本体异质结结构的器件[22, 51]。

本体异质结有机太阳能电池活性层部分的构建方法主要包括溶液法和真空蒸镀两种。溶液法是将给受体材料通过一定比例共混后，溶解于溶剂中，再通过甩膜、刮涂或者卷对卷旋涂的方式来构建器件的活性层。真空蒸镀方法通常是采用将给体材料与受体材料共同蒸出并同时沉积于基底上，给受体材料的共混比例一般通过相同蒸镀时间内两种材料的蒸出速率来控制。

另外，近年来三元体系的有机太阳能电池器件和叠层有机太阳能电池器件也得到了蓬勃的发展。对于三元体系有机太阳能电池器件，目前的三元体系包括两种给体材料和一种受体材料共混、两种受体材料和一种给体材料共混两种形式[58, 59]。相比于只有给体和受体材料两种组分的有机太阳能电池器件，三元体系有机太阳能电池器件具有以下几个优点：①通过具有不同带隙宽度的组分材料的引入可以拓宽有机太阳能电池器件活性层材料对太阳光的利用范围和吸收强度; ②通过对活性层内分子排列方式的调控来提升激子分离以及电荷收集的比率等。叠层电池也是为了拓展电池对太阳光谱的利用范围而被开发出来的，在电极之间夹着使用连接层隔开的两层具有不同吸收光谱的活性层[24]。三元体系有机太阳能电池与叠层电池的结构如图 9-12 所示。三元体系有机太阳能电池器件与叠层有机太阳能电池器件的活性层也以本体异质结为主体。

9.3.3 单组分结构器件

单组分结构器件是最早被报道的有机太阳能电池结构，即采用单一种类有机半导体光伏材料作为活性层[60]，通过具有不同功函数的金属作为阴极和阳极来构建有机太阳能电池器件。虽然这种结构的器件在较早时期被报道的效率都很低，即被认为是缺少激子分离的界面，因而无法实现有效的分离，以及单一种类有机光伏材料可能较难实现电子和空穴在其内部进行同时的、有效的传输，因而无法实现理想的光电转换效率。但是相比给受体共混构建的二组分有机太阳能电池器

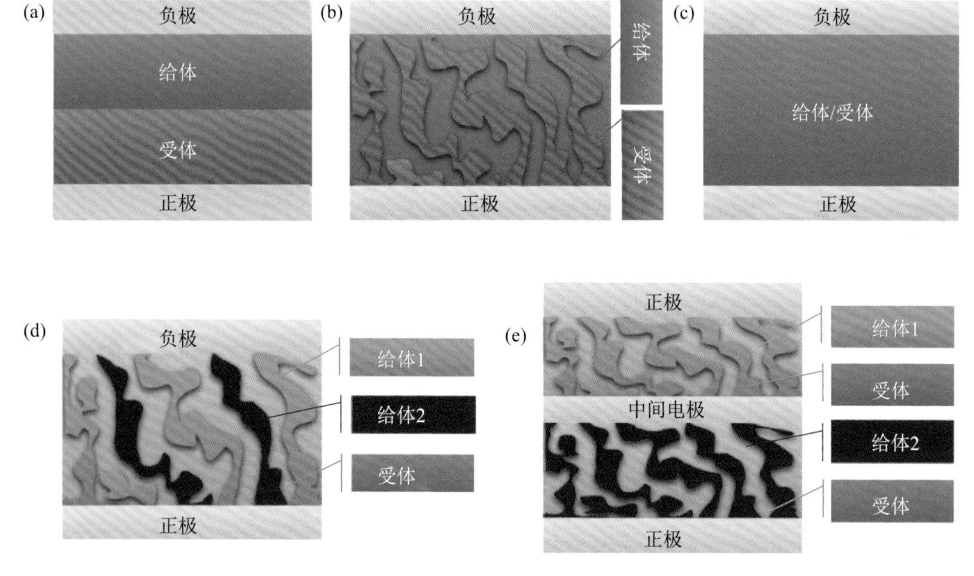

图 9-12　有机太阳能电池器件的结构图

（a）双层器件；（b）本体异质结器件；（c）单层器件（给体材料或者受体材料）；（d）三元器件；（e）叠层器件

件，单组分有机太阳能电池器件也有着不可取代的优势。第一，当两种有机半导体材料共混时，两种材料间将会发生相分离，不同的分相结构对有机太阳能电池器件的光电转换效率有非常重要的影响，而两种材料的相分离通常很难控制，相稳定性也相对于单组分相低，因而采用单组分结构的有机太阳能电池器件，在相调控和相稳定性方面具有非常明显的优势。第二，对单组分结构的有机太阳能电池器件中活性层分子排列方式以及结晶性等进行调控，对于深入理解分子结构与器件性能之间的内在关联具有不可替代的优势。

最早的单组分有机太阳能电池器件报道于 20 世纪 50 年代，当时有几个课题组都在研究基于有机半导体材料器件的光伏特性，并能够得到 1V 的光电压，这一结果大大地激励了当时的科研人员。但是当时单层有机太阳能电池器件的光电转换效率只能达到 $10^{-3}\%\sim10^{-4}\%$量级。直至 1981 年，基于部花青（merocyanine）单层有机太阳能电池器件的光电转换效率能达到 0.36%[60]。1996 年，第一种含富勒烯侧基的共轭聚合物材料被 Benincori 等报道，他们将 C_{60} 直接接枝到环戊二噻吩碳桥上，这种双功能的聚合物也被引入到单组分的有机太阳能电池器件中[61]，之后也有人将 PCBM 直接接枝在不同的给体材料上[62]，从而构建有机太阳能电池器件，但是器件的光伏性能相对较低。2017 年，Li 课题组合成了一系列的将苝酰亚胺接枝在 BDT 类给体单元的支链上形成的这种具有双功能的聚合物，基于此种聚合物的单组分有机太阳能电池的光电转换效率得到了较大的提升，最高能达到 4.18%[63]。2020 年 Wei 课题组发现，即使不将给受体材料进行枝连，而仅由 D-A 共轭的有机小分子给体材料 BTID-0F 作为活性层来构建单组分器件，其光电转换效率也能达到 1.61%[64]。这为有机光伏材料的设计提供了新的思路。

9.4 低维分子材料光伏器件的制备与发展现状

低维的有机半导体单晶结构因为在工业、生物、能量存储以及电子应用等方面显示出的优势而备受关注。而基于低维有机单晶 p-n 结所构建的有机太阳能电池器件也一直是研究有机太阳能电池内在工作机制的一个潜在的有效载体。虽然关于低维度的无机单晶 p-n 结的研究已经取得了突破性的进展，但是关于低维度有机单晶 p-n 结的可控生长，以及相关器件的构建和性能的研究依然还有很长的路需要探索。经过不懈的努力，近年来关于低维度的有机单晶 p-n 结的突破性进展如图 9-13 所示[25]。

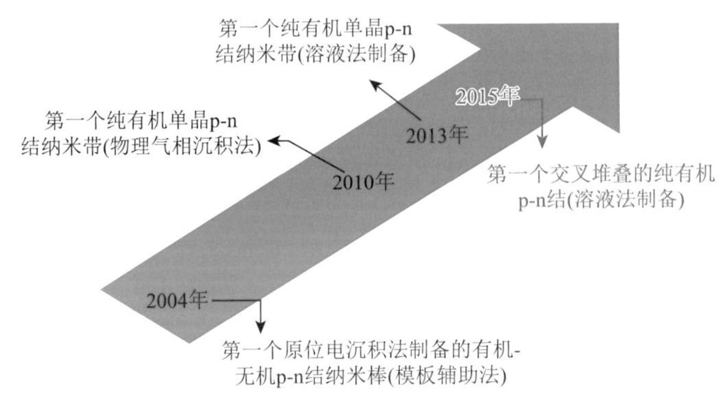

图 9-13　一维有机 p-n 结的突破性进展时间表[25]

9.4.1 基于给受体双层异质结的低维光伏器件的活性层生长

1. 气相沉积法

物理气相沉积法是生长有机半导体单晶材料的经典方法之一，理解有机半导体分子材料的可控生长机制是实现低维度的有机单晶 p-n 结的可控生长的关键。2010 年，Hu 课题组利用两种具有良好晶格匹配度的有机小分子材料，通过模板法实现了一维有机单晶 p-n 结的可控生长，即利用一种有机半导体材料（酞菁铜 CuPc）单晶纳米带作为模板来诱导另一种有机单晶纳米带（全氟取代酞菁铜 $F_{16}CuPc$）在其上表面生长（图 9-14）[65]。

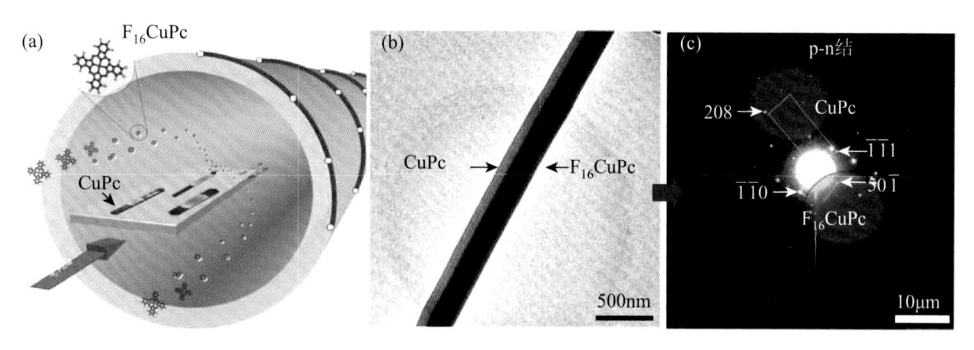

图 9-14　物理气相沉积法实现基于 CuPc 和 $F_{16}CuPc$ 单晶 p-n 结纳米带的生长（a）及其对应的透射电镜照片（b）、（c）

2. 溶液自组装

溶液自组装的方法也是生长有机单晶的经典方法之一，主要包括溶剂缓慢蒸发法和良溶剂与不良溶剂互相扩散法。而利用溶液法实现有机单晶 p-n 结的生长也很困难。2015 年，Li 等采用 DPP-PR 与 C_{60} 的共混溶液，利用硅片固定溶液的方法实现了通过溶液自组装生长低维有机单晶 p-n 结（图 9-15）。这是利用溶液自组装的方法实现有机单晶 p-n 生长的突破性进展[66]。

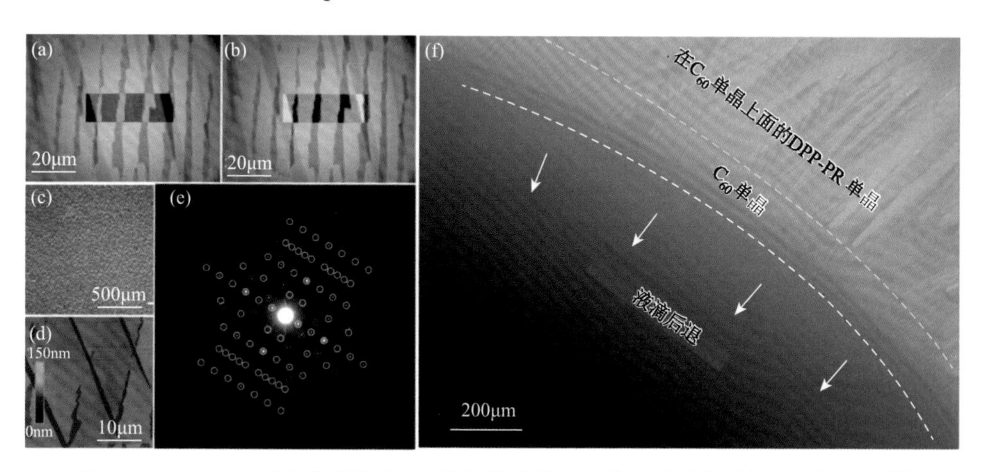

图 9-15　DPP-PR 单晶微米带和 C_{60} 单晶微米带给受体异质结的形貌和晶体结构[66]

（a）、（b）光学显微镜（OM）图像，插图：在包含棕色和蓝色色带的区域内的拉曼强度图，绿色和黄色区域分别显示来自 DPP-PR 和 C_{60} 的拉曼信号；（c）混合固体的 OM 图像，由 DPP-PR 和 C_{60} 混合溶液不利用硅片固定液滴缓慢蒸发而得到的薄膜；（d）显示双层结构的 AFM 图像；（e）SAED 模式显示了以黄色和红色圆圈突出的两组衍射斑点；（f）DPP-PR 和 C_{60} 混合溶液中后退液滴的 OM 快照

9.4.2　基于给受体共晶结构的低维光伏器件的活性层生长

基于有机半导体给受体材料生长而得到的有机半导体共晶材料为研究本体

异质结有机太阳能电池器件活性层内分子排列方式对激子分离以及电荷传输的影响提供了一个相对理想的模型。目前用于低维度有机半导体共晶材料的生长方法还是以溶液自组装为主[67, 68]。自从 1844 年，第一个共晶醌氢醌（quinhydrone）生长成功以来[69]，如何选择可实现共晶生长的材料，以及如何得到具有特定功能的共晶材料一直是我们面临的难题之一，这需要我们充分地理解两种不同的分子之间如何互相识别、聚集、成核以及生长[70, 71]。近年来，Hu 课题组在利用溶液自组装的方法来实现有机共晶材料的生长上取得了系列的成果[67, 68]，即通过简单的溶液共混，再将共混的溶液滴在基底上，经溶剂的缓慢挥发即可实现共晶的生长，图 9-16（c）为利用此方法分别得到的 C_{60}-DPTTA 共晶与 C_{70}-DPTTA 共晶[68]。

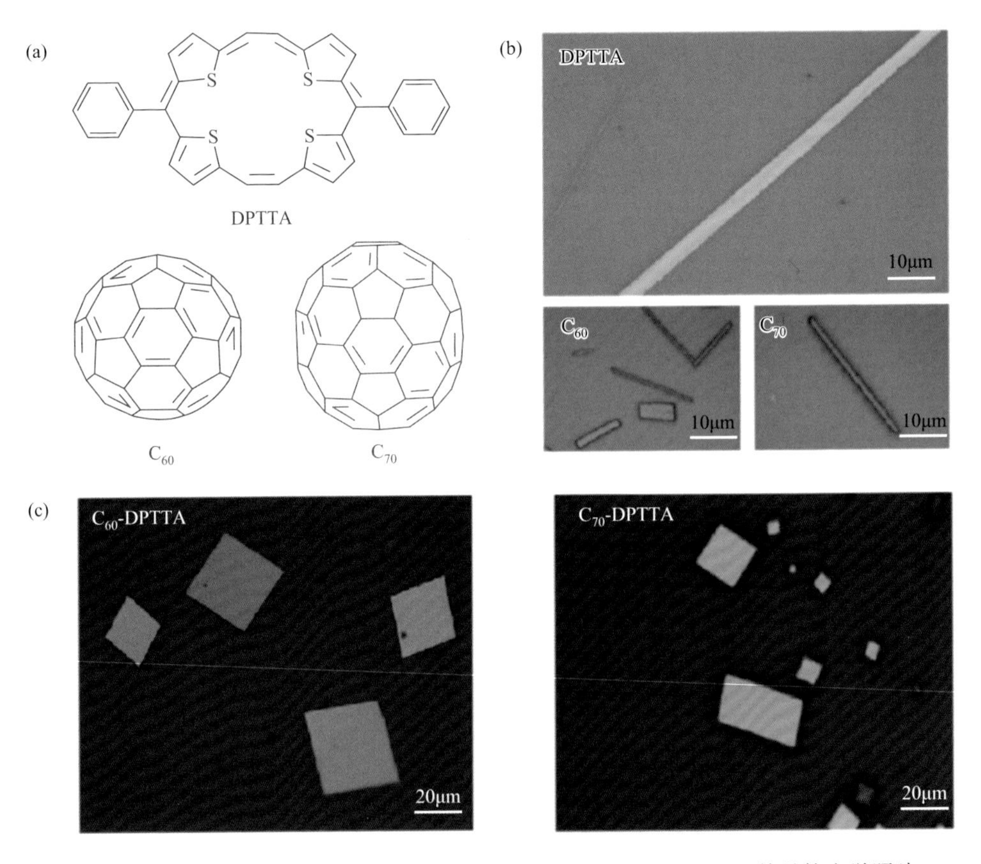

图 9-16 （a）DPTTA、C_{60}、C_{70} 的化学结构；（b）DPTTA、C_{60}、C_{70} 单晶的光学照片；（c）C_{60}-DPTTA、C_{70}-DPTTA 的光学照片[68]

9.4.3　基于低维分子材料的光伏器件的构建及相关性能的研究

1. 基于双层单晶结构的低维有机太阳能电池器件的性能

Hu 课题组[65]在实现了有机单晶 p-n 结纳米带的生长后，构建了基于此单晶 p-n 结纳米带的太阳能电池器件。与具有双层结构的薄膜有机太阳能电池器件相比，这种基于 p-n 结纳米带构建的太阳能电池器件，激子在有限的给体与受体界面上分离后，需要传输接近 10μm 后才能够被电极收集，相比于双层薄膜器件中分离后的电子和空穴仅需传输几十纳米就能够被电极收集，可见基于有机单晶 p-n 结纳米带的太阳能电池器件结构并不理想。另外，可供激子进行分离的给受体界面相对于双层薄膜有机太阳能电池也相差几个数量级，这些器件构型上的不利因素都大大限制了基于单晶 p-n 结纳米带的太阳能电池器件的光电转换效率（0.007%）。但从测试结果可以得出，此单晶光伏器件的开路电压为 0.35V，这与给受体材料的理论最高电压值 0.4V 非常接近（图 9-17），证实高度有序的分子排列确实能够有效地降低能量损失对开路电压的影响。

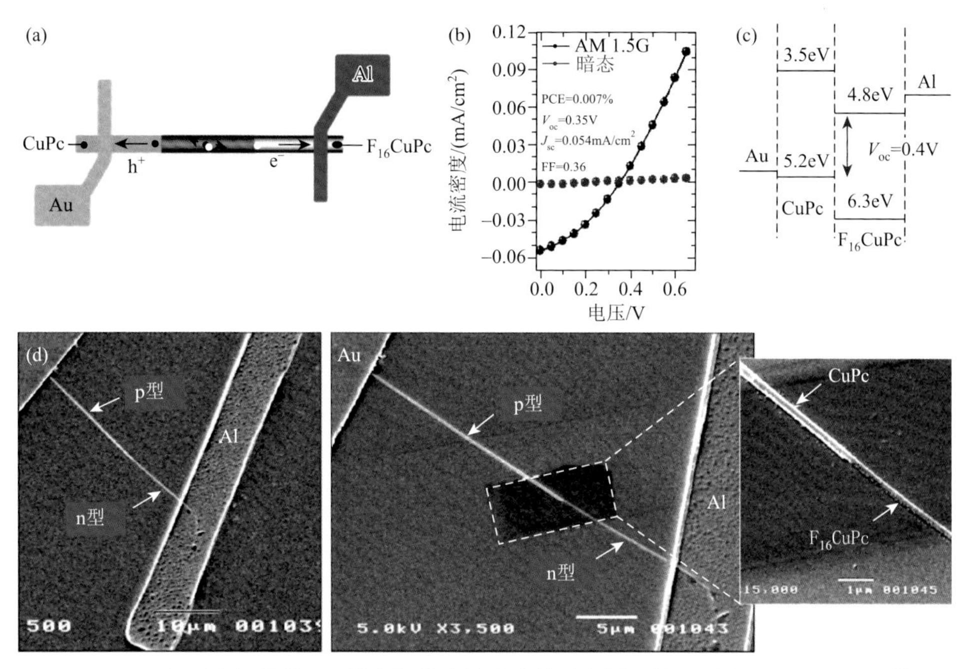

图 9-17　（a）基于有机单晶 p-n 结太阳能电池器件的示意图，显示了在 $CuPc-F_{16}CuPc$ 接口上空穴和电子是如何分离和运输的；（b）器件的电流密度-电压曲线显示了此器件的光伏特性（光电转换效率的计算是在 AM 1.5G 光照条件下测得的，器件的有效面积由 CuPc 与 $F_{16}CuPc$ 的有效交叠面积决定）；（c）理论开路电压 0.4V 的能带图（与实验值 0.35V 相似）；（d）基于 $CuPc-F_{16}CuPc$ 单晶纳米带构建的太阳能电池器件的扫描电镜照片[65]

2018 年，Dennis 等通过将利用溶液自组装法生长的 TPB 单晶纳米带（p 型）与 $PC_{60}BM$ 单晶纳米带（n 型）交叉相搭构建了有机单晶太阳能电池器件，如图 9-18 所示。相比于基于此两种材料构建的双层结构的薄膜有机太阳能电池器件，单晶器件的光电转换效率提升了 32 倍。有机单晶太阳能电池器件的光电转换效率达到了 0.24%[72]。

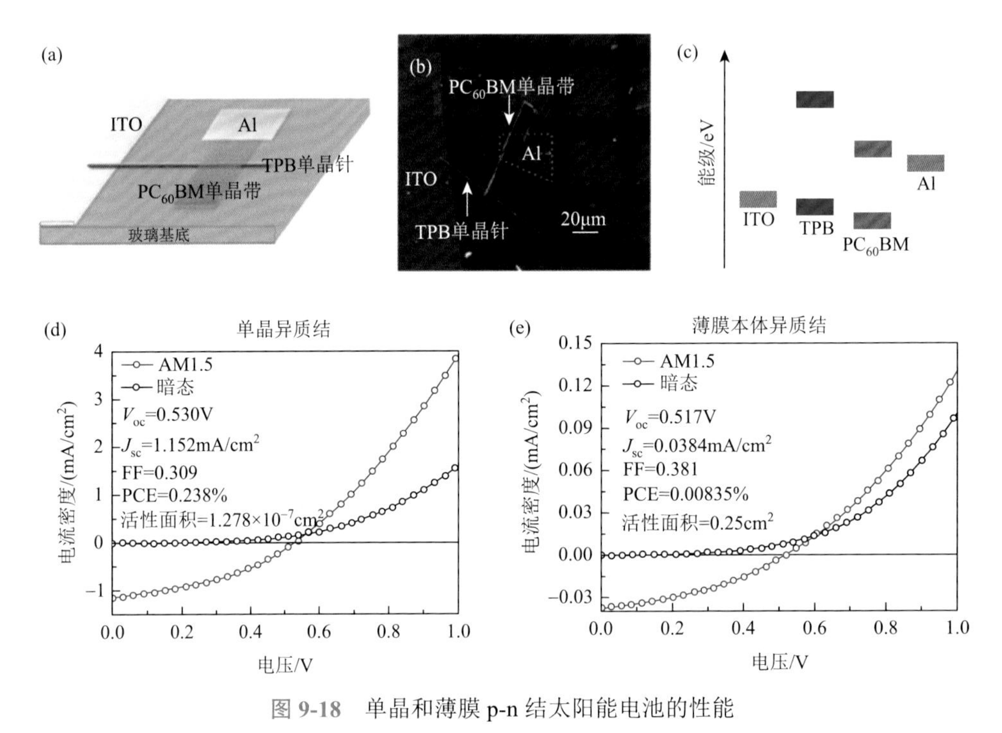

图 9-18 单晶和薄膜 p-n 结太阳能电池的性能

（a）单晶器件的结构示意图；（b）单晶器件的扫描电镜照片；（c）器件结构的能级图；单晶（d）和薄膜（e）器件的 J-V 曲线

2015 年，Li 等构建了 DPP-PR 与 C_{60} 的低维度双层有机单晶器件，该器件的结构与双层薄膜有机太阳能电池的器件结构相似，即采用“三明治结构”，如图 9-19 所示。这大大降低了激子分离后产生的自由载流子的传输与收集距离，光电转换效率得到明显提升，达到 0.33%[66]。

2. 基于共晶结构的低维有机太阳能电池器件的性能

基于给受体材料共同生长形成的共晶材料构建的有机太阳能电池器件可能是最接近目前本体异质结薄膜有机太阳能电池器件的模型。如果能够通过研究共晶内分子排列方式对器件性能的影响来进一步指导材料分子结构的设计优化，这将有望对研究材料与器件性能之间的构效关系提供精确的指导。但是目前关于共

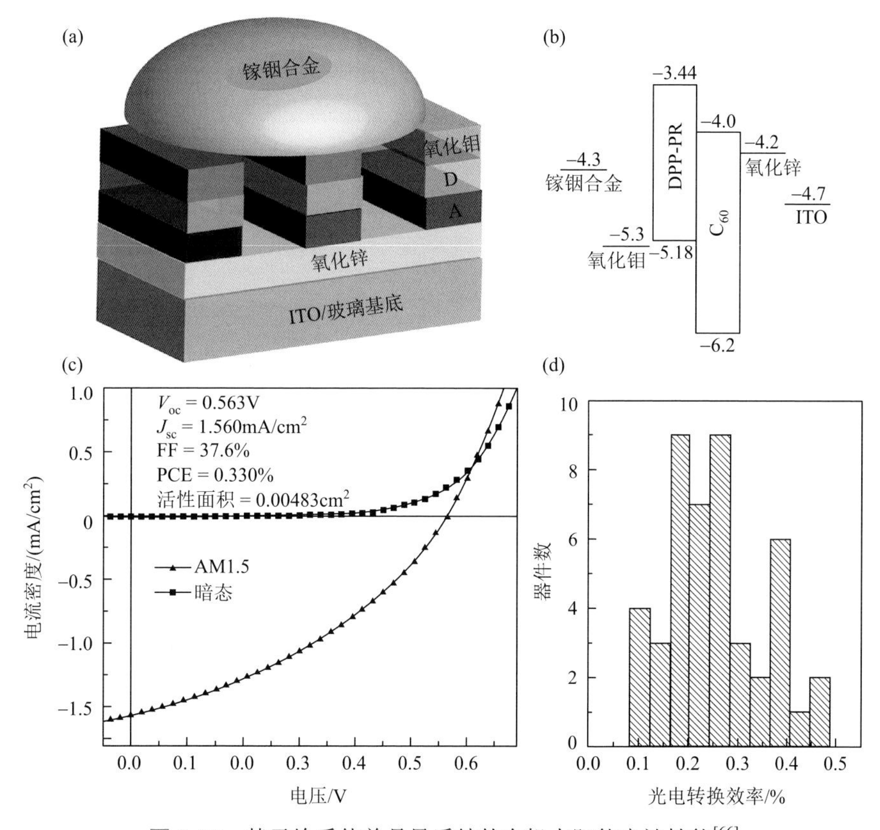

图 9-19　基于给受体单晶异质结的有机太阳能电池性能[66]

（a）器件的结构示意图；（b）器件的各个材料的能级图（图中数据单位为 eV）；（c）器件的电流密度-电压曲线；（d）测得的 46 个器件的效率分布图

晶有机太阳能电池器件的研究还处在非常初级的阶段，这主要归因于：①对于共晶的生长机制、分子如何选择等关键问题理解得还不是很深入；②相对于本体异质结薄膜器件分子排列的方式，形成共晶后的两种分子之间的排列方式与电荷转移及传输机制之间的差异还需要进一步研究。

2016 年，Hu 课题组构建了基于 C_{60}-DPTTA 共晶有机太阳能电池器件以及 C_{70}-DPPTA 共晶有机太阳能电池器件，如图 9-20 所示。通过对比研究发现，在共晶结构中激子可以通过最低的 CT 状态或热的 CT 状态有效地分离，从而在共晶中产生移动载流子。另外，尽管在两种共晶结构中分子的排列方式非常相似，但是基于 C_{60}-DPTTA 共晶结构的有机太阳能电池器件的光电转换效率比基于 C_{70}-DPTTA 共晶的有机太阳能电池器件高出 540 倍，这主要归因于相对于 C_{60}-DPPTA 分子，C_{70}-DPPTA 的电荷复合的电子耦合作用较强，因而晶体内部电荷更容易复合[68]。

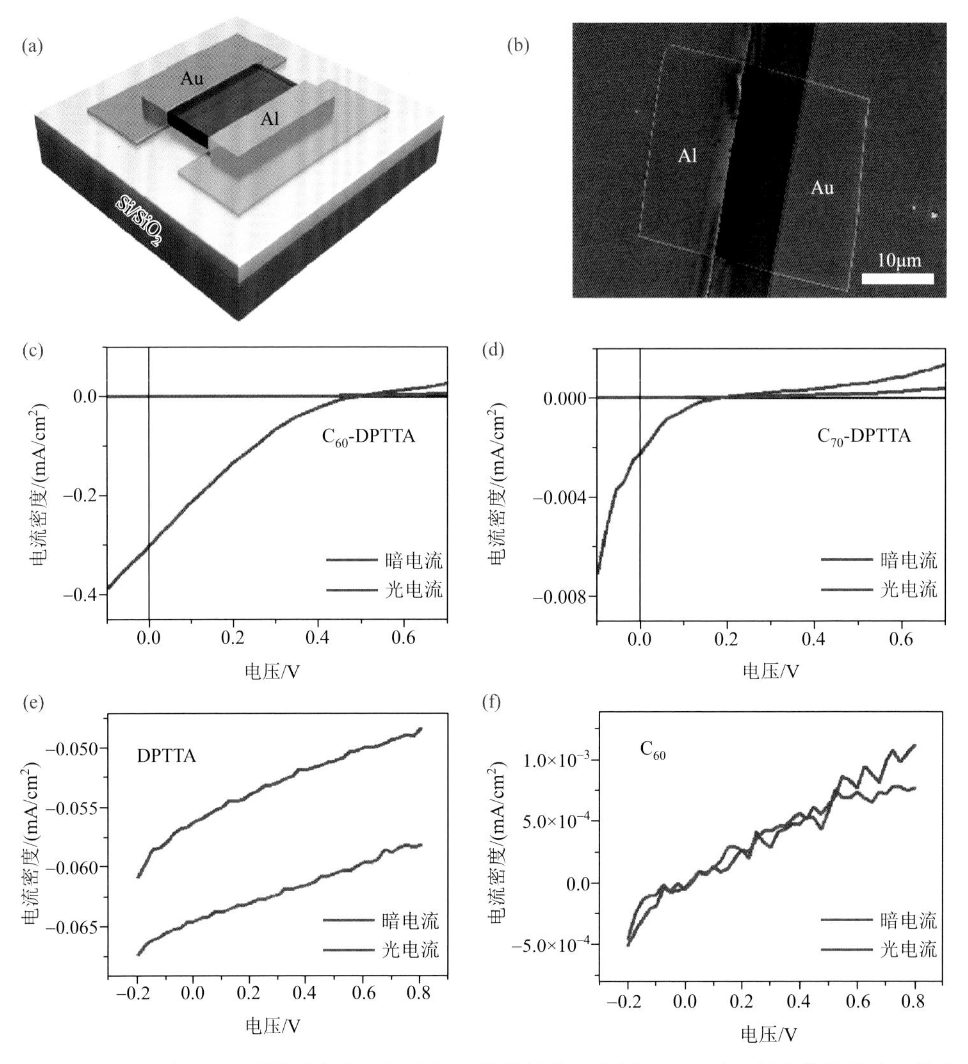

图 9-20 （a）基于共晶结构有机太阳能电池器件的结构示意图；（b）基于单种共晶结构器件的扫描电镜照片；（c）C_{60}-DPTTA、（d）C_{70}-DPTTA、（e）DPTTA 和（f）C_{60} 的器件电流密度-电压曲线

3. 基于单种单晶材料的低维有机太阳能电池器件的性能

基于单种单晶材料的低维有机太阳能电池器件是较早被报道的一种器件构型，也是研究单种有机光伏材料分子结构与器件性能之间的构效关系的最简单有效的模型器件。此种结构的器件需要引入具有不同功函数的金属电极，从而形成肖特基势垒来促使激子的分离。尽管这种单组分单晶光伏器件因为无法有效地产生电荷而导致较低的光电转换效率[73]，但是这种简单的器件结构为我们研究界面的电荷转移、激子的分离，以及不同界面的能级对器件性能的影响等提供了一个有效的模

型[74]。另外，由于有机晶体具有最少的结构缺陷和导致激子猝灭的晶界，因而基于单种有机单晶的肖特基器件对研究有机半导体材料的固有光电特性非常有利。

2014 年，Briseno 等构建了基于红荧烯（rubrene）单晶的肖特基器件[74]，器件结构如图 9-21 所示，此器件中激子分离的界面主要包括 ITO 与红荧烯接触的界面，红荧烯单晶内部，以及红荧烯单晶与金属铝（Al）电极的界面。通过太阳光从器件的顶端射入和从底端射入测得的 *I-V* 曲线可以发现，当太阳光从底端射入时，由于能够产生激子分离的三个部分都会工作，因此此时器件的短路电流较大，而当太阳光从顶端射入时，由于红荧烯单晶较厚并且几乎不透明，因此只有红荧烯内部的激子能够在光照下分离，此时器件的短路电流相对很小。经研究证实，红荧烯单晶光伏器件中导致激子分离的原因主要为位于红荧烯/铝电极界面处肖特基势垒的存在。随着不同厚度的氟化锂（LiF）的引入，金属铝电极的功函数将会逐渐降低，导致器件的内建电场增强，开路电压增加，如图 9-22 所示，进而器件的短路电流得到了有效的提升。

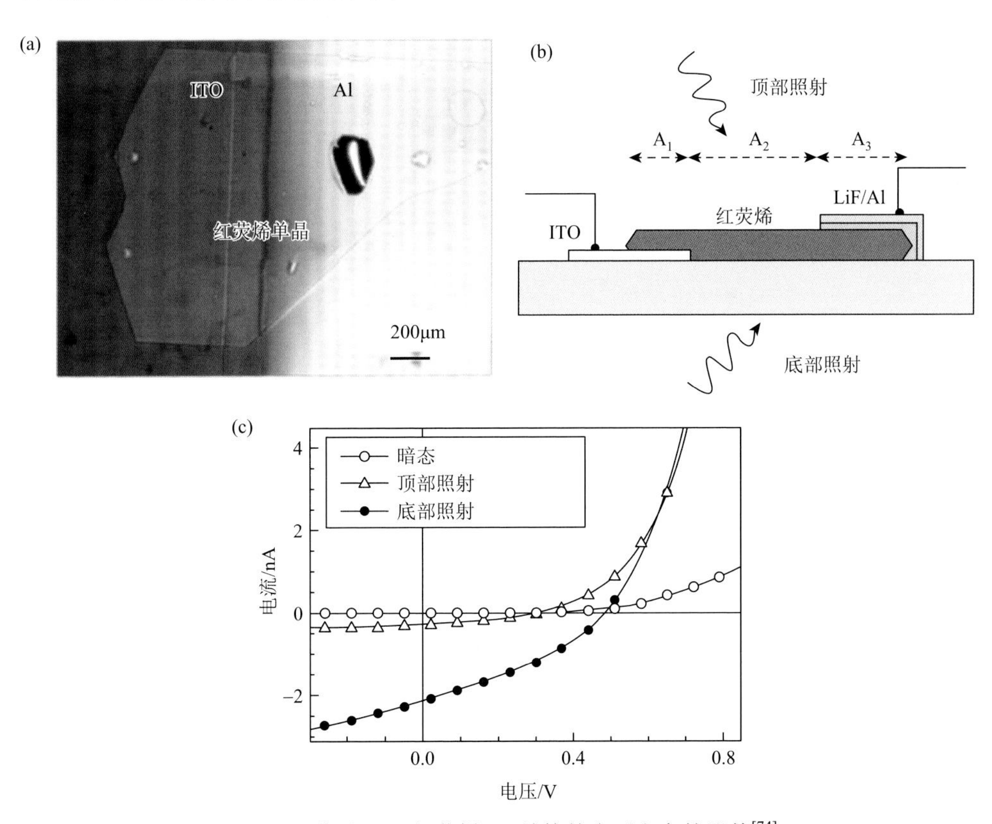

图 9-21　基于 ITO-红荧烯-Al 结构的水平方向的器件[74]

（a）顶视效果的器件的 SEM 照片；（b）侧视效果的器件结构示意图（A_1：ITO-红荧烯界面；A_2：晶体内部；A_3：红荧烯-Al 界面）；（c）器件在黑暗状态下（空心圆）和顶部（空心三角形）及底部（实心圆）照明下的 *I-V* 特性曲线[74]

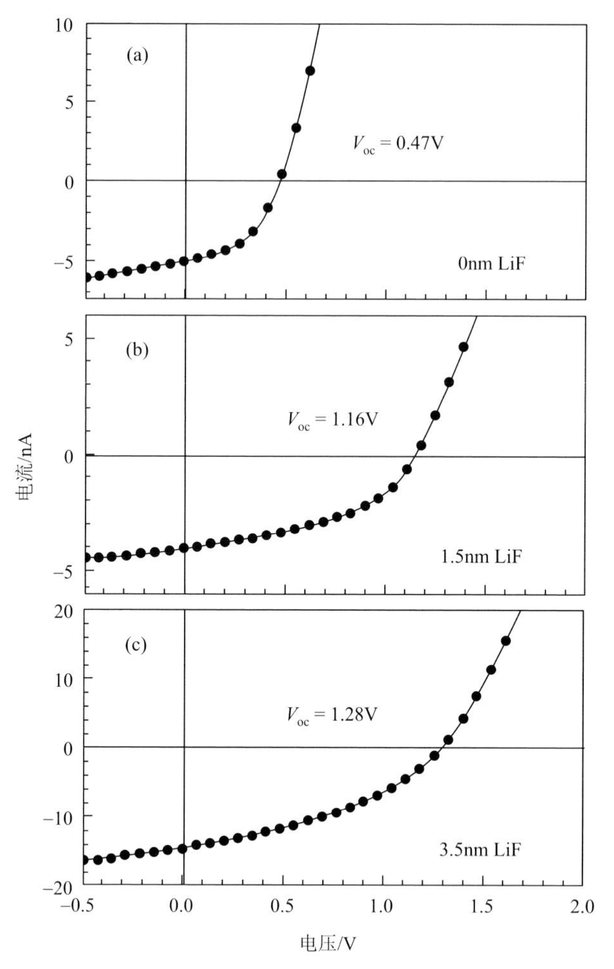

图 9-22 在 AM 1.5G 的模拟太阳光强度照射下，引入不同厚度的 LiF 后，ITO-红荧烯-LiF-Al 器件的 *I-V* 特性曲线[74]

9.5 总结与展望

本章主要介绍了有机太阳能电池的器件结构、工作原理、决定器件光电转换效率的参数以及相关参数的影响因素。简要介绍了有机太阳能电池的发展过程以及代表性工作，重点总结了基于有机半导体材料的低维有机单晶光伏器件的制备方法、器件结构，以及相关性能等的发展现状。

虽然有机单晶光伏器件在反映有机半导体光伏材料内部本征特性上具有非常重要的意义，也有大量的相关研究展开，但是相对于薄膜有机太阳能电池方面的进展还很滞后，这导致了目前对有机半导体光伏材料的化学结构与器件性能之间的关系的验证还是主要靠有机太阳能电池器件性能测试去实现，而通常较小的分子结构差异都会带来较大的性能差别。因而有机单晶器件在反映材料的本征特性以及指导分子结构改进方面的功能还未能充分体现。目前关于有机单晶光伏材料的构建也主要是基于有机小分子单晶或者共晶材料，尤其是近年来非富勒烯类受体小分子材料的蓬勃发展，使得有机单晶光伏器件在研究分子结构与器件性能之间的关系上显示出更重要的地位和更广阔的发展空间。另外，基于有机聚合物的光伏器件也在有机光伏领域占据极其重要的地位，而有机聚合物晶体目前在科研领域还是难题之一，因而在有机单晶光伏器件领域我们还有很长的道路要走。

参 考 文 献

[1] Markov D E，Tanase C，Blom P W M，et al. Simultaneous enhancement of charge transport and exciton diffusion in poly（*p*-phenylene vinylene） derivatives. Physical Review B，2005，72（4）：045217.

[2] Halls J J M，Pichler K，Friend R H，et al. Exciton diffusion and dissociation in a poly（*p*-phenylenevinylene）/C_{60} heterojunction photovoltaic cell. Applied Physics Letters，1996，68（22）：3120-3122.

[3] Scharber M C，Mühlbacher D，Koppe M，et al. Design rules for donors in bulk-heterojunction solar cells-towards 10% energy-conversion efficiency. Advanced Materials，2006，18（6）：789-794.

[4] Thompson B C，Fréchet J M J. Polymer-fullerene composite solar cells. Angewandte Chemie International Edition，2008，47（1）：58-77.

[5] Clarke T M，Durrant J R. Charge photogeneration in organic solar cells. Chemical Reviews，2010，110（11）：6736-6767.

[6] Tang C W. Two-layer organic photovoltaic cell. Applied Physics Letters，1986，48（2）：183-185.

[7] Sariciftci N S，Smilowitz L，Heeger A J，et al. Photoinduced electron transfer from a conducting polymer to buckminsterfullerene. Science，1992，258（5087）：1474-1476.

[8] Yu G，Gao J，Hummelen J C，et al. Polymer photovoltaic cells：enhanced efficiencies via a network of internal donor-acceptor heterojunctions. Science，1995，270（5243）：1789-1791.

[9] Halls J J M，Walsh C A，Greenham N C，et al. Efficient photodiodes from interpenetrating polymer networks. Nature，1995，376（6540）：498-500.

[10] Qian D P，Zheng Z L，Yao H F，et al. Design rules for minimizing voltage losses in high-efficiency organic solar cells. Nature Materials，2018，17（8）：703-709.

[11] Wadsworth A，Moser M，Marks A，et al. Critical review of the molecular design progress in non-fullerene electron acceptors towards commercially viable organic solar cells. Chemical Society Reviews，2019，48（6）：1596-1625.

[12] Li Y F. Molecular design of photovoltaic materials for polymer solar cells：toward suitable electronic energy levels and broad absorption. Accounts of Chemical Research，2012，45（5）：723-733.

[13] Wu J S，Cheng S W，Cheng Y J，et al. Donor-acceptor conjugated polymers based on multifused ladder-type arenes for organic solar cells. Chemical Society Reviews，2015，44（5）：1113-1154.

[14] Hou J H，Inganäs O，Friend R H，et al. Organic solar cells based on non-fullerene acceptors. Nature Materials，2018，17（2）：119-128.

[15] Deng D，Zhang Y J，Zhang J Q，et al. Fluorination-enabled optimal morphology leads to over 11% efficiency for inverted small-molecule organic solar cells. Nature Communications，2016，7：13740.

[16] Zhang Y J，Deng D，Wang Z Y，et al. Enhancing the photovoltaic performance via vertical phase distribution optimization in small molecule：$PC_{71}BM$ blends. Advanced Energy Materials，2017，7（22）：1701548.

[17] Vohra V，Kawashima K，Kakara T，et al. Efficient inverted polymer solar cells employing favourable molecular orientation. Nature Photonics，2015，9（6）：403-408.

[18] Liao H C，Ho C C，Chang C Y，et al. Additives for morphology control in high-efficiency organic solar cells. Materials Today，2013，16（9）：326-336.

[19] Po R，Carbonera C，Bernardi A，et al. The role of buffer layers in polymer solar cells. Energy & Environmental Science，2011，4（2）：285-310.

[20] Zhao F W，Wang Z，Zhang J Q，et al. Self-doped and crown-ether functionalized fullerene as cathode buffer layer for highly-efficient inverted polymer solar cells. Advanced Energy Materials，2016，6（9）：1502120.

[21] Cui Y，Yao H F，Zhang J Q，et al. Single-junction organic photovoltaic cells with approaching 18% efficiency. Advanced Materials，2020，32（19）：1908205.

[22] Zheng Z，Hu Q，Zhang S Q，et al. A highly efficient non-fullerene organic solar cell with a fill factor over 0.80 enabled by a fine-tuned hole-transporting layer. Advanced Materials，2018，30（34）：1801801.

[23] Zhang H，Yao H F，Hou J X，et al. Over 14% efficiency in organic solar cells enabled by chlorinated nonfullerene small-molecule acceptors. Advanced Materials，2018，30（28）：1800613.

[24] Meng L X，Zhang Y M，Wan X J，et al. Organic and solution-processed tandem solar cells with 17.3% efficiency. Science，2018，361（6407）：1094-1098.

[25] Li Q Y，Ding S，Zhu W G，et al. Recent advances in one-dimensional organic p-n heterojunctions for optoelectronic device applications. Journal of Materials Chemistry C，2016，4（40）：9388-9398.

[26] Wang C L，Dong H L，Jiang L，et al. Organic semiconductor crystals. Chemical Society Reviews，2018，47（2）：422-500.

[27] Kippelen B，Brédas J L. Organic photovoltaics. Energy & Environmental Science，2009，2（3）：251-261.

[28] Shockley W，Read W T. Statistics of the recombinations of holes and electrons. Physical Review，1952，87（5）：835-842.

[29] Servaites J D，Ratner M A，Marks T J. Organic solar cells：a new look at traditional models. Energy & Environmental Science，2011，4（11）：4410-4422.

[30] Qi B，Wang J. Open-circuit voltage in organic solar cells. Journal of Materials Chemistry，2012，22（46）：24315-24325.

[31] Elumalai N K，Uddin A. Open circuit voltage of organic solar cells：an in-depth review. Energy & Environmental Science，2016，9（2）：391-410.

[32] Brabec C，Cravino A，Meissner D，et al. Origin of the open circuit voltage of plastic solar cells. Advanced Functional Materials，2001，11（5）：374-380.

[33] Scharber M C，Wuhlbacher D，Koppe M，et al. Design rules for donors in bulk-heterojunction solar cells? Towards 10% energy-conversion efficiency. Advanced Materials，2006，18（6）：789-794.

[34] Blakesley J C，Neher D. Relationship between energetic disorder and open-circuit voltage in bulk heterojunction organic solar cells. Physical Review B，2011，84（7）：075210.

[35] Shuttle C G，Maurano A，Hamilton R，et al. Charge extraction analysis of charge carrier densities in a polythiophene/fullerene solar cell：analysis of the origin of the device dark current. Applied Physics Letters，2008，93（18）：183501.

[36] Garcia-Belmonte G，Boix P P，Bisquert J，et al. Influence of the intermediate density-of-states occupancy on

open-circuit voltage of bulk heterojunction solar cells with different fullerene acceptors. Journal of Physical Chemistry Letters，2010，1（17）：2566-2571.

[37] Gao F，Himmelberger S，Andersson M，et al. The effect of processing additives on energetic disorder in highly efficient organic photovoltaics：a case study on PBDTTT-C-T:$PC_{71}BM$. Advanced Materials，2015，27（26）：3868-3873.

[38] Vandewal K，Tvingstedt K，Gadisa A，et al. Relating the open-circuit voltage to interface molecular properties of donor：acceptor bulk heterojunction solar cells. Physical Review B，2010，81（12）：125204.

[39] Li G，Zhu R，Yang Y. Polymer solar cells. Nature Photonics，2012，6（3）：153-161.

[40] Mihailetchi V D，Wildeman J，Blom P W M. Space-charge limited photocurrent. Physical Review Letters，2005，94（12）：126602.

[41] Green M. Solar-cell fill factors-general graph and empirical expressions. Solid-State Electronics，1981，24（8）：788-789.

[42] Guo X G，Zhou N J，Lou S J，et al. Polymer solar cells with enhanced fill factors. Nature Photonics，2013，7（10）：825-833.

[43] Huo L J，Liu T，Fan B B，et al. Organic solar cells based on a 2D benzo[1, 2-*b*:4, 5-*b*′]difuran-conjugated polymer with high-power conversion efficiency. Advanced Materials，2015，27（43）：6969-6975.

[44] Heeger A J. 25th anniversary article：bulk heterojunction solar cells：understanding the mechanism of operation. Advanced Materials，2014，26（1）：10-28.

[45] Cowan S R，Street R A，Cho S N，et al. Transient photoconductivity in polymer bulk heterojunction solar cells：competition between sweep-out and recombination. Physical Review B，2011，83（3）：035205.

[46] Cowan S R，Roy A，Heeger A J. Recombination in polymer-fullerene bulk heterojunction solar cells. Physical Review B，2010，82（24）：245207.

[47] Koster L J A，Mihailetchi V D，Blom P W M. Bimolecular recombination in polymer/fullerene bulk heterojunction solar cells. Applied Physics Letters，2006，88（5）：052104.

[48] Muntwiler M，Yang Q，Tisdale W A，et al. Coulomb barrier for charge separation at an organic semiconductor interface. Physical Review Letters，2008，101（19）：196403.

[49] Chen L M，Hong Z R，Li G，et al. Recent progress in polymer solar cells：manipulation of polymer：fullerene morphology and the formation of efficient inverted polymer solar cells. Advanced Materials，2009，21（14-15）：1434-1449.

[50] He Z C，Xiao B，Liu F，et al. Single-junction polymer solar cells with high efficiency and photovoltage. Nature Photonics，2015，9：174-179.

[51] Li Y X，Lin J D，Liu X，et al. Near-infrared ternary tandem solar cells. Advanced Materials，2018，30（45）：1804416.

[52] Yusoff A B，Kim D，Kim H P，et al. A high efficiency solution processed polymer inverted triple-junction solar cell exhibiting a power conversion efficiency of 11.83%. Energy & Environmental Science，2015，8（1）：303-316.

[53] Kong J，Song S，Yoo M，et al. Long-term stable polymer solar cells with significantly reduced burn-in loss. Nature Communications，2014，5：5688.

[54] Burlingame Q，Tong X R，Hankett J，et al. Photochemical origins of burn-in degradation in small molecular weight organic photovoltaic cells. Energy & Environmental Science，2015，8（3）：1005-1010.

[55] Lungenschmied C，Dennler G，Neugebauer H，et al. Flexible，long-lived，large-area，organic solar cells. Solar Energy Materials and Solar Cells，2007，91（5）：379-384.

[56] Krebs F C，Espinosa N，Hösel M，et al. 25th anniversary article：rise to power-OPV-based solar parks. Advanced Materials，2014，26（1）：29-39.

[57] Yu G，Heeger A J. Charge separation and photovoltaic conversion in polymer composites with internal donor/acceptor heterojunctions. Journal of Applied Physics，1995，78（7）：4510-4515.

[58] Zhang J Q，Zhang Y J，Fang J，et al. Conjugated polymer-small molecule alloy leads to high efficient ternary organic solar cells. Journal of the American Chemical Society，2015，137（25）：8176-8183.

[59] Zhang Y J，Deng D，Lu K，et al. Synergistic effect of polymer and small molecules for high-performance ternary organic solar cells. Advanced Materials，2015，27（6）：1071-1076.

[60] Moriizumi T，Kudo K. Merocyanine-dye photovoltaic cell on a plastic film. Applied Physics Letters，1981，38（2）：85-86.

[61] Cravino A，Sariciftci N S. Double-cable polymers for fullerene based organic optoelectronic applications. Journal of Materials Chemistry，2002，12（7）：1931-1943.

[62] Roncali J. Linear π-conjugated systems derivatized with C_{60}-fullerene as molecular heterojunctions for organic photovoltaics. Chemical Society Reviews，2005，34（6）：483-495.

[63] Feng G T，Li J Y，Colberts F J M，et al. "Double-cable" conjugated polymers with linear backbone toward high quantum efficiencies in single-component polymer solar cells. Journal of the American Chemical Society，2017，139（51）：18647-18656.

[64] Zhang Y J，Deng D，Wu Q，et al. High-efficient charge generation in single-donor-component-based p-i-n structure organic solar cells. Solar RRL，2020，4（4）：1900580.

[65] Zhang Y J，Dong H L，Tang Q X，et al. Organic single-crystalline p-n junction nanoribbons. Journal of the American Chemical Society，2010，132（33）：11580-11584.

[66] Li H Y，Fan C C，Fu W F，et al. Solution-grown organic single-crystalline donor-acceptor heterojunctions for photovoltaics. Angewandte Chemie International Edition，2015，54（3）：956-960.

[67] Zhu W G，Zhu L Y，Sun L J，et al. Uncovering the intramolecular emission and tuning the nonlinear optical properties of organic materials by cocrystallization. Angewandte Chemie International Edition，2016，55（45）：14023-14027.

[68] Zhang H T，Jiang L，Zhen Y G，et al. Organic cocrystal photovoltaic behavior：a model system to study charge recombination of C_{60} and C_{70} at the molecular level. Advanced Electronic Materials，2016，2（6）：1500423.

[69] Wöhler F. Untersuchungen über das chinon. Justus Liebigs Annalen der Chemie，1844，51（2）：145-163.

[70] Boterashvili M，Lahav M，Shankar S，et al. On-surface solvent-free crystal-to-co-crystal conversion by non-covalent interactions. Journal of the American Chemical Society，2014，136（34）：11926-11929.

[71] Nguyen K L，Friscić T，Day G M，et al. Terahertz time-domain spectroscopy and the quantitative monitoring of mechanochemical cocrystal formation. Nature Materials，2007，6：206-209.

[72] Zhao X M，Liu T J，Zhang Y T，et al. Organic single-crystalline donor-acceptor heterojunctions with ambipolar band-like charge transport for photovoltaics. Advanced Materials Interfaces，2018，5（14）：1800336.

[73] Brabec C J，Sariciftci N S，Hummelen J C. Plastic solar cells. Advanced Functional Materials，2001，11（1）：15-26.

[74] Karak S，Lim J A，Ferdous S，et al. Photovoltaic effect at the schottky interface with organic single crystal rubrene. Advanced Functional Materials，2014，24（8）：1039-1046.

第10章 低维分子材料场效应器件

10.1 概述

低维分子材料通常指在一维（线状、带状）以及二维（片状）尺度在100nm范围内的有机半导体单晶材料。相比于薄膜，有机半导体单晶具有生长取向明显、无晶界、高纯度等优势，是探究有机材料本征性质的重要载体。近年来，低维分子材料场效应晶体管已取得一定的研究进展，在器件性能的提高、加工技术的改进，以及低维分子器件的应用等领域取得了长足的进步，并展现出极具潜力的应用前景。这里，我们从器件结构和制备技术、器件性能、器件集成以及电路中的应用方面进行总结。

10.2 器件结构和制备技术

不论采用何种半导体材料，有机场效应晶体管的基本工作原理是相同的，也就决定了其器件结构都是相似的。但是，由于低维分子材料具有本身尺寸小、缺陷少、表面光洁等特点，这对其制备技术提出了更高的要求，形成了独特的技术体系。

10.2.1 低维分子材料场效应器件的基本结构

与有机薄膜场效应晶体管类似，根据源、漏极和低维分子材料的相对位置不同，低维分子材料场效应器件可分为“底接触型”和“顶接触型”两类。其中，“底接触型”低维分子材料场效应器件指的是源、漏极在半导体（低维分子材料）和绝缘层之间，即源、漏极在半导体层底部；“顶接触型”低维分子材料场效应器件指的是半导体（低维分子材料）在源、漏极和绝缘层之间，即源、漏极在半导体的顶部。

“底接触型”低维分子材料场效应器件的突出优势在于，器件的制备过程相对而言更加简单。由于源、漏极是预先制备好的，只需将低维分子材料转移至电极上即可。另外，电极的制备过程先于半导体层的制备，这使得电极的制备工艺不受半导体层的影响，因此可以结合光刻等技术实现电极的高度集成，最终实现高度集成的有机单晶场效应器件。“底接触型”低维分子材料场效应器件的制备虽然工艺简单且易集成和进行大规模制备，但是也存在着不足。例如，电极表面和绝缘层表面存在的台阶使得载流子注入面积减小，导致器件迁移率偏低。

相较于“底接触型”低维分子材料场效应器件，“顶接触型”低维分子材料场效应器件具有更大的载流子注入面积，往往能够获得更高的迁移率。因此，大部分文献通过构筑“顶接触型”低维分子材料场效应器件来研究低维分子材料的场效应性能。制备“顶接触型”低维分子材料场效应器件存在两个难点：一是如何将微小的低维分子材料转移至绝缘层表面；二是如何在微小的低维分子材料表面构筑源、漏极。针对第一个难点，目前文献提供的方案有机械探针转移、有机单晶原位生长、液相法、擦拭法等。针对第二个难点，同样已经有了比较成熟的制备电极的方法，主要包括掩模法（铜网掩模、金丝掩模、有机微纳米带掩模等）和金膜印章法等。以上介绍的“底接触型”和“顶接触型”低维分子材料场效应器件制备方法各有优劣，可以根据实验的需要选取适当的方法进行器件的制备。近些年来，关于低维分子材料场效应器件的研究越来越多，对低维分子材料场效应器件的制备方法也提出了新的要求。

10.2.2 绝缘层的制备

目前，大多数针对有机场效应晶体管的研究都集中在具有高迁移率、溶液可加工、环境稳定的小分子和聚合物半导体材料的研发上，但随着场效应晶体管的不断发展，人们已经发现优化半导体层不是获得高性能器件的唯一方法，选择合适的绝缘层材料并改进绝缘层的制备方法也是至关重要的。

绝缘层材料主要分为无机材料和有机材料两种。常用的无机材料包括 SiO_2、Al_2O_3、Ta_2O_5、Si_3N_4 等，其优点是耐高温、化学性质稳定、不易被击穿等，缺点是柔性差、高温固相法加工或不可用液相法制备，限制了其在低成本制备、器件微型化、大规模集成电路等方面的实际应用。常用的有机绝缘层材料有聚甲基丙烯酸甲酯（PMMA）、聚乙烯吡咯烷酮（PVP）、聚乙烯醇（PVA）、聚苯乙烯（PS）等高分子绝缘层材料。理想的有机绝缘层需要具备较低的漏电流、较好的化学稳定性和热稳定性、较小的界面陷阱密度、较大的电荷传输效率，也可通过溶液法进行制备，同时满足低功耗、低成本等要求。

绝缘层制备方法多样，本节简要介绍了绝缘层制备的主要方法，具体研究内容如下。

1. 热氧化法

在场效应晶体管中，SiO_2 是最为常见的一种无机绝缘层材料，由于 SiO_2 可以很方便地以热氧化的方式生长在重掺杂的 Si 表面上，从而使得 SiO_2 在工业和科研上被广泛使用。而热氧化法是指在充气条件下，通过加热基底的方式直接获得氧化物、氮化物或碳化物薄膜的方法。热氧化系统如图 10-1 所示。

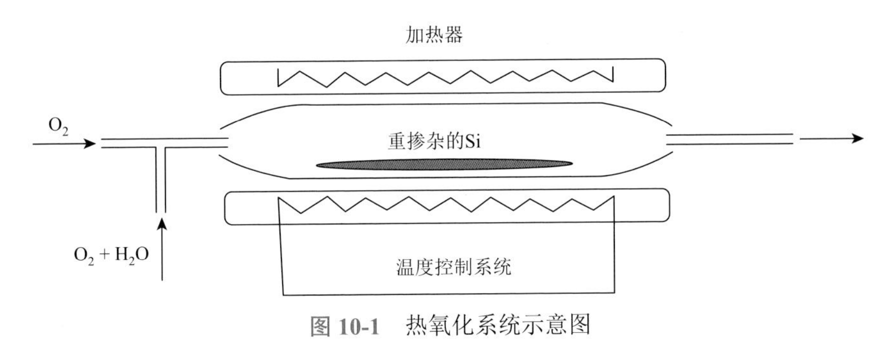

图 10-1　热氧化系统示意图

2. 磁控溅射法

磁控溅射法是一种溅射镀膜法，它对阴极溅射法中电子使基底温度上升过快的缺点加以改良，在被溅射的靶极（阳极）与阴极之间加了一个正交磁场和电场，电场和磁场方向相互垂直。当镀膜室真空抽到设定值时，充入适量的氩气，在阴极（柱状靶或平面靶）和阳极（镀膜室壁）之间施加高压，便在镀膜室内产生磁控型异常辉光放电，氩气被电离。在正交的电场和磁场的作用下，电子以摆线的方式沿着靶表面前进，电子的运动被限制在一定空间内，增加了与工作气体分子的碰撞概率，提高了电子的电离效率。电子经过多次碰撞后，损失部分能量进入弱电场区，最后到达阳极的是低能电子，不会使基底过热。同时高密度等离子体被束缚在靶面附近，又不与基底接触，将靶材表面原子溅射出来沉积在工件表面上形成薄膜。而基底又可免受等离子体的轰击，因而确保了低的基底温度。制备中更换不同材质的靶材和控制不同的溅射时间，可以获得不同材料和厚度的薄膜。基本原理如图 10-2 所示。

3. 等离子体法

等离子体法是以等离子体作为材料制备能源而得到纳米颗粒的方法。机理为等离子体中存在大量的高活性物质微粒，该微粒与反应物微粒迅速交换能量，使反应正向进行。等离子体尾焰区处于动态平衡的饱和态，该态中的反应物迅速解离并成核结晶，脱离尾焰后温度骤然下降而处于过饱和态，同时成核结晶猝灭而形成纳米微粒，其原理如图 10-3 所示。

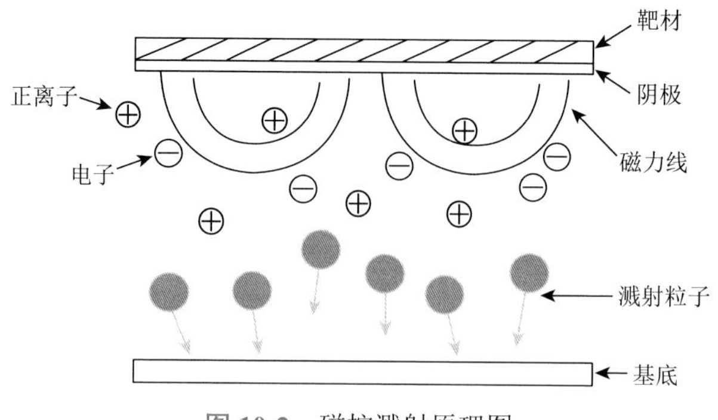

图 10-2 磁控溅射原理图

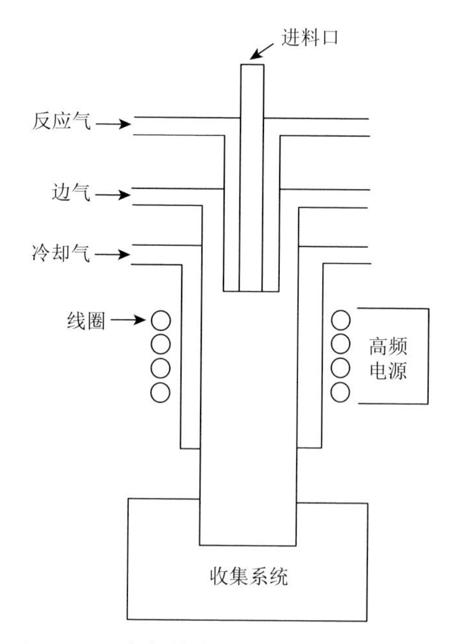

图 10-3 高频等离子体生长设备示意图

4. 旋涂法

基于溶液法制备的有机场效应晶体管自诞生以来就引起了人们的广泛关注，它充分发挥了有机半导体可溶液加工的优势。其中，旋涂法是溶液法中最常见的一种。采用旋涂法制备薄膜主要包括滴注、旋转、退火干燥几个步骤。旋涂法工艺成本低，能够在实际生产中得到应用。一般来说，旋涂转速越快，时间越长，膜厚就越薄。旋涂法制备出的有机薄膜避免了高温下有机聚合物分子链的断裂，且制备工艺设备简单，成本低，便于操作。但是由于离心力的作用，大部分溶液会分散在基底的边缘部分，均匀的薄膜对旋转时间、旋转速率有严格的要求。此外，选用旋涂法制备多层有机薄膜时，需要选择对前层有机薄膜影响小的有机溶剂。

5. 喷墨打印法

喷墨打印是指喷头在信号的指示下，将配制好的有机溶液喷射到基底上的固定位置，制备出绝缘层薄膜。这种薄膜的制备方法无需掩模板，效率高，并且相对于旋涂的方法，喷墨打印通过信号控制对特定位置进行喷印，有效提高了原材料的利用率，降低了制备费用。喷墨过程中，由于液滴很小，溶剂挥发的时间很短，在液滴没有与基底充分浸润的情况下溶剂挥发，导致有机薄膜的厚度均匀性较差，因此在薄膜制备过程中应通过选择溶剂、多滴沉积等方式改善薄膜的质量。

6. 自组装分子层

自组装单分子层（self-assembled monolayers，SAMs）和自组装多分子层（self-assembled multilayers，SAMTs）因其优异的介电性能和可控的膜厚，被用来作为场效应晶体管的绝缘层。同时通过自组装的方法还能够对其他绝缘层的表面进行修饰。在场效应晶体管中由于器件单位面积的电容与绝缘层的厚度成反比，因此，在不增加器件漏电流的前提下，可以用自组装的方式降低器件绝缘层的厚度以提高单位面积电容，从而降低阈值电压。

在有机场效应晶体管的构筑中，绝缘层材料的选择非常重要：一是场效应载流子传输发生在半导体材料和绝缘层材料的界面上（通常只有一个到几个分子层），场效应晶体管的性质由半导体材料和绝缘层材料界面性质共同决定。同时，自组装过程中，通过引入不同的官能团和不同长度的烷基链，可以对半导体层的生长进行调控。因此绝缘层界面是决定场效应晶体管性能的重要因素。二是从产业化应用来说，绝缘层的选择又在很大程度上影响了晶体管后期的器件结构和构筑方法。

目前为止，尽管已经取得了很多优异的结果，但对现有材料进行结构优化，合成全新的绝缘层材料依然是化学家面临的重要课题。设计结构合理的器件，探求器件中载流子传输机理，提出对绝缘层材料的设计和器件结构的优化具有指导意义的理论，对有机场效应晶体管的发展具有重要意义。我们期待具有高电容、高介电强度、低漏电流、低迟滞曲线、高热稳定性和化学稳定性的全新绝缘层材料的出现，以及建立在此绝缘层材料基础上的大面积、低操作电压、高击穿电场、与 p 型/n 型材料均兼容的有机场效应晶体管的出现。

10.2.3　电极的制备方法

1. 贴膜电极法

贴膜电极法是一种利用范德瓦耳斯力实现电极与半导体或基底相结合的电极

构筑方式，其制作过程如下：首先，在 Si 片上通过热蒸镀的方法预沉积一层约为 100nm 厚的金膜，然后，用机械探针的尖端将金膜切割成百微米左右的片状金膜。最后，利用机械探针将片状金膜从 Si 基底上剥离，并转移到半导体或者基底上作为电极（图 10-4）。小片的金膜通过范德瓦耳斯力实现了与目标基底的完美贴合。这种技术避免了真空热沉积过程对器件性能的影响，利于获得高器件性能，适用于研究材料本征性能，与低维分子材料匹配良好。

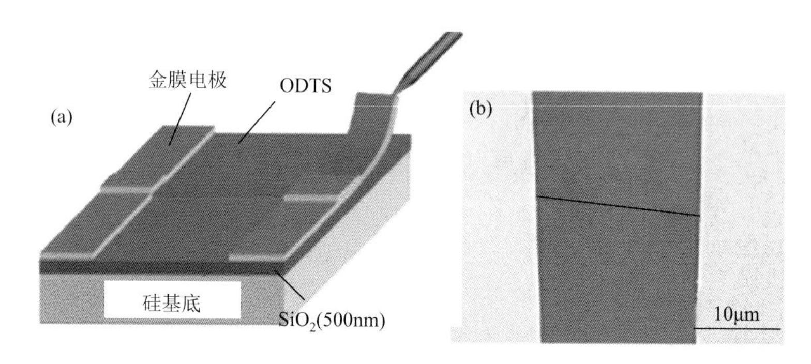

图 10-4 贴膜电极法制备的器件的示意图（a）与扫描电子显微镜照片（b）

许多课题组通过贴膜电极的方式构筑了高性能的有机单晶场效应晶体管，贴膜电极有效避免了电极制备过程对半导体的污染和热辐射损伤，被认为是获得高性能器件的重要原因，从而有利于获得高性能的器件。另外从材料角度来看，主要归结于两个原因：第一，这种贴膜电极是通过较弱的范德瓦耳斯力结合，因此在转移过程中对晶体的机械损伤很弱；第二，电极的机械柔韧性确保了其与半导体以及基底之间形成紧密的接触，从而确保了电极与半导体之间良好的界面接触质量。

2. 预制电极法

目前，预制电极法主要针对底栅底接触构型器件。最常见的、应用最广泛的栅极材料是高浓度掺杂的 Si 晶片［热氧化的 SiO_2（300nm）/p^{++}Si］。它通常还被用作场效应器件的基底。利用 Si 片平整、光洁的特点，可以用光刻、电子束曝光、掩模蒸镀、转印等多种方法在其上制备高精度复杂电极图案，其可作为场效应器件的源漏电极。电极材料可以是金属，也可以是石墨烯、导电聚合物等其他材料。在源漏电极上生长或转移低维分子材料，获得场效应器件、阵列或电路。预制电极法由于与光刻技术兼容，能获得更高的器件集成度。不过预制电极凸起于基底表面，形成的台阶不利于半导体与绝缘层间的接触，影响器件的性能。另外，预制电极法制备的器件为底栅底接触构型，不利于载流子注入，也降低了器件的性能。

3. 掩模蒸镀法

掩模蒸镀法是与热蒸镀、溅射等技术结合的一种较为常见的电极制备方法，热蒸形成的金属蒸气穿过掩模上的图案化窗口，在低维分子材料或基底表面上沉积出图案化的金属电极。其工艺简单、污染性小，获得了广泛应用。但是，低维分子材料的尺寸一般较小，常规不锈钢掩模的尺寸通常大于材料本身，利用常规的掩模蒸镀方式制备尺寸小至微米甚至纳米量级的“小”单晶晶体管还是一个挑战。为了解决这个问题，一些课题组充分利用了贴膜电极工艺的电极转移过程中机械探针对晶体的机械损伤极弱以及电极与半导体及基底之间可形成紧密接触的优点，将贴膜电极发展为掩模蒸镀过程中独具特点的一种掩模（图 10-5）。通过图 10-5 可以发现，这种将贴膜电极作为掩模的掩模蒸镀方式可以用于制备各种沟道长度的器件。另外，金丝、透射电子显微镜栅网等具有较小尺寸的材料也被用作掩模。

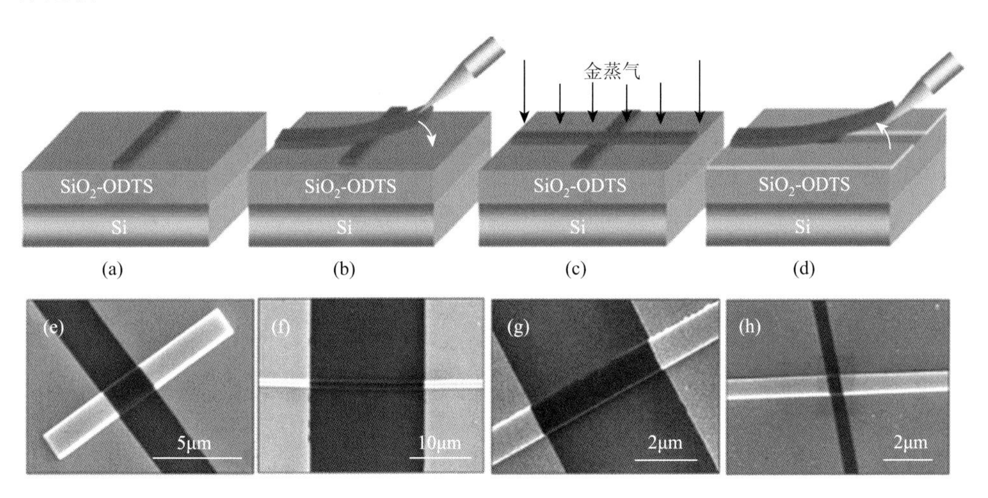

图 10-5　以有机微纳纳米带作为掩模的器件制备示意图［(a)～(d)］以及具有不同沟道长度的器件扫描电子显微镜照片［(e)～(h)］

掩模蒸镀过程中对器件的热辐射损伤和“绕射”污染是这种电极构筑方式的主要缺点。采用低熔点电极材料、使用准直器、减小蒸发源面积、增大沉积距离等是人们常用的解决方案。

4. 其他电极制备方法

1）光刻法

光刻工艺作为当代制备精细化电极的产业技术，既拥有贴膜电极工艺中低至纳米量级的高精细化的优点，又兼具了蒸镀制备过程可大面积制备的优势。光刻法是指在光照作用下，借助光刻胶将掩模板上的图形转移到基底上的方法。其主要过程为：首先，紫外光通过掩模板照射到附有光刻胶薄膜的基底上，导致曝光区域的光刻胶发生光化学反应，形成具有不同溶解度的潜像；然后，通过显影技术溶掉发生光化学反应的光刻胶；最后，通过真空蒸镀、刻蚀等后续工艺，以光刻胶为保护层将掩模板的图形转移到基底上。对于低维分子材料场效应器件，光刻法主要用于制备底电极结构。

2）喷墨打印方法

喷墨打印技术主要利用压电等原理将导电墨水或半导体溶液喷涂于基底上，之后采用加热退火的方式加工成膜。喷墨打印作为数控打印中的一种，打印机造价低廉、打印方便快捷、节约原料，相比于其他打印技术具有更高的分辨率（5～50μm），成为有机场效应晶体管实现商品化的重要技术之一。然而，喷墨打印也存在一些不足，如打印速度相对较慢，集成度难以进一步提高，大规模生产能力较弱等。另外，在喷墨打印技术中，包括液滴的表面张力与基底间相互作用等较多因素都会对成膜质量造成影响。

随着科研的不断深入以及仪器工艺的不断进步，越来越多的新技术进入人们的视野，如电感耦合等离子体深刻蚀、激光打印技术等，而多种不同工艺、仪器相结合以制备出符合实验需求的电极也成为电极制作的一个趋势。

10.2.4 器件中低维分子材料的制备和转移方法

基于低维分子材料器件制备的方法主要包括以下几种：预先在基底上制备出分子材料，而后在此基础上构建器件；真空条件下在基板上生长低维分子材料，而后机械转移到目标基底上；通过其他的方法如有机晶体解理等方法制备低维分子材料和实现材料转移。

1. 直接制备法

1）溶液自组装

自组装是指基本结构单元（分子、纳米材料、微米或更大尺度的物质）自发形成有序结构的一种技术。在自组装过程中，基本结构单元在基于非共价键的相互作用下，如 π-π 相互作用、氢键、偶极-偶极相互作用和范德瓦耳斯力等，自发地组织或聚集为稳定、具有一定规则几何外形的结构。过程示例如图 10-6 所示。将基底放在一个密闭容器中的平台上，容器底部注入溶剂，然后将一滴半导体溶液滴在基底上。容器底部的溶剂对于分子材料纳米线的形成非常关键，这主要是因为溶剂的缓慢蒸发保证了分子有足够的时间调整自身，并通过分子间相互作用结合在一起，进一步自组装成基底上的结晶纳米线。另外，罐内上部空间的溶剂蒸气压可以保证半导体分子的自由运动，然后诱导它们聚集在一起，从而导致纳米线的生长。在封闭罐中自组装一段时间，可以获得大面积的纳米线。

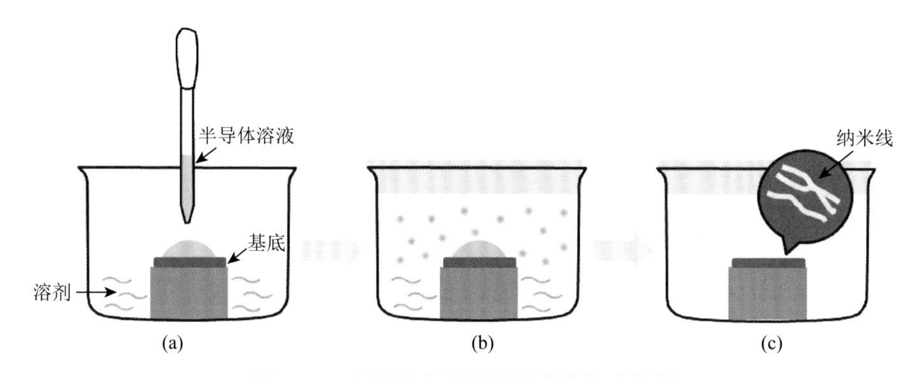

图 10-6　自组装分子材料纳米线的示意图

（a）将一滴溶液滴到基底上；（b）分子材料分子在溶剂气氛中自组装成的纳米线；（c）在自组装一段时间后在基底上获得的大面积纳米线

众所周知，液晶分子以可逆的非共价键相互作用结合时，具有快速形成高度有序结构的独特优势。因此，一种有效的自组装策略是利用液晶概念，即利用其中烷基链帮助棒状基团进行各向异性排列。利用这种理念使得一些独特的有机分子能够通过简单的制备技术快速地自组装成二维晶体层。因此，设计具有显著自组装行为的分子，可以在某些情况下使用简单的制备技术（如滴涂和旋涂）来构造大尺寸的二维晶体。但是，引入绝缘的烷基链会降低有机分子的半导体性能。在 π 共轭结构部分的体积和烷基链之间找到平衡点对于维持电荷传输能力很重要。此外，非常需要开发生长技术，从而将具有良好光学和电子性质的特定分子沉积成二维形态。

外延是在无机材料中实现高质量晶体生长的一种方法，需要将材料从单核生长成大面积晶化层，实现单畴外延。这项技术也可应用到二维有机晶体的制备。缺乏理想的单晶基底是这种方法的主要挑战，人们发展了使用液体表面作为基底的“溶液外延”技术，为实现均匀、大面积和高质量的二维分子晶体提供了一种简便而通用的方法。

2）溶剂蒸气退火

溶剂蒸气退火指使用饱和溶剂蒸气来部分溶解预先制备的薄膜等材料，然后让分子以更高的有序度重新组合，生长出低维纳米结构。这种方法比在室温环境条件下发生的热退火效果更好，特别适用于制备一维自组装材料。该方法中表面条件会严重影响生长晶体的尺寸大小，生长温度和溶剂类型也是需要严格控制的条件。

3）有机电化学合成

有机电化学合成又称有机电解合成，简称有机电合成，是用电化学的方法进行有机合成的技术，通过有机分子或催化媒质在电极/溶液界面上的电荷传递、电能与化学能相互转化以实现旧键断裂和新键形成。有机电化学合成具有很多显著的优点：避免使用有毒或危险的氧化剂和还原剂，电子是清洁的反应试剂，反应体系中，除了原料和产物，通常不含其他试剂，减少了物质消耗，而且产品易分离、纯度高，环境污染小；在电合成过程中，电子转移和化学反应这两个过程可同时进行。

4）物理气相传输

上面几种方法都是在溶液中进行的，由于很多有机半导体材料难溶或不溶于溶剂，而且溶液法生长的有机材料中会不可避免地存留有机溶剂，影响材料的纯度，进而会影响后续制备的器件性能。相比之下利用物理气相传输法通常可以获得更高质量的有机材料。物理气相传输法指利用物理过程实现物质转移，将原子或分子由源转移到基材表面上的过程。有机半导体晶体内的分子倾向于沿着分子间相互作用强的方向堆积。在晶体内如果在一个方向上的 π-π 相互作用和氢键作用明显强于其他方向，则晶体更倾向于沿着这个方向生长，有机单晶容易呈现出一维的线状、棒状或带状晶体；如果晶体内不存在相互作用的主导方向，也就是说，晶体内具有可比的两个或两个以上相互作用方向时，则有机单晶容易呈现出二维的片状晶体或三维板状或粒状晶体等形貌。实际情况下，生长条件如温度、气压、气体流速等也会影响有机晶体的形貌。目前，有许多以二维晶体形态存在的有机半导体材料，如红荧烯、并四苯、并五苯、并六苯、DNTT、Ph5T2、DPA及其衍生物等。

常见的物理气相传输管式炉由炉体、真空泵、温度控制器、石英管、气体供给装置等组成（图 10-7）。管式炉需要两个温区：左边的高温区（升华区）和右边的低温区（结晶区）。原料被放在升华区并维持恒定温度，在此温度下原料会升华并被载气带到温度较低的结晶区。

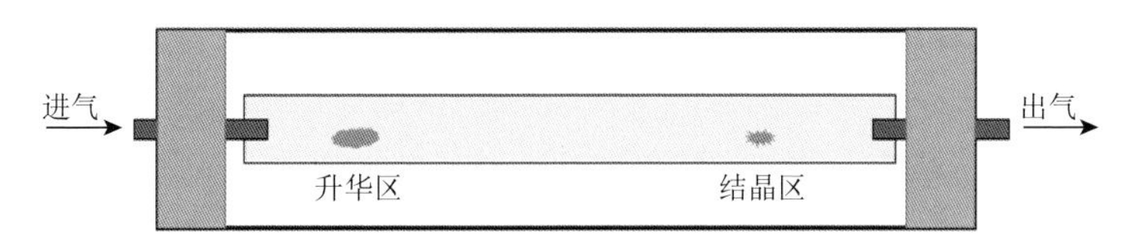

图 10-7　物理气相传输制备低维分子材料所用的管式炉示意图

采用物理气相传输法生长有机低维分子材料，主要受以下几个因素的影响。

（1）温度梯度：为了能够将更纯的材料从杂质中成功分离，获得更优质的材料，需尽可能减小炉体的温度梯度，如 2～5℃/cm 的温度梯度较为适宜。

（2）热源温度：生长材料时热源温度的选取一般接近该材料的升华温度。

（3）载气流速：流速的大小主要影响管式炉内的真空度以及沉积区位置。

（4）原料纯度：物理气相传输也是提纯有机半导体材料的主要方法之一，经过多次载气输运对原料重结晶后，可以获得高纯的有机半导体材料。高质量的晶体由于分子无序性的减弱和缺陷的减少，更有利于载流子的传输，进而提高有机材料的器件迁移率。

2. 机械转移法

机械转移法是指用机械探针等将制备好的低维分子材料直接转移到目标基底上制备器件。其中，低维分子材料可以通过物理气相传输法或液相法制备。其优点是：①可以预先构筑较复杂的电极结构，如可以构筑四探针结构以排除接触电阻的影响；②可以避免在低维分子材料表面直接蒸镀电极，避免了金属蒸镀过程对材料的损伤；③可以从不同的方向重复贴同一个材料，以研究材料电荷传输的各向异性。这种方法也有一些不足，例如，需要对材料进行一系列操作，因此在操作过程中可能会破坏材料或者污染材料，这种方法费时费力，没有办法制备大规模的器件。

3. 机械剥离法

剥离技术在无机材料系统（如石墨烯、TMD、六方氮化硼和黑磷）中制备单层和多层二维晶体方面取得了巨大成功。这种“自上而下”的剥离技术的前提是合成高质量的晶体。有机晶体剥离就是用胶带将有机晶体解理成很薄的低维晶体的方法，主要是利用有机晶体受力后常沿一定方向破裂并产生光滑平面的性质实现的。通过气相传输生长得到非常薄的柔性晶体，由于较厚的晶体在手工切割期间容易破裂，因此我们需要薄的晶体。具体的制备过程如下：首先将晶体黏附在两个半透明胶带之间。然后将胶带撕开，直到晶体在两个胶带上分离。在重复裂解晶体数次后，将一块带有薄晶体的胶带轻轻压在二氧化硅（SiO_2）表面上。最后除去透明胶带，由于 SiO_2 和有机半导体之间的范德瓦耳斯力，薄晶体仍留在基板上（4.3.4 节中图 4-14）。有机晶体解理方法用于制备超薄单晶，晶体厚度可以从几个分子单层到几微米。

有机晶体解理方法可以获得不同厚度的分子材料，因此可以用来研究低维分子材料载流子迁移率的厚度依赖性。低维分子材料的厚度较小，在解理的过程中难免会损坏材料，使得器件在制作过程中成功率不高，往往经过长时间的练习才能获得比较好的器件，并且很难制备大规模的器件。

10.3 器件性能

10.3.1 场效应器件性能的影响因素

1. 电极接触质量

电极接触质量的好坏是影响有机场效应晶体管电学性能的重要因素，提高电极接触质量通常是指改善电极和半导体的接触，降低接触电阻。对电极表面进行修饰是常用的策略。例如金电极，由于其不易氧化和腐蚀，可以通过在其表面物理吸附聚合物和钡盐、化学吸附氧化石墨烯和硫醇的自组装单分子层等，改善金/有机界面处的电荷注入。

1）不同电极修饰材料及修饰方法

在 Au 电极上修饰硫醇单分子层是一种常见的提高电极接触质量的方式，这类硫醇分子包括 NHC、TFMBT、IPr、PFBT 等，其一端带有巯基（硫醇基）基团，具有强键供给和中等 π 键接受能力，称为特殊配体，与 Au 等金属形成非常稳定的配合物。此组合的优点在于易于制备，在整个化学修饰中具有可调节的性质。然而，硫醇单层在 100～150℃的低温范围内会被完全解吸，甚至在室温下 1～2 周内会在空气中降解。此外，自组装单分子层不仅可以用作注入层，还可用作栅极电介质，应用于晶体管、传感或表面陷阱钝化等领域。例如，迟力峰教授课题组[1]报道了与 Au 电极表面反应的 NHC 分子，已成功应用于并五苯晶体管。此方法使并五苯晶体管的电荷载流子迁移率增加了 5 倍，而且使并五苯/Au 界面的接触电阻降低了 85%。与纯的 Au 电极相比，电荷注入被大大增强。刘云圻课题组[2]报道了改进 Cu 底接触电极的高性能有机场效应晶体管（OFET）。使用 Cu-TCNQ 修饰 Cu 电极，优化了能级匹配，增加了电极/有机层的接触面积并降低了接触电阻，获得了 0.31cm^2/(V·s)的载流子迁移率，提高了器件性能。

除了用自组装单分子层修饰电极表面外，石墨烯（GO）或氧化石墨烯也是电极修饰的一种非常有前途的选择。其优点有：①GO 与有机半导体具有良好的兼容性；②GO 具有低毒性和低成本，这对于大规模生产有很好的前景；③GO 具有一些表面官能团，可以针对不同的应用进行相应修饰；④GO 表面显示出高表面能，因此对极性和非极性溶剂都具有好的润湿性能。这与一些硫醇自组装单分子层（SAM）不同，如具有低表面能的五氟苯硫酚（PFBT）。对 GO 最常用的修饰策略是化学气相沉积或物理吸附法。前一种方法通常需要高温，不适用于柔性基质，而物理吸附不太稳定，无法在器件制造中经受多次溶液处理。李立强课题组[3]开发了一种简便的策略，采用低温溶液法共价键合 GO 修饰在 Au 电极表面（图 10-8），通过化学键将 GO 选择性地附着在 Au 表面上，可以同时实现 GO 的修饰和图案化，这表明该共价修饰策略与常规图案化技术相兼容。此外，在 Au 表面上共价键合的 GO 是耐溶剂处理的。

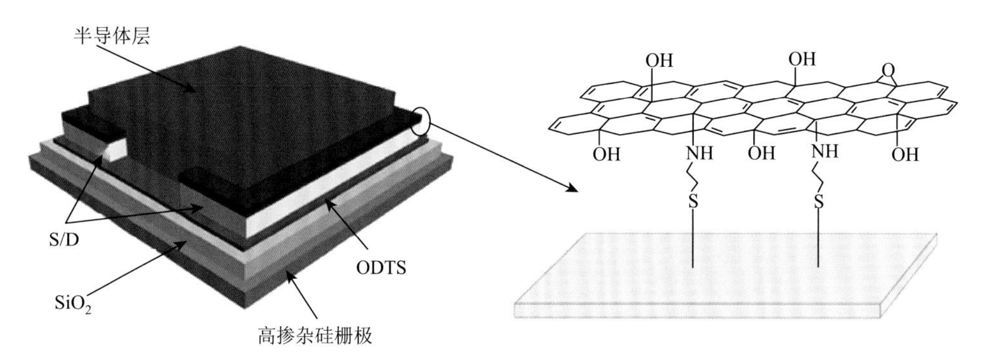

图 10-8　基于共价连接的 GO-Au 电极制备的有机场效应晶体管的示意图[3]

除了使用化学气相沉积的石墨烯作为缓冲层外，使用原子层沉积（atomic layer deposition，ALD）等技术制备高质量超薄缓冲薄膜以提高载流子注入效率也是一种可行的方案。该工艺能够制备高度光滑和均匀的氧化物薄膜，并精确控制薄膜厚度。沉积的薄膜还能够均匀和共形地覆盖有机材料表面上的平台结构，不会造成明显的损坏。

2）电极刻蚀工艺方法

上述方法是通过在电极表面修饰相关材料，降低表面能；或者是在电极/半导体界面插入缓冲层提高载流子注入效率来改善器件性能。然而并没有从电极自身角度来解决其问题。胡文平课题组[4]报道了一种简单、经济、有效的方法来提高载流子注入效率，通过简单的电极刻蚀工艺，使电极的功函数与半导体相一致，降低了能垒并促进了电荷注入。此外，形成具有所需微纳米结构的变薄电极边缘不仅有利于载流子的注入，还利于分子自组织化以便在接触活性通道界面处晶体连续生长，这更适合电荷的注入和传输。这些效应表明了接触电阻的大幅降低以及低成本底接触 OFET 性能的改进。他们在这些刻蚀的 Ag（或 Cu）底接触 S/D 电极的基础上，制造了一系列并五苯 OFET。与未刻蚀 Ag（或 Cu）底接触 S/D 电极以及 Au 顶接触的器件相比，基于微纳米结构刻蚀电极器件的场效应性能显著提高，平均迁移率提高近一个数量级。

2. 绝缘层介电常数

绝缘层是组成场效应晶体管中的重要部分，通过适当设计和优化绝缘层可以提高器件性能。介电常数、击穿电压和漏电流密度是绝缘层的主要参数。被广泛

应用的是 SiO_2 绝缘层，但因其介电常数不高，并且当厚度降低到一定值时，很容易被击穿。所以研究者希望找到高介电常数的材料将其替代，以降低器件的工作电压。目前，常见的高介电常数绝缘层有 Al_2O_3、La_2O_3、HfO_2、Ta_2O_5、TiO_2、ZrO_2、$BaTiO_3$、聚酰亚胺（PI）等。但是，有研究表明，具有高介电常数的绝缘层容易在表面形成极化子，这些极化子在场效应器件的导电沟道中形成缺陷，散射或吸附载流子，降低器件的迁移率。低维分子材料多为单晶，对绝缘层表面缺陷更为敏感。

3. 绝缘层表面性质

由于场效应器件是通过调节绝缘层/半导体界面处半导体几个分子层内的电荷载流子来工作的，绝缘层的表面性质将会强烈地影响场效应晶体管的器件性能。影响有机场效应晶体管（OFET）器件性能的绝缘层界面性质主要包括表面粗糙度、表面极性和表面能等。接下来将对绝缘层的界面性质对于场效应晶体管器件性能的影响逐一进行讨论。

1）绝缘层表面粗糙度

有报道认为，粗糙的绝缘层表面通过干扰有机半导体层的形貌和微结构，或直接作为物理陷阱和传输障碍，阻碍半导体中的电荷传输，降低了有机半导体中的电荷传输迁移率。

Steudel 等[4]提出了一个理论解释，在粗糙的绝缘层表面上有许多凸起的“丘”和凹陷的“谷”。在器件工作时，电荷载流子被栅极场限制在半导体/绝缘层界面附近，并且源漏极场仅能使电荷载流子沿绝缘层表面水平移动。因此，当电荷在粗糙的表面上运动时，需要更多的能量来穿过那些类似“丘”和“谷”的障碍，它们充当电荷的移动障碍和电荷捕获位点。他们的实验结果发现，当栅绝缘层表面粗糙度从 0.17nm 增大到 9.2nm 时，载流子迁移率从 $1.0cm^2/(V·s)$减小到 $0.02cm^2/(V·s)$。

除了对电荷传输的直接物理影响外，绝缘层表面粗糙度对有机半导体的形貌和微结构也有很大影响。据报道，绝缘层表面上的半导体分子扩散、形核过程和半导体分子的长距离输运都受到粗糙绝缘层表面的极大限制。根据前人的工作，绝缘层粗糙度对半导体形貌的影响大致分为以下三点：①半导体晶粒尺寸减小；②增加了晶粒间的孔洞和不连续性；③增加的填充缺陷导致半导体分子无序性增强。Steudel 等[5]的实验表明，在粗糙的绝缘层表面上伴随着晶粒尺寸的减小，器件表现出低的迁移率。

除晶粒尺寸外，与晶粒尺寸增加呈反比例关系的晶界密度是影响器件性能的另一个重要因素。粗糙的绝缘层表面在半导体晶粒之间带来了更多的不连续性，因此晶粒之间的电荷传输受到这些更差的晶界连接的阻碍。这两个因素都会对晶粒间的电荷传输产生负面影响，并且明显增加了半导体层中的载流子传输障碍。不过，也有研究表明，高粗糙度有利于提高器件性能，与前述结论矛盾。这些研究主要针对薄膜有机场效应器件，对低维分子材料器件性能的影响还缺乏系统研究。

2）绝缘层表面极性

绝缘层的表面极性可以显著影响薄膜和单晶的场效应性能。人们发现非极性绝缘层更有利于高质量薄膜的生长，进而获得较高的器件迁移率。例如，Wünsche 等发现非极性的 PS/SiO_2 绝缘层表面比极性的 PMMA/SiO_2、HMDS/SiO_2 和 PARYC/SiO_2 绝缘层表面更有利于形成连接紧密且平整的并四苯薄膜，使其薄膜器件可以获得更高的迁移率[6]。而且，Gomez 等也通过实验证明了绝缘层附近的极性基团组会导致界面处存在更多的障碍，形成电荷陷阱，阻碍载流子的传输，进而降低器件性能[7]。尽管许多文献报道中得出了非极性绝缘层比极性绝缘层的迁移率要高的结论，但要进一步了解所有非极性绝缘层之间，以及极性绝缘层之间的迁移率差异，目前仍没有文献报道。而且使用薄膜研究这一规律仍然存在不可避免的形貌影响，使得研究仍然具有一定的挑战性。

3）绝缘层表面能

相关研究表明，栅绝缘层的表面能是影响场效应器件电学性能的重要参数之一。表面能既可以通过影响半导体分子的取向和形貌，进而影响器件的性能，又可以直接影响载流子的传输。然而，由于相关研究多使用有机薄膜作为半导体，这两种因素的影响不能被独立研究，导致文献报道得到的结论彼此存在矛盾。

使用预生长的低维分子材料作为导电沟道，将避开绝缘层表面能对半导体形貌的影响，研究表面能与载流子传输的直接关系。汤庆鑫课题组采用 Ph5T2 二维片状单晶，利用机械转移的方式在一系列具有不同表面能的绝缘层基底表面制备了场效应晶体管，成功避免了绝缘层表面性质对半导体材料生长形貌的影响，从而实现了绝缘层表面性质对载流子传输直接影响的研究。图 10-9 给出了绝缘层表面能与器件迁移率间的关系。通过对实验数据的分析，发现绝缘层的表面极性、表面粗糙度和总表面能都不是影响 Ph5T2 单晶场效应晶体管器件迁移率的决定性因素，绝缘层表面能的极性分量和色散分量共同影响着器件的迁移率。只有当绝缘层和半导体表面能的两个分量都匹配时，才可以获得最高的迁移率[8]。

10.3.2　一维分子材料场效应器件性能

有机单晶具有低缺陷密度、无晶界、晶体结构长程有序等优势，相比于同种材料的薄膜器件，单晶器件通常展现出更高的迁移率，因此常被用于研究材料的本征传输性质，揭示分子结构与性能之间的关系。1996 年，研究者首次基于六噻吩（sexithiophene）制备了有机单晶场效应晶体管，迁移率为 0.075$cm^2/(V\cdot s)$[9]。近年来随着新材料的研发、单晶生长及晶体管制备技术的提高，单晶场效应器件

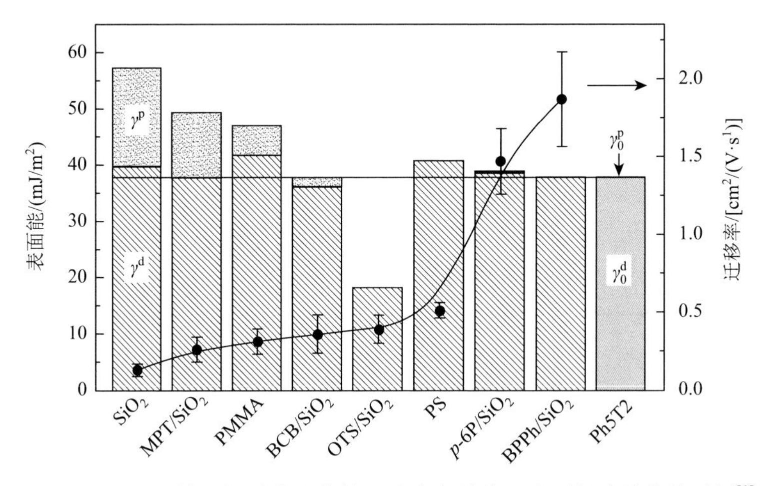

图 10-9 Ph5T2 单晶场效应晶体管迁移率与绝缘层表面能分量的关系图[8]

γ^p、γ^d 分别为绝缘层表面能的极性分量和色散分量，γ_0^p、γ_0^d 分别为初始极性分量和初始色散分量

的最高迁移率已经可以达到 $40cm^2/(V·s)$[10, 11]，并且多种材料的载流子迁移率接近或者超过 $10cm^2/(V·s)$[12]。

在分子材料生长过程中，晶体趋向于沿相互作用力（如 π-π 相互作用或氢键相互作用）强的方向生长，最终形成棒状、针状或者线状的一维晶体结构[16]。紧密堆积的分子之间的强相互耦合和低密度的结构缺陷，使一维晶体具有优秀的载流子传输能力[17]。因此，一维分子场效应晶体管通常具有良好的场效应性能和机械柔韧性[20]。在过去的近 20 年中，基于一维微纳晶体制备的场效应晶体管受到了广泛的关注，其在逻辑电路[24]和传感器[26]等领域也展示出了巨大的应用潜力。下面总结了近年来已报道的高性能一维分子材料场效应晶体管。

1. 基于酞菁类材料制备的一维场效应晶体管性能

1）酞菁铜（CuPc）和氟代酞菁铜（F_xCuPc）

姜辉等[29]利用物理气相传输的方法制备了 CuPc、F_4CuPc、F_8CuPc 和 $F_{16}CuPc$ 单晶纳米带，如图 10-10（a）～（d）所示。在十八烷基三氯硅烷（ODTS）修饰的 SiO_2 绝缘层上构筑单晶场效应晶体管，其载流子迁移率分布如图 10-10（e）和（f）所示。由图中可以看出，随着氟原子个数的增加，器件场效应特性展示出了由 p 型到 n 型跃迁的现象。CuPc 单晶场效应晶体管的最大空穴迁移率可达 $2.35cm^2/(V·s)$，而 $F_{16}CuPc$ 的电子迁移率最高可达 $0.80cm^2/(V·s)$。这一现象可以解释为：氟化导致空穴注入减少，同时增加了电子注入。

为了降低传统热蒸镀电极过程中热辐射对半导体晶体的损伤，Tang 等采用了一种“由下至上”的无损装配方式制备了高性能的 CuPc 和 $F_{16}CuPc$ 的纳米线场效应晶体管[24]。其中，源漏电极使用的是与半导体能级相匹配的 SnO_2：Sb 纳米

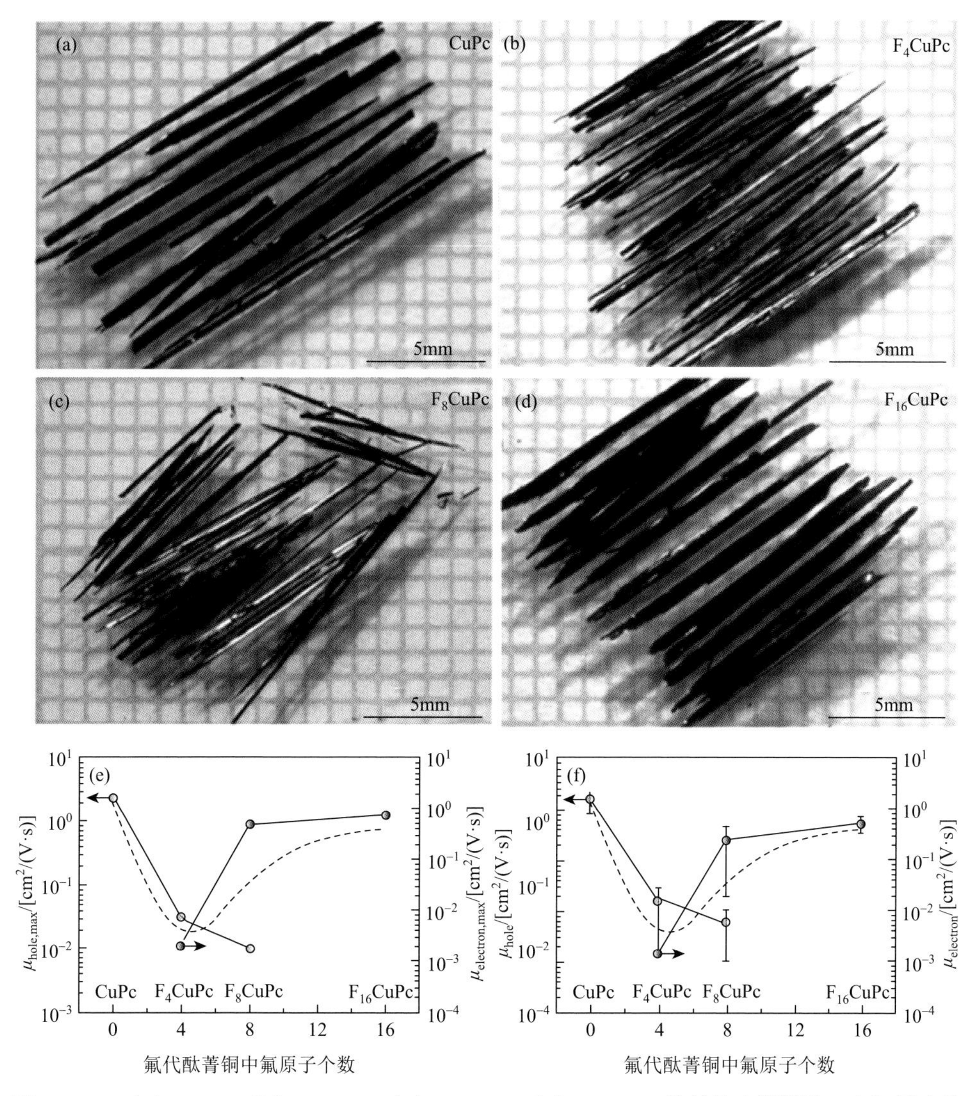

图 10-10　（a）CuPc、（b）F_4CuPc、（c）F_8CuPc、（d）$F_{16}CuPc$ 单晶的光学照片；（e）最大载流子迁移率随氟原子个数变化曲线；（f）平均迁移率随氟原子个数变化曲线[29]

线，这将在很大程度上增加载流子的注入效率。两种器件的载流子迁移率分别可达 $0.61cm^2/(V·s)$和 $0.65cm^2/(V·s)$，开关比分别大于 10^4 和 10^3。

2）酞菁锌（ZnPc）和氟代酞菁锌（F_xZnPc）

Gou 等利用物理气相传输法得到了长度为 20～150μm 的 ZnPc 纳米带[28]，并且在 ODTS 修饰的 SiO_2 绝缘层上制备了高性能单晶场效应晶体管，其最高迁移率为 $0.75cm^2/(V·s)$，开关比大于 10^4。之后姜辉等采用二次提纯的 ZnPc 为原料[29]，生长了高质量的 ZnPc 和 F_xZnPc 单晶纳米带，并且得到了与 CuPc 类材料场效应晶体管相似的电学性质，最大空穴迁移率可达 2.38cm^2/(V·s)，而 F_{16}ZnPc 的电子迁移率最高可达 0.81cm^2/(V·s)。

3）其他酞菁类材料

Gedda 等利用双绝缘层（PVA 和 Al_2O_3）设计[30]，获得了高性能的 CoPc 纳米线的场效应晶体管，迁移率为（1.11±0.02）cm^2/(V·s)，开关比约为 10^4。Zhang 等利用 TiOPc 带状晶体制备了一维场效应晶体管[31]，其最高载流子迁移率仅为 0.014cm^2/(V·s)，而利用 TiOPc 二维片状晶体获得的迁移率却高达 10.6cm^2/(V·s)。

2. 并五苯衍生物场效应器件性能

并五苯是一种常见的小分子半导体材料，目前基于并五苯单晶制备的场效应晶体管的载流子迁移率高达 40cm^2/(V·s)，开关比为 10^6，并且阈值电压仅为 2V[11]。由于其晶体结构特点，并五苯晶体多为二维片状或三维块状，不容易获得一维结构，不过其衍生物容易制备成一维结构。TIPS-PEN 是一种经典的并五苯衍生物，其常被用于溶液法制备场效应晶体管。Bae 等采用一种可控的选择性接触蒸发印刷（SCEP）的方法获得了 TIPS-PEN 的单晶阵列[32]，并蒸镀金属电极制备了单晶场效应晶体管，如图 10-11 所示。通过这种方法制备的场效应晶体管，其电学性能表现为开关比约为 10^6，平均迁移率为 0.36cm^2/(V·s)。

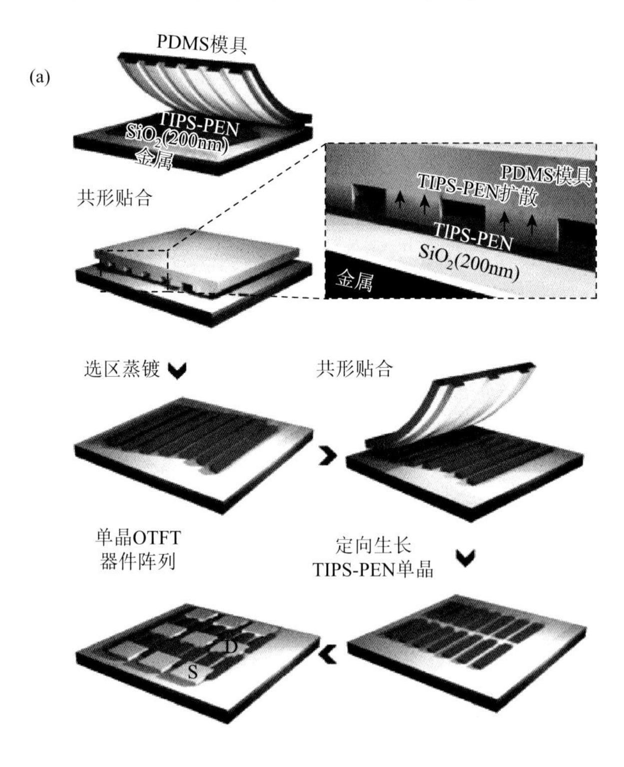

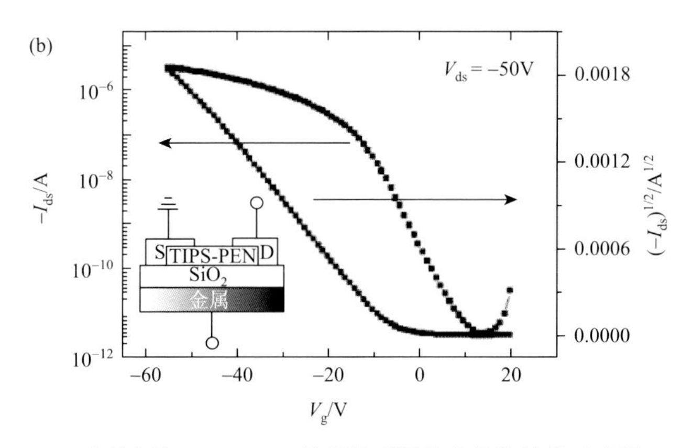

图 10-11　（a）SCEP 方法制备 TIPS-PEN 单晶阵列场效应晶体管的示意图；（b）TIPS-PEN 单晶场效应晶体管转移曲线[32]

Zhao 等通过溶液法在柔性基底上制备了大规模的 TIPS-PEN 微米线阵列[22]，并获得了一维场效应晶体管阵列，如图 10-12 所示。阵列器件性能具有很好的均一性，载流子迁移率最高可达 0.79cm^2/(V·s)，阈值电压接近 0V，开关比约为 10^6。Kim 等通过溶液法制备了一维高质量单晶 TIPS-PEN 纤维[33]，并且基于单根微纤维制备了有机场效应晶体管，器件表现出了优异的电学性能，迁移率高达 1.42cm^2/(V·s)，开关比约为 10^5。

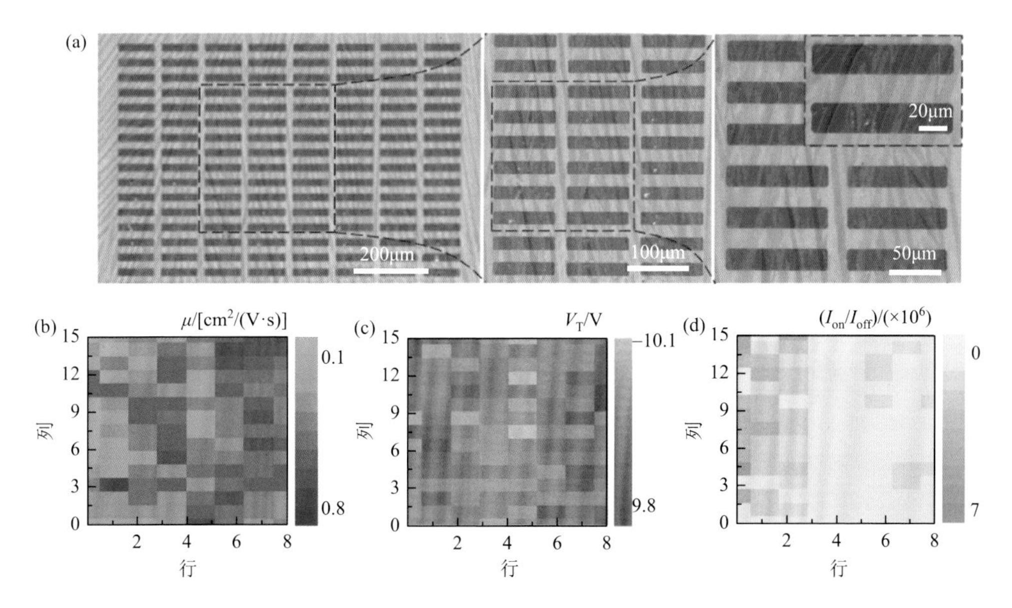

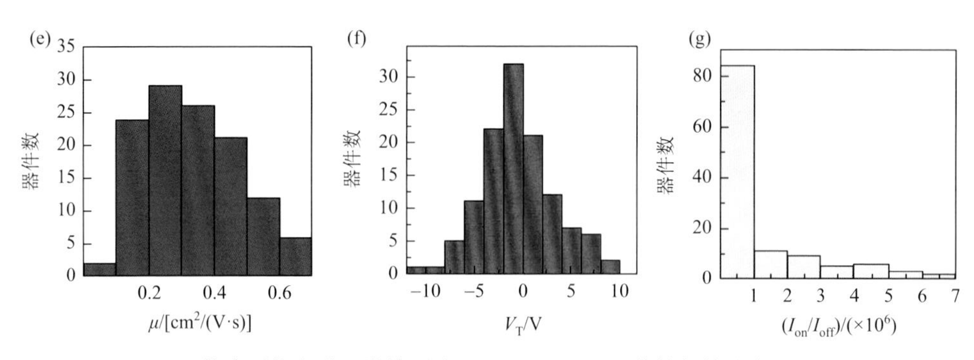

图 10-12 （a）器件阵列的光学显微镜照片；（b）～（d）器件性能的分布图；（e）～（g）器件性能的统计直方图[22]

Wang 等基于一维 DCP（6, 13-dichloropentacene）单晶带制备了有机场效应晶体管[12]，如图 10-13 所示。DCP 分子间强的 π-π 相互作用，使得其微米带场效应晶体管的迁移率可以高达 $9cm^2/(V·s)$。

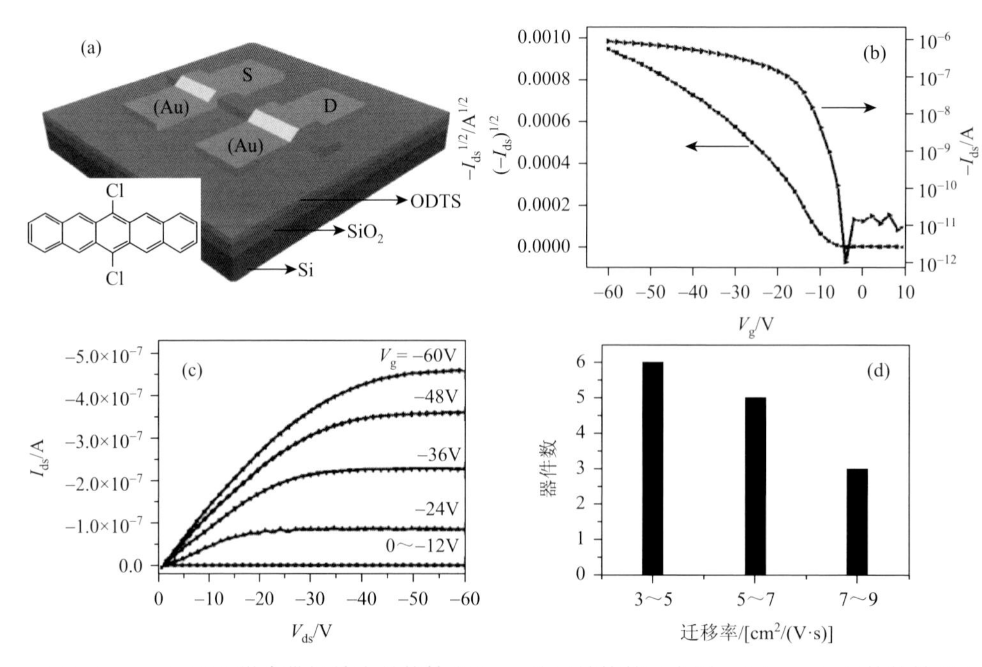

图 10-13 （a）DCP 微米带场效应晶体管和 DCP 分子结构的示意图；（b）、（c）器件的转移和输出曲线；（d）器件迁移率统计图[12]

3. 红荧烯及其衍生物场效应器件性能

红荧烯（rubrene）及其衍生物具有良好的载流子传输性能和优秀的光电性质，

基于这类材料获得的一维场效应晶体管通常具有很好的场效应性能。Takeya 等通过二次提纯技术获得了高纯的红荧烯单晶[10]，并在高密度有机硅烷自组装单分子层（F-SAM 或 CH_3-SAM）修饰的 Si/SiO_2 基底上制备了红荧烯单晶场效应晶体管。良好的界面修饰降低了载流子在传输过程中所受到的散射影响，器件的载流子迁移率可以达到 $18cm^2/(V{\cdot}s)$，而经过四探针法测得的器件固有迁移率更是高达 $40cm^2/(V{\cdot}s)$，这也是目前红荧烯单晶场效应晶体管的最高迁移率。

Xie 等基于一种新的红荧烯衍生物双三氟甲基二甲基红荧烯（bis-(trifluoromethyl)-dimethyl-rubrene，fm-rubrene）微米带制备了单晶场效应晶体管[34]，其分子结构式如图 10-14 所示。在 fm-rubrene 晶体的电荷注入界面处插入薄的碳纳米管网络层，大大降低了空穴和电子注入过程中的接触电阻，因此，实现了高的空穴和电子迁移率，其中空穴迁移率为 $4.8cm^2/(V{\cdot}s)$，电子迁移率为 $4.2cm^2/(V{\cdot}s)$。此外，基于另一种红荧烯衍生物 D-rubrene（图 10-14）微米带[13]，制备的单晶场效应晶体管的空穴迁移率超过 $10cm^2/(V{\cdot}s)$，同时在超低温下（约 100K）其空穴迁移率更是可以达到 $45cm^2/(V{\cdot}s)$。

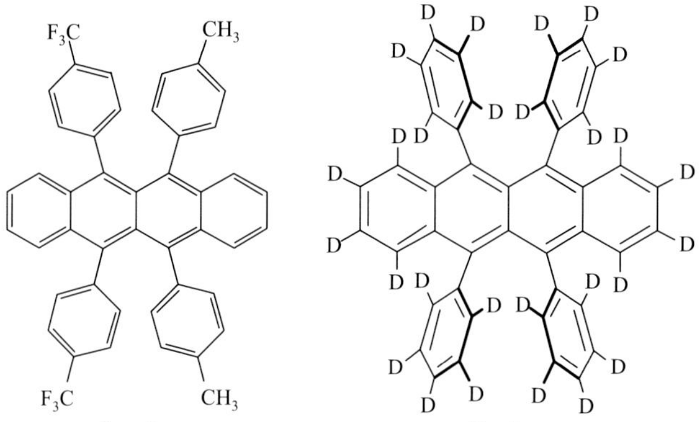

图 10-14　fm-rubrene 和 D-rubrene 分子结构式[34]

4. TCNQ 场效应器件性能

Zhang 等利用简单巧妙的笔刷法在柔性基底 PET 上获得了大面积的 TCNQ 微米线阵列[21]，并基于此制备了一维场效应晶体管。载流子迁移率为 $1.7\times10^{-3}cm^2/(V{\cdot}s)$，这一迁移率是 TCNQ 薄膜器件的迁移率［$7.3\times10^{-5}cm^2/(V{\cdot}s)$］的 20 余倍。

5. C_6-DBTDT（dihexyl-substituted DBTDT）场效应器件性能

He 等通过一种新型的合成方法[14]，得到了两种晶相的 C_6-DBTDT 分子晶体，分别是二维片状晶体和一维线型晶体。对于二维场效应晶体管，其平均迁移率为 5.0cm^2/(V·s)，最高可达 8.5cm^2/(V·s)，开关比为 7×10^7。而对于一维 C_6-DBTDT 分子器件，其平均迁移率为 8.1cm^2/(V·s)，并且最高迁移率可以达到 18.9cm^2/(V·s)。

6. 基于新型材料制备的一维分子场效应晶体管的器件性能

一维分子场效应晶体管作为研究有机半导体本征性能的有力工具，大大加深了人们对有机功能材料的认识。随着人们对有机半导体结构-性能关系认识的逐渐深入，真正根据功能设计合成分子材料成为现实。Liu 等合成了一种新的蒽的衍生化合物（TES-DPA）[35]，分子式如图 10-15 所示，利用这种新型化合物纤维制备的一维分子场效应晶体管的迁移率可以达到 1.47cm^2/(V·s)，性能曲线如图 10-15 所示。

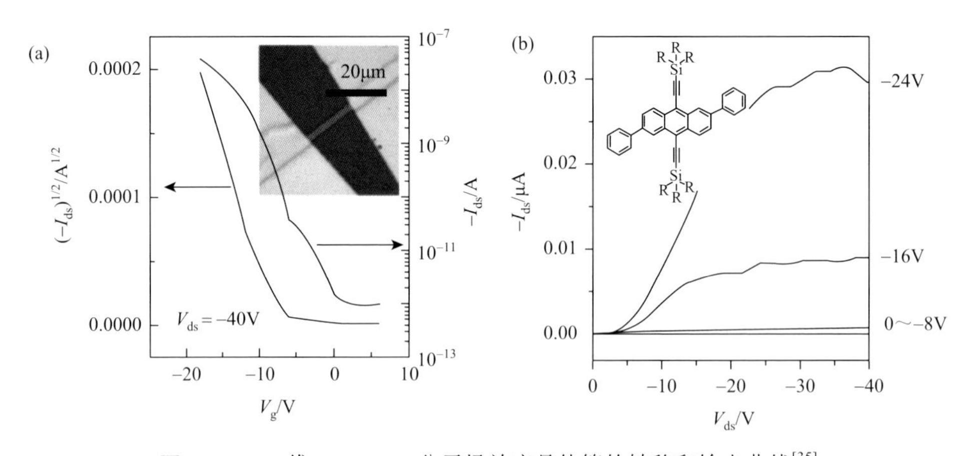

图 10-15 一维 TES-DPA 分子场效应晶体管的转移和输出曲线[35]

Ahmed 等合成了一种新材料 TPBIQ[36]，基于这种材料的一维分子场效应晶体管迁移率为 1.0cm^2/(V·s)，开关比大于 10^4，且阈值电压仅为 0.58V。Hoang 等分别利用新型 H_2TP 和 ZnTP 分子一维针状晶体制备了场效应晶体管[26]。器件均展示出了较好的场效应性能，其载流子迁移率分别可以达到 0.85cm^2/(V·s)和 2.9cm^2/(V·s)。器件开关比分别为 1.0×10^4 和 6×10^3，阈值电压分别为 5.0V 和 2.0V。Zhao 等基于 C_{12}-BBICZ 纳米线制备了一维分子场效应晶体管[22]，器件显示了 1.5cm^2/(V·s)的平均迁移率、1.8cm^2/(V·s)的最高迁移率和 10^5 的开关比，表现出了良好的机械稳定性，在不同弯曲半径下，器件性能基本保持不变。另外，器件还具有很好的环境稳定性，放置 30 天后，迁移率没有明显降低。

7. 基于聚合物分子制备的一维分子材料场效应器件的性能

Wang 等基于一维聚合物分子纤维 CDT-BTZ 制备了有机场效应晶体管[37]，并获得了优秀的电学性能，如图 10-16 所示。其器件迁移率最高为 $4.6cm^2/(V·s)$，开关比为 10^6。进一步在纤维表面覆盖一层 60nm 厚的 SiO_2 薄膜进行保护，防止聚焦离子束沉积时的损伤，其迁移率得到明显改善，达到 $5.5cm^2/(V·s)$。Mativetsky 等利用 HBC-PMI 一维单晶带制备了场效应晶体管[38]，其表现出了明显的双极性，电子和空穴迁移率分别为 $7\times10^{-5}cm^2/(V·s)$和 $1\times10^{-4}cm^2/(V·s)$。Merlo 等基于 RRP3HT（regioregular polythiophene）纳米纤维制备了一维场效应晶体管[39]，其迁移率为 $0.02cm^2/(V·s)$，开关比为 10^6。Sagade 等利用新型超分子 CS-DMV 纳米纤维制备了一维分子场效应晶体管[40]，器件展示出了良好的场效应性能，其迁移率最高可达 $4.4cm^2/(V·s)$。

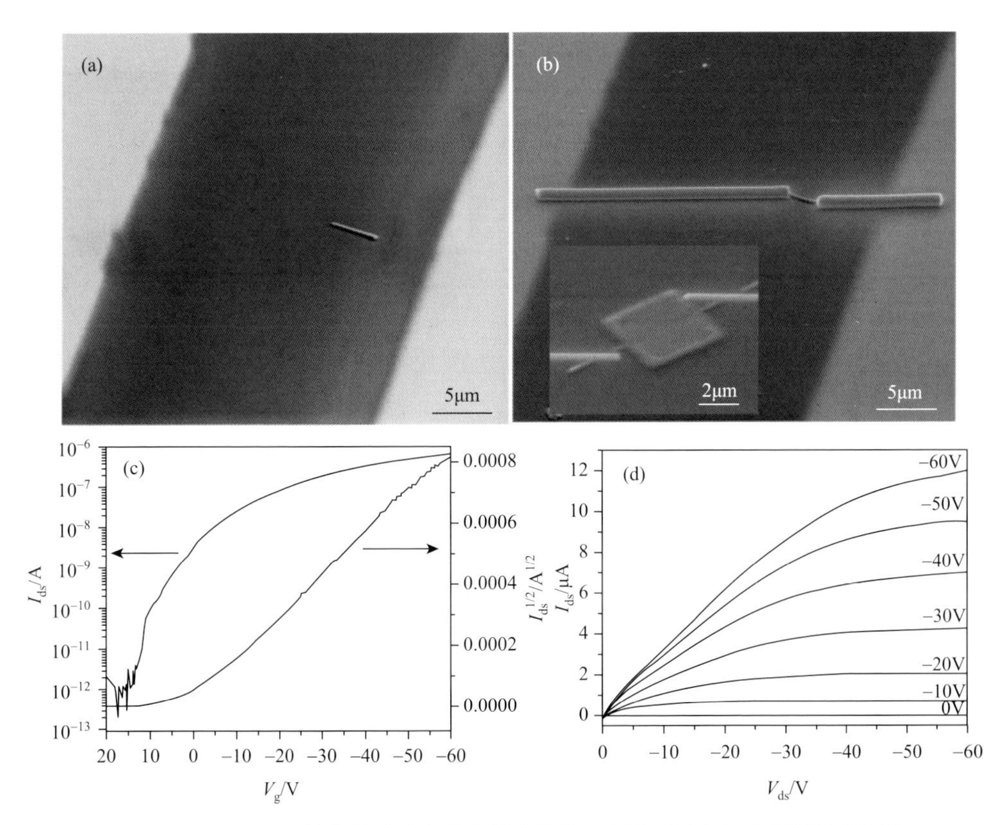

图 10-16　（a）、（b）聚焦离子束沉积电极之前和之后的器件扫描电子显微镜照片；（c）、（d）器件的转移和输出曲线[37]

凭借有机单晶所具有的无晶界、缺陷少、长程有序等优势，基于此制备的一维分子场效应晶体管往往具有很好的电学性能，部分材料迁移率可以达到 $10cm^2/(V·s)$。同时，一维分子器件由于本身良好的机械性能以及微小的器件尺寸，在未来的可穿戴和高度集成的电子设备中具有巨大的应用潜力。

10.3.3 二维分子材料场效应器件性能

二维纳米材料是一种超薄的片状晶体，厚度仅为原子或分子量级，横向尺寸通常大于微米尺度，具有传统的块状材料所不具备的独特物理、化学和机械性能。原子水平的厚度通常小于大多数粒子（包括电子、激子和声子）的平均自由程，这导致它们在传输时遵循弹道输运机制而不是散射或扩散机制。这种量子约束效应从根本上改变了这些材料的电子行为，它们是理想的基础研究和新型电子应用平台。材料的超薄性也使其具有优异的光学透明性，且对外部刺激具有快速的响应，这对于光电和其他传感应用很重要。石墨烯是典型的二维材料，它掀起了人们对原子薄材料中电子学和光电子学研究的热潮，过渡金属二卤代烃、六方氮化硼（h-BN）、黑磷等许多其他二维材料的研究也获得了迅速的发展。但是，如何在宏观尺度上制备高质量的二维晶体，满足大面积、低成本、柔性电子产品的应用需求是一个巨大的挑战。二维有机半导体材料，包括二维小分子和二维聚合物，在此方面具有一些特殊的优势。例如，二维小分子由于其动态的、可逆的非共价键相互作用而具有显著的自组装行为，可以通过溶液处理方式形成大面积高质量的超薄晶体；另外，通过裁剪大量的模块来合成二维聚合物，可以合理设计并合成二维结构。因此，将二维材料体系结构和有机电子技术的优势相结合，对于下一代电子技术的发展具有重要意义。

在有机二维晶体中，分子堆叠方式的各向异性导致电荷传输的各向异性，以最经典的二维有机半导体晶体材料红荧烯为例，Sunda 等对以红荧烯单晶制备的有机场效应晶体管的电学性能进行了测试，发现沿红荧烯单晶的不同取向测试，其载流子迁移率存在明显差异[41]。图 10-17（b）和（c）为（001）晶面上的迁移率极坐标图（测量了[010]晶向与导电沟道之间的夹角）以及沿[010]和[100]晶向的四探针沟道电导与栅电压之间的函数关系，他们指出沿[010]晶向的迁移率最大，沿[100]晶向的迁移率最小。这一研究表明了有机半导体二维单晶的各向异性，而这一差异是由有机单晶内分子自身取向及分子排布的各向异性造成的。除此之外，Zeis 等同样对红荧烯二维单晶的各向异性进行了研究，如图 10-17（a）所示，沿红荧烯单晶的[001]取向测量的迁移率能达到 $5.3cm^2/(V·s)$，而沿着红荧烯单晶的[010]取向测量的迁移率仅为 $1.8cm^2/(V·s)$[42]。

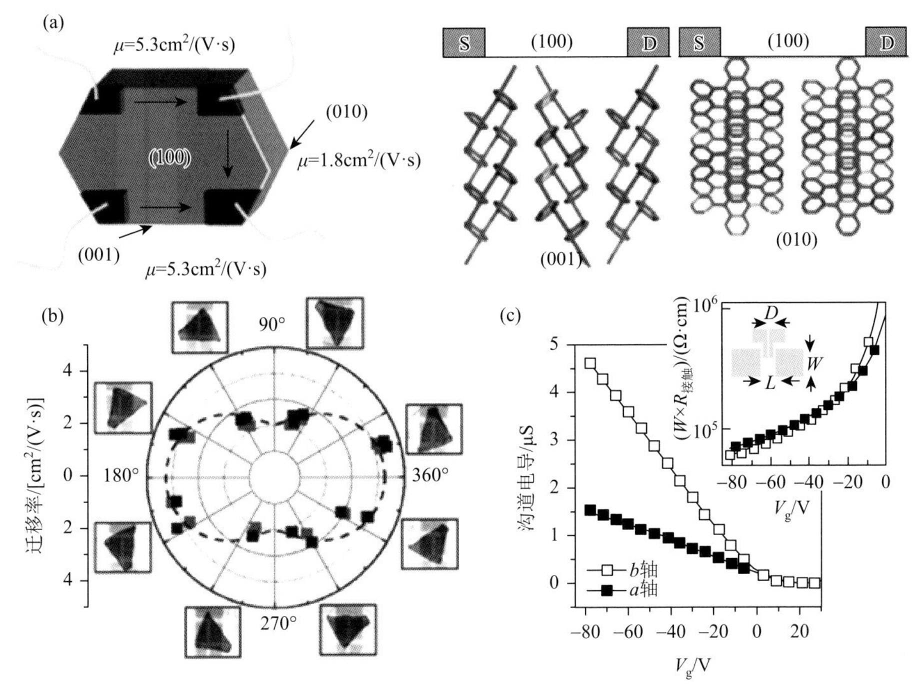

图 10-17　红荧烯电学性能的各向异性[41, 42]

二维有机单晶由于分子固有的特性和分子排布的长程有序性，往往能够展现出极高的性能。胡文平课题组于 2015 年展示了一种新型的有机半导体[43]——2, 6-二苯基蒽（DPA），它不但具有单晶绝对荧光量子产率 41.2%的高发射性，而且具有高载流子迁移率，单晶迁移率高达 34cm^2/(V·s)，如图 10-18 所示。由 DPA 材料制成的 OLED 显示出纯净的蓝光，开启电压为 2.8V，亮度高达 6627cd/m^2。此外，使用 DPA 制作的有机场效应晶体管（OFET）可以驱动 DPA 的有机发光二极管（OLED）阵列。由此可见，DPA 二维单晶不仅能够满足有机场效应晶体管对于性能的需求，还能够满足有机发光晶体管和有机电泵激光器对于发光材料的需求[43]。

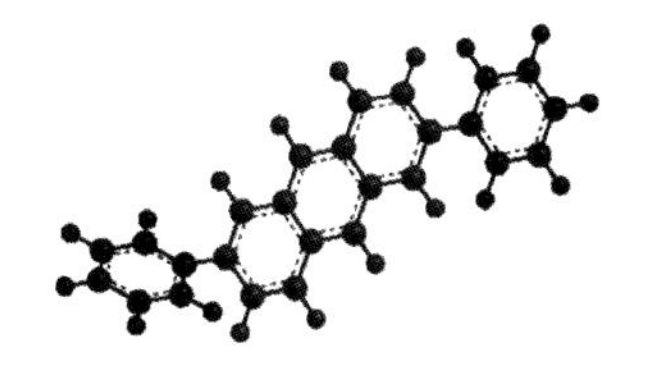

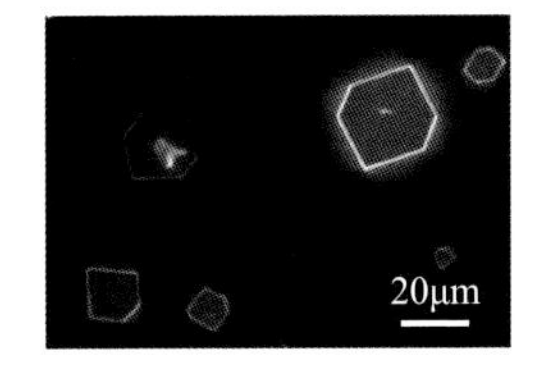

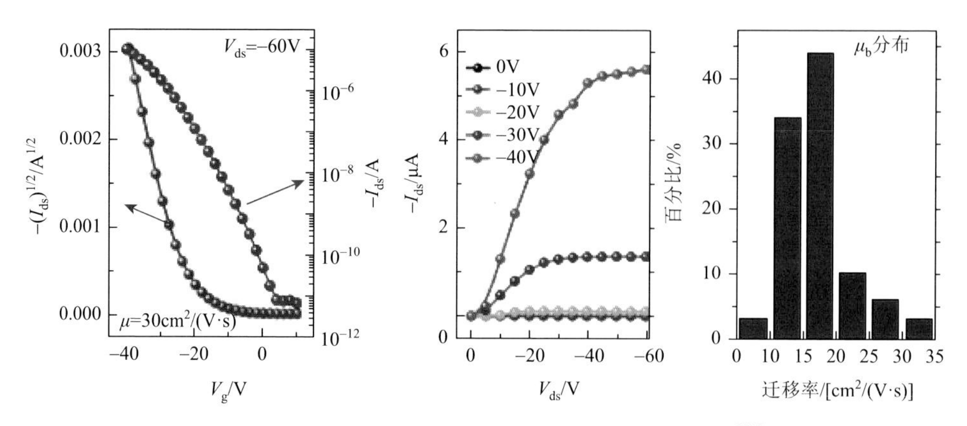

图 10-18 DPA 二维单晶有机场效应晶体管电学性能[43]

2011 年胡文平课题组首次报道了一种毫米级的 HTEB 有机单晶场效应晶体管，其厚度可达单层[44]。薄膜厚度可以控制从单层（3.5nm）到 21 层，采用溶液浇铸-组装方法制备。所有的晶体具有原子尺度的表面平整度，均方根粗糙度为 0.3nm。场效应器件采用底栅顶接触构型，用机械转移金膜作为源漏电极。最大迁移率为 1cm^2/(V·s)，开关比为 10^7。随后，他们证明采用溶液外延法可以直接在水表面上生长各种有机小分子二维晶体，尺寸从毫米到厘米[45]。由于他们采用水表面作为生长基底，因此可以转移到任何基材上。这种方法允许制造层叠加结构，如晶体有机单层异质结、多结太阳能电池、发光二极管或电路。2017 年，Peng 等利用双溶液剪切过程实现了厘米级 C_{10}-DNTT 单层单晶的制备[46]。高质量的单层场效应器件的迁移率达到了 10.4cm^2/(V·s)，为该材料报道的最高迁移率之一。一些研究表明，单层器件的载流子迁移率与多层器件相当甚至略好。这表明有机晶体的单层足以形成场效应器件的导电沟道，增加的晶体厚度对载流子传输没有促进作用，甚至还可能增加顶漏源电极器件构型的接触电阻。

除以上材料外，近年来其他一些有机二维分子材料的性能也得到了显著提高。相比于无定形硅半导体场效应晶体管 1cm^2/(V·s)的迁移率，有机二维片状单晶半导体场效应晶体管的迁移率几乎均已经超过无定形硅，如表 10-1 所示。

随着研究者对有机半导体晶体的研究不断增多，二维分子材料得到了发展，二维分子材料有机场效应晶体管的迁移率等性能参数也得到了显著的提高。虽然薄膜更适合实际应用，但它们面临着长程无序、多晶界和多缺陷等问题。薄膜中缺陷的影响要比单晶更明显；对于单晶而言，一维晶体中缺陷的影响比二维晶体更明显。相比之下，二维分子材料具有更优的本征属性，这使其能够应用于晶体管、光伏电池和激光器中，为未来提供无限可能。

表 10-1　二维分子材料有机场效应晶体管性能统计表

二维分子材料分子结构式	材料名称	生长工艺	绝缘层	构型	电极	迁移率/[$cm^2/(V\cdot s)$]	文献
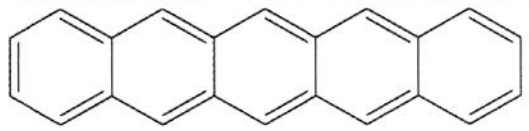	并五苯	PVT	PQ[h]	TG TC	银环氧树脂（Ag-epoxy）	40	[11]
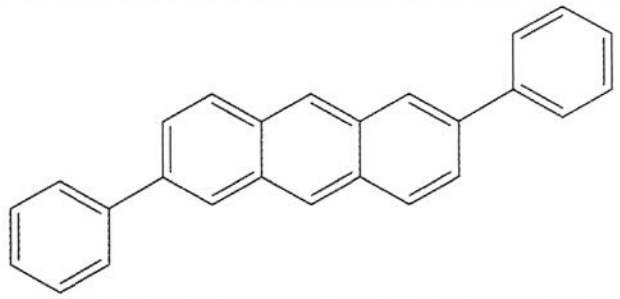	DPA	PVT	ODTS/SiO_2	BG TC	Au	34	[43]
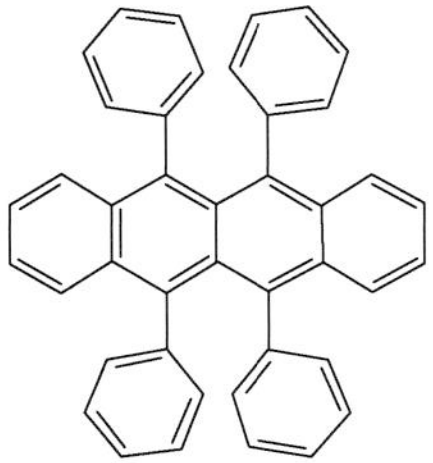	红荧烯	PVT	空气	BG TC	Au	24.5	[47]
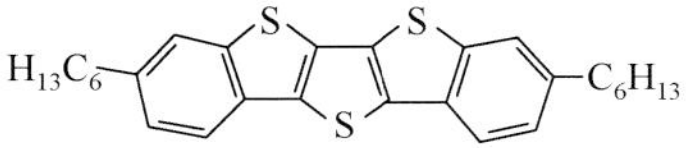 $H_{13}C_6$, S, S, S, C_6H_{13}	C_6-DBTDT	PVT	ODTS/SiO_2	BG TC	Au	8.5	[14]
		滴涂	ODTS/SiO_2	BG TC	Au	18.9	

续表

二维分子材料 分子结构式	材料名称	生长工艺	绝缘层	构型	电极	迁移率 /[$cm^2/(V \cdot s)$]	文献
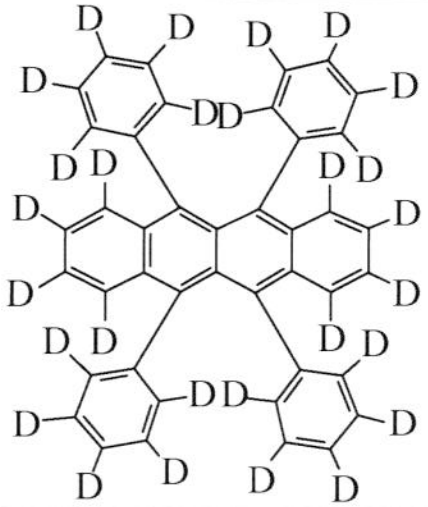	D-红荧烯	PVT	空气	BG BC	Au	16	[13]
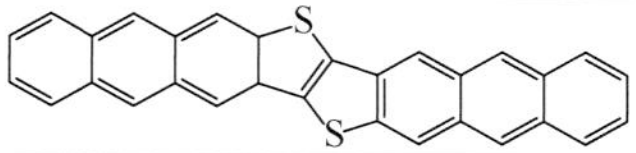	—	PVT	PVP	BG BC	Au	16	[48]
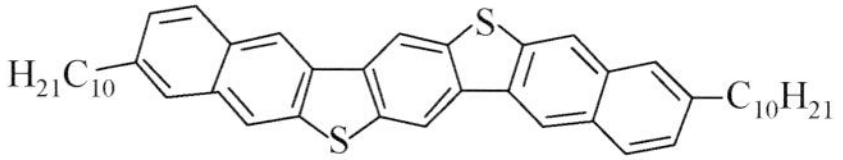	C_{10}-DNBDT-NW	边缘浇铸溶液结晶（edge-cast solution crystallization）	b-PTS/SiO_2	BG TC	F4TCNQ/Au	16	[49]
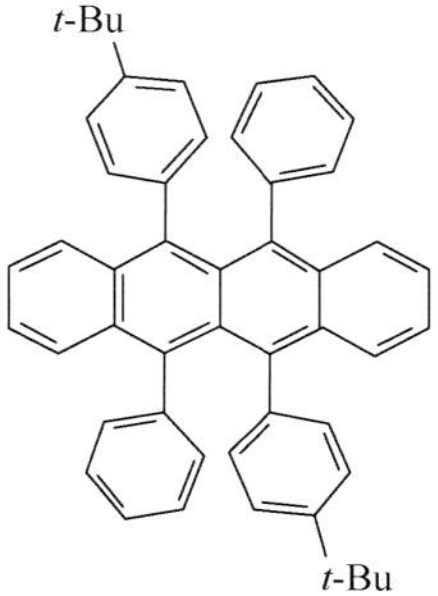	5, 11-BTBR	PVT	ODTS/SiO_2	BG BC	Au	12	[50]

续表

二维分子材料分子结构式	材料名称	生长工艺	绝缘层	构型	电极	迁移率/[$cm^2/(V \cdot s)$]	文献
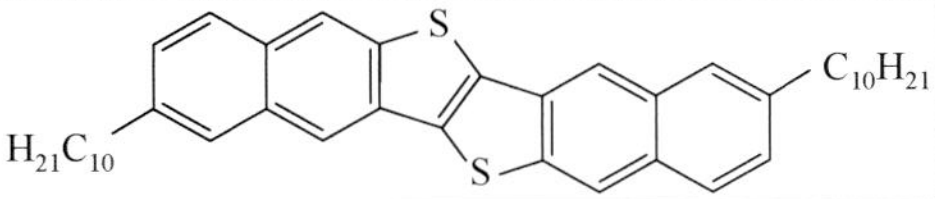	C_{10}-DNTT	边缘浇铸溶液结晶	SAM/Al_2O_3	BG TC	F4TCNQ/Au	10.7	[51]
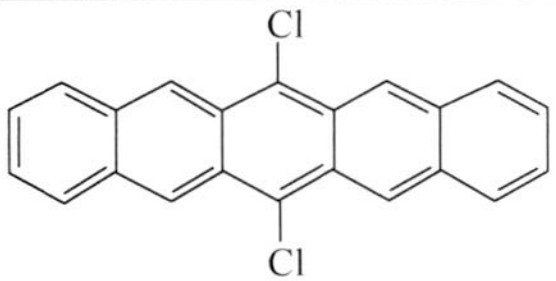	DCP	PVT	$ODTS/SiO_2$	BG TC	Au	9	[12]
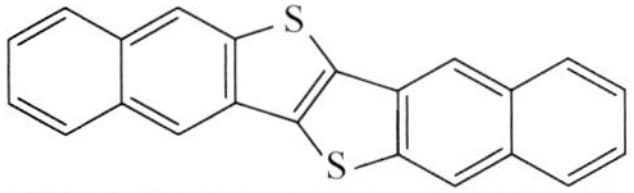	DNTT	PVT	$Cytop/SiO_2$	BG TC	Au/TTF-TCNQ	8.3	[52]
	fm-rubrene	PVT	Cytop	BG BC	CNT/Au	4.8	[34]
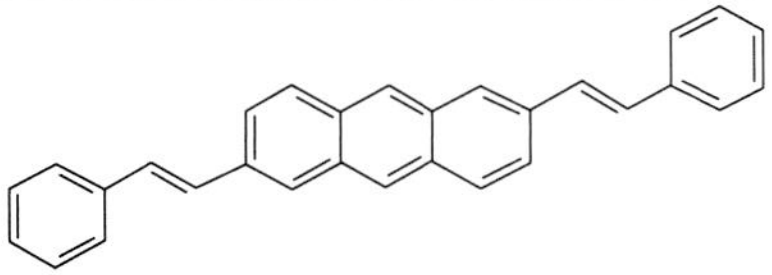	DPV Ant	PVT	$ODTS/SiO_2$	BG TC	Au	4.3	[53]
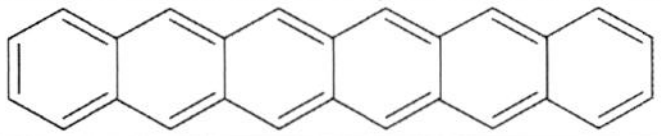	并六苯	PVT	OTS/SiO_2	BG TC	Au	4.28	[54]

续表

二维分子材料分子结构式	材料名称	生长工艺	绝缘层	构型	电极	迁移率/[$cm^2/(V·s)$]	文献
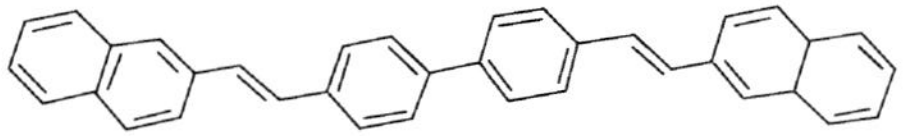	BNVBP	PVT	SiO_2	BG TC	Au	2.5	[55]
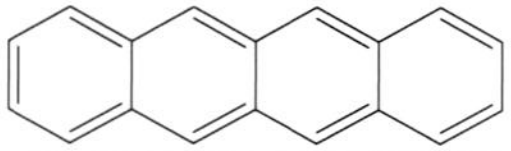	并四苯	PVT	PDMS	BG BC	Au	2.4	[56]
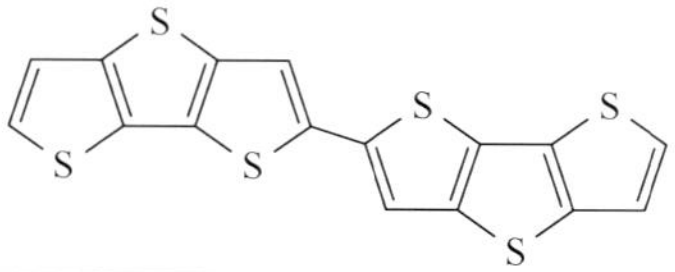	BDTT	PVT	ODTS/SiO_2	BG TC	Au	1.91	[57]
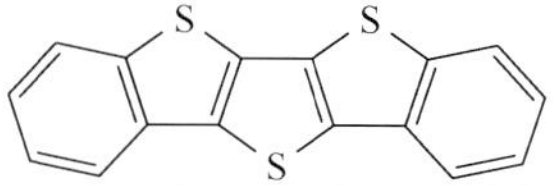	DBTDT	PVT	ODTS/SiO_2	BG TC	Au	1.8	[58]
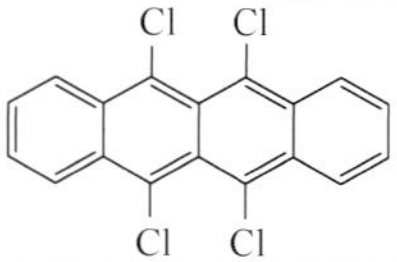	5, 6, 11, 12-四氯并四苯（5, 6, 11, 12-tetrachlorotetracene）	PVT	Parylene N	TG TC	石墨墨水（dgraphite ink）	1.7	[59]
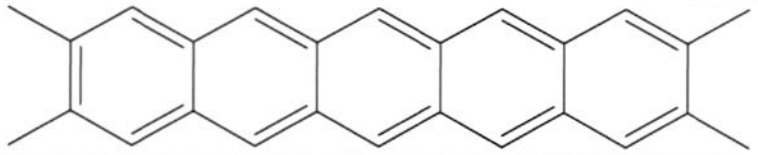	TMPC	PVT	SiO_2	BG BC	Au	1	[60]
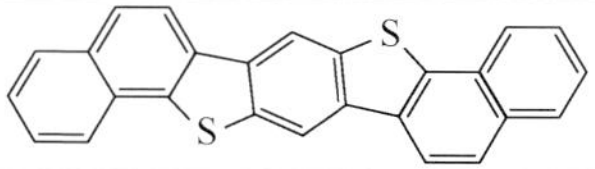	Ph5T2	PVT	PMMA	BG TC	Au	0.51	[61]

注：BG 代表底栅；TG 代表顶栅；BC 代表底接触；TC 代表顶接触。

10.4 低维分子材料场效应器件的集成和电路

集成电路是电子信息产业的硬件基础。世界上第一台电子计算机内的电路使用了上万只电子管、数千只电阻、上万只电容以及数十万条线，耗电量巨大，面对如此的庞然大物，人们产生了如何把诸多电子元件及其连线集成在一个基底上的期望。1947 年第一个晶体管在美国贝尔实验室诞生，该发明引起了一次技术革命，将人类社会引进电子信息化的全新时代。1952 年，英国皇家信号与雷达研究所的科达默提出把电子线路中的分立元器件制作在一块半导体晶片上，一小块晶片就可以实现一个完整电路的设想。这就是初期集成电路的构想，晶体管的发明使这种想法成为现实，促使集成电路由构想变成现实。1958～1959 年期间，杰克・基尔比发明了锗集成电路，同时，仙童半导体公司的罗伯特・诺伊斯发明了硅集成电路，电子元件从此向着小型、低功耗、智能化和高可靠性的方向迈进了一步。1960 年，MOS（金属氧化物半导体）场效应晶体管研制成功，进一步促进了集成电路的迅猛发展。

在传统 MOS 场效应晶体管特征尺寸不断缩小，传统无机集成电路的制备工艺不断受到挑战的背景下，有机半导体材料展现出良好的应用前景。有机半导体材料在拥有与无机半导体材料相同的半导体特性的同时，还具有自身的特性，使得以具体应用为导向的有机电子学在近十几年的时间里异军突起。基于有机材料的器件、工艺及电路都已成为近期的研发热点，有机电子器件在有机发光二极管、显示器、照明设备、电子皮肤、穿戴式电子产品等方面展现了广泛的应用前景。

对有机材料导电特性的研究起源于 1977 年，当时，Heeger 等三位科学家发现了有机高分子聚乙炔的卤化衍生物的高导电性，标志着有机电子时代的到来。同年，第一个导电聚合物材料在器件方面得到应用[62]。1987 年，Tang 等报道了首个有机 LED[63]。目前，已有多种基于有机半导体材料制备的有机电路被报道。第一个有机集成电路是 1995 年荷兰皇家飞利浦实验室的 A. R. Brown 研发的振荡器电路。该有机集成电路用并五苯和 PTV 作为有源层，并利用光刻技术在 Si 基底上制作[64]；1996 年，A. Dodabalapur 课题组率先实现了基于有机材料的互补集成电路[65]，他们以 n 型有机半导体材料 NTCDA 为有源传输层，制作了 n 型 OTFT，从而第一次实现了互补电路；1998 年，荷兰皇家飞利浦实验室的 Dagode Leeuw 课题组利用聚合物材料，第一次真正实现了具有应用意义的有机集成电路，该电路共有 326 个有机薄膜晶体管，由非门、与非门等基本逻辑电路，振荡器电路和 D 触发器电路构成，是首次实现的较大规模的有机集成电路，为未来有机集成电路的发展开启了大门[66]，2000 年，同一实验室的 G. H. Gelinck 等通过优化工艺和电路结构，将电路的位率提升至 100bit/s[67]。此外，T. N. Jackson 课题组也利用 p 型并五苯（pentacene）和 n 型 a-Si:H TFT，实现了基于有机材料的互补逻辑电路[68]；

1999 年，贝尔实验室 Y. Lin 课题组利用 n 型材料 a-5T 及 p 型材料 $F_{16}CuPc$ 制备的互补逻辑器件制备了振荡器，其振荡频率达到 2.63kHz[69]；2000 年，贝尔实验室的 B. Crone 课题组制作了更大规模的集成电路，该电路共有 864 个有机薄膜晶体管，可实现行解码器及移位寄存器功能，是当时规模最大的全有机互补集成电路[70]。同时，T. N. Jackson 课题组利用聚合物材料，制备了振荡频率为 1.7kHz 的有机数模混合电路[71]。2004 年，美国 3M 公司用并五苯作为传输层，研发出了一个由振荡器、或非门和两个输出的传输门构成的 ORFID 电路。电路的所有工艺层均用光刻掩模工艺来实现，工艺流程和传统的硅集成电路工艺相近[72]。

在有机集成电路的制备工艺中，最重要的一个环节就是对电极进行图案化处理。目前，常用的方法主要有三种，分别是金属掩模法、喷墨打印法和光刻法。其中金属掩模法是将金属薄片加工成需要的图案的形状，然后将金属掩模板放于基底表面，实现图案转移。此法相对来说是最简单、快速的大面积图案化手段，但是其受限于掩模板制备的分辨率和对准工艺，无法制备小尺寸的有机电路，并且掩模板与基底直接接触，很容易造成基底污染和损坏；喷墨打印法被认为是未来有机电子学的发展趋势，其不但可以使用溶液法、低成本加工，而且可以精确地对电极和半导体材料以及有机绝缘层进行图案化处理，但是其受限于材料来源（多数性质较好的半导体材料不溶和能打印的金属电极很少）和图案化处理速度，这对于大规模集成电路是很不利的。光刻工艺作为集成电路的核心加工工艺，具备很高的分辨率，可以实现微米或亚微米级别的导电沟道，从而最大限度地降低有机电路尺寸；而且可以快速地进行大面积图案化处理，具有非常高的保真度。但是光刻法本身就是一个溶液处理的过程，如光刻胶本身、显影、去胶等，这极大地限制了聚合物绝缘层在有机电路中的应用。本节将着重对金属掩膜法和光刻法制备的器件的集成和电路进行介绍。

10.4.1 基于光刻技术的器件集成和电路

2012 年，胡文平课题组的 Ji 等提出了一种新的光刻方法，称为“双曝光方法”，以消除显影液对可溶性绝缘材料的影响。在此技术的基础上，他们成功制备了柔性 OFET 和有机电路[73]。2013 年，他们基于聚酰亚胺（PI）薄膜和改进的光刻技术，制备了高分辨率、大规模、高性能的柔性 OFET 阵列和底栅底接触晶体管电路，提供了除溶液印刷技术之外的制备有机器件和电路的新方法，特别是用于具有高性能但在溶剂（如并五苯）中溶解性差的有机半导体的器件和电路的制备[74]。2014 年，Jang 等利用正交光刻的方法在柔性 PI 基板上制备了可扭曲的有机场效应晶体管以及由并五苯和全氟酞菁铜（$F_{16}CuPc$）组成的互补反相器，其在平面和扭曲状态下都具有可靠的电压传输特性[75]。2016 年，Reuveny 等基于光刻电极的方法利用有机半导体 DNTT 实现了高增益带宽积（GBWP）和截止频率（分别为

45kHz 和 25kHz）的放大器，实现了低工作电压（5V）和小尺寸（＜20mm^2），其超薄基底有助于提升装置的机械稳定性和对曲面物体的表面贴合性[76]。

10.4.2 基于掩模蒸镀技术的器件集成和电路

2009 年，江浪等通过掩模方法制备了基于蒽衍生物的高性能的二维有机单晶晶体管，并将两个高性能 p 型单晶晶体管结合，制备出具有高增益的数字反相器[77]。同年，汤庆鑫等利用酞菁铜和全氟酞菁铜单晶纳米线制备了有机电路，如反相器、或非门和与非门。反相器具有高增益，或非和与非逻辑电路具有超低功耗（＜40pW）[78]。2010 年，Uemura 等制备了利用红荧烯单晶的新型单片互补反相器。由于高性能红荧烯单晶晶体管的优势，该反相器表现出优异的性能，具有极低的功耗，高输出增益，大的噪声容限和小的滞后[79]。2014 年，Cai 等采用溶液滴注法制备了长度超过 100μm 的 BPEA 单晶，同时实现了基于相同的单晶带的两个晶体管的单极反相器，其显示的最大增益高达 92dB。此外，还制备了在同一单晶上的 5 个反相器组成的 5 级环形振荡器。这种简单的组装方法能够在未来更复杂的单晶电路中实现更多的晶体管的集成[80]，如图 10-19 所示。

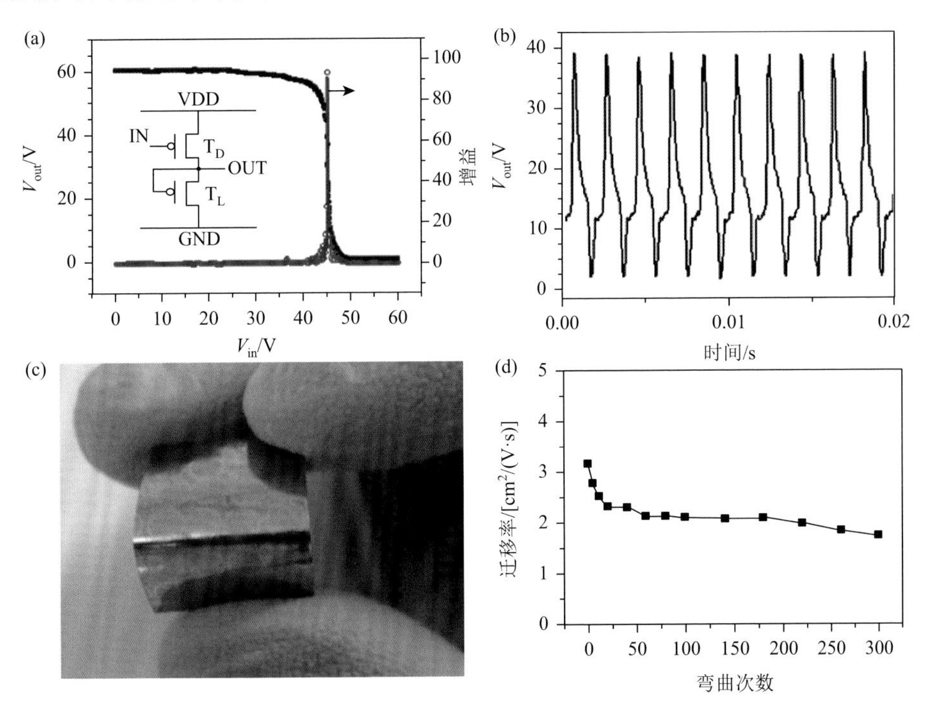

图 10-19 （a）单极有机反相器的电学特性，插图是单极有机反相器的示意图；（b）以 BPEA 单晶带为半导体的 5 级环形振荡器的输出电压信号，振荡频率为 512Hz，振幅约为 38V；（c）大面积（3cm×3cm）柔性 PI 基底上的晶体管器件照片；（d）晶体管器件的迁移率随弯曲次数的变化[80]

2017年，Lai等报道了超薄、超贴合、低电压电子器件，包括基于Parylene C纳米片制备的有机场效应晶体管的反相器和单级放大器。可用于可穿戴电子产品、生物传感器、医疗保健器材和机器人等[81]。

10.4.3 其他器件集成技术

1. 基于磁场和电场的方法

磁场可以用于调控悬浮液中纳米线和纳米管的取向，磁性对准也被证明可用于制造纳米线（NW）的分层结构[82]，如交叉结和T结。然而，该技术的主要限制是其组装限于由铁磁和超顺磁材料组成的NW，如图10-20（a）所示。

与基于磁场的方法类似，还开发了基于电场的组装方法，用于纳米结构的对准。例子包括用于极性纳米结构排列的强直流电场图10-20（b），由表面声波产生的交流电场和用于操纵介电粒子的介电电泳（DEP）。继Pohl在20世纪50年代的开创性工作之后，DEP已经成为一种越来越流行的技术，它能够将纳米结构自下而上组装成大规模有序阵列。它依赖于非均匀电场捕获并定向纳米线，使它们在预定的金属接触垫之间对准，以桥接间隙。

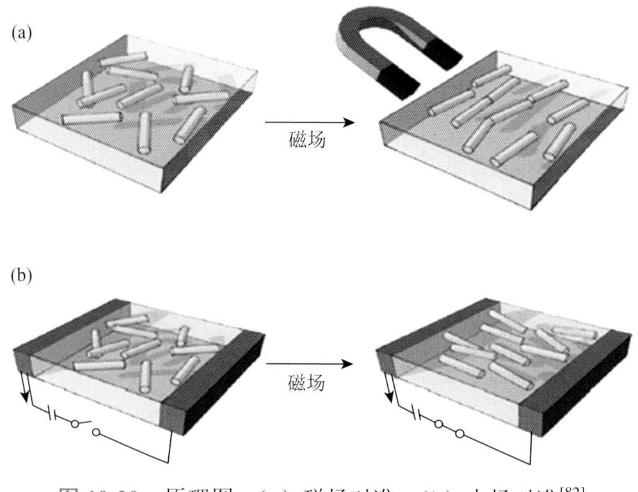

图10-20 原理图：（a）磁场对准；（b）电场对准[82]

2. 基于剪切力的方法

基于剪切力的装配方法的研究工作主要集中在大规模有序NW阵列的制备，近年来所展示的主要可行方法是流动辅助技术、Langmuir-Blodgett（LB）技术、液桥介导的纳米转移模塑、泡沫吹制、搅拌辅助组装、蒸发诱导组装，以及最近开发的纳米扫描技术。

流动辅助技术：流体的运动可以产生抵抗固体边界的剪切力。此效果可用于对齐悬浮在溶液中的 NW，NW 的取向将重新调整到流体的流动方向，以最小化流体阻力。Huang 等进一步发展了这种技术，通过将流体限制在微流体通道中来对准 NW。NW 的方向由微通道中的流体流动产生的剪切力支配，因此实现了 NW 的受控定位和定向。优点：可以组装平行和交叉的 NW 阵列；兼容刚性和柔性基板。缺点：NW 组装区域受流体微通道大小的限制，难以实现非常高密度的 NW 阵列。

Langmuir-Blodgett（LB）技术：通过将基底浸入液体中，将一种或多种有机单层从液体表面沉积到固体基底上以形成高度结构有序的薄膜[83]。该技术还可用于纳米材料的组装，包括纳米颗粒、纳米棒、NW、纳米管和纳米片。为了用 LB 技术进行这些材料的组装，通常通过表面活性剂在有机溶剂中形成稳定的悬浮液。优点：①NW 组装面积大；②可以实现高密度 NW 阵列；③可以组装平行和交叉的 NW 阵列；④兼容刚性和柔性基板。缺点：①NW 通常需要用表面活性剂进行官能化；②装配过程缓慢，必须小心控制；③需要首先准备 NW 悬架。

液桥介导的纳米转移模塑（LB-nTM）是一种吸引人的基于模板的有机晶体生长技术。在 LB-nTM 工艺中，通过在模具的纳米级通道（约 100nm）内的有机分子的自组装和结晶，在室温下合成单晶有机纳米线。然后通过模具与基板共形接触将来自模具的单晶有效地转移并印刷到基板上。通过液桥层实现对模具的位置和取向的控制。模具中的纳米级图案决定了有机半导体的结晶度、形状和尺寸，以及它们的空间参数（如晶体图案的密度和间距）。因此，这种技术便于同时合成和对齐，可以从分子墨水溶液中控制单晶有机纳米线在基板上的定位。

泡沫吹制技术：由吹胀膜膨胀产生的剪切力也可用于 NW 的大规模组装。Yu 等基于该原理开发了一种独特的 NW 组装技术。首先制备均匀的 NW 聚合物悬浮液，将其分散在圆形染料上，然后在控制的压力和膨胀速率下将染料吹入气泡中。在此过程中，膨胀导致的剪切力使 NW 向上组装，其对准率超 85%。然后通过使 NW 与气泡接触，可以将 NW 转移到刚性或柔性基板上。优点：①NW 组装面积大；②兼容刚性和柔性基板。缺点：难以实现高密度 NW 阵列。

此外，用于器件集成的技术还有气—液—固生长机制、模板辅助电化学沉积和基于溶液的生长方法等[84]。

10.5 总结与展望

有机场效应晶体管具有质轻、柔性、加工温度低、材料来源广等优势，展现出了巨大的发展潜力。低维分子具有生长取向明显、低缺陷密度、无晶界、晶体结构长程有序等优势，因此在有机电子领域中得到广泛关注，研究者从晶体生长、本征性能研究、器件制备等角度进行了深入而广泛的研究，并取得了一定的研究进展。然而，低维分子材料场效应器件性能有待进一步提高，制备大规模高质量低维分子晶体、新型功能的低维分子材料器件仍是目前研究的重要课题。此外，加工技术有待进一步改善，开发低成本、大规模的器件制备技术也是当前有机电子领域中的重要发展方向，这也是低维分子材料器件在未来大面积、高性能、柔性电子领域亟须解决的重要问题，机遇与挑战并存，这为研究者拓展了新的研究思路。

参 考 文 献

[1] Lv A F，Freitag M，Chepiga K M，et al. N-Heterocyclic carbene-treated gold surfaces in pentacene organic field-effect transistors：improved stability and contact at the interface. Angewandte Chemie International Edition，2018，57（17）：4792−4796.

[2] Di C A，Yu G，Liu Y Q，Guo Y L，et al. Efficient modification of Cu electrode with nanometer-sized copper tetracyanoquinodimethane for high performance organic field-effect transistors. Physical Chemistry Chemical Physics，2008，10（17）：2302-2307.

[3] Chen X S，Zhang S N，Wu K J，et al. Improving the charge injection in organic transistors by covalently linked graphene oxide/metal electrodes. Advanced Electronic Materials，2016，2（4）：1500409.

[4] Wang Z R，Dong H L，Zou Y，et al. Soft-etching copper and silver electrodes for significant device performance improvement toward facile，cost-effective，bottom-contacted，organic field-effect transistors. ACS Applied Materials & Interfaces，2016，8（12）：7919−7927.

[5] Steudel S， Vusser S D， Jonge S D，et al. Influence of the dielectric roughness on the performance of pentacene transistors. Applied Physics Letters，2004，85：4400.

[6] Wünsche J，Tarabella G，Bertolazzi S，et al. The correlation between gate dielectric，film growth，and charge transport in organic thin film transistors：the case of vacuum-sublimed tetracene thin films. Journal of Materials Chemistry C，2013，1：967-976.

[7] Adhikari J M，Gadinski M R，Li Q，et al. Controlling chain conformations of high-*k* fluoropolymer dielectrics to enhance charge mobilities in rubrene single-crystal field-effect transistors. Advanced Materials，2016，28（45）：10095-10102

[8] Zhou S J，Tang Q X，Tian H K，et al. Direct effect of dielectric surface energy on carrier transport in organ. ACS Applied Materials & Interfaces，2018，10（18）：15943-15951.

[9] Horowitz G，Garnier F，Yassar A，et al. Field-effect transistor made with a sexithiophene single crystal. Advanced Materials，1996，8（1）：52-54.

[10] Takeya J，Yamagishi M，Tominari Y，et al. Very high-mobility organic single-crystal transistors with in-crystal conduction channels. Applied Physics Letters，2007，90（10）：102120.

[11] Jurchescu O D，Popinciuc M，van Wees B J，et al. Interface-controlled，high-mobility organic transistors. Advanced Materials，2007，19（5）：688-692.

[12] Wang M，Li J，Zhao G Y，et al. High-performance organic field-effect transistors based on single and large-area aligned crystalline microribbons of 6, 13-dichloropentacene. Advanced Materials，2013，25（15）：2229-2233.

[13] Xie W，McGarry K A，Liu F L，et al. High-mobility transistors based on single crystals of isotopically substituted

rubrene-d_{28}. Journal of Physical Chemistry C，2013，117（22）：11522-11529.

[14] He P，Tu Z Y，Zhao G Y，et al. Tuning the crystal polymorphs of alkyl thienoacene via solution self-assembly toward air-stable and high-performance organic field-effect transistors. Advanced Materials，2015，27（5）：825-830.

[15] Che C M，Chow C F，Yuen M Y，et al. Single microcrystals of organoplatinum（Ⅱ）complexes with high charge-carrier mobility. Chemical Science，2011，2（2）：216-220.

[16] Wang C L，Dong H L，Jiang L，et al. Organic semiconductor crystals. Chemical Society Reviews，2018，47（2）：422-500.

[17] Balakrishnan K，Datar A，Oitker R，et al. Nanobelt self-assembly from an organic n-type semiconductor：propoxyethyl-PTCDI. Journal of the American Chemical Society，2005，127（30）：10496-10497.

[18] Curtis M D，Cao J，Kampf J W. Solid-state packing of conjugated oligomers：from π-stacks to the herringbone structure. Journal of the American Chemical Society，2004，126：4318-4328.

[19] Liu J H，Arif M，Zou J H，et al. Controlling poly (3-hexylthiophene) crystal dimension：nanowhiskers and nanoribbons. Macromolecules，2009，42（24）：9390-9393.

[20] Park K S，Salunkhe S M，Lim I，et al. High-performance air-stable single-crystal organic nanowires based on a new indolocarbazole derivative for field-effect transistors. Advanced Materials，2013，25（24）：3351-3356.

[21] Zhang P，Tang Q X，Tong Y H，et al. Brush-controlled oriented growth of TCNQ microwire arrays for field-effect transistors. The Journal of Materials Chemistry C，2016，4（3）：433-439.

[22] Zhao X L，Zhang B，Tang Q X，et al. Conformal transistor arrays based on solution-processed organic crystals. Scientific Reports，2017，7（1）：15367.

[23] Zheng L，Tang Q X，Zhao X L，et al. Organic single-crystal transistors and circuits on ultra-fine Au wires with diameters as small as 15 μm via jigsaw puzzle method. IEEE Electron Device Letters，2016，37（6）：774-777.

[24] Tang Q X，Tong Y H，Hu W P，et al. Assembly of nanoscale organic single-crystal cross-wire circuits. Advanced Materials，2009，21（42）：4234-4237.

[25] Zhao X L，Tong Y H，Tang Q X，et al. Wafer-scale coplanar electrodes for 3D conformal organic single-crystal circuits. Advanced Electronic Materials，2015，1（12）：1500239.

[26] Hoang M H，Kim Y，Kim M，et al. Unusually high-performing organic field-effect transistors based on π-extended semiconducting porphyrins. Advanced Materials，2012，24（39）：5363-5367.

[27] Song Z Q，Tang Q X，Tong Y H，et al. High-response identifiable gas sensor based on a gas-dielectric ZnPc nanobelt FET. IEEE Electron Device Letters，2017，38（11）：1586-1589.

[28] Gou H，Wang G R，Tong Y H，et al. Electronic and optoelectronic properties of zinc phthalocyanine single-crystal nanobelt transistors. Organic Electron，2016，30：158-164.

[29] Jiang H，Hu P，Ye J，et al. Tuning organic semiconductor from p-type to n-type by adjusting their substitutional symmetry. Advanced Materials，2017，29（10）：1605053.

[30] Gedda M，Subbarao N V V，Obaidulla S M，et al. High carrier mobility of CoPc wires based field-effect transistors using bi-layer gate dielectric. AIP Advances，2013，3（11）：1015-1022.

[31] Zhang Z P，Jiang L，Cheng C L，et al. The impact of interlayer electronic coupling on charge transport in organic semiconductors：a case study on titanylphthalocyanine single crystals. Angewandte Chemie International Edition，2016，55（17）：5206-5209.

[32] Bae I，Kang S J，Shin Y J，et al. Tailored single crystals of triisopropylsilylethynyl pentacene by selective contact evaporation printing. Advanced Materials，2011，23（30）：3398-3402.

[33] Kim D H，Lee D Y，Lee H S，et al. High-mobility organic transistors based on single-crystalline microribbons of triisopropylsilylethynyl pentacene via solution-phase self-assembly. Advanced Materials，2007，19（5）：678-682.

[34] Xie W，Prabhumirashi P L，Nakayama Y，et al. Utilizing carbon nanotube electrodes to improve charge injection and transport in bis (trifluoromethyl)-dimethyl-rubrene ambipolar single crystal transistors. ACS Nano，2013，7（11）：10245-10256.

[35] Liu J，Meng L Q，Zhu W G，et al. A cross-dipole stacking molecule of an anthracene derivative：integrating optical and electrical properties. Journal of Materials Chemistry C，2015，3（13）：3068-3071.

[36] Ahmed E，Briseno A L，Xia Y N，et al. High mobility single-crystal field-effect transistors from bisindoloquinoline semiconductors. Journal of the American Chemical Society，2008，130（4）：1118-1119.

[37] Wang S H，Kappl M，Liebewirth I，et al. Organic field-effect transistors based on highly ordered single polymer fibers. Advanced Materials，2012，24（3）：417-420.

[38] Mativetsky J M，Kastler M，Savage R C，et al. Self-assembly of a donor-acceptor dyad across multiple length scales：functional architectures for organic electronics. Advanced Function Materials，2009，19（15）：2486-2494.

[39] Merlo J A，Frisbie D C. Field effect transport and trapping in regioregular polythiophene nanofibers.The Journal of Physical Chemistry B，2004，108（50）：19169-19179.

[40] Sagade A A，Rao K V，Mogera U，et al. High-mobility field effect transistors based on supramolecular charge transfer nanofibres. Advanced Materials，2013，25（4）：559-564.

[41] Sundar V C，Zaumseil J，Podzorov V, et al. Elastomeric transistor stamps：reversible probing of charge transport in organic crystals. Science，2004，303：1644-1646.

[42] Zeis R，Besnard C，Siegrist T，et al. Field effect studies on rubrene and impurities of rubrene. Chemistry of Materials，2006，18（2）：244-248.

[43] Liu J，Zhang H T，Dong H L，et al. High mobility emissive organic semiconductor. Nature Communications，2015，6：10032.

[44] Jiang L，Dong H L，Meng Q，et al. Millimeter-sized molecular monolayer two-dimensional crystals. Advanced Materials，2011，23：2059.

[45] Xu C H，He P，Liu J，et al. A general method for growing two-dimensional crystals of organic semiconductors by "solution epitaxy". Angewandte Chemie International Edition，2016，55：9519-9523.

[46] Peng B Y，Huang S Y，Zhou Z W，et al. Solution-processed monolayer organic crystals for high-performance field-effect transistors and ultrasensitive gas sensors. Advanced Function Materials，2017，27：1700999.

[47] Zhang Y J，Dong H L，Tang Q X，et al. Mobility dependence on the conducting channel dimension of organic field-effect transistors based on single-crystalline nanoribbons. Journal of Materials Chemistry，2010，20（33）：7029-7033.

[48] Sokolov A N，Atahan-Evrenk S，Mondal R，et al. From computational discovery to experimental characterization of a high hole mobility organic crystal. Nature Communications，2011，2（1）：437.

[49] Mitsui C，Okamoto T，Yamagishi M，et al. High-performance solution-processable N-shaped organic semiconducting materials with stabilized crystal phase. Advanced Materials，2014，26（26）：4546-4551.

[50] Haas S，Stassen A F，Schuck G，et al. High charge-carrier mobility and low trap density in a rubrene derivative. Physical Review B-Condensed Matter and Materials Physics，2007，76（11）：115203.

[51] Nakayama K，Hirose Y，Soeda J，et al. Patternable solution-crystallized organic transistors with high charge carrier mobility. Advanced Materials，2011，23（14）：1626-1629.

[52] Haas S，Takahashi Y，Takimiya K，et al. High-performance dinaphtho-thieno-thiophene single crystal field-effect

transistors. Applied Physics Letters，2009，95（2）：022111.

[53] Jiang L，Hu W P，Wei Z M，et al. High-performance organic single-crystal transistors and digital inverters of an anthracene derivative. Advanced Materials，2009，21（36）：3649-3653.

[54] Watanabe M，Chang Y J，Liu S W，et al. The synthesis，crystal structure and charge-transport properties of hexacene. Nature Chemistry，2012，4（7）：574-578.

[55] He T，Zhang X Y，Jia J，et al. Three-dimensional charge transport in organic semiconductor single crystals. Advanced Materials，2012，24（16）：2171-2175.

[56] Chen Z H，Muller P，Swager T M，et al. Syntheses of soluble，π-stacking tetracene derivatives. Organic Letters，2006，8（2）：273-276.

[57] Zhang H T，Dong H L，Li Y，et al. Novel air stable organic radical semiconductor of dimers of dithienothiophene，single crystals，and field-effect transistors. Advanced Material，2016，28（34）：7466-7471.

[58] Li R J，Jiang L，Meng Q，et al. Micrometer-sized organic single crystals，anisotropic transport，and field-effect transistors of a fused-ring thienoacene. Advanced Materials，2009，21（44）：4492-4495.

[59] Chi X L，Li D W，Zhang H Q，et al. 5, 6, 11, 12-Tetrachlorotetracene，a tetracene derivative with π-stacking structure：the synthesis，crystal structure and transistor properties，organic electronics：physics，materials. applications，2008，9（2）：234-240.

[60] Briseno A L，Tseng R J，Li S H，et al. Organic single-crystal complementary inverter. Applied Physics Letters，2006，89（22）：222111.

[61] Zhao X L，Pei T F，Cai B，et al. High ON/OFF ratio single crystal transistors based on ultrathin thienoacene microplates. Journal of Materials Chemistry C，2014，2（27）：5382-5388.

[62] Chiang C K，Fincher C R，Park Y W，et al. Electrical conductivity in doped polyacetylene. Physcal Review Letters，1977，39：1098-1101.

[63] Tang C W，VanSlyke S A. Organic electroluminescent diodes. Applied Physics Letters，1987，51：913-915.

[64] Brown A R，Pomp A，Hart C M，et al. Logic gates made from polymer transistors and their use in ring oscillators. Science，1995，270：972-974.

[65] Dobadalapur A，Laquindaniim J，Katz H E，et al. Complementary circuits withorganic transistors. Applied Physics Letters，1996，69：4227-4229.

[66] Drury C J，Mutsaers C M J，Hart C M，et al. Low-cost all-polymer integrated circuits. Applied Physics Letters，1998，73：108.

[67] Gelinck G H，Geuns T C T，de Leeuw D M. High-performance all-polymer integrated circuits. Applied Physics Letters，2000，77：1487.

[68] Klauk H，Gundlach D J，Jackson T N. Fast organic thin-film transistor circuits. IEEE Electron Device Letters，1999，20（6）：289-291.

[69] Lin Y Y，Dodabalapur A，Sarpeshkar R，et al. Organic complementary ring oscillators. Applied Physics Letters，1999，74（18）：2714-2716.

[70] Crone B K，Dodabalapur A，Sarpeshkar R，et al. Design and fabrication of organic complementary circuits. Applied Physics Letters，2001，89（9）：5125-5132.

[71] Kane M G，Campi J，Hammond M S，et al. Analog and digital circuits using organic thin-film transistors on polyester substrates. IEEE Electron Device Letter，2000，21（11）：534-536.

[72] Kelley T W，Baude P F，Gerlach C，et al. Recent progress in organic electronics：materials，devices，and processes. Chemical Materials，2004，16（23）：4413-4422.

[73] Ji D Y，Jiang L，Dong H L，et al. “Double exposure method”：a novel photolithographic process to fabricate flexible organic field-effect transistors and circuits. ACS Applied Materials & Interfaces，2013，5（7）：2316-2319.

[74] Ji D Y，Jiang L，Cai X Z，et al. Large scale，flexible organic transistor arrays and circuits based on polyimide materials. Organic Electronics，2013，14（10）：2528-2533.

[75] Jang J，Song Y，Yoo D，et al. Micro-scale twistable organic field effect transistors and complementary inverters fabricated by orthogonal photolithography on flexible polyimide substrate. Organic Electronics，2014，15（11）：2822-2829.

[76] Reuveny A，Lee S，Yokota T，et al. High-frequency，conformable organic amplifiers. advanced materials，2016，28（17）：3298-3304.

[77] Jiang L，Hu W P，Wei Z M，et al. High-performance organic single-crystal transistors and digital inverters of an anthracene derivative. Advanced Materials，2009，21（36）：3649-3653.

[78] Tang Q X，Tong Y H，Hu W P，et al. Assembly of nanoscale organic single-crystal cross-wire circuits. Advanced Materials，2009，21（42）：4234-4237.

[79] Uemura T，Yamagishi M，Okada Y，et al. Monolithic complementary inverters based on organic single crystals. Advanced Materials，2010，22（35）：3938-3941.

[80] Cai X Z，Ji D Y，Jiang L，et al. Solution-processed high-performance flexible 9, 10-bis（phenylethynyl）anthracene organic single-crystal transistor and ring oscillator. Applied Physics Letters，2014，104：063305.

[81] Lai S，Zucca A，Cosseddu P，et al. Ultra-conformable organic field-effect transistors and circuits for epidermal electronic applications. Organic Electronics，2017，46：60-67.

[82] Kwiat M，Cohen S，Pevzner A，et al. Large-scale ordered 1D-nanomaterials arrays：assembly or not. Nano Today，2013，8（6）：677-694.

[83] Liu X，Long Y Z，Liao L，et al. Large-scale integration of semiconductor nanowires for high-performance flexible electronics. ACS Nano，2012，6（3）：1888-1900.

[84] Hobbs R G，Petkov N，Holmes J D，et al. Semiconductor nanowire fabrication by bottom-up and top-down paradigms. Chemistry of Materials，2012，24（11）：1975-1991.

第11章 低维分子材料传感器件

11.1 概述

传感器是一种信号转化装置，将化学、物理、生物等信息，通过一定的规律，转换为电学信号或其他信号，以实现对信息的检测、处理、存储及控制等目的。近年来，纳米科学的兴起为传感器领域带来新的发展机会。纳米科学以至少有一个维度处于 1～100nm 之间的物质为研究对象，其超高的比表面积在感知外界信号方面具有极大的优势。目前，应用于传感领域的纳米材料主要包含二维的单层或少层薄膜[1, 2]，一维的纳米线、纳米管[3, 4]和零维的纳米颗粒[5, 6]。在这些传感材料中，以有机半导体、导电聚合物和纳米碳材料为核心的低维分子材料受到科研人员的极大关注。与无机材料相比，低维分子材料具备很多独特的优点，如质量轻便、机械柔性、原料来源广、可溶液加工、制备条件温和以及生物相容性好等[7]。此外，由于有机材料具有丰富的分子结构和活性位点，可以根据特定的传感需求，通过分子结构设计来调节材料的性质[8]。

低维分子材料传感器的传感机制通常依赖于活性材料与分析物发生相互作用后，活性材料的组分、结构、堆积方式或缺陷浓度等方面产生变化，从而导致电荷浓度或输运方式等性质的改变[9]。根据传感对象的种类，低维分子材料传感器主要分为化学传感器和物理传感器。化学传感器与分析物接触后发生化学反应，并发生相互作用来探测气体、有机蒸气、水分子以及金属或酸根离子等化学物质，在环境保护和食品安全等方面具有重要的应用价值；物理传感器主要探测光、热、力、声、磁等物理信号，通过热电、光电、电磁、压电、压阻等物理效应进行信号的转化，在机器人、健康检测以及智能穿戴方面具有巨大的应用前景。

11.2 传感器件介绍

11.2.1 传感器件基本参数

传感器的功能是将探测到的分析物信号转换为另一种形式的信号，要衡量信号转换过程的效率、速率以及可靠性等能力，需要采用多种参数来进行定量化描述。传感器种类繁多，不同传感器的参数定义也有所差异，但通用的器件参数主要包含响应度、灵敏度、选择性、检测限、响应/恢复时间和操作/存储稳定性等。以下分别对这些器件参数的定义及适用情况作简要介绍。由于大多数传感器都是输出电学信号，包括电压、电阻、电流或电容等，为了方便描述，以下对传感器参数的介绍及其定义式均以电流信号为例。

1. 响应度

响应度（responsibility，R）即传感器对分析物的刺激作用的响应程度，通常用传感器响应电流的变化量与初始电流的比值表示，该参数常见于光电传感器中，响应度定义式如式（11-1）所示。

$$R = \frac{I_s - I_0}{I_0} \tag{11-1}$$

其中，I_s 为传感器响应后的电流；I_0 为传感器响应前的初始电流。若无特别说明，以下定义式中电流符号的含义均与此相同。

2. 灵敏度

灵敏度（sensitivity，S）反映的是传感器在特定含量的分析物刺激作用下，输出的信号强度或信号相对变化量。对于不同类型的传感器，灵敏度的定义式略有差异，总体可分为以下四种形式。

第一种定义式是传感器在特定含量分析物浓度下，传感前后的电流比，如式（11-2）所示。

$$S_1 = \frac{I_0}{I_s} \tag{11-2}$$

这种形式存在于一些灵敏度较高的气体传感器中。

第二种灵敏度的定义是在特定分析物浓度下，传感前后的电流变化量与初始电流的百分比，见式（11-3）。

$$S_2 = \frac{I_s - I_0}{I_0} \times 100\% = \frac{\Delta I}{I_0} \times 100\% \tag{11-3}$$

这种形式常见于部分响应电流变化低于一个数量级的气体传感器中。

第三种是以单位含量（x）的分析物与传感器发生相互作用后，输出的电学信号强度作为灵敏度，这种形式常见于离子传感器和光电传感器中，见式（11-4）。

$$S_3 = \frac{I}{x} \tag{11-4}$$

第四种灵敏度定义式由校准曲线（calibration curve）获得，校准曲线是根据传感器的响应度$\left(\frac{I_s - I_0}{I_0}\right)$与分析物含量（$x$）的关系所作的曲线，如图 11-1 所示。以校准曲线中线性区域的斜率为灵敏度，见式（11-5）。

$$S_4 = \frac{(I_s - I_0)/I_0}{\Delta x} = \left(\frac{1}{R_s} - \frac{1}{R_0}\right)\frac{R_0}{\Delta x} \tag{11-5}$$

由于采用该定义式可以计算不同分析物含量范围内的灵敏度，能全面准确地衡量传感器对分析物的响应程度，在各类传感器中都被广泛使用。

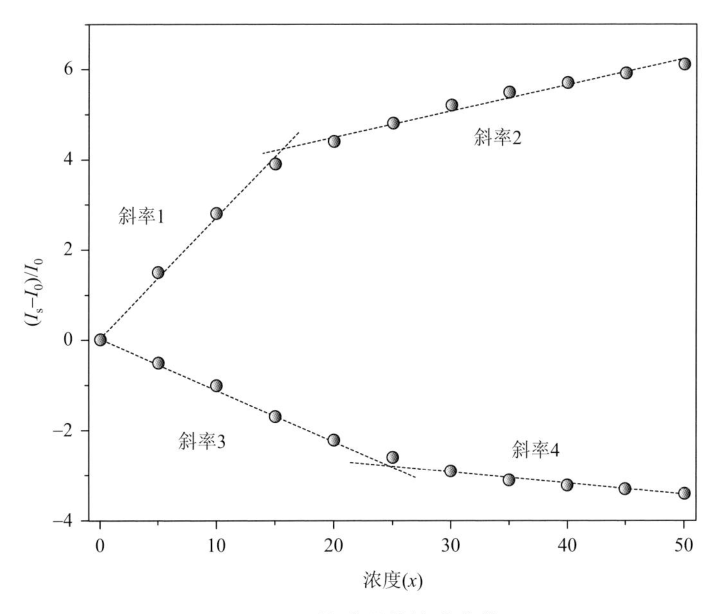

图 11-1　传感器的校准曲线

斜率 1、斜率 2 表示正响应时的灵敏度，斜率 3、斜率 4 表示负响应时的灵敏度

3. 选择性

选择性（selectivity）是指传感器在特定条件下，在混合体系中准确识别出目标分析物的能力。选择性主要适用于化学传感器、生物传感器以及部分物理

传感器，如对特定的气体、离子、生物分子或光波长的选择性检测。分析物与传感器之间的作用形式决定了选择性的高低，如通过范德瓦耳斯力、氢键、偶极-偶极相互作用、静电相互作用等弱相互作用无法针对性地识别分析物种类，而化学键和生物分子的特异性配对等作用方式就可以实现较好的选择性。选择性对于传感器的实际应用具有十分重要的意义，当选择性提高到 100%时，就可称为“特异性”，但这是极难实现的目标，如何实现高选择性是传感器领域的难题之一。

4. 检测限

检测限（limit of detection，LOD）是指传感器能够探测到的分析物的最低含量，反映了传感器的灵敏程度。一般不需要计算精确值，但要求检测限所产生的传感信号稳定超出初始值，即具有清晰稳定的信噪比。

5. 响应/恢复时间

响应/恢复时间（response/recovery time）衡量的是传感器对分析物的反应速率。当传感器与分析物发生相互作用后，信号响应量达到完全响应时信号变化量的 90%所需要的时间，就是响应时间；移除分析物后，信号恢复量达到完全恢复时信号变化量的 90%所需要的时间，就是恢复时间。

6. 操作/存储稳定性

稳定性（stability）包含操作稳定性和存储稳定性两个方面。操作稳定性是指传感器在多次重复操作过程中，输出稳定、可重复信号的能力。由于分析物可能会对传感器造成一些不可逆的损害（如分析物在传感过后形成痕量吸附，无法完全脱附），或传感器自身的特性造成输出信号的误差（如场效应晶体管的偏压应力效应），导致传感器性能不稳定。存储稳定性是指传感器在长时间存放后，器件性能可能会发生一定程度的衰减，衰减程度越低，则器件的存储稳定性越好。

11.2.2 传感器件构型与基本原理

传感器包含两大部分：识别单元和信号转化单元。识别单元以某种方式与分析物发生相互作用，信号转化单元将该相互作用转化为特定的输出信号。分析物包括化学分析物、物理分析物以及生物分析物。因此，相互作用的方式也就包括了化学反应、物理变化、生物代谢等途径。

信号转化单元依托于具体的器件构型，将分析物与传感器的相互作用结果转化成一定类型的信号。图 11-2 总结了低维分子材料传感器的三种基本器件构型，即电化学电极型传感器、电阻型传感器和有机薄膜晶体管型传感器。

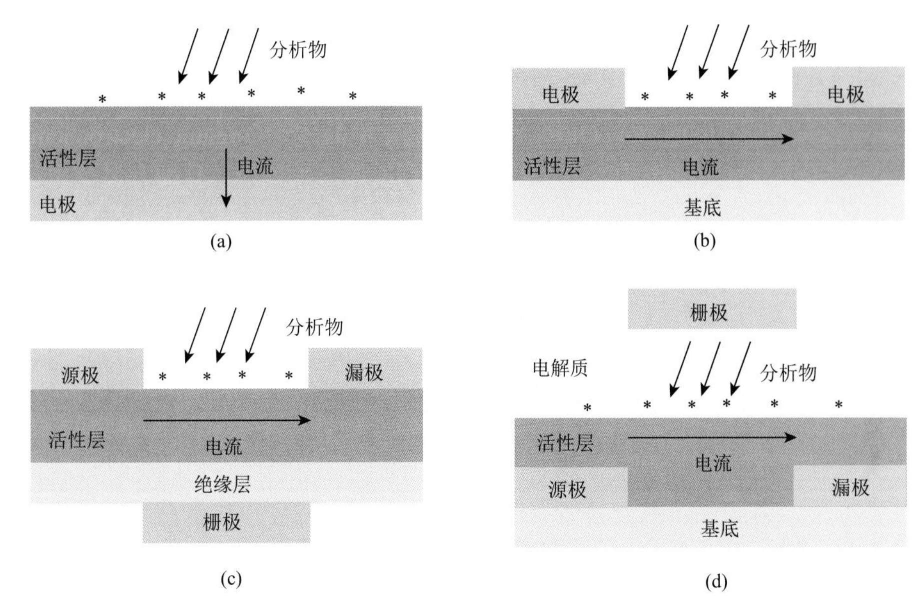

图 11-2　（a）电化学电极型传感器；（b）电阻型传感器；（c）有机场效应晶体管型传感器；（d）有机电化学晶体管型传感器

在典型的电化学电极型传感器中，活性层直接与工作电极相连，与参比电极、对电极以及电解质共同形成传感体系，也被称为“二极管型传感器”、“异质结型传感器”或“电化学传感器”。这种传感器依赖于分析物和活性材料发生电化学反应时产生的电流或电位差。因此，电化学电极型传感器通常分为电流传感器和电位传感器两种形式。对于电流传感器，需要测量分析物与活性层发生氧化还原反应后产生的电流，氧化还原反应使活性材料自身被还原或被氧化，电荷向工作电极转移。由于分子材料的电学性质易于调节（如改变材料能级），可以通过有效地控制电化学反应来增强传感器性能。对于电位传感器，分析物会改变活性材料的化学电位，通过测量工作电极与参比电极间的电位差来检测分析物的含量。与电流传感器不同的是，电位传感器的输出信号强度与工作电极的尺寸无关，适于传感器的集成化。电化学电极器件结构简单、输出速率快、制备工艺简单，是一种高效、廉价的传感器。

电阻型传感器，也称为电导传感器，当分析物与活性材料发生作用后，通过测量流经活性材料的电流值来检测分析物含量。器件由活性层和分布在材料两端的电极构成，这种传感器制作简单，成本低廉，因此应用十分广泛。检测原理通常基于分析物对活性材料的掺杂或去掺杂、氧化还原反应等化学作用，或基于压电、压阻、光电、热阻等物理作用。虽然电阻型传感器的器件构型和信号输出方式很简单，但传感过程常常混杂着多种效应，要准确厘清传感机制十分困难。

有机薄膜晶体管（organic thin-film transistor，OTFT）包括有机场效应晶体管（organic field-effect transistor，OFET）和有机电化学晶体管（organic electrochemical transistor，OECT）两种结构。由于 OTFT 具有电流放大效应，且拥有多个电学参数，非常适合多功能传感器的需求，是重要的传感器载体。基于 OTFT 的传感器利用的是晶体管的各个组成部分或界面在外界刺激下发生一定的变化，进而影响沟道电流和阈值电压等电学参数。根据传感活性区域的不同，文献中已报道的 OTFT 传感器大体分为以下四类：第一类利用的是分析物与半导体层发生相互作用，具体作用方式包括半导体层的溶胀效应、电荷捕获与释放、晶界间的势垒变化、分析物与导电沟道间的电荷转移以及极性分子引起局部电势的紊乱。第二类是介电层在外界刺激作用下，电容发生变化，从而影响沟道中诱导累积的电荷密度。第三类是改变栅电极和介电层的界面电势，从而影响施加在导电沟道上的有效栅压，这种效应多见于离子传感器中，即离子敏感有机场效应晶体管（ion-sensitive OFET，ISOFET）。在 ISOFET 中，参比电极和电解质溶液代替了传统的栅电极，电解质/介电层界面处的电势对离子浓度十分敏感，离子所带的电荷会增强或抵消栅极电场对导电沟道的电荷调控作用。这些相互作用的结果可以通过晶体管的电导、跨导、迁移率、开关比、阈值电压以及亚阈值斜率等参数进行定量化分析。第四类基于半导体层与源漏电极之间的接触电阻变化来实现传感功能。

OECT 区别于 OFET 的地方是使用电解质溶液取代了传统的固体介电层，栅电极浸在电解质溶液中。在栅压作用下，有机半导体层与电解质溶液的界面上发生电化学掺杂与去掺杂反应，可移动离子能够进入或离开半导体层，从而实现源漏电流的调控。基于 OECT 的传感器的工作机理通常依赖于分析物改变栅极/电解质界面或电解质/半导体界面处的电压降。此外，电解质的电容变化以及活性层的构象变化也是 OECT 的常见传感原理。

11.2.3 低维分子传感材料

低维分子材料主要由有机半导体、导电聚合物以及纳米碳材料组成，具有分子结构更丰富、柔韧性更好、工艺条件更温和等优点。这些材料拥有类似的分子结构——π 电子共轭体系，但分子结构的不同引起材料性质的千差万别。由于低维分子材料具有很高的比表面积，有效增大了分析物与传感器的接触概率，使其在超高灵敏度和超快响应传感方面极具潜力。

1. 有机半导体

有机半导体通常都具有共轭分子结构，表现出与无机半导体相似的光电性质。不同于无机半导体的能带理论，有机半导体的性质由分子轨道理论进行阐述。具有较高的 HOMO 能级的给电子型有机半导体往往具有优良的空穴传输特性，具有较低的 LUMO 能级的吸电子型有机半导体具有优良的电子传输特性，这两类半导体在传感器领域都有重要的应用。根据分子量大小，有机半导体又分为小分子半导体和聚合物半导体。小分子半导体可形成较为有序的晶体结构，迁移率可达到甚至超越无定形硅，较高的迁移率为传感信号的快速传输提供了性能基础；聚合物半导体通常由 π 共轭骨架和侧链构成，这些侧链是大多数传感器的活性位点，可以通过分子链的接枝来“定制”或增强传感器性能，且侧链的存在能有效增强有机半导体的溶解性，这对于传感器件的低成本、大规模溶液法生产具有重要意义。

图 11-3 列举了常见的作为传感活性材料的有机半导体。并五苯（pentacene）是一种最具代表性的 p 型小分子半导体，由五个线型苯环构成，可形成有序的堆积结构，表现出较高的迁移率，在检测气体、湿度、pH 值、DNA、蛋白质以及光响应等方面都具有广泛的应用。虽然并苯结构的半导体在电学性能方面较优异，但其环境稳定性较差，这是亟须解决的关键问题之一。研究人员发现，在并苯结构中引入其他芳香环后形成杂稠环结构，能够有效提高有机半导体的稳定性，还可以设计出灵活多变的分子结构，产生丰富的分子间相互作用形式。Huang 课题组使用由苯环和噻吩环构成的 DNTT 为半导体层，设计了一种温度传感器，DNTT 在空气环境中加热到 150℃仍可保持性能稳定[10]。接枝烷基链也是一种常见的半导体分子改性方法，可使有机半导体能够适应更复杂的传感环境。DDFTTF 是一种含长烷基取代链的芴衍生物，鲍哲南等证明了基于 DDFTTF 的传感器在液相环境中也可以表现出极佳的稳定性[11]，这为液相环境传感提供了理想的器件平台。与此相对应的另一种含短烷基取代链的芴衍生物 C_6TFT 则对湿度表现出较为敏感的特性，Li 等以此制备了一种性能优异的湿度传感器[12]。低聚噻吩也是一类稳定性较高的小分子半导体，如 *α*-六噻吩（*α*6T）在水相环境中多次测试后，各项性能参数均能保持稳定[8]。若在六噻吩分子两端各接枝上一个己基（DH*α*6T），使分子堆积更加紧密，能进一步增强稳定性。Buth 等以 *α*6T 为活性层制备了一种电解质栅有机场效应晶体管（electrolyte-gate organic field-effect transistor，EGOFET），在 *α*6T 与电解质溶液直接接触的情况下，在数小时操作过程中，器件仍能保持性能稳定，且对 pH 以及多种盐类都能产生明显的响应[13]。Someya 等将基于 *α*6T 和 DH*α*6T 的 OFET 放置于流动水中，器件不仅可以输出稳定的电流，还能对葡萄糖、乳酸等生物类分子产生响应[14]。在有机半导体中，酞菁是一类有代表性的

大共轭体系的小分子材料，具有很高的热稳定性和化学稳定性。通过在分子结构的外侧位置引入功能性基团（如烷基链、F/Cl 原子），或在分子中心的孔隙位置引入金属原子（如 Cu、Zn 等），可有效调控其电学、光学性质以及分子堆积形式。因此，酞菁类分子在光电器件及传感器领域都有广泛的应用。研究人员以

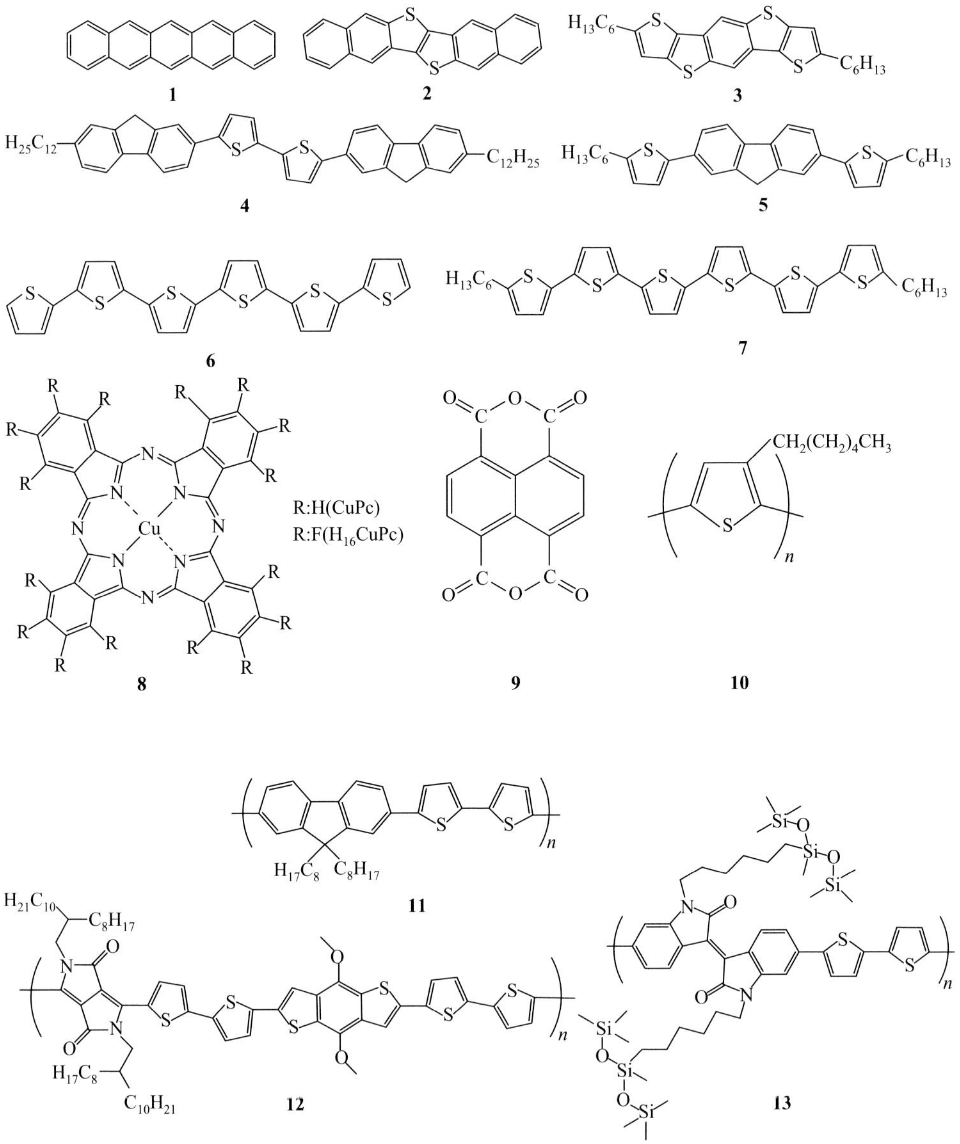

图 11-3　作为传感活性材料的常见有机半导体分子结构式

1. 并五苯；**2**. DNTT；**3**. DTBDT-C_6；**4**. DDFTTF；**5**. C_6TFT；**6**. α6T；**7**. DHα6T；**8**. CuPc 和 F_{16}CuPc；**9**. NTCDA；**10**. P3HT；**11**. F8T2；**12**. P（DPP4T-*co*-BDT）；**13**. PII2T-Si

酞菁铜（CuPc）为活性层，成功制备了硫化氢（H_2S）气体传感器[15]、乳酸/丙酮酸生物传感器[14]、光响应晶体管等[16]。相较于 p 型半导体，n 型半导体由于易受水、氧的影响，在空气中的稳定性较差，因此在传感器领域的应用也相对较少。但随着有机合成技术的发展，诞生了一些较稳定的 n 型半导体，并成功制备出性能优异的传感器件。通过引入强吸电子基团可以有效增加材料的电子亲和能，降低 LUMO 能级，获得高稳定性的 n 型半导体材料。全氟酞菁铜（$F_{16}CuPc$）是以十六个氟原子取代了酞菁铜的氢原子，在空气中可保持稳定的物质。Tang 等制备了 $F_{16}CuPc$ 单晶晶体管，$F_{16}CuPc$ 表现出高效的光生激子分离效率，晶体管在光照下，光/暗电流比可达 4.5×10^4[17]。n 型材料对水和氧气的敏感性对晶体管性能不利，但却可以利用该特性制备高性能水、氧传感器。Torsi 等以一种苝的衍生物 NTCDA 为活性材料，利用水分子对 NTCDA 的分子堆积状态的影响，成功制备了基于 n 型有机晶体管的湿度传感器[18]。

与小分子半导体相比，聚合物半导体具有更好的柔韧性和溶解性，在制备大面积柔性传感器方面具有巨大的潜力。聚合物的长分子链上拥有丰富的可修饰位点，通过合理的分子设计，可以有效增强传感器对分析物的选择性。聚噻吩是最具代表性的一类 p 型聚合物半导体，第一个真正意义上的有机场效应晶体管就是以聚噻吩薄膜为半导体活性层的[19]。最初制备的聚噻吩材料纯度较低，分子量较小，溶解性较差，迁移率也较低，无法满足高性能传感器的需求。因此，研究人员通过分子设计与修饰，合成了多种聚噻吩衍生物。其中，聚 3-己基噻吩（P3HT）是有机电子领域应用最广泛的聚合物半导体之一。P3HT 分子的堆积方式有“头对头”、“头对尾”和“尾对尾”三种形式，其中“头对尾”的堆积比例可以用来衡量分子堆积的局域有序度，对材料的电学性能有重要影响。目前，人们已经可以通过制备高度有序的 P3HT 薄膜来制备高性能有机场效应晶体管，迁移率超过 $0.1cm^2/(V\cdot s)$，开关比达到 10^5[20]。此外，P3HT 还具有优异的溶解性和生物相容性，在离子传感、气体传感、湿度传感、生物传感以及光传感等方面都得到广泛的应用。与单一结构单元的聚合物分子相比，不同的单体分子共聚形成的聚合物半导体拥有更丰富的性质。F8T2 是以芴和噻吩共聚形成的一种给受体（D-A）型共聚物半导体，具有较高的电离能，在空气中较为稳定，迁移率高，且具有较宽的吸收光谱，在高灵敏度光传感方面具有重要的应用价值。中国科学院化学研究所的刘云圻课题组合成了一种 D-A 型共聚物 P（DPP4T- *co*-BDT），其表现出很好的溶解性和热稳定性，热分解温度超过 330℃[21]。鲍哲南课题组报道了一种含硅氧键侧链的聚合物 PII2T-Si，在海水的严苛环境中仍能保持性能稳定[22]。

2. 导电聚合物

导电聚合物的发明打破了人们关于“有机物都是绝缘体”的一贯认知，吸引了研究人员的广泛关注。中性的聚合物分子是不导电的，只有共轭分子骨架被氧化（p 型掺杂）或被还原（n 型掺杂）后形成的局域态电子在分子轨道间跳跃才会产生可移动电荷。这种分子间的弱轨道重叠使聚合物的导电性能远不如金属的离域化电子所形成的导电性，并且相对来说，导电聚合物的电学性质易受环境中诸多因素的影响，如气体分子可能会形成导电聚合物的电荷陷阱；或通过添加/去除离子掺杂剂来改变聚合物的导电性能。这些现象使导电聚合物的电学稳定性偏弱，但从另一个角度看，导电聚合物也恰恰是检测这些环境因素的理想材料。导电聚合物的传感机制包括氧化还原反应、离子的吸附/脱附、体积或质量变化、分子链构象变化以及电荷转移等。相较于无机传感材料，导电聚合物的结构和性质的多样性赋予其高选择性和高灵敏度。此外，导电聚合物还可以在低温环境下加工，可大面积制备，成本较低，柔韧性强，是一种十分优异的传感材料，在柔性电子产品和可穿戴设备中具有重要的应用价值。

图 11-4 是常用作传感活性材料的导电聚合物分子结构式，它们的主链都是由具有 π 电子共轭结构的分子单元构成的。纯导电聚合物的电导率很低（$<10^{-5}$S/cm），为了得到高导电态，需要对其进行掺杂。掺杂也是导电聚合物区别于一般聚合物的本质所在[23]。导电聚合物的掺杂通常是由氧化还原反应来实现的，例如，通过化学或电化学氧化 PPy，使 PPy 带正电荷，形成空穴导电［图 11-5（a）］，掺杂后的 PPy 的电导率可达到 $10\sim10^{5}$S/cm。这种氧化掺杂过程是可逆的，通过还原反应可以使 PPy 回到低导电态。值得一提的是，PANI 与其他导电聚合物不同，它的掺杂过程是由质子化形成的。初始的 PANI 分子链完全处于还原态，由两种结构单元构成：quiniod 和 benzenoid［图 11-5（b）］，这两个单元可以通过氧化还原反应互相转化。不是所有被掺杂的 PANI 都是导体，只有当 quiniod 和 benzenoid

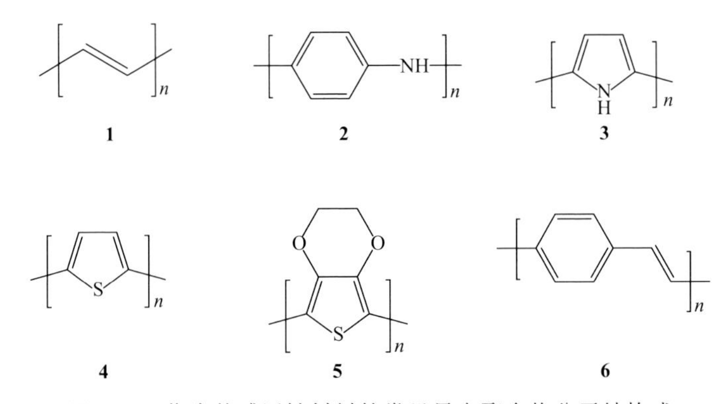

图 11-4　作为传感活性材料的常见导电聚合物分子结构式

1. 聚乙炔(polyacetylene，PA)；2. 聚苯胺(polyaniline，PANI)；3. 聚吡咯(polypyrrole，PPy)；4. 聚噻吩(polythiophene，PHT)；5. 聚（3, 4-乙撑二氧噻吩）[poly(3, 4-ethylenedioxythiophene)，PEDOT]；6. 聚对苯乙烯[poly(*p*-phenylene vinylene)，PPV]

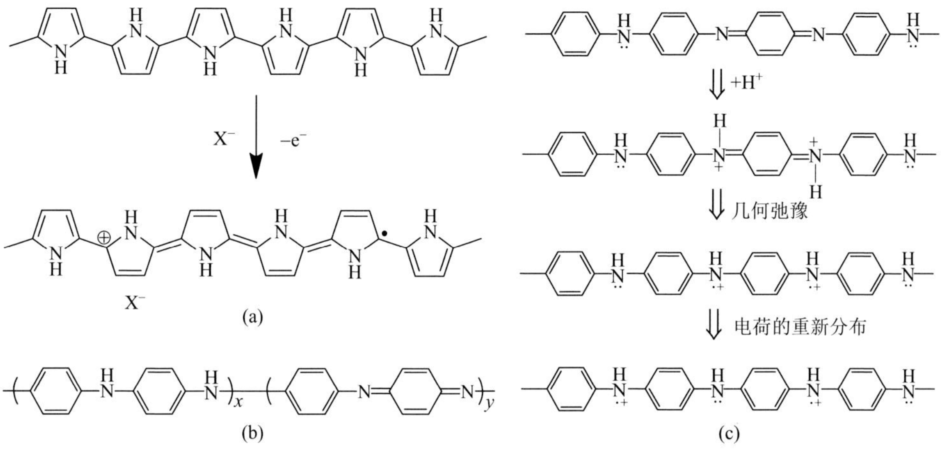

图 11-5　（a）聚吡咯的氧化掺杂过程；（b）聚苯胺的还原态结构式；（c）聚苯胺的质子化过程

的比例为 1∶3 时，质子化的 PANI 才呈现导电态。质子化过程如图 11-5（c）所示，质子酸掺杂后，H^+和对阴离子与 N 原子结合形成极化子和双极化子，并沿着聚合物主链分布，使 PANI 导电。这些掺杂过程同时也可以作为导电聚合物传感材料的工作机理[24]。

图 11-4 中的导电聚合物都已广泛应用于各类传感器中，但要进一步提高导电聚合物的传感性能（如提升灵敏度、降低响应时间以及改善稳定性等），还需要对材料进行进一步改性。在共轭骨架上接枝侧链基团是聚合物改性的重要方法，主要有两大改性效果：第一，一般导电聚合物有“不溶不熔”的特性，侧链的加入能够有效提升导电聚合物的溶解性，使导电聚合物可以通过 Langmuir-Blodgett 法、旋涂法、喷墨打印等溶液加工技术制备薄膜；第二，一些功能化的侧链能够调整导电聚合物的性质，如改变分子间距或偶极矩，引入的基团可能与分析物产生特异性相互作用以增强传感器的灵敏度和选择性等。掺杂也是影响导电聚合物的物理化学性质的重要方式，不同的离子掺杂使导电聚合物可能对分析物产生截然相反的响应。例如，Chabukswar 等发现，分别以无机酸（Cl^-、Br^-、ClO_4^- 等）和丙烯酸对 PANI 进行掺杂，无机酸掺杂的 PANI 对氨气的响应为负响应（电阻增大），而丙烯酸掺杂的 PANI 对氨气的响应为正响应（电阻减小）[25]。值得注意的是，在不同的传感体系中，掺杂剂起着不同的作用，导电聚合物的电导率与离子的掺杂水平和性质直接相关。例如，ClO_4^- 掺杂的 PPy 的电导率高于 TsO^-掺杂的结果，高电导率下可形成低的初始电阻（R_0），因此可获得高的相对电阻变化率（$\Delta R/R_0$）[26]。然而，Subramanian 报道了一种基于 PANI 的化学电阻，其电阻变化规律与此相反，电导的相对变化率随着初始电导的增加而降低[27]。Potje-Kamloth 等报道了一种基于 PPy 的电化学气体传感器，器件性能严重依赖于掺杂剂的性质[28]。在另一个例

子中，Jain 等用一种弱酸 CSA 掺杂 PANI，得到的湿度传感器性能高于磷酸二苯酯（DPPH）和马来酸（Mac）掺杂的 PANI 器件，遗憾的是，作者没有给出清晰的机理解释[29]。Hong 等研究了 PANI 化学电阻的可逆性，发现强酸掺杂可以得到较好的可逆性，但响应程度却更低[30]。Ratcliffe 课题组研究了 Cl^-、SO_4^{2-} 和 NO_3^- 的掺杂对基于 PPy 的化学电阻传感器的性能的影响[31]。除了研究掺杂剂种类对传感器的影响外，Souza 等还针对掺杂剂的分子尺寸与导电聚合物传感器性能的关联性进行了一定的探索[32]。

3. 纳米碳材料

在众多纳米材料中，纳米碳材料是极重要的成员之一。纳米碳材料凭借其丰富独特的电学、磁学、光学以及力学性质，在传感器领域得到广泛的关注和应用。碳材料是以碳元素为唯一组成元素的一类同素异形体的统称。纳米碳材料包括零维的纳米颗粒（C_{60}）、一维的纳米管（单壁/多壁碳纳米管）以及二维的纳米层（石墨烯和石墨炔）。从材料的结构来看，石墨烯由单层 sp^2 杂化的碳原子构成，可以被认为是其他 sp^2 纳米碳材料的原始材料。若石墨烯卷曲成球状则为 C_{60}，卷曲成管状则为碳纳米管（图 11-6）。

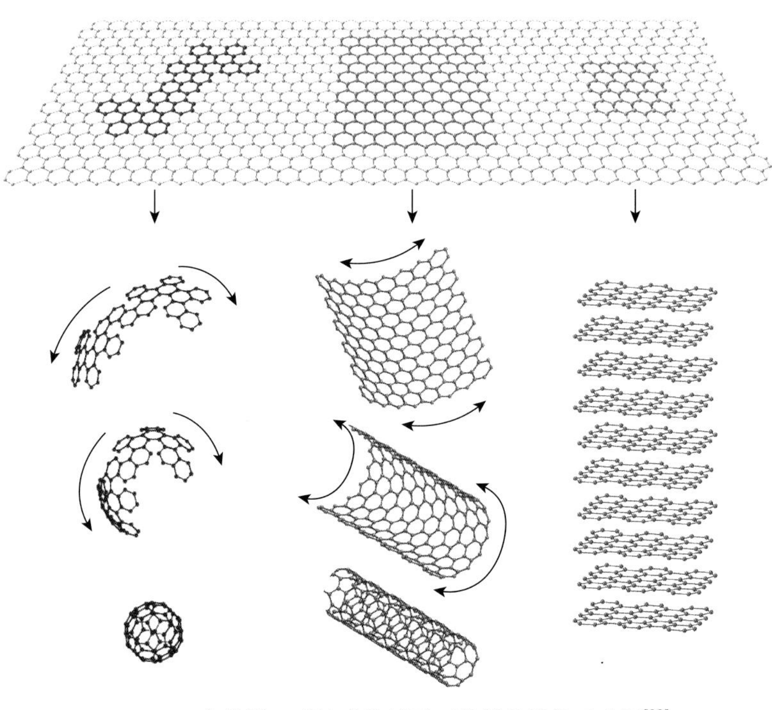

图 11-6　富勒烯、碳纳米管以及石墨烯的结构示意图[33]

由于 C_{60}、碳纳米管和石墨烯的比表面积大，每个碳原子都是裸露的，表面非常敏感，因此具有非常好的传感特性。石墨烯一般可由机械或液相剥离法、化学气相沉积等方法来制备[34]。与原始石墨烯相比，经表面处理后的石墨烯衍生物［氧化石墨烯（GO）、还原氧化石墨烯（rGO）］具有更多的官能团，表现出更丰富的物理、化学性质，并能通过溶液法加工，在各类传感器中都有广泛应用[35, 36]。碳纳米管是由石墨烯卷曲形成的管状结构，根据纳米管的层数，可分为单壁碳纳米管（single-walled carbon nanotube，SWCNT）和多壁碳纳米管（multi-walled carbon nanotube，MWCNT）。碳纳米管一般由过渡金属催化的化学气相沉积反应来制备。其中，由于石墨烯卷曲方式的不同，SWCNT 具有金属性、半金属性和半导体性，每种性质都可应用于一定的传感环境。

影响纳米碳材料传感性能的因素有很多，最主要的两大问题是杂质和团聚。在纳米碳材料的合成过程中，难免会引入其他杂质，如碳纳米管必须严格去除过渡金属催化剂对其电学性能的影响[37]；金属型碳纳米管的存在也会严重影响半导体型碳纳米管的器件性能。纳米碳材料的溶解性都较差，由于其强疏水作用极易发生团聚，而纳米碳材料的聚集状态又关系着传感器的性能。例如，在具有材料尺寸依赖性的光电传感器中，必须采用分离工艺以获得单分散样品[38]。目前常用的分离技术主要有超速离心法和凝胶渗透色谱法，其中，通过离心技术能够实现不同长度碳纳米管的分离和石墨烯薄片的尺寸选择性纯化。此外，对纳米碳材料的表面改性也是提升其溶解性的重要途径。可以通过共价键[39]或非共价键[40]结合的方式进行表面修饰来改善溶解性问题，但表面改性往往也意味着电学性能的衰减。

11.2.4　传感器件制备技术

制备低维分子材料传感器的核心问题在于活性层的制备，常见的传感器活性层形态有零维的点状、一维的线状和二维的膜状。根据分子材料的性质差异，适用的制备方法也大不相同。例如，小分子有机半导体常采用热蒸镀法和溶液法；聚合物导体和半导体一般只能采用溶液法；对于碳材料而言，碳纳米管和石墨烯可以采用化学气相沉积法直接沉积，或用溶液法进一步分散和组装。下面简要介绍这几种最常见的传感活性层制备技术。

真空热蒸镀是制备有机小分子半导体最常用的方法之一。在高真空中（一般小于 10^{-4}Pa）通过加热的方式使有机半导体分子升华成气态，并自由扩散至基板上，这种方法通常只能形成多晶薄膜。由于热蒸镀过程在高真空环境下进行，因此形成的半导体薄膜均匀且致密。其生长速率和厚度可以通过加热温度和时间进行精确控制。

溶液法主要包括旋涂法、滴注法、提拉法、刮涂法等，适用于溶解性较好的分子材料。旋涂法利用匀胶机快速旋转产生离心力使溶液均匀铺展在基底上形成薄膜，广泛应用于各类薄膜。薄膜的厚度与旋转速率、旋转时间以及溶剂挥发速率有关；滴注法是直接将溶液滴在基底上，在溶剂挥发过程中，材料自组装成一定的结构；刮涂法是利用刮刀将溶液沿一定的方向涂装，溶质分子在单向溶液黏性力诱导作用下进行自组装，这种方法通常能得到有序度很高的堆积结构。溶液法在制备速度、制备面积以及材料成本等方面都具有极大的优势。

印刷工艺是将各种材料墨水层层印刷在基底上构筑电子器件。用印刷法构筑图案化的或集成化的低维分子材料薄膜是一种简单、高效的方法，有助于制造低成本、大面积的柔性传感器。印刷法主要包括喷墨打印、转移印刷、凹版印刷等技术。这一类增材制造技术具有独特的优势，如材料沉积位置精度高以及材料利用率高等。

11.2.5 传感性能优化策略

随着传感器应用场景的精细化和微型化，需要不断改善器件性能。低维分子材料具有丰富的分子结构和活性位点，因此，分子结构改性是优化传感器性能的重要途径之一。例如，在分子骨架上修饰合适的基团，该基团能与特定的分析物发生相互作用，可用于提升传感器的灵敏度和选择性，降低检测限[41]；还能通过活性分子与其他分子形成嵌段共聚物的方式提升低维分子材料在液相环境中的稳定性[42]。分子结构改性在化学、生物传感器中应用得较为广泛，有研究人员发现，该方法在增强光电传感器的波长选择性方面也有重要应用[43]。除了分子结构改性外，活性分子材料的堆积结构对传感性能有很大影响。传感器的作用机制依赖于活性材料与分析物的相互作用，材料的堆积结构影响着分析物在材料中的扩散速率以及与活性分子发生作用的概率，因此，将活性材料制备成超薄膜、纳米线、多孔纳米材料等微结构能够有效提升传感器性能[44]。不同于单一类型的材料，多种分子材料形成的混合体系在一定状况下能够优势互补，发挥协同效应，有效增强传感器性能[45]。另外，传感器件的结构也是影响传感器性能的重要因素，如压力传感器中的结构化平面相较于非结构化平面，可大幅提升灵敏度[46]。

11.2.6 传感器件应用领域

随着信息社会的发展，各种自动化、智能化的设备层出不穷。而这些设备的“智慧”与“才能”，离不开功能丰富的传感器。在环境检测与保护方面，大气、水源的污染已经严重威胁到地球生态，需要通过各类气体传感器、离子传感器以及粒子传感器来监测环境变化；在人工智能方面，光电传感器、压力传感器、温度传感器和气体传感器赋予机器“视觉”、“触觉”和“嗅觉”，以替代人类进行高强度、高精度以及高重复度的工作；在健康监测与医疗诊断方面，压力传感器、葡萄糖传感器、蛋白质传感器以及 DNA 传感器等可以对人体的心血管疾病、代谢类疾病和遗传疾病进行实时监测，大大促进了医疗事业的进步。当传感器普遍应用到各个领域后，借助于互联网，就可以实现万物互联，即物联网，让世界真正地互相感知，进入高度智能时代。

11.3 低维分子材料化学传感器件

化学传感器可以通过一定的化学规律将分析物的特征信息转换为可处理信号，用于探测分析物的组分或浓度。信号转换过程通常基于传感器与分析物之间的化学反应，但也可以通过物理过程来实现。为了降低传感器的响应/恢复时间，大部分化学传感器的工作机理都是利用分析物与传感器之间的弱相互作用，如氢键、范德瓦耳斯力、亲/疏水作用、电荷转移作用以及偶极-偶极相互作用等，使分析物与传感器之间能够快速结合与分离。化学传感器在人类的日常生活或工业生产中具有广泛的应用，其中最重要的应用之一就是作为环境检测器，对有毒气体、重金属离子、溶液酸碱度以及湿度等环境要素进行成分或浓度的检测，有效保障了人类生产生活的安全。

11.3.1 气体传感器

1. 有机半导体型

气体传感器是化学传感器中极其重要的一类，可用于分析气体的种类和浓度等信息。气体传感器的灵敏度十分依赖于气体分子和传感活性材料的接触效率。在基于小分子有机半导体的传感器中，气体分子会沿着晶界渗透到晶粒中，影响载流子浓度或改变分子堆积状态。渗透到晶界处的分析物成为电荷的捕获位点，会降低半导体的电导率。但小分子半导体薄膜通常堆积较为紧密，分析物分子难以快速高效地在传感活性材料中移动。李立强等利用简易的提拉法，将 DTBDT-C_6 分子组装成超薄微条带，制备了基于有机晶体管的氨气传感器［图 11-7（a）］[47]，随着氨气浓度的增加，源漏电流减小，在 50ppm 的氨气浓度下得到超过 100 的高灵敏度（$I_{gas\text{-}off}/I_{gas\text{-}on}$）。如此高的灵敏度得益于氨气分子可以轻易地渗透到超薄半导体层中，到达导电沟道界面，氨气分子中的孤对电子成为半导体分子中的空穴陷阱［图 11-7（b）］。Kang 等基于类似的原理，报道了一种基于高结晶度的多孔并五苯薄膜的甲醇气体传感器［图 11-7（c）］[44]。高度结晶的并五苯薄膜可保证场效应晶体管器件较高的迁移率，同时不影响甲醇分子通过纳米孔隙高效渗透到导电沟道界面处［图 11-7（d）］，因此能够得到灵敏度高、响应/恢复时间快的高性能甲醇传感器。

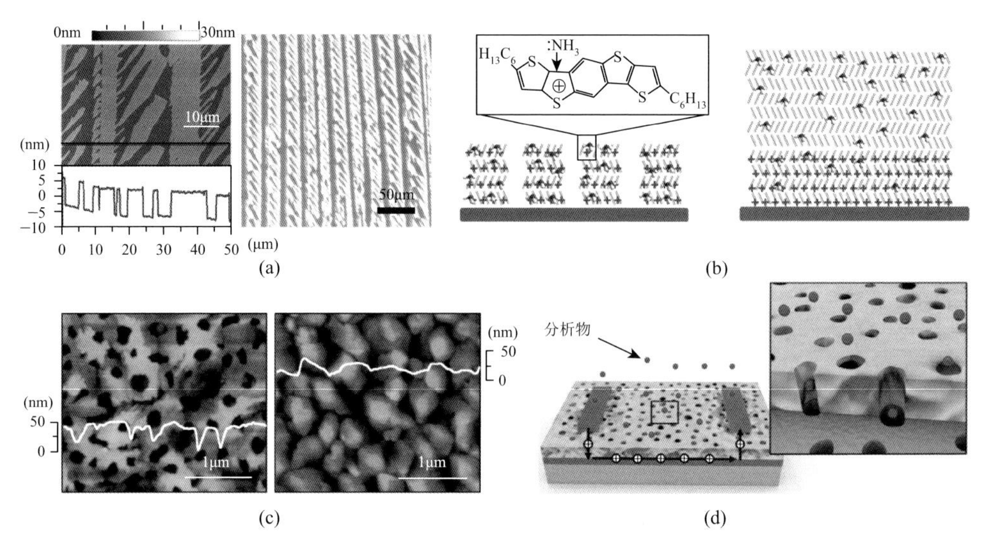

图 11-7 （a）DTBDT-C_6 超薄膜的 AFM 照片；（b）氨气传感原理示意图；（c）多孔并五苯薄膜和普通并五苯薄膜的 AFM 照片；（d）甲醇气体传感器的工作原理示意图

与小分子有机半导体不同，聚合物半导体通常以片层状结构堆积，无法像小分子一样紧密堆积，分子链之间的孔隙较多，因此，气体分子可以较轻易地渗透到材料中，通过改变分子堆积结构、形成电荷陷阱位点或作为掺杂/去掺杂剂等方式来影响器件的电学性质[48]。Li 等以聚噻吩共聚物为活性层，制备了两端的化学电阻，系统研究了该传感器对 10 种不同的挥发性有机气体的响应原理[49]。他们发现，传感器对不同的气体产生方向不同、强度不同的多种响应。根据响应规律并结合分析物分子的性质发现，影响传感效果的最主要因素在于气体分子对聚合物半导体分子堆积结构的改变。对于 P3HT 这种均聚物，极性分子的渗入会减小分子间的堆积间距，使载流子迁移率增大，呈正响应；而非极性分子在聚合物中的溶胀效应会增大分子间距，使载流子迁移率降低，呈负响应。随后，该课题组又研究了基于 P3HT 的气体传感器的性能与栅压的依赖关系[50]。研究发现，多晶聚合物半导体的气体传感机制主要有两种——晶内效应和晶界效应。当栅压较小时，半导体层中的电荷传输主要发生在薄膜体相内，以晶内效应为主；随着栅压的增加，晶体管的电荷传输主要发生在半导体与介电层的界面上，以晶界效应为主。两种效应彼此竞争，使传感器在不同的栅压下对气体的响应发生变化。

2. 导电聚合物型

导电聚合物在气体传感方面有很多出色的应用案例。PPy、PANI 以及聚噻吩衍生物是最常用于气体传感的导电聚合物，尤其在氧化还原性气体检测方面具有非常大的优势。这是由于导电聚合物的电学性能依赖于掺杂水平，氧化还原性气体可以与导电聚合物之间发生电荷转移。例如，NO_2 和 I_2 等电子受体型气体能够去除聚合物中的电子，形成空穴掺杂，增强聚合物的导电性；而氨气等电子给体型气体可以和聚合物中的空穴反应，减弱聚合物的导电性[51]。Do 和 Chang 基于 PANI 制备了一种经典的电化学电极来探测二氧化氮（NO_2）气体，他们把 PANI 薄膜涂覆在金/全氟磺酸隔膜（Au/Nafion）上，形成共轭聚合物/金/Nafion 工作电极。PANI 膜的多孔结构［图 11-8（a）］增加了传感器的电活性区域和活性，因此，当用 PANI/Au/Nafion 代替 Au/Nafion 作为工作电极后，得到高灵敏度的 NO_2 气体传感器，传感器的响应电流与 NO_2 浓度呈线性相关[52]。Nylander 等以 PPy 为活性层，制备了对氨气敏感的化学电阻，当氨气吸附到 PPy 薄膜上时，电子转移到 PPy 分子链中，导致 PPy 去掺杂，电阻率增大。这些传感过程的效率非常依赖于气体分子和导电聚合物分子链的直接接触，因此，可以通过对材料进行合理的结构设计，使分析物气体能够更容易到达聚合物分子链上，来提升气体传感性能。Kwon 等合成了直径分别为 20nm、60nm 和 100nm 的 PPy 纳米球［图 11-8（b）］，并旋涂在基底上制备成化学电阻。测试分析发现，随着纳米颗粒尺寸的减小，PPy 对氨气响应的灵敏度增大。这是由于小尺寸颗粒具有更大的比表面积，增大了与氨气分子接触的概率[53]。随后，该课题组又合成了 PPy 纳米管、PEDOT 纳米棒以及 PEDOT 纳米管等多种导电聚合物的低维结构，并制备成化学电阻来探测多种有机蒸气和有毒气体。这些器件均表现出较高的灵敏度和选择性，其中对氨气的检测限可达到 0.01ppm[54]。气体分子不仅能与导电聚合物的分子链之间发生电荷转移，还能和掺杂

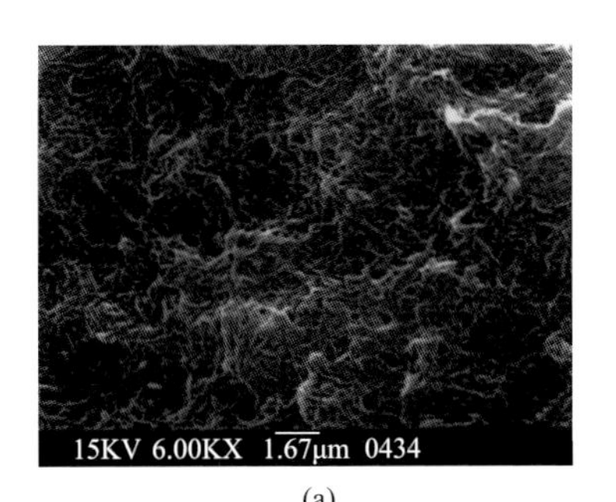

(a)

(b)

图 11-8　（a）PANI 的多孔结构；（b）不同直径的 PPy 纳米球

剂发生反应。例如，Chabukswar 等发现，丙烯酸掺杂的 PANI 化学电阻遇到氨气后，电阻会降低，传感器表现出高灵敏度，检测限可达到 1ppm。作者认为，该现象是因为氨气分子有助于去除丙烯酸的质子，使 PANI 的电荷密度增加。除了材料的结构设计外，器件构型也是影响传感性能的重要因素。Lee 等利用 OTFT 的电流放大效应，报道了一种基于 PANI 的 OTFT 氨气传感器，并分析了器件的性能[55]，器件的操作模式类似于 OTFT 的耗尽模式，正栅压在导电沟道中诱导出电子，与 PANI 分子链骨架上的 H^+中和，降低了 PANI 的导电性能。在晶体管的电场增强作用下，器件对氨气表现出高灵敏度响应，检测限达到 5ppm。

3. 纳米碳材料型

纳米碳材料是一种被广泛研究和应用的材料，它们拥有多样性的结构和一系列独特的电学、磁学和光学性质，是制作传感器的理想材料。最早报道的基于纳米碳材料的气体传感器是 Kong 等于 2000 年制作的半导体型碳纳米管场效应晶体管［图 11-9（a）］，该传感器在氨气和二氧化氮环境中，阈值电压分别向负方向和正方向产生大幅度偏移，灵敏度达到 100～1000；作者认为该传感器的高性能归因于气体在碳纳米管中的体相掺杂[56]。虽然目前已有大量此类气体传感器的报道，检测对象的范围也扩展至乙醇、氧气、苯以及氢气等，对于传感机制的解释也从掺杂理论扩展至接触效应[57-59]，然而，人们对碳纳米管气体传感机制的实验证据仍有争议，还需要进一步的探索研究[60]。Auvray 等尝试利用金属/半导体接触的肖特基势垒理论来解释该现象的机制，由于半导体型碳纳米管可作为肖特基势垒晶体管，金属电极和碳纳米管间的势垒高度可由金属功函数来调制；而金属功函数受到所吸附气体分子引起的局部偶极子影响，因此，碳纳米管晶体管的阈值电压与气体分子的极性以及环境形成了一定的相关性[61]。与半导体型碳纳米管相比，金属型碳纳米管中化学诱导的肖特基势垒高度调节效应微弱了很多，产生的电阻变化量和灵敏度也都有所降低。因此，要构建高灵敏度的金属型碳纳米管气体传感器，就需要碳纳米管与气体分子间产生更强的相互作用力。Collins 课题组在这方面做出了很大的贡献，他提出了一种“位点功能化方案”，即利用电化学氧化还原反应在碳纳米管上制造密度可控的缺陷。不同的化学物质会选择性结合到相应缺陷位点上，因此该方法可以大幅提高传感器的灵敏度和选择性，并成功实现了单分子反应的检测[62]。Khalap 等还在这些缺陷位点上选择性电沉积金属铂，成功制作出可识别氢气的碳纳米管传感器[63]。虽然这些方法有效提升了传感器的灵敏度，但要同时提升传感器的选择性，还需对纳米碳材料的分子结构进行进一步修饰。例如，在碳纳米管场效应晶体管上涂覆一层聚乙烯亚胺后，传感器可选择性识别二氧化氮；涂覆了全氟磺酸的传感器能够选择性识别氨气[64]。Johnson 课题组用单链 DNA 封装 SWCNT，利用

DNA 碱基对的特异性配对特性来识别甲醇、丙酸、三甲胺、二硝基甲苯和甲基膦酸二甲酯[65]。

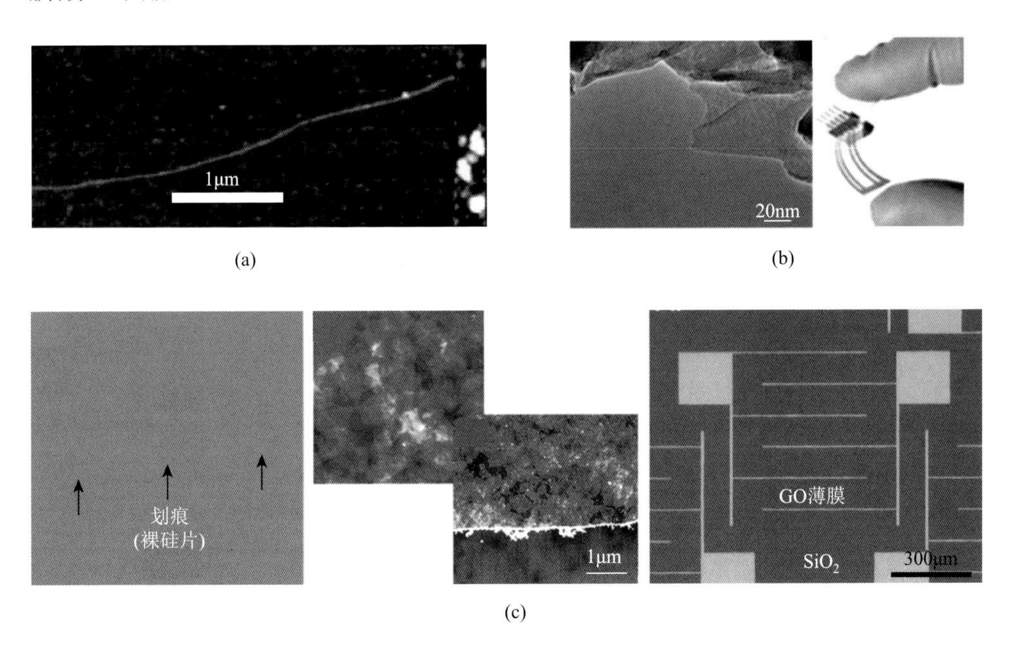

图 11-9　（a）半导体型碳纳米管场效应晶体管；（b）柔性 rGO 气体传感器；（c）旋涂法制备的超薄 rGO 气体传感器

同 SWCNT 类似，石墨烯的每一个碳原子都处于表面，意味着其电学性质对环境因素也非常敏感。第一个基于石墨烯的气体传感器是由曼彻斯特大学的 Novoselov 课题组制作的场效应晶体管传感器，通过在高磁场下调节传感器的横向霍尔电阻，可实现对 NO_2、NH_3、CO 等气体的单分子水平检测[66]。经理论研究表明，纯石墨烯的传感效应往往都源自气体分子对石墨烯的电荷转移掺杂效应[67]。但由于石墨烯传感器对分析物的选择性低，且溶解性差，在传感器领域应用更广泛的是石墨烯衍生物——氧化石墨烯（GO）和还原氧化石墨烯（rGO）。GO 表面含有丰富的含氧官能团，这些官能团是非常好的传感结合位点，但 GO 导电能力很差。rGO 是经过还原处理的 GO，官能团数量比 GO 少，但导电性能高了很多。Dua 等在聚对苯二甲酸乙二醇酯（PET）基底上喷墨打印了一层 rGO 薄膜制备成柔性气体传感器［图 11-9（b）］，该传感器对 500ppb～100ppm 范围内的二氧化氮和氯气都可以做出非常灵敏的响应[68]。Robinson 等利用旋涂法在硅基底上制备了 GO 薄膜后［图 11-9（c）］，再用肼还原 GO，不同还原程度的 GO 对气体的响应行为也会不同，器件最高可检测到痕量级别（ppb）的丙酮蒸气和 2, 4-二硝基甲苯。

11.3.2 湿度传感器

1. 有机半导体型

有机半导体通常对水分子十分敏感，因此，研究人员设计了很多基于有机场效应晶体管的湿度传感器。Zhu 等以并五苯为活性层制备了一种湿度传感器，传感器在 0%～30%的湿度范围内，饱和电流变化幅度高达 80%，电流的相对变化量与湿度（>30%）呈线性相关，且灵敏度能够通过并五苯薄膜的厚度进行调节[69]。灵敏度与半导体厚度的关系揭示了该湿度传感器的工作机理：水分子可渗透到并五苯薄膜内的晶界中直至到达导电沟道界面，通过改变晶界处的电场与被捕获的载流子发生相互作用；极性的水分子也可能改变了并五苯分子的堆积方式。Li 等也发现了类似的现象，他们选择了低聚芴衍生物 C_{12}FTTF 和 C_6TFT 以及并五苯作为活性层来研究半导体种类以及器件构型对湿度传感性能的影响，研究发现，极性的水分子扩散到晶界中后，与空穴发生相互作用，降低了载流子的传输效率[12]。

2. 导电聚合物型

导电聚合物对湿度也具有一定的响应能力。通常导电聚合物对湿度的响应行为都很相似，即水分子以氢键与导电聚合物骨架相连接，有利于质子交换并增强导电聚合物的掺杂水平，使其电导率增加。然而，Zeng 等报道了一种基于 PANI 纳米纤维的湿度传感器，表现出独特的湿度响应规律[70]。在低湿度范围内（0%～52%），湿度越大，器件电阻就越小；在 50%～84%的湿度范围内，湿度越大，器件电阻却“转向”变大；当湿度超过 84%时，器件电阻发生突增，电阻变化率接近 100%。他们制作了呈微粒聚集态的 PANI 传感器作为对比，发现器件电阻随着湿度的增大单调递减。研究发现，这种现象是由导电聚合物的“质子效应”与“溶胀效应”共同造成的。在低湿度范围，由于分子链上的带电位点和极性位点的存在，会促进水分子的水解，形成聚合物骨架的质子来源，因此器件电阻减小；同时，分子链之间的氢键也有利于电荷在链间传输。但在高湿度范围内，如图 11-10（a）所示，PANI 的纳米纤维结构在水汽作用下发生溶胀、扭曲，使分子链排列无序，器件电阻增大。而微粒聚集态的 PANI 只受到质子效应影响，不会像纤维结构一样发生溶胀。PEDOT：PSS 是一种水溶性聚噻吩衍生物，具有很好的导电性能和稳定性。Nilsson 等用喷墨打印法将 PEDOT：PSS 制作在塑料薄膜和纸片上作为 OECT 活性层，制备了一种柔性湿度传感器[71]。在 40%～80%的湿度范围内，源漏电流与空气湿度表现出近似指数关系。作者认为是湿度影响了电解质中的可移动离子，使导电聚合物沟道的电导率发生改变。

根据 OECT 的工作模式，操作电压与 PEDOT：PSS 的氧化还原电位处于同一数量级，即低于 1V，这将十分有利于传感器的集成应用。

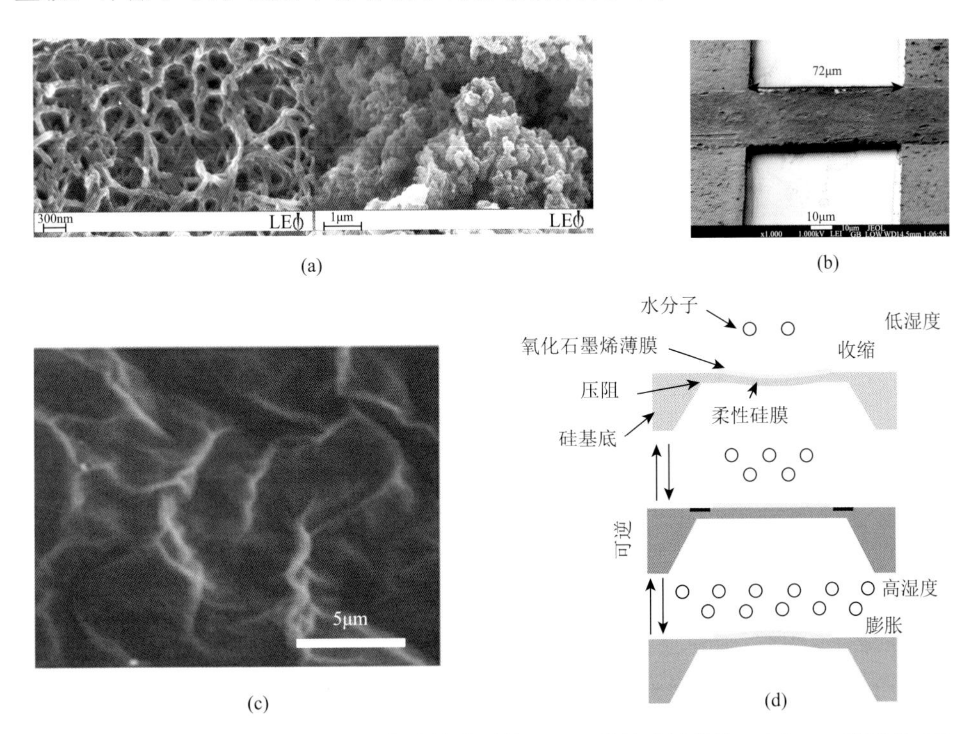

(a)　(b)　(c)　(d)

图 11-10　（a）PANI 纳米纤维和聚集态的微颗粒；（b）碳纳米管条带；（c）GO 薄膜的 SEM 照片；（d）湿度传感器的工作机理示意图

3. 纳米碳材料型

纳米碳材料的湿度响应一般都基于电荷转移和溶胀效应。电荷转移是指水分子与纳米碳材料结合以后，会把电子转移给碳材料，由于纳米碳材料是空穴导电，电子转移会导致材料内部空穴被中和，有效载流子密度减小。例如，Han 等以 MWCNT 为活性材料，经硫酸和硝酸混合溶液浸泡后，对湿度产生线性度非常高的响应；与未经酸处理的 MWCNT 对比，酸处理的碳纳米管上产生大量缺陷和含氧官能团，分子链长度也变短，使水分子更易吸附到碳纳米管表面[72]。Shivaram 采用了悬浮结构制备碳纳米管湿度传感器，碳纳米管条带悬浮在电极中间［图 11-10（b）］，该结构使活性层两面都能充分接触水分子，相较于非悬浮结构器件，传感器性能得到大幅提升[73]。溶胀效应一般是指水分子进入 GO 层间隙中，造成堆积结构的膨胀。基于此原理，Yao 等设计了一种巧妙的器件结构，如图 11-10（c）和（d）所示，他们将 GO 与具有压阻特性的柔性硅膜贴合到一起，在 GO 和硅膜之间用氮化硅隔离，以保证两者间的电学隔离；当水分子渗透到 GO

层间，富含亲水性含氧基团的 GO 内部吸附大量水分子，使 GO 薄膜膨胀变形，表面应力传导给硅膜之后诱发压阻效应，从而产生电学信号的变化[74]。类似的溶胀原理也被应用到其他基于 GO 或其复合体系的湿度传感器中[75]。

11.3.3　离子传感器

1. 有机半导体型

离子传感器的分析对象主要包含金属离子、酸根离子和氢离子（氢离子传感器也称为 pH 传感器），在环境监测方面具有重要的应用价值。由于有机半导体的电导率对离子掺杂十分敏感，可作为高性能离子传感器的活性材料。基于 OFET 的离子传感器称为离子敏感有机场效应晶体管（ion-sensitive OFET，ISOFET）。Ji 等报道了一种基于 P3HT 的 ISOFET，在栅极修饰了单层缬氨霉素［图 11-11（a）］，使该器件可选择性识别 K^+，检测限可达 33mmol/L[76]。Scarpa 等也同样发现了基于 P3HT 的 ISOFET 对 Na^+、K^+以及 Ca^{2+}具有高灵敏度的识别能力，检测限低至 0.001%[77]。在酸根离子检测方面，Maddalena 等制备了一种生物分子修饰的底栅底接触的 ISOFET。他们在半导体（PDTT）上方旋涂绝缘层后，再旋涂硫酸盐结合蛋白［图 11-11（b）和（c）］，溶液中的硫酸根离子与蛋白质特异性结合后，带负电荷的硫酸根离子在半导体层中诱导出更多的空穴，从而增强晶体管的输出电流[78]。

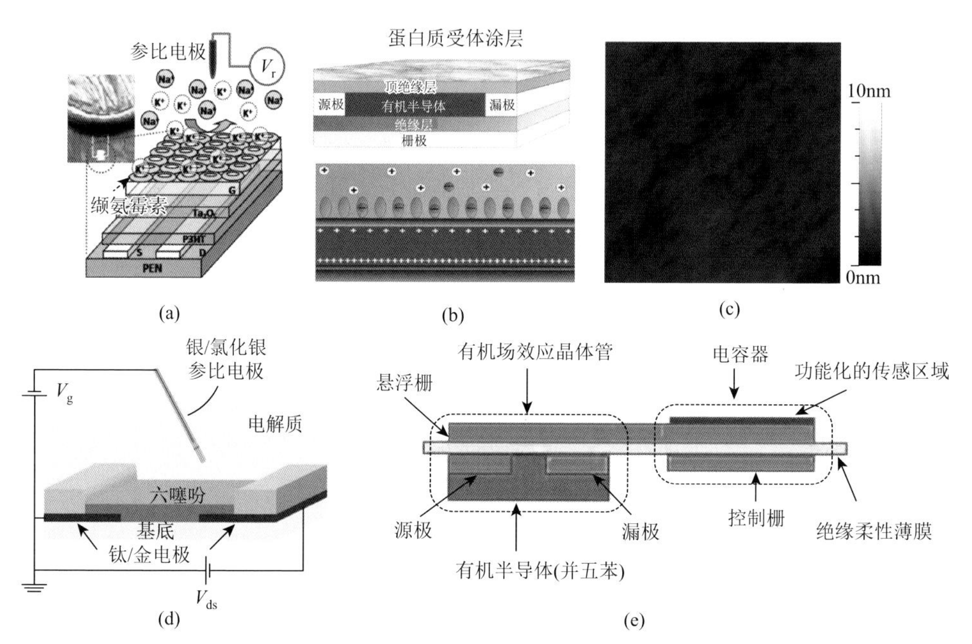

图 11-11　（a）缬氨霉素修饰的 ISOFET 对 K^+的选择性响应；（b）蛋白质受体修饰的硫酸根离子传感器结构及工作原理；（c）硫酸盐结合蛋白 AFM 照片；（d）基于 EGOFET 的 pH 传感器；（e）基于悬浮栅结构的 pH 传感器

pH 传感器是一种重要的离子传感器。Bartic 等利用场增强半导体电导率的原理，设计了一种基于 P3HT 的 ISOFET，在较宽的 pH 范围（2～10）内表现出精确检测能力[79]。Loi 等以并五苯为活性层制备的 ISOFET 中，由于 H^+的存在，介电层和电解质溶液的界面上电荷数量波动会导致半导体内电荷的重新分布，从而实现对 H^+含量的检测[80]。

在 ISOFET 中，有一类器件构型被称为电解质栅有机场效应晶体管（electrolyte-gate organic field-effect transistors，EGOFET），它的器件结构与电化学晶体管非常类似［图 11-11（d)］，栅极由电解质溶液和参比电极共同构成，电解质溶液和半导体层之间的双电层电容界面代替传统的固体介电层，由于双电层电容器的厚度极薄，因此可得到很高的电容值，晶体管的操作电压也极低。此外，由于分析物可以直达半导体/介电层界面，可大大提高传感器性能。Buth 等以 P3HT 为活性层制备了一种稳定高效的基于 EGOFET 的 pH 传感器，由于双电层电容的表面电荷数量受到 H^+的影响，会造成晶体管的阈值电压偏移，因此可以高效检测 pH；此外，双电层的高电容赋予了该传感器件优异的低电压操作性能（低于 1V）[13]。还有一种特殊结构的 ISOFET，是将普通的栅极延长，形成悬浮栅，由悬浮栅连接传感活性物质；当传感反应发生时，产生的电学信号将通过悬浮栅传导到晶体管中，使晶体管的电学参数产生相应变化。Caboni 等就设计了一种悬浮栅构型的 pH 传感器［图 11-11（e)］，他们在悬浮栅上自组装了单层 2-氨基乙硫醇，随着水合氢离子浓度的增加，氨基质子化程度也越高，带正电荷的氨基在悬浮栅上诱导出负电荷，这种静电诱导作用又通过悬浮栅传导给晶体管的栅极，改变晶体管的输出电流以及阈值电压，因此可识别溶液的 pH[81]。

2. 导电聚合物型

不同于有机半导体往往需要借助其他活性材料来间接检测离子，导电聚合物因其导电性能依赖于掺杂和去掺杂过程，环境中的离子会影响聚合物主链上的电荷分布，因此，导电聚合物自身就是优异的传感活性材料。早在 1986 年，Huang 等就发现在液相电解质中，pH 会影响导电聚合物的氧化还原过程，从而改变聚合物的导电性能[82]。特别地，由于 PANI 的导电性能依赖于质子化过程，因此 PANI 是最理想的 pH 传感器活性材料之一[83, 84]。随后，依此原理，大量性能优异的 pH 传感器被发明出来。例如，Hailin 与其合作者在纸基底上生长 PPy 作为柔性 pH 传感器，PPy 的电阻会随着 pH 的增大而增大[85]。在金属离子检测方面，导电聚合物也有很多成功的案例。Muthukumar 等在 PANI 分子链上修饰了洞穴状配体分子 cryptand-222，伴随着 cryptand-222 与 Hg^{2+}结合后的质子化和去质子化过程，PANI 也发生相应的去质子化和再质子化过程。除了修饰受体分子外，要提升离子传感器的选择性，引入金属络合阴离子掺杂剂也是有效的途径之一。Rahman 等在玻碳电极上电化学聚合了一种聚噻吩衍生物，并利用催化剂在聚噻吩衍生物上接枝了乙二胺四乙酸（EDTA），EDTA 可以与 Pb^{2+}、Cu^{2+}以及 Hg^{2+}等重金属离子发生络合反应，从而实现对重金属离子的检测[86]。Migdilski 等在电化学电极表面的 PPy 薄膜中分别掺杂 Ca^{2+}和其他分子［铬黑 T、钙指示剂（Kalces）、ATP］后，能够使 PPy 薄膜高效识别 Mg^{2+}和 Ca^{2+}；而掺杂了磺基水杨酸和钛铁试剂（Tiron）后的 PPy 能对 Cu^{2+}产生选择性电位响应[87, 88]。这些结果都依赖于聚合物和金属离子间高效的络合反应，使聚合物分子的导电性或分子构象发生变化。研究人员还发现，在电化学电极上的 PEDOT 和聚（3-辛基噻吩）中掺杂对磺化杯芳烃以及对甲基磺酸杯芳烃等分子后，大大提高了电化学电极对 Ag^{+}的选择性，但这并非是引入阴离子的作用，而是因为 Ag^{+}与硫原子以及聚合物骨架上的 π 电子发生了配位[89]。

3. 纳米碳材料型

纳米碳材料在离子传感器中也有广泛的应用。例如，Scarpa 课题组以 SWCNT 作为活性层制备了基于 EGOFET 的 pH 传感器，环境中 pH 越低，意味着 H^{+}浓度越高；由于 SWCNT 是空穴导电，在栅极施加负电压后，带正电荷的 H^{+}会降低栅极施加的有效电压值，因此，pH 可调控晶体管的沟道电流[90, 91]。这一电位调节原理也同样被应用到以石墨烯晶体管为载体的 pH 传感器中[92]。EGOFET 在金属离子探测方面也具有独特的结构优势，金属离子可直达电解质和 SWCNT 界面处，影响器件迁移率、阈值电压以及跨导等电学参数。Scarpa 课题组还发现，K^{+}会增大 EGOFET 中 SWCNT 的空穴散射速率，使迁移率降低，同时还会改变电解质/半导体界面的双电层电容值，导致器件跨导的减小，两个效应的协同作用使阈值电压发生偏移[93]。随后，该课题组还将离子选择膜与 EGOFET 相结合，制备了高选择性 K^{+}和 Ca^{2+}离子传感器[94]。Maehashi 等也采用相似策略，在石墨烯表面旋涂一层 K^{+}选择性离子载体——缬氨霉素，来提升传感器的选择性[95]。相对而言，对纳米碳材料自身的修饰改性可以有效简化传感器结构。Zhu 等以金纳米颗粒和两端含巯基的烷基链为媒介，在 SWCNT 上修饰组氨酸分子，该分子上的氮原子与 Cu^{2+}易发生络合反应，以此来检测 Cu^{2+}[96]。在石墨烯表面修饰硫醇单分子，硫醇分子和 Hg^{2+}的强结合力作用可使 Hg^{2+}的检测限降低到 10ppm[97]。rGO 表面丰富的官能团可作为修饰位点，接枝上特定的金属离子亲和性蛋白质后，能够检测纳摩尔浓度级别的 Hg^{2+}、Cd^{2+}和 Pb^{2+}[98]。

11.4 低维分子材料物理传感器件

物理传感器可以通过一定的物理规律将分析物的特征信号转化为可处理信

号，包括光、热、力、声、磁等。这些物理信号可以通过热电、光电、电磁、压电、压阻等物理效应进行各种形式的转变，以实现信号的检测、处理、传输以及存储等目的，在机器人、物联网、医疗检测以及智能穿戴等方面具有巨大的应用前景。本节将以压力传感器和温度传感器为例，简要介绍低维分子材料物理传感器的工作原理和应用进展。

11.4.1　压力传感器

压力传感器是将力学信号转化为电学信号的装置，可以应用于电子皮肤、可穿戴设备以及医疗监测等领域。根据传感原理，压力传感器通常分为电阻型传感器、电容型传感器和压电型传感器三类。电阻型传感器是将压力信号转变为电阻信号，工作原理通常依赖于材料的接触面积、导电路径以及内在电阻率的改变，这种传感器具有非常简单的器件结构和输出信号机制，是应用最多的一类压力传感器；电容型压力传感器一般以平板电容器构型为主，在压力作用下，电容器的介电常数、电极面积或电极间距发生变化；压电型传感器利用材料在力的作用下发生极化并产生电荷，当移除压力后，极化消失，材料恢复电中性，所以一般只适合动态压力传感。这三类压力传感器在不同压力环境中各自发挥着作用，随着柔性电子学的发展，基于低维分子材料的压力传感器得到越来越多的关注，成为传感器领域的重要成员。

1. 有机半导体型

在已报道的各类压力传感器中，有机半导体一般只作为 OFET 压力传感器中的导电沟道材料。Lee 等以 DNTT 为 OFET 活性层，报道了一种柔性、透明的电阻型压力传感器，OFET 的源极与压力敏感层连接，作为压力传感系统的信号输出电路［图 11-12（a）和（b）］。压力敏感层由碳纳米管、石墨烯以及氟化共聚物混合制成的纳米纤维构成，在压力作用下，纤维被压缩后接触更紧密，敏感层电阻减小。该柔性压力传感器在曲率半径最小低至 80μm 的情况下仍能正常工作[99]。Someya 也制备了一种以并五苯为活性层的柔性 OFET 压力传感器，并集成了 32×32 的器件阵列，传感层由含石墨颗粒的弹性体构成，传感层电极通过微孔与 OFET 源极相连。在 0～30kPa 的检测范围内，传感层的电阻从 10MΩ 变化到 1kΩ，该器件阵列对压力分布也表现出优异的分辨能力[100]。这些电阻型压力传感器都采用了传感活性区域和信号输出电路分离的设计，非常有利于传感器的集成，但也存在器件结构较为复杂的缺点。李立强等通过巧妙的设计，在微结构化的弹性体聚合物表面蒸镀金电极，再层压到 OFET 上作为源漏电极，通过聚合物的受压形变来改变源漏电极与半导体层之间的接触面积，从而实现传感活性区域和信号输出电路的一体化。值得关注的是，该策略使单一器件具备了灵敏度的偏压调节特性，大大拓展了压力传感器的应用场景［图 11-12（c）和（d）］[101]。

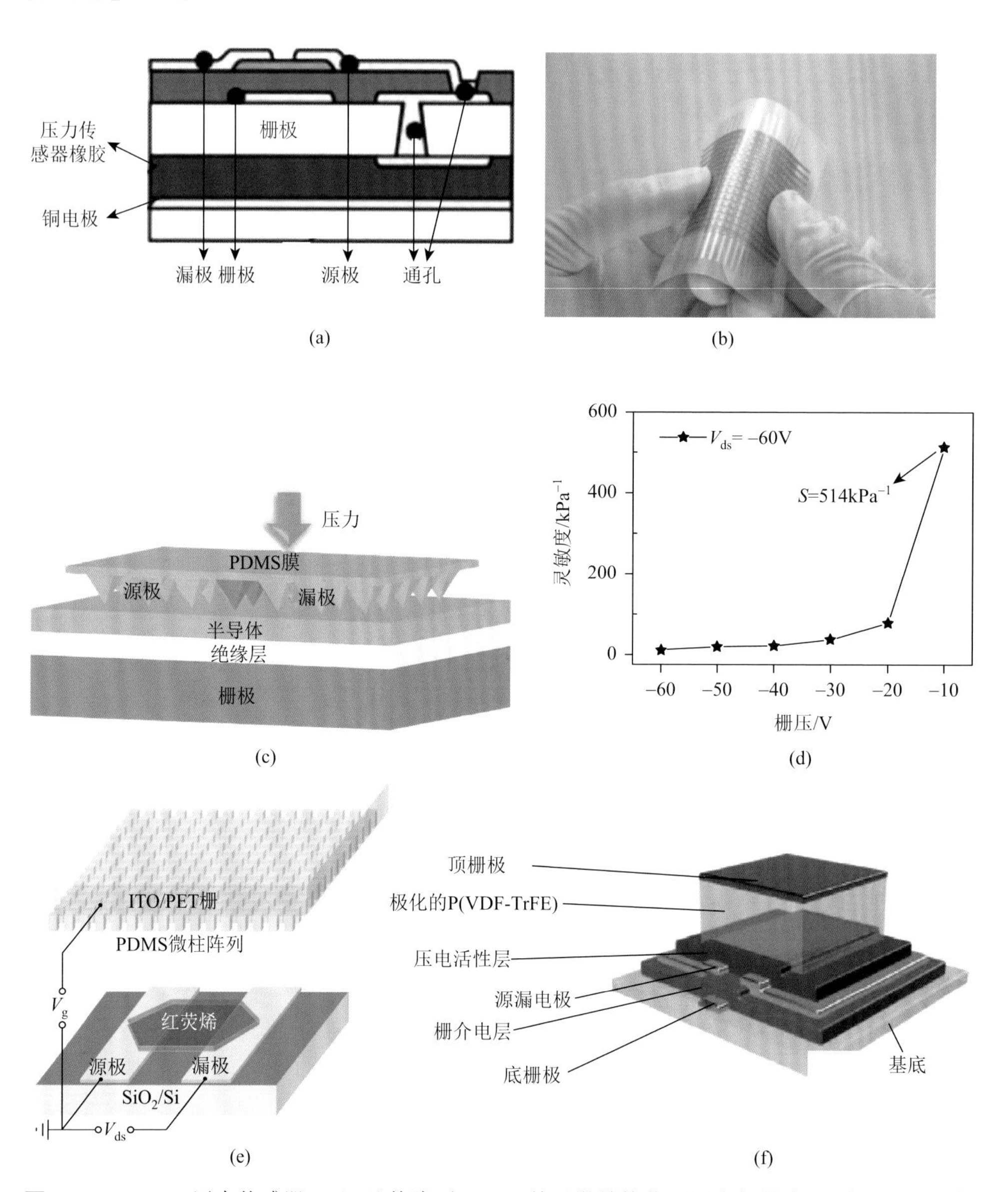

图 11-12 OFET 压力传感器（a）及其阵列（b）；基于微结构化源漏电极的电阻型 OFET 压力传感器（c）及其灵敏度（d）；（e）基于微结构化介电层的电容型 OFET 压力传感器；（f）基于双栅 OFET 的压电型压力传感器

鲍哲南开创性地以 OFET 介电层电容变化为传感机制，实现了 OFET 的传感功能和信号输出功能的一体化。在这一电容型压力传感器中，OFET 的介电层由微结构化的弹性体构成，导电沟道材料采用了红荧烯单晶，高迁移率的有机半导体单晶有效保证了厚介电层下的晶体管电学性能［图 11-12（e）］。在压力作用下，微结构发生形变，介电层被压缩，使电容增大，导电沟道中诱导的电荷密度也随之增大[46]。中国科学院的朱道本等以铝箔为栅电极，PDPP3T 和 NDI3HU-DTYM2 为半导体材料，制备了一种悬浮栅 OFET。当悬浮栅在压力作用下向半导体层靠近时，使介电层电容快速减小，得到高达 192kPa^{-1} 的灵敏度。相较于微结构化的聚合物弹性体介电层，由于悬浮栅可变化幅度较大，有效扩大了传感器的压力监测范围[102]。

与电阻型压力传感器和电容型压力传感器相比，压电型压力传感器有其独特的性能优势。虽然压电效应依赖于快速变化的压力，不适合表征静态的或缓慢变化的压力，但在检测快速变化的动态压力信号时则非常有利（如振动信号）。然而，在科研人员的努力下，通过将压电传感层与 OFET 进行巧妙的结合，实现了压电型压力传感器对静态压力的检测[9]。Tsuji 等报道了一种基于 OFET 的压电型压力传感器，他们以 TIPS-PEN 作为半导体层，制作了底栅底电极结构的器件；然后把 P（VDF-TrFE）刮涂在重掺杂的硅片上，再整体层压在 OFET 的半导体层上方，形成双栅结构；经过预极化处理的 P（VDF-TrFE）在压力作用下，极化效应进一步增强，这就相当于在半导体层上方又施加了一个栅压［图 11-12（f）］。经测试，该压力传感器表现出高灵敏度，施加 300kPa 的负载后，电流增加 155 倍[103]。Kim 等通过结构设计，以并五苯为 OFET 的半导体层，将 P（VDF-TrFE）压电活性层制作成微结构阵列以作为 OFET 的介电层，压电活性层的形变引起沟道中诱导的电荷数量的变化；由于金字塔形微结构具有较大的挠曲电增强压电效应，极大地提高了传感器的灵敏度[104]。

2. 导电聚合物型

导电聚合物在压力传感器中通常是作为不良导体，通过一定的结构设计来构筑传感器。最常见的设计是利用导电聚合物相对较低的电阻率，将聚合物制作成一定的微结构，在压力作用下，微结构发生变形，使导电聚合物的接触面积或导电路径等状态发生改变，从而输出响应电流。例如，鲍哲南等利用多相反应将 PPy 水凝胶制作成空心球状，空心球结构赋予 PPy 一定的弹性，球体之间的接触面积随着压力的增大而增大，使接触电阻降低［图 11-13（a）］，从而增大输出电流。该传感器的检测限低于 1Pa，响应速度极快，具有很好的重复性和稳定性。Zhang 课题组把 PPy 生长到银纳米线表面，整个纳米线体系形成一种“空气海绵”［图 11-13（b）］。由于 PPy 的电导率远低于银纳米线，因此“空气海绵”的总电阻由 PPy 之间的接触质量决定，这种结构设计得到了重复性极高的传感器[105]。

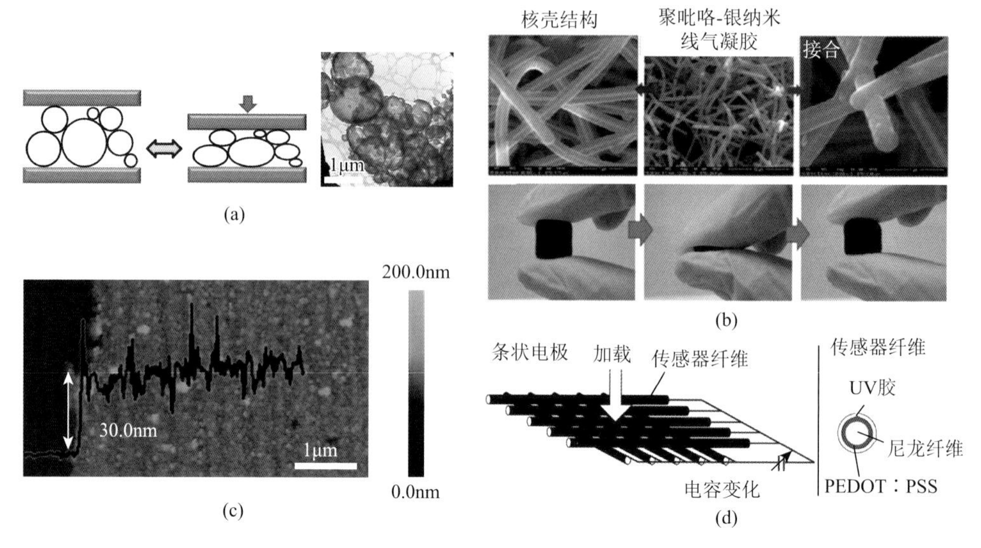

图 11-13 （a）基于 PPy 空心球形变的电阻型压力传感器；（b）PPy-Ag 纳米线 SEM 照片以及形变过程；（c）PPy 薄膜的 AFM 图；（d）基于 PEDOT：PSS-尼龙复合纤维的电容型压力传感器

不难看出，这些压力传感器的设计原理都基于器件内部不同导电单元之间接触电阻的变化。由压力传感器的灵敏度定义式［式（11-5）］可知，具有较高的初始接触电阻和较大的电阻变化量，才能获得较高的灵敏度，这就为制作高灵敏度器件提供了设计思路。陈晓东课题组制备了一种接触电阻可大幅度变化的高性能压力传感器，他们在微圆柱阵列上镀上一层金膜后，与表面生长了超薄 PPy 的弹性体聚合物［聚二甲基硅氧烷（PDMS）］基底层压在一起［图 11-13（c）］。在未受到压力作用下，只有圆柱体的顶端与 PPy 接触，器件总电阻处于较高的状态；当施加压力作用时，覆盖了金膜的圆柱体与 PPy 超薄膜之间的接触面积迅速增大，使传感器输出更大的电流信号[106]。Choong 等采用类似的策略，以 PDMS 为基体材料，用模板法在 PDMS 上制作出金字塔形阵列结构，并在阵列表面沉积了一层 PEDOT：PSS 薄膜。由于金字塔结构与对电极间存在较高的初始电阻，且金字塔结构具有极灵敏的形变特性，可快速改变接触电阻值，因此获得了高灵敏度的传感器件[107]。除了电阻型压力传感器外，导电聚合物也可应用在电容型压力传感器中。但由电容型压力传感器的工作原理可知，导电聚合物在电容型压力传感器中只能作为电极材料使用。例如，Takamatsu 等以尼龙线为载体，表面涂布 PEDOT：PSS 溶液后，在最外层包裹一层绝缘聚合物，形成单根纤维；将两根纤维交叉放置后，形成了以内部的 PEDOT：PSS 为电极，最外层绝缘体聚合物为介电层的电容器［图 11-13（d）］；在压力作用下，绝缘体聚合物被压缩，相当于减小了介电层厚度，使电容值增大；该传感器可以被大面积纺织，形成传感器阵列，在压力分布识别方面具有优异的表现[108]。

3. 纳米碳材料型

纳米碳材料具有优异的导电性能、机械性能和化学稳定性，是制备柔性压力传感器的理想材料。由于纳米碳材料具有极高的载流子迁移率，能够有效降低压力传感器中非活性区域的体电阻，因此，大多数基于纳米碳材料的压力传感器与基于导电聚合物的传感器类似，都是基于一定的结构设计。例如，将碳纳米管、石墨烯或还原氧化石墨烯制作成导电网络，并转移到含微结构的弹性聚合物基体上。在压力作用下，纳米碳材料网络与对电极的接触面积增大，从而降低接触电阻[109]；或将纳米碳材料与弹性绝缘体聚合物混合在一起，形成复合体系，分散在聚合物中的碳材料在压力作用下会减小间距，通过物理接触或量子隧穿效应来增强复合体系的导电性能[110]。此外，Smith 等发现石墨烯膜自身就具有压阻效应，他们将石墨烯转移到微孔上，利用微孔内外气压差来调控施加在石墨烯膜上的压力，实验发现，石墨烯的电子迁移率会随着压力的增大而减小，从而检测微小的压力变化[111]。纳米碳材料在电容式压力传感器中的应用与导电聚合物类似，一般都只作为传感器的电极部分，但纳米碳材料的电学稳定性远高于导电聚合物，能够有效提升传感器的操作及存储稳定性。鲍哲南课题组在两块独立的 PDMS 膜上制备碳纳米管网络作为电极，然后将两块 PDMS 夹住 Ecoflex 薄膜后形成平板电容器，利用弹性 Ecoflex 在压力作用下厚度变薄，使平板电容器的板间间距变小，电容值增大，从而实现压力传感[112]。

11.4.2　温度传感器

传统的温度传感器主要有热电阻、热电偶、红外测温仪以及红外成像仪。然而，随着智能社会的快速发展，要求温度传感器具有更高的灵敏度和宽监测范围。此外，一些智能医疗设备要求温度传感设备与柔软的皮肤保持良好的共形接触以提高监测的准确性。因此，亟待开发灵敏度高、监测范围广、柔性可穿戴的温度传感设备。

根据传感器的结构和原理，低维材料温度传感器主要分为两种类型：热电阻型和异质结二极管型。其中基于热电阻原理的温度传感器文献报道最多，大多数器件为两端结构，其电阻随温度线性或非线性变化。表 11-1 总结了近期基于低维分子材料的温度传感器。灵敏度通常由电阻温度系数（TCR）定义，这与其他电阻型传感器相类似。温度敏感材料的电阻率随热力学温度（T）呈线性或非线性变化，其斜率与 TCR 相关，反映了热电阻材料对温度的灵敏度，具体公式如下：

$$\mathrm{TCR} = \frac{1}{R}\frac{\mathrm{d}R}{\mathrm{d}T} \tag{11-6}$$

TCR 表示器件对于温度的灵敏度，TCR 越高表示其分辨率越高。目前，大部分金属材料的 TCR 在 $0.001 \sim 0.01\mathrm{K}^{-1}$，而有机材料最高可以达到 $0.044\mathrm{K}^{-1}$[113]。这表明有机材料在温度传感领域具有潜在的应用价值。此外，通过多种导电材料的混合也可以有效地提高 TCR。下面将从有机半导体型、导电聚合物型和低维碳材料型温度传感器方面分别展开介绍。

表 11-1　基于低维分子材料的温度传感器总结表

材料	器件结构	$\Delta R/R_0$	温度范围/℃	温度分辨率/℃	参考文献
酞菁铜/PTCDI	二极管	3	30～80	—	[100]
并五苯/银纳米颗粒	热敏电阻场效应晶体管	20.4	20～100	0.4	[113]
碳纳米管-PEDOT：PSS	热敏电阻	0.15	20～80	—	[114]
碳纳米管-PEDOT：PSS	热敏电阻	0.3	20～55	—	[115]
石墨复合物	热敏电阻	10^6	30～34.5	0.02	[116]
rGO/PU	热敏电阻	0.7	30～80	0.2	[117]
石墨/PDMS	热敏电阻	5	30～40	—	[118]
rGO/P（VDF-TrFE）	热敏电阻场效应晶体管	—	30～80	0.1	[119]
石墨烯纳米壁/PDMS	热敏电阻	137.8	25～120	—	[120]
聚苯胺纳米纤维	热敏电阻场效应晶体管	0.3	15～45	—	[121]

1. 有机半导体型

基于有机薄膜晶体管的有源阵列可以实现在大面积共形温度实时监测，在人体和机器人等智能领域显示潜在的优势。高分辨率的有机温度传感器还可用于电子皮肤、健康监测，通过精确的温度信息的连续获取，有助于疾病的及时发现和治疗研究。通常情况下，单一材质的有机半导体薄膜块体材料在室温到 100℃范围内电阻变化率较小，一般小于 10。这种低电阻变化率限制了有机晶体管温度传感器的发展。近年来，一些提高有机半导体热敏感性的方法被报道。例如，将两种材料形成异质结[100]、填充金属纳米颗粒[113]以及采用晶体管结构[113, 119]等方式可以有效地提高有机材料的电阻变化率。虽然有机材料通常热稳定性较低，其制备的温度传感器监测温度低于 100℃，但是人体和环境的温度恰在这个范围之内，故足以满足对体温和环境温度的监测。

2009 年，Someya 等报道了一种基于有机半导体的柔性传感器阵列，其将压力和温度传感器阵列同时集成在薄膜基底表面上，两种有源矩阵结构设计完全相同，可以同时获得压力和温度的阵列分布图[100]。温度传感器采用有机二极管结构，具体为在覆盖有氧化铟锡（ITO）的聚萘二甲酸乙二醇酯（PEN）薄膜上采用真空热蒸镀法蒸镀 30nm 厚度的 p 型有机半导体酞菁铜（CuPc）和 50nm 厚的 n 型半导体苝酰二亚胺（PTCDI）薄膜，构成片层状二极管结构（类似于有机发光二极管和太阳能电池）。图 11-14（a）右侧为该温度传感器的截面结构图，其中包含了有机半导体二极管和有机晶体管有源矩阵，上端的有机半导体二极管为温度传感器的核心部分，下端的有机晶体管有源矩阵进行数据读出。

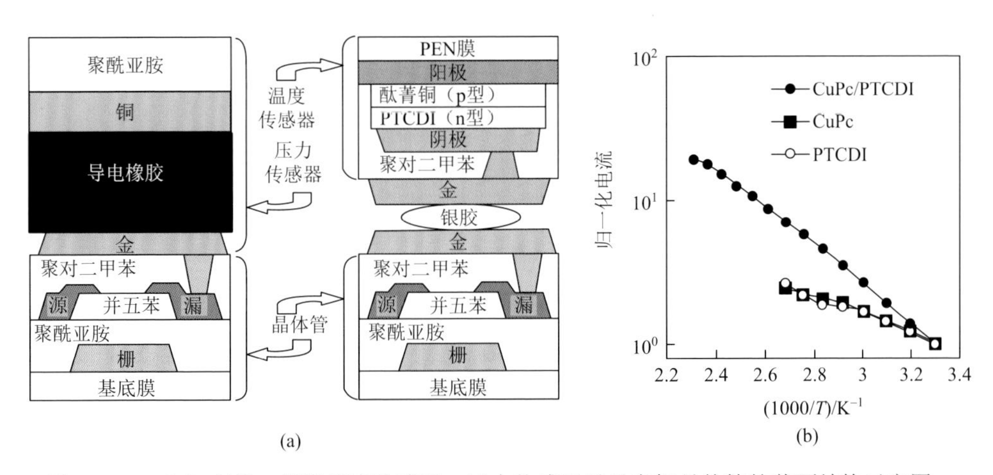

图 11-14　（a）有机二极管温度传感器、压力传感器以及有机晶体管的截面结构示意图；（b）电流与温度的关系图[100]

图 11-14（b）为温度传感器在氮气环境中相关电学测试，给出了温度与电流的关系。通过对比实验结果可以看出，当温度从 30℃上升到 160℃时，CuPc-PTCDI 双层结构的电流增加了 20 倍，而单一有机半导体层（即 CuPc 或 PTCDI 层）的电流仅增加 3 倍左右。上述实验结果表明，使用 CuPc-PTCDI 作为异质结大幅度提高了材料的热敏感度。为了进一步改善器件性能，研究者采用聚对二甲苯钝化层对器件进行封装优化，通过调节聚对二甲苯的厚度和沉积条件，使得暴露在空气中的水和氧气的影响达到最小化。

为了提高有机半导体的热敏感度，Chan 课题组在有机小分子并五苯中插入一层薄薄的银纳米颗粒，发现这种夹心复合薄膜结构（并五苯/银纳米颗粒/并五苯）表现出较强的温度敏感性[113]。通过层层图案化工艺，他们将热敏电阻与晶体管栅极串联，制备出可寻址的 16×16 柔性温度传感器阵列（图 11-15）。其测量温度范围为 20～100℃，工作电压低至 6V。该柔性阵列可以监测二维温度信息，甚至还可用于测量电子设备、人体等的直接共形接触温度以及监测其他形状不规则物体的温度分布情况。图 11-15（d）展示了柔性温度传感器阵列贴附于志愿者的前额用于检测其温度的分布情况。通过相关计算可知，该温度传感器阵列的整体灵敏度电阻温度系数（TCR）已经超过一般硅等无机材料的温度传感器，达到 0.044K^{-1}。这也说明基于有机材料的温度传感器具有研究价值和发展前景。

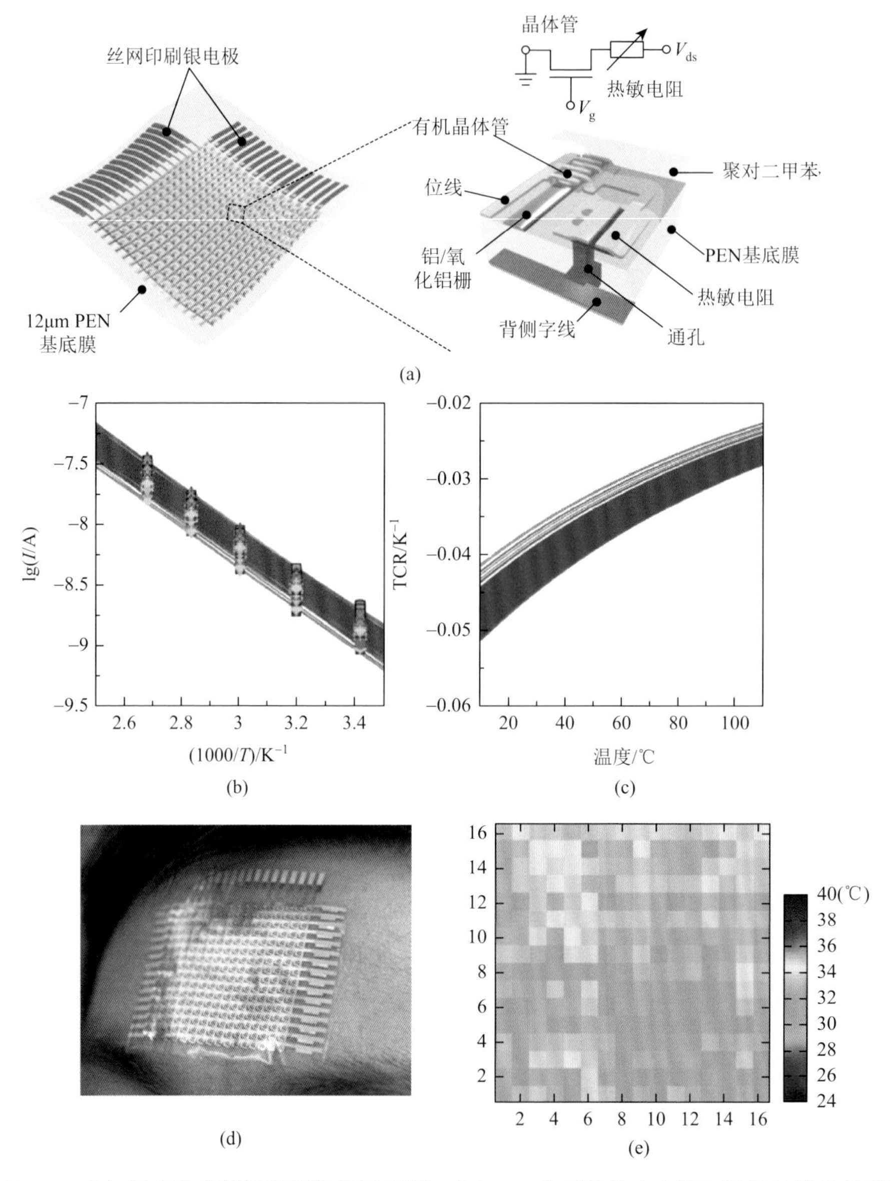

图 11-15 （a）温度传感器及阵列结构示意图；（b）256 个器件输出电流与温度的线性关系图；（c）256 个器件的 TCR；（d）柔性温度传感器阵列贴附于志愿者的前额；（e）柔性温度传感器前额温度测试分布图[113]

Wu 等发现以 tascPLA 为绝缘层的 DNTT-OFET 对温度有较强的敏感性（图 11-16）。通常情况下，在具有二氧化硅氧化层硅片上构筑的 DNTT-OFET 对温度并不敏感，其源漏电流（I_{ds}）随温度改变较小[10]。而该研究组发现，tascPLA 作为绝缘层直接导致了 OFET 热敏感性的提高。tascPLA［图 11-16（a）］是一种三臂立体化学结构材料，相比于 PLA，其在 200℃还可以保持较好的热稳定性，表明该类材料的温度使用范围扩大了。从 tascPLA-DNTT-OFET 的转移曲线图［图 11-16（b）］可以看出，温度从室温增加到 150℃，源漏电流从 2.13μA 增至 37.8μA。原因可能是 tascPLA 表面极性基团诱导的介电层/半导体界面电荷俘获效应显著提高了该器件的温度敏感性。研究者们还通过对器件的阵列化［图 11-16（c）和（d）］，实现了二维平面的温度监测。

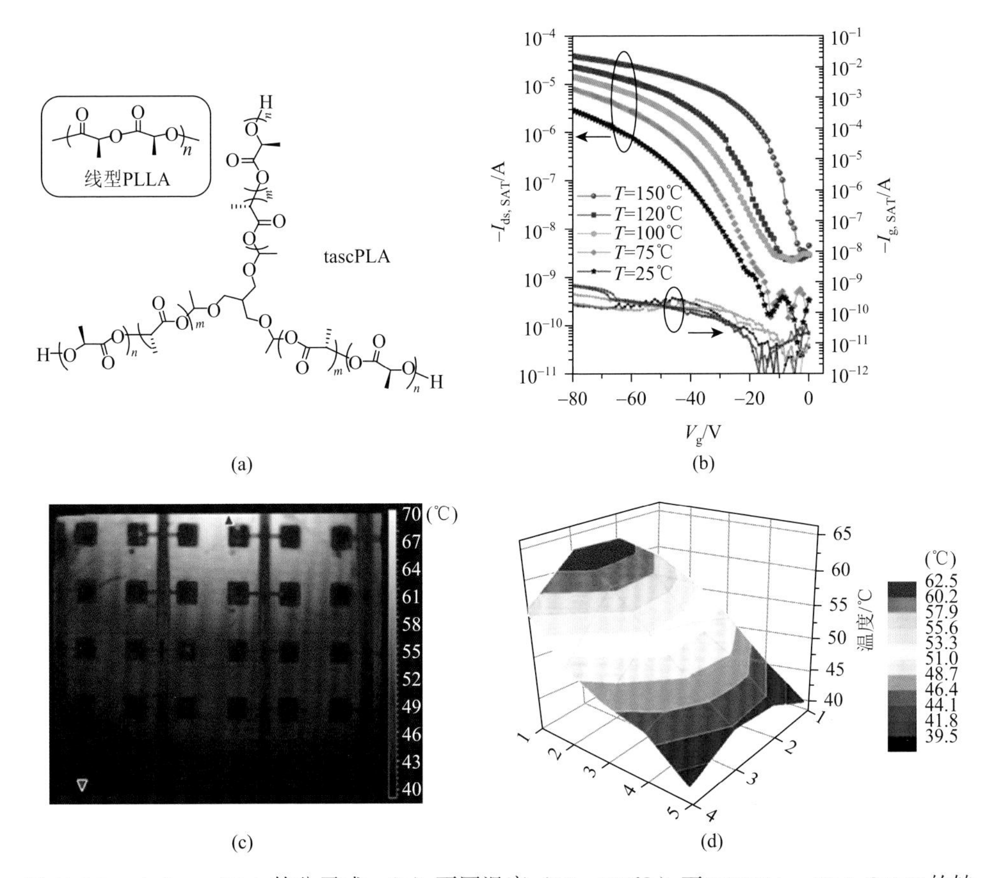

图 11-16　（a）tascPLA 的分子式；（b）不同温度（25～150℃）下 DNTT-tascPLA-OFET 的转移曲线（$V_{ds}=-60V$）；（c）OFET 的红外图像；（d）温度阵列分布图[10]

Jung 等提出一种提高温度敏感性的思路：研究有机晶体管的亚阈值漏电流与

温度的线性关系。研究人员在硅片上制备了并五苯晶体管，二氧化硅为绝缘层。漏电流在0～80℃范围改变2倍，在0～180℃范围改变4倍[122]。在不同的温度下，饱和迁移率会表现出热激活跃迁和温度失活两种状态。从图11-17可看出，亚阈值漏电流随温度在273～453K之间变化而线性变化，饱和电流却变化很小。此外，研究者通过在连续测量之间的延迟时间来释放介质/半导体界面上的电荷，减少偏压应力效应的影响，以保证传感器的可靠性。但是，在实际应用中，亚阈值漏电流可能会受到一些不确定因素的影响，如快速测量导致的偏压应力、陷阱态和水分掺杂等效应，这会导致阈值电压的偏移，有待后续研究。

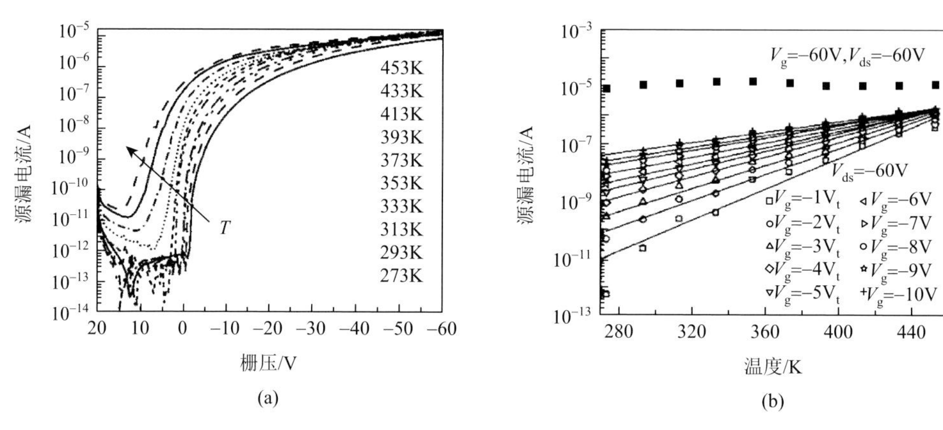

图11-17 （a）不同温度下的并五苯晶体管的转移曲线；（b）不同栅压情况下源漏电流与温度的关系图[122]

2. 导电聚合物型

一些导电聚合物也对温度有一定敏感性，可以作为温度传感器的活性层，如PEDOT∶PSS和PANI。Hong等报道了一种可拉伸的聚苯胺纳米纤维温度传感器阵列。该温度传感器由单壁碳纳米管（SWCNT）有源TFT矩阵和聚苯胺纳米纤维材料热敏电阻构成。采用电化学方法制备的聚苯胺纳米纤维表现出与温度很好的负温度系数线性关系（图11-18）[121]。在15～45℃范围内，该材料制备的温度传感器响应时间为1.8s，具有1%/℃（$R^2 = 0.998$）的高灵敏度。

值得一提的是，该温度传感器的有源TFT矩阵和PANI纳米纤维材料热敏电阻制备在PET薄膜上，基底为柔软的Ecoflex薄膜，TFT与热敏电阻之间由镓（68.5%）、铟（21.5%）和锡（10%）组成的合金液态金属连接。这种结构设计在拉伸的情况下可以有效地分散应力，使得热敏电阻和SWCNT有源TFT矩阵核心部分保持很好的机械稳定性。上述设计使该传感器阵列在30%应变情况下，温度传感性能没有明显的减弱。

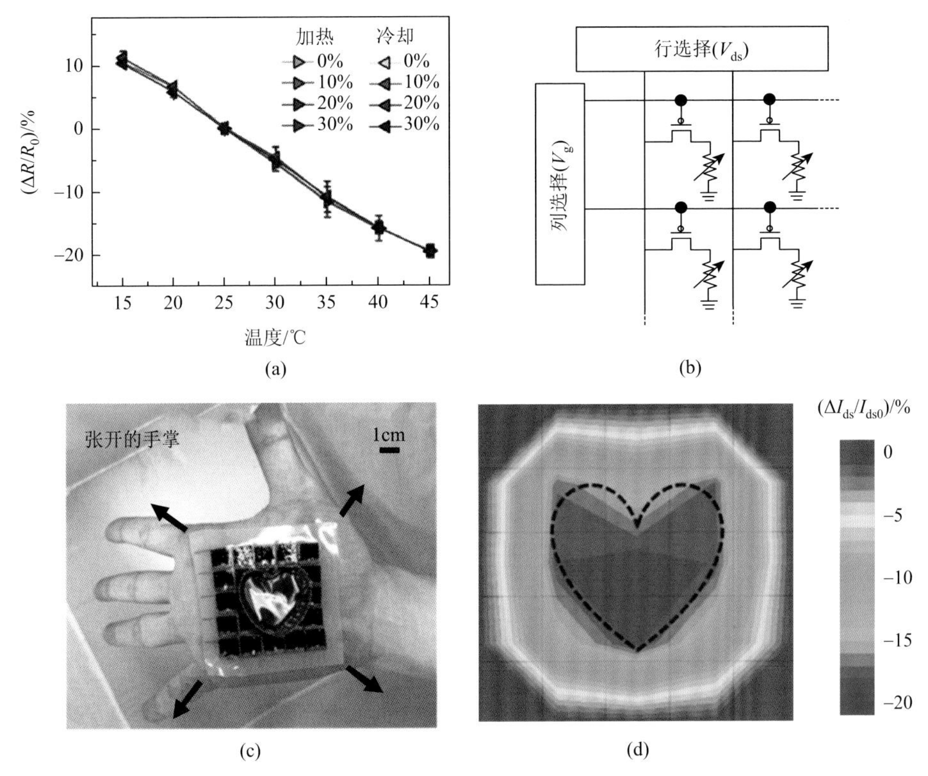

图 11-18 （a）不同拉伸程度下聚苯胺纳米纤维温度传感器的电阻变化率随温度的变化图；（b）柔性阵列的逻辑电路图；（c）温度传感器柔性阵列在手掌和低温水之间的光学图；（d）对应阵列的电流分布图[121]

3. 纳米碳材料型

最近，几种石墨烯温度传感器已经被报道并引起了广泛的关注。例如，单分子层或双层石墨烯可以作为一种热敏元件，但是温度灵敏度不高。Trung 等提出了一种透明的柔性场效应晶体管结构的温度传感器（图 11-19）。热敏感层采用 rGO/P（VDF-TrFE）纳米复合材料，其也是场效应晶体管半导体层，其具有高热敏感性、高透明度以及机械稳定性[119]。在 30～80℃范围内，这种透明的场效应温度传感器的电流随温度升高而增加，且能够探测低至 0.1℃的温度变化，属于负温度系数（negative temperature coefficient，NTC）类型。其电流随温度变化主要是由 rGO/P（VDF-TrFE）纳米复合材料跳跃传输机制所致。更重要的是，该种器件热响应快速、稳定性高和重现性好。通过改变复合材料的比例和浓度，还可以调节器件的透明度和响应时间。与之前报道的柔性无机温度传感器相比，由于采用 rGO/P（VDF-TrFE）纳米复合材料，这种新型温度传感器具有透明度高、柔韧性好的特点，适合贴附于人体皮肤表面。

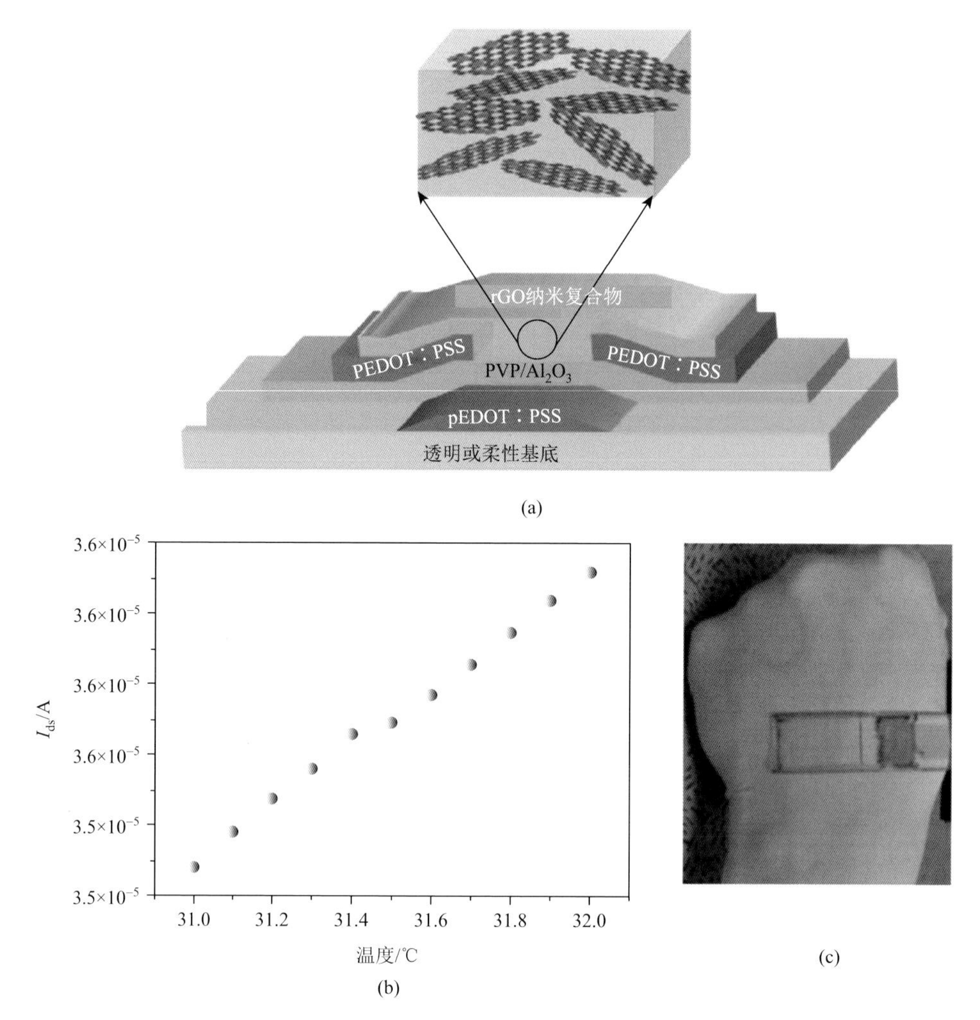

图 11-19 （a）rGO/P（VDF-TrFE）纳米复合材料温度传感器结构图；（b）漏电流与温度的关系；（c）皮肤表面温度测试[119]

Sahatiya 等展示了一种采用石墨烯纳米壁（GNW）制备的超灵敏可穿戴温度传感器，如图 11-20 所示[123]。研究人员采用聚二甲基硅氧烷（PDMS）将水面上的石墨烯纳米壁捞出，烘干后使得石墨烯纳米壁紧紧地黏附于 PDMS 表面，并用银胶作为电极。由于 PDMS 受热膨胀导致其表面上 GNW 产生裂缝，裂缝随着温度的增加不断变宽和增多，这使得该传感器的电阻增加。该传感器的制造方法简单，其电阻温度系数（TCR）高达 0.214℃$^{-1}$，实现 25～120℃范围的监测。当温度从 60℃降温到 25℃时，该器件的响应时间为 8.52s，其响应恢复时间较长，可能由较厚的基底和敏感层导致。通过提升制备工艺、降低薄膜厚度可以进一步缩短器件的响应时间。

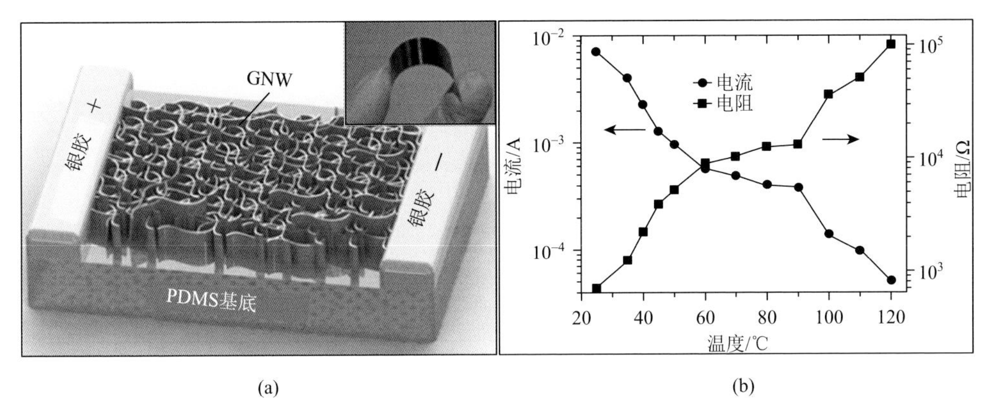

图 11-20　（a）石墨烯纳米壁/PDMS 温度传感器结构示意图；（b）器件电阻和电流与温度的关系[123]

除了石墨烯以外，碳纳米管应用于温度传感器的研究也有报道。Honda 等将 CNT 和 PEDOT∶PSS 按 10∶1 混合，在 Kapton 薄膜上印刷制备出电阻型温度传感器（图 11-21）[124]。这种温度传感器在 21～50℃之间的灵敏度为 0.61%/℃，略胜于铂电阻。而单一材料 CNT 和 PEDOT∶PSS 薄膜温度灵敏度分别约为 0.18%/℃、0.4%/℃，这说明两种材料混合提高了器件的灵敏度。通常情况下，混合材料的灵敏度由电阻温度系数较高的材料或者含量较高的材料所决定，而这里混合材料对灵敏度的提升可能由 CNT 与 PEDOT∶PSS 的界面电子跃迁所致。Karimov 等将直径在 10～30nm 范围的多壁碳纳米管（MWCNT）沉积在弹性聚合物胶带上，然后将其封装在弹性套管中制成柔性温度传感器[125]。随着温度从 20℃升高到 70℃，该传感器的电阻平均下降 40%，平均灵敏度为 1.26%/℃，显示出较宽的监测

(a)

(b)

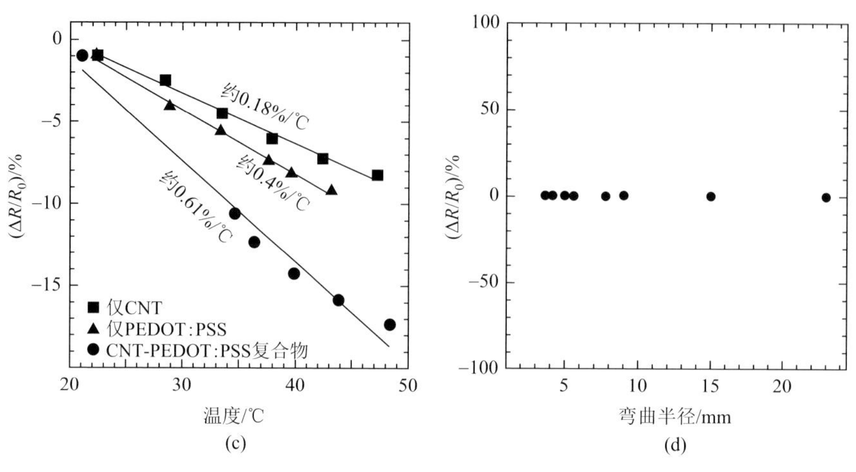

图 11-21 （a）柔性 CNT-PEDOT：PSS 温度传感器；（b）柔性 CNT-PEDOT：PSS 温度传感器的电阻变化率与温度的关系；（c）活性材料组分不同的传感器的电阻变化率与温度的关系；（d）将传感器弯折后的电阻变化率[124]

范围。研究者还采用渗流理论模拟了该温度传感器的导电机制。由于该体系中 CNT 层对温度具有很高的敏感性，随着温度的升高，CNT 之间的接触面积增加，从而导致 CNT 层的本征电导率增加。

11.5 总结与展望

低维分子材料兼具低维材料的高比表面积与有机材料独特的物理化学性能，是制备轻便、廉价、柔性传感器件的理想材料。文献中已经报道了大量基于低维分子材料的物理、化学、生物以及多功能传感器，并获得了优异的器件性能，证明了低维分子材料传感器具有巨大的应用价值和前景。不可忽视的是，由于材料自身特性，低维分子材料传感器仍存在一些问题亟须解决。例如，低维分子材料传感器的稳定性（存储稳定性和操作稳定性）一直是影响该类传感器走向商业化应用的一大阻碍；基于有机半导体的传感器件在拉伸、弯曲操作中，电学性能的衰减问题长期以来一直阻碍着柔性有机半导体传感器的发展；选择性是各类传感器都要面对的问题，虽然分子材料具有丰富的改性途径来增强选择性，但要在复杂的混合体系中准确识别出目标分析物，如大气中的有毒气体、污水中的重金属离子以及生物体内的特定分子，仍需进一步提升传感器件的选择性。相信随着科研人员的不懈努力，这些问题终将得以解决，使低维分子材料传感器应用于可穿戴设备和柔性高性能传感器中，以推动科技的进步和人类社会的发展。

参 考 文 献

[1] Liu Y，Dong X，Chen P. Biological and chemical sensors based on graphene materials. Chemical Society Reviews，2012，41（6）：2283-2307.

[2] Novoselov K S，Geim A K，Morozov S V，et al. Electric field effect in atomically thin carbon films. Science，2004，306（5696）：666-669.

[3] Meyyappan M. Carbon nanotube-based chemical sensors. Small，2016，12（16）：2118-2129.

[4] Ramgir N S，Yang Y，Zacharias M. Nanowire-based sensors. Small，2010，6（16）：1705-1722.

[5] Li B L，Setyawati M I，Zou H L，et al. Emerging 0D transitio-metal dichalcogenides for sensors，biomedicine，and clean energy. Small，2017，13（31）：1700527.

[6] Afreen S，Muthoosamy K，Manickam S，et al. Functionalized fullerene（C_{60}）as a potential nanomediator in the fabrication of highly sensitive biosensors. Biosensors and Bioelectronics，2015，63：354-364.

[7] Mei Y，Loth M A，Payne M，et al. High mobility field-effect transistors with versatile processing from a small-molecule organic semiconductor. Advanced Materials，2013，25（31）：4352-4357.

[8] Roberts M E，Mannsfeld S C，Tang M L，et al. Influence of molecular structure and film properties on the water-stability and sensor characteristics of organic transistors. Chemistry of Materials，2008，20（23）：7332-7338.

[9] Lee Y H，Jang M，Lee M Y，et al. Flexible field-effect transistor-type sensors based on conjugated molecules. Chem，2017，3（5）：724-763.

[10] Wu X，Ma Y，Zhang G，et al. Thermally stable，biocompatible，and flexible organic field-effect transistors and their application in temperature sensing arrays for artificial skin. Advanced Functional Materials，2015，25（14）：2138-2146.

[11] Roberts M E，Mannsfeld S C，Stoltenberg R M，et al. Flexible，plastic transistor-based chemical sensors. Organic Electronics，2009，10（3）：377-383.

[12] Li D，Borkent E J，Nortrup R，et al. Humidity effect on electrical performance of organic thin-film transistors. Applied Physics Letters，2005，86（4）：042105.

[13] Buth F，Kumar D，Stutzmann M，et al. Electrolyte-gated organic field-effect transistors for sensing applications. Applied Physics Letters，2011，98（15）：153302.

[14] Someya T，Dodabalapur A，Gelperin A，et al. Integration and response of organic electronics with aqueous microfluidics. Langmuir，2002，18（13）：5299-5302.

[15] Li X，Jiang Y，Xie G，et al. Copper phthalocyanine thin film transistors for hydrogen sulfide detection. Sensors and Actuators B：Chemical，2013，176：1191-1196.

[16] Noh Y Y，Kim D Y，Yase K. Highly sensitive thin-film organic phototransistors：effect of wavelength of light source on device performance. Journal of Applied Physics，2005，98（7）：074505.

[17] Tang Q，Li L，Song Y，et al. Photoswitches and phototransistors from organic single-crystalline sub-micro/nanometer ribbons. Advanced Materials，2007，19（18）：2624-2628.

[18] Torsi L，Dodabalapur A，Cioffi N，et al. NTCDA organic thin-film-transistor as humidity sensor：weaknesses and strengths. Sensor and Actuators B：Chemical，2001，77（1-2）：7-11.

[19] Tsumura A，Keozuka H，Ando T，et al. Macromolecular electronic device：field-effect transistor with a polythiophene thin film. Applied Physics Letters，1986，49（18）：1210-1212.

[20] Chang J F，Sun B，Breiby D W，et al. Enhanced mobility of poly (3-hexylthiophene) transistors by spin-coating from high-boiling-point solvents. Chemistry of Materials，2004，16（23）：4772-4776.

[21] Ma L，Yi Z，Shuai W，et al. Highly sensitive thin film phototransistors based on a copolymer of benzodithiophene and diketopyrrolopyrrole. Journal of Materials Chemistry C，2015，3（9）：1942-1948.

[22] Knopfmacher O，Hammock M L，Appleton A L，et al. Highly stable organic polymer field-effect transistor sensor for selective detection in the marine environment. Nature Communications，2014，5（1）：2954.

[23] MacDiarmid A G. "Synthetic metals"：a novel role for organic polymers（Nobel Lecture）. Angewandte Chemie International Edition，2001，40（14）：2581-2590.

[24] Hua B，Shi G. Gas sensors based on conducting polymers. Sensors（Basel，Switzerland），2007，7（3）：267-307.

[25] Chabukswar V V，Pethkar S，Athawale A A. Acrylic acid doped polyaniline as an ammonia sensor. Sensors and Actuators B：Chemical，2001，77（3）：657-663.

[26] Brie M，Turcu R，Neamtu C，et al. The effect of initial conductivity and doping anions on gas sensitivity of conducting polypyrrole films to NH_3. Sensors and Actuators B：Chemical，1996，37（3）：119-122.

[27] Anitha G，Subramanian E. Dopant induced specificity in sensor behaviour of conducting polyaniline materials with organic solvents. Sensors and Actuators B：Chemical，2003，92（1-2）：49-59.

[28] Van C N，Potje-Kamloth K. Electrical and NO_x gas sensing properties of metallophthalocyanine-doped polypyrrole/silicon heterojunctions. Thin Solid Films，2001，392（1）：113-121.

[29] Jain S，Chakane S，Samui A B，et al. Humidity sensing with weak acid-doped polyaniline and its composites. Sensors and Actuators B：Chemical，2003，96（1-2）：124-129.

[30] Hong K H，Oh K W，Kang T J. Polyaniline-nylon 6 composite fabric for ammonia gas sensor. Journal of Applied Polymer Science，2004，92（1）：37-42.

[31] Guernion N，Costello B，Ratcliffe N M. The synthesis of 3-octadecyl-and 3-docosylpyrrole，their polymerisation and incorporation into novel composite gas sensitive resistors. Synthetic Metals，2002，128（2）：139-147.

[32] Souza J，Santos F，Barros-Neto B，et al. Polypyrrole thin films gas sensors. Synthetic Metals，2001，119（1）：383-384.

[33] Geim A K，Novoselov K S. The rise of graphene. Nature Materials，2007，6：183-191.

[34] Coleman J N. Liquid exfoliation of defect-free graphene. Accounts of Chemical Research，2013，46（1）：14-22.

[35] Eigler S，Hirsch A. Chemistry with graphene and graphene oxide-challenges for synthetic chemists. Angewandte Chemie International Edition，2014，53（30）：7720-7738.

[36] Georgakilas V，Otyepka M，Bourlinos A B，et al. Functionalization of graphene：covalent and non-covalent approaches，derivatives and applications. Chemical Reviews，2012，112（11）：6156-6214.

[37] Hui H，Zhao B，Itkis M E，et al. Nitric acid purification of single-walled carbon nanotubes. The Journal of Physical Chemicstry B，2003，107（50）：13838-13842.

[38] Hersam M C. Progress towards monodisperse single-walled carbon nanotubes. Nature Nanotechnology，2008，3（7）：387-394.

[39] Dyke C A，Tour J M. Covalent functionalization of single-walled carbon nanotubes for materials applications. The Journal of Physical Chemistry A，2004，108（51）：11151-11159.

[40] Singh P，Campidelli S，Giordani S，et al. Organic functionalisation and characterisation of single-walled carbon nanotubes. Chemical Society Reviews，2009，38（8）：2214-2230.

[41] Zhang Z，Li G，Yan F，et al. Highly sensitive functionalized conducting copolypyrrole film for dna sensing and protein-resistant. Chinese Journal of Chemistry，2012，30（2）：259-266.

[42] Lee M Y，Kim H J，Jung G Y，et al. Highly sensitive and selective liquid-phase sensors based on a solvent-resistant organic-transistor platform. Advanced Materials，2015，27（9）：1540-1546.

[43] Rim Y S，Yang Y M，Bae S H，et al. Ultrahigh and broad spectral photodetectivity of an organic-inorganic hybrid phototransistor for flexible electronics. Advanced Materials，2015，27（43）：6885-6891.

[44] Kang B，Jang M，Chung Y，et al. Enhancing 2D growth of organic semiconductor thin films with macroporous structures via a small-molecule heterointerface. Nature Communications，2014，5（1）：4752.

[45] Tung T T，Pham-Huu C，Janowska I，et al. Hybrid films of graphene and carbon nanotubes for high performance chemical and temperature sensing applications. Small，2015，11（28）：3485-3493.

[46] Mannsfeld S，Tee C K，Stoltenberg R M，et al. Highly sensitive flexible pressure sensors with microstructured rubber dielectric layers. Nature Materials，2010，9（10）：859-864.

[47] Li L，Gao P，Baumgarten M，et al. High performance field-effect ammonia sensors based on a structured ultrathin organic semiconductor film. Advanced Materials，2013，25：3419-3425.

[48] Crone B K，Dodabalapur A，Torsi L，et al. Electronic sensing of vapors with organic transistors. Applied Physics Letters，2001，78（15）：2229-2231.

[49] Bo L，Sauvé G，Iovu M C，et al. Volatile organic compound detection using nanostructured copolymers. Nano Letters，2006，6（8）：1598-1602.

[50] Li B，Lambeth D N. Chemical sensing using nanostructured polythiophene transistors. Nano Letters，2008，8（11）：3563-3567.

[51] Timmer B，Olthuis W，van den Berg A，et al. Ammonia sensors and their applications：a review. Sensors and Actuators B：Chemical，2005，107（2）：666-677.

[52] Do J S，Chang W B. Amperometric nitrogen dioxide gas sensor：preparation of PAn/Au/SPE and sensing behaviour. Sensors and Actuators B：Chemical，2001，72（2）：101-107.

[53] Kwon O S，Hong J Y，Park S J，et al. Resistive gas sensors based on precisely size-controlled polypyrrole nanoparticles：effects of particle size and deposition method. The Journal of Physical Chemistry C，2010，114（44）：18874-18879.

[54] Kwon O S，Park S J，Yoon H，et al. Highly sensitive and selective chemiresistive sensors based on multidimensional polypyrrole nanotubes. Chemical Communications，2012，48（85）：10526-10528.

[55] Barker P S，Monkman A P，Petty M C，et al. Electrical characteristics of a polyaniline/silicon hybrid field-effect transistor gas sensor. IEEE Proceedings-Circuits，Devices and Systems，1997，144（2）：111-116.

[56] Kong J，Franklin N R，Zhou C W，et al. Nanotube molecular wires as chemical sensors. Science，2000，287（5453）：622-625.

[57] Heinze S，Tersoff J，Avouris P. Electrostatic engineering of nanotube transistors for improved performance. Applied Physics Letters，2003，83（24）：5038-5040.

[58] Cui X，Freitag M，Martel R，et al. Controlling energy-level alignments at carbon nanotube/Au contacts. Nano Letters，2003，3（6）：783-787.

[59] Léonard F，Tersoff J. Role of Fermi-level pinning in nanotube Schottky diodes. Physical Review Letters，2000，84（20）：4693-4696.

[60] Liu X，Luo Z，Song H，et al. Band engineering of carbon nanotube field-effect transistors via selected area chemical gating. Applied Physics Letters，2005，86（24）：243501.

[61] Auvray S，Borghetti J，Goffman M F，et al. Carbon nanotube transistor optimization by chemical control of the nanotube-metal interface. Applied Physics Letters，2004，84（25）：5106-5108.

[62] Goldsmith B R，Coroneus J G，Kane A A，et al. Monitoring single-molecule reactivity on a carbon nanotube. Nano Letters，2008，8（1）：189-194.

[63] Khalap V R，Sheps T，Kane A A，et al. Hydrogen sensing and sensitivity of palladium-decorated single-walled carbon nanotubes with defects. Nano Letters，2010，10（3）：896-901.

[64] Qi P，Vermesh O，Grecu M，et al. Toward large arrays of multiplex functionalized carbon nanotube sensors for highly sensitive and selective molecular detection. Nano Letters，2003，3（3）：347-351.

[65] Johnson A，Staii C，Chen M，et al. DNA-decorated carbon nanotubes for chemical sensing. Nano Letters，2005，5（9）：1774-1778.

[66] Schedin F，Geim A K，Morozov S V，et al. Detection of individual gas molecules adsorbed on graphene. Nature Materials，2007，6（9）：652-655.

[67] Wehling T O，Novoselov K S，Morozov S V，et al. Molecular doping of graphene. Nano Letters，2007，8（1）：173-177.

[68] Dua V，Surwade S P，Ammu S，et al. All-organic vapor sensor using inkjet-printed reduced graphene oxide. Angewandte Chemie International Edition，2010，122（12）：2200-2203.

[69] Zhu Z T，Mason J T，Dieckmann R，et al. Humidity sensors based on pentacene thin-film transistors. Applied Physics Letters，2002，81（24）：4643-4645.

[70] Zeng F W，Liu X X，Diamond D，et al. Humidity sensors based on polyaniline nanofibres. Sensors and Actuators B：Chemical，2010，143（2）：530-534.

[71] Nilsson D，Kugler T，Svensson P O，et al. An all-organic sensor-transistor based on a novel electrochemical transducer concept printed electrochemical sensors on paper. Sensors and Actuators B：Chemical，2002，86（2-3）：193-197.

[72] Han J W，Kim B，Li J，et al. Carbon nanotube based humidity sensor on cellulose paper. The Journal of Physical Chemistry C，2012，116（41）：22094-22097.

[73] Shivaram A，Anubha G，Ricardo I，et al. Suspended carbon nanotubes for humidity sensing. Sensors，2018，18（5）：1655.

[74] Yao Y，Chen X，Guo H，et al. Humidity sensing behaviors of graphene oxide-silicon bi-layer flexible structure. Sensors and Actuators B：Chemical，2012，161（1）：1053-1058.

[75] Zhang D，Tong J，Xia B，et al. Ultrahigh performance humidity sensor based on layer-by-layer self-assembly of graphene oxide/polyelectrolyte nanocomposite film. Sensors and Actuators B：Chemical，2014，203：263-270.

[76] Ji T，Rai P，Jung S，et al. *In vitro* evaluation of flexible pH and potassium ion-sensitive organic field effect transistor sensors. Applied Physics Letters，2008，92（23）：233304.

[77] Scarpa G，Idzko A L，Yadav A，et al. Organic ISFET based on poly (3-hexylthiophene). Sensors，2010，10（3）：2262-2273.

[78] Maddalena F，Kuiper M J，Poolman B，et al. Organic field-effect transistor-based biosensors functionalized with protein receptors. Journal of Applied Physics，2010，108（12）：124501.

[79] Bartic C，Palan B，Campitelli A，et al. Monitoring pH with organic-based field-effect transistors. Sensors and Actuators B：Chemical，2002，83（1）：115-122.

[80] Loi A，Manunza I，Bonfiglio A. Flexible，organic，ion-sensitive field-effect transistor. Applied Physics Letters，2005，86（10）：103512.

[81] Caboni A，Orgiu E，Barbaro M，et al. Flexible organic thin-film transistors for pH monitoring. IEEE Sensors Journal，2009，9（12）：1963-1970.

[82] Huang W S，Humphrey B D，Macdiarmid A G. Polyaniline，a novel conducting polymer. Morphology and chemistry of its oxidation and reduction in aqueous electrolytes. Journal of the Chemical Society，Faraday

Transactions 1：Physical Chemistry in Condensed Phases，1986，82（8）：2385-2400.

[83] Mcquade D T，Pullen A E，Swager T M. Conjugated polymer-based chemical sensors. Chemical Reviews，2000，100（7）：2537-2574.

[84] Lindino C A，Bulhes L O S. The potentiometric response of chemically modified electrodes. Analytica Chimica Acta，1996，334（3）：317-322.

[85] Yue F，Ngin T S，Hailin G. A novel paper pH sensor based on polypyrrole. Sensors and Actuators B：Chemical，1996，32（1）：33-39.

[86] Rahman M A，Won M S，Shim Y B. Characterization of an EDTA bonded conducting polymer modified electrode：its application for the simultaneous determination of heavy metal ions. Analytical Chemistry，2003，75（5）：1123-1129.

[87] Migdalski J，Blaz T，Lewenstam A. Electrochemical deposition and properties of polypyrrole films doped with calcion ligands. Analytica Chimica Acta，1999，395（1-2）：65-75.

[88] Migdalski J，Blaz T，Lewenstam A. Conducting polymer-based ion-selective electrodes. Analytica Chimica Acta，1996，322（3）：141-149.

[89] Vázquez M，Bobacka J，Ivaska A. Potentiometric sensors for Ag^+ based on poly(3-octylthiophene)(POT). Journal of Solid State Electrochemistry，2006，10（12）：1012.

[90] Haeberle T，Muenzer A M，Buth F，et al. Solution processable carbon nanotube network thin-film transistors operated in electrolytic solutions at various pH. Applied Physics Letters，2012，101（22）：223101.

[91] Münzer A，Melzer K，Heimgreiter M，et al. Random CNT network and regioregular poly (3-hexylthiophen) FETs for pH sensing applications：a comparison. Biochimica et Biophysica Acta（BBA）-General Subjects，2013，1830（9）：4353-4358.

[92] Ang P K，Chen W，Wee A，et al. Solution-gated epitaxial graphene as pH sensor. Journal of the American Chemical Society，2008，130（44）：14392-14393.

[93] Münzer A，Heimgreiter M，Melzer K，et al. Back-gated spray-deposited carbon nanotube thin film transistors operated in electrolytic solutions：an assessment towards future biosensing applications. Journal of Materials Chemistry B，2013，1（31）：3797-3802.

[94] Melzer K，Bhatt V D，Schuster T，et al. Flexible electrolyte-gated ion-selective sensors based on carbon nanotube networks. IEEE Sensors Journal，2015，15（6）：3127-3134.

[95] Maehashi K，Sofue Y，Okamoto S，et al. Selective ion sensors based on ionophore-modified graphene field-effect transistors. Sensors and Actuators B：Chemical，2013，187：45-49.

[96] Zhu R，Zhou G，Tang F，et al. Detection of Cu^{2+} in water based on histidine-gold labeled multiwalled carbon nanotube electrochemical sensor. International Journal of Analytical Chemistry，2017，2017：1727126.

[97] Zhang T，Cheng Z，Wang Y，et al. Self-assembled 1-octadecanethiol monolayers on graphene for mercury detection. Nano Letters，2010，10（11）：4738-4741.

[98] Yang Z，Zheng，Qiu H，et al. A simple method for the reduction of graphene oxide by sodium borohydride with $CaCl_2$ as a catalyst. New Carbon Materials，2015，30（1）：41-47.

[99] Lee S，Reuveny A，Reeder J，et al. A transparent bending-insensitive pressure sensor. Nature Nanotechnology，2016，11（5）：472-478.

[100] Someya T，Sekitani T，Iba S，et al. A large-area，flexible pressure sensor matrix with organic field-effect transistors for artificial skin applications. Proceedings of the National Academy of Sciences，2004，101（27）：9966-9970.

[101] Wang Z W，Guo S J，Li H W，et al. The semiconductor/conductor interface piezoresistive effect in an organic

transistor for highly sensitive pressure sensors. Advanced Materials，2019，31（6）：1805630.

[102] Zang Y，Zhang F，Huang D，et al. Flexible suspended gate organic thin-film transistors for ultra-sensitive pressure detection. Nature Communications，2015，6（1）：6269.

[103] Tsuji Y，Sakai H，Feng L R，et al. Dual-gate low-voltage organic transistor for pressure sensing. Applied Physics Express，2017，10（2）：021601.

[104] Kim D I，Trung T Q，Hwang B U，et al. A sensor array using multi-functional field-effect transistors with ultrahigh sensitivity and precision for bio-monitoring. Scientific Reports，2015，5（1）：12705.

[105] He W，Li G，Zhang S，et al. Polypyrrole/silver coaxial nanowire aero-sponges for temperature-independent stress sensing and stress-triggered Joule heating. ACS Nano，2015，9（4）：4244-4251.

[106] Shao Q，Niu Z，Hirtz M，et al. High-performance and tailorable pressure sensor based on ultrathin conductive polymer film. Small，2014，10（8）：1466-1472.

[107] Choong C L，Shim M B，Lee B S，et al. Highly stretchable resistive pressure sensors using a conductive elastomeric composite on a micropyramid array. Advanced Materials，2014，26（21）：3451-3458.

[108] Takamatsu S，Yamashita T，Itoh T. Meter-scale large-area capacitive pressure sensors with fabric with stripe electrodes of conductive polymer-coated fibers. Microsystem Technologies，2016，22（3）：451-457.

[109] Zhu B，Niu Z，Wang H，et al. Microstructured graphene arrays for highly sensitive flexible tactile sensors. Small，2014，10（18）：3625-3631.

[110] Yao H B，Ge J，Wang C F，et al. A flexible and highly pressure-sensitive graphene-polyurethane sponge based on fractured microstructure design. Advanced Materials，2013，25（46）：6692-6698.

[111] Smith A D，Niklaus F，Paussa A，et al. Electromechanical piezoresistive sensing in suspended graphene membranes. Nano Letters，2013，13（7）：3237-3242.

[112] Lipomi D J，Vosgueritchian M，Tee C K，et al. Skin-like pressure and strain sensors based on transparent elastic films of carbon nanotubes. Nature Nanotechnology，2011，6（12）：788-792.

[113] Ren X C，Pei K，Peng B Y，et al. A low-operating-power and flexible active-matrix organic-transistor temperature-sensor array. Advanced Materials，28（24）：4832-4838.

[114] Harada S，Kanao K，Yamamoto Y，et al. Fully printed flexible fingerprint-like three-axis tactile and slip force and temperature sensors for artificial skin. ACS Nano，2014，8（12）：12851-12857.

[115] Kanao K，Harada S，Yamamoto Y，et al. Highly selective flexible tactile strain and temperature sensors against substrate bending for an artificial skin. RSC Advances，2015，5（38）：30170-30174.

[116] Yokota T，Inoue Y，Terakawa Y，et al. Ultraflexible，large-area，physiological temperature sensors for multipoint measurements. Proceedings of the National Academy of Sciences，2015，112（47）：14533-14538.

[117] Trung T Q，Ramasundaram S，Hwang B U，et al. An all-elastomeric transparent and stretchable temperature sensor for body-attachable wearable electronics. Advanced Materials，2016，28（3）：502-509.

[118] Tsao L C，Shih W P，Chang C，et al. Flexible temperature sensor array based on a graphite-polydimethylsiloxane composite. Sensors，2010，10（4）：3597-3610.

[119] Trung T Q，Ramasundaram S，Hong S W，et al. Flexible and transparent nanocomposite of reduced graphene oxide and P（VDF-TrFE）copolymer for high thermal responsivity in a field-effect transistor. Advanced Functional Materials，2014，24（22）：3438-3445.

[120] Xuan X，Yoon H S，Park J Y，et al. A wearable electrochemical glucose sensor based on simple and low-cost fabrication supported micro-patterned reduced graphene oxide nanocomposite electrode on flexible substrate. Biosensors and Bioelectronics，2018，109：75-82.

[121] Hong S Y，Lee Y H，Park H，et al. Stretchable active matrix temperature sensor array of polyaniline nanofibers for electronic skin. Advanced Materials，2016，28（5）：930-935.

[122] Jung S，Ji T，Varadan V K. Temperature sensor using thermal transport properties in the subthreshold regime of an organic thin film transistor. Applied Physics Letters，2007，90（6）：062105.

[123] Sahatiya P，Puttapati S K，Srikanth V，et al. Graphene-based wearable temperature sensor and infrared photodetector based on flexible polyimide substrate. Flexible and Printed Electronics，2016，1（2）：025006.

[124] Honda W，Harada S，Arie T，et al. Wearable，human-interactive，health-monitoring，wireless devices fabricated by macroscale printing techniques. Advanced Functional Materials，2014，24（22）：3299-3304.

[125] Khan H U，Roberts M E，Johnson O，et al. *In situ*，label-free DNA detection using organic transistor sensors. Advanced Materials，2010，22（40）：4452-4456.

第12章 有机激光材料与器件

12.1 概述

激光器是 20 世纪以来最伟大的发明之一，被誉为“最快的刀”“最准的尺”“最亮的光”，已经在科技、工业、工程、信息技术、医药和国防等领域得到了广泛的应用。微纳激光器是一类器件尺寸或模式体积在波长或亚波长尺度的小型化激光器[1]，是激光技术与纳米技术交叉产生的研究前沿。微纳激光器能够在微纳尺度提供强相干光信号，有望给整个科技领域带来革命性的变化，并开辟出一些全新的应用领域。当前，微纳激光器已经被广泛应用于超灵敏化学和生物传感以及片上光信息传输与处理等多个领域[2-4]。

激光产生的三要素是增益介质、泵浦源和光学谐振腔[5, 6]（图 12-1）。其中，增益介质提供形成激光的能级结构，是激光产生的内因[6]；泵浦源提供形成激光发射所需的激励能量，是激光产生的外因；光学谐振腔为激光器提供反馈放大功能，使受激发射的强度、方向性、单色性得到进一步改善。纵观微纳激光器的发

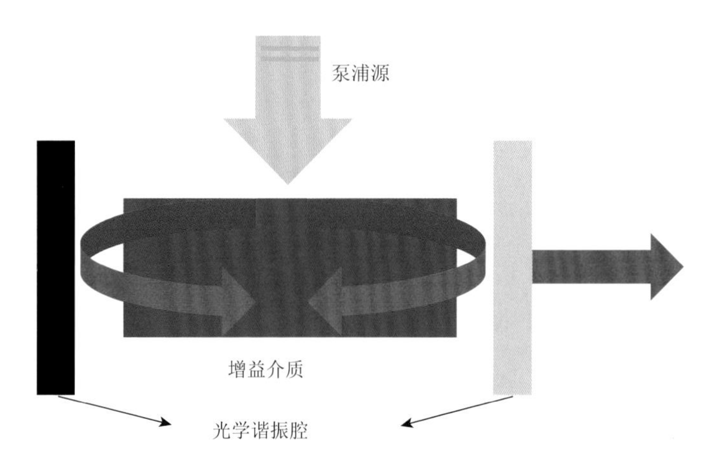

图 12-1　激光产生的三个要素示意图

展过程，可以发现光学增益材料的开发起到了非常重要的作用。无机半导体已经被证明是一类优异的微纳激光材料，具有非常好的稳定性和光电性能[7]。然而，无机半导体材料本身也具有一些固有的缺点。例如，无机半导体种类有限，晶格掺杂不易，导致微纳激光器的光谱覆盖范围有限，并且无机半导体材料发射源于带边辐射，发射峰通常较窄，波长可调节能力差。此外，无机半导体大多需要复杂的、高成本的高温加工工艺，制约了无机微纳激光器的进一步发展[8]。

有机材料作为光学增益介质具有许多传统无机半导体材料所无法比拟的优势：①大的吸收和辐射截面，有利于产生高的光学增益[9]；②丰富的激发态过程，有利于构筑四能级系统，实现粒子数反转，从而降低激光的阈值[10]，同样也方便实现激光波长的动态调控[11]；③种类繁多，可以实现从紫外到近红外的全谱覆盖[12]；④柔性易加工，非常适合大面积器件制备[13]。因此，有机增益介质非常有希望成为下一代微纳激光器的理想选择。

实际上，有机激光器的发展可以追溯到 1961 年，E. G. Brock 等预言了有机分子的相干受激发射行为[14]。1967 年 B. H. Soffer 等利用染料掺杂聚合物的体系构筑了有机固态激光器[15]。到 2007 年，G. Redmond 课题组利用阳极氧化铝模板法制备了有机共轭聚合物纳米线[16]，首次实现了有机纳米线激光器。由于具有宽谱可调和易加工等优点，有机固态激光器吸引了大量的科研工作者参与研究[17]。其中，便携式、紧凑型的小型化有机固态激光器由于在光谱和医疗等领域所展现的巨大应用潜力而备受关注[18]。

受各种分子间弱相互作用支配，有机分子能够在温和条件下自组装或者被加工成各种各样规则的微纳结构[19]。这些具有规则形状的微纳结构能够作为高品质光学微腔，为低阈值激光的实现提供结构支撑[9]。例如，通过溶液再沉淀方法制备得到的规则一维结构，能够作为法布里-佩罗型的微腔来有效地限域和调制光子的行为，进而实现微纳相干辐射和光调制等功能[18]。此外，有机材料具有良好的柔性，可以通过改变材料的形状和尺寸，实现微腔效应的调控[20]。例如，可以通过机械刺激、拉伸或弯折有机聚合物微腔来实现激光波长的动态调控[21]。

一般情况下，有机染料的增益方法是采用准四能级或四能级结构，这有利于粒子数反转的实现和低阈值激光的产生[10]。得益于有机材料中丰富的激发态过程[22]，有机微纳激光器还具有高增益和宽调谐等特性[6]。更重要的是，通过一些特殊的激发态过程，如分子内电荷转移与准分子发射等，能够实现基于多个激发态增益竞争过程的可调谐激光器[22]。

在此基础上，如何进一步实现与无机激光类似的电泵浦而非光泵浦的有机激光二极管成为有机激光领域数十年来的研究热点和前沿方向之一，遗憾的是，至今电泵浦有机半导体激光仍未实现。而一些有机微纳米晶由于其高的载流子迁移率和自成腔等特性也许会为电泵浦有机激光的实现提供一种可能。

本章从谐振腔和增益介质两方面系统地总结了近年来构筑具有特定功能的有机微纳激光器的研究进展，阐述了分子自组装、微腔结构、激发态过程和激光性能的关系。首先介绍了多种有机激光微腔的可控制备，其次讨论了基于有机增益介质的激发态过程来实现可调激光，随后介绍了一些设计和构筑具有特定功能的复合结构有机微纳激光器的方法和策略，最后从应用层面展现了当前有机微纳激光器件的发展现状和瓶颈，对其未来的发展方向和研究思路进行了展望。

12.2 有机激光微腔的可控制备

光学微腔作为微纳激光器的基本单元，能够将具有特定模式或波长的光子限域在腔内并进行放大[17]。微腔结构主要有以下三类（图 12-2）：法布里-珀罗（Fabry-Perot，FP）谐振腔、回音壁模式（whispering-gallery-mode，WGM）谐振腔、分布式反馈（distributed feedback，DFB）谐振腔[6]。

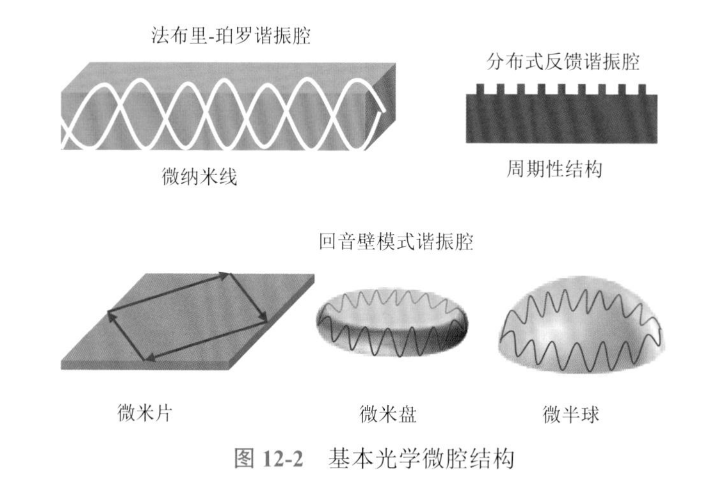

图 12-2 基本光学微腔结构

有机分子材料由于具有各种分子间弱相互作用，如范德瓦耳斯力、偶极-偶极相互作用、π-π 相互作用、氢键等，能够自发地组装或被加工成各种形貌规则的微纳结构，如一维纳米线[23, 24]、二维纳米片/盘[25]、纳米环[26]、微半球等[27]。这类形貌规则的纳米结构在作为增益介质发光的同时，也能作为高质量的谐振腔，为实现微纳激光器提供了重要的反馈机制。近年来，已经有大量的研究工作相继报道了各种有机微纳结构的制备方法和策略，包括气相沉积[28, 29]、液相自组装[30, 31]、电纺丝[32, 33]、软/硬模板法[34]、微操法[35]、3D 打印[36]、溶液打印[37]、纳米压印等[38]。下面我们以各种微腔结构的可控制备为例加以介绍。

12.2.1　有机纳米线——FP 微腔

有机纳米线具有优良的一维光波导性质，是构筑有机柔性纳米光子学回路十分关键的组成部分[39]。由于它平整的端面和良好的光学限域效应，可作为 FP 微腔[40]。同时，部分有机纳米线具有高的荧光量子产率。因此，在纳米光子学回路中，它不仅能起到光学互连的导线作用，还能作为微纳相干光源。目前研究人员已经开发了各种各样的策略和组装方法，以构筑一维有机纳米结构。在此，我们具体介绍几类常用的制备方法：物理气相沉积、液相自组装和模板辅助法。

1. 物理气相沉积

物理气相沉积是一种制备高质量的单晶一维纳米材料的有效方法，其一般过程是将纯净的化合物放在高温区，然后用载气将挥发的化合物送到较低温度区（即生长区间）以生长单晶材料。赵永生课题组将硅胶、氧化铝等吸附剂引入有机小分子的气相沉积体系，通过有机分子和吸附剂之间的吸附-脱附平衡，成功地制备了 2, 4, 5-三苯基咪唑（2, 4, 5-triphenylimidazol，TPI）[41]以及三（8-羟基喹啉）铝[tris(8-hydroxyquinoline)-aluminum，Alq_3][42]近单分散的有机一维纳米单晶材料［图 12-3（a）和（b）］。并且，通过改变沉积温度和时间可以实现对纳米线的宽度和长度的调节。其中 TPI 纳米线可以作为 FP 谐振腔，在光泵浦条件下实现激光辐射［图 12-3（c）］。进一步，他们根据气相沉积中基底表面能对材料的成核与生长动力学的影响规律，通过基底的表面修饰，控制纳米线阵列的成核过程，从而实现了纳米线阵列的图案化生长［图 12-3（d）］[43]。

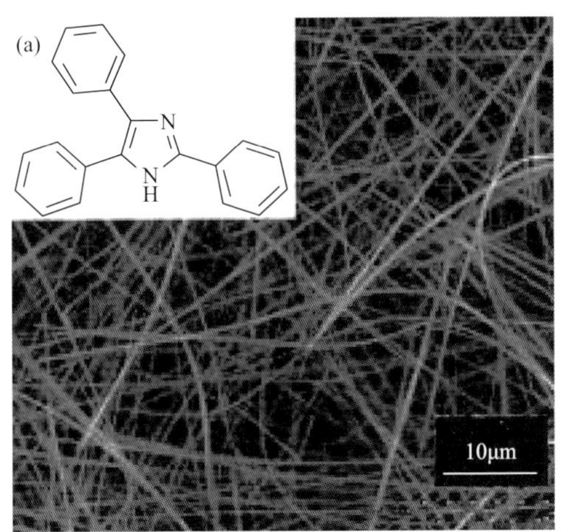

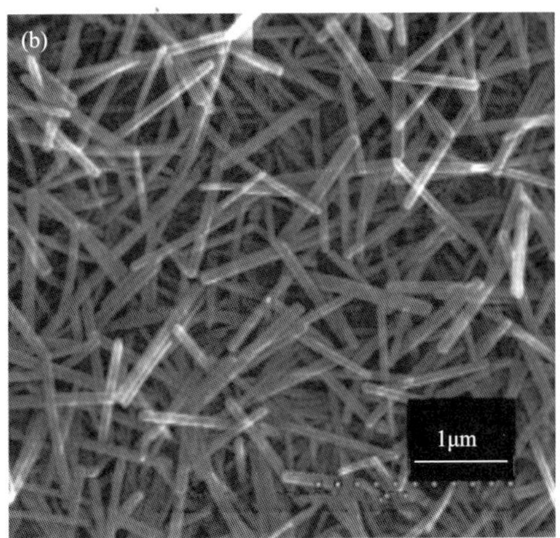

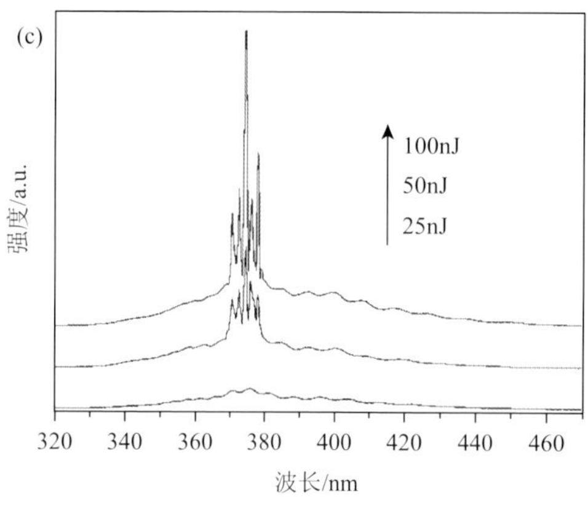

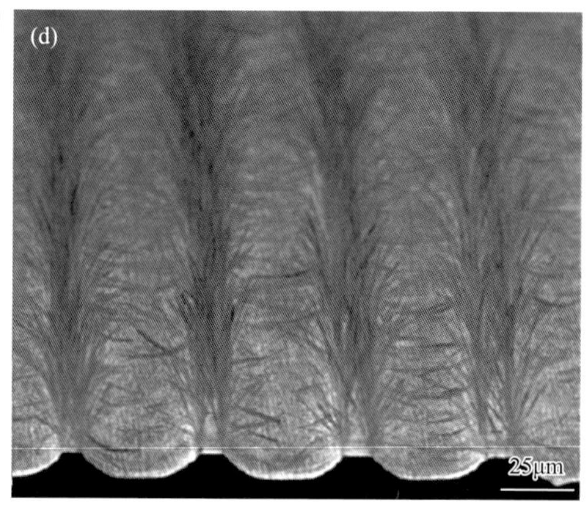

图 12-3 物理气相沉积法制备有机纳米线

吸附剂辅助的气相沉积法制备的 TPI 纳米线（a）和 Alq_3 纳米线（b）的扫描电镜照片；（c）TPI 纳米线在不同泵能激发下的发光光谱；（d）气相沉积法制备的图案化生长的有机单晶纳米线阵列的扫描电镜照片

2. 液相自组装

液相方法由于其成本低、条件温和、工艺简单等特点，被广泛应用在纳米结构的制备过程中。其中，溶液滴注法是一种最简单的液相制备有机微纳结构的方法。该方法主要依靠溶剂挥发，使溶解的有机物析出成核并结晶。胡文平课题组[44]把 9, 10-二苯乙炔基蒽（BPEA）的氯苯溶液滴注在二氧化硅基底上时，随着氯苯溶液的挥发，BPEA 很容易自组装形成一维的微纳米线，其直径在数百纳米到几微米之间，而长度可达数百微米。研究发现，浓度对它们的自组装形貌影响不大，而较稀的溶液（1mg/mL）仅出现了稀疏的晶体，其形貌和浓溶液几乎没有差别。

除了溶液滴注法外，再沉淀法也是一种常用的液相自组装方法。它是利用有机物在不同的溶剂中具有不同的溶解度来制备有机微纳结构的方法。具体操作是先将有机物溶于适当的良溶剂中，然后移取一定量的该溶液，注入剧烈搅拌的不良溶剂（与良溶剂互溶）中，由于良溶剂在不良溶剂中快速扩散，目标化合物在不良溶剂中析出、聚集，从而得到分散的有机微纳结构。赵永生课题组[45]将 50μL 以四氢呋喃作为良溶剂的氰基取代寡聚（对苯乙烯撑）[cyano-substituted oligo(*p*-phenylenevinylene)]分子溶液注入 2mL 不良溶剂正己烷中，该分子即可在短时间内成核，继而在分子间作用力的促使下自组装形成纳米线［图 12-4（a）和（b）］。该纳米线可以作为 FP 形式的谐振腔，将特定波长的光反馈放大［图 12-4（c）］，为实现纳米线激光提供了必要条件［（图 12-4（d）］。

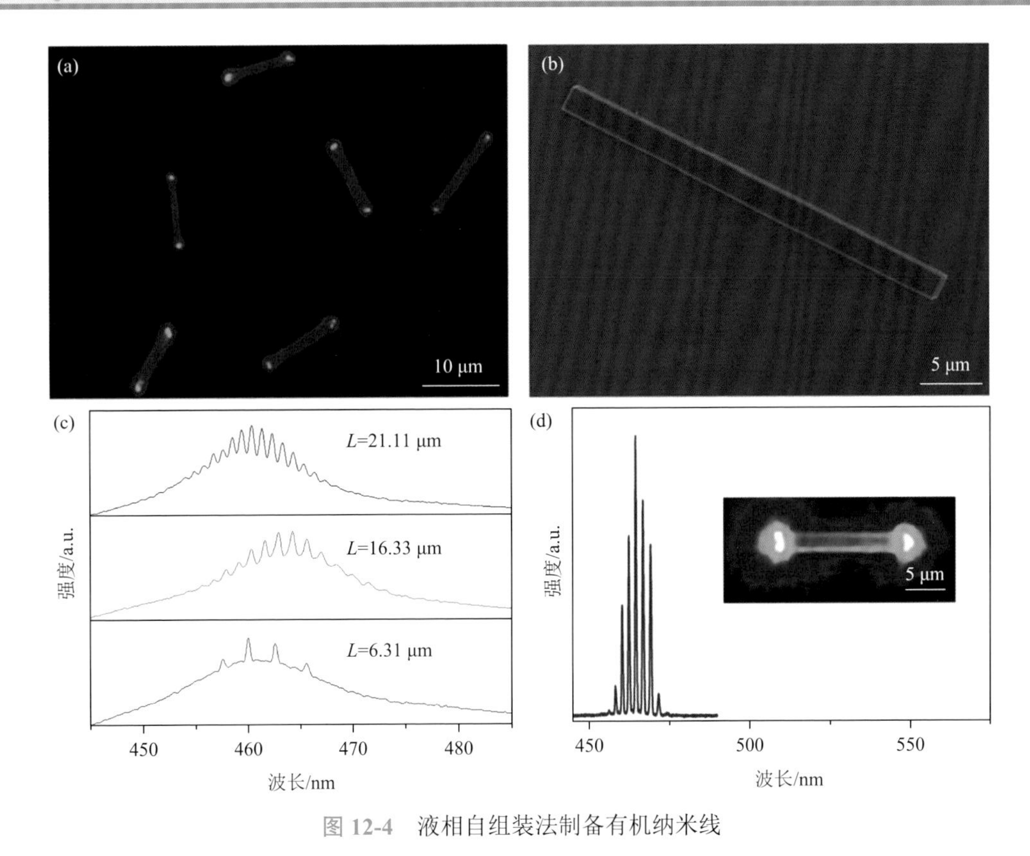

图 12-4　液相自组装法制备有机纳米线

寡聚苯乙烯类有机小分子纳米线的荧光显微照片（a）和扫描电镜照片（b）；（c）不同尺寸纳米线的调制光谱；（d）纳米线在泵浦光激发下的发光光谱及相应的荧光显微照片

3. 模板辅助法

模板辅助法是将一些具有纳米尺寸的孔洞，或者一维纳米材料本身作为模板，利用限域效应在孔洞内或者一维纳米材料表面上生长所需的一维纳米材料，之后除去模板得到所需的一维纳米材料的方法。模板法可分为硬模板法和软模板法两种，硬模板一般指的是孔径为纳米尺度的多孔固体材料，包括碳纳米管、多孔阳极氧化铝膜、有纳米孔道的玻璃或者二氧化硅等[46]。软模板法是利用表面活性剂[47]、液晶[48]、生物大分子[49]等结构在溶剂中形成胶束等模板，调控纳米材料的尺寸及形貌。

赵永生课题组[47]利用表面活性剂胶束提供的微环境和分子间 π-π 相互作用的协同效应制备了 2-[4-(二乙氨基)苯基]-4, 6-双(3, 5-二甲基吡唑)-1, 3, 5-三嗪[2-(*N*, *N*-diethylanilin-4-yl)-4, 6-bis(3, 5-dimethylpyrazol-1-yl)-1, 3, 5-triazine，DPBT]分子的纳米线。在该体系中，表面活性剂十六烷基三甲基溴化铵的水溶液在超过其临界胶束浓度时将形成球状胶束，胶束内部的烷基链提供了一个憎水环境，从而实现了对有机分子的增溶效应。DPBT 分子的引入诱导表面活性剂胶束模板从球形转变成棒状。在分子间 π-π 相互作用和胶束模板的限域效应的协同作用下［图 12-5（a）］，DPBT 分子有序堆积并最终形成纳米线结构［图 12-5（b）］。通过改变表面活性剂浓度，可以有效地控制纳米线的长度和宽度。该纳米线能够利用平整的两个端面，有效地反馈和限域波导荧光，在纳米线轴向上表现出典型的 FP 微腔效应［图 12-5（c）］。当泵浦激光的能量超过阈值时，该 DPBT 纳米线则可实现激光辐射［图 12-5（d）］。

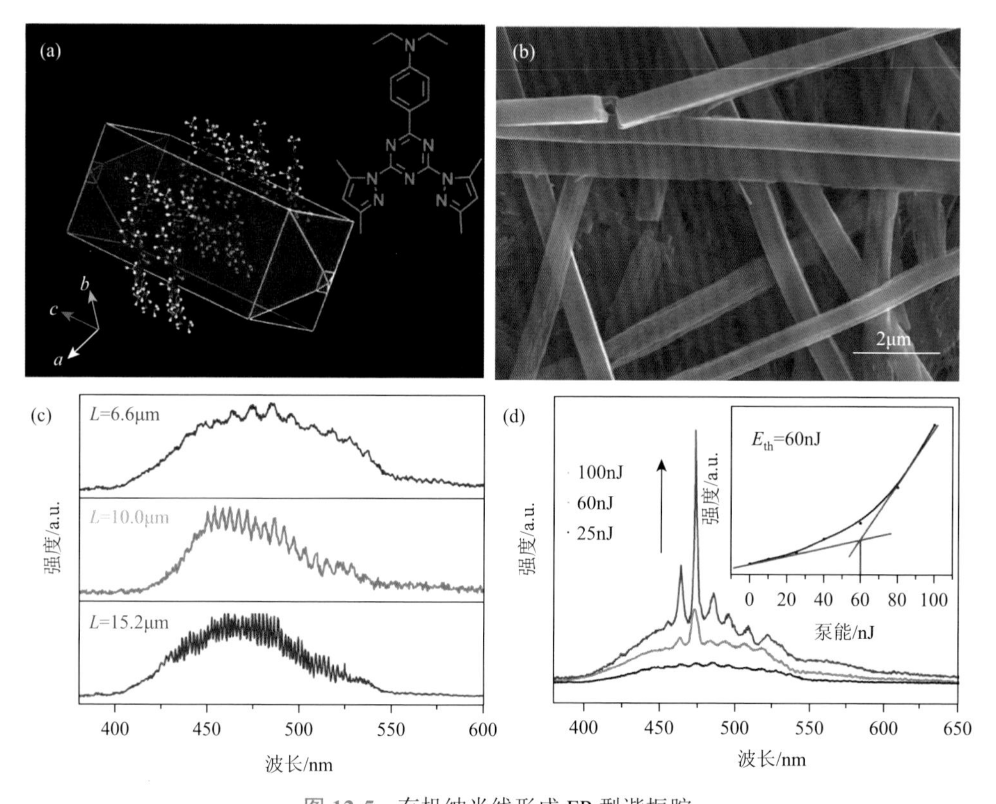

图 12-5 有机纳米线形成 FP 型谐振腔

（a）沿着 *c* 轴方向一维生长的 DBPT 分子；（b）DBPT 纳米线的显微结构照片；（c）不同尺寸纳米线的调制光谱；（d）DBPT 纳米线在不同泵能激发下的发光光谱

12.2.2 有机纳米盘或微半球等——WGM 微腔

高品质因子（*Q* factor）的谐振腔对于实现低能耗、超紧凑的微型激光器来说是非常重要的，同时也为研究光与物质相互作用，实现各种微纳光学调制器，提供了一个基本的结构平台[50, 51]。有机纳米线由于端面耦合输出损耗较大，很难得到品质因子很高的微谐振腔。与此相反，有机微纳米盘或微半球等结构能通过边缘对光的全反射，极大地降低光的耦合输出损耗，将光很好地限域在结构中，从而实现类似于北京天坛回音壁的高品质因子微谐振腔[52]。基于有机分子材料的柔性和可加工性，研究人员通过多种方法和策略制备得到了高品质因子的 WGM 微腔，如微盘、微半球等结构。其中，液相自组装、溶液打印、3D 打印是三类有代表性的制备有机 WGM 微腔结构的方法。

1. 液相自组装

液相自组装是一种简单、有效的自下而上构筑 WGM 微腔结构的策略，得到的微纳结构一般会有光滑的表面。在自组装过程中，除了分子间相互作用这种内在的因素外，亲水/疏水环境以及表面张力等外在因素，也会使得自组装过程及产物结构更加可控。赵永生课题组[53]巧妙地利用了分子结构的柔性和水滴的表面张力，基于液相自组装的办法，可控地制备了二苄叉丙酮（1, 5-diphenyl-1, 4-pentadien-3-one，DPPDO）单晶有机微环［图 12-6（a）］。受分子间 π-π 相互作用影响，DPPDO 表现出沿着 *c* 轴一维生长的趋势。该方向的分子间距较大，使得 DPPDO 分子晶体具有一定的柔性。他们在液相自组装过程中加入水滴来引入表面张力，诱导 DPPDO 分子优先在表面能大的水滴边缘成核。在分子间相互作用和表面张力的协同作用下，DPPDO 最终组装形成形貌规整、无明显缺陷的有机微环。该有机微环表现出了较高品质因子（400 以上）的 WGM 微腔特性［图 12-6（b）和（c）］。这证实了有机小分子材料的柔性以及高质量晶体作为微腔的优势。然而，随着微环直径的减小，晶体缺陷和弯曲损耗会明显增加，最终使得光无法在微环

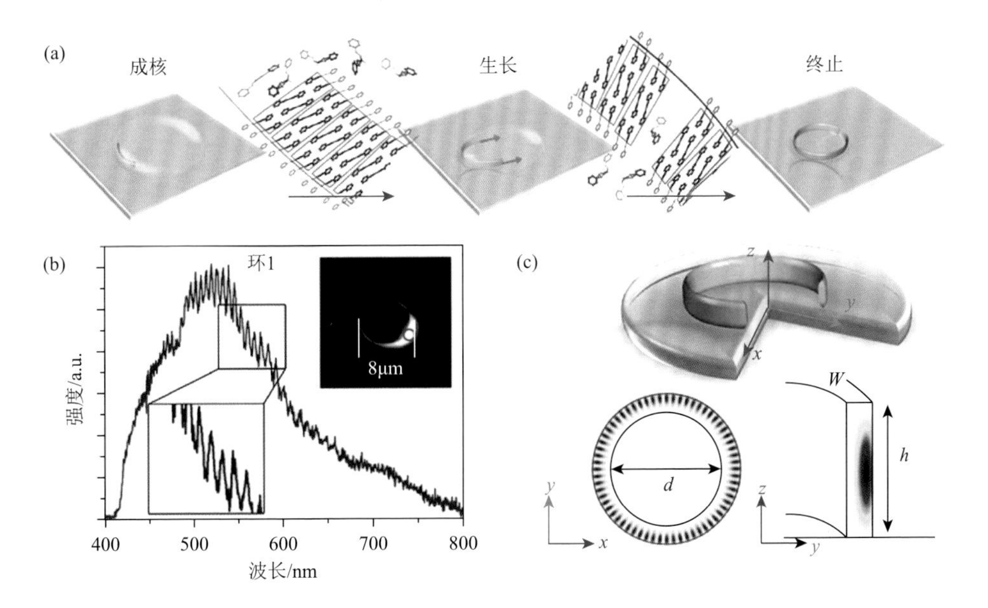

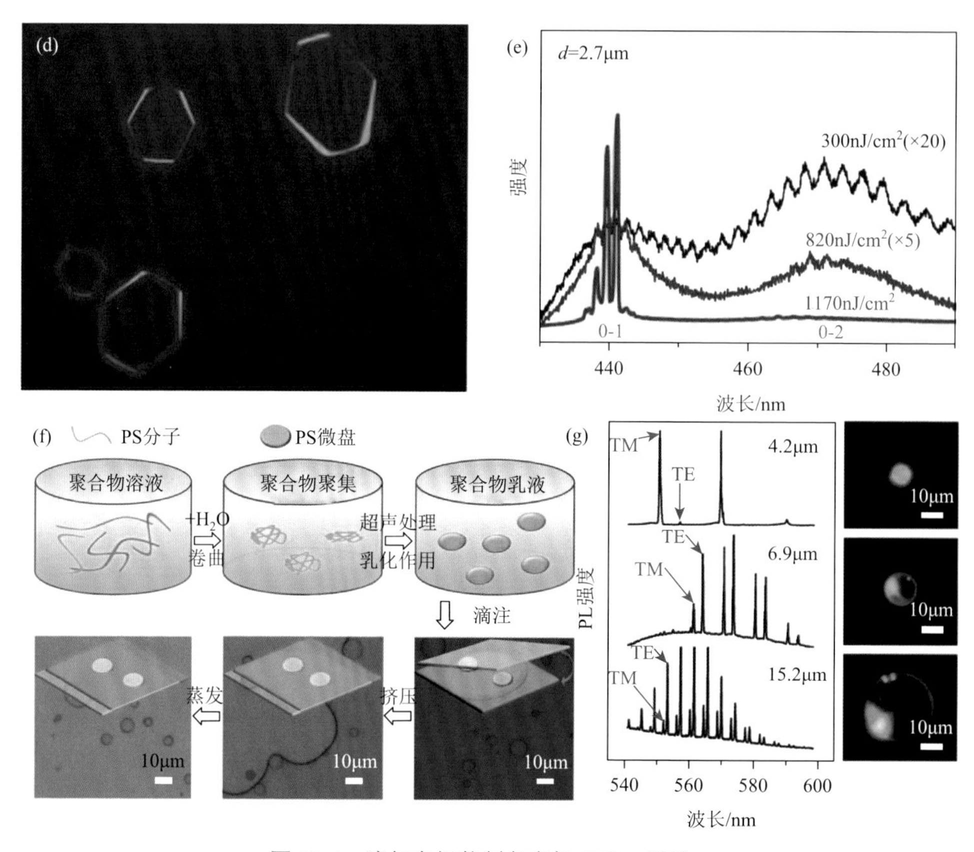

图 12-6 液相自组装制备有机 WGM 微腔

（a）水滴表面张力诱导的有机微环自组装过程；（b）环形谐振腔调制光谱；（c）微环中的三维电场强度分布；（d）DSB 六方微盘的荧光显微照片；（e）DSB 微盘在不同泵浦功率激发下的发光光谱；（f）乳液自组装法制备有机微盘的示意图；（g）不同尺寸微盘在泵浦光激发下的发光光谱及相应的荧光显微照片

内发生谐振，这是由于有机晶体材料的可弯曲能力相对有限，曲率越大，微晶质量会越差，限制了光在腔内的传播。

与微环相比，二维有机晶体微盘通常拥有完美的单晶结构[54]。如图 12-6（d）所示，1, 4-均二苯乙烯（1, 4-distyrylbenzene，DSB）分子能够在溶液中自组装形成规则的六方微盘结构[55]。该二维微盘具有高质量的单晶结构，能够通过六个边对光的全反射对光进行限域，形成 WGM 型的微腔谐振［图 12-6（e）］。即使在边长尺寸仅为 2.7μm 的微盘中，光仍然能够发生谐振，且品质因子值达到数百，有利于低阈值有机单晶纳米激光器的实现。然而与传统微加工得到的硅盘（品质因子在 10^3 以上）相比，此类结构的品质因子仍然是较低的。这对于需要实现高调制系数的微纳光子学器件来说，显然是十分困难的。品质因子较低的原因是这类结构的曲面边缘不够光滑，导致了严重的边缘散射损耗。

圆形有机微盘拥有光滑的边缘，表现出更低的腔内损耗，对于提高品质因子是非常有利的。然而有机小分子易于自组装形成各向异性的单晶结构，很难得到各向同性的有机微盘。而利用高分子的柔性和难结晶的特性，可以通过乳液自组装结合毛细作用力拉伸的办法[56]，可控制备边缘光滑的、形貌规整的有机微盘［图 12-6（f）］。得到的微盘具有光滑的表面和完美的圆形边缘，可作为高质量的 WGM 微腔［图 12-6（g）］，其品质因子可与传统微加工手段得到的硅盘媲美。

2. 溶液打印

通过分子自组装的办法，已经能够构筑各种高质量的微纳米谐振腔，为进一步实现低阈值的微腔激光器或调制器等打下了坚实的基础。然而，分子自组装得到的微纳结构具有分布随机的特点，无法形成大范围阵列排布。因此寻找一种能将各种微腔结构图案化、规模化的组装加工策略，对于微腔和微纳激光器的集成化应用是非常必要的。受微电子学中溶液加工手段的启发，赵永生课题组近年来发展了一种溶液打印光子学器件的方法，成功地构筑了芯片水平的 WGM 微环阵列[4]。如图 12-7（a）所示，在聚合物薄膜上打印溶液液滴，被溶液溶解的聚合物基于咖啡环效应会组装成微环结构。打印得到的微环具有非常光滑的表面［图 12-7（b）］，能够有效地减少散射和波导损耗，从而作为高品质因子的 WGM 微腔将光子很好地限域在腔内。微环的透射光谱的每条谱线的线宽很窄［图 12-7（c）］，表明该微环具有非常大的品质因子（～10^5）。如此高品质因子的微腔能够极大地增强光与物质相互作用的能力，为有机微纳激光在集成光子学设备中的应用提供了很好的平台。

进一步，孙汉东课题组[57]通过溶液直写法在疏水基底上直接打印了聚合物溶液，由于溶液和疏水基底的表面张力，该液滴形成了很好的半球形结构［图 12-7（d）］。该半球结构具有光滑的表面和圆形的边界，能够作为一个高品质因子的 WGM 微腔。在光泵浦条件下，掺杂染料的聚合物微腔则能够实现 WGM 激光发射［图 12-7（e）］。当微半球中掺杂两种具有不同增益区间的染料时，通过选择合适的给受体比例，调控两者的能量转移效率，还可以实现多色的激光辐射。

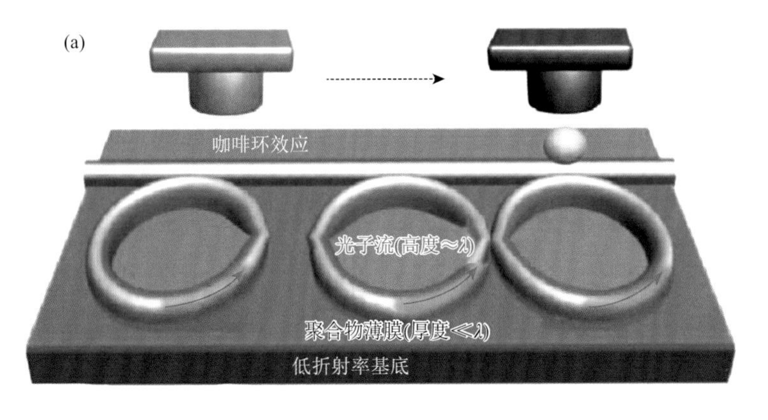

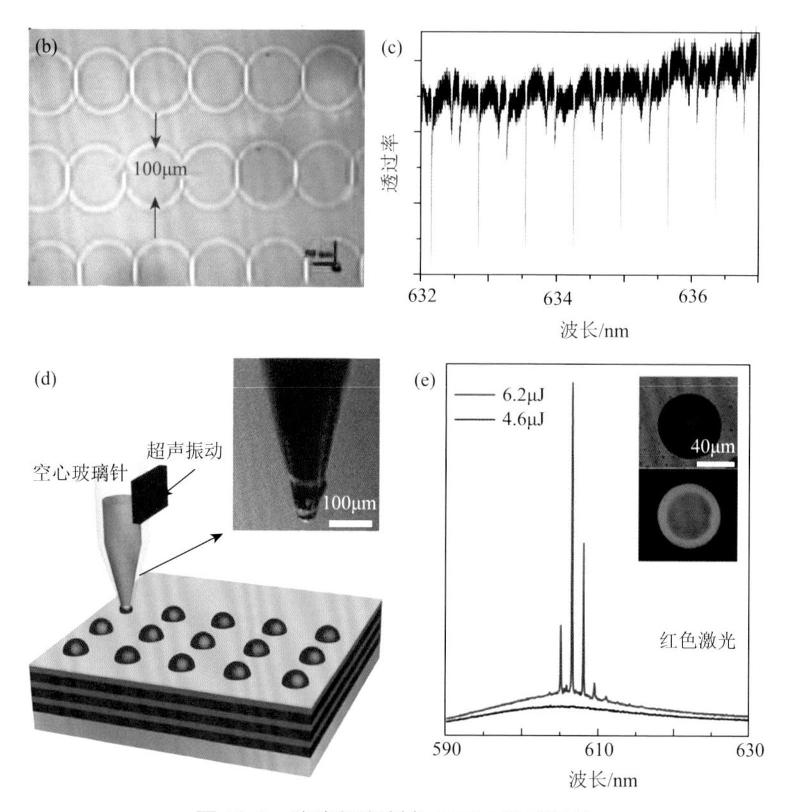

图 12-7 溶液打印制备 WGM 微腔结构

（a）溶液打印法制备有机微环的示意图；（b）打印的微环阵列的显微图像；（c）单一微环的透射光谱；（d）溶液直写法制备微半球结构示意图；（e）掺有染料的微半球的激光光谱

3. 3D 打印

利用溶液打印的方法，能够可控地制备得到高品质因子的 WGM 微腔结构，为大面积制备光子学器件提供了很好的加工手段。但一些复杂的器件结构，如高脚杯型微腔、3D 光子晶体和垂直耦合腔结构等，则很难通过溶液打印法获得。3D 打印作为一种通过逐层打印的方式来构造物体的技术，理论上能制备得到各种光子学结构。其中激光直写技术是用飞秒激光诱发聚合物单体发生双光子聚合的一种微纳结构加工技术，工艺简单、加工精度高、对加工材料的兼容度高、可实现任意复杂结构模型的加工，为微纳光学元件的发展提供了巨大的空间[58]。双光子聚合具有明显的阈值性，只有当强度大于或者等于双光子聚合的阈值时，才会在激光聚焦的焦点处发生双光子聚合[59]。通过控制激光焦点在材料内部的各个方向的扫描，就能够实现三维结构的加工。

吉林大学孙洪波课题组[60]利用激光直写技术将掺有激光染料的 SU-8 光刻胶制备成高脚杯型微盘谐振腔结构［图 12-8（a）和（b）］，该微盘具有光滑的表面和完美的圆形边界，能够作为高品质因子的 WGM 谐振腔。在光泵浦条件下，掺有染料的单个微盘可以形成多模激光出射［图 12-8（c）］。更进一步，在大盘上制备相内切的小盘结构[61]［图 12-8（d）和（e）］，形成了垂直方向耦合的复合腔结构，实现了单模激光的出射［图 12-8（f）］。

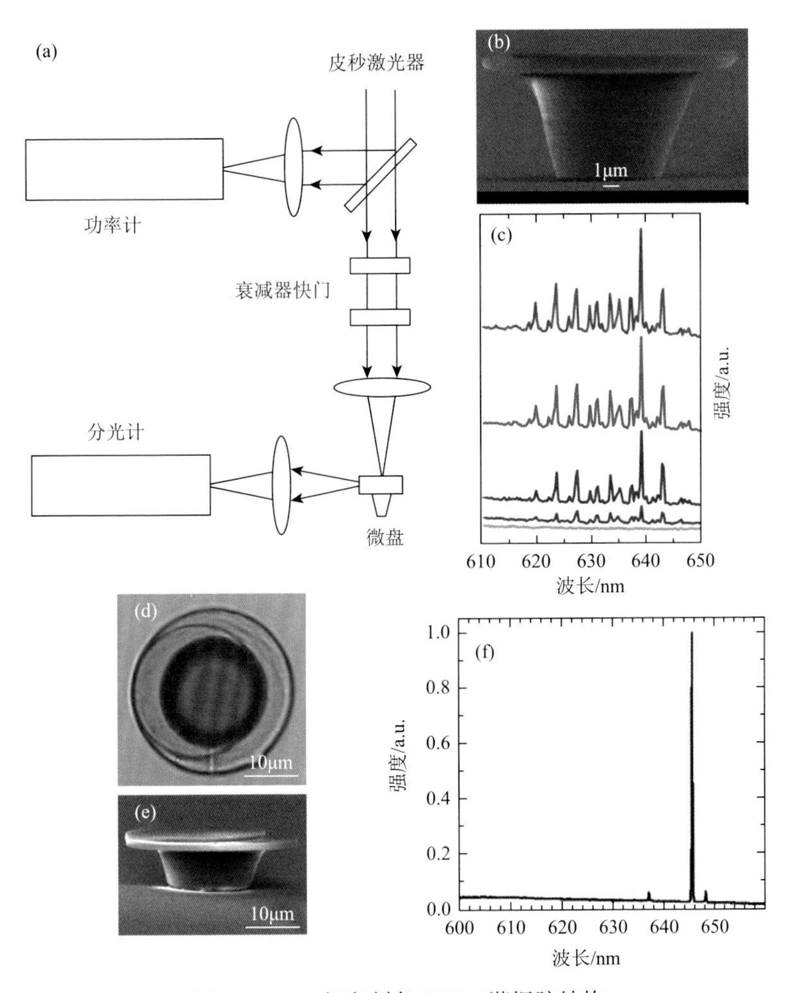

图 12-8　3D 打印制备 WGM 谐振腔结构

（a）3D 打印制备微盘示意图；（b）从侧面观察得到的高脚杯型微盘的扫描电镜照片；（c）微盘的激光调制光谱；（d）从顶端观察得到的耦合腔结构的显微照片；（e）从侧面观察得到的耦合腔结构的扫描电镜照片；（f）耦合腔得到的单模激光光谱

12.3 有机激光材料的能级结构和激发态过程

有机分子材料具有丰富而有效的光物理、光化学过程，特别是分子激发态能级过程，如单重态准四能级跃迁、激发态分子内质子转移（excited-state intramolecular proton transfer，ESIPT）、准分子态发射、分子内电荷转移（intramolecular charge transfer，ICT）等[8]，能够被用来构筑各种各样的高性能纳米光子学器件。这些激发态过程通常对分子结构或分子所处的环境非常敏感，因此可以通过分子/晶体工程或外界刺激来调制它们的增益过程，实现可调激光。下面介绍一些与粒子数反转、增益行为相关的激发态过程及其调控。

12.3.1 基于准四能级结构的有机微纳激光器

有机分子丰富的能级结构和激发态过程，有助于设计新型微纳激光材料以及构筑高性能激光器。如图 12-9（a）所示，有机分子的基态能级（S_0）、第一单线激发态能级（S_1）以及它们各自的振动亚能级共同构成了一个准四能级系统[62]。由于有机分子的吸收和发射都满足弗兰克-康登原理，当其吸收光子时会由原来的基态最低能级（E_1）垂直跃迁到第一单线激发态的高振动能级（E_4）上。处于高振动态的分子会经无辐射跃迁迅速振动弛豫到第一单线激发态的最低能级（E_3）上。同样是由于弗兰克-康登原理，处于（E_3）能级上的分子会垂直跃迁到基态的高振动能级（E_2）上，并会经无辐射跃迁振动弛豫到基态的最低能级上。由于振动态（E_2 和 E_4）上粒子寿命非常短，一般在皮秒或亚皮秒量级，而（E_3）态上的粒子寿命较长，通常在纳秒量级，所以有机分子的能级结构构成了一个准四能级系统。

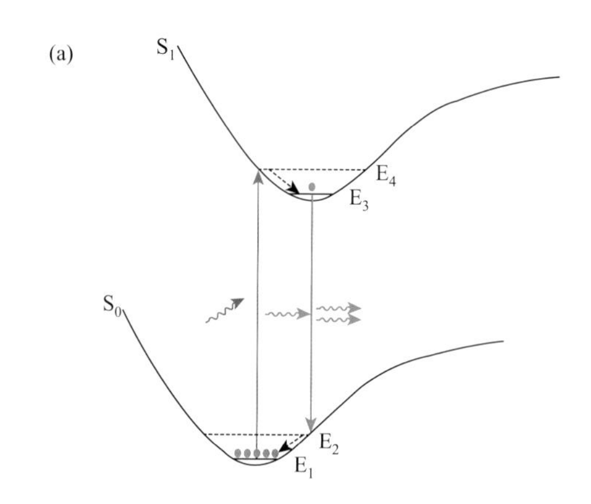

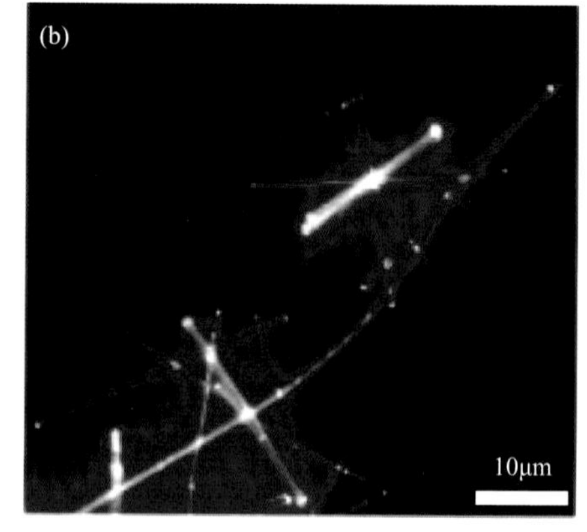

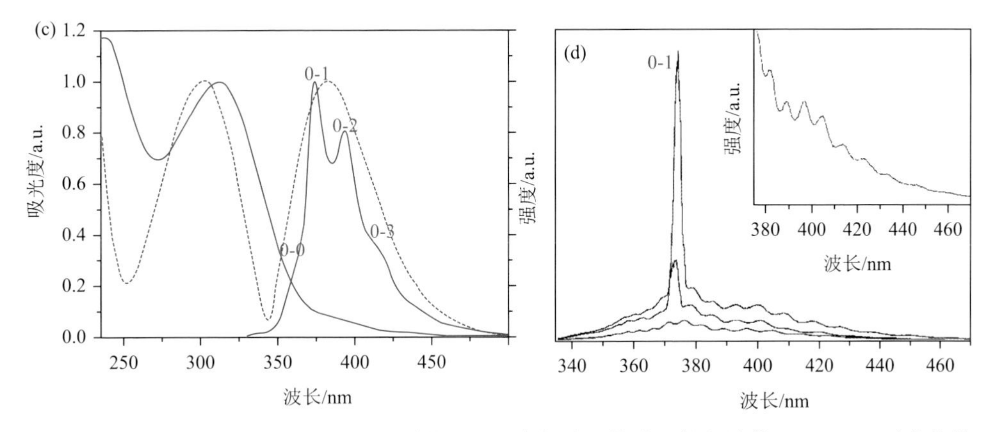

图 12-9 有机微纳激光器的准四能级系统：(a) 有机分子的准四能级结构；(b) TPI 纳米线的荧光显微照片；(c) TPI 纳米线（实线）和单体（虚线）的吸收发射光谱；(d) TPI 纳米线在 0-1 光谱带的激光光谱

在脉冲光的激发下，具有微腔效应和准四能级增益过程的有机微晶就会实现有机微纳激光。由 TPI 分子自组装得到的纳米线［图 12-9（b）］在 0-1 光谱带处存在很强的 UV 光发射性质[41]［图 12-9（c）］，同时该纳米线的两个平整端面可以作为反射镜，构成一个 FP 谐振腔。因此，在较低的泵浦功率下，TPI 纳米线就成功实现了基于 0-1 光谱带（374nm）受激跃迁的激光出射［图 12-9（d）］。

12.3.2 基于有机激发态分子内质子转移过程的波长可切换激光器

常规材料中的准四能级系统是基于振动能级实现的，不可避免地会存在一定的自吸收效应，使得激光阈值仍然较高。如果能在有机材料的基态能级与第一单线激发态之间引入一个能量较低的亚稳态能级，将有效地减少材料体系中的自吸收损耗，有助于激光阈值的进一步降低。

2015 年赵永生课题组[63]利用 ESIPT 过程构筑了具有更低阈值的纳米线激光器。如图 12-10 所示，他们选择具有 ESIPT 过程以及较高发光效率的有机分子 2-(2′-羟基苯基)苯并噻唑[2-(2′-hydroxyphenyl)benzothiazole，HBT]，利用液相自组装制备了纳米线结构［图 12-10（a）］。所制备的纳米线具有非常大的斯托克斯位移（～160nm）［图 12-10（b）］，使得纳米线的光学传输损耗非常低（33dB/cm），因此在非常低的泵浦功率（197nJ/cm^2）下实现了纳米线的激光发射。通过优化纳米线结构，可以进一步降低激光阈值至 70nJ/cm^2，这是当时有机微纳激光器领域中的最低值。进一步研究表明，该有机纳米线在分子的 ESIPT 过程中存在两个酮式激发态［图 12-10（c）］，利用两个态的转换过程，还实现了双波长可切换的纳米线激光［图 12-10（d）］。

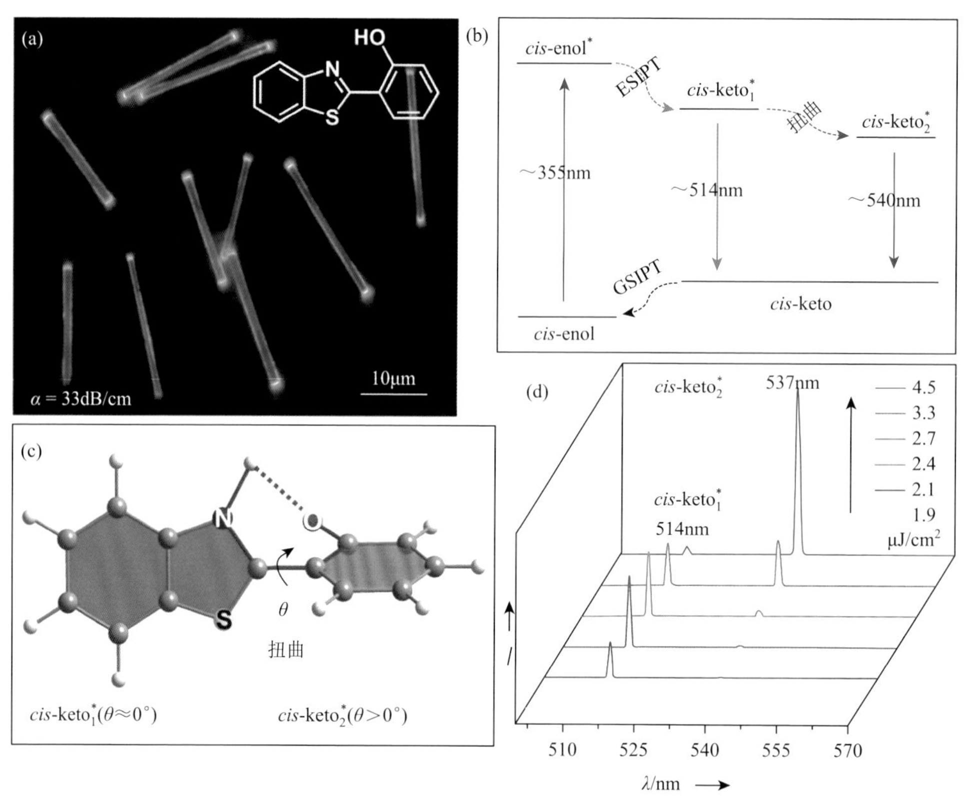

图 12-10 波长可切换的纳米线激光器：(a) HBT 纳米线的荧光显微照片；(b)、(c) 酮式激发态扭转参与的 ESIPT 四能级跃迁过程；(d) 单根纳米线在不同泵浦功率激发下的激光光谱

12.3.3 基于激基缔合物发光的波长可切换激光器

处于激发态的分子可以通过分子间电荷转移（CT）相互作用与相邻的分子形成 CT 态，如果是与同种分子发生电荷转移相互作用，则形成的复合物称激基缔合物（也称准分子，excimer），见图 12-11（a），此类准分子在辐射出光子后形成的基态准分子是极不稳定的，会快速解离到单分子基态，如此，则会在单分子和准分子之间形成有效的四能级过程[62]。该能级过程通常还伴随有单分子的准四能级跃迁辐射过程，由于准分子态的形成涉及分子间相互作用，浓度的大小将会直接影响准分子态和单分子态的比重。

因此，基于有机分子的这一特殊的能级过程，可以通过调控分子浓度或聚集状态来实现宽带波长可调的有机激光器[64]。选择具有有机激基缔合物发光性能的4-(二氰亚甲基)-2-甲基-6-(4-二甲氨基苯乙烯基)-4*H*-吡喃[4-(dicyanomethylene)-2-methyl-6-(4-dimethylaminostyryl)-4*H*-pyran，DCM]分子作为模型化合物，掺杂到自

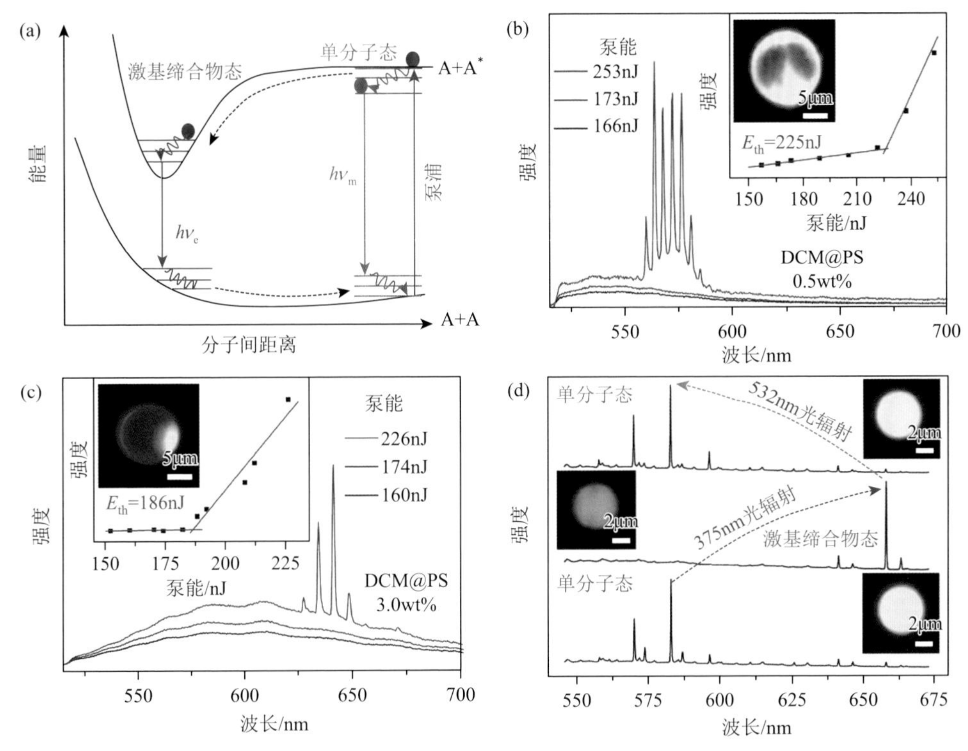

图 12-11　波长可切换的微球激光器：（a）单分子态和激基缔合物受激辐射体系的激发过程；（b）、（c）掺杂浓度为 0.5wt%和 3.0wt%的 DCM@PS 微球在不同泵能激发下的发光光谱及相应的荧光显微照片；（d）在 375nm 和 532nm 激光的循环照射下，DCM@PS 微球的激光转换行为

组装的聚苯乙烯（PS）微球中，得到多种掺杂浓度的微球结构。在低掺杂浓度下（DCM@PS，0.5wt%）得到了波长在 580nm 的单分子态激光［图 12-11（b）］，在高掺杂（3.0wt%）条件下得到了波长在 630nm 的激基缔合物激光［图 12-11（c）］，在中等掺杂浓度（1.5wt%）下，则同时观察到了两者的激光出射。更进一步，在该体系中引入螺吡喃光致变色分子。该光致变色分子在紫外光照射后发生异构化反应，从在可见光波段没有吸收的螺噁嗪构型变成在 590nm 附近有吸收峰的部花青构型，该部花青构型可以选择性地吸收 DCM 单分子态的发光，这样就能够有效地调节该体系中单分子态和激基缔合物态之间的发光平衡，进而实现对两个波长激光的动态切换［图 12-11（d）］。

12.3.4　基于分子内电荷转移过程控制的宽谱可调激光器

在高度极化的化合物中，光激发直接产生的局域激发（local excitation，LE）态会发生伴随着分子内扭转的电荷转移过程，从而产生一个新的低能态，即扭转的分子内电荷转移（twisted intramolecular charge transfer，TICT）态。ICT 化合物可以从 LE 态和 TICT 态向基态跃迁产生两个具有不同波长的辐射带。这使得可以通过控制电荷转移化合物的两个辐射态上的粒子数分布来调节增益区间［图 12-12（a）］，进而实现激光波长的调控。

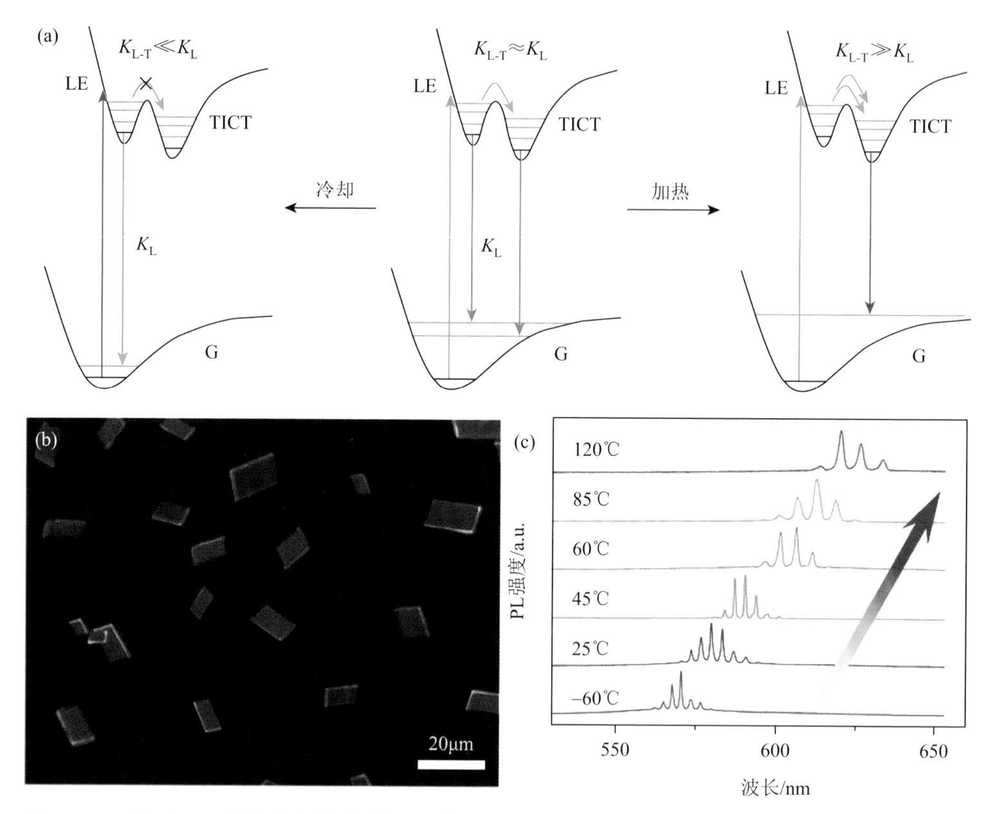

图 12-12 基于 ICT 过程控制的宽谱可调激光器：（a）温度控制的 ICT 过程；（b）ICT 染料掺杂的环糊精超分子晶体的荧光显微图像；（c）单一超分子晶体的温度调制激光光谱

赵永生课题组[65]从 ICT 化合物的能级结构优化入手，选择环糊精包合策略构筑了具有两个协同增益能态（LE 态和 TICT 态）的能级结构。利用液相自组装方法制备了环糊精包合的 ICT 化合物复合微晶。如图 12-12（b）所示，所制备的超分子单晶微片具有优异的发光性能和规整的形貌，可以同时作为增益介质和光学谐振腔，在光泵浦的条件下实现了低阈值的激光出射。基于 LE 态和 TICT 态的两个上能态协同增益的全新激光产生机制，他们通过温度调控两个上能态粒子数分布来动态调控增益区间，并最终实现了温度控制的宽波长动态可调的激光发射行为［图 12-12（c）］。更重要的是，这种可调的激光行为可以使我们深入了解有机材料的能级结构以及增益过程，对功能化的微纳激光器的设计与开发具有重要的指导意义。

12.4 基于复合结构的有机微纳激光器

随着光子学领域的不断发展，对微纳激光器的性能提出了越来越高的要求。单一的材料和器件结构由于其性质和功能受限，无法满足实际的光子学应用对微纳激光器性能提升和功能拓展的需求。因此基于复合结构的高性能微纳激光器的构筑逐渐引起人们的关注。下面将介绍一些关于设计和构筑具有特定功能的复合结构有机微纳激光器的方法和策略。

12.4.1 轴向耦合有机纳米线谐振腔的双色单模激光器

随着光子学信息处理对集成度和准确度要求的提高，在同一个器件中实现宽带调谐的同时，获得具有较高的信号纯度和稳定性的激光出射[66]，即多色单模激光，越来越受到人们的重视。最近，赵永生课题组[45]通过构建轴向耦合纳米线异质结实现了双色单模激光器。他们选择具有准四能级结构和较高发光效率的两种发光颜色的寡聚苯乙烯类有机小分子染料作为模型化合物。利用液相自组装方法分别制备了两种分子的单晶纳米线，在光泵浦条件下，两种纳米线可以实现不同颜色的多模激光辐射。随后选择不同长度的两种纳米线构建成轴向耦合纳米线异质结［图 12-13（a）］。在该纳米线异质结中，每一根纳米线既作为对应材料的激光增益介质，又可以作为另一根纳米线的模式滤波器。分别激发纳米线异质结中不同纳米线时，则可得到对应颜色的单模激光出射；当整体激发该异质结时，则实现了双色单模激光出射［图 12-13（b）］。此外，由于该器件中两种增益介质是分离的，不同输出端口输出了不同的激光信号，为进一步构筑理想功能的光子学元件提供了新思路。

12.4.2 基于线盘耦合结构的激光方向性输出

微纳激光器应用过程中的一个基本要求是激光信号的定向输出。而 WGM 谐振腔为各向同性，其激光信号均匀地沿径向发射，不利于光子集成。将波导结构与微纳 WGM 激光器集成起来构筑复合结构，是实现激光信号定向输出非常有效的方法［图 12-14（a）］。赵永生课题组通过协同自组装的方法制备了有机纳米线和微盘的耦合结构[56]，如图 12-14（b）所示，在乳液自组装法制备染料掺杂聚苯乙烯（PS）微盘结构的过程中，引入另外一种有机小分子 Alq_3 进行协同自组装。Alq_3 从溶液中析出，在 PS 微盘边缘成核并生长成单晶纳米线，形成了有机纳米线耦合微盘激光器的异质结构［图 12-14（c）］。有机微盘的 WGM 激光信号能够由纳米线高效地耦合输出［图 12-14（d）］，这为 WGM 激光器与其他光功能器件的集成奠定了基础。

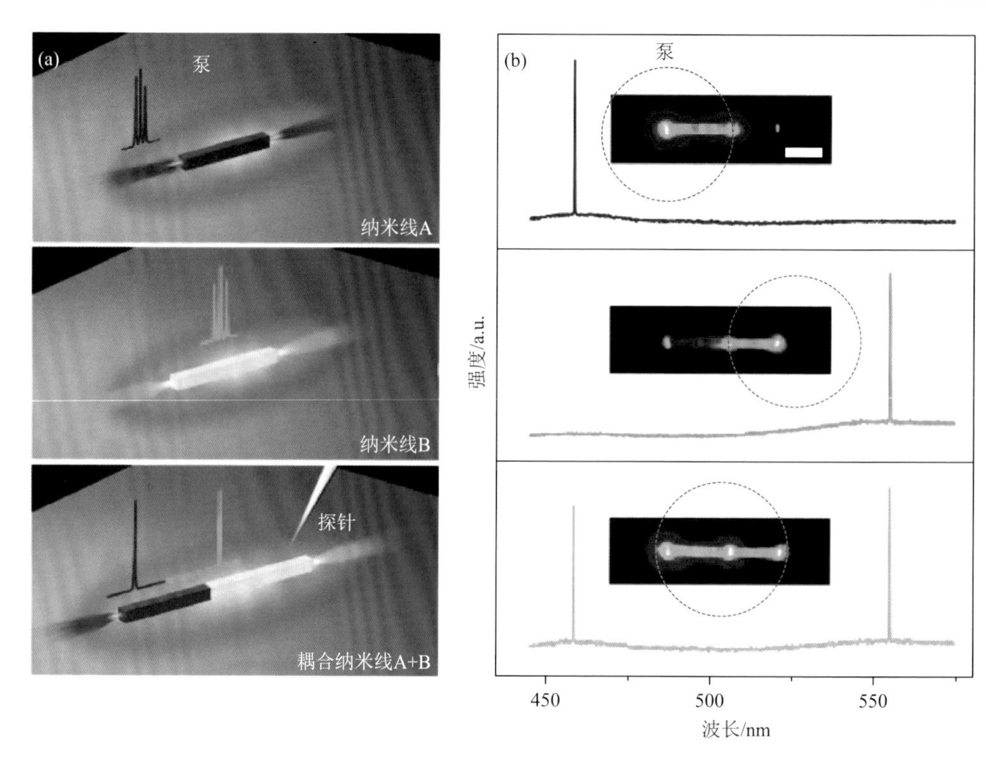

图 12-13 轴向耦合的纳米线异质结实现双色单模激光

（a）利用轴向耦合纳米线异质结通过相互选模机制实现双色单模激光示意图；（b）轴向耦合纳米线异质结在不同激发位置下的激光光谱及其荧光显微照片

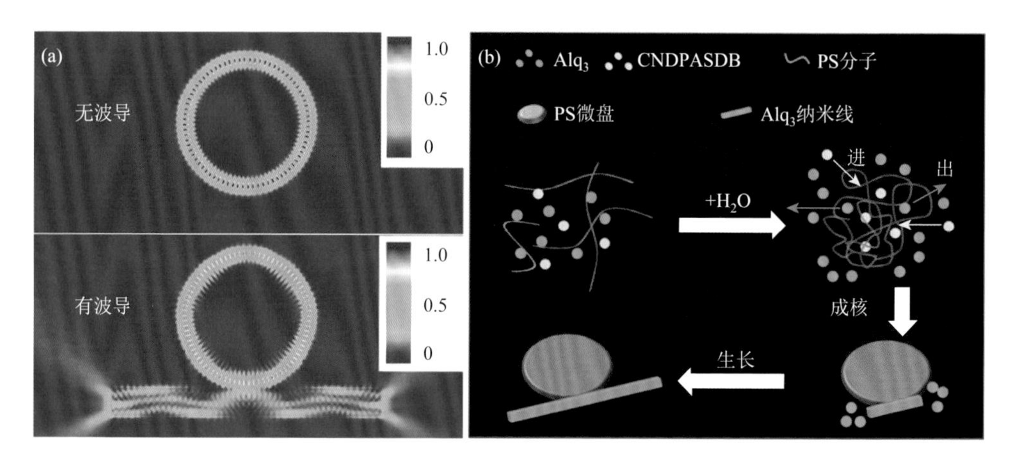

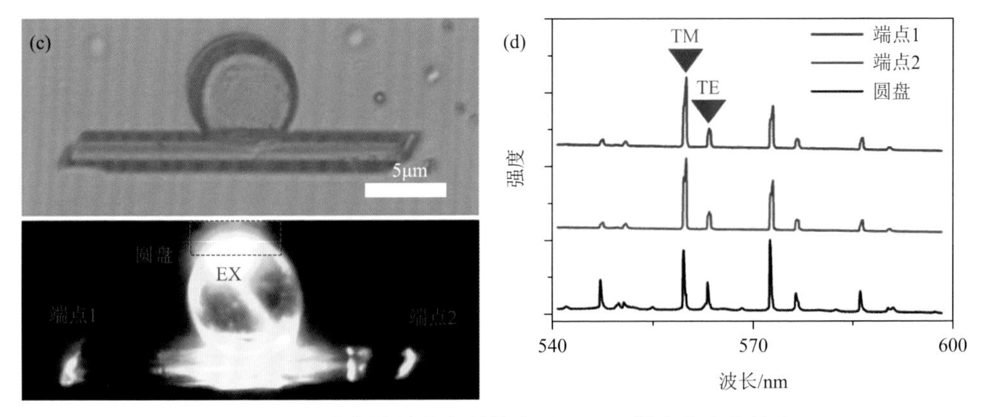

图 12-14　切向耦合的线盘结构实现 WGM 激光的定向输出

（a）微盘结构和切向耦合的线盘结构中的电场分布；（b）线盘耦合结构的组装示意图；（c）线盘耦合结构的明场照片和定点激发微盘时所对应的荧光显微照片；（d）圆盘边缘和纳米线两端所采集到的光谱

12.4.3　基于有机/金属异质结的激光亚波长输出

受衍射极限限制，激光输出器件尺寸都在波长量级以上，这严重限制了器件的进一步小型化和集成化的发展。表面等离激元是指电子在金属表面集体振荡[67]，能够将光限域在亚波长尺寸的金属波导结构中，因此将激光耦合到金属波导中有望打破衍射极限，实现激光模式的亚波长输出。

赵永生课题组设计构建了有机/金属复合结构[68]，有机聚合物材料与银纳米线通过毛细作用辅助液相自组装，最终形成银线/有机微盘复合结构。染料掺杂的微盘同时作为增益介质和光学微腔能够实现低阈值的 WGM 激光，而银纳米线能够支持激光模式的亚波长输出［图 12-15（a）、（b）］。在光泵浦条件下，染料掺杂的微盘产生的光子与银纳米线表面等离子体耦合，在银线端头实现信号高保真度的亚波长的有效输出。通过在有机柔性微盘中掺杂具有不同增益区间的染料，实现了全色激光的亚波长输出［图 12-15（c）］。这种超小型的耦合输出体系为我们发

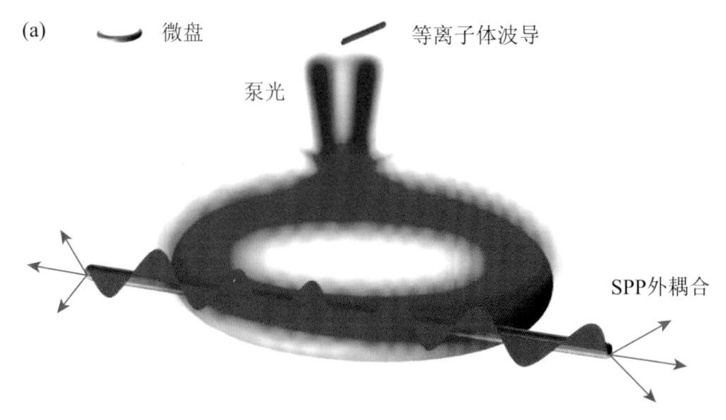

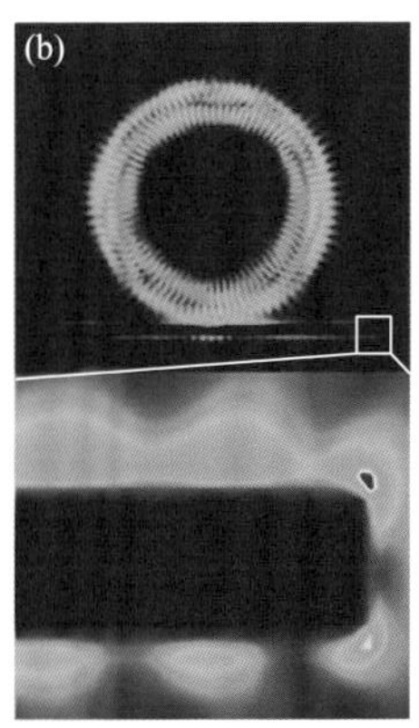

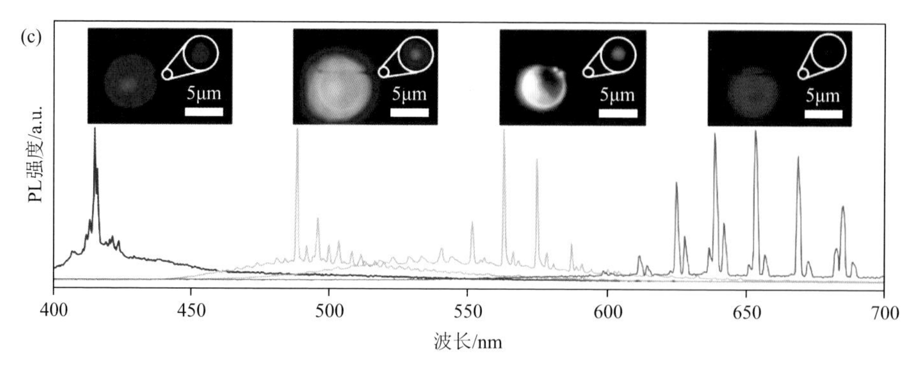

图 12-15 全色激光的亚波长输出

（a）有机/金属异质结实现激光的亚波长输出示意图；（b）异质结中的电场分布图；（c）从异质结的银线端点输出的光谱

展亚波长尺度的光源提供了很好的启示，同时为实现基于有机/金属复合材料的纳米光子学器件，如光学逻辑计算元件[69]、定向耦合器[70]和光子学复用器等提供了新思路。

12.5 有机微纳激光器的应用

有机微纳激光器性能的不断提高，大大促进了其在光计算、信息存储和纳米分析等多个领域的应用。尤其是有机材料良好的化学响应性和生物相容性，使得其在化学和生物医学工程中展现出重要的应用价值，如生物传感器、显微技术、激光外科以及鉴别化学物质等。

12.5.1 化学传感器

近年来，随着人类社会工业化进程的加快，我们所接触到的有害化学气体越来越多：煤矿瓦斯和家庭燃气等易燃易爆气体（如 CH_4、CO），工业生产和室内装修所产生的有机挥发性气体（如丙酮、甲醛和甲苯等），汽车排放的有毒气体（如 NO_x、SO_2）等严重威胁着人类的健康。因此，开发具有高灵敏度、快速响应的新型化学气体传感器是人们迫切需要解决的问题。WGM 谐振腔具有高品质因子和小的模式体积[71]，显著增强了光与物质的相互作用。周围环境很细微的变化会使其共振模式发生位移或者劈裂[72]，为我们提供了一种高灵敏度的光学传感技术。

赵永生课题组选择发光共轭高分子聚（9, 9-二辛基芴并苯噻二唑）[poly（9, 9-dioctylfluorene-alt-benzothiadiazole，F8BT）作为模型化合物[73]，可控制备了 F8BT 组分的 WGM 谐振腔，在光泵浦的作用下得到了稳定的激光发射，大幅缩减了谐振腔共振模式的线宽，有效地提高了其光谱分辨率。由于高品质因子的 WGM 腔对环境变化具有灵敏的响应性［图 12-16（a）]，他们在一个与气体循环系统相连通的密闭玻璃罩中［图 12-16（b）］，精确地确定了丙酮气体浓度与激光波长之间的关系［图 12-16（c）、（d）］，证明了 WGM 微腔作为高灵敏度化学气体传感器的可行性，为构筑稳定灵敏的化学气体传感器提供了新思路和新途径。

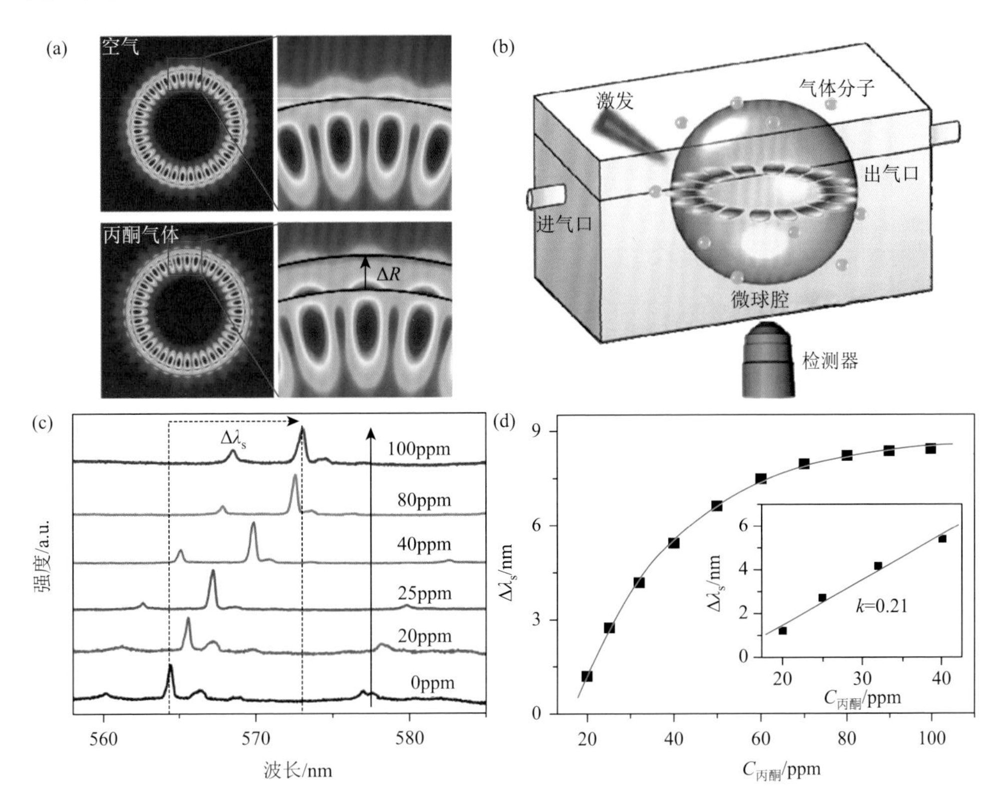

图 12-16　基于有机 WGM 激光的高灵敏度化学传感器：（a）同一 WGM 谐振腔在不同折射率环境下的倏逝场变化；（b）气体传感示意图；（c）F8BT 微球在不同浓度丙酮气氛中的激光光谱；（d）微球激光模式位移随丙酮浓度的变化趋势；插图：激光模式位移与丙酮浓度之间的线性校正曲线

12.5.2　生物激光器

传统激光已在医学中得到了广泛应用，如传感和诊断。然而，传统的光医疗设备主要是基于一些生物相容性差的固态材料，如具有优异光学特性的玻璃和塑料。为了能发挥激光在医学上的潜力，亟须发展一批具有生物相容性的激光材料，发展活体成像等技术。越来越多的科研人员将目光集中在了高生物/环境相容性的天然生物材料上，如蛋白质、细胞及细胞代谢产物等。

荧光蛋白是一类高荧光量子产率的生物材料。美国哈佛大学麻省总医院威尔曼光医学研究中心的 Seok Hyun Yun 教授和 Malte C. Gather[74]基于蛋白质的咖啡环效应自组装得到了环形腔激光器。他们利用空间效应将绿色荧光蛋白微环与红色荧光蛋白微环靠在一起，实现了多色的 WGM 激光输出［图 12-17（a）和（b）］。另外，他们还将绿色荧光蛋白与红色荧光蛋白掺杂，并研究了在不同掺杂浓度下的荧光共振能量转移。

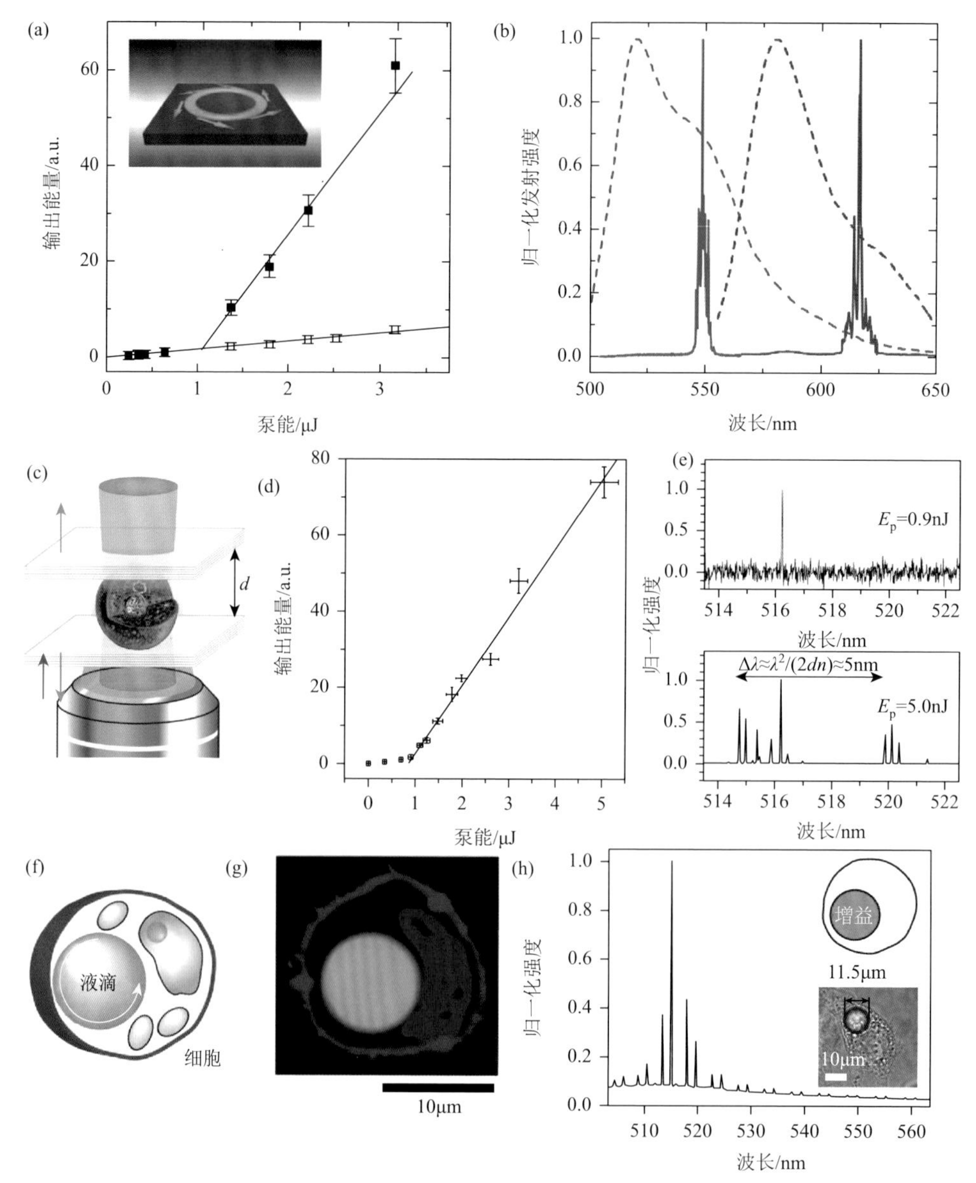

图 12-17　生物激光器：（a）泵能与绿色荧光蛋白的输出能量的关系；（b）荧光蛋白激光光谱；（c）外加腔的细胞激光示意图；（d）细胞激光的输出能量与泵能的关系；（e）不同泵能下的细胞激光器的激光光谱；（f）、（g）细胞内液滴微腔示意图和对应的共聚焦荧光成像图；（h）细胞内部的液滴微腔的激光光谱

绿色荧光蛋白的发现促进了荧光蛋白的飞速发展，越来越多的荧光蛋白被发现和提取出来，除了对应的蛋白结构外，另一个重大的进步就是通过基因工程将荧光蛋白在细胞内表达出来。Seok Hyun Yun 课题组[75]将绿色荧光蛋白表达的肾脏细胞放置在两个高反射率镜子中间［图 12-17（c）］，在激光泵浦条件下，得到了阈值约为 1nJ 的激光输出［图 12-17（d）和（e）］。这是世界上首个报道的基于单个细胞的生物激光，尽管这种单个激光脉冲持续时间非常短，仅有几纳秒，但是其所携带的大量有用信息将帮助人们进一步了解细胞。

能植入患者体内的可兼容生物激光器对于医学诊断意义重大，而外腔的加入阻碍了激光器在活体内的应用，因此开发细胞内激光器十分有必要。Seok Hyun Yun 课题组[76]通过注射的方式将掺杂激光染料的液滴转移到细胞内部，实现了细胞内 WGM 激光的输出［图 12-17（f）～（h）］。生物相关的激光器不仅仅局限于细胞和蛋白质，生物体代谢的产物都可以用来构建生物相容性的激光器，如淀粉、核黄素、荧光素等[77, 78]。赵永生课题组[79]采用普遍存在于植物中的生物聚合物淀粉作为模型化合物，利用其丰富的羟基结构与花菁染料相结合，从而构筑了染料掺杂的淀粉复合物。由于淀粉内部螺旋空间的限域作用，激光染料的荧光量子产率被提高。淀粉天然的微球/椭球形貌为激光提供了高效的谐振腔，从而实现了低阈值的激光输出。通过有目的地诱导淀粉内部结构的改变，获得了高灵敏度的激光行为，为实现激光在生物探测等方面的应用提供了思路和方法。

12.5.3　光子学集成回路

光子学集成回路以光子为信息载体，具有高的传输速度和并行处理能力。因此，光子学集成回路被认为是替代电子学集成回路而实现对信息高速并行传输与处理的最佳选择。微纳激光器的一个重要应用就是作为光子学集成回路的信号源。但如何将有机微纳激光器嵌入光子学集成回路，实现芯片级别的器件的精准、可控制备仍是一个很大的挑战。赵永生课题组[4]已经发展了一种基于溶液加工程序化地打印微米线和微米环来构筑微激光阵列的方法，从而实现光子器件的柔性集成。打印制备的线环耦合结构［图 12-18（a）］实现了激光的产生和有效耦合输出［图 12-18（b）］。基于线环耦合基本元件构筑了滤波器［图 12-18（c）］。两个近邻的微环之间可以形成比较强的游标效应，实现了模式调制效果［图 12-18（d）、（e）］。基于此进一步实验，实现了可应用于光信息存储器件的耦合谐振腔光波导（CROW）的制备［图 12-18（f）］。这些基于有机微激光的光子学集成回路不仅具有可以媲美硅基光子学的性能，在某些方面比传统硅基光子学更有优势，如温和的加工方法、柔性掺杂、灵敏的响应特性等。鉴于柔性电子学的快速发展，这项工作为柔性光子学集成开辟了崭新的途径。

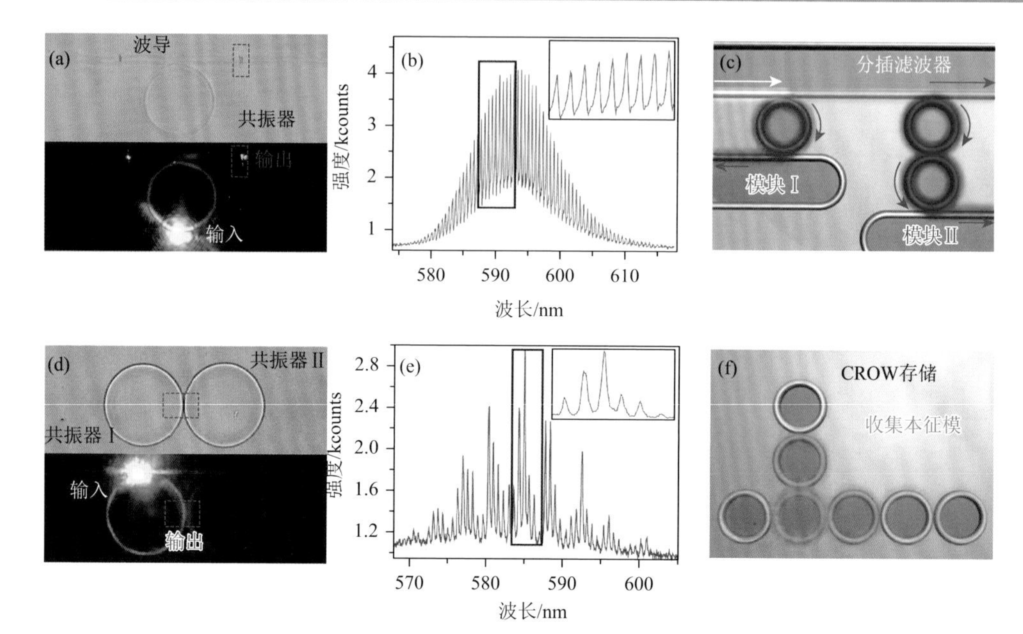

图 12-18 光子学集成回路：（a）微环谐振腔与波导线切向耦合微结构的显微照片；（b）微环WGM激光的波导耦合输出光谱；（c）线环耦合结构构成分插滤波器；（d）、（e）双环耦合微结构的显微照片和输出光谱；（f）打印微环结构作为耦合谐振腔光波导的示意图

12.6 总结与展望

目前所有的有机微纳激光器都是通过光泵浦实现的，而获得电泵浦有机半导体激光器是这一领域的最终目标，因为它不需要外部泵浦光源，而且能实现紧凑、高效低成本激光器，这将大大促进有机微纳激光器的发展及应用[6]。然而，在有机电致发光器件中，注入的电子和空穴会形成单线态激子和三线态激子，其比例为 1∶3。由于三线态激子的吸收截面大于其发射截面，因此理论上来说很难让三线态激子实现受激辐射。同时，三线态激子和单线态激子之间会存在严重的单线态-三线态湮灭，对于单线态的受激辐射也存在致命的影响[80]。为此，参考有机发光二极管（OLED）器件中利用延迟荧光材料[81]和激基复合物材料[82]来提高三线态激子的利用效率，可能是解决三线态问题的有效方法。Adachi 课题组[83]报道了基于延迟荧光材料体系的光泵浦激光。但该工作指出三线态激子在受激辐射过程中没有达到增益单线态激子发射的目的。Kim 课题组[82]报道了基于激基复合物的材料体系用于实现高效的电致发光器件。由于激基复合物中形成的是电荷转移激发态，因此注入的电子和空穴复合后能在三线态和单线态之间不断转化，提高了三线态激子的利用效率，进而提高了电致发光效率。但

是由于所选材料的载流子迁移率较低，很难达到足够高的电流注入密度，仍没有观测到电泵浦激光。

除了解决三线态的问题外，开发和利用同时具有高的载流子迁移率和高的发光效率的有机半导体材料对于实现有机电泵浦激光也是非常必要的。Iwasa 课题组[84]利用 BP3T[α, ω-bis (biphenylyl) terthiophene]材料制备了双极性有机单晶场效应晶体管。其中 BP3T 单晶相的发光效率超过 80%，其双极迁移率接近 $10^0 cm^2/(V·s)$量级。当注入的电流密度超过 $229A/cm^2$ 时，电致发光光谱显示了一个光谱窄化的现象。近期，胡文平课题组[85]报道的 DPA 分子，其单晶的空穴迁移率高达 $34cm^2/(V·s)$，其荧光量子产率达到 41.2%。同时由 DPA 制成了发光亮度为 $6627cd/m^2$，开启电压为 2.8V 的蓝光 OLED。随后，他们[86]又合成了 dNaAnt[2, 6-di(2-naphthyl)anthracene]分子。由于这种蒽的衍生物在固态下的 J 型堆积模式，能实现其优异的载流子传输性能和高效的固态发光特性之间的平衡。以上这些工作为开发适用于有机电泵浦激光的材料体系提供了一种途径。

如上所述，要实现电泵浦有机激光是十分复杂且艰巨的任务。除了材料的设计以及激发态过程的优化外，还需要考虑到电致发光器件结构对发光效率的影响。OLED[80]、电化学发光池[87, 88]、有机发光场效应晶体管（OLET）[89]都已经证明可以在某些特定的体系中实现大的电流注入密度下的高效发光，都可能在电泵浦激光中扮演重要的角色。此外，有机材料的稳定性问题，包括高电流注入密度下的材料稳定性以及对空气的稳定性[6]，也是一个关键问题。封装、低温和脉冲电注入等操作可能会解决稳定性的问题。综上，通过设计和构筑有效的分子激发态过程、高迁移率增益材料和新的器件结构等来实现超高光学增益和避免严重的损失，有望加速电泵浦有机激光的实现。

参 考 文 献

[1] Hill M T，Gather M C. Advances in small lasers. Nature Photonics，2014，8（12）：908-918.

[2] Ma R M，Ota S，Li Y，et al. Explosives detection in a lasing plasmon nanocavity. Nature Nanotechnology，2014，9（8）：600-604.

[3] He L，Ozdemir S K，Zhu J，et al. Detecting single viruses and nanoparticles using whispering gallery microlasers. Nature Nanotechnology，2011，6（7），428-432.

[4] Zhang C，Zou C L，Zhao Y，et al. Organic printed photonics：from microring lasers to integrated circuits. Science Advances，2015，1（8）：e1500257.

[5] Samuel I D W，Namdas E B，Turnbull G A. How to recognize lasing. Nature Photonics，2009，3（10）：546-549.

[6] Samuel I D W，Turnbull G A. Organic semiconductor lasers. Chemical Reviews，2007，107（4）：1272-1295.

[7] Yan R，Gargas D，Yang P. Nanowire photonics. Nature Photonics，2009，3（10）：569-576.

[8] Clark J，Lanzani G. Organic photonics for communications. Nature Photonics，2010，4（7）：438-446.

[9] Zhang C，Yan Y，Zhao Y S，et al. From molecular design and materials construction to organic nanophotonic devices. Accounts of Chemical Research，2014，47（12）：3448-3458.

[10] Gierschner J，Varghese S，Park S Y. Organic single crystal lasers：a materials view. Advanced Optical Materials，2016，4（3）：348-364.

[11] Yan Y，Zhao Y S. Organic nanophotonics：from controllable assembly of functional molecules to low-dimensional materials with desired photonic properties. Chemical Society Reviews，2014，43（13）：4325-4340.

[12] Fang H H，Yang J，Feng J，et al. Functional organic single crystals for solid-state laser applications. Laser & Photonics Reviews，2014，8（5）：687-715.

[13] Grivas C，Pollnau M. Organic solid-state integrated amplifiers and lasers. Laser & Photonics Reviews，2012，6（4）：419-462.

[14] Brock E G，Csavinszky P，Hormats E，et al. Coherent stimulated emission from organic molecular crystals. The Journal of Chemical Physics，1961，35（2）：759-760.

[15] Soffer B H，McFarland B B. Continuously tunable，narrow-band organic dye lasers. Applied Physics Letters，1967，10（10）：266-267.

[16] O'Carroll D，Lieberwirth I，Redmond G. Microcavity effects and optically pumped lasing in single conjugated polymer nanowires. Nature Nanotechnology，2007，2（3）：180-184.

[17] Kranzelbinder G，Leising G. Organic solid-state lasers. Reports on Progress in Physics，2000，63（5）：729.

[18] Zhang W，Yao J，Zhao Y S. Organic micro/nanoscale lasers. Accounts of Chemical Research，2016，49（9）：1691-1700.

[19] Li Y J，Yan Y，Zhao Y S，et al. Construction of nanowire heterojunctions：photonic function-oriented nanoarchitectonics. Advanced Materials，2016，28（6）：1319-1326.

[20] Duong Ta V，Chen R，Ma L，et al. Whispering gallery mode microlasers and refractive index sensing based on single polymer fiber. Laser & Photonics Reviews，2013，7（1）：133-139.

[21] Chen R，Ta V D，Sun H. Bending-induced bidirectional tuning of whispering gallery mode lasing from flexible polymer fibers. ACS Photonics，2014，1（1）：11-16.

[22] Zhang W，Zhao Y S. Organic nanophotonic materials：the relationship between excited-state processes and photonic performances. Chemical Communications，2016，52（58）：8906-8917.

[23] Zhao Y S，Xiao D，Yang W，et al. 2, 4, 5-Triphenylimidazole nanowires with fluorescence narrowing spectra prepared through the adsorbent-assisted physical vapor deposition method. Chemistry of Materials，2006，18（9）：2302-2306.

[24] Zhao Y S，Xu J，Peng A，et al. Optical waveguide based on crystalline organic microtubes and microrods. Angewandte Chemie International Edition，2008，47（38）：7301-7305.

[25] Wang X，Li H，Wu Y，et al. Tunable morphology of the self-assembled organic microcrystals for the efficient laser optical resonator by molecular modulation. Journal of the American Chemical Society，2014，136（47）：16602-16608.

[26] Jeukens C R L P N，Lensen M C，Wijnen F J P，et al. Polarized absorption and emission of ordered self-assembled porphyrin rings. Nano Letters，2004，4（8）：1401-1406.

[27] Ta V D，Chen R，Sun H D. Self-assembled flexible microlasers. Advanced Materials，2012，24（10）：OP60-OP64.

[28] Zhao Y S，Wu J，Huang J. Vertical organic nanowire arrays：controlled synthesis and chemical sensors. Journal of the American Chemical Society，2009，131（9）：3158-3159.

[29] Zhao Y S，Fu H，Hu F，et al. Tunable emission from binary organic one-dimensional nanomaterials：an alternative approach to white-light emission. Advanced Materials，2008，20（1）：79-83.

[30] Takazawa K，Kitahama Y，Kimura Y，et al. Optical waveguide self-assembled from organic dye molecules in

solution. Nano Letters，2005，5（7）：1293-1296.

[31] Chandrasekhar N，Chandrasekar R. Reversibly shape-shifting organic optical waveguides：formation of organic nanorings，nanotubes，and nanosheets. Angewandte Chemie International Edition，2012，51（15）：3556-3561.

[32] Morello G，Moffa M，Girardo S，et al. Optical gain in the near infrared by light-emitting electrospun fibers. Advanced Functional Materials，2014，24（33）：5225-5231.

[33] Camposeo A，Di Benedetto F，Stabile R，et al. Laser emission from electrospun polymer nanofibers. Small，2009，5（5）：562-566.

[34] Fu H，Xiao D，Yao J，et al. Nanofibers of 1, 3-diphenyl-2-pyrazoline induced by cetyltrimethylammonium bromide micelles. Angewandte Chemie International Edition，2003，42（25）：2883-2886.

[35] Li H，Li J，Qiang L，et al. Single-mode lasing of nanowire self-coupled resonator. Nanoscale，2013，5（14）：6297-6302.

[36] Sun Y L，Hou Z S，Sun S M，et al. Protein-based three-dimensional whispering-gallery-mode micro-lasers with stimulus-responsiveness. Scientific Reports，2015，5：12852.

[37] Singh M，Haverinen H M，Dhagat P，et al. Inkjet printing-process and its applications. Advanced Materials，2010，22（6）：673-685.

[38] Persano L，Camposeo A，Carro P D，et al. Distributed feedback imprinted electrospun fiber lasers. Advanced Materials，2014，26（38）：6542-6547.

[39] Zhang C，Zhao Y S，Yao J. Optical waveguides at micro/nanoscale based on functional small organic molecules. Physical Chemistry Chemical Physics，2011，13（20）：9060-9073.

[40] Eaton S W，Fu A，Wong A B，et al. Semiconductor nanowire lasers. Nature Reviews Materials，2016，1（6）：16028.

[41] Zhao Y S，Peng A，Fu H，et al. Nanowire waveguides and ultraviolet lasers based on small organic molecules. Advanced Materials，2008，20（9）：1661-1665.

[42] Zhao Y S，Di C，Yang W，et al. Photoluminescence and electroluminescence from tris（8-hydroxyquinoline）aluminum nanowires prepared by adsorbent-assisted physical vapor deposition. Advanced Functional Materials，2006，16（15）：1985-1991.

[43] Zhao Y S，Zhan P，Kim J，et al. Patterned growth of vertically aligned organic nanowire waveguide arrays. ACS Nano，2010，4（3）：1630-1636.

[44] Wang H，Liao Q，Fu H，et al. $Ir(ppy)_3$ phosphorescent microrods and nanowires：promising micro-phosphors. Journal of Materials Chemistry，2009，19（1）：89.

[45] Zhang C，Zou C L，Dong H，et al. Dual-color single-mode lasing in axially coupled organic nanowire resonators. Science Advances，2017，3（7）：e1700225.

[46] Wu C G，Bein T. Conducting polyaniline filaments in a mesoporous channel host. Science，1994，264（5166）：1757-1759.

[47] Zhang C，Zou C L，Yan Y，et al. Two-photon pumped lasing in single-crystal organic nanowire exciton polariton resonators. Journal of the American Chemical Society，2011，133（19）：7276-7279.

[48] Samitsu S，Takanishi Y，Yamamoto J. Self-assembly and one-dimensional alignment of a conducting polymer nanofiber in a nematic liquid crystal. Macromolecules，2009，42（13）：4366-4368.

[49] Li F，Martens A A，Åslund A，et al. Formation of nanotapes by co-assembly of triblock peptide copolymers and polythiophenes in aqueous solution. Soft Matter，2009，5（8）：1668-1673.

[50] Hu X，Jiang P，Ding C，et al. Picosecond and low-power all-optical switching based on an organic

photonic-bandgap microcavity. Nature Photonics，2008，2（3）：185-189.

[51] Min B, Ostby E, Sorger V, et al. High-*Q* surface-plasmon-polariton whispering-gallery microcavity. Nature, 2009, 457（7228）：455-458.

[52] Yang S，Wang Y，Sun H. Advances and prospects for whispering gallery mode microcavities. Advanced Optical Materials，2015，3（9）：1136-1162.

[53] Zhang C，Zou C L，Yan Y，et al. Self-assembled organic crystalline microrings as active whispering-gallery-mode optical resonators. Advanced Optical Materials，2013，1（5）：357-361.

[54] Zhang W，Peng L，Liu J，et al. Controlling the cavity structures of two-photon-pumped perovskite microlasers. Advanced Materials，2016，28（21）：4040-4046.

[55] Wang X，Liao Q，Kong Q，et al. Whispering-gallery-mode microlaser based on self-assembled organic single-crystalline hexagonal microdisks. Angewandte Chemie International Edition，2014，53（23）：5863-5867.

[56] Wei C，Liu S Y，Zou C L，et al. Controlled self-assembly of organic composite microdisks for efficient output coupling of whispering-gallery-mode lasers. Journall of the American Chemical Society，2015，137（1）：62-65.

[57] Ta V D，Yang S，Wang Y，et al. Multicolor lasing prints. Applied Physics Letters，2015，107（22）：221103.

[58] Kawata S，Sun H B，Tanaka T，et al. Finer features for functional microdevices. Nature，2001，412（6848）：697-698.

[59] Zhang Y L，Chen Q D，Xia H，et al. Designable 3D nanofabrication by femtosecond laser direct writing. Nano Today，2010，5（5）：435-448.

[60] Ku J F，Chen Q D，Zhang R，et al. Whispering-gallery-mode microdisk lasers produced by femtosecond laser direct writing. Optics Letters，2011，36（15）：2871-2873.

[61] Ku J F，Chen Q D，Ma X W，et al. Photonic-molecule single-mode laser. IEEE Photonics Technology Letters，2015，27（11）：1157-1160.

[62] Khan A U，Kasha M. Mechanism of four-level laser action in solution excimer and excited-state proton-transfer cases. Proceedings of the National Academy of Sciences，1983，80（6）：1767-1770.

[63] Zhang W, Yan Y, Gu J, et al. Low-threshold wavelength-switchable organic nanowire lasers based on excited-state intramolecular proton transfer. Angewandte Chemie International Edition，2015，54（24）：7125-7129.

[64] Wei C，Gao M M，Hu F Q，et al. Excimer emission in self-assembled organic spherical microstructures：an effective approach to wavelength switchable microlasers. Advanced Optical Materials，2016，4（7）：1009-1014.

[65] Dong H, Wei Y, Zhang W, et al. Broadband tunable microlasers based on controlled intramolecular charge-transfer process in organic supramolecular microcrystals. Journal of the American Chemical Society，2016，138（4）：1118-1121.

[66] Gao H，Fu A，Andrews S C，et al. Cleaved-coupled nanowire lasers. Proceedings of the National Academy of Sciences of the United States of America，2013，110（3）：865-869.

[67] Yang A，Hoang T B，Dridi M，et al. Real-time tunable lasing from plasmonic nanocavity arrays. Nature Communications，2015，6：6939.

[68] Lv Y，Li Y J，Li J，et al. All-color subwavelength output of organic flexible microlasers. Journal of the American Chemical Society，2017，139（33）：11329-11332.

[69] Yan Y，Zhang C，Zheng J Y，et al. Optical modulation based on direct photon-plasmon coupling in organic/metal nanowire heterojunctions. Advanced Materials，2012，24（42）：5681-5686.

[70] Li Y J，Yan Y，Zhang C，et al. Embedded branch-like organic/metal nanowire heterostructures：liquid-phase synthesis，efficient photon-plasmon coupling，and optical signal manipulation. Advanced Materials，2013，25（20）：

2784-2788.

[71] Vahala K J. Optical microcavities. Nature，2003，424（6950）：839-846.

[72] Ward J，Benson O. WGM microresonators：sensing，lasing and fundamental optics with microspheres. Laser & Photonics Reviews，2011，5（4）：553-570.

[73] Gao M，Wei C，Lin X，et al. Controlled assembly of organic whispering-gallery-mode microlasers as highly sensitive chemical vapor sensors. Chemical Communications，2017，53（21）：3102-3105.

[74] Gather M C，Yun S H. Bio-optimized energy transfer in densely packed fluorescent protein enables near-maximal luminescence and solid-state lasers. Nature Communications，2014，5：5722.

[75] Gather M C，Yun S H. Single-cell biological lasers. Nature Photonics，2011，5（7）：406-410.

[76] Humar M，Hyun Yun S. Intracellular microlasers. Nature Photonics，2015，9（9）：572-576.

[77] Coles D M，Yang Y，Wang Y，et al. Strong coupling between chlorosomes of photosynthetic bacteria and a confined optical cavity mode. Nature Communications，2014，5：5561.

[78] Fan X，Yun S H. The potential of optofluidic biolasers. Nature Methods，2014，11（2）：141-147.

[79] Wei Y，Dong H，Wei C，et al. Wavelength-tunable microlasers based on the encapsulation of organic dye in metal-organic frameworks. Advanced Materials，2016，28（34）：7424-7429.

[80] Kuehne A J，Gather M C. Organic lasers：recent developments on materials，device geometries，and fabrication techniques. Chemical Reviews，2016，116（21）：12823-12864.

[81] Nakanotani H，Furukawa T，Adachi C. Light amplification in an organic solid-state film with the aid of triplet-to-singlet upconversion. Advanced Optical Materials，2015，3（10）：1381-1388.

[82] Park Y S，Lee S，Kim K H，et al. Exciplex-forming co-host for organic light-emitting diodes with ultimate efficiency. Advanced Functional Materials，2013，23（39）：4914-4920.

[83] Nakanotani H，Furukawa T，Hosokai T，et al. Light amplification in molecules Exhibiting thermally activated delayed fluorescence. Advanced Optical Materials，2017，5（12）：1700051.

[84] Bisri S Z，Takenobu T，Yomogida Y，et al. High mobility and luminescent efficiency in organic single-crystal light-emitting transistors. Advanced Functional Materials，2009，19（11）：1728-1735.

[85] Liu J，Zhang H，Dong H，et al. High mobility emissive organic semiconductor. Nature Communications，2015，6（1）：10032.

[86] Li J，Zhou K，Liu J，et al. Aromatic extension at 2, 6-positions of anthracene toward an elegant strategy for organic semiconductors with efficient charge transport and strong solid state emission. Journal of the American Chemical Society，2017，139（48）：17261-17264.

[87] Horiuchi T，Niwa O，Hatakenaka N. Evidence for laser action driven by electrochemiluminescence. Nature，1998，394（6694）：659-661.

[88] Pei Q，Yu G，Zhang C，et al. Polymer light-emitting electrochemical cells. Science，1995，269（5227）：1086-1088.

[89] Muccini M. A bright future for organic field-effect transistors. Nature Materials，2006，5（8）：605-613.

第13章 单分子层电学器件的构筑与应用

13.1 概述

自组装单分子层是一类特殊的低维度分子材料，它是指有机分子通过物理或化学吸附作用自发地在基底表面形成的排列有序的分子集合体。用分子层来代替单分子提供电子功能是分子电子学的另一个重要分支，这种分子层通常被称为集成分子结。一般来说，基于分子层的分子结通过自组装单分子层（SAM）或 Langmuir-Blodgett（LB）方法得到，在一定程度上具有单分子器件无可比拟的优势。另外，分子结为更好地理解自组装、结构-性质关系和界面现象提供了契机[1]。分子设计的灵活性和分子功能的集成使分子结在传感、开关、电子转移和分子识别等领域具有可行性[2]。

从器件制备的角度来看，首先要在保持分子功能的同时，与分子组分形成明确稳定的接触[3]。目前，已经报道了用于接触和检测单分子及其集合体的多种测试平台[4-7]，其中基于分子层的分子结能够以更具重现性的方式进行创建和操作，更适合大规模生产和集成[8]。并且它们具有统计意义，表现出来的电子行为代表许多分子的平均值[9]。然而，分子结也可能存在着缺陷或与分子间相互作用有关的其他问题。例如，在蒸发金属顶电极的过程中，金属原子可能渗入分子层，造成分子层的损害，甚至形成金属丝导致短路。在本章中，我们将讨论自组装单分子层制备方法、LB 技术、制造顶电极和高质量分子器件的最新技术以及功能性分子电子器件的最近进展。

13.2 自组装单分子层

SAM 是由溶液或气相中的分子形成的有机组件，通过锚定基团附着在固体表面。它对基底表面的修饰作用尤为重要，分子层的质量在器件性能中起着主导作用。早期（20 世纪 80～90 年代）关于 SAM 的报道主要集中在溶液或气相中的有机硫化合物吸附到金或银金属薄膜基底上形成组件[10]。现在，常见的基底类型已经从金属薄膜（Au、Ag、Pt、Cu 等）发展到氧化物（SiO_2/Si、Al_2O_3、HfO_2、ZrO_2 等）和半导体（GaAs、CdSe 等）。相应地，锚定基团也随着基底的发展而不断壮大。本节将简要介绍 SAM 的生长基底和锚定基团。

13.2.1　在金属基底上形成 SAM

金属薄膜基底易于制备，且与许多表面分析技术和光谱/物理表征技术兼容[10]，是共价连接 SAM 的常用材料。Whitesides 等报道了模板剥离（template stripping，TS）法生产超平金属膜[11]的过程，包括银、金、钯、铂等。这就是我们经常在发表的论文中看到的 Au^{TS}、Ag^{TS} 的来源。首先通过电子束蒸发沉积金属（M）到 Si/SiO_2 基底上，然后将玻璃/光学黏合剂（glass/OA）复合物附着在金属膜顶部。接着，用紫外（UV）光照射固化 OA，使用剃刀从基底手动切割玻璃/OA/金属复合物，暴露出金属的光滑表面。在此基础上，Lee 等[12]提出了热退火辅助的模板剥离技术。热退火过程的引入避免了环氧树脂的使用以及紫外固化工艺，进一步简化了模板剥离法，并可以得到更大尺寸的金晶体颗粒。其步骤如图 13-1 所示，首先在图形化的硅模板上蒸镀一层金；然后在金上放置一个聚碳酸酯（polycarbonate，PC）薄膜；随后将硅模板和 PC 基底整体放到加热台上进行加热处理，为了软化 PC 基底，加热温度设置为 170℃，为了在薄膜上形成一定的压力，加热过程在氮气氛围下进行，为了在硅模板和 PC 基底上形成大面积均匀的压力，使用聚对苯二甲酸乙二醇酯（PET）薄膜对体系进行密封；最后将 PC 基底从硅模板和 PET 密封膜上剥离下来，由于金与硅模板之间的黏附力较弱，其会随同 PC

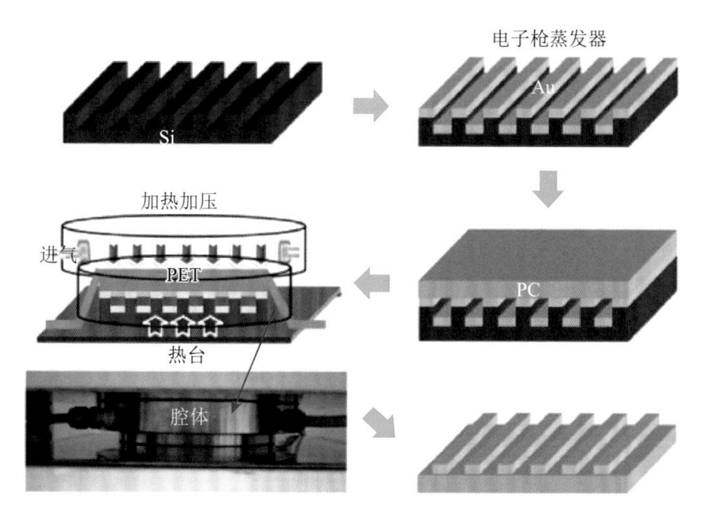

图 13-1　模板剥离方法的过程示意图[12]

基底一同从模板上剥离开来，从而得到带有金膜的 PC 基底。模板剥离法是生产多功能超平金属膜的通用方法，超平表面对于大面积分子结的形成和表征具有独特优势。

金是用于 SAM 生长的标准基底。大多数情况下，金表面具有令人满意的惰性，不易受氧气影响，也不会与大多数化学品发生反应。我们可以通过物理气相沉积、溅射或电沉积直接获得金薄膜，并使用光刻工具和化学蚀刻剂对它们进行进一步的图案化。另外，金薄膜是现有许多光谱学分析技术的常用基底，包括椭圆光度法、表面等离子体共振（surface plasmon resonance，SPR）光谱和反射吸收红外光谱学（reflectance absorption infrared spectroscopy，RAIRS）等[10]。而且，金和细胞的相容性为基于金基底的分子结在生物领域中的应用提供了广阔前景。Long 等提出了基于金表面修饰混合物的新型电化学探针，用于智能检测特定的碳水化合物-蛋白质相互作用[13]。

硫醇是最常见的锚定基团之一，它凭借与贵金属表面的高亲和力能够形成明确的有机表面。自 20 世纪 80 年代以来，强且稳定的 S—Au 共价键就是分子结中最常见的接触。在金基底上制备烷硫醇分子层的常用方法是将新制备的或干净的金膜在室温下浸入硫醇的稀乙醇溶液（1～10mmol/L）中一段时间，烷硫醇分子通过 S—Au 键共价吸附在基底上形成 SAM。其吸附模型如图 13-2 所示。根据实验和理论研究[14-16]，硫醇在 Au（111）上形成 $(\sqrt{3}\times\sqrt{3})$ R30°覆盖层。

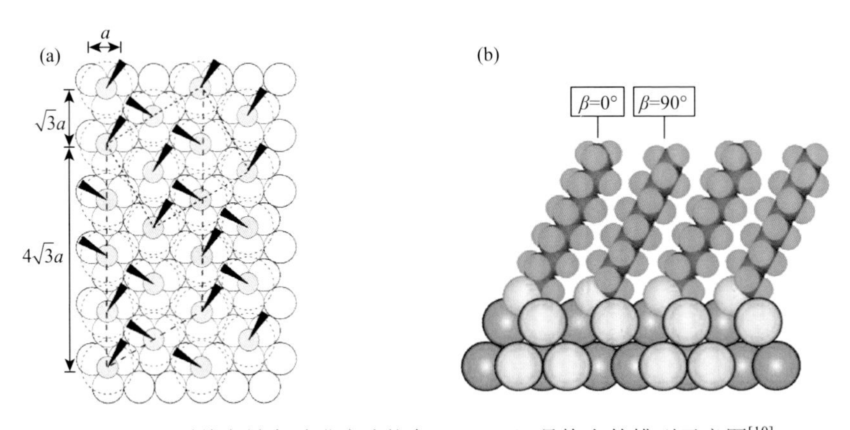

图 13-2 覆盖率最大时癸硫醇盐在 Au（111）晶格上的排列示意图[10]

（a）硫醇在金晶格上形成的覆盖层结构模型，所示排列为 $(\sqrt{3}\times\sqrt{3})$ R30°结构，其中硫原子（深灰色圆圈）位于 3 个金原子（白色圆圈，$a = 2.88$Å）围成的空隙中，带有虚线的浅灰色圆圈表示每个烷烃链占据的近似投影表面积；（b）癸硫醇在金上形成 SAM 的横截面

S—Au 键不仅限于烷硫醇，还包括一些有趣的带有硫醇末端锚定基团的共轭分子。共轭的高导电寡聚亚苯基乙炔分子[oligo(phenylene ethynylene)s，OPEs]已

被广泛应用于分子电子学。由于易于自组装的特点，其可用于研究分子结的电学性能和电荷传输机制[17, 18]。此外，具有氧化还原活性和富电子特性的四硫富瓦烯（TTF）基团可作为供体与 OPEs 结合。我们已经发展了基于 OPEs 骨架和 TTF 基团的十字形分子体系的合成策略[19-23]，并使用乙酰基保护的硫醇盐末端作为锚定基团，分子结构如图 13-3 所示。在此基础上，我们获得了基于 OPEs 和 OPEs-TTF 分子的高质量 SAM，利用导电探针原子力显微镜（conducting-probe atomic force microscopy，CP-AFM）研究了分子结的输运性质[24, 25]。

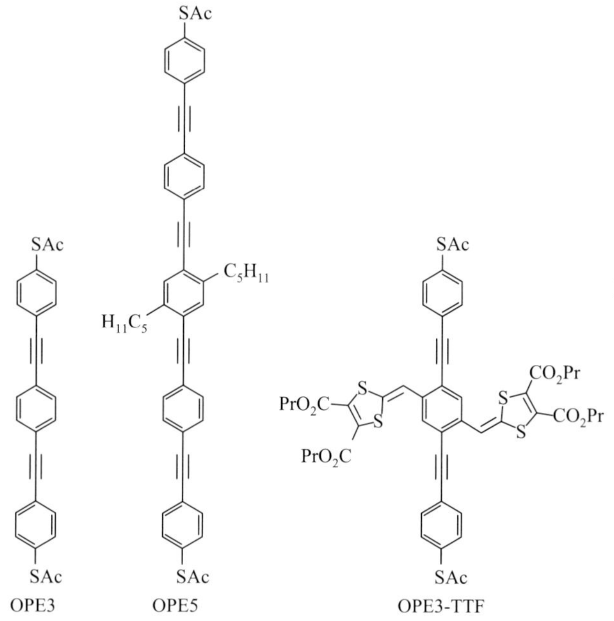

SAc SAc SAc SAc
C_5H_{11} $H_{11}C_5$
CO_2Pr PrO_2C CO_2Pr PrO_2C
SAc SAc SAc SAc
OPE3 OPE5 OPE3-TTF OPE5-TTF

图 13-3　OPEs 和 OPEs-TTF 的分子结构[24]

银是用于烷硫醇 SAM 生长的第二基底。其与金相比，能够形成结构更简单的高质量 SAM。低能电子衍射（low-energy electron diffraction，LEED）显示硫醇盐的硫原子在 Ag（111）面上形成$(\sqrt{7}\times\sqrt{7})$R10.9°的覆盖层[26, 27]。可惜银易于在空气中氧化并对细胞有毒。通常，银表面为复合氧化物的形式，并吸附着大量环境污染物。幸运的是，当银基底迅速浸入含有硫醇的溶液时，通过硫醇与银的相互作用可以剥离表面的污染层。一般情况下，能够通过 X 射线光电子能谱（XPS）确认表面氧化物的去除。

Whitesides 等提出了一种以银为底电极，基于二茂铁烷硫醇（文中称为 $SC_{11}Fc$）SAM 的分子结的电流整流机理[28, 29]。在银基底上制备 SAM 涂层的方法与在金基底上相似。将新剥离的超薄银基底快速浸入硫醇的乙醇溶液中，以尽量减少银表面的污染，并在 12h 内形成 SAM。在他们的研究中，以共晶铟镓（eutectic gallium-indium，EGaIn，表面带有 Ga_2O_3）合金为顶电极，形成分子结。分子结中的分子由两部分组成（图 13-4）：“绝缘”部分（即烷基链）和“导电”部分［即二茂铁（Fc）基团］。结果表明，分子结的整流比 $R>10^2$，整流机制源于最高占据分子轨道（HOMO）与两个电极的耦合程度不同。在正向偏压下（V_f，Ga_2O_3/EGaIn 为负偏压），Fc 的 HOMO 比反向偏压（V_r，Ga_2O_3/EGaIn 为正偏压）时更容易接近，SAM 的导电部分不会明显阻碍电荷传输，绝缘部分存在唯一的隧穿势垒。但是，在反向偏压下，SAM 的导电部分和绝缘部分都是隧穿势垒。因此，分子结在正向偏压下的电流大于反向偏压电流。

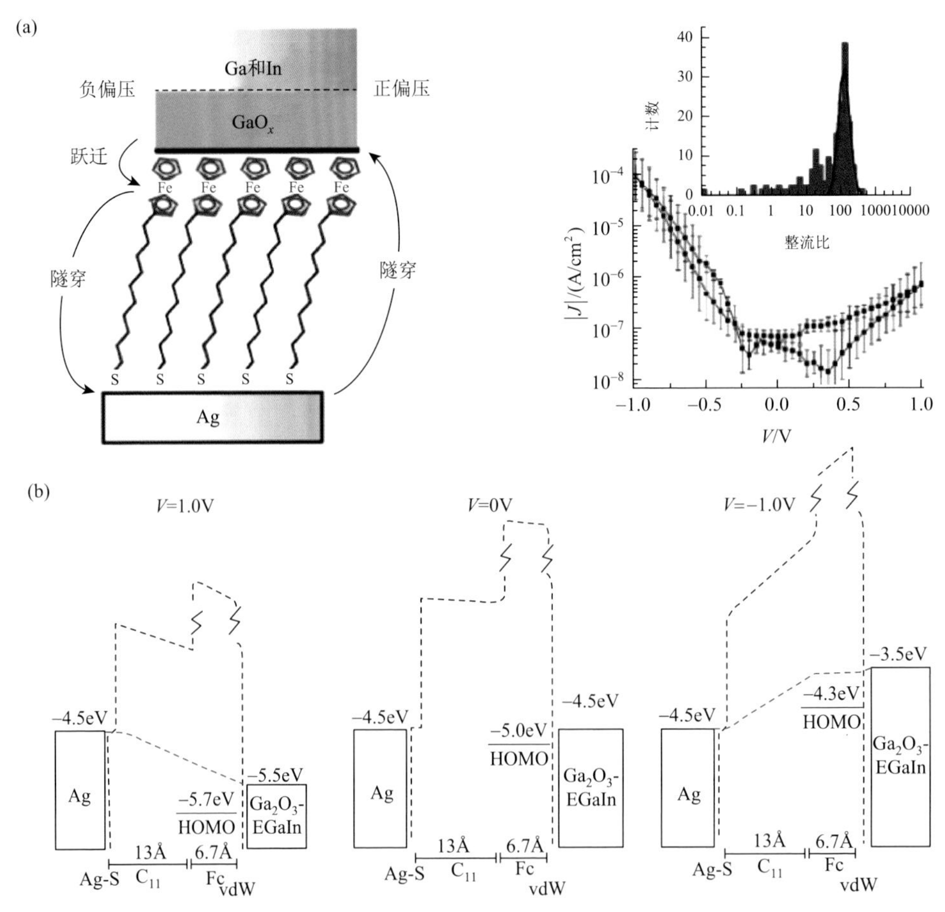

图 13-4 （a）左图：Ag^{TS}-$SC_{11}Fc$//Ga_2O_3/EGaIn 分子结示意图；右图：分子结的电学测量平均值曲线，插图：分子结整流比高斯分布图[28]；（b）在 + 1.0V（左）、0V（中）、−1.0V（右）偏压下，分子结各层结构的能级相对位置示意图[29]

随后，Whitesides 等又采用类似的分子结体系，将 $SC_{11}Fc$ 分子改为含有奇数和偶数甲基的烷硫醇，研究分子结的电荷传输性能[30]。奇数甲基烷硫醇的 SAM 在构象、结构、摩擦学和堆积密度等方面与偶数甲基烷硫醇的 SAM 均不相同，导致了电荷传输性能的差异，即“奇数-偶数效应”。尽管具有偶数和奇数甲基的烷硫醇都显示出电流密度随链长增加而指数下降的趋势，但统计结果表明前者通常比后者（具有奇数甲基的烷硫醇）具有更高的电流密度，如图 13-5 所示。

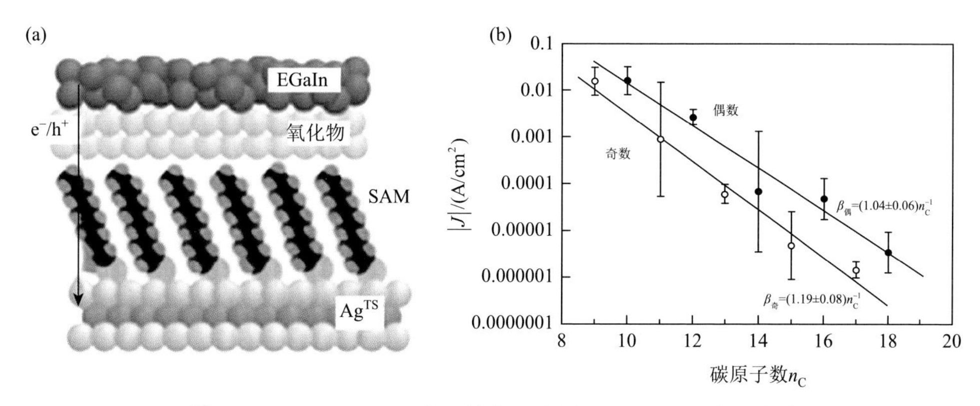

图 13-5　（a）Ag^{TS}-SAM//Ga_2O_3/EGaIn 分子结的示意图；（b）$|J|$（|电流密度|）与含有奇数或偶数甲基的烷硫醇长度的函数[30]

除贵金属外，铜也是一种比较广泛的用于 SAM 生长的金属。铜具有多种突出性能，包括高导热性、高导电性以及抗电迁移性[31]。从技术角度来看，铜是无电沉积的常用材料，比金更具半导体兼容性，但它比银更容易被氧化。尽管有机硫层的吸附可以降低铜氧化和环境污染物附着的趋势，但不如银的情况乐观。这些困难使得铜在分子层化学中具有不确定性，应用受到一定的限制。

目前，许多研究致力于开发防止铜氧化的方法，如在形成 SAM 之前，电化学还原铜电极去除氧化层[32]。Zuilhof 等[31]通过简单易行的湿化学路线在无氧化的铜基底上获得了有序的功能性 SAM（图 13-6）。详细表征表明，这些分子层可以很容易地作为表面生物功能化的平台，特别是铜表面直接连接的 NHS-MUA（*N*-succinimidyl mercaptoundecanoate）分子层具有很高的生物活性，可以与不同

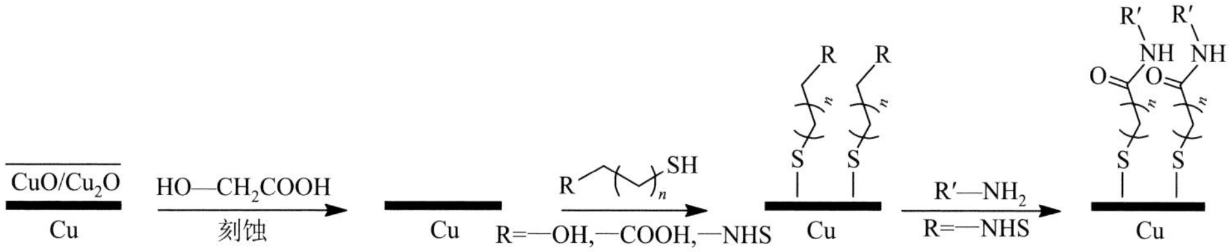

CuO/Cu_2O / Cu —($HO—CH_2COOH$，刻蚀)→ Cu —(R$(\text{CH}_2)_n$SH，R=—OH,—COOH,—NHS)→ Cu（S-SAM, R）—($R'—NH_2$，R=—NHS)→ Cu（S-SAM, C=O, NH-R′）

图 13-6　铜基底上分子层的形成及随后的生物功能化[31]

的含氨基生物分子结合。该研究为新型生物传感器的制备和生物分子的固定化提供了一种有前途的方法。

大多数实验中，通过将新制备的或干净的基底浸入分子溶液中，在室温下孵育一段时间来制备 SAM，称为溶液浸渍法。旋涂法是另外一种分子沉积方法。将分子溶液旋涂在目标基底上，然后以一定转速旋转。随着基底旋转，溶液在晶片上广泛扩散，降低基底上的分子浓度。接下来，对基底进行退火，促进未结合分子在旋涂膜中的扩散。另外，还有化学气相沉积（CVD）法，它是气相退火领域中的代表性方法。根据蒸汽压原理，将分子以气相形式沉积在电极上。

13.2.2 在硅基底上形成 SAM

硅元素在地球表面含量丰富，仅次于氧，所以硅容易获得，并且性质优良，一直是微电子器件中广泛使用的原材料。另外，表面非常平整的硅也是促进扫描探针技术发展的关键，故研究硅的功能化具有非常重要的现实意义。目前，氢封端的硅在研究中备受青睐，这是因为氢封端可以增强硅在环境中的稳定性，且能够使之与具有末端不饱和键或重氮基团的分子反应，该反应称为硅氢化，它提供了在硅表面引入多种不同功能的有机物的机会，并可在温和的反应条件下形成高质量的单分子层。

Uchida 等利用带有乙炔端基的光致变色分子对氢基封端的硅表面进行化学功能化，实现了可逆的电导切换[33]。导电探针原子力显微镜测量表明，由于分子在可见光和紫外光照射下分别具有开环和闭环结构，因此分子结具有开/关电导（图 13-7）。更重要的是，紫外光引起的电流增加和可见光引起的电流减少是可重复的，且不会衰减。这种可逆性源于 π 共轭的锚定基团和硅基底形成的 C—Si 共价键具有很高的稳定性。

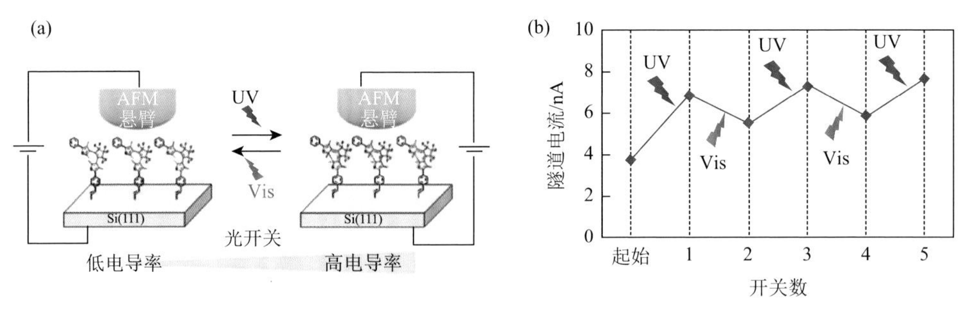

图 13-7 （a）二芳基乙烯分子在开环和闭环之间的光致异构化；（b）由紫外光和可见光交替光照引起的可逆电流变化[33]

利用 *N*-羟基琥珀酰亚胺（*N*-hydroxysuccinimide，NHS）衍生的酯类来组装含氨基生物分子是无机表面生物功能化的主要途径。这一点我们在上节也略有涉及。同时，C—Si 键作为最稳定的键合方式，有利于在硅基底上形成 NHS 衍生酯的分子层，获得 NHS 活化的硅表面，并且所得表面允许在室温下用—NH_2 取代 NHS 的酯基部分进行进一步改性（图 13-8），从而获得清洁平坦的生物素化表面。这种光诱导附着方法可以与光诱导图案化技术兼容，扩大了生物功能化硅表面在生物芯片和生物传感器中的应用[34, 35]。

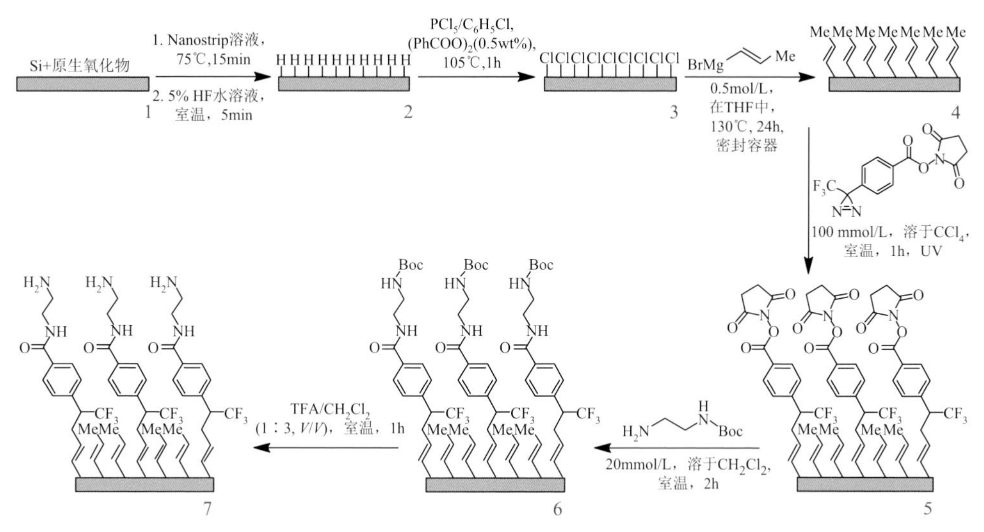

图 13-8　硅基底上 NHS 衍生酯封端的单分子层形成示意图和对表面的进一步修饰[35]

采用扫描探针法在不同的环境下研究了纳米级聚合物形貌的形成。然而，研究过程中，聚合或未反应的分子往往没有共价结合到基底上，而是以较弱的金属键连接。在随后的制造过程中或在使用过程中，与基底弱键合的分子层很容易被损坏。Kim 等[36]以氢化硅为基底，将 ω-(*N*-吡咯基)丙醇 SAM 共价连接到基底上，解决了弱黏附的问题，并通过扫描探针技术表征了横向聚合。当原子力显微镜（AFM）扫描偏压大于±4V 时，SAM 的机械和电气性能发生了明显变化：尖端-样品电导大大增加，摩擦显著减小。这可归因于层内形成了分子连接和吡咯端基的共轭延长。从而证明了 AFM 偏压扫描可以成功诱导共价接枝分子层内的局部聚合或寡聚，为扫描探针法研究共价分子层的横向聚合做出了突出贡献。

目前，有机硅烷 SAM 被越来越多地用于修饰硅基传感器和 AFM 硅探针的表面。一般来说，改进的 AFM 探针提高了图像质量，并可用于化学官能团检测。Dong 等[37]采用无溶剂的 CVD 方法，在室温真空条件下，将十八烷基三氯硅烷（ODTS）单分子层沉积在硅片和 AFM 探针上。与浸渍法相比，CVD 法最大限度地减少了基底表面的水冷凝，防止了 ODTS 分子之间的随机聚集和反应，实现了对 ODTS 分子层表面覆盖率和基底疏水性的精确控制。

13.2.3 在氧化物基底上形成 SAM

我们之前已经提到了金属基底和半导体基底，其实氧化物基底也是一类不容忽视的 SAM 生长基底，并为有机薄膜晶体管（OTFT）的研究做出了贡献，在这里做简要介绍。线型并苯（如并五苯和并四苯）具有较高的载流子迁移率和大的开关比[38-40]，是制备有机薄膜晶体管的常用分子。Tulevski 等[41]利用并四苯衍生物，制备了基于氧化铝基底的晶体管。当氧化铝用作介电层时，分子层在纳米级晶体管中形成活性通道（图 13-9）。这种方法能够实现器件的源极-漏极距离小于 100nm，并保持较高的产率，为当时的有机薄膜晶体管研究提供了新思路。另外，这些装置的活性通道暴露在环境中，有可能被用作高度敏感的环境传感器或分子传感器。

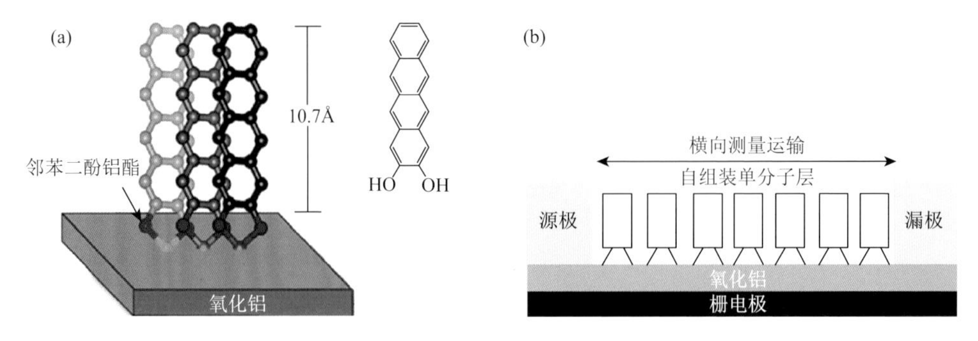

图 13-9 （a）并四苯分子在氧化铝上的成键和取向示意图，以及末端官能化的并四苯的分子结构；（b）SAM 晶体管的结构示意图[41]

13.2.4 锚定基团

随着基底的发展，适用于不同基底的锚定基团应运而生。在前面的介绍中，已经罗列出一些常见的锚定基团，本小节做适当的总结和扩展。表 13-1 展示了形成 SAM 的吸附物和基底的化学系统。可见，对于金属基底，—SH、—NH_2、—CN 是常见的锚定基团；而酸和醇锚定多用于氧化物基底。为了有效连接两个电极间的纳米间隙[6]并形成分子结，锚定基团在分子器件的制备和测量中发挥了重要作用[10, 42]。合适的锚定基团可以有效地连接分子和电极，使二者之间具有较强的电子耦合，能够改善电荷传输，降低金属/分子界面上的电荷注入势垒，形成可重复的和机械稳定的接触。有时，与分子主链相比，锚定基团甚至可以主导分子结中的电荷传输类型，确定是空穴主导（p 型）输运还是电子主导（n 型）输运[43]。

表 13-1　形成 SAM 的基底和吸附物[2]

表面	基底	吸附物
金属	Au	R—SH，R—SS—R，R—S—R，R—NH_2，R—NC，R—Se，R—Te
	Ag	R—COOH，R—SH
	Pt	R—CN，R—SH
	Pd	R—SH
	Cu	R—SH
	Hg	R—SH
半导体	GaAs（Ⅲ-Ⅴ）	R—SH
	InP（Ⅲ-Ⅴ）	R—SH
	CdSe（Ⅱ-Ⅵ）	R—SH
	ZnSe（Ⅱ-Ⅵ）	R—SH
氧化物	Al_2O_3	R—COOH
	TiO_2	R—COOH，R—PO_3H
	$YBa_2Cu_3O_{7-\delta}$	R—NH_2
	Tl-Ba-Ca-Cu-O	R—SH
	ITO	R—COOH，R—SH，R—$Si(X)_3$
	SiO_2	R—$Si(X)_3$

Aaron 等[43]通过导电探针原子力显微镜技术研究了巯基（—SH）或异氰基（—NC）锚定的分子结的热电性质和电输运特性。图 13-10 是实验使用的测试平台和分子结构。热电测量可为获得分子结的电子结构提供补充见解。正热电势表示 HOMO

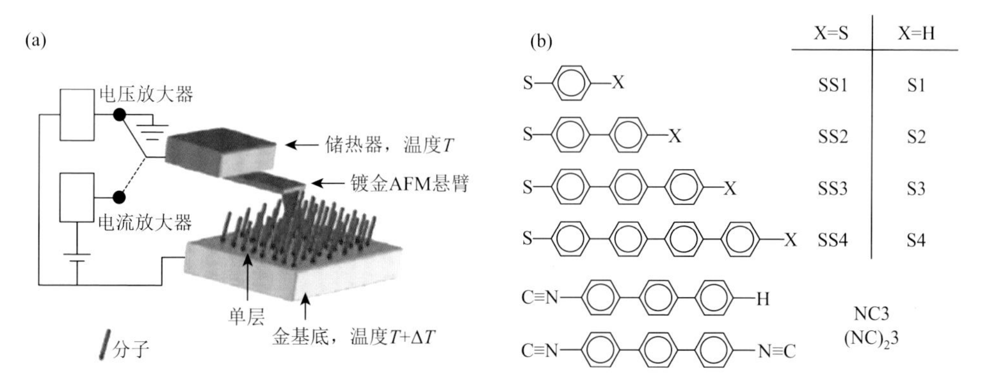

图 13-10　（a）测量电导率和热电性的实验测试台的示意图；（b）巯基和异氰基封端的分子结构[43]

主导的（p 型）传输，电荷传输与更接近费米能级的 HOMO 有关。相反，负热电势代表最低未占分子轨道（LUMO）主导的（n 型）传输。实验中，巯基锚定的分子结的热电势为正值并且随着分子的长度增加而增加，而异氰基锚定的分子结的热电势为负值。并且通过将末端基团从—SH 变为—H 而降低分子与电极的耦合时，分子结的电导率下降了一个数量级。这些结果表明锚定基团在分子结中起着举足轻重的作用，锚定基团的差异将不可避免地造成分子结性质的多样化。

Hong 等[44]系统地研究了甲苯衍生物中的四种锚定基团，包括吡啶基（—PY）、$—NH_2$、—SH 和—CN。实验结果表明，分子结形成概率和稳定性遵循—PY＞—SH＞$—NH_2$＞—CN 的顺序。—PY、—SH 和$—NH_2$锚定的分子结表现出较高的电导率，并且—PY 和$—NH_2$锚定的分子结在整个拉伸过程中电导波动最小。可见，锚定基团影响着分子结的形成、传导和演变。由于二硫醇盐锚定的分子结在拉伸过程中电导率变化较大，Au 电极的变形也相对强烈（如金纳米线的形成），Venkataraman 等[45]改用二胺（2 个$—NH_2$）作为锚定基团来揭示电导对分子构象的依赖性，这有助于真正理解分子结构与性能的关系。

此外，还有一些新型的锚定基团，如富勒烯（fullerene，C_{60}）、三氮三角烯（triazatriangulene，TATA）、二硫代氨基甲酸酯（dithiocarbamate，DTC）。作为锚定组中大型体系的代表，TATA 值得一提。$TATA^+$是大的阳离子 π 体系，三个氮原子上可以容易地引入丰富的侧链[46, 47]。将碳阴离子添加到$TATA^+$的中心碳原子上可得到中性平台分子，其中碳阴离子链段垂直于三环烯系统的当前曲面[48-50]。这种 TATA 平台作为锚定基团可以与金基底有效结合并形成明确定义的分子层（碳阴离子链段垂直于基底）。Wei 等用三种不同长度的分子线在金基底上制备 TATA 锚定的分子层，并通过导电探针原子力显微镜和扫描隧道显微镜研究了分子结的电学性质[51]，如图 13-11 所示。TATA 锚定基团的大尺寸有利于消除任何分子线对分子线的电荷传输，并保证了与金基底之间稳定的电子接触，在几何构型和电子结构上显示出令人满意的优势。

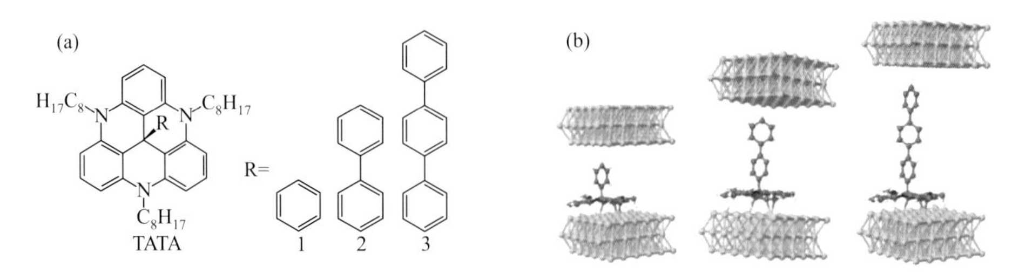

图 13-11　（a）实验中三种分子的结构；（b）TATA 锚定金基底的结构图[51]

13.3 Langmuir-Blodgett 技术

SAM 方法不是获得集成分子结的唯一手段，LB 方法也是形成分子层的重要技术。LB 技术[52, 53]涉及表面化学，当两亲分子（如表面活性剂或纳米颗粒）与水接触时，亲水部分与水相互作用而疏水部分暴露于空气中，在空气/水界面有序排列形成 LB 膜。通过逐渐压缩膜在水面上的占有面积，得到具有所需表面压力和粒子密度的分子膜。通常基底都经过化学处理，表面呈现疏水性或亲水性，并通过浸渍法将分子膜转移到基底上。并且反复浸泡目标基底可以形成由多个单分子层组成的多层。具体流程如图 13-12 所示。

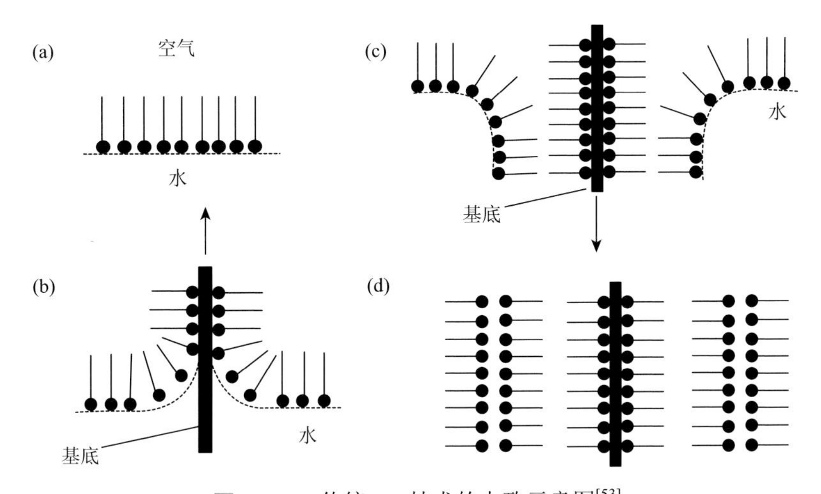

图 13-12　传统 LB 技术的大致示意图[53]

在第一步（a）中，将合适的两性分子溶解在挥发性溶剂中，然后分子分散在空气/水界面上形成 LB 单层。在 LB 制膜装置中，可以通过调整水槽的面积来改变分子的局部密度、组织和次序等；为了在基底上形成 LB 膜（b），将基底穿过界面一定次数，并且每穿过一次就增加一次单分子层（c）和（d）

LB 技术具有以下优点[54, 55]：①精确控制分子膜厚度和组装密度；②实现大面积均匀沉积；③适用于多种基底；④能够构建多层 LB 膜，不限于单分子层；⑤有潜力在常规材料和生物材料之间建立兼容界面以促进生物应用。LB 单分子膜早在 20 世纪 70 年代就已用于制备器件，Marques-Gonzalez 和 Low[56]用 LB 法制备了一系列有序的脂肪酸单分子层，并将其夹在金属电极之间，成功测量了通过分子系统的电特性。并且结果表明，电导率随分子长度的增加而指数衰减。

LB 技术是控制界面分子取向和组装密度的成熟方法[57]，有利于深入研究器件结构，改善器件性能。Bao 等[58]研究了 ODTS 单分子层的密度和有序度对基于并五苯材料的有机薄膜晶体管（OTFT）性能的影响。在他们的研究中，采用 LB

方法系统地改变了用于修饰 SiO_2 介电层表面的 ODTS 单分子层的组织和密度。在超薄分子膜沉积过程中，通过施加横向压力来压缩空气/水界面处的 ODTS 分子膜。随着外加压力的增加，薄膜由二维气体转变为二维液体，最终转变为有序的二维固体，OTFT 的完整结构如图 13-13 所示。研究表明，ODTS 改性层的相和有序度对器件性能有重要影响。结晶的、致密的表面修饰层可以促进二维半导体的生长，实现更高的迁移率。这是有机半导体形态控制的关键一步，为优化 OTFT 和构建高性能器件提供了一条新途径。

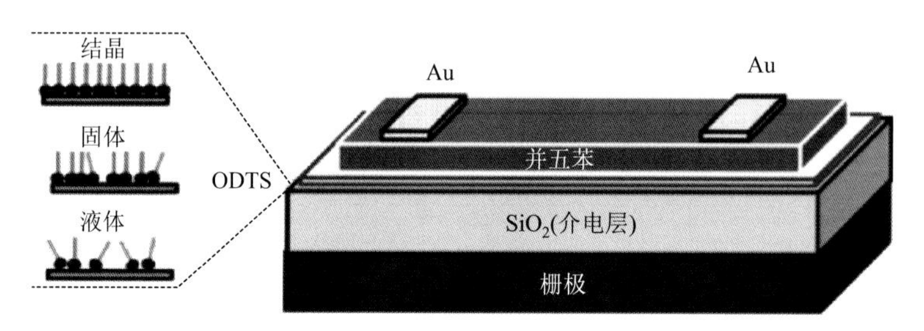

图 13-13 并五苯晶体管的结构示意图，包含不同相的 ODTS 改性层[58]

此外，LB 技术在双端器件中也有很好的应用。有些双端设备的电导具有两种状态，可在外加电压作用下可逆切换，广泛用于分子存储器和逻辑器件[59]。其中一类基于机械联锁双稳态复合物，如采用 LB 技术获得的索烃或轮烷分子膜[60]。Aviram 和 Ratner 提出早期分子二极管的基本结构由 σ 桥分隔的供体和受体组成[61]，并通过将 LB 膜[62]和嵌段共聚物[63]夹在两个平面电极之间形成二极管验证了可行性。不过，在大多数情况下，LB 薄膜在化学和机械稳定性方面都存在缺陷，应用不如 SAM。

13.4 分子器件顶电极的制备

对于分子器件来说，光有底电极和 SAM 是不够的。顶电极的形成对器件性能的实现具有重要意义，金属具有良好的导电性，已经成为制备分子器件的首选电极材料。这一节将介绍常见的顶电极制备方法。

13.4.1 直接沉积金属顶电极

电子束蒸发和热蒸发是直接沉积金属顶电极的经典方法。其通过将金属加热到足够高的温度来蒸发金属，然后将蒸气冷凝到较冷的基底上形成电接触。虽然直接沉积法是制备金属顶电极的常用方法，但研究表明其是具有挑战性的。通常，高温高动能的金属原子和团簇很可能到达基底。加上加热源的辐射作用，基底表面被严重改性[63]。如果基底表面被 SAM 覆盖，SAM 很容易被损坏，甚至形成金属丝，穿透分子层到达底电极，造成短路，降低了器件的产率和可靠性[64-66]。

包括金、银、铝、铜在内的多种金属被证明，当直接沉积成为顶部接触时，有形成金属丝穿透分子层导致短路的情况。为了进一步了解直接沉积法对器件的影响，一些研究探索了蒸发的金属原子与金基底上甲氧基（—OCH_3）封端的分子层之间的相互作用[65, 67, 68]。结果表明，蒸发的 Al、Cu 和 Ag 原子沿着两条平行的路径分离：一是穿过—OCH_3 封端的分子，到达金基底；二是被—OCH_3 捕获，类似于溶剂化作用。特别地，当蒸发铝原子穿过分子层，在分子层底部形成大约 1∶1 的 Al/Au 层之后，穿透通道闭合。并且在真空/分子层界面处继续形成金属膜。然而，对于铜和银，穿透通道并不闭合。此外，几乎惰性的金原子不与—OCH_3 端基相互作用，直接穿过分子层，到达 Au/S 界面［图 13-14（a）］。对端基反应活性低的金属原子将穿过分子层到达基底，并在底电极和分子层之间形成附着层。这个过程很可能形成金属丝，直接连接顶电极和底电极，导致短路，图 13-14（b）可以大致反映出来。或者，如果金属容易氧化，将在分子层中形成相对绝缘的“柱子”，破坏分子层并影响电荷传输测量的准确性。相比之下，具有足够高反应活性的入侵金属原子通过与端基相互作用倾向于留在分子层的顶部。例如，在羟基封端的烷硫醇分子层上沉积铝原子，羟基基团可以有效地捕获铝原子，形成 H—Al—O—C 结构，从而防止蒸发的铝原子渗入分子层[67]。综上所述，采用直接物理气相沉积法制备顶电极很难形成良好的分子电子器件，迫切需要发展其他办法来改善这种情况。

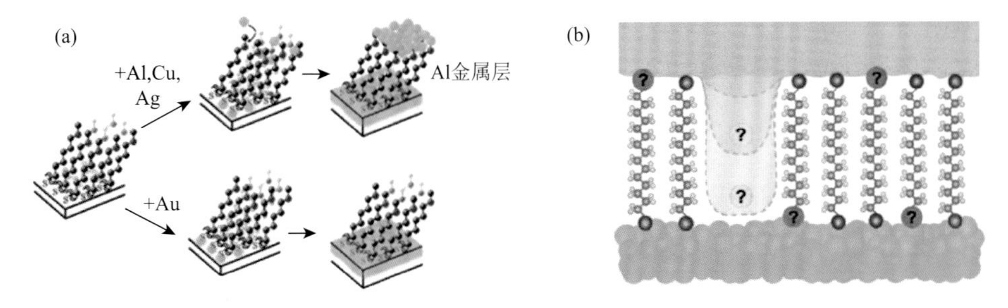

图 13-14　（a）蒸发金属原子与分子层相互作用的示意图，金属原子用绿色表示，氧原子用红色表示，碳氢化合物用黑色表示[68]；（b）蒸发金属原子穿透分子层的模拟过程[69]

13.4.2　间接蒸发金属顶电极

间接蒸发金属顶电极的方法可以有效减少分子层损伤和器件短路。表面扩散辅助沉积（surface-diffusion-mediated deposition，SDMD）金属是由 McCreery 等[70]提出的一种新技术，其中金属原子被远程蒸发，然后扩散到分子层上形成顶接触，以克服由直接沉积带来的损害。

图 13-15 是 SDMD 的制备过程。简言之，在热氧化硅基底上制备的热解光致

抗蚀剂膜（PPF）提供了必要的表面化学，其允许导电 PPF 膜和分子层之间形成 C—C 键。利用光学光刻技术在 PPF 表面制备 SiO_2 掩模，然后通过反应离子刻蚀工艺除去未被保护的 PPF 部分，在掩模下面创建一个近乎垂直的侧壁。并且，通过切割使 SiO_2 模板超出侧壁，如图 13-15（b）所示。将分子层电化学接枝到 PPF 侧壁，形成共价连接的分子层。最后，采用电子束蒸发技术远程蒸发金属并经由扩散过程沉积顶电极，形成分子结。应当指出，在直接蒸发形成金属顶电极的过程中，金属沉积发生在垂直于分子层表面的方向上，并且分子层暴露于蒸发源的辐射中。而在 SDMD 工艺中，沉积角度可以根据分子层表面而改变，超出侧壁部分的 SiO_2 掩模保护分子层免受金属原子的入侵和蒸发源的辐射。这种间接沉积金属顶电极的方法能够在分子层上方形成坚固的顶部接触，具有优良的产率（通常大于 90%）和重现性。SDMD 过程的关键是蒸发的金属原子朝着分子层表面扩散形成电接触，为了更好地理解，加入了另一篇文献中的示意图作为图 13-15（e）（它只是将 PPF 侧壁变成了碳侧壁）[71]。远程沉积和扩散方法降低了金属原子的动量，减弱了沉积金属的动能和热量对分子层的影响，可以有效避免由加热和金属渗透引起的分子受损。

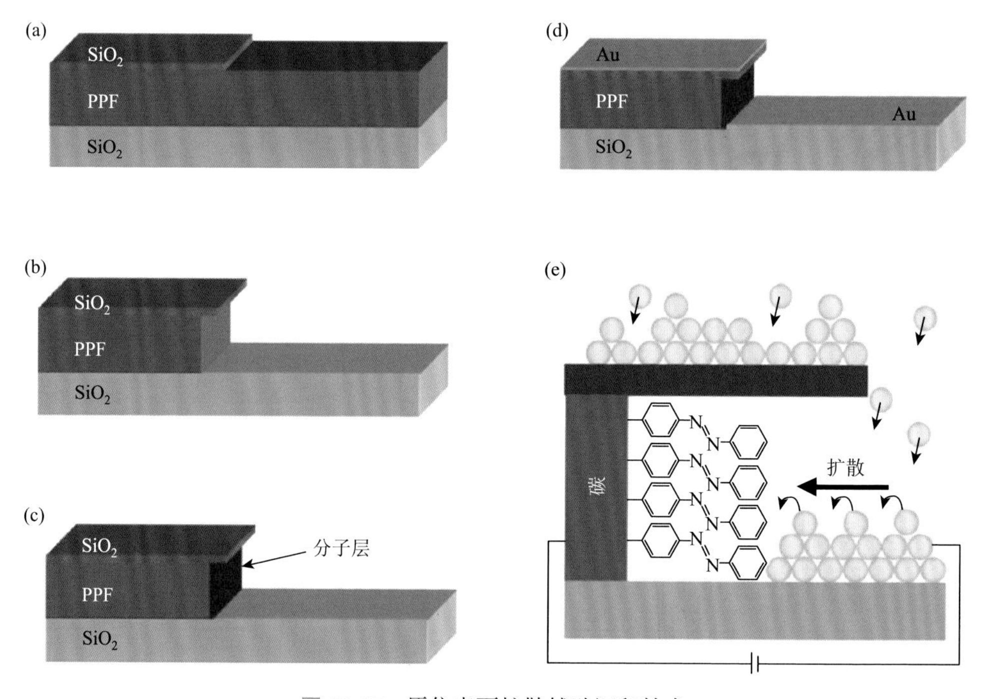

图 13-15　原位表面扩散辅助沉积技术

（a）～（d）SDMD 工艺的过程示意图[70]；（e）金属原子扩散形成分子结的示意图；分子的一端连接到导电性碳的侧壁；另一端连接扩散的金原子，超出侧壁部分的 SiO_2 掩模防止金原子直接降落在分子层上而沉积[71]

13.5 高质量分子器件的制备

本节将介绍制备可靠的、高产率的基于分子层的分子结的先进技术方法。大致可分为两类：一类是对 SAM 没有破坏性的“软”材料作为保护中间层，一类是“软材料”直接作为顶接触。这些方法有效克服了直接沉积顶部接触带来的缺点。高质量集成分子结的获得，使得系统地分析真实的电荷输运特性成为可能，有助于实现创建功能性分子器件的最终目标。

13.5.1 剥离漂浮法

这种方法依赖于由两种固体之间的液/固界面引起的毛细相互作用，以及用于将金属薄膜转移到目标固体基底上的公共液体。该想法主要由 Cahen 等开发，被称作剥离漂浮（lift-off float-on，LOFO）法[69]。简单来说，剥离漂浮法的一般过程包括两个主要步骤[72]，如图 13-16 所示：①金属膜的剥离。首先将金属膜蒸发在固体支撑上（如玻璃片），然后用特定的分离剂将金属膜从固体支撑上剥离下来，并在毛细作用下漂浮于溶剂液面上。②转移金属膜到目标基底上。目标基底被分子层修饰，并通过液相介导过程制备金属-分子层-基底分子结。其间要迅速除去溶剂，以防止金属膜起皱。Vilan 等[73]首次利用剥离漂浮法制备了 Au-分子层-GaAs 分子结，研究了分子偶极矩对半导体-金属结的电性能的影响。

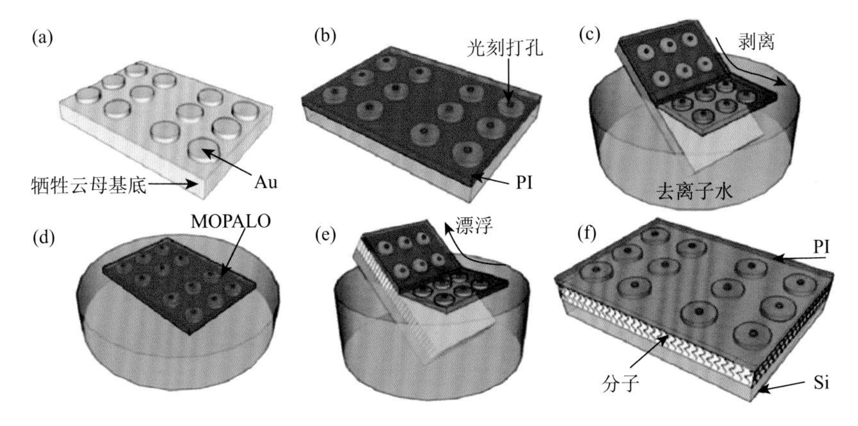

图 13-16　剥离漂浮法过程示意图[72]

剥离漂浮法可以相对有效地克服由大多数真空沉积过程造成的物理伤害以及由电化学沉积带来的化学损伤。并且，在一定程度上，剥离漂浮法是生物相容的。

分子层与金属顶电极之间并不形成实际的化学键，且在室温（或非常接近室温）下，待结合的表面一直保持湿润状态直到电接触形成，这些特点使它适用于含有生物分子的电子器件的研究。除了这些优势外，剥离漂浮法也存在挑战。例如，它很难精确控制漂浮电极和基底之间的作用力，不像原子力显微镜能够明确限定顶电极和分子的接触。事实上，漂浮金属膜和基底之间的斥力也经常被观察到，这可能会在顶电极和分子之间产生一个附加的气隙层。此外，完全防止金属膜（漂浮膜）在与目标基底的接触过程中起皱也是不太现实的。不过目前已经发展了一些方案来解决这些问题。Shimizu 等进一步发展了聚合物辅助剥离（polymer-assisted lift-off，PALO）法[74]，其关键组分是顶电极背层的疏水聚合物，能够保证机械稳定性和热力学驱动力，防止起皱。随后，Stein 等[72]又提出了改进的聚合物辅助剥离（modified polymer-assisted lift-off，MOPALO）法，使用聚酰亚胺（PI）光刻胶层代替原来的 PMMA 聚合物层，这一技术保证了可以同时制备多个高质量的分子结。该方法可与多种其他方法结合，在实现实际集成分子器件的道路上迈出了一大步。

13.5.2 交叉结法

1. 交叉杆分子结

交叉杆/交叉线锁存器结构对实现下一代基于金属-分子-金属结的存储器和逻辑器件具有重要意义[75-77]。它能被平行制备，有潜力以低生产成本实现高器件产量。在交叉结方法中，电极彼此交叉放置并夹有分子层。

交叉杆由尺寸微小的矩形块状线彼此交叉组成，分子层位于交叉点处（图 13-17）。其中，将金属顶电极阵列施加到底电极阵列的上方是制造分子结的关键步骤，在实际制备过程中，由于以下几个原因，SAM 通常有一些缺陷：①由电极表面粗糙引起的台阶边缘；②随顶部电极蒸发，形成针孔或细丝；③光刻过程中，在电极表面引入杂质或残留物。为了减少 SAM 的缺陷，Nijhuis 等[28]提出了一种方法，在透明聚合物［聚二甲基硅氧烷（PDMS）］的微通道中，创建基于 Ga_2O_3/EGaIn（氧化镓/共晶镓铟）顶电极的交叉杆阵列。在他们的实验中，超平滑的模板剥离银（Ag^{TS}）电极被嵌在固化的光学黏合剂（OA）中用作底电极，其中银的图案是使用标准光刻技术制造的，硅片为基底。然后用黏合剂将玻璃片黏附到银电极上。光学黏合剂与银和玻璃片相互作用，但不与硅片相互作用，因此可以容易地将银/黏合剂/玻璃复合材料从硅片上分开，得到底电极。随后，在 SAM 形成后，将 PDMS 中的微通道与底电极垂直对准。最后，用 Ga_2O_3/EGaIn 填充微通道，形成器件。使用这种方法制备分子结有以下优势：①分子结具有机械稳定性，可在较宽的温度范围内测量 J-V 特性；②它们不需要通过电子束蒸发或直接溅射法沉积金属顶电极；③它们不存在金属电极之间的合金化，也不需要导电聚合物中间层。

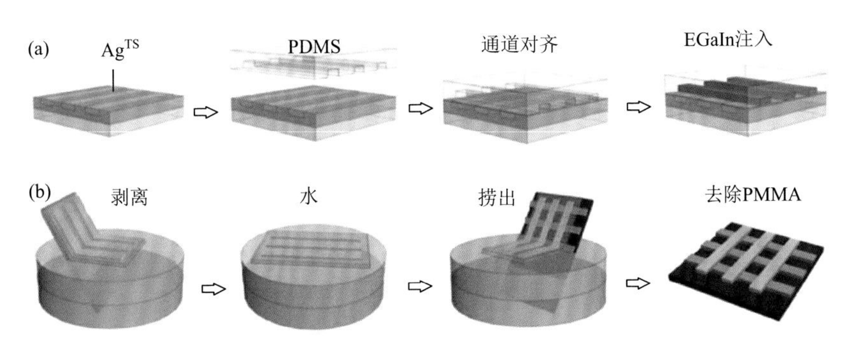

图 13-17　交叉杆技术制备分子结阵列的过程

（a）微通道辅助的交叉杆结构[28]；（b）利用聚合物辅助剥离法制备的交叉杆结构[74]

2. 交叉线分子结

交叉线方法与交叉杆类似，也是制备交叉结的重要手段（图 13-18）[78]。Kushmerick 等研究了基于 OPEs 分子层的交叉线分子结的 *I-V* 特性[79]。分子层夹在直径为 10μm 的两条交叉金线之间，导线中的直流电流使它在磁场中偏转，线间距由洛仑兹力控制。偏转电流缓慢上升，轻轻把导线聚在一起，在接触点形成结。令人惊喜的是，与该分子的单分子 STM 测量相比[80]，原始 STM 电流数据乘上 1000 与交叉结电流定量一致。说明这种交叉分子结大约包括 1000 个分子，且交叉分子结的电导与平行的分子数量呈线性关系。因为分子线以离散的、无相互作用的导电沟道的形式存在，所以分子电子器件的电导符合简单的线性叠加定律。此外，交叉结与基于 CP-AFM 的分子结相比[81, 82]，结果表明二者得到的过渡电压（V_{tran}，从概念上讲，V_{tran} 是隧穿势垒高度的粗略估计）是一致的，且与结面积无关，即与参与传输的分子数量无关。随后的研究也表明，V_{tran} 是由分子本身决定的，为电子传输机制提供了很好的见解。后来，Kushmerick 等进一步使用洛仑兹力辅助的交叉结方法对不同材料进行了研究，为此测试平台做出了突出贡献[83]。然而，由于金属线在此结构中存在表面曲率，故金属线上接触的分子数量不能被精确控制，分子取向也不明确。此外，由于需要外部磁场，该方法不太适合大规模生产固态器件，但与蒸发金属的分子结相比，器件产率提高了。

13.5.3　转移印刷法

转移印刷法（简称转印法）可以将完整的“现成”功能转移到基底上，而不需要高能光子、离子或电子束的辅助[84, 85]。在转印技术中，金属薄膜被蒸发到弹

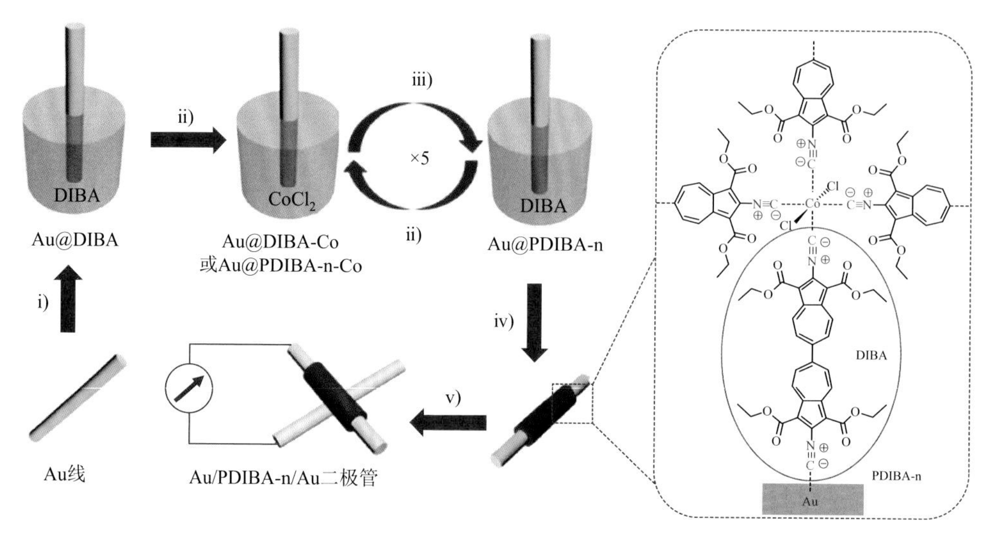

图 13-18 由洛仑兹力控制的交叉线隧穿结的示意图[78]

性印章上，如 PDMS。然后通过金属涂覆的 PDMS 与分子层机械接触形成电接触。该方法快速、简单，且易于在环境条件下进行，对制造集成分子器件是有前途的。它还可以用来定义纳米级结构，在这种情况下，该方法称为纳米转移印刷法（nanotransfer printing，nTP）。

转印法的缺点是金属膜仅通过机械接触而转移，原则上这种转移没有驱动力。因此，如果金属膜比印章对分子层有更高的亲和力，分子可以与“待转移”的金属膜形成化学键。图 13-19 显示了用于制备金属-分子-基底结的纳米转印工艺[69, 86]。首先，用分子层改性的基底与金属包覆的印章机械接触，分子端基与金属膜形成共价键。接下来，因为金属膜与端基的作用力更强，金属膜从印章上移除并留在分子层上。

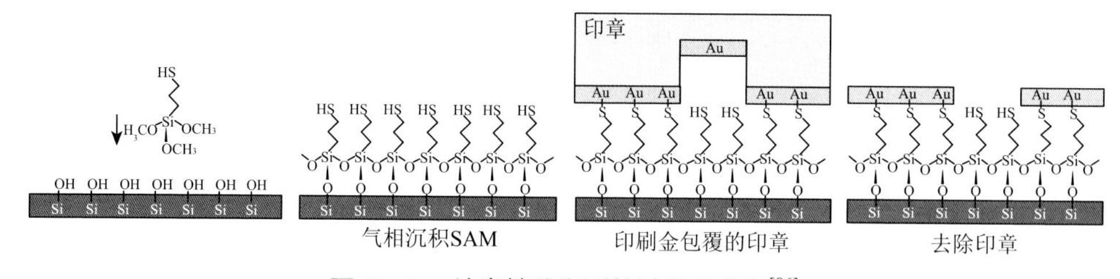

图 13-19 纳米转移印刷的过程示意图[86]

Loo 等[85]用转印方法制备顶电极，构筑金-二硫醇分子层-砷化镓结。主要过程简要介绍如下（图 13-20）：①通过刻蚀去掉 GaAs 基底的天然氧化物层，然后立即将其暴露于分子蒸气中以形成分子层。大多数分子以最佳取向吸附在

GaAs 表面，即分子的一端与 GaAs 表面反应，另一端为未反应的巯基（—SH）端基。②金膜包覆的弹性体 PDMS 与 GaAs 基底接触形成 GaAs-分子-Au 结。③从基底上除去印章，完成转印过程。PDMS 印章的弹性和机械适应性保证了印章/基底界面的良好接触。与 Au—S 键相比，Au 与 PDMS 的黏附性较差，因此很容易从基底上去除印章。尽管该方法在制造集成分子器件方面很有吸引力，但仍然存在一些挑战，如界面问题。由于顶电极的粗糙度，可能在金属和分子层之间产生小间隙，导致不可靠的电响应。换句话说，当金属层蒸发到 PDMS 上时，很难得到超平滑的表面，可能会产生额外的气隙，从而阻碍对分子实际性能的分析。另外，还有分辨率的限制。一般情况下，可能的最小尺寸在 50nm 左右。虽然通过调节弹性体的模量和表面能，可得到相对较高的 20nm 的分辨率，但弹性体的局部变形仍是显著的问题。目前也发展了相应的方法来应对出现的问题，但我们要知道每种方法都不是完美的，需要趋利避害，避重就轻。

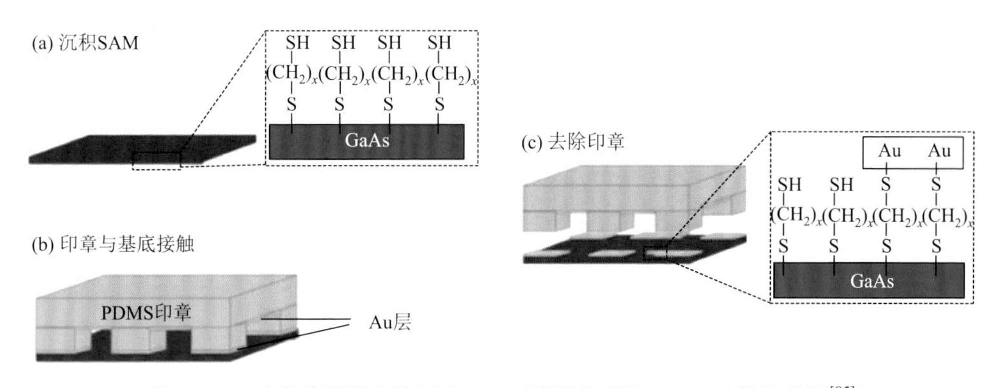

图 13-20　纳米转移印刷法制备 Au-二硫醇分子层-GaAs 结的示意图[85]

13.5.4　液态金属接触

1. 汞（Hg）电极

与上述方法的效果类似，液态金属接触也能有效防止分子层中的金属原子渗透或相关缺陷问题。它通过机械操纵低熔点的金属或合金来形成软顶接触，由 Reynolds 等提出，并以干净的汞（Hg）滴电极作为顶电极，以不同金属为底电极（包括钡、镉、钙、铜和铅），在多层分子膜上进行了电测量。他们发现，汞是唯一令人满意的顶电极材料，能够形成具有低电阻并没有物理损坏的接触[85]。

汞滴作为顶电极可以与多种不同金属底电极组成分子结器件（图 13-21），以形成汞-分子层-银结为例，该分子结是由汞滴上的分子层和硅片支撑的银膜上的分子层通过机械接触而形成的。将分子层 1（SAM1）涂覆的银膜放置于含有烷硫醇溶液的烧杯中，以便在注射器口悬浮的汞滴表面原位形成分子层 2（SAM2）。微操作器允许两个分子层机械接触形成分子结。汞滴直径约为 1mm，接触面积约为 $5\times10^{-3}cm^2$。该方法可用于制备基于单分子层或双分子层的分子结，在底电极的选择上也很广泛，包括很多金属和半导体[86-91]。

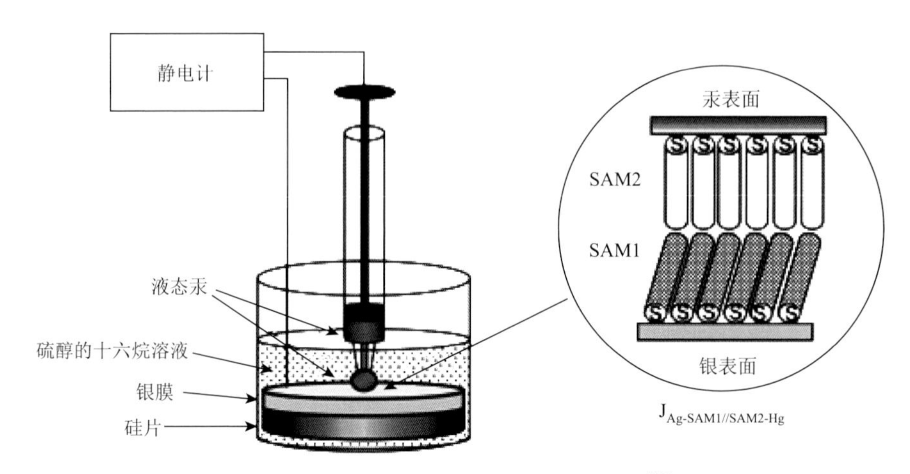

图 13-21 Hg-SAM-Ag 结的制备示意图[88]

使用汞滴作为电极具有若干优点[92]。第一，汞表面，作为液体，不具有容易导致分子层缺陷的边缘、阶梯、凹坑等结构特征，能够形成可重复的分子结，有利于收集统计数据。第二，汞滴可以完美追随固体表面的形貌，从而与固体表面的分子层形成良好的接触。第三，汞在与目标分子接触后，可在短时间内形成有序的分子层。并且，汞可以携带多种分子[93]。然而，汞是有毒的，对使用者的健康有害。此外，分子结的稳定性不太令人满意。有些情况下，电测量所需的偏压可能会使汞电极出现形状变化、电迁移或与底电极融合等问题[94-96]。

2. 共晶镓铟合金电极

液态金属合金电极是除 Hg 之外的另一种选择，可在一定程度上缓解汞带来的问题。Whitesides 等最初提出了用共晶镓铟（EGaIn）合金代替 Hg 的想法，并研究了以 EGaIn 为顶电极的分子结的电荷传输性能[97, 98]。EGaIn 的功函数为 4.2eV，很接近 Hg（4.5eV），但 EGaIn 在达到临界表面张力后才会流动。图 13-22 是形成锥形 EGaIn 电极的示意图。在他们的实验中，悬浮在注射器针尖上的 EGaIn 滴首先与裸 Ag 表面接触，然后缓慢升高注射器，直到与圆锥形尖端的 EGaIn 分离。最后，通过微操作器使 EGaIn 尖端与分子层接触形成分子结。EGaIn 的顶部尖端一般不会收缩成半球形的液滴，从而接触面积显著减小。在 EGaIn

电极表面的薄氧化镓（Ga_2O_3）层（1～2nm）在该体系中起着重要作用。它类似于保护层，可以防止金属丝的形成，保证了分子结的高产率和稳定性。目前，薄氧化镓层的作用被广泛研究，并且证实是分子结构而不是氧化镓膜的特性主导了电子传输行为[99]。然而，这种方法也有一些缺点，阻碍了它在制备实际分子器件中的可行性。例如，分子结的形成需要外部设备，而且分子结之间尺寸各异，很难重复。

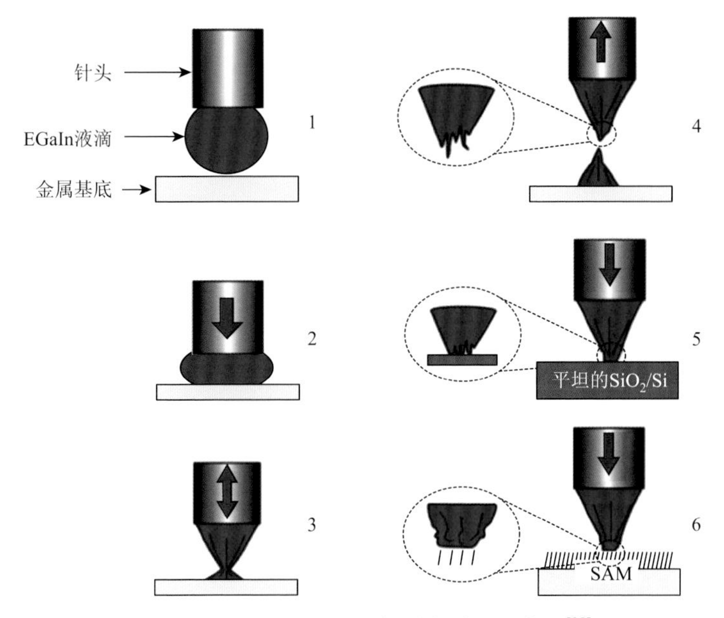

图 13-22　EGaIn 锥形电极制备过程示意图[98]

13.5.5　缓冲层间结

金属薄膜气相沉积形成顶电极时，经常出现金属原子渗入分子层的状况，容易造成分子结短路和低器件产量。一种有效的解决方案是：在顶电极和分子层之间插入缓冲层。缓冲层物质可以是纳米颗粒[100]、氧化铝[101]、导电聚合物或石墨烯等。

Akkerman 等提出了一种高产率（＞95%）的，直径 100μm 的大面积分子结的制备方法[102]。该方法在光刻胶的微孔中构筑分子结，并在顶电极和分子层之间引入导电聚合物中间层。首先，在热氧化硅片上气相沉积 Cr/Au 底电极（先沉积 Cr，再沉积 Au）。然后将光刻胶旋涂到硅片上，用标准光刻方法制造孔结构。接下来，将基底浸没在新制备的分子溶液中至少 36h 以生长分子层。在底电极上形成分子层之后，将 PEDOT：PSS［聚（3, 4-乙撑二氧噻吩）：聚苯乙烯磺酸盐，一种高导电聚合物］的水性悬浮液旋涂在分子层顶部作为缓冲夹层，厚度约为100nm。最后，通过掩模气相沉积顶部金电极，并通过反应离子刻蚀去除多余的PEDOT：PSS。使用这种方法制备的分子结显示出优异的稳定性和重复性，且单位面积电导类似于用其他方法获得的分子结。这种简单的制备工艺，成本比较低，有潜力用于实际的分子器件制造。目前许多基于PEDOT：PSS缓冲层的分子器件研究已经被报道出来，例如，Jeong等[103]系统地研究了二茂铁-烷硫醇分子在氧化还原诱导作用下的电荷传输特性；由于 PEDOT：PSS 具有较高的光透过率，Kronemeijer等[104]制备了高产率的光分子开关器件（图13-23）。

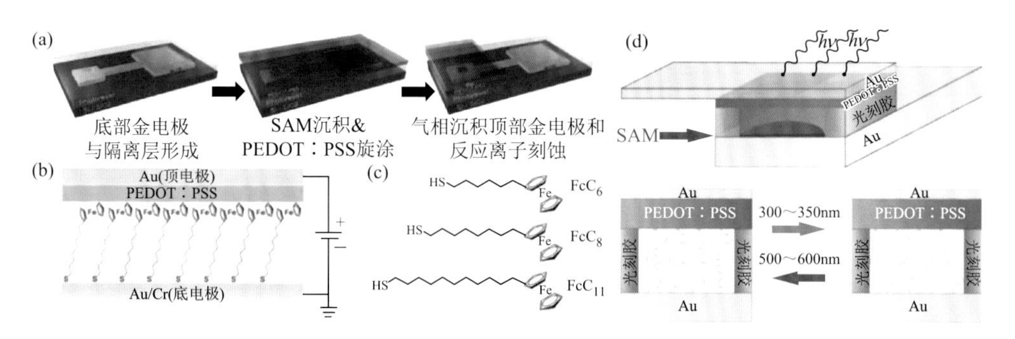

图13-23 （a）基于PEDOT：PSS缓冲层的分子结制备过程；（b）分子器件测量装置原理图；（c）二茂铁-烷硫醇分子的化学结构图[103]；（d）基于PEDOT：PSS缓冲层的光分子开关器件示意图及截面图[104]

虽然PEDOT：PSS缓冲层的加入对于生产高产率的分子器件是富有成效的，但依然存在一些限制。首先，分子结的电性能可能会受到热处理的影响。因为PEDOT：PSS的转变温度只有50℃，限制了工艺过程和操作的温度窗口。然后，器件电阻对温度敏感，并且PEDOT：PSS和分子之间的接触方式尚不明确，如果接触不良会对器件性能产生重要影响。另外，分子结的电特性与隔离层（光刻胶或 SiO_2）的类型和分子接触基团的类型（亲水或疏水）有密切关系[102]，这会限制它的进一步应用。因此，人们迫切希望开发出超越PEDOT：PSS缓冲层的固态分子器件结构。

石墨烯，凭借其优秀的电子特性、机械性能和化学稳定性，被认为是PEDOT：PSS的有利替代品。Wang等首次提出用多层石墨烯作为缓冲层来制备可靠的固态分子器件的新途径[105]，如图13-24所示。在金底电极上形成分子层之后，将多层石墨烯膜转移到金基底上。然后通过掩模法以较低的沉积速率在石墨烯薄膜上气相沉积金顶电极。石墨烯缓冲层能够防止由金属原子渗透带来的分子层损伤和短路问题。在具有可变长度和不同接触基团（亲水性和疏水性）的分子体系中，与基于PEDOT：PSS缓冲层的分子器件相比，基于石墨烯的分子器件在电荷传输方面更有优势。此外，石墨烯与分子的电子耦合似乎更强，这意味着更小的接触电阻。这种制备方法带来了优异的耐久性、热稳定性和操作稳定性，并且提高了器件的寿命，为分子电子器件的未来发展带来了希望。

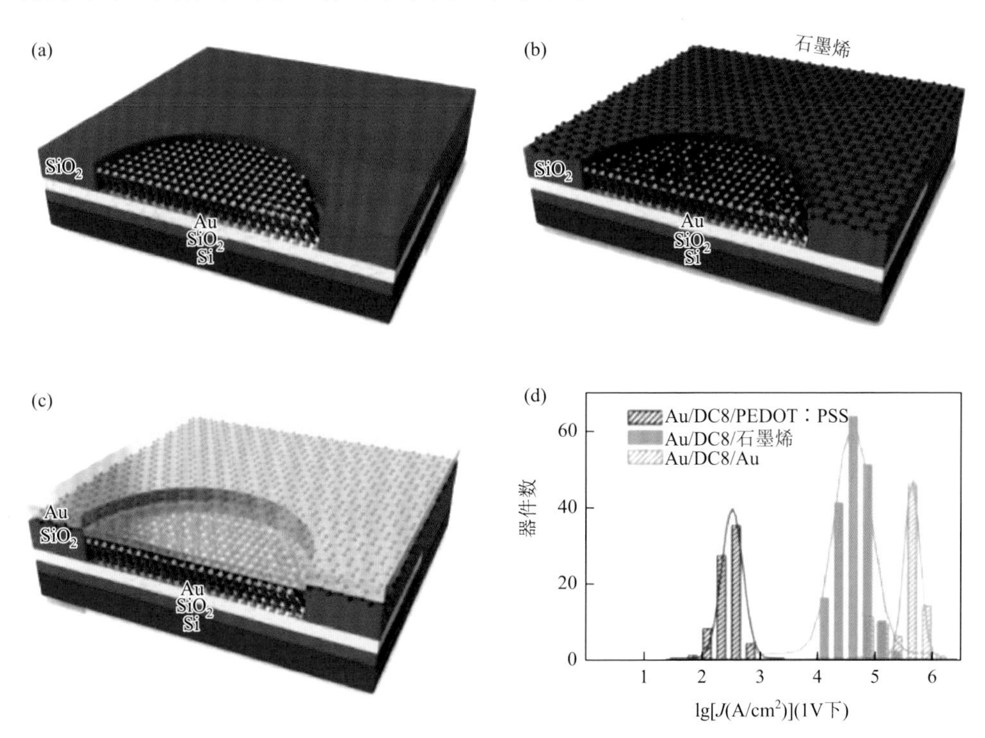

图 13-24　（a）～（c）基于石墨烯缓冲层的大面积分子结的制备过程；（d）具有不同类型顶电极（PEDOT：PSS、石墨烯和金）的分子结在 1V 下的对数电流密度直方图[105]

13.5.6　石墨烯作为顶电极

石墨烯具有与有机/生物分子天然的相容性，优异的电子性能，良好的稳定性和化学柔性，不仅能够用作导电中间层，也可以直接用作顶部接触。然而，通过机械剥离[106]、液相剥离[107]和 CVD 方法[108]制备的石墨烯通常伴随着低产率或高成本的问题。并且，将石墨烯薄膜转移到实际的电子设备上也具有一定的挑战性。在转移至目标基底的过程中，通常需要额外的聚合物支撑层来防止薄膜分裂成单独的碎片[109]，但是随后很难完全去除聚合物。长时间浸泡在有机溶剂中或热处理是去除聚合物残留物的两种常见方法，但非常容易导致有机组分的劣化，因此不适用于分子器件。

还原氧化石墨烯（rGO）是石墨烯研究的另一分支。其中，氧化石墨被剥落成单个氧化石墨烯（GO）片，随后通过化学和/或热还原将它们转化为化学衍生的石墨烯。首先，这是一条低成本的制备路线，可集成到大面积电子器件[110-112]。其次，GO 的机械稳定性和可调的光电性质使它在薄膜电气和光电应用中[113, 114]成为有吸引力的材料。更重要的是，各个 GO 片材之间的氢键和范德瓦耳斯力足够强，可在转移到目标基底的过程中维持膜稳定，不再需要聚合物支撑[115]。Li 等在 2012 年报道了以溶液加工的 rGO 薄膜作为软顶接触来实现分子结的无损制备[116]。

除了与分子的非破坏性接触之外，高质量的分子层、明确的器件表面积以及最小化的寄生漏电流都是制备可靠分子结的重要因素。基于石墨烯顶电极的分子电子器件如图 13-25（a）所示。热蒸发的超平金电极（$1\mu m^2$ 面积上的均方根粗糙度为 0.5～0.6nm）作为底电极，原子层沉积生长的氧化铝作为绝缘层（厚度约 20nm），电子束光刻制备的微孔（直径 1～2mm）保证明确限定的分子层的形成。分子层的形成采用浸渍法，即将干净的基底浸入到惰性气氛（Ar）中目标分子的稀溶液中一定的时间。分子层形成后，转移 rGO 薄膜到基底上形成顶接触。rGO 膜具有良好的柔性，可以很好地追随底电极的表面形貌。最后，以 rGO 膜为顶电极并通过氧等离子体刻蚀去掉膜的不可用部分，从而完成分子结的制备。此外，也可以利用此 rGO 膜为中间缓冲层蒸发金顶电极。结果表明，分子器件的产率超过 90%，并且具有良好的操作稳定性和较长的寿命。该方法加工简单、成本低、灵活性强，极大地丰富了分子电子器件的研究测试平台[116, 117]。

可调光电子特性使 rGO 在光电应用中也十分具有吸引力。Li 等进一步使用溶液加工的超薄 rGO 膜作为软的、透明的顶部接触，制备光开关固态分子器件（图 13-25）[117]。在这项研究中，rGO 膜既是软顶接触又起串联导线作用，因此并不需要额外的金属顶电极，同时也保证了良好的透射率。高导电和透明的 rGO 薄膜实现了在原位进行光开关和电荷传输测量，在光电器件领域发挥了举足轻重的作用。另外，具有明确电极面积的双结布局不仅提高了器件产量，更为分子器件提供了一个可供重复的简单结构。

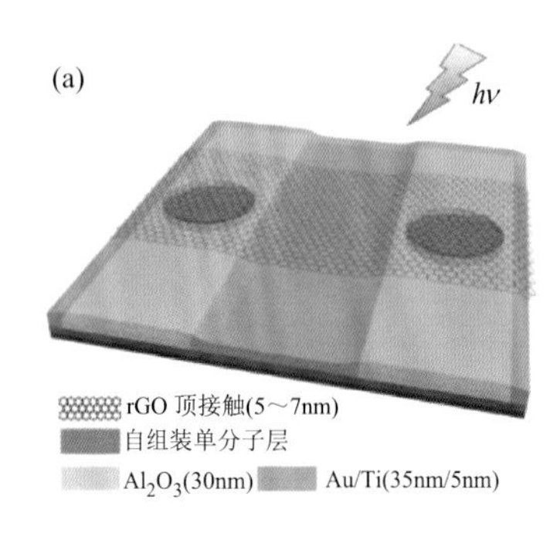

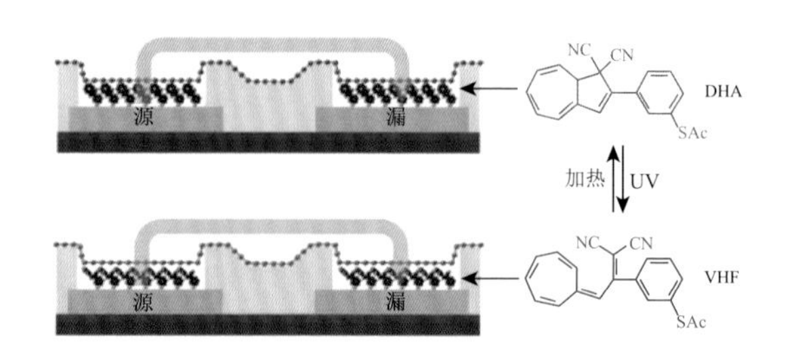

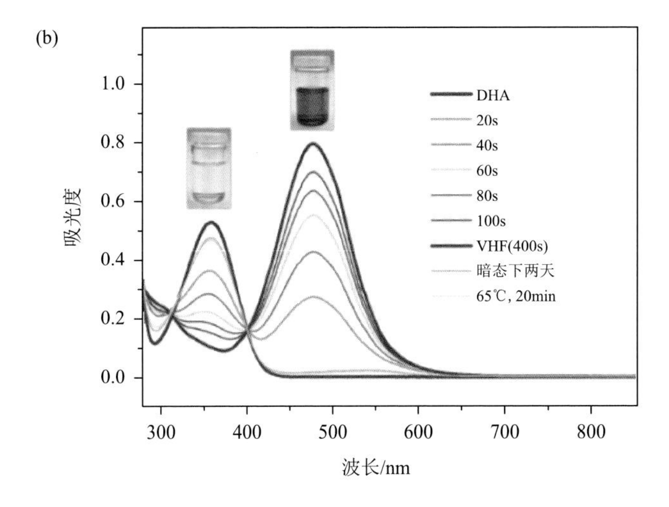
(b)
吸光度
波长/nm
DHA
20s
40s
60s
80s
100s
VHF(400s)
暗态下两天
65℃, 20min
0.0
0.2
0.4
0.6
0.8
1.0
300
400
500
600
700
800

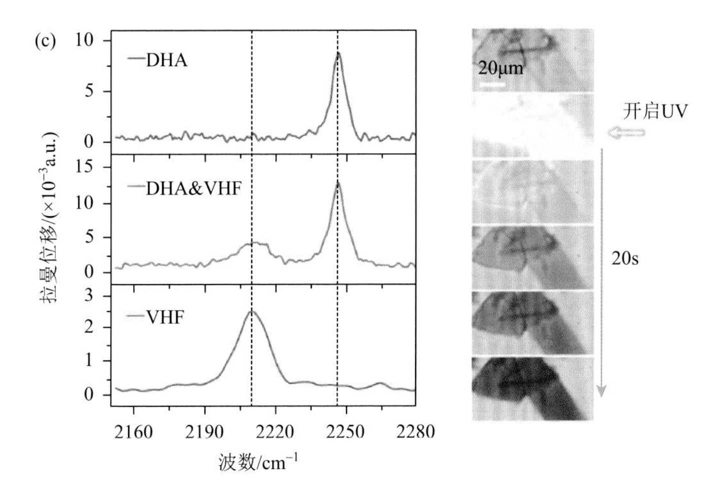
(c)
拉曼位移/(×10^−3a.u.)
波数/cm^−1
DHA
DHA&VHF
VHF
2160
2190
2220
2250
2280
20μm
开启UV
20s

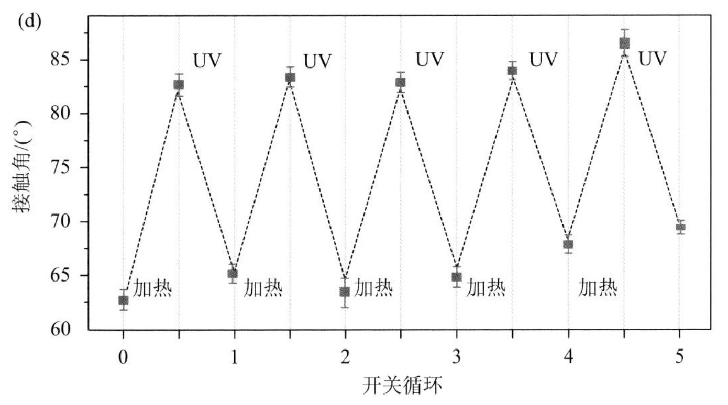
(d)
接触角/(°)
开关循环
UV
加热
60
65
70
75
80
85
0
1
2
3
4
5

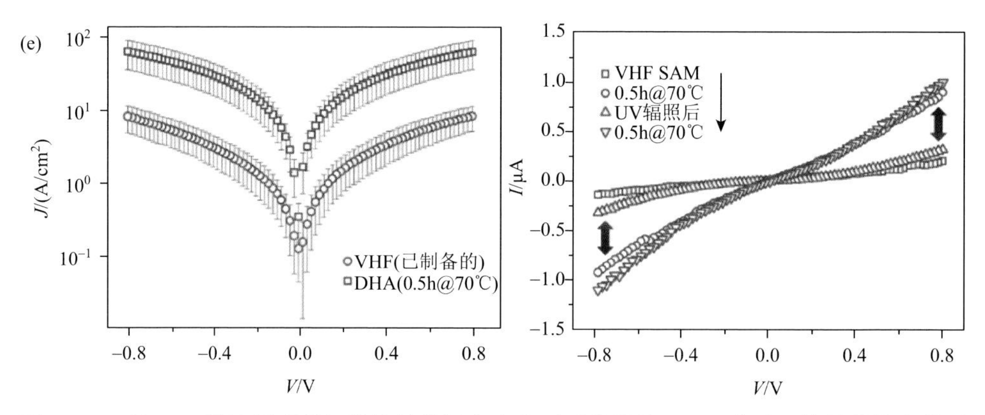

图 13-25 以 rGO 膜为透明顶部软接触的固态光分子开关器件：（a）分子器件的整体和截面示意图以及 DHA 和 VHF 分子的光热转换；（b）DHA 和 VHF 乙腈溶液的紫外-可见吸收光谱；（c）分子的固体粉末拉曼光谱图；（d）在紫外光和可见光辐照下，DHA 和 VHF 自组装单分子层对水润湿性的可逆转变；（e）器件的电学性能测试曲线[117]

目前，基于共轭聚合物（conjugated polymers，CPs）的分子结研究相对较少，尽管它们可能比广泛研究的小分子系统更能有效地传输电荷[118]。因此，Wang 等再次应用以石墨烯为顶接触的双结结构，研究了共轭聚合物大分子在金电极表面的自组装方式，并与小分子的垂直排列方式进行了比较（图 13-26）。实验结果表明，与垂直取向的分子膜不同，共轭聚合物以独特的“平面”方式自组装成超薄膜（2～3nm）。并且与共轭较少的小分子类似，聚合物分子结也显示出分子特征。此外，他们还证明了用于修饰聚合物分子骨架的氧化还原基团［四硫富瓦烯（TTF）］能够通过能级工程和外部刺激调节电荷传输。更重要的是，除氧化还原系统之外，具有复杂功能和改进自组装能力的聚合物分子有潜力在各种外部刺激

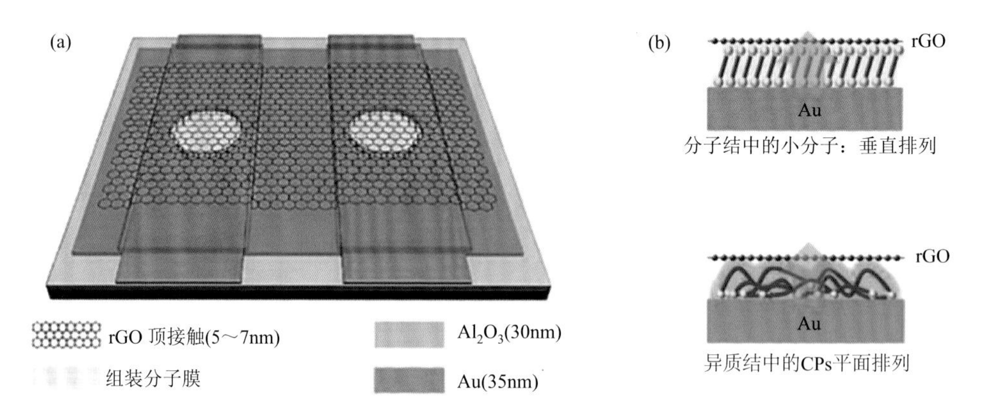

图 13-26 （a）基于 rGO 膜顶电极的分子结结构示意图；（b）分子结内自组装小分子和共轭聚合物（CPs）分子的示意图，蓝色箭头显示电荷传输方向[118]

下构建可切换分子器件。这项工作提出了在分子电子学领域使用聚合物分子层代替典型小分子层的可能性，强调了将理想功能融入可切换聚合物分子器件中的可能性，对分子电子器件的发展意义重大。

13.6 功能性分子电子器件的最近进展

几十年来，科学家们在分子电子学领域兢兢业业，孳孳不息，促进了分子电子器件的蓬勃发展。近年来，令人振奋的研究成果和意义重大的实验进展进一步激发了研究者的积极性，实现分子电子器件的实际应用不再遥不可及。

随着器件小型化时代的到来，利用分子结进行信息处理变得越来越重要。Seo 等[119]采用交叉杆结构，平行制备了以石墨烯为电极的双自组装分子层柔性分子器件。利用接触组装技术，将分子层（SAM2）/（顶）电极放置在另一分子层（SAM1）/（底）电极上形成双层分子结（图 13-27）。在他们的实验中，无需其他技术转移电极，被

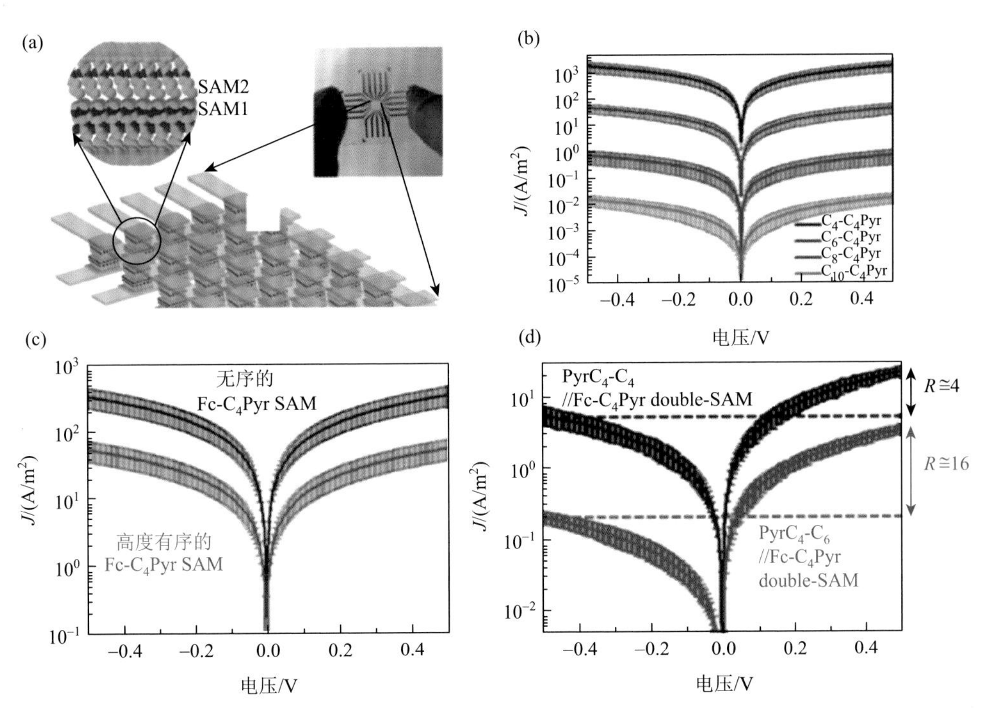

图 13-27　(a)双 SAM 分子结结构和阵列示意图及器件图像；(b) G_T/PyrC_4-C_n(n = 4, 6, 8, 10)/G_B 单层分子结的电学测量曲线；(c) G_T/Fc-C_4Pyr/G_B 单层分子结的电学测量曲线；(d) G_T/PyrC_4-C_4//Fc-C_4Pyr/G_B 和 G_T/PyrC_4-C_6//Fc-C_4Pyr/G_B 双层分子结的电学测量曲线，其整流比分别为 4、16[119]

不同分子层修饰的顶部石墨烯（G_T）/PDMS 基底和底部石墨烯（G_B）/PDMS 基底被垂直定位而相互接触，并通过简单和可重复的位置对准来实现交叉杆分子结。双分子层提供了穿过单层终端之间范德瓦耳斯间隙的隧穿共轭，显示出新的电性能。稳定的接触组装分子结可以作为发展顶电极和底电极等效接触分子层的平台，能够独立应用于不同类型的分子，利于提高分子的结构复杂度或组装性能。这种新型的接触装配方法证明，结合两种不同的分子层可成功制备新的功能性分子器件。

McCreery 等[120]应用双层分子结，通过能级变化研究分子结的电学性能。经重氮试剂的连续电化学还原，在 PPF 的底部电极上沉积了双分子层 BTB（双噻吩基苯）/AQ（2-蒽醌）或 BTB/NDI，然后用电子束沉积碳（eC）/Au 顶电极完成固态分子结的制备。分子层包括具有较高能量占据轨道的供体分子和具有较低能量未占据轨道的受体。当两个分子层的能级相似时，该器件具有类似于单层分子结的电子特性，但如果能级不同，则表现出明显的整流行为。当受体分子为负偏压时，观察到较高的电流，如果分子层相反，则整流方向相反［图 13-28（b)］。并且，对于仅含有一种分子层的分子结来说，*J-V* 曲线是对称的。而双层分子结在极性方面则显示出非常不对称的特性，结果如图 13-28（c）所示。这些结果是“分子特征”的明确证据，表明电子行为直接受分子结构和轨道能量的影响，为通过改变分子结构合理设计电子性能提供了依据。

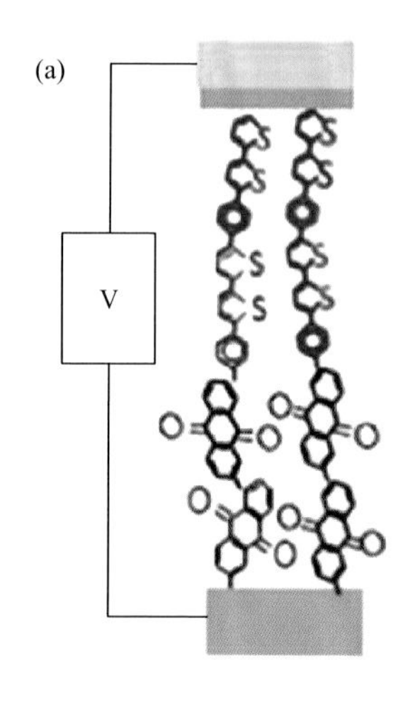

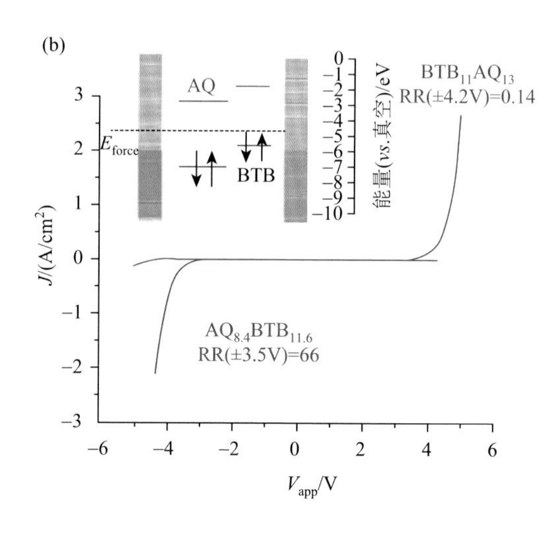

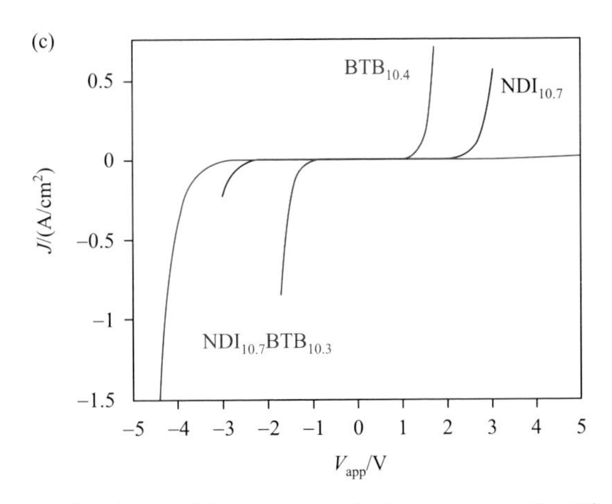

图 13-28　(a) 双 SAM 分子结示意图；(b) 以双分子层 BTB/AQ 分子结为例，说明分子层顺序颠倒时，整流方向反转；(c) 在真空下获得的 NDI/BTB，以及仅 NDI 和仅 BTB 分子结的电流密度与偏压（*J-V*）曲线[120]

除了石墨烯外，前面提到的 PPF 和 eC 也是极有价值的 sp^2 杂化碳材料。具有重氮部分的分子层可以通过电化学还原相应的重氮离子并保留 C—C 键而沉积在 eC 上。McCreery 课题组[121]依然使用 Au/eC 基底和大致相同的分子系统观察了碳基分子结中的光发射，并提出了在电荷传输过程中直接测量能量损失的方法。结果表明，随着器件厚度的增加，电荷传输从隧穿过渡到跳跃。能量损失在很大程度上取决于分子结构，再次展示了电子行为和分子结构息息相关的“分子特征”。

多年来，功能性分子电子器件仅在低频率下得到证实。2016 年，Trasobares 等[122]介绍了一种工作频率高达 17GHz 的分子二极管，估计截止频率为 520GHz。他们在由金纳米晶体电极、二茂铁烷硫醇分子和干涉扫描微波显微镜尖端组成的大阵列分子结上同时测量了直流和射频特性。结果表明，与微米级分子二极管相比，纳米级分子二极管的电流密度增加了几个数量级，允许射频操作。与硅射频肖特基二极管相比，射频分子二极管具有很强的缩放能力和高频工作能力，为化学基电子器件带来了希望。此外，Nijhuis 等[123]利用分子结等效电路的频率响应来分析阻抗数据，并通过温度依赖和动电位阻抗谱研究了分子层/电极界面的性质。他们深入了解了基于分子层的双端分子结的每个电路元件如何阻碍电荷转移，如何依赖于施加的偏压和温度，以便我们更好地建立电荷传输机制（图 13-29）。Nijhuis 课题组[124, 125]还将微流控技术引入分子结的制备中，获得了基于微流控顶部电极的高质量分子结阵列。将 CaO_x/EGaIn 液态金属注入 PDMS 微流控芯片中形成顶电极。然后，直接将这些顶电极放在被分子层修饰的底电极上面形成分子结，不会对分子层造成伤害。微流控顶电极具有良好的机械稳定性和明确的几何接触面积，保证了电学测量的相对准确性。

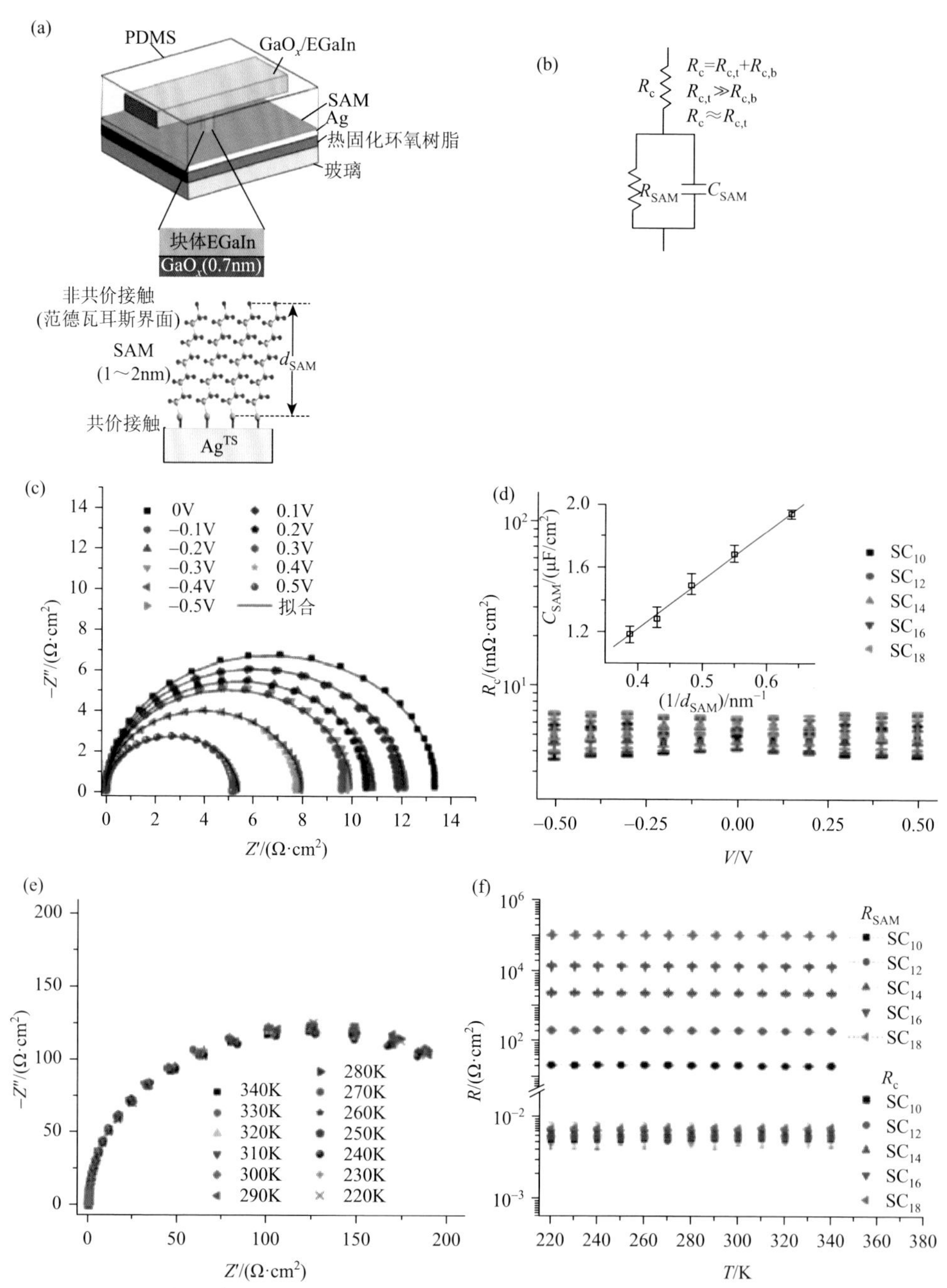

图 13-29 （a）分子结示意图；（b）阻抗测试等效电路图；（c）直流偏压下，基于 SC_{10} 分子层器件的尼奎斯特曲线；（d）不同分子层和电极之间的接触电阻（R_c）与直流电压（V）的关系曲线；插图：单分子层的电容与分子层厚度的倒数之间的关系；（e）0V 直流偏压下，220～340K 温度范围内，基于 SC_{12} 分子层器件的尼奎斯特曲线；（f）单分子层电阻（R_{SAM}）、接触电阻（R_c）与温度（T）的关系曲线[123]

通常来说，传统有机光伏器件的材料应同时具备良好的光吸收性质和电荷输运性质，这比较难以实现。而染料敏化太阳能电池技术通过在半导体/染料界面完成电荷产生，在半导体和电解质中完成电荷输运分开了这两项要求，使光谱特性最优化可单独依靠修改染料来完成，而电荷输运性质可通过优化半导体和电解质组成完成，有利于提高太阳能的光电转换效率。Farnum 等[126]将自组装分子 p/n 结应用于染料敏化太阳能电池，致力于实现光诱导氧化还原分离过程的长寿命。他们将分子发色团（C）、电子受体（A）和电子供体（D）自组装在介孔的透明的导电氧化铟锡纳米颗粒（nanoITO）电极表面，制备光电阳极（nanoITO-A-C-D）和光电阴极（nanoITO-D-C-A）。其中，分子组件激发用于产生可控的氧化还原电位梯度，从而引导光生电子的转移。该方法的实现是基于模块化的逐层结构，它通过简单的浸渍工艺引入了光吸收剂、电子转移介体和催化剂。关键要素是使用了具有高表面积的透明导电氧化物 nanoITO，它作为透明的氧化还原活性物质参与，在实现氧化还原分离的长寿命方面发挥了重要作用，其中光电阳极的分离寿命为 5.6s。该研究指出了一种基于分子成分而非传统宽带隙半导体的染料敏化太阳能转换的新化学策略。

我们在前面的小节中介绍过 rGO 的优势，它是石墨烯的有利替代品。基于 rGO 的分子结易加工，并具有高的器件产率和良好的稳定性，在功能性分子电子器件中应用广泛。Min 等[127]提出了一种可溶液法加工的基于偶氮苯衍生物（PhC10AB）分子层和 rGO 电极的非易失性分子记忆器件（图 13-30）。其中器件采用交叉杆结构，产率高达 60%；rGO 底电极是通过 GO 膜化学还原得到的，具有亲核特性，从而有助于 PhC10AB 分子的电致异构转化。研究表明，偶氮苯衍生物的电致异构转化时间明显小于光致异构转化过程。在顶部 rGO 电极施加不同偏压的情况下，偶氮苯衍生物能够实现顺式、反式异构体的可逆转化。在−1V 的读取电压作用下，分子器件表现出明显的开、关状态，并且这两种状态能够保持超过 10000s；分子器件的非易失性记忆行为在 400 多次循环后仍保持稳定。这一研究展现了利用分子异构转化来制备分子记忆器件的巨大潜力。Takhee 等[128]在柔性基板上制备了基于 rGO 顶电极，二芳基乙烯分子层的可逆光转换分子电子器件。我们都知道实现可逆转换并不容易，如顶部电极的低透射率，分子层和底部电极之间的强电子耦合，缺乏足够的空间用于分子构象变化等原因都会导致可逆转换的失败[129-132]。在他们的研究中，具有增强透射率的导电和透明 rGO 膜促进了器件在暴露于紫外光或可见光时表现出明显的可逆切换行为。此外，这些分子器件在受到各种机械应力（弯曲半径低至 5mm 且弯曲周期超过 10^4 次）时也表现出良好的长期稳定性和可靠的电特性。这项成果有助于在柔性基板上开发电学或光学功能性分子器件，为实现分子电子器件的实际应用带来了希冀。

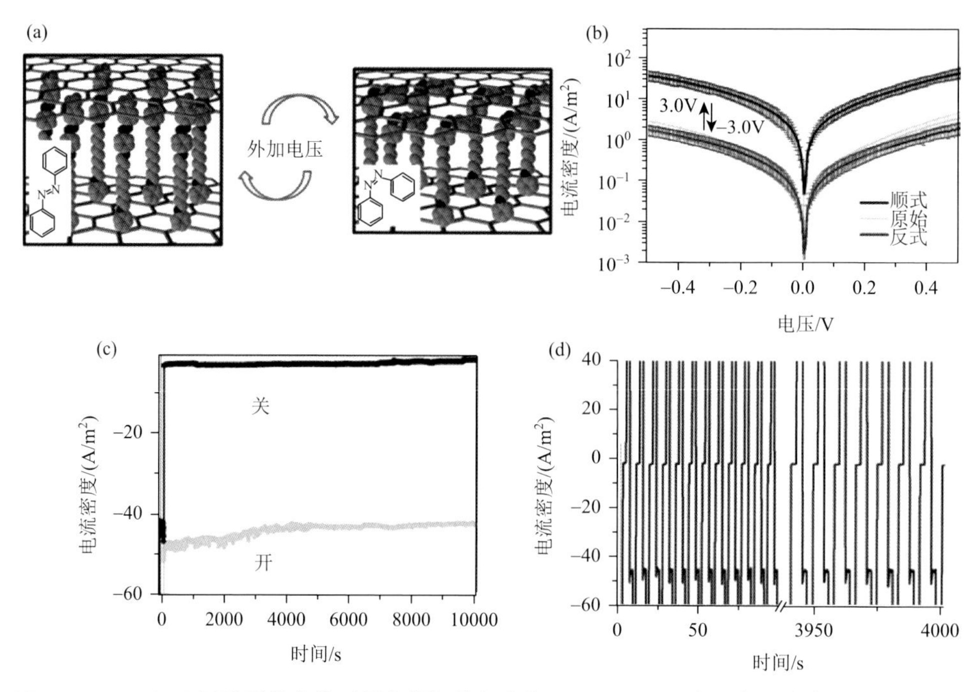

图 13-30 （a）电压诱导的单分子层中偶氮苯衍生物（PhC10AB）分子在两种电导不同的异构体之间的可逆转换；（b）rGO/PhC10AB SAM/rGO 器件在电压诱导作用下实现可逆电导转换的电流-电压特征曲线；（c）在−1V 读取电压下，器件开、关态的记忆性能保留时间；（d）器件的读写循环性能测试[127]

此外，其他优秀的研究成果比比皆是，如对分子界面自旋效应的深入了解[133]；高性能热电材料的设计和对热量如何在分子结中传输、消散和转换成电能的正确认识[134]；用来建立稳健和理想的多功能分子结的“构建块”方法的出现[135]；以及通过长度/温度变化，过渡电压谱（transition voltage spectroscopy，TVS）或非弹性电子隧穿谱（inelastic electron tunneling spectroscopy，IETS）来统计分析分子器件电特性的光谱工具及相应理论研究的进展[136, 137]，进一步拓宽了分子电子学的发展方向，打开了分子电子学的新视野。

13.7 总结与展望

电子设备小型化的最终目标是实现以原子精度控制构建块。只有分子才能对亚纳米距离进行精确控制，并具有重复制造相同构建块的可能性。分子电子学可能是克服半导体技术瓶颈的唯一选择。因此，自它问世以来，便引起了不同学科和领域的科学家和工程师们的高度重视。分子电子学实验和理论研究的第一个十年显示了快速增长的势头，获得了重大的科学成就。具有低功耗和制造成本、更高速度和集成密度的分子电子器件有希望引领下一代电路单元的未来[138, 139]。然而，在某些情况下，快速探索新区域的强烈热情违背了研究微电子行业必不可少的细致和系统科学的要求。我们前面介绍了几种用来制造高产量和相对大面积分子结的先进方法，这是有价值的，但并非没有缺点。此外，由于分子和电极之间的强耦合，分子的电子功能可能被猝灭，而这种强耦合又是分子结稳定性的保证。此可谓“鱼与熊掌不可兼得”，我们需要根据自身目的适度地控制界面特性。分子器件的行为容易变化，与电极制备工艺、电极材料性质、界面接触化学、分子数量和 SAM 厚度等多种因素密切相关，分子器件性能的高度不确定性为真正理解电子传输机制和分子结构-功能关系带来了挑战。我们还应该考虑设备运行的稳定性。通常，通过分子结的电流小，且对环境变化很敏感，每个未被注意到的小变化都可能导致器件电流的大变化。另外，SAM 的缺陷和分子的老化也对器件性能有很大影响。到目前为止，我们尚未就强大且可重复的分子结制造达成共识，并且要实现高产量制造、高度集成和广泛的市场应用还有很长的路要走。

哲学家告诉我们，事物发展是渐进性和曲折性的统一，分子电子学也不例外。我们不仅拥有蓬勃发展的成果，也在不断接受挑战。虽然看起来基于分子的电子产品不会取代大多数硅基电子产品，但有充分的理由相信分子电子器件可以通过提供小尺寸和超出传统范围的新功能来弥补硅基器件的不足。分子电子学作为世界各领域科学家们智慧和创造力的结晶，如果实现其市场应用，将是人类历史上的里程碑。

参考文献

[1] Ulman A. Formation and structure of self-assembled monolayers. Chemical Reviews，1996，96（4）：1533-1554.

[2] Smith R K，Lewis P A，Weiss P S. Patterning self-assembled monolayers. Progress in Surface Science，2004，75（1-2）：1-68.

[3] Hipps K W. Molecular electronics. It’s all about contacts. Science，2001，294（5542）：536-537.

[4] Choi S H，Kim B，Frisbie C D. Electrical resistance of long conjugated molecular wires. Science，2008，320（5882）：1482-1486.

[5] Kubatkin S，Danilov A，Hjort M，et al. Single-electron transistor of a single organic molecule with access to several redox states. Nature，2003，425（6959）：698-701.

[6] Li T，Hu W，Zhu D. Nanogap electrodes. Advanced Materials，2010，22（2）：286-300.

[7] Reed M A. Conductance of a molecular junction. Science，1997，278（5336）：252-254.

[8] van Hal P A，Smits E C，Geuns T C，et al. Upscaling，integration and electrical characterization of molecular junctions. Nature Nanotechnology，2008，3（12）：749-754.

[9] McCreery R L，Bergren A J. Progress with molecular electronic junctions：meeting experimental challenges in design and fabrication. Advanced Materials，2009，21（43）：4303-4322.

[10] Love J C，Estroff L A，Kriebel J K，et al. Self-assembled monolayers of thiolates on metals as a form of

nanotechnology. Chemical Reviews，2005，105（4）：1103-1170.

[11] Weiss E A，Kaufman G K，Kriebel J K，et al. Si/SiO_2-Templated formation of ultraflat metal surfaces on glass，polymer，and solder supports：their use as substrates for self-assembled monolayers. Langmuir，2007，23（19）：9686-9694.

[12] Lee K，Chen P，Wu S，et al. Enhancing surface plasmon detection using template-stripped gold nanoslit arrays on plastic films. ACS Nano，2012，6（4）：2931-2939.

[13] He X，Wang X，Jin X，et al. Epimeric monosaccharide-quinone hybrids on gold electrodes toward the electrochemical probing of specific carbohydrate-protein recognitions. Journal of the American Chemical Society，2011，133（10）：3649-3657.

[14] Nara J，Higai S，Morikawa Y，et al. Density functional theory investigation of benzenethiol adsorption on Au（111）. Journal of Chemical Physics，2004，120（14）：6705-6711.

[15] Sun L，Crooks R M. Indirect visualization of defect structures contained within self-assembled organomercaptan monolayers：combined use of electrochemistry and scanning tunneling microscopy. Langmuir，1993，9（8）：1951-1954.

[16] Tachibana M，Yoshizawa K，Ogawa A，et al. Sulfur-gold orbital interactions which determine the structure of alkanethiolate/Au（111）self-assembled monolayer systems. The Journal of Physical Chemistry B，2002，106（49）：12727-12736.

[17] Bumm L A，Arnold J J，Cygan M T，et al. Are single molecular wires conducting？. Science，1996，271（5256）：1705-1707.

[18] Lu Q，Liu K，Zhang H，et al. From tunneling to hopping：a comprehensive investigation of charge transport mechanism in molecular junctions based on oligo (*p*-phenylene ethynylene) s. ACS Nano，2009，3（12）：3861-3868.

[19] Jennum K，Vestergaard M，Pedersen A，et al. Synthesis of oligo (phenyleneethynylene) s with vertically disposed tetrathiafulvalene units. Synthesis，2011，4：539-548.

[20] Lissau H，Frisenda R，Olsen S T，et al. Tracking molecular resonance forms of donor-acceptor push-pull molecules by single-molecule conductance experiments. Nature Communications，2015，6（1）：10233.

[21] Parker C R，Leary E，Frisenda R，et al. A comprehensive study of extended tetrathiafulvalene cruciform molecules for molecular electronics：synthesis and electrical transport measurements. Journal of the American Chemical Society，2014，136（47）：16497-16507.

[22] Sørensen J K，Vestergaard M，Kadziola A，et al. Synthesis of oligo (phenyleneethynylene)-tetrathiafulvalene cruciforms for molecular electronics. Organic letters，2006，8（6）：1173-1176.

[23] Vestergaard M，Jennum K，Sorensen J K，et al. Synthesis and characterization of cruciform-conjugated molecules based on tetrathiafulvalene. Journal of Organic Chemistry，2008，73（8）：3175-3183.

[24] Wei Z，Li T，Jennum K，et al. Molecular junctions based on SAMs of cruciform oligo(phenylene ethynylene) s. Langmuir，2012，28（8）：4016-4023.

[25] Wei Z，Hansen T，Santella M，et al. Molecular heterojunctions of oligo(phenylene ethynylene) s with linear to cruciform framework. Advanced Functional Materials，2015，25（11）：1700-1708.

[26] Rovida G，Pratesi F. Sulfur overlayers on the low-index faces of silver. Surface Science，1981，104（2）：609-624.

[27] Schwaha K，Spencer N D，Lambert R M. A single crystal study of the initial stages of silver sulphidation：the chemisorption and reactivity of molecular sulphur（S_2）on Ag（111）. Surface Science，1979，81（1）：273-284.

[28] Nijhuis C A，Reus W F，Barber J R，et al. Charge transport and rectification in arrays of SAM-based tunneling junctions. Nano Letters，2010，10（9）：3611-3619.

[29] Nijhuis C A，Reus W F，Whitesides G M. Mechanism of rectification in tunneling junctions based on molecules with asymmetric potential drops. Journal of the American Chemical Society，2010，132（51）：18386-18401.

[30] Thuo M M，Reus W F，Nijhuis C A，et al. Odd-even effects in charge transport across self-assembled monolayers. Journal of the American Chemical Society，2011，133（9）：2962-2975.

[31] Campos M A，Trilling A K，Yang M，et al. Self-assembled functional organic monolayers on oxide-free copper. Langmuir，2011，27（13）：8126-8133.

[32] Haneda R，Aramaki K. Protection of copper corrosion by an ultrathin two-dimensional polymer film of alkanethiol monolayer. Journal of the Electrochemical Society，1998，145（6）：1856-1861.

[33] Uchida K，Yamanoi Y，Yonezawa T，et al. Reversible on/off conductance switching of single diarylethene immobilized on a silicon surface. Journal of the American Chemical Society，2011，133（24）：9239-9241.

[34] Yang M，Teeuwen R L M，Giesbers M，et al. One-step photochemical attachment of NHS-terminated monolayers onto silicon surfaces and subsequent functionalization. Langmuir，2008，24（15）：7931-7938.

[35] Shestopalov A A，Morris C J，Vogen B N，et al. Soft-lithographic approach to functionalization and nanopatterning oxide-free silicon. Langmuir，2011，27（10）：6478-6485.

[36] Lee J S，Chi Y S，Choi I S，et al. Local scanning probe polymerization of an organic monolayer covalently grafted on silicon. Langmuir，2012，28（40）：14496-14501.

[37] Dong J，Wang A，Ng K Y，et al. Self-assembly of octadecyltrichlorosilane monolayers on silicon-based substrates by chemical vapor deposition. Thin Solid Films，2006，515（4）：2116-2122.

[38] Dimitrakopoulos C D，Malenfant P R. Organic thin film transistors for large area electronics. Advanced Materials，2002，14（2）：99-117.

[39] Katz H E，Bao Z. The physical chemistry of organic field-effect transistors. The Journal of Physical Chemistry B，2000，104（4）：671-678.

[40] Katz H E，Bao Z，Gilat S L. Synthetic chemistry for ultrapure，processable，and high-mobility organic transistor semiconductors. Accounts of Chemical Research，2001，34（5）：359-369.

[41] Tulevski G S，Miao Q，Fukuto M，et al. Attaching organic semiconductors to gate oxides：*in situ* assembly of monolayer field effect transistors. Journal of the American Chemical Society，2004，126（46）：15048-15050.

[42] Moreno-García P，Gulcur M，Manrique D Z，et al. Single-molecule conductance of functionalized oligoynes：length dependence and junction evolution. Journal of the American Chemical Society，2013，135（33）：12228-12240.

[43] Tan A，Balachandran J，Sadat S，et al. Effect of length and contact chemistry on the electronic structure and thermoelectric properties of molecular junctions. Journal of the American Chemical Society，2011，133（23）：8838-8841.

[44] Hong W，Manrique D Z，Moreno-García P，et al. Single molecular conductance of tolanes：experimental and theoretical study on the junction evolution dependent on the anchoring group. Journal of the American Chemical Society，2012，134（4）：2292-2304.

[45] Venkataraman L，Klare J E，Nuckolls C，et al. Dependence of single-molecule junction conductance on molecular conformation. Nature，2006，442（7105）：904-907.

[46] Laursen B W，Krebs F C. Synthesis of a triazatriangulenium salt. Angewandte Chemie International Edition，2000，112（19）：3574-3576.

[47] Laursen B W，Krebs F C. Synthesis，structure，and properties of azatriangulenium salts. Chemistry：A European Journal，2001，7（8）：1773-1783.

[48] Bosson J，Gouin J，Lacour J. Cationic triangulenes and helicenes：synthesis，chemical stability，optical properties and extended applications of these unusual dyes. Chemical Society Reviews，2014，43（8）：2824-2840.

[49] Laursen B W，Krebs F C，Nielsen M F，et al. 2, 6, 10-Tris（dialkylamino）trioxatriangulenium ions. Synthesis，structure，and properties of exceptionally stable carbenium ions. Journal of the American Chemical Society，1998，120（47）：12255-12263.

[50] Lofthagen M，Chadha R，Siegel J S. Synthesis，structures，and dynamics of a macrocyclophane. Journal of the American Chemical Society，1991，113（23）：8785-8790.

[51] Wei Z，Wang X，Borges A，et al. Triazatriangulene as binding group for molecular electronics. Langmuir，2014，30（49）：14868-14876.

[52] Roberts G G. An applied science perspective of Langmuir-Blodgett films. Advances in Physics，1985，34（4）：475-512.

[53] Zasadzinski J A，Viswanathan R，Madsen L，et al. Langmuir-Blodgett films. Science，1994，263（5154）：1726-1733.

[54] Kang Y J，Kim H，Kim E，et al. Fabrication and structural analysis of aromatic polyimide ultra-thin films with different fluorine contents. Colloids and Surfaces A：Physicochemical and Engineering Aspects，2008，313-314：585-589.

[55] Petty M C. Possible applications for Langmuir-Blodgett films. Thin Solid Films，1992，210-211：417-426.

[56] Marques-Gonzalez S，Low P J. Molecular electronics：history and fundamentals. Australian Journal of Chemistry，2016，69（3）：244-253.

[57] Ariga K，Yamauchi Y，Mori T，et al. 25th Anniversary article：what can be done with the Langmuir-Blodgett method？ Recent developments and its critical role in materials science. Advanced Materials，2013，25（45）：6477-6512.

[58] Virkar A，Mannsfeld S C，Oh J H，et al. The role of OTS density on pentacene and C_{60} nucleation，thin film growth，and transistor performance. Advanced Functional Materials，2009，19（12）：1962-1970.

[59] Tao N. Electron transport in molecular junctions. Nature Nanotechnology，2006，1：173-181.

[60] Moonen N N P，Flood A H，Fernández J M，et al. Towards a rational design of molecular switches and sensors from their basic building blocks//Kelly T R. Molecular Machines. Berlin：Springer，2005：99-132.

[61] Aviram A，Ratner M A. Molecular rectifiers. Chemical Physics Letters，1974，29（2）：277-283.

[62] Martin A S，Sambles J R. Molecular rectifier. Physical Review Letters，1993，70（2）：218-221.

[63] Ng M K，Yu L. Synthesis of amphiphilic conjugated diblock oligomers as molecular diodes. Angewandte Chemie International Edition，2002，114（19）：3750-3753.

[64] de Boer B，Frank M M，Chabal Y J，et al. Metallic contact formation for molecular electronics：interactions between vapor-deposited metals and self-assembled monolayers of conjugated mono- and dithiols. Langmuir，2004，20（5）：1539-1542.

[65] Haynie B C，Walker A V，Tighe T B，et al. Adventures in molecular electronics：how to attach wires to molecules. Applied Surface Science，2002，203：433-436.

[66] Ohgi T，Sheng H Y，Dong Z C，et al. Observation of Au deposited self-assembled monolayers of octanethiol by scanning tunneling microscopy. Surface Science，1999，442（2）：277-282.

[67] Fisher G L，Walker A V，Hooper A，et al. Bond insertion，complexation，and penetration pathways of vapor-deposited aluminum atoms with HO- and CH_3O-terminated organic monolayers. Journal of the American Chemical Society，2002，124（19）：5528-5541.

[68] Walker A V，Tighe T B，Cabarcos O M，et al. The dynamics of noble metal atom penetration through methoxy-terminated alkanethiolate monolayers. Journal of the American Chemical Society，2004，126（12）：3954-3963.

[69] Haick H，Cahen D. Contacting organic molecules by soft methods：towards molecule-based electronic devices. Accounts of Chemical Research，2008，41（3）：359-366.

[70] Bonifas A P，McCreery R L. ‘Soft’ Au，Pt and Cu contacts for molecular junctions through surface-diffusion-mediated deposition. Nature Nanotechnology，2010，5（8）：612-617.

[71] Bonifas A P，McCreery R L. Assembling molecular electronic junctions one molecule at a time. Nano Letters，2011，11（11）：4725-4729.

[72] Stein N，Korobko R，Yaffe O，et al. Nondestructive contact deposition for molecular electronics：Si-alkyl//Au junctions. The Journal of Physical Chemistry C，2010，114（29）：12769-12776.

[73] Vilan A，Cahen D. Soft contact deposition onto molecularly modified GaAs. Thin metal film flotation：principles and electrical effects. Advanced Functional Materials，2002，12（1112）：795-807.

[74] Shimizu K T，Fabbri J D，Jelincic J J，et al. Soft deposition of large-area metal contacts for molecular electronics. Advanced Materials，2006，18（12）：1499-1504.

[75] He Z，Zhang W，Tang Y，et al. Crossbar heterojunction field effect transistors of CdSe：in nanowires and Si nanoribbons. Applied Physics Letters，2009，95（25）：253107.

[76] Sanetra N，Karipidou Z，Wirtz R，et al. Printing of highly integrated crossbar junctions. Advanced Functional Materials，2012，22（6）：1129-1135.

[77] Linn E，Rosezin R，Tappertzhofen S，et al. Beyond von Neumann：logic operations in passive crossbar arrays alongside memory operations. Nanotechnology，2012，23（30）：305205.

[78] Sun S，Zhuang X，Wang L W，et al. Azulene-bridged coordinated framework based quasi-molecular rectifier. Journal of Materials Chemistry C，2017，5（9）：2223-2229.

[79] Kushmerick J G，Naciri J，Yang J C，et al. Conductance scaling of molecular wires in parallel. Nano Letters，2003，3（7）：897-900.

[80] Blum A S，Kushmerick J G，Pollack S K，et al. Charge transport and scaling in molecular wires. The Journal of Physical Chemistry B，2004，108（47）：18124-18128.

[81] Beebe J M，Kim B，Gadzuk J W，et al. Transition from direct tunneling to field emission in metal-molecule-metal junctions. Physical Review Letters，2006，97（2）：026801.

[82] Kim B，Beebe J M，Olivier C，et al. Temperature and length dependence of charge transport in redox-active molecular wires incorporating ruthenium（Ⅱ）bis（σ-arylacetylide）complexes. The Journal of Physical Chemistry C，2007，111（20）：7521-7526.

[83] Yu L H，Gergelhackett N，Zangmeister C D，et al. Molecule-induced interface states dominate charge transport in Si-alkyl-metal junctions. Journal of Physics：Condensed Matter，2008，20（37）：374114.

[84] Hsu J W. Soft lithography contacts to organics. Materials Today，2005，8（7）：42-54.

[85] Loo Y，Lang D V，Rogers J A，et al. Electrical contacts to molecular layers by nanotransfer printing. Nano Letters，2003，3（7）：913-917.

[86] Loo Y，Willett R L，Baldwin K W，et al. Interfacial chemistries for nanoscale transfer printing. Journal of the American Chemical Society，2002，124（26）：7654-7655.

[87] Race H H，Reynolds S I. Electrical properties of multimolecular films. Journal of the American Chemical Society，1939，61（6）：1425-1432.

[88] Chabinyc M L，Chen X，Holmlin R E，et al. Molecular rectification in a metal-insulator-metal junction based on self-assembled monolayers. Journal of the American Chemical Society，2002，124（39）：11730-11736.

[89] Duati M，Grave C，Tcbeborateva N，et al. Electron transport across hexa-peri-hexabenzocoronene units in a metal-self-assembled monolayer-metal junction. Advanced Materials，2006，18（3）：329-333.

[90] Grave C，Tran E，Samori P，et al. Correlating electrical properties and molecular structure of SAMs organized between two metal surfaces. Synthetic Metals，2004，147（1-3）：11-18.

[91] Yaffe O，Scheres L，Puniredd S R，et al. Molecular electronics at metal/semiconductor junctions. Si inversion by sub-nanometer molecular films. Nano Letters，2009，9（6）：2390-2394.

[92] Rampi M A，Whitesides G M. A versatile experimental approach for understanding electron transport through organic materials. Chemical Physics，2002，281（2）：373-391.

[93] Von Wrochem F，Gao D，Scholz F，et al. Efficient electronic coupling and improved stability with dithiocarbamate-based molecular junctions. Nature Nanotechnology，2010，5（8）：618-624.

[94] Ghosh S，Halimun H，Mahapatro A K，et al. Device structure for electronic transport through individual molecules using nanoelectrodes. Applied Physics Letters，2005，87（23）：233509.

[95] Heersche H B，Lientschnig G，Neill K O，et al. *In situ* imaging of electromigration-induced nanogap formation by transmission electron microscopy. Applied Physics Letters，2007，91（7）：72107.

[96] Trouwborst M L，Der Molen S J，Wees V B，et al. The role of Joule heating in the formation of nanogaps by electromigration. Journal of Applied Physics，2006，99（11）：114316.

[97] Chiechi R C，Weiss E A，Dickey M D，et al. Eutectic gallium-indium（EGaIn）：a moldable liquid metal for electrical characterization of self-assembled monolayers. Angewandte Chemie，2008，120（1）：148-150.

[98] Simeone F C，Yoon H J，Thuo M M，et al. Defining the value of injection current and effective electrical contact area for EGaIn-based molecular tunneling junctions. Journal of the American Chemical Society，2013，135（48）：18131-18144.

[99] Reus W F，Thuo M M，Shapiro N D，et al. The SAM，not the electrodes，dominates charge transport in metal-monolayer//Ga_2O_3/gallium-indium eutectic junctions. ACS nano，2012，6（8）：4806-4822.

[100] Mbindyo J K，Mallouk T E，Mattzela J B，et al. Template synthesis of metal nanowires containing monolayer molecular junctions. Journal of the American Chemical Society，2002，124（15）：4020-4026.

[101] Preiner M J，Melosh N A. Creating large area molecular electronic junctions using atomic layer deposition. Applied Physics Letters，2008，92（21）：213301.

[102] Akkerman H B，Blom P W，de Leeuw D M. et al. Towards molecular electronics with large-area molecular junctions. Nature，2006，441（7089）：69-72.

[103] Jeong H，Kim D，Wang G，et al. Redox-induced asymmetric electrical characteristics of ferrocene-alkanethiolate molecular devices on rigid and flexible substrates. Advanced Functional Materials，2014，24（17）：2472-2480.

[104] Kronemeijer A J，Akkerman H B，Kudernac T，et al. Reversible conductance switching in molecular devices. Advanced Materials，2008，20（8）：1467-1473.

[105] Wang G，Kim Y，Choe M，et al. A new approach for molecular electronic junctions with a multilayer graphene electrode. Advanced Materials，2011，23（6）：755-760.

[106] Novoselov K S，Geim A K，Morozov S V，et al. Electric field effect in atomically thin carbon films. Science，2004，306（5696）：666-669.

[107] Lotya M，Sun Z，Goodhue R，et al. High-yield production of graphene by liquid-phase exfoliation of graphite. Nature Nanotechnology，2008，3（9）：563-568.

[108] Coraux J，Diaye A T，Busse C，et al. Structural coherency of graphene on Ir（111）. Nano Letters，2008，8（2）：565-570.

[109] Kim K S，Zhao Y，Jang H，et al. Large-scale pattern growth of graphene films for stretchable transparent electrodes. Nature，2009，457（7230）：706-710.

[110] Tung V C，Allen M J，Yang Y，et al. High-throughput solution processing of large-scale graphene. Nature Nanotechnology，2009，4（1）：25-29.

[111] Eda G，Fanchini G，Chhowalla M. Large-area ultrathin films of reduced graphene oxide as a transparent and flexible electronic material. Nature Nanotechnology，2008，3（5）：270-274.

[112] Wallace G G，Gilje S，Kaner R B，et al. Processable aqueous dispersions of graphene nanosheets. Nature Nanotechnology，2008，3（2）：101-105.

[113] Eda G，Chhowalla M. Chemically derived graphene oxide：towards large-area thin-film electronics and optoelectronics. Advanced Materials，2010，22（22）：2392-2415.

[114] Yamaguchi H，Eda G，Mattevi C，et al. Highly uniform 300 mm wafer-scale deposition of single and multilayered chemically derived graphene thin films. ACS Nano，2010，4（1）：24-528.

[115] Robinson J T，Zalalutdinov M，Baldwin J W，et al. Wafer-scale reduced graphene oxide films for nanomechanical devices. Nano Letters，2008，8（10）：3441-3445.

[116] Li T，Hauptmann J R，Wei Z，et al. Solution-processed ultrathin chemically derived graphene films as soft top contacts for solid-state molecular electronic junctions. Advanced Materials，2012，24（10）：1333-1339.

[117] Li T，Jevric M，Hauptmann J R，et al. Ultrathin reduced graphene oxide films as transparent top-contacts for light switchable solid-state molecular junctions. Advanced Materials，2013，25（30）：4164-4170.

[118] Wang Z，Dong H，Li T，et al. Role of redox centre in charge transport investigated by novel self-assembled conjugated polymer molecular junctions. Nature Communications，2015，6（1）：7478.

[119] Seo S，Hwang E H，Cho Y，et al. Functional molecular junctions derived from double self-assembled monolayers. Angewandte Chemie International Edition，2017，56（40）：12122-12126.

[120] Bayat A，Lacroix J，McCreery R L. Control of electronic symmetry and rectification through energy level variations in bilayer molecular junctions. Journal of the American Chemical Society，2016，138（37）：12287-12296.

[121] Ivashenko O，Bergren A J，McCreery R L. Light emission as a probe of energy losses in molecular junctions. Journal of the American Chemical Society，2016，138（3）：722-725.

[122] Trasobares J，Vuillaume D，Theron D，et al. A 17GHz molecular rectifier. Nature Communications，2016，7（1）：12850.

[123] Sangeeth C S，Wan A，Nijhuis C A. Probing the nature and resistance of the molecule-electrode contact in SAM-based junctions. Nanoscale，2015，7（28）：12061-12067.

[124] Wan A，Suchand S C，Wang L，et al. Arrays of high quality SAM-based junctions and their application in molecular diode based logic. Nanoscale，2015，7（46）：19547-19556.

[125] Song P，Sangeeth C S，Thompson D，et al. Noncovalent self-assembled monolayers on graphene as a highly stable platform for molecular tunnel junctions. Advanced Materials，2016，28（4）：631-639.

[126] Farnum B H，Wee K R，Meyer T J. Self-assembled molecular p/n junctions for applications in dye-sensitized solar energy conversion. Nature Chemistry，2016，8（9）：845-852.

[127] Min M，Seo S，Lee S M，et al. Voltage-controlled nonvolatile molecular memory of an azobenzene monolayer through solution-processed reduced graphene oxide contacts. Advanced Materials，2013，25（48）：7045-7050.

[128] Kim D，Jeong H，Hwang W，et al. Reversible switching phenomenon in diarylethene molecular devices with reduced graphene oxide electrodes on flexible substrates. Advanced Functional Materials，2015，25（37）：5918-5923.

[129] Dulic D，Der Molen S J，Kudernac T，et al. One-way optoelectronic switching of photochromic molecules on gold. Physical Review Letters，2003，91（20）：207402.

[130] Flood A H，Stoddart J F，Steuerman D W，et al. Whence molecular electronics?. Science，2004，306（5704）：2055-2056.

[131] Kim D，Jeong H，Lee H，et al. Flexible molecular-scale electronic devices composed of diarylethene photoswitching molecules. Advanced Materials，2014，26（23）：3968-3973.

[132] Kim Y，Wang G，Choe M，et al. Electronic properties associated with conformational changes in azobenzene-derivative molecular junctions. Organic Electronics，2011，12（12）：2144-2150.

[133] Cinchetti M，Dediu V A，Hueso L E. Activating the molecular spinterface. Nature Materials，2017，16（5）：507-515.

[134] Cui L，Miao R，Jiang C，et al. Perspective：thermal and thermoelectric transport in molecular junctions. Journal of Chemical Physics，2017，146（9）：092201.

[135] James D D，Bayat A，Smith S R，et al. Nanometric building blocks for robust multifunctional molecular junctions. Nanoscale Horizons，2018，3（1）：45-52.

[136] Jeong H，Hwang W，Kim P，et al. Investigation of inelastic electron tunneling spectra of metal-molecule-metal junctions fabricated using direct metal transfer method. Applied Physics Letters，2015，106（6）：063110.

[137] Jeong H，Jang Y，Kim D，et al. An in-depth study of redox-induced conformational changes in charge transport characteristics of a ferrocene-alkanethiolate molecular electronic junction：temperature-dependent transition voltage spectroscopy analysis. The Journal of Physical Chemistry C，2016，120（6）：3564-3572.

[138] Jeong H，Kim D，Xiang D，et al. High-yield functional molecular electronic devices. ACS Nano，2017，11（7）：6511-6548.

[139] Xiang D，Wang X，Jia C，et al. Molecular-scale electronics：from concept to function. Chemical Reviews，2016，116（7）：4318-4440.

关键词索引